# Matter & Interactions

ELECTRIC & MAGNETIC INTERACTIONS

4th Edition

상호작용으로 배우는

# 전자기학

Ruth W. Chabay · Bruce A. Sherwood 공저

김중복 · 강남화 · 류광수 · 박병윤 · 이지원 · 임성민 · 장영록 · 최호명 공역



WILEY

홍릉과학출판사

# Matter & Interactions(4/E)

ELECTRIC & MAGNETIC INTERACTION

by CHABAY, SHERWOOD 공저

# 간단한 목차

## 2권 전자기적 상호작용



부록은 www.wiley.com/college/chabay에서 찾을 수 있습니다.

# 목차

## 2권
## 전자기적 상호작용

# 서문

## 학생들에게

이 책은 입문 물리에 있어서 20세기 관점을 강조한다. 최근의 물리학자들은 적은 수의 기본적인 물리 원리들과 물질의 미시적인 구조에 대한 이해에 기반하여 자연 세계에 대한 모형을 형성하고, 그 모형을 매우 넓은 범위의 물리적 현상을 설명하거나 예측하는데 적용한다. 입문 물리를 배우는 학생들을 최근의 물리 연구의 흐름에 포함시키기 위하여, 이 책은 다음을 강조한다.

- 특별한 경우에 적용되는 많은 수의 방정식보다 적은 수의 기본적인 물리 원리에 기반한 직접적인 추론
- 전 커리큘럼에 걸쳐 물질의 원자 모형, 양자화된 에너지, 상대론적 동역학과 같은 최신의 통찰을 통합
- 물리적 모형의 생성과 정교화의 전 과정에 관여(이상화, 어림, 확실하게 진술된 가정, 수량의 추정)
- 종이와 더불어 컴퓨터 활용 모형의 구성과 적용을 통한 시스템 행동의 시간에 따른 변화에 대한 반복적인 추론

물리적 세계는 3차원이기 때문에, 우리는 본문에서 계속 3차원을 포함시켰다. 많은 학생들이 이 책에서 사용된 3차원 벡터에 의한 접근법을 일반적인 2차원 벡터보다 쉽게 찾을 것이다.

## 교과서와 참고자료들

현대역학(1권, 1-12장)에서는 물질 간 상호작용의 원자적 구조에 중점을 두었다. 그것은 운동량 원리, 에너지 원리, 각운동량 원리, 그리고 통계역학의 기본적인 가정과 같은 적은 수의 기본적인 원리의 넓은 적용 가능성과 유용성을 강조한다. 우리는 기본적인 입자들과 분자들, 금속과 은하만큼 다른 시스템의 행동을 어떻게 예측하고 설명할지 연구하였다.

전기와 자기 상호작용(2권, 13-23장)에서는 어떤 것이 전기와 자기장의 개념을 더 잘 요약하는지를 강조하였고, 전자의 역할을 포함하는 물질의 원자적 구조에 대한 학습을 확장하였다. 전기와 자기의 원리는 핸드폰에서부터 의학적 이미지까지 오늘날의 기술에서 매우 기본이 된다.

학생들을 위한 추가 자료는 아래의 사이트에서 무료로 볼 수 있다.

www.wiely.com/college/chabay

웹 자료는 몇몇의 부록을 포함하고 있다. 1장의 원고는 최근에 2권을 사용하고 있지만

이전의 물리 수업에서 1권을 사용하지 않은 학생을 위해 제공된다. 이 장은 3차원 벡터와 벡터 계산을 소개하고, 교재 전반에 걸쳐 사용되는 VPython을 이용한 컴퓨터 활용 모형화를 소개한다.

부록 1은 기체의 운동 이론과 열기관을 다루고, 12장의 엔트로피를 완료한 학생에게 사용될 수 있을 것이다. 부록2는 반도체 기기의 PN 접합의 기본적인 원리를 설명한다. 이것은 21장의 공간에서의 장의 형태를 학습 완료한 학생에게 사용될 수 있을 것이다. 부록 3은 수학적으로 좀 더 세련된 기계적 처리와 전자기장, 파동 현상을 포함한다. 이것은 23장의 전자기 복사를 학습한 학생에게 사용될 수 있을 것이다.

홀수 문제의 해답은 책의 뒤쪽에서 찾을 수 있다. 새로운 학생 해답 매뉴얼은 출력물로 구입할 수 있다. 여기에서는 장 끝의 문제에 대한 모든 해답을 제공한다.

## 전제

이 책은 과학과 공학 전공 학생들이 수강하는 계산 기반 대학 입문 물리 코스를 위해 마련되었다. 미적분에 대한 최근의 학습에 의한 기본적인 지식을 요구한다.

## 모형화

이 책은 물리적 모형의 구성과 사용에 매우 강조점을 두고 있다. 과학의 중심적인 측면은 복잡한 실세계 현상에 대한 모형화이다. 물리적 모형은 우리가 기본적 원리로 믿고 있는 것에 기반하고 있다. 그것의 목적은 실제 상황의 가장 중요한 측면을 예측하거나 설명하는 것이다. 모형화는 필연적으로 추측을 만들고 시스템을 세부적으로 분석할 수 있게 만드는 가정을 단순화하는 것을 포함한다.

## 컴퓨터 활용 모형화

컴퓨터 활용 모형화는 현재 과학과 공학에서 이론과 실험만큼 중요하다. 우리는 학생들이 이 중요한 도구를 사용함에 있어 강력한 기초를 만들기 위해 당장 중요한 컴퓨터 활용 모형을 소개할 것이다.

이 수업에서 학생들은 기본적 물리 원리에 기반한 기초적인 컴퓨터 활용 모형을 세우게 될 것이다. 어떠한 프로그래밍 사전 경험도 필요하지 않다. 이 강좌는 학생이 필요로 하게 될 적은 수의 컴퓨터 활용 개념을 가르쳐줄 것이다. Pyton 프로그래밍 언어에 기반한 환경에서 VPyton을 이용하여 앞으로 한 시간도 지나지 않아 물리 코드의 부작용으로서 (as a side effect of your physics code)가항의 3차원 애니메이션을 만드는 간단한 컴퓨터 활용 모형을 쓸 수 있을 것이다.

컴퓨터 활용 모형은 매우 세련된 수학이 필요하거나 컴퓨터 없이는 전혀 분석할 수 없는 복잡한 시스템을 분석하는 것이 가능하도록 할 것이다. 운동량 원리에 입각한 수치 계산은 시스템 행동의 역동적인 진화를 볼 기회를 제공한다. 간단한 모형은 자주 정교화하고 확장되어야 한다. 이것은 컴퓨터로는 바로 가능하지만, 순수한 분석적(수치가 없는) 모형으로는 종종 불가능하다.

VPythone은 무료이고 윈도우와 맥, 리눅스에서 작동한다. 1장에서 컴퓨터에 어떻게 인스톨하는지, 어떻게 교육용 비디오를 찾는지 말해두었으므로 이것을 배우는데 도움이 될 것이다.

## 문제들

교재를 읽으면서 자주 이런 질문이 생길 것이다.

**질문** 문제를 맞닥뜨리면 어떻게 해야 되지?

문제는 당신이 읽기를 멈추고 생각하도록 초대하고, 예측을 만들고, 유도하거나 분석하는 단계를 이끌어내고, 원리를 적용하게 한다. 이러한 문제들은 다음 단락에서 설명되어지지만, 읽기 전에 당신 스스로 대답을 해보는 것이 강력한 효과를 만든다는 것이 중요하다. 교재에 있는 것과 당신의 응답을 솔직하게 비교해보라. 놀랍거나 반직관적인 결과에 주의를 기울이는 것은 유용한 학습전략이 될 것이다.

## 요점확인

몇몇 단락 끝에 있는 요점확인은 새로운 개념이나 테크닉을 적용하도록 한다. 이것은 질적 추론이나 간단한 계산을 포함할 수 있다. 당신은 이러한 요점확인을 만났을 때, 뒤쪽을 읽기 전에 이것을 완성하여야 한다. 요점확인의 목표는 당신이 방금 읽은 자료에 대한 이해를 통합하기를 돕고, 다음 읽기를 진행해도 되는지 확실히 하기 위함이다. 요점확인의 해답은 각 장의 끝에서 찾을 수 있다.

## 사용된 도표의 약속

이 책에서 가장 빈번하게 제시된 벡터와 스칼라의 약속은 여백에 제시하였다. 방정식과 본문에서 벡터는 $\vec{p}$와 같이 표시하였다.

## 교수자에게

이 책의 입문 물리에 대한 접근법은 다른 대부분의 교재들과 유의미하게 다르다. 접근법의 주요 강조점은 다음과 같다.

- 이차적 공식보다 기본적 원리로부터 시작
- 원자 레벨 묘사와 분석
- 이상화와 근사를 통한 실제 세계의 모형화
- 물리적 시스템의 컴퓨터 활용 모형화
- 역학과 열물리의 단일화
- 정전기학과 회로의 단일화
- 책 전반에 걸친 3차원 벡터의 사용

## 교수자를 위한 웹 자원

교수자 자원은 다음 웹사이트에서 볼 수 있다.

www. wiley.com/college/chabay

이 자원에는 강의 데모 소프트웨어, 교재의 그림, 클리커 문제, 시험 문제, 실험과 컴퓨터 활용 모형화를 포함한 실험실 활동, 컴퓨터 활용 모형화 가이드, 모든 해답 매뉴얼이 포함되어있다. 이 사이트에 대한 정보를 얻으려면 Wiley representative에 접속하면 된다.

전자버전의 숙제 문제는 WebAssign에서 볼 수 있다.

www.webassign.net

몇몇 교수자 자원은 WebAssign을 통해 볼 수 있다.

다른 정보는 저자의 matter & interactions 웹사이트에서 찾을 수 있다.

matterandinteraction.org

또한 저자의 웹사이트에서는 이 책에 관련되어 출판된 다음과 같은 논문을 출력할 수 있다.


- Chabay, R. W., & Sherwood, B. A. (1999). Bringing atoms into first-year physics. American Journal of Physics, 67(12), 1045-1050.
- Chabay, R. W., & Sherwood, B. A. (2004). Modern mechanics. American Journal of Physics, 72(4), 439-445.
- Chabay, R., & Sherwood, B. (2006). Restructuring the introductory electricity and magnetism course. American Journal of Physics, 74(4), 329-336.
- Chabay, R., & Sherwood, B. (2008). Computational physics in the introductory calculus-based course. American Journal of Physics, 76(4), 307-313.
- Beichner, R., Chabay, R., & Sherwood, B. (2010). Labs for the Matter & Interactions curriculum. American Journal of Physics, 78(5), 456-460.


## 컴퓨터 활용 숙제 문제

몇몇 중요한 숙제 문제들은 학생들이 간단한 컴퓨터 프로그램을 작성하도록 요구한다. 교재와 관련된 교수 비디오는 Python프로그램 언어에 기반하였고 학생들에 의해 작성된 간단한 물리 코드에 더불어 실시간 삼차원 애니메이션을 생성하는 VPython을 가르쳐준다. 이러한 애니메이션은 강력한 동기 뿐 아니라 장과 모션에 대한 교수적인 시각화를 제공한다. VPython은 true vector computations를 지원하는데, 이것은 학생들이 벡터를 좀 더 단순한 구성요소로 인식하기 시작하도록 북돋운다. VPython은 vpyton.org에서 무료로 제공하고 윈도우, 맥, 리눅스에서 사용할 수 있다.

교재의 홈페이지 matterandinteractions.org의 교수자 자원 섹션은 교수자가 교육과정 안에서 어떻게 계산을 포함하는지, 어떤 면에서는 교수자가 쉽게 관리하는 방법을 설명하는 "교재에 사용된 컴퓨터 활용 모형화에 대한 간단한 가이드"이다. 또한 이것은 학생들이 프로그래밍 경험이 전혀 없어도 문제없이 접근할 수 있다. 당신은 또한 VPython을 사용하는 응용 컴퓨터 활용 물리 교재의 리스트가 늘어나는 것을 알 수 있을 것이다. 이것은 Python과 VPython을 입문 물리에서 학생들이게 소개하는 것이 다음 단계의 직접직인 유용성으로 작용할 수 있다는 것을 의미한다. Python 자체는 요즘 기술적 영역에서는 넓게 사용되고 있다.

## 2권을 위한 데스크탑 실험 키트

저자의 웹사이트에서는 PASCO에서 제공한 전자기의 데스크탑 실험 키트에 대한 정보를 언급하고 있다. 이 키트의 간단한 장비는 학생들이 이론과 강하게 결합된 정전기, 회로, 그리고 자기 현상에 대한 핵심적인 관찰을 하도록 한다 (www.pasco.com, EM-8675를 검색) 몇몇 장에서는 이 키트로 할 수 있는 추가 실험이 포함되어 있다. 이것은 커리큘럼과 관련된 다른 더 복잡한 실험을 방해하지 않는다. 예를 들어, 패러데이 법칙을 다루는 랩은 신호 발생기, 큰 코일, 오실로스코프를 필요로 한다. 당신이 아마 실험을 이미 가지고 있을 경우에 이 책과 함께 잘 해 나갈 것이다.

## 4판에서 무엇이 새로워 졌는가

4판은 다음과 같은 새로운 주요한 형태를 포함한다.

- 샘플코드를 포함한 컴퓨터 활용 모형화의 지원을 책 전반에 걸쳐 증가시킴
- 책 전반에 걸쳐 반복적이고 분석적인 문제 해결방법의 대조를 논의

discussion throughout the text contrasting iterative and analytical problem solutions

- 많은 새로운 컴퓨터 활용 모형화 문제들 (작은 것과 큰 것)
- 책 전반에 걸쳐 점전하로서의 계와 전체 계의 대조를 논의한 것을 증가시킴
- 1권 전체에 걸쳐 기술된 운동량 원리의 논의를 발전시켰고, 현재의 운동량, 적용된 충격량의 두 요소에 기반한 미래 운동량의 강조

an improved discussion of the momentum principle throughout Volume 1, emphasizing that the future momentum depends on two elements: the momentum now, and the impulse applied.

- 정전기에서 표면 전하의 분극과 삼차원 컴퓨터 활용 모형의 결과에 기반한 회로에 대한 처치의 발전
- 각 장 끝부분에 어려운 수준의 발전된 문제를 더 많이 수록

가격과 무게를 절감하기 위하여 교수자에게 적게 사용된다고 생각되는 것은 무료로 사용 가능한 Wiley 웹사이트로 옮겨두었다 (www.wiley.com/college/chabay). 이러한 자료는 부록 1(3판의 13장; 기체의 운동 이론, 등온 과정, 열기관), 부록 2의 PN 접합 (기존에 3판의 22장에 추가적으로 있던 부분), 부록 3 (3판에서 유의미하게 증가되었던 25 장; 전자기 간섭과 회절, 입자와 파동의 이중성, 새로운 역학적 파동과 파동 방정식 섹션)

## 4판에 포함된 추가적 변화

- 5장에서 휘는 움직임에 대한 처치를 발전시켰고, 다중객체 시스템에 대한 역학의 세션을 추가
- 컴퓨터 활용 모형에서 에너지의 역할에 대한 외부적 논의와 함께 6장에 포함된 주제의 연속성을 발전시켰고, 점전하의 한계에 대한 강조
- 7장의 새로운 섹션에서는 에너지 이론의 형태라는 기준 틀을 선택한 효과, 그리고 어떻게 컴퓨터 공학 모형에서 몇 종류의 마찰을 모형화 하는지에 대한 명쾌한 설명
- 8장에서는 들뜬 상태의 수명과 에너지변환의 확률적 본성에 대한 논의
- 9장에서는 "병진, 회전, 진동하는 에너지"라는 새로운 이름의 부여, 변형할 수 있는 시스템의 에너지학에 대한 향상된 논의
- 11장에서는 물리적 진자의 분석
- 16장에서는 경로를 따른 수치적분을 이용하여 어떻게 전위차를 계산할 것인지 세부적인 논의
- 레일을 따라 바를 당기는 사례에서 운동 기전력에 대한 향상된 논의 (20장)

## 간결한 수업에 대한 제안

공학과 과학과 학생을 위한 50분짜리 3개의 대규모 강의와, 주1회의 110분짜리 작은 그룹의 스튜디오 랩, 또는 스튜디오 포맷의 50분짜리 주당 5회의 수업 모두 대부분 완수하는 것이 가능하지만, 15주의 두 학기로 모든 역학과 전자기 자료를 다루는 것은 불가능하다.

우등과정, 혹은 물리 전공자를 위한 코스에서는 거의 대부분을 하는 것이 가능하다. 만약 당신의 수업에서 매주 설명 세션에 강의와 실험까지 가지고 있다면 더 넓고 깊게 하는 것이 가능하다.

모든 것을 다 하기에 시간이 부족하면 무엇이 빠져야 하는가? 역학에서는, 아인슈타인 모형(12장)의 통계역학 대신, 엔트로피의 소개는 빠지지 않아야 한다고 느낀다. 이것은 역학의 적분과 열물리의 클라이맥스이다. 무슨 역학 주제가 빠져야할지를 결정할 하나의 접근법은 12장에서 어떤 기초가 요구되는가에서 안내받을 수 있다. 다른 자세한 제안은 다음과 같다.

전자기에서 빠지 말아야 할 것은 전자기 복사와 물질에 대한 효과이다(23장). 이것은 전자기 전체에서 클라이맥스이다. 어떤 전자기 주제가 빠져야 할지에 대한 접근법은 23장에서 무슨 기초를 요구하는가에서 안내받을 수 있다. 다른 자세한 제안은 다음과 같다.

별이 붙은 섹션(*)은 안전하게 뺄 수 있다. 다음 섹션의 자료들은 다음 작업에 기초가 되지 않는다. 또한, 다음 섹션들은 제거될 수 있다.

**3장(기본적인 상호작용)** 이 섹션의 결정론은 삭제 가능하다.

**4장(접촉 상호작용)** 부력과 압력은 생략 가능하다 (부록1을 사용하여 이 주제로 돌아갈 수 있다.)

**7장(내부 에너지)** 만약 당신이 시간의 압박을 느낀다면 에너지 소모에 대한 장의 두 번째 반을 빼고 7.10부터 시작할 수 있을 것이다.

**9장(병진, 회전, 진동하는 에너지)** 질량중심 발견의 수식체계는 넘어갈 수 있을 것이다. 왜냐하면 중요한 적용은 질량중심의 위치이기 때문이다. 그들이 매우 교훈적임에도 불구하고, 확장된 계의 모형과 점전하의 대조 부분은 뺄 수 있을 것이다. 또한 미끄럼 마찰에 대한 부분도 삭제할 수 있을 것이다.

**10장 (충돌)** 삭제의 좋은 후보는 질량 중심 틀에서의 충돌 분석이다. 3장에서 충돌의 기본적인 소개가 있기 때문에(에너지는 전에 도입되었다), 하나는 10장 전체에서 뺄 수 있다. 반면에 운동량 원리의 이용과 에너지 원리의 조합은 두 기본 원리를 모두 분명히 할 수 있다.

**11장(각운동량)** 역학의 세 번째 기본 원리로 소개된 각 운동량 원리는 이 장의 주요 내용이므로 빼서는 안 된다. 0이 아닌 토크를 포함한 대부분의 적용 중 하나는 제외할 수 있을 것이다.

**12장(엔트로피; 가능성의 제한)** 이 장의 두 번째 절반인 볼츠만 분포는 만약 필요하다면 뺄 수 있을 것이다.

**15장(분포된 전하들에 의한 전기장)** 학생들이 표준적인 대전된 물체(막대, 고리, 원반, 축전기, 구) 주변의 전기장의 패턴에 대한 지식을 탐구하는 연습을 요구받기 때문에 중요하다. 만약 그들이 물리적 적분에서 스스로 충분히 전문화되기를 요구하면 연습을 늘릴 필요가 있다. 그래서 당신은 아마 전문화에 필요한 시간을 수업시간에 포함하는 것은 시간의 양이 충분하지 않다고 결정할지도 모른다.

**16장(전위차)** 유전상수는 필요하면 빼도 된다.

**17장(자기장)** 자석의 원자구조 부분에서는 당신은 아마 논의를 위해 막대자석의 자기 모멘트는 전자 모형에서 일관된다는 첫 번째 부분만 고를 것이다. 스핀과 영역의 남은 부분의 삭제는 후에 심각한 어려움을 일으키지는 않을 것이다.

**19장(회로 요소들)** 저항의 직렬 병렬, 내부저항, 미터, 교류 회로의 양적 분석 그리고 멀티루프 회로는 뺄 수 있다. 복잡한 멀티루프 회로의 분석을 필요로 하는 물리와 공학 학생은 나중에 주제에 관련된 전문화된 수업을 받는다. 입문 물리 코스에서는 모든 학생이 기본적인 메커니즘에 기초하여 근원적인 회로의 행동을 배우도록 강조한다.

**20장 (자기력)** 우리는 Alice와 Bob과 Einstein의 논의를 추천하지만 상대론적 장 변환을 삭제하는 것이 안전할 것이다. 하지만 학생들은 종종 전기장과 자기장의 관계에 대해서 높은 관심을 표현한다. 그리고 그들의 호기심 측면에서 안전할 수 있는 기회이다. 전동기와 발전기도 삭제하거나 중요하게 다루지 않아도 된다.

the case study on sparks in air can be omitted, because nothing later depends critically on this topic, though it provides an introductory-level example of a phenomenon where an intuitively appealing model fails utterly, while a different model predicts several key features of the phenomenon.

**22장(패러데이 법칙)** 무사히 삭제될 수 있을지라도 초전도체 부분은 유지하도록 제안한다. 왜냐하면 학생들은 이 주제에 대하여 궁금해 한다. 인덕턴스는 삭제될 수 있을 것이다.

**23장(전자기 복사)** 기하광학을 다루는 부분은 빼도 될 것이다.

## ACKNOWLEDGEMENTS

우리는 Carnegie Mellon 대학의 물리학과와 전 Center for Innovation in Learning이 일상적이지 않은 작업 환경을 제공해 준 덕분에 1990년대부터 연구와 개발을 수행하여 2002년 이 책의 첫 번째 판을 이끌어 낼 수 있었다. 우리는 카네기 멜론 동료들의 교육과정 혁신에 대한 열린 태도에 매우 감사한다.

우리는 North Carolina State University의 물리교육연구와 개발 그룹의 동료 Robert Beichner과 John Risley과 NCSU 물리학과의 다른 동료들의 지원에 감사한다.

우리는 Fred Rief의 역학의 3가지 기본적인 원리에 대한 강조와 전기력과 중력의 상호성에 대한 그의 관점에 감사한다. 우리는 에너지에 대해 깊게 생각할 수 있도록 우리를 도와준 Robert Bauman, Gregg Frankin, 그리고 Curtis Meyer에게 감사한다.

12장의 양자통계역학의 대부분은 Thomas A. Moore와 Daniel C. Schroeder의 논문, “A different approach to introducing statistical mechanics” American Journal of Physics, vol. 65, pp. 26-36 (1997년 1월)에 기반하고 있다. 우리는 물리의 현대적 시각을 취한 다른 입문 물리 교과서인 Six ideas that shaped physics의 저자인 Thomas A. Moore와 나눈 고무적인 대화에서 많은 것을 얻었다. Michael Weissman과 Robert Swendsen은 우리가 12장을 쓰는데 부분적으

로 도움이 되는 비판을 제공하였다.

우리는 Hermann Haertel이 전기회로에서의 기본적인 메커니즘에 대한 우리의 눈을 뜨게 해준 것에 대해 감사한다. Robert Morse, Priscilla Laws, Mel Steinberg는 컴퓨터 실험에 대한 우리의 생각을 자극하였다. Bat-Sheva는 초기 단계에서 중요한 안내를 제공하였다. Ray Sorensen은 몇몇 중요한 부분에서 우리의 생각에 영향을 미친 심도 있는 분석적인 비판을 제공하였다. Randall Feenstra은 우리에게 반도체 접합에 대해 가르쳐 주었다. Thomas Moore는 맥스웰 방정식의 다른 형태를 보여주는 효과적인 방법을 우리에게 보여주었다. Fred Rief는 기본적 전자기 개념의 학습에 대한 평가를 고안하는 것을 도와주었다. Uri Ganiel은 표면 전하의 실체를 보여주는데 이용할 수 있는 고압회로를 제안하였다. 22장의 끝에 제시된 특이한 전구 회로는 P.C. Peters의 "The role of induced 들's in simple circuits" American Journal of Physics 52, 1984, 208-211 논문에 기반하였다. Thomas Feguson은 전자기를 다룬 장에서 매우 자세하고 유용한 피드백을 제공하였다. 에너지 전달에 대한 John Jewett과의 대화는 도움이 되었다. 라틴어에 대한 Seth Chabay의 도움에 감사한다.

우리와 학생들이 관련 소프트웨어를 작성할 수 있도록 도구를 개발해 준 David Andersen, David Scherer Jonathan Brandmeyer에게 감사한다.

컴퓨터 활용 모형화에서 학생들의 참여에 대한 Matthew Kohlmyer, Sean Weatherford, Brandon Lunk의 연구는 컴퓨터 활용 모형화에 기반한 우리의 지도에 주요한 기여를 하였다. Lin Ding은 이 교육과정의 목표와 동일한 에너지에 대한 평가도구를 개발하였다.

우리는 우리의 동료인 David Brown, Krishna Chowdary, Laura Clarke, John Denker, Norman Derby, Ernst-Ludwig Florin, Thomas Foster, Jon D.H. Gaffney, Chris Gould, Mark Haugan, Joe Heafner, Robert Hilborn, Eric Hill, Andrew Hirsch, Leonardo Hsu, Barry Luokkala, Sara Majetich, Jonathan Mitschele, Arjendu Pattanayak, Jeff Polak, Prabha Ramakrishnan, Vidhya Ramachandran, Richard Roth, Michael Schatz, Robert Swendsen, Aaron Titus, Michael Weissman, Hugh Young에게 감사한다.

우리는 이 교과서의 2판에서 유용한 비평을 제공한 출판사에서 조직한 검토자 그룹에 감사한다: Kelvin Chu, Michael Dubson, Tom Furtak, David Goldberg, Javed Iqbal, Shawn Jackson, Craig Ogilvie, Michael Politano, Norris Preyer, Rex Ramsier, Tycho Sleator, Robert Swendsen, Larry Weinstein, and Michael Weissman. Alex Small, Bereket Behane, Craig Weigert, Galen Pickett, Ian Affleck, Jeffery Bindel, Jeremy King, Paula Heron, Surenda Singh.

우리는 John Wiley & Sons의 Stuart Johnson와 Jessica Fiorillo의 지지와 안내로부터 많은 도움을 받았다. John Wiley & Sons의 Elizabeth Swain은 프로젝트 관리를 출중하게 잘 해주었다. Helen Walden은 우리의 어떤 실수도 잡아내어 매우 훌륭하게 교정을 해주었다.

이 프로젝트는 부분적으로 National Science Foundation (grants MDR-8953367, DUE-0618504, DUE-9972420, DUE-0320608, DUE-0237132, DUE-0618504)로부터 지원받았다. 우리는 National Science Foundation와 이

도전적인 프로젝트의 장기 지원을 위한 검토자들에게 감사한다. 기술된 견해는 저자에 의한 것이고, 반드시 재단의 의견인 것은 아니다.

## 그림은 어떻게 만들어졌는가

이 책에 있는 대부분의 그림은 우리가 만들었다(3판의 사람 그림은 Aptara studio에서 만들어졌고, studio는 우리의 2판의 2색 버전을 풀컬러 버전으로 만들었다.) 우리의 주요 도구는 Adobe Illustrator였다. 3차원 컴퓨터 이미지는, VPython 장면과 일치하는 POV-Ray 장면 묘사 파일을 만들기 위한 POV-Ray 모듈을 이용한 선택적 과정과 함께 VPython을 사용하여 만들었다. LaTeX을 편집하기 위하여 TeXstudio를 사용하였다. 모든 컴퓨터 작업은 Windows computers로 수행되었다.

Ruth Chabay Bruce Sherwood
Santa Fe, New Mexico, 2014년 7월.

## 인물 배경

Ruth Chabay는 University of Illinois at Urbana-Champaign에서 물리화학으로 박사 학위를 받았다. 학사 학위는 University of Chicago에서 화학으로 받았다. 그녀는 North Carolina State University의 물리학과 명예교수이고, 이스라엘의 Weizmann Institute of Science in Rehovot의 Weston 객원교수였다. 또한 University of Illinois at Urbana-Champaign과 Carnegie Mellon University에서도 가르쳤다. 그녀는 American Physical Society의 회원이다.

Bruce Sherwood는 University of Chicago에서 실험입자물리로 박사학위를 받았다. 그는 학사 학위를 Purdue University에서 engineering science로 받았다. 그 후 Italy의 University of Padura에서 1년간 물리를 공부하였다. 그는 North Carolina State University의 물리학과 명예교수이다. 그는 Caltech, University of Illinois at Urbana-Champaign과 Carnegie Mellon University에서도 가르쳤다. 그는 American Physical Society과 American Association for the Advancement of Science의 회원이다.

Chabay와 Sherwood는 몇몇 교육부문 상을 공동 수상하였다. Carnegie Mellon University에서 1999년에 그들은 Ashkin Award for teaching Mellon College of Science를 수상하였다. 그리고 2001년에는 Teaching Award of the National Society of Collegiate Scholars를 수상하였다. North Carolina State University에서는 2005년에 Margaret Cox Award for excellence in teaching and learning with technology를 받았다. 2014년에는 American Association of Physics Teachers에서 David Halliday and Robert Resnick Award for Excellence in Undergraduate Physics Teaching을 수여하였다.

CHAPTER

# 13

# 전기장

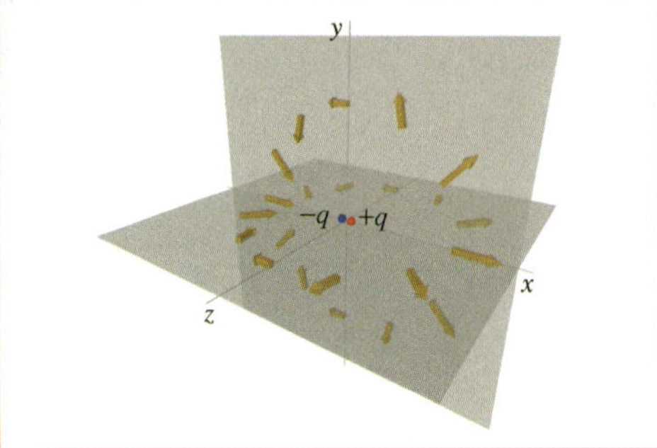


**목표**

이 장을 공부한 후에 다음과 같은 것들을 할 수 있어야 한다.

- 전기장과 전기력을 수학적으로 연관시킬 수 있어야 한다.
- 점전하들의 집합체에 의해 어떤 특정 위치에서 발생하는 3D 전기장을 구할 수 있어야 한다.
- 쌍극자의 전기장에 대한 표현식을 유도하는 데 사용된 근사법을 설명하고, 적절하게 근사 표현식들을 사용할 수 있어야 한다.
- 3D 상에서 점전하들의 집합체에 의한 전기장을 계산하고 출력할 수 있는 컴퓨터 수치적인 모델을 만들 수 있어야 한다. 그리고 이 전기장과 상호작용하는 대전 입자들의 운동도 예측할 수 있어야 한다.

## 13.1 새로운 개념들

여기서 두 가지 중요한 새로운 아이디어가 전자기 상호작용에 대해 공부하는 데 있어서 주된 핵심이 될 것이다. 첫 번째는 전기장과 자기장의 개념이다. 이 개념은 우리가 현대 물리학에서 널리 사용하는 힘 개념보다는 좀 더 추상적이다. 이 "전기장"의 개념을 모든 모델에 포함시키고 싶어 하는 이유는 이 개념이 아주 강력한 것이기 때문이다. 즉, 우리는 이 개념을 사용하지 않으면 접근할 수 없는 중요한 현상들을 이 개념을 사용하여 설명하고 예측할 수 있다.

두 번째 중요한 아이디어는 물질에 대한 좀 더 세련되고 복잡한 모델이다. 이미 앞에서 공부한 역학과 열역학에서 고체를 용수철로 연결된(화학결합들) 전기적으로 중성인 미세 질량들(원자들)의 집합체로 모델화한 것은 적절하였었다. 그러나 여기서는 전자기 상호작용을 자세히 살펴봐야하기에, 개개의 대전입자들—보통 물질을 구성하는 전자와 핵들—을 고려할 필요가 있다는 것을 알 수 있을 것이다.

이 장에서 살펴보는 것은 이어지는 다음 장들을 위한 기초가 될 것이므로, 이 장을 완전히 이해하는 것에 시간을 투자할 만한 가치가 있다. 추가적으로, 물리학의 앞부분의 내용이 담긴 이 책의 volume1 버전을 가지고 있지 않다면, www.wiley.com/college/chabay의 학생용 사이트 상에서 3D 벡터, 벡터 표시, 전하가 없는 입자에 적용되는 컴퓨터 수치적인 모델링에 대해 기술한 제1장의 summary를 공부해야 할 것이다.

## 13.2 전기 전하와 힘

이 절에서는 앞에서 공부한 것으로써 친숙한 개념들을 간단하게 복습할 것이다.

### 점전하들

두 종류의 전기 전하가 있다. 하나는 양전하 다른 하나는 음전하라고 불린다. 같은 전하를 가지는 입자들은 서로 밀어낸다(두 양전하 혹은 두 음전하들끼리). 반대로, 다른 전하를 가지는 입자들은 서로 끌어당긴다(양전하와 음전하). 어떤 물체의 반지름의 크기가 그 물체와 다른 물체들 사이의 거리에 비교하여 아주 작아서, 마치 그 물체의 전하와 질량이 모두 수학적인 한 점에 집중되어 있는 것처럼 다룰 수 있는 물체를 "점전하"라고 한다. 양성자와 전자 같은 작은 입자들이 거의 항상 점 입자들로 다루어진다.

### 점입자들에 대한 쿨롱 힘 법칙

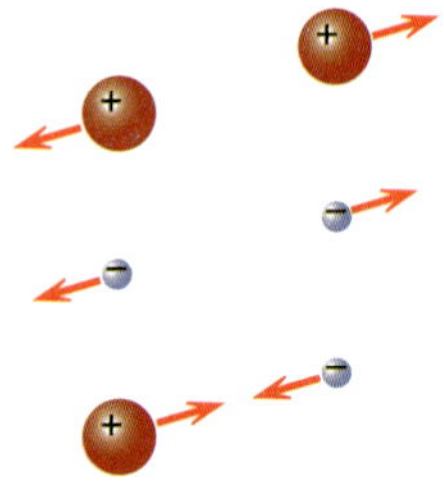

그림 13.1 두 양성자는 서로 밀어내고, 두 전자도 서로 밀어내며, 양성자와 전자는 서로 끌어당긴다.

전자기 상호작용은 4개의 기본적인 물리 상호작용 중의 하나이다(제3장. 기본적인 상호작용을 보아라). 쿨롱 법칙이라고 불리는 전기력 법칙은 다음과 같이 두 점전하 입자 사이의 전기력의 크기를 나타낸다:

$$|\vec{F}| = F = \frac{1}{4\pi\varepsilon_0}\frac{|Q_1Q_2|}{r^2}$$

여기서 $Q_1$과 $Q_2$는 물체 1과 2의 전기 전하의 크기이고, $r$은 물체 사이의 거리를 나타낸다. 그림 13.1에 표시된 것처럼:

- 전기력은 두 점전하 물체 사이의 직선 상에서 작용한다.
- 같은 전하는 서로 밀어내고 다른 전하는 서로 끌어당긴다.
- 두 전하 물체들은 어떤 거리로 떨어져 있더라도 서로 상호작용을 한다.

### 단위와 상수

전기적인 전하의 SI 단위는 쿨롬이고, C로 줄여 쓴다. 한 양성자의 전하는 SI 단위로 $1.6 \times 10^{-19}$ C이다. 상수 $e$는 양의 전하의 양을 나타내는 데 사용한다: $e = 1.6 \times 10^{-19}$ C. 전자는 $-e$의 전하를 가진다.

상수 $1/4\pi\varepsilon_0$는 $9 \times 10^9\ \text{N}\cdot\text{m}^2/\text{C}^2$의 값을 가진다. 우리는 두 가지 이유로 $k$의 문자를 사용하는 대신에 이와 같은 방식으로 이 상수를 기록할 것이다. 문자 $k$는 다른 양들에 사용되기 때문에, 여기에서 그 기호를 사용하지 않음으로써 혼란을 없앴다. 또한, 상수 $\varepsilon_0 = 8.85 \times 10^{-12}\ \text{C}^2/\text{N}\cdot\text{m}^2$는 중요한 상황에 홀로 나타날 때가 있을 것이다.

### 전하 입자들

많은 미세 입자들이 존재한다. 어떤 입자들은 전기적으로 전하를 띠어서 전기적인 상호작용을 통하여 서로 상호작용한다. 몇몇 전하 입자들의 특성들이 다음 표에서 보여진다.

| 입자 | 질량 | 전하 | 반지름 |
|---|---|---|---|
| **전자** | $9 \times 10^{-31}$ kg | $-e(-1.6 \times 10^{-19}$ C) | ? (너무 작아 측정할 수 없는) |
| **양전자** | $9 \times 10^{-31}$ kg | $+e(+1.6 \times 10^{-19}$ C) | ? |
| **양성자** | $1.7 \times 10^{-27}$ kg | $+e$ | $\sim 1 \times 10^{-15}$ m |
| **반양성자** | $1.7 \times 10^{-27}$ kg | $-e$ | $\sim 1 \times 10^{-15}$ m |
| **뮤온** | $1.88 \times 10^{-28}$ kg | $+e(\mu^+)$ 혹은 $-e(\mu^-)$ | ? |
| **파이온** | $2.48 \times 10^{-28}$ kg | $+e(\pi^+)$ 혹은 $-e(\pi^-)$ | $\sim 1 \times 10^{-15}$ m |

이것은 완벽한 목록은 아니다. 즉, 여러분은 다른 전하 입자들에 대해 배울지도 모른다.

예를 들어, $W$와 $\Delta$ 입자들 혹은 짧게만 존재하고 보통 일상생활에서는 볼 수 없는 다른 입자들을 말한다. 양전자와 반양성자는 반물질이며, 양전자는 반전자이다. 즉, 양전자와 전자가 서로 만나면, 그것들은 소멸하게 되고, 그것들의 모든 에너지는 고에너지 광자들로 방출된다. 그런 이유로 반입자는 보통의 물질에서는 확인되지 않는다.

보통의 물질은 양성자와 전자, 중성자들(대략 양성자와 같은 크기와 질량을 가지지만, 전하를 띠지 않는)로 구성된다. 그러나 어떤 다른 전하 입자들은 매일 발생하는 일련의 현상들에서 어떤 역할을 수행하기도 한다. 예를 들어, 이후의 장에서 배울 스파크에 대해 공부할 때, 이것을 보게 될 것이다.

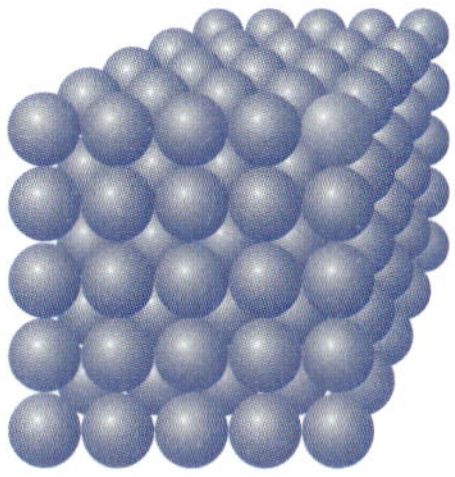

**그림 13.2** 금속 격자. 단일 원자의 반지름은 $1 \times 10^{-10}$ m정도 크기를 가지고 있고, 입방 센티미터 내에 $1 \times 10^{23}$개 정도의 원자들이 존재한다 !

**그림 13.3** 철 원자의 전자 구름. 전자 구름의 반지름은 대략 $1 \times 10^{-10}$ m이다. 이 정도 스케일에서는 구름의 중앙에 위치한 작은 핵은 보이지 않는다.

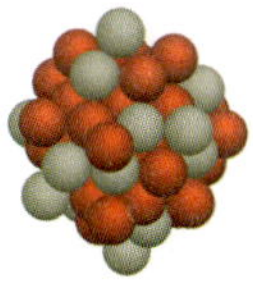

**그림 13.4** 철 원자의 핵은 26개의 양성자와 30개의 중성자를 포함한다. 핵의 반지름은 대략 $4 \times 10^{-15}$ m 정도이다.

## 원자의 크기와 구조

화학이나 다른 교재들에서 이미 배웠듯이, 물질은 아주 작은 원자들로 구성된다. 고체 상태의 금속에서 원자들은 규칙적인 3차원적인 집합체로 배열된다. 이것을 격자라고 부른다(그림 13.2). 원자들이 각각 바로 옆에 꽉 들어차 있는 고체 금속의 입방 센티미터에는 $1 \times 10^{23}$개 정도의 원자들이 있다. 그것은 천문학적으로 아주 많은 수에 해당한다.

중성 원자는 같은 수의 양성자와 전자를 가지게 된다. 양성자와 중성자들 모두는 원자의 중심에 있는 핵에서 확인된다. 전자들은 핵을 둘러싼 구름 형태로 펼쳐져 있다.

각 원자는 양성자와 중성자로 이루어진 중심의 원자핵 근처에 연속적으로 움직이는 전자들의 구름으로 구성된다. 우리가 철 원자의 스냅 샷을 찍는다고 가정한다면, 그림 13.3과 같은 것을 볼 수 있다. 철은 26개의 양성자와 30개의 중성자를 가진 핵을 가지고, 26개의 움직이는 전자들로 둘러싸여져 있다. 그림 상에서 핵은 보기 어렵다. 왜냐하면, 핵은 전자 구름보다 훨씬 작기 때문이다. 핵의 반지름은 $1 \times 10^{-10}$ m 정도의 크기를 가진다.

그림 13.4에 묘사된 것처럼 철 원자의 핵은 작은 전자 구름보다 약 25,000배 정도 더 작은 대략 $4 \times 10^{-15}$ m의 반지름을 가진다. 철 원자가 축구 경기장 정도

의 크기라면, 핵은 단지 4 mm의 반지름을 가진다! 그러나 거의 모든 원자의 질량은 핵에 밀집되어 있다. 왜냐하면, 양성자 혹은 중성자의 질량이 전자의 질량보다 약 2,000배 정도 크기 때문이다.

**점검 사항 1** 일반적인 원자의 전자 구름의 대략적인 반지름의 크기는 얼마인가? 다음 전하 입자들 중의 어느 것들이 보통의 물질을 구성하는가? 즉, 양성자, 양전자, 전자, 반양성자, 뮤온.

## 13.3 "전기장"의 개념

다음과 같은 사고 실험을 해 보자. 방으로부터 공기를 빼내어 진공이 되었을 때(공기 분자들끼리의 충돌을 방지하기 위해), 여러분 앞에 하나의 양성자를 잡아 놓았다가 다시 풀어 놓는다. 근처에는 어떤 다른 물체도 존재하지 않는다. 그러면 양성자는 아래 방향으로 움직이기 시작하고 매초 9.8 m/s의 비율로 변하는(가속되는) 속력을 가지게 된다(그림 13.5). 광속보다 아주 작은 속력에서는 다음과 같은 식이 성립한다.

**그림 13.5** 양성자의 가속

$$\frac{d\vec{p}}{dt} \approx m\frac{d\vec{v}}{dt} = m\vec{a}$$

**질문** 무엇이 양성자의 속도 변화에 영향을 준다고 생각하는가?

아마도 여러분은 지구와 양성자의 중력 상호작용이 양성자를 아래 방향으로 가속시킨다고 추론했을 것이다. 이것은 우리의 관측 결과에 대한 타당한 설명이다.

그후 같은 위치에 또 다른 양성자를 풀어 놓는다고 가정하자. 양성자가 오른쪽으로 움직이기 시작하는 것을 관찰하는 순간, 여러분은 $1 \times 10^{11}$ $m/s^2$의 비율로 증가하는 속력을 확인하게 된다(그림 13.6).

**그림 13.6** 그후에 다른 양성자의 가속

**질문** 양성자의 속도 변화에 영향을 주는 것은 무엇인가?

이 가속은 지구와 양성자 사이의 중력 상호작용 때문이 아닐 수 있다. 왜냐하면, 이 효과의 크기는 너무 크고, 방향도 전혀 다르기 때문이다. 그렇다면 그것은 거의 블랙홀에 가까운 어떤 것과의 중력 상호작용 때문일 수 있을까? 아니다. 그 이유인 즉, 만약 블랙홀에 가까운 어떤 것이 존재한다면, 우리는 어떠한 것도 관측할 수 없게 되기 때문이다! 그렇다면 강한(핵력 같은) 힘에 의한 상호작용이 존재할 수 있을까? 아니다. 강한 힘은 아주 짧은 단거리 힘이기 때문에, 그래서 근처에 또 다른 물체가 존재하지 않는다.

그러나 양성자의 가속에 영향을 주는 상호작용이 전기적인 상호작용일 수 있다는 것이 가장 그럴듯하다. 왜냐하면, 전기적인 상호작용이 더 큰 가속의 효과를 주고, 보다 큰 거리 상에서 일어날 수 있기 때문이다.

**질문** 어떤 대전 입자들이 이와 같은 상호작용에 영향을 주는가? 그리고 어느 곳에 존재할 수 있는가?

관찰된 효과를 줄 수 있는 전하 입자들의 많은 가능한 배열들이 존재할 수 있다.

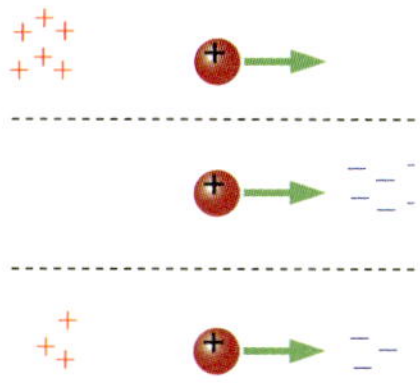

그림 13.7 관찰된 양성자의 큰 가속도를 줄 수 있는 3가지 가능한 전하들의 배열들

그림 13.7에서처럼, 왼쪽에 양으로 대전된 물체들이 존재할 수도 있다. 그렇지 않으면, 오른쪽에 음전하들이 존재할 수도 있다. 혹은 둘 다 존재할 수도 있다—단순히 하나의 관찰로부터 확실한 결론을 내릴 수는 없다. 관찰된 효과를 줄 수 있는 공간 상에 전하들의 많은 가능한 배열들이 존재하게 된다.

(그러나 만약 여러분이 어떤 시간 주기로 양성자의 여러 운동들을 관찰했다면, 양성자의 가속에 대한 변화를 기록할 수 있게 된다. 예를 들어, 양성자가 오른쪽으로 움직임에 따라 양성자의 가속도가 증가한다는 것을 확인했다면, 여러분은 오른쪽에 음전하가 있다고 의심할 수 있고, 그래서 그 상황은 양성자가 전하에 가까워짐에 따라 양성자에게 증가되는 큰 가속 효과를 주게 된다.)

그림 13.8 전자(음전하를 가지는)

**질문** 지금까지의 관찰에 근거했을 때, 같은 위치에 양성자 대신 전자를 풀어 놓는다면 어떠한 것이 관측될 수 있는지 예측가능한가(그림13.8)?

전자는 음전하를 가지기 때문에, 오른쪽이 아니라 왼쪽으로 가속될 것이다. 또한, 전자의 질량은 양성자의 질량보다 훨씬 작기 때문에, 전자의 가속도의 크기는 $1 \times 10^{11}$ m/s$^2$보다 더 클 것이다.

그림 13.9 두 양성자(양전하를 가지는)와 두 중성자(전하를 가지지 않는)들로 이루어진 알파 입자

**질문** 여러분이 알파 입자($+2e$ 전하를 가진 헬륨핵)를 관찰 위치에 놓는다면, 무슨 일이 일어날까 (그림 13.9)?

알파 입자는 양의 전하를 가지고 있기 때문에, 양성자처럼 오른쪽 방향으로 가속될 것이다. 그러나 알파 입자의 전하는 양성자의 전하보다 두 배 크고, 알파 입자의 질량은 양성자의 약 4배에 해당하기 때문에, 가속도의 크기는 $1 \times 10^{11}$ m/s$^2$의 반이 될 것이다.

그림 13.10 (전하를 가지지 않는) 중성자

**질문** 관찰 위치에 중성자를 풀어 놓는다면, 여러분은 무엇을 관측하게 될까(그림 13.10)?

중성자는 어떤 전기 전하를 가지고 있지 않기에 어떤 전기력도 존재하지 않을 것이다. 단순하게, 중성자는 지구를 향하여 9.8 m/s$^2$의 가속도로 가속될 것이다.

**질문** 마지막으로, 관찰 위치에 어떤 입자도 놓지 않는다고 가정해 보자. 어떤 일이 존재하는가?

같은 위치에 대전된 입자가 놓여져야만, 힘을 느끼게 된다는 것을 알기 때문에, 어떤 의미에서는 대전된 입자가 상호작용하기를 기다리는 무엇인가가 있는 것처럼 보일 것이다. 이런 "가상 힘"을 "전기장"이라고 한다. 전하에 의해 생성된 전기장은 그 효과를 느낄 수 있는 또 다른 전하의 존재여부와 상관없이 항상 공간 상에 존재하게 된다. 전하에 의해 생성된 전기장은 물질을 투과한다. 전기장은 옆 공간에 스며들어, 상호작용이 적용되는 영역으로 어떤 무언가를 가져오기 위해서 누워서 기다린다.

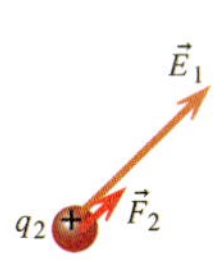


그림 13.11 전하 $q_2$를 가지는 입자는 근처의 다른 모든 전하 입자들에 의해 생성된 전기장 $\vec{E}_1$와의 상호작용 때문에 생기는 힘 $\vec{F}_2$를 느끼게 된다.

어떤 위치에서의 전기장은 다음과 같은 식으로 정의된다:

**전기장의 정의**

$$\vec{F}_2 = q_2\vec{E}_1$$

이 식에 의하면, 입자2에 작용하는 힘은 그림 13.11에서처럼 입자2의 전하량과 근처의 다른 모든 전하 입자들에 의해 생성된 전기장 $\vec{E}_1$에 의해 결정된다.

공간 상에 어떤 위치에서의 전기장을 어떻게 측정할 수 있을까? 우리는 그것을 볼 수는 없으나, 그것을 간접적으로 측정할 수는 있다. 공간 상의 그 위치에 전하를 놓게 되면, 그 위치에서의 전기장과 상호작용 때문에 전하에 작용하는 힘을 측정할 수 있다. 우리는 알고 있는 전하 $q$입자에 작용하는 힘을 측정함으로써 다음과 같이 전기장 $\vec{E}$의 크기와 방향을 결정할 수 있다.

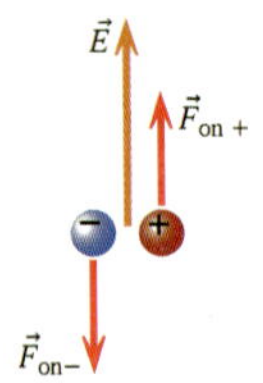


그림 13.12 양전하는 그 위치에서의 전기장 방향으로의 힘을 받게 된다. 반면에, 음전하는 반대 방향으로의 힘을 받게 된다.

$$\vec{E} = \vec{F}/q$$

그러므로 전기장은 newtons/coulomb이라는 단위를 가진다. 영향을 받는 전하 $q$가 양의 값인지 음의 값인지는 중요하지 않다는 것을 알 수 있다. $\vec{E}$가 북쪽을 가리킨다면, 양전하는 북쪽 방향의 힘을 받게 된다. 반대로, 음전하는 남쪽 방향의 힘을 받게 된다(그림 13.12). 그러나 힘 $\vec{F}$를 음전하 $q$로 나눔으로써, 여전히 벡터 $\vec{E}$의 방향이 북쪽을 향하게 된다. 우리가 비록 $\vec{E}$를 특정한 위치와 시간에서의 전기장 값으로 사용할지라도, 전기장은 모든 위치와 시간에서 하나의 값을 가지기 때문에, $\vec{E}$는 실제로 $\vec{E}(x, y, z, t)$의 약칭에 해당한다고 할 수 있다.

전기장 그리기: 관찰 위치에서의 화살표의 꼬리다이어그램 상에 우리는 특정 관찰 지점에서의 전기장(벡터)을 나타내기 위해 화살표들을 사용할 것이다. 대류의 형태로, 우리는 전기장이 측정된 위치("관찰 지점")에 항상 꼬리를 가지는 화살표를 그릴 것이다. 화살표의 길이는 전기장의 크기에 비례한다.

**예** **전기력과 전기장**

알파 입자(두 양성자와 두 중성자로 이루어진 헬륨핵)의 전하는 $2e = 2(1.6 \times 10^{-19}\ \text{C})$이다. 어떤 특정한 위치에서 알파 입자는 $\langle 0, -9.6 \times 10^{-17}, 0\rangle$의 힘을 받게 된다. 그 위치에서의 전기장은 어떻게 되는가? 만약 알파 입자가 아니라 그 위치에 전자가 놓여 있다면, 전자는 어떤 힘을 받게 될 것인가?

**해답** 그 전기장을 구하기 위해서 우리는 다음과 같이 알파 입자에 작용하는 힘을 알파 입자의 전하로 나누게 된다.

$$\vec{E} = \frac{\vec{F}}{q}$$

$$\vec{E} = \frac{\langle 0, -9.6 \times 10^{-17}, 0\rangle\ \text{N}}{2(1.6 \times 10^{-19}\ \text{C})} = \langle 0, -300, 0\rangle\ \text{N/C}$$

전자에 작용하는 힘을 구하기 위해 우리는 다음과 같이 전기장에 전자의 전하 값을 곱하게 된다.

$$\vec{F} = (-e)\vec{E}_1$$

$$\vec{F} = (-1.6 \times 10^{-19}\ \text{C})\langle 0, -300, 0\rangle\ \text{N/C} = \langle 0, 4.8 \times 10^{-17}, 0\rangle\ \text{N}$$

전자의 전하는 음의 값을 가지기 때문에, 전자에 작용하는 힘은 전기장의 방향과 반대 방향을 가지게 된다. 이 힘을 계산하기 위해 전기장이 어디서 나오는지는 알 필요가 없다.

**점검 사항 2** 양성자가 같은 위치(앞의 예를 보면)에 놓이게 된다면, 양성자는 어떤 힘을 받게 되는가? 같은 위치의 중성자는 어떤 힘을 받게 되는가?

## "자체 힘"이 아니다

점전하는 자신으로부터 나오는 전기장에 의해 영향을 받지 않는다는 것을 꼭 알아야 한다.

점전하는 자신에게 어떤 힘도 주지 않는다! 다음 절에서 우리는 이것이 수학적으로 고무적인 결과라는 것을 보게 될 것이다. 즉, 점전하의 위치에서의 자신으로부터 나오는 전기장은 무한대($1/0^2$)가 될 것이다. 또한, 이것은 물리적으로 매우 타당하다. 즉, 결국 전하는 스스로 움직이지도 않고, 그것이 어떤 방향으로 움직여야 할 어떤 이유도 없기 때문이다. 점전하를 가지고 전기장 개념을 설명할 때, 우리는 전기장 $\vec{E}_1$를 만드는 전하 $q_1$(원천 전하)과 그 전기장에 의해 다른 위치에서 $\vec{F}_{\text{on } q_2} = q_2\vec{E}_1$라는 힘의 영향을 받는 다른 전하 $q_2$에 대해 말한다.

## "장"의 물리적 개념

"장"이라는 단어는 수리물리학에서 특별한 의미를 가진다. 일반적으로 장은 공간 상에 각 위치에서 하나의 값을 가지는 물리적인 양이다. 각 위치에서 장의 값은 스칼라 혹은 벡터일 수 있다.

예를 들어, 방안의 온도는 스칼라장이다. 방안의 각 위치에서의 온도는 단일 값을 가지고, $T(x, y, z)$로 쓰거나, 혹은 시간에 따라 변한다면 $T(x, y, z, t)$로 쓸 수 있다. 방안의 공기 흐름은 벡터장이다. 방안의 각 위치에서 특정 속력을 가지고 특정 방향으로 공기가 흐른다. 전기장은 벡터장이다. 즉, 전하 주위의 공간 상 각 위치에서 전기장은 크기와 방향을 가진다.

**질문** 장으로 표현된 또 다른 물리량의 예를 생각해 보아라.

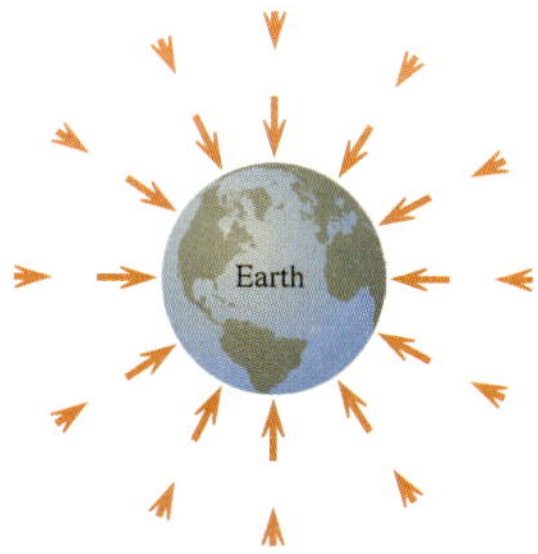


**그림 13.13** 지구의 중심을 가로지르는 평면 상에서의 지구의 중력장

장 개념은 중력에서도 사용된다. 떨어지는 물체에 작용하는 힘을 말하는 대신, 지구의 질량은 지구 주위로 "중력장"이라는 것을 생성한다고 말할 수 있다. 그리고 지구 근처의 어떤 물체가 그 위치에서 중력장의 작용을 받는다고 말할 수 있다(그림 13.13). 중력장은 newtons/kilogram의 단위를 가지고 있다. 지구 표면 근처의 어떤 위치에서 $g = 9.8$ N/kg의 크기를 가지고 아래 방향으로(지구의 중심 방향으로) 향해 있는 중력장 $\vec{g}$가 존재한다고 말할 수 있다.

질량 $m = 10$ kg의 떨어지는 물체는 크기 $mg = (10\text{ kg})(9.8\text{ N/kg}) = 98$ N의 중력을 받는다. 물체가 빛의 속도에 비해서 아주 느린 속력으로 움직인다면, 그것의 가속도는 $a = F/m = mg/m = 9.8\text{ m/s}^2$로 계산될 수 있다.

물론, 지구 표면으로부터 멀리 떨어진 지점에서는 지구의 중력장은 마치 전하의 전기장의 크기가 전하로부터 거리가 증가함에 따라 감소하는 것처럼 그 크기가 더 작아지게 된다.

장개념은 또한 자기학에도 적용된다. 제14장에서 살펴보겠지만, 지구 내에 흐르는 전류를 포함하여 일반전인 전기 전류는 나침반을 움직이게 하는 "자기장"을 만들게 된다.

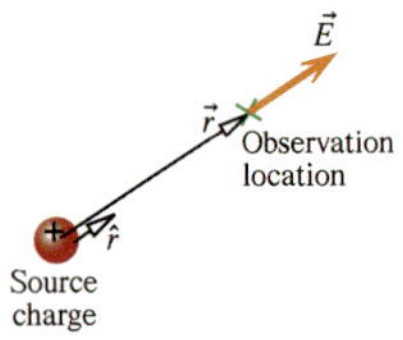


**그림 13.14** 상대적인 위치 벡터 $\vec{r}$은 원천 전하로부터 "×"으로 표시된 관찰 지점으로 뻗어있다. $\hat{r}$은 $\vec{r}$과 같은 방향을 가진 단위 벡터이다. 여기서 원천 전하는 양의 전하를 띄기 때문에, 전기장은 원천 전하로부터 나오게 된다.

**질문** 장에 해당되지 않는 물리량의 예를 찾아보아라.

대조적으로, 많은 물리량들이 장이 아니다. 차가 경주용 도로를 돌고 있는 어느 순간에 위치와 속도는 장이 아니다. 지구와 태양 사이의 거리는 장이 아니다. 달의 운동량의 변화율은 장이 아니다.

## 13.4 점전하의 전기장

다른 전하들에 의해 점전하에 작용하는 힘에 대한 식 $\vec{F}_2 = q_2\vec{E}_1$을 만족시키는 $\vec{E}_1$에 대한 식에 대해 물어볼 때, 우리는 원천 지점에서 전하 입자 $q_1$("원천 전하")때문에 생기는 "관찰 지점"이라 불리는 공간의 지점에서의 전기장의 수학적인 표현을 알 수 있다. 여기서 관찰 지점은 우리가 전기장을 검출하거나 관측하는 지점을 말한다. 그러므로 관찰 지점(그림 13.14에서 "× "로 표시된 지점)에서의 전기장은 다음과 같다.

점전하의 전기장

$$\vec{E}_1 = \frac{1}{4\pi\varepsilon_0}\frac{q_1}{|\vec{r}|^2}\hat{r}$$

여기서 $q_1$이 원천 전하이고, $\vec{r}$는 원천 전하에 대한 관찰 지점의 위치를 가리키는 상대적인 위치 벡터이다. 그리고 $\hat{r}$은 $\vec{r}$의 방향으로의 단위 벡터이다. $\vec{r}$의 크기 $|\vec{r}|$는 원천 지점에서 관찰 지점으로의 거리이다.

점전하의 전기장에 대한 이 식은 복잡하게 보일지도 모르나, 그 식을 부분적으로 한 번에 한 부분씩 자세히 살펴본다면 쉽게 이해할 수 있을 것이다.

$$\vec{E}_1 = \frac{1}{4\pi\varepsilon_0}\frac{q_1}{|\vec{r}|^2}\hat{r}$$

**그림 13.15** 전기장의 방향은 단위 벡터 $\hat{r}$과 원천 전하의 부호에 따라 달라진다.

### 전기장의 방향

관찰 지점에서의 전기장의 방향은 단위 벡터 $\hat{r}$과 원천 전하의 부호에 따라 달라진다. 여기서 전하는 양의 값이거나 음의 값일 수 있다(그림 13.15).

원천 전하가 양전하라면, $q_1\hat{r}$은 원천 전하로부터 뻗어나가는 $\hat{r}$의 방향을 가진다(그림 13.14).

원천 전하가 음전하라면, $q_1\hat{r}$은 원천 전하로 들어가는 $-\hat{r}$의 방향을 가진다(그림 13.16).

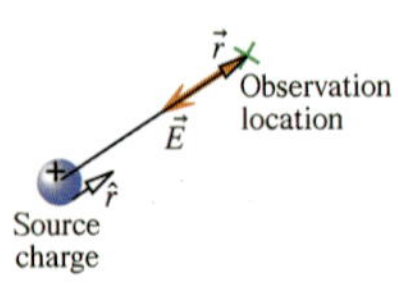


**그림 13.16** 여기서 원천 전하는 음전하이기에 전기장은 $-\hat{r}$의 방향에 해당하는 원천 전하로 들어가는 방향이다.

### 전기장의 거리 의존성

중력의 법칙과 전기력의 법칙에서처럼, 전기장에서도 거리의 제곱이 분모에 나타나게 된다(그림 13.17). 즉, 점전하의 전기장이 거리에 강하게 의존한다는 것을 의미한다. 예를 들어, 원천 전하와 관찰 지점 사이의 거리를 두 배로 한다면, 유일하게 변화하는 것은 분모이고, 그래서 분모 값이 4배 더 커지게 되어, 결국 전기장은 전보다 1/4배 값으로 감소하게 된다.

$$\vec{E}_1 = \frac{1}{4\pi\varepsilon_0}\frac{q_1}{|\vec{r}|^2}\hat{r}$$

**그림 13.17** 전기장의 크기는 원천 전하와 관찰 지점 사이의 거리의 제곱에 반비례 한다.

**질문** 원천 전하가 관찰 지점으로부터 5배 멀리 떨어지도록 움직인다면, 전기장은 어떻게 변하는가?

전기장의 크기는 전보다 1/25배 값으로 작아지게 된다.

$$\vec{E}_1 = \frac{1}{4\pi\varepsilon_0}\frac{q_1}{|\vec{r}|^2}\hat{r}$$

**그림 13.18** 전기장의 크기는 원천 전하의 크기에 비례한다.

### 전하의 크기

원천 입자의 전하 $q_1$은 전기장 식에서 분자에 나타나기 때문에(그림 13.18), 원천 입자의 전하가 클수록 공간 상의 모든 지점에서의 전기장의 크기도 커지게 된다.

**질문** 특정한 관찰 지점에서 점전하에 의한 전기장의 크기가 10 N/C으로 확인되었다. 원천 전하 대신에 7배 큰 전하를 가지는 다른 입자로 대체한다면, 관찰 지점에서의 전기장은 어떻게 변하는가?

전기장은 70 N/C의 크기를 가지게 된다.

### 상수 $\frac{1}{4\pi\varepsilon_0} = 9 \times 10^9\ \mathbf{N \cdot m^2/C^2}$

이것은 단일 상수로 쓰기에는 이상해 보인다. 왜냐하면, 상수 $\varepsilon_0 = 8.85 \times 10^{-12}$ $C^2/N{\cdot}m^2$에 근거하여 정의되고, 그런 의미에서 상수 $\varepsilon_0$가 좀 더 기본이 되는 상수이기 때문이다. 이것에 대해서는 다음 장에서 살펴보게 될 것이다.

### 전기장의 크기

스칼라량 $\frac{1}{4\pi\varepsilon_0}\frac{q_1}{|\vec{r}|^2}$이 반드시 전기장의 크기와 같지는 않는다. 왜냐하면, 전하 $q_1$은 음전하나 양전하일 수 있기에, 위의 식은 음의 값이거나 양의 값일 수 있기 때문이다. 벡터의 크기는 양의 값이다. 장의 크기를 얻기 위해서는 부호를 가진 스칼라량에 절댓값을 취해야 한다($q_1$의 부호는 장의 방향을 결정한다는 것을 명심해라).

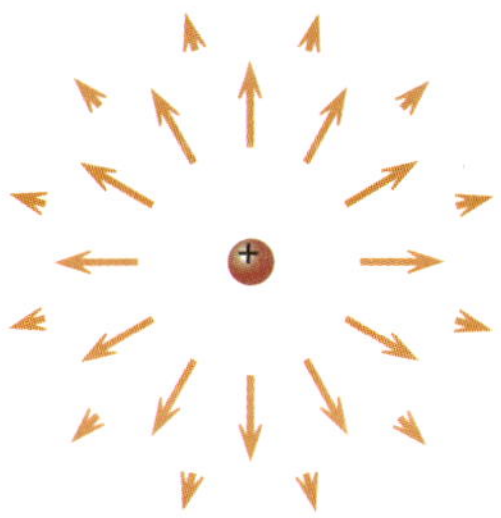

**그림 13.19** 전하를 포함한 평면 위의 여러 위치에서의 양의 점전하의 전기장

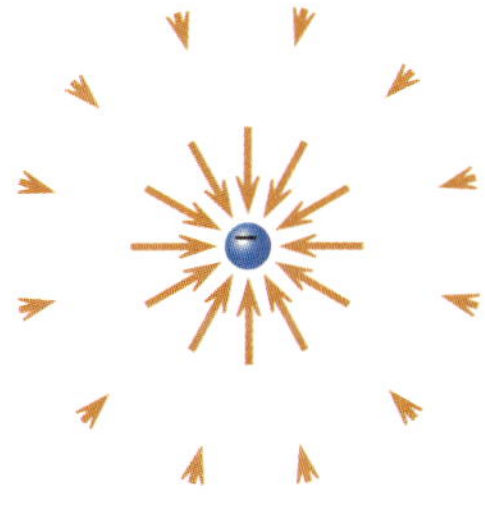

**그림 13.20** 전하를 포함한 평면 위의 여러 위치에서의 음의 점전하의 전기장

### 점전하 주위에서의 전기장의 모양

전점하의 전기장은 구대칭이다. 즉, 원천 전하로부터 거리 $r$만큼 떨어진 모든 거리에서의 전기장의 크기는 같고, 각 위치에서의 전기장은 원천 전하의 부호에 따라 원천 전하로부터 나오거나 들어가는 방향을 가지게 된다. 그림 13.19는 양전하의 원천 전하 때문에 생기는 전기장을 전하를 포함한 평면 상의 여러 위치에서 보여준다. 각 화살표의 꼬리는 전기장이 측정된 지점에 위치한다. 모든 관찰 지점에서의 전기장 점들은 양의 원천 전하로부터 구형으로 나오는 방향으로 향해 있고, 그 전기장의 크기는 전하로부터의 거리에 대해 빠르게 감소한다.

그림 13.20은 음의 원천 전하 때문에 생기는 전기장을 보여준다. 각 관찰 지점에서의 전기장 점들은 구 형태로 음의 원천 전하로 들어가는 방향을 가지고($-\hat{r}$의 방향으로), 그래서 양전하 입자는 그 음전하로 향하는 방향의 힘을 받게 된다. 전기장의 크기는 전하로부터의 거리에 대해 빠르게 감소하게 된다. 우리는 쉽게 그릴 수 있기 때문에 2차원 그림을 자주 사용한다. 그러나 공간 상의 전기장들의 3D 특성을 상기하는 것은 중요하다.

**예 입자의 장**

+2 nC(1 nC = 1 × $10^{-9}$ C)의 전하를 가지는 입자가 원점에 위치해 있다. 이 입자 때문에 < −0.2, −0.2, −0.2 >m 위치에서 생기는 전기장의 크기는 얼마인가?

**해답**

$$\vec{r} = \langle \text{관찰 지점} \rangle - \langle \text{원천 지점} \rangle$$
$$= \langle -0.2, -0.2, -0.2 \rangle \text{ m} - \langle 0,0,0 \rangle \text{m}$$
$$\vec{r} = \langle -0.2, -0.2, -0.2 \rangle \text{m}$$
$$|\vec{r}| = \sqrt{(-0.2)^2 + (-0.2)^2 + (-0.2)^2}\text{m} = 0.35 \text{ m}$$
$$\hat{r} = \frac{\vec{r}}{|\vec{r}|} = \frac{\langle -0.2, -0.2, -0.2 \rangle \text{ m}}{0.35 \text{ m}} = \langle -0.57, -0.57, -0.57 \rangle$$
$$\frac{1}{4\pi\varepsilon_0}\frac{q}{r^2} = \left(9 \times 10^9 \frac{\text{N m}^2}{\text{C}^2}\right)\left(\frac{2 \times 10^{-9}\text{C}}{0.35^2 \text{ m}^2}\right) = 147 \frac{\text{N}}{\text{C}}$$

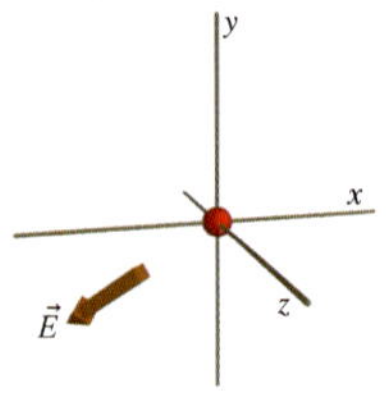


**그림 13.21** 예시에서 계산된 전기장. 좌표축들의 방향(오른쪽으로 $+x$, 위쪽으로 $+y$, 여러분을 향하는 지면으로부터 나오는 방향으로 $+z$)은 이 책에서 우리가 사용할 기준 좌표 방향이다.

$$\vec{E} = \frac{1}{4\pi\varepsilon_0}\frac{q}{r^2}\hat{r}$$
$$= \left(147 \frac{\text{N}}{\text{C}}\right)\langle -0.57, -0.57, -0.57 \rangle$$
$$= \langle -84, -84, -84 \rangle \frac{\text{N}}{\text{C}}$$

전기장은 그림 13.21에서처럼 양전하로부터 멀어지는 방향을 가진다.

**예 원천 지점**

⟨−0.13, 0.14, 0⟩m 위치에서의 전기장은 ⟨6.48 × $10^3$, −8.64 × $10^3$, 0⟩N/C으로 확인된다. 주위에 유일한 전자 입자가 −3 nC의 전하를 가지고 있다. 이 입자의 위치는 어떻게 되나?

**해답** 원천 지점과 관찰 지점의 상대적인 위치를 확인하기 위하여 다이어그램(그림 13.22)을 그려 보아라. 음전하 입자의 전기장은 입자로 향하는 방향을 가진다는 것을 알아야한다. 전기장의 크기를 확인하고, 원천 지점으로부터 관찰 지점까지의 거리를 결정하기 위해서 이 전기장의 크기를 사용하여라.

$$|\vec{E}| = \sqrt{(6.48 \times 10^3)^2 + (-8.64 \times 10^3)^2}\,\text{N/C} = 1.08 \times 10^4\,\text{N/C}$$
$$|\vec{E}| = \frac{1}{4\pi\varepsilon_0}\frac{q}{|\vec{r}|^2}$$

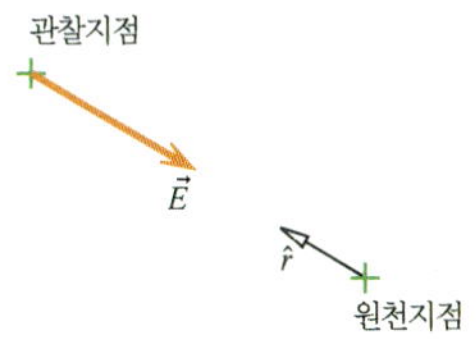


**그림 13.22** 음의 값을 가지는 원천 전하 때문에 생기는 전기장은 원천 전하를 향하는 방향을 가진다는 것을, 사실을 사용하여 그림을 그려보아라.

$$
\begin{aligned}
|\vec{r}| &= \sqrt{\frac{1}{4\pi\varepsilon_0}\frac{q}{|\vec{E}|}} \\
&= \sqrt{9\times10^9\,\mathrm{Nm^2/C^2}\frac{3\times10^{-9}\,\mathrm{C}}{1.08\times10^4\,\mathrm{N/C}}} \\
&= 0.05\,\mathrm{m}
\end{aligned}
$$

단위 벡터 $\hat{r}$을 사용하여라. 다이어그램에 의하면, 이런 경우에는(원천 전하가 음의 값을 가지는) $\hat{r} = -\hat{E}$이 성립한다.

$$
\begin{aligned}
\hat{E} &= \frac{\vec{E}}{|\vec{E}|} \\
&= \frac{\langle 6.48\times10^3, -8.64\times10^3, 0\rangle\,\mathrm{N/C}}{1.08\times10^4\,\mathrm{N/C}} \\
&= \langle 0.6, -0.8, 0\rangle \\
\hat{r} &= -\hat{E} = \langle -0.6, 0.8, 0\rangle
\end{aligned}
$$

$\vec{r}$를 확인하고, 이것을 원천 지점을 구하는 데 사용하여라. 여기서, 위치 2는 관찰지점이고 위치 1은 원천 지점이다.

$$
\begin{aligned}
\vec{r} &= |\vec{r}|\hat{r} \\
&= (0.05\,\mathrm{m})\langle -0.6, 0.8, 0\rangle = \langle -0.03, 0.04, 0\rangle\ \mathrm{m} \\
\vec{r} &= \vec{r}_2 - \vec{r}_1 \\
\vec{r}_1 &= \vec{r}_2 - \vec{r} = \langle -0.13, 0.14, 0\rangle - \langle -0.03, 0.04, 0\rangle \\
&= \langle -0.10, 0.10, 0\rangle\ \mathrm{m}
\end{aligned}
$$

**점검 사항 3** +1 nC(1 nC = 1 × $10^{-9}$ C)의 전하를 가지는 입자가 원점에 위치해 있다. ⟨0.1, 0, 0⟩ m의 위치에서 이 입자 때문에 생기는 전기장은 무엇인가?

## 균일하게 대전된 구의 전기장

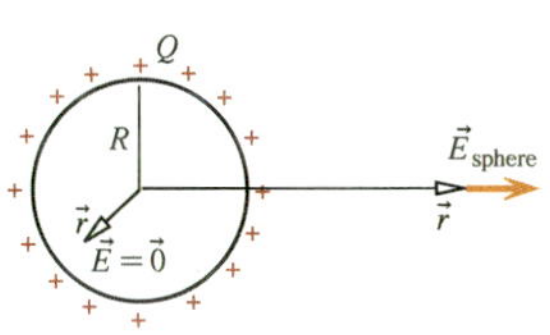


**그림 13.23** 균일하게 대전된 구의 안과 밖에서의 전기장

제15장에서는 표면 상에 분포되어 있는 전하를 가진 거시적인 물체들의 전기장을 계산하기 위해서 중첩의 원리를 적용할 것이다. 그러한 계산 결과들 중의 하나는 충분히 유용하기에 여기서는 수반된 계산들을 직접 수행하지 않고, 지금 바로 그 결과를 사용할 것이다.

그림 13.23에서 보는 바와 같이, 표면 상에 균일하게 분포되어 있는 전하 $Q$를 가지는 반지름 $R$의 구형 물체는 다음 같은 거리 의존성을 가진 전기장을 생성한다. 여기서, $\vec{r}$가 구의 중심으로부터 관찰 지점까지의 벡터를 나타낸다.

$$r > R\text{인 경우(구 외부에서)},\ \vec{E}_{\text{sphere}} = \frac{1}{4\pi\varepsilon_0}\frac{Q}{r^2}\hat{r}$$

$$r < R\text{인 경우(구 내부에서)},\ \vec{E}_{\text{sphere}} = \vec{0}$$

즉, 대전된 구 외부에서의 전기장은 마치 그 모든 전하가 구의 중심에 위치한 것과 같은 전기장을 가지게 된다. 구 내부의 경우 구 표면 상의 모든 전하들로부터 생기는 전기장들을 합하면 0이 된다 !

비공식적으로, 균일하게 대전된 구의 경우 구 외부에서는 점전하처럼 행동한다고 말할 수 있다. 이것은 구에 의한 전기장이 마치 구의 중심에 위치한 점전하의 전기장과 같다는 것뿐 아니라, 대전된 구가 인가된 전기장에 대해(다른 전하에 의해 생성된) 구 중심에 위치한 점전하와 똑같은 방식으로 반응하기 때문이다.

**점검 사항 4** 반지름 1 cm를 가진 구가 표면 상에 균일하게 분포된 $5 \times 10^{-9}$ C의 전하를 가지고 있다. 구의 중심으로부터 4 cm 거리에서의 전기장의 크기는 얼마인가?

## 13.5 전기장들의 중첩

전기장의 중요한 성질은 전기력들의 중첩의 원리로부터 나온다. 즉, 두 개 혹은 그 이상의 전하들로 인한 총 전기장은 각각의 전하에 의한 전기장들의 벡터 합이다. 벡터 합과 같은 중첩 원리는 일반적으로 힘에 대해서 성립하고, 장은 단위 전하당 힘에 해당하기에, 중첩의 원리가 장에서도 성립하게 된다.

여기서는 전기장 대신에 중첩의 원리에 대해 기술할 것이고, 그 원리의 중요한 면을 강조하는 형태로 진행될 것이다.

**중첩의 원리**

공간 상 어떤 위치에서의 총 전기장은 그 밖의 위치에 존재하는 모든 전하 입자들에 의해 생성된 전기장들의 벡터 합이다.

하나의 전하 입자에 의해 생성된 전기장은 다른 전하 입자들의 존재에 의해 영향을 받지 않는다.

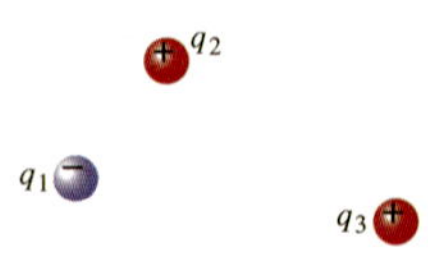

**그림 13.24** 3개의 상호작용하는 전하 입자들

이것은 명백한 사실처럼 보이나, 실제로 이것은 약간 미묘하다. 다른 입자들의 존재가 각각의 두 입자들 사이의 기본적인 전기적 상호작용에 영향을 주진 않는다! 상호작용은 소진되지 않는다. 즉, 한 입자와 다른 입자 사이의 상호작용은 다른 세 번째 입자에 의해 영향을 받지 않는다.

중첩 원리의 중요한 결론은 물질이 전기장을 "차단"하지 않고, 전기장은 물질을 통하여 "투과"된다는 것이다.

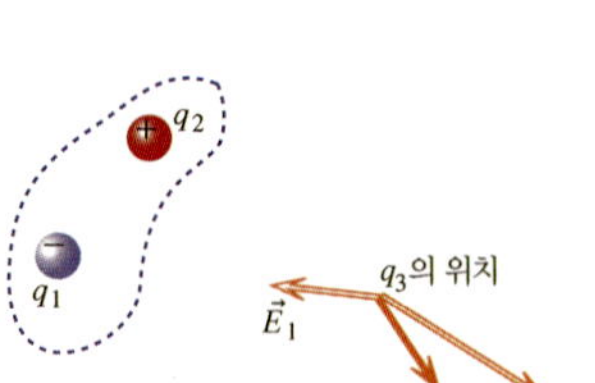

**그림 13.25** $q_3$의 위치에서의 전기장

### 중첩 원리 적용하기

그림 13.25에서처럼 서로 상호작용하는 세 개의 전하 $q_1$, $q_2$, $q_3$를 생각하자. 우리는 쿨롱의 법칙과 벡터 합을 이용하여 $q_1$과 $q_2$가 $q_3$에 주는 총 힘을 계산할 수 있다.

그러나 다른 두 전하에 의해 $q_3$에 작용하는 힘을 확인하기 위하여 장의 개념을 사용하도록 하자. 먼저 $q_3$가 거기에 존재하지 않는다고 가정하고, $q_3$가 있을 지점에서 $q_1$과 $q_2$때문에 생기는 전기장 $\vec{E}_{net}$를 구한다. 그러고 나서 $q_3$에 작용하는 힘은 $q_3\vec{E}_{net}$로 계산할 수 있다. 그림 13.25는 이러한 일련의 과정들을 보여준다. 여

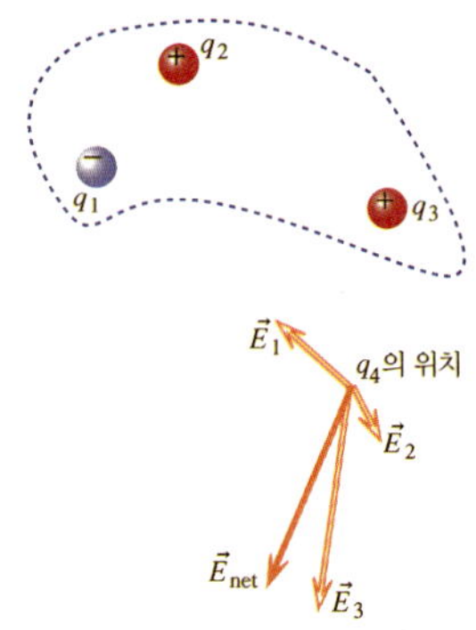


**그림 13.26** $q_4$의 위치에서의 전기장

기서 $\vec{E}_{net}$는 $q_3$의 위치에서의 $\vec{E}_1$($q_1$에 의한)와 $\vec{E}_2$($q_2$에 의한)의 벡터 합이다.

## 계산 상의 전기장의 장점

우리는 전기장의 추상적인 개념을 사용하지 않고, 바로 쉽게 쿨롱의 법칙을 이용하여 $q_3$에 작용하는 힘을 계산할 수도 있었으나 그렇게 하지 않았다. 전기장을 사용하는 것은 어떤 이점이 있는가? 장점 중의 하나는 $q_1$과 $q_2$에 의한 전기장 $\vec{E}_{net}$를 구하자마자, 여러분은 단지 $q_3$에 작용하는 힘뿐만이 아니라 그 지점에 위치한 임의의 전하 $Q$에 작용하는 힘 $Q\vec{E}_{net}$를 바로 계산할 수 있다. "단위 전하당 힘"이라는 개념은 이 같은 계산들을 단순화시킨다.

모든 세 개의 전하들이 어떤 위치에 있는 4번째 전하 $q_4$에 작용하는 효과에 관심이 있다면, 우리는 그림 13.26에서처럼 세 개의 전하들은 그 위치에서의 전기장의 원천들로 보고, $q_4$는 제외시킨다.

특정 위치에서의 전기장 $\vec{E}_{net}$를 안다면, 우리는 그 위치에서 $q_4$에 어떤 힘이 작용하는지를 바로 알 수 있다. 즉, $q_4\vec{E}_{net}$로 단순화된다.

**예** **두 전하에 의한 전기장과 힘**

전하 $Q_1 = 6$ nC을 가진 작은 물체가 원점에 놓여 있다. $Q_2 = -5$ nC을 가진 두 번째 작은 물체는 $\langle 0.05, 0.08, 0\rangle$ m에 놓여 있다. $Q_1$과 $Q_2$때문에 $A$ $\langle -0.04, 0.08, 0\rangle$ m의 지점에 생기는 총 전기장은 무엇인가? 만약 $Q_3 = -3$ nC의 전하를 가진 작은 물체가 $A$ 지점에 위치해 있다면, 이 물체에 작용하는 힘은 무엇일까?

**해답** 다이어그램: 그림 13.27

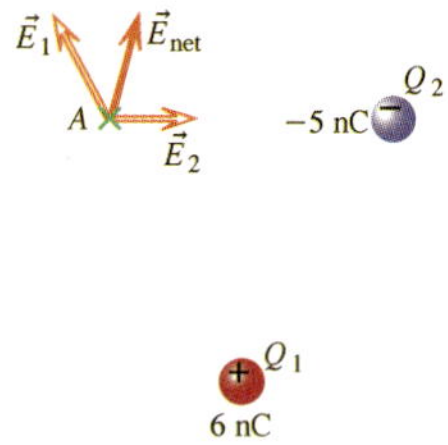


**그림 13.27** 두 점전하가 $A$ 지점에 하나의 전기장을 만든다.

$$\vec{r}_1 = \langle -0.04, 0.08, 0\rangle \text{ m} - \langle 0,0,0\rangle \text{ m} = \langle -0.04, 0.08, 0\rangle \text{ m}$$

$$|\vec{r}_1| = \sqrt{(-0.04)^2 + (0.08)^2} = 0.0894 \text{ m}$$

$$\hat{r}_1 = \frac{\vec{r}_1}{|\vec{r}_1|} = \frac{\langle -0.04, 0.08, 0\rangle \text{ m}}{(0.0894 \text{ m})} = \langle -0.447, 0.894, 0\rangle$$

$$\vec{E}_1 = \frac{1}{4\pi\varepsilon_0}\frac{Q_1}{|\vec{r}_1|^2}\hat{r}_1$$

$$= \left(9 \times 10^9 \frac{\text{Nm}^2}{\text{C}^2}\right)\frac{(6 \times 10^{-9} \text{ C})}{(0.0894 \text{ m})^2}\langle -0.447, 0.894, 0\rangle$$

$$\vec{E}_1 = \langle -3.02 \times 10^3, 6.04 \times 10^3, 0\rangle \text{ N/C}$$

$$\vec{r}_2 = \langle -0.04, 0.08, 0\rangle \text{ m} - \langle 0.05, 0.08, 0\rangle \text{ m} = \langle -0.09, 0, 0\rangle \text{ m}$$

$$|\vec{r}_2| = \sqrt{(-0.09)^2} = 0.09 \text{ m}$$

$$\hat{r}_2 = \frac{\vec{r}_2}{|\vec{r}_2|} = \frac{\langle -0.09, 0, 0\rangle \text{ m}}{(0.09 \text{ m})} = \langle -1, 0, 0\rangle$$

$$\vec{E}_2 = \frac{1}{4\pi\varepsilon_0}\frac{Q_2}{|\vec{r}_2|^2}\hat{r}_2$$

$$= \left(9 \times 10^9 \frac{\text{Nm}^2}{\text{C}^2}\right)\frac{(-5 \times 10^{-9} \text{ C})}{(0.09 \text{ m})^2}\langle -1, 0, 0\rangle$$

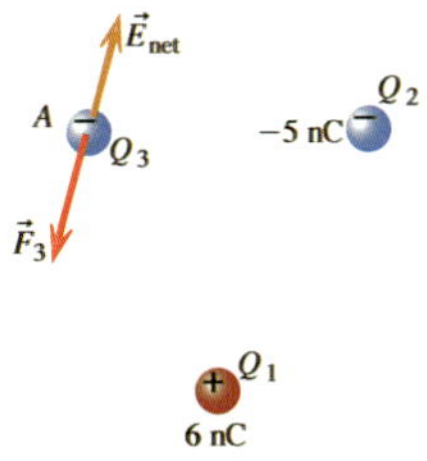


그림 13.28 $A$ 지점에 음전하가 위치하게 될 때, 그 전하는 그 지점에서의 총 전기장과 반대 방향의 힘을 받게 된다.

$$\vec{E}_2 = \langle 5.56\times10^3, 0, 0\rangle \text{ N/C}$$

$$\begin{aligned}\vec{E}_{net} &= \vec{E}_1 + \vec{E}_2 \\ &= \langle -3.02\times10^3, 6.04\times10^3, 0\rangle \text{ N/C} + \langle 5.56\times10^3, 0, 0\rangle \text{ N/C} \\ \vec{E}_{net} &= \langle 2.54\times10^3, 6.04\times10^3, 0\rangle \text{ N/C}\end{aligned}$$

그림 13.28에서 전하 $Q_3$는 관찰 지점에 놓여 있다.

$$\begin{aligned}\vec{F}_3 &= Q_3\vec{E}_{net} \\ &= (-3\times10^{-9}\text{ C})\langle 2.54\times10^3, 6.04\times10^3, 0\rangle \text{ N/C} \\ &= \langle -7.51\times10^{-6}, -1.81\times10^{-5}, 0\rangle \text{ N}\end{aligned}$$

각각의 성분들과 총 전기장이 그림 13.27에서 보여진다. $Q_3$가 $A$지점에 놓여 질 때, 그림 13.28에서와 같은 방향의 힘을 받게 된다. $Q_3$에 작용하는 힘은 $Q_3$가 음의 값이기 때문에 $A$지점에서의 전기장의 방향과 반대 방향을 가진다.

## 13.6 쌍극자의 전기장

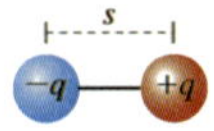


그림 13.29 전기 쌍극자

중성 물질은 양전하와 음전하(양성자와 전자) 둘 다를 가지게 된다. 우리가 세부적으로 다룰 수 있는 가장 간단한 중성 물질은 그림 13.29에서 보는 것처럼 크기는 같지만 반대 부호의 전하를 가진, 거리 $s$만큼 떨어진 두 개의 점 물체들로 구성된 "전기 쌍극자"이다. 쌍극자는 자연에서 자주 일어나고, 그것의 해석은 실용적으로 응용된다. 예를 들어, HCl 분자는 하나의 전기 쌍극자이다. 즉, H 끝부분은 약간의 양전하를 띠고, Cl 끝부분은 약간의 음전하를 띠게 된다. 게다가, 하나의 쌍극자를 해석함으로써, 물질의 보다 복잡한 형태들을 이해하는 데 필요한 기초들을 습득할 수 있게 된다.

중첩의 원리를 적용함으로써, 공간 상 임의의 위치에서의 쌍극자 때문에 생기는 전기장을 계산할 수 있게 된다. 특히, 우리는 두 중요한 지점에서의 전기장에 큰 관심을 가지게 될 것이다. 즉, 쌍극자의 축 상의 위치에서 전기장과 그 축을 수직 이등분하는 축 상의 위치에서의 전기장에 관심을 가질 것이다.

### 쌍극자 축 상에서

그림 13.30은 전하 $+q$와 $-q$를 가지고, $s$만큼 떨어진 수평 쌍극자를 보여준다($q$는 양수이므로, $+q$는 양전하이고, $-q$는 음전하이다). 쌍극자의 중앙은 원점에 있다. 쌍극자 축 상의 관찰 지점에서의 쌍극자 때문에 생기는 전기장 $\vec{E}_1$를 구하기 위해서 중첩의 원리를 적용할 것이다.

그림에 나타난 방향을 살펴보면, 가까운 $+q$ 전하의 전기장 $\vec{E}_+$는 멀리 있는 $-q$ 전하의 전기장 $\vec{E}_-$보다 크기 때문에, 총 전기장 $\vec{E}_1$는 $+x$ 방향을 가질 것이다. 쌍극자의 음전하의 끝부분이 오른쪽으로 정렬됐다면, $\vec{E}_1$는 반대 방향을 가리킬 것이다. 그림에 나타난 방향에 의하면, 쌍극자 축 상의 양전하 끝부분에 의한 전기장 $\vec{E}_+$는 다음과 같게 된다.

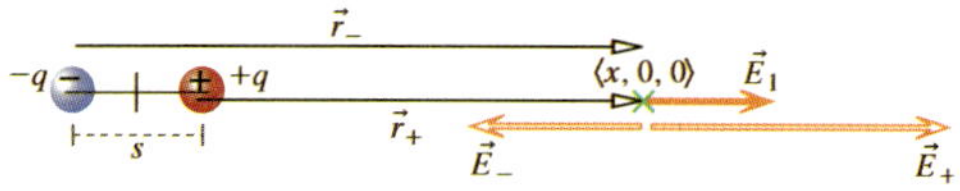


**그림 13.30** 쌍극자 축 상의 어떤 지점에서의 쌍극자에 의한 전기장(이 경우 이 축은 $x$축이다).

$$\vec{r}_+ = \langle x,0,0\rangle - \left\langle \frac{s}{2},0,0\right\rangle = \left\langle x-\frac{s}{2},0,0\right\rangle$$

$$|\vec{r}_+| = \sqrt{\left(x-\frac{s}{2}\right)^2 + 0^2 + 0^2} = \left(x-\frac{s}{2}\right)$$

$$\hat{r}_+ = \frac{\left\langle x-\frac{s}{2},0,0\right\rangle}{\left(x-\frac{s}{2}\right)} = \langle 1,0,0\rangle$$

$$\vec{E}_+ = \frac{1}{4\pi\varepsilon_0}\frac{q}{\left(x-\frac{s}{2}\right)^2}\langle 1,0,0\rangle = \left\langle \frac{1}{4\pi\varepsilon_0}\frac{q}{\left(x-\frac{s}{2}\right)^2},0,0\right\rangle$$

마찬가지로, 쌍극자의 음전하 끝부분에 의한 전기장 $\vec{E}_-$는 다음과 같다.

$$\vec{r}_- = \langle x,0,0\rangle - \left\langle \frac{-s}{2},0,0\right\rangle = \left\langle x+\frac{s}{2},0,0\right\rangle$$

$$|\vec{r}_-| = x+\frac{s}{2}$$

$$\hat{r}_- = \langle 1,0,0\rangle$$

$$\vec{E}_- = \frac{1}{4\pi\varepsilon_0}\frac{-q}{\left(x+\frac{s}{2}\right)^2}\langle 1,0,0\rangle = \left\langle \frac{1}{4\pi\varepsilon_0}\frac{-q}{\left(x+\frac{s}{2}\right)^2},0,0\right\rangle$$

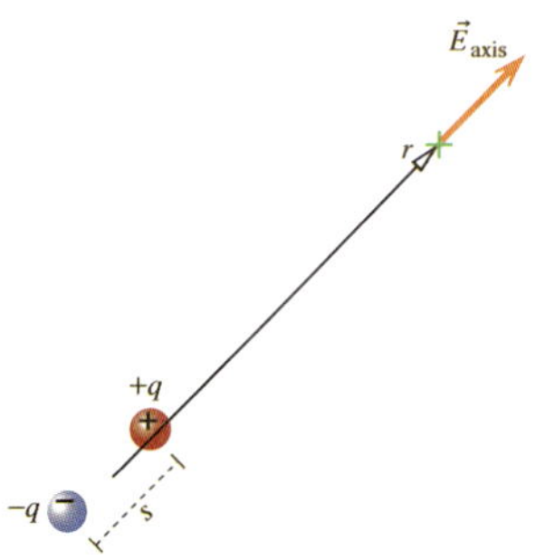


**그림 13.31** 쌍극자 축 상의 어떤 지점에서의 임의의 방향으로 정렬된 쌍극자에 의한 전기장

관찰 지점에서의 총 전기장을 얻기 위해서 다음과 같이 두 결과를 합한다.

$$\vec{E}_1 = \vec{E}_+ + \vec{E}_- = \left\langle \left(\frac{1}{4\pi\varepsilon_0}\frac{q}{\left(x-\frac{s}{2}\right)^2} + \frac{1}{4\pi\varepsilon_0}\frac{-q}{\left(x+\frac{s}{2}\right)^2}\right),0,0\right\rangle$$

쌍극자는 어떤 임의의 축으로도 정렬될 수 있기 때문에(그림 13.31을 보아라), 우리는 $x$를 $r$로 바꿈으로써 이 결과를 좀 더 일반적인 형태로 바꿀 수 있다. 여기서 $r$은 쌍극자의 중심으로부터 쌍극자 축 상의 관찰 지점까지의 거리를 나타낸다. 그러나 쌍극자는 다시 또 정렬될지도 모른다. 쌍극자 축 상의 위치에서의 전기장의 방향은 쌍극자의 정렬 방향에 따라 다르기 때문에, 쌍극자의 크기에 대한 대수적인 표현을 쓰고, 그리고 특정 상황을 고려함으로써 방향을 이해하는 것이 보다 유용하다.

$$|\vec{E}_{\text{on axis}}| = \left|\frac{1}{4\pi\varepsilon_0}\frac{q}{\left(r-\frac{s}{2}\right)^2} + \frac{1}{4\pi\varepsilon_0}\frac{-q}{\left(r+\frac{s}{2}\right)^2}\right|$$

$$= \frac{1}{4\pi\varepsilon_0} q \left( \frac{1}{\left(r - \frac{s}{2}\right)^2} - \frac{1}{\left(r + \frac{s}{2}\right)^2} \right)$$

$$= \frac{1}{4\pi\varepsilon_0} \frac{2qsr}{\left(r - \frac{s}{2}\right)^2 \left(r + \frac{s}{2}\right)^2}$$

**질문** 그림 13.31에서의 쌍극자가 180°로 회전한다면, 그래서 음전하 끝부분이 관찰 지점에 더 가까워진다면, 관찰 지점에서의 전기장의 방향은 어떻게 되는가?

쌍극자가 회전한다면, 전기장은 쌍극자를 향하는 방향을 가질 것이다.

### 근사: 쌍극자로부터 먼 위치에서

이 결과 식은 여전히 꽤 지저분한 표현식이고, 쌍극자로부터 멀어질 때 전기장의 크기가 얼마나 빨리 감소하는지에 대한 정보를 확인하기에는 어려워 보인다. 이 식을 보다 단순하게 만들어보자. 쌍극자로부터 멀리 있다면, 보통 분자 쌍극자 사이에 상호작용하는 경우일 때, 쌍극자 길이 $s$는 쌍극자로부터의 거리 $r$에 비해서 아주 작게 된다. 그래서 다음과 같은 식이 성립하게 된다.

$$r \gg s\text{이면, } \left(r - \frac{s}{2}\right)^2 \approx \left(r + \frac{s}{2}\right)^2 \approx r^2\text{이다.}$$

이러한 근사식을 사용하면, 우리는 전기장에 대한 표현을 다음과 같이 간단하게 만들 수 있다.

$$|\vec{E}_{\text{on axis}}| \approx \frac{1}{4\pi\varepsilon_0} \frac{2qsr}{r^4} = \frac{1}{4\pi\varepsilon_0} \frac{2qs}{r^3}$$

### 쌍극자의 축 상에서의 쌍극자의 전기장

$r \gg s$인 경우, 쌍극자 축의 어떤 위치에서의 전기장은 $|\vec{E}_{\text{axis}}| \approx \frac{1}{4\pi\varepsilon_0} \frac{2qs}{r^3}$ 이다.

$q$는 한 전하의 크기이다.
$s$는 전하들 사이의 거리이다.
$r$은 쌍극자의 중심으로부터 관찰 위치까지의 거리이다.
방향은 특정 상황을 고려하여 결정된다.

쌍극자는 임의의 정렬 방향을 가질 수 있기 때문에, 우리는 단지 전기장의 크기를 기술하였다. 여러분은 특정 쌍극자에 대해 쌍극자의 정렬 방향을 고려함으로써 특정 관찰 지점에서의 전기장의 방향을 결정할 필요가 있다.

### 이러한 결과는 타당한가?

**질문** 쌍극자의 전기장의 크기가 $1/r^2$에 비례하게 될 것이라고 예측하나?

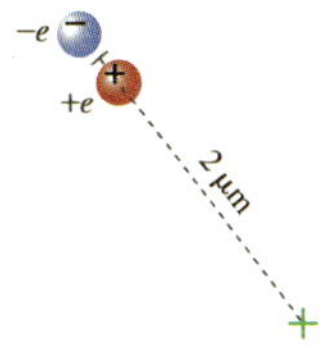

**그림 13.32** HCl 분자

단일 점전하의 전기장은 $1/r^2$에 비례한다. 그러나 하나 이상의 전하들에 의한 전기장들이 추가될 때, 결과는 상당히 다른 거리 의존성을 가지게 된다.

**질문** 우리의 결과는 정확한 단위를 가지는가?

전기장의 단위는 당연히 N/C이 나오게 된다.

$$\left(\frac{\mathrm{N\cdot m^2}}{\mathrm{C^2}}\right)\frac{\mathrm{(C)(m)}}{\mathrm{(m^3)}}=\frac{\mathrm{N}}{\mathrm{C}}$$

**예** **HCl 분자**

HCl 분자는 $1\times10^{-10}$ m 거리 만큼 떨어진 $^+e$ 전하의 입자와 $^-e$ 전하의 입자로 구성된 것으로 생각할 수 있기 때문에 쌍극자이다. 그림 13.32에서처럼 분자 축 상에서 분자로부터 2 $\mu$m($2\times10^{-6}$ m)인 위치에서 HCl 분자 때문에 생기는 전기장의 크기와 방향은 무엇인가?

**해답**

$$|\vec{E}|\approx\frac{1}{4\pi\varepsilon_0}\frac{2qs}{r^3}=\left(9\times10^9\,\frac{\mathrm{N\cdot m^2}}{\mathrm{C^2}}\right)\frac{2(1.6\times10^{-19}\,\mathrm{C})(1\times10^{-10}\,\mathrm{m})}{(2\times10^{-6}\,\mathrm{m})^3}$$

$$=3.6\times10^{-2}\,\frac{\mathrm{N}}{\mathrm{C}}$$

쌍극자의 양전하 끝부분이 음전하 끝부분보다 관찰 지점에 더 가깝기 때문에, 전기장은 쌍극자 축 상에 쌍극자로부터 멀어지는 방향을 향한다.

## 수직축 상에서

다음으로 쌍극자 축에 수직한 축 상의 관찰 지점에서의 전기장 $\vec{E}_2$를 생각하자. 그림 13.33에 나타난 쌍극자를 살펴보면, 이 수직축은 $y$축이다. 첫째로, 각 원천 전하에서 관찰 위치로의 벡터들인 $\vec{r}_+$와 $\vec{r}_-$를 확인할 필요가 있다.

$$\vec{r}_+=\langle 0,y,0\rangle-\left\langle\frac{s}{2},0,0\right\rangle=\left\langle-\frac{s}{2},y,0\right\rangle$$

$$\vec{r}_-=\langle 0,y,0\rangle-\left\langle-\frac{s}{2},0,0\right\rangle=\left\langle\frac{s}{2},y,0\right\rangle$$

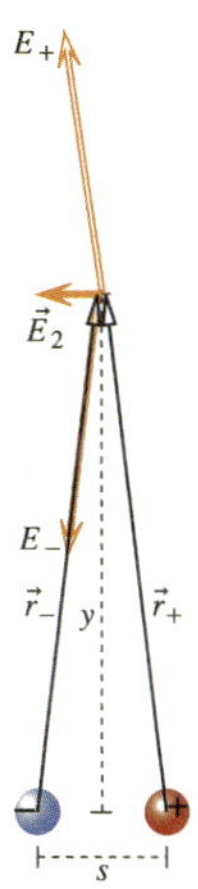

**그림 13.33** 수직축 상의 위치에서의 쌍극자의 전기장

각 전하는 관찰 위치로부터 같은 거리를 가지기 때문에, $\vec{r}_+$와 $\vec{r}_-$의 크기들은 서로 같다.

$$|\vec{r}_+|=\sqrt{\left(-\frac{s}{2}\right)^2+y^2+0^2}=\sqrt{\left(\frac{s}{2}\right)^2+y^2}$$

$$|\vec{r}_-|=\sqrt{\left(\frac{s}{2}\right)^2+y^2}$$

$$\hat{r}_+=\frac{\left\langle-\frac{s}{2},y,0\right\rangle}{\left[\left(\frac{s}{2}\right)^2+y^2\right]^{1/2}}\quad\text{그리고}\quad\hat{r}_-=\frac{\left\langle\frac{s}{2},y,0\right\rangle}{\left[\left(\frac{s}{2}\right)^2+y^2\right]^{1/2}}$$

$$\vec{E}_+ = \frac{1}{4\pi\varepsilon_0}\frac{q}{\left[\left(\frac{s}{2}\right)^2+y^2\right]}\frac{\left\langle -\frac{s}{2},y,0\right\rangle}{\left[\left(\frac{s}{2}\right)^2+y^2\right]^{1/2}}$$

$$\vec{E}_- = \frac{1}{4\pi\varepsilon_0}\frac{-q}{\left[\left(\frac{s}{2}\right)^2+y^2\right]}\frac{\left\langle \frac{s}{2},y,0\right\rangle}{\left[\left(\frac{s}{2}\right)^2+y^2\right]^{1/2}}$$

총 전기장 $\vec{E}_2$는 다음과 같이 $\vec{E}_+$와 $\vec{E}_-$의 합이 된다.

$$\vec{E}_2 = \vec{E}_+ + \vec{E}_- = \frac{1}{4\pi\varepsilon_0}\frac{qs}{\left[\left(\frac{s}{2}\right)^2+y^2\right]^{3/2}}\langle -1,0,0\rangle$$

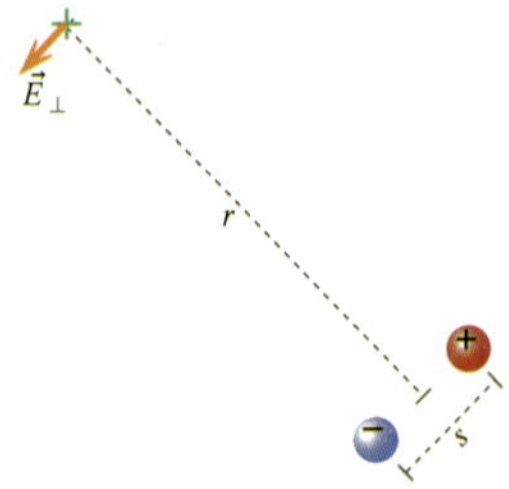


**그림 13.34** 쌍극자에 수직한 축 상의 위치에서의 쌍극자의 전기장

그림 13.33에서처럼 두 전기장의 $y$ 성분들은 서로 상쇄되고, 총 전기장 $\vec{E}_2$는 수평으로 왼쪽 방향을 가진다. 이러한 결과는 꽤 놀랍다.

다시, 쌍극자는 일반적으로 임의의 정렬 방향을 가질 수 있기 때문에(그림 13.34를 보아라), $y$대신에 쌍극자의 중심으로부터 쌍극자에 수직한 축 상의 위치까지의 거리를 나타내는 $r$로 바꾸는 것이 더 적절하겠다. 그 결과 다음과 같이 그 위치에서의 전기장의 크기를 얻게 된다.

$$|\vec{E}_\perp| = \frac{1}{4\pi\varepsilon_0}\frac{qs}{\left[\left(\frac{s}{2}\right)^2+r^2\right]^{3/2}}$$

쌍극자로부터 멀리 있다면, 분자 쌍극자들과 상호작용하는 일반적인 경우일 때, 전기장의 크기는 보다 더 간단하게 표현될 수 있다. 이 같은 경우에($r \gg s$) 적절한 근사를 함으로써 다음과 같은 것들을 얻을 수 있어야 한다.

### 수직한 축에서의 쌍극자의 전기장

$r \gg s$인 경우, 수직축의 어떤 위치에서의 전기장은 $|\vec{E}_\perp| \approx \frac{1}{4\pi\varepsilon_0}\frac{qs}{r^3}$ 이다.

$q$는 한 전하의 크기이다.
$s$는 전하들 사이의 거리이다.
$r$은 쌍극자의 중심으로부터 관찰 위치까지의 거리이다.
방향은 특정 상황을 고려하여 결정된다.

$y$축 상의 위치에서의 전기장의 크기는 $x$축 상에서 같은 거리로 떨어진 위치에서의 전기장의 크기의 반에 해당한다는 것을 알아야 한다.

### 다른 수직축 상에서

**질문** 다른 수직축 상의 어떤 임의의 위치에서의 쌍극자의 전기장은 어떻게 되는가?

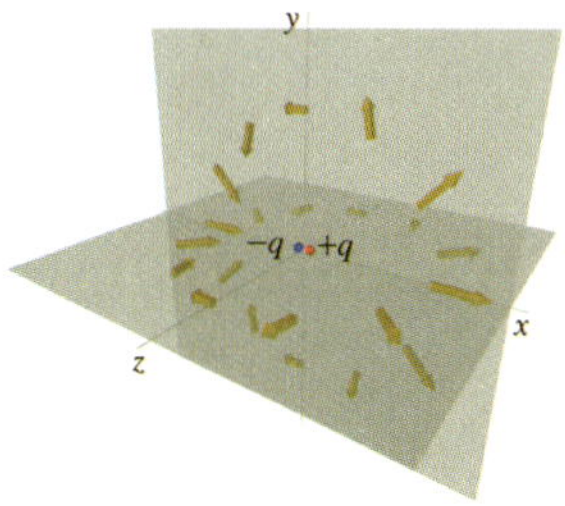


**그림 13.35** 두 평면에서의 쌍극자의 전기장. 그 평면들은 다른 위치들뿐 아니라 쌍극자 축과 수직한 축 상의 위치들을 포함한다.

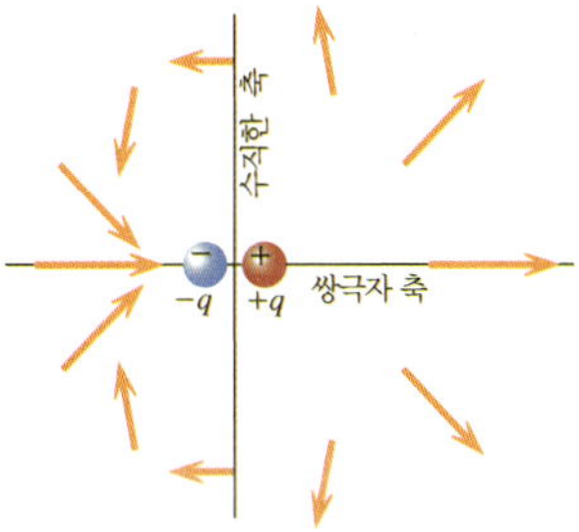


**그림 13.36** 쌍극자를 포함하는 평면 상의 위치들에서 쌍극자에 의한 전기장

시스템의 대칭을 고려함으로써, 우리는 양쪽 수직축 상에서의 전기장은 서로 정확히 같은 값의 거리 의존성을 가져야 한다는 것으로 결론내릴 수 있다.

## 다른 위치

중첩 원리를 사용함으로써 비록 간단한 수학적 표현이 아닐지라도 우리는 임의의 위치에서의 쌍극자에 의한 전기장을 계산할 수 있다. 그림 13.35는 쌍극자를 포함하는 두 개의 수직 평면의 위치들에서 수치적으로 계산된 쌍극자의 전기장을 보여준다. 그림 13.36은 단지 수직한 평면 상의 위치를 보여주는데, 그것은 전기장의 대칭적인 모양을 나타낸다. 컴퓨터 활용 문제에서 문68은 임의의 위치에서 쌍극자의 전기장을 시각적으로 보여줄 수 있는 컴퓨터 수치계산 문제이다.

## 근사의 중요성

$r \gg s$인 공통의 상황을 고려함으로써, $x$와 $y$축 상의 모든 위치에서의 쌍극자의 전기장에 대한 간단한 대수적인 표현을 얻을 수 있다. 그리고 그 표현으로부터, 쌍극자 전기장의 거리 의존성에 대한 명쾌한 통찰력을 얻을 수 있다. 우리가 만약 이런 간단화 작업을 하지 않았다면, 전기장이 지저분한 표현으로 남아 있어서, 쌍극자의 전기장이 $1/r^3$을 가지고 감소한다는 것을 보기 쉽지 않았을 것이다 (이것은 앞에서 이미 살펴본 잘 성립하는 축 상이 아닌 위치들에서도, 또한 성립한다는 것을 알 수 있으나, 이것을 증명하기 위한 대수학은 좀 더 복잡하긴 하다).

**질문** $r \approx s$인 경우 쌍극자에 가까운 지점에서의 쌍극자의 전기장은 어떻게 계산할 수 있는가?

앞의 계산에 사용된 근사법은 더 이상 성립하지 않기 때문에, 우리가 앞에서 살펴본 첫 번째 단계에서 했던 것처럼, 정확히 두 전하에 의한 전기장들을 더하는 단계로 돌아가야만 한다.

**점검 사항 5** 쌍극자가 원점에 놓여 있고, $x$축 상에 $2 \times 10^{-10}$ m만큼 떨어진 전하 $+e$와 $-e$를 가지는 전하 입자들로 구성되어 있다. (a) $\langle 0, 2 \times 10^{-8}, 0 \rangle$ m 위치에서의 쌍극자에 의한 전기장의 크기를 계산하여라. (b) $\langle 2 \times 10^{-8}, 0, 0 \rangle$ m 위치에서의 쌍극자에 의한 전기장의 크기를 계산하여라.

## 점전하와 쌍극자의 상호작용

$x$, $y$, $z$축의 모든 위치들에서의 쌍극자의 전기장에 대한 수학적인 표현식을 알고 있기 때문에, 쌍극자의 자기장과 상호작용하는 점전하에 작용하는 힘을 구할 수 있다. 그림 13.37은 쌍극자의 중심으로부터 거리 $d(\gg s)$만큼 떨어진 점전하 $+Q$에 작용하는 쌍극자를 보여준다.

**예** **점전하에 작용하는 쌍극자의 힘**

그림 13.37과 같은 상황에서 쌍극자에 의해 점전하에 작용하는 힘의 크기와 방향은 무엇인가?

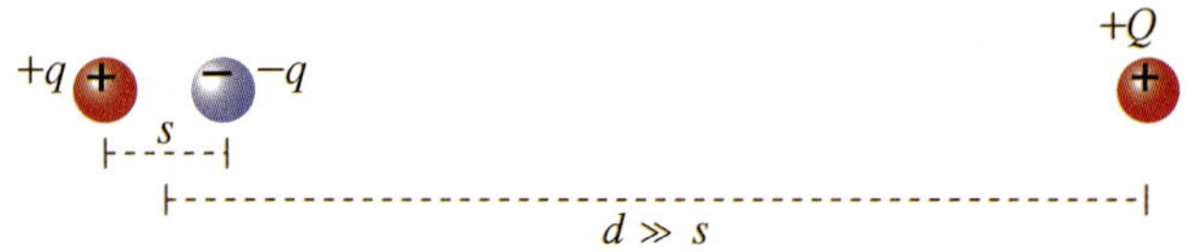


**그림 13.37** 쌍극자와 점전하

**해답** 점전하의 위치에서 쌍극자에 의한 전기장은 $-x$ 방향을 가지게 된다(그림 13.37). 쌍극자는 전하 $Q$에 다음과 같이 쌍극자를 향하는 방향으로의 힘을 주게 된다.

$$\vec{F} = Q\vec{E}_{\text{dipole}} = Q\left\langle -\frac{1}{4\pi\varepsilon_0}\frac{2qs}{d^3}, 0, 0\right\rangle$$

---

**질문** 이 전기력의 방향은 물리적으로 타당한가?

그렇다. 쌍극자의 음전하 끝부분은 계산하고자 하는 위치와 가까우므로, 총 전기장에서 그 힘의 영향은 쌍극자의 양전하 끝부분보다 더 크게 된다.

**질문** 점전하에 의해 쌍극자에 작용하는 힘의 크기와 방향은 무엇인가?

전기력의 작용-반작용의 원리에 의해서(뉴턴의 제3법칙), 전하 $Q$에 의해 쌍극자에 작용하는 힘은 크기에 있어서는 같아야만 하고, 방향은 쌍극자에 의해 점전하에 작용하는 힘의 방향과 반대가 되어야 한다.

**질문** 이것이 어떻게 가능한가? 쌍극자를 구성하는 입자들이 크기가 같고 부호가 다른 전하들로 구성되어져 있기 때문에, 쌍극자에 작용하는 총 힘은 제로가 되어야 하지 않는가?

이 문제의 핵심은 점전하의 전기장의 거리 의존성에 달려 있다. 쌍극자의 양 끝부분은 서로 매우 가까울지라도, 양전하 끝부분은 점전하에서 약간 더 멀리 있다. 그래서 점전하의 전기장의 크기는 이 위치에서 약간 작게 되고, 그래서 쌍극자의 양전하 끝부분에 작용하는 반발력이 쌍극자의 음전하 끝부분에 작용하는 인력보다 약간 더 작게 된다. 그래서 총 전기력은 작으나 인력을 띠게 된다(그림 13.38).

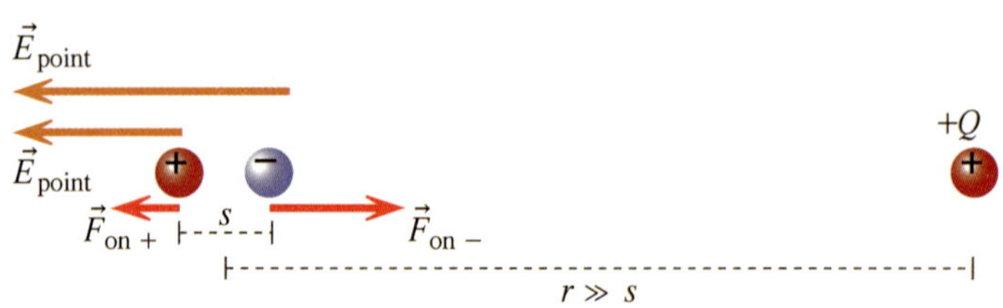


**그림 13.38** 점전하의 전기장의 크기는 쌍극자의 음전하 끝부분에서 약간 크다. 그래서 쌍극자에 작용하는 총 전기력은 오른쪽 방향을 가지게 된다. 전기장과 전기력을 나타내는 화살표들은 명확하게 표현하기 위해서 전하들의 위치로부터 벗어난 지점에 나타내었다.

**점검 사항 6** 그림 13.39의 상황을 생각해 보자.
(a) 거리 $d$를 두 배로 한다면, 쌍극자에 의해 점전하에 작용하는 힘은 얼마나 줄어드는가?
(b) 점전하가 $+3Q$를 가지고 있다면, 전기력은 얼마나 변하는가?
(c) 점전하의 전하가 $-2Q$이라면, 전기력은 어떻게 변하는가?

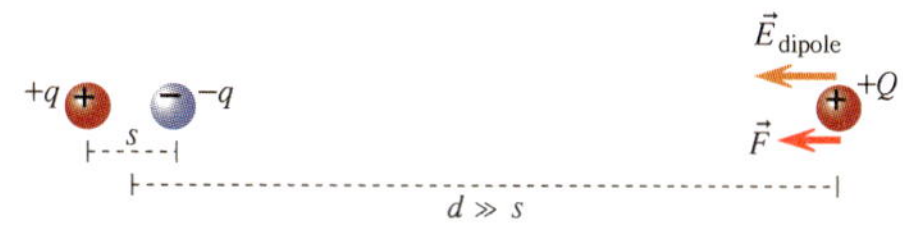


**그림 13.39** 점전하의 위치에서 쌍극자의 전기장과 이 전기장에 의해 점전하에 작용하는 힘

## 전기 쌍극자 모멘트

쌍극자의 전기장은 곱 $qs$에 비례하고, 이를 "전기 쌍극자 모멘트"라고 부르고 $p$로 표시한다.

$$p = qs(\text{전기 쌍극자 모멘트})$$

쌍극자로부터 멀리 떨어진 위치에서, 작은 $q$와 큰 $s$ 혹은 큰 $q$와 작은 $s$에서 같은 전기장을 가질 수 있다. 단지 여기서 중요한 값은 곱 $qs$가 된다. 게다가, 이것은 $q$(끝부분에서의 전하량)와 $s$(전하 사이의 거리)의 개별적인 값을 나타낼 수 없는, 영구적인 쌍극자에 해당하는 HCl과 $H_2O$ 같은 분자들에 대해서도 측정할 수 있는 양이다.

우리는 쌍극자의 전기장에 대한 표현을 다음과 같이 쌍극자 모멘트 $p$로 다시 쓸 수 있다.

$r \gg s$인 경우, 쌍극자 축의 어떤 위치에서의 전기장은 $|\vec{E}_{\text{axis}}| \approx \dfrac{1}{4\pi\varepsilon_0}\dfrac{2p}{r^3}$ 이다.

$r \gg s$인 경우, 수직축의 어떤 위치에서의 전기장은 $|\vec{E}_{\perp}| \approx \dfrac{1}{4\pi\varepsilon_0}\dfrac{p}{r^3}$ 이다.

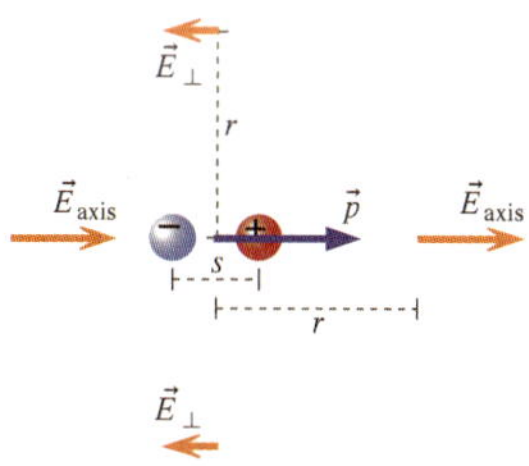


**그림 13.40** 쌍극자 축과 수직축에서의 쌍극자의 전기장과 전기 쌍극자 모멘트 벡터

벡터로서의 쌍극자 모멘트는 크기 $p = qs$를 가지고 음전하에서 양전하를 가리키는 벡터 $\vec{p}$로써 정의될 수 있다(그림 13.40). 쌍극자의 축 상에서의 전기장(쌍극자 바깥으로)은 쌍극자 모멘트 $\vec{p}$와 같은 방향을 가리키고 이것은 벡터 $\vec{p}$의 유용한 성질 중 하나이다.

제17장에서 우리는 벡터인 자기 쌍극자 모멘트에 의해 기술된 자기 쌍극자 주위의 자기장의 똑같은 패턴을 보게 될 것이다.

## 균일한 전기장에서의 쌍극자

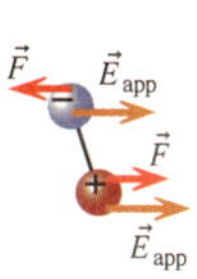


**그림 13.41** 균일한 전기장에서의 쌍극자는 어떤 총 전기장을 받지 않는다. 그것은 질량 중심에 대한 돌림힘을 받게 된다(여기서, 돌림힘 $\vec{\tau}_{\text{CM}}$는 지면으로부터 나오는 방향이다. 그리고 쌍극자는 반시계 방향으로 회전하기 시작한다).

제15장에서는 특정 영역에서 크기와 방향 면에서 거의 균일한 전기장을 생성하기 위한 점전하들의 집합이 가능하다는 것을 보게 될 것이다. 그런 균일한 전기장에서 쌍극자에 작용하는 힘은 무엇인가?

쌍극자에 작용하는 총 힘은 제로가 될 것이다. 그림 13.41에서 보는 것처럼 두 끝부분에 작용하는 힘들은 크기가 같고 방향은 정반대가 된다. 그러나 질량 중심에 대해서 쌍극자에 돌림힘이 존재하게 될 것이고, 쌍극자는 회전하기 시작할 것이다.

**점검 사항 7** 그림 13.41에서 쌍극자의 평형 위치는 무엇인가? 이 평형 상태에서, 인가된 전기장의 방향에 대하여 쌍극자 모멘트 벡터의 정렬 방향을 비교하여라.

**예 쌍극자와 대전된 공**

그림 13.42에 나타난 것처럼 2 mm로 떨어진 점전하 +4 nC과 −4 nC으로 구성된 쌍극자가 〈0.03, 0.15, 0〉 m 위치에 중심을 가지고 놓여져 있다. 표면 상에 균일하게 분포된 전하 −0.2 nC을 가지고 반지름 3 cm를 가진 속이 빈 플라스틱 공이 〈0.11, 0.15, 0〉 m 위치에 중심을 가지고 위치해 있다. 〈0.03, 0.04, 0〉 m의 C 지점에서의 총 전기장은 무엇인가? (1 nC = 1 nanocoulomb = $1 \times 10^{-9}$ C)

**해답** 다음과 같이 중첩의 원리를 적용하자.

$$\vec{E}_{\text{net}} = \vec{E}_{\text{dipole}} + \vec{E}_{\text{ball}}$$

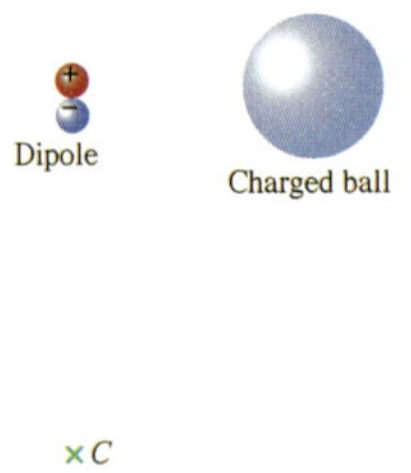


**그림 13.42** 쌍극자와 대전된 공. 쌍극자의 크기는 과장되게 그려졌다(같은 스케일이 아니다).

쌍극자의 중심으로부터 관찰 지점으로의 거리는 다음과 같다.

$$|\vec{r}_d| = |\langle 0.03, 0.04, 0\rangle - \langle 0.03, 0.15, 0\rangle| = 0.11 \text{ m}$$

쌍극자 축 상에서 위치 C는 쌍극자로부터 상당히 멀기 때문에, 쌍극자 전기장의 크기는 다음과 같이 근사될 수 있다.

$$|\vec{E}| \approx \frac{1}{4\pi\varepsilon_0}\frac{2qs}{r^3} = \left(9\times 10^9 \frac{\text{N}\cdot\text{m}^2}{\text{C}^2}\right)\frac{2(4\times 10^{-9}\text{ C})(2\times 10^{-3}\text{ m})}{(0.11\text{ m})^3} = 108\,\frac{\text{N}}{\text{C}}$$

다이어그램을 보면, 쌍극자 전기장의 방향은 〈0, 1, 0〉 (음전하 끝부분이 위치 C에 좀 더 가깝기 때문에, $+y$방향으로 향한)이다. 위치 C에서 쌍극자에 의한 전기장은 다음과 같다.

$$\vec{E}_{\text{dipole}} = \langle 0, 108, 0\rangle\,\frac{\text{N}}{\text{C}}$$

공에 의한 전기장은 공의 모든 전하가 마치 공의 중심에 위치한 점전하의 전기장과 같다. 공의 중심에서 위치 C로 향하는 $\vec{r}$는 다음과 같다.

$$\vec{r} = \langle 0.03, 0.04, 0\rangle \text{ m} - \langle 0.11, 0.15, 0\rangle \text{ m} = \langle -0.08, -0.11, 0\rangle \text{ m}$$

$\vec{r}$의 크기는 $|\vec{r}| = \sqrt{(-0.08)^2 + (-0.11)^2 + 0^2}\text{ m} = 0.136\text{ m}$이고, 단위 벡터 $\hat{r}$은 다음과 같다.

$$\hat{r} = \frac{\vec{r}}{|\vec{r}|} = \frac{\langle -0.08, -0.11, 0\rangle \text{ m}}{0.136 \text{ m}} = \langle -0.588, -0.809, 0\rangle$$

그리고 대전된 공에 의한 전기장은 다음과 같다.

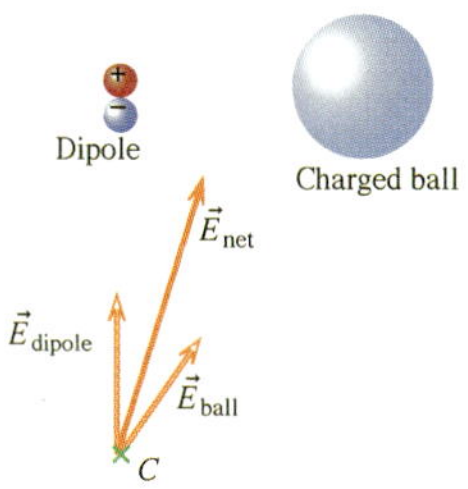


**그림 13.43** 위치 C에서의 쌍극자와 공의 전기장에 대한 기여분과 총 전기장

$$\vec{E}_{\text{ball}} = \frac{1}{4\pi\varepsilon_0}\frac{Q}{|\vec{r}|^2}\hat{r} = \left(9\times10^9\,\frac{\text{N}\cdot\text{m}^2}{\text{C}^2}\right)\frac{(-2\times10^{-10}\,\text{C})}{(0.136\text{ m})^2}\langle -0.588, -0.809, 0\rangle$$
$$= \langle 57.2, 78.7, 0\rangle\,\frac{\text{N}}{\text{C}}$$

총 전기장은 다음과 같다.

$$\begin{aligned}\vec{E}_{\text{net}} &= \vec{E}_{\text{dipole}} + \vec{E}_{\text{ball}}\\ &= \langle 0, 108, 0\rangle\,\frac{\text{N}}{\text{C}} + \langle 57.2, 78.7, 0\rangle\,\frac{\text{N}}{\text{C}}\\ &= \langle 57.2, 187, 0\rangle\,\frac{\text{N}}{\text{C}}\end{aligned}$$

그림 13.43에서처럼 $\vec{E}_{\text{ball}}$의 $x$, $y$ 성분들은 정확히 양의 값을 가진다. 왜냐하면, 공은 음의 전하를 가지기 때문이다. 전기장에 대한 각각의 기여와 총 전기장을 나타내는 화살표들이 그림 13.43에 나타내어졌다.

## 13.7 계의 선택

앞부분의 역학 파트에서 살펴보았듯이, 다입자 계를 운동량 혹은 에너지로 해석할 때, 우리의 "계" 내부에 어떤 물체가 포함되어 있는지와 계 외부로 어떤 물체들을 생각할 수 있는지를 결정해야만 한다. 마찬가지로, 힘을 계산하기 위해 쿨롱의 법칙을 직접 사용하는 방법보다 장의 개념을 사용할 때, 우주를 다음과 같이 두 부분으로 나누게 된다.

- 전기장의 원천들이 되는 전하들과
- 이 전기장에 영향을 받는 전하

이것은 특히 원천 전하들이 많거나 고정되어 있는 경우 아주 유용하다. 주어진 공간 영역에서의 원천 전하들에 의한 전기장을 계산하고 나서, 그 영역으로 들어간 하나의 전하 입자에 무슨 일이 일어날지를 예측할 수 있다(움직이는 전하 입자는 확실히 다른 모든 전하들에 힘을 가해준다. 그러나 우리는 그런 힘에 대해 항상 관심을 가지진 않는다. 다른 한편으로는, 다른 전하들이 자유롭게 움직이지 않게 된다).

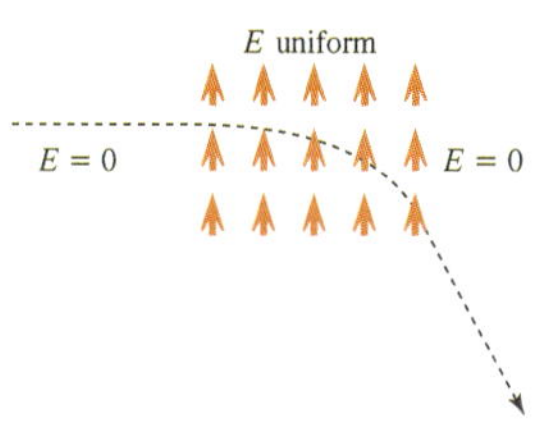


**그림 13.44** 균일한 전기장을 통과하는 전자의 궤도

예를 들어, 오실로스코프 상에서 금속판들의 전하들은 단일 전자들의 궤도에 영향을 주는 전기장의 원천 역할을 한다(그림 13.44). 전기장은 박스 내의 모든 영역에서 거의 같은 크기와 방향을 가진다(이것은 아래의 양전하들과 위의 음전하들로 이루어진 적당한 형태로 만들어질 수 있다). 전기장이 거의 제로인 이 박스 바깥영역에서 전자는 직선 모양의 궤도를 만들게 된다. 박스에 들어간 후에(작은 구멍을 통하여), 전자는 아래 방향의 힘을 받게 되고(전자는 음전하를 가지고, 그래서 전자에 작용하는 힘은 전기장의 방향과 반대가 된다), 그림에서 보여준 궤도를 그리게 된다.

**점검 사항 8** 그림 13.44에서처럼 균일하게 위 방향으로 향하는 전기장이 5000 N/C의 크기를 가진다면, 박스 내에 있는 동안 전자가 받는 힘의 크기는 얼마인가? 만약 다른 입자가 이 영역을 지나갈 때, $1.6 \times 10^{-15}$ N의 힘을 받고 있다면, 입자의 전하는 무엇인가?

## 13.8 전기장은 실제로 존재하는가?

지금까지 살펴본 바에 따르면, 우리가 왜 전기장의 개념을 소개했는지에 대한 2가지 이유를 알 수 있다.

1. 어떤 위치에서의 전기장 $\vec{E}$를 알게 될 때, 우리는 그 위치에서의 임의의 전하 $q$에 작용하는 전기력 $\vec{F} = q\vec{E}$를 알게 된다.
2. 인가된 전기장이 어떻게 생성되었는지 상관없이, 그 전기장을 가지고 물질의 전기적인 성질들을 기술할 수 있다.

다음 장에서 살펴보겠지만, 전기장이 어떻게 생성되었는지에 관련 없이, 공기 내에 전기장이 약 $3 \times 10^6$ N/C을 초과하면 공기는 전도체가 된다. 이것은 물질의 특성을 상자성화하기 위한 전기장 개념의 가치에 대한 좋은 예이다. 만약 장의 개념을 사용하여 그 문제를 두 부분으로 나누는 것 없이, 물질의 성질을 기술한다는 것은 다소 불편했을 것이다. 즉, 다른 전하들에 의해 생성된 전기장과 전기장이 특정한 물질에 작용하는 효과의 두 부분을 말한다.

이 같이 장 개념의 장점에도 불구하고, 우리가 전기장을 그저 계산상의 편리함 혹은 실제적인 것으로 생각하는지는 중요하지 않는 것처럼 보인다. 그러나 매우 다양한 상황에서 실험적으로 이미 증명된 아인슈타인의 특수상대성이론은 거리상의 순간적인 운동을 배제한다. 다음에 살펴보겠지만, 이 이론에 의하면 장 개념이 단순히 편리하다는 것뿐 아니라 꼭 필요하게 된다.

### 지연: 전기장과 빛의 속도

특수상대성이론에 의하면, 어떠한 것도 빛의 속도보다 빠를 수 없다. 심지어 정보도 그러하고 이 예측을 위배하는 어떠한 것도 관측된 적이 없다. 빛의 속력은 $c = 3 \times 10^8$ m/s이고, 혹은 약 1 ns당 1 ft (30 cm)정도에 해당한다. 여기서 1 ns는 $1 \times 10^{-9}$ s이다.

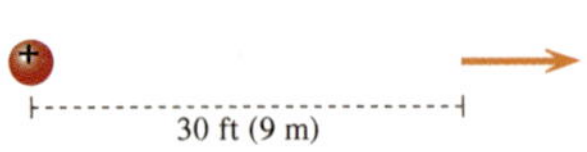


**그림 13.45** 점전하의 전기장

**그림 13.46** $t$ = 0에서 전하가 움직인다. 그러나 30 ns 동안 관찰 지점에서의 전기장은 변하지 않는다.

그림 13.45에서처럼 30 ft(약 9 m)만큼 떨어진 하나의 전하를 생각하자. 빛이 전하로부터 여러분에게 도달하는 데 걸리는 시간은 30 ns이다.

그림 13.46에서처럼 전하가 갑자기 새로운 위치로 이동했다고 가정하자. 여러분은 30 ns가 흐르기 전까지는 전기장에 대한 변화를 관측할 수 없다! 전기장이 갑자기 변할 수 있다면, 그것은 빛의 속도보다 더 빠르게 신호를 보낼 수 있는 메커니즘이 존재하게 될 것이다.

그 시간 동안(30 ns), 전기장은 장의 원래의 원천 전하와는 관계없이 어떤 상대성과 존재성을 가지게 된다. 만약 30 ns 시간 동안 관찰 위치에 양전하를 놓는다

**그림 13.47** $t$ = 30 ns에서 관찰 지점에서의 전기장은 결국 변하게 된다.

면, 그 전하가 여전히 존재하는 기존의 전기장 방향으로, 오른쪽 방향으로 가속되는 것을 보게 될 것이다.

그림 13.47에서처럼 30 ns 시간이 흐른 후 즉 지연되어, 전기장은 결국 전하가 30 ns 전에 움직였던 위치에 대응하도록 변하게 된다. 여러분은 전기장의 변화를 주목하는 순간에 전하의 새로운 위치를 보게 된다. 물론 빛은 빛의 속력으로 움직인다.

## 원천 전하들이 사라진다면 무슨 일이 일어날까

심지어 더 드라마틱한 예로서 멀리 떨어진 쌍극자에 의해 생성된 전기장이 포함된다. 전자와 양전자가 작은 거리 $s$만큼 떨어져 쌍극자를 만들고 공간 상에 전기장을 만들고 있다고 가정하자. 전자와 양전자는 갑작스럽게 만나서 반응할 지도 모른다. 즉, 그것들은 다음과 같이 서로 소멸하고, 어떠한 전하도 가지지 않는 고에너지 광자(감마선)의 형태의 많은 양의 에너지를 방출하게 된다.

$$e^- + e^+ \to \gamma + \gamma$$

소멸이 일어난 후의 짧은 시간 동안, 더 이상 근처에 어떤 전하 입자들이 존재하지 않게 된다. 그러나 여러분이 이 영역에서의 전기장을 주목한다면, 심지어 쌍극자가 더 이상 존재하지 않더라도 그 시간 동안 쌍극자의 전기장(전에 존재한)을 계속해서 관측하게 될 것이다! 만약 여러분이 쌍극자의 원래 위치로부터 $r$만큼 떨어져 있다면, 여러분은 $r/c$의 시간 동안 쌍극자의 전기장을 여전히 관측하게 될 것이다. 이 시간은 빛이 쌍극자 지점으로부터 여러분의 위치까지 여행하는 데 걸리는 시간과 같다.

## 쿨롱의 법칙은 단지 작은 속력에서만 정확하다

"지연"이라 불리는 흥미로운 현상은 우리에게 쿨롱의 법칙이 정확하지 않다는 것을 알려준다. 왜냐하면, 다음 식이 시간 $t$와 빛의 속력 $c$를 포함하지 않기 때문이다.

$$\vec{F} = \frac{1}{4\pi\varepsilon_0}\frac{q_1 q_2}{r^2}\hat{r}$$

쿨롱의 법칙은 전하들이 느리게 움직일 때, 꽤 정확하게 성립하는 근사식이다. 그러나 전하들이 빛의 속력의 상당한 비율에 해당하는 속력으로 움직인다면, 쿨롱의 법칙은 더 이상 적당하지 않게 된다. 마찬가지로, 점전하의 전기장에 대한 다음 식도 단지 전하가 빛의 속력에 비해서 작은 속력으로 움직이는 경우에만 성립하는 근사식에 해당한다.

$$\vec{E} = \frac{1}{4\pi\varepsilon_0}\frac{q}{r^2}\hat{r}$$

뒤에서 우리는 움직이는 전하들의 장들, 즉 전기장뿐 아니라 자기장을 포함하는 장들에 대해서 생각할 것이다. 또한, 가속하는 전하들의 장을 생각할 것이다. 그것은 매우 특별한 전기장, 즉 라디오와 텔레비전 파와 빛을 구성하는 전자기파의 요소를 생성한다.

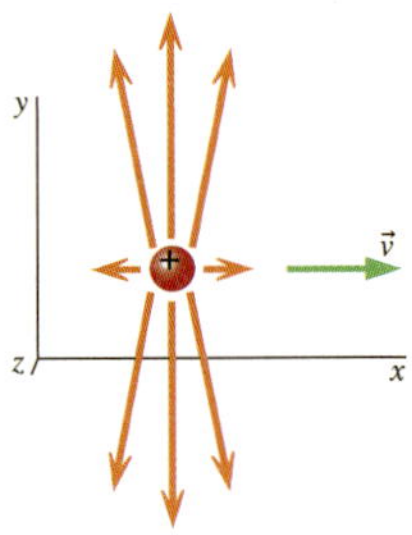


**그림 13.48** $+x$ 방향으로 고속으로 움직이는 양전하 입자의 전기장의 패턴은 더 이상 구대칭이 아니다.

명백하게, 전기장은 단지 계산을 위한 도구가 아니다. 심지어 전기장을 생성한 원천 전하가 사라지더라도, 공간은 전기장의 존재로 바뀌게 된다.

### 상대론적 전기장

$+x$ 방향으로 고속으로 움직이는 전하 입자에 대하여, 어떤 위치에서도 전기장의 $x$ 성분은 변하지 않는다. 그러나 그림 13.48에서 보는 것처럼 $y$, $z$ 성분에서는 다음과 같은 인자가 나타나게 되고, 훨씬 크게 된다. 상대론적인 입자들의 전기장은 제20장에서 더 많이 논의될 것이다.

$$\gamma = \frac{1}{\sqrt{1 - v^2/c^2}}$$

## 13.9 전기장의 컴퓨터 계산 모델링

■ 이 절에서는 적어도 1-12장에서의 몇 가지 컴퓨터 계산 모델링들을 이미 수행해 보았다고 가정할 것이다. VPython에서의 컴퓨터 계산 모델링이 여러분에게 새롭다면, 이 절을 읽기 전에 혹은 이 장의 끝의 컴퓨터 수치 문제를 풀기 전에 Wiley 학생 웹사이트에 있는 1장의 부록 부분을 공부할 필요가 있을 것이다.

이와 같은 추가적인 장들에서의 컴퓨터 계산 모델링의 목표 중의 하나는 3D 공간 상에서의 전기장과 자기장의 패턴을 간단하게 계산하고 시각적으로 표현하기 위함이다. 이 패턴들을 인식하고 그것들이 어떻게 원천 전하들과 관계되는지를 이해하는 것이 이 책의 나머지 부분에서 행해야 할 중요한 일이 될 것이다.

어떤 관찰 지점에서의 단일 점전하의 전기장의 계산은 우리가 전에 중력에서 했던 계산과 같다. 전기장을 어떻게 계산할지를 컴퓨터 코드에 기술할 때, 우리는 계산기를 이용하여 계산할 때 사용한 구성과 정확히 같은 것을 사용한다. 3D 상의 어떤 적절한 위치에서 `particle_1`이라는 객체(object)를 만들고, `particle_1`의 전하와 같은 변수 `q1`을 설정한다. 또한, `r_obs`라는 벡터를 만들어서 프로그램이 관찰 위치를 인식하도록 한다. 또한, 프로그램이 $1/(4\pi\epsilon_0)$과 같은 상수 `oofpez`(One-Over-Four-Pi-Epsilon-Zero를 나타내는)를 정의했다고 가정하자. VPython 코드에서 위치 `r_obs`에서 `particle_1` 때문에 생기는 전기장을 계산하기 위한 수학적인 표현(빨간색으로 보여진)의 코드(파란색으로 보여진)로의 변환은 다음과 같다.

$\vec{r} = \vec{r}_{obs} - \vec{r}_1$    `r = r_obs - particle_1.pos`

$\hat{r} = \vec{r}/|\vec{r}|$    `rhat = r / mag(r)`

$\vec{E} = \left(\frac{1}{4\pi\epsilon_0}\frac{q_1}{|\vec{r}|^2}\right)\hat{r}$    `E = (oofpez * q1 / mag(r)**2) * rhat`

어떤 위치에서의 전기장의 값을 바로 출력하는 대신에, 보통 우리는 전기장을 나타내는 화살표를 사용하고 싶어한다. 화살표와 원천 전하를 나타내는 구가 동시에 나타내어질 수 있도록 화살표의 사이즈를 조정하기 위하여 적절한 사이즈 인자 `sf`를 정의하였다고 가정하면, 이것을 위해 다음과 같은 작업 명령을 내릴 수 있다(관례상, 전기장을 나타내는 화살표들은 이 책에서는 주황색으로 나타낸다).

```
ea = arrow(pos = r_obs, color = color.orange, axis = sf*E)
```

**그림 13.49** 하나의 관측 지점에 하나의 전하에 의해 만들어지는 전기장을 계산하기 위하여 VPython에 표시된 화면

**질문** 그림 13.49는 단일 원천 전하 때문에 생기는 어떤 관찰 지점에서의 전기장을 계산하고 출력하는 VPython 프로그램으로부터 나온 출력을 보여준다. 원천 전하의 부호는 무엇인가?

관찰 위치에서의 전기장은 원천 전하를 향하는 방향이기 때문에, 원천 전하는 음의 값을 가져야만 한다.

**질문** 그림 13.49를 만들어 내기 위해 사용된 프로그램에서 원천 전하와 관찰 지점 사이의 거리는 $1.4 \times 10^{-8}$ m이고, 전기장의 크기는 $|\vec{E}| = 7.2 \times 10^6$ N/C이었다. 화살표의 길이를 조정하기 위해서 사용된 크기 인자 sf의 대략적인 값이 얼마인가?

화살표는 원천 전하와 관찰 지점 사이의 거리의 약 절반이다. 그래서 크기 인자는 약 $0.7 \times 10^{-8} / 7.2 \times 10^6 \approx 1 \times 10^{-15}$이어야만 한다.

## 여러 전하들에 의한 총 전기장 구하기

제15장에서는 많은 수의 점전하들 때문에 생기는 하나 혹은 그 이상의 관찰 지점들에서의 전기장을 찾는 데 집중할 것이다. 그 장에서는 이 과정과 친숙한 "list"라고 불리는 새로운 수치적인 개념을 소개할 것이다. 이번 장에서 우리는 이미 배운 수치적인 개념들을 계속해서 적용해 나갈 것이다(만약 여러분이 Python list를 어떻게 사용하는지 알고 있다면, 이 장의 끝 부분에서의 문제를 푸는 데 사용하는 것을 환영하는 바이다).

13.6절에서 쌍극자의 두 전하들의 전기장들을 더함으로써 특정 위치에서의 쌍극자의 전기장을 계산하는 방법을 배웠다. 쌍극자의 축과 수직축 상에서 임의의 위치에서의 전기장의 크기에 대한 수학적인 표현을 확인할 수 있었다. 축 상이 아닌 관찰 위치에서의 쌍극자의 전기장의 크기와 방향에 대한 수학적인 표현을 확인하는 것은 훨씬 어려우나 수치적으로 푸는 것은 매우 쉬운 일이다.

쌍극자를 구성하는 두 객체 `particle_1`과 `particle_2`를 불러 온다면, 다음과 같은 방법으로 관찰 위치 `r_obs`에서의 총 전기장을 확인할 수 있다.

```
E_net = vector(0,0,0)  ## initialize E_net

r = r_obs - particle_1.pos
rhat = r / mag(r)
E = (oofpez * q1 / mag(r)**2) * rhat
E_net = E_net + E

r = r_obs - particle_2.pos
rhat = r / mag(r)
E = (oofpez * q2 / mag(r)**2) * rhat
E_net = E_net + E

ea = arrow(pos=r_obs, axis=sf*E_net, color=color.orange)
```

위의 코드 부분에서, 변수 이름들 `r`과 `E`는 다시 사용되었다는 것을 알아야 한다. 우리가 `E_net`를 업데이트한 후에 이 변수들에 저장된 값들이 더 이상 필요하지 않고 새로운 값으로 정할 수 있기 때문에, 이것은 아무런 문제가 되지 않는다. 변

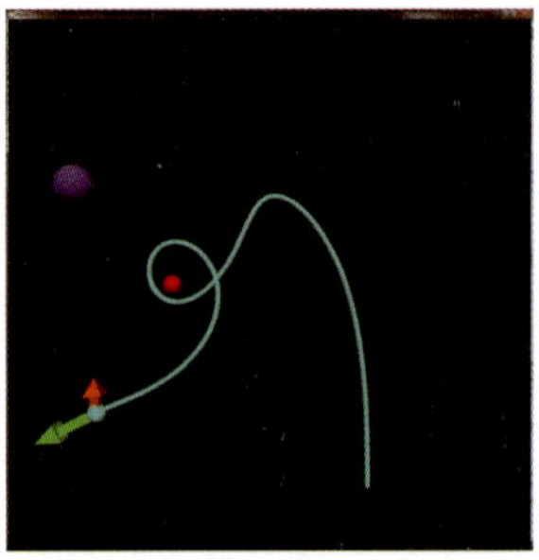

**그림 13.50** 두 개의 동일하지 않은 원천 전하들에 의해 영향을 받는 하전 입자의 운동을 예측하기 위해 사용한 VPyton 프로그램 결과. 주황색 화살표는 움직이는 입자의 현재 위치에서 알짜 전기장을 나타낸다. 초록색 화살표는 입자의 운동량을 나타낸다.

수 이름들을 다시 사용함으로써 `while` 루프 내에서 이 같은 계산을 넣는 게 가능하다. 또한, 이렇게 함으로써 앞의 코드 부분에서 보는 바와 같이 코드의 반복적인 줄들을 쓸 필요가 없어지게 된다.

**질문** 앞의 코드에서 다음 명령이 왜 두 번 나타났는가?

```
E_net = E_net + E
```

이것은 운동량과 위치에 사용된 일종의 "update" 명령이다. 우리는 `E_net`의 값에 연속적으로 각 입자의 전기장을 더함으로써 점진적으로 `E_net`의 값을 업데이트하게 된다.

## 입자 운동 예측하기

그림 13.50에서 예시된 것처럼 운동량과 위치를 반복적으로 업데이트함으로써 전하 입자의 운동을 예측할 수 있다. 그런 컴퓨터 계산 모델은 예전에 수행했던 것과는 다르다. 즉, 단지 입자에 작용하는 총 힘을 얻기 위해서 입자의 위치에서의 총 전기장을 계산해야만 하는 경우에 했던 것과는 다르다. 기본적인 접근 방법은 다음과 같다.

- 움직이는 입자 위치에서의 총 전기장 $\vec{E}_{\text{net}}$를 계산하여라.
- 움직이는 입자에 작용하는 총 힘 $\vec{F}_{\text{net}} = q\vec{E}_{\text{net}}$를 계산하여라.
- 입자의 운동량을 업데이트하여라: $\vec{p}_f = \vec{p}_i + \vec{F}_{\text{net}}\,\Delta t$
- 입자의 위치를 업데이트하여라: $\vec{r}_f = \vec{r}_i + \bar{\vec{v}}_{\text{avg}}\,\Delta t$

제2-11장들에서 했던 것처럼, 우리는 입자의 속력이 빛의 속력에 비해서 작을 때, 근사식 $\vec{v}_{\text{avg}} \approx \vec{p}_f/m$을 사용한다.

다음과 같이 단일 전하 근처 영역에서 운동량 `p_mp`, 전하 `q_mp`, 질량 `m_mp`를 가지는 `mp`("moving particle"을 나타내는)라는 전하 입자를 움직이는 프로그램에서 수치적인 루프는 다음과 같다.

```
while t < tmax:
    rate(100)
    r = mp.pos - source.pos
    rhat = r / mag(r)
    E = (oofpez * q_source / mag(r)**2) * rhat
    F = q_mp * E
    p_mp = p_mp + F * deltat
    mp.pos = mp.pos + (p_mp/m_mp) * deltat
    t = t + deltat
```

**질문** 수치적인 루프 안에서 왜 전기장의 계산이 수행되는가?

크기 혹은 방향이 변화하는 양은 매 단계마다 다시 계산되어야 한다. 매번 반복할 때마다 움직이는 입자의 위치가 변하게 되고, 새로운 위치에서의 전기장은 그 전의 위치에서의 전기장과는 다르다. 입자에 작용하는 새로운 힘을 확인하기 위해서는 전기장의 새로운 값이 필요하다.

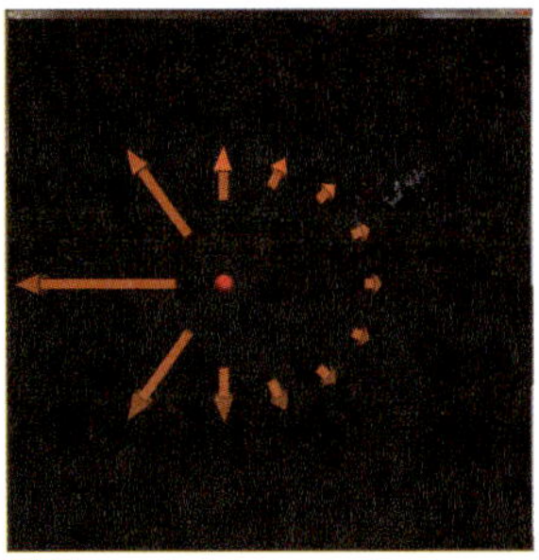

**그림 13.51** 오른쪽에 있는 프로그램으로 계산한 결과

### 많은 관찰 위치들

심지어 단일 점전하의 전기장은 3D 공간 상의 임의의 위치에서 하나의 값만 가진다. 3D 상에 이 패턴들을 시각적으로 보여주는 것은 VPython에서 바로 가능하다. 여기에 원 상에 여러 위치에서의 단일 점전하의 전기장을 계산하고 시각적으로 출력하는 작은 프로그램이 있다. 이 프로그램에 의해 생성되는 출력은 그림 13.51에 나타내었다.

```
from visual import *
oofpez = 9e9 ## One-Over-Four-Pi-Epsilon-Zero
qe = 1.6e-19
sf = 3e-16    ## scale factor
source = sphere(pos=vector(-0.5e-8,0,0), radius=1e-9,
                color=color.red)
q_source = qe
thetamax = 2*pi
dtheta = pi/6
R = 1e-8  ## radius of circle

theta = 0
while theta < thetamax:
    rate(500)
    r_obs = R * vector(cos(theta),cos(pi/2-theta),0)
    r = r_obs - source.pos
    rhat = r/mag(r)
    E = (oofpez * q_source / mag(r)**2) * rhat
    arrow(pos=r_obs, color=color.orange, axis=sf*E,
          shaftwidth = source.radius)
    theta = theta + dtheta
```

VPython이 화살표의 화살대를 모드 같은 크기로 만들도록 하기 위해서는 화살표의 구성에서 추가적인 명령이 필요하다. 자동적으로 VPython은 화살표의 길이에 대하여 화살대의 폭을 조절하나, 이것 때문에 화살표들을 서로 비교하기에는 어려울 수 있다.

> **질문** `while` 루프에서 사용된 변수 `theta`가 물리적으로 중요한 이유는 무엇인가? 그리고 그 변수가 관찰 위치와는 어떤 관계가 있는가?

`theta`는 $+x$ 축과 상대적인 위치 벡터 $\vec{r}$ 사이의 각에 해당한다. 방향 코사인들이 단위 벡터 $\hat{r}$을 만들기 위해서 사용된다. 여기서, 단위 벡터는 관찰 지점까지 도달하는 가상적인 원의 반지름이 곱해진다.

> **질문** 그림 13.51에서 모든 주황색 화살표의 길이들이 왜 같지 않는가?

원천 전하에서 관찰 위치까지의 거리는 변하므로, 전기장의 크기 또한 변하게 된다. 관찰 위치의 원의 중심은 원천 전하의 위치에 있지 않다.

# 요약

### 알짜 전하

전기장 $\vec{E}_1$가 존재하는 위치에서 전하 $q_2$를 가지는 점전하는 $\vec{F}_2 = q_2\vec{E}_1$의 힘을 받게 된다(그림 13.52).

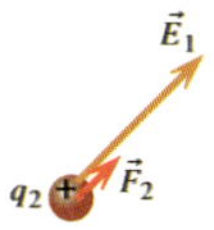


그림 13.52

전하 $q_1$을 가지는 점전하는 다음과 같이 자신의 위치를 제외한 공간 상의 모든 위치들에서 전기장을 만든다.

$$\vec{E}_1 = \frac{1}{4\pi\varepsilon_0}\frac{q_1}{|\vec{r}|^2}\hat{r}$$

여기서 $q_1$은 원천 전하이고, $\vec{r}$는 원천 전하에 대한 관찰 지점의 상대적인 위치를 나타내는 상대적인 위치 벡터이고, $\hat{r}$은 $\vec{r}$방향의 단위 벡터이고, $\vec{r}$의 크기인 $|\vec{r}|$은 원천 전하로부터 관찰 지점까지의 거리를 나타낸다.

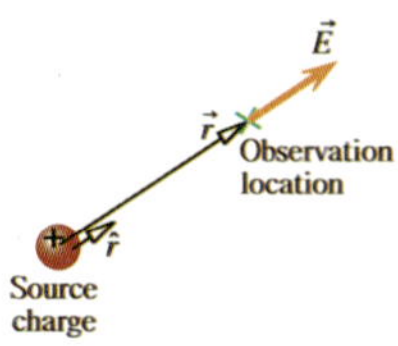


그림 13.53

점전하는 자신이 만들어 내는 전기장에는 영향을 받지 않는다.

원천 위치는 전기장을 만들어 내는 전하(들)의 위치를 말한다.

관찰 위치는 전기장이 관측되는 위치를 말한다(그림 13.54).

그림 13.54 양의 점전하 혹은 음의 점전하를 포함하는 평면 상의 선택된 관찰 위치에서의 전기장

### 중첩의 원리

두 개 혹은 그이상의 전하 때문에 생기는 특정 위치에서의 총 전기장은 개개의 전하가 만들어 내는 전기장들의 벡터 합이다. 각각의 기여는 다른 전하들의 존재에는 영향을 받지 않는다. 이렇게 물질은 전기장을 "차단"할 수 없다.

### 감속도

전기장에서의 변화(원천 전하 분포에서의 변화 때문에 생기는)는 빛의 속력으로 공간을 통하여 전파된다. 그래서 원천 전하 분포가 변하게 될 때, 멀리 떨어진 위치에서의 전기장은 순간적으로 변하지 않게 된다.

### 전기 쌍극자

전기 쌍극자는 거리 $s$ 만큼 떨어져서 $+q$와 $-q$의 크기가 같고 부호가 반대인 전하들을 가지는 두 개의 점입자로 구성된 것을 말한다(그림 13.55). 쌍극자의 전기 쌍극자 모멘트는 $p = qs$로 정의된다. 전기 쌍극자 모멘트 벡터 $\vec{p}$는 음전하로부터 양전하를 향하는 방향을 가리킨다.

쌍극자의 축 상의 위치에서의 전기장은 다음과 같다.

$$r \gg s\text{인 경우, } |\vec{E}_{\text{axis}}| \approx \frac{1}{4\pi\varepsilon_0}\frac{2qs}{r^3}$$

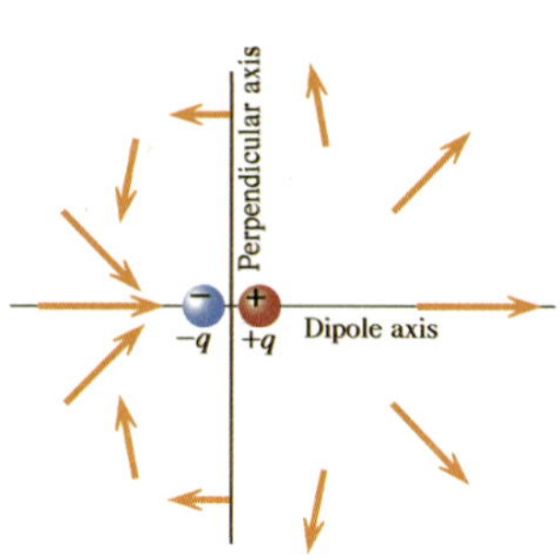


그림 13.55 전기 쌍극자 주위의 전기장의 패턴

방향은 특정한 상황을 고려하여 결정된다.

수직축 상의 위치에서의 전기장은 다음과 같다.

$$r \gg s\text{인 경우, } |\vec{E}_\perp| \approx \frac{1}{4\pi\varepsilon_0}\frac{qs}{r^3}$$

방향은 특정한 상황을 고려하여 결정된다. 표면 상에

균일하게 분포된 총 전하 $Q$를 가지는 구형 물체에 대하여("전하의 균일한 구형 껍질"),

껍질 내부 위치에서는, $|\vec{E}| = 0$

껍질 외부 위치에서는, $\vec{E} = \dfrac{1}{4\pi\varepsilon_0}\dfrac{Q}{|\vec{r}|^2}\hat{r}$

($\vec{r}$는 구의 중심으로부터 관찰 지점까지의 위치 벡터이다. $Q$는 구체의 총 전하이다).

상수:

$$\frac{1}{4\pi\varepsilon_0} = 9\times 10^9\ \frac{\mathrm{N\cdot m^2}}{\mathrm{C^2}} \text{ 그리고}$$

$$\varepsilon_0 = 8.85\times 10^{-12}\ \frac{\mathrm{C^2}}{\mathrm{N\cdot m^2}}$$

## 질문

**질문1.** "장"과 "힘"사이의 관계는 무엇인가? 그것들의 단위는 무엇인가?

**질문2.** 여러분은 우주선의 캡틴이다. 여러분은 우주선 바깥의 공간 상의 특정한 위치 $P$에서의 전기장을 측정해야만 한다. 미터자, 스톱워치, 질량 $M$과 총 전하 $+Q$의 작은 공(운반되는 동안 절연시키는 실로 고정된)과 함께 바깥으로 승무원 한 명을 보낸다.

(a) 무엇을 관찰해야 하는지를 설명하면서 여러분이 승무원에게 시킬 명령을 적어보아라.

(b) 위치 $P$에서의 전기장의 크기와 방향을 얻기 위해서는 여러분은 승무원이 가져온 데이터들을 어떻게 해석할 것인지를 설명하여라.

**질문3.** 다음 문장을 비평해 보아라: "양성자는 그 자체의 근처에서 아주 큰 전기장을 만들어 양성자를 가속하기 때문에, 양성자는 절대로 정지해 있을 수 없다."

**질문4.** 어떤 지점에서 전기장이 제로가 되도록 하는 두 개의 떨어진 점전하들을 보여주는 다이어그램을 그려라. 그리고 그 위치를 표시하여라. 그 이유들을 설명하여라.

**질문5.** 그림 13.56에서처럼 위치 $A$에 주황색 화살표로 표시된 방향의 전기장이 존재한다. 이 전기장은 그림에서 보이지는 않았지만 전하 입자들 때문에 생긴 것이다.

(a) 양전하가 위치 $A$에 놓여있다면, $(a-h)$의 화살표들 중의 어느 화살표가 양성자에 작용하는 전기력의 방향을 가장 잘 표현하고 있는가?

(b) 양성자가 제거되고 전자가 위치 $A$에 놓여 있다면, 그림 13.56에서의 어느 화살표가 전자에 작용하는 전기력의 방향을 가장 잘 표현하는가?

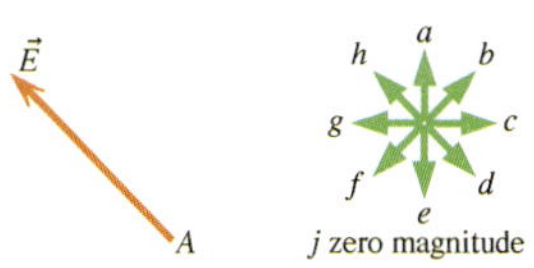


그림 13.56

**질문6.** 쌍극자에 의해 멀리 떨어진 물체에 작용하는 힘은 다음과 같이 표현됨을 알았다.

$$F_{\text{on }Q\text{ by dipole}} \approx Q\left(\frac{1}{4\pi\varepsilon_0}\frac{2qs}{r^3}\right)$$

이 식에서, 문자들 $q$, $Q$, $s$, $r$의 의미는 무엇인가?

**질문7.** 어느 순간에, 그림 13.57에서처럼 세 개의 전하 물체들이 서로 가까이 놓여진다. 그렇다면 다음 관계식이 $+Q$의 공에 작용하는 전기력을 계산하는 데 사용될 수 없는지 그 이유를 설명하여라.

$$F_{\text{on }Q\text{ by dipole}} \approx Q\left(\frac{1}{4\pi\varepsilon_0}\frac{2qs}{r^3}\right)$$

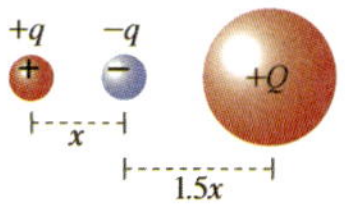


그림 13.57

**질문8.** 그림 13.58에서 보여준 전기장의 패턴을 생성하기 위해서는 하나의 양전하와 하나의 음전하가 어느 위치에 있어야 하는가? (보통, 각각의 전기장 벡터는 전기장이 측정된 위치에 꼬리가 위치하도록 그려진다.) 답변에 대한 이유를 간단하게 설명하여라.

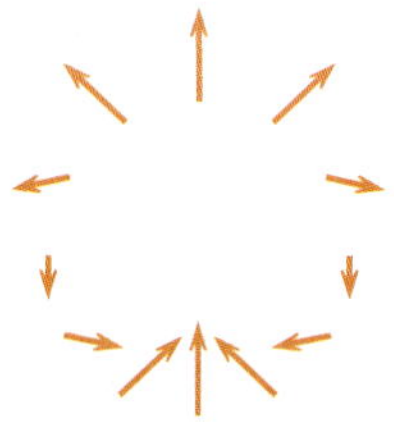

그림 13.58

**질문9.** 그림 13.59를 생각해 보자. 쌍극자가 고정되어 있다고 가정하자.

(a) 쌍극자 때문에 위치 $A$에 생기는 전기장의 방향은 무엇인가?

(b) 위치 $B$에서는 어떤가?

(c) 전자가 위치 $A$에 놓여 있다면, 그것은 어느 방향으로 움직이기 시작하는가?

(d) 양성자가 위치 $B$에 놓여 있다면, 그것은 어느 방향으로 움직이기 시작하는가?

(e) 쌍극자가 자유롭게 움직이는 동안, 전자가 위치 $A$에 위치해 있고 거기에 고정되어 있다고 가정하자. 쌍극자가 자유롭게 풀려난다면, 쌍극자는 어느 방향으로 움직이기 시작하는가?

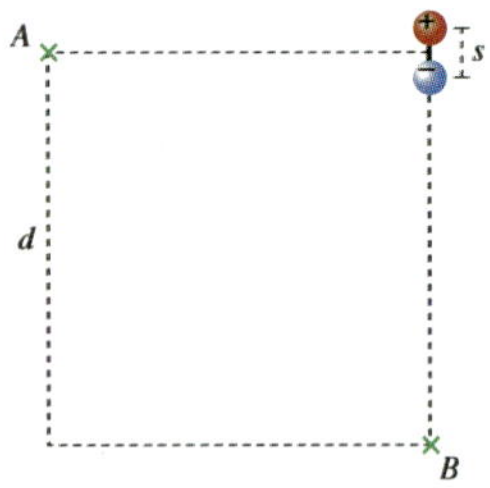


그림 13.59

**질문10.** 쌍극자에 대한 세 가지 진술 중의 어느 것이 참인가? 참인 것을 모두 선택하여라.

(1) 쌍극자로부터 $d$ 만큼 떨어진 거리에서, $d \gg s$(전하 사이의 거리 $s$)이다. 이때 쌍극자 때문에 생기는 전기장의 크기는 $1/d^3$에 비례한다.

(2) 쌍극자는 같은 크기를 가지나 부호가 반대인 전하들을 가지는 두 개의 입자로 구성된다.

(3) 쌍극자 때문에 생기는 총 전기장은 제로이다. 그 이유는 음전하의 기여가 양전하의 기여를 상쇄시키기 때문이다.

(4) 쌍극자로부터 $d$ 만큼 떨어진 거리에서, $d \gg s$(전하 사이의 거리 $s$)이다. 이때, 쌍극자 때문에 생기는 전기장의 크기는 $1/d^2$에 비례한다.

(5) 쌍극자 때문에 공간 상 임의의 위치에서 생기는 전기장은 양전하에 의한 전기장과 음전하에 의한 전기장의 벡터 합이다.

**질문11.** 거리 $d$를 세 배로 한다면, 그림 13.60에서 쌍극자 때문에 점전하에 생기는 전기력은 얼마의 배수만큼 감소하는가? (힘이 감소한다면 배수는 더 작고, 힘이 증가한다면 배수는 더 커진다.)

**질문12.** 그림 13.60에서 점전하의 전하가 $-9Q$($Q$ 대신에)라고 한다면,

(a) 쌍극자 때문에 점전하에 작용하는 힘의 크기는 얼마의 배수만큼 변하는가? 답은 비율로 기술하여라(새로운 힘의 크기/$F$의 크기).

(b) 힘의 방향은 변하는가?

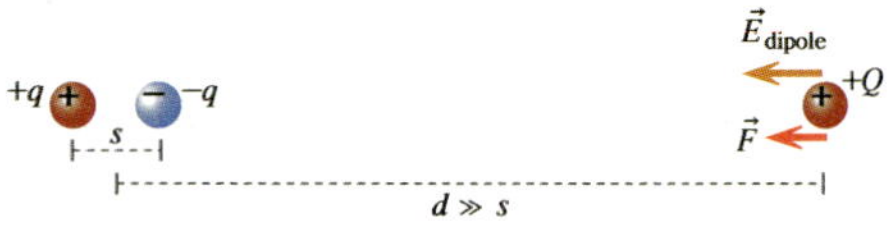


그림 13.60

**질문13.** 그림 13.60에서 쌍극자와 점전하 사이의 거리는 $d$이다. 그것들 사이의 거리가 $0.5d$로 변하게 된다면, 쌍극자 변화 때문에 점전하에 작용하는 힘은 얼마의 배수만큼 변하는가? 답은 비율로 기술하여라(새로운 힘의 크기/$F$의 크기).

**질문14.** 그림 13.61에 해당 다이어그램들을 그려라. 다이어그램에 다음과 같은 벡터들을 그려라.

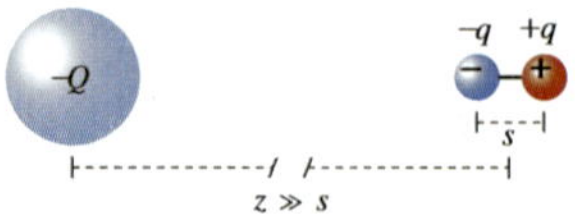


그림 13.61

(a) 음전하 공의 위치에서의 쌍극자에 의한 전기장

(b) 쌍극자 때문에 공에 생성되는 총 전기력

(c) 쌍극자의 중심 위치에서 공에 의한 전기장

(d) 공 때문에 쌍극자에 생성되는 총 전기력

**질문15.** 그림 13.61에서 공과 쌍극자 사이의 거리가 두 배가 된다면, 쌍극자 때문에 공에 작용하는 전기력이 어떻게 변하게 되는가?

# 문제

## 13.3절

**문16.** 전기장이 있는 영역에서 전자가 $3.8 \times 10^{-16}$ N의 힘을 받는다. 전자의 위치에서 전기장의 크기는 얼마인가?

**문17.** 특정 위치에서 전기장이 $\langle 0, -280, 0 \rangle$ N/C으로 측정되었다. 이 특정 위치에 양전자가 놓인다면, 양전자가 받는 힘은 어떻게 되나?

**문18.** 전기장이 있는 영역에서 전자가 $3.7 \times 10^{-16}$ N의 힘을 받는다. 전자의 위치에서 전기장의 크기는 얼마인가?

**문19.** 그림 13.62에서 입자가 양성자이고, 전기장 $\vec{F}_2$가 $\langle 2 \times 10^4, 2 \times 10^4, 0 \rangle$ N/C을 가진다면, 양성자에 작용하는 힘 $\vec{F}_2$는무엇인가?

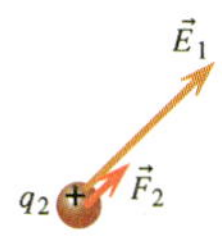


그림 13.62

**문20.** 전기장이 있는 영역에서 전자가 $\langle 8.0 \times 10^{-17}, -3.2 \times 10^{-16}, -4.8 \times 10^{-16} \rangle$N의 힘을 받는다. 전자의 위치에서 전기장의 크기는 얼마인가?

**문21.** 그림 13.63의 영역에서 점선으로 이루어진 원의 중심에 위치한 점전하 때문에 전기장이 존재한다. 화살표들은 각 위치에서의 전기장의 크기와 방향을 나타낸다.

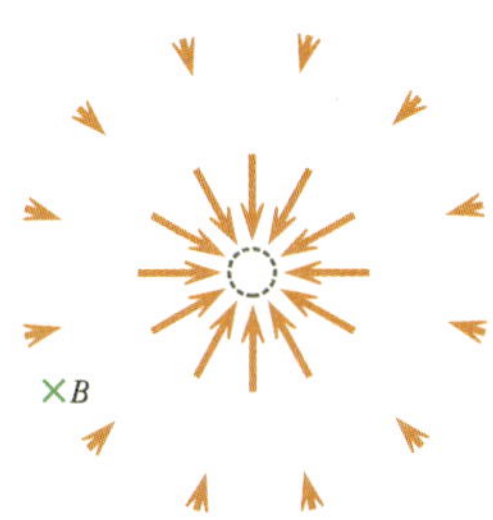


그림 13.63

(a) 원천 전하의 부호는 무엇인가?

(b) $-7 \times 10^{-9}$ C의 전하를 가진 입자가 위치 $B$에 놓여 있다. $-7 \times 10^{-9}$ C의 전하에 작용하는 전기력의 방향은 무엇인가 ?

(c) B 위치에서 전기장은 $\langle 2000, 2000, 0 \rangle$ N/C을 가진다. 이 위치에서 $\vec{E}$방향의 단위 벡터는 무엇인가?

(d) $-7 \times 10^{-9}$ C의 전하에 작용하는 전기력은 무엇인가?

(e) 이 전기력 방향의 단위 벡터는 무엇인가?

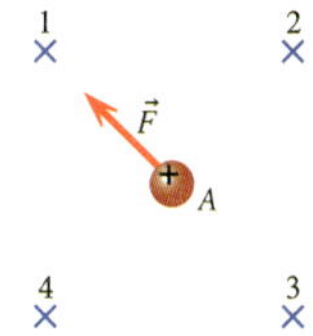


그림 13.64

**문22.** 그림 13.64의 영역에서 그림에 보이지 않았지만 전하 물체들 때문에 생기는 전기장이 존재한다. 위치 $A$에 놓여 있는 $5 \times 10^{-9}$ C의 전하를 가진 작은 유리공은 $\langle 4.0 \times 10^{-5}, -4 \times 10^5, 0 \rangle$ N의 힘을 받게 된다.

(a) 그림 13.65의 어떤 화살표가 위치 $A$에서의 전기장의 방향을 가장 잘 표현하는가?

(b) 위치 $A$에서의 전기장은 무엇인가?

(c) 전기장의 크기는 무엇인가?

(d) 유리공이 매우 멀리 이동되었다고 하자. $-6 \times 10^{-9}$ C의 전하를 가진 작은 플라스틱 공이 위치 $A$에 놓여 있다. 그림 13.65의 어떤 화살표가 위치 $A$에서 음전하의 플라스틱 공에 작용하는 전기력의 방향을 가장 잘 표현하는가?

(e) 음전하 플라스틱에 작용하는 힘은 무엇인가?

(f) 위치 $A$에서의 전기장이 음전하 입자로부터 나온다는 것을 발견하였다. 그림 13.64에서 표시된 위치 중의 어느 위치가 위치 $A$에 대한 이 음전하 입자의 위치를 나타내는가?

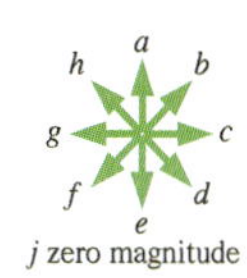


그림 13.65

**문23.** 전자가 $+z$ 방향으로 $1.6 \times 10^{16}$ m/s$^2$의 가속도를 가지고 가속하는 것이 관찰되었다. 이 위치에서의 전기장을 구하기 위해서 어떤 방법으로 전기장의 정의를 사용하는지 설명하여라. 그리고 전기장의 방향과 크기를 구하여라.

**문24.** 행성 근처의 진공 내에서 떨어지는 물체가 $-4 \times 10^{-8}$ C의 전하와 0.3 kg의 질량을 가진다. 이 공간 영역에는 전기장 $\langle 2 \times 10^7, 0, 0 \rangle$ N/C과 중력장 $\langle 0, 5, 0 \rangle$ N/kg이 존재한다. 물체에 작용하는 총 힘은 무엇인가?

**문25.** 양성자가 $9 \times 10^{11}$ m/s$^2$의 순간 가속도를 가지는 것으로 관측되었다. 양성자의 위치에서의 전기장의 크기는 무엇인가?

## 13.4절

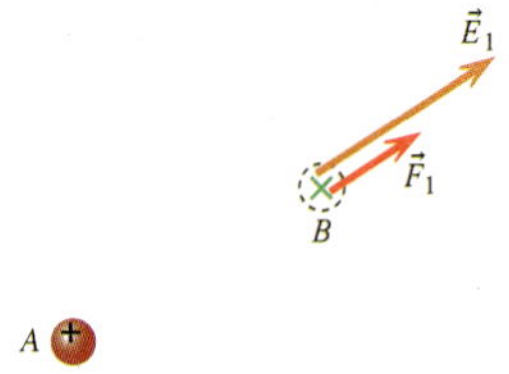


그림 13.66

**문26.** 그림 13.66에서처럼 위치 $A$에서의 양성자가 위치 $B$에 전기장 $\vec{E}_1$을 만든다. 위치 $B$에 놓인 다른 양성자는 힘 $\vec{F}_1$을 받게 된다. $B$에서의 양성자가 제거되고 3개의 양성자와 4개의 중성자로 이루어진 리튬 원자핵으로 대체된다고 가정하자.

(a) 양성자 때문에 위치 $B$에서의 전기장의 값은 얼마인가?

(b) 리튬 원자핵이 받는 힘은 무엇인가?

(c) 리튬 원자핵이 제거되고, 대신에 위치 $B$에 전자가 놓여졌다. 이때, 양성자 때문에 위치 $B$에 생기는 전기장의 값은 무엇인가?

(d) 전자에 작용하는 힘의 크기는 무엇인가?

(e) 그림 13.65의 어떤 화살표가 전기장 때문에 전자에 생기는 힘의 방향을 가장 잘 표현하는가?

**문27.** 여러분은 $\langle -0.6, -0.7, -0.2\rangle$ m에 있는 전하 +9 nC을 가지는 입자 때문에, $\langle 0.5, -0.1, -0.5\rangle$ m 위치에서 생기는 전기장을 계산하고 싶어한다.

(a) 원천 전하 위치는 어디인가?

(b) 관측 위치는 어디인가?

(c) 원천 전하로부터 관측 위치까지의 위치 벡터 $\vec{r}$은 무엇인가?

(d) $|\vec{r}|$는 무엇인가?

(e) $\hat{r}$은 무엇인가?

(f) $\frac{1}{4\pi\varepsilon_0}\frac{q}{|\vec{r}|^2}$의 값은 무엇인가?

(g) 마지막으로, 벡터로 표현된 전기장은 무엇인가?

**문28.** +5 nC(1 nC = $1 \times 10^{-9}$ C)의 전하를 가진 입자가 원점에 위치해 있다. $\langle 0.4, 0, 0\rangle$ m 위치에서 이 입자 때문에 생기는 전기장은 무엇인가?

**문29.** 원점에 있는 +4 nC의 전하 입자 때문에 생기는 $\langle -0.1, -0.1, 0\rangle$ m의 위치에서의 전기장은 무엇인가?

**문30.** 바닥 상태에 있는 수소 원자에서 전자는 양성자로부터 평균적으로 약 $0.5 \times 10^{-10}$ m 만큼 떨어져 있다. 양성자로부터 이 거리 만큼 떨어진 위치에서 양성자 때문에 생기는 전기장의 크기는 무엇인가?

**문31.** 반지름 1 cm의 구가 평면 상에 균일하게 분포된 $2 \times 10^{-9}$ C의 전하를 가진다. 구의 중심으로부터 4 cm 떨어진 위치에서 구 때문에 생기는 전기장의 크기는 무엇인가?

**문32.** 반지름 2 cm의 구가 점전하 근처의 위치에 놓여 있다. 구는 평면 상에 균일하게 분포된 $-9 \times 10^{-10}$ C의 전하를 가진다. 점전하에 의해 생성된 전기장은 구의 중심에서 470 N/C의 크기를 가진다. 점전하 때문에 구에 작용하는 힘의 크기는 무엇인가?

**문33.** $\langle 40, 0, 0\rangle$ m의 위치에 1 nC($1 \times 10^{-9}$ C) 크기의 음의 점전하가 있다면, $\langle 20, 0, 0\rangle$ m 위치에서의 전기장의 크기와 방향은 무엇인가?

**문34.** 반지름 2 cm의 구가 점전하 근처의 위치에 놓여 있다. 구는 평면 상에 균일하게 분포된 $-8 \times 10^{-10}$ C의 전하를 가진다. 점전하에 의해 생성된 전기장은 구의 중심에서 500 N/C의 크기를 가진다. 점전하 때문에 구에 작용하는 힘의 크기는 무엇인가?

**문35.** 한 전자가 $\langle 0.8, 0.7, -0.8\rangle$ m의 위치에 있다. 여러분은 $\langle 0.5, 1, -0.5\rangle$ m의 위치에서 전자 때문에 생기는 전기장을 구해야 한다.

(a) 원천 전하 위치는 어디인가?

(b) 관측 위치는 어디인가?

(c) $\vec{r}$는 무엇인가?

(d) $|\vec{r}|$는 무엇인가?

(e) 벡터 $\hat{r}$은 무엇인가?

(f) $\frac{1}{4\pi\varepsilon_0}\frac{q}{|\vec{r}|^2}$의 값은 무엇인가?

(g) 마지막으로, 벡터로 표현된 관측 위치에서의 전기장은 무엇인가?

**문36.** 원점에 놓인 전하 입자가 $\langle 0.12, 0, 0\rangle$ m 위치에서 $\langle -1.2 \times 10^{-3}, 0, 0\rangle$ N/C의 전기장을 생성한다. 입자의 전하량은 무엇인가?

**문37.** 방 안의 어떤 특정한 위치에서의 전기장은 $\vec{E} = \langle 1000, 0, 0\rangle$ N/C이었다. 이 전기장을 생성하기 위해서 1 $\mu$C의 크기를 가진 음의 점전하 입자가 어느 위치에 있어야 하나?

**문38.** 위치 $C$에서의 전기장은 북쪽을 향하고, 그 크기는 $1 \times 10^{-6}$ N/C이다. 다음 질문들에 수치적인 답변을 하여라.

(a) 이 전기장을 만들기 위해 양성자는 $C$로부터 어느 위치에 있어야 하는가?

(b) 이 전기장을 만들기 위해 전자는 $C$로부터 어느 위치에 있어야 하는가?

(c) 이 전기장을 만들기 위해 양성자와 전자 둘 다 $C$로부터 같은 거리를 유지하면서 어느 위치에 있어야 하는가?

**문39.** 여러분은 ⟨0, 0, 0⟩ 위치에 ⟨0, 4104, 0⟩ N/C 의 전기장을 만들고 싶어한다.

(a) 원점에 이 전기장을 생성하기 위해서 양성자는 어느 위치에 있어야 하는가?

(b) 양성자 대신에, 원점에 이 전기장을 생성하기 위해서 전자는 어느 위치에 있어야 하는가? (힌트: 그림을 그린다면 이 문제는 훨씬 쉽게 해결될 것이다.)

**문40.** 전하 $-e$를 가진 $\pi^-$("pi-minus")입자가 $\langle 7\times10^{-9}, -4\times10^{-9}, -5\times10^{-9}\rangle$ m에 위치해 있다.

(a) $\pi^-$입자 때문에, $\langle -5\times10^{-9}, 5\times10^{-9}, 4\times10^{-9}\rangle$ m의 위치에 생기는 전기장은 무엇인가?

(b) 특정 순간에 반양성자(양성자와 질량은 같으나 $-e$의 전하를 가진)가 관측 위치에 놓여 있다. 그 순간에 $\pi^-$입자에 의해 반양성자에 작용하는 힘은 무엇인가?

**문41.** 원점에 있는 +3 nC의 전하를 가진 입자 때문에, $\vec{b} = \langle -0.1, -0.1, 0\rangle$ m 위치에 생기는 전기장은 무엇인가?

**문42.** 방 안의 어떤 특정한 위치에서의 전기장은 $\vec{E} = \langle 1000, 0, 0\rangle$ N/C이었다. 이 전기장을 생성하기 위해 단일 양의 점전하 입자가 어느 위치에 놓여야 하고 얼마나 많은 전하를 가져야 하는지를 알아내어라(많은 가능한 답변들이 있을 수 있다!). 단일 음의 점전하 입자에 대해서도 같은 문제를 풀어보아라. 기하학적 상황을 설명하기 위한 그림들을 그려라.

**문43.** 공간 상 어떤 위치에서 ⟨0, 160, 0⟩ N/C의 전기장을 생성하기 위해서는 전자는 어느 위치에 있어야 하는가? 관측 위치로부터 전자의 거리를 계산하고, 그림 상에 그 위치를 그려라.

**문44.** 위치 $C$에서의 전기장은 서쪽을 향하고, 그 크기는 $2\times10^6$ N/C이다. 다음 질문들에 수치적인 답변을 하여라.

(a) 이 전기장을 만들기 위해 양성자는 $C$로부터 어느 위치에 있어야 하는가?

(b) 이 전기장을 만들기 위해 전자는 $C$로부터 어느 위치에 있어야 하는가?

(c) 이 전기장을 만들기 위해 양성자와 전자 둘 다 $C$로부터 같은 거리를 유지하면서 어느 위치에 있어야 하는가?

**문45.** 세 개의 양성자와 네 개의 중성자로 이루어진 리튬핵이 전기장에 의해 오른쪽 방향으로 가속된다. 초기 가속도의 크기는 $3\times10^{13}$ m/s$^2$이다.

(a) 리튬핵에 작용하는 전기장의 방향은 무엇인가?

(b) 리튬핵에 작용하는 전기장의 크기는 무엇인가? 크기를 정량적으로 구하여라(즉, 숫자로 표현하여라).

(c) 만약 이 가속도가 단일 헬륨핵(두 개의 양성자와 두 개의 중성자로 이루어진) 때문이라면, 초기에 헬륨핵은 어디에 위치해 있어야 하나? 크기를 정량적으로 구하여라(즉, 숫자로 표현하여라).

## 13.5절

**문46.** (a) 헬륨 핵으로부터 $1\times10^{-10}$ m 떨어진 ×로 표시된 지점에서 세 개의 전하들 때문에 생기는 전기장이 제로가 되도록 하는 헬륨 핵(두 개의 양성자와 세 개의 중성자들로 이루어진)과 양성자의 위치를 다이어그램 상에 그려 넣어라. 간결하지만 자세히 설명하고, 설명을 위해 다이어그램을 사용하여라. 상대적인 거리도 구하도록 하여라.

(b) ×로 표시된 지점에서 세 개의 전하들 때문에 생기는 전기장이 제로가 되도록 하는 헬륨 핵과 전자의 위치를 다이어그램 상에 그려 넣어라. 간결하지만 자세히 설명하고, 설명을 위해 다이어그램을 사용하여라. 상대적인 거리도 구하도록 하여라.

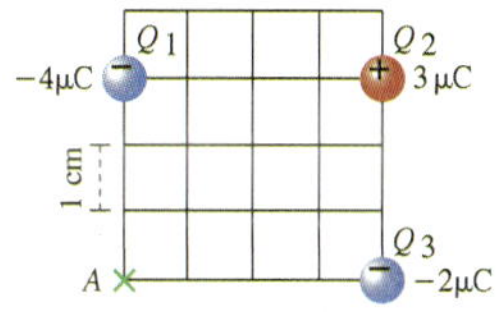


그림 13.67

**문47.** 특정한 순간에, 그림 13.67에서처럼 세 개의 전하 입자들이 놓여 있다. 여기서 $Q_1 = -4\ \mu$C, $Q_2 = +3\ \mu$C, $Q_3 = -2\ \mu$C이다. 이 문제의 각 부분에 대해 벡터로 답변해야한다($1\ \mu C = 1\times10^{-6}$ C라는 것을 기억해라).

(a) $Q_1$때문에 $Q_3$의 위치에 생성되는 전기장을 구하여라.

(b) $Q_3$위치에서의 총 전기장을 구하여라.

(c) $Q_3$에 작용하는 총 힘을 구하여라.

(d) $Q_1$때문에 위치 $A$에 생성되는 전기장을 구하여라.

(e) $Q_2$때문에 위치 $A$에 생성되는 전기장을 구하여라.

(f) $Q_3$때문에 위치 $A$에 생성되는 전기장을 구하여라.

(g) 위치 $A$에서의 총 전기장은 무엇인가?

(h) 만약 −3 nC의 전하를 가진 입자가 $A$위치에 놓여 있다면, 이 입자가 받는 힘은 무엇인가?

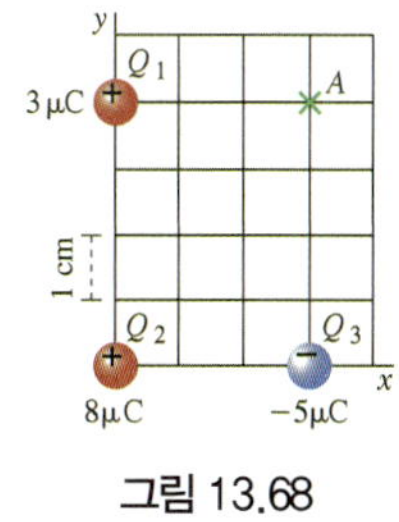


그림 13.68

**문48.** 특정한 순간에, 그림 13.68에서처럼 한 음전하와 두 개의 양전하가 놓여 있다. 여기서 $Q_1 = +3\ \mu C$, $Q_2 = +8\ \mu C$, $Q_3 = -5\ \mu C$이다. 이 문제의 각 부분에 대해 벡터로 답변해야한다($1\ \mu C = 1 \times 10^{-6}$ C라는 것을 기억해라).

(a) $Q_2$와 $Q_3$때문에 $Q_1$의 위치에 생성되는 전기장을 구하여라.

(b) $Q_1$에 작용하는 힘을 구하기 위해 (a)에서 계산한 전기장을 사용하여라.

(c) 세 개의 모든 전하 때문에 위치 $A$에 생성되는 전기장을 구하여라.

(d) 알파 입자(두 개의 양성자와 세 개의 중성자로 구성된 $He^{2+}$)가 위치 $A$에서 정지 상태에서 풀려난다. 알파 입자의 초기 가속도를 구하기 위해 앞에서 구한 결과들을 사용하여라.

**문49.** 그림 13.69에서처럼 $Fe^{3+}$ 이온은 $Cl^-$ 이온으로부터 400 nm($400 \times 10^{-9}$ m, 약 4000원자 직경 떨어진 곳에 위치해 있다.

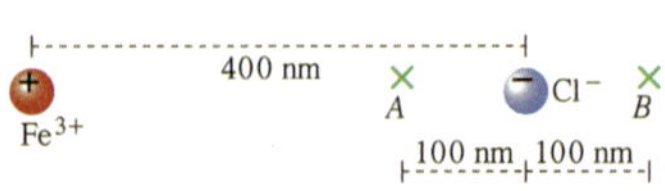


그림 13.69

(a) $Cl^-$ 이온으로부터 왼쪽으로 100 nm 떨어진 위치 $A$에서의 전기장 $\vec{E}_A$의 크기와 방향을 구하여라.

(b) $Cl^-$ 이온으로부터 오른쪽으로 100 nm 떨어진 위치 $B$에서의 전기장 $\vec{E}_B$의 크기와 방향을 구하여라.

(c) 전자가 위치 $A$에 있다면, 전자에 작용하는 힘의 크기와 방향은 무엇인가?

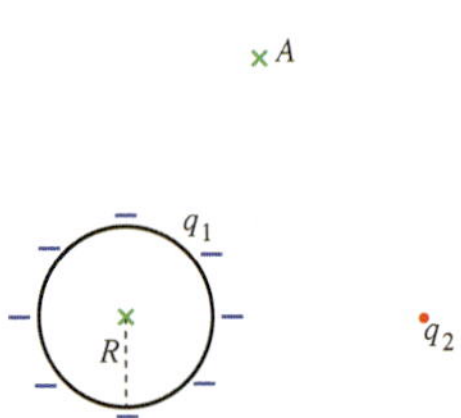


그림 13.70

**문50.** 그림 13.70에서처럼 반지름 $R = 2$ cm 인 속이 빈 공이 표면에 균일하게 분포된 전하 $q_1 = -3$ nC을 가진다. 공의 중심은 $\langle -3, 0, 0 \rangle$ m에 있다. $q_2 = 5$ nC의 점전하는 $\langle 4, 0, 0 \rangle$ m 위치에 있다.

(a) $\vec{r}_A = \langle 0, 6, 0 \rangle$ m 일 때, 위치 A에서의 총 전기장은 무엇인가?

(b) 그 위치에서의 총 전기장을 나타내는 화살표를 그려라. 여러분이 그린 화살표는 의미가 있도록 확실히 해야 한다.

**문51.** 3개의 내재된 속이 빈 구들이 같은 중심 위치를 가지고 있다. 가장 안쪽 구는 2 cm의 반지름을 가지고, 6 nC($1\ nC = 1 \times 10^{-9}$ C)의 균일하게 분포된 전하를 가진다. 중간의 구는 5 cm의 반지름을 가지고, −4 nC의 균일하게 분포된 전하를 가진다. 가장 바깥쪽 구는 10 cm의 반지름을 가지고, 8 nC의 균일하게 분포된 전하를 가진다.

(a) 중심으로부터 1 cm 떨어진 위치에서의 전기장의 크기는 무엇인가?

(b) 중심으로부터 4 cm 떨어진 위치에서의 전기장의 크기는 무엇인가?

(c) 중심으로부터 9 cm 떨어진 위치에서의 전기장의 크기는 무엇인가?

## 13.6절

**문52.** 쌍극자가 원점에 위치해 있다. 그리고 쌍극자는 $x$ 축 상에서 거리 $6 \times 10^{-10}$ m 만큼 떨어진 $+e$와 $-e$의 전하들로 이루어졌다. $+e$ 전하는 $+x$축 상에 있다. 위치 $\langle 0, -5 \times 10^{-8}, 0 \rangle$ m에서 이 쌍극자에 의한 전기장을 계산하여라.

**문53.** 쌍극자가 원점에 위치해 있다. 그리고 쌍극자는 $x$ 축 상에서 거리 $2 \times 10^{-10}$ m 만큼 떨어진 $+e$와 $-e$의 전하들로 이루어졌다. 위치 $\langle 0, 3 \times 10^{-8}, 0 \rangle$ m에서 이 쌍극자에 의한 전기장의 크기를 계산하여라.

**문54.** HF(플루오르화 수소) 분자의 쌍극자 모멘트는 $6.3 \times 10^{-30}$ C·m로 측정되었다. 만약 우리가 쌍극자가 거리 $s$ 만큼 떨어진 $+e$와 $-e$의 전하들로 이루어졌다고 모형화한다면, $s$는 얼마인가? 이것은 타당한가?

**문55.** 쌍극자가 원점에 위치해 있다. 그리고 쌍극자는 $y$ 축 상에서 거리 $6 \times 10^{-10}$ m 만큼 떨어진 $+e$와 $-e$의 전하들로 이루어졌다. $+e$ 전하는 $-y$축 상에 있다. 위치 $\langle 0, 4 \times 10^{-8}, 0 \rangle$ m에서 쌍극자에 의해 양성자가 받는 힘을 계산하여라.

**문56.** 쌍극자가 원점에 위치해 있다. 그리고 쌍극자는 $y$ 축 상에서 거리 $2 \times 10^{-10}$ m 만큼 떨어진 $+2e$와 $-2e$의 전하들로 이루어졌다. $+2e$ 전하는 $+y$축 상에 있다. 이 쌍극자 때문에 위치 $\langle 0, 0, 3 \times 10^{-8} \rangle$ m에 있는 양성자가 받는 힘을 계산하여라.

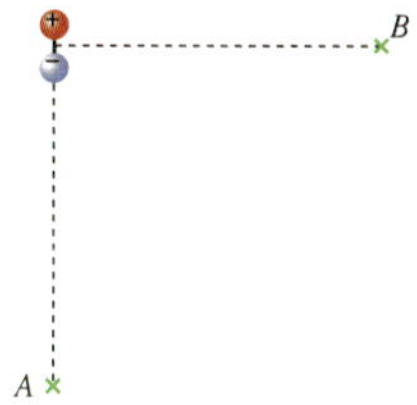


그림 13.71

**문57.** 그림 13.71에서처럼 쌍극자는 길이 3 mm의 막대기로 떨어진 $+6e$와 $-6e$의 전하들로 구성되어 있다.

(a) 쌍극자의 중심으로부터 5 cm 떨어진 위치 $A$에서 쌍극자에 의한 전기장의 크기는 무엇인가?

(b) 쌍극자의 중심으로부터 5 cm 떨어진 위치 $B$에서 쌍극자에 의한 전기장의 크기는 무엇인가?

**문58.** 쌍극자가 원점에 중심을 두고 있다. 그리고 쌍극자는 $y$축 상에서 거리 $7 \times 10^{-10}$ m 만큼 떨어진 $+2e$와 $-2e$의 전하들로 이루어졌다. $+2e$는 $-y$축 상에 있고, $-2e$는 $+y$축 상에 있다.

(a) 양성자가 $\langle 0, 3 \times 10^{-8}, 0 \rangle$ m에 놓여 있다. 쌍극자에 의해 양성자가 받는 힘은 무엇인가?

(b) 전자가 $\langle -3 \times 10^{-8}, 0, 0 \rangle$ m에 놓여 있다. 쌍극자에 의해 전자가 받는 힘은 무엇인가? (힌트: 그림을 그려라. 한 방법으로는 크기를 계산하고 그림 상에 방향을 그리는 것이다.)

**문59.** 그림 13.72에서처럼 두 쌍극자가 정렬되어 있다. 각 쌍극자는 길이 $s$의 막대기에 의해 떨어진 전하들로 구성된다. 그리고 각 쌍극자의 중심은 위치 $A$로부터 거리 $d$만큼 떨어져 있다. 만약 $q = 2$ nC, $s = 1$ mm, $d = 8$ cm라면, 위치 $A$에서의 전기장은 무엇인가? (힌트: 전기장에 대한 각 쌍극자들의 기여 방향을 보여주는 다이어그램을 그려라.)

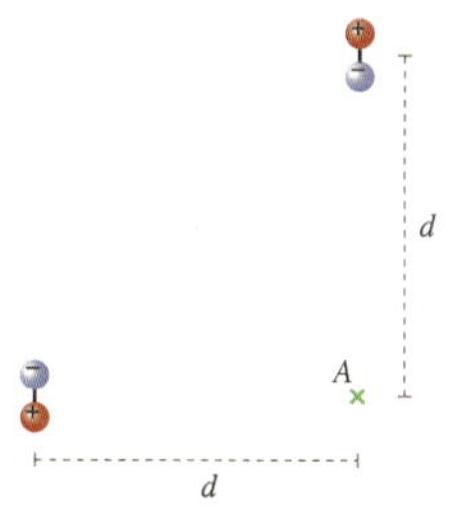


그림 13.72

**문60.** 그림 13.73에서처럼 두 쌍극자가 정렬되어 있다. 각 쌍극자는 짧은 막대기로 떨어진 전하들로 구성된다. 위치 $A$에서의 전기장은 무엇인가? 위치 $A$의 전기장에 각 쌍극자들의 기여를 보여주는 다이어그램을 그리면서 시작하여라.

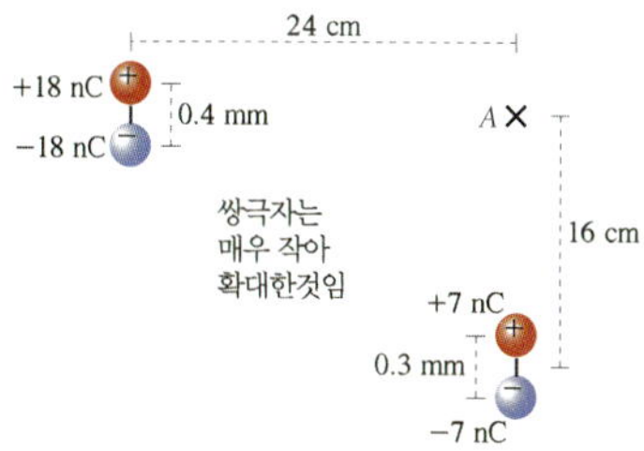


그림 13.73

**문61.** 그림 13.74에서처럼 +1 nC($1 \times 10^{-9}$ C)의 전하와 0.3 mm 떨어진 $+q$와 $-q$전하들로 이루어진 쌍극자가 위치 $A$에서의 총 전기장에 기여한다. 그 지점에서 전기장은 제로이다.

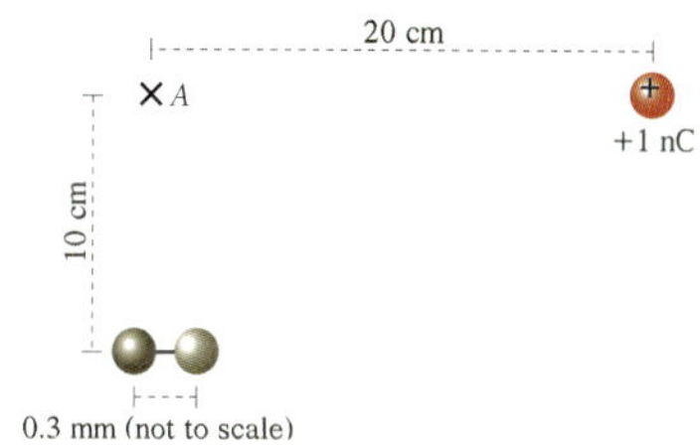


그림 13.74

(a) 쌍극자의 어느 끝이 양의 전하를 가지는가?

(b) 전하 $q$는 얼마나 큰가?

**문62.** 물분자는 한쪽 끝에 양전하와 다른 끝에는 음전하를 가진 비대칭 구조를 가진다. 그것은 크기가 $6.2 \times 10^{-30}$ C·m인 쌍극자 모멘트를 가지고 있다. 만약 쌍극자 모멘트가 크기 $4 \times 10^5$ N/m의 전기장에 수직하게 정렬되어 있다면, 물 분자에 작용하는 돌림힘의 크기는 무엇인가? 또한, 벡터 돌림힘이 $\vec{p} \times \vec{E}$와 같음을 보여라. 여기서 $\vec{p}$는 쌍극자 모멘트이다.

**문63.** 각각 거리 $s$로 떨어진 $+q$와 $-q$전하들로 구성된 두 개의 동일한 쌍극자들이 $x$ 축 상에 서로 거리 $r$만큼 떨어져 정렬되어 있다. 여기서는 $r \gg s$이다(그림 13.75). 답을 구하는 모든 단계들을 기술하고, 각 단계들을 간략하게 설명하여라.

(a) 각 입자에 작용하는 모든 개별 힘들을 보여주는 다이어그램을 그려라. 그리고 각 쌍극자에 작용하는 총 힘을 그릴 때는 두꺼운 벡터들로 그려라.

(b) 한 쌍극자가 다른 쌍극자에 의해 받는 총 힘의 크기가 다음과 같음을 보여라.

$$F \approx \frac{1}{4\pi\varepsilon_0}\frac{6q^2s^2}{r^4}$$

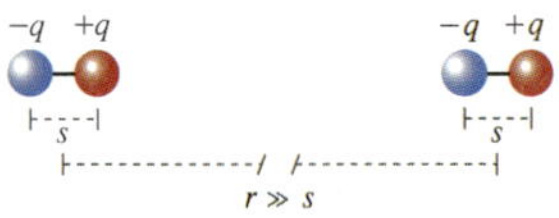


그림 13.75

### 13.8절

**문64.** 멀리 떨어진 전하에 의한 전기장을 반복적으로 측정하였고, 그 전기장이 크기와 방향에서 일정함을 확인하였다. $t = 0$일 때, 여러분의 파트너가 전하를 움직인다. 그 동안 전기장은 변하지 않는다. 그러나 $t = 45$ ns 일 때, 여러분은 갑작스러운 변화를 관찰한다. 전하는 원래 얼마나 멀리 떨어져 있었나?

## 컴퓨터 활용 문제

만약 여러분이 예전 물리 코스에서 VPython을 사용하는 3D 컴퓨터 계산 모델들을 어떻게 만드는지를 배우지 않았다면, 여러분은 www.wiley.com/college/chabay에 있는 제1장의 소개 부분을 공부해야 한다.

공짜로 제공하는 3D 프로그래밍 환경 VPython을 인스톨하기 위해서, vpython.org를 접속하여라. 그리고 (신중하게) 여러분의 컴퓨터 시스템(Window, MacOS, 혹은 Linux)을 위한 지시들을 따라 수행하여라. 여러분이 만든 3D 화면을 보여줄 때 "카메라"를 어떻게 zoom하고 회전시키는지에 대한 주어진 지시들을 숙지하여라.

전기장을 시각적으로 보여주기 위한 `arrow` 객체를 사용하기 위해서는 화살표가 그 자기장을 생성하거나 받게 되는 객체들을 가진 스크린 상에 맞추어 지도록 화살표의 길이를 조정해야만 한다. vpython.org/video05.html에 있는 VPython Instructional Video 5: Scalefactors를 보아라. 일반적으로 적절한 크기 인자를 결정하기 위해서 `print(mag(E))`를 사용하여 전기장의 크기를 출력하는 것이 도움이 될 것이다.

이 같은 몇 가지 컴퓨터 계산 모델링 문제들의 더 자세하고 확장된 버전은 *Matter & Interactions, 4th Edition*에 있는 실험자들을 위한 자료에 해당하는 lab activities에서 확인할 수 있다.

**문65.** 13.9절에 여러 관찰 지점에서 단일 전하의 전기장을 계산하기 위한 프로그램이 있다.

(a) 이 프로그램을 공부하여라. 그리고 모든 줄의 코드를 설명할 수 있도록 하여라.

(b) 각 관측 위치에서의 전기장의 크기가 서로 같도록 프로그램을 수정하여라(이것을 위해서 한 가지 이상의 방법이 존재한다).

(c) 점전하의 중심을 중심으로 하는 $yz$ 평면 위의 관측 위치들로 이루어진 원을 추가하여라.

**문66.** $+3$ nC의 전하를 가지는 입자가 $\langle -0.04, 0, 0\rangle$ m에 위치해 있다.

(a) 이 입자 때문에 $\langle -0.04, 0, 0.05\rangle$ m 위치에 생기는 전기장을 계산하여라. 관찰 지점에서의 전기장을 시각화하는 화살표를 생성하여라. 약 $2 \times 10^{-6}$의 크기 인자를 사용하여라.

(b) 이 입자 때문에 $\langle -0.04, 0, -0.05\rangle$ m 위치에 생기는 전기장을 나타내는 화살표를 추가하여라.

(c) ±방향으로 입자로부터 0.05 m 떨어진 위치에서의 전기장들을 나타내는 두 개의 화살표를 추가하여라.

(d) ±방향으로 입자로부터 0.05 m 떨어진 위치에서의 전기장들을 나타내는 두 개의 화살표를 추가하여라.

**문67.** 세 개의 전하 구들이 $xz$평면 위에 놓여 있다. 구 $a$는 $+2$ nC의 전하를 가지고 $\langle -0.03, 0, 0.03\rangle$ m에 위치해 있다. 구 $b$는 $+4$ nC의 전하를 가지고 $\langle 0.03, 0, 0.03\rangle$ m에 위치해 있다. 구 $c$는 $-4$ nC의 전하를 가지고 $\langle 0, 0, -0.011\rangle$ m에 위치해 있다. $\langle 0, 0.25, 0\rangle$ m의 위치에서의 세 개의 전하 구들에 의한 전기장을 계산하고 출력하는(화살표를 사용하여) 프로그램을 작성하여라.

**문68.** 다음 코드는 $y$축을 따라 정렬된 쌍극자를 나타내는 두 객체들을 생성한다.

(a) 쌍극자의 중심을 중심으로 한 $xy$ 평면 위의 반지름 0.5 nm의 원상에서 12개의 동일한 간격으로 떨어진 관측 지점들에서의 전기 쌍극자 때문에 생기는 전기장을 계산하고 출력하도록 프로그램을 확장하여라.

(b) $yz$ 평면 위의 관측 지점들에서의 전기장을 나타내는 화살표들의 두 번째 원을 추가하여라.

```
from visual import *
scene.width = scene.height = 800
oofpez = 9e9
qe = 1.6e-19
sf = 5e-20
source_01 = sphere(pos=vector(0,0.1e-9,0),
                   color=color.red,
                   radius=0.5e-10)
q_01 = +qe
source_02 = sphere(pos=vector(0,-0.1e-9,0),
```

```
                        color=color.blue,
                        radius=0.5e-10)
q_02 = -qe
```

**문69.** 다음 프로그램은 움직이지 않는 원천 전하와 움직이는 반양성자를 나타내는 객체들을 생성한다.

(a) 반양성자가 그 현재 위치에서 총 전기장에 의해 영향을 받도록 프로그램을 완성하여라.

(b) 반양성자의 운동량과 반양성자 위치에서의 전기장을 시각화하기 위해서 두 화살표를 합하고 그것들을 사용하여라. 이 화살표들은 반양성자와 함께 움직여야만 한다.

```
from visual import *
scene.width = scene.height = 760
scene.range = 3e-8
oofpez = 9e9
qe = 1.6e-19
source = sphere(pos=vector(-0.5e-8,0,0),
                radius=5e-10,
                color=color.red)
source_q = qe
##antiproton
ap = sphere(pos=vector(0.5e-8,-1e-8,0),
                  radius=5e-10,
                  color=color.cyan,
                  make_trail = True)
ap_q = -qe
ap_m = 1.7e-27
ap_p = ap_m * vector(0,5e3,0)
deltat = 1e-15
t=0

while t < 8e-12:
    rate(500)
    ## add your code here
    ap.pos = ap.pos + (ap_p/ap_m) * deltat
    t = t + deltat
```

**문70.** 쌍극자의 전기장을 계산하고 출력하기 위하여 문68에서 작성된 프로그램을 시작하여라.

(a) 양성자를 $\langle 0.3 \times 10^{-9}, 0, 0\rangle$ m 위치에 놓고, 그것을 정지 상태에서 풀어 놓아라. 양성자가 쌍극자의 전기장 영향 하에 움직일 때, 양성자의 궤도를 계산하고 출력하여라. 여러분은 $\Delta t = 1 \times 10^{-17}$ s를 가지고 시작하고 싶을 것이다.

(b) 동시에 (쌍극자 + 양성자)의 전체 시스템에 대하여 시간에 대한 위치 에너지 $U$, 운동 에너지 $K$, 그리고 $(K + U)$를 보여주는 그래프를 계산하고 그려보아라. 쌍극자를 구성하는 전하 쌍들의 상호작용에 대한 변하지 않는 위치 에너지를 포함하지 않는 한, 그 그래프는 수치계산적인 진단 도구로서 아주 유용할 것이다.

(c) $K$와 $U$ 그래프들의 모양을 설명하여라.

**문71.** $y$ 축의 위치에서 문68에서 구한 쌍극자의 전기장의 크기의 그래프를 쌍극자의 중심으로부터의 거리의 함수로써 계산하고 그리는 컴퓨터 프로그램을 작성하여라. $y$는 쌍극자의 중심으로부터 0.2 nm에서 0.5 nm로 변화시켜라. 다음을 두 가지 다른 방법으로 계산하고, 같은 축 상에 (다른 색깔로) 그려 넣어라.

(a) 각각의 전하에 의한 전기장들의 중첩으로 전기장을 정확하게 계산하여라.

(b) 13.6절에서 유도된 쌍극자 자기장에 대한 근사식을 사용하여 전기장을 계산하여라.

(c) 근사식이 어느 정도까지 유효한지 기술하여라. 근사식이 더 이상 좋은 결과들을 내지 않을 때까지 쌍극자에 얼마나 가까워질 수 있나(쌍극자의 길이 $s$와 비교해서)? "좋은 결과"에 대한 여러분의 판단기준은 무엇인가?

## 점검 사항의 해답

1 $\approx 1 \times 10^{-10}$ m, 양성자와 전자

2 $\langle 0, -4.8 \times 10^{-17}, 0\rangle$ N, $\langle 0, 0, 0\rangle$ N

3 $\langle 900, 0, 0\rangle$ N/C

4 $2.8 \times 10^4$ N/C

5 (a) $3.6 \times 10^4$ N/C (b) $7.2 \times 10^4$ N/C

6 (a) 1/8 (b) 세 배 더 크다. (c) 두 배 더 크다, 반대 방향

7 그것의 전자 쌍극자는 +전하가 오른쪽으로 있는 인가된 전기장과 같은 방향으로 수평으로 향하게 된다.

8 $3.2 \times 10^{-19}$ C

CHAPTER

# 14

# 전기장과 물질

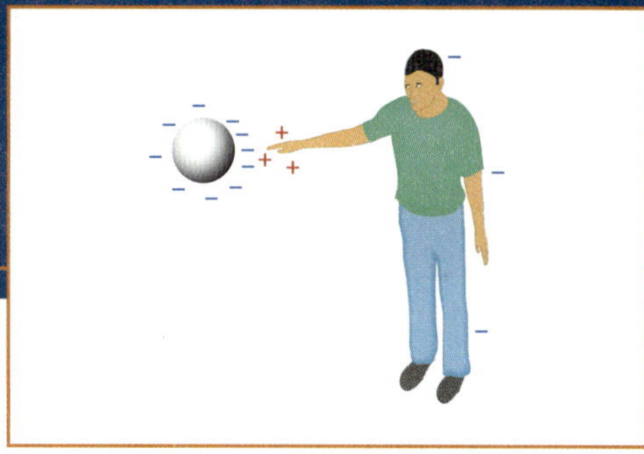

### 목표

이 장을 공부한 후에 다음과 같은 것들을 할 수 있어야 한다.

- 도체와 부도체 사이의 차이를 설명하고 그림으로 각각의 외부 전기장에 의한 편극을 나타낼 수 있어야 한다.
- 대전된 물체가 중성 물체에 왜 끌리는가를 설명할 수 있어야 한다.
- 도체 내 대전된 입자의 유동 속력을 계산할 수 있어야 한다.
- 도체 내의 알짜 전기장이 평형 상태에서 왜 0이어야 하는가를 설명할 수 있어야 한다.
- 편극에서, 유도 쌍극자 모멘트, 가해진 전기장 사이의 관계를 수학적으로 나타낼 수 있어야 한다.

## 14.1 물질 내에서 대전된 입자

보통의 물질은 대전된 입자로 되어 있기 때문에 전기장은 물질에 영향을 줄 수 있다. 전기장이 물질에 미치는 영향을 이해하기 위해서 이 장에서는 물질이 양성자와 전자라는 대전된 입자를 가지고 있다는 것을 포함하여 우리의 물질에 대한 미시적 모델을 확장하겠다.

### 알짜 전하

**알짜 전하의 정의**

물체의 알짜 전하는 그것을 구성하는 모든 입자의 전하의 합이다. 알짜 전하가 0인 물체를 "중성"이라 부른다. 알짜 전하가 0이 아니면 (양이거나 음으로) "대전되어 있다"고 한다.

양성자와 전자와 같은 기본 입자는 전기적으로 대전되어 있다. 만약 양성자 한 개와 전자 한 개가 결합되어 수소 원자를 구성한다면 수소 원자는 전기적으로 중성이다. 그 알짜 전하는 전하의 합이므로 이 경우 0이 된다.

$$(+e) + (-e) = 0$$

소듐 원자는 그 핵에 11개의 양성자가 있고 핵 주위에 11개의 전자가 있어서 알짜 전하는 0이고 전기적으로 중성이다. 그러나 소듐 원자는 전자를 잃을 수 있고

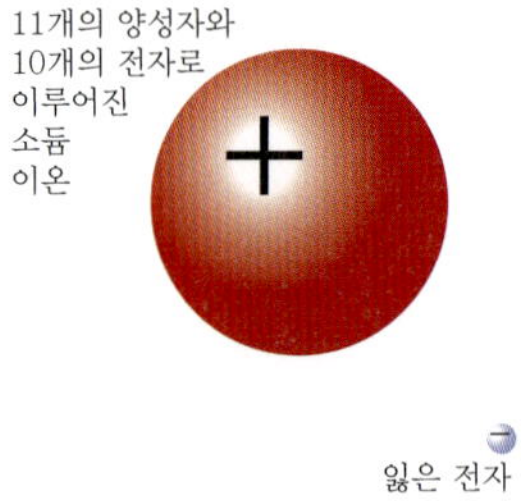


**그림 14.1** 소듐 이온 $Na^+$는 전자 1개를 잃은 소듐 원자로 이루어져 있다.

이때 소듐 이온 $Na^+$가 된다.

**질문** 소듐 이온의 알짜 전하는 얼마인가(그림 14.1)?

소듐 이온은 11개의 양성자와 10개의 전자를 가지므로 알짜 전하는 다음과 같다.

$$(+11e) + (-10e) = +e = +1.6 \times 10^{-19}\ \mathrm{C}$$

통상적으로 물질은 중성이다. 그러나 대전된 입자를 더하거나 빼서 0이 아닌 알짜 전하를 갖게 할 수 있다.

**질문** 쌍극자는 전기적으로 중성인가?

그렇다. 왜냐하면 그 구성 전하들의 합이 0이기 때문이다.

$$(+q) + (-q) = 0$$

분명 중성인 물체조차도 그 주변 공간에 0이 아닌 전기장을 만들 수 있다.

## 전하 보존

상당히 다양한 실험에서 아무도 우주의 알짜 전하 변화를 관찰한 적이 없다. 이러한 결과는 "전하 보존"이라는 기본 원칙에 의해 정리된다. 만약 한 계의 알짜 전하가 변한다면 주위의 알짜 전하는 그 반대 부호만큼 변해야 한다. 예를 들면, 우리의 머리빗이 음의 전하를 얻는다면 머리카락은 동일한 양의 양전하를 얻어야 한다.

### 전하 보존

한 계의 알짜 전하와 주위의 알짜 전하를 더한 값은 변하지 않는다.

전하의 보존은 기본 원칙이다. 왜냐하면 그것이 모든 상황에서 모든 계에 적용되기 때문이다. 전자 한 개와 양전자 한 개의 소멸 반응을 생각해 보자.

$$e^- + e^+ \rightarrow \gamma + \gamma$$

**질문** 이 반응에서 전자 한 개와 양전자 한 개가 붕괴되어 두 개의 고에너지 광자(감마선)를 만든다. 이 반응은 전하 보존에 위배되는가?

아니다. 전자와 양전자로 된 이 계의 알짜 전하는 처음부터 0이었다. 두 광자의 전하 또한 0이다. 대전된 입자가 붕괴되었더라도 계의 알짜 전하는 변하지 않았다.

**점검 사항 1** 탄소 원자는 6개의 양성자, 6개의 중성자, 6개의 전자가 있다. 이 원자의 알짜 전하는 얼마인가? 중성의 염화 원자는 17개의 양성자, 17개의 전자가 있다. 염화 원자가 한 개의 추가 전자를 얻는다면 염화 이온이 된다. 염화 이온의 알짜 전하는 얼마인가?

## 도체와 부도체

모든 물질은 원자로 되어 있고 원자는 전자와 양성자가 있다. 그러나 미시적 수준에서는 거시적 물체가 전기장에 노출되었을 때 미시적으로 서로 다른 행동을 일으키는 다른 구조로 되어 있다. 이 장에서는 도체와 부도체라는 두 종류의 물질에 대해 검토해 보겠다.

**도체:** 어떤 물질은 물질 내에서 쉽게 움직일 수 있는 대전된 입자를 가지고 있다. 이러한 물질을 도체라고 부른다. 구리, 은, 철, 알루미늄, 금과 같은 대부분의 금속은 상당히 유동성이 높은 전자를 가지고 있으므로 훌륭한 도체이다. 염 수용액은 유동적인 양이온과 음이온이 있기 때문에 도체이다. 소듐 양이온($Na^+$)과 염화 음이온($Cl^-$)을 가지고 있는 소금물이 대표적인 예이다.

**부도체:** 많은 물질에서 전자는 원자에 강하게 속박되어 있고 물질 내를 움직일 수 있는 대전된 입자가 없다. 이러한 물질은 대전된 물체를 다른 물체로부터 전기적으로 절연시키기 때문에 부도체 또는 절연체라 부른다. 우리는 많은 부도체를 이미 알고 있다. 고무, 플라스틱, 종이, 유리 등이 그 예이다. 관련 실험이 실험 11이다.

**"도체"와 "부도체"의 정의**

도체는 물질 내부를 움직일 수 있는 유동적인 대전 입자를 가지고 있다. 부도체는 유동적인 대전 입자가 없다.

## 14.2 물체를 대전시키는 방식

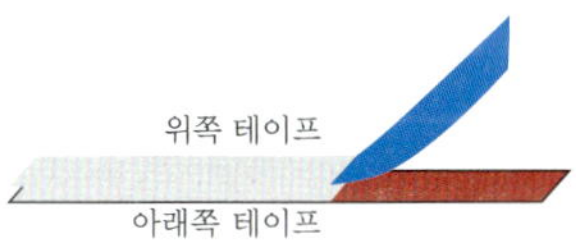


**그림 14.2** 투명 테이프의 한쪽을 떼어내어 다른 한쪽을 대전시켜라. 실험 1을 보아라.

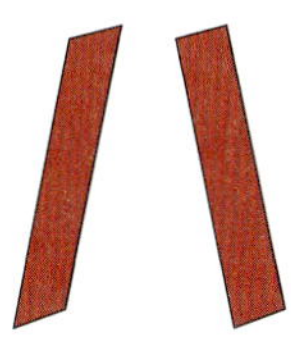

**그림 14.3** 같은 전하로 대전된 두 투명 테이프는 서로 밀어낸다.

일상에서 우리가 관찰하는 많은 상호작용이 전기적 성질을 갖는다. 간단한 계의 작동을 체계적으로 관찰하고 그 작동을 분석하는 데 조심스럽게 생각함으로써 전기장과 물질 사이의 상호작용에 대한 깊은 질문을 발견할 수 있다.

이러한 쟁점들을 실감나게 만들 수 있는 단순한 실험 몇 개가 이 장 끝부분에 기본 "실험" 단원에 있다. 여기서 필요한 것은 스카치 테이프와 같은 투명 테이프 한 개면 충분하다(그림 14.2 참조). 말려 있는 투명 테이프를 좀 길게 당겨 빼면 종종 투명 테이프가 손에 말리거나 들러붙는 경우가 있다. 이것은 전기적으로 대전된 테이프와 손 사이의 전기적 상호작용 때문이다. 이 장을 공부하면서 이런 실험을 해 보기를 바란다.

투명 테이프와 같은 대전된 물체로 실험을 하면 다음과 같은 사실을 발견한다.

- 물체는 +, −, 0의 전하로 대전될 수 있다.
- 같은 전하끼리는 밀고 다른 전하끼리는 당긴다(그림 14.3).
- 전기력은
  - 전하 사이를 잇는 선을 따라 작용한다.
  - 전하 사이의 거리가 멀어지면 급격히 감소한다.
  - 두 전하량에 비례한다.

### 접촉에 의한 대전

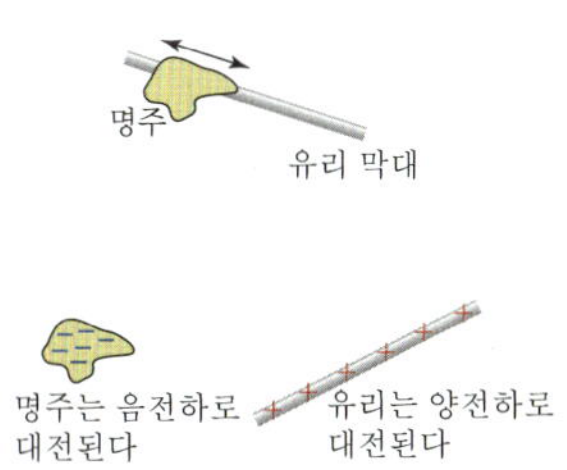


**그림 14.4** 유리와 명주를 문지르면 유리는 양전하로 대전된다.

음으로 대전되어 있는 물체는 양성자보다 더 많은 전자가 있다. 양으로 대전된 물체는 양성자보다 전자가 더 적다.

**질문** 보통 대부분의 물체는 중성으로 보인다. 어떻게 이런 물체들을 상당한 양의 전하로 대전시킬 수 있는가?

오랫동안 우리는 유리 막대를 명주로 문지르면, 유리 막대는 양전하로 대전되고 명주는 음전하로 대전된다는 것을 알아왔다(그림 14.4). 만약 플라스틱 펜을 머

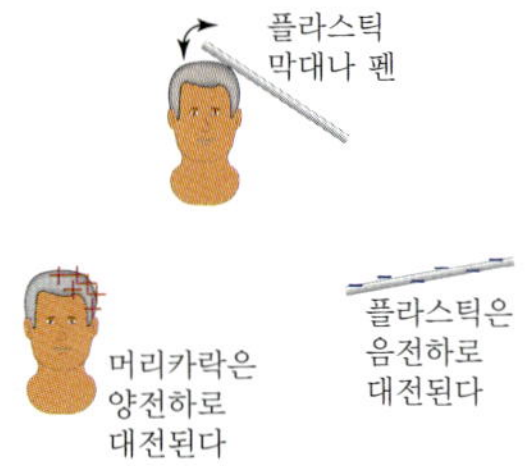


**그림 14.5** 플라스틱 펜을 머리나 셔츠에 문지르면 펜은 음전하로 대전된다.

리(또는 모피, 모직, 면)에 문지르면 플라스틱은 음전하로 대전된다(그림 14.5). 이와 유사한 과정이 투명 테이프의 한쪽을 다른 쪽으로부터 떼어낼 때 일어난다. 많은 물체가 다른 물체와의 접촉을 통해 중성이 아닌 전하를 얻는다. 관련된 실험 1~4를 보라.

접촉으로 대전시키는 과정에 관한 가능한 다양한 기작이 있다. 플라스틱이나 머리카락의 대형 유기 분자는 가장 약한 부위가 분리되어서 음으로 대전된 부분이 플라스틱에 남고 양이온(양으로 대전된 조각)은 머리카락에 남게 된다. 나중에 논의하겠지만 전자는 물체가 금속일 때, 특히 한 물체에서 다른 물체로 옮겨갈 수 있다. 문지르는 것이 전하를 한 물체에서 다른 물체로 이전하는 데 필수는 아니다. 그러나 문지르는 일은 많은 접촉면을 만들기 때문에 전하의 이전을 촉진한다.

## 핵에서 양성자는 제거되지 않는다

분명한 것은 문지른다고 해서 표면 원자의 내부에서 핵만 또는 양성자만 빼낼 수 없다는 것이다. 그런 분리는 엄청난 에너지를 필요로 한다. 양성자를 빼내는 것은 한 원소를 다른 원소로 바꾸는 것과 같다! 핵은 원자의 깊은 안쪽에 놓여있고 양성자는 핵에 단단히 묶여있다. 원자에서 전자 하나를 빼내거나 화학 결합을 끊어 이온 전체를 다른 물체로 옮기는 데는 그보다 훨씬 더 작은 힘이 필요하다. 따라서 접촉을 통해 전달될 수 있는 유일한 것은 양이온 또는 음이온이거나 전자들이다.

결합의 분리, 원자에서 전자 제거, 핵에서 양성자 제거와 같은 여러 가지 방법으로 물체를 대전하는 데 필요한 에너지를 대략적으로 비교할 수 있다. 우리는 제8장에서 수소 원자를 이온화(즉, 핵에서 전자를 아주 멀리 떼어내는 일)하는 데 필요한 에너지가 14 eV(1 eV $= 1.6 \times 10^{-19}$ J)라는 것을 알았다. 따라서 어떤 원자에서든 전자 하나를 빼내는 데 필요한 에너지는 수 eV라는 것을 추정할 수 있다. 마찬가지로 물을 구성하는 수소와 산소를 분리하는 데 필요한 에너지는 약 450 kJ/mol 정도이다. 이는 분자 결합 하나당 4.6 eV에 해당된다.

대조적으로 우리가 제6장에서 보았듯이 2.2 MeV($2.2 \times 10^6$ eV)는 양성자 한 개와 중성자 한 개로 이루어진 핵을 분리하는 데 필요한 에너지이다. 따라서 양성자를 핵에서 떼어내는 데는 수백만 eV가 필요함을 예측할 수 있다.

| 방법 | 필요한 에너지 |
|---|---|
| 화학 결합의 분리 | 수 eV |
| 전자 제거 | 수 eV |
| 핵에서 양성자 제거 | 수백만 eV |

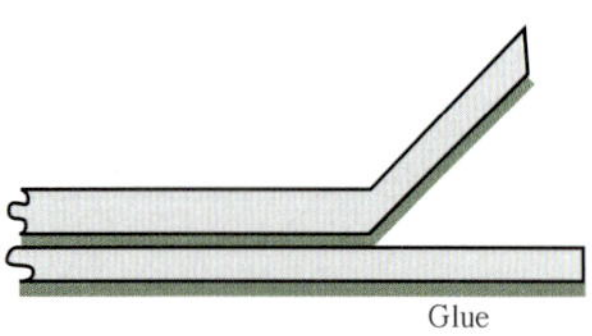


**그림 14.6** 처음에는 중성이었던 두 개의 테이프를 떼어내어 대전시켰다. 잉여 양전하와 잉여 음전하는 어디에 있는가?

분명한 것은 결합을 끊거나 전자 하나를 제거하는 것은 거시적 물체를 접촉하여 대전시킬 수 있는 방식이라는 것이다. 하지만 원자핵에서 양성자를 빼내는 것은 가능하지 않다.

## 전하 이동 위치

두 개의 중성인 투명 테이프가 붙어있다고 하자. 그림 14.6처럼 하나를 재빨리 떼어낸다고 하자. 이로 인해 두 개의 테이프 조각 모두 대전될 것이다. 이때 대전되는 전하의 종류는 제조사마다 다른데, 테이프 재질과 접착제의 화학적 조성에 달려있다.

**질문** 만약 위에 위치한 테이프 조각이 잡아 당겨졌을 때 음으로 대전된다면 아래쪽 테이프는 어느 전하로 대전될까?

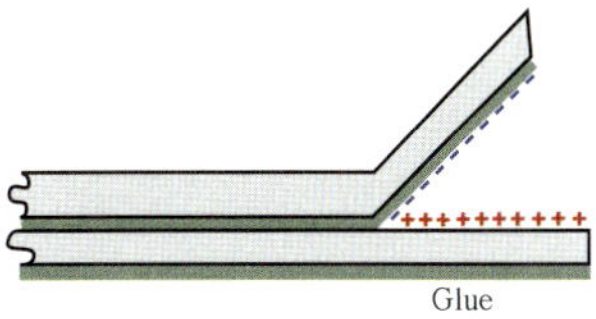


**그림 14.7** 이 경우 위쪽 테이프는 음으로 대전되므로, 아래 표면에는 아래쪽 테이프와 접촉할 수 없는 잉여 전자나 음이온이 존재해야 한다. 이것은 아래쪽 테이프에 전자가 모자란다는 말과 일치하므로 양이온은 여기 있다.

전하 보존의 원리에 따라 이러한 독립 계에서 순전하량은 변하지 않는다. 테이프는 중성으로 시작했으므로 아래쪽의 테이프는 양전하로 대전되어 총합이 0이 되고 각 테이프의 전하량의 절댓값은 서로 같아야 한다. 예를 들면 위쪽 테이프가 $-1$ nC으로 대전되었다면 아래쪽 테이프는 $+1$ nC(1 nC $= 1 \times 10^{-9}$ C)으로 대전되어야 한다.

**질문** 테이프가 분리된 후에 음으로 대전된 위쪽 테이프의 잉여 전하는 어디에 있는가?

아래쪽 테이프의 잉여 양전하는 어디에 있는가? 테이프는 위쪽 테이프의 아랫면과 아래쪽 테이프의 윗면 사이에서 상호작용한다. 플라스틱은 좋은 부도체이므로 이 전하들은 다른 곳으로 움직일 수 없다. 따라서 그림 14.7에서 보이듯이 모든 잉여 전하가 이 두 표면에 각각 존재해야 한다. 이제 분리된 테이프의 부분은 음전하가 남거나 모자라는 면으로 되어 있다. 전자나 음이온은 아래쪽에서 위쪽 테이프로 옮겨졌을 것이고, 양이온은 위쪽 테이프에서 아래쪽으로 옮겨졌을 것이다.

## 대전된 물체의 전하량은 얼마인가

투명 테이프, 플라스틱 펜, 탁구공, 풍선, 유리 막대와 같은 물체는 적절한 물체로 문지르거나 떼어내거나, 다른 방식으로 접촉시키면 전기적으로 대전될 수 있다. 이같이 보통의 작은 물체가 대전되었을 때 대충 얼마만큼의 전하로 대전될 수 있는지 아는 것은 유용할 것이다. 대략적인 규모만 알아도 도움이 될 것이다. 10 C, 0.1C 아니면 $1 \times 10^{-10}$ C에 가까운가?

**예** **테이프 조각에 대전된 전하량의 대략적인 양**

그림 14.8에 나타낸 것과 같이 간단한 실험을 함으로써 테이프 조각에 생기는 과잉 전하의 양을 대략적으로 추정할 수 있다. 처음엔 중성인 붙어있는 투명 테이프 두 조각을 준비하고 잡아당겨서 서로 반대 전하로 대전되도록 한다. 이렇게 해서 두 테이프에 대전된 양이 동일하도록 한다. 두 권의 책에 양으로 대전된 테이프의 양 끝을 붙이고 매단 후 음으로 대전된 테이프를 가까이 가져간다. 충분히 거리가 가까워지면 음으로 대전된 테이프가 위로 당겨진다. 테이프의 질량을 알면 테이프에 가해진 전기력의 세기를 알 수 있다. 이 힘과 테이프 사이의 거리를 이용하여 테이프 상의 전하량을 추정할 수 있다.

**해답** 운동량 원리

$$\frac{dp_y}{dt} = F_{\text{electric}} - F_{\text{grav}}$$
$$0 = Q_{\text{B}} E_{\text{A},y} - mg$$

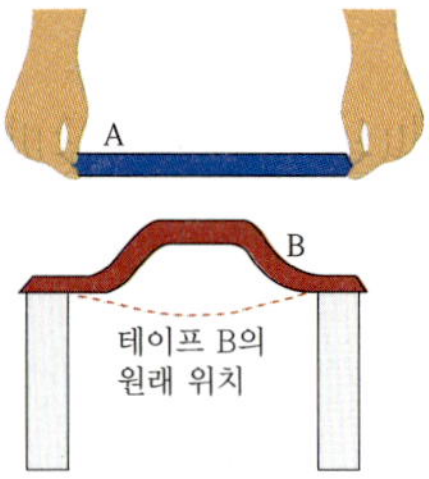


**그림 14.8** 테이프 A와 B는 반대로 대전되어 있다. A를 충분히 가까이 하면, B에 작용하는 전기력으로 B를 들어 올릴 수 있다.

그림 14.8에서 A를 점전하로 근사하여 A에 의한 전기장을 어림한다.

$$E_{A,y} \approx \frac{1}{4\pi\varepsilon_0}\frac{Q_A}{d^2} \text{ 그리고 } Q_B\frac{1}{4\pi\varepsilon_0}\frac{Q_A}{d^2} \approx mg$$

만약 20 cm 길이의 테이프의 질량이 0.15 g이고 테이프 사이의 거리가 2.5 cm일 때부터 들여 올려 진다면 테이프 상의 전하의 크기는 같으므로

$$Q \approx \sqrt{\frac{(1.5\times10^{-4}\text{ kg})(9.8\text{ N/kg})(0.025\text{ m})^2}{\left(9\times10^9\dfrac{\text{N}\cdot\text{m}^2}{\text{C}^2}\right)}} \approx 1\times10^{-8}\text{ C} = 10\text{ nC}$$

이는 상당히 대략적인 추정량이다. 하지만 작은 물체를 문질러 대전하면 10 nC 규모의 전하가 생긴다는 것은 상당히 논리적인 값이다. 제15장에서 우리는 점전하가 아닌 전체 면에 전하가 퍼져 있는 물체의 전기장을 어떻게 계산하는지 볼 것이다. 이러한 기교를 사용하면 우리는 전기장이 대전된 테이프의 표면에 가까운 곳에서 전기장이 대략 $2\times10^5$ N/C이다. 공기를 이온화하는 데 필요한 전기장의 세기가 약 $3\times10^6$ N/C이므로 대전된 테이프 부근의 장은 상당히 크다고 할 수 있다. 실험 6은 이 실험보다 더 세밀한 접근법을 보여준다. 우리의 결과는 실험 설계, 테이프의 길이 및 다른 요소에 의해 조금 다를 수 있다.

### 과잉 전하를 가지게 된 표면 원자 비

테이프의 대전된 표면에 있는 원자의 어느 정도 비율이 전하를 잃거나 얻었는가? (한 원자가 전하 하나를 얻거나 잃는다고 가정한다.)

**예** **과잉 전하를 가지게 된 표면 원자 비**

테이프의 대전된 표면에 있는 원자의 어느 정도 비율이 전하를 잃거나 얻었는가? (한 원자가 전하 하나를 얻거나 잃는다고 가정한다.)

**해답** 1 cm폭, 20 cm길이인 테이프의 면적은

$$A = (0.2\text{ m})(0.01\text{ m}) = 2\times10^{-3}\text{ m}^2$$

반경이 $1\times10^{-10}$ m인 원자로 덮인 표면적은 약

$$A_{atom} \approx (2\times10^{-10}\text{ m})^2 = 4\times10^{-20}\text{ m}^2$$

표면에 있는 원자의 수는

$$\frac{A}{A_{atom}} = \frac{2\times10^{-3}\text{ m}^2}{4\times10^{-20}\text{ m}^2} = 5\times10^{16}\text{ 개}$$

과잉 전하 (또는 이온)의 수는

$$\frac{10\times10^{-9}\text{ C}}{1.6\times10^{-19}\text{ C}} = 6.25\times10^{10}\text{ 개}$$

과잉 전하를 갖는 표면 원자들의 비율

$$\frac{6.25 \times 10^{10}}{5 \times 10^{16}} \approx 1 \times 10^{-6}$$

따라서 테이프의 원자 중 백만 개 중 하나만이 과잉 전하를 잃거나 얻었다. 아주 작은 비율이다.

거시적으로 테이프 표면의 전하는 상당히 균일하게 분포되어 있는 것처럼 보인다. 원자 수준에서는 과잉 전하를 갖는 원자의 비율은 표면 전체에 양념처럼 뿌려져 있는 것이다.

그림 14.9 양이든지 음이든지, 대전된 테이프는 중성인 당신의 손에 끌린다.

## 14.3 원자의 편극(Polarization)

양으로 대전된 물체는 음으로 대전된 테이프에 끌릴 뿐만 아니라 우리의 손에, 책상에, 책에 또는 부근의 다른 중성 물체에도 끌린다(그림 14.9). 음으로 대전된 테이프와 같은 음으로 대전된 물체도 마찬가지이다. 이는 $\vec{F} = q\vec{E}$이므로 우리의 중성 손이 0이 아닌 전기장을 만들었다는 것을 의미한다. 이런 일이 어떻게, 왜 일어나는지는 분명하지 않다.

**질문** 왜 대전된 물체가 중성 물체에 끌리는가?

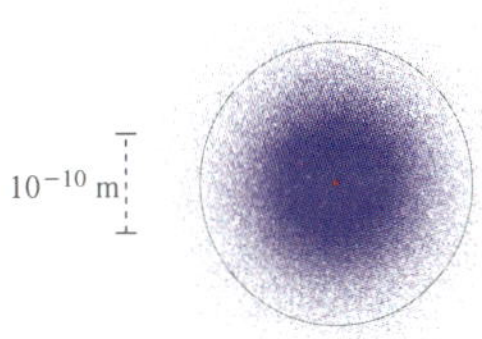



그림 14.10 양자역학적 관점으로 본 수소 원자. 이 그림은 3차원 구형 분포를 통한 2차원 단면이다. 각각의 점은 다중 노출 사진에서 그때의 전자의 위치를 나타낸다. 아주 작은 핵은 전자 구름 중앙에 빨간색 점으로 표시하였다(실제 핵의 반지름은 약 $1 \times 10^{-15}$ m이다). 원은 일정한 밀도의 영역에 대해 그려진다.

음으로 또는 양으로 대전된 테이프가 우리의 손이나 다른 중성 물체에 끌리는 것은 상당히 신기하다. 이것을 더 분명히 보기 위해서는 원자의 구조를 더 자세히 살펴볼 필요가 있다. 가장 간단한 원자인 수소 원자를 생각해 보자. 우리가 논의하는 효과는 다른 원자에도 적용이 된다.

그림 14.10은 원자의 상세한 구조를 서술하는 이론인 양자역학에 기초한 수소 원자의 특별한 모양을 보인다. 수소 원자는 하나의 양성자(중성자는 없음)로 이루어진 핵과 전자 한 개로 되어 있다. 무게가 가벼운 전자는 지구가 태양 주위를 도는 것과 같은 잘 정의된 궤도를 돌지는 않는다. 오히려 특정 위치에서 발견할 확률만이 있을 뿐이다.

그림 14.10은 이 확률을 그림으로 표현하여 보여준다. 이 그림은 카메라에 여러 번 노출한 것으로 생각할 수 있다. 각 노출마다 그 시각 전자의 위치를 점으로 보여주는 것이다. 전자는 원자 주위에 있을 확률이 크므로 핵 주변에서는 매우 많은 점들이 찍히기 때문에 상당히 어두워서 개별 점은 보기 힘들다. 전자를 원자핵으로부터 먼 곳에서는 보기 힘들기 때문에 원자핵에서 멀어질수록 점의 밀도는 점점 더 줄어든다.

이런 확률 분포를 "전자 구름"이라고 부른다. 수소에서 구름은 단 하나의 전자로 이루어지지만 다른 원자에서는 많은 전자로 전자 구름이 된다. 전자의 평균 위치는 원자핵이 위치한 중앙이다. 원자핵의 오른편에서 전자를 발견할 확률은 왼편에서 발견할 확률과 동일하다. 이 척도에서 핵을 명확히 나타내는 것은 불가능하다. 비록 양성자의 질량이 전자 질량의 2,000배이지만 양성자의 반경은 전자 구름 반경($1 \times 10^{-10}$ m)의 10만분의 1에 불과한 약 $1 \times 10^{-15}$ m이다. 그림에서는 크기가 과하게 확대된 큰 붉은점으로 아주 작은 핵의 위치를 표시하였다.

다음 점검 사항을 풀 때, 앞 장에서 지적했듯이, 균일하게 분포한 대전된 구에 의해 생기는 전기장은 구의 밖에서 보면 마치 모든 전하가 구의 중심에 위치한 것과 같다는 것을 기억하기 바란다. 이에 대해서 자세한 내용은 제15장에서 다룰 것이다.

> **점검 사항 2** 한 학생이 다음과 같이 질문한다. "원자의 양성 핵은 음성 전자에 가려져 있는데 왜 모든 물질이 음으로 대전된 것처럼 보이지 않는가?" 이 논리의 오류를 설명하라.

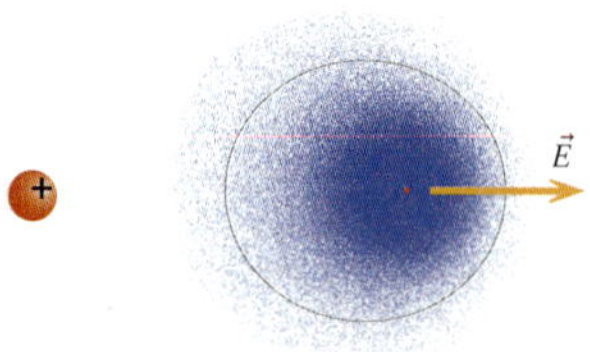


**그림 14.11** 양전하는 전기장을 만들어 전자 구름을 수소 원자의 왼쪽으로 이동시킨다(수소 원자핵은 오른쪽으로 이동시킨다). 타원은 일정한 밀도의 영역에 대해 그려진다. 이는 전자가 핵의 오른쪽보다 왼쪽에서 발견될 가능성이 더 높다는 것이다.

## 원자의 편극

원자 내 전자 구름이 구를 이루며 균일하고 핵이 그 중심에 항상 있다면 중성 원자는 외부 전하와 전혀 상호작용을 하지 않을 것이다. 만약 전자 구름이 핵을 중심으로 분포해 있다면 *N*개의 전자가 만드는 전기장은 *N*개의 양성자가 만드는 장을 상쇄시킬 것이다. 그러나 다음에서 알겠지만 전자 구름은 항상 중심에 대해 대칭적으로 균일하지 않다.

한 원자에서 전자 구름은 원자핵에 견고하게 붙어 있는 것이 아니다. 전자 구름과 원자핵은 서로 상대적으로 움직일 수 있다. 만약 외부 전하가 근처에 있다면 그 전하가 전기장을 형성할 것이고 이는 전자 구름과 원자핵에 힘을 가할 것이다. 이렇게 "가해진" 전기장의 영향 하에서 전자 구름과 원자핵은 상대적인 위치를 바꿀 것이다.

그림 14.11은 수소 원자 밖의 왼편 어딘가에 양전하가 있을 때 수소 원자의 확률 분포 또는 전자 구름을 보여준다.

## 전자의 평균 위치

전자의 평균 위치는 이제 핵이 있던 위치가 아니다. 핵의 왼편 어딘가로 옮겨졌다. 즉, 매 순간 사진을 찍는다면 핵의 오른편보다 왼편 어딘가에서 발견할 확률이 크다. 수소 원자가 완전히 분리되지는 않는다. 왜냐하면 핵과 전자 사이의 인력은 먼 거리에 있는 외부 전자에 의한 힘보다 더 강력하다. 그러나 만약 외부 전하가 수소 원자에 아주 가까워진다면 수소 원자는 쪼개지거나 외부 전하와 반응하게 될 것이다. 만약 외부 전하가 양성자라면 수소 원자와 결합하여 이온화된 수소 분자($H_2^+$)를 형성할 수도 있다.

그림 14.11에서 보듯 외부 전하에 의해 전자 구름의 바깥 영역이 가장 영향을 받는다. 이는 외부 영역에서 전자는 핵과 더 멀리 있고 외부의 양전하에 영향을 더 크게 받을 수 있기 때문이다. 여러 개의 전자가 있는 경우 더 바깥에 있는 전자가 더 영향을 받는다. 그림은 이 효과를 과장해서 보여준다. 만약 편극이 원자 직경의 몇 배 거리에서 일어난다면 전자 구름의 위치 변화를 그림에서 보이기에는 너무 적다.

전자 구름의 평균 위치가 외부 전하의 영향을 받아 더 이상 핵의 위치와 일치하지 않는 경우 원자는 "편극"되었다고 부른다.

## 편극된 원자나 분자의 그림

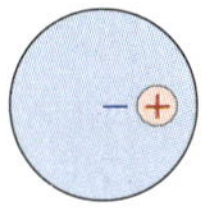

**그림 14.12** 우리는 편극된 원자를 대략 가운데 원자핵이 있는 구형의 전자 구름으로 어림할 수 있다.

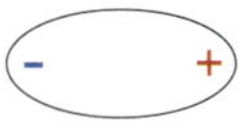

**그림 14.13** 단순하게 나타낸 편극된 원자나 분자

대부분의 경우 편극된 원자의 전자 분포는 대략 구형을 이루는 중심이 양성의 핵에서 떨어진(그림 14.12) 음전하 구름으로 되어 있다고 어림할 수 있다.

구형으로 균일하게 대전된 전하 분포는 점전하 주변에 생기는 전기장과 동일한 전기장이 구 외부에 생긴다는 점과 외부에서 가해진 장에 점전하처럼 반응한다는 점에서 마치 구의 중심에 점전하가 있는 것처럼 행동한다. 따라서 편극된 원자를 작은 거리만큼 떨어진 부호가 다른 두 개의 점전하로 이루어진 쌍극자로 모형화하는 것은 그럴듯하다.

편극된 원자의 가장 중요한 측면을 강조하고 분자를 단순화하기 위해 우리는 대체로 과장되게 길쭉한 물방울로 표현한다(그림 14.3).

## 외부 전기장의 작용으로 만들어지는 유도 쌍극자(induced dipole)

그림 14.13은 두 개의 극이 다른 전하가 일정 거리 떨어져 있는 것으로 편극된 원자나 분자가 쌍극자라는 것을 보여준다. 그러나 편극된 원자나 분자는 영구 쌍극자가 아니다. 만약 외부에서 작용하는 전기장이 제거되면 (예를 들면, 전기장을 만드는 전하가 없어지면) 전자 구름은 원래의 자리로 되돌아온다. 그리고 전하의 분리는 더 이상 존재하지 않게 된다. 편극된 원자나 분자를 "유도된" 쌍극자로 부르는데, 이는 쌍극자가 외부에서 작용하는 전기장에 의해 생겨나기 때문이다.

"유도된 쌍극자"는 중성 물체가 외부 전기장의 작용으로 편극될 때 만들어진다. 유도 쌍극자는 외부에서 작용하는 전기장이 없어지면 사라진다.

HCl 또는 $H_2O$와 같이 고정된 거리만큼 떨어져 있는 두 개의 극이 다른 전하로 구성이 된 것이 "영구 쌍극자"인데, 실험 8과 같이 + 테이프와 − 테이프로도 구현할 수 있다.

## 편극성(polarizability)

실험적으로 거의 대부분의 물질에서 유도되는 편극의 정도(즉, 편극된 원자나 분자의 쌍극자 모멘트 $\vec{p}$)는 외부에서 작용하는 전기장의 크기에 비례한다. 이는 다음과 같이 쓸 수 있다.

$$\vec{p} = \alpha\vec{E}$$

상수 α는 물질의 "편극성"이라고 부른다. 많은 물질의 편극성은 실험적으로 측정되어 왔는데 이러한 실험값은 참고문헌에서 찾을 수 있다. 쌍극자의 전기 쌍극자 모멘트의 크기는 다음과 같다.

$$|\vec{p}| = qs$$

그리고 그 방향은 음전하에서 양전하로 향하는 방향이다(제13장 참고).

> **점검 사항 3** 전형적인 편극성은 $1 \times 10^{-40}$ C · m/(N/C)이다. 만약 $p = qs$에서 $q$가 양성자 전하 $e$와 같고 외부에서 가하는 전기장의 세기가 공기 중에서 스파크를 일으키기에 충분한 양인 $3 \times 10^6$ N/C일 때 전형적인 원자에서 전하 간 간격 $s$를 얼마나 크게 할 수 있을까?

## 중성 원자와 점전하

앞 장에서 쌍극자의 전기장이 $1/r^3$에 비례한다는 것을 알았다. 때문에 쌍극자가 점전하에 작용하는 힘 또한 $1/r^3$에 비례한다. 전기력의 상호영향성(작용-반작용) 때문에 점전하가 쌍극자에 작용하는 힘도 또한 $1/r^3$에 비례한다. 이 분석을 전하량이 $q_1$인 점전하와 중성 원자의 경우에 적용해 보자.

전체 과정은 순간적으로 빨리 일어나지만 마치 여러 단계를 거쳐 일어나는 것처럼 분석하는 것이 배울만하다(물론 전기장이 먼 곳까지 전파되는 데는 어느 정도 시간이 걸리기 때문에 이 과정이 순간적으로 빠른 것은 아니다).

**1단계:** 원자가 있는 곳에 점전하에 의한 전기장 $\vec{E}_1$가 만들어진다(그림 14.14). 이 전기장은 핵과 전자 구름 모두에 영향을 미친다. 핵과 전자 구름 모두 구형의 대칭성 때문에 점전하로 취급 가능하다. 전자 구름과 원자핵에 미치는 힘은 서로 반대 방향이다. 전자 구름과 원자핵은 서로 상대적으로 움직일 수 있으므로 새로운 평형 위치에 다다를 때까지 서로 반대 방향으로 움직인다.

원자는 이제 편극되었다. 이때 쌍극자 모멘트는 $\vec{p}_2 = \alpha\vec{E}_1$이며 외부 자기장 $\vec{E}_1$에 비례한다.

**그림 14.14** 원자가 있는 곳에 점전하가 만드는 전기장 $\vec{E}_1$가 있다.

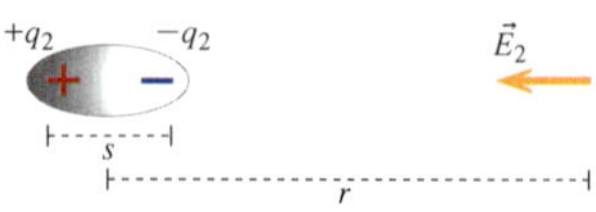


**그림 14.15** 편극된 원자가 점전하의 위치에 전기장 $\vec{E}_2$를 만든다.

**2단계:** 편극된 원자는 이제 쌍극자 모멘트 $p = q_2 s$를 갖는다. 유도된 쌍극자로 변한 원자는 점전하의 위치에 전기장 $\vec{E}_2$를 생성한다(그림 14.15).
$\vec{E}_2$의 크기에 대해 다음과 같은 식으로 표현할 수 있다.

$$|\vec{E}_2| = E_2 = \frac{1}{4\pi\varepsilon_0}\frac{2p}{r^3} = \frac{1}{4\pi\varepsilon_0}\frac{2\alpha E_1}{r^3}$$

쌍극자의 위치에서의 점전하에 의한 전기장 $\vec{E}_1$를 알기 때문에 이를 공식에 대입하면

$$E_2 = \frac{1}{4\pi\varepsilon_0}\frac{2\alpha}{r^3}E_1 = \left(\frac{1}{4\pi\varepsilon_0}\frac{2\alpha}{r^3}\right)\left(\frac{1}{4\pi\varepsilon_0}\frac{q_1}{r^2}\right)$$
$$= \left(\frac{1}{4\pi\varepsilon_0}\right)^2\left(\frac{2\alpha q_1}{r^5}\right)$$

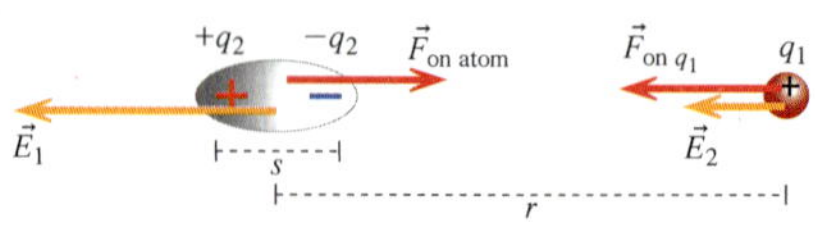


**그림 14.16** 편극된 원자의 전기장에 의해 점전하에 작용하는 전기력은 점전하의 전기장에 의해 편극된 원자에 작용하는 전기력과 크기가 같다.

**3단계:** 유도된 쌍극자가 점전하에 작용하는 힘은 얼마인가(그림14.16)?

$$\vec{F}_1 = q_1\vec{E}_2 = q_1\left(\frac{1}{4\pi\varepsilon_0}\right)^2\left(\frac{2\alpha q_1}{r^5}\right)\hat{r} = \left(\frac{1}{4\pi\varepsilon_0}\right)^2\left(\frac{2\alpha q_1^2}{r^5}\right)\hat{r}$$

따라서 편극된 원자가 점전하에 작용하는 힘은 $1/r^5$에 비례한다.

**질문** 점전하가 중성 원자에 작용하는 힘은 얼마인가?

전기적 상호작용의 상호영향성(reciprocity) 때문에 (뉴턴의 제3법칙) 중성 원자에 점전하가 작용하는 힘은 점전하에 중성 원자가 작용하는 힘과 크기는 같고 방향은 반대이다.

$$\vec{F}_2 = -\vec{F}_1 = -\left(\frac{1}{4\pi\varepsilon_0}\right)^2 \left(\frac{2\alpha q_1^2}{r^5}\right)\hat{r}$$

따라서 편극된 중성 원자에 점전하가 작용하는 힘은 또한 $1/r^5$에 비례한다.

**예** **헬륨 원자를 잡아당기는 양성자**

양성자 한 개와 헬륨 원자가 20 nm 떨어져 정지 상태에 있다면, 헬륨 원자의 편극성(polarizability) $\alpha = 2.3 \times 10^{-41}$ C·m/(N/C) 이다. (1) 헬륨 원자의 초기 가속도는 얼마인가? (2) 만약 양성자와 떨어진 거리가 100 nm라면 헬륨 원자의 초기 가속도는 얼마일까?

**해답** (1) 헬륨 원자의 질량은 다음과 같다.

$$m = \frac{4 \times 10^{-3}\ \text{kg/mole}}{6.02 \times 10^{23}\ \text{atoms/mole}} = 6.64 \times 10^{-27}\ \text{kg}$$

헬륨 원자의 초기 가속도는 다음과 같다.

$$\begin{aligned} a &= \frac{F}{m} = \left(\frac{1}{4\pi\varepsilon_0}\right)^2 \left(\frac{2\alpha q_1^2}{mr^5}\right) \\ &= \left(9 \times 10^9 \frac{\text{N}\cdot\text{m}^2}{\text{C}^2}\right)^2 \left(\frac{2(2.3 \times 10^{-41}\ \text{C}\cdot\text{m/(N/C)})(1.6 \times 10^{-19}\ \text{C})^2}{(6.64 \times 10^{-27}\ \text{kg})(20 \times 10^{-9}\ \text{m})^5}\right) \\ &= 4.5 \times 10^6\ \text{m/s}^2 \end{aligned}$$

이 값은 지구 중력 가속도 $g = 9.8\ \text{m/s}^2$에 비해 상당히 크다.

(2) 힘이 $1/r^5$에 비례하기 때문에 거리 $r$을 5배 증가시킨다면 힘과 가속도는 $5^5 = 3125$ 배 만큼 감소한다. 이제 가속도는 $(4.5 \times 10^6\ \text{m/s}^2)/5^5 = 1400\ \text{m/s}^2$가 된다.

**점검 사항 4** 만약 중성 원자와 점전하 사이의 거리가 두 배가 된다면 점전하가 원자에 가하는 힘은 얼마나 변하는가?

## 대전된 물체와 중성 물질 간의 상호작용

이제 왜 양으로 대전된 입자와 음으로 대전된 입자가 각각 중성 물체에 강하게 끌려가는지 설명해야 할 차례이다.

**질문** 양전하로 대전된 테이프가 우리 손에 가까이 가면 무슨 일이 일어나는지 상세히 설명해 보자. 이것은 복잡한 과정이다. 관련된 모든 상호작용을 고

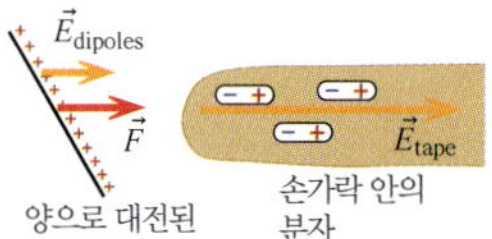


**그림 14.17** 양으로 대전된 테이프가 만드는 전기장은 당신의 손가락이 편극되도록 한다. 당신의 손가락에서 유도된 쌍극자는 테이프에 전기장을 만들어 테이프를 잡아당긴다.

려하라.

장과 물질 사이의 상호작용을 생각해 보면 다음이 가능하다. (1) 전기장을 일으킬 원인을 확인하라. (2) 이 장에 의해 영향을 받을 전하를 찾아라. (3) 영향을 받은 전하들의 재배열이 전하의 원래의 위치에 어떤 전기장을 생성할 수도 있다. 이들은 영향을 받는가?

양으로 대전된 테이프는 전기장을 만들어낸다. 그 방향은 테이프에서 멀어지는 방향이다. 이 전기장은 우리의 손가락 안에 존재하게 되고 우리 손가락 안의 원자, 분자, 이온에 영향을 준다. 그림 14.17은 우리 손가락 안에서 테이프에 의한 전기장에 의해 생기는 편극을 보여준다.

우리 손가락에서 유도된 쌍극자는 테이프에 전기장을 생성하여 테이프를 잡아당기게 된다. 우리는 음으로 대전된 테이프가 우리의 손가락과 상호작용하는 것을 보여 주기 위해 그림 14.17과 같은 도식을 그릴 수 있어야 한다. 우리의 전기적 중성인 손가락과 공중에 걸린 대전된 투명 테이프 사이의 상호작용($1/r^5$)은 대전된 두 개의 테이프 사이의 상호작용($1/r^2$)에 비해 거리에 따라 더 빨리 변한다. 이에 관한 실험이 실험 8이다.

**점검 사항 5** 도식을 이용하여 음으로 대전된 테이프를 우리의 손가락에 가까이 가져갈 때 생기는 일에 대해 자세히 설명하라.

## 물체의 전하량 결정하기

음전하로 대전된 테이프가 책상의 한쪽 끝에 매달려 있다고 하자. 나무로 된 연필을 모직 스웨터에 문질러서 테이프 가까이에 가져간다고 하자.

**질문** 만약 테이프가 연필 쪽으로 흔들린다면, 이는 연필은 모직 스웨터에 문질러서 양전하로 대전되었다는 것을 보여주는가?

반드시 그런 것은 아니다. 연필이 대전되지 않더라도 대전된 테이프는 연필을 편극할 것이고 유도된 쌍극자에 의해 당겨질 것이다.

**질문** 대전된 물체가 전기적으로 중성인 물체를 밀어낼 수 있나? 왜 그런가? 아니면 왜 그렇지 않은가? 도식을 그려 우리의 생각을 나타내보자.

편극은 항상 서로 다른 부호를 당겨 알짜 인력을 만든다. 유도된 쌍극자에 척력은 일어날 수 없다. 따라서 척력은 물체가 대전되었는가에 대한 진정한 검사가 된다.

**그림 14.18** 같은 전하로 대전된 테이프는 그 사이에 종이와 같은 물체를 놓더라도 서로 밀어낸다. 두 테이프는 종이도 역시 당기지만, 알짜힘은 아마도 작을 것이다.

## 전기장은 중간 물질을 통과한다

중첩 원리에 의하면 대전된 물체에 의해 생성되는 물질의 존재는 전기장에 영향을 주지 않는다. 마치 책상 위의 책에 작용하는 중력을 책상 면이 가리거나 차단하지 못하는 것과 같이 중간(intervening) 물질은 전기장을 "가리거나(screen)" "차단하지(shield)" 못한다. 실험 10과 관련된 그림 14.18을 참고하라.

## 가로 막는 물질과 중첩

전기장이 가로 막는 물질을 통과하여 작용한다는 사실은 중첩 원리의 또 다른 예이다. 같은 전하로 대전된 테이프의 조각 사이에 작용하는 척력은 그 중간에 종이가 끼어들면 약해지는 것이 사실이다(실험 10). 그러나 중첩의 원리로 이 현상을 바라보면 이러한 감소 현상은 중간에 낀 종이가 전기장을 막기 때문이라고 할 수 없다. 오히려 알짜 전기장은 두 전기장의 중첩이라 볼 수 있다. 종이가 없을 때 생기는 것과 동일한 전기장과 종이에 유도된 쌍극자 때문에 생기는 전기장의 합이다.

이 시점에 이 관점이 옳다는 것과 전기장을 차단하지 않는다는 것을 증명할 수는 없다. 그러나 우리는 중첩의 원리가 많은 범위의 현상에서 올바른 예측을 하는 것과, 차단 효과에 의한 가설보다 더 분명한 설명을 제공하는 것을 볼 수 있다.

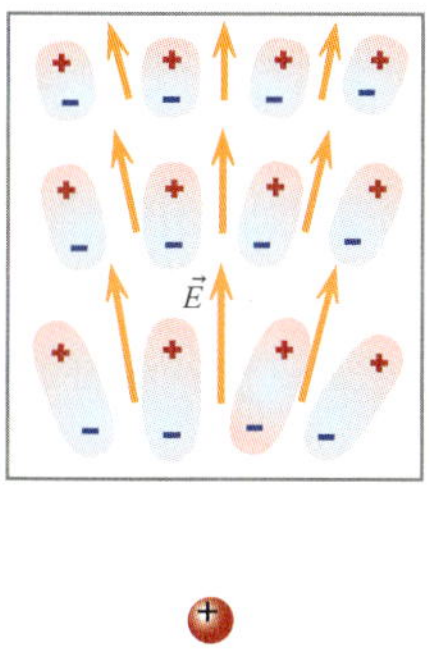


**그림 14.19** 부도체(플라스틱, 유리 등)는 가해지는 전기장에 의해 분극된다. 분자는 실제 규모가 아니다!

## 14.4 부도체의 편극

부도체에서는 모든 전자가 물질을 이루는 원자나 분자에 단단히 묶여 있다. 우리는 전기장을 가하면 각 원자나 분자가 원자나 분자 수준의 유도 쌍극자를 만들며 편극된다는 것을 보았다. 부도체의 원자나 분자에 있는 전자들은 그 위치를 약간 옮기지만 분자에 여전히 묶여 있다. 어떤 대전된 입자도 원자 직경($1 \times 10^{-10}$ m)보다 더 많이 움직이지 않는다(대부분이 이 직경보다 훨씬 적은 만큼 움직인다. 점검 사항 3을 보라).

그림 14.19는 절연 물질로 된 단단한 블록을 보여준다. 부도체의 각 분자는 외부에 가해진 전기장(이 경우 단 하나의 양전하에 의한 전기장)에 의해 편극된다. 물론 분자는 실제 규모로 그려진 것은 아니다. 이는 "유도된 편극"의 하나의 예이다. 이 전기장은 정상적으로는 무극성인 부도체를 편극시킨다. 각 분자에서 전자는 아주 짧은 거리를 움직이고 분자 자체는 움직임이 자유롭지 않다. 그러나 부도체에 분자가 많기 때문에 그 알짜 효과는 대단히 클 수 있다. 분자를 편극시키는 전기장과 편극된 분자가 나란한 것에 주목하라. 외부 전기장이 셀수록 유도된 쌍극자의 "늘어난" 정도도 더 크다.

### 편극은 아주 빨리 일어난다

원자나 분자가 편극될 때 전자 구름이 아주 작은 거리를 옮기므로 이 현상은 상당히 빨리 일어난다. 이 현상이 완성되는 데는 몇 나노초보다 더 짧게 걸릴 수 있다.

### 부도체의 편극을 보이는 도식(diagram)

부도체의 도식에서 전자는 분자에 묶인 상태에서 개별 분자가 편극된 것을 보이기 위해 크기를 과장한 편극된 분자를 그렸다. 우리는 분자가 "늘어난" 정도로 편극의 정도를 보여준다. 이런 통상적인 도식임을 명심하고 다음 절에 나오는 편극된 도체와 비교하기를 바란다.

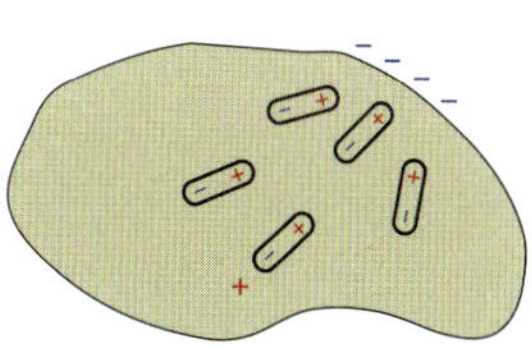

**그림 14.20** 부도체에서, 전하는 표면 위에 부분적으로 있고 과잉 전하가 내부에 있을 수 있다.

### 부도체 내 혹은 부도체 표면 위의 전하

부도체에는 움직일 수 있는 대전 입자가 없기 때문에 과잉 전하가 생기면 그 자리에 그대로 머무른다. 과잉 전하는 부도체 내부에 있을 수도 있고 표면 위에 퍼지지 않고 특정 위치에 머물 수 있다(그림 14.20).

### 저밀도 근사

부도체의 원자나 분자가 대전된 물체에 의해 만들어진 전기장에 대한 반응으로 편극될 때 편극된 분자 자체는 이웃하는 분자에 영향을 주는 전기장을 만든다. 편극된 분자들이 서로에게 미치는 영향은 외부 전기장에 의한 영향에 비하면 대단히 작다. 따라서 편극된 부도체를 다룰 때는 이 영향을 무시하도록 한다.

공식적인 용어로는 외부 전기장($E_{\text{applied}}$)이고 밀도 물질(고체나 액체)에 가해질 때 물질의 원자나 분자 하나의 유도 쌍극자 모멘트는 단순히 $p = \alpha E_{\text{applied}}$가 아니라 실제로는 $p = \alpha\ |\vec{E}_{\text{applied}} + \vec{E}_{\text{dipole}}|$이다. 여기서 $\vec{E}_{\text{dipole}}$는 물질에 있는 모든 다른 유도 쌍극자로 인한 관심을 가지고 있는 분자의 위치에서의 추가적인 전기장이다. 이 책에서는 저밀도를 가정하고 $\vec{E}_{\text{dipole}}$는 $\vec{E}_{\text{applied}}$에 비하여 작다고 가정한다. 이 가정은 우리의 목적을 위해서는 정당하지만 편극성을 정확하게 다루려면 이 효과를 고려해야 한다.

## 14.5 도체의 편극

앞서 언급하였듯이 도체는 물질 내부를 자유로이 움직일 수 있는 일종의 대전된 입자를 가지고 있다. 전자와 핵이 아주 작은 거리(약 $1 \times 10^{-10}$ m 미만)만 움직일 수 있는 부도체와는 대조적으로 도체 내의 대전된 입자는 먼 거리를 자유로이 움직인다.

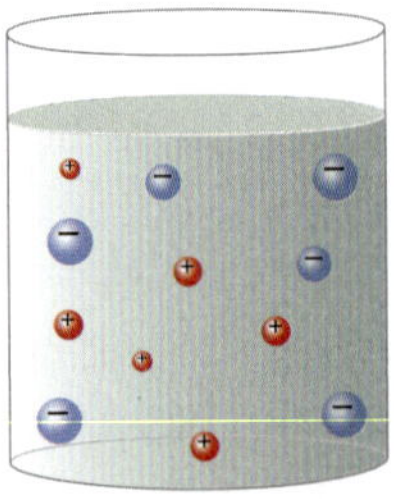

그림 14.21 이온 용액(소금물)이 들어있는 비커

### 이온 용액

소금물과 같은 이온 용액은 도체이다. 소금물에서 움직일 수 있는 대전 입자는 $Na^+$이온과 $Cl^-$이온이다(그림 14.21; 아주 작은 농도의 $H^+$이온과 $OH^-$이온도 있다.).

**질문** 전기장이 비커에 가해지면 어떤 일이 일어나는가?

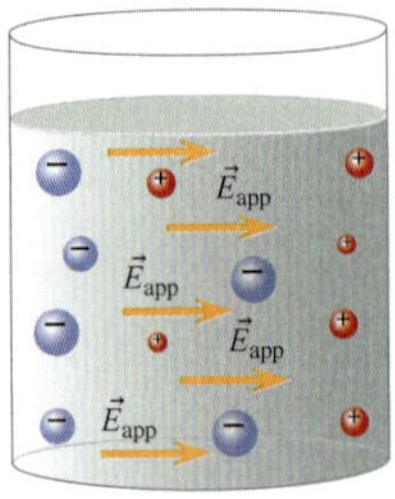


그림 14.22 전기장이 가해지면 ($\vec{E}_{\text{app}}$로 표시), 용액은 분극된다. 비커 양쪽의 이온 농도가 약간 과잉이다. 이온의 재분포에 의한 전기장은 표시하지 않았다.

전기장이 도체에 가해지면 움직일 수 있는 대전 입자는 전기장에 의한 힘의 방향으로 움직이기 시작한다. 그러나 전하가 움직임에 따라 한 곳에 쌓이기 시작하여 일정 농도가 되면 이들이 움직이는 나머지 전하들이 있는 영역에 전기장을 만든다. 이 영역의 알짜 전기장은 가해진 외부 전기장과 물질 내에서 이동한 전하에 의해 생긴 전기장의 중첩이다. 그림 14.22는 소금물에서 일어나는 편극을 나타낸다. 이온(대전된 원자나 분자)들은 정지해 있지 않고 지속적으로 움직인다. 따라서 실제 상황은 복잡하지만 입자들의 위치에 평균을 해보면 그림처럼 그릴 수 있다. 더욱이 액체의 내부는 양이온과 음이온으로 가득하다. 비커 벽 부근에 이온 농도가 조금 높을 뿐이다.

### 유동 속력과 외부 전기장

만약 비커에 든 소금물이 비커 외부의 전하로 만들어진 전기장이 있는 곳에 놓인다면 소듐 이온과 염화 이온은 전기력을 받을 것이고 힘의 방향으로 움직이기 시작할 것이다. 그러나 힘이 일정하더라도 이온은 계속 가속하지 않을 것이다. 왜냐하면 이온은 물 분자나 다른 이온과 충돌할 것이기 때문이다. 사실 미시적 수준에서 일종의 마찰력이 존재한다.

소금물에서 이온을 일정한 속력으로 움직이게 하려면 일정한 전기장이 용액에 가해져야 한다. 도체(이 경우 소듐이나 염화 이온) 내에서 움직이는 전하의 속력을 유동 속력이라고 한다. 유동 속력은 전하의 위치에 가해진 알짜 전기장에 직접적으로 비례한다. 비례 상수는 움직이는 전하의 유동도(mobility)이라 불린다.

**유동 속력**

$$\bar{v} = uE_{\text{net}}$$

$\bar{v}$는 움직이는 전하의 평균 유동 속력

$u$는 전하의 이동도, 단위는 $\dfrac{\text{m/s}}{\text{N/C}}$이다.

$E_{\text{net}}$는 움직이는 전하의 위치에서 알짜 전기장의 크기이다.

방정식이 시사하듯이 도체 내 움직이는 전하의 위치에서 알짜 전기장이 0일 때 전하는 더 이상 움직이지 않는다.

> **점검 사항 6** 크기가 190 N/C인 전기장이 염화 이온이 있는 용액에 가해졌다. 용액에서 염화 이온의 유동도은 $7.91 \times 10^{-8}$(m/s)(N/C)이다. 이 용액에서 염화 이온의 평균 유동 속도는 얼마인가?

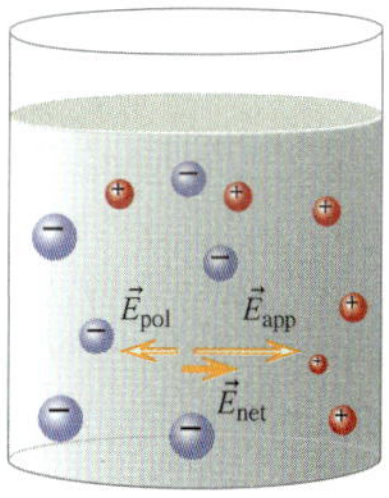


**그림 14.23** 편극이 완료되기 전, 편극 과정에서의 중간 단계

## 이온 용액에서 편극 과정

편극은 아주 빨리 일어나지만 순간적은 아니다. "시간을 늦추어" 편극 과정을 이야기하자. $1 \times 10^{-18}$초 규모에서 작업하자. 우리의 분석을 단순화하기 위해 임시적으로 이온을 소금물에 고정시킬 수 있다고 상상해 보자. 그리고 전기장을 주기 위해 부근에 이온을 가져다 놓는다고 하자.

편극이 시작되고 $1 \times 10^{-18}$초 후, 편극 과정이 끝나기 훨씬 전 액체 내부의 한 점에서 알짜 전기장을 생각해 보자. 외부 전하에 의한 전기장 $E_{\text{app}}$과 이때 편극된 전하에 의한 작은 크기의 전기장 $E_{\text{pol}}$이 그림 14.23에 제시되었다. 액체 한 가운데에서의 알짜 전기장은 편극되기 전보다 이제 더 작다.

**질문** 소금물의 편극은 지금보다 더 증가될 수 있을까?

이 순간 용액에서의 알짜 전기장은 아직은 0보다는 큰 값을 갖는다. 따라서 용액의 이온에는 편극을 증가시키는 방향의 힘이 작용한다. $E_{\text{net}} \neq 0$이므로 이온의 유동 속력 $\bar{v}$는 0이 아니다. 더 많은 이온이 비커의 벽 쪽에 모이게 될 것이다. 그러면서 내부의 알짜 전기장은 더 작아지게 될 것이다.

결국 도체는 미시적 수준에서 평형에 이를 것이다. 미시적 수준에서 평형이라는 것은 어떤 방향으로도 움직이는 전하의 알짜 운동이 없다는 것을 의미한다.

**도체 내부에서의 평형**

도체가 미시적 수준에서 평형 상태에 있다면

$$\bar{v} = 0$$

이다. 도체 내부에서 움직이는 전하들의 평균 유동 속력은 0이다. 어떤 방향으로도 전하의 알짜 흐름은 없다.

**질문** 도체 내부에서 알짜 전기장은 얼마나 약해지는가? 평형의 마지막 단계에서(편극이 더 이상 증가하지 않을 때) 용액 내부의 알짜 전기장의 크기는 얼마인가?

### "모순에 의한 증명(proof by contradiction)"의 예

우리는 아마도 도체에서 알짜 전기장은 마지막 단계인 평형 상태에서 0이 된다는 것을 올바르게 연역하였을 것이다. 이에 대해 형식 논증을 이용하여 엄격히 추론하는 것이 "모순에 의한 증명"이다. 모순에 의한 증명에서 우리는 우리가 증명하고자 하는 것의 반대를 가정한다. 그리고 이 가정으로부터 타당한 논리적 연역을 하여 불가능하거나 모순되는 결론에 도달함을 보인다. 따라서 우리는 원래의 가정이 틀리고 그 반대가 사실이어야 한다는 결론을 내린다.

**1.** 평형 상태에서 이온 용액 내부에서의 알짜 전기장의 크기는 0이 아니다.
**2.** $E_{\text{net}} > 0$이므로 용액 내 모든 움직이는 이온은 0이 아닌 힘을 받는다. 따라서 $u > 0$이고 평균 유동 속력 $\bar{v} > 0$이고 모든 이온이 힘의 방향으로 움직일 것이다.
**3.** $\bar{v} > 0$이므로 알짜 전하 흐름이 있다. 따라서 이 계는 평형 상태에 있을 수 없다. 평형 상태에서 $\bar{v} = 0$이고 알짜 전하의 흐름이 없기 때문이다. $\bar{v} > 0$이라는 결과는 이온 용액이 평형 상태라는 원래의 가정(위 1번)과 모순된다.
**4.** 모순에 도달하였기 때문에 원래의 가정(용액에서 알짜 전기장은 평형 상태에서 0이 아님)은 틀렸다. 그러므로 이온 용액은 평형 상태에서 알짜 전기장이 0이어야 한다는 결론을 내린다.

이러한 추론은 이온 용액뿐만 아니라 고체 금속 물체를 포함해 어떤 도체에 대해서도 사실이다.

### 중첩

용액 내에서의 전기장이 0이라는 것을 주목하라. 이는 외부 전하에 의한 전기장을 차단하기 때문이 아니라 두 개 효과의 중첩에 의한 것이다. 이 두 개의 효과란 외부 전하의 효과와 편극 효과를 말한다. 이것이 중첩 원리의 또 다른 예가 된다.

용액에서 알짜 전기장이 항상 0인 것은 아니다. 용액이 편극의 과정에 있는 동안 평형 상태가 아니라 0이 아닌 전기장이 존재한다. 따라서 용액 내 이온에 0이 아닌 힘이 작용한다. 만약 전극이 이온 용액에 놓이고 전지에 연결된다면 전지는 평형에 이르는 것을 방해한다. 이 경우 (비평형) 용액 내부의 이온에 계속해서 작용하는 장이 있을 수 있고 이것이 용액 내에서의 지속적인 이온의 이동을 낳아 전류를 흐르게 한다.

용액에는 아주 많은 수의 이온이 있기 때문에 편극의 과정에서 이온들이 실제로 멀리 움직이지는 않는다. 아주 작은 움직임조차도 외부에서 가해진 전기장을 상쇄시킬 수 있을 정도로 충분히 큰 전기장이 만들어진다.

### 사람의 몸에 있는 소금물의 편극

우리의 몸은 대부분 혈액과 세포 내부를 포함한 소금물로 되어 있다. 우리의 손가락 내부의 개별 분자를 외부 전하가 편극되는 것을 강조한 그림을 다시 보라. 여기에 추가적인 효과는 우리 손가락 내부에 있는 소금물의 편극이다. 그림 14.22에서 보이듯이 혈액과 조직 내 $Na^+$와 $Cl^-$의 이동이 있을 것이다. 이 이동은 분자의 편극보다 더 큰 효과일 수 있다. 대전된 테이프나 머리빗이 우리 몸의 내부를 어지럽힌다는 것을 생각해 보면 마음이 불편할지도 모르겠다.

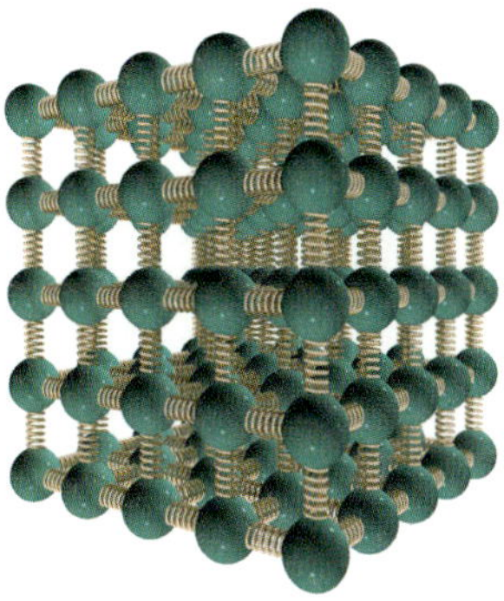

**그림 14.24** 고체의 공과 스프링 모델

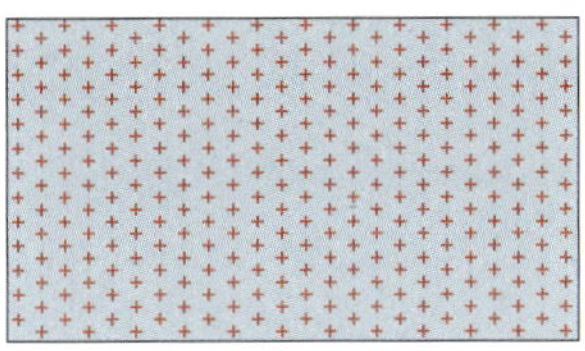

**그림 14.25** 분극되지 않은 금속의 2차원 단면: 균일하게 움직이는 전자 바다(파란색), 양의 원자핵(빨간색 "+"기호)

## 14.6 금속 내 전하의 운동

이미 금속이 좋은 전기 도체라는 것을 알았을 것이다. 거의 모든 금속에서 움직이는 전하는 전자이다.

### 움직이는 전자 바다

고체 금속 내 원자들은 규칙적인 3차원 기하학적 배열을 하고 있는데 이것을 "격자"(그림 14.24)라고 한다. 각 금속 원자의 내부에 있는 전자들은 핵에 묶여 있다. 일부 바깥쪽 전자들은 원자 간 화학 결합(고체의 공-스프링 모델에서 스프링)에 관여한다. 그러나 어떤 바깥쪽 전자는(대체로 한 원자당 한 개) 움직일 수 있는 전자 바다에 참여하여 전체 고체 금속 내부를 자유로이 움직인다(그림 14.25). 어떤 면에서는 전체 금속이 일부 전자가 전체 결정에 퍼져 있는 하나의 큰 분자와 같다. 전자들이 완전히 자유로운 것은 아니다. 전자는 전체 금속에 매여 있어서 금속에서 전자를 떼어내는 것은 힘들다(예를 들면, 여러분이 금속 조각을 흔들어서 전자를 빼내지는 못한다). 금속은 이러한 자유 전자들 때문에 훌륭한 전기 도체이다.

### 자유 전자 사이에 알짜 상호작용은 없다

비록 돌아다니는 전자들이 서로 강한 척력을 작용하지만 원자 내부의 양전하(원자의 "핵"은 중성 원자 빼기 돌아다니는 전자이므로 그 전하량은 $+e$)에 의한 인력으로 전자 사이의 척력은 상쇄되어 평균적으로는 사라지게 된다. 평균적으로 평형 상태에 있는 금속 조각의 내부에서 알짜 전기장은 0이다.

이때문에 움직이는 전자들은 어떤 면에서는 이상기체처럼 보인다. 이 전자들은 전기장이 없는 영역에서 자유롭게 움직인다. 따라서 이 전자들은 서로 또는 원자와 상호작용하지 않는 것처럼 보인다. 실은 어떤 단순한 전자 운동 모델에서는 자유 전자 바다는 이상기체로 취급된다.

### Drude 모델

전자 운동에 대한 단순한 고전적 모델(이 모델을 처음 제안한 물리학자의 이름을 따서 Drude 모델이라 부름)에서 금속 내 움직이는 전자들은 금속 내의 전기장의 영향으로 가속하거나 에너지를 얻지만 열에너지로 진동하는 원자핵 격자와의 충돌로 에너지를 잃는다. 원자핵 격자는 이 충돌에서 열에너지를 얻는다. 충돌 후

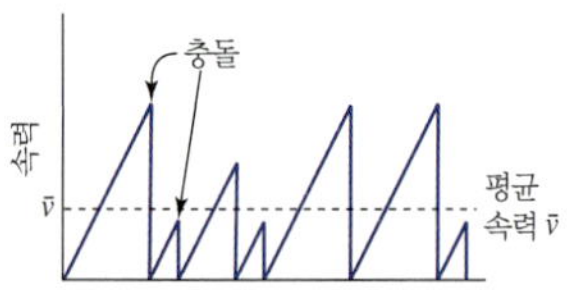


**그림 14.26** 움직이는 전자는 도선 내의 전기장의 영향을 받아 가속하고, 그후 원자핵과 충돌하여 에너지를 잃는다.

전자는 다시 가속되고 다시 충돌한다. 이 과정이 바로 전구의 금속 필라멘트가 뜨거워지게 되는 것이다. 그림 14.26의 그래프는 전자 하나가 도체 내에서 외부 전기장의 영향으로 시간에 따라 출발-정지 운동하는 것을 보여준다.

## 유동 속도와 전자 유동도(mobility)

출발-정지 운동에서 전자의 평균 속력은 "유동" 속력 $\bar{v}$로 부르고 전자가 금속 내에서 "유동(drift)"한다고 말한다. 사실 이 느린 유동은 금속 내에서 모든 방향으로 움직이는 고속 운동과 함께 일어난다. 이는 모든 방향으로 고속으로 움직이는 공기 분자 운동에 느린 바람의 유동 운동이 추가되는 것과 같다. 금속 내 전자의 모든 방향으로의 빠른 운동을 포함하여 금속 내 전자의 운동을 완전히 다루기 위해서는 양자역학이 필요하지만 단순한 고전 Drude 모델은 미시적 수준에서 회로의 중요한 부분들을 거의 모두 이해할 수 있게 한다. 운동량의 원리를 다음과 같이 표현한다.

$$\frac{\Delta\vec{p}}{\Delta t} = \vec{F}_{\text{net}}(\vec{F}_{\text{net}}\text{는 알짜 힘을 표시})$$

유한한 시간 동안 $\vec{F}_{\text{net}}$가 작용하는 경우에 운동량 변화를 나타내는 형태는 다음과 같다.

$$\Delta p = F_{\text{net}}\,\Delta t = eE_{\text{net}}\,\Delta t$$

여기서 $E_{\text{net}}$는 전선 내부의 알짜 전기장의 세기를 나타내며 $\Delta t$는 충돌 사이의 시간이다. 만약 충돌을 하는 동안 전자가 가지고 있던 운동량을 전부 잃어버린다고 가정을 한다면, $\Delta p = p - 0 = eE_{\text{net}}\,\Delta t$가 된다.

질량이 $m_e$인 전자가 충돌할 때 속력은 빛의 속력에 비하면 작다. 따라서

$$v = \frac{p}{m_e} = \frac{eE_{\text{net}}\,\Delta t}{m_e}$$

그러나 두 충돌 사이의 시간이 모든 전자에 대해 같은 것은 아니다. 어떤 전자는 충돌 사이에서 더 긴 시간이 걸리고 다른 전자들은 더 짧다. 특정 시점에서 모든 전자의 평균 유동 속력을 구하기 위해서는 평균 시간이 필요하다. 충돌 간 걸린 시간의 평균을 $\overline{\Delta t}$라고 한다면 $\bar{v} = \dfrac{eE_{\text{net}}\overline{\Delta t}}{m_e}$ 에서 $\overline{\Delta t}$는 원자핵과 전자의 충돌 사이에 걸린 평균 시간이며 전자의 고속 무작위 운동과 금속의 온도에 의해 결정된다(온도가 높아질수록 원자핵의 열적 운동은 더 커지게 된다. 따라서 충돌 사이의 평균 시간은 감소해서 동일한 전기장에서 더 작은 유동 속도를 초래한다).

**질문** 유동 속도는 전기장의 세기에 정비례하는가?

전기장의 크기가 증가해도 온도 변화가 크지 않다고 가정하자. 그럼 전기장을 두 배 증가시키면 유동 속도 $\bar{v}$도 두 배가 된다. 따라서 유동 속도 $\bar{v}$는 전기장의 세기에 정비례한다. 앞에서 언급된 것처럼 비례 요인은 전자의 "유동도(mobility)"이라 부르고 $u$로 표시(일부 책에서는 $\mu$로 표시)한다.

$$\bar{v} = uE_{\text{net}}$$

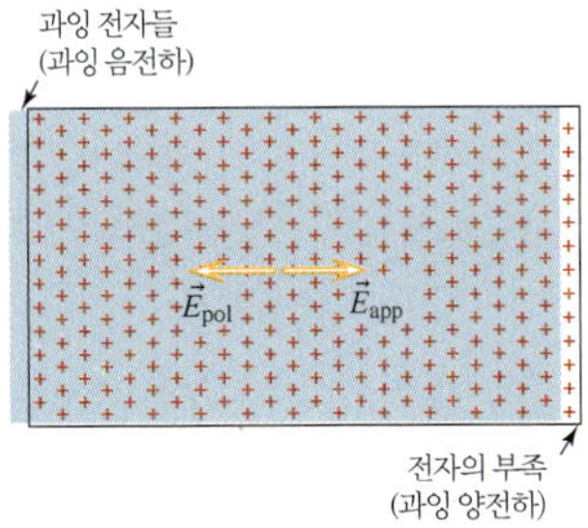


**그림 14.27** 분극된 금속: 움직이는 전자 바다는 양의 원자핵에 대해 상대적으로 왼쪽으로 이동한다. 왼쪽에 전자의 과잉이 생기고 오른쪽에는 전자의 부족이 생긴다. 이러한 전하들이 금속 내부의 알짜 전기장에 영향을 미친다.

분명히 $u = \frac{e}{m_e}\overline{\Delta t}$ 이다.

금속마다 유동도는 다르다. 유동도가 클수록 가해진 전기장에서 유동 속력이 더 크다. 움직이는 전자(음으로 대전됨)의 유동 속력의 방향은 전기장 방향에 반대이다.

**점검 사항 7** 구리 내부에서 움직이는 전자의 유동도는 $4.5 \times 10^{-3}$ (m/s)/(N/C)이다. 구리 한 덩어리 내 전자에 얼마나 큰 전기장을 걸어주면 유동 속력 $1 \times 10^{-3}$ m/s가 되겠는가?

## 편극은 재빨리 일어난다

외부 전하에 의해 전기장이 금속에 가해질 때 금속은 편극된다. 금속의 편극을 고정된 양전하 핵에 상대적으로 전체 자유 전자 바다가 이동하는 것으로 기술할 수 있다. 그림 14.27에서는 가해진 전기장에 대한 반응으로 전자는 왼쪽에 쌓여 표면 부근에 아주 얇은 음으로 대전된 층을 형성한다.

전자 바다에서 이동은 원자 직경보다 훨씬 작다(점검 사항 3을 보라). 이 덩어리의 한쪽 끝에서 전자가 다른 쪽 끝으로 갈 필요는 없다. 전체 전자 바다를 약간 옮기기만 하면 한쪽 면에 잉여 전자가 상당히 많이 있게 된다. 전자 바다는 조금만 움직이면 되므로 이 변위는 아주 빨리 일어난다. 나노초보다도 더 짧게 걸린다.

## 금속의 편극을 보이는 도식

그림 14.28은 중성인 금속 덩어리의 왼편에 있는 양의 점전하에 의해 생긴 편극을 컴퓨터 모델로 계산한 결과를 보여준다. 파란색은 음전하를 나타내고 붉은색은 양전하를 나타낸다. 이 덩어리는 여전히 중성이지만 양전하(전자 결핍)를 오른편에 남긴 채 음전하(과잉 전자 밀도)가 덩어리의 왼쪽 표면에 쌓인다. 과잉 전하는 덩어리의 모서리와 구석으로 모이는 경향을 보인다는 것에 주목하라. 기대한 것과 마찬가지로 외부 점전하에 가까워 전기장이 더 큰 곳에서 표면 전하 밀도가 더 큰 것을 볼 수 있다.

**그림 14.28** 양의 점전하에 의한 중성 금속의 편극. 파란색 음영은 음전하를 나타낸다; 빨간색은 양전하를 나타낸다.

이 이미지를 만드는 데 사용된 컴퓨터 모델은 우리가 정성적으로 머릿속으로 이온 용액과 금속의 편극에 대해 추론한 것을 정량적으로 계산할 수 있도록 해준다. 제18장에서 관련된 추가적인 개념 소개 후에 이 알고리즘에 대해 좀 더 자세히 서술할 것이다.

그림 14.29에서 그리기 쉽고 한눈에 해석하기 쉽게 단순화된 금속의 편극을 묘사한다.

- 표면 밖에 그려 놓은 −와 + 기호들은 자유 전하 바다의 이동의 결과로 음전하(과잉 전자)나 양전하(결핍 전자)의 얇은 층을 나타내기 위하여 써놓은 것이다. 애매함을 없애기 위해 +와 −기호를 금속 물체의 바로 바깥 표면에 표기하여 과잉 전하(전자 결핍이나 과잉)를 나타낸다.
- 금속의 내부에 양으로 대전된 원자핵과 자유 전자 바다는 표시하지 않았다. 내부는 완전히 중성이기 때문이다. 전하량이 균형을 맞추고 있는지를 알아보기 위하여 중성인 내부의 전하를 세어보는 번거로움을 피함으로써 그림을 더 잘 해석할 수 있다.

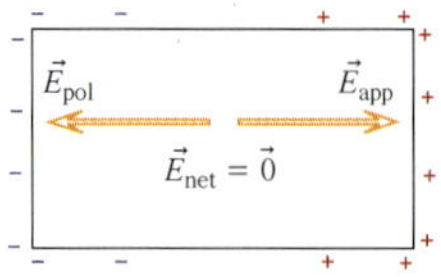

**그림 14.29** 편극된 금속의 편극성을 단순하게 묘사하기 위한 방법. 과잉 전하는 표면에 있음을 나타내기 위해 둘레 밖에 그렸다.

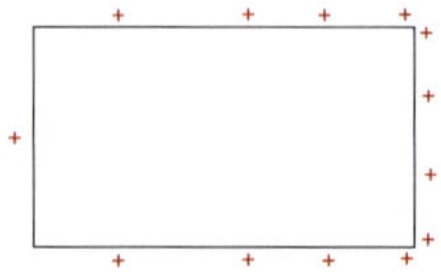
**그림 14.30** 이 금속은 대전되어 있고 편극되어 있다.

개별 원자나 분자가 부도체에서 어떻게 편극되는지 나타내기 위해 사용한 단순화된 표현들과 이들 단순화된 표현을 비교해 보라.

## 편극과 대전

기술적인 용어를 정확히 사용하자. 그림 14.29에 보인 금속 덩어리는 편극되어 있다. 대전되지는 않았다. 따라서 알짜 전하량은 0이다.

반면 대전된 물체도 편극될 수 있다. 그림 14.30에 대략적으로 그려진 양전하로 대전된 금속 덩어리는 편극도 되어 있다. "편극"과 "대전"은 동일한 의미가 아니다.

## 금속 내 알짜 전기장은 평형 상태에서 0이 된다

이온 용액의 편극을 논의할 때의 추론 과정은 금속이나 어떤 도체에도 동일하게 적용된다. 평형 상태에서 알짜 전기장이 0이 된다는 것(왜냐하면 0이 아니라면 자유 전자는 전기장의 영향으로 움직이게 될 것이고 이 계는 평형 상태에 있지 않을 것이다.)을 보이기 위해 모순을 통해 증명하는 방법을 사용했다.

자유 전자들이 재배열하여 금속 내 모든 위치에서 알짜 전기장이 0이 되게 할 수 있다는 것은 재미있다. 금속 물체에 정확히 어느 위치에 전하를 놓아야 도체 내부의 알짜 전기장이 0이 되는지를 계산하는 일은 대단히 어려울 것이다. 하지만 사실 그 많은 자유 전하는 스스로 재배열하여 0이 되게 한다. 이것이 가능한 이유는 전기장의 세기가 $1/r^2$에 따라 거리에 의존하기 때문이다. 만약 지수가 2가 아니었다면 이 세상은 지금과 상당히 다를 것이다.

금속 내 평형이 이루어질 때 금속 내부는 본질적으로 바뀌지 않는다. 과잉 전하는 없고 여전히 균일한 전자 바다가 양으로 대전된 원자핵 주위의 공간을 채운다. 금속 내 알짜 전기장은 외부 전기장과 금속의 표면에 쌓인 과잉 전하에 의한 장의 합인데 이것이 0이다.

$$\vec{E}_{net} = \vec{E}_{app} + \vec{E}_{pol} = 0 \qquad \text{평형 상태의 도체}$$

표면에 과잉 전하가 있으므로 편극된 금속을 표면에 전하로 된 층이 있는 것으로 표현할 수 있다. 하지만 내부는 편극되지 않았는데 이 점이 부도체와 다르다.

금속 내 자유 전자 바다를 이동시키는 것은 모든 전하가 (최외각의 전자 포함) 원자에 매여 있는 부도체에서 나타나는 편극의 효과보다 더 큰 효과를 낸다. 대전된 부도체는 아주 작은(분자 크기) 쌍극자의 집합이다. 반면 편극된 금속은 거대한 쌍극자를 형성한다.

### 전기장이 금속 내에서 항상 0은 아니다

앞의 결론을 과하게 강조하지 말아야 한다. 금속에서 알짜 전기장은 항상 0이라는 것은 사실이 아니다. 금속이 편극되는 과정에서 금속은 평형이 아니다. 따라서 금속 내 0이 아닌 전기장이 있어 전자 바다에 0이 아닌 힘이 작용한다. 전기 회로에서 건전지는 계가 평형에 도달하지 못하게 한다. 그런 비평형 상태에서는 금속 내 전기장이 있고 자유 전자 바다의 전자에 끊임없이 힘이 작용하고 있다. 이는 폐회로에서 끊임없이 전자 바다를 이동시켜 전류가 흐르게 한다.

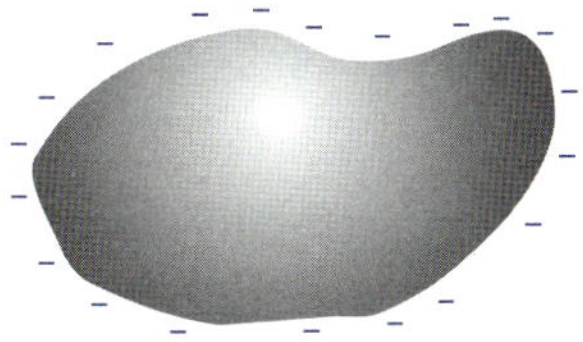

**그림 14.31** 금속에서, 전하는 표면 전체에 퍼져 있고(균일할 필요는 없다) 내부에는 과잉 전하가 없다.

### 도체에서 과잉 전하

금속의(그리고 후에 가우스 법칙을 배울 때 알겠지만 전기적 상호작용의 $1/r^2$ 에 관한) 또 다른 중요한 성질은 금속 조각이나 도체 상의 과잉 전하는 안쪽이던 바깥쪽이던 표면에만 있다는 것이다. 이는 직관적으로 그럴 듯하다. 어떤 과잉 전하도 서로 척력이 작용하기 때문에 가능한 가장 먼 곳, 즉 도체의 표면에 위치하려 할 것이기 때문이다. 도체 내부의 어떤 곳도 알짜 전하는 0이다. 더욱이 어떤 과잉 전하도 서로 척력이 작용하므로 전하 바다를 재배열하여 전하가 거의 순간적으로 표면 전체에 퍼져 나타나도록 한다(그림 14.31).

다음은 도체와 부도체의 성질을 정리한 표이다.

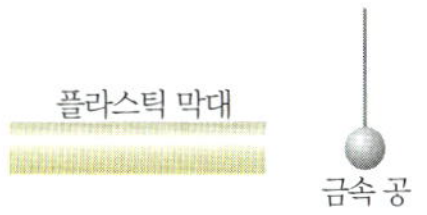


**그림 14.32** 플라스틱 막대와 공은 처음에는 대전되지 않았다.

| | 도체 | 부도체 |
|---|---|---|
| **움직이는 전하 (자유 전자)** | 있음 | 없음 |
| **편극** | 전체 움직이는 전하 바다가 이동 | 개별 원자나 분자가 편극 |
| **평형** | 내부 알짜 전기장 $E_{net} = 0$ | 내부 알짜 전기장 $E_{net} \neq 0$ |
| **과잉 전하** | 표면 위에서 퍼짐 | 어떤 곳에서든 국부적으로 |

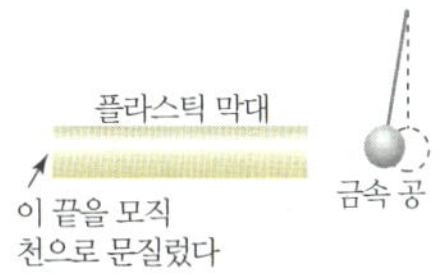


**그림 14.33** 모직 천으로 플라스틱 막대의 왼쪽 끝을 문질러 음으로 대전시켰다.

**예** **플라스틱과 금속 막대**

가벼운 도체 금속구가 실에 매여 절연된 플라스틱 막대의 오른편에 놓였다. 두 물체 모두 처음에는 대전되지 않았다(그림 14.32).

(a) 모직 천으로 막대의 왼편을 문질러 전체 음전하가 $1 \times 10^9$개의 전자들에 해당하는 만큼의 전하로 대전시킨다. 그림 14.33에 보인 것처럼 금속구가 막대쪽으로 움직이는 것을 관찰할 것이다.

설명. 모든 과잉 대전된 입자, 편극 등을 명확하게 그림에 나타내라. 표현한 대전된 입자가 물체 내부에 있는지 표면에 표시되었는지 확인하라.

(b) 유사한 실험을 금속 막대를 사용하여 해 보라. 막대의 왼편에 대전된 금속 물체를 가져다 대어 왼편 끝에 $1 \times 10^9$개의 과잉 전자를 쌓는다. 그리고 물체를 떼어낸다. 그림 14.34에서 보이듯이 플라스틱 막대로 한 실험보다 금속구가 더 많이 움직이는 것을 관찰할 것이다.

설명. 모든 과잉 전하, 편극 등을 명확하게 그림에 나타내라. 표현한 대전된 입자가 물체 내부에 있는지 표면에 표시되었는지 확인하라.

**해답** (a) 플라스틱 막대는 부도체이다. 따라서 과잉 전하는 막대의 왼편 표면에 남는다. 이 전하들은 막대 내부의 분자를 편극시킨다. 그림 14.35에서 보이듯이 원래의 전하와 편극된 분자들이 합쳐져 중성인 금속구를 편극시킨다. 구는 도체이므로 편극된 구의 과잉 전하는 구의 표면에 있다. 금속구의 내부는 중성이다.

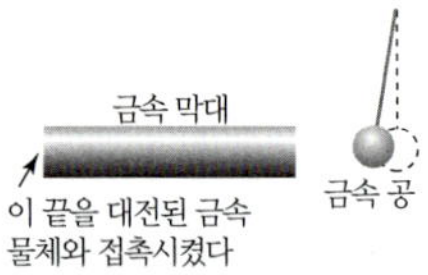


**그림 14.34** 플라스틱 막대를 중성의 금속 막대로 바꾸고 왼쪽 끝을 음으로 대전된 금속에 접촉시켰다. 공은 플라스틱 막대로 한 실험보다 더 많이 움직인다.

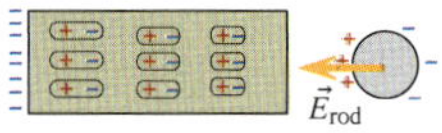


그림 14.35

플라스틱 막대의 전기장(한쪽 끝의 전하와 편극된 분자)은 편극된 금속구의 왼편에 알짜 힘을 작용한다(그림 14.36).

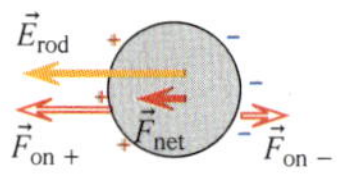


그림 14.36

(b) 과잉 음전하는 금속구와 막대의 표면 전체에 퍼진다. 이 과잉 음전하는 금속구를 편극시킨다. 그림 14.37에서 보이듯이 편극된 금속구는 음으로 대전된 금속 막대를 다시 어느 정도 편극시킨다.

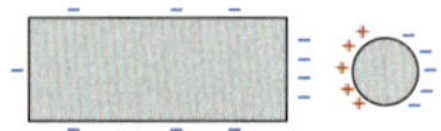

그림 14.37

이 경우 원래의 전하가 공에 더 가깝기 때문에 구의 편극이 더 크다. 이 경우 구에 작용하는 알짜 힘이 플라스틱에 작용하는 것보다 더 크다.

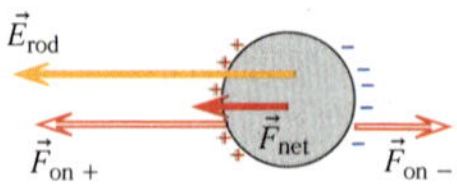


그림 14.38

**예** **구와 도선**

음의 전하량 $-Q$인 전하가 있는 반경이 $R$인 작은 금속구의 중앙부터 거리 $r$의 위치에 짧고 가늘고 전기적으로 중성인 구리 도선이 있다(그림 14.39). 구와 도선은 그림에는 표시되지 않은 실로 연결되어 있어 그 위치를 지킨다. 만약 반경 $R = 5$ mm, $Q = 1 \times 10^{-9}$ C, $r = 10$ cm, $L = 4$ mm라고 하면, 구가 도선에 작용하는 힘의 크기를 구하라.

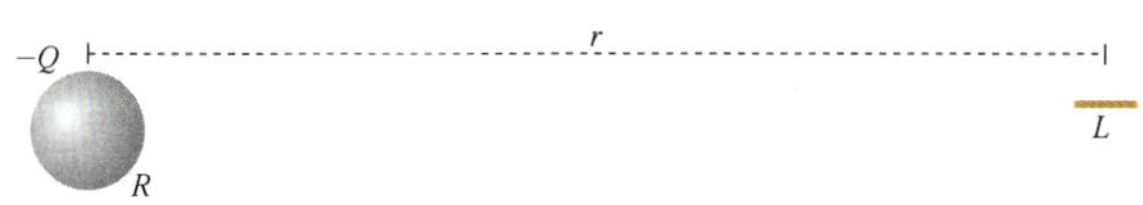


그림 14.39

**해답** 구는 그림 14.40에 보인 것처럼 전기장을 생성하여 도선을 편극시킨다. 편극된 도선은 역으로 전기장을 생성하여 구를 편극시키지만 이 작은 효과를 무시하기로 하자. 그러면 구를 점전하로 가정할 수 있다. 편극된 도선은 구에 인력을 작용할 것이고, 구는 편극된 도선에 인력을 작용할 것이다.

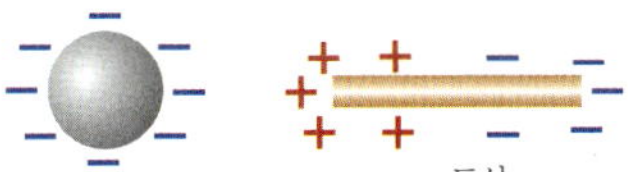


**그림 14.40** 공은 도선을 편극시킨다. 도선이 공에 작용하는 효과는 무시하자.

$$F_{\text{on ball}} = F_{\text{on wire}}$$
$$F_{\text{on ball}} = Q_{\text{ball}} E_{\text{wire}}$$
$$E_{\text{wire}} \approx \frac{1}{4\pi\varepsilon_0}\frac{2qL}{r^3}$$

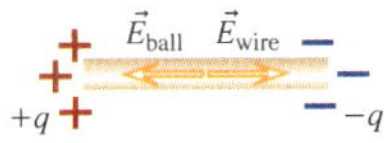


**그림 14.41** 도선 내의 알짜 전기장은 평형 상태에서 반드시 0일 것이다.

도선의 한쪽 끝에서의 전하량 $q$를 찾으면 된다. 금속 도선 내부의 어떤 지점에서도 알짜 전기장이 0인 것은 안다(그림 14.41). 도선의 중앙의 한 점을 생각해 보자. 그리고 도선의 양끝에 $+q, -q$로 각각 거리 $L$만큼 떨어져 있다고 하자(여기서는 두 전하 사이에 있으므로 쌍극자 방정식을 쓸 수는 없다).

$$E_{\text{net},x} = E_{\text{ball},x} + E_{+\text{end},x} + E_{-\text{end},x}$$
$$0 = -\frac{1}{4\pi\varepsilon_0}\frac{Q}{r^2} + \frac{1}{4\pi\varepsilon_0}\frac{q}{(L/2)^2} + \frac{1}{4\pi\varepsilon_0}\frac{q}{(L/2)^2}$$
$$q \approx \frac{Q}{8}\left(\frac{L}{r}\right)^2$$

도선 밖의 위치에서는 도선이 쌍극자로 나타나고 구에 가하는 힘은 다음과 같다.

$$F \approx Q\left(\frac{1}{4\pi\varepsilon_0}\frac{2qL}{r^3}\right) = \frac{1}{4\pi\varepsilon_0}\frac{Q^2}{4}\left(\frac{L}{r}\right)^2\frac{L}{r^3} = \frac{1}{4\pi\varepsilon_0}\frac{Q^2L^3}{4r^5}$$

별로 놀랍지 않게도 힘이 $1/r^5$에 비례함을 찾았다. 이제 수치를 구할 수 있다.

$$q \approx \frac{(1\times10^{-9}\text{ C})}{8}\left(\frac{4\times10^{-3}\text{ m}}{0.1\text{ m}}\right)^2 = 2\times10^{-13}\text{ C}$$

이는 아주 작은 전하량이다. 이 수치로부터 우리들의 가정인 편극된 도선이 구를 고려해야 할 만큼 편극시키지 않을 것이라는 가정을 정당화할 수 있다. 그 힘은 아주 작다.

$$F = \left(9\times10^9\,\frac{\text{N}\cdot\text{m}^2}{\text{C}^2}\right)\frac{(1\times10^{-9}\text{ C})^2(4\times10^{-3}\text{ m})^3}{4(0.1\text{ m})^5} = 1.4\times10^{-11}\text{ N}$$

우리가 만약 거리 $r$을 두 배로 한다면 전하량 $q$는 1/4배로, 힘 $F$는 1/32배가 될 것이다. 만약 $Q$를 두 배로 한다면 $q$는 두 배가 되고 힘은 4배가 될 것이다.

---

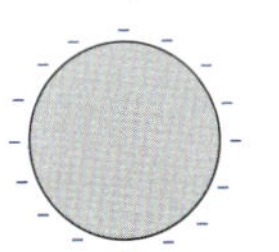

**그림 14.42** 금속 공의 단면

**점검 사항 8** (a) 한 물체가 편극되고 동시에 대전될 수 있다. 음으로 대전된 금속공 상에서 전하는 균일하게 표면 전체에 퍼져있다(그림 14.42). 만약 양전하가 근처에 오면 대전된 공은 편극이 될 것이다. 만약 다음 중 어느 것이 0이라면 분명히 표시하라. (1) 구 표면에 최종 전하 분포를 대략적으로 그리기. (2) 중앙에 외부 양전하에 의한 전기장 그리기. (3) 중앙에 공의 표면에 있는 전하에 의한 전기장 그리기. (4) 중앙에 알짜 전기장 그리기.

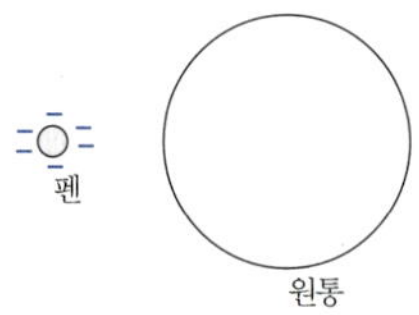


그림 14.43 금속 혹은 플라스틱 원통의 단면

(b) 다음으로 음으로 대전된 플라스틱 펜을 전기적으로 중성인 금속 원통에 가까이 가져간다(그림 14.43)고 하자. 만약 다음 중 어느 것이 0이라면 분명히 밝혀보라. (1) 금속 원통에 전하 분포 대략적으로 그리기. (2) 펜이 금속 원통에 작용한 알짜 힘을 벡터로 표시하고 힘 벡터를 모든 상호작용을 포함하여 간단히 설명하기. (3) 중앙에 외부 음전하에 의한 전기장 그리기. (4) 중앙에 원통 표면 전하에 의한 전기장 그리기. (5) 중앙에 알짜 전기장 그리기.

(c) 고체 금속 원통을 고체 플라스틱 원통으로 대치하자. (1) 원통에 전하 분포 대략적으로 그리기. (2) 펜이 원통에 작용한 알짜 힘을 벡터로 그리기. (3) 그림으로 그린 힘 벡터를 모든 상호작용을 포함하여 간단히 설명하기.

## 14.7 전하 이동

부도체로 되어 있는 물체들이 만약 다른 도체와 마찰할 경우 0이 아닌 알짜 전하를 종종 얻는다. 전기적 중성인 투명 테이프를 다른 조각에서 벗겨낼 때 대전시킬 수 있다. 원래 전기적으로 중성인 펜을 머리에 마찰시켜 대전시킬 수 있다. 이 두 경우 모두 원래 중성이었던 표면에 대전된 입자가 더해지거나 제거된다. 14.2절에서 양 또는 음이온과 전자 이동을 포함하여 한 부도체에서 다른 부도체로 전하를 이동시키는 것에 관한 가능한 기작을 논의했다.

도체 물체에는 움직이는 대전 입자가 있으므로 도체를 충전하거나 방전하는 과정은 하나의 도체에서 다른 도체로 대전된 입자가 흐르는 것과 관련된다. 예를 들면 한 도체의 자유 전자 바다로의 전자들이 다른 종류의 금속 물체의 전자 바다로 옮겨갈 수 있다.

비록 우리가 스스로가 도체라고 생각해 본 적이 없겠지만 우리의 몸은 일종의 충전 및 방전에서 재미있는 역할을 한다. 다음 논의에서 왜 그런가를 다룰 것이다.

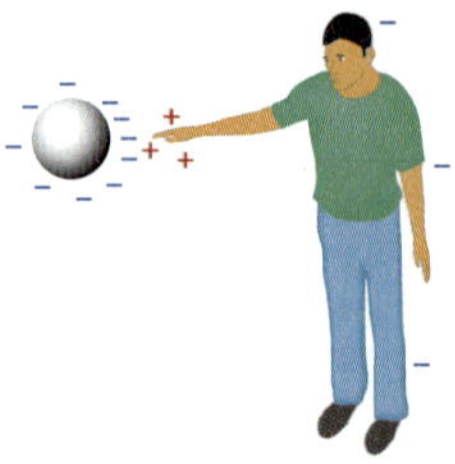

그림 14.44 금속이 대전되고 사람은 대전되지는 않으나 약간 편극된다.

### 접촉에 의한 방전

더운 날 운동을 한다면 땀을 흘리고 우리의 몸은 소금물 층으로 덮이게 된다. 우리가 시원한 곳에서조차 움직이면 대체로 얇은 소금물 층이 몸을 덮게 된다. 앞서 고찰한 것과 같이 소금물은 도체이므로 피부에 도체 막을 덮은 것과 같다.

음으로 대전된 표면에 가까이 가면 우리의 몸은 그림 14.44에서 보인 것과 같이 편극된다. 이 편극은 원자나 분자 편극뿐만 아니라 소금물로 된 혈액, 땀의 편극도 포함한다.

대전된 물체를 만지면 음으로 대전된 물체는 피부의 소금물 막에 있는 양의 $Na^+$이온을 잡아당긴다. $Na^+$이온은 전자를 집어내고 물체의 과잉 음전하를 부분적으로 중성화한다(그림 14.45). 몸은 알짜 음전하를 얻는다(Na원자는 NaOH와 수소를 형성하기 위해 물과 상호작용할 수 있다). 작은 금속 조각의 경우 전하들은 스스로 재배열하는 데 자유롭기 때문에 이 과정을 통하여 금속은 거의 중성화된다. 왜냐하면 원래의 알짜 전하량은 이제 훨씬 큰 면적의 금속과 인간의 몸에 퍼져있기 때문이다.

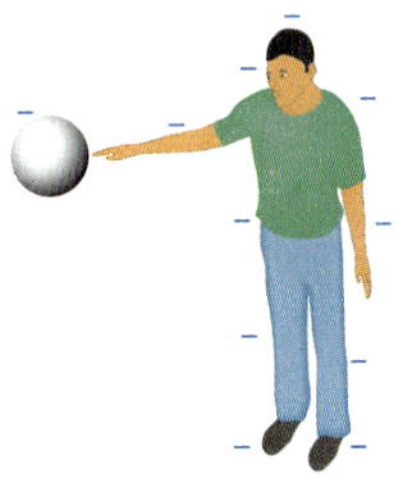

**그림 14.45** 알짜 음전하는 더 많은 면적에 걸쳐 분포되므로 금속을 거의 중성화한다.

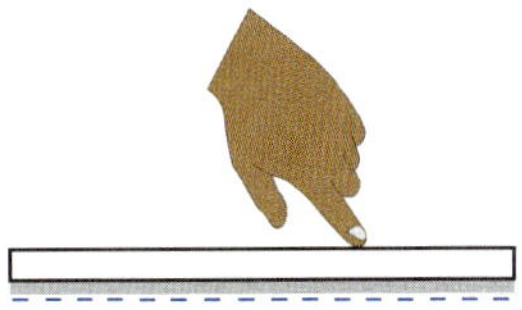

**그림 14.46** 당신의 손가락을 테이프의 매끄러운 면을 따라 문지르면 테이프는 중성이 된 것처럼 보인다.

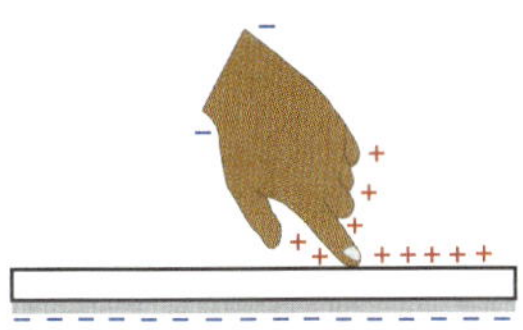

**그림 14.47** 피부의 소금 용액으로부터 온 양이온이 음으로 대전된 테이프에게 끌린다.

마찬가지로 양으로 대전된 금속 표면은 우리의 피부에서 음이온인 $Cl^-$를 잡아당긴다. 이는 전자를 금속에 주는 것이다. 몸은 알짜 양전하를 얻는다(염화 이온은 아주 작은 양만 방출할 수 있다).

## 접지

작은 대전된 물체를 방전시키는 효과적인 방법은 우리가 비록 절연 바닥재로 만들어진 신발을 신고 있더라도 접촉하는 것이다. 도체 물체를 방전하는 더 좋은 방법은 지구에 잘 연결(전형적으로 지하로 내려가는 물관에 연결하는 방식)하여 "접지"하는 것이다. 지구는 이온을 갖는 물의 존재로 인해 좋은 도체이다. 접지는 지표면 전체에 전하를 퍼뜨려서 물체를 본질적으로 완전히 중화시킨다.

## 방전과 부도체

대전된 금속박은 도체이기 때문에 어디에든 접촉을 하면 쉽게 방전될 수 있다. 부도체인 대전된 투명 테이프 조각을 방전하는 것은 전하가 테이프를 통해서 움직일 수 없기 때문에 매우 어렵다.

대전된 투명 테이프 조각을 방전시키기 위해서는 그림 14.46에서 보이듯이 매끄러운 면에 손가락을 단순히 문지르기만 하면 된다. 문지른 후에 이 테이프는 더 이상 우리의 손과 같은 중성 물체를 잡아당기지 않고 중성으로 보인다.

> **질문** 투명 테이프의 대전된 쪽이 끈적한 면일 때 매끈한 면을 문질러 방전시키는 것이 어떻게 가능한가? 테이프는 부도체이기 때문에 전하는 테이프를 통해서 움직이지 못한다.

우리의 손에는 움직이는 전하가 있다. 그림 14.47에서 보이듯이 피부의 소금 용액에서 양이온이 음으로 대전된 테이프 쪽으로 끌려서 매끈한 면에 쌓인다. 따라서 테이프는 중성(알짜 전하 0)이 된다. 윗부분의 + 전하는 아랫부분의 전하와 쌍극자를 이룬다. 하지만 이 쌍극자는 음으로 대전된 테이프보다 훨씬 약한 힘을 물체에 작용한다. 따라서 테이프는 마치 중성인 것처럼 행동한다. 관련 실험12를 참고하라.

## 유도에 의한 충전

대전된 물체를 건드리지 않고 알짜 전하를 얻기 위해 도체의 편극을 활용할 수

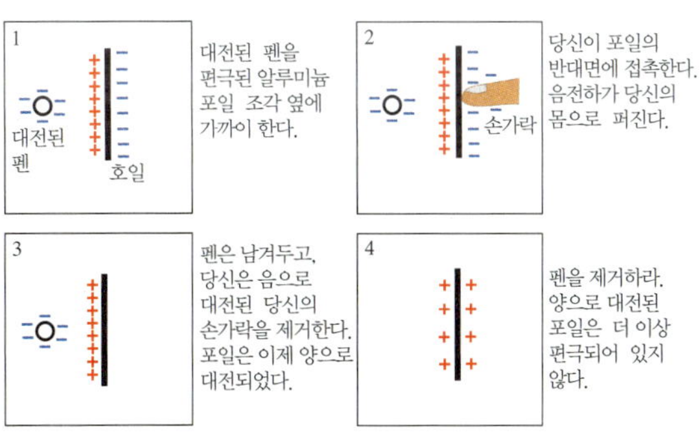


**그림 14.48**

있다. 이 과정을 "유도에 의한 충전"이라 부르고 그림 14.48에 나타낸다.

이 예에서는 전기적으로 중성인 알루미늄 포일 조각이 중성인 테이프에 걸려 있다. 플라스틱 펜을 모직 천으로 문질러 대전시키고 포일의 왼편에 가까이 한다. 관련된 실험 13을 참고하라.

### 테이프에 미치는 습도 효과

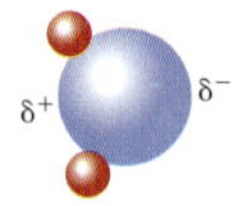

**그림 14.49** 물분자는 영구적인 쌍극자이다.

고립된 원자는 항상 대칭이고 외부 전하가 전자 구름을 이동시키지 않는 한 편극되어 있지 않다. 그러나 어떤 분자들은 외부 전하가 없어도 영원히 편극되어 있고 이는 중요한 물리적, 화학적 효과를 낳는다.

예를 들면, 물 분자는 영구 편극되어 있다. 물 분자는 구형 대칭이 아니고 수소 원자가 산소 원자 양편에 서 있다. 그림 14.49에서 보듯이 $\delta^+$와 $\delta^-$로 표시된 것은 전자 구름을 약간 이동시켜 분자의 오른편을 음으로, 왼편을 양으로 만든 것을 나타내어 분자 전체가 쌍극자인 것을 보이고자 한 것이다.

물의 다양한 특이한 물리, 화학적 성질은 이러한 구조 때문이다. 특히 대전된 끝은 이온과 결합할 수 있어 물에서 많은 화학 물질이 녹는 이유이다.

공기 중에 물 분자가 표면에 부딪칠 때 종종 표면에 붙는다. 아마도 대전된 끝이 표면에 붙었기 때문이다. 얇은 물막이 모든 표면에 만들어진다. 순수한 물은 아주 안 좋은 도체이지만 약간의 움직이는 수소 이온과 산소 이온이 있다. 더 중요한 것은 표면의 염과 같은 오염 물질을 녹인다는 것이다. 그리고 불순한 물은 전하가 이웃하는 물체에 퍼져갈 수 있도록 효과적인 경로를 제공한다. 대전된 표면은 얼마 후에 원래의 전하를 잃는다. 따라서 대전된 물체로 실험을 할 때 습도가 낮으면 더 잘된다. 관련된 실험 14를 보라.

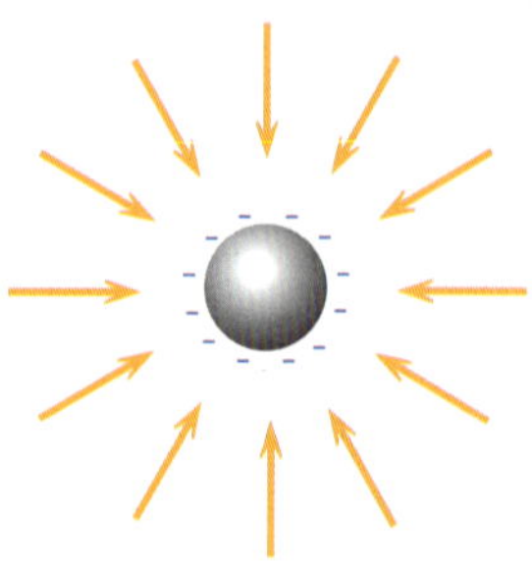
**그림 14.50** 균일하게 대전된 금속 구에 의한 전기장

## 14.8 전기장 측정에 관한 실제적 문제

만약 장에 상당히 영향을 받는 전하가 원래의 위치를 상당히 바꾼다면 전하를 한 장소에 놓고 그것에 작용하는 힘을 측정하는 것과 관련된 실제적인 문제가 있다. 음으로 대전된 금속 구를 생각해 보라(그림 14.50). 이 구에 의한 전기장은 원형으로 안쪽으로 향한다.

만약 우리가 입자를 이 대전된 구 근처에 아주 작은 전하 $q$를 놓는다면(예를 들면, 한 개의 양성자) 금속 구 표면의 전하 분포를 거의 바꾸지 않는다. 작은 전하에 작용하는 작은 힘은 $q\vec{E}$이다. 이때 $\vec{E}$는 작은 양의 전하 $q$가 없을 때 계산한 전기장이다.

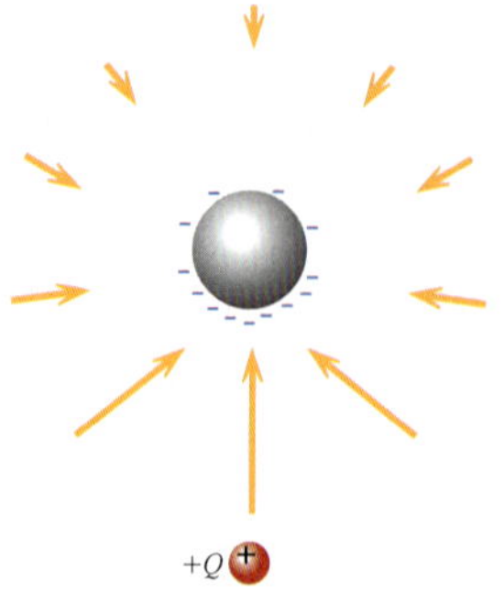

**그림 14.51** 편극된 구에 의한 전기장

그러나 만약 우리가 구 부근에 많은 양의 전하 $Q$를 놓는다면 구는 상당히 편극된다(그림 14.51). 우리는 구의 새로운 전하 분포로 인한 전기장을 볼 수 있다. (알짜 전기장에 $Q$의 추가로 인한 기여는 보여주지 않는다). 분명히 $Q$에 작용하는 힘은 단순히 원래의 전기장 $\vec{E}$를 $Q$를 곱한 양이 아니라 더 큰 전기장에 $Q$를 곱한 것이다.

이러한 효과를 염두에 두고 우리는 앞서 언급한 전기장을 측정하는 데 사용한 방법을 정당화해야 한다. 우리는 전하 $q$에 작용하는 힘을 측정한다. 단위 전하에 작용하는 힘은 다음과 같다.

$$\vec{E} = \vec{F}/q$$

이 과정이 타당하려면 $q$가 충분히 작아서 $\vec{E}$를 만드는 다른 전하의 배열을 상당히 바꾸지 않아야 한다.

양성자의 전하인 $e$보다 더 작은 전하를 갖는 물체는 없으므로 원천 전하(source charge)의 배열을 바꾸기에는 너무 작은 전하를 찾는 것은 불가능하다. 이 경우 우리는 장을 바꾸지 않고 전기장을 측정할 수 없다.

반면 만약 우리가 원천 전하의 위치를 안다면 중첩 원리를 적용하고 전기장 형성에 기여하는 모든 점전하의 기여를 더하여 특정 위치에서의 전기장을 계산할 수 있다.

$$\vec{E}_{\text{net}} = \frac{1}{4\pi\varepsilon_0}\left(\frac{q_1}{r_1^2}\hat{r}_1 + \frac{q_2}{r_2^2}\hat{r}_2 + \frac{q_3}{r_3^2}\hat{r}_3 + \cdots\right)$$

만약 아무리 작은 전하 $e$라도 원천 전하의 배열을 바꾼다면, 계산된 전기장을 써서 이 위치에 놓인 전하에 작용할 힘을 예측할 수 없다. 그러나 이 계산된 전기장을 이용하여 이 위치에 놓여 있는 전기적으로 중성인 원자의 편극을 예측할 수 있다. 왜냐하면 전기적으로 중성인 원자는 아주 조금 편극되어 있더라도 대전된 입자보다는 훨씬 적게 원천 전하의 배열을 흩트릴 것이다. 다시 말하면 전기적으로 중성인 원자를 한 위치에 놓고 그 편극을 관찰하는 것이 그 위치의 전기장을 측정하는 것보다 훨씬 더 정확하게 전기장을 측정하는 것이다. 측정을 향상시킬 또 다른 방법은 양전하 $q$에 대한 $\vec{F}/q$를 측정하는 것이다. 그리고 음전하 $q$에 대한 $\vec{F}/q$도 측정한다. 그리고 이 둘의 평균을 구하는 것이다. 음전하는 그림 14.50에 있는 구의 표면에 있는 음전하를 멀리 밀어내는 식으로 $\vec{F}/q$의 값을 증가시키기보다는 감소시켜 구를 편극시킬 것이다.

## 요약

### 알짜 전하

물체의 알짜 전하는 그 구성 입자 전체 전하의 합이다.
알짜 전하가 0인 물체를 "중성"이라 부른다.
원자나 분자의 편극은 유도 쌍극자를 만든다.

$$p = qs = \alpha E_{\text{applied}}$$

(여기서 $p$는 쌍극자 모멘트, $\alpha$는 원자 편극성이다.)

### 전하 보존

한 계의 알짜 전하와 그 주위의 알짜 전하의 합은 변할 수 없다.

### 부도체

부도체는 움직이는 전하가 없다.

### 도체

도체는 물질을 통해 움직일 수 있는 전하를 갖는다.

$$\bar{v} = uE_{\text{net}}$$

도체 내 대전된 입자의 평균 유동 속도 $\bar{v}$는 물질 내 알짜 전기장의 크기에 비례한다. 편극성 상수 $u$는 "유동성(mobility)"이라 부르며 그 단위는 (m/s)/(N/C)이다. 물질마다 다른 유동성이 있다.

### 금속

금속은 도체이다. 움직이는 자유 전자 바다가 있으며 이상기체처럼 물체 전체에 퍼져 있다.

| 방법 | 도체 | 부도체 |
|---|---|---|
| 움직이는 전하 | 있음 | 없음 |
| 편극 | 전체 움직이는 전하 바다가 이동 | 개별 원자나 분자가 편극 |
| 평형 | 내부 알짜 전기장 $\vec{E}_{\text{net}} = \vec{0}$ | 내부 알짜 전기장 $\vec{E}_{\text{net}} \neq \vec{0}$ |
| 과잉 전하 | 표면상에 퍼짐 | 어떤 곳에서든 국부적으로 |

점전하와 중성 원자 사이의 힘은 $1/r^5$에 비례한다.

$$F_{\text{on pt}} = q_{\text{pt}}E_{\text{ind. dipole}} = \left(\frac{1}{4\pi\varepsilon_0}\right)^2 \left(\frac{2\alpha q_1^2}{r^5}\right)$$

## 실험

### 투명 테이프가 전기적으로 대전되는가?

둥글게 말린 투명 테이프에서 긴 조각을 떼어낼 때 종종 말려 올라가거나 우리의 손에 들러붙는다. 투명 테이프를 이용하여 간단한 실험을 해 보자.

Magic™ Tape 사의 Scotch와 같은 지지대에 둥글게 말려있는 투명 테이프 한 개를 구하자. 이 테이프는 보통의 셀로판 테이프보다 바닥에 붙였을 때 거의 투명한 종류가 좋다.

첫 번째 과제는 투명 테이프 조각이 대전되는가 여부이다.

> **질문** 투명 테이프의 조각의 대전 여부를 어떻게 정하는가?

만약 물체가 알짜 전하를 갖는다면 그 주위에 전기장을 생성해야 한다. 따라서 또 다른 대전된 물체가 근처에 놓인다면 전기장의 영향을 받는다. 만약 우리가 이 물체의 운동량 변화를 관찰한다면 힘이 작용하는 것으로 결론 내릴 수 있다. 점전하의 전기장이 다음과 같은 특성을 갖는다는 것을 안다.

- $\vec{E}$의 크기는 전하량에 비례한다.
- $\vec{E}$의 크기는 전하로부터의 거리가 멀어지면 감소한다.
- $\vec{E}$의 방향은 원천 전하의 방향으로 멀어지거나 가까워지는 방향이다.

따라서 $\vec{F}_2 = q_2\vec{E}$, 물체 2에 작용하는 전기력은 동일한 성질을 갖는다. 또한 서로 다른 전하는 같은 전기장에서도 서로 다른 영향을 받을 것이므로 인력과 척력 모두를 관찰할 수 있어야 한다.

우리는 두 개의 투명 테이프 조각의 상호작용을 관찰할 것이다. 그리고 위에 제시한 기준을 만족하는가를 볼 것이다.

### U 테이프 준비하기

약 20 cm 길이의 투명 테이프 한 줄을 사용한다. 더 짧은 것은 충분히 유연하지 않고 더 긴 것을 다루기 불편하다. 한쪽 끝을 접어서 그림 14.52처럼 붙지 않는 손잡이를 만든다.

그림 14.52

### U 테이프 준비법

책상과 같은 평평하고 부드러운 표면에 손잡이를 아래로 하여 테이프 조각을 붙인다. 이것이 "바닥" 테이프이다.

이 바닥 테이프를 엄지나 손가락 끝으로 부드럽게 한다. 이 바닥 테이프는 표준 표면을 제공한다(이 바닥 테이프가 없으면 서로 다른 표면에서 다른 효과를 얻을 것이다).

다른 테이프 조각을 그림 14.53처럼 바닥 테이프에 붙인다. 이때 손잡이를 아래로 한다.

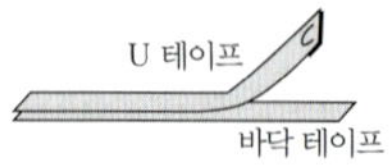


그림 14.53

이 위쪽 테이프를 엄지나 손가락 끝으로 부드럽게 한다.

테이프의 손잡이에 U 라는 글자를 써 넣는다.

재빨리 U 테이프를 잡아당겨서 바닥 테이프로부터 떼어낸다. 바닥 테이프는 그대로 붙어있게 한다.

U 테이프를 책상 모서리에 수직으로 매달려 있게 한다. 그림 14.54처럼 손을, 걸려있는 테이프에 가까이 한다.

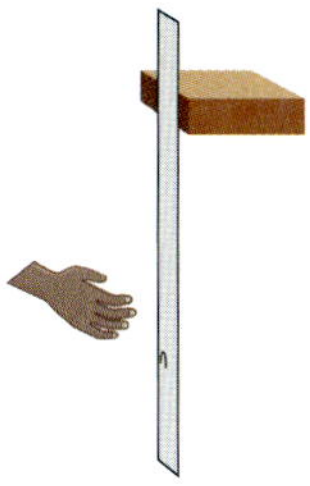

그림 14.54

만약 이 테이프가 좋은 조건에 있고 방이 너무 습하지 않다면 우리가 손가락을 테이프에 가까이 가져갈 때 걸려있는 테이프와 손가락 사이에 인력이 작용하는 것을 알아낼 것이다.

실험 요령: 이 실험을 할 때 그 끝만 만진다.

**실험 1.** 두 개의 U 테이프 사이의 상호작용

(a) 만약 U 테이프가 전기적으로 대전되었다면 두 개의 U 테이프가 어떻게 상호작용할 것인가? 서로 척력이 작용할까 아니면 인력 아니면 상호작용을 전혀 하지 않을까? 예상을 하고 이유를 간단히 진술하라.

(b) 다음 과정을 따라 하며 U ("윗쪽") 테이프 2개를 만들어보자. 두 테이프가 우리의 손과 상호작용하는가를 확인하라. 하나를 책상 모서리에 매달고 두 번째 것을 가까이 가져가 본다. 매달린 테이프가 우리의 손에 끌릴 것이므로 손을 멀리하고 있어야 한다. 예를 들면, 수직으로 매달린 테이프에 다른 테이프를 수평으로 가져가기 위해 양손으로 양끝을 잡고 가져갈 것이다. 무슨 일이 일어날까?

U 테이프 둘 사이에 서로 척력이 작용하는 것을 보았을 것이다. 척력을 관찰하지 못했다면 U 테이프를 다시 만들어보자(둘 다 동일한 테이프 뭉치에서 나온 것으로). 더 진행하기 전에 이 효과를 확인하는 것이 중요하다.

### 테이프가 상호작용하지 않게 하기

만약 우리가 U 테이프를 너무 많이 만졌다면 U 테이프가 더 이상 척력을 작용하지 않는 것을 관찰했을 것이다. 다음에는 이 현상이 체계적으로 일어나게 하는 방법을 배울 것이다.

- U 테이프가 손에 끌리는 것을 확인하여 쓸만하다는 것을 확인하라.
- U 테이프의 바닥을 잡고 매끈한 면을 손가락으로 앞뒤로 마찰시킨다(그림 14.55).
- U 테이프가 더 이상 우리의 손과 상호작용하지 않는다는 것을 찾을 것이다. 만약 여전히 작용을 한다면 이 과정을 반복하라.

이것은 조금 이상하다. 만약 U 테이프가 원래 전기적으로 대전되었다면 이 전하들은 끈적거리는 면에 있었을 것이다. 그러나 미끈한 다른 쪽 면을 마찰시켜 이것을 중성(이젠 대전된 것으로 보이지 않음)으로 만들었다. 이에 대한 설명은 한참 후에 할 것이다. 어쨌든 U 테이프를 중성으로 만드는 유용한 방법을 배웠다.

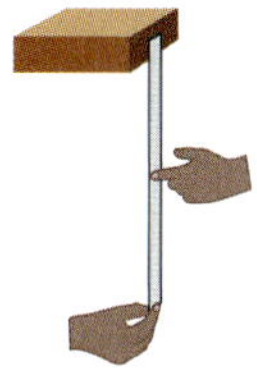

그림 14.55

**실험 2.** 이것이 전기적 상호작용인가?

두 개의 U 테이프 사이의 상호작용이 전기적 상호작용인지 아닌지 결정하기 위해 우리는 이것이 전기적 상호작용의 기준에 맞는지 살펴볼 것이다(과학자 사회에서 그러했듯이 우리의 결과를 다른 실험자들과 비교하는 것이 중요하다).

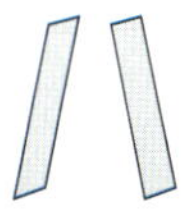

그림 14.56

(a) 이 두 테이프를 연결하는 직선을 따라 힘이 작용하는가? 이 두 테이프 사이의 힘이 두 테이프를 잇는 직선 상에서 작용하는가를 결정하는 방법을 생각해 보고 실험해 보자. 무엇을 발견하였는가? (직선 상에서 작용하지 않는다면 무엇을 관찰하였는가?)

(b) 두 테이프 사이의 거리가 멀어짐에 따라 힘이 감소하는가? 이를 어떻게 결정하는가?

(C) 양쪽의 전하량에 힘의 세기가 비례하는가? 이것을 알아보기 위한 실험을 설계해서 실시해 보자. 테이프 상의 전하의 양을 바꾸는 방법은 테이프 중 하나의 매끈한 면을 문질러서 일부를 전기적으로 중화시키는 것이다. 손가락으로 테이프의 일부만을 문지르도록 주의하라. 그러면, 무엇을 관찰할 수 있는가?

실제 세계는 어지럽다. 측정을 하는 데 여러 어려움이 있을 것이다. 예를 들면, 테이프 두 개 모두 우리의 손에 끌릴 것이고 서로를 밀어낼 것이다. 만약 우리가 두 테이프 사이의 거리를 측정하려 한다면 테이프가 자에 끌려오는 것을 볼 수 있다.

### 서로 다른 전하

지금까지 두 개의 U 테이프가 서로 척력을 작용하며, 이 힘은 두 테이프를 잇는 직선 상에서 작용한다는 것을 관찰하였다. 그리고 이 척력의 세기는 서로 거리가 멀어지면서 약해지는 것을 관찰하였다. 그리고 상호작용의 세기는 테이프의 대전량에 따라 다르다는 것도 관찰하였다. 이러한 관찰 결과는 U 테이프가 전기적으로 동일한 종류의 전하로 대전되었다는 가설과 일관된다.

> **질문** U 테이프의 전하 종류가 다른 것을 어떻게 준비할 수 있을까? 더 읽어보기 전에 계획을 세워 보자.

아마도 이렇게 추론을 하였을 것이다. 우리는 어떻게 U 테이프가 대전이 되는지 모른다. 하지만 만약 테이프가 중성으로 시작을 한다면 아마도 U 테이프는 아래쪽 테이프에서 전하를 당겼을 것이다(그 반대로 아래쪽 테이프가 위쪽에서 전하를 당겼을 수도 있음). 따라서 아래쪽 테이프는 동일한 양의 부호가 다른 전하로 대전되어 있을 것이다.

### L 테이프 만들기

여기 반복 가능한 L 테이프 만드는 방법을 소개한다.

### L 테이프 준비하는 방법

- 손잡이를 만든 테이프 한 줄을 아래 테이프에 붙인다. 엄지손가락이나 손끝으로 꼼꼼하게 테이프를 바닥에 매끈하게 붙인다. 그리고 손잡이에 L 이라고 표시한다.
- 손잡이를 만든 또 다른 테이프를 L 테이프 위에 붙인다. 그리고 손잡이에 U 테이프라 표시한다. 손끝으로 꼼꼼하게 매끈하게 붙인다. 이제 책상 위에 바닥 테이프, 아래쪽 테이프, 위쪽 테이프 3층으로 테이프를 준비한다.

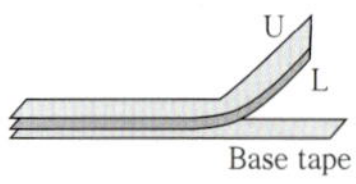


그림 14.57

- U 테이프를 붙인 채 천천히 L 테이프를 바닥 테이프에서 떼어낸다(바닥의 테이프는 책상에 붙은 채로 둔다). 이 두 층으로 된 테이프를 책상 모서리에 매단다. 그리고 이 둘과 손 사이에 인력이 작용하는가를 관찰한다(그림 14.58). 그렇다면 이 상호작용을 제거하라(아랫부분을 잡고 손으로 매끈한 부분을 문질러서).

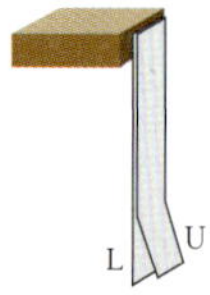


그림 14.58

- 이 테이프 쌍이 더 이상 우리의 손을 당기지 않는다는 것을 확인하라. 이는 매우 중요하다.
- L 테이프의 아랫부분을 잡고 재빨리 U 테이프를 위로 잡아당겨 떼어낸다(그림 14.59). L 테이프에 너무 가까이 하지 않게 U 테이프를 수직으로 벽의 모서리에 매단다.

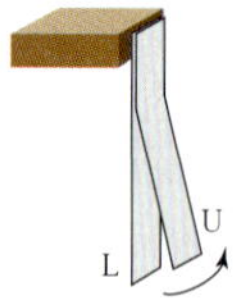


그림 14.59

동일한 과정을 반복하여 또 다른 쌍을 만든다. 그래서 적어도 두 개의 U 테이프와 L 테이프를 마련한다. 테이프를 떼어내기 전에 항상 테이프가 손을 당기지 않도록 한다.

> **질문** L 테이프를 준비하는 중요한 스텝은 둘을 분리하기 전에 L/U 테이프 쌍을 전기적 중성으로 만드는 것이다. 전하량 보존의 원리를 생각하면 왜 이 단계가 중요한가? 이 단계가 빠진다면 뭐가 잘못될 수 있을까?
>
> 전하량 보존의 원리에 따르면, 만약 쌍을 분리하기 전에 총 전하량이 0이라면, 이 두 테이프는 분리 후 총 전하량이 0일 것이다. 한쪽 테이프는 $+q$를, 다른 쪽 테이프는 $-q$를 가질 것이다. 그러나 만약 분리 전에 총 전하가 0이 아니고 양이라면, 그리고 개별 전하의 합이 원래의 양과 같다면, 분리된 테이프는 둘 다 양전하를 가질 수 있다.

**실험 3.** L과 U 테이프 관찰

이제 두 개의 L 테이프와 U 테이프가 있을 것이다. 이 모두가 우리의 손을 당기는 것을 확인하라.

(a) L 테이프가 진정 전기적으로 대전된다면 그리고 그 전하가 U 테이프와 다른 종류라면 L과 U 사이에 어떤 상호작용을 예측하는가?
(b) L과 U 테이프 사이에 어떤 상호작용을 관찰하는가?
(c) 두 L 사이에 어떤 상호작용을 예측하는가?
(d) 두 L 사이에 어떤 상호작용을 관찰하는가?

(e) 상호작용의 유형이 "같은 종류의 전하끼리는 척력이 다른 종류의 전하끼리는 인력이 작용한다"는 진술문과 일관되는가?

### U 테이프와 L 테이프: 인력의 거리 의존성

만약 U와 L 테이프가 전기적으로 대전되었다면 둘의 거리가 멀어질수록 인력이 감소할 것을 기대할 수 있다. U 테이프에서 관찰한 것처럼 동일한 종류의 관찰을 해 보라.

**실험 4.** U와 L 사이의 거리에 따른 힘

U 테이프를, 걸려있는 L 테이프를 향해 천천히 가져가 보자. 처음 인력 현상을 본 거리, 그 거리의 반 등, 거리를 달리하면서 수직에서 얼마나 테이프가 휘는가를 관찰하라.

(a) 테이프 사이의 거리가 증가함에 따라 힘은 급속히 감소한다.

(b) 왜 U 테이프와 L 테이프로 실험하는 것이 U 테이프 둘을 가지고 하는 것보다 더 어려운가?

### 요약과 결론: U 와 L 테이프

관찰을 정리하고 U와 L 테이프가 전기적으로 대전되는가에 대한 결론을 내려 보자. 다음과 같은 관찰을 하였을 것이다.

- 물체는 양전하, 음전하, 또는 0으로 대전된다.
- 같은 전하 사이에는 척력이 작용하고, 다른 전하 사이에는 인력이 작용한다.
- 전기력은 두 전하를 연결하는 선 상에서 작용한다.
  - 전기력은 전하 사이의 거리가 증가하면 급격히 줄어든다.
  - 전기력은 두 전하의 곱에 비례한다.

우리가 U와 L을 관찰한 것은 대전된 물체 사이의 상호작용과 일관된다. 일단은 U와 L 테이프는 반대 부호의 전하로 대전된 것으로 결론을 내린다.

### 플라스틱 빗이나 연필이 대전되는 방식

투명 테이프처럼 대전된 물체는 양성자보다 전자가 더 많으면 음으로 대전되고, 양성자보다 전자가 더 적으면 양으로 대전된다. U 테이프가 양으로 대전되었을까, 음으로 대전되었을까? 표준 방식으로 물체를 대전하는 것은 "리트머스테스트"를 제공한다.

유리를 명주로 마찰시키면, 유리는 양으로 대전되고, 명주는 음으로 대전된다. 마찬가지로 펜과 같은 플라스틱을 머리카락(모직, 털, 면 등)에 마찰시키면, 플라스틱은 음으로 대전되어 전자를 밀어낸다. 테이프 하나를 떼어낼 때 동일한 과정이 일어난다. 14.2절을 보면 물체가 마찰로 어떻게 대전되는지에 대한 논의를 볼 수 있다.

**실험 5.** U와 L 테이프의 전하 결정하기

L 테이프와 U 테이프를 준비해서 책상 모서리에 붙여 놓는다. 손을 이용해서 둘 다 대전이 되었는지 확인한다. 플라스틱 펜이나 빗을 머리카락 또는 면이나 모직 조각으로 마찰시킨다(투명한 플라스틱이 대전이 잘 되는 듯하다). 이 펜을 각 테이프에 가까이 가져가 본다. 테이프 중 하나는 척력이, 다른 하나는 인력이 작용하는 것을 관찰할 것이다.

플라스틱이 음으로 대전된 것을 알기 때문에 U 테이프와 L 테이프가 어떤 종류의 전하로 대전되었는지 결정할 수 있다.

이 결과는, 우리가 다른 회사의 투명 테이프를 사용한다면 바뀔 수도 있다. 다른 학생들의 실험 결과와 비교해 보기 바란다. 모두의 결과가 일치하는지 확인해 보자. 다른 학생들이 다른 회사의 투명 테이프를 사용했다면 결과가 다를 수도 있다. 하지만 다른 학생들이 정한 + 테이프와 우리의 + 테이프 사이에는 척력이 작용해야 한다.

우리의 실험에서 테이프나 대전된 빗 또는 펜 이외에 U나 L 테이프에 척력을 작용하는 물체를 보았는가? 보았다면 그 물체들은 대전이 되었을 것이다. 이러한 물체들의 목록을 적고 이것이 + 인지 − 인지 적기 바란다.

### 테이프의 전하량

U 테이프와 L 테이프가 전기적으로 대전되었다는 결론을 내렸다. 하지만 테이프에 얼마만큼의 전하량이 있는지는 모른다. 우리는 어느 규모로 대전이 되었는지 조차도 모른다. 전기적으로 상호작용하는 대전된 물체의 전하량에 대한 감을 가질 수 있기 때문에 테이프의 전하량에 대한 대략적인 추정조차도 유용할 것이다. 따라서 다음 실험은 우리들에게 중요하다.

**실험 6.** 테이프의 과잉 전하

이 문제에서 우리는 음으로 대전된 테이프의 과잉 전자의 양을 결정할 실험을 설계하고 실행할 것이다.

### 초기 추정

얼마만큼의 규모인지도 모르기 때문에 상한 및 하한 경계를 정하는 것은 중요하다.

(a) 테이프가 가질 수 있는 최소의 전하량은 얼마인가?

(b) 테이프가 가질 수 있는 최대 전하량은 얼마인가?

### 실험 고안하고 실행하기

1.2 cm 정도 넓이, 20 cm 길이 투명 테이프의 질량이 약 0.16 g이다.

(c) 우리의 실험에 관한 도식을 분명하고 이해하기 쉽게 그려보자. 우리가 측정한 양을 표시하고, 모든 측정량을 기록한다.

## 결과 분석

(d) 우리의 자료 분석 결과를 분명하게 제시하라. 적절한 도식을 만들고 모든 벡터량을 표시한다. 기본적인 물리 법칙으로부터 추론한다. 분석 중 어떤 단순화를 위한 가정이나 추정을 한 것이 있다면 분명하게 기록하고, 두 종류의 양에 대해서도 기록한다.

- 테이프, 머리빗의 전하량
- 이들 전하에 해당하는 과잉 전자의 수

우리의 분석을 분명하게 제시하라. 우리의 추론은 다른 독자들에게 분명해야 한다.

(e) 실험 자료에서 계산된 값에 비해 실제 과잉 전하량이 더 큰지 작은지 추정해 보자. 그 추정 근거를 설명하자.

## 상당히 많은 전하량인가?

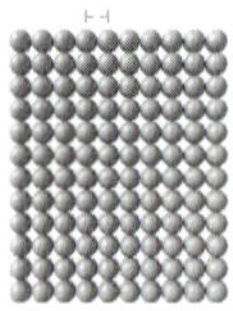

그림 14.60

(f) 테이프의 표면에 어느 정도의 분자가 과잉 전하를 얻었는가? 이를 추정하기 위해 그림 14.60처럼 테이프의 분자가 사각형으로 배열되어 있고 테이프 분자의 직경이 약 $3 \times 10^{-10}$ m라고 가정할 수 있다. 분자가 추가로 전자를 얻는 것이 흔한 일인지 드문 일인지를 우리의 답이 말해주는가?

(g) 특정 위치에서 공기의 전기장이 $3 \times 10^{6}$ N/C을 넘는다면 공기는 이온화될 것이고 스파크가 생길 것이다. 제15장에서 우리는 균일하게 대전된 원판에 아주 가까운 영역의 전기장이 대략 면적 $A$당 전하량 $Q$에 의해 다음과 같이 결정된다는 것을 알 것이다.

$$E = \frac{1}{e\varepsilon_0}\left(\frac{Q}{A}\right)$$

이 모델 또는 이와 유사한 정당한 단순화 가정을 사용하여 테이프 부근(테이프로부터 1 mm 이내) 공기의 전기장의 크기를 계산해 보자. 공기 중에서 스파크를 일으키는 데 필요한 전기장의 크기와 얼마나 다른가?

## 전하와 중성 물질의 상호작용

U와 L의 상호작용에 초점을 맞추어 왔다. 이제 대전된 일반적인 물체와 다른 물체의 상호작용을 살펴보자.

**실험 7.** U와 L 테이프와 물체의 상호작용

어떤 다른 물체(종이, 금속, 플라스틱 등)가 U 또는 L 테이프와 인력을 작용하는가? 어떤 물체와 척력을 작용하는가? 어떤 물체가 아무런 상호작용을 하지 않는가? 물체를 시도해 보고 상호작용을 기록해 보자.

U와 L 테이프 모두에 손가락이나 다른 물질이 끌리는 것은 상당히 궁금한 일이다. 중성 물체의 알짜 전하는 0이다. 그래서 전기적으로 중성인 손가락은 대전된 테이프에 작용하는 전기장을 만들지 않는다. 또한, 손은 대전된 테이프로부터 힘의 작용을 느끼지 말아야 한다. 전기적 상호작용에 대한 어떤 진술문도 이를 설명하지 못한다.

## 쌍극자와의 상호작용 관찰

쌍극자의 행동을 관찰하기 위해 대전된 테이프를 사용할 수 있다.

**질문** 양전하 $Q$가 쌍극자의 전하에 작용하는 힘(그림 14.61)과 그 결과로 생기는 쌍극자의 운동을 생각해 보자.

그림 14.61

$Q$와 쌍극자의 중심을 잇는 선을 따라 쌍극자가 정렬되려는 돌림힘이 작용한다. 이때 쌍극자의 음전하 끝이 양전하 쪽보다 더 가까이 되도록 정렬된다. 이 쌍극자에는 0이 아닌 알짜 힘이 작용하고 양전하 $Q$쪽으로 움직이게 한다.

**실험 8.** 전기 "나침반"

긴 쌍극자를 만들어 관찰해 보자. + 테이프와 − 테이프를 만들어 서로 붙어 있기에 충분한 정도로만 함께 붙여보자. 너무 많이 만져서 방전이 되는 일이 없도록 주의하자. 그림 14.62처럼 머리카락이나 실에 매달아보자.

그림 14.62

이제 대전된 물체 쪽으로 이 테이프를 가져가 보아 얼마나 민감한 전기 나침반 역할을 하는가를 보자. 대전된 물체를 천천히 움직여서 이 쌍극자가 물체를 추적하는지를 관찰해 보자. 테이프에 적절한 화살표를 그린다면 우리는 전기장의 방향을 가리키는 전기 "나침반"을 갖게 되는 셈이다.

**실험 9.** 같은 종류의 전하 사이의 인력 관찰!
짧은 거리에서 대전된 물체가 중성 물체에 작용하는 인력이 $1/r^5$에 비례하여 거리가 짧아지면 급격히 증가하므로 인력이 같은 종류의 전하 사이에 작용하는 척력을 극복하고 작용할 수 있다. 특히 다음과 같을 수 있다.

$$N\left(\frac{1}{4\pi\varepsilon_0}\right)^2 \frac{2\alpha q_1^2}{r^5} > \frac{1}{4\pi\varepsilon_0}\frac{q_1 q_2}{r^2}$$

여기서 $q_1$, $q_2$는 두 테이프에 있는 과잉 전하량이다. $N$은 2번 테이프의 중성 원자의 총 수(각 중성 원자가 인력에 작용하므로)이다. 이 식의 양쪽을 $q_1$으로 나누면 볼 수 있듯이 $q_1$을 $q_2$에 비해 아주 크게 하면 이 효과를 상당히 크게 만들 수 있다. 따라서 테이프의 한쪽을 일부 방전시키면 될 것이다.

이것을 시도해 보자. U 테이프 하나를 매끈한 면을 먼 쪽으로 하여 수평으로 잡고 걸려 있는 테이프의 매끈한 면으로 가져가 보자. 걸려 있는 테이프 쪽으로 가져가면서 걸려 있는 테이프에 척력이 작용하는 것을 확인해 보자. 다음에는 두 테이프가 서로 부딪힐 정도로 충분히 가까이 가져가 보자(아주 가까이 가져가기 위해서는 아마 우리의 짝이, 매달린 테이프의 끝을 손으로 잡아야 할지 모른다).

먼 거리에서는 척력이 작용하기는 하지만 두 테이프를 충분히 가까이 가져가면 약간의 인력을 느낄 수 있을 것이다. 그러한 효과를 관찰할 수 있는가? 이 효과는 전하량을 많이 충전한 밴더그래프에 테이프를 가까이 할 때 보기 쉽다.

**실험 10.** 종이 조각을 통한 상호작용
매달려 있는 U 테이프 부근에서 건드리지 않은 채 우리의 짝에게 종이 조각을 들고 있게 해 보자. 흔들리지 않도록 다른 U 테이프를 양손으로 끝을 잡고 종이 건너편 쪽에서 매달린 U 테이프 쪽으로 가져가 보자(그림 14.63).

그림 14.63

가로막고 있는 종이 건너 척력이 작용하는 것을 볼 수 있는가? 종이가 매달린 테이프와 인력이 작용하므로 다른 테이프에 의한 척력의 효과를 가려서 관찰하기 힘들다. 테이프를 가까이 또는 멀리 주기적으로 왔다 갔다 하면서 실험의 민감성을 늘릴 수 있다. 이로부터 척력에 의해 매달린 테이프가 흔들리게 할 수 있다. 이는 작은 척력을 더하기 때문이다. 주기적인 운동을 통해 종이가 막혀 있더라도 척력을 관찰할 수 있겠는가?

공기가 습해서 척력이 약하면 이 효과를 보기 힘들다. 더 멀리서 척력을 작용할 수 있다면 인력이 급격히 줄어들기 때문에 더 유리하다. 습도가 낮은 좋은 조건에서 테이프가 잘 대전되어 있고 테이프가 서로 멀리 떨어져서도 척력이 잘 작용할 때 종이가 있어도 척력은 관찰가능하다. 이로써 전기장이 종이를 지나서 간다는 것을 증명했다. 매끄러운 면의 존재에도 불구하고 우리의 손이 테이프의 인력을 느낀다는 것도 이에 대한 증거이다.

**실험 11.** 테이프가 도체인가 부도체인가?
윗부분은 대전이 되어 있고, 아랫부분은 대전되지 않은 테이프를 준비한다. 1, 2초 후에 아랫부분도 대전이 되었는지 확인해 본다.

이 관찰에 의하면 테이프는 도체인가 부도체인가? 즉, 전하가 자유로운가, 묶여 있는가? 관찰에 근거하여 꼼꼼하게 우리의 답을 정당화하여 설명해 보자(힌트: 윗부분의 테이프에 있는 전하가 서로 그리고 테이프 내부의 전하에 어떤 영향을 미치는가를 보이는 그림을 그려보자. 그리고 만약 이들 전하 중 어떤 것이 자유롭게 움직일 수 있는지 생각해 보자).

**실험 12.** 테이프 방전
실험 1과정 다음에 나오는 테이프를 중성화하는 주요 요소가 우리 손가락의 표면에 있는 소금물이라는 것을 말해 준다. 테이프 방전에 대한 이 설명을 지지하거나 거부하는 실험 한두 개를 설계해 보자.

**실험 13.** 유도에 의한 충전
짧은 조각(테이프 넓이, 엄지 길이의 반 정도)의 알루미늄 포일을 테이프에 걸고 그 아래 손잡이로 쓸 테이프를 덧붙인다(그림 14.64).

그림 14.64

다음의 절차를 정확하게 따라 해 보자.

1. 테이프와 포일이 대전되어 있지 않다는 것을 확인한다

(포일을 건드리고 테이프의 매끈한 면을 문질러보자).

2. 짝이 아랫부분 포일이 움직이지 않도록 잡도록 한다.
3. 대전된 플라스틱 펜이나 머리빗을 포일에 아주 가까이 건드리지 않게 하면서 가져간다.
4. 플라스틱을 포일 근처에 잡고 있으면서 우리의 손가락으로 포일의 뒷부분을 만진다.
5. 포일에서 손을 치우고 플라스틱을 포일에서 멀리한다.

이제 금속 포일이 강하게 대전된 것을 알았을 것이다. 이 과정을 "대전에 의한 충전"이라 부른다. 이제 앞에서 논의하였듯이 대전된 알루미늄 포일을 손가락으로 만져 포일을 방전시키는 것을 확인하라.

우리가 방금 행한 충전 과정을 보이는 그림 14.65의 "만화 장면"을 완성해 보자. 올바른 전하 부호를 적도록 한다. 각 그림에서 전하 분포, 편극, 전하 이동 등을 표현하자. 각 장면에서 어떤 일이 일어나는지 설명해 보자. 금속의 과잉 전하는 표면에만 있을 수 있음을 잊지 말자.

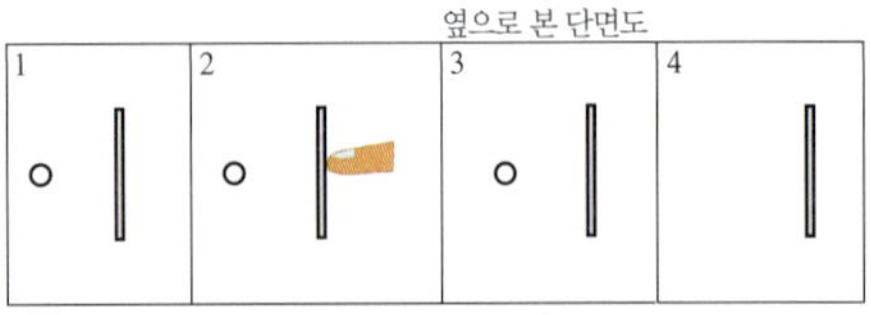


그림 14.65

이 과정은 유도에 의한 충전이라 부른다. 이는 외부 전하에 의해 편극될 때 전체 알루미늄 조각이 유도된 쌍극자가 되기 때문이다. 유도에 의한 충전은 외부 전하가 금속을 닿지 않은 채 금속의 충전을 가능하게 한다.

이와 같은 만화 장면을 그려 금속 포일을 만져서 방전시키는 과정을 설명해 보자. 이 과정에서 각 단계의 중요한 측면을 그려보자. 포일과 우리의 몸에 생기는 변화를 포함하자. 용어를 사용할 때 정확하게 사용하자.

**실험 14.** 도체로서의 수막

위쪽 반은 대전이 되어 있고, 아래쪽 반은 대전되어 있지 않은 매달린 테이프를 준비하자. 매달아 놓은 채 다른 일을 하다가 잠깐씩 두 반쪽에 무슨 일이 생겼는지 확인해 보자. 이 두 반쪽의 전하에 무슨 일이 생겼을거라 예상하는가? 몇 분의 시간 동안 무엇을 관찰하였는가? (만약 방이 아주 건조하거나 아주 습하다면 이 효과를 보지 못할 것이다.)

대전된 긴 테이프의 중간에 미끈한 면과 끈적거리는 면에 깊은 숨을 내쉰다고 하자. 우리의 숨은 매우 습하다. 숨을 내쉰 후 바로 테이프에 무슨 일이 일어날거라 생각하는가? 이 실험을 해 보자. 무엇을 관찰했는가? (아무런 효과를 관찰하지 못했다면 다시 반복해 본다.)

**실험15.** 접촉에 의한 전하 이동

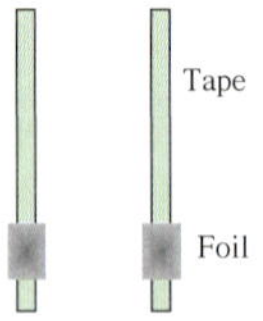


그림 14.66

두 개의 동일한 알루미늄 포일을 책상에 매달아 그림 14.66과 같이 마련하자. 그리고 유도를 통해 이 중 하나를 대전시키자. 다른 하나는 손으로 만져서 방전시키자. 테이프나 펜 또는 머리빗을 대전시키고 이것과 대전된 포일 사이의 대략적인 상호작용의 세기를 기록해 놓자.

다음에 이 두 포일을 서로 닿게 한다. 우리의 손이 닿지 않도록 주의한다. 이제 포일과 펜 사이의 대략적인 상호작용의 세기를 기록해 놓자.

포일이 서로 닿기 전과 비교하여, 이제 어떤 종류의 전하가 얼마나 포일에 남았는가? 짝과 충분히 논의하고 우리가 이해를 했는지 확인하자. 대략적인 그림과 함께 설명을 글로 쓰자. 한쪽 조각의 포일이 다른 것보다 훨씬 크다면 무슨 일이 일어날 것인가?

## 질문

**질문1.** 다음 진술문을 비평하자. "원자의 전자 구름이 구형이므로 전자는 핵의 효과를 상쇄하여 중성 원자는 대전된 물체와 상호작용을 할 수 없다." ("비평"은 왜 주어진 진술문이 적절한지, 옳은지 아니면 옳지 않은지를 설명하는 것이다.)

**질문2.** 다음 진술문을 비평하자. "양전하는 분자를 편극시켜서 분자의 음전하 부분을 잡아당겨 중성 플라스틱을 잡아당긴다." ("비평"은 왜 주어진 진술문이 적절한지, 옳은지 아니면 옳지 않은지를 설명하는 것이다.)

**질문3.** 줄리는 투명 테이프 한 조각을 다른 조각에 붙였다. 그리고 위쪽 테이프를 아래쪽에서 급하게 잡아당겼다. 그리고 위쪽 테이프가 강하게 다른 위쪽 테이프를 밀었고 양으로 대전되었다는 것을 알았다. 잭은 위쪽 테이프의 매끈한 부분을 엄지로 문질렀다. 그리고 테이프가 더 이상 다른 위쪽 테이프를 밀어내지 않았다. 줄리와 잭은 이것을 다음과 같이 설명하였다. 잭이 테이프에 있는 탄소의 핵에서 얼마간의 양성자를 문질러 빼내었다. 이 설명을 비평하라. 만약 줄리와 잭의 설명이 부족하다면 왜 위쪽 테이프가 더 이상 다른 윗편 테이프를 밀어내지 않는가에 대한 설명적인 도식을 포함하여 가능한 설명을 제시하자.

**질문4.** 원자 $A$는 원자 $B$보다 편극을 시키기가 더 쉽다. $A$와 $B$ 중에서 어느 원자가 거리 $r$에 있는 점전하를 더 많이 끌어당길 것인가? 이유를 설명하라.

**질문5.** 다음 진술문은 참인가 거짓인가? 만약 참이라면 어떤 원리가 그것을 참으로 만드는가? 만약 거짓이라면 반례를 제시하거나 왜 그런가를 서술하라. 그림 14.67을 보라.

"유도된 쌍극자의 중앙의 점전하에 의한 전기장 $E_{\text{point}}$와 점전하 위치의 쌍극자에 의한 전기장 $E_{\text{dipole}}$은 크기는 같고 방향이 반대이다."

그림 14.67

**질문6.** 왜 점전하와 쌍극자 사이의 인력이 영구 쌍극자의 경우($1/r^3$)와 유도 쌍극자($1/r^5$)의 경우 거리에 따른 변화량이 다른지 간단히 설명해 보자(두 경우 모두를 완벽하게 설명할 필요는 없다. 그 둘이 왜 다른가에 집중해서 설명하자).

**질문7.** 많은 양의 전하는 먼 거리에서 전자를 잡아당긴다. 만약 양전하와 전자 사이에 유리판이 가로막혀 있다면 전자에 가하는 알짜 힘이 어떻게 변하는가? 알짜힘이 작아질까? 커질까? 그대로 일까? 그림을 그리고 표시를 해서 설명해 보자.

(전자에 의한 힘을 정하기 전에 양전하에 의한 힘 이외에 전자에 작용하는 모든 힘을 나타내는 것을 잊지 말자. 유리 삽입 때 많은 양의 전하가 전자에 작용하는 힘은 변하지 않는다. 전기적 상호작용은 물질과 상관없이 작용한다.)

**질문8.** 왜 척력이 대전된 입자의 부호를 결정할 때 인력보다 나은지 간단히 설명하라.

**질문9.** 염화탄소($CCl_4$)는 물분자와는 달리 그 분자가 대칭인 액체이므로 영구 쌍극자가 아니다. 비커에 들어 있는 물에 외부에 놓인 전자가 주는 영향과 비커에 들어 있는 염화탄소에 외부 전자가 주는 영향의 차이를 비교하자(힌트: U와 L로 만든 영구 쌍극자의 행동을 고려한다.).

**질문10.** 양전하 하나가 전기적 중성인 플라스틱 덩어리와 구리 덩어리 사이에 놓여 있다(그림 14.68). 이 상황에서의 대략적인 전하 분포를 그려보자.

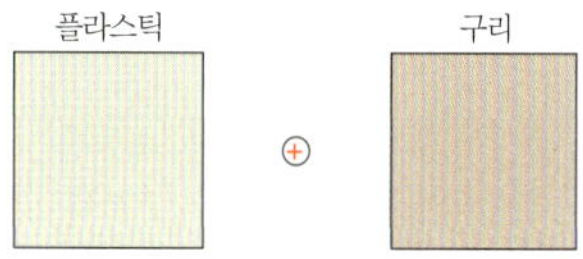


그림 14.68

**질문11.** 플라스틱, 소금물, 구리의 전기적 성질의 차이를 표로 나타내보자. 이 표에 외부 전하에 의한 편극을 그림으로 나타낸 것을 포함하자.

**질문12.** 그림 14.69는 전기적으로 중성인 고체 금속이 두 점전하 사이에 놓여 있는 것을 나타낸 것이다. (a) 그림에 이 금속의 편극을 나타내보자. (b) 금속의 $A$ 위치에서 다음과 같은 3개의 벡터를 그려보자. (1) $q_1$에 의한 $\vec{E}_1$; (2) $q_2$에 의한 $\vec{E}_2$; (3) 금속 외부에 있는 모든 전하에 의한 $\vec{E}_3$; (c) 우리가 벡터를 정한 이유를 설명해 보자.

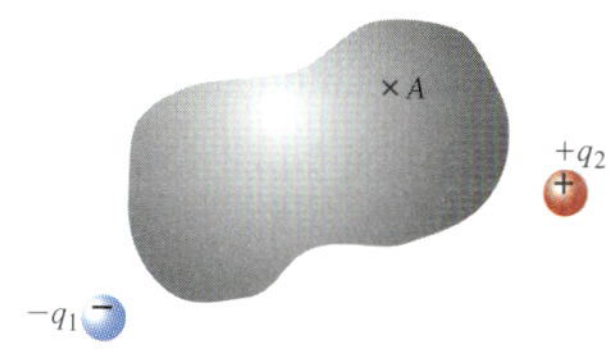


그림 14.69

**질문13.** 대전된 실에 동일한 금속 구 두 개가 매달려 있다. 하나는 과잉 전하로 대전되어 있고, 다른 하나는 전기적으로 중성이다. 이 두 구가 서로 가까워지면 서로 가까이 가다가 부딪친 후 다시 떨어져 멀어진다. (a) 왜 이런 두 종류의 운동이 생기는지 상세히 설명해 보자. 설명에 최종 전하 분포를 포함한 전하 분포를 나타내는 그림을 그려보자. (b) 두 개의 구가 서로 멀어진 후 둘 사이에 플라스틱 육면체를 그림 14.70과 같이 놓는다고 하자. 플라스틱 육면체를 놓기 전 구의 원래의 위치가 표시되어 있다. 새로운 위치에 있을 구를 그려보고 각 구의 전하 분포를 그림으로 표시하고 설명해 보자. (c) 플라스틱 내부 위치 A, B, C, D, E에서의 분자의 편극을 나타내 보자.

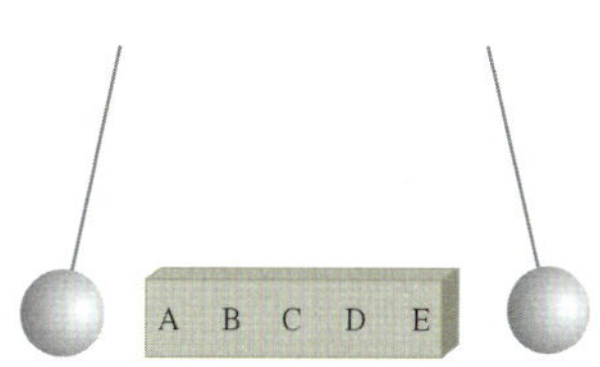


그림 14.70

**질문14.** 명주 천으로 작은 유리 구슬 전체를 마찰시켜서

+5 nC의 전하량을 얻었다. 명주 천과 유리 구슬이 30 cm 거리 만큼 떨어져 있다.

그림 14.71

(a) 그림 14.71의 × 표시된 위치에서의 전기장 벡터를 정성적으로 그려보자. 방향과 상대적 크기에 유의한다. 우리의 생각은 점선을 사용하고, 최종 전기장 벡터는 실선으로 그린다. (b) 그 다음, 전기적으로 중성인 구리 덩어리를 명주 실과 유리 사이에 놓는다.

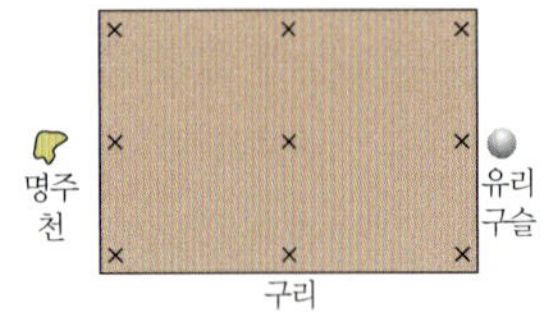


그림 14.72

그림 14.72에서 구리 덩어리에서의 대략적인 전하 분포와 구리 내부의 ×로 표시된 위치에서의 전기장 벡터를 나타내보자.

(c) 전기적으로 중성인 플라스틱 덩어리로 구리 덩어리를 대체하자. 그림 14.73에 ×로 표시된 위치에서의 대략적인 분자 편극을 나타내보자.

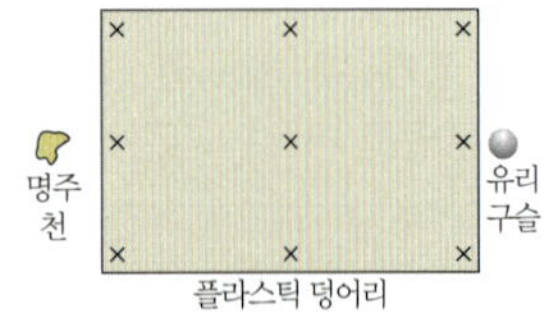


그림 14.73

(d) 플라스틱 덩어리가 있을 때와 그 자리에 아무것도 없을 때 둘이 다르다는 답이 나오더라도 유리 구슬 위치에서의 전기장과 구슬에 작용하는 알짜 힘에 대해 가능한 정략적인 진술을 해 보자.

**질문15.** "대전된 금속 조각을 만지면 금속은 더 이상 대전되어 있지 않다. 금속의 모든 전하가 중성화된다."고 한 학생이 진술하였다. 실제적으로 이는 옳지만 정확히 맞는 것은 아니다. 금속의 모든 전하가 중성화된다고 말하는 것이 무엇이 틀린 것인가?

**질문16.** 두꺼운 고무창으로 된 신발을 신고 있다고 하자. 음으로 대전된 금속 구를 살짝 건드린 후 구는 전하가 없는 것 같다. 왜 그런가? 자세히 설명해 보자.

**질문17.** 다음 진술문을 비평해 보자. "U 테이프의 매끄러운 면을 마찰시킬 때 과잉 전하는 우리의 손으로 흐른다. 좀 더 그럴듯한 설명을 그림으로 나타내 보자."

**질문18.** 유도에 의해 플라스틱 조각을 대전시킬 수 있나? 그림으로 설명해 보자. 이로부터 대전되는 양과 유도로 금속을 대전시킬 때 대전되는 양을 비교해 보자.

**질문19.** 그림 14.74(a)에서 보이듯이 검전기는 아주 얇은 금박 잎이 끝에 달린 금속 막대에 연결된 금속 구(막대와 전기적으로 잘 연결되는)로 이루어져 있고 유리병으로 싸여 고무 마개가 막혀 있다.

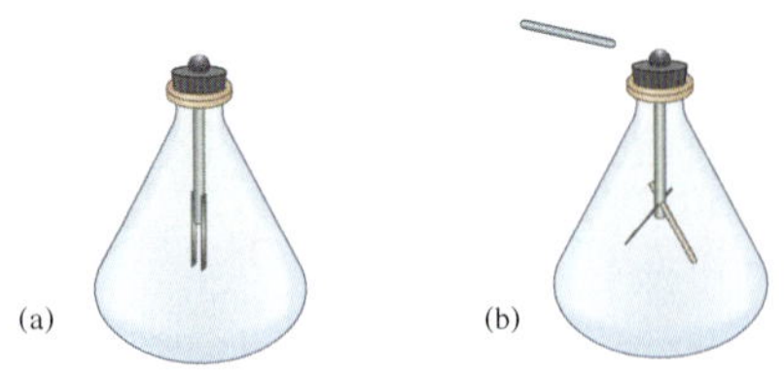


그림 14.74

(a) 그림 14.74(b)에서 보이듯이 양으로 대전된 유리 막대를 검전기 근처에 가져가지만 접촉하지는 않게 한다. 금박이 옆으로 퍼지는 것을 관찰할 수 있을 것이다. 왜 그러는지 충분히 그림을 사용하여 자세히 설명해 보자.

(b) 검전기가 유리 막대에서 멀리 떨어진 후 금속 구에 금속 조각이 잠깐 닿았다. 검전기가 금속조각에서 멀어질 때 금속박은 서로 떨어져 있다. 유리 막대에 건드리지 않고 다시 가까이 하면 벌어졌던 금박이 약간 가까워진다. 이때 금속 조각은 양으로 대전되었는가 음으로 대전되었는가? 어떻게 알 수 있나? 설명해 보자.

**질문20.** 두 개의 플라스틱 공이 양으로 동일하게 대전되어 그림 14.75와 같이 중성의 절연된 실에 달려 놓여 있다.

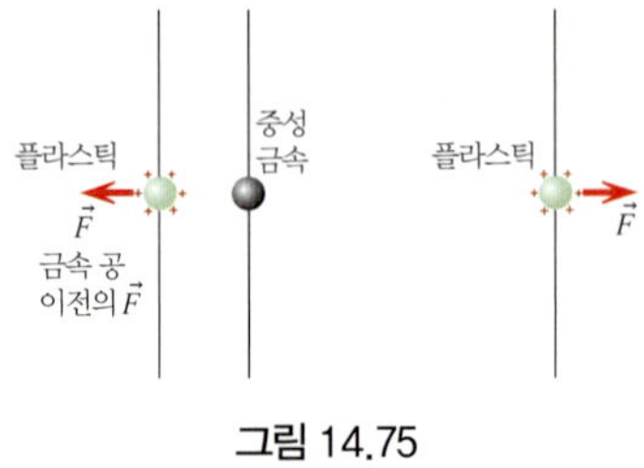


그림 14.75

크기가 $F$인 전기력에 의해 이 두 공은 서로 민다. 이때 대전되지 않은 금속 공이 절연된 실에 매달려 플라스틱 공의 사이에서 왼편의 공에 더 가까이 놓인다고 하자. 왼편의 공과 오른편의 공에 작용하는 알짜 전기력에 어떤 변화가 생기는지 이야기해 보자. 관계된 힘 벡터를 나타내보자.

또한, 금속 공에 있는 전하 분포를 나타내 보자. 간단하지만 완벽하게 설명해 보자.

**질문21.** 상표를 모르는 투명 테이프 두 개를 서로 붙인다. 이 테이프를 떼기 전에 방전을 시키고 책상 모서리에 매단다. 대전되지 않은 플라스틱 펜을 20 cm 가량 가까이 둘 중 하나에 가져가면 약간의 인력을 볼 수 있을 것이다. 펜을 머리카락으로 −로 대전시킨다. 대전된 펜을 L 테이프에서 8 cm 정도로 가까이 가져가면 약간의 척력을 관찰할 것이다. 12 cm 이내의 거리 정도로 U 테이프에 가까이 가져가면 약간의 인력을 관찰할 것이다. 이 모든 관찰을 간단히 설명해 보자.

**질문22.** *A*, *B*, *C*로 칭하는 금속 육면체가 부도체로 된 스탠드 위에 놓여 있다. *A*는 +로 대전되어 있고 *B*, *C*는 전기적으로 중성이다(그림 14.76).

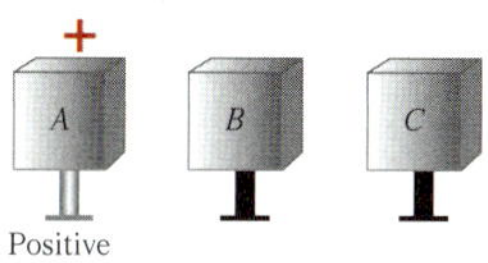


그림 14.76

어떤 도구도 사용하지 않고 *A*의 전하량도 바꾸지 말고 *B*는 +로, *C*는 −로 대전시키는 방법을 설명해 보자. 이 과정 중 전하 분포에 관한 그림을 포함하여 자세히 그 방법을 서술해 보자.

**질문23.** 동일한 전기적 중성인 구 두 개 *A*, *B*가 부도체로 된 스탠드 위에 놓여 있다. 그리고 머리카락으로 대전시켜서 음으로 대전된 플라스틱 펜이 있다(그림 14.77).

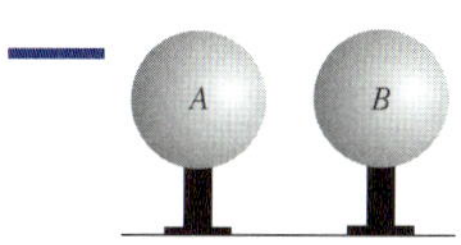


그림 14.77

(a) (+와 −) *A*에게 양전하를 *B*에게 동일한 양의 음전하를 주기 위한 방법을 그림을 포함하여 자세히 설명해 보자.

(b) (+와 +) 초기에 전기적 중성인 *A*에게 양전하를, *B*에게 동일한 양의 양전하를 주기 위한 방법을 그림을 포함하여 자세히 설명해 보자.

**질문24.** "유도에 의한 대전"의 변형이다. 두 개의 대전된 금속체를 서로 접촉해 놓는다. 하나는 다른 하나의 뒤에 둔다. 하나를 앞의 물체, 다른 하나를 뒤의 물체로 부르자. 앞의 물체 앞에 대전된 플라스틱 빗을 가까이 두고 우리의 짝이 뒤의 물체를 멀리 떼어 내보자(부도체로 만져서 방전이 일어나지 않게 한다). 이제 빗을 멀리 가져가자. 이 과정을 설명해 보자. 설명을 그림으로만 해 보자.

**질문25.** 음으로 대전되어 있는 금속 구 *A*를 대전되지 않은 금속 구 *B* 가까이 가져가 보자(그림 14.78). 이 두 개의 구 모두 절연된 스탠드에 놓여 있고 습도는 아주 낮다.

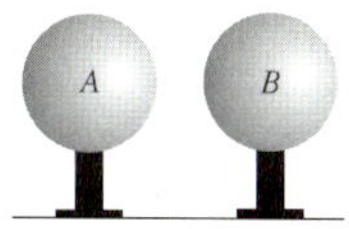


그림 14.78

(a) 이 두 개의 구 표면의 전하 분포를 대략적으로 나타내기 위해 +와 −를 사용하자(힌트: *B*만 생각하지 말고 두 개의 구에 대해 잘 생각해 보자).

(b) 작고 아주 가벼운 속이 빈 금속 구가 처음에 대전되어 있지 않다. 이것이 두 개의 구 사이에서 줄에 매달려 있다(그림 14.79).

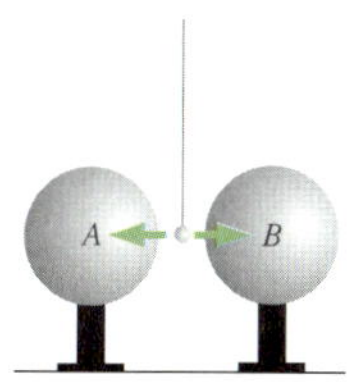


그림 14.79

이 공이 양쪽 구 사이에서 구를 건드리며 빠른 속력으로 흔들린다. 이 운동이 5초간 지속되다가 두 공 중간에서 멈춘다. 순서에 따라 차근차근 자세히 왜 이 공이 흔들리고 결국 멈추는지 설명해 보자. 물리적으로 적절한 그림을 이용하자.

**질문26.** 전하 $Q_1$을 한 장소에 놓고 전기장 $\vec{E}$를 측정한다고 하자. 그리고 힘 $\vec{F}_1$를 관찰하여 $E_1 = F_1/Q_1 = 1000$ N/C이라고 하자. 이제 $Q_1$을 제거하여 훨씬 큰 전하량의 $Q_2 = 20Q_1$을 대신 동일한 위치에 놓고 $\vec{F}_2$를 관찰한다고 하자. 이제 측정치는 1000 N/C을 기대했지만 실제는 $E_2 = F_2/Q_2 = 1100$ N/C이었다. 무슨 일이 일어났는가? 왜 $E = 1000$ N/C을 얻지 못했을까? 이런 현상이 일어날 가능한 상황을 그림으로 그려보자.

# 문제

## 14.1절

**문27.** 머리카락으로 머리빗을 문질러 대전시켜 $-4 \times 10^{-10}$ C의 전하량을 갖는다고 하자. 우리의 머리카락에는 얼마만큼의 전하량이 있는가?

**문28.** 많은 무거운 핵이 "알파 배출자"이다. 역사적으로 헬륨 핵을 지칭하는 이름인 알파 입자를 방출한다는 것이다. 이 핵은 두 개의 양성자를 갖는다. 예를 들면, 90개의 양성자를 갖는 토륨(thorium)의 핵은 알파 배출자이다. 알파 입자 배출 후 토륨은 어떤 원소로 변하는가?

**문29.** 어떻게 투명 테이프 조각이 대전되는가에 대한 다음의 설명 중 어느 것이 논리적인가? 해당되는 것을 모두 골라보자. (1) 하나의 테이프에서 양성자가 핵에서 빼내져서 다른 테이프로 이동했다. (2) 대전된 분자 조각이 떨어져 나와 한쪽 테이프에서 다른 쪽 테이프로 옮겨졌다. (3) 한쪽 테이프에서 전자가 분자에서 나와 다른 쪽 테이프로 이동한다. (4) 중성자가 한쪽 테이프의 핵에서 나와 다른 쪽 테이프로 옮겨간다.

**문30.** 투명한 플라스틱 펜을 모직 천으로 마찰시키고 투명 테이프가 이 빗에 당겨지는 것을 관찰하자. 이 펜이 알짜 음전하를 갖는다고 가정하면 다음 중 어느 것이 사실인가? (1) 테이프는 음으로 대전되었을 것이다. (2) 테이프는 양으로 대전되었을 것이다. (3) 테이프는 대전되어 있지 않다. (4) 결론을 내리기에 정보가 부족하다.

**문31.** 다음 중 어떤 관찰이 두 물체가 동일한 부호의 전하로 대전되었음을 나타내는가? (a) 두 물체에 척력이 작용한다. (b) 두 물체에 인력이 작용한다. (c) 두 물체는 서로 상호작용하지 않는다. (d) 두 물체 사이의 상호작용의 크기는 거리에 따라 다르다.

**문32.** 전기적으로 중성인 원자에 대해 다음 중 어떤 진술문이 옳은가? 해당되는 모든 것을 골라보자. (1) 중성인 원자는 양전하, 음전하로 대전된 입자들로 구성되어 있다. (2) 핵 안에 있는 양으로 대전된 입자는 양성자(positron)이다. (3) 전자는 양으로 대전된 핵에 끌린다. (4) 양으로 대전된 양성자는 아주 작고 질량이 큰 핵에 위치해 있다. (5) 전자 구름의 반경은 핵 반경의 두 배 만큼 크다. (6) 음으로 대전된 전자들이 핵 주위에 "구름"으로 퍼져 있다.

**문33.** 만약 중성 원자와 점전하 사이의 거리가 세 배가 된다면 점전하가 원자에 가하는 힘의 크기는 어느 정도로 변하는가? 원래의 힘과 새로운 힘의 크기에 대한 비례로 답을 해 보자.

**문34.** 어딘가에 있는 대전된 입자에 의해 생긴 전기장이 오른쪽으로 향하는 영역이 있다. 중성의 탄소 원자가 이 영역에 놓였다. 이 상황을 그림으로 그리고 다음 질문에 답해 보자. 다음 중 어느 진술문이 옳은가? 해당되는 모든 것을 선택해 보자. (1) 탄소 원자의 알짜 전하는 0이기 때문에 전기장에 의해 영향을 받을 수 없다. (2) 탄소 원자 내 전자 구름이 왼쪽으로 이동한다. (3) 중성 탄소 원자는 편극되고 쌍극자로 변한다. (4) 탄소 원자의 핵이 왼쪽으로 이동한다.

**문35.** 그림 14.80처럼 전하 $q_1$으로 대전된 입자가 중성 원자로부터 거리 $r$ 만큼 떨어져 있다.

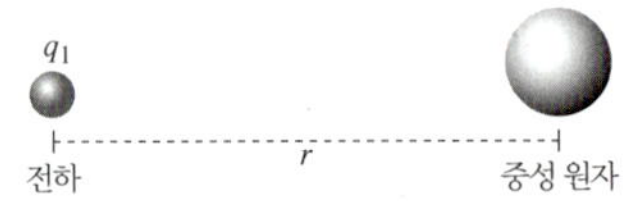


그림 14.80

(1) 만약 $q_1$이 음이라면 그림 14.81에서 어떤 그림이 중성 원자의 전하 분포를 보이는가?

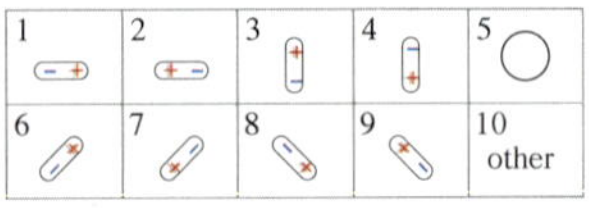


그림 14.81

(2) 그림 14.82의 화살표 $a$부터 $j$까지 중에서 어느 것이 대전된 입자 위치에서의 편극된 중성 원자가 만든 전기장의 방향을 가장 잘 나타내는가?

그림 14.82

(3) 그림 14.82의 화살표 $a$부터 $j$까지 중에서 대전된 입자에 작용하는 편극된 입자에 의한 힘의 방향을 나타내는가?

(4) 대전된 입자에 의해 편극된 중성 원자에 작용하는 힘의 방향을 가장 잘 나타낸 것은 그림 14.82의 화살표 $a$부터 $j$ 중 어느 것인가?

**문36.** 그림 14.83처럼 대전된 투명 테이프에 우리의 손가락을 가까이 가져간다고 하자. 우리의 손가락은 처음엔 전기적으로 중성이다.

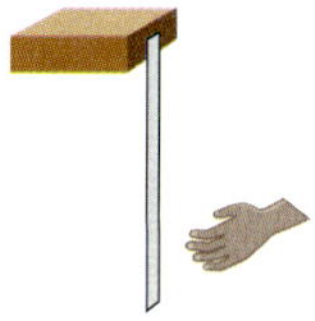

그림 14.83

(a) 만약 테이프가 음으로 대전되었다면 그림 14.81의 1−10 중 어느 것이 우리 손가락의 중성 분자의 편극을 가장 잘 보여주는가?

(b) 그림 14.82에서 우리의 손가락에 있는 많은 수의 편극된 분자로 인해 생기는 전기장이 테이프 위치에서 가리키는 방향을 $a$부터 $j$ 중 가장 잘 나타낸 것은?

(c) 그림 14.82의 어느 화살표가 우리 손가락의 편극된 분자로 인해 생기는 힘이 테이프 위치에서 가리키는 방향을 $a$부터 $j$ 중 가장 잘 나타낸 것은?

(d) 그림 14.82의 어느 화살표가 대전된 테이프로 인해 생기는 힘이 테이프 위치에서 가리키는 방향을 $a$부터 $j$ 중 가장 잘 나타낸 것은?

**문37.** 전자와 중성 탄소 원자는 초기에는 $1 \times 10^{-6}$ m 만큼 (약 10,000원자 직경) 떨어져 있고 부근에 다른 입자는 없다. 탄소 원자의 편극성은 $\alpha = 1.96 \times 10^{-40}$ C·m/(N/C)으로 측정되었다. (a) 초기 상태에서 전자의 가속도의 크기와 방향을 계산해 보자. 우리의 단계를 명확히 쓰자. 계산할 때 사용하는 변수의 정의를 분명히 적고, 계산의 마지막 단계에서 수치를 대입하자. (b) 만약 전자와 탄소 원자가 처음부터 두 배의 거리에 있었다면 초기의 전자 가속도는 얼마나 더 작을까?

**문38.** 문제 37에서 전자 대신 물분자로 바꾸고 동일한 계산을 해 보자. 물분자는 그 크기가 $6.2 \times 10^{-30}$ C·m인 영구 쌍극자 모멘트를 갖는다. 물분자의 쌍극자 모멘트가 탄소 원자를 가리킨다고 가정하자.

**문39.** 그림 14.84에서 왼편에 모멘트가 $\mu_1 = Qs_1$인 영구 쌍극자가 있고 오른편에 편극성이 $\alpha$인 중성 원자가 있어서 유도 쌍극자 모멘트가 $\mu_2 = qs_2 = \alpha E_1$($E_1$은 영구 쌍극자에 의해 유도된 전기장)이 된다. 중성 원자에 영구 쌍극자가 작용하는 힘이 다음과 같다는 것을 보여라.

$$F \approx \left(\frac{1}{4\pi\varepsilon_0}\right)^2 \frac{12\alpha\mu_1^2}{r^7}$$

그림 14.84

힌트: "이항전개"를 사용하는 것이 편리하다. 즉, $(1+\epsilon)^n \approx 1 + n\epsilon$, $\epsilon \ll 1$ 사용. $n$은 음수일 수도 있다.

**문40.** 머리카락으로 플라스틱 펜을 마찰시켜보자. 펜이 1 cm 미만의 거리에 있다면 종이 조각을 집을 수 있다는 것을 관찰할 것이다. 이 단순한 실험으로부터 우리는 종이의 원자 얼마만큼이 펜에 의해 편극되는지 추정할 수 있다. 우리는 몇 가지 가정과 근사를 해야 할 것이다. 힌트는 이 장의 끝부분에서 찾을 수 있다. (a) 원자가 펜에 의해 편극될 때 탄소 원자의 바깥 전자 구름($q = -4e$)의 중앙이 거리 $s$만큼 이동한다고 하자. 펜에 있는 전하 $Q$로 거리 $s$를 계산해 보자. (b) 대전된 투명 테이프 상에서 찾을 수 있는 전하량 $Q$만큼 펜이 전하를 가진다고 가정하자. $s$를 수치적으로 평가하자. 이것이 원자 혹은 분자의 크기에 비해 얼마나 되는가? (c) 탄소 원자의 편극성 alpha를 계산하자. 우리의 답을 $1.96 \times 10^{-40}$ C·m/(N/C)값과 비교하자. 이 값의 출처는 T. M. Miller and B. Bederson, *Advances in Atomic and Molecular Physics*, 13, 1−55, 1977이다. (d) 우리가 사용한 가정과 근사를 다 적어보자.

## 14.4절

**문41.** 표면에 음전하가 균일하게 퍼진 고체 플라스틱 구가 있다. 그림 14.85 중 어느 것이 구 내부 분자의 쌍극자의 편극을 가장 잘 보여주는가?

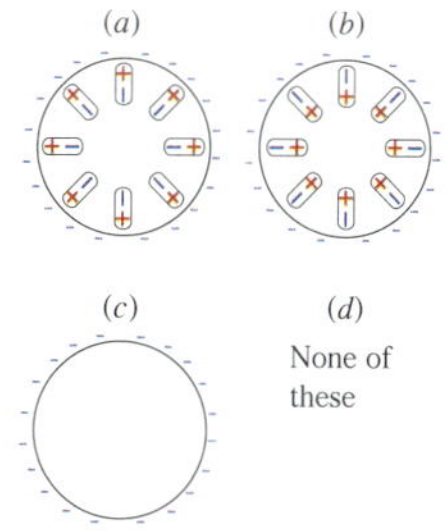


그림 14.85

**문42.** 그림 14.86에서 서로 다른 종류로 대전된 구 2개가 나무 막대와 연결되어 있는 쌍극자가 있다. 플라스틱 육면체가 근처에 그림처럼 놓여 있다. $B$, $C$, $D$의 위치는 쌍극자의 축 중심점을 지나가는 직선에 수직인 선 상에 있다. 다음 질문에 대한 답을 정하기 전에 이 상황에 대해 우리 스스로 그림을 그려보자. 모든 장과 전하 분포가 필요하다.

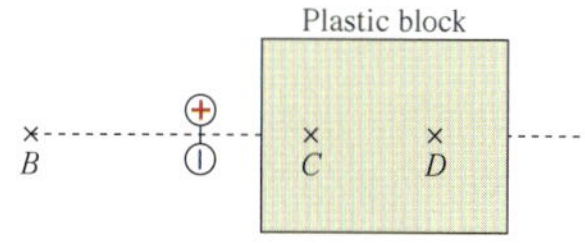


그림 14.86

그림 14.82에 나타난 방향 중 하나를 고르거나 그림 14.81에 나타난 편극 분자의 방향 1 – 10 중 골라보자.

(a) 쌍극자에 의해서만 생기는 전기장의 방향이 C의 위치에서 a에서 j 중 어느 것인가? (b) 쌍극자에 의해서만 생기는 전기장의 방향이 화살표 a에서 j 중 위치 D에서 어느 것인가? (c) 위치 C에서 플라스틱 분자의 편극을 1 – 10 중 어느 것이 가장 잘 나타내는가? (d) 위치 D에서 플라스틱 분자의 편극을 1 – 10 중 어느 것이 가장 잘 나타내는가? (e) 다음 중 어느 진술문이 옳은가? (1) C에 위치한 분자는 전혀 편극되지 않을 것이다. (2) D 위치에서의 분자의 편극은 C 위치에서의 편극과 동일하다. (3) D에 위치한 분자는 C에 위치한 분자에 비해 더 많이 편극될 것이다. (4) D에 위치한 분자는 C에 위치한 분자에 비해 더 적게 편극될 것이다. (f) 쌍극자에 의해 생기는 전기장의 위치 B에서의 방향은 a 에서 j 중 어느 것인가? (g) 플라스틱 육면체에 의해 생기는 전기장의 위치 B에서의 방향은 a 에서 j 중 어느 것인가? 플라스틱에 의한 전기장의 세기가 쌍극자에 의한 전기장의 세기보다 B 위치에서 더 작은가? (h) 위치 B에서의 알짜 전기장의 방향은 a 에서 j 중 어느 것인가? (i) 다음 진술문 중 어느 것이 옳은가? (1) 플라스틱 육면체가 없다면 B 위치에서 쌍극자에 의한 전기장은 더 컸을 것이다. (2) 플라스틱 육면체가 없어도 B 위치에서 쌍극자에 의한 전기장의 세기는 같았을 것이다. (3) 플라스틱 육면체가 없다면 B 위치에서 쌍극자에 의한 전기장은 더 작았을 것이다. (4) 플라스틱 육면체가 없다면 B 위치에서 쌍극자에 의한 전기장은 0 이었을 것이다.

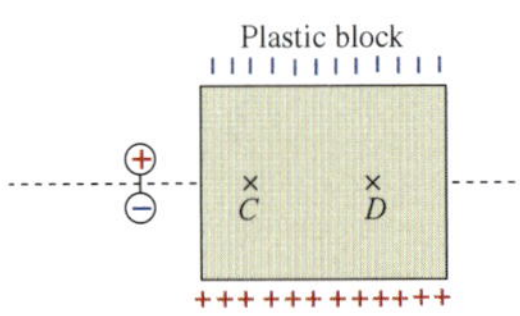


그림 14.87

(j) 본문에서 언급했던 도식의 기호를 사용하여 한 학생이 위의 질문에 대한 답으로 그림 14.87과 같이 도식을 그렸다. 다음 중 어느 진술문이 참인가? 해당되는 모든 것을 고르시오. (1) 플라스틱 육면체의 편극 방향이 틀렸다. (2) 그림은 옳다. 편극을 다르게 표현했을 뿐이다. (3) 그림은 움직이는 전하를 표시한다. 부도체는 움직이는 전하가 없기 때문에 이 그림은 틀렸다.

## 14.5절

**문43.** 물에 있는 $Na^+$이온의 유동성은 $5.2 \times 10^{-8}$ (m/s)/(N/C)이다. 만약 2400 N/C 크기의 전기장이 유체에서 유지된다면 나트륨 이온의 유동 속력은 얼마인가?

**문44.** 브롬 이온을 포함하는 용액에 전기장을 주었다. 그 결과 평균 유동 속도 $3.7 \times 10^{-7}$ m/s로 이온이 움직인다. 용액에서 브롬 이온의 유동성은 $8.1 \times 10^{-8}$ (m/s)/(N/C) 이다. 용액 내 알짜 전기장의 크기는?

## 14.6절

**문45.** 다음 중 어느 것이 참인가? 해당되는 것을 모두 고르시오. (1) 금속 내 특정 위치의 알짜 전기장이 0이라면 금속은 평형이 아니다. (2) 모든 상황에서 금속 내 알짜 전기장은 0이다. (3) 평형 상태라면 구리 덩어리 내부의 어떤 위치에서도 알짜 전기장은 0이다. (4) 외부 전하에 의한 전기장은 철 덩어리를 뚫고 지나갈 수 없다. (5) 평형 상태에서 도체 내부에는 움직이는 전하 입자의 알짜 흐름이 있다.

**문46.** 다음 중 어느 것이 참인가? 해당되는 것을 모두 고르시오. (1) 평형 상태에서 도체 내부에는 움직이는 전하 입자의 알짜 흐름은 없다. (2) 외부 전하에 의한 전기장을 철 덩어리를 뚫고 지나갈 수 없다. (3) 모든 상황에서 알루미늄 내 알짜 전기장은 0이다. (4) 금속 내 특정 위치의 알짜 전기장이 0이라면 금속은 평형이 아니다. (5) 평형 상태라면 구리 덩어리 내부의 어떤 위치에서도 알짜 전기장은 0이다.

**문47.** 음전하로 대전된 철 덩어리가 그림에 표시되지 않은 전하에 의한 아랫방향($-y$ 방향)으로 작용하는 전기장에 놓여 있다. 그림 14.88의 a에서 f 중 어느 그림이 철 덩어리의 내, 외부 전기장을 가장 잘 표현하였는가?

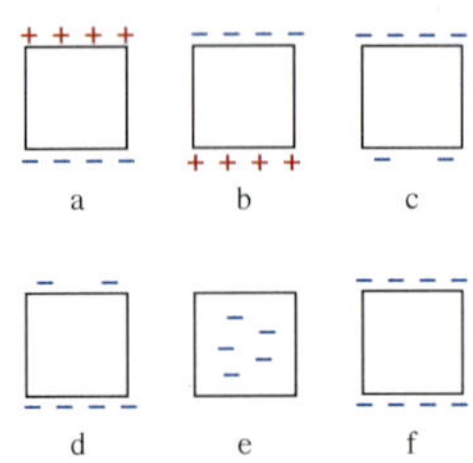


그림 14.88

**문48.** 너무 작고 음으로 대전된 플라스틱 구가 거의 전기적으로 중성인 철 덩어리 근처에 놓여있다. 그림 14.89의 어느 화살표가 $A$ 위치의 알짜 전기장의 방향을 가장 잘 나타내는가?

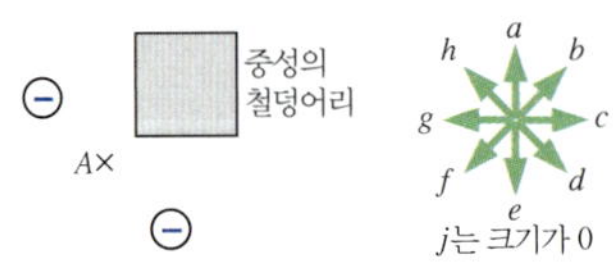


그림 14.89

**문49.** 전기적으로 중성인 구리 덩어리가 그림 14.90처럼 그림에는 표시되지 않은 외부 전하에 의한 전기장에 의해 편극되어 있다.
$a$에서 $j$ 중 어느 화살표가 구리 덩어리 내부의 위치 $B$에서의 알짜 전기장의 방향을 가장 잘 나타내는가?

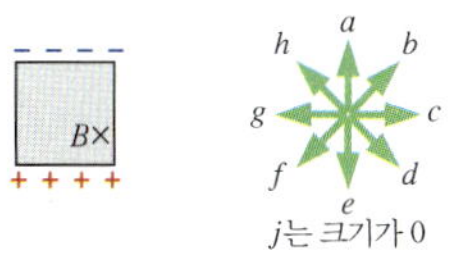


그림 14.90

**문50.** (a) 그림 14.91의 A에서 F 중에서 왼쪽을 향하는 전기장에 의해 금속 구가 편극된 것을 올바르게 나타내는가? (b) 그림 14.91의 A에서 F 중 왼쪽을 향하는 전기장에 의해 플라스틱 구가 편극된 것을 올바르게 나타내는가? 그림은 앞서 본문에서 언급한 기호를 사용한 것이다.

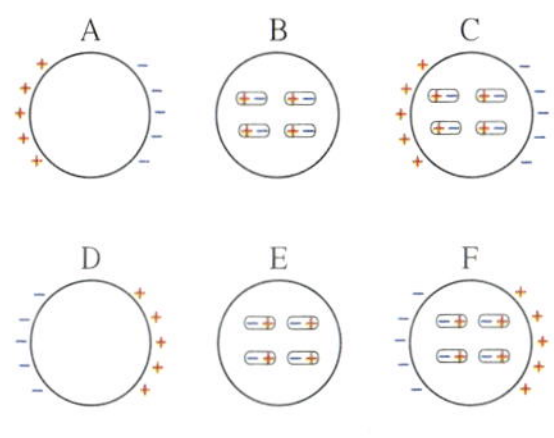


그림 14.91

**문51.** 그림 14.92는 전기적으로 중성인 니켈 덩어리를 $2 \times 10^{-8}$ C으로 표면 전체가 고르게 대전된 작은 유리구 근처에 둔 것을 나타낸다.

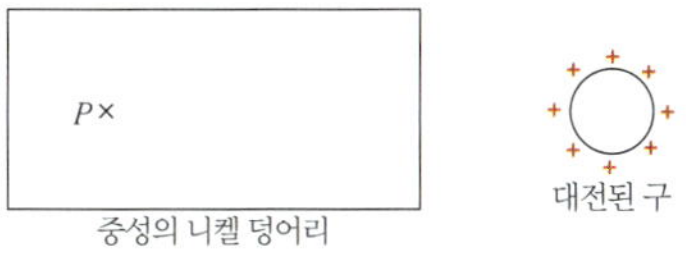


그림 14.92

(a) 니켈 덩어리 속의 전자 바다가 평형에 도달할 때까지 얼마의 시간을 기다려야 하는가? (1) 나노초 이하($1 \times 10^{-9}$ s), (2) 여러 시간, (3) 약 1초, (4) 10분. (b) 평형 상태에서 니켈 덩어리 내부에서 움직이는 전자의 유동 속력은 얼마인가? (1) 약 $1 \times 10^{5}$ m/s, (2) 약 $1 \times 10^{-5}$ m/s, (3) 0 m/s, (c) $\bar{v} = uE$ 방정식에서 $u$의 의미는 무엇인가? (1) 금속 내 움직이는 전자의 밀도, electrons/ $m^3$의 단위, (2) 금속 내 전자의 유동성, (m/s)/(N/C)단위, (3) 금속 덩어리가 평형에 도달하는 데 걸린 시간, 초 단위

**문52.** 그림 14.92에 나타낸 니켈 덩어리 내부의 평형에 대한 추론에 초점을 둔 문제이다. 다음의 전제로 시작하여 평형 상태에 있는 니켈 덩어리 내부의 가능한 상황에 대해 추론하라.

- 도체 내부의 평형에 관한 정의
- 평균 유동 속력과 도체 내 전기장 사이의 관계

다음 중 일부는 가능한 상황들이지만, 어떤 것은 첫 번째 전제에 의해 배제가 된다. 두 번째 전제로 다른 것들도 배제할 수 있다. 만약 한 상황이 두 개의 전제에 의해 배제가 된다면 표시하라.

**상황 1.** $\bar{v} = 0$ 그리고 $E_{net} = 0$ (1) 가능, (2) 평형의 정의에 의해 불가능, (3) $\bar{v} = uE_{net}$는 불가능

**상황 2.** $\bar{v} = 0$ 그리고 $uE_{net} > 0$ (1) 가능, (2) 평형의 정의에 의해 불가능, (3) $\bar{v} = uE_{net}$는 불가능

**상황 3.** $\bar{v} > 0$ 그리고 $E_{net} = 0$ (1) 가능, (2) 평형의 정의에 의해 불가능, (3) $\bar{v} = uE_{net}$는 불가능

**상황 4.** $\bar{v} > 0$ 그리고 $E_{net} > 0$ (1) 가능, (2) 평형의 정의에 의해 불가능, (3) $\bar{v} = uE_{net}$는 불가능

평형 상태에서 각 상황을 생각해 보았으니, 어느 것이 물리적으로 가능하다고 생각하는가? (1) 상황 1, (2) 상황 2, (3) 상황 3, (4) 상황 4

**문53.** 그림 14.92처럼 양으로 대전된 구가 전기적으로 중성인 니켈 덩어리 부근에 있다. (a) 그림 14.93의 어느 것이 평형 상태에 있는 전기적으로 중성인 니켈 덩어리 상의 전하 분포를 가장 잘 나타내는가?

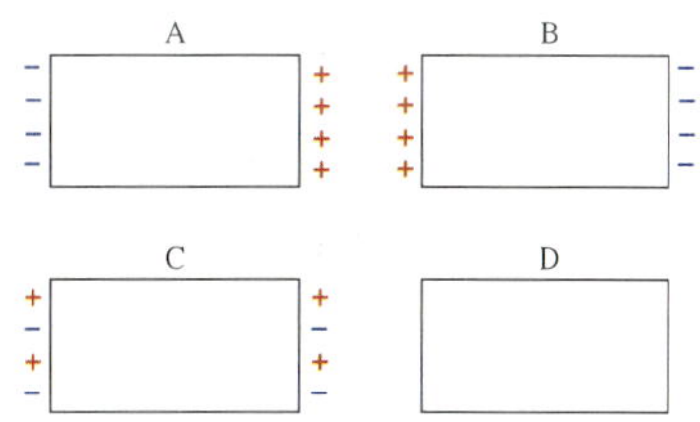


그림 14.93

(b) 니켈 덩어리 내부의 점 P 위치에서 대전된 구 때문에 생긴 전기장은 ⟨625,0,0⟩ N/C 이다. 평형 상태에서 다음 중 어느 진술문이 사실이어야 하는가? (1) P 점에서 니켈 덩어리의 표면에 있는 전하에 의해서만 생기는 전기장을 결정하는 것은 불가능하다. (2) P 점에서 니켈 덩어리의 표면에 있는 전하에 의해서만 생기는 전기장은 ⟨0,0,0⟩ N/C이다. (3) P점에서 알짜 전기장은 ⟨0,0,0⟩ N/C이므로, P 점에서 편극된 니켈 덩어리의 표면 전하에 의해서만 생기는 전기장은 ⟨625,0,0⟩ N/C이어야 한다.

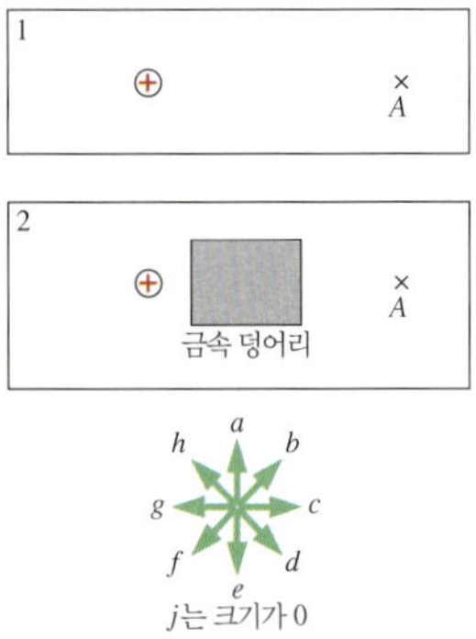


그림 14.94

**문54.** (a) 그림 14.94에서 1번의 양으로 대전된 입자는 A 위치에서 전기장 $\vec{E}_p$를 만들어낸다. 그림 14.94의 $a$에서 $j$까지의 화살표 중 A 위치에서 $\vec{E}_p$의 방향을 가장 잘 나타내는 것은 어느 것인가? (b) 그림 14.94에서 2번에 표시된 위치에 금속 덩어리를 놓았다. $a$에서 $j$까지의 화살표 중 금속 덩어리의 표면 또는 내부의 전하에 의해서만 생긴 $\vec{E}_m$의 $A$ 위치에서의 방향을 가장 잘 나타내는 것은 어느 것인가? (c) $|\vec{E}_p|$는 $|\vec{E}_m|$보다 크다. 금속 덩어리가 그림의 위치에 있을 때 $a$에서 $j$까지의 화살표 중 $A$ 위치에서의 알짜 전기장의 방향을 가장 잘 나타내는 것은 어느 것인가? (d) 금속 덩어리가 그림의 위치에 있을 때 대전된 입자에 의한 전기장 $\vec{E}_p$의 크기에 관한 다음 중 어떤 진술문이 옳은 것인가? (1) 덩어리가 막고 있기 때문에 $|\vec{E}_p|$의 원래 크기보다 작아진다. (2) $|\vec{E}_p|$의 크기는 변하지 않는다. (3) 입자에 의한 전기장은 덩어리를 통과할 수 없기 때문에 $|\vec{E}_p|$는 0이다. (e) 금속 덩어리가 있는 상태에서 A 위치에서 $|\vec{E}_{\text{net}}|$의 크기는 $|\vec{E}_p|$에 비해 얼마인가? (f) 그림 14.94의 $a$에서 $j$까지의 화살표 중 금속 덩어리 내부의 중간 위치에서 알짜 전기장의 방향을 가장 잘 나타내는 것은 어느 것인가?

**문55.** 특정 금속에서 움직이는 전자의 유동성은 0.0077 (m/s)/(N/C)이다. 금속의 정방체 내부에서 특정 순간 알짜 전기장은 어느 곳에서나 $+x$ 방향으로 0.053 N/C이다. 이 순간 이 금속 내 움직이는 전자의 평균 유동 속력은 얼마인가?

**문56.** 전기적으로 중성인 고체 금속 구의 반경이 0.1 m이고 그 중심이 원점에 있다. 이 금속 구는 $\langle 0.3,0,0\rangle$ m의 위치에 있는 $6 \times 10^{-8}$ C의 점전하에 의해 편극되었다. 이 전하에 의해 $\langle 0,0.07,0\rangle$ m의 위치에서 금속 구의 표면에 생긴 전기장은 얼마인가? 어떻게 알 수 있나?

**문57.** 원점에 $3 \times 10^{-9}$ C인 점전하가 있다. (a) $\langle 0.2,0,0\rangle$ m의 위치에서 전기장의 크기는 얼마인가? (b) 짧고 곧은 직선의 얇은 구리선 3 mm가 그 중심이 $x$축 상의 위치 $\langle 0.1,0,0\rangle$ m에 있다. $\langle 0.2,0,0\rangle$ m 위치에서 전기장의 대략적인 크기 변화는 얼마인가? 어떻게 알 수 있는가? (c) $\langle 0.2,0,0\rangle$ m와 원점 사이에 구리선을 놓으면 $\langle 0.2,0,0\rangle$ m에서의 전기장의 크기는 증가하는가 아니면 감소하는가? (d) 구리 금속은 점전하에 의해 생긴 전기장을 가로막는가 ?

**문58.** 반경이 0.5 cm인 금속 구가 절연선에 의해 매달려 있고 $1 \times 10^{10}$ C의 과잉 전하로 대전되어 있다. 또 다른 대전되지 않은 동일한 금속 구가 절연선에 매달려 있다가 대전된 구를 접촉했다가 떨어져 중심 간 20 cm 거리에 놓였다. (a) 하나의 공이 다른 쪽에 작용하는 힘을 계산해 보자. 만약 단순화를 해야 한다면 그것에 대해 명확히 밝히고 정당화하라. (b) 이제 두 구의 중심 간 거리가 5 cm일 때 작용하는 힘은 논리적으로 $4^2 = 16$배가 된다. 하지만 실제로는 16배보다는 적게 증가한다. 왜 그런지 그림을 이용하여 설명해 보자(이 두 개의 도체 구 사이에는 거리 이외 다른 것은 변하지 않았다. 즉, 각 도체구의 전하량도 같고 다른 어떤 물체도 새로 관여하지 않았다).

**문59.** 얇고 속이 빈 구형 플라스틱 구각의 반경이 $R$이고 균일하게 음전하 $Q$로 대전되어 있다. 이 플라스틱 구의 얇은 단면을 그림 14.95에 나타내었다.

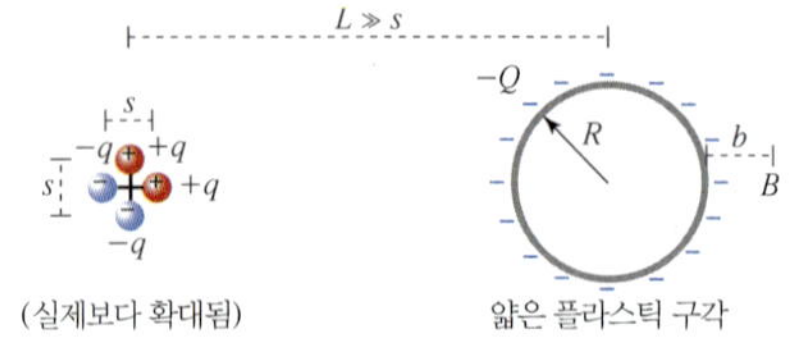


그림 14.95

이 얇은 구각의 왼편에 4개의 전하가 그림과 같이 있다(거리 $s$는 보이게 하기 위해 실제보다 확대되었다.) 이 네 개 전하의 중심에서부터 구각의 중심까지의 거리는 $L$이다. $L$은 $s$보다 굉장히 크다($L \gg s$). 균일하게 대전된 구는 마치 모든 전하가 구의 중심에 몰려있는 듯한 전기장을 만든다는 것을 명심하라. (a) 구각의 오른편 바깥 면에서 거리 $b$만큼 떨어진 위치 $B$에서의 전기장의 $x$, $y$ 요소를 계산하자. 그림에 전기장을 표시하면서 간단히 설명하자. $R$, $Q$, $q$, $s$, $L$, $b$(그리고 기초 상수) 이외의 부호는 사용하지 않도록 한다. $L \gg s$ 이외에는 마지막 식을 단순화할 필요는 없다. (b) 앞의 문제 (a)에서 단순화를 위해 어떤 가정을 하였는가? (c) 그림 14.96처럼 플라스틱 구각을 빼고 대전되지 않은 금속 구를 놓았다. 구각의 왼편 바깥 면에서 거리 $d$만큼 떨어진 구각 내부의 $A$위치에 구의 전하에 의해 생긴 전기장 $\vec{E}_{\text{ball}}$와 4개 전하에 의한 전기장 $\vec{E}_4$를 명확히 표시하자. 간단히 설명해 보자.

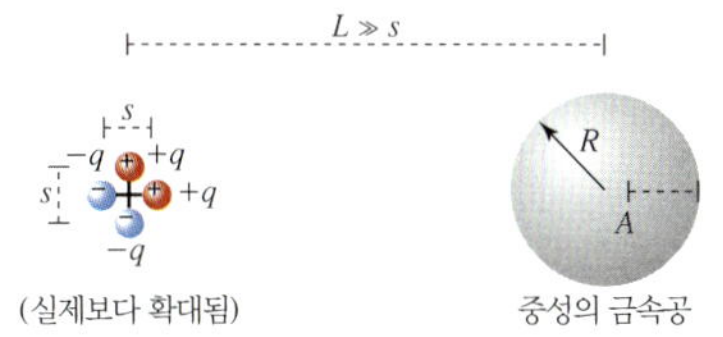


그림 14.96

(d) 구의 전하 분포를 나타내라. (e) 위치 $A$에서 알짜 전기장의 $x$, $y$ 요소를 계산하자.

**문60.** 아주 얇고 속이 빈 구형 플라스틱 구각의 반경이 15 cm이고 표면이 음전하 $-8$ nC($-8 \times 10^{-9}$)로 균일하게 대전되어 있어서 마치 중심에 모든 전하가 집중된 것과 같은 전기장을 만든다. 대전되어 있지 않은 고체 금속 덩어리가 근처에 놓여 있다. 이 덩어리는 두께가 10 cm이고 구의 표면에서 거리가 10 cm 떨어져 있다. 그림 14.97을 보라. (a) 전기적으로 중성인 이 도체 덩어리의 대략적인 전하 분포를 그려보자. (b) 우리가 그림 전하 분포에 의해 생기는 금속 덩어리의 중심에서의 전기장을 그려보자. (c) 우리가 그린 전기장 벡터의 크기를 계산해 보자. 간단히 설명해 보라. 만약 우리가 어떤 근사를 한다면 그것이 무엇인지 말해 보자.

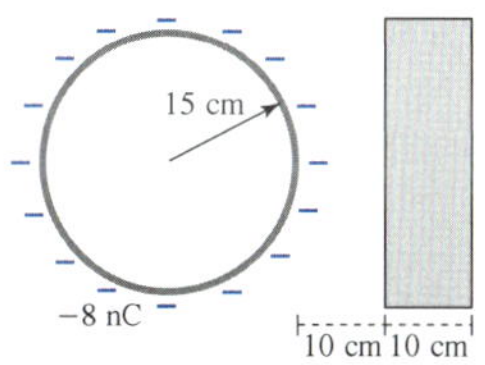


그림 14.97

**문61.** 양으로 대전된 테이프의 매끈한 부분을 따라 손가락을 움직여보자. 그리고 테이프가 우리의 손을 더 이상 당기지 않는 것을 확인해 보자. 이 관찰에 대해 다음 어떤 진술이 그럴듯한 설명이 아닌가? 해당 사항을 모두 표시하라.

(1) 우리의 피부에서 나온 소금물의 소듐 이온($Na^+$)이 테이프로 옮겨져 테이프의 알짜 전하를 0으로 만듦. (2) 우리의 손에 있는 움직이는 전자 바다로부터 전자가 테이프로 이동하여 테이프의 알짜 전하를 0으로 만듦. (3) 우리의 피부에서 나온 소금물의 염화 이온($Cl^-$)이 테이프로 옮겨져 테이프의 알짜 전하를 0으로 만듦. (4) 테이프에 있는 원자의 양성자가 핵에서 빠져나와 우리의 손으로 옮긴다.

**문62.** 음으로 대전된 플라스틱 펜이 대전된 투명 테이프에 척력을 작용하는 것을 우리가 관찰하였다. 동일한 투명 테이프를 금속 구에 가까이 가져가면 척력이 작용하는 것도 관찰하였다. 우리는 고무로 된 창이 있는 신발을 신었고 우리의 손으로 금속 구를 만졌다. 금속 구를 만진 후 테이프가 금속 구로 끌어당겨지는 것을 관찰하였다. 다음 중 어느 진술문이 참인가? (1) 구에서 전자가 나와서 우리의 손을 거쳐 지구로 이동하였다. (2) 구에서 나온 전자는 우리 피부의 소금물로 옮겨져 나트륨 이온에 반응하였다. (3) 우리가 만진 후 금속 구는 거의 전기적으로 중성이 되었다. (4) 우리 피부의 소금물에서 나온 염화 이온이 금속 구로 이동하였다. (5) 금속 구에서 나온 과잉 음전하는 우리의 몸으로 퍼졌다. (6) 우리의 손에서 나온 전자가 금속 구로 이동하였다. (7) 우리 피부의 소금물에서 나온 소듐 이온은 금속 구로 이동하였다.

**문63.** 블록 $A$와 $B$는 동일한 금속 블록이다. 처음에 $A$는 전기적으로 중성이고, $B$는 알짜 전하 5 nC를 갖는다. 절연된 손잡이를 이용하여 블록을 옮겨 서로 접촉시켰다. 몇 분간의 접촉 후에 절연된 손잡이를 이용하여 다시 분리시켰다. (a) 블록 $A$의 최종 전하량은 얼마인가? (b) 두 블록이 접촉했을 때 무슨 일이 일어나는가? (1) $B$에서 $A$로 양성자가 이동하였다. (2) $B$에서 $A$로 양성자가 이동하였다. (3) $A$에서 $B$로 전자가 이동하였다. (4) 양성자와 전자 모두 이동하였다. (5) 어떤 전하도 움직이지 않았다.

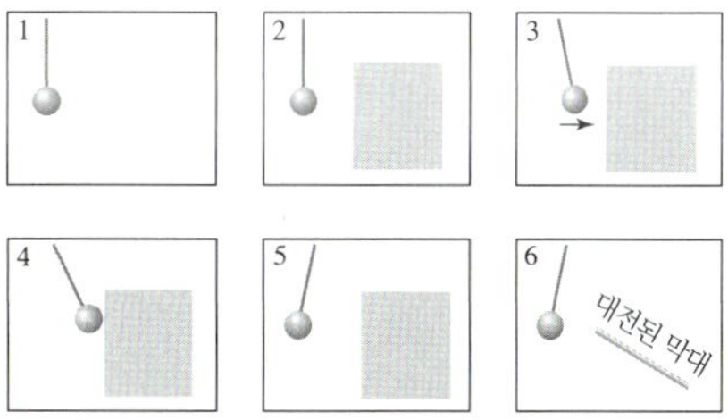


그림 14.98

**문64.** 그림 14.98은 면실에 매달린 작고 가벼운 알루미늄 공과 관련된 일련의 사건을 나타낸다. 답하기 위한 충분한 정보를 얻기 위해 다음에 서술된 전체 일련의 사건을 차근차근 읽어야 한다. 답하기 전에 각 상황에서의 전하 상태를 그림으로 그릴 필요가 있을 것이다. (a) 작고 가벼운 알루미늄 공이 면실에 매달려 있다. 손가락으로 구를 짧게 만졌다 놓았다(그림 1). 그림 14.99 중 어느 것이 이때의 구의 내부와 표면의 전하 분포를 가장 잘 나타내는가? (b) 대전된 금속 블록이 이 공 부근에 놓였다(그림 14.98의 그림 2). 그러자 그림 14.98의 3처럼 블록 쪽으로 흔들리기 시작했다. 다음 질문에 답을 하자. 그림 14.99의 어느 것이 이때의 공의 내부와 표면에서의 전하 분포를 가장 잘 나타내는가? (c) 공이 대전된 금속 블록을 잠깐 접촉했다(그림 14.98의 4). 그러자 그림 14.98의 5처럼 공이 블록에서 멀어져서 일정 각도에서 가만히 멈추어 섰다. 그림 14.99의 어느 그림이 이때의 공의 내부와 표면상의 전하 분포를 가장 잘 나타내는가? (d) 마지막으로 블록이 멀리 옮겨졌다. 음으로 대전된 막대를 공의 부근에 가져갔다. 그림 14.98의 6처럼 공에 대전된 막대가 척력을 작용하였다. 그림 14.99의 어느 그림이 이때의 공의 내부와 표면상의 전하 분포를 가장 잘 나타내는가?

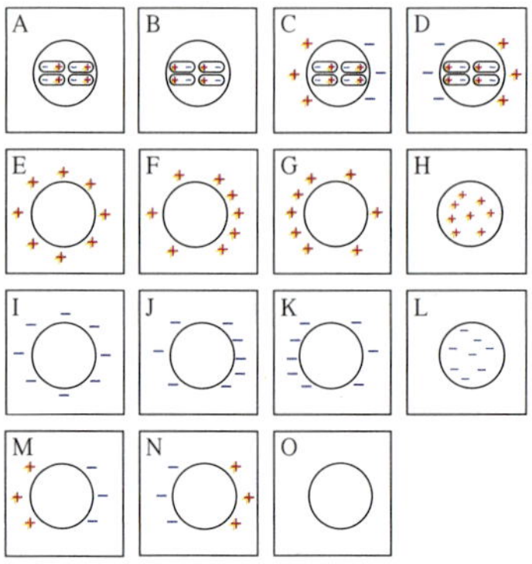

그림 14.99

## 점검 사항의 해답

1. 0; $-e = 1.6 \times 10^{-19}$ C
2. 이 학생은 중첩의 원리를 잊었다. 전기적 상호작용은 물질을 통과하여 작용한다. 따라서 양의 핵의 효과는 주변의 전자 구름에 의해 막히지 않는다. 핵에는 전자만큼의 양성자가 있기 때문에 보통 전자 구름은 핵을 중심으로 하고 알짜 효과는 0이다.
3. 약 $2 \times 10^{-5}$ m이고 양성자의 반경 정도이다.
4. $2^{-5}$ =1/325. 음으로 대전된 테이프는 손에 끌린다.

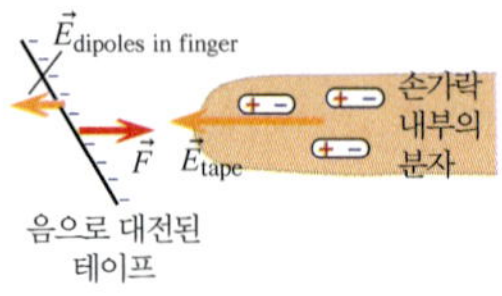

그림 14.100

6. $1 \times 10^{-5}$ m/s
7. 0.22 N/C
8. (a) 전하 분포의 이동에 주의하라. 더 이상 균일하지 않다.

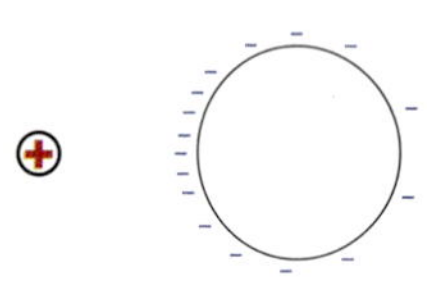
그림 14.101

알짜 전기장은 0이다.

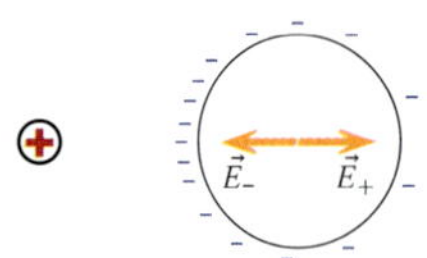

그림 14.102

(b) 음으로 대전된 펜은 전기적으로 중성인 금속 원통을 전자 바다를 움직여서 편극시킨다. + 전하가 전하보다 더 가깝다. 따라서 펜은 알짜 인력을 원통에 작용한다.

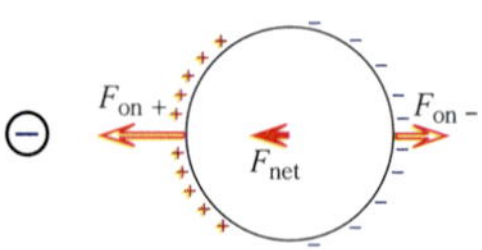

그림 14.103

알짜 전하는 0이다.

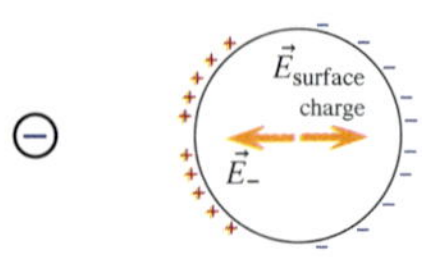

그림 14.104

(c) 음으로 대전된 펜은 전기적 중성인 플라스틱 원통의 분자를 편극시킨다. + 전하가 − 전하보다 더 가깝다. 따라서 펜은 알짜 인력을 원통에 작용한다.

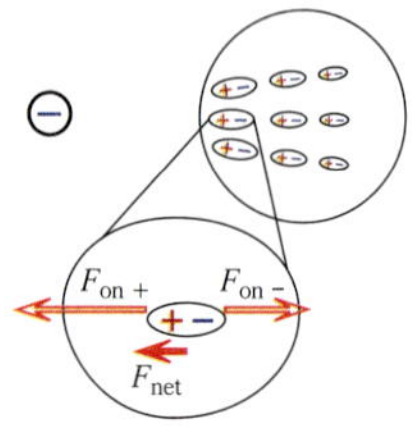

그림 14.105

**문40의 탄소 원자의 편극에 대한 힌트.** 종이가 펜에 의해 끌어올려질 때 종이의 한 개의 탄소 원자에 작용하는 힘은 무엇일까? 쌍극자에 의해 점전하에 작용하는 힘은 계산할 수 있을 것이다. 이것이 점전하가 쌍극자에 작용하는 힘과 관련이 있는가? 이 문제에서 쌍극자와 점전하로 볼 수 있는 것이 있는가? 대전된 원자나 분자의 쌍극자 모멘트는 ($p = qs$) 가해진 전기장에 비례한다. 이 경우 대전된 펜은 외부 전기장을 만들어 낸다.

CHAPTER

# 15

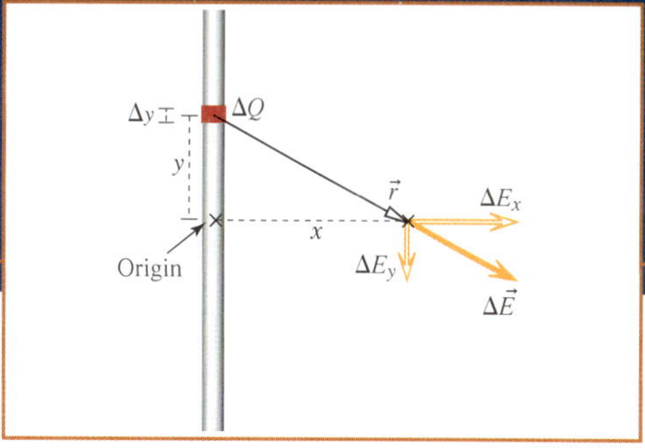


# 분포된 전하들에 의한 전기장

### 목표

이 장을 공부한 후에 다음과 같은 것들을 할 수 있어야 한다.

- 연속적인 전하 분포에 의해 생기는 전기장을 임의의 위치에서 구할 수 있는 적분 식을 세울 수 있어야 한다.
- 다양한 전하 분포에 의한 전기장을 해석적으로 표현한 것을 적절히 근사할 수 있어야 한다.
- 연속적인 전하 분포에 의해 특정 위치에 생기는 전기장의 크기를 수치적으로(계산적으로) 구할 수 있어야 한다.
- 어떤 전하 분포에 의해 생기는 전기장을 여러 관측 위치에서 수치적으로(계산적으로) 구할 수 있어야 한다.

많은 실제적인 상황에서 전하는 큰 물체의 표면에 퍼져있다. 이 장에서 우리는 넓은 영역에 분포하는 많은 수의 점전하들이 만들어내는 전기장을 더하는 수학적인 방법들에 대해 공부할 것이다. 가장 일반적인 방법은, 전하 분포에 대해 많은 개수의 조각들로 나누고 각각을 점전하로 근사한 후, 계산기를 사용하여 각각이 만들어내는 전기장을 더하는 것이다(수치적분법). 이 장에서는 이러한 계산을 설계하고 수행하는 접근 방법을 소개한다. 계산은 손으로도 할 수 있지만, 컴퓨터를 이용하는 방법이 가장 쉽다. 15.9절에서는 컴퓨터를 사용하여 전기장을 계산하고 3차원으로 구현하는 새로운 방법을 제시할 것이다.

특수하지만 중요한 몇 가지 상황들에서, 우리는 각각의 조각들이 만들어내는 전기장을 적분을 이용하여 더하는 해석학적인 해결책을 찾을 수도 있다. 대전된 막대, 고리, 축전기, 혹은 구 가까이에 있는 위치에서 이러한 방법을 사용하여 전기장을 구할 수 있다. 해석학적인 접근의 가장 큰 장점은, 그 결과가 전하 분포에서 떨어진 거리에 따라 전기장의 크기가 어떻게 변하는지를 보여준다는 것이며, 이는 많은 응용에서 유용하다. 이러한 결과가 유용한 이유는, 보통의 물체를 구, 막대, 고리나 원판들의 조합으로 단순화하는 것이 종종 가능하며, 그에 따라 그 물체에 의한 전기장을 측정하는 것이 가능해지기 때문이다.

우리가 문제를 해석적으로 풀든 수치적으로 풀든, 그 과정에서 가장 중요한 단계는 3차원 공간 상에 있는 물체의 위치나 그의 일부를 대수적으로 표현하는 것이다. 그림을 그리고 문자를 부여함으로써 시간을 절약하고 이 단계에서 겪을 좌절감을 최소화할 수 있다.

## 15.1 균일하게 대전된 가느다란 막대

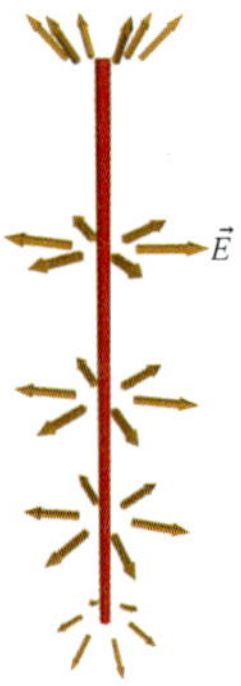


**그림 15.1** 양으로 대전된 막대 근처에서의 전기장. 막대의 중심 부근에서 전기장 벡터는 막대에 수직인 평면 위에 놓여 있다.

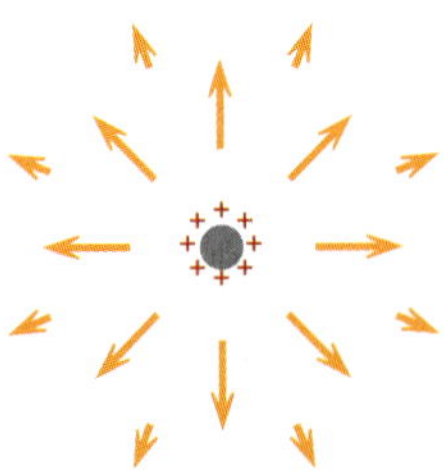

**그림 15.2** 대전된 막대 주변의 전기장은 원기둥 대칭이어야 한다. 이는 막대에 수직인 평면에 막대의 중심 근처의 전기장을 나타낸 것이다.

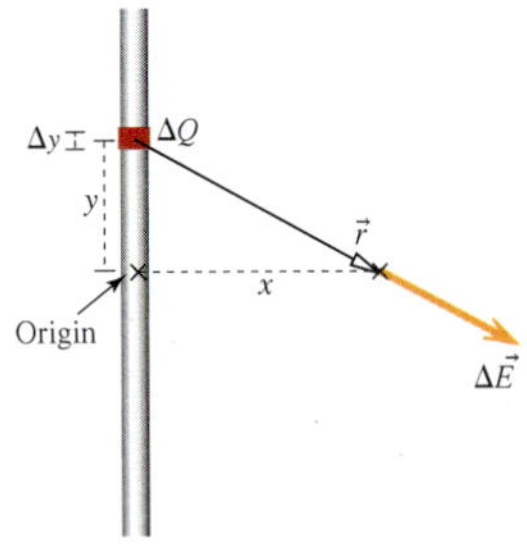


**그림 15.3** $\Delta\vec{E}$는 $\langle x, 0, 0\rangle$에 생기는 전기장에 길이가 $\Delta y$인 작은 조각이 기여하는 전기장이다.

많은 수의 전하들이 만들어내는 전기장을 계산하는 방법에 대한 예로, 균일하게 대전된 가느다란 막대에 의한 전기장에 대해 생각해 볼 것이다(그림 15.1). 이러한 막대의 예로는 비단에 문질러져 양전하가 거의 균일하게 표면에 대전된 유리 막대가 있을 수 있다. 길이가 $L$이고 전하량이 $Q$인 가느다란 막대를 생각해 보자. 과정을 설명하기 위해 우리는 막대의 수직 이등분선 상에 있는 점을 측정 위치로 선택할 것이다. 이것은 필요한 계산을 단순하게 만들어준다.

계산에 들어가기 전에, 먼저 막대 주변에 전기장이 어떤 모양으로 만들어질지 생각해 보라. 막대를 세우고 위에서 보았을 때, 전기장은 어떻게 나타날까?

점전하에 의한 전기장은, 점전하 자체가 구대칭성을 가지기 때문에, 구대칭성이 있다. 막대는 원기둥 같이 생겼기 때문에, 막대에 의한 전기장에서도 원기둥대칭이 나타날 것으로 추측해야 한다. 양으로 대전된 막대 근처에서의 전기장은 그림 15.1에 표현한 것과 같이 보일 것이다. 막대의 가운데를 지나는 수직 단면을 보면 전기장의 모양은 그림 15.2와 같을 것이다.

큰 물체에 분포해 있는 전하가 만들어내는 전기장을 구하는 과정은 네 단계로 이루어진다:

1. 물체를 작은 조각들로 나눈다. 그림으로 나타내고, 그 조각들 중 하나에 의한 전기장 $\Delta\vec{E}$를 그린다.
2. 원점과 축을 정하고, 하나의 조각에 의한 $\Delta\vec{E}$를 대수적으로 표현한다.
3. 모든 조각들에 의한 전기장을 수치적이거나 기호적으로 더한다.
4. 물리적으로 옳은지 확인한다. 우리는 이 방법을 통해 균일하게 대전된 가느다란 막대가 중심선의 어떤 위치에 만들어내는 전기장을 찾을 것이다.

### 1단계: 전하의 분포를 여러 개의 조각들로 나누고, $\Delta\vec{E}$를 그린다

중첩의 원리를 적용하기 위해, 그림 15.3과 같이 가느다란 막대를 $\Delta Q$의 전하를 가지는 매우 짧은 마디들로 자른다고 상상해 보자. 그리스 문자 '델타'의 대문자(Delta)는 어떤 것의 작은 일부분, 또는 어떤 것의 변화를 지칭한다. 여기서 $\Delta Q$는, 우리가 측정하는 위치의 전기장에 $\Delta\vec{E}$만큼 기여하는, 막대의 전체 전하량 $Q$의 작은 일부분이다. 우리는 $\Delta Q$가 마치 하나의 점전하인 것으로 생각할 수 있는데, 이는 우리가 측정하는 위치까지의 거리에 비해 짧은 마디의 길이가 더 작으면, 꽤나 괜찮은 근사이다.

그림 15.3에서 우리는 "특별한" 위치(막대의 양 끝이나 중간)에 있지 않은 한 마디를 대표로 선택하고 그 마디가 알짜 전기장에 기여한 $\Delta\vec{E}$를 관측 위치 위에 그렸다.

### 가정

우리는 막대의 두께가 무시할 수 있을 정도로 가늘다고 가정한다. 우리는 $\Delta Q$가 점전하로 생각할 수 있을 정도로 작도록 설정한다.

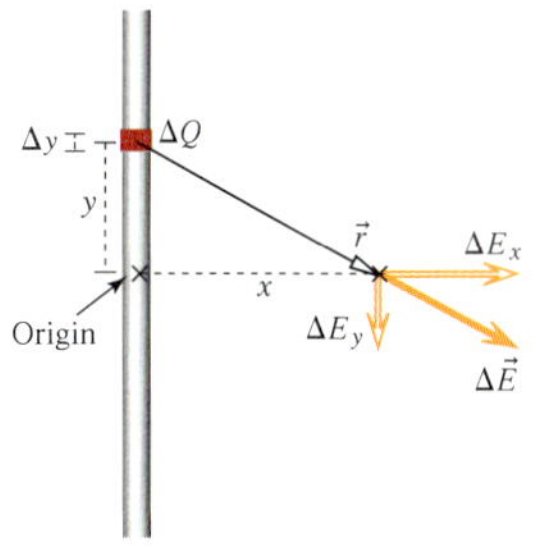


**그림 15.4** $\Delta\vec{E}$의 성분들은 스칼라 양에 $\hat{r}$의 성분들을 곱함으로써 계산할 수 있다.

## 2단계: 하나의 조각에 의한 전기장을 표현하는 식을 적는다

우리는 각각의 마디들을 점전하로 근사한다. 따라서 $\Delta\vec{E}$의 표현은 점전하에 의한 전기장과 그 형태가 비슷할 것이다. 문제는 우리가 선택한 좌표계에서 이를 표현하는 것과 각 조각들의 전하량에 대해 일반적인 표현을 찾아내는 것이다.

여기서는 막대의 중심점을 원점으로 설정한다; $x$축은 오른쪽을, $y$축은 위를 향한다. 하나의 마디(그림 15.4에 표현된 것)의 위치는 $y$에 따라 달라진다.

**질문** 우리의 답에는 어떤 변수가 남아있어야 하는가?

우리가 측정하는 위치의 좌표들은 남아있어야 하겠지만, 막대의 모든 마디들에 대해 전기장을 더할 (적분할) 것이기 때문에 막대의 좌표들은 남아있지 말아야 한다. 하지만, 우리가 적분하려는 항에는 마디의 위치를 나타내는 변수가 있어도 된다; 이러한 변수들은 "적분 변수"라고 부르며, 적분을 한 후에는 사라진다.

막대의 한 조각은 원점으로부터 $y$만큼 떨어져 있다. 마디의 길이는, 그림 15.4에 표현된 $y$값의 작은 증가분 $\Delta y$이다. 우리가 사용하기로 한 변수 $y$는 최종 결과에는 나타나지 않을 것이다. 표현된 식 안에 $\Delta$무엇이 없으면(이를테면 $\Delta y$) 적분을 할 수 없다는 것을 이해하는 것은 중요하다.

벡터 $\vec{r}$은 $\Delta Q$의 전기장의 근원(전하 $\Delta Q$의 작은 대표 조각)을 출발점으로, 우리가 측정하는 위치를 도착점으로 한다. 그림 15.4의 도식으로부터 $\vec{r}$의 성분을 읽을 수 있다.

$$\begin{aligned}\vec{r} &= \langle \text{측정 위치} \rangle - \langle \text{출발점} \rangle = \langle x,0,0 \rangle - \langle 0,y,0 \rangle \\ &= \langle x,-y,0 \rangle\end{aligned}$$

여기서 $\vec{r}$의 $y$좌표인 $-y$가 음수임(그래야만 한다)을 기억해 두자.

$$|\vec{r}| = [x^2+(-y)^2]^{1/2}$$
$$\hat{r} = \frac{\vec{r}}{|\vec{r}|} = \frac{\langle x,-y,0\rangle}{[x^2+(-y)^2]^{1/2}}$$

이 마디에 의한 전기장의 크기는:

$$\frac{1}{4\pi\varepsilon_0}\frac{\Delta Q}{r^2} = \frac{1}{4\pi\varepsilon_0}\frac{\Delta Q}{[x^2+(-y)^2]}$$

이제 우리는 $\Delta\vec{E}$를 표현할 수 있다(그림 15.3).:

$$\Delta\vec{E} = \frac{1}{4\pi\varepsilon_0}\frac{\Delta Q}{[x^2+(-y)^2]}\frac{\langle x,-y,0\rangle}{[x^2+(-y)^2]^{1/2}}$$
$$\Delta\vec{E} = \frac{1}{4\pi\varepsilon_0}\frac{\Delta Q}{(x^2+y^2)^{3/2}}\langle x,-y,0\rangle$$

이제 $\Delta\vec{E}$의 성분(그림 15.4)은:

$$\Delta E_x = \frac{1}{4\pi\varepsilon_0}\frac{x\Delta Q}{(x^2+y^2)^{3/2}}$$
$$\Delta E_y = \frac{1}{4\pi\varepsilon_0}\frac{-y\Delta Q}{(x^2+y^2)^{3/2}}$$
$$\Delta E_z = 0$$

## $\Delta Q$와 적분 변수

**질문** $\Delta E_x$와 $\Delta E_y$의 표현에서 어떤 것이 상수고 어떤 것이 변수인가?

각각의 조각이 다른 $y$값을 가지므로, $y$는 변수로 구분했어야 한다. 우리는 막대의 모든 조각들에 대해 $\Delta E_x$와 $\Delta E_y$를 더하기가 쉽도록 표현의 형태를 다시 쓸 필요가 있다. 모든 것을 조각의 좌표와 관련된 하나의 적분 변수에 대해 표현해야 한다는 것이다; 여기서는 $y$가 적분 변수가 된다.

특히 우리는 전하량 $\Delta Q$를 적분 변수 $y$로 표현해야 한다. 총 전하 $Q$(양이든 음이든)가 막대에 균일하게 분포하고 있기 때문에 길이가 $\Delta y$인 마디에 존재하는 전하량은, $\Delta y/L$이 전체 막대에 대한 $\Delta y$의 비율이므로

$$\Delta Q = \left(\frac{\Delta y}{L}\right) Q$$

이다.

막대에 선전하 밀도 $Q/L$의 전하가 있기 때문에 $\Delta y$의 마디 안에는 $\Delta Q = (Q/L)\Delta y$의 전하가 있다고 할 수도 있다. $\Delta Q$가 총 전하 $Q$의 작은 부분이라는 것과 $\Delta Q$를 $\Delta y$에 대한 식으로 나타내야 한다는 것을 아는 것이 중요하다.

## $\Delta\vec{E}$의 대수적 표현

종합적으로, 우리는 $x$성분을 나타내는 표현을 다음과 같이 얻는다:

$$\Delta E_x = \frac{1}{4\pi\varepsilon_0}\frac{Q}{L}\frac{x}{(x^2+y^2)^{3/2}}\Delta y$$

비슷한 접근 방법으로 $y$성분을 구한다:

$$\Delta E_y = \frac{1}{4\pi\varepsilon_0}\frac{Q}{L}\frac{-y}{(x^2+y^2)^{3/2}}\Delta y$$

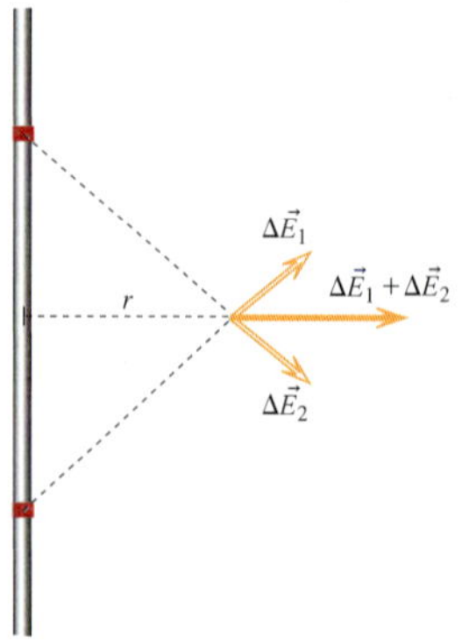


**그림 15.5** 중심 평면 위에서는 $y$성분들이 서로 상쇄되기 때문에 오직 $x$성분만이 0이 아니다.

## 기호 Δ에 대한 주의

우리는 이 문제 상황을 설정하는 데에 그리스 문자 Δ("델타"의 대문자)를 두 가지 방법으로 사용했다. $\Delta E$나 $\Delta Q$는 전체 양에 대한 작은 일부분을 지칭한다. $\Delta y$는 현재 고려중인 작은 조각의 위치를 결정하는 적분 변수 $y$의 작은 변화를 지칭한다. 이러한 문제의 상황을 설정하는 데에는 Δ를 이 두 가지 방법으로 사용해야 할 것이다.

## 3단계: 모든 조각들에 의한 전기장을 더한다

실제 계산을 수행하기 전에, 우리는 결과가 어떻게 나올 것인지 예상해야 한다. 전기장 측정 위치를 중심선 위에서 잡았기 때문에, 그림 15.5에 보인 것처럼 우리는 마지막 결과 값에서 $y$의 항이 0이 될 것이라고 예상해야 한다.

## $x$성분들

각각의 $\Delta Q$는 전기장에 $\Delta E_x$만큼 기여한다. 각각의 조각들에 1, 2, 3, … 번호를

붙이면,

$$\Delta E_x = \Delta E_{x_1} + \Delta E_{x_2} + \Delta E_{x_3} + \cdots$$

을 얻는다. Σ("덧셈(Summation)"을 의미하는, 그리스 문자 "시그마"의 대문자)를 사용하여 이러한 덧셈을 보다 간결한 형식으로 표현하는 것이 표준적인 관습이다:

$$E_x = \sum \Delta E_x = \sum \frac{1}{4\pi\varepsilon_0}\frac{Q}{L}\frac{x}{(x^2+y^2)^{3/2}}\Delta y$$

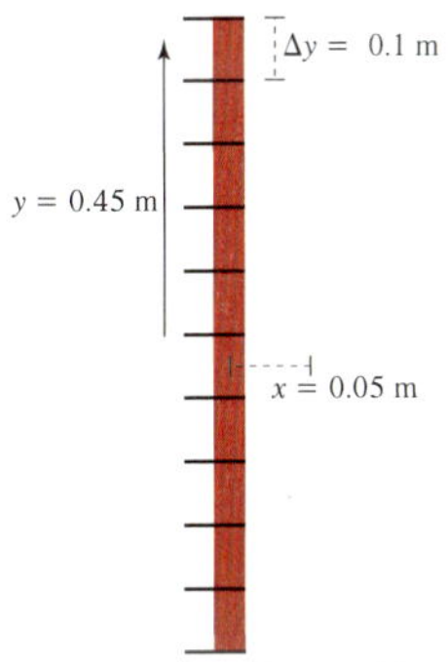


**그림 15.6** 막대를 10개의 동일한 조각들로 나눈 것

### y성분들

$$E_y = \sum \Delta E_y = \sum \frac{1}{4\pi\varepsilon_0}\frac{Q}{L}\frac{-y}{(x^2+y^2)^{3/2}}\Delta y$$

이제 이러한 항들을 어떻게 더할 것인지 생각해야 한다. 이 덧셈에서 각각의 항들은 모두 다르다. 모든 조각들이 $\Delta y$의 같은 길이를 가지도록 설정함으로써 $\Delta y$를 밖으로 빼낼 수 있지만, $y$의 값은 막대의 모든 조각들에 대해 다르다. 어떻게 하면 모든 조각들이 만들어내는 전기장을 더할 수 있을까?

### 수치적 합산

서로 다른 전기장들을 모두 더하는 방법 중 하나는 그림 15.6에서와 같이 막대를 10개의 마디로 나누어, 각각이 만들어내는 전기장을 (우리의 공식에 $\Delta y = L/10$을 대입함으로써) 계산하고 그 10개의 값들을 더하는 것이다. 각각의 조각들이 실제로는 점입자가 아니기 때문에, 당연히 이 결과는 근사적인 값일 뿐이지만, 이것도 많은 목적에 충분할 수 있다. $L = 1$ m, $\Delta y = 0.1$ m, $Q = 1$ nC, $x = 0.05$ m인 경우에 대해서 이 계산을 해 보자. 각각의 마디에 대해 우리는 $y$값이 마디의 중심에 있다고 가정할 것이고, 더해지는 각각의 전기장들을 계산기를 이용하여 구할 것이다. 결과들은, 그 결과들의 총합과 함께 그림 15.7에 나와 있다. 예상했던 바와 같이, $y$성분의 합은 0이다.

| $y$ | $E_x$ | $E_y$ |
|---|---|---|
| +0.45 | 0.484 | −4.363 |
| +0.35 | 1.018 | −7.127 |
| +0.25 | 2.715 | −13.577 |
| +0.15 | 11.384 | −34.153 |
| +0.05 | 127.279 | −127.279 |
| −0.05 | 127.279 | 127.279 |
| −0.15 | 11.384 | 34.153 |
| −0.25 | 2.715 | 13.577 |
| −0.35 | 1.018 | 7.127 |
| −0.45 | 0.484 | 4.363 |
| Sum | 285.764 | 0.000 |

**그림 15.7** $\vec{E}$에의 기여

### 정확도

막대를 더 많은 조각들로 나누어 더 정확한 값을 얻는 것이 가능하겠지만, 그 계산을 손으로 하는 것은 너무 오래 걸릴 것이다. 우리는 다른 조각 수에 대해 이러한 계산을 하는 간단한 컴퓨터 프로그램을 만들어보았고, 그 계산을 통해 그림 15.8에 있는 결과 값을 얻을 수 있었다.

| Number of Slices | $E_x$ |
|---|---|
| 10 | 285.764 |
| 20 | 353.764 |
| 50 | 358.214 |
| 100 | 358.214 |

**그림 15.8** 조각 수의 효과

그림 15.8에 정리된 계산 결과로 미루어 보았을 때, 막대를 10개의 조각으로 나누어 한 계산은 (몇몇 용도를 위해서는 유용할지라도) 그리 정확하지 않았으며, 한편 50개 이상의 조각으로 나누어서 하는 계산에서는 거의 차이가 없었다. 결과값의 정확도는 하나의 조각을 하나의 점전하로 생각하는 근사의 정확도에 의존한다. 50개의 조각으로 나누면 각 조각의 $\Delta y$는 1 m의 1/50(0.02 m)이고, 전기장 측정 위치에서 가장 가까운 조각은 측정 위치로부터 0.05 m 떨어져 있다. 더 작은 0.01 m 길이의 조각으로 (100개의 조각으로) 나누었을 때 거의 같은 것이나

다름없는 결과가 나오는 것으로 미루어 보았을 때, 0.02 m 길이의 조각을 점전하로 근사하는 것은 적절한 근사이다.

컴퓨터로 한 계산이 맞다는 것은 어떻게 아는가? 10개의 조각으로 나눈 경우에서 컴퓨터로 한 계산은 계산기로 계산한 결과와 일치한다. 그리고 예상했듯이, 더 많은 조각으로 나눌수록 컴퓨터의 계산 결과는 어떤 일정한 값에 도달한다. 후에 우리는 이러한 결과를 확인하는 다른 방법들에 대해 논할 것이다.

### 적분을 통한 합산

산술적으로 전기장을 더하는 방법의 가장 큰 단점은 전기장의 분석적인 (대수적인) 형태를 얻어낼 수 없다는 것이다. 이는 "막대 근처에서 $r$의 변화에 따라 전기장이 어떻게 변하는가?"와 같은 질문에 쉽게 대답할 수 없다는 것을 의미한다. 점전하에 대해서는 전기장이 $1/r^2$의 꼴로, 영구 쌍극자에 대해서는 $1/r^3$의 꼴로 변화한다는 것을 안다. 막대가 만들어내는 전기장에 대해 산술적인 답이 아닌, 대수적인 답을 구할 수 있는 덧셈 방법이 있을까? 이것이 바로 적분법이 개발된 목적이다.

우리가 풀고 있는 것과 같은 문제에 적분법을 이용하는 데 있어서 중요한 아이디어는, 막대를 50개나 100개의 조각이 아닌, 무한히 작은 무한개의 조각으로 나눈다고 상상하는 것이다. 우리는 조각의 수 $N = L/(\Delta y)$가 끝없이 증가하도록 하며, 그에 따른 마디의 길이 $\Delta y = L/N$이 끝없이 감소하도록 한다. 우리는 $\Delta y$가 무한히 작아지도록 극한을 취한다:

$$E_x = \lim_{\Delta y \to 0} \frac{1}{4\pi\varepsilon_0}\frac{Q}{L}x\sum\frac{1}{(x^2+y^2)^{3/2}}\Delta y$$

이러한 극한을 "정적분"이라고 부르며 다음과 같이 표현된다:

$$E_x = \frac{1}{4\pi\varepsilon_0}\frac{Q}{L}x\int_{-L/2}^{+L/2}\frac{1}{(x^2+y^2)^{3/2}}dy$$

적분 기호 $\int$는, 그리스 문자 시그마 $\Sigma$가 덧셈을 의미하듯이, Summation(덧셈)에서의 $S$를 일그러뜨린 것이다. 이러한 점에서, 적분을 많은 전기장의 합으로 생각하는 것이 중요하다.

적분 변수 $y$의 범위는 $y = -L/2$(막대의 맨 아래)에서부터 $y = +L/2$(막대의 맨 위)까지이며, 이 값들은 정적분의 경계가 된다. 기호나 숫자가 제대로 쓰인 그림을 그렸다면, 그림으로부터 적분 변수의 정확한 범위를 읽을 수 있을 것이다. 이는 기호나 숫자가 잘 붙여진 물리적 그림을 그리는 것의 또 다른 이점이다.

작은 길이 $\Delta y$는 이제, $y$의 "무한히 작은" 증가분인, 피적분함수에 반드시 있어야하는 $dy$로 바뀌었다. 이는 전체 전하 분포 중 하나의 조각이 만들어내는 전기장의 대수적인 표현에 $\Delta y$가 반드시 나타나야 하는 이유이다.

### 적분을 계산하기

이 문제에서 대부분의 물리는 적분식을 만들어내는 것이다. 적분을 계산하는 것은 단순히 수학일 뿐이다. 몇 가지 경우들에 대해서 적분은 쉽게 계산할 수 있다.

이 경우에서 적분이 그리 단순한 것이 아니지만, 적분하는 연습을 해보고 싶다면, 시도해 보라! 아니면, 수학이나 미적분학 책에 나와 있는 적분 표에서 찾아볼 수도 있다. 몇몇 계산기들로 이러한 적분을 할 수 있고, 아니면 Maple이나 Mathematica 같은 프로그램을 사용할 수도 있다. 적분 표를 보면, 다음과 같은 식을 찾을 수 있다:

$$E_x = \frac{1}{4\pi\varepsilon_0}\left(\frac{Q}{L}x\right)\left[\frac{y}{x^2\sqrt{x^2+y^2}}\right]_{-L/2}^{+L/2}$$

$$E_x = \frac{1}{4\pi\varepsilon_0}\left[\frac{Q}{x\sqrt{x^2+(L/2)^2}}\right]$$

예상한 것처럼, 적분을 하기 위해 필요했던, 단순히 한 조각의 좌표를 나타내는 변수인 적분 변수 $y$가 결과에 포함되지 않았다는 것에 주목하라. 전기장의 $y$방향 성분 또한 적분을 통해 구할 수 있다. 예상한 것처럼 여기서 적분 결과는 0이 된다.

$$E_y = \frac{1}{4\pi\varepsilon_0}\frac{Q}{L}\int_{-L/2}^{+L/2}\frac{-y}{(x^2+y^2)^{3/2}}dy$$

$$E_y = 0$$

### $x$를 $r$로 대체하기

막대와 그로 인한 전기장이 모두 원기둥 대칭이기 때문에, $x$축으로 설정한 축을 막대를 중심으로, 임의의 각도로 회전시켜도 같은 결과를 얻었을 것이다. 이를 보이기 위해 결과 식에 $x$ 대신 $r$을 대입한다(원기둥 좌표계로 전환하는 것으로 이해하여도 좋다).

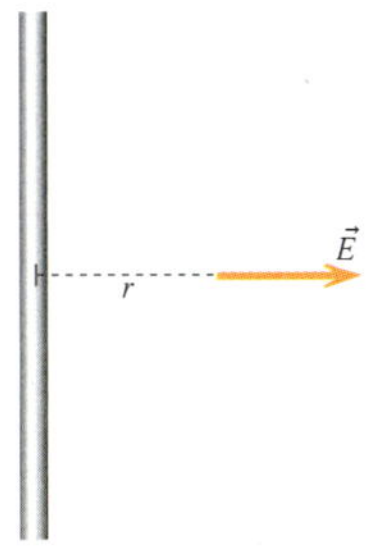

**그림 15.9** 균일하게 대전된 가느다란 막대 중심 근처에서 막대에 의한 전기장

**균일하게 대전된 가느다란 막대의 전기장**

막대의 중심으로부터, 막대에 수직한 방향으로 거리 $r$만큼 떨어진 곳에서

$$E = \frac{1}{4\pi\varepsilon_0}\left[\frac{Q}{r\sqrt{r^2+(L/2)^2}}\right]$$

이다. 여기서, $Q$는 막대 전체의 전하이고, $L$은 막대의 길이이다. 방향은 ($Q$의 부호에 따라) 방사형으로 퍼지거나 모여드는 방향이 될 수 있다. 그림 15.9를 참고하라.

### 4단계: 결과를 확인한다

이러한 과정에서 실수를 할 가능성이 많기 때문에, 가능한 여러 방법으로 결과를 확인하는 것은 매우 중요하다. 서로 다른 방법으로 확인해 보는 것은 발생할 수 있는 여러 오류에 대한 정보를 준다.

**방향:** 먼저, 전기장의 방향이 정성적으로 옳은가? 우리는 막대의 중심점으로부터 방사상으로 뻗어 나오는 전기장을 얻었는데, 이 상황에서의 대칭성을 생각

해 보면 맞는 결과이다. 전기장의 수직방향 성분은 마땅히 0이 되어야 한다.

**단위:** 두 번째로. 단위가 맞는가? 단일 점입자가 만들어내는 전기장의 표현

$$\frac{1}{4\pi\varepsilon_0}\frac{Q}{r^2}$$

과 그 단위가 같아야 한다: 우리가 얻은 결과에서

$$\frac{1}{r\sqrt{r^2+(L/2)^2}}$$

이 $\dfrac{1}{r^2}$ 과 단위가 같기 때문에 전기장의 단위가 맞다는 것을 쉽게 확인할 수 있다.

**질문** 다음으로, 우리가 이미 답을 알고 있는 특수한 경우를 생각해 보자. 멀리 있는 막대는 거의 점전하 같이 보일 것이다. 만약 $r$이 $L$에 비해 훨씬 크다면 막대가 만들어내는 전기장은 점전하가 만들어내는 전기장과 비슷해야 한다. 그런가?

만약 $r \gg L$이면, $\dfrac{1}{r\sqrt{r^2+(L/2)^2}} \approx \dfrac{1}{r\sqrt{r^2+0}} = \dfrac{1}{r^2}$ 이다.

**특별한 상황:** $L \ll r$

또 다른 특별한 상황으로, $r$이 막대에 꽤 가까이에 있지만, 막대의 길이가 너무 짧아 거의 점전하처럼 보인다고 해 보자. 이런 경우에는 $L \ll r$이고, 우리는 당연히 $E \to \dfrac{1}{4\pi\varepsilon_0}\dfrac{Q}{r^2}$ 를 다시 얻는다.

**산술적 계산과 비교:** 앞에서 우리는 $Q = 1 \times 10^{-9}$ C, $L = 1$ m, $r = 0.05$ m인 경우에 대해 산술적 계산을 해 보았고, 50개 이상의 조각으로 나누어 계산을 한 경우 그 결과는 $E_x = 358.214$ N/C이었다.

해석적인 방법으로 구한 식에 이 수치를 대입하면 산술적인 계산으로 얻은 값에 잘 부합하는 다음과 같은 결과를 얻을 수 있다.

$$\begin{aligned} E &= \frac{1}{4\pi\varepsilon_0}\frac{Q}{r\sqrt{r^2+(L/2)^2}} \\ &= \frac{1}{4\pi\varepsilon_0}\left(\frac{1\times10^{-9}}{(0.05)\sqrt{0.05^2+0.5^2}}\right) \\ &= 358.213 \text{ N/C} \end{aligned}$$

## 산술적 해를 확인하기

비슷한 방법으로 컴퓨터로 수행한 산술적인 덧셈을 확인할 수 있다. 예를 들어, 막대의 길이를 매우 작게 하거나 거리를 매우 크게 설정하면 점전하에 대해서 계산한 결과와 같은 결과가 나와야 한다.

**점검 사항 1** 만약 0.4 m길이 막대의 총 전하량이 2.5 nC이라면, 중심점으로부터 막대에 수직으로 1 cm 떨어진 곳에서의 전기장의 크기는 얼마가 될까?

### 특별한 상황: 매우 긴 막대

우리가 앞으로 자주 언급할 아주 특별한 상황은 막대의 길이가 매우 긴 (또는 전기장 측정 위치가 막대에 매우 가까운) 경우이다. 두 상황 모두에서 $L \gg r$이다.

그림 15.10 양으로 균일하게 대전된 매우 긴 막대에 의해 막대의 중심과 매우 가까운 선 위에 만들어진 전기장. 그림에는 막대의 일부분만 보인다.

**질문** 더 읽어 나가기 전에, $L \gg r$이면 전기장은 근사적으로 $\dfrac{1}{4\pi\varepsilon_0}\dfrac{2(Q/L)}{r}$이 됨을 보여라.

$$E = \frac{1}{4\pi\varepsilon_0}\left[\frac{Q}{r\sqrt{r^2+(L/2)^2}}\right]$$

에서, $L \gg r$이면

$$\frac{1}{r\sqrt{r^2+(L/2)^2}} \approx \frac{1}{r\sqrt{(L/2)^2}} = \frac{1}{r(L/2)}$$

이므로

$$E \approx \frac{1}{4\pi\varepsilon_0}\frac{2(Q/L)}{r}$$

이다. 거리에 따른 전기장의 변화는 그림 15.10에 나타나 있다. 측정 위치가 막대에 매우 가까워서 $L \gg r$이라면, 길이가 짧은 막대에 대해서도 성립한다.

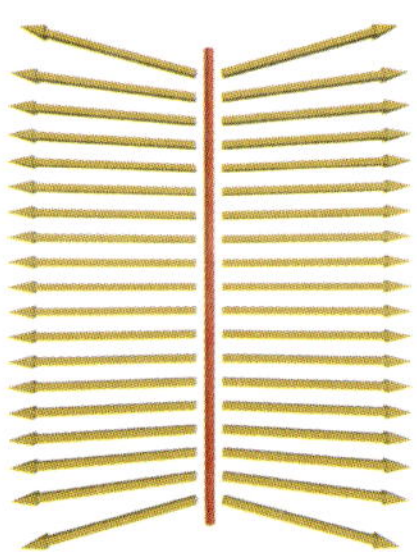

그림 15.11 양으로 균일하게 대전된 막대 주변에서 전기장을 수치적으로 적분한 것

**근사적인 전기장: 매우 긴 막대**

측정 위치가 막대의 끝에 가깝지 않은 한, 막대로부터의 수직 거리 $r$이 $r \ll L$이면

$$E \approx \frac{1}{4\pi\varepsilon_0}\frac{2(Q/L)}{r}$$

이다. $Q$는 막대의 총 전하량이고, $L$은 막대의 길이이다. 전기장의 방향은 ($Q$의 부호에 따라) 막대로부터 나오는 방향이나 막대로 들어가는 방향이 될 수 있다.

우리가 비록 막대의 중심점으로부터 막대에 수직한 방향으로 $r \ll L$만큼 떨어진 곳에 대해서만 증명했지만, 사실 이 결과는 막대의 끝에 너무 가깝지 않는 한 막대의 근처 어디에서든 꽤나 정확한 근사이다. 정확한 산술 적분으로 얻은 결과를 표시한 그림 15.11은, $\vec{E}$가 막대를 따라서 거의 변하지 않음을 보여준다. 3차원에서 산술적분을 하여 그 결과를 표시한 그림 15.12에서도 이를 확인할 수 있다.

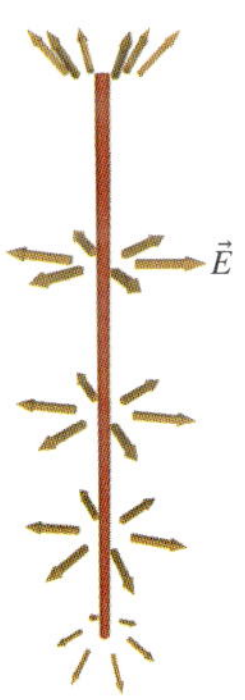


그림 15.12 양으로 균일하게 대전된 막대의 전기장을 3차원에서 수치적으로 적분한 것

## 15.2 전기장을 계산하는 과정

전기장을 계산하는 과정을 요약해 보면 이렇다:

### 1단계: 전하의 분포를 여러 개의 조각들로 나누고 $\Delta\vec{E}$를 그린다

- 전하의 분포를 그것이 만드는 전기장을 우리가 알고 있는 여러 개의 조각들로 나눈다. 특히, 아주 작은 조각들은 점입자로 근사할 수 있다.
- 하나의 조각을 대표로 골라, 이 조각이 우리가 관찰하는 위치에 만드는 전기

장 벡터 $\Delta\vec{E}$를 그린다. 이 벡터를 그리는 것은 최종 전기장의 방향을 파악하는 데에 도움을 준다.

### 2단계: 한 조각에 의해 만들어진 전기장을 나타내는 표현을 쓴다

- 사용할 좌표계의 원점을 설정하고, 그림에 표시한다.
- 전기장을 만들어내는 조각으로부터 전기장 측정 위치를 향하는 벡터 $\vec{r}$을 그린다. $\vec{r}$와 $\hat{r}$($\vec{r}$방향으로의 단위 벡터)에 대한 대수적인 표현을 쓴다.
- 그 조각으로 만들어진 전기장의 크기 $|\Delta\vec{E}|$에 대한 대수적인 표현을 쓴다. $\hat{r}$을 곱해서, 전기장의 성분 $\Delta E_x$, $\Delta E_y$, $\Delta E_z$를 알 수 있는 벡터 $\Delta\vec{E}$를 구한다. 이 표현은, 조각의 위치와 관련된 하나 이상의 "적분 변수"를 포함해야 한다.
- 그 조각에 있는 전하량 $\Delta q$를 변수들을 이용하여 표현한다.
- 그 조각의 크기가 작다면, 대수적인 표현 안에 적분 변수의 작은 증가분이 들어가 있어야 한다. 예를 들어 적분 변수가 $y$라면, 식의 값이 $\Delta y$에 비례해야 한다.

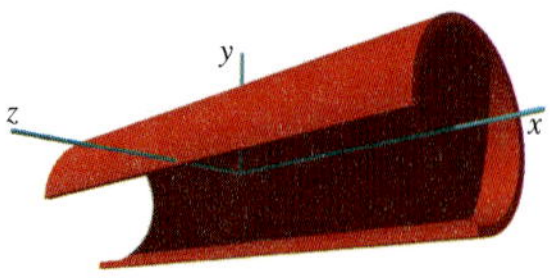


**그림 15.13** 대전된 속이 빈 3/4 원통. 측정 위치는 원기둥의 중심이다.

### 3단계: 조각들이 만들어내는 모든 전기장을 더한다

- 최종 전기장은 모든 조각들이 만들어내는 전기장들의 합이다. 합을 정적분으로 표현할 때, 적분 변수의 범위로 주어진 적분 구간이 포함되어야 한다. 적분을 기호로 할 수 있다면, 그렇게 하라. 그렇지 않다면, 유한개의 조각을 택해서 계산기나 컴퓨터로 합을 구한다.

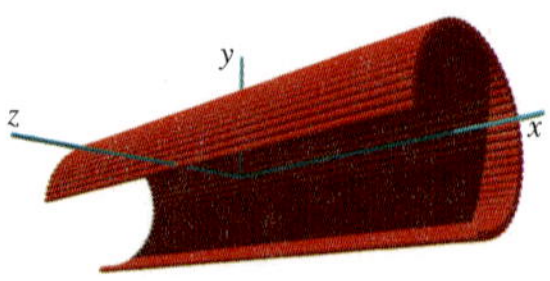


**그림 15.14** 매우 가느다란 대전된 막대들이 매우 많이 모여 원기둥을 구성하고 있다고 생각할 수 있다.

### 4단계: 결과를 확인한다

- 최종 전기장의 방향이 정성적으로 맞는지 확인한다.
- 결과의 단위가 N/C으로 맞는지 확인한다.
- 특별한 경우들에 대해 확인해 본다. 예를 들어, 총 전하가 0이 아니라면 거리가 매우 멀 때의 전기장은 점전하의 전기장과 비슷해져야 한다. 컴퓨터로 한 산술적 계산의 경우, 손으로 계산할 수 있는 특별한 경우들에 대해서 계산이 맞는지 확인해 본다.

**예** **속이 빈 원기둥**

속이 비어 있는 3/4 원기둥(그림 15.13)의 표면에 양전하 $Q$가 균일하게 대전되어 있다. 원기둥의 반지름은 $R$, 길이는 $L$이며, $L \gg R$이다. 원기둥의 중심에서의 전기장을 구하라.

**해답** (1) 긴 막대의 중심 근처에서의 전기장을 알고 있으므로, 그림 15.14에 보이는 것과 같이 원기둥이 수많은 가느다란 대전된 막대들로 이루어져 있다고 생각할 수 있다. 그림에서와 같이 원점을 전기장 측정 위치로 설정할 것이다. 각각의 막대들은 그림 15.15에 표시된 $\Delta\vec{E}$의 전기장을 만들어낸다.

(2) 임의의 막대의 중심점은, 그림 15.15와 같이 정의된 각도 $\theta$로 표현할 수 있다.

$$\begin{aligned}\vec{r} &= \langle \text{측정 위치} \rangle - \langle \text{출발점} \rangle = \langle 0,0,0 \rangle - \langle 0, R\sin\theta, R\cos\theta \rangle \\ &= \langle 0, -R\sin\theta, -R\cos\theta \rangle\end{aligned}$$

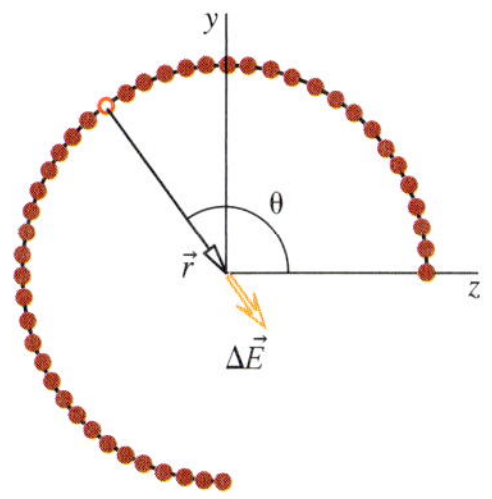


**그림 15.15** 원기둥 끝에서 $+x$방향으로 $x$축을 따라서 원기둥을 본 모습

$$r = \sqrt{(-R\cos\theta)^2 + (-R\sin\theta)^2} = R$$
$$\hat{r} = \frac{\vec{r}}{r} = \langle 0, -\sin\theta, -\cos\theta \rangle$$

하나의 막대가 가지는 전하량은

$$dQ = Q\left(\frac{d\theta}{\theta_{\text{total}}}\right) = \frac{Qd\theta}{(3/2)\pi}$$

로 주어지는데, 여기서 $d\theta$는 막대의 각 너비이고, $\theta_{\text{total}} = (3/2)\pi$는 원기둥의 각의 범위이다.

$r = R$, 즉 이 막대가 만들어내는 전기장은 막대들의 중심점들이 측정 위치로부터 모두 같은 거리 $R$ 만큼 떨어져 있기 때문에

$$\Delta\vec{E} = |\Delta\vec{E}|\hat{r} \approx \frac{1}{4\pi\varepsilon_0}\frac{2dQ}{L}\frac{1}{r}\langle 0, -\sin\theta, -\cos\theta \rangle$$
$$= \frac{1}{4\pi\varepsilon_0}\frac{2}{LR}\frac{Qd\theta}{(3/2)\pi}\langle 0, -\sin\theta, -\cos\theta \rangle$$

이다.

(3) 우리는 전기장의 $x$, $y$, $z$ 성분을 따로 구해야 한다. 모든 막대들이 만들어내는 전기장을 더하기 위해, 적분을 한다.

$$E_x = \int_0^{\frac{3}{2}\pi} \frac{1}{4\pi\varepsilon_0}\frac{2Q}{LR(3/2)\pi}\cdot 0\,d\theta = 0$$
$$E_y = \int_0^{\frac{3}{2}\pi} \frac{1}{4\pi\varepsilon_0}\frac{2Q}{LR(3/2)\pi}(-\sin\theta)d\theta = \frac{1}{4\pi\varepsilon_0}\frac{2Q}{LR(3/2)\pi}\cos\theta\Big|_0^{3\pi/2}$$
$$= -\frac{1}{4\pi\varepsilon_0}\frac{4Q}{3\pi LR}$$
$$E_z = \int_0^{\frac{3}{2}\pi} \frac{1}{4\pi\varepsilon_0}\frac{2Q}{LR(3/2)\pi}(-\cos\theta)d\theta = \frac{-1}{4\pi\varepsilon_0}\frac{2Q}{LR(3/2)\pi}\sin\theta\Big|_0^{3\pi/2}$$
$$= \frac{1}{4\pi\varepsilon_0}\frac{4Q}{3\pi LR}$$

따라서 알짜 전기장은

$$\vec{E} = \left\langle 0, -\frac{1}{4\pi\varepsilon_0}\frac{4Q}{3\pi LR}, \frac{1}{4\pi\varepsilon_0}\frac{4Q}{3\pi LR} \right\rangle$$

이다.

(4) $\vec{E}$의 $y$성분은 음수, $z$성분은 양수여야 하므로, 전기장의 방향은 타당하다. 단위도 $(\text{N}\cdot\text{m}^2/\text{C}^2)\ (\text{C}/(\text{m}\cdot\text{m})) = \text{N/C}$이므로, 맞다.

특수한 상황: 원통의 각 범위가 $\theta_{\text{total}} = 2\pi$여서 온전한 원통이었다면 적분 구간은 0부터 $2\pi$까지였을 것이고, $E_y$와 $E_z$ 모두 0이 될 것이다. 중심의 위와 아래, 즉 $+z$영역과 $-z$영역에 정확히 같은 양의 전하가 있기 때문에, 전기장이 0인 것은 타당하다. 나중에 가우스 법칙을 도입하면 균일하게 대전된 원기둥 모양의 관 안에서는 모든 전하들이 만들어내는 전기장이 상쇄되어, 관의

중심뿐만 아니라 관 안의 모든 곳에서는 (관의 양 끝에 너무 가깝지만 않으면) 전기장이 0이 된다는 것을 보일 수 있을 것이다.

## 15.3 균일하게 대전된 가느다란 고리

다음으로 우리는 균일하게 대전된 가느다란 고리의 전기장을 계산할 것이다. 나중에 전기 회로에 대해 공부할 때 전하를 가진 고리들을 만나게 될 것이다. 또한, 우리는 이 장의 뒷부분에서 원판의 전기장을 구하는 데에 고리에서 얻은 결과를 이용할 것이다.

### 중심 축 위의 점에서 고리의 전기장

반지름이 $R$이고 양전하 $q$가 균일하게 대전된 고리에 의해 생기는 전기장을 구해보자. 우리는 가장 쉬운 경우인 고리에 수직이고 중심을 지나는 직선인 고리의 중심축 위에 있는 한 점에 대해서만 전기장을 구해 볼 것이다. 다른 위치에서의 전기장을 구하는 것은 더 어렵다.

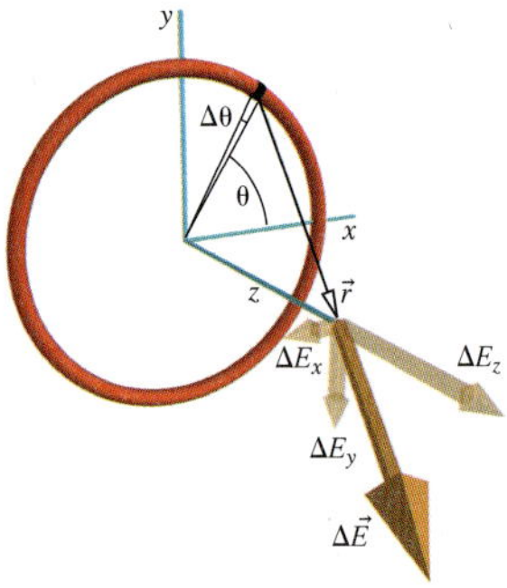


**그림 15.16** 고리에서 중심각이 $\Delta\theta$인 조각이 알짜 전기장에 기여하는 전기장 $\Delta\vec{E}$. 고리의 중심을 우리가 사용할 좌표계의 원점으로 설정했다. $\Delta\vec{E}$의 $x$, $y$, $z$성분을 표시하였다.

### 1단계: 전하의 분포를 여러 개의 조각들로 나누고 $\Delta\vec{E}$를 그린다

그림 15.16에서, 하나의 조각은 $\Delta\theta$의 각 길이를 가진다.

### 2단계: 한 조각에 의해 만들어진 전기장을 나타내는 표현을 쓴다

**원점:** 고리의 중심. 축은 그림 15.16에 표시되어 있다.
**조각의 위치:** $\theta$로 표현된다. $\theta = 0$인 조각은 $x$축 위에 있다.
**적분 변수:** $\theta$

$$\vec{r} = \langle \text{측정 위치} \rangle - \langle \text{출발점} \rangle = \langle 0,0,z \rangle - \langle R\cos\theta, R\sin\theta, 0 \rangle$$
$$= \langle -R\cos\theta, -R\sin\theta, z \rangle$$

$$|\vec{r}| = \sqrt{(-R\cos\theta)^2 + (-R\sin\theta)^2 + z^2} = (R^2+z^2)^{1/2}$$

$$\hat{r} = \frac{\vec{r}}{|\vec{r}|} = \frac{\langle -R\cos\theta, -R\sin\theta, z \rangle}{(R^2+z^2)^{1/2}}$$

$$\frac{1}{4\pi\varepsilon_0}\frac{\Delta q}{r^2} = \frac{1}{4\pi\varepsilon_0}\frac{\Delta q}{(R^2+z^2)}$$

$$\Delta q = q\left(\frac{\Delta\theta}{2\pi}\right) \quad \text{(온전한 고리는 } 2\pi \text{ 라디안의 중심각을 가진다)}$$

$$\Delta\vec{E} = (\Delta E)\hat{r} = \left(\frac{1}{4\pi\varepsilon_0}\frac{q\left(\frac{\Delta\theta}{2\pi}\right)}{(R^2+z^2)}\right)\frac{\langle -R\cos\theta, -R\sin\theta, z \rangle}{(R^2+z^2)^{1/2}}$$

$$\Delta\vec{E} = \frac{1}{4\pi\varepsilon_0}\frac{q}{2\pi}\frac{\Delta\theta}{(R^2+z^2)^{3/2}}\langle -R\cos\theta, -R\sin\theta, z \rangle$$

**성분들:** 상황의 대칭성으로부터, 우리는 $x$성분들의 합이, $y$성분의 합과 함께, 0이 될 것이라는 것을 안다. $z$성분은 상쇄되지 않을 것이므로, $\Delta E_z$가 필요하다.

$$\Delta E_z = \frac{1}{4\pi\varepsilon_0}\frac{q}{2\pi}\frac{z}{(R^2+z^2)^{3/2}}\Delta\theta$$
$$dE_z = \frac{1}{4\pi\varepsilon_0}\frac{q}{2\pi}\frac{z}{(R^2+z^2)^{3/2}}d\theta$$

### 3단계: 조각들이 만들어내는 모든 전기장을 더한다

여기서 우리는 전기장의 합을 해석적으로 구할 수 있다.

$$\begin{aligned} E_z &= \int_0^{2\pi} dE_z \\ &= \int_0^{2\pi} \frac{1}{4\pi\varepsilon_0}\frac{q}{2\pi}\frac{z}{(R^2+z^2)^{3/2}}d\theta \\ &= \frac{1}{4\pi\varepsilon_0}\frac{q}{2\pi}\frac{z}{(R^2+z^2)^{3/2}}\int_0^{2\pi} d\theta \end{aligned}$$

**그림 15.17** 균일하게 대전된 고리가 $z$축 위의 위치에 만드는 전기장

**균일하게 대전된 가느다란 고리의 전기장**

반지름이 $R$이고 $q$의 전하가 가지는 고리의 중심으로부터 $z$만큼 떨어진 중심축 위의 점에서

$$E = \frac{1}{4\pi\varepsilon_0}\frac{qz}{(R^2+z^2)^{3/2}}$$

이다(그림 15.17). 전기장의 방향은 $q$의 부호에 따라 축과 평행한 방향이거나 그 반대 방향일 수 있다.

### 4단계: 결과를 확인한다

**방향:** 대칭성에 의해, 맞다.

**단위:** $\left(\frac{\mathrm{N\cdot m^2}}{\mathrm{C^2}}\right)\left(\frac{\mathrm{C\cdot m}}{(\mathrm{m^2})^{3/2}}\right) = \frac{\mathrm{N}}{\mathrm{C}}$ 으로, 맞다.

**특수한 경우:** 반지의 정중앙에서:

$$z = 0 \Rightarrow E = 0$$

여기서는 전기장이 서로 모두 상쇄될 것이므로 맞다.
**특수한 경우:** $z \gg R$일 때:

$$(R^2+z^2)^{3/2} \approx (z^2)^{3/2} = z^3, \text{ so } E \propto z/z^3 = 1/z^2$$

고리는 고리로부터 멀리 떨어진 곳에서 점전하처럼 보이기 때문에, 맞는 결과이다.

### 거리에 따른 고리의 전기장의 변화

고리의 정중앙에서 전기장이 0이고 고리에서 멀리 떨어진 곳에서 $1/z^2$과 비슷하

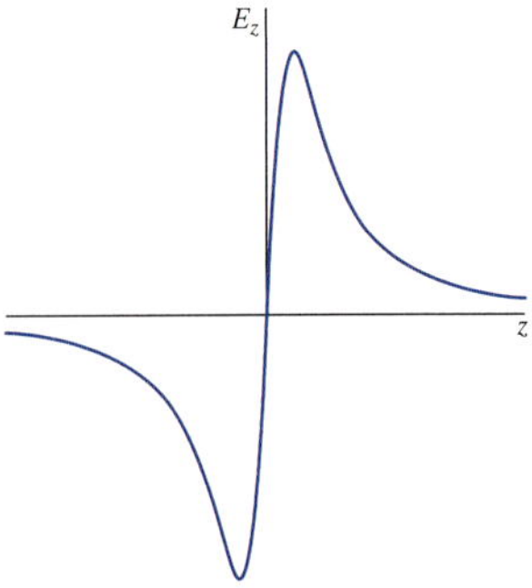


그림 15.18 균일하게 대전된 고리에 의한 전기장의 $z$성분을 $z$축(고리에 수직)을 따라 구한 것

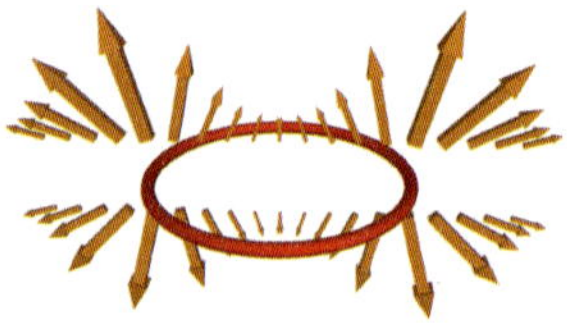

그림 15.20 고리가 있는 평면으로부터 짧은 거리만큼 떨어져 고리를 가로지르는 위치에서 대전된 고리에 의한 전기장

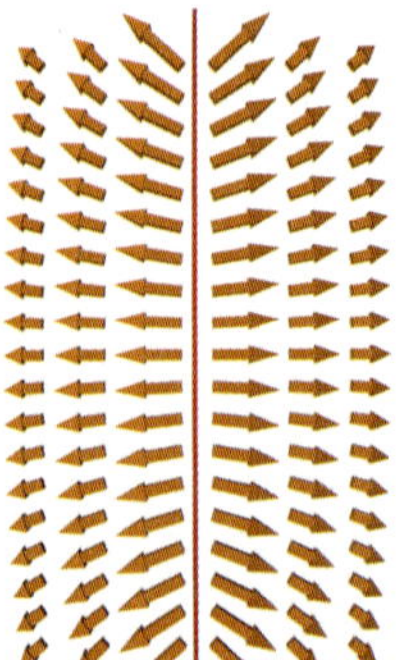

그림 15.21 균일하게 대전된 원판을 모서리에서 본 것. 지름을 가로지르는 위치들에서의 전기장을 표시하였다. 원판으로부터 어떤 거리만큼 떨어진 곳에서 원판의 중심 영역 부근 전기장이 일정함에 주목하라.

게 감소하기 때문에, 전기장은 거리에 따라 먼저 증가했다가 감소해야 한다. 그래프를 그릴 수 있는 계산기를 이용하면 $z$에 대한 $E_z$의 그래프가 그림 15.18과 같이 생겼다는 것을 쉽게 보일 수 있다.

이때 중심축 위의 위치에 대해서만 전기장을 계산했다는 점에 주의하라(그림 15.19). 그림 15.20에 보인 것처럼, 다른 위치들에서 전기장의 변화는 훨씬 더 복잡하다.

그림 15.20은 산술적 계산의 결과로, 고리를 짧은 마디들로 나누어서 여러 위치에서 그 조각들이 만들어내는 전기장의 합을 구한 것이다. $z$축 위에서의 전기장만을 해석적인 방법으로 구한 이유는, $z$축 위의 전기장이 해석적인 풀이가 가능한 드문 경우들 중 하나이기 때문이기도 하지만, 이 결과가 바로 다음 절을 포함하여, 뒤에서 유용하기 때문이기도 하다.

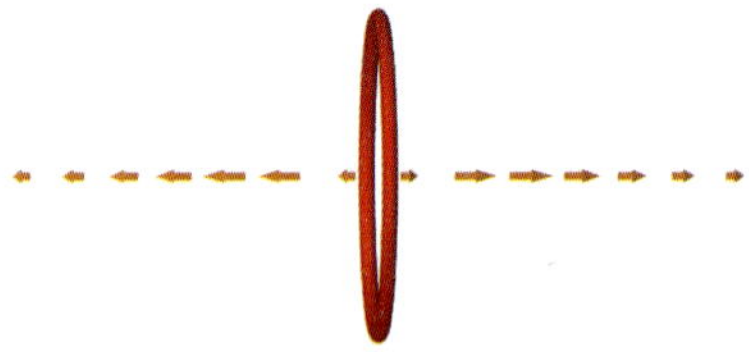

그림 15.19 $z$축 위에서 거리에 따라 변하는 전기장. 그림 15.18의 그래프가 말하는 것처럼 전기장의 크기가 처음에는 고리와의 거리에 따라 증가하다가 나중에는 감소한다.

**점검 사항 2** 반지름이 5 cm인 두 개의 고리가 중심축을 공유하며 20 cm 떨어져 있다. 왼쪽의 고리는 +35 nC이 균일하게 대전되어 있고, 오른쪽의 고리는 −35 nC이 균일하게 대전되어 있다.

(a) 두 고리의 정 가운데에 있는 중심축 위의 점에서 전기장의 크기와 방향은 어떻게 되는가?

(b) 전하량 −5 nC의 전하가 고리의 중앙에 놓여 있다면, 고리가 이 전하에 가하는 힘의 크기와 방향은 어떻게 되는가?

(c) 두 개의 고리가 모두 +35 nC으로 대전되었다면 가운데에서 전기장의 크기와 방향은 어떻게 되는가?

## 15.4 균일하게 대전된 원판

균일하게 대전된 원판이 중요한 한 가지 이유는 서로 다른 부호의 전하가 대전된 두 개의 원판으로, 전기 회로에서 중요한 장치인 "축전기"를 만들 수 있기 때문이다. 금속 원판에 대해 이야기하기 전에, 비단에 문질러져 양의 전하로 균일하게 대전된 유리 원판에 대해 생각해 볼 것이다.

### 중심축 위에서의 원판의 전기장

균일하게 대전된 원판 근처의 위치에 생기는 전기장을 (원판을 작은 영역들로 나누어 시행한 산술적 적분으로) 계산하여 그림 15.21에 표시한 것처럼, 원판 근처에 원판이 만드는 전기장은 당연히 위치에 따라 크기와 방향이 바뀐다. 그럼에도 불구하고, 원판의 중심 가까이에서는 원판과의 거리가 일정하면 전기장이 거의

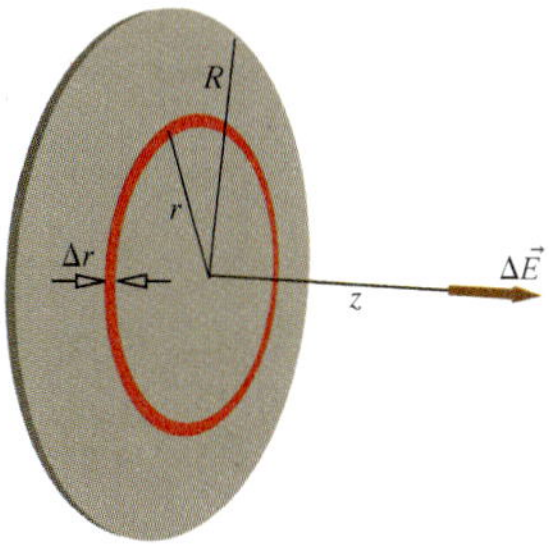


**그림 15.22** 폭이 $\Delta r$인 고리가 전체 전기장에 $\Delta E$만큼 기여한다.

일정하다는 것에 주목하라. 심지어 원판의 끝에서도, 전기장의 방향은 더 이상 원판에 수직이 아닐지라도 그 크기는 크게 다르지 않다.

우리는 다시 전기장을 해석적으로 쉽게 구할 수 있는 위치—그림 15.22처럼, 원판의 중심을 원판에 수직하게 지나는 원판의 축 위—를 고를 것이다. 그림 15.21에 보이는 것처럼 원판의 테두리에서 멀리 떨어진 영역에서는 전기장이 거의 일정하기 때문에, 이는 기대 이상으로 유용한 선택이다; 우리의 결과는 다양한 상황에 적용 가능할 것이다.

반지름이 $R$이고 $Q$의 전하가 표면에 균일하게 대전되어 있는 원판을 생각하자.

### 1단계: 전하의 분포를 여러 개의 조각들로 나누고 $\Delta\vec{E}$를 그린다

우리가 이미 균일하게 대전된 고리가 만들어내는 전기장을 알고 있으므로 그림 15.22에서처럼 하나의 중심을 공유하는 가느다란 고리들을 조각들로 사용한다. 각각의 고리들이 평균 $r$의 반지름을 가진다고 근사하자.

### 2단계: 한 조각에 의해 만들어진 전기장을 나타내는 표현을 적는다

**원점:** 고리의 중심
**조각의 위치:** 고리의 반지름 $r$로 나타낸다.
**적분 변수:** $r$

$$\vec{r} = \langle 0,0,z\rangle$$
$$|\vec{r}| = z$$
$$\hat{r} = \frac{\vec{r}}{|\vec{r}|} = \langle 0,0,1\rangle$$
$$\Delta\vec{E} = \frac{1}{4\pi\varepsilon_0}\frac{(\Delta q)z}{(r^2+z^2)^{3/2}}\langle 0,0,1\rangle$$

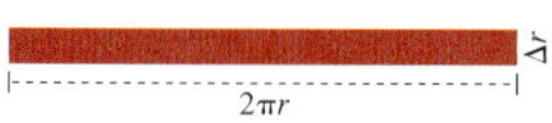


**그림 15.23** 반지름이 $r$이고 두께가 $\Delta r$인 고리를 잘라 곧게 편 것

각각의 조각들에 대해 $\Delta q$와 $r$이 모두 다르다는 것에 주의하라.
변수들로 표현한 $\Delta q$ (그림 15.23 참조)

$$\Delta q = Q\frac{(\text{고리의 면적})}{(\text{원판의 면적})} = Q\frac{2\pi r\Delta r}{\pi R^2}$$
$$\Delta\vec{E} = \frac{1}{4\pi\varepsilon_0}\frac{\left(Q\dfrac{2\pi r\Delta r}{\pi R^2}\right)z}{(r^2+z^2)^{3/2}}\langle 0,0,1\rangle$$

**계산할 성분:** $\Delta E_z$만 0이 아니다.

$$\Delta E_z = \frac{1}{2\varepsilon_0}\left(\frac{Q}{\pi R^2}\right)\frac{z}{(r^2+z^2)^{3/2}}r\Delta r$$

또는 무한히 가는 고리에 대해서,

$$dE_z = \frac{1}{2\varepsilon_0}\left(\frac{Q}{\pi R^2}\right)\frac{z}{(r^2+z^2)^{3/2}}rdr$$

### 3단계: 조각들이 만들어내는 전기장을 모두 더한다

$$E_z = \int_0^R \frac{1}{2\varepsilon_0}\left(\frac{Q}{\pi R^2}\right)\frac{z}{(r^2+z^2)^{3/2}} r dr$$

피적분 함수의 많은 값들이 서로 다른 $r$에 대해 일정한 값을 가지기 때문에, 공통적인 상수로써 적분 기호 밖으로 빼낼 수 있다:

$$E_z = \frac{1}{2\varepsilon_0}\left(\frac{Q}{\pi R^2}\right) z \int_0^R \frac{r}{(r^2+z^2)^{3/2}} dr$$

이 적분은 특별히 변수를 $u = (r^2 + z^2)$로 치환함으로써 풀 수 있다. 직접 풀거나, 적분 표에서 결과를 찾거나, 기호 연산 컴퓨터 프로그램이나 계산기를 사용하여 적분을 계산할 수 있다. 전하 $Q$가 균일하게 대전된 반지름 $R$의 원판에 대해서, 중심축에서의 전기장을 계산한 결과는:

$$E_z = \frac{1}{2\varepsilon_0}\left(\frac{Q}{\pi R^2}\right)\left[1 - \frac{z}{(R^2+z^2)^{1/2}}\right]$$

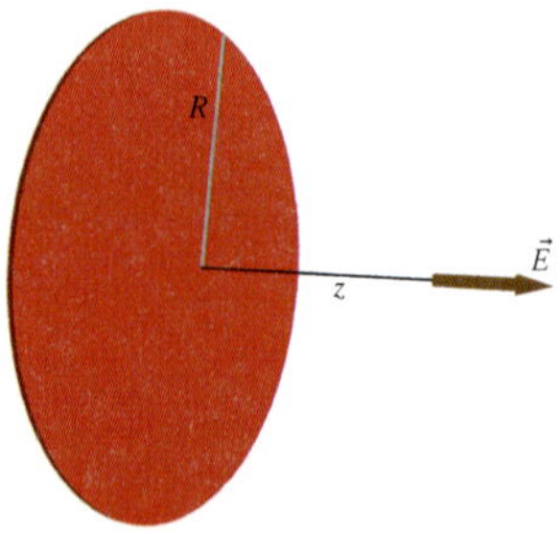


**그림 15.24** 균일하게 대전된 원판에 의해 원판의 축에 생기는 전기장

이는 보통 원판의 면적 $A(A = \pi R^2)$에 대해서 표현되기도 한다:

$$E_z = \frac{(Q/A)}{2\varepsilon_0}\left[1 - \frac{z}{(R^2+z^2)^{1/2}}\right]$$

### 4단계: 결과를 확인한다

**방향:** 예상했듯이, $Q$가 양수이면 원판으로부터 멀어지는 방향이다.
**특수한 위치에서:** $0 \ll z \ll R$(그림 15.24처럼, 원판에 매우 가깝지만 원판에 닿지 않은 경우)

$$E \approx \frac{Q/A}{2\varepsilon_0}\left[1 - \frac{z}{R}\right]$$

만약 $z/R$이 매우 작다면, $[1 - z/R]$은 1로 수렴하고,

$E \approx \dfrac{Q/A}{2\varepsilon_0}$ 이다.

흥미롭게도, 이 전기장은 거의 거리에 무관하다! 이 결과는 판이 원형일 때뿐만이 아니라 크고 균일하게 대전된 모든 판에 대해서 대부분 성립한다.

**균일하게 대전된 원판의 전기장**

원판의 중심을 지나는 축을 따라 원판으로부터 $z$만큼 떨어진 위치에서(그림 15.24)

$$E = \frac{(Q/A)}{2\varepsilon_0}\left[1 - \frac{z}{(R^2+z^2)^{1/2}}\right]$$

이다. 방향은 원판의 표면과 수직인 방향이다. $Q$는 원판에 대전된 전하의 총 전하량이고, $A$는 원판의 면적이며, $R$은 원판의 반지름이다.

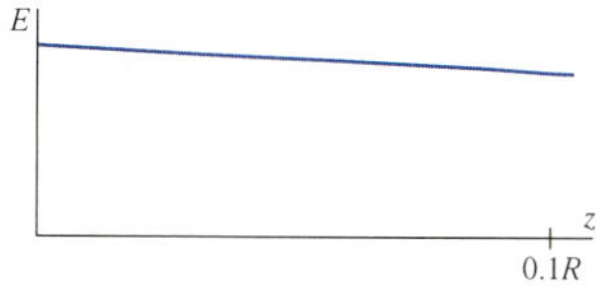


**그림 15.25** 원판의 축을 따라 $z <$ 0.1 $R$인 곳에서 전기장의 세기

### 균일하게 대전된 원판의 근사적인 전기장

측정 위치가 원판의 끝에 너무 가깝지만 않으면, 원판으로부터의 수직 거리가 $z \ll R$인 위치에서 (그림 15.25)

$$E \approx \frac{Q/A}{2\varepsilon_0}\left[1-\frac{z}{R}\right]$$

또는

$$E \approx \frac{Q/A}{2\varepsilon_0}$$

이다. 전기장의 방향은 원판의 표면에 수직한 방향이다. $Q$는 원판의 총 전하량이고, $A$는 원판의 면적이며, $R$은 원판의 반지름이다.

우리가 비록 원판의 중심으로부터 수직 거리가 $z \ll R$인 측정 위치의 경우에 대해서만 이를 증명했지만, 원판의 끝에 너무 가깝지만 않다면 정확한 산술적 적분으로부터 얻은 결과인 그림 15.21에서 볼 수 있듯이 이는 꽤나 실제와 잘 맞는 근사이다.

**예** **막대와 원판**

그림 15.26과 같이 반지름이 0.6 m인 얇은 플라스틱 원판에 $Q_{\text{disk}} = -3 \times 10^{-7}$ C이 균일하게 분포하고 있고, $Q_{\text{rod}} = 5 \times 10^{-8}$ C이 균일하게 분포하고 있는 2.4 m의 유리 막대와 연결되어 있다. 막대와 원판의 중심은 원점에 있다. 막대는 $x$축을 따라 놓여 있고, 원판은 $yz$ 평면 위에 있다. 위치 $\langle 0.02, 0.01, 0\rangle$m에서 전기장(벡터)은 무엇인가?

**해답** 중첩 원리에 의해 $\vec{E}$는 원판이 만들어내는 전기장 $\vec{E}_{\text{disk}}$와 막대가 만들어내는 전기장 $\vec{E}_{\text{rod}}$의 벡터 합이다:

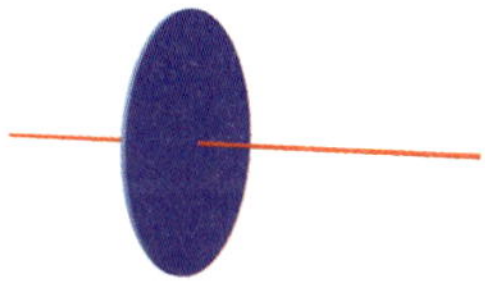

**그림 15.26** 양으로 대전된 가느다란 유리막대(빨간색)이 음으로 대전된 플라스틱 원판(파란색)을 통과한다.

$$\vec{E} = \vec{E}_{\text{disk}} + \vec{E}_{\text{rod}}$$

측정 위치가 원판에 가깝고(0.02 m $\ll$ 0.6 m) 원판의 가장자리로부터는 멀기 때문에 원판이 만들어내는 전기장을

$$\begin{aligned} E_{\text{disk}} &\approx \frac{Q/A}{2\varepsilon_0} \\ &= \frac{(|-3\times10^{-7}|\text{C})/(\pi(0.6\text{ m})^2)}{2(8.85\times10^{-12}\,\text{C}^2/\,\text{N}\cdot\text{m}^2)} \\ &= 1.49\times10^4\,\text{N/C} \end{aligned}$$

으로 근사할 수 있다.

원판이 음으로 대전되어 있기 때문에, $\vec{E}_{\text{disk}}$는 $-x$방향이므로

$$\vec{E}_{\text{disk}} \approx \langle -1.49\times10^4, 0, 0\rangle\,\text{N/C}$$

이다. 측정 위치가 막대에 가깝고 (0.01 m $\ll$ 2.4 m) 막대의 끝으로부터 멀기 때문에 우리는 막대가 만들어내는 전기장을

$$\begin{aligned} E_{\text{rod}} &\approx \frac{1}{4\pi\varepsilon_0}\frac{2Q/L}{r} \\ &= (9\times10^9\ \text{N}\cdot\text{m}^2/\text{C}^2)\frac{2(5\times10^{-8}\ \text{C})/2.4\ \text{m}}{0.01\ \text{m}} \\ &= 3.75\times10^4\ \text{N/C} \end{aligned}$$

으로 근사할 수 있다. 막대가 양으로 대전되어 있기 때문에 $\vec{E}_{\text{rod}}$는 $+y$방향이므로

$$\vec{E}_{\text{rod}} \approx \langle 0, 3.75\times10^4, 0\rangle\ \text{N/C}$$

이다. 따라서 최종적인 전기장은

$$\begin{aligned} \vec{E} &= \vec{E}_{\text{disk}} + \vec{E}_{\text{rod}} \\ &\approx \langle -1.49\times10^4, 3.75\times10^4, 0\rangle\ \text{N/C} \end{aligned}$$

원판은 원판에 대해 측정 위치의 반대편에 있는 막대의 왼쪽 절반이 만드는 전기장을 "막지" 않는다. 중첩의 원리가 주장하는 것처럼 막대가 만들어내는 전기장 $\vec{E}_{\text{rod}}$는 원판의 존재에 의해 영향을 받지 않고, 원판이 만들어내는 전기장 $\vec{E}_{\text{disk}}$는 막대의 존재에 의해 영향을 받지 않는다.

원판과 막대는 "얇았기(가느다랗기)" 때문에 분극이 될 수 있는 물질을 많이 포함하지 않았다. 만약 이것들이 "두꺼웠다면(굵었다면)", 알짜 전기장은 원판과 막대의 유도 쌍극자에 의한 추가적인 전기장의 상당한 영향을 받았을 것이다.

**점검 사항 3** 원판의 반지름이 $R = 20$ cm이고 원판에 균일하게 대전된 전하의 총 전하량이 $Q = 6 \times 10^{-6}$ C이라고 가정하자. 정확한 결과 식을 이용하여, 원판의 중심으로부터 원판에 수직으로 1 mm 떨어진 곳에서의 전기장을 구하고, 3 mm 떨어진 곳에서의 전기장도 구하라. 전기장이 크게 감소하는가?

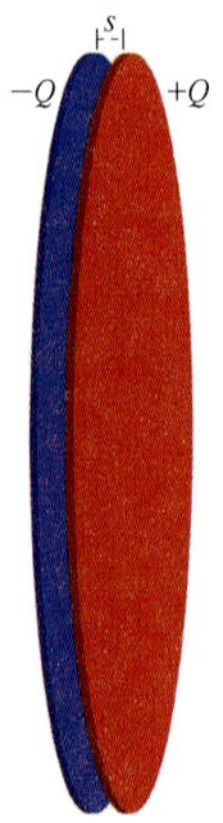


**그림 15.27** 아주 작은 간격 $s$(그림에서는 과장됨)로 떨어져 있는 축전기의 대전된 두 금속 판

## 15.5 균일하게 대전된 두 개의 원판: 축전기

각각 $-Q$와 $+Q$로 균일하게 대전된 두 개의 판이 서로 매우 가까이 놓여 있다고 (떨어진 거리, 즉 틈 사이의 거리가 $s$) 생각해 보자(그림 15.27). 이러한 장치를 "축전기"라고 부르며, 후에 전기 회로에서 이러한 장치를 다룰 것이다.

전하들이 서로를 원판의 테두리로 밀어내기 때문에 대전된 하나의 금속 원판은 정말로 균일한 전하 밀도를 가질 수는 없다. 그럼에도 불구하고 절연체 원판으로부터 얻은 결과는 금속 원판에 대해서—특히 이렇게 두 개의 원판이 서로 가까이 있는 ($s \ll R$) 상황에서는—근사적으로 성립한다. 이웃한 원판의 인력 때문에 대부분의 전하가 원판의 안쪽 표면에 거의 균일하게 분포하며, 바깥쪽 표면에는 매우 적은 전하가 분포한다.

우리는 축전기 내부와 외부 모두에서, 원판 중심 근처의 전기장의 세기를 계산해 볼 것이다.

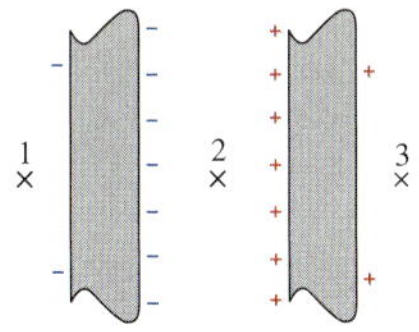


**그림 15.28** 축전기의 중심 근처 영역을 확대한 모습. 판들의 작은 부분만을 나타냈다; 판들의 반지름 $R$은 사실 판 사이의 거리인 $s$보다 훨씬 크다.

### 1단계: 전하의 분포를 여러 개의 조각들로 나누고 $\Delta\vec{E}$를 그린다

균일하게 대전된 하나의 원판에 의한 전기장을 우리가 알고 있으므로, 이를 하나의 "조각"으로 사용할 수 있다. 원판들의 중심 부근을 옆에서 본 것을, 그 위에 그림을 그릴 수 있도록 확대한 그림 15.28에서, 1, 2, 3으로 번호가 붙여진 위치들을 생각해 보자. 두 원판은 서로 매우 가깝게 있으며($s \ll R$), 그림의 경계 너머 위와 아래로 원판이 뻗어 있다.

**질문** 더 읽어나가기 전에, 그림 15.28의 1, 2, 3의 위치에서 $\vec{E}_{\text{net}}$의 방향과 상대적인 크기에 대해(다시 말해, 알짜 전기장 크기가 클지, 작을지) 예상해 보라.

1과 3에서는 두 원판이 만들어내는 전기장의 방향이 서로 반대이고 크기는 거의 비슷하므로, 알짜 전기장은 매우 작을 것이다. 하지만 두 원판으로부터의 거리가 약간 다르기 때문에, $E_+ \neq E_-$이고, 1과 3에서 알짜 전기장은 모두 오른쪽을 향한다(그림 15.29). 2의 위치에서는, 두 개의 원판이 같은 방향으로 전기장을 만들어내기 때문에, $\vec{E}_{\text{net}}$가 크고, 방향은 왼쪽이다.

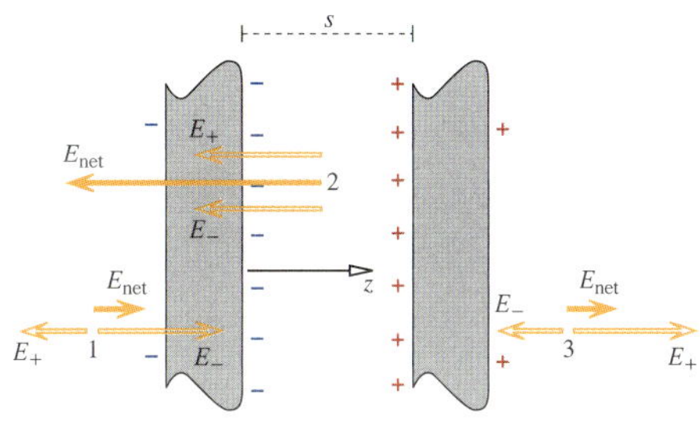


**그림 15.29** 축전기의 중심 근처 세 군데에서의 전기장. 그림에 나타난 것처럼, 왼쪽 판의 안쪽 면 위에 원점을 놓고, 오른쪽을 $+z$ 방향으로 한다.

### 2단계: 한 조각에 의해 만들어진 전기장을 나타내는 표현을 쓴다

수평 방향의 좌표 $z$에 대하여 다음 항목들을 표현할 것이므로 모든 위치(1, 2, 3)에서 그 표현들은 타당할 것이다.

**원점:** 왼쪽 판의 표면에 있고 $z$축은 오른쪽으로 향한다(그림 15.29).

**주어진 조각의 위치:** $z$(조각들은 $z = 0$과 $z = s$에 있다.)

**조각으로부터 측정 위치까지의 거리:** (왼쪽 판으로부터) $z$, (오른쪽 판으로부터) $s-z$.

**변수들로 표현한 $\Delta q$:** $+Q$ 또는 $-Q$(원판에 있는 모든 전하)

**가정:** 원판 각각의 안쪽 표면에 전하 밀도가 균일하다(원판들의 바깥쪽에 있는 작은 전하들은 무시한다.); ($s \ll R$); 위치 1과 3은 원판에 매우 가깝다($z \ll R$).

$$A = \pi R^2 \text{(원판 하나의 면적)}$$

**각 조각이 만들어내는 전기장:**

$$E_- \approx \frac{Q/A}{2\varepsilon_0}\left[1 - \frac{z}{R}\right], \text{ 왼쪽 방향}$$

$$E_+ \approx \frac{Q/A}{2\varepsilon_0}\left[1 - \frac{s-z}{R}\right], \text{ 오른쪽 방향}$$

### 3단계: 조각들이 만들어내는 모든 전기장을 더한다

**위치 2:** 음으로 대전된 판에서 $z$만큼 떨어진 곳에서, (그리고 양으로 대전된 판으로부터 $s-z$만큼 떨어진 곳에서,) 전기장의 방향은 왼쪽이고, 크기는 다음과 같다.

$$\begin{aligned} E_2 &\approx \frac{Q/A}{2\varepsilon_0}\left[1-\frac{z}{R}\right]+\frac{Q/A}{2\varepsilon_0}\left[1-\frac{s-z}{R}\right] \\ &\approx \frac{Q/A}{2\varepsilon_0}\left[1-\frac{z}{R}+1-\frac{s-z}{R}\right] \\ &\approx \frac{Q/A}{\varepsilon_0}\left[1-\frac{s/2}{R}\right] \\ &\approx \frac{Q/A}{\varepsilon_0} \end{aligned}$$

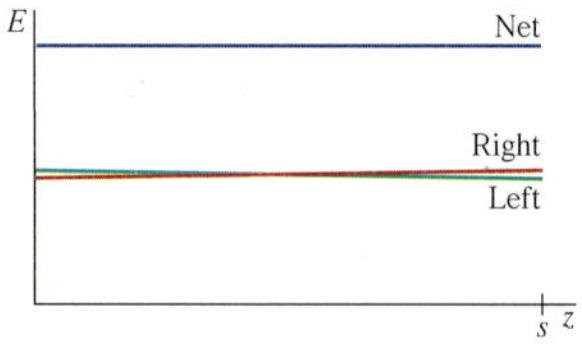


그림 15.30 축전기 안에 있는 위치에서의 $E$. 각각의 판들에 의한 전기장과 알짜 전기장을 축전기 안의 위치에 대한 함수로 나타낸 것

두 개의 판 사이에서의 전기장은 본질적으로 하나의 판에 의한 전기장의 두 배이다. 전기장의 크기는 거의 $z$에 무관하고, 따라서 신기하게도 전기장이 거의 균일하다. 그림 15.30에 나타내 보인 것처럼, 음으로 대전된 판으로부터 멀어짐에 따라 음으로 대전된 판의 전기장이 약간 감소하는 것은, 양으로 대전된 판의 전기장이 약간 증가함으로써 거의 비슷하게 상쇄된다.

**위치 3:** $\vec{E}_3$는 오른쪽을 향하고(그림 15.29 참고) 그 크기는 두 원판이 만들어내는 전기장의 차이다:

$$E_3 \approx \frac{Q/A}{2\varepsilon_0}\left[1-\frac{z-s}{R}\right]-\frac{Q/A}{2\varepsilon_0}\left[1-\frac{z}{R}\right]=\frac{Q/A}{2\varepsilon_0}\left(\frac{s}{R}\right)$$

**위치 1:** $\vec{E}_1$ 또한 오른쪽을 향하고,

$$E_1 \approx \frac{Q/A}{2\varepsilon_0}\left[1-\frac{z}{R}\right]-\frac{Q/A}{2\varepsilon_0}\left[1-\frac{z+s}{R}\right]=\frac{Q/A}{2\varepsilon_0}\left(\frac{s}{R}\right)$$

축전기 밖에서의 전기장을 "가장자리 전기장"이라고 부른다. 가장자리 전기장은 축전기 내부에서의 전기장에 비해 매우 작다. 틈 안에서는 두 원판이 만들어내는 전기장의 방향이 같지만, 틈의 밖에서는 두 원판이 만들어내는 전기장의 방향이 반대이다.

> **질문** 축전기 안의 전기장의 크기에 대한 축전기 밖의 전기장의 크기의 비율을 구하고, $s \ll R$이면 이 비율이 매우 낮음을 보여라.

답은, $s \ll R$이면 매우 작은, $s/(2R)$이다. 이는 축전기 밖에서, 하지만 축전기와 매우 가까운 위치에서의 가장자리 전기장이다(만약 매우 멀리 떨어진 곳에서 측정하여 $z \gg R$이면, 축전기는 전기 쌍극자와 비슷하게 보이고, 전기장은 $1/z^3$과 비슷한 비율로 감소하게 된다.).

### 4단계: 결과를 확인한다

**단위:** 축전기 안에서

$$\frac{\mathrm{C/m^2}}{\mathrm{N\cdot m^2/C^2}}=\frac{\mathrm{N}}{\mathrm{C}}$$

**단위:** 가장자리 전기장

$$\left(\frac{\mathrm{C/m^2}}{\mathrm{N \cdot m^2/C^2}}\right)\left(\frac{\mathrm{m}}{\mathrm{m}}\right) = \frac{\mathrm{N}}{\mathrm{C}}$$

### 응용 가능성

판의 가장자리에서 멀리 떨어진 위치에서의 전기장을 고려해 왔기 때문에, 같은 조건들—판의 너비나 높이에 비해 판 사이의 간격 $s$가 훨씬 작아야 한다는—만 만족한다면 원형 축전기뿐만 아니라 직사각형이나 다른 모양의 축전기에 대해서도 성립한다.

여기서 이를 증명할 수는 없지만, (가우스의 법칙을 사용해야 한다.—제21장을 보라.) 판의 중심 근처뿐만 아니라 판 사이의 틈 어디에서든 전기장의 크기와 방향은 실질적으로 일정하다. 전기장이 판의 중심에서와 크게 달라지는 것은 판의 바깥 테두리 근처에 갈 때뿐이다.

**축전기의 전기장**

두 개의 판으로 이루어진 축전기(각각의 판은 $A$의 면적을 가지고, 하나의 판은 $+Q$의 전하를, 다른 판은 $-Q$의 전하를 가진다. 판의 반지름과 비교했을 때 판 사이의 간격 $s$는 매우 작다)의 중심 근처에서

$$E \approx \frac{Q/A}{\varepsilon_0}$$

이다. 방향은 판들에 수직한 방향이다.

가장자리 전기장(판들의 바깥, 판의 중심 근처에서)은

$$E_{\text{fringe}} \approx \frac{Q/A}{2\varepsilon_0}\left(\frac{s}{R}\right)$$

이다.

**점검 사항 4** 만약 공기 중에서 전기장의 크기가 대략 $3 \times 10^6$ N/C을 넘으면, 공기가 방전되며 불꽃이 만들어진다. 반지름이 50 cm이고 1 mm 떨어져 있는 두 개의 원판으로 이루어진 축전기에, 불꽃(이는 전하가 하나의 판에서 다른 판으로 흐르도록 한다)이 생기지 않고 충전될 수 있는 최대(양과 음) 전하는 몇인가? 이러한 조건에서, 축전기 바로 바깥에 생기는 가장자리 전기장의 세기는 몇인가?

## 15.6 대전된 공 껍질

제14장에서 언급했듯이, 전하가 균일하게 표면에 대전된 공은 놀랍도록 단순한 형태의 전기장을 만들어낸다. 전하 자체가 얇은 껍질 같은 공 모양의 층을 만들기 때문에, 이것을 간단하게 표현하기 위하여 "전하가 표면에 균일하게 대전된 구"를 가리키는 "균일한 구 껍질"이라는 문구를 쓸 것이다. 반지름이 $R$이고 $Q$의 전

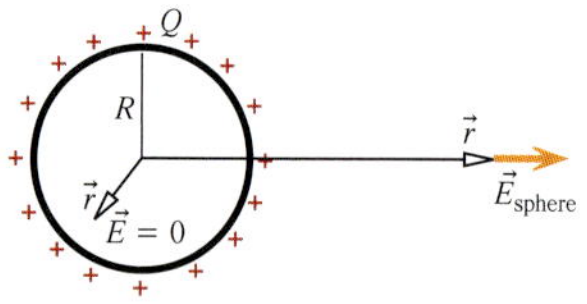


**그림 15.31** 균일하게 대전된 구의 안과 밖에 있는 위치에서 구의 전기장(단면으로 나타냄).

하가 표면에 균일하게 분포하는 공 모양의 물체는, $\vec{r}$를 공의 중심으로부터 전기장 측정 위치를 향하는 벡터라 하면(그림 15.31), 거리에 다음과 같이 의존하는 전기장을 만들어낸다:

**균일하게 대전된 공 껍질의 전기장**

$r > R$인 경우(구의 밖에서)

$$\vec{E}_{\text{sphere}} = \frac{1}{4\pi\varepsilon_0}\frac{Q}{r^2}\hat{r}$$

$r < R$인 경우(구의 안에서)

$$\vec{E}_{\text{sphere}} = 0$$

$Q$는 구의 표면에 분포하는 총 전하량이고, $R$은 공의 반지름이다.

이는 우리가 막대, 고리, 원판에 대해서 했던 것처럼, 일련의 과정들을 통하여 적분 식을 만들어내고 계산함으로써 보일 수 있다. 이에 사용되는 기하는 다소 복잡하고, 이 과정은 15.10절에서 자세하게 설명하였다. 뒤에서는 이를 증명하는 다른 방법들을 볼 것인데, 하나는 가우스 법칙을 이용하는 것이고, 다른 하나는 전위를 이용하는 것이다.

여기서 우리는 이 놀라운 결과가 참이 될 수 있는지를 정성적으로 이해해 볼 것이다.

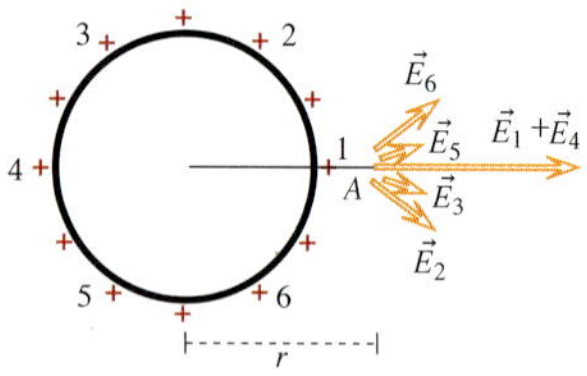


**그림 15.32** 대전된 구 밖에 있는 위치에 생기는 알짜 전기장에의 기여

## 대전된 균일한 공 껍질의 밖에서

그림 15.32에 보인 것처럼 공을 6개의 영역으로 나누어보자. $\vec{E}_2$는 "구 껍질의 영역 2에 있는 전하들에 의한 전기장"을 의미한다. 전하가 분포된 영역에서 멀리 떨어져 있는 한 그 영역의 전기장은 그 영역에 있는 전하만큼의 전하를 가진 점전하에 의한 전기장으로 근사할 수 있다.

### 방향

공의 중심으로부터 거리 $r$만큼 떨어진, 공 밖의 위치 $A$에 생기는 전기장을 생각해 보라. 대칭성에 의해 수직 방향의 성분은 모두 $\vec{E}_2$와 $\vec{E}_6$, $\vec{E}_3$와 $\vec{E}_5$처럼 서로 짝을 지어 상쇄되므로, 알짜 전기장은 수평 방향이고 오른쪽을 향한다. 따라서 알짜 전기장(모든 전하들이 만들어내는 전기장의 중첩)이 공의 중심으로부터 방사상으로 뻗어 나오는 방향으로 생길 것이라는 사실은 자명하다.

### 크기

공이 가지는 총 전하량을 $Q$라 하고 공의 중심으로부터(구의 표면으로부터가 아니라!) 위치 $A$까지의 거리가 $r$일 때, 알짜 전기장의 크기가

$$E = \frac{1}{4\pi\varepsilon_0}\frac{Q}{r^2}$$

로 나타난다는 것은 약간 놀랍다.

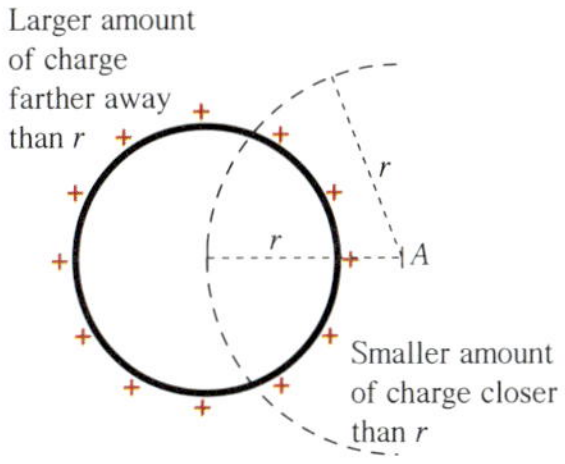


**그림 15.33** 일부 전하들은 점 $A$에 $r$보다 가깝게 있지만 더 많은 전하들이 $r$보다 더 멀리에 있다.

그림 15.33에서, 위치 $A$로부터 몇몇 영역들까지의 거리는 $r$보다 작고, 다른 영역들까지의 거리는 $r$보다 크다는 것에 주목하라. 점전하가 만들어내는 전기장이 $1/r^2$로 거리 $r$에 의존하기 때문에, $r$보다 가까이에 있는 적은 양의 전하들이, $r$보다 멀리 떨어져 있는 많은 양의 전하들만큼이나 큰 전기장을 만들어낸다.

모든 전하들이 만들어내는 알짜 전기장이 결국 전하량이 $Q$인 하나의 점전하를 공의 중심에 위치시켰을 때와 같다는 것은, 전기장이 $1/r^2$로 감소한다는 쿨롱의 법칙의 특별한 점이다. 이것이 당연한 결과는 아니다!

## 균일하게 대전된 구에 작용하는 힘

균일하게 대전된 공 껍질은, 공 밖의 위치에서의 전기장을 마치 하나의 점전하에 의한 것처럼 만들어낼 뿐만 아니라, 공 밖에 있는 전하들에 대해 점전하와 똑같은 반응을 보인다.

균일한 공 껍질과 공 밖에 있는 점전하의 상호작용에 대해 생각해 보라. 공 껍질은 마치 둘 다 점전하들인 것처럼 점전하에 힘을 가한다. 전기력의 작용-반작용 원리(뉴턴 제3법칙)에 의해, 진짜 점전하는 크기가 같고 방향이 반대인 힘을 공 껍질에 작용해야 하고, 따라서 공 껍질이 마치 점전하인 것처럼 공 껍질에 힘을 가한다. 따라서 균일한 공 껍질은 공 밖에서는, 전기장을 만들어내는 근원으로서도 외부의 전기장에 반응할 때에도 점전하와 똑같이 보인다.

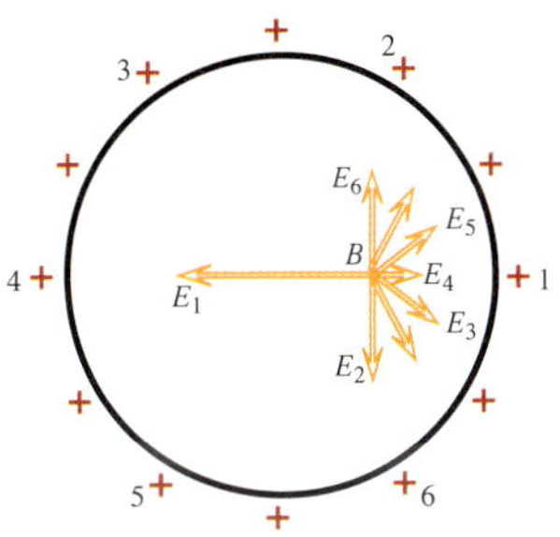


**그림 15.34** 균일하게 대전된 구 내부의 위치에 만들어지는 작은 전기장들은 더해져 0이 된다.

## 대전된 균일한 공 껍질의 안에서

이제 그림 15.34에 표시된 것처럼 공 안에 있는 위치 $B$에 대해 생각해 보라. 위치 $B$ 근처에 있는 적은 양의 전하들(1번 영역)은 왼쪽으로 큰 전기장들을 만들고, 위치 $B$에서 멀리 떨어져 있는 많은 양의 전하들(3, 4, 5번 영역)은 작은 전기장들을 오른쪽으로 만든다. 공의 일부분의 표면적은 $r^2$에 비례하는 한편, 이 영역이 만들어내는 전기장은 $1/r^2$에 비례하기 때문에, 이 전기장들은 서로 정확히 상쇄된다. 구의 표면에 있는 전하들에 의해 위치 $B$에 생기는 전기장은 결과적으로 정확히 0이 된다. 직관적으로 그럴듯하긴 하지만, 이것이 명백한 결과는 아니다.

## 경고: 대전된 구 내부에서 $E$가 항상 0인 것은 아니다

이 결과를 지나치게 일반화하지는 말라. 우주에 있는 다른 전하들은 구 안에 0이 아닌 전기장을 만들어낼 수도 있다. 공 내부에서 0이 되는 것은, 공 표면에 균일하게 분포하는 전하들에 의해 만들어진 공 내부의 전기장뿐이다.

## 의미하는 것들

구 껍질의 균일한 전하들에 의해 생기는 전기장이 구 내부의 임의의 위치에서 0이라는 것은 흥미로운 사실들을 내포한다. 예를 들어, 만약 균일하게 대전된 공 껍질이 플라스틱으로 채워져 있으면, 표면의 전하들이 만드는 전기장이 0이기 때문에, 플라스틱의 분자들에 극성을 주지 않는다. 심지어 만약 분자의 위치가 대전된 표면에 매우 가깝더라도, 그 위치에서 공 안에서의 $E$는 여전히 0이다(그래도 공의 밖에 있는 전하들은 구 내부에 0이 아닌 전기장을 만들어낼 수 있다.).

고체 금속은 전도체이기 때문에, 금속 공에 가해지는 임의의 추가적인 전하는 바깥쪽 표면에서 스스로 자리를 잡는다. 평형 상태에 있는 금속 내부의 전기장은 0이기 때문에, 금속 내부에는 초과되는 전하나 전기장이 없다. 외부의 전하들이 금속 구에 분극을 일으켜 표면 전하의 분포를 균일하지 않게 만들더라도, 평형 상태에 있는 금속 구의 내부의 전기장은 0이다.

### 정확히 표면에서의 전기장은 어떻게 되는가

균일하게 대전된 공 껍질의 바로 안쪽에서 전기장은 0이다. 정확히 표면에서의 전기장은 어떻게 될지 궁금해 할 수도 있을 것이다. 물리학적 진실은, 위치에 따라 전기장의 방향과 크기가 크게 바뀐다는 것인데, 이는 표면 상에 있는 각각의 초과적인 점전하들(전자들과 이온들)이 서로 원자 지름의 몇 배가 되는 거리만큼 떨어져 있기 때문이다. 제14장에서 우리는 고작 백만 개의 원자들 중 한 개만이 추가적인 전하를 가지고 있다는 것을 알아내었다. 원자 지름의 수천 배(약 $1 \times 10^{-7}$ m) 떨어져 있어야만, 표면의 전하가 균일하고 연속적인 전하의 얇은 층이라고 근사적으로 생각할 수 있다. 이 정도 거리에 떨어져 있으면 껍질의 밖에서는 전기장이 공의 중심에 점전하가 있는 것처럼 나타나고, 공 안에서는 전기장이 0이 된다.

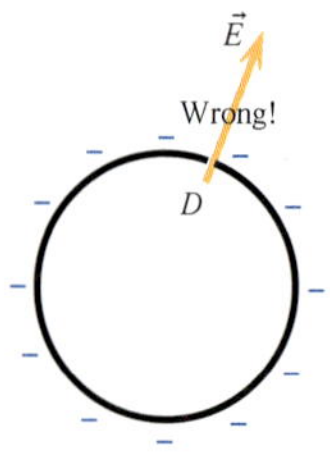


**그림 15.35** 균일하게 대전된 구 내부에서의 전기장에 대한 학생의 잘못된 예측

> **점검 사항 5** 그림 15.35에서, 그리고 이와 관련된 학생의 다음 설명에서 무엇이 틀렸는가? "균일하게 대전된 공 내부의 위치 $D$에 가장 가까운 전하들이 만들어내는 전기장의 효과가 가장 크기 때문에, 이 위치에서 전기장은 그림과 같은 방향을 한다." (구는 가장 가까운 전하들이 전기장에 가장 큰 영향을 준다는 일반적인 사실에 반하는 가장 흔한 반례를 제공한다.)

## 15.7 전하가 전체에 분포해 있는 속이 꽉 찬 구

지금까지 우리가 고려한 모든 전하의 분포들은, 물체의 표면에 전하가 분포한 경우였다. 하지만 물체 전체에 전하가 분포하고 있는 경우들도 있다. 하나의 예로는 원자의 핵을 들 수 있는데 이는 양성자와 중성자로 구성된, 반경의 단위가 $1 \times 10^{-15}$ m인 구이다. 핵 안의 전하 밀도는 거의 균일한 것으로 취급할 수 있다. 또 다른 예는 원자의 전자 구름인데, 이 안에서는 음전하의 전자들이(균일하게 퍼져 있어야 하는 것은 아닐지라도) 반지름이 $1 \times 10^{-10}$ m 정도 되는 구 모양의 영역 전체에 걸쳐 분포하고 있는 것처럼 보인다.

우리는 부피 전체에 $Q$의 전하가 균일하게 분포하고 있는 반지름이 $R$인 속이 꽉 찬 구를 생각해 볼 것이다.

### 전하의 분포를 여러 개의 조각들로 나누고 $\Delta\vec{E}$를 그린다

구는 같은 중심을 공유하는 일련의 구각들의 합으로 생각할 수 있다.

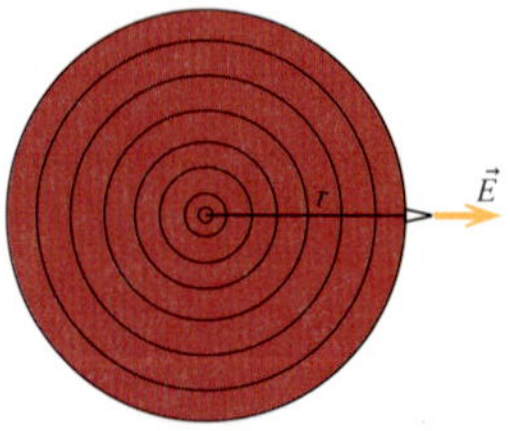


**그림 15.36** 중심을 공유하는 여러 개의 대전된 공의 집합으로 모형화 된, 속이 꽉 찬 대전된 공

### 대전된 구의 바깥에서

구의 밖에 있는 위치에서, 따라서 모든 공 껍질의 바깥에 있는 위치에서, (그림 15.36) 각각의 공 껍질은 구의 중심에 있는 점전하처럼 보인다. 이에 따라, 구의

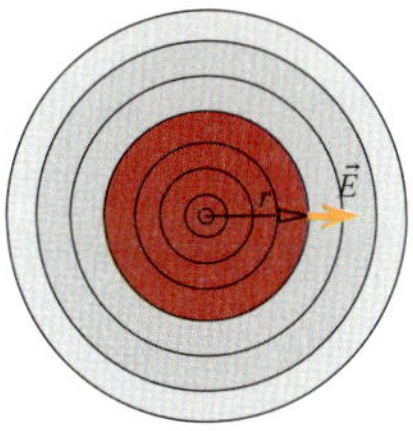


**그림 15.37** 회색 공 껍질의 내부에 있지만 빨간색 공 껍질들에 대해서는 외부에 있는 위치. 이 위치에는 안에 있는 구 껍질만이 전기장에 0이 아닌 기여를 한다.

바깥에서는:

$$r > R\text{인 경우, } E = \frac{1}{4\pi\varepsilon_0}\frac{Q}{r^2}$$

### 대전된 구의 내부에서

구의 내부에 있는 위치에서 우리는 일부 공 껍질(그림 15.37에서 회색으로 표시된 공 껍질)의 안에 있다: 따라서 이 공 껍질의 $\vec{E}_{net}$에 대한 기여는 0이다.

우리는 나머지 공 껍질(그림 15.37의 빨간 구각들)의 밖에 있다; 이 공 껍질 각각은 구의 중심에 있는 하나의 점전하처럼 보인다. 이 위치에서의 $\vec{E}_{net}$를 구하려면, 안쪽 구각들이 만들어내는 전기장들을 더해야 한다. 안쪽에 있는 구각들은 총

$$E = \frac{1}{4\pi\varepsilon_0}\frac{\Delta Q}{r^2}$$

의 전기장을 만들어낼 것이므로, 우리에게 남은 일은 $\Delta Q$를 구하는 것뿐이다.

$$\Delta Q = Q\frac{(\text{안쪽 구각들의 부피})}{(\text{구의 부피})} = Q\frac{\frac{4}{3}\pi r^3}{\frac{4}{3}\pi R^3}$$

결과들을 종합해보면:

$$r < R\text{인 경우, } E = \frac{1}{4\pi\varepsilon_0}\frac{Q}{r^2}\frac{\frac{4}{3}\pi r^3}{\frac{4}{3}\pi R^3} = \frac{1}{4\pi\varepsilon_0}\frac{Q}{R^3}r$$

이므로, 구 안쪽에서의 전기장은 $r$에 정비례한다.

**질문** 이것은 그럴듯한가?

그렇다. 구 안에서, $r$이 증가함에 따라, 전기장 측정 위치 "내부"에 있는 전하의 양이 증가한다. 더 큰 부피($V \propto r^3$)는, $1/r^2$의 전기장 변화를 상쇄하고도 남는다. 대칭성에 의해, $r = 0$인 곳에서 $E = 0$이다.

$r = R$인 특수한 경우에, 우리는

$$E = \frac{1}{4\pi\varepsilon_0}\frac{Q}{R^2}$$

라는 맞는 결과를 얻는다.

## 15.8 과학에서 무한소와 적분

순수 수학에서 극소의 양은 0에 무한히 가까운 것으로 인식한다. 하지만 과학에서 이것은 타당하지 않을 수 있다. 예를 들어, 균일하게 대전된 가느다란 막대의 경우, 원자 지름보다 작은 $dz$를 설정하는 것은 물리적으로 말이 되지 않는다. 각각의 원자들 안에 있는 전하의 분포를 고려하는 것은 적분을 어마어마하게 복잡하게 만들 것이다. $dz$는 주어진 상황의 의미 있는 치수들($r$과 $L$)과 비교하여 그보다 작기만 하면 된다. 우리는 각각의 $dz$ 조각들이 점전하로 적절히 근사될 수 있길 바라고, $dz = 0.02$ m도 충분히 좋을 것이다! 수학적인 무한소 $dz$는 과학자들

이 의미하는 무한소의 크기가 이상화된 것이라고 생각할 수 있다. 과학자들이 말하는 무한소는, 측정과 분석의 바람직한, 가능한 정확도 안에서 "충분히 작은" 크기이다.

이상하게도, 실제로 미시적으로 보면 전하의 분포가 균일한 것이 아니기 때문에, 적분의 결과는 정확한 것이 아니고 근사적인 것이다. 제14장에서 우리는, 대전된 테이프 조각 위에서 각각의 전자들, 또는 이온들이, 원자 크기의 수준에서 서로 꽤나 멀리 떨어져 있음을 알아내었다. 그럼에도 불구하고, "균일하게" 대전된 막대에서 원자 지름의 몇 배 되는 거리에 있으면, 원자 크기 수학적인 적분은 실제 전기장에 대한 훌륭한 근삿값을 준다.

우리의 분석이 근사적이라는 것에 또 다른 중요한 의미가 있다. 만약 막대가 절연체이고 천에 문지름으로써 대전되었다면, 전하의 이동이 정밀하게 조정될 수 없기 때문에, 전하의 분포는 거시적인 관점에서도 근사적으로만 균일할 것이다. 만약 막대가 금속이라면, 전하는 균일하게 분포하지 않고 막대의 끝에 쌓일 것이다. 그럼에도 불구하고, 대전된 막대를 실제로 균일하게 대전된 막대로 생각하는 것은, 유용한 모형이 될 수 있다. 우리의 해석적인 방법이 정확한 것이 아니고 근사적인 것임을 알아두기만 하면 된다.

## 15.9 컴퓨터를 이용한 3차원 수치적분

■ 15.9절 여백에 있는 주석 많은 전하들과 여러 관측 위치에 대한 계산을 쉽게 하기 위한 파이썬(Python)의 리스트(list) 이용은 두 개의 VPython 영상에 소개되어 있다: VPython Video 7: Lists, Part 1 (http://vpython.org/video07.html)과 VPython Video 8: Lists, Part 2 (http://vpython.org/video08.html). 이 절을 읽기 전에 이 영상을 보고, 각 영상의 마지막에 있는 도전 과제들을 해 보라.

15.1절에서 우리는 균일하게 대전된 가느다란 막대에 의해 막대의 수직 이등분선 상에 생기는 전기장의 대수적 표현을 구했다. 하지만 이 표현은 수직 이등분선 근처가 아닌 위치에서는 맞지 않는다. 우리는 막대에 의한 전기장을 임의의 위치에서 구할 수 있는 컴퓨터 프로그램을 쉽게 만들 수 있다.

### 가느다란 막대: 특정 관측 위치

막대를 10개의 점전하로 근사하여 막대의 수직 이등분선 위의 위치에서의 전기장을 수치적으로 계산하는 것부터 시작할 것이다. 우리는 전에 이것을 손으로 직접 해 보았고, 그 결과는 그림 15.7에 정리되어 있다. 우리가 수치적 계산의 결과를 해석적인 계산 결과와 비교할 수 있도록 수직 이등분선 상의 관측 위치에서부터 살펴보기로 한다.

아래에 있는 코드는 막대의 각 조각과 대응되는, 구로 표현된 점전하들을 원소로 하는 파이썬 리스트를 만든다(이 페이지의 여백에 있는 리스트에 관한 주석을 보라). 우리는 그림 15.7의 결과들을 얻기 위해 사용했던 값들을 그대로 사용할 것이다: 총 전하 1 nC이 1 m의 가느다란 막대에 균일하게 퍼져있고, 관측 위치는 $\langle 0.05, 0, 0\rangle$ m.

```
from visual import *
scene.height = 800
oofpez = 9e9
Qtot = 1e-9
L = 1
N = 10
dy = L/N
```

```
## create a list of point charges
slices = [] ## an empty list
i = 0
y0 = -L/2 + dy/2  ## center of bottom slice
while i < N:
    a = sphere(pos=vector(0,y0+i*dy,0), radius=dy/2,
               color=color.red, q=Qtot/N)
    slices.append(a)  ## add sphere to list
    i = i + 1
```

**질문** 하나의 구는 세 개의 속성밖에 가지고 있지 않다: `pos`, `radius`, `color`. 왜 `a`라는 이름을 가진 구가 만들어지는 명령에 `q`라는 속성이 추가되었을까?

VPython Video 7에 설명된 것처럼, 파이썬에서는 어떤 객체(object)를 만들 때 새로운 속성들을 만들어내도 괜찮다. 여기서는 편리성을 위해 이 일을 했다: 우리는 각 조각의 전하량이 필요하고, 이 정보를 새로운 속성으로 저장하는 것이 각 조각의 전하량을 원소로 하는 새로운 리스트를 만드는 것보다 쉽다. 이 상황에서 우리는 각 조각이 같은 양의 전하를 가지고 있다는 것을 알지만 더 복잡한 상황에서 이는 사실이 아닐 수도 있으므로 (예를 들어 막대가 균일하게 대전되어 있는 것이 아니라면) 이는 각 조각의 전하량을 놓치지 않고 끌고 가는 매우 편리한 방법이 된다.

**질문** 왜 `y0`는 `L/2 1 dy/2`로 설정되었는가?

가느다란 막대는 y축을 따라 놓여 있고, 원점을 그 중심으로 한다. 막대의 아래쪽 끝은 $\langle -L/2, 0, 0\rangle$에 있다. 하지만 맨 아래 있는 조각의 중심은 막대의 끝에 있지 않다. 한 조각의 높이는 `dy`이므로, 이 조각의 중심은 막대의 맨 밑으로부터 `dy/2`만큼 위에 있어야 한다.

**질문** 왜 y좌표는 `y01i*dy`로 계산되었을까?

코드의 반복 구간(루프)에 들어가기 전에 우리는 `y0`가 맨 아래 조각의 중심의 $y$좌표가 되도록 설정하였고, 반복 구간을 처음 실행할 때 `i`는 0이었으므로, `y01i*dy`는 `y0`이다. 반복 구간을 두 번째 실행할 때에 `i`는 1이므로 $y$좌표는 그 다음 조각의 $y$좌표인 `y01dy`이고, 그 다음 조각들도 마찬가지로 된다.

```
## print index and position
i = 0
while i < len(slices):
    print(i, slices[i].pos)
    i = i + 1
```

우리의 막대 모형에서 점전하로 대응되는 공들의 위치가 잘 설정되었는지 확인하기 위해 우리는 그 위치를 출력해 볼 수 있다. 리스트의 첫 원소는 0이었다는 것을 기억하자. 리스트에 관한 VPython 영상들에 설명되어 있듯이, `slices`라는 이름의 리스트의 0번째 원소를 `slices[0]`라는 이름을 이용해 참조할 수 있다; 만약 그 객체가 공이라면, 일반적으로 그렇듯이 `.pos`를 덧붙여서 그 공의 위치를 참조할 수 있다.(`slices[0].pos`) 다음의 코드에서 변수 `i`는 리스트의 색인으로 쓰였다.

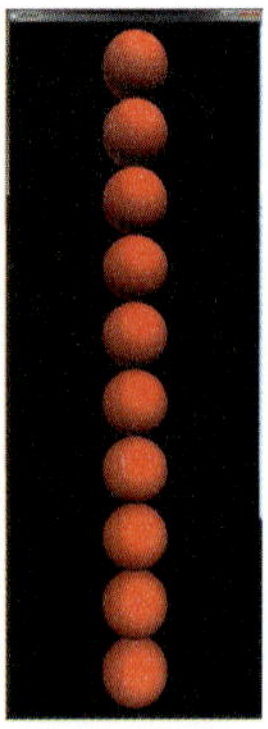

그림 15.38 균일하게 대전된 막대가 10개의 점전하로 모형화된 것

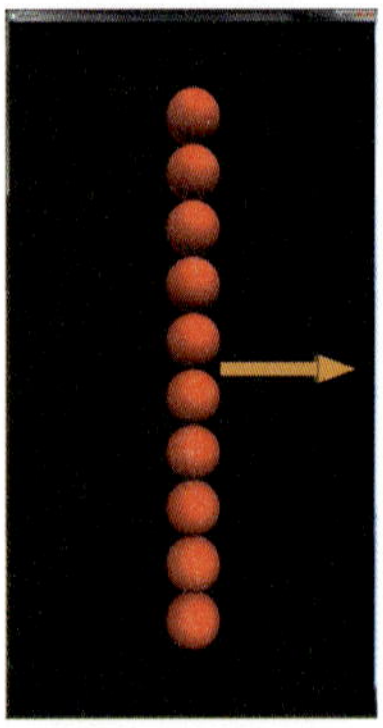

그림 15.39 균일하게 대전된 막대를 10개의 점전하로 모형화하여 계산한, 수직 이등분선 위에서의 전기장

```
0 <0, -0.45, 0>
1 <0, -0.35, 0>
2 <0, -0.25, 0>
3 <0, -0.15, 0>
4 <0, -0.05, 0>
5 <0, 0.05, 0>
6 <0, 0.15, 0>
7 <0, 0.25, 0>
8 <0, 0.35, 0>
9 <0, 0.45, 0>
```

그림 15.38은 프로그램에 의해 생성된 10개의 공들을 보여준다. `print()` 명령의 출력 결과는 아래에 있다. 이 위치들은, 비록 우리가 맨 아래에 있는 공부터 생성했기 때문에 그 순서는 맞지 않더라도, 그림 15.7에 있는 $y$값들과 일치한다.

```
## calculate E at observation location
r_obs = vector(0.05,0,0)  ## to test calculation
E_net = vector(0,0,0)
i = 0
while i < N:
    rate(100)
    r = r_obs - slices[i].pos
    rhat = r/mag(r)
    E = (oofpez * slices[i].q / mag(r)**2) * rhat
    E_net = E_net + E
    i = i + 1
print(E_net)
```

측정 위치에서의 알짜 전기장을 계산하기 위해 우리는 각 조각이 만들어내는 전기장을 더하는 루프를 만들 수 있다: 이 프로그램에 의해 계산된 알짜 전기장은 $\langle 285.764,\ 1.43885 \times 10^{-13},\ 0\rangle$ N/C이다. 그림 15.39에는 측정 위치에서의 전기장을 보여주기 위해 화살표를 그렸다.

**질문** 왜 예상과 달리 $\vec{E}_{알짜}$의 $y$성분이 0이 아닐까?

모든 계산에는 약간의 반올림 오차가 있다. 계산된 전기장의 $y$성분이 $x$성분보다 $10^{15}$배 작으므로, 우리의 목적을 위해서는 충분히 0에 가깝다. 더 심각한 문제는, 이렇게 구한 전기장이 우리가 구한 해석적 표현을 이용하여 얻은 결과인 385.213 N/C보다 상당히 작다는 것이다. 15.1절에서도 이야기했듯이, 우선 점전하의 개수를 늘림으로써 정확도를 높일 수 있다. 하지만 어느 시점부터는 조각의 개수를 늘리는 것이 전기장 계산 결과에 의미 있는 변화를 일으키지 않을 것이다.

문제 문63에서 독자는 막대를 모형화하기 위해 사용된 점전하의 개수를 늘림으로써 계산의 정확도를 높이고, 화살표로 결과를 가시화하고, 프로그램을 이용하여 수직 이등분선 근처가 아닌 위치에서의 전기장도 계산하고 그리게 될 것이다.

리스트의 원소들을 생성하는 조금 더 세련된 방법이 있다. 지금까지 우리가 다룬 코드의 다음 버전에서는, `this_slice`라는 이름을 반복적으로 재사용한다; 첫 번째 시행에서는 리스트의 0번째 원소를 지칭하고, 두 번째 시행에서는 첫 번째 원소를 지칭하는 식이다. 두 버전의 루프 중 무엇을 사용해도 된다—둘 다 같은 일을 수행한다.

```
## calculate E at observation location
r_obs = vector(0.05,0,0)  ## to test calculation
E_net = vector(0,0,0)
for this_slice in slices:
    rate(100)
    r = r_obs - this_slice.pos
    rhat = r/mag(r)
    E = (oofpez * this_slice.q / mag(r)**2) * rhat
    E_net = E_net + E
print(E_net)
```

### 가느다란 막대: 여러 관측 위치

전하의 분포에 따른 전기장의 3차원 모양을 보기 위해서는 여러 관측 위치에서의 전기장을 계산하고 가시화해야 한다. 우리는 관측 위치들로 구성된 리스트를 만듦으로써 이를 쉽게 할 수 있다.

예시로, 막대를 감싸는 원 위의 위치들에서의 화살표들로 구성된 리스트를 만들어보자. 처음에는 화살표들의 길이가 0일 것이다(화살표들의 위치가 제대로 설정되었는지 확인하기 위해서 0이 아닌 길이를 주고 임의의 방향을 향하게 할 수는 있겠지만).

```
## create a list of arrows
observation = []
yobs = 0.4
dtheta = pi/6
theta = 0
R = 0.15 ## radius of circle
while theta < 2*pi:
    a = arrow(pos=vector(R*cos(theta), yobs, R*sin(theta)),
              color=color.orange,
              axis=vector(0,0,0))
    observation.append(a)
    theta = theta + dtheta
```

이제 우리는 두 개의 리스트—전하들의 리스트와 측정 위치들에 놓여 있는 화살표들의 리스트—를 만들었다. 각 측정 위치에 대해서, 우리는 전하들에 의해 만들어진 전기장들을 모두 더해야 한다. 이 말은 우리가 하나의 루프를 다른 하나의 루프에 포함시켜서 두 개의 루프를 돌려야 한다는 말이고, 그에 따라 두 단계의 들여쓰기가 필요하다는 말이다. `j`라는 지표를 쓰는 바깥의 루프에서는 다음의 측정 위치가 선택된다. `i`라는 지표를 쓰는 안의 루프에서는 선택된 위치에서의 전기장이 계산된다.

```
## calculate E at observation location
sf = 0.002  ## arrow scale factor
j = 0
## outer loop
while j < len(observation):
    rate(500)
    earrow = observation[j]
    ## add E of all slices for this obs. loc.
    i = 0
    E_net = vector(0,0,0)
```

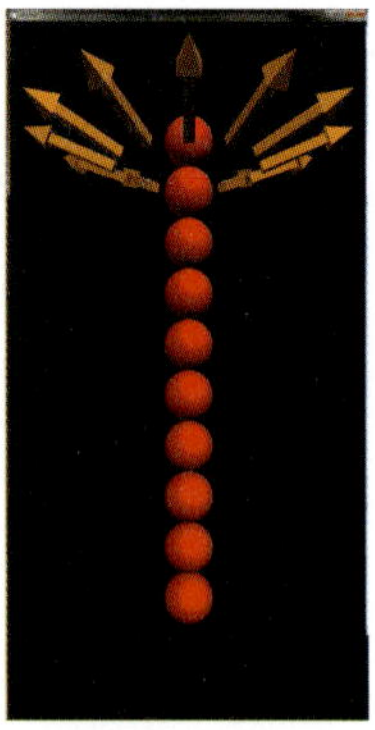

그림 15.40 여러 관측 위치에서 계산된 전기장

```
## inner loop
while i < N:
    r = earrow.pos - slices[i].pos
    rhat = r/mag(r)
    E = (oofpez * slices[i].q / mag(r)**2) * rhat
    E_net = E_net + E
    i = i + 1
    ## end of inner loop
earrow.axis = sf*E_net
j = j + 1
## end of outer loop
```

이 계산의 결과는 그림 15.40에 나와 있다. 문제 문66과 문67에서 독자는 관측 위치를 더 추가하고 막대를 두르는 원이 아닌 다른 모양 위에서의 전기장도 그리게 될 것이다.

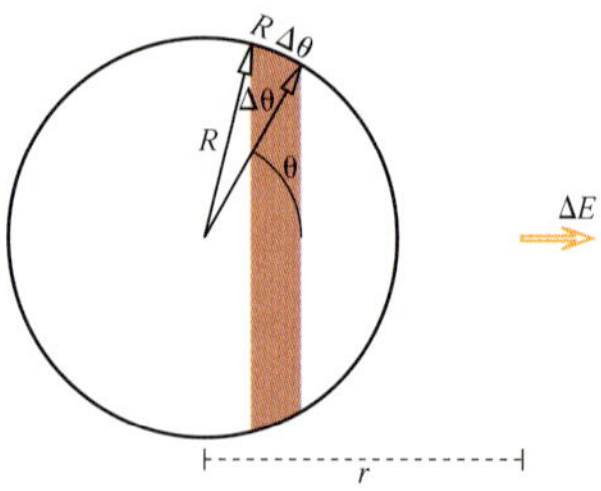


그림 15.41 구각을 (여기에서 단면도로 나타내었다) 각각 $\Delta Q$의 (일정하지 않은) 전하를 가지고 있는 고리들로 나누어 생각한다.

## 15.10 공 껍질 적분하기

이 절에서는, 균일하게 대전된 공 껍질이 껍질 밖에서는 점전하처럼 보이고, 공 안에 만들어내는 전기장은 0임을 증명할 것이다. 제16장과 제21장에 조금 다른 증명 방법이 설명되어 있다.

### 1단계: 구를 조각들로 나눈다

각각 각도 $\theta$와 $\theta + \Delta\theta$로 범위가 설정되어 $\Delta Q$만큼의 전하를 가지는 고리들로 구각을 나눈다(그림 15.41). 각각의 고리들은 공의 중심으로부터 $r$만큼 떨어진 곳에 $\Delta E$의 전기장을 만들어낸다.

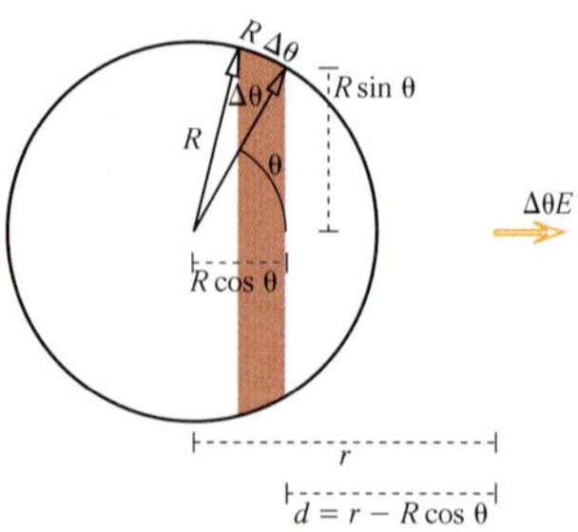


그림 15.42 구는 고리 모양의 조각들로 나눌 수 있다.

### 2단계: $\Delta E$를 나타내는 표현을 적는다

**원점:** 구의 중심

구좌표계 $(r, \theta, \phi)$를 이용한다. 그림 15.42에 나온 것처럼, $\theta$는 $r$(수평)축으로부터 잰 각도이다; $\phi$는 $r$(수평)축에 대한 회전을 가리키는 값이다.

**조각(고리)의 위치:** 각도 $\theta$로 주어진다.

**성분들:** 수평 방향의 성분만 있다.

**고리로부터 측정 위치까지의 거리:** $d = (r - R\cos\theta)$

**각 고리의 전하량:**

$$\Delta Q = Q\frac{(\text{고리의 표면적})}{(\text{구의 표면적})} = Q\left(\frac{2\pi(R\sin\theta)(R\Delta\theta)}{4\pi R^2}\right)$$

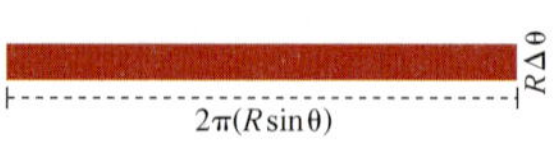


그림 15.43 전하를 가지는 고리의 면적은 고리를 "펼침"으로써 계산할 수 있다.

앞에서 그랬듯이, 고리의 표면적 $\Delta A$는 고리를 납작하게 폄으로써 계산한다(그림 15.43). 이때, 고리의 반지름이 $R\sin\theta$이고 너비가 $R\Delta\theta$임(호의 길이는 반지름에 라디안으로 계산된 각도를 곱한 것이므로)을 주의한다.

**적분 변수:** $\theta$

$\Delta E$의 크기

$$\Delta E = \frac{1}{4\pi\varepsilon_0}\frac{(\Delta Q)d}{(d^2+(R\sin\theta)^2)^{3/2}}$$
$$= \frac{1}{4\pi\varepsilon_0}\frac{(r-R\cos\theta)}{[(r-R\cos\theta)^2+(R\sin\theta)^2]^{3/2}}Q\left(\frac{2\pi(R\sin\theta)}{4\pi R^2}\right)(R\Delta\theta)$$

**3단계: 모든 조각들이 만들어내는 전기장을 더한다**

$$E = \frac{1}{4\pi\varepsilon_0}\frac{Q}{2}\int_0^{\pi}\frac{(r-R\cos\theta)}{[(r-R\cos\theta)^2+(R\sin\theta)^2]^{3/2}}\sin\theta\, d\theta$$

$\theta$의 범위를 0부터 $\pi$(180도)까지로 하면 구각 표면의 모든 고리들을 더할 수 있다는 사실로부터 적분 범위를 결정하였다.

적분을 계산하는 것은 단순히 수학이다(여기서는, 다소 어려운 수학이다). 결과는,

**구각의 바깥에서**($r > R$): 마치 모든 전하가 구의 중심에 모여 있는 것처럼,

$$E = \frac{1}{4\pi\varepsilon_0}\frac{Q}{r^2}$$

**구각의 내부에서** ($r < R$): $E = 0$.

## 요약

중첩의 원리를 이용하여 전하의 분포에 의한 전기장을 계산하는 과정.

**1단계: 전하의 분포를 여러 개의 조각들로 나누고 $\Delta\vec{E}$를 그린다**
전기장을 알고 있는 것들을 조각으로 선택한다.

**2단계: 한 조각에 의해 만들어진 전기장을 나타내는 표현을 쓴다**
이 단계는 원점을 설정하고, $\vec{r}$와 $\hat{r}$을 구하고, 적분 변수를 이용하여 조각의 위치를 표현하고, $\Delta q$를 변수들을 이용하여 표현하고, $\Delta E_x$, $\Delta E_y$와 $\Delta E_z$의 표현을 적는 것을 포함한다.

**3단계: 조각들이 만들어내는 모든 전기장을 더한다**
때때로 덧셈은 기호들로 계산될 수 있는 정적분으로 나타내진다; 아니면 유한개의 덧셈을 산술적으로 계산해야 한다.

**4단계: 결과를 확인한다**
결과를 확인하는 것은 전기장의 방향이 정성적으로 맞는지 확인하는 것과, 답의 단위가 맞는지 확인하는 것, 그리고 특수한 상황들에 대해 전기장이 맞는지 확인하는 것들을 포함한다.

**유용한 결과들:**

**막대**
막대의 중심점으로부터 막대에 수직한 방향으로 거리 $r$만큼 떨어져 있는 곳(그림 15.44)에 균일하게 대전된 막대가 만드는 전기장. $Q$는 막대의 총 전하량이고, $L$은 막대의 길이이다. 방향: ($Q$의 부호에 따라) 방사상으로 뻗어나가거나 모여드는 방향.

$$E = \frac{1}{4\pi\varepsilon_0}\frac{Q}{r\sqrt{r^2+(L/2)^2}}$$

막대에 의한 근사적인 전기장은

$$E \approx \frac{1}{4\pi\varepsilon_0}\frac{2(Q/L)}{r} \quad (L \gg r\text{일 때})$$

이다.

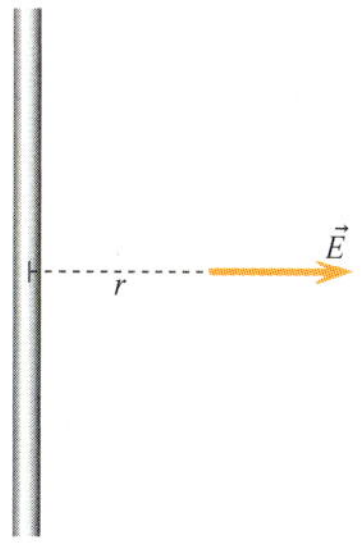


그림 15.44

### 고리

반지름이 $R$인 가느다란 고리의 중심으로부터 중심축 방향으로 $z$만큼 떨어진 곳에 $q$의 전하가 균일하게 대전된 고리가 만드는 전기장(그림 15.45). 방향: $q$의 부호에 따라 중심축에 평행, 또는 반대방향

$$E = \frac{1}{4\pi\varepsilon_0}\frac{qz}{(R^2+z^2)^{3/2}}$$

그림 15.45

### 원판

반지름이 $R$인 원판의 중심으로부터 원판에 수직한 방향으로 거리 $z$만큼 떨어진 곳에 균일하게 대전된 원판이 만드는 전기장(그림 15.46):

$$E = \frac{(Q/A)}{2\varepsilon_0}\left[1 - \frac{z}{(R^2+z^2)^{1/2}}\right]$$

근사: 원판 가까이에서 ($z \ll R$):

$$E \approx \frac{Q/A}{2\varepsilon_0}\left[1 - \frac{z}{R}\right]$$

근사: 원판에 매우 가까이에서 ($z \ll R$):

$$E \approx \frac{Q/A}{2\varepsilon_0}$$

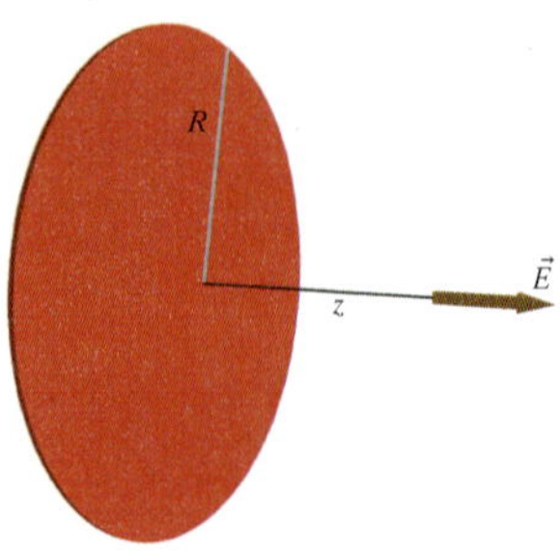


그림 15.46

### 축전기

축전기 안에 있는 위치에서의 전기장(그림 15.47):

$$E \approx \frac{Q/A}{\varepsilon_0}$$

두 개의 판으로 이루어진 축전기의 중심 부근에서 (판의 면적은 $A$이고, 한 개의 판은 $+Q$, 다른 판은 $-Q$로 대전되어 있다; 판 사이의 간격은 판의 반지름에 비해 매우 작다) 방향: 판들에 수직인 방향. 판의 바깥에서 가장자리 전기장은

$$E_{\text{fringe}} \approx \frac{Q/A}{2\varepsilon_0}\left(\frac{s}{R}\right)$$

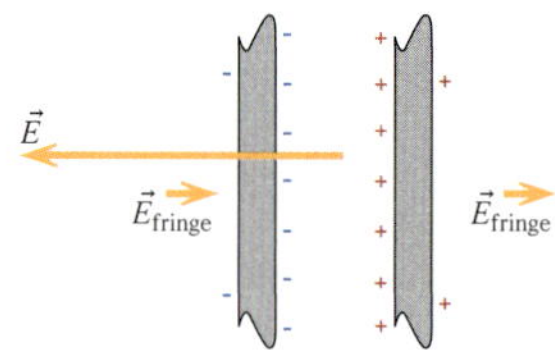


그림 15.47

### 공 껍질

균일하게 대전된 얇은 공 껍질의 안에 공 껍질의 전하들에 의해 만들어진 전기장

$$E = 0$$

균일하게 대전된 얇은 공 껍질의 밖에 공 껍질의 전하들에 의해 만들어진 전기장

$$E = \frac{1}{4\pi\varepsilon_0}\frac{Q}{r^2}$$

$r$은 공의 중심으로부터 측정 위치까지의 거리이다(그림 15.48):

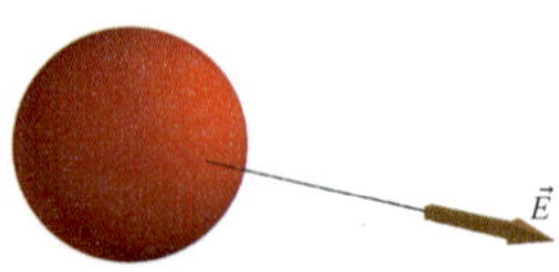


그림 15.48

### 내부에 모두 전하가 있는 구

반지름이 $R$이고 내부 전체에 걸쳐 전하가 분포하고 있는 구의 내부, 구의 중심으로부터 거리가 $r$인 곳에서

$$E = \frac{1}{4\pi\varepsilon_0}\frac{Q}{R^3}r$$

주의: 앞의 것과 혼동하지 말라. "속이 꽉 찬"이라는 말

과 "껍질"이라는 말은 전하의 위치(표면에 있는지 아니면 물체 전체에 있는지)와 관계가 있다. 플라스틱 공이 속이 꽉 차 있더라도 전하가 표면에 고루 분포하고 있고 안에는 없다면 플라스틱 내부에서의 전기장은 0이다—이는 대전된 공 껍질의 예이다.

## 질문

**질문1.** 길이가 $L$인 균일하게 대전된 막대가 중심선에 만들어내는 전기장의 대수적인 표현을 구하기 위해 풀어야 하는 적분 식을 만든다고 생각해 보라. 막대의 중심을 원점으로 잡으면, 적분의 범위는 어떻게 되는가?

**질문2.** 막대의 길이가 2.5 m이다. 전하량은 $-2 \times 10^{-7}$ C이다. 측정 위치는 막대로부터 중심선을 따라 4 cm 떨어진 곳이다. 식 $E = \frac{1}{4\pi\varepsilon_0}\frac{Q}{r\sqrt{r^2+(L/2)^2}}$에서 $r$은 몇 미터인가?

**질문3.** 막대의 수직 이등분선 상에서 전기장의 크기를 $r$에 대한 그래프로 그려라. $E$가(거리가 증가함에 따라) 단조적으로 감소하는가?

**질문4.** $2 \times 10^{-8}$ C의 전하가 균일하게 분포하는 막대의 길이가 50 cm이다. 막대의 중심으로부터 1 cm 떨어진 곳에서의 $E$를 계산해야 한다. 막대의 전기장 공식 중에서 어떤 것을 이용해야 하는가?

(A) 정확한 식

(B) 근사식

(C) 정확한 식, 또는 근사식 모두 가능하다.

(D) 둘 다 안 된다.—산술적으로 계산해야 한다.

(E) 둘 다 안 된다.—적분을 해야 한다.

**질문5.** 한 학생이 $Q$의 전하를 가지고 한 변의 길이가 $L$인 정육면체가 정육면체의 중심으로부터 $x$만큼 떨어진 곳에 만들어내는 전기장이

$$E = \frac{Q}{\varepsilon_0}\frac{L}{x^{1/2}}$$

라고 주장했다. 이 공식이 맞지 않다는 것을 어떻게 아는지 설명하라.

**질문6.** 한 학생이 $Q$의 전하를 가지는 한 변의 길이가 $L$인 정육면체가 정육면체의 중심으로부터 $x$만큼 떨어진 곳에 만들어내는 전기장이

$$\frac{1}{4\pi\varepsilon_0}\frac{50QL}{x^3}$$

이라고 주장했다. 이 공식이 맞지 않다는 것을 어떻게 아는지 설명하라.

**질문7.** 표면에 거의 균일하게 전하가 분포하는 물체에 의한 전기장을 계산할 때, 다음의 시행을 어느 순서로 해야 하는가? (1) 방향과 단위를 확인한다. (2) 점전하로 근사할 수 있는 하나의 조각에 의한 전기장의 식을 쓴다.(3) 전기장을 알고 있는 작은 조각들로 물체를 나눈다. (4) 모든 조각들이 만들어내는 전기장의 벡터 합을 구한다.

**질문8.** 고리의 전기장을 아는 것이 어떻게 원판의 전기장을 계산하는 데에 도움이 되는지 간단히 설명하라.

**질문9.** 균일하게 대전된 고리에 의해 고리의 중심축 위에 만들어진 전기장의 대수적인 표현을 생각해 보라. $Q$는 고리 전체에 대전된 전하이고, $\Delta Q$는 고리의 한 조각에 있는 전하이다. $\Delta\theta$는 하나의 조각에 대한 중심각이다 (또는 $\Delta r$은 한 조각의 호의 길이이다). 주어진 상수들과 적분 변수들로 표현하면, $\Delta Q$는 어떻게 되는가? 적분의 범위는 어떠한가?

**질문10.** 그림 15.49의 막대는 양전하로 균일하게 대전되어 있다. 어떤 화살표($a - h$)가 빨간색으로 표시된 위치에서의 전기장을 가장 잘 표현하는가?

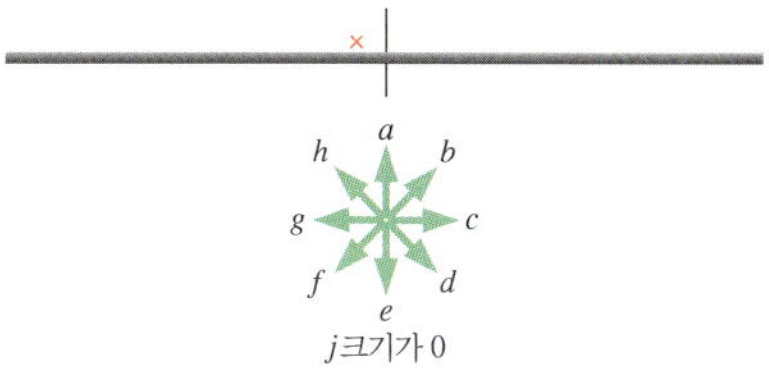


**그림 15.49**

**질문11.** 물리적인 상황에 대해 생각해봄으로써 반지름이 $R$이고 $+Q$의 전하가 균일하게 대전되어 있는 고리의 중심에서 전기장의 세기를 예상해 보라. 그리고 본문 내용에서 유도한 공식을 이용하여 그 예상을 확인해 보라.

**질문12.** "가장자리 전기장"의 의미를 설명하라.

**질문13.** 균일하게 대전된 원판 근처에서 원판과의 거리에 대해 전기장이 변하지 않을 수 있는지 그 이유를 정성적으로 설명하라.

**질문14.** 쿨롱의 법칙은 전기장이 $1/z^2$의 형태로 감소한다는 것을 알려준다. 어떻게 균일하게 대전된 원판의 $E$가 $[1 - z/R]$의 값에 의존하거나, 거리에 영향을 받지 않을 수 있는가?

**질문15.** 매우 얇은 두 개의 플라스틱 원판이 크기가 같고 부호가 다른 전하로 대전된 채로 가까이에 위치해 있다. 왜 두 판 사이의 전기장이 판 밖의 전기장보다 훨씬 큰지 대략적으로 설명하라. 자신의 주장을 그림에 표현해 보라.

**질문16.** 축전기 내부의 전기장은 그림 15.50의 왼쪽에 나와 있다. 선택지(1−5) 중에서 위치 $A$에서의 전기장을 가장 잘 나타내는 것은 무엇인가?

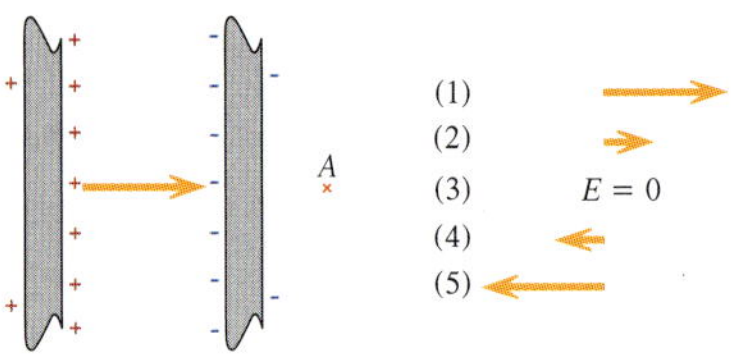


그림 15.50

**질문17.** 속이 꽉 찬 플라스틱 공을 표면 전체가 음전하로 대전되도록 양 털에 문질렀다. 그림으로 플라스틱 공 내부 분자들의 분극을 나타내고 간단히 설명하라.

**질문18.** 한 학생이 "균일하게 대전된 구 내부의 전기장은 항상 0이다."라고 했다. 반례를 들어보라.

**질문19.** 전기장이나 전기력의 크기가 거리의 변화에 따라 다음에 주어진 것과 같이 근사적으로 변하도록 하는 전하 분포의 예를 들어라. (a) 거리에 무관한 전기장 (b) $1/r$에 비례하는 전기장 (c) $1/r^2$에 비례하는 전기장 (d) $1/r^3$에 비례하는 전기장 (e) $1/r^5$에 비례하는 (전기장이 아닌) 전기력

## 문제

### 15.1절

**문20.** 균일하게 대전된 0.4 m 길이의 막대의 전하량이 2.2 nC일 때, 막대의 중심으로부터 3 cm 떨어진 곳에서 전기장의 크기는 몇인가?

**문21.** 가느다란 막대가 그림 15.51처럼 한쪽 끝은 $-A$에, 다른 한쪽 끝은 $A$에 오도록 $x$축 위에 놓여 있다. $-Q$의 전하가 막대에 고르게 분포하고 있다. 위치 $\langle 0, y, 0\rangle$에서 막대에 의한 전기장을 구하기 위해 적분 식을 세우고자 한다. 이 장에서 다룬 방법을 따라 막대를 점전하로 생각할 수 있는 짧은 마디들로 나누었다. 그림에 빨간색으로 표시된 조각을 대표로 선택하였다. 변수 $x$, $y$, $dx$, $A$, $Q$를 적절히 사용하여 답하라. 막대가 $-Q$로 대전되었다는 것을 기억하라.

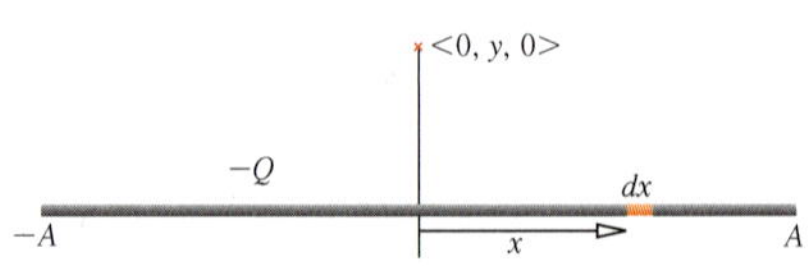


그림 15.51

(a) 그림에 기호로 주어진 값들로 표현하면, 막대의 단위 길이당 전하량은 무엇인가? (b) 미소 길이 $dx$에 있는 미소 전하 $dQ$의 양은 무엇인가 (c) 이 조각으로부터 측정 위치까지의 벡터는 무엇인가? (d) 이 조각으로부터 측정 위치까지의 거리는 무엇인가? (e) 전체 막대에 의한 측정 위치에서의 전기장을 구하기 위해 적분 식을 세울 때, 무엇이 적분 변수가 되는가?

**문22.** 1.7 m 길이의 플라스틱 막대가 전체적으로 양털에 문질러져 $-2 \times 10^{-8}$ C의 전하를 얻었다(그림 15.52). 우리가 사용할 좌표계에서 막대의 중심을 원점으로 설정하고, $x$축은 오른쪽, $y$축은 위쪽, 그리고 $z$축은 이 책에서 나오는 방향으로 설정한다. 위치 $A = \langle 0.7, 0, 0\rangle$ m에서의 전기장을 구하기 위해, 우리는 막대를 8개의 조각으로 나누고 각각의 조각을 그 중심에 위치한 점전하로 근사한다.

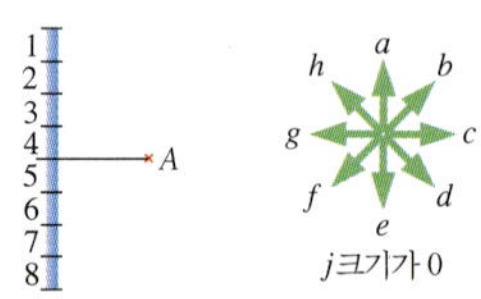


그림 15.52

(a) 이 조각들 중 하나의 길이는 얼마인가? (b) 3번 조각의 위치는 무엇인가? (c) 3번 조각에는 얼마의 전하가 있는가?(전하가 음이라는 것을 상기하라.) (d) 조각 3을 점전하로 근사할 때 위치 $A$에서 오직 3번 조각에 의한 전기장은 어떻게 되는가? (e) 위치 $A$의 알짜 전기장을 구하기 위해 8개의 조각 하나하나가 만들어내는 전기장 $\Delta\vec{E}$를 계산하고 이들을 더할 것이다. 이렇게 할 때, 어떤 화살표($a$ − $h$)가 전기장의 방향을 가장 잘 나타내는가?

**문23.** 순수한 12 cm의 플라스틱 펜이 전체적으로 양털에 문질러져 −2 nC의 음전하를 얻었다. 펜의 중심 근처에서, 펜으로부터 18 mm 떨어진 곳의 전기장을 구하고자 한다. (a) 점전하로 생각할 수 있는 5개의 마디로 구성된 막대로

펜을 모형화하기로 한다. 각각의 마디의 길이는 몇 미터인가? (b) 5개의 마디 각각에 있는 전하량 $\Delta Q$는 무엇인가? (c) 일반적으로 막대의 길이가 $L$이고 전하량이 $Q$일 때 이 막대를 $N$개의 조각으로 나눈다면 각각의 조각에 있는 전하량 $\Delta Q$는 얼마인가? (d) 각각의 조각의 길이가 $dL$일 때, 조각의 개수 $N$을 막대의 길이 $L$과 조각 한 개의 길이 $dL$을 이용하여 표현하라. (e) 이제 각 조각의 전하량을 막대의 길이와 작은 조각의 길이로 표현하라.

**문24.** 80 cm 길이의 가느다란 유리 막대가 양털에 전체적으로 문질러져 표면에 균일하게 분포하는 60 nC의 전하를 얻었다. 막대의 중심점으로부터 7 cm 떨어진 위치에서 이 막대에 의해 생기는 전기장의 크기를 계산하라. 임의의 길이의 막대에 대한 정밀한 공식을 이용하여 먼저 계산하고, 두 번째로는 긴 막대에 대한 근사식을 이용하여 계산하라.

**문25.** 물 분자는 알려진 쌍극자 모멘트 $p(=qs)$를 가진 영구 쌍극자이다. 양전하 $+Q$ 균일하게 대전된 길이 $L$의 긴 유리 막대의 중심점으로부터 매우 짧은 거리 $x$만큼 떨어져 있는 곳 공중에 물 분자 하나가 있다(그림 15.53). 쌍극자의 축은 막대에 수직이다. $s \ll x \ll L$임에 주목하라. (대전된 막대가 쌍극자 모멘트의 증가를 유발하지만, 증가된 쌍극자 모멘트는 $p$에 비하면 완전히 무시할 수 있는 정도이다. 미적분학에서 배웠을 "이항 전개"—$\epsilon \ll 1$이면 $(1+\epsilon)^n \approx 1 + n\epsilon$라는—를 이용하면 편리하다. $n$이 음수도 될 수 있음에 주의하자.)

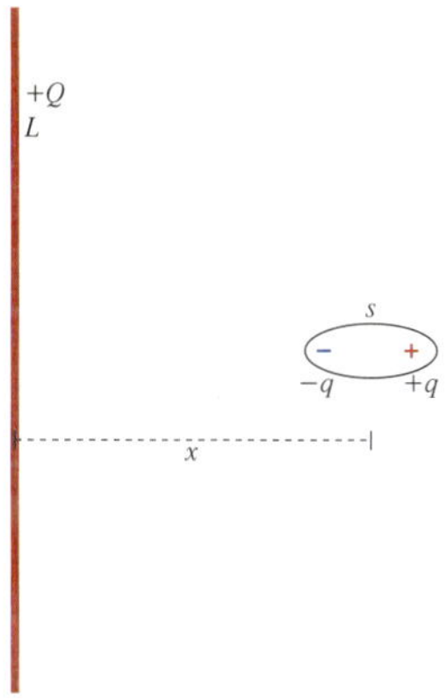


그림 15.53

(a) 물 분자에 작용하는 전기력의 크기와 방향을 구하라. 최종적으로 구한 전기력은 $Q$, $L$, $x$, $p$로 표현되어야 한다. 계산에서 $q$와 $s$를 사용해도 되지만, 물 분자에서 측정 가능한 것은 그들의 곱인 $p = qs$뿐이기 때문에, 최종 결과는 $q$나 $s$를 포함하면 안 된다. 적절한 그림과 함께 풀이를 면밀하게 설명하라. (b) 막대로부터 1 cm 떨어진 곳, 물 분자가 있는 위치에서 막대에 의한 전기장의 크기가 $1 \times 10^6$ N/C이라면, 물 분자 가속도의 수평 방향 성분의 크기는 몇인가? $H_2O$의 쌍극자 모멘트는 $6 \times 10^{-30}$ C·m로 측정되었고, 1몰의 질량은 18그램(1+1+16)이다. 계산에서 단위를 반드시 확인하라!

**문26.** 공장 굴뚝에 설치된 어떤 전기 집진 장치가 $Q = 0.4 \times 10^{-6}$ C이 거의 균일하게 대전된 길이 $L = 0.8$ m의 곧은 철사를 포함한다. 하나의 석탄 먼지가 철사에 가까이에 있고, 철사의 양쪽 끝으로부터는 멀다; 철사로부터 먼지까지의 거리는 $d = 1.5$ cm이다. 탄소는 원자량이 12(핵 안에 6개의 양성자와 6개의 중성자가 있다)이다. 엄밀하게 측정한 탄소 원자의 분극률은

$$\alpha = 1.96 \times 10^{-40} \frac{\text{C} \cdot \text{m}}{\text{N/C}}$$

이다.

(a) 중력은 무시하고 석탄 먼지의 초기 가속도를 계산하라. 각 단계를 명확하게 설명하라. 답은 $Q$, $L$, $d$와 $\alpha$로 표현되어야 한다. 계산에서는 다른 기호를 사용할 수 있지만 마지막 결과에는 포함하면 안 된다. 마지막까지는 숫자를 대입하지 말고, 마지막에서는 계산기로 수행하는 수치 계산을 보여라. (b) 처음에 대전된 먼지가 철사로부터 두 배 멀리 떨어져 있었다면, 먼지의 초기 가속도는 얼마나 작아질까?

## 15.2절

**문27.** 얇은 플라스틱 막대가 휘어져 반지름이 $R$이고 중심각이 $\alpha$인 호를 만들었다고 생각해 보자(그림 15.54). 막대에는 음전하 $-Q$가 균일하게 분포하고 있다. 원점에서 전기장의 성분 $E_x$, $E_y$는 무엇인가? 일반적인 네 단계를 따라라:

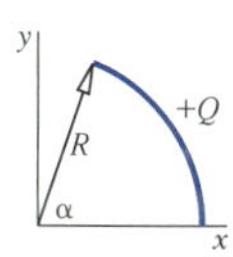


그림 15.54

(a) 그림을 이용하여 대전된 막대를 어떻게 나눌지 설명하고, 하나의 대표적인 조각이 만들어내는 전기장 $\Delta\vec{E}$를 그려라. (b) 각 조각이 만들어내는 전기장의 $x$, $y$성분을 대수적으로 표현하라. 반드시 그림에 적분 변수와 원점을 표기하라(힌트: 반지름이 $R$이고 중심각이 $\Delta\theta$라디안인 호의 길이는 $R\Delta\theta$이다). (c) 전기장의 합을 적분으로 표기하고, 적분 식을 최대한 단순화하라. 적분 변수의 범위를 정확하게 명시하라. 적분을 계산하라. (d) 답이 타당함을 보여라. 생각할 수 있는 최대한 많은 확인 방법을 적용해 보라.

**문28.** 길이 0.12 m, 폭 0.013 m의 투명한 테이프 띠가 총 전하 3 nC(나노 = $1 \times 10^{-9}$)으로 균일하게 대전되어 있고, 그림 15.55처럼 중심이 원점에 오도록 $x$축을 따라 수평하게 놓여 있다. 위치 ⟨0, 0.03, 0⟩ m(위치 $A$)에서 이 테이프에 의한 근사적인 전기장을 계산하라. 그림 15.55에서 보이는 것처럼 테이프를 3개의 동일한 조각으로 나누고 각각을 점전하로 근사하여 이를 계산하라.

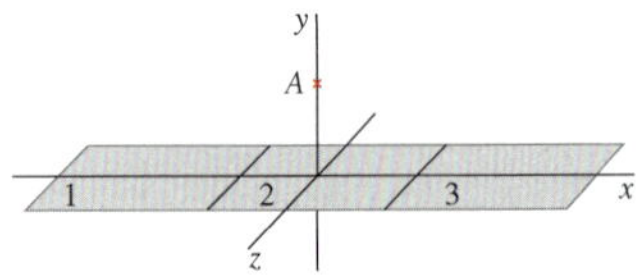


그림 15.55

(a) 조각 1에 의해 $A$에 생기는 근사적인 전기장은 얼마인가? (b) 조각 2에 의해 $A$에 생기는 근사적인 전기장은 얼마인가? (c) 조각 3에 의해 $A$에 생기는 근사적인 전기장은 얼마인가? (d) $A$에 생기는 알짜 전기장은 근사적으로 얼마인가? (e) 이 계산의 정확도를 높이기 위해 무엇을 할 수 있을까?

**문29.** 길이가 $L$인 가느다란 유리 막대의 끝이 원점에 놓여 $x$축을 따라 놓여 있다고 생각하자. 막대에는 $Q$의 양전하가 균일하게 퍼져있다.

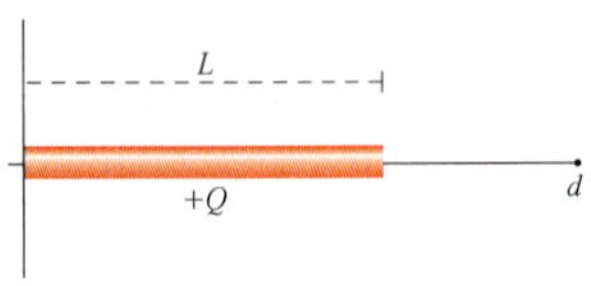


그림 15.56

$x$축 상에서, 막대의 오른쪽에 있는 위치 $d > L$에서 막대에 의한 전기장은 얼마인가? 일반적인 네 단계를 따라라. (a) 그림을 이용하여 대전된 막대를 어떻게 나눌지 설명하고, 하나의 대표적인 조각이 만들어내는 전기장 $\Delta\vec{E}$를 그려라. (b) 각 조각이 만들어내는 전기장을 대수적으로 표현하라. 반드시 그림에 적분 변수와 원점을 표기하라. (c) 전기장의 합을 적분으로 표기하고, 적분 식을 최대한 단순화하라. 적분 변수의 범위를 정확하게 명시하라. 적분을 계산하라. (d) 답이 타당함을 보여라. 생각할 수 있는 최대한 많은 확인 방법을 적용해 보라.

**문30.** 가느다란 플라스틱 막대가 반지름이 $R$이고 중심이 원점에 있는 반원으로 휘어졌다고 생각해 보라(그림 15.57). 막대는 $-Q$의 음전하로 균일하게 대전되어 있다.

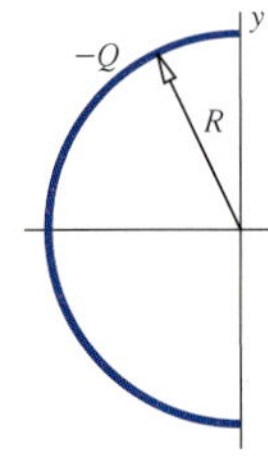


그림 15.57

(a) 막대로 인해 원점에 생긴 전기장 $\vec{E}$를 구하라. 숫자나 기호가 신중히 붙여진 그림을 포함하고, 반드시 결과를 확인하라.(b) 전하량이 $-2e$이고 질량이 $M$인 이온이 원점에 정지 상태로 놓여 있다. 매우 짧은 시간 $\Delta t$가 지나 이온은 매우 짧은 거리밖에 움직이지 못했지만 약간의 운동량 $\vec{p}$가 생겼다. $\vec{p}$를 구하라.

## 15.3절

**문31.** 반지름이 5 cm인 두 개의 고리가 $x$축을 중심축으로 공유하며 24 cm 떨어져 있다. 왼쪽의 고리에는 +31 nC의 전하가 균일하게 분포하고 있고, 오른쪽의 고리에 −31 nC의 전하가 균일하게 분포하고 있다. (a) $x$축 위, 두 고리의 가운데 지점에서 전기장의 크기는 얼마이고 방향은 어느 쪽인가?

(b) −9 nC의 전하가 두 고리의 가운데에 있다면 두 고리에 의해 이 전하가 받는 힘은 어떻게 될까?

**문32.** 반지름이 4 cm인 두 개의 고리가 $x$축을 중심축으로 공유하며 12 cm 떨어져 있다. 왼쪽의 고리에는 +40 nC의 전하가 균일하게 분포하고 있고, 오른쪽의 고리에 −40 nC의 전하가 균일하게 분포하고 있다. (a) 두 고리의 가운데에서 오른쪽 고리에 의한 전기장은 어떻게 되는가? (b) 두 고리의 가운데에서 왼쪽 고리에 의한 전기장은 어떻게 되는가? (c) 두 고리의 가운데에서 알짜 전기장은 어떻게 되는가? (d) 두 고리의 가운데에 −2 nC의 전하가 있다면 두 고리에 의해 이 전하가 받는 힘은 어떻게 되는가?

**문33.** 반지름이 2 cm인 두 개의 고리가 $x$축을 중심축으로 공유하며 20 cm 떨어져 있다. 두 고리에 모두 +35 nC의 전하가 균일하게 분포하고 있다면 두 고리의 가운데에서 전기장의 크기는 얼마이고 방향은 어느 쪽인가?

**문34.** 벽이 얇고 속이 빈 유리 원통의 양쪽이 뚫려 있고 반지름이 $R$이고 길이가 $L$이다. 원통의 중심축은 $x$축 위에 있고 그 왼쪽 끝이 원점에 위치해 있다(그림 15.58). 바깥쪽 표면이 비단에 문질러져 총 $Q$의 양전하로 균일하게 대전되었다. $x$축 위로 원점에서 $w$만큼 떨어진 곳에서 전기장을 구하라. 각각의 단계를 설명하라(적분 표를 참조해도 된다).

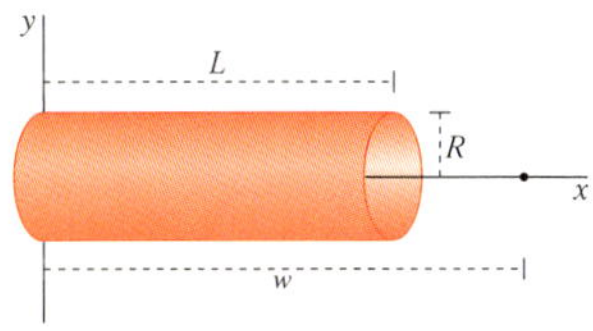


그림 15.58

## 15.4절

**문35.** 원판의 반지름이 21 cm이고, 원판에 균일하게 분포하고 있는 전하의 총량이 $5.0 \times 10^{-6}$ C이라고 가정하자. (a) 정확한 식을 이용하여 원판의 중심으로부터 1 mm 떨어진 곳에서의 전기장을 구하라. (b) 정확한 식을 이용하여 원판의 중심으로부터 3 mm 떨어진 곳에서의 전기장을 구하라. (c) 전기장이 크게 감소하는가?

**문36.** 반지름이 $R = 20$ cm이고 $Q = 6 \times 10^{-6}$ C인 원판에 대해서, 다음 세 가지 공식을 모두 사용하여 원판의 중심으로부터 2 mm 떨어진 곳에서의 전기장을 구하라.

$$E = \frac{(Q/A)}{2\varepsilon_0}\left[1 - \frac{z}{(R^2+z^2)^{1/2}}\right],$$

$$E \approx \frac{Q/A}{2\varepsilon_0}\left[1 - \frac{z}{R}\right], \quad \text{and} \quad E \approx \frac{Q/A}{2\varepsilon_0}.$$

이 거리에서 근사식은 얼마나 정확한가? 같은 원판에 대해서, 5 cm(50 mm)만큼 떨어진 곳에서 세 가지 공식을 이용해 보라. 이 거리에서는 근사식이 얼마나 정확한가?

**문37.** 반지름이 16 cm인 원판 전체에 총 $4 \times 10^{-6}$ C의 전하가 균일하게 분포하고 있다.

(a) 정확한 공식을 이용했을 때, 원판의 중심으로부터 1 mm 떨어진 곳에서의 전기장은 몇인가? (b) 같은 공식을 이용하여 원판의 중심으로부터 3 mm 떨어진 곳에서의 전기장을 구하라. (c) 두 값의 차를 백분율로 나타내면 얼마인가?

**문38.** $7 \times 10^{-6}$ C의 전하가 균일하게 분포하고 있는 반지름이 20 cm인 원판에 대해서 원판의 중심 축 위로 원판으로부터 5 mm 떨어진 위치에 생기는 전기장의 크기를 다음 각각의 공식들을 이용하여 계산하라.

(a) $E = \frac{(Q/A)}{2\varepsilon_0}\left[1 - \frac{z}{(R^2+z^2)^{1/2}}\right]$

(b) $E \approx \frac{Q/A}{2\varepsilon_0}\left[1 - \frac{z}{R}\right]$

(c) $E \approx \frac{Q/A}{2\varepsilon_0}$

(d) 이 거리에서 근사식들은 얼마나 정확한가?

(e) 어떤 거리에서 전기장의 가장 덜 정확한 근사식의 결과가 가장 정확한 근사식의 결과와 가까운가? 원판에 가까운 곳, 즉 떨어진 거리가 $R/2$일 때인가? 아니면 원판에서 먼 곳, 즉 떨어진 거리가 $R$일 때인가?

**문39.** 그림 15.59에 보인 것처럼 반지름이 $R = 1.5$미터인 크고 얇은 플라스틱 원판이 $-Q = -3 \times 10^{-5}$ C으로 균일하게 대전되어 있다. 원형 알루미늄 포일 조각이 원판으로부터 $d = 3$ mm 떨어진 곳에 원판과 평행하게 있다. 포일은 반지름이 $r = 2$ cm이고 두께가 $t = 1$밀리미터이다.

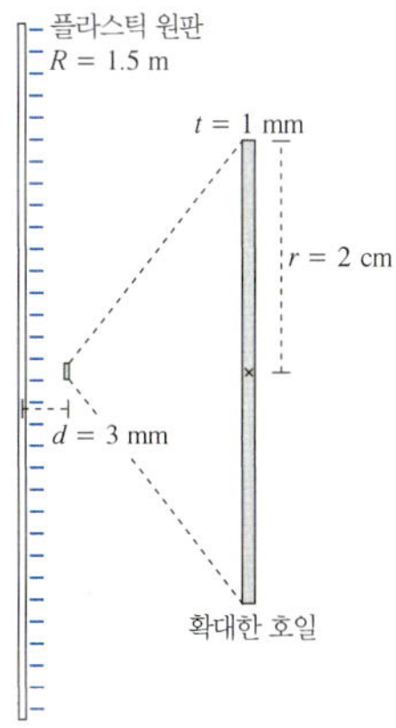


그림 15.59

(a) 포일을 확대한 그림에 전하의 분포를 표시하여라.

(b) 포일의 내부, 포일의 중앙에 있는 위치에서 전기장의 크기와 방향을 계산하라.

(c) 포일의 왼쪽 면에 있는 전하량 $q$를 구하여라.

**문40.** 지름 3 m의 얇은 원형 유리판의 표면이 천에 문질러져 균일하게 대전되었다. 염화 이온(염화 원자가 추가적으로 전자 하나를 얻은 것) 하나가 유리 판 근처를 지나간다. 이온이 판의 중심 근처에 있을 때, 판 쪽으로 $5 \times 10^{-15}$ N의 전기력을 받는다. 이러한 상황에서 다음 문제들을 풀기 전에, 종이에 그림을 그리고 전기장과 전기력 벡터, 전하량들을 표시하면 도움이 될 것이다.

다음 설명들 중 이 상황에 대해 맞게 말하고 있는 것은 무엇인가? 옳은 것을 모두 골라라.

(1) 염화 이온에 작용하는 전기장은 유리판에 있는 전하와 염화 이온의 전하에 의해 생긴 것이다.

(2) 유리판의 전기장은 염화 이온의 전기장과 같다.

(3) 대전된 원판은 염화 이온에 작용하는 전기력의 원인이 되는 전기장을 만든다.

(4) 염화 이온의 위치에서의 알짜 전기장은 0이다.

(5) 염화 이온에 작용하는 전기력은 유리판의 전기장과 같다.

원판에 의한 전기장의 정확한 공식에 두 가지 근사식이 추가적으로 유도된다. 현재 상황에서 우리는 3개의 유효숫자까지 맞는 답을 얻고자 한다. 다음 중 맞는 것은 무엇인가? 정확한 계산을 위한 충분한 정보를 가지고 있다면 근사식을 사용하면 안 된다.

(1) $R \gg z$이므로, 가장 근사적인 공식을 사용해도 괜찮다.

(2) $z$가 $R$과 거의 같으므로, 정확한 공식을 써야 한다.

(3) $z \ll R$이므로 우리는 근사식을 쓸 수 없다.

유리판에는 얼마의 전하가 있는가? 부호와 적절한 단위를 사용하여 값을 제시하라.

## 15.5절

**문41.** 만약 공기 중에서 전기장의 크기가 대략 $3 \times 10^6$ N/C을 넘으면, 공기가 방전되며 불꽃이 만들어진다. 반지름이 50 cm이고 1 mm 떨어져 있는 두 개의 원판으로 이루어진 축전기에, 불꽃(이는 전하가 하나의 판에서 다른 판으로 흐르도록 한다)이 생기지 않고 충전될 수 있는 최대(양과 음) 전하는 몇인가? 이러한 조건에서, 축전기 바로 바깥에 생기는 가장자리 전기장의 세기는 몇인가?

**문42.** 길이가 $L$이고 너비가 $W$인 두 개의 직사각형 금속판을 매우 작은 간격 $s$만큼 떨어뜨려 만든 축전기를 생각해 보라. 하나의 판에 $+Q$의 전하가 대전되어 있고 다른 판에는 $-Q$의 전하가 대전되어 있다. 틈 사이 영역에서 전기장이 거의 균일하다고 가정하고, 축전기 바깥에서는 전기장이 무시할 수 있을 정도로 작다고 하자. 하나의 판이 다른 판에 작용하는 인력을 계산하라. 하나의 판이 스스로에게는 힘을 가하지 않는다는 것을 기억하라.

**문43.** 반지름이 1.1 m인 두 개의 큰 금속 원판이 평행하게 1.2 mm 떨어져 있는 축전기가 있다. 축전기가 충전되어, 한 원판에는 점점 증가하는 양인 $+Q$ 전하가 대전되고, 다른 판은 $-Q$로 대전된다. $Q$가 대략 어떤 값일 때 두 원판 사이에 불꽃이 생기는가?

**문44.** 만일 공기 중에서 전기장의 크기가 약 $3 \times 10^6$ N/C을 넘으면 공기가 방전되며 불꽃이 만들어진다. 반지름이 51 cm이고 2 mm 떨어져 있는 두 개의 원판으로 이루어진 축전기에 대하여 만약 축전기 사이의 전기장이 딱 불꽃을 만들 수 있을 정도로 높을 때, 축전기의 바로 밖에서 가장자리 전기장의 세기는 얼마인가?

**문45.** 어떤 음극선 관 안에서 진공 속을 전자가 이동하다가 위쪽 방향으로 $1 \times 10^5$ N/C의 전기장이 작용하는 편향판의 영역에 들어간다(그림 15.60).

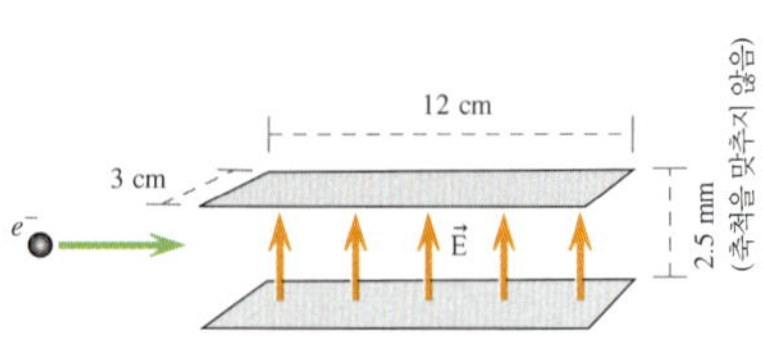


그림 15.60

(a) 편향판의 영역을 지나서도 이동을 계속하는(전자가 충분히 빨리 움직여서 판들에 부딪히지 않는다) 전자의 이동 경로를 그려라.

(b) 편향판들 사이에 있을 때 전자의 가속도를 계산하라.

(c) 편향판이 가로 12 cm, 세로 3 cm이고 두 판 사이의 간격은 2.5 mm이다. 두 판은 크기가 같고 부호가 다른 전하로 대전되어 있다. 위에 있는 판이 가지는 전하량의 부호는 무엇이고 크기는 얼마인가?

**문46.** 그림 15.61에 보인 것처럼 반지름이 $R$인 두 개의 원판이 균일하게 대전되어 서로 매우 가깝게 놓여 있다(틈의 간격 $\ll R$). 왼쪽에 있는 원판은 $-Q_{\text{left}}$의 전하를 가지고 있고, 오른쪽의 원판은 $Q_{\text{right}}$의 전하를 가지고 있다($Q_{\text{right}}$은 $Q_{\text{left}}$보다 크다). 균일하게 대전된 길이 $L$의 가느다란 막대가 원판의 중심축과 평행한 방향으로 중심이 원판 사이에 오게 원판들의 모서리에 놓여 있다. 막대는 총 $+Q_{\text{rod}}$의 전하를 가지고 있다.

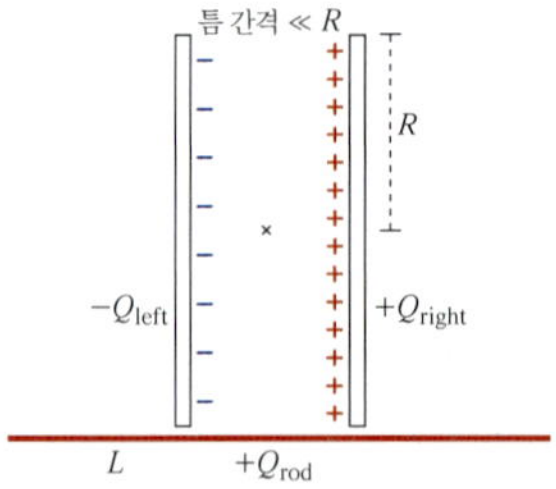


그림 15.61

(a) 원판 사이의 영역 가운데로 표시된 위치에 생기는 전기장의 크기와 방향을 구하고, 그림에 전기장을 표시하여 이에 대해 간략히 설명하라. 답에는 주어진 값들 $R$, $Q_{\text{left}}$, $Q_{\text{right}}$, $L$, $Q_{\text{rod}}$ 이외의 기호는, 풀이 중에 주어진 값들만으로 정의를 내리고 쓰지 않는 이상, 포함하면 안 된다.

(b) 원판 사이의 영역 가운데에 전자가 놓여 있으면 전자에 작용하는 전기력의 크기와 방향은 어떻게 되는가?

**문47.** 두 개의 균일하게 대전된 평행 금속 원판으로 이루어진 축전기가 판들의 안쪽 표면에서는 $+Q$와 $-Q$로 그리고 바깥쪽 표면에서는 아주 작은 양인 $+q$와 $-q$로 대전되어 있다. 각각의 원판들은 반지름이 $R$이고 두께가 $t$이며, 판들 사이의 간격은 $s$이다 . 양전하를 가지는 원판의 바깥 표면에 있는 전하 $q$를 $Q$에 대해서 표현하면 어떻게 되는가?

**문48.** 이 문제는 실제 물리적 상황을 모형으로 만들고, 이상적으로 만들고, 근사를 하고, 가정을 세우고, 물리적 원리들을 이용한 정밀한 분석을 하도록 요구하는 어려운 문제이다. 이 문제에 대해 생각해보는 데에 충분한 시간을 가지도록 한다.

여러 가지 값들을 측정하고, 어림잡고, 찾아봐야할 것이다. 순수한 플라스틱 볼펜이 양털에 충분히 문질러졌다. 대전된 플라스틱 펜이 바인더 종이에 난 구멍보다 작은 크기의 원판 모양인 대전되지 않은 알루미늄 포일 위에 들려 있다.

(a) 이 상황에 대한 정확한 물리적인 도식을 전하량, 전기장, 힘, 거리들을 표시하여 그려라. 분석에 있어서 이 도식을 이용하라.

(b) 근본적인 물리 원칙들로부터 시작하여 포일을 들어올리기 위해 펜을 포일에 얼마나 가까이 가져가야 할지 예상하라(다시 말해, 실제 거리를 수치적으로 예상하라). 사용하는 모든 근사와 가정들을 정확히 언급하라.

(c) 실험을 해보고 관찰된 결과를 예상과 비교하라.

## 15.6절

**문49.** $-17$ nC으로 대전된 속이 꽉 찬 반지름 1.5 cm의 금속 공이, $+7$ nC으로 표면이 균일하게 대전된 반지름 2 cm의 플라스틱에 가까이 위치해 있다(그림 15.62). 공들의 중심 사이의 거리는 9 cm이다.

(a) 각각의 공에 전하가 어떻게 분포하고 있는지 대략적으로 보여라.

(b) 오직 플라스틱 구에 의해 생기는, 금속 구 중심에서의 전기장은 어떻게 되는가?

(c) 금속 공의 중심에 생기는 알짜 전기장을 구하라.

(d) 오직 금속 구에 의해 생기는 금속 구 중심에서의 전기장은 어떻게 되는가?

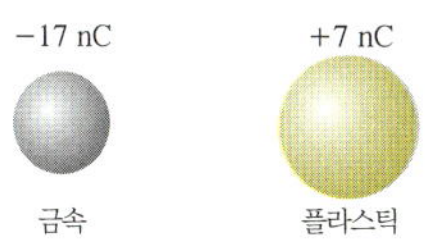


그림 15.62

**문50.** 원점에서 $d$만큼 떨어진 위치 $A$에 서서 대전된 작은 공을 들고 있다. 공에 작용하는 전기력이 0.08 N임을 알았다. 원점에서 $2d$만큼 떨어진 위치 $B$로 이동해서, 공에 작용하는 전기력이 0.04 N임을 알았다. 원점에 위치하여 전기장을 만들어내는 물체는 무엇일까?

(A) 점전하
(B) 쌍극자
(C) 균일하게 대전된 막대
(D) 균일하게 대전된 고리
(E) 균일하게 대전된 원판
(F) 축전기
(G) 균일하게 대전된 속이 빈 공
(H) 위 중 아무것도 아니다

만약 위치 $B$에서의 전기력이 0.799 N이었다면, 답은 무엇이 되겠는가? $B$에서의 전기력이 0.01 N이었다면, 답은 무엇일까? $B$에서의 전기력이 0.02 N이었다면 답은 무엇일까?

**문51.** 반지름이 5 cm인 얇은 플라스틱 구 껍질의 바깥에 $-25$ nC의 전하가 균일하게 대전되어 있다. 중심이 일치하는 반지름이 8 cm인 얇은 플라스틱 구 껍질의 바깥 표면에는 $+64$ nC의 전하가 대전되어 있다. 중심으로부터 3 cm, 7 cm, 10 cm 떨어진 곳에서 전기장의 크기와 방향을 구하라. 그림 15.63를 참고하라.

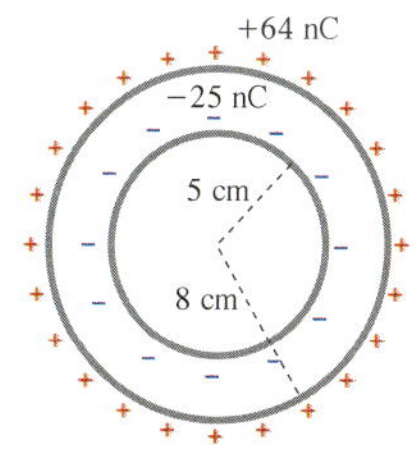


그림 15.63

**문52.** 얇은 유리로 된 반지름 7 cm의 속이 빈 공이 비단 옷에 전체적으로 문질러져 $-9 \times 10^{-8}$ C의 음전하를 표면에 균일하게 얻었다. 그림 15.64의 위치 $A$는 공 내부에 있고 표면으로부터 1 cm 떨어져 있다. 그림 15.64의 위치 $B$는 공의 외부에 있고 표면으로부터 2 cm 떨어져 있다. 근처에 다른 대전체는 없다.

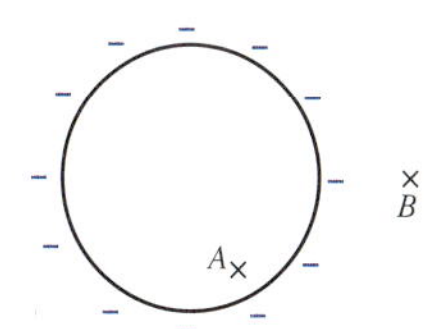


그림 15.64

공에 의한 전기장의 크기 $E_{공}$에 대한 설명 중 맞는 것은 무엇인가? 맞는 것을 모두 골라라.

(A) 위치 $A$에서, $E_{공}$은 0 N/C이다.
(B) 구의 표면에 있는 모든 전하들이 위치 $A$에서의 $E_{공}$에 기여한다.
(C) 위치 $A$에 있는 수소 원자는 구의 표면에 있는 음전하들에 가깝게 있기 때문에 분극이 될 것이다.

위치 $B$에서의 $E_{공}$은 얼마인가?

**문53.** 그림 15.65처럼, 반지름 0.17 m의 속이 빈 얇은 유리 공 껍질이 $+6 \times 10^{-9}$ C으로 균일하게 대전되어 있다. 이 공 껍질의 오른쪽에 $+3 \times 10^{-11}$ C와 $-3 \times 10^{-11}$ C의 전하가 수평으로 $2 \times 10^{-5}$ m 만큼 떨어져서 만들어진 영구 쌍극자가 놓여 있다(명확성을 위해 매우 크게 그려졌다). 쌍극자는 위치가 고정되어 있고 회전하지 않는다. 구의 중심으로부터 쌍극자의 중심까지의 거리는 0.6 m이다.

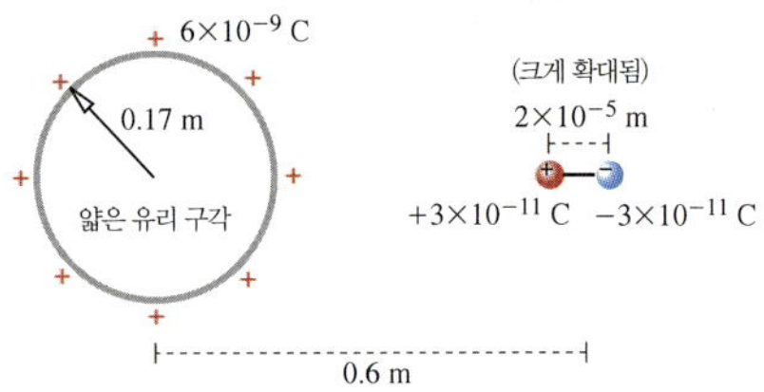


그림 15.65

(a) 유리 공의 중심에 생긴 알짜 전기장의 크기를 구하라.
(b) 만약 공이 $+6 \times 10^{-9}$ C의 전하를 가진 속이 꽉 찬 금속 구였다면, 구의 중심에서의 알짜 전기장은 어떻게 되겠는가?
(c) 금속 구의 내부/또는 표면의 대략적인 전하 분포를 표시하라.

**문54.** 반지름이 $R$인 크지만 얇은 두 개의 대전된 플라스틱 원판이 짧은 거리 $s$만큼 떨어져서 위치해 있다; $s$는 원판의 수치들에 비해 훨씬 작다(그림 15.66). 오른쪽에 있는 판에는 $+Q$의 양전하가 안쪽 표면에 균일하게 대전되어있다($Q$는 양수). 왼쪽에 있는 판은 $-2Q$의 음전하가 안쪽 표면에 균일하게 분포하고 있다. 반지름 $r$의 아주 얇은 플라스틱 공이 두 판의 가운데에 있다(단면도에 보이는 것처럼). 이 플라스틱 공의 표면은 균일하게 분포하는 $+q$의 양전하를 가지고 있다. 얇은 플라스틱 공과 플라스틱 판에서 일어나는 분극으로 인한 전기장은 무시할 수 있다.

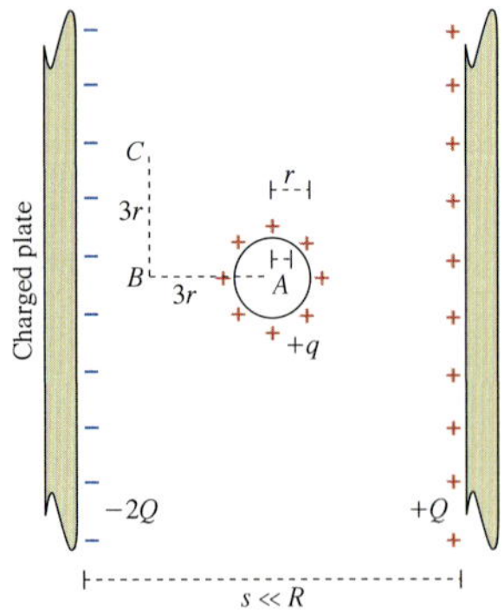


그림 15.66

(a) 공의 중심에서 오른쪽으로 $r/2$ 만큼 떨어진 위치 $A$에 생기는 전기장의 $x$와 $y$성분을 계산하라.
(b) 구의 중심에서 왼쪽으로 $3r$ 만큼 떨어진 위치 $B$에 생기는 전기장의 $x$와 $y$성분을 계산하라.
(c) 구의 중심에서 왼쪽으로 $3r$ 만큼, 위로 $3r$ 만큼 떨어진 위치 $C$에 생기는 전기장의 $x$와 $y$성분을 계산하라.

**문55.** $+Q$의 전하로 균일하게 대전된 유리 구슬이 처음엔 중성인 플라스틱 공에 둘러싸여 있다(그림 15.67).

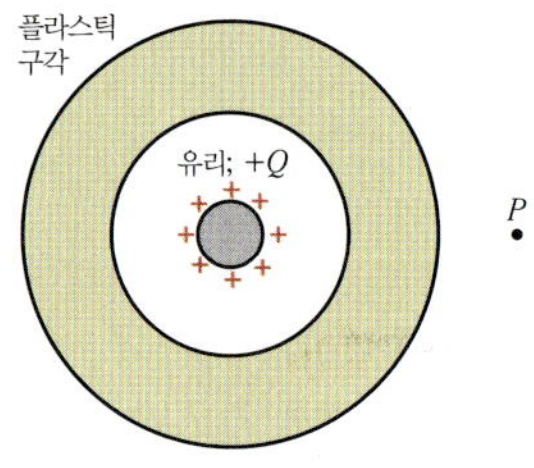


그림 15.67

(a) 플라스틱의 분극을 정성적으로 표시하라.
(b) 안에 있는 유리 구슬의 분극을 정성적으로 표시하라. 간략하게 설명하라.
(c) 플라스틱 공 바깥쪽의 위치 $P$에서의 전기장은 플라스틱 공이 없을 때보다 큰가, 작은가, 아니면 똑같은가? 간략하게 설명하라.
(d) 이제 $+Q$의 전하가 균일하게 대전된 유리 구슬이, 처음에는 중성인 금속 공에 의해 둘러싸여 있다고 가정하자(그림 15.68). 정성적으로, 금속 공의 분극을 나타내라.

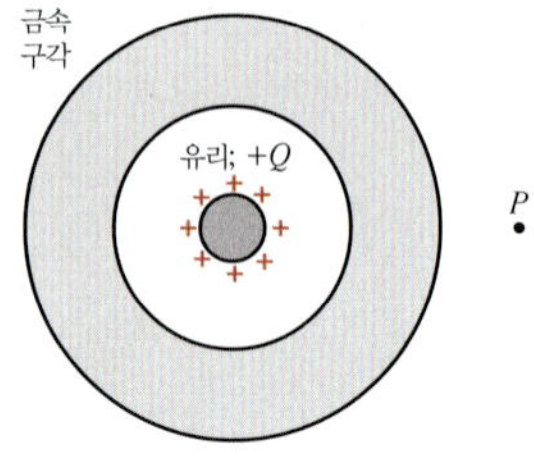


그림 15.68

(e) 이제 금속 공의 분극에 대해 정량적으로 설명하고, 자신의 주장을 증명하라.
(f) 금속 공 바깥쪽의 위치 $P$에서의 전기장은 금속 공이 없었을 때에 비해 큰가, 작은가, 아니면 똑같은가? 간략히 설명하라.

**문56.** 공기가 방전되는 전기장은 대략 $3 \times 10^6$ N/C이다. 만약 전기장이 이 값보다 크면, 공기는 도체가 된다.
(a) 공기 중에서 금속 공에 대전시킬 수 있는 전하량에는 한계가 있다. 이 한계를 조금 넘어서면 방전이 일어나는 이유와 다른 곳이 아닌 구와 아주 가까운 곳에서 방전이 일어나는 이유를 설명하라.
(b) 근처의 공기에 방전이 일어나 구의 전하를 방전시키는 일이 없이 반지름이 10 cm인 금속 공에 대전시킬 수 있는 전하의 양은 얼마인가?

(c) 반지름이 1 mm 밖에 되지 않는 금속 공에는 전하를 얼마까지 대전시킬 수 있는가? 이 결과는, 왜 고도로 대전된 금속 중 곡률 반경이 작은 곳, 즉 날카로운 부분이 있는 곳에서 불꽃이 일어나는지에 대한 실마리를 제공한다.

**문57.** 두 개의 얇은 플라스틱 공(그림 15.69의 단면에 보이는)이 균일하게 대전되어 있다. 큰 공의 중심은 (0, 0)에 위치해 있다 ; 반지름은 12 cm이며, $+4 \times 10^{-9}$ C의 양전하로 균일하게 대전되어 있다. 작은 공의 중심은(25 cm, 0)에 있다. 반지름은 3 cm이고, $-1 \times 10^{-9}$ C의 음전하로 균일하게 대전되어 있다.

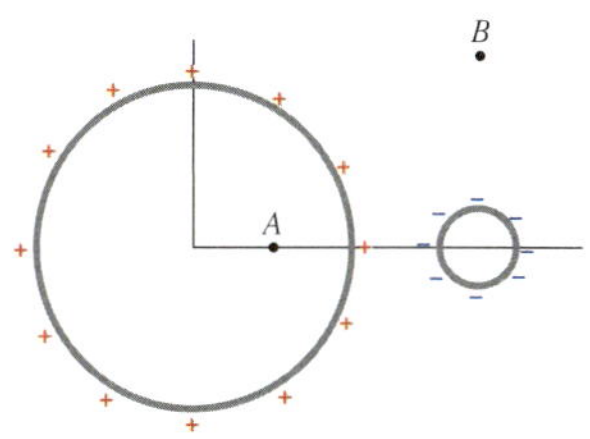


그림 15.69

(a) 위치 $A$(큰 공의 중심으로부터 오른쪽으로 6 cm만큼 떨어진 곳)에서의 전기장 $\Delta\vec{E}$의 성분 $E_{A,x}$와 $E_{A,y}$는 무엇인가? 공의 두께가 매우 얇아서 많은 양의 물질을 포함하고 있지 않으므로 플라스틱 분자의 분극으로 인한 작은 영향은 무시하라.

(b) 위치 $B$(작은 공의 중심으로부터 위로 15 cm만큼 떨어진 곳)에서의 전기장 $\Delta\vec{E}$의 성분 $E_{A,x}$와 $E_{A,y}$는 얼마인가? 구각의 두께가 매우 얇아서 많은 양의 물질을 포함하고 있지 않으므로, 플라스틱 분자의 분극으로 인한 작은 영향은 무시하라.

(c) 위치 $B$에 작용하는 전기력의 성분 $F_x$와 $F_y$는 얼마인가?

**문58.** 속이 꽉 찬 반지름 $R_1$의 플라스틱 공이 표면에 $-Q_1$의 전하를 가지고 있다(그림 15.70). 같은 중심을 공유하는 금속 공의 안쪽 지름은 $R_2$, 바깥쪽 지름은 $R_3$이고, 안쪽 표면에는 $Q_2$, 바깥쪽 표면에는 $Q_3$의 전하가 대전되어 있다. $Q_1$, $Q_2$, $Q_3$는 양수이고, 금속 공의 총 전하 $Q_2 + Q_3$은 $Q_1$보다 크다.

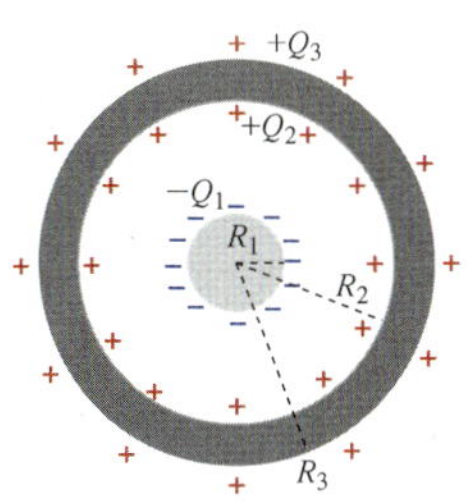


그림 15.70

중심으로부터 $r$ 만큼 떨어진 아래에 주어진 영역의 측정 위치에서 전기장의 크기와 방향을 구하고 각각의 경우에 대해서 간단히 설명하라.

(a) $r < R_1$ (플라스틱 구 내부)

(b) $R_1 < r < R_2$ (공기 틈 내부)

(c) $R_2 < r < R_3$ (금속 내부)

(d) $r > R_3$ (금속 외부)

(e) $-Q_1 = -5$ nC이라고 가정하자. $Q_2$는 몇인가? 기초적인 원리들을 토대로 충분히 설명하라.

(f) 플라스틱 분자의 분극에 대해서 무엇을 말할 수 있는가? 간단히 설명하라. 필요하면 그림과 함께 설명하라.

**문59.** 작고 얇은, 속이 빈 반지름 $R$의 유리 공에 $+Q$의 전하가 균일하게 분포하고 있다. $+q$와 $-q$의 전하가 $s$ 만큼 떨어져 있는 영구 쌍극자가 이 아래에 수평으로 있다(명료하게 하기 위해 그림 15.71에서 $s$가 크게 과장되어 있다). 쌍극자는 위치가 고정되어 있으며 회전도 하지 않는다. 구의 중심으로부터 쌍극자의 중심까지의 거리는 $L$이다.

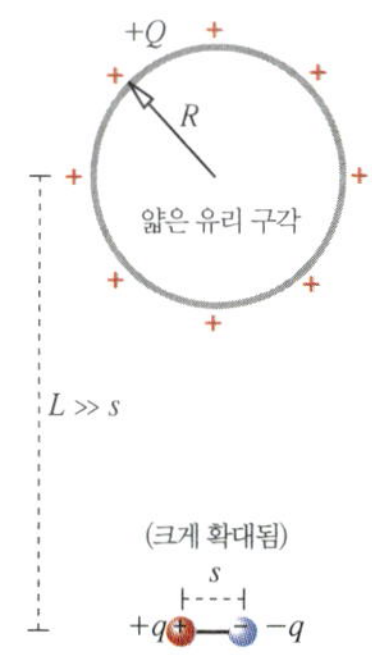


그림 15.71

(a) 유리 공의 중심에서 전기장의 크기와 방향을 계산하고, 그림에 전기장을 표시하여 간략히 설명하라. 결과는 주어진 값인 $R$, $Q$, $q$, $s$로 표현되어야 하고, 정의한 기호가 아닌 이상 이외의 기호를 포함하면 안 된다. 문제를 단순화하기 위해 어떠한 가정이 필요한가?

(b) 유리 공 대신 $+Q$의 전하로 대전된 속이 꽉 찬 금속 공이었다면 이 중심에서 전기장의 크기와 방향은 어떻게 되겠는가? 간략히 설명하라. 모든 곳에서 전하의 분포를 보이고, 구의 중심에서 구에 의한 전기장 $\vec{E}_{공}$과 쌍극자에 의한 전기장 $\vec{E}_{쌍극자}$를 정확히 그리고 기호/숫자를 붙여라.

**문60.** 매우 가느다란 4미터 길이의 유리 막대가 비단 옷에 모든 부분이 문질러져(그림 15.72) 균일하게 대전된 $+1.3 \times 10^{-6}$ C의 전하를 얻었다. 반지름이 1.2 cm인 두 개의 작은 공 모양 고무풍선들이 양털에 모든 부분이 문질러져 각각의 고무풍선은 $-2 \times 10^{-8}$ C로 균일하게 대전되었다. 풍선들은 막대로부터 3 cm 떨어진 곳에 풍선의 중심이 오도록 막대의 중심점 가까이 위치해 있다. 풍선들은 서로 2 cm 떨어져 있다(중심 사이의 거리는 4.4 cm).

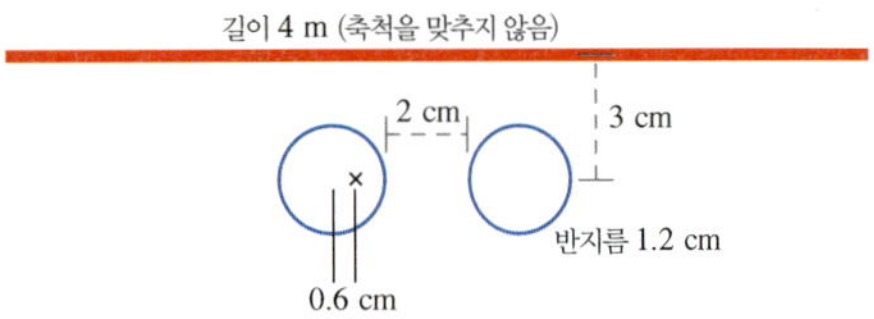


그림 15.72

(a) ×로 표시된 왼쪽 풍선의 중심으로부터 오른쪽으로 0.6 cm 떨어진 위치에서 전기장의 크기를 구하라. 또, 전기장이 수평선과 이루는 각도를 구하라. 벡터들을 표시하는 것과 함께 모든 풀이 과정을 보여라. 사용하는 모든 근사를 언급하라.
(b) 다음으로 중성 수소 원자 하나가 같은 위치(×로 표시된)에 있다. 수소 원자가 이 위치에 있을 때 이에 작용하는 효과를 그림으로 나타내어라. 수소 원자의 분극률은 $\alpha = 7.4 \times 10^{-41}$ C·m/(N/C)인 것으로 측정되었다. 수소 원자에서 양성자의 중심과 전자 구름의 중심 사이의 거리는 몇인가?

**문61.** 길이 $L$의 아주 긴 가느다란 철사에 총 전하 $+Q$가 거의 균일하게 분포하고 있다(그림 15.73). 반지름이 $r$인 작은 중성 금속 공의 중심이 철사로부터 거리 $d$인 위치에 있다. 여기서 $d \ll L$이다. 막대가 공에 가하는 힘의 근사적인 크기를 구하라. 기호/숫자가 붙여진 물리적 정보들을 그림에 표시하라. 이 상황을 어떻게 모형화했는지 설명하라.

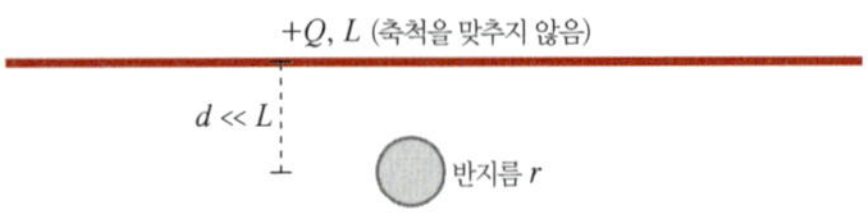


그림 15.73

## 15.7절

**문62.** 단순화한 수소 원자 모형에서는 반지름이 $R$인 전자 구름에 총 $-e$의 전하가 균일하게 분포하고 있다(바닥 상태에서 실제 전하 분포는 균일하지 않다).

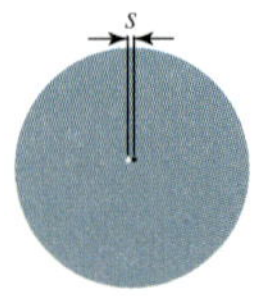


그림 15.74

(a) 균일 밀도 모형에서 수소 원자의 분극률 $\alpha$를 $R$에 대해 표현하라. 가해진 전기장의 크기가 원자를 이온화하는 데에 필요한 전기장의 크기보다 매우 작은 경우에 대해 생각하라. 풀이에 대한 제안 사항: 수소 원자의 분극을 일으키기는 하지만 가속시키지 않는 균일한 전기장을 만들어내는 축전기 안에 수소 원자가 있다고 생각하라. 양성자가 전자 구름의 중심으로부터 $s$ 만큼 떨어져 있는 평형 상태에서 양성자에 가해지는 힘들을 생각해 보라(그림에서 $s \ll R$).
(b) 수소 원자에 대해서 $R$은 약 $1 \times 10^{-10}$ m라고 할 수 있다(H 원자의 보어 원자 모형에서는 $R = 0.5 \times 10^{-10}$ m이다). 수소 원자의 분극률 $\alpha$의 값을 계산하라. 수소 원자의 측정된 분극률 $\alpha = 7.4 \times 10^{-41}$ C·m/(N/C)과 비교해 보라(아래의 주석을 보라).
(c) 가해진 전기장의 크기 $E$가 $1 \times 10^{6}$ N/C일 때, 측정된 $\alpha$의 값을 이용하여 그림 15.74에 표시되어 있는 거리 변화 $s$를 계산하라.
(d) 핵과 전자 구름이 용수철로 연결되어 있는 것처럼 원자를 모형화하는 것이 몇 가지 목적들을 위해서는 유용하다. 측정된 값 $\alpha$를 이용하여 수소 원자에 대해 유효 용수철 상수 $k_s$를 구하라. 영률의 측정으로 고체 알루미늄에서 얻은 원자 간 힘의 유효 용수철 상수는 대략 16 N/m인 것과 비교하라.
(e) $\alpha$가 두 배가 되면, $k_s$는 얼마가 될까?
주: 양자역학적 계산들은 T. M. Miller와 B. Bederson, "Atomic and molecular polarizabilities: a review of recent advances", *Advances in Atomic and Molecular Physics* 13, 1–55, 1977에서 발표한 $\alpha$의 실험적 측정값과 일치한다. 그들은 "cgs"라는 단위를 사용하여, 여기에 주어진 값들보다 $1/(4\pi\epsilon_0)$만큼 크다.

# 컴퓨터 활용 문제

아래의 컴퓨터 모형화 문제 중 몇 개의 더 자세하고 확장된 버전은 문제와 상호작용 자료의 실험 활동에 있을 것이다.

**문63.** 균일하게 대전된 막대가 만들어내는 전기장을 하나의 특정 위치에 대하여 계산하는 15.9절의 프로그램으로부터 시작하라. (a) 더 많은 점전하로 막대를 모형화함으로써 계산의 정확도를 증가시켜라. 정확한 답을 얻기 위해 최소한으로 필요한 점전하의 개수를 실험적으로 구해 보고 그 정확도의 기준에 대해서 설명하라. (b) 그렇게 발전시킨 프로그램을 이용하여 $\langle 0.05, -0.35, 0\rangle$ m에서의 전기장을 구하고, 그 결과를 화살표로 나타내라. 구한 전기장의 크기를 발표해 보라.

**문64.** 중심이 원점에 있고 $x$축 위에 놓여 있으며, 총 전하 $-2$ nC으로 대전된, 길이 0.5 m의 가늘고 긴 막대를 모형화하기 위한 프로그램을 써라. (a) $\langle -0.4, 0.3, 0.3\rangle$ m에서의 전기장을 계산하고 구한 전기장을 화살표로 나타내라. (b) 정확한 전기장을 구하기 위한 점전하의 최소 개수를 실험적으로 결정하고, 그렇게 결정한 근거를 설명하라.

**문65.** 높이 12 cm 폭 2 cm의 투명한 테이프 한 조각이 총 전하 $4 \times 10^{-8}$ C으로 균일하게 대전되어 수직으로 매달려있다.

(a) 각각 높이가 4 cm이고 폭이 2 cm인 세 개의 조각으로 테이프를 나누고, 수치적분으로 테이프의 중심으로부터 테이프에 수직인 방향으로 3 cm 떨어진 곳에서의 전기장의 크기를 계산하라. 명료하고 이해 가능한 형식으로 계산 과정을 보여라(힌트: 3차원에서의 피타고라스 정리가 $d^2 = x^2 + y^2 + z^2$의 형태임을 상기하라).

(b) 각각 높이가 3 cm이고 폭이 1 cm인 여덟 개의 조각으로 테이프를 나누고, 수치적분으로 테이프의 중심으로부터 테이프에 수직인 방향으로 3 cm 떨어진 곳에서의 전기장의 크기를 계산하라. 명료하고 이해 가능한 형식으로 계산 과정을 보여라.

(c) 두 개의 답 중에서 전기장의 실제 값과 더 가까운 것은 무엇이라고 생각하는가? 왜 그런가?

(d) 컴퓨터 프로그램을 써서(또는 스프레드시트나 수학 연산 프로그램을 이용해서), 테이프를 더 많은 작은 조각들로 나누어 전기장을 계산하고 그 결과를 다른 결과들과 비교하라. 위에서 주어진 위치를 포함한 여러 위치에서의 전기장을 계산해 보고, 가능하다면 결과를 그래프로 보여라.

**문66.** 균일하게 대전된 막대를 10개의 점전하로 모형화하고 막대를 둘러싸는 원 위에서 전기장을 계산하는 15.9절의 프로그램으로부터 시작하라. (a) "observations"라고 이름 붙여진 리스트에 화살표를 더 추가하여, 막대를 중심으로 하는 5개의 서로 다른 위치의 고리 위에서 전기장이 어떻게 생기는지 보이게 하라. (b) $dl$ 계산의 정확도를 높이기 위해 막대를 더 많은 개수의 점전하로 모형화하라. 점전하의 적절한 개수를 결정한 조건을 설명하라.

**문67.** 중심이 원점에 놓여 있고 $z$축 위에 놓여 있는 길이 2 m의 막대가 만들어내는 전기장을 계산하고 그리는 프로그램을 만들어라. 총 전하 $-60$ nC이 막대의 표면 위에 고르게 분포하고 있다. 막대를 5개의 점전하로 모형화하는 것부터 시작하라. (a) 계산의 정확도에 만족할 때까지 점전하의 개수를 늘려라. 만족스러운 점전하의 개수를 결정한 조건을 설명하라. (b) 막대를 중심으로 하되 서로 다른 위치에 있는 고리 6개 위에서 전기장을 화살표로 그려라. 화면에 잘 맞게 보이도록 화살표의 축척을 조정하라.

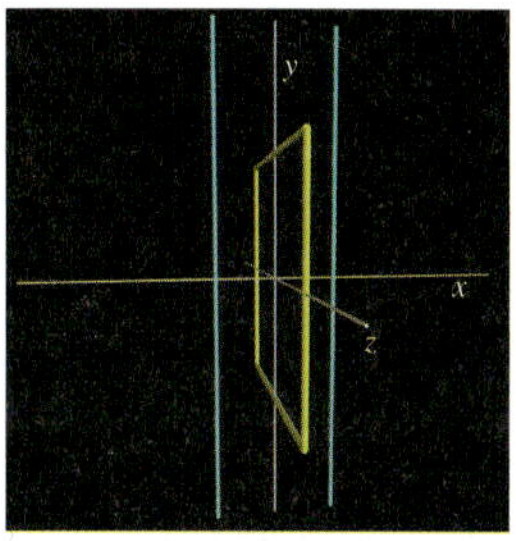


그림 15.75

**문68.** 그림 15.75처럼 길이가 각각 0.4 m인 4개의 가느다란 막대가 $yz$평면 위에 있다. 3 nC의 전하가 각 막대의 표면 위에 고르게 분포하고 있다(고리의 총 전하량은 12 nC이다). 12군데의 관측 위치: $x = -0.1$ m와 $x = 0.1$ m에서 $x$축을 수직으로 가로지르는 선 위에서 각각 여섯 군데씩에서 전기장을 계산하고 그리는 프로그램을 작성하라. 이 선들은 그림 15.75에 나와 있다.

**문69.** 균일하게 대전된 고리를 원으로 배열되어 있는 점전하들의 집합으로 모형화하라. 고리를 $yz$평면 위에 오게 하여 그 축이 $x$축 위에 있게 하라. 고리에 $Q = 50 \times 10^{-9}$ C의 전하가 대전되어 있다고 하고 반경은 $R = 0.1$ m로 놓아라. (a) 전자를 $\langle 0.15, 0, 0\rangle$ m에 정지 상태로 놓고 그 움직임을 그려보라. 각 단계에서 전자의 위치에 생성된 전기장을 계산해야 할 것이다. 관측되는 전자의 움직임을 기술하라. (b) 대전된 고리를 모형화하기 위해 사용된 `deltat`와 점전하의 수를 변화시킴으로써 계산이 정확한지 확인하라. (c) 고리의 축 위에 있지 않은, 다른 위치에 전하를 놓고 실험해 보라. 전자에 초기 운동량을 주고도 실험해 보고 싶을 것이다. 가장 흥미로운 모양의 자취가 나온 화면을 저장해 두라. 그림 15.76은 그러한 자취의 한 예다.

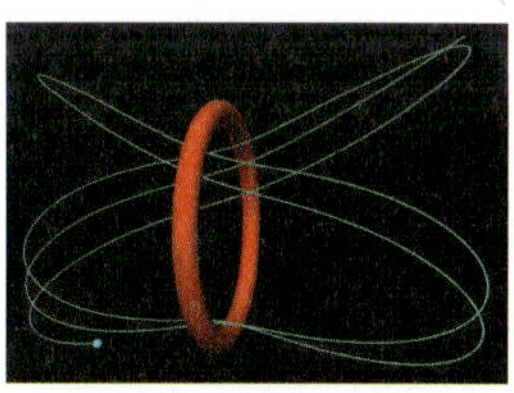

그림 15.76

## 점검 사항의 해답

1. $1.12 \times 10^4$ N/C
2. (a) 오른쪽으로 $4.51 \times 10^4$ N/C,
(b) 왼쪽으로 $2.25 \times 10^{-4}$ N (c) 0
3. $2.684 \times 10^6$ N/C; $2.657 \times 10^6$ N/C
4. 약 $2.1 \times 10^{-5}$ C; 약 3000 N/C
5. 비록 다른 전하들이 훨씬 멀리 떨어져 있지만, 훨씬 더 많이 있고, 구에서는 그 두 효과가 정확히 서로를 상쇄한다. $D$에서의 전기장은 0이다.

CHAPTER

# 16

# 전위

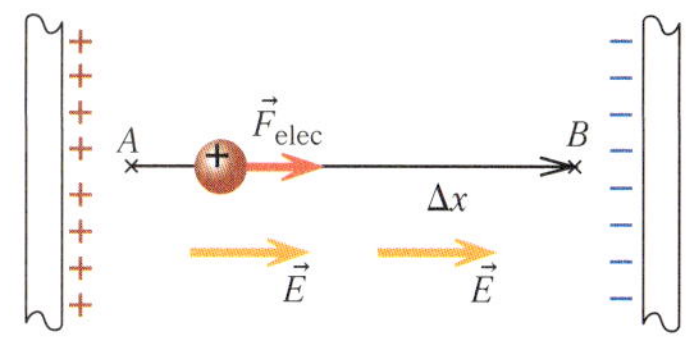


**목표**

이 장을 공부한 후에 다음과 같은 것들을 할 수 있어야 한다.

- 전기장과 전기적 퍼텐셜 에너지, 전위를 수학적으로 연관 지을 수 있어야 한다.
- 전도체와 부도체 내부와 주변에서의 전위차를 계산할 수 있어야 한다.

우리는 운동하는 물체의 동역학을 거시적이거나 미시적인 수준에서 분석하는 데 있어서 물리적인 계의 행동을 모형화할 때 힘이나 운동량뿐만 아니라 일과 에너지를 고려하는 것이 종종 중요함을 알았다. 마찬가지로, 전기장과 전기력 개념의 이용을 보완하기 위해 전위의 개념이 필요하다. 전위는 단위 전하당 전기적 퍼텐셜 에너지로 정의된다.

전위의 개념은 전기장의 개념과 거의 같은 이유로 유용하다. 전위는 일련의 상황들에서 특정 점전하의 특정한 분포에 대해서 신경을 쓰지 않고도 에너지에 대해 논할 수 있게 해준다. 전위는 실용적인 중요성도 가지는데, 그 중 하나는 어떤 것에 연결되어 있는지에 거의 무관하게 전지와 전원이 그 양단의 전위차를 일정하게 유지해주기 때문이다. 또한 전위 개념은 놀랍도록 넓은 범위의 문제에서—예를 들어, 부도체 안에 있는 분자들의 분극으로 인해 부도체 내부에 생기는 평균 전기장의 크기와 방향이 어떻게 될지와 같은 문제—결론을 이끌어내도록 해주는 이론적인 능력도 상당 부분 제공해준다.

## 16.1 퍼텐셜 에너지 복습

이 절은, 제6장에서 소개했던 퍼텐셜 에너지의 개념을 돌아보는 장이다. 이 개념이 매우 익숙하다면 이 책에서 일반적으로 다룰 상호작용하는 대전된 입자들로 이루어진 계에 대해 퍼텐셜 에너지의 개념을 적용하는 16.2절로 건너뛰어도 된다.

**그림 16.1** 하나의 대전된 입자는 전기적 퍼텐셜 에너지와 관계가 없다.

### 한 개의 입자가 가지는 에너지

전하량 $q_1$의 단일한 입자(그림 16.1)의 에너지는 오로지 그의 입자 에너지로만 구성된다. 입자 에너지는, 입자의 정지 에너지 $mc^2$와 운동 에너지 $K$의 합이다.

$$\text{입자 에너지} = mc^2 + K$$

이 책에서 공부할 대부분의 과정은 정지 에너지에서의 의미 있는 변화가 수반되지 않는 낮은 에너지의 과정이다(이와 대조적으로, 원자의 핵들이 쪼개지거나 합쳐져 다른 원소를 만들어내는 핵분열이나 핵융합 반응은, 매우 많은 양의 에너지를 방출한다. 이 둘은 제6장에서의 응용 중 일부 내용의 주제이다).

운동 에너지는 움직임과 관련된 에너지이다. 낮은 속력으로 움직이는 입자의 운동 에너지는 다음과 같이 근사될 수 있다.

**입자의 근사적인 에너지**

$$v \ll c\text{일 때, } K \approx \frac{1}{2}mv^2$$

에너지는 벡터가 아닌 스칼라 양으로 입자의 속력에 의존하지만 움직이는 방향에는 의존하지 않는다는 것을 상기하자(입자의 입자 에너지와 운동 에너지를 상대론적으로 정확한 형태로 보려면 제6장을 보라).

## 기호 Δ에 대한 상기

이 장에서 우리는 에너지의 변화에 대해 논할 것이다. 기호 Δ(그리스 문자 대문자 델타)가 나중 값으로부터 처음 값을 뺌으로써 계산된 어떤 양의 변화를 지칭한다는 것을 기억하라.

$$\Delta K = K_{\text{나중}} - K_{\text{처음}}$$

예 **가속된 전자**

어떤 전자가 $6 \times 10^4$ m/s의 속력으로 이동하고 있다. 전기장이 있는 영역을 지난 뒤 전자의 속력은 $2 \times 10^4$ m/s이다(이 속력들이 빛의 속도에 비해서 작다는 것을 염두에 두어라). 전자의 운동 에너지 변화는 얼마인가?

$$K_{\text{처음}} \approx \frac{1}{2}m_e v_i^2 = \frac{1}{2}(9\times10^{-31}\text{ kg})(6\times10^4\text{ m/s})^2 = 1.6\times10^{-21}\text{ J}$$

$$K_{\text{나중}} \approx \frac{1}{2}m_e v_f^2 = \frac{1}{2}(9\times10^{-31}\text{ kg})(2\times10^4\text{ m/s})^2 = 1.8\times10^{-22}\text{ J}$$

$$\Delta K = 1.8\times10^{-22}\text{ J} - 1.6\times10^{-21}\text{ J} = -1.42\times10^{-21}\text{ J}$$

전기력이 전자를 느리게 만들었으므로, $K_{\text{나중}} < K_{\text{처음}}$으로 전자의 운동 에너지가 감소하였고 $\Delta K < 0$이라는 것이 합당하다.

**점검 사항 1** 어떤 양성자가 초기 속력 3000 m/s로 움직인다. 전기장이 있는 영역을 지난 뒤 양성자의 속력은 5000 m/s이다. (a) 양성자의 처음 운동 에너지는 얼마인가? (b) 양성자의 나중 운동 에너지는 얼마인가? (c) 양성자의 운동 에너지 변화는 얼마인가?

## 하나의 입자는 퍼텐셜 에너지를 가지지 않는다

에너지의 변화를 분석할 때 우리는 분석할 하나 이상의 물체가 있는 하나의 계를 선택해야 한다. 계를 선택함에 있어서는 그 계 안에 어떤 물체들을 포함시킬지 결정해야 한다; 계에 포함되지 않은 모든 물체는 "주변"의 일부이다. 우리는 편리하거나 흥미롭다고 생각하는 계를 임의로 선택할 수 있다—물리학의 법칙은 어떠한 계의 선택에도 적용된다. 하지만, 계의 선택은 우리가 고려해야 할 에너지의 형태를 결정한다.

계의 선택으로 가능한 것 중 하나는, 단일 입자를 계로 설정하고 나머지 모든 입자들은 주변의 일부로 분류하는 것이다. 이 경우에서 계는 오직 위에서 언급한 두 종류의 에너지: 정지 에너지와 운동 에너지만을 가질 수 있다. 단일 입자는 퍼텐셜 에너지를 가질 수 없다.

단일 입자의 운동 에너지는 주변에 의해 양 또는 음의 일이 그 입자에 가해지면 변할 수 있다.

**단일 입자 계의 에너지 변화**

$$\Delta K_{계} = W_{주변}$$

## 일

제6장에서 논한 것과 같이 일은 줄(J)의 단위를 가지는 스칼라 양이다. 입자에 가해진 일은 단순히 입자에 가해진 힘과 힘 방향으로의 변위를 곱한 것이다. 힘이 벡터이고 변위가 벡터이기 때문에, 일은 다음의 합이다:

$$W = F_x\Delta x + F_y\Delta y + F_z\Delta z$$

이 합은 두 벡터의 "내적"(스칼라 곱, 닷 곱)이라는 간결한 형태로 쓰일 수 있다.

$$\vec{A}\cdot\vec{B} = (A_xB_x + A_yB_y + A_zB_z)\ (\text{스칼라 양})$$

따라서 일은 다음과 같이 쓰일 수 있다.

$$W = \vec{F}\cdot\Delta\vec{l} = \langle F_x, F_y, F_z\rangle\cdot\langle\Delta x, \Delta y, \Delta z\rangle = F_x\Delta x + F_y\Delta y + F_z\Delta z$$

여기서 $\langle\Delta x, \Delta y, \Delta z\rangle = \Delta\vec{l}$는 입자의 변위를 나타낸다. 벡터의 내적을 계산하는 또 다른 등가의 공식을 알고 있는 것이 때로는 유용하다:

$$\vec{A}\cdot\vec{B} = |\vec{A}||\vec{B}|\cos\theta$$

여기서 $\theta$는 두 벡터가 이루는 각이다.

**예** **전기력이 한 일**

$2\times10^{-11}$ C의 전하를 가지는 먼지 입자가 $\langle 0.1, -0.3, 0.4\rangle$ m로부터 $\langle 0.2, -0.3, -0.2\rangle$ m까지 움직인다. 이 영역에는 $\langle 2000, 0, 4000\rangle$ N/C의 전기장이 작용하고 있다. 전기력에 의해 먼지 입자에 가해지는 일은 얼마인가?

**해답** $\Delta\vec{l} = \langle 0.2, -0.3, -0.2\rangle\ \text{m} - \langle 0.1, -0.3, 0.4\rangle\ \text{m} = \langle 0.1, 0, -0.6\rangle\ \text{m}$

$$W = [(2\times 10^{-11})(2000)(0.1) + (2\times 10^{-11})(0)(0) + (2\times 10^{-11})(4000)(-0.6)]\ \text{J}$$
$$= -4.4\times 10^{-8}\ \text{J}$$

입자에 가해진 일이 음이므로, 입자의 운동 에너지는 감소하였다.

## 퍼텐셜 에너지는 상호작용하는 물체들과 관계된다

다른 선택은 계에 두 개 이상의 물체들을 포함시키는 것이다. 상호작용하는 두 개 이상의 입자들이 포함된 계에서는 그 입자들의 상호작용과 관련된 에너지가 있을 수 있다. 입자들의 정지 에너지가 변하지 않는다면 (즉, 입자들의 성질이 변하지 않는다면) 계의 운동 에너지는 주변에 있는 물체들에 의한 힘이 한 일($W_{주변}$)이나 계에 포함된 입자들끼리의 상호작용에 의한 힘이 한 일(내부 일, $W_{내부}$) 모두에 의해 변할 수 있다(일반적으로 계와 주변 사이의 온도차로 인한 에너지 이동($Q$)을 포함하여 다른 종류의 에너지 유입도 있을 수 있다. 이 책에서 우리는 먼저 기계적인 일 $W$를 제외한 에너지 이동이 없는 상황에 대해서 다룰 것이며 에너지 원리 등식에서 이러한 다른 형태의 에너지는 제외할 것이다).

$$\Delta K_{계} = W_{주변} + W_{내부}$$

우리는 계 내부의 입자들에 관련된 항들을 모두 등식의 좌변에 이항시킴으로써 이 식들을 다시 정리할 수 있다:

계 내부의 에너지 변화 = 외부로부터의 에너지 유입

$$\Delta K_{계} + (-W_{내부}) = W_{주변}$$

내부의 힘들에 의한 일에 대한 음의 항 $-W_{내부}$는, 입자계의 퍼텐셜 에너지 $U$의 변화라고 부른다;

**정의: 계의 퍼텐셜 에너지 변화**

$$\Delta U = -W_{내부}$$

따라서 입자들이 성질을 유지하는 다입자계에서 에너지 원리는 다음과 같이 쓸 수 있다.

**다입자계에서 에너지 원리**

$$\Delta K_{계} + \Delta U = W_{주변}$$

$\Delta(mc^2) = 0$이고 $Q$와 같은 에너지 이동이 0인 상황에서

앞의 등식은 말로 표현해 보자면 계 안으로의 다른 (일을 하지 않는) 에너지 유입이 없다고 가정했을 때 두 개 이상의 입자들이 있는 계에서 운동 에너지 변화와 퍼텐셜 에너지 변화를 더하면 외부의 힘들에 의해 계에 가해진 일의 양과 같다는 것을 말해준다.

## 16.2 대전된 물체들의 계

이 책에서 관심을 가지는 대부분의 상황에서 우리는 상호작용하는 대전된 물체들이 포함된 계를 선택할 것이다. 대전된 입자를 그 입자에 작용하는 전기력과 반대 방향으로 움직이게 하기 위해서는 힘이 필요할 것이기 때문에 몇 가지 상황에서 우리는 외부의 힘에 의한 효과를 생각해야 할 것이다. 하지만 많은 단순한 상황들에서 우리는 외부의 힘을 무시할 수 있다. 지구는 움직이고 있는 대전된 입자들에 중력을 작용하지만 이 중력은 일반적으로 입자들에 작용하는 전기력에 비해 매우 작고 우리는 보통 이를 무시할 수 있다. 따라서 많은 상황들에서 우리가 관심을 가지고 있는 계에서 에너지 원리는 다음과 같이 단순화 될 것이다:

$$\Delta K_{\text{계}} + \Delta U = 0 \text{ (주변에 의한 일이 0)}$$

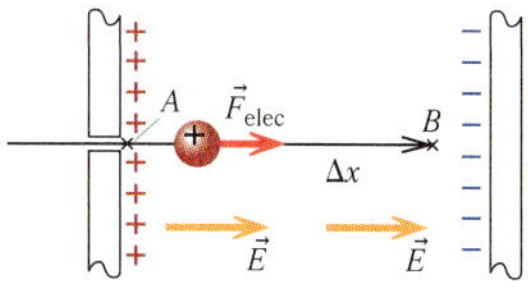


**그림 16.2** 오른쪽으로 이동하는 양성자가 왼쪽 판에 있는 작은 구멍을 통해 축전기로 들어온다. 거의 균일한 전기장이 작용하는 축전기 안의 영역에서 양성자는 $A$에서 $B$로 움직인다. 축전기 밖의 전기장은 무시할 수 있다.

### $U$의 감소, $K$의 증가

하나의 예로, 그림 16.2와 같이 두 개의 균일하게 대전된 두 개의 판(축전기)과 양성자 하나로 구성된 계를 생각해 보자. 양성자가 처음에는 오른쪽으로 이동하고 있고 왼쪽 판의 작은 구멍을 통해 축전기로 들어온다고 가정해 보자. 양성자가 축전기 내부에 있는 동안에는 전기력(축전기 안의 전기장으로 인한 계 내부의 힘)이 작용하여 양성자에 일을 한다.이 계에 적용되는 에너지 원리는:

$$\Delta K_{\text{양성자}} + \Delta U_{\text{전기}} = 0$$

**질문** 양성자의 운동 에너지는 증가할까, 감소할까?

양성자에 작용하는 힘은 양성자의 운동 방향과 같은 방향이기 때문에 양성자의 운동 에너지는 증가한다. 양성자가 음으로 대전된 판 근처의 위치 $B$에 도달하면 양성자-축전기 계의 운동 에너지는 축전기의 판들에 있는 대전된 입자들에 의해 만들어진 축전기 내부의 전기장에 의해 양성자가 받은 일만큼 증가할 것이다. 양성자의 속력은 커질 것이다.

**질문** 계의 전기적 퍼텐셜 에너지는 증가할까, 감소할까?

운동 에너지가 증가하므로 전기적 퍼텐셜 에너지는 감소해야 한다.

**질문** 계의 전기적 퍼텐셜 에너지의 변화는 어떻게 계산할까?

이 계의 전기적 퍼텐셜 에너지의 변화는 내부 일—여기서는, 축전기 안의 균일한 전기장이 양성자에 한 일—의 음의 값과 같다.

$$\begin{aligned}\Delta U_{\text{전기}} &= -W_{\text{내부}} = -(F_x\Delta x + F_y\Delta y + F_z\Delta z)\\ &= -(eE_x\Delta x + eE_y\Delta y + eE_z\Delta z)\end{aligned}$$

여기서 $\vec{E} = (E_x, 0, 0)$이고 $\Delta\vec{l} = \langle \Delta x, 0, 0\rangle$이기 때문에

$$\begin{aligned}\Delta U_{\text{전기}} &= -(eE_x\Delta x + 0 + 0)\\ &= -eE_x\Delta x\end{aligned}$$

이다. 그림 16.2로부터 우리는 $\Delta x = x_{\text{나중}} - x_{\text{처음}}$이 양의 값이고 $E_x$ 또한 양이어

서 계의 퍼텐셜 에너지 변화 $-eE_x\Delta x$가 예상대로 음수임을 알 수 있다. 이 계와 이 과정에서 우리는 $\Delta K = -\Delta U_{전기} > 0$이고 양성자의 운동 에너지가 증가한다는 것을 안다.

**예** **$\Delta U$와 $\Delta K$**

구체적으로, 축전기 내부의 전기장이 $2 \times 10^3$ N/C이고 양성자가 이동한 거리가 4 mm일 때의 $\Delta U$와 $\Delta K$의 크기를 구하라.

**해답** 양성자에 대해서 변위와 힘의 방향이 모두 $x$축 방향이므로,

$$\Delta U_{전기} = -(1.6 \times 10^{-19}\text{ C})(2 \times 10^3\text{ N/C})(0.004\text{ m}) = -1.3 \times 10^{-18}\text{ J}$$
$$\Delta K = -\Delta U_{전기} = +1.3 \times 10^{-18}\text{ J}$$

처음 상태일 때보다 나중 상태에서 계의 퍼텐셜 에너지가 더 크기 때문에 계의 운동 에너지는 증가해야 한다; 우리가 예상할 수 있듯이 양성자는 위치 $B$에 도달할 때 더 빠르게 움직인다.

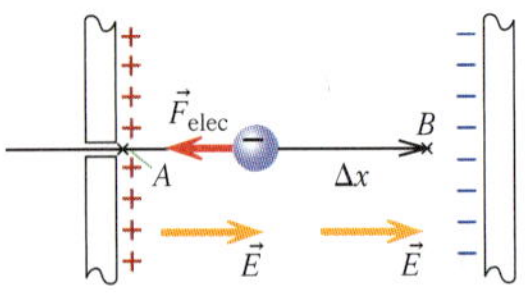


**그림 16.3** 오른쪽으로 이동하는 전자가 왼쪽 판에 있는 작은 구멍을 통해 축전기로 들어온다. 거의 균일한 전기장이 작용하는 축전기 안의 영역에서 양성자는 $A$에서 $B$로 움직인다. 축전기 밖의 전기장은 무시할 수 있다.

## $U$의 증가, $K$의 감소

양성자 대신 전자가 처음에 오른쪽 방향으로 이동하며 왼쪽 판의 구멍을 통해 축전기에 들어왔다고 가정해 보자. 그림 16.3에 보인 것처럼 전자는 위치 $B$로 이동한다.

**질문** 전자의 운동 에너지는 증가할까, 감소할까?

전기력이 전자의 이동 방향과 반대 방향으로 작용하기 때문에 위치 $B$로 이동함에 따라 전자의 운동 에너지는 감소할 것이다. 전자의 속력은 위치 $B$에서 더 작을 것이다.

**질문** 계의 전기적 퍼텐셜 에너지는 증가할까, 감소할까?

이전의 예에서와 같이 외부로부터 계에 가해지는 의미 있는 에너지 유입은 없다. 따라서 이 계와 이 과정에 에너지 원리를 적용하면:

$$\Delta K_{전자} + \Delta U_{전기} = 0$$

운동 에너지가 감소할 것이므로, 전기적 퍼텐셜 에너지는 증가해야 한다.

**질문** 이 계의 전기적 퍼텐셜 에너지 변화는 얼마인가?

이 계의 전기적 퍼텐셜 에너지의 변화는 내부 일—여기서는, 축전기 안의 균일한 전기장이 전자에 한 일—의 음의 값과 같다. 그림 16.3에 그려져 있는 간단한 상황에서 전기장이 유일하게 0이 아닌 성분은 $x$ 성분이고, 따라서

$$\begin{aligned}\Delta U_{전기} &= -(F_x\Delta x + 0 + 0)\\ &= -((-e)E_x\Delta x + 0 + 0)\\ &= eE_x\Delta x\end{aligned}$$

이다. 그림 16.3으로부터 우리는 $\Delta x = x_{나중} - x_{처음}$이 양의 값이고, $E_x$ 또한 양이어서 계의 퍼텐셜 에너지 변화 $eE_x\Delta x$가 양수임을 알 수 있다. 전자에 작용하는 전기력(축전기 내부의 전기장에 의한)이 전자의 이동 방향과 반대 방향이기 때문에 이 내부의 힘이 한 일은 음이고, 퍼텐셜 에너지의 변화는 양이다.

**예** **$\Delta U$와 $\Delta K$**

먼저와 같이, 축전기 내부의 전기장이 $2 \times 10^3$ N/C; 전자가 이동한 거리가 4 mm라고 하자.

**해답** 전자에 대해서 전기력의 방향은 이동 방향과 반대이다:

$$\Delta U_{전기} = -(-1.6 \times 10^{-19}\text{ C})\,(2 \times 10^3\text{ N/C})(0.004\text{ m}) = +1.3 \times 10^{-18}\text{ J}$$
$$\Delta K = -\Delta U_{전기} = -1.3 \times 10^{-18}\text{ J}$$

전자의 운동 에너지는 감소하고, 계의 퍼텐셜 에너지는 증가한다.

**예** **균일한 전기장에서 움직이는 양성자**

어떤 양성자가 그림 16.4와 같이, 위치 $A$부터 위치 $B$까지 균일한 전기장이 걸린 영역에서 움직인다. 그림에 보이는 축전기 내부 전기장의 크기가 190 N/C이고 위치 $A$부터 $B$까지의 거리는 1.5 cm일 때, 이 과정에서 일어나는 계의 전기적 퍼텐셜 에너지 변화는 얼마인가? 이 과정에서 양성자의 운동 에너지 변화는 얼마인가? 만약 양성자가 처음에 정지 상태로 있었다면, 위치 $B$에 도달했을 때의 속력은 어떻게 되는가?

**해답** 처음 위치: $A$

나중 위치: $B$

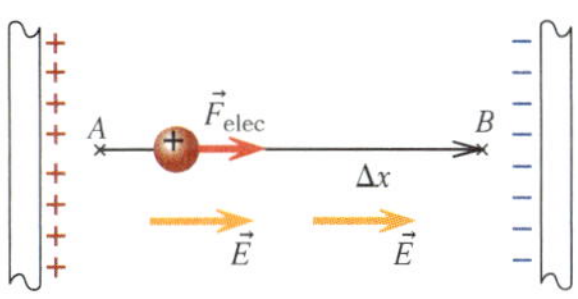


**그림 16.4** 어떤 양성자가 균일한 전기장이 작용하는 영역을 통과하여 $A$에서 $B$로 이동한다.

전기적 퍼텐셜 에너지 변화:

$$\begin{aligned}\Delta U &= -W_{내부} = -eE_x\Delta x \\ &= -(1.6 \times 10^{-19}\text{ C})(190\text{ N/C})(0.015\text{ m}) \\ &= -4.6 \times 10^{-19}\text{ J}\end{aligned}$$

양성자의 운동 에너지 변화:

$$\Delta K + \Delta U = 0$$
$$\Delta K = -\Delta U = +4.6 \times 10^{-19}\text{ J}$$

양성자의 나중 속력:

$$K_{나중} - 0 = \frac{1}{2}mv_{나중}^2 - 0$$
$$v_{나중} = \sqrt{\frac{2K_{나중}}{m}} = \sqrt{\frac{2(4.6 \times 10^{-19}\text{ J})}{(1.7 \times 10^{-27}\text{ kg})}} = 2.3 \times 10^4\,\frac{\text{m}}{\text{s}}$$

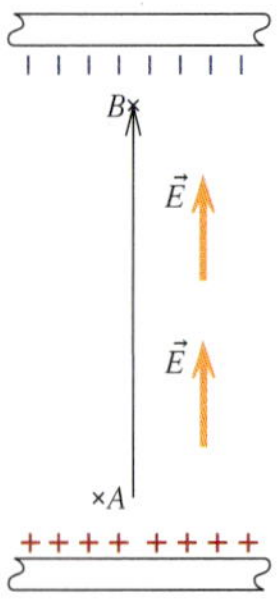


그림 16.5 어떤 입자가 균일한 전기장이 작용하는 영역을 통과하여 $A$에서 $B$로 이동한다.

**점검 사항 2** 어떤 전자가 그림 16.5에 보인 것처럼 $+y$방향으로 균일한 전기장이 걸려 있는 영역에서 위치 $A$로부터 $B$까지 이동한다. (a) 만약 전기장의 크기가 3500 N/C이고 위치 $A$와 $B$ 사이의 거리가 3 mm일 때, 이 과정에서 계(전자 + 판)의 전기적 퍼텐셜 에너지 변화는 얼마인가? (b) 이 과정에서 전자의 운동 에너지 변화는 얼마인가? (c) 전자의 초기 속력이 $4 \times 10^6$ m/s였다면 위치 $B$에 도달했을 때의 속력은 얼마인가?

## 16.3 균일한 전기장에서의 전위차

전기력을 다룰 때 우리는 전기장의 영향을 받는 대전된 입자가 무엇일지 생각할 필요 없이 어떤 특정한 위치에서의 전기장을 계산할 수 있다는 것이 꽤나 유용하다는 것을 알았다. 어떤 위치에서의 전기장 $\vec{E}_1$를 알면 이 위치에서 임의의 입자가 받을 전기력의 크기를 구하기 위해서 우리는 단순히 전기장 $\vec{E}_1$에 입자의 전하량 $q_2$를 곱한다:

$$\vec{F}_2 = q_2\vec{E}_1$$

이와 비슷하게 계의 퍼텐셜 에너지 변화를 계산함에 있어서 두 위치 사이를 움직이는 입자의 전하량에 관계없는 어떤 값을 찾으면 유용할 것이다. 그러면 우리는 계의 퍼텐셜 에너지 변화를 구하기 위해 이 영역을 지나는 임의의 입자의 전하량에 이 값을 곱하면 될 것이다. 우리는 다음과 같이 쓸 수 있게 되기를 원한다:

$$\Delta U = q\ (\text{어떤 값})$$

앞 절에서 다룬 두 가지 상황(균일한 전기장에서 움직이는 양성자 또는 전자)에서 계의 많은 것이 동일했다: 축전기, 입자가 움직이는 영역에서의 전기장, 그리고 위치 $A$에서 $B$까지 입자가 이동한 경로. 각각의 상황에서의 전기적 퍼텐셜 에너지 변화를, 이동한 입자의 전하량과 다른 어떤 값의 곱으로 다시 써보자.

$$\text{입자가 양성자일 때: } \Delta U_{\text{전기}} = -eE_x\Delta x = (+e)(-E_x\Delta x)$$
$$\text{입자가 전자일 때: } \Delta U_{\text{전기}} = +eE_x\Delta x = (-e)(-E_x\Delta x)$$

두 상황에서 동일한 값은 $(-E_x\Delta x)$이다. 이 값을 "위치 $A$와 $B$ 사이의 전위차"라고 부르고, 기호 $\Delta V$로 표시한다.

**전위차**

$$\Delta U_{\text{전기}} = q\Delta V \text{ 이고 따라서 } \Delta V = \frac{\Delta U_{\text{전기}}}{q}$$

에너지와 마찬가지로 전위는 스칼라 양이다. 전위의 차이 $\Delta V$의 단위는 줄/쿨롱, 즉, "단위 전하당 에너지 차이"이다. 이는 고유의 단위가 있을 정도로 중요한 값이다:

$$1\frac{\text{줄}}{\text{쿨롬}} = 1\text{ 볼트}$$

### 전기장과 에너지의 단위

$\Delta V = -(E_x\Delta x + E_y\Delta y + E_z\Delta z)$이고 $\Delta V$의 단위가 볼트이므로, 전기장의 단위는 미터당 볼트가 되어야 함에 주목하라. 이것은 실제로 쿨롱당 뉴턴과 동일하고, 서로 바꾸어가며 쓸 수 있는 단위이다.

이제 우리는 에너지의 단위인 "전자 볼트", eV의 기원 또한 이해할 수 있다. 1 eV는 $1.6 \times 10^{-19}$ J과 같다. 전자 하나가 1볼트의 전위 차이를 통과하여 이동하면, 크기

$$|\Delta U| = (e)\,(1\text{볼트}) = (1.6 \times 10^{-19}\ \text{C})(1\ \text{J/C}) = 1.6 \times 10^{-19}\ \text{줄}$$

의 전기적 퍼텐셜 에너지 변화가 생긴다.

전자 볼트는 물리학과 화학에서 원자적 반응의 에너지를 측정하는 데에 편리한 단위이다. 전자 볼트가 전위의 단위가 아닌 에너지의 단위임에 주의하라(전위는 전자 볼트가 아닌 볼트로 잰다).

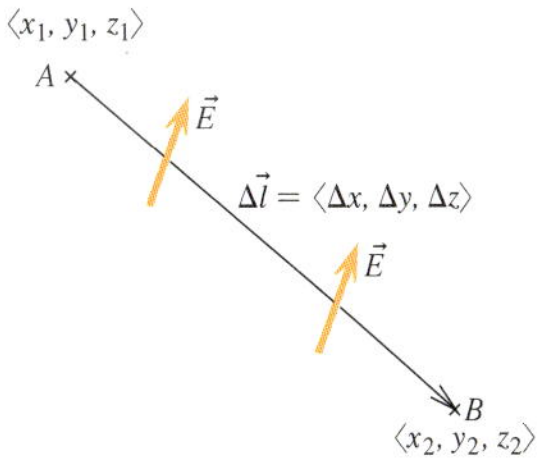


**그림 16.6** 일반적으로 $\Delta V = -(E_x\Delta x + E_y\Delta y + E_z\Delta z)$이다.

### 전기장에 나란하지 않은 경로

그림 16.6에 보인 것처럼 두 위치 사이의 경로가 전기장에 나란할 이유는 없다. 균일한 전기장에서의 전위 변화에 대한 일반적인 3차원 표현은

$$\Delta V = -(E_x\Delta x + E_y\Delta y + E_z\Delta z)$$

이다. 전기장의 각 성분들이 양수나 음수가 될 수 있고 변위의 각 성분들 또한 그렇기 때문에 이 값이 양수나 음수가 될 수 있다는 점을 염두에 두자.

$(E_x\Delta x + E_y\Delta y + E_z\Delta z)$의 값은 전기장과 변위 벡터 $\Delta\vec{l} = \langle\Delta x, \Delta y, \Delta z\rangle$의 "내적"으로 쓸 수 있다:

**균일한 전기장에서의 전위차**

$$\Delta V = -(E_x\Delta x + E_y\Delta y + E_z\Delta z)$$

또는, 내적을 사용하여

$$\Delta V = -\vec{E}\bullet\Delta\vec{l} = -\langle E_x, E_y, E_z\rangle \bullet \langle\Delta x, \Delta y, \Delta z\rangle$$

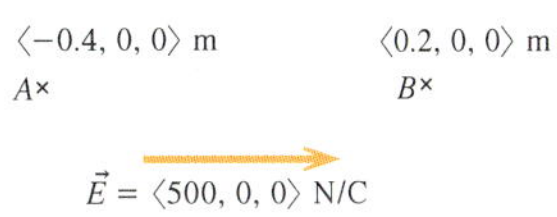


**그림 16.7** 균일한 전기장이 작용하는 영역

**예** **전위와 퍼텐셜 에너지**

그림 16.7은 균일한 전기장이 작용하고 있는 영역의 두 위치 $A$와 $B$를 보여준다. $A$에서 출발하며 $B$로 가는 경로에 대하여 다음의 값들을 구하라: (a) 전위차 (b) 양성자가 이 경로를 따라서 움직일 때 이 계의 전기적 퍼텐셜 에너지 변화 (c) 전자가 이 경로를 따라 움직일 때 이 계의 전기적 퍼텐셜 에너지 변화.

**해답** (a) 전위차: 처음 위치 $A$

나중 위치 $B$

$$\Delta\vec{l} = \langle 0.2, 0, 0\rangle\ \text{m} - \langle -0.4, 0, 0\rangle\ \text{m} = \langle 0.6, 0, 0\rangle\ \text{m}$$
$$\Delta V = -(E_x\Delta x + E_y\Delta y + E_z\Delta z)$$

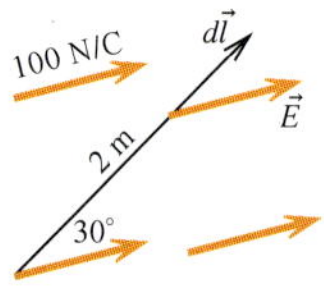


그림 16.8 전기장과 30°를 이루며 이동

$$= -\left(500\frac{\text{N}}{\text{C}}\cdot 0.6\text{ m} + 0\cdot 0 + 0\cdot 0\right)$$
$$= -300\text{ V}$$

(b) 양성자에 대하여:

$$\Delta U = (+e)(\Delta V) = (1.6\times 10^{-19}\text{C})(-300\text{ V}) = -4.8\times 10^{-17}\text{ J}$$

(c) 전자에 대하여:

$$\Delta U = (-e)(\Delta V) = (-1.6\times 10^{-19}\text{C})(-300\text{ V}) = 4.8\times 10^{-17}\text{ J}$$

**예** **전기장과 전위**

특정 영역(그림 16.8) 안에서, 100 N/C으로 거의 균일한 전기장이 걸려있다고 가정하자 (즉, 이 영역에서 전기장의 크기와 방향이 일정하다). 전기장과 30°를 이루는 경로로 2미터 움직인다면 전위의 변화는 얼마인가?

**해답** $\Delta V \approx -\vec{E}\bullet\Delta\vec{l} = -E\Delta l\cos\theta$

$\Delta V = -(100\text{ N/C})(2\text{ m})\cos(30°) = -173$ 볼트

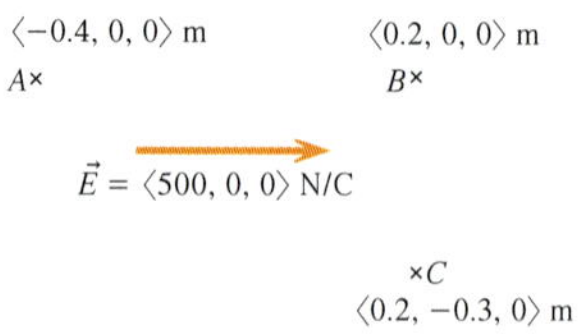


그림 16.9 균일한 전기장이 작용하는 영역

**점검 사항 3** $B$에서 출발하여 $A$로 가는 경로(그림 16.9)에 대하여 (a) 전위의 변화, (b) 양성자가 $B$에서 $A$로 이동할 때 이 계의 퍼텐셜 에너지 변화, (c) 전자가 $B$에서 $A$로 이동할 때 이 계의 퍼텐셜 에너지 변화를 계산하라. $B$에서 출발하여 $C$로 가는 경로에 대하여, (d) 전위의 변화, (e) 양성자가 $B$에서 $C$로 이동할 때 이 계의 퍼텐셜 에너지 변화, (f) 전자가 $B$에서 $C$로 이동할 때 이 계의 퍼텐셜 에너지 변화를 계산하라.

## 전위차로부터 전기장 계산하기

우리는 지금까지 전기장 $\vec{E}$로부터 전위차 $\Delta V$를 어떻게 계산할지 알아보았다. 반대로, 전위차로부터 전기장을 계산할 수 있다. $x$축 방향으로 움직일 때, $\Delta V = -E_x\Delta x$, 즉

$$E_x = -\frac{\Delta V}{\Delta x}$$

를 얻는다.

**예** **전위차로부터 전기장 계산하기**

어떤 축전기가 서로 1 mm 떨어진 큰 판들로 이루어져 있고, 판 사이의 전위차는 50볼트이다. 판들 사이 전기장의 크기는 얼마인가?

**해답** $x$축이 판들에 수직이 되도록 설정한다. 그러면

$$|E| = \left| -\frac{50\ \text{볼트}}{1 \times 10^{-3}\ \text{m}} \right| = 5 \times 10^4\ \text{V/m}$$

이다.

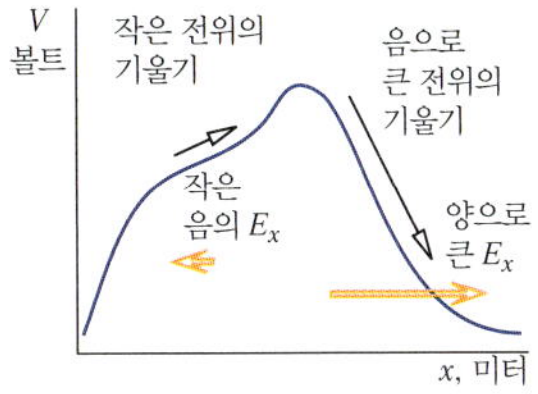


**그림 16.10** $x$에 대한 전위 함수의 음의 기울기는 전기장의 $x$성분이다.

## 전위의 경사도

아주 짧은 거리의 극한에서, $E_x$는 도함수로 주어진다:

$$E_x = -\lim_{\Delta x \to 0} \frac{\Delta V}{\Delta x} = -\frac{dV}{dx}$$

이는 가파른 경사를 "15% 경사" 등으로 표현하는 언덕의 경사에 비유하여, 전위의 "경사도"라고 부른다. 그림 16.10은 전위의 큰 기울기(위치에 따른 전위의 가파른 변화)가 큰 전기장과 상응한다는 것을 강조한 것이다.

**전기장은 전위의 음의 기울기이다**

$$E_x = -\frac{dV}{dx}, \qquad E_y = -\frac{dV}{dy}, \qquad E_z = -\frac{dV}{dz}$$

더 전문적으로 경사도는 다음과 같이 "편미분"으로 써져야 한다:

$$E_x = -\frac{\partial V}{\partial x}, \qquad E_y = -\frac{\partial V}{\partial y}, \qquad E_z = -\frac{\partial V}{\partial z}$$

$\partial V / \partial x$의 의미는 단순하게 "$y$와 $z$를 일정하게 유지하고 $V$의 $x$에 대해 미분을 하는 것"이다. $E_x = -\partial V / \partial x$라는 사실은 $E = F/q$이고 $V = U/q$이기 때문에 (우리가 제6장의 에너지에 대한 내용에서 본 것처럼) $F_x = -\partial U/\partial x$라는 사실과 밀접하게 연관이 있다.

경사도는 전기장의 $x$, $y$, $z$ 성분을 찾기 위해 $V$를 $x$, $y$, $z$ 방향으로 편미분한 것을 나타내는 뒤집어진 델타("나블라(Nabla)")를 이용하여 $\vec{E} = -\vec{\nabla}V$의 형태로 쓰인다.

**점검 사항 4** 위치 ⟨2.00, 3.50, 4.00⟩ m와 ⟨2.00, 3.52, 4.00⟩ m 사이의 전위차가 3볼트라고 하자. 이 영역에서 $E_y$의 근사적인 값은 얼마가 되는가? 적절한 부호를 포함하여 답하라.

## 16.4 전위차의 부호

전위차 $\Delta V$는 양 또는 음이 될 수 있고 전위차의 부호는 어떤 대전된 특정 입자가 한 위치에서 다른 위치로 이동할 때 에너지를 얻을 것인지 잃을 것인지를 결정하기 때문에 매우 중요하다. 퍼텐셜 에너지 $q\Delta V$의 증가는 운동 에너지의 감소와 관계있고, $q\Delta V$의 감소는 운동 에너지의 증가와 관계가 있다.

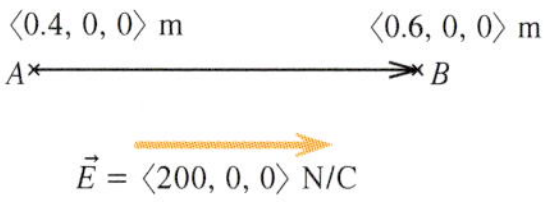


**그림 16.11** 전기장의 방향과 같은 경로의 방향

### 전기장의 방향과 나란한 경로의 방향: $\Delta V$가 음수

처음 위치로부터 나중 위치까지의 경로의 방향이 전기장의 방향과 같다면 전위차는 음수이다. 이것은 수학적으로 전위차의 정의에 있는 음의 부호에 의한 결과이다.

그림 16.11에서 $A$에서 출발하여 $B$에서 끝나는 경로는 이 영역에서의 전기장의 방향과 같은 방향이므로

$$\Delta x = (0.6 - 0.4)\text{ m} = 0.2\text{ m}$$
$$\Delta V = -E_x \Delta x = -\left(200\frac{\text{V}}{\text{m}}\right)(0.2\text{ m}) = -40\text{ V}$$

이다.

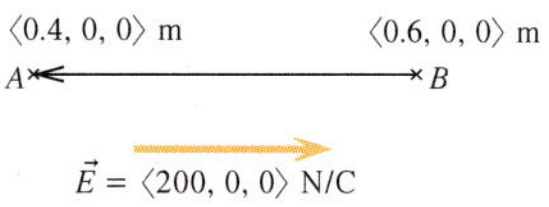


**그림 16.12** 전기장의 방향과 반대인 경로의 방향

### 전기장의 방향과 반대인 경로의 방향: $\Delta V$가 양수

한편, 그림 16.12에서 $B$에서 출발하여 $A$에 도착하는 경로는 이 영역에서의 전기장과 반대 방향이고

$$\Delta V = -E_x \Delta x = -\left(200\frac{\text{V}}{\text{m}}\right)(-0.2\text{ m}) = +40\text{ V}$$

이다.

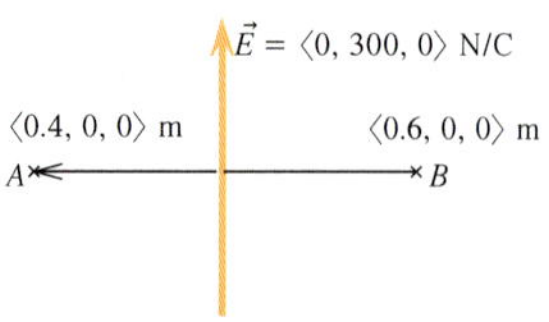


**그림 16.13** 전기장의 방향과 수직인 경로의 방향

### 전기장에 수직인 경로

**질문** 만약 경로가 전기장에 수직이라면 어떻게 되겠는가?

$B$에서 출발하여 $A$에 도착하는 경로가 전기장에 수직인 그림 16.13의 상황을 생각해 보자. 그러면

$$\Delta V = -(E_x \Delta x + E_y \Delta y) = -\left(\left(0\frac{\text{V}}{\text{m}}\right)(-0.2\text{ m}) + \left(300\frac{\text{V}}{\text{m}}\right)(0\text{ m})\right) = 0\text{ V}$$

이다.

어떤 영역에서 전기장에 수직인 경로를 따라 전하가 움직이면 전위가 변하지 않는다! 대전된 입자가 이 경로를 따라서 움직이기 위해서는 전기력을 상쇄시키기 위해 당연히 외력이 필요할 것이다. 하지만 이 힘들이 작용하는 방향으로의 변위가 0이기 때문에 그 외력과 전기력 모두 입자에 어떠한 일도 하지 못할 것이다. 따라서 입자의 운동 에너지가 바뀌지 않고 계의 퍼텐셜 에너지도 변하지 않을 것이다.

### 요약: 전기장의 방향에 대한 경로의 방향

전위를 이용한 형식적인 계산에서 부호 실수를 하기가 쉽고, 우리는 부호를 독립적으로 확인할 필요가 있다. 다음의 규칙들은 매우 유용하다:

**$\Delta V$의 부호와 $\vec{E}$의 방향에 대한 경로의 방향**

$\vec{E}$의 방향으로 가는 경로: 전위가 감소한다($\Delta V < 0$).

$\vec{E}$와 반대 방향으로 가는 경로: 전위가 증가한다($\Delta V > 0$).
$\vec{E}$에 수직인 경로: 전위가 변하지 않는다($\Delta V = 0$).

### 경로의 방향을 암시하는 것

경로의 방향을 보이기 위해서, 우리는 다음의 표기를 사용한다. 늘 그렇듯이, 기호 Δ는 "나중 − 처음"을 지칭한다.

$\Delta V = V_B - V_A$는 $A$에서 출발하여 $B$에서 끝나는 경로를 지칭한다.
$\Delta V = V_A - V_B$는 $B$에서 출발하여 $A$에서 끝나는 경로를 지칭한다.

(우리는 나중에 $V_A$가 실제로 의미를 갖는 값이고, 무한히 먼 곳으로부터 $A$에 도착하는 경로에서의 전위차로 정의된 "$A$에서의 전위"를 가리킴을 알게 될 것이다.)

순수하게 물리적인 기반으로부터 전위차의 부호를 결정할 수 있기 때문에, 절대 틀린 부호를 구하면 안 된다! 다음 점검 사항들에서, 두 위치 사이의 전위차에 올바른 부호를 붙이는 것이 요구될 것이다. 위에 주어진 규칙을 이용하라.

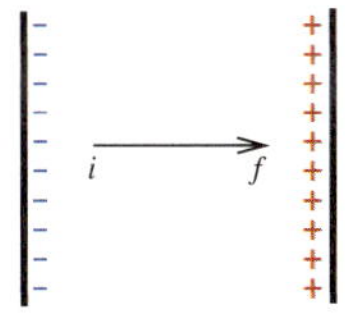

**그림 16.14** 점검 사항 5(a)

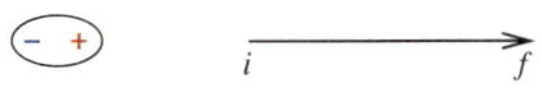

**그림 16.15** 점검 사항 5(b)

**점검 사항 5** (a) 그림 16.14에서, 전기장의 방향은 어떻게 되는가? $\Delta V = V_{나중} - V_{처음}$은 양수인가, 음수인가? (b) 그림 16.15에서, 전기장의 방향은 어떻게 되는가? $\Delta V = V_{나중} - V_{처음}$은 양수인가, 음수인가?

## 16.5 균일하지 않은 전기장에서의 전위차

### 다른 전기장이 걸린 인접한 두 영역

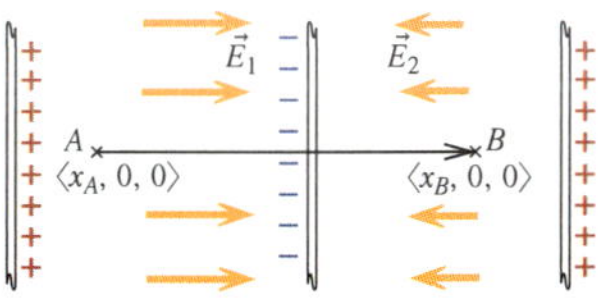

**그림 16.16** 위치 $A$에서 $B$로 가는 경로는 전기장이 다른 두 영역을 통과한다.

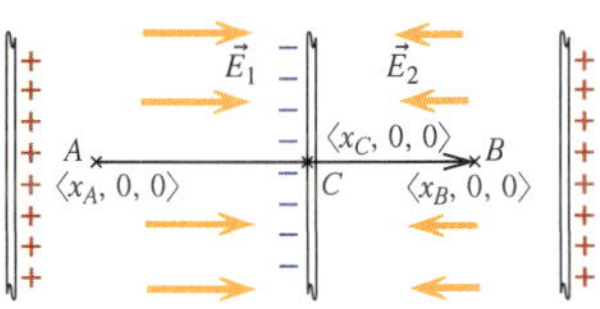

**그림 16.17** 점 $C$를 만들어 경로를 두 구간으로 나눈다. 경로의 각 구간은 이제 균일한 전기장이 작용하는 영역을 통과한다.

지금까지는 영역 안에서 전기장이 균일한 상황에 대해서만 생각했다. 하지만, 현실 세계는 많은 경우 이보다 더 복잡하다. 우리는 전기장이 균일하지 않은 영역에서 전위와 전기적 퍼텐셜 에너지의 변화를 계산할 수 있어야 한다.

처음 위치로부터 나중 위치까지의 경로가, 균일하지만 서로 다른 전기장이 걸린 두 영역을 지나가는 상황을 생각해 보자. 그림 16.16에 보인 것처럼, 영역 1에서 전기장은 $\vec{E}_1$이고 영역 2에서 전기장은 $\vec{E}_2$이다. 위치 $A$에서 $B$까지 표시한 경로를 따라 이동하는 입자의 전기적 퍼텐셜 에너지의 변화는 무엇일까? (가운데 판에 작은 구멍이 있어서 입자가 통과할 수 있다고 가정하자.)

이 상황에서 $\Delta V$를 구하기 위해 우리는 경로를 두 구간으로 나눌 필요가 있다. 각각의 변위 벡터 $\Delta\vec{l}$는 이것이 지나는 영역에서 전기장이 균일하도록 충분히 작아야 한다. 필수적으로 우리는 그림 16.17처럼 두 영역들 경계 위에 있는 우리가 $C$라고 부를 점을 새로 잡아야 한다.

이제 우리는 이동 경로의 두 구간에서 전위차를 계산할 수 있다:

위치 $A$에서 $C$까지: $\Delta V_1 = -E_{1x}(x_C - x_A)$
위치 $C$에서 $B$까지: $\Delta V_2 = -E_{2x}(x_B - x_C)$
위치 $A$에서 $B$까지: $\Delta V = \Delta V_1 + \Delta V_2 = -E_{1x}(x_C - x_A) - E_{2x}(x_B - x_C)$

일반적으로, 우리는 모든 ($x$, $y$, $z$) 성분을 더해야 하므로 다음과 같은 일반적인 식을 하나의 합으로 쓸 수 있다.

**여러 개의 영역들을 지날 때의 전위차**

$$\Delta V = \sum_i [(-E_{i,x}\Delta x_i) + (-E_{i,y}\Delta y_i) + (-E_{i,z}\Delta z_i)] = -\sum \vec{E} \bullet \Delta\vec{l}$$

**예** **두 영역 사이에서의 전위차**

$x = 0$ m에서 $x = 3$ m까지는 $\vec{E} = \langle 400, 0, 0\rangle$ N/C의 균일한 전기장이 주어져 있고, $x = 3$ m부터 $x = 5$ m까지는 $\vec{E} = \langle 1000, 500, 0\rangle$ N/C의 균일한 전기장이 주어져있다고 가정하자(그림 16.18 참고). 전위차 $\Delta V = V_C - V_A$는 얼마인가?

**해답** 경로를 $A$부터 $B$까지와 $B$부터 C까지의 두 구간으로 나누어라. 각 구간에서 전기장은 크기와 방향이 일정하다. 우리는 다음을 얻는다:

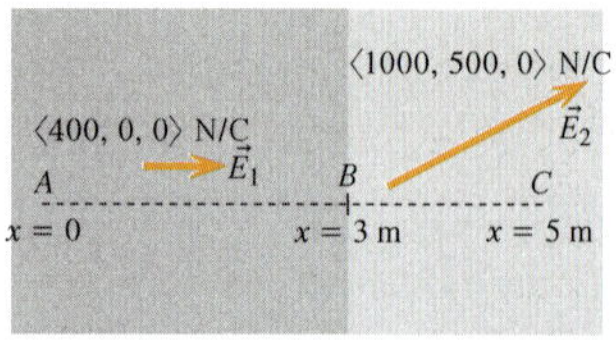


**그림 16.18** 두 영역에서 전기장이 다르다.

$$\Delta V = -\sum \vec{E} \bullet \Delta\vec{l}$$

$$\Delta V = -\langle 400,0,0\rangle \frac{\text{V}}{\text{m}} \bullet \langle 3,0,0\rangle \text{ m} - \langle 1000,500,0\rangle \frac{\text{V}}{\text{m}} \bullet \langle 2,0,0\rangle \text{ m}$$

$$\Delta V = (-1200 - 2000) \text{ 볼트} = -3200 \text{ 볼트}$$

---

**점검 사항 6** 앞의 그림 16.17에서, 위치 $A$는 $\langle 0.5,0,0\rangle$ m, $C$는 $\langle 1.3,0,0\rangle$ m, $B$는 $\langle 1.7,0,0\rangle$ m이다. $\vec{E}_1 = \langle 650, 0, 0\rangle$ N/C이고 $\vec{E}_2 = \langle -350, 0, 0\rangle$ N/C이다. 다음의 값들을 계산하라: (a) $A$에서 $B$로 가는 경로에서의 $\Delta V$ (b) $B$에서 A로 가는 경로에서 $\Delta V$.

## 평형 상태의 도체

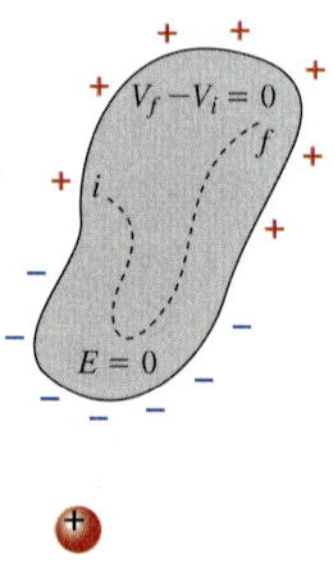


**그림 16.19** 평형 상태의 금속 내부에서는 전위차가 0이다.

제14장에서 우리는 금속 물체와 같은 도체가 평형 상태에 있으면 그 내부에서 알짜 전기장이 0임을 증명하였다(0이 아니라면 움직일 수 있는 전하들이 자기가 만드는 전기장이 만들어진 전기장을 상쇄시킬 때까지 이동할 것이기 때문). 따라서 평형 상태에서는 도체 내부 임의의 경로 상의 모든 위치에서 알짜 전기장이 0이어야 한다. 이 말은 금속 내부의 두 위치 사이의 전위차가 0이라는 것을 의미한다(그림 16.19).

평형 상태의 도체 안에서 $E = 0$이기 때문에 도체 내부의 임의의 두 점 사이 전위차는 0이다.

$$\Delta V = -(E_x\Delta x + E_y\Delta y + E_z\Delta z) = 0, \quad \text{따라서 } V = \text{상수}$$

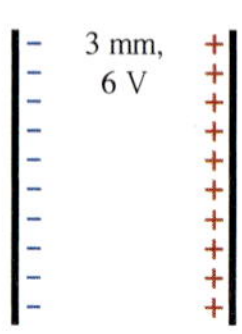


**그림 16.20** 좁은 간격으로 떨어져 있는 큰 판들로 이루어진 축전기

우리는 이 사실을 이 절에서 개발한 접근 방법과 함께 이용하여 금속 내부 영역을 포함한 여러 영역들을 지나갈 때의 전위차와 관련된 상황에 대해 알아볼 것이다. 축전기에서 큰 판들이 3 mm의 좁은 간격을 두고 떨어져 있고 처음에는 판 사이에 6볼트의 전위차가 있다고 가정하자(그림 16.20).

**질문** 판 사이에서 전기장의 크기와 방향은 어떻게 되는가?

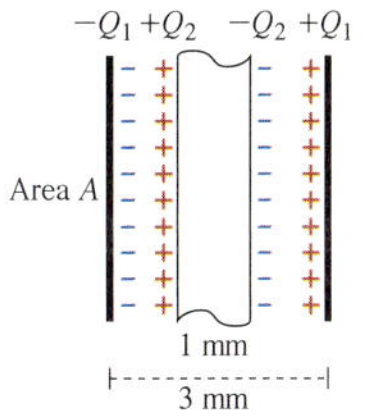


**그림 16.21** 축전기의 틈 가운데에 금속 판을 삽입한다.

판 사이에서 전기장의 방향은 양극판에서 음극판을 향하는 왼쪽 방향이다. 전기장의 크기는 전위차가 $\Delta V = Es = 6$ V라는 것으로부터 $E = (6 \text{ V}) / (0.003 \text{ m}) = 2000$ V/m임을 알 수 있다.

**질문** 금속판을 삽입하는 것이 $\Delta V$를 바꾸는가?

넓이가 축전기의 판과 같고 두께가 1 mm인 금속판을 그림 16.21과 같이 판 사이의 공간에 넣는다. 금속판을 넣을 때 대전된 축전기 판에 닿지 않도록 조심한다. 이제 바깥의 두 판 사이에 생긴 새로운 전위차를 계산하고자 한다.

우리는 먼저 금속판이 삽입되면 생기는 새로운 모양의 전기장에 대해 이해해야 한다. 바깥쪽 판들의 전하량은 각각 $-Q_1$과 $+Q_1$으로, 둘 다 넓이가 $A$인 넓은 판에 전하가 거의 균일하게 분포하고 있다. 삽입된 금속판은 당연히 분극이 될 것이고, 그림 16.21에 보인 것처럼 표면에 $+Q_2$와 $-Q_2$의 전하가 분포하게 된다.

하나의 판에 대전된 전하의 양을 $Q$, 판의 면적을 $A$라고 하고, 판 사이의 간격이 판의 크기에 비해 작다면, 축전기 안에서의 전기장은 근사적으로 $E = (Q/A)/\varepsilon_0$이다.

**질문** 삽입한 금속판 내부에서는 전기장이 0이어야 하므로 우리는 $Q_2$가 $Q_1$과 같다는 결론을 내릴 수 있다. 왜 그런가?

축전기의 판들과 삽입된 판의 표면은 그 면적이 $A$로 같다. 바깥쪽의 전하 $-Q_1$과 $+Q_1$은 삽입된 판의 내부에 왼쪽으로 $E_1 = (Q_1 / A) / \varepsilon_0$의 전기장을 만들고, 안쪽의 전하 $+Q_2$와 $-Q_2$는 마치 축전기에 있는 전하들처럼 배열되어 삽입된 금속판 내부에 오른쪽으로 $E_2 = (Q_2 / A) / \varepsilon_0$의 전기장을 만든다. 평형 상태의 금속판 내부에서는 전기장이 0이 되어야 하므로, 이 두 전기장의 합은 0이다. 따라서 $Q_2$는 $Q_1$과 같다. 결과적으로, 왼쪽의 두 전하 분포가 하나의 축전기처럼 전기장을 만들고, 또 오른쪽의 두 전하 분포가 하나의 축전기처럼 전기장을 만들게 된다. 이의 영향으로, 공기 틈에서는 여전히 2000 V/m 정도의 전기장이 걸리지만, 삽입된 금속판 안에서는 0이다(틈이 좁으면 가장자리 전기장도 작다).

**질문** 이제 모든 곳에서 전기장을 아는데, 축전기 사이의 세 영역(빈 틈, 삽입된 금속판, 빈 틈)에서의 전위차는 어떻게 될까?

판 사이에서의 전기장은 본질적으로 변하지 않기 때문에

$$\Delta V_{\text{left}} = \Delta V_{\text{right}} = (2000 \text{ V/ m})(0.001 \text{ m}) = 2 \text{ V}$$

이다.

삽입된 금속판 내부에서 $E = 0$이기 때문에 $\Delta V$가 0이어야 한다. 이제 축전기 사이의 전위차는, 원래의 6 V가 아닌,

$$\Delta V = 2 \text{ V} + 0 \text{ V} + 2 \text{ V} = 4 \text{ V}$$

이다("전위의 보존" 같은 것은 없다는 것에 주의하자; 금속판을 삽입하자 전위차가 바뀌었다).

금속 내부의 전기장이 0이 되어야 한다는 것을 알면 금속 내부에 만들어지는 모든 전기장의 합이 0이 되어야 한다는 것도 안다. 이는 평형 상태에 있는 금속

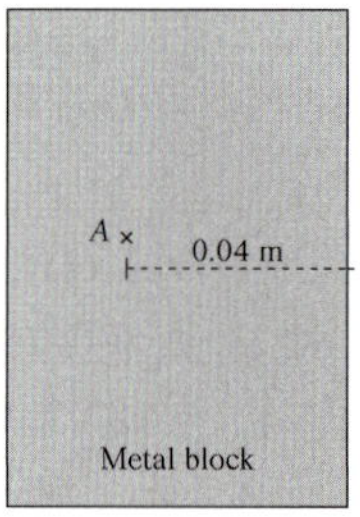


**그림 16.22** 위치 $A$는 대전된 금속 블록의 안에 있다. $B$는 블록의 바깥에 있다.

표면이나 내부의 전기장이나 전하량에 대해 추론하는 데에 유용한 도구가 된다.

> **점검 사항 7** 그림 16.22에서, 위치 $A$는 대전된 금속 막대 내부에 있고, 위치 $B$는 금속 외부에 있다. 금속 막대는 절연체 위에 놓여, 다른 어떤 물체와도 접촉하지 않고 있다. 막대 밖에서의 전기장은 $\vec{E}_2 = \langle -50, 0, 0\rangle$ V/m이다. (a) $A$에서 $B$로 가는 경로에서 $\Delta V$를 구하라. (b) $B$에서 $A$로 가는 경로에서 $\Delta V$를 구하라.

## 전기장이 변하는 영역에서의 $\Delta V$

어떤 상황에서는 영역 안의 전기장이 연속적으로 바뀐다. 예를 들어, 하나의 점전하에 의한 전기장은 공간의 모든 위치에서 크기와 방향이 다르다. 이런 영역에서 두 위치 사이의 전위차를 구하려면 우리는 전기장의 변화를 고려해야 한다.

이 제15장에서 우리는 전하 분포(막대, 고리, 원판, 구)에 의한 전기장을 각각의 조각들이 만들어내는 전기장을 더함으로써 구했다. 예를 들어 균일하게 대전된 막대가 만들어내는 전기장을 구하기 위해서 막대를 짧은 마디들로 나누고 각 마디가 만들어내는 전기장을 점전하가 만들어내는 전기장으로 근사하여 모두 수치적으로 더하거나, 가능하다면 적분을 계산함으로써 분석적으로 구했다. 조각이 많을수록, 그리고 각 마디가 짧을수록 결과는 더 정확해졌고, 적분을 하는 경우에서는 막대의 무한히 짧은 마디가 무한히 많았다.

우리는 전기장이 변하는 영역 안에 있는 두 위치 사이의 전위차를 이와 비슷한 접근 방법으로 계산할 수 있다. 기본적인 아이디어는 처음 위치로부터 나중 위치까지 가는 경로를 잡고 그 경로를 짧은 경로들로 나누어 각 경로에 대해 $\Delta V$를 구한 뒤, 모든 $\Delta V$를 더 하고 그 결과를 확인해보는 것이다. 다음은 이 방법의 단계들을 자세하게 설명한 것이다:

### 1단계: 경로를 선택하고 그 경로를 $\Delta\vec{l}$의 조각들로 나눈다

- 처음 위치 $i$에서 나중 위치 $f$로 가는 경로를 정한다. 전위가 $i$에서 $f$로 가는 경로에 무관하기는 하지만, 계산을 하기 위해서는 특정 경로를 선택해야 하고, 그 경로는 각 위치에서의 전기장 $\vec{E}$를 알고 있는 경로여야 한다.
- 경로를 $\Delta\vec{l}$로 표현되는 짧은 조각들로 나눈다.
- 계산을 가시화하고 돕기 위해 경로 위에 있는 몇 위치에서의 전기장 $\vec{E}$를 그린다(결과가 경로 위에서의 $\vec{E}$에 의존한다는 것을 기억하라—시작점과 끝점에서의 전기장에 신경쓰지 마라).

### 2단계: 하나의 조각에 대한 $\Delta V = -\vec{E} \bullet \Delta\vec{l}$를 표현하라

- 경로의 각 조각들은 총 전위차에 $\Delta V = -\vec{E} \bullet \Delta\vec{l}$만큼의 기여를 한다. $\vec{E}$는 경로 위의 각 위치에서 다른 값을 가진다. 각각의 $\Delta V = -\vec{E} \bullet \Delta\vec{l}$를 구하기 위해 우리는 경로 중 $\Delta\vec{l}$에서의 $\vec{E}$ 값을 이용할 것이다. 수치적으로 계산할 것이라면 우리는 (또는 컴퓨터가) 각 조각 위에서의 $\vec{E}$를 모두 구해야 한다. 분석적으로 적분을 시도해보기 위한 표현을 쓸 것이라면, 우리가 표현한 $\vec{E}$는 경로 위의 위치와 관련된 어떤 적분 변수에 의존해야 한다.

### 3단계: 모든 조각에서의 전위차를 더한다

- $V_{나중} - V_{처음}$을 구하기 위해 모든 $\Delta V$들을 더한다. 덧셈은 수치적으로 할 수도 있고, 몇몇 경우에서는 적분식 $V_{나중} - V_{처음} = \int_{처음}^{나중} \vec{E} \cdot d\vec{l}$로 계산될 수도 있다. 여기서는 각각의 $\Delta\vec{l}$가 무한히 짧은 $d\vec{l}$가 된다고 생각한다.

### 4단계: 결과를 확인한다

- 결과가 합당한지 확인한다. 무엇보다도, 부호가 물리적으로 합당한가? 결과가 올바르게 볼트(줄/쿨롱)의 단위로 나왔는가? 우리가 그 결과를 아는 특수한 상황들에 대해서 그 결과가 맞는 값을 갖는가?

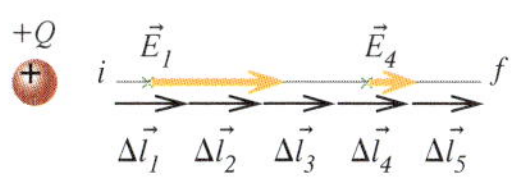


**그림 16.23** 처음 위치 $i$에서 나중 위치 $f$로 가는 경로가 다섯 개의 단계로 나뉘었다. 전기장은 처음과 네 번째의 단계의 중점에서 그려졌다. 전기장과의 구분을 위해 $\Delta\vec{l}$를 나타내는 화살표는 조금 아래에 그렸다.

## 점전하 근처에서의 전위차

이 방법을 어떻게 이용하는지 알아보기 위해서, 우리는 위의 단계들을 거쳐 전하량 $Q = 3 \times 10^{-9}$ C의 점전하 주위에 있는 두 위치의 전위차를 계산해 볼 것이다. 처음 위치는 점전하로부터 $r_{처음} = 2 \times 10^{-3}$ m 만큼 떨어진 곳이고, 나중 위치는 $r_{나중} = 8 \times 10^{-3}$ m 만큼 떨어진 곳이다. 먼저 우리는 이 문제를 수치적으로 풀어볼 것이다; 그 다음 기호들을 이용하여 적분함으로써 분석적으로 풀 것이다.

(1) **경로를 정하고 $\Delta\vec{l}$의 조각들로 나눈다:** 그림 16.23에서 우리는 $i$에서 $f$로 갈 때의 전위차, 즉 $V_{나중} - V_{처음}$을 구할 것이다. 여러 위치에서의 $\vec{E}$를 그려봄으로써 $\vec{E}$가 경로와 나란하다는 것을 알 수 있다. 경로를 길이가 $(8 \times 10^{-3}\ \text{m} - 2 \times 10^{-3}\ \text{m}) / 5 = 1.2 \times 10^{-3}$ m로 같은 5개의 조각으로 나누고 각 조각에서의 $\Delta V = -\vec{E} \cdot \Delta\vec{l}$를 수치적으로 계산할 것이다.

(2) **$\Delta V = -\vec{E} \cdot \Delta\vec{l}$의 표현을 쓴다:** 내적은 단순하다: $\Delta V = -E\Delta l \cos 0 = -E\Delta l$, 여기서 $E$는 점전하의 일반적인 전기장이다. 따라서 각 조각에서의 전위차는 $\Delta l = \Delta r$로 쓸 때 아래와 같이 표현된다.

$$\Delta V = \frac{1}{4\pi\varepsilon_0}\frac{Q}{r^2}\Delta r$$

우리가 경로를 다섯 개의 짧은 마디로 나누긴 했지만, 각 마디 안에서의 전기장은 점전하와의 거리에 따라 변한다. 각 마디에 대해 $E$의 평균과 비슷한 것을 사용하기 위해, $r$을 점전하로부터 그 마디의 중심까지의 거리라고 할 것이다. 물론 경로를 다섯 개보다 많은 조각으로 나눔으로써 계산의 정확도를 늘릴 수 있을 것이다.

| $r$, m | $\Delta V$, volts |
|---|---|
| $2.6E-3$ | $-4.793E3$ |
| $3.8E-3$ | $-2.244E3$ |
| $5.0E-3$ | $-12960E3$ |
| $6.2E-3$ | $-8.429E2$ |
| $7.4E-3$ | $-5.917E2$ |
| Sum | $-9.767E3$ |

**그림 16.24** $V_{나중} - V_{처음}$을 수치적으로 더한 것

(3) **모든 조각에서의 전위차를 더한다:** 그림 16.24에 $V_{나중} - V_{처음}$을 구하기 위해 계산한 각 조각의 $\Delta V$가 나와 있다.

경로를 더 많은 조각들로 나눔으로써 더 정확한 값을 얻을 수 있겠지만, 그 계산을 손으로 하는 것은 힘들 것이다. 마디의 개수에 따른 이러한 계산을 할 간단한 컴퓨터 프로그램을 짰고, 그 결과는 그림 16.25에 나와 있다.

| # pieces | $V_f - V_i$, volts |
|---|---|
| 5 | $-9.767E3$ |
| 10 | $-10.028E3$ |
| 15 | $-10.081E3$ |
| 20 | $-10.100E3$ |
| 100 | $-10.124E3$ |

**그림 16.25** 마디의 개수에 따른 효과

(4) **결과를 확인한다:** 먼저 확인해 보아야 할 것은 전위차의 부호가 물리적으로 합당한가 하는 것이다. 그림 16.23을 다시 참고해 보면, $\vec{E}$가 경로를 따라 $\Delta\vec{l}$와 같은 방향임을 알 수 있고, 따라서 각 조각에서의 전위차 $-E\Delta l \cos 0 = -E\Delta l$은 음수이며, 이 $\Delta V$들의 합도 음수이다. $r_{처음}$의 위치에 놓인 양전하는 반발력으

로 낮은 전위를 향해 "아래로" 갈 것이고, 이는 전위차가 음수임을 의미한다는 것 또한 알고 넘어가자. 따라서 부호는 음으로 나오는 것이 맞다. 독자는 스스로 계산을 통해 단위가 맞는지도 확인해 보아야 한다.

## 분석적인 적분

우리는 위의 두 번째 단계에서 한 조각에 걸린 전위차를 나타내는 표현을 썼다. 경로를 점점 더 많은 조각들로, 그리고 점점 더 짧은 조각들로 나누면 계산이 더 정확해질 것으로 기대하고, 실제로 그림 16.25를 보면 경로를 15, 20, 100개의 조각들로 나누어 계산한 전위차에 아주 작은 차이밖에 없다는 것을 알 수 있다 (모두 $-10.1 \times 10^3$ V 정도이다). 이로써 전위의 실제 값이 $-10.1 \times 10^3$ V 정도일 것이라고 추측할 수 있다.

(모든 전위차를 더하는) 세 번째 단계에서 조각들의 개수를 무한히 키우고 각 조각의 길이는 무한히 작게 하는 극한을 취하자. 이는 $\Delta r \to dr$이 되고 덧셈이 적분됨을 의미한다.

$$\begin{aligned} V_{\text{나중}} - V_{\text{처음}} &= -\int_{r_{\text{처음}}}^{r_{\text{나중}}} \frac{1}{4\pi\varepsilon_0}\frac{Q}{r^2}dr \\ &= -\frac{Q}{4\pi\epsilon_0}\left[-\frac{1}{r}\right]_{r_{\text{처음}}}^{r_{\text{나중}}} \\ &= \frac{1}{4\pi\varepsilon_0}\frac{Q}{r_{\text{나중}}} - \frac{1}{4\pi\varepsilon_0}\frac{Q}{r_{\text{처음}}} \end{aligned}$$

주어진 상황에서의 $Q$, $r_{\text{처음}}$, $r_{\text{나중}}$의 값들을 넣고 계산해보면 $V_{\text{나중}} - V_{\text{처음}} = -10.125 \times 10^3$ V가 됨을 알 수 있다. 이 예에서 보인 것처럼 $r$이 증가함에 따라 $1/r$의 값이 감소하여 $1/r_{\text{나중}}$이 $1/r_{\text{처음}}$보다 작고, $r$이 커지는 경로를 따라 움직이는 것은 음의 전위차를 만듦을 내포한다는 것에 주목하자.

점전하 주변에서 방사형 경로를 따라 생기는 전위차는 다음과 같이 쓰인다는 중요한 결과에 주목하자.

$$V_{\text{나중}} - V_{\text{처음}} = \Delta\left(\frac{1}{4\pi\varepsilon_0}\frac{Q}{r}\right)$$

우리는 이 단원의 후반부에서 이에 대해 더 이야기해 볼 것이다.

**예** **양성자에 의한 전위차**

원점에 양성자 하나가 위치해 있다. 양성자로부터 바깥으로 뻗어 나오는 직선 위에서 위치 $C$는 양성자로부터 $1 \times 10^{-10}$ m 만큼 떨어진 곳이고, 위치 $D$는 $2 \times 10^{-8}$ m만큼 떨어진 곳이다. (a) 전위차 $V_D - V_C$는 얼마인가? (b) 전자를 위치 $C$에서 $D$로 이동시키려면 얼마의 일이 필요한가?

**해답** (a) 전위차:

$$\Delta V = -\int_C^D E_x dx = -\int_{1\times10^{-10}}^{2\times10^{-8}}\left(\frac{1}{4\pi\varepsilon_0}\frac{Q}{x^2}\right)dx$$

$$\Delta V = \frac{1}{4\pi\varepsilon_0}(1.6\times10^{-19}\text{C})\left(\frac{1}{2\times10^{-8}\text{ m}} - \frac{1}{1\times10^{-10}\text{ m}}\right)$$
$$= -14.3\text{ V}$$

(b) 전자를 움직이는 데 필요한 일: 양성자의 운동 에너지를 바꾸지 않는다면, 최소의 일만이 필요할 것이다.

$$\cancel{\Delta K} + \Delta U = W_{외력}$$
$$0 + (-e)(\Delta V) = (-1.6\times10^{-19}\text{C})(-14.3\text{ V}) = 2.3\times10^{-18}\text{ J}$$

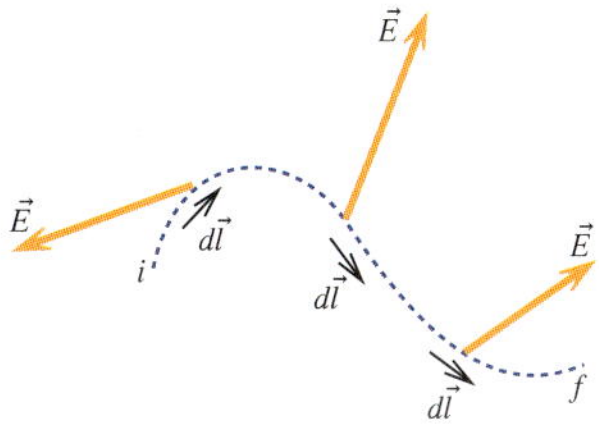


**그림 16.26** 각 단계에서의 전위차는 $-\vec{E}\bullet\Delta\vec{l}$이다. 전위차 $\Delta V = V_f - V_i$는 이러한 전위차의 합이다.

## 전위차의 일반적인 정의

전위차의 가장 일반적인 정의는 어느 상황에서나 쓸 수 있는 적분 표현이다(그림 16.26 참고).

**전위차의 일반적인 정의**

$$\Delta V = -\int_{처음}^{나중} \vec{E}\bullet d\vec{l}$$

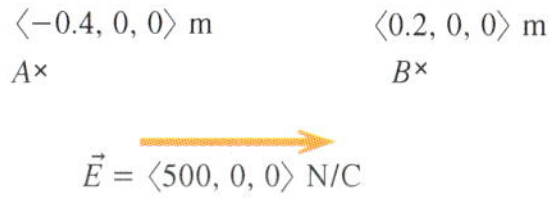


**그림 16.27** 균일한 전기장이 작용하는 영역

이 일반적인 표현은 전기장이 균일한 영역과 전기장이 균일하지 않은 영역 모두에 대해서 성립한다. 예를 들어, 전기장이 균일한 그림 16.27의 상황에서,

$$\Delta V = -\int_i^f \vec{E}\bullet d\vec{l} = -\int_{-0.4}^{0.2}(500\text{ V/m})dx = -500\text{ V/m}\int_{-0.4}^{0.2}dx = -300\text{ V}$$

이 적분의 결과는, 16.3절에서 균일한 전기장의 예시로 얻은 결과와 같다.

## 복잡한 경로

그림 16.26처럼 직선이 아니고 위치에 따라 전기장의 크기와 방향이 변하는 경로를 따라 움직일 때의 전위차를 $\Delta V_{나중} - V_{처음} = \Delta V = -\int_{처음}^{나중}\vec{E}\bullet d\vec{l}$를 이용하여 구하는 것은 수학적으로 어려운 일이 될 수 있다. 많은 경우에서 이를 계산하는 가장 좋은 방법은 컴퓨터를 이용하여 수치적으로 계산하는 것이다. 이 책에서는 복잡한 임의의 적분을 해석학적으로 계산하라고 요구하지는 않을 것이다.

기본적인 원리들을 확립하기 위해 우리는 일반적으로 비교적 단순한 상황을 생각할 것이다. 가끔 전기장이 직선 경로를 따라 균일하게 (같은 크기와 방향으로) 걸려 있어서 계산을 매우 단순하게 만들어 줄 것이다. 또 다른 비교적 단순한 상황은 직선 경로를 따라 전기장의 크기는 변하지만 방향은 변하지 않는 상황이다. 우리가 마주칠 세 번째로 단순한 상황은 곡선 경로를 따라 움직이지만 전기장의 방향이 항상 곡선 경로의 방향과 나란하고 종종 크기도 일정한 상황으로 전기회로에서 발생한다. 이런 단순한 상황들에서 전위차를 계산하는 것은 앞의 연습문제들에서 본 것처럼, 꽤 쉬울 수 있다.

**예** **원판과 공**

그림 16.28에서 플라스틱으로 된 얇은 공이 균일하게 대전된 $-Q_1$의 음전하를 가지고 있고, 유리로 된 얇은 원판은 균일하게 대전된 $+Q_2$의 전하를 가지고 있다. 플라스틱 공의 반지름 $R_1$은 유리 원판의 반지름 $R_2$에 비해 매우 작다. 구각의 표면으로부터 유리 원판까지의 거리는 $d$이고 $d$는 $R_2$보다 훨씬 작다. 전위차 $V_2 - V_1$을 구하라. 위치 1은 플라스틱 공의 중심에 있고, 위치 2는 원판이 바로 바깥에 있다. 사용한 근사나 문제를 단순화하기 위한 가정이 무엇인지 언급하라.

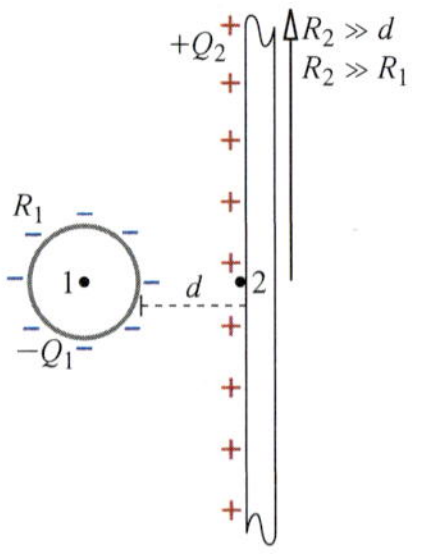


**그림 16.28** 균일하게 대전된 플라스틱 구각과 균일하게 대전된 유리 원판

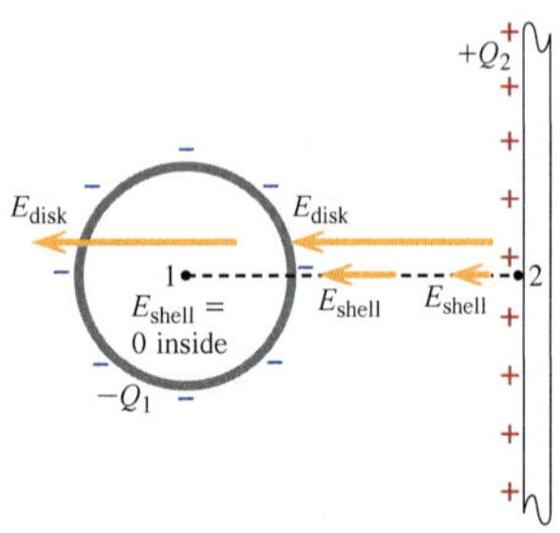


**그림 16.29** 구각과 원판에 의한 전기장을 경로 위의 위치들에서 보인 것

**해답** 처음 위치: 1

나중 위치: 2

경로: 1부터 2까지의 직선(그림 16.29 참고). 중첩의 원리에 의해 $\vec{E}_{알짜} = \vec{E}_{공} + \vec{E}_{원판}$이므로

$$-\int_1^2 \vec{E}_{알짜} \bullet d\vec{l} = -\int_1^2 \vec{E}_{공} \bullet d\vec{l} - \int_1^2 \vec{E}_{원판} \bullet d\vec{l}$$

이다. 이것은 공에 의한 $\Delta V$와 원판에 의한 $\Delta V$를 따로 구하고 그것을 더하도록 해준다. 대안으로 우리는 두 전기장을 더하여 $\vec{E}_{알짜} \bullet d\vec{l}$를 1부터 2까지의 경로를 따라 적분할 수도 있다.

단순화를 위한 가정: 얇은 공과 원판 안에는 적은 양의 물질이 들어있기 때문에 플라스틱과 유리의 분극은 무시한다. 따라서 분자의 분극에 의한 전기장은 $-Q_1$과 $+Q_2$에 의한 전기장에 비해 무시할 만하다.

공에 의한 $\Delta V$: 공의 중심을 원점으로 한다.

공의 내부에서: 공 안에서 $E_{공} = 0$이기 때문에, $V_{공의\ 표면} - V_1 = 0$.

공의 오른쪽에서:

$$\vec{E}_{공} = \left\langle \frac{1}{4\pi\varepsilon_0}\frac{-Q_1}{x^2}, 0, 0 \right\rangle, \Delta\vec{l} = \langle dx, 0, 0 \rangle$$

$$V_2 - V_{공의\ 표면} = -\int_{R_1}^{R_1+d} \frac{1}{4\pi\varepsilon_0}\frac{-Q_1}{x^2}dx$$

$$= \frac{1}{4\pi\varepsilon_0}\left(\frac{-Q_1}{R_1+d} - \frac{-Q_1}{R_1}\right)$$

부호 확인: 원판에 가까이 갈 때 전기장의 반대 방향으로 움직이므로 전위가 증가해야 한다. $+Q_1/R_1$이 더 큰 항이므로 결과가 이에 부합한다.

원판에 의한 $\Delta V$: $d \ll R_2$이고 $R_1 \ll R_2$이므로 근사식인

$$\vec{E}_{원판} \approx \left\langle \frac{-Q_2/(\pi R_2^2)}{2\varepsilon_0}, 0, 0 \right\rangle$$

을 사용하고 원점을 원판의 중심으로 설정하여 적분식을 설정할 수 있다. 하지만, $\vec{E}_{원판}$가 거의 균일하므로 적분의 결과가

$$V_2 - V_1 = \frac{Q_2/(\pi R_2^2)}{2\varepsilon_0}(R_1 + d)$$

임을 알 수 있다.

부호 확인: 원판으로 가까이 가는 것이 전기장의 반대 방향으로 가는 것이므로 전위가 증가해야 한다. 결과가 이에 부합한다.

구각과 원판 모두에 의한 $\Delta V$는

$$V_2 - V_1 = \frac{1}{4\pi\varepsilon_0}\left(\frac{-Q_1}{R_1+d} - \frac{-Q_1}{R_1}\right) + \frac{Q_2/(\pi R_2^2)}{2\varepsilon_0}(R_1 + d)$$

이다.

## 16.6 경로 독립성

제6장에서 우리는 퍼텐셜 에너지의 차이가 처음과 나중의 상태에만 의존하고 경로에는 의존하지 않는다는 것을 알았다. 경로가 다르고 과정이 달라도 상태 변화는 같다. 이와 비슷하게 위치 $A$와 $B$사이의 전위차 $\Delta V = V_A - V_B$ 또한 두 위치 사이의 경로에 의존하지 않는다.

각 영역에서의 전기장을 이용하여 두 위치 사이의 전위차를 계산하기 위해서는 하나의 경로를 선택해야 한다. 하지만 우리는 계산을 단순하게 만드는 경로를 자유롭게 선택할 수 있다.

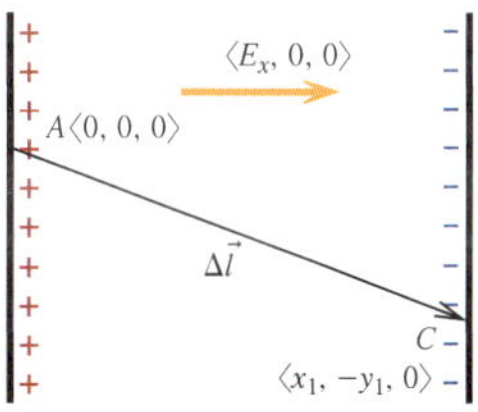


**그림 16.30** 전기장과 어떤 각을 이루며 움직인다.

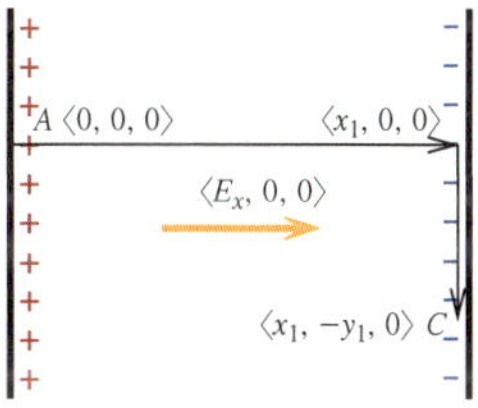


**그림 16.31** 전기장에 직각인 방향으로 움직인다.

### 서로 다른 두 경로의 간단한 예시

두 위치 사이의 전위차가 어떻게 다른 경로에서도 같을 수 있는지 보기 위해 우리는 축전기 안에서의 경로에 대해 생각해 볼 것이다. 축전기의 양극에서 음극으로 전기장 $\vec{E}$와 어떤 각도를 이루며 이동한다고 해 보자(그림 16.30).

**질문** $A$에서 $C$로 갈 때의 전위차를 계산하라: $\Delta V = V_C - V_A = ?$

경로 전체에 대해서 전기장의 크기와 방향이 일정하므로 우리는 다음과 같이 쓸 수 있다:

$$\begin{aligned}\Delta V &= -(E_x\Delta x + E_y\Delta y + E_z\Delta z)\\ &= -E_x(x_1 - 0) + 0(-y_1 - 0) + 0\cdot 0 = -E_x x_1\end{aligned}$$

이번에는 그림 16.31에 나타나 있는 두 번에 나누어 가는 경로를 따라서 이동한다고 해 보자.

**질문** 이제 $\Delta V = V_C - V_A = ?$

$A$에서 $B$로 가는 경로에서

$$\begin{aligned}V_B - V_A &= -(E_x\Delta x + E_y\Delta y + E_z\Delta z)\\ &= -E_x(x_1 - 0) + 0\cdot 0 + 0\cdot 0 = -E_x x_1\end{aligned}$$

$B$에서 $C$로 가는 경로에서

$$V_C - V_B = -(E_x\Delta x + E_y\Delta y + E_z\Delta z)$$
$$= -E_x(0) + 0(-y_1 - 0) + 0\cdot 0 = 0$$

따라서 우리는 $A$에서 $C$로 직접 가는 경로에서 구한 것처럼 또

$$V_C - V_A = (V_C - V_B) + (V_B - V_A) = -E_x x_1$$

이라는 것을 알 수 있다.

**질문** $V_C - V_B = 0$이라는 것이 합당한가?

합당하다. 힘에 수직인 방향으로 이동하는 데에 일이 필요하지 않은 것처럼 전기장에 수직인 경로에 대해서는 전위가 변하지 않는다. 우리가 선택한 경로의 세로 방향 성분은 $\Delta V$에 영향을 주지 않기 때문에 전위차는 그림 16.30에 나온 경로의 각도에 의존하지 않는다.

## 점전하 근처의 다른 두 경로

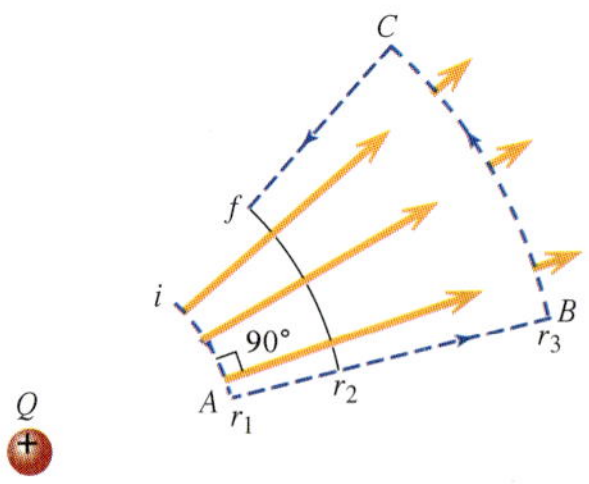


**그림 16.32** 이 복잡한 경로에서 전위차는 얼마인가?

정지한 전하 $Q$에 대해 직선으로 멀어지는 경로에서 다음을 안다:
양이나 음의 전하 $Q$로 대전된 점전하 근처에서

$$\Delta V = \frac{1}{4\pi\varepsilon_0}Q\left[\frac{1}{r_{\text{나중}}} - \frac{1}{r_{\text{처음}}}\right]$$

이다. 다른 경로에 대해서 전위차를 계산해 보는 것은 연습에 도움이 된다.

**질문** 그림 16.32에 보이는 상황에서 위치 $i$에서 $A$, $A$에서 $B$, $B$에서 $C$, $C$에서 $f$로 가는 경로의 전위차를 각 단계에 대해 $Q$와 반지름 $r_1$, $r_2$, $r_3$로 표현하고 이 값들을 더해 이 경로에서의 전위차를 구하라. 먼저 경로 위 여러 위치에서의 전기장을 그려보아라.

$i$에서 $A$까지 $\vec{E} \perp \Delta\vec{l}$이므로 $\Delta V_1 = 0$.
$A$에서 $B$까지

$i$에서 $A$까지, $\vec{E}\perp\Delta\vec{l}$ 이므로 $\Delta V_1 = 0$

$A$에서 $B$까지, $\Delta V_2 = \dfrac{1}{4\pi\varepsilon_0}Q\left[\dfrac{1}{r_3} - \dfrac{1}{r_1}\right]$

$B$에서 $C$까지, $\vec{E}\perp\Delta\vec{l}$, so $\Delta V_3 = 0$.

$C$에서 $f$까지, $\Delta V_4 = \dfrac{1}{4\pi\varepsilon_0}Q\left[\dfrac{1}{r_2} - \dfrac{1}{r_3}\right]$

이 $\Delta V$를 더하면 우리는 다음을 얻는다:

$$V_f - V_i = \Delta V_1 + \Delta V_2 + \Delta V_3 + \Delta V_4$$
$$= 0 + \frac{1}{4\pi\varepsilon_0}Q\left[\frac{1}{r_3} - \frac{1}{r_1}\right] + 0 + \frac{1}{4\pi\varepsilon_0}Q\left[\frac{1}{r_2} - \frac{1}{r_3}\right]$$
$$= \frac{1}{4\pi\varepsilon_0}Q\left[\frac{1}{r_2} - \frac{1}{r_1}\right]$$

이 결과는 우리가 $i$에서 $f$로 직접 직선을 따라서 갈 때의 결과와 정확하게 같은

것이다. 여기서 우리는 $\vec{dl}$에 반지름 방향의 성분이 있을 때만 $\Delta V$에 0이 아닌 영향을 준다는 것을 볼 수 있다. 휘어진 호를 따라서 움직이면 전기장이 경로에 수직이므로 호들은 전위차에 영향을 주지 못한다. 직선들을 따라서 움직이는 것은 $r_1$에서 $r_2$로 바로 가는 것과 같다. 확실히 우리가 어떤 경로를 택하는지는 상관이 없다. 우리는 전위차가 "경로 독립적"이라고 말한다.

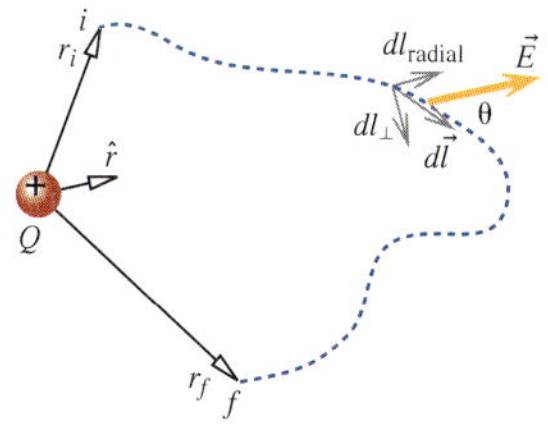


**그림 16.33** 임의의 경로에서 전위차를 계산하는 것

## 점전하 근처 임의의 경로

우리는 정지해 있는 점전하 근처의 임의의 경로에 대해서 이것이 성립한다는 것을 더 일반적으로 확인할 수 있다. 처음 위치 $i$에서 나중 위치 $f$까지 가는 임의의 경로를 따라가 보자(그림 16.33). 경로의 각 위치에서 ($Q$로부터 멀어지는) $\vec{E}$ 방향으로 $\vec{dl}$의 성분 $dl_{반지름}$을 나타내 보자.

경로 위의 모든 위치에서

$$-\vec{E}\bullet\vec{dl} = -Edl\cos\theta$$

이다. 하지만 $dl\cos\theta$는 $\vec{dl}$의 반지름 방향 성분 $dl_{반지름}$이고 전하로부터의 거리에 있어서의 변화와 같다. 이 임의의 경로를 따라 단순히 $-Edl_{반지름}$을 적분하는 것이므로 결과는

$$\Delta V = \frac{1}{4\pi\varepsilon_0}Q\left[\frac{1}{r_{나중}} - \frac{1}{r_{처음}}\right]$$

이다.

유일하게 영향을 끼치는 것은 적분에서 우리가 따라가는 경로가 아니라 처음과 나중에서 전하로부터의 거리이다. 이는 위치 $i$와 $f$ 사이 직선 경로에서의 전위차에 대한 앞에서의 결과 $\Delta V = (1/(4\pi\varepsilon_0))(Q/r_{나중} - Q/r_{처음})$과 같다. 흥미로운 것은 어떻게 해서 $-\vec{E}\bullet\vec{dl}$의 적분이 우리가 선택한 경로에 영향을 받지 않는 것으로 되는가를 아는 것이다.

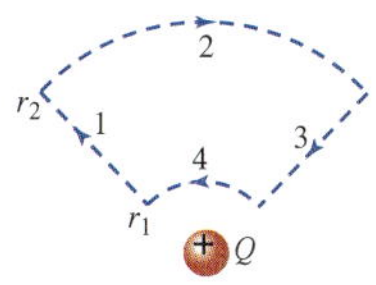


**그림 16.34** 점검 사항 8

**점검 사항 8** 전하 $q$를 중심으로 하는 두 개의 원호와 두 개의 반지름 방향의 선분으로 이루어진 닫힌 경로(그림 16.34)를 따라 전위차를 계산하라. 네 개의 $\Delta V$들이 서로 더해져 0이 됨을 보여라. 부호를 놓치지 않기 위해서 각 단계의 몇 군데에서 전기장을 그리는 것이 도움이 된다.

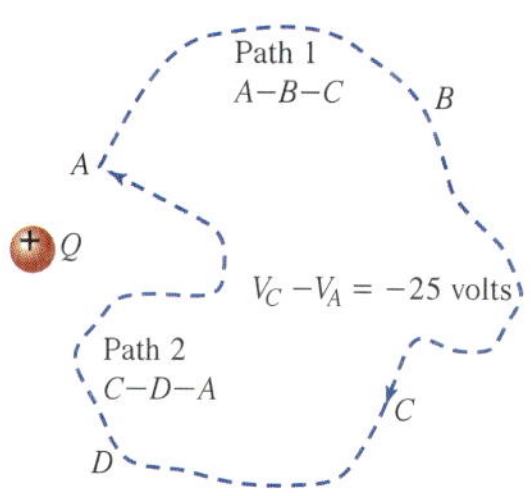


**그림 16.35** $A$에서 다시 $A$로 돌아오는 왕복 경로에서 전위차는 0이다.

## 제자리로 돌아오는 경로의 전위차는 0이다

경로 독립성의 중요한 결과는 이제 우리가 보일 수 있는 것처럼(그림 16.35) 제자리로 돌아오는 경로에 대해 $-\vec{E}\bullet\vec{dl}$의 적분이 0의 전위차를 만든다는 것이다. 경로 1을 따라 $A \to B \to C$ 방향으로 움직이고 경로 2를 따라 $C \to D \to A$ 방향으로 움직여 다시 위치 $A$로 돌아와 보자.

**질문** 경로 1을 따라 움직일 때의 전위차가 $-25$볼트라고 가정해 보자. 경로 2를 $A \to D \to C$ 방향으로 움직일 때의 전위차는 얼마가 되겠는가? 경로 2를 $C \to D \to A$ 방향으로 움직일 때는?

경로 2를 거꾸로 움직이는 것은 경로 1을 따라 움직이는 것과 같으므로 $A \rightarrow D \rightarrow C$ 방향으로 움직일 때의 전위차는 −25볼트여야 한다. 경로 2를 $C \rightarrow D \rightarrow A$ 방향으로 움직이는 것은 전기장의 평행한 성분의 부호를 바꾸므로 경로 2를 따라 갈 때의 전위차는 +25볼트이어야 한다.

**질문** 닫힌 경로 $A - B - C - D - A$를 따라 완전히 돌면 전위차는 얼마인가?

제자리로 돌아오는 경로의 전위차는 0(−25볼트 + +25볼트)이다. 이 결과가 전위의 경로 독립성으로부터 직접적으로 나온 결과라는 것에 주목하자. 또한 우리는 $V_A - V_A = 0$일 것으로 예상하고 있으므로 놀라운 결과가 아니다!

정지해 있는 점전하에 의한 전위차는 경로에 독립적이다.

## 제자리로 돌아오는 경로에서 전위차는 0이다

전위차가 전기장을 포함한 적분으로 계산될 수 있고, 전기장은 여러 점전하들이 만드는 전기장의 합이므로, 전위차는 모든 점전하들이 만드는 전위차의 합이다. 하나의 점전하에 대해서 전기장의 적분인 전위차는 경로에 무관하고, 전하 분포는 모두 아주 작은 점전하들로 구성되어 있으므로, 전기장을 만드는 정지한 점전하들이 어떻게 배열되어 있는지에 관계없이 제자리로 돌아오는 경로에서의 전위차는 0이 되어야 한다.

### 경로 독립성

$\Delta V$는 항상 두 위치 사이의 경로에 독립적이다.
제자리로 돌아오는 경로에 대해서 $\Delta V$는 0이다.

## 에너지 보존

제자리로 돌아오는 임의의 경로에 대해서도 $\Delta V = 0$이라는 사실은 기본적으로 에너지 보존 법칙과 연관이 있다. 귀류법을 이용하여 이 연관성을 보일 수 있다.

대전된 입자들을 어떤 배열로 고정시켜 전기장을 만들면 그림 16.35에 보이는 경로를 따라 제자리로 돌아올 때 전위차가 0보다 크게 될 수 있다고 가정해 보자. 이것이 가능하다면 어떤 전자가 이 경로를 따라 여러 번 돌 때 계의 $\Delta U = -e\Delta V$가 매번 음수일 것이다. 따라서 계의 운동 에너지는 외부에서 에너지가 유입되지 않았다는 사실에도 불구하고 매번 증가해야 된다. 우리는 영구 기관을 발명했을 것이다! 이 결과가 에너지 원리에 위반되므로 우리의 가정 ($\Delta V_{왕복}$이 0이 아닐 수 있다는)이 틀린 것이어야 한다는 결론을 내릴 수 있다.

이들은 매우 중요한 보편적인 결과이고 우리는 후에 전하들에 의한 전위의 이러한 성질을 자주 언급하게 될 것이다. 전위를 이용할 때는 중간 과정과 무관하게 처음과 나중 상태의 관계에 대해서만 따지기 때문에 경로 독립성은 중요하다. 우리는 계를 처음 상태에서 나중 상태로 보내는 가장 편리한 과정을 통해 분석할 자유가 있다.

## 응용: 평형 상태에 있지 않은 금속

금속이 외부의 전하에 의해 분극이 일어나는 (매우) 짧은 시간 동안 금속 안에는

0이 아닌 전기장이 걸린다. 평형 상태에 이르기 전에 금속 내부의 전기장은 0이 아니다.

뒤의 단원에서 더 자세히 배우겠지만 평형 상태에 도달하지 않는 지속적인 분극의 한 종류로서 전기 회로 안에서 전원은 전선 안의 전기장을 0이 되지 않게 유지한다. 전기장은 전선을 통해 다량의 자유 전자를 계속해서 밀어낸다. 평형 상태가 아닌 이러한 상황에서 도체 내부의 전기장은 0이 아니다.

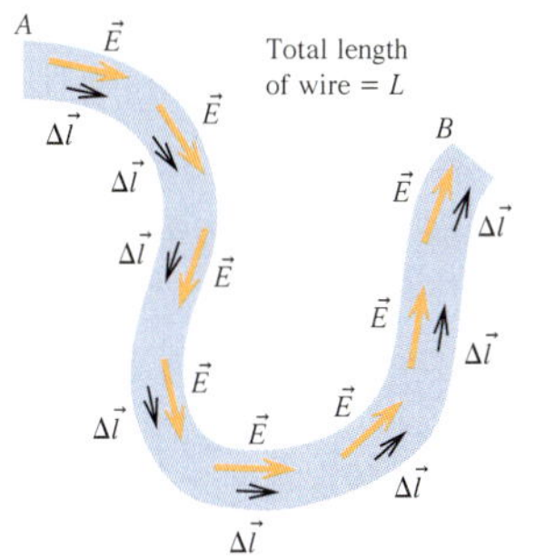


**그림 16.36** 회로의 전선 내부에서 크기가 $E$로 균일하면서 전선의 방향을 따르는 전기장이 생길 수 있다. 전선의 길이는 $L$이다.

**질문** 그림 16.36에서 길이 $L$의 전선 내부에 균일한 크기 $E$로 0이 아닌 전기장이 걸려있고 전기장의 방향은 전선의 방향과 나란하다. 전위차 $V_B - V_A$는 얼마인가?

이 경우 모든 단계에서 $\vec{E} \parallel \Delta\vec{l}$이므로 전위차는 단순히 $-\vec{E} \bullet \Delta\vec{l} = -E\Delta l$을 전선을 따라 적분한 $-EL$이다. 따라서 금속이 평형 상태에 있지 않으면 내부에서의 전위차가 0이 아닐 수 있다. 그럼에도 불구하고 회로 안에서 굵은 구리선은 그 안에 매우 작은 전기장만 걸려 양 끝의 전위차가 아주 작을 것이다. 이때 전위는 구리선 안에서 거의 (하지만 완전히는 아니고) 일정하다.

**점검 사항 9** 회로 안에서 40 cm 길이의 구리선에 0.01 볼트의 전위가 걸려 있다. 구리선 내부에서 전기장의 크기는 얼마인가?

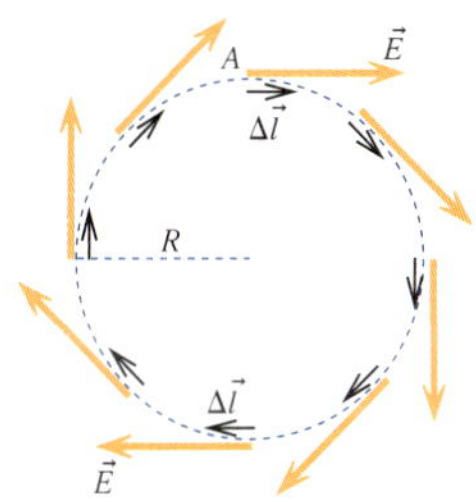


**그림 16.37** 점전하들을 어떻게 배열하여 이와 같은 모양의 전기장(어떤 원 위의 모든 점에서 원과 접하는 $\vec{E}$)을 만드는 것이 가능한가?

## 불가능한 전기장의 모양들

제자리로 돌아오는 경로에 대해 전위차가 0이 되어야 한다는 사실을 이용하여 전기장의 모양의 특징에 대해서 이야기할 수 있다. 신기하게도 우리는 정지한 대전 입자들을 실제로 어떻게 배열해도 특정한 모양의 전기장은 절대로 만들 수 없다는 결론을 내릴 수 있다. 예를 들어 그림 16.37에 보인 것처럼 원 위의 모든 위치에서 원의 접선 방향으로 작용하는 전기장의 모양을 생각해 보라.

**질문** 전기장을 그림 16.37에 보인 모양으로 만들 수 있는 정지한 전하들의 배열을 생각해 보라.

우리는 정지한 점전하를 어떻게 배열해도 이러한 모양의 전기장은 만들 수 없다는 것을 매우 간단하게 증명할 수 있다! 위치 $A$에서 시작하여 원을 따라 시계 방향으로 돌고 위치 $A$로 돌아오는 경로를 생각해 보라. 경로 위의 모든 위치에서 $\vec{E}$가 $d\vec{l}$에 평행하므로 이 경로를 따라 제자리로 돌아올 때의 전위차는

$$\Delta V = -\int \vec{E} \bullet d\vec{l} = -(2\pi R)E$$

이다. 하지만 앞에서 하나의 점전하가 만드는 전기장에 대해서, 또 이로부터 임의의 전하의 배열이 만드는 전기장에 대해서 제자리로 돌아오면 $\Delta V = 0$임을 보였다. 따라서 이 "소용돌이" 모양의 전기장은 정지한 점전하를 어떻게 배열해도 만드는 것이 불가능해야 한다!

## 중요한 한계

다음 장에서는 움직이는 전하들에 의해 만들어지는 자기장에 대해 배울 것이다.

제22장의 패러데이 법칙을 배우면, 시간에 따라 변하는 자기장이 걸려있을 때에는 제자리로 돌아오는 경로에 대해 전기장을 적분한 것이 0이 아닐 수도 있다는 것을 알게 될 것이다. 이 장에서는 시간에 따라 변하는 자기장이 없다고 가정했다.

## 16.7 하나의 위치에서의 전위

보통 우리는 두 위치 사이의 전위차에 관심이 있다: 예를 들어, $\Delta V = V_B - V_A$. 하지만, 때로는 오직 하나의 위치에서 전위를 생각하는 것이 유용하다.

위치 $A$에서의 전위는 모든 대전 입자들로부터 무한히 멀리 떨어져 있는 위치와 그 위치의 전위차로 정의된다.

**한 위치에서의 전위**

$$V_A = V_A - V_\infty$$

때때로 "무한원점과의 상대적인 전위"라고도 말하는 위치 $A$에서의 전위는 모든 대전 입자들로부터 무한히 멀리 떨어져 있는 위치와 위치 $A$ 사이의 전위차이다.

물론 이 식은 무한원점에서의 전위 $V_\infty$가 0일 때만 성립하며 $V_\infty$는 관습적으로 0으로 정의된다. 이는 무한히 멀리 떨어진 두 전하의 계가 가지는 퍼텐셜 에너지는 0이 되어야 한다는 사실과 잘 맞는다.

우주의 모든 위치에서 (전위차는 아니고) 전위가 어떤 값을 가지기 때문에 전위 자체는 어떤 장이 되는데, 벡터장이 아닌 스칼라장이다.

### 점전하 근처에서의 전위

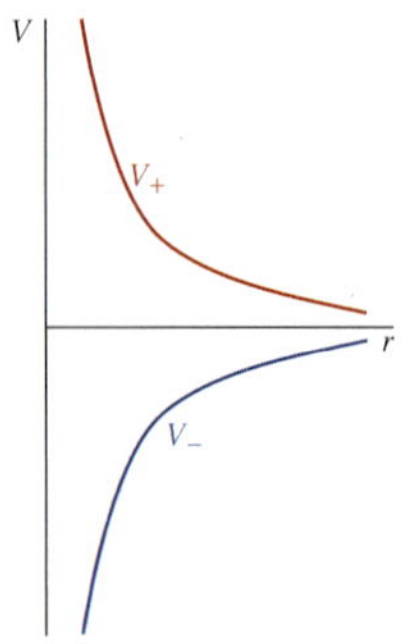


**그림 16.38** 양(빨강) 또는 음(파랑)의 점전하로부터의 거리에 대한 전위의 함수

한 예로, 전하량 $q$의 단일 점입자로부터 거리 $r$만큼 떨어져 있는 위치에서의 전위를 구해 보자. 이를 위해, 우리는 무한히 떨어진 위치와 그 위치 사이의 전위차를 구할 것이다.

$$V_r = V_r - V_\infty = -\int_\infty^r \frac{1}{4\pi\varepsilon_0}\frac{q}{x^2}dx = \frac{1}{4\pi\varepsilon_0}\frac{q}{x}\Big|_\infty^r = \frac{1}{4\pi\varepsilon_0}\frac{q}{r}$$

**질문** 하전 입자의 부호가 어떻게 이 결과의 부호에 영향을 미치는가?

만약 $q < 0$이라면 $V_r < 0$이지만 $q > 0$이면 $V_r > 0$이다. 그림 16.38은 양 또는 음의 점전하에 대해 전위를 거리의 함수로 나타낸 그래프이다.

### 한 위치에서의 전위와 퍼텐셜 에너지

만약 우리가 위치 $A$에서 전위의 값을 안다면 이 값을 이용하여 대전된 물체가 그 위치에 놓일 때 그 계의 퍼텐셜 에너지가 어떻게 될지를 알 수 있다.

$$U = q_1\left(\frac{1}{4\pi\varepsilon_0}\frac{q_2}{r}\right) = \frac{1}{4\pi\varepsilon_0}\frac{q_1q_2}{r}$$

$V$에 대한 우리의 결과를 이용하여 두 입자가 $q_1$과 $q_2$로 대전되어 거리 $r$만큼 떨어져 있을 때의 전기적 퍼텐셜 에너지와 유사한 식을 얻는다.

$$U = q_1\left(\frac{1}{4\pi\varepsilon_0}\frac{q_2}{r}\right) = \frac{1}{4\pi\varepsilon_0}\frac{q_1q_2}{r}$$

**예** **구 근처에서의 전위**

반지름 3 mm의 금속 구가 $-2\times10^{-9}$ C의 전하로 대전되어 있다. 구의 중심으로부터 5 mm 떨어져 있는 위치 $C$에서의 전위는 얼마인가?

**해답**

$$V_C = V_C - V_\infty = \frac{1}{4\pi\varepsilon_0}Q\left(\frac{1}{x_C}-\frac{1}{\infty}\right)$$
$$= \left(9\times10^9\frac{\mathrm{N\cdot m^2}}{\mathrm{C^2}}\right)(-2\times10^{-9}\mathrm{C})\left(\frac{1}{0.005\ \mathrm{m}}-\frac{1}{\infty}\right)$$
$$= -3600\ \mathrm{V}$$

우리는 전하의 분포에 의한 전위를 두 가지 방법을 이용하여 구할 수 있다: 전하의 분포를 점 같은 조각들로 나누어 각 조각에 의한 전위를 더하거나 무한원점에서부터 그 위치까지의 경로에 대해 $-\int\vec{E}\bullet d\vec{l}$를 계산하는 것이다.

**예** **고리의 축 위에서의 전위**

고리의 중심으로부터 축을 따라 $z$만큼 떨어진 위치에서의 전위를 고리의 각 조각에 의한 전위를 더하는 중첩을 이용하여 구하라. 고리는 총 전하 $Q$로 대전되어 있다. 총 전하 $Q$는 전하량 $q$의 점전하들로 이루어져 있고 각각의 점전하들은 전위를 구하려는 위치와 거리 $\sqrt{(z^2+R^2)}$ 만큼 떨어져 있다(그림 16.39).

**해답** 이 $q$의 점전하들 중 어떤 하나의 점전하에 의한 전위는

$$V = \frac{1}{4\pi\varepsilon_0}\frac{q}{\sqrt{z^2+R^2}}$$

이다.

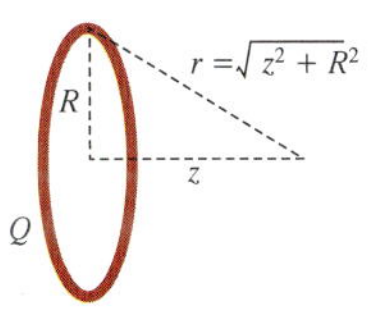


**그림 16.39** 균일하게 대전된 고리에 의한 전위

모든 점전하들에 의한 전위를 더하여 우리는 다음의 결과를 얻는다:

$$V_{고리} = \sum\frac{1}{4\pi\varepsilon_0}\frac{q}{\sqrt{z^2+R^2}}$$
$$V_{고리} = \frac{1}{4\pi\varepsilon_0}\frac{1}{\sqrt{z^2+R^2}}\sum q$$
$$V_{고리} = \frac{1}{4\pi\varepsilon_0}\frac{Q}{\sqrt{z^2+R^2}}$$

## 적분

우리가 제15장에서 구한 전기장의 식을 이용하여 경로를 따라 전기장을 적분함으로써 이와 같은 결과를 얻을 수 있다.

$$V(z) = -\int_{\infty}^{z} \frac{1}{4\pi\varepsilon_0} \frac{Qw}{(R^2 + w^2)^{3/2}} dw$$

반대로 $E_z = -\partial V / \partial z$(문제 문85 참고)이므로 고리의 전위에 대한 결과의 미분을 통해 우리는 고리의 전기장을 결정할 수 있다.

**점검 사항 10** 고리로부터 아주 멀리 떨어져 있으면 ($z \gg R$) 전위는 근사적으로 점전하에 의한 전위와 같다는 것을 보여라(매우 멀리 떨어져 있으면 고리는 거의 점으로 보이기 때문에 예상할 수 있는 결과이다).

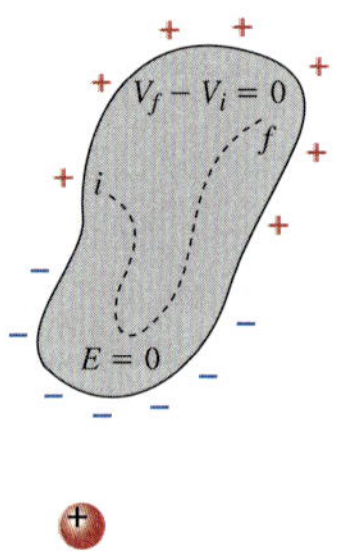


**그림 16.40** 평형 상태의 금속 내부에서 전위는 일정하다.

## 평형 상태인 도체 내부에서의 전위

앞 절에서 우리는 평형 상태의 금속 물체 내부에서 알짜 전기장이 0이기 때문에 금속 내부 임의의 두 위치 사이의 전위차가 0이 되어야 한다는 것을 주의해 두었다. 이것이 참이므로 우리는 금속 내부 임의의 위치에서 전위가 다른 어떤 위치의 전위와 같아야 한다는 결론을 내릴 수 있다(그림 16.40).

평형 상태의 도체의 내부에서 $E = 0$이기 때문에 도체 내부에서는 모든 곳에서 전위가 정확히 같아야 한다.

$$\Delta V = -(E_x \Delta x + E_y \Delta y + E_z \Delta z) = 0$$

이므로 $V$는 일정하다.

**질문** 이것이 평형 상태에 있는 금속 내부의 모든 위치에서 전위가 0이라는 것을 의미하는가?

아니다. 평형 상태의 금속 물체 내부에서 전위가 일정(모든 위치에서 동일)하지만 0일 필요는 없다. 금속 표면의 전하 또는 다른 물체의 전하들이 금속 내부에 0이 아니지만 일정한 전위를 만들어 낼 수도 있다.

**예** **대전된 도체 구 내부의 전위**

반지름 $R$의 속이 꽉 찬 금속 구의 표면에 $Q$의 전하가 균일하게 대전되어 있다. 구 내부 전체에서의 (무한원점에 대한 상대적) 전위는 얼마인가?

**해답** 대전된 구에 의해 거리 $r > R$인 임의의 위치에 생긴 무한원점에 대한 상대적 전위는 $\frac{1}{4\pi\varepsilon_0}\frac{Q}{r}$ 이므로 구의 표면 바로 바깥쪽에서 무한원점에 대한 상대적 전위는 $\frac{1}{4\pi\varepsilon_0}\frac{Q}{r}$ 이다. 구 내부의 모든 곳에서 전기장이 0이므로 구 내부와 표면 위 임의의 위치 사이의 전위차는 0이다. 따라서 구 내부 모든 곳에서 전위는 $\frac{1}{4\pi\varepsilon_0}\frac{Q}{r}$ 이다.

이 상황은 전기장과 전위 사이의 간접적인 관계에 대한 좋은 예이다. 구 내부의 모든 곳에서 전기장은 0이지만 전위는 0이 아니다.

### 흔히 하는 혼동을 피하기

흔히 하는 실수는 어떤 위치에서의 전기장이 전위를 결정한다고 생각하는 것이다. 사실 위치 $A$에서의 전기장은 위치 $A$에서의 전위와 거의 관계가 없다! 비슷하게 위치 $A$와 $B$에서의 전기장은 $A$와 $B$ 사이의 전위차와 거의 관계가 없다 ; $\Delta V$를 결정하는 것은 그 사이 영역에서의 전기장이다. 우리가 방금 본 것처럼 공 표면에 분포한 전하에 의한 전기장은 공 안에서 0이지만 공 표면의 전하에 의해 공의 내부에 만들어지는 전위는 0이 아니다.

### 전위의 영점을 바꾸기

우리가 제6장에서 본 것처럼 상대성의 요구 조건을 만족시키기 위해서는 먼 거리에서 전기적 퍼텐셜 에너지가 (따라서 전위 역시) 0이 되어야 한다. 그럼에도 불구하고, 때때로 전위나 퍼텐셜 에너지의 차이에만 관심이 있기 때문에, 편리함을 위해 우리는 다른 영점을 선택할 수 있다. 이는 중력 퍼텐셜 에너지의 변화를 지구 가까이에서 $\Delta(-GMm/r) \approx \Delta(mgy)$로 근사하고 퍼텐셜 에너지의 영점을 무한원점이 아닌 지표면 위나 근처로 설정하는 것과 매우 유사하다.

전기장 $\vec{E}$는 전위의 값이 아닌 전위의 기울기로 주어진다. 이는 전기장을 결정하는 데에 전위의 값 $V$가 아니라 오직 전위차 $\Delta V$가 중요하다는 것을 의미한다.

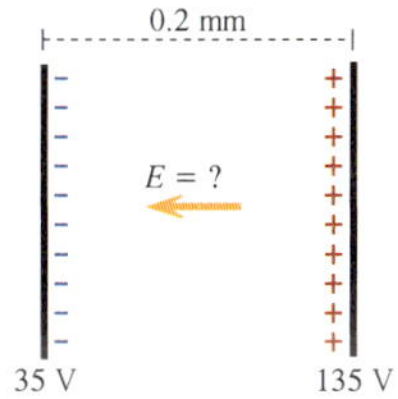


**그림 16.41** 전기장의 크기는 얼마인가?

**질문** 음극이 35볼트의 전위를 가지고 양극이 135 V의 전위를 가지는 간격이 0.2 mm인 축전기의 판 사이에 전기장의 크기를 구하라(그림 16.41).

이 경우 전기장의 크기는

$$(100\text{ V})/(0.2 \times 10^{-3}\text{ m}) = 5 \times 10^{5}\text{ V/m}$$

이다. 전기장의 방향은 양극에서 음극을 향하는 방향(전위가 감소하는 방향)이다.

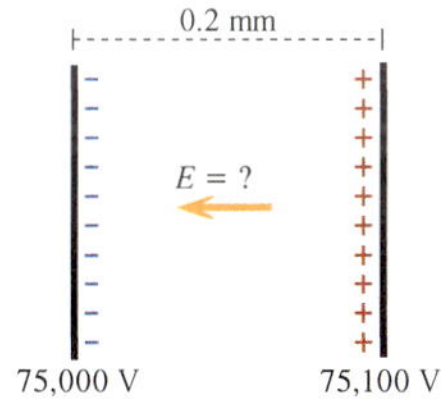


**그림 16.42** 전기장의 크기는 얼마인가?

**질문** 대신 음극판의 전위가 75,000 V이고 양극판의 전위가 75,100 V라고 해 보자(그림 16.42). 이제 판 사이에서 전기장은 어떻게 되는가?

전위의 특정 값이 중요한 것이 아니고 판 사이의 전위차 100 V가 중요한 것이기 때문에 이는 계산에 아무런 변화를 만들지 않는다.

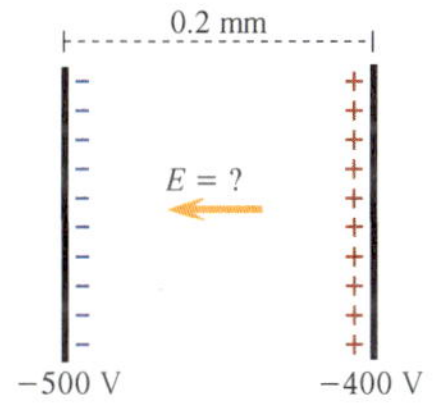


**그림 16.43** 전기장의 크기는 얼마인가?

**질문** 이제 음극판의 전위가 −500 V이고 양극판의 전위는 −400 V라고 해 보자(그림 16.43). 판 사이에서 전기장은 어떻게 되는가?

전기장의 크기는 $5 \times 10^{5}$ V/m이다. 위의 세 계산은 전기장을 구하는 데 있어서 중요한 것은 전위의 기울기, 즉 단위 길이당 전위차이지 전위의 값이 아니라는 것을 보여준다. 이는 건물의 75층에서 76층으로 올라가는 것이 1층에서 2층으로 올라가는 것보다 더 어렵지 않다는 사실과 정확히 대응된다. 다른 방법으로 표현하자면 모든 전위 값들에 상수 $V_0$를 더 하는 것은 전위차와 전기장에 관한 한 아무런 변화도 만들지 못한다.

$$(V_f + V_0) - (V_i + V_0) = V_f - V_i$$

### 복습: 전위와 전위차

우리는 특정 위치에서의 전위를 구하는 방법이 두 가지 있음을 보았다:

- 모두 다른 위치에 있는 모든 점전하들에 의한 전위를 더한다:

$$V_A = \sum \frac{1}{4\pi\varepsilon_0}\frac{q_i}{r_i}$$

- 측정 위치로부터 매우 멀리 떨어져 있는 곳에서부터의 경로를 따라 움직이며 각 단계에서 $-\vec{E}\bullet d\vec{l}$를 더한다:

$$V_A = -\int_{\infty}^{A} \vec{E}\bullet d\vec{l}$$

위치 $A$에서의 전위가 가지는 의미에 대해 생각하는 한 가지 방법은 매우 멀리 떨어진 곳에서 대전된 입자를 $A$로 움직이는 데에 단위 전하당 얼마의 일이 필요한지 생각하는 것이다. 물론 이 일은 전하를 이동시켜 오는 영역에서의 전기장에 의존한다.

위치 $A$와 $B$ 사이의 전위차를 구하는 방법도 두 가지가 있다는 것을 보았다:

- 나중 위치 $B$에서의 전위 값에서 처음 위치 $A$에서의 전위 값을 뺀다:

$$\Delta V = V_B - V_A$$

- $A$에서 $B$로 가는 경로를 따라 각 단계에서 $-\vec{E}\bullet d\vec{l}$을 더한다:

$$\Delta V = V_B - V_A = -\int_{A}^{B} \vec{E}\bullet d\vec{l}$$

두 위치 사이의 전위차는 두 위치 사이 영역에서의 전기장에 의존한다는 것에 한 번 더 주목하자. $A$와 $B$ 사이 영역에서의 전기장이 위치 $A$에서 $B$로 전하를 움직이는 데 필요한 단위 전하당 일을 결정할 것이다.

## 16.8 전위차 계산하기

다음의 두 상황에서는 전위차를 계산하기 위해 컴퓨터를 이용하는 것이 유용할 수 있다: 첫 번째는 전기장을 만들어내는 것들의 위치와 전하량을 알고 있는 경우이고 두 번째는 우리가 관심 있는 영역에서의 전기장에 대한 정보를 알고 있는—분석적인 식으로 알고 있든, 충분히 많은 측정 결과들로 알고 있든—경우이다.

### 전하 분포를 알고 있는 경우

전기장을 만들어 내는 전하들의 분포를 알고 있는 경우, 가장 쉬운 접근 방법은 각각의 대전된 물체들을 점전하나 점전하의 집합으로 모형화하는 것이다. 16.7절의 내용으로부터 우리는 다음의 결과들을 알아내었다:

- 점전하 $q$에 의한, 위치 $A$에서의 무한 원점에 대해 상대적인 전위는 $\dfrac{1}{4\pi\epsilon_0}\dfrac{q}{r_A}$이다.

- 여러 점전하들에 의한 위치 $A$에서의 전위는 단순히 각 점전하에 의한 전위를 더한 것이다.
- 전위차 $V_B - V_A$는 $A$에서 $B$로 가는 경로에 무관하다.
- 따라서 전위차 $V_B - V_A$를 계산하기 위한 프로그램은 비교적 간단한 구조를 가지고 있다.
- 전하들과 그 위치를 리스트로 만든다.
- 각 전하에 의해 $A$에 생기는 전위를 더한다.
- 각 전하에 의해 $B$에 생기는 전위를 더한다.
- $V_B - V_A$를 구한다.

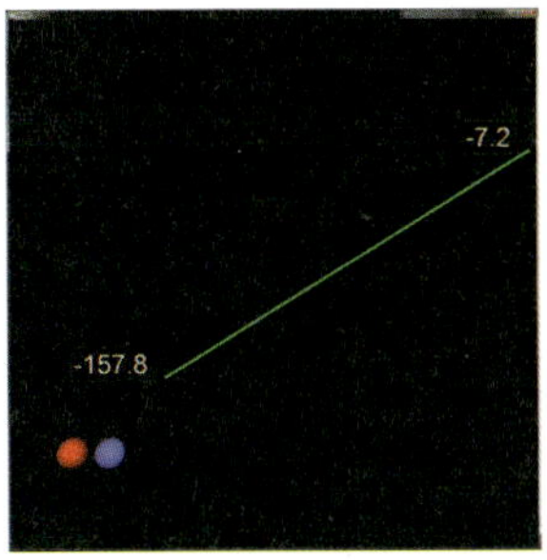

**그림 16.44** 쌍극자 주변의, 쌍극자 축 위에 있지 않은 두 위치에서의 전위차를 계산하기 위해 프로그램을 이용하여 그린 그림

아래의 프로그램은 쌍극자 주변의 경로에 대해서 위의 계산을 한다. $A$와 $B$는 모두 쌍극자의 축 위에 있지 않다. 프로그램에 의해 그려진 그림(끝 점에서의 전위를 표시하기 위해 수정되었다)은 그림 16.44에 나와 있다.

```
from visual import *
scene.width = scene.height = 800
oofpez = 9e9
s = 0.01
qd = 2e-9
## source charges
s1 = sphere(pos=(-s/2,0,0), radius=0.003,
            color=color.red, q=qd)
s2 = sphere(pos=(s/2,0,0), radius=0.003,
            color=color.blue, q=-qd)
sources = [s1,s2]
## path
A = vector(0.02,0.02,0)
B = vector(0.12,0.08,0)
path = [A,B]
curve(pos=path, color=color.green)  ## draw path
## potentials
VA = 0
VB = 0
i = 0
while i < len(sources):
    rate(500)
    r_A = A - sources[i].pos
    VA = VA + oofpez*sources[i].q/mag(r_A)
    r_B = B - sources[i].pos
    VB = VB + oofpez*sources[i].q/mag(r_B)
    i = i + 1
print('VA=', VA, 'VB=', VB, 'VB-VA=', VB-VA)
```

문제 문88 – 문91은 이 프로그램을 수정하여 고리와 막대 같은 전하 분포 주변에서의 전위차를 계산하도록 할 것이다.

### 전기장을 알고 있는 경우

전기장을 만들어내는 각 전하의 위치와 전하량에 대해서 모르더라도 어떤 영역 안에서 위치에 따른 전기장을 아는 경우가 종종 있다. 그런 경우에는 16.5절에서 전위차를 수치적으로 계산하기 위해 사용한 절차를 따르는 프로그램을 짤 수 있다. 그러한 프로그램의 구조는 16.13절에서 이야기해 볼 것이다.

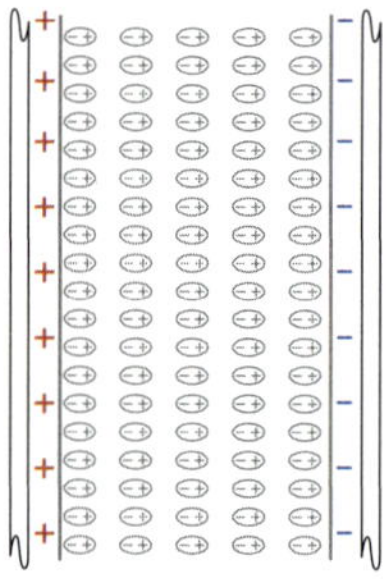

**그림 16.45** 축전기 안에 들어가 있는 플라스틱 조각 내부 분자들의 분극

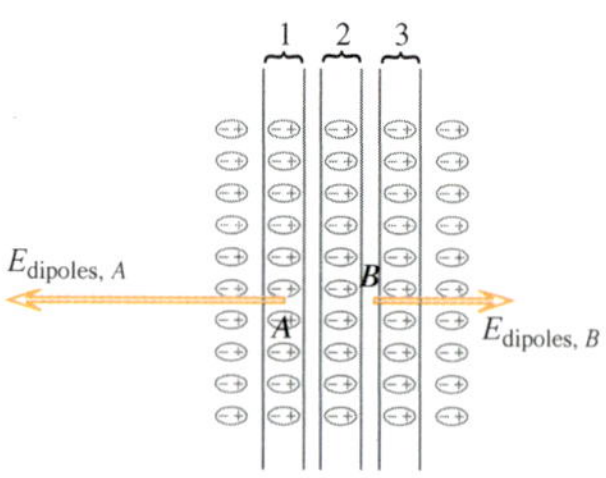


**그림 16.46** 플라스틱 안에서 유도된 쌍극자들 만에 의한 전기장

## 16.9 절연체 내부에서의 전위차

평형 상태에 대한 정의와 금속 내부 수많은 자유 전자의 존재로부터 이야기를 시작하여 우리는 평형 상태의 금속 내부 모든 곳에서 알짜 전기장이 0이라는 결론을 내릴 수 있었다.

이것으로부터 우리는 평형 상태의 금속 물체 내부 임의의 두 위치 사이의 전위차가 0이라는 결론을 내릴 수 있었다. 분극이 일어나는 절연체 내부의 상황은 더 복잡하다. 축전기 내부에서와 같이 전기장이 걸리면 절연체의 분자들에 분극이 일어난다(그림 16.45). 이렇게 분극된 분자들 스스로가 절연체 안에서의 알짜 전기장에 영향을 미친다. 아마도 분극된 분자들에 의해 플라스틱 내부에 생기는 전기장은 측정 위치에 따라 달라질 것이다.

예를 들어, 그림 16.46과 같이 분극된 플라스틱 내부의 위치 $A$와 $B$를 생각해 보자. 그림에는 분극된 플라스틱 안의 유도된 쌍극자들에 의한 전기장만을 표시하였다. 분극된 분자들의 세로 열을 축전기(전하로 이루어진 두 개의 수직 판으로 구성된)와 비슷하게 생각한다면 위치 $A$는 " 축전기" 1 내부에 있고 $B$는 "축전기" 2와 3 사이에 있다. 위치 $A$에서는 "축전기" 1의 분자들이 만들어내는 전기장의 영향이 우세할 것이고 쌍극자에 의한 전기장은 크고 왼쪽을 향할 것이다.

위치 $B$에서는 가장 가까이에 있는 두 개의 "축전기"가 만들어내는 가장자리 전기장의 영향이 우세할 것이고 쌍극자에 의한 전기장은 오른쪽 방향으로 $A$의 쌍극자들에 의한 전기장보다는 크기가 작을 것이다. 플라스틱의 왼쪽에서 오른쪽으로 가는 경로를 따라가면 쌍극자들에 의한 $\vec{E}$는 $d\vec{l}$의 방향을 향할 때도 있을 것이고 $d\vec{l}$와 반대를 향할 때도 있을 것이다.

플라스틱 안의 분극된 분자들에 의한 평균 전기장을 생각하면 유용하겠지만 그런 전기장을 어떻게 계산할지는 분명치가 않다. 이 상황을 단순히 살펴보는 것만으로는 평균 전기장의 방향이 어떻게 될지조차 분명하지 않다. 우리는 전위를 토대로 하여 이 문제에 답하는 데 도움을 주는 놀랍도록 단순한 주장을 세울 수 있다.

### 제자리로 돌아올 때의 전위차

비록 물질 내부에서 $E_{\text{쌍극자}}$의 모양은 복잡하지만 플라스틱 밖의 위치에서는 훨씬 덜 복잡하다. 분극된 플라스틱에 의해 플라스틱 밖의 위치에 생기는 전기장은 하나의 쌍극자에 의한 전기장과 비슷한 모양으로 생길 것임을 직관적으로 알 수 있을 것이다.

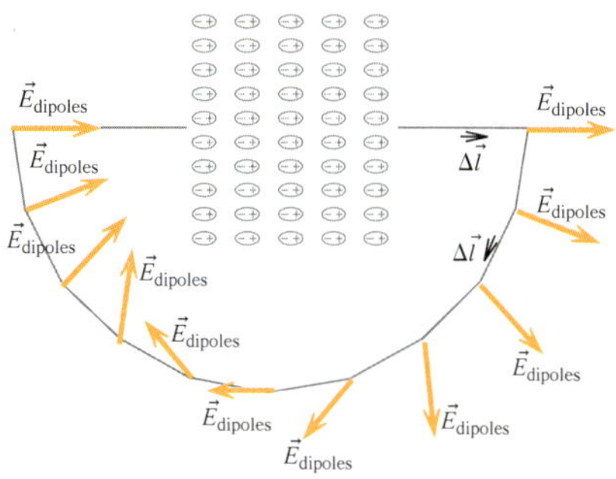


**그림 16.47** 플라스틱 안에서 유도된 쌍극자들만에 의해 플라스틱 바깥의 경로 위에 생긴 전기장

그림 16.47에는 분극된 플라스틱에 의해서만 생긴 전기장이 플라스틱 외부의 경로 위에 있는 위치에 표시되어 있다. 경로를 따라 시계 방향으로 돌면 그림으로부터 $\vec{E} \bullet d\vec{l}$가 항상 양수라는 것이 명백하다: $\vec{E}$가 $d\vec{l}$와 반대되는 방향의 성분을 한 번도 갖지 않는다. 따라서 플라스틱 외부의 경로를 따라가면 $-\int\vec{E}\bullet d\vec{l} < 0$이다.

분자의 쌍극자들이 정지한 점전하들로 이루어져 있으므로 제자리로 돌아오는 경로에서 쌍극자에 의해 만들어진 전기장의 적분(제자리로 돌아오는 경로에서의 전위차)은 0이 되어야 한다.

**질문** 이것이 왜 플라스틱 내부에서의 평균 전기장이 오른쪽을 향하면 안 되고 왼쪽을 향해야 한다는 것을 의미하는지 설명하라.

만약 플라스틱 내부의 평균 전기장이 오른쪽을 향한다면 그림 16.47에서 제자리로 돌아오는 경로에 대한 전기장의 적분은 0이 아닐 것이고 이것은 불가능하다. 전위의 성질에 대한 매우 전반적인 논의가 우리로 하여금 플라스틱 내부의 평균 전기장이 어느 방향을 향하는지 유도하도록 해 주었다.

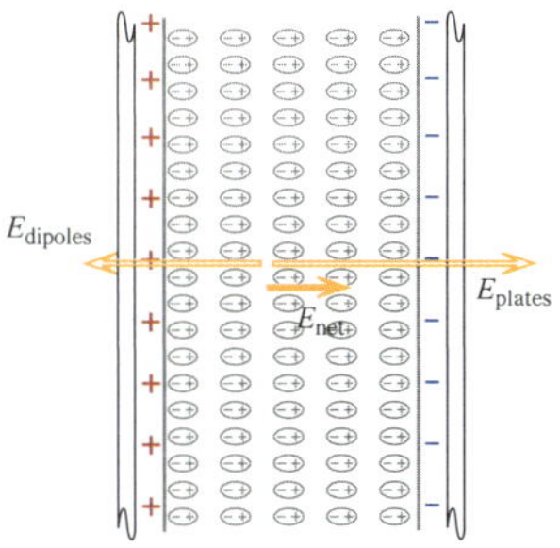


**그림 16.48** 분극된 절연체 안의 알짜 전기장은 그 절연체에 걸린 전기장보다 그 크기가 작다.

## 유전 상수와 알짜 전기장

플라스틱 내부의 알짜 전기장은 축전기의 판들에 의한 전기장과 플라스틱 안에서 유도된 쌍극자들에 의한 전기장의 합이다. 유도된 쌍극자들에 의한 전기장은 우리가 방금 보인 것처럼 축전기가 만들어내는 전기장과 반대 방향을 향한다(그림 16.48). 따라서 플라스틱 내부의 알짜 전기장은 축전기만에 의한 전기장보다 작다. 우리는 비공식적으로 전기장이 절연체 안에서 "약해졌다"고 말할 수 있다. 알짜 전기장은 판들에 의한 전기장과 방향이 같지만 크기가 작아졌다는 점을 신중하게 새겨두자.

알짜 전기장이 절연체 안에서 약해진 비율을 나타내는 상수 $K$를 정의하여 "유전 상수(dielectric constant)"라고 부른다(유전체(dielectric)는 절연체(insulator)의 또 다른 이름이다):

$$\text{절연체 내부에서: } \vec{E}_{\text{절연체}} = \frac{\vec{E}_{\text{절연체에 걸린}}}{K}$$

축전기에 대해서 절연체에 걸린 전기장은 $(Q/A)/\varepsilon_0$이고 절연체로 채워진 축전기 내부의 알짜 전기장은 $(Q/A)/\varepsilon_0/K$이다. 유전 상수는 원자의 분극률과 관련이 있

| Material | $K$ |
|---|---|
| 진공 | 1 (exactly) |
| 공기 | 1.0006 |
| 사염화탄소 | 2.2 |
| 일반적인 플라스틱 | 5 |
| 염화나트륨 | 6.1 |
| 물 | 80 at 20 °C |
| 티탄산스트론튬 | 310 |

**그림 16.49** 몇 가지 물질들에 대한 유전 상수의 값들

지만 그 자세한 내용은 개론적인 이 책의 범위 밖에 있다(연관을 짓는 데 있어서의 어려움은 다른 분극된 분자들이 만들어내는 전기장들을 설명하는 것이다).

분극은 항상 절연체 내부의 알짜 전기장을 약하게 만들기 때문에 유전 상수 $K$가 항상 1보다 크다는 것에 주목하라. 분자를 분극화하기가 쉬울수록 전기장이 약해지는 효과가 더 크게 일어나고 $K$의 값도 크다. 그림 16.49는 다양한 대표적인 절연체들의 유전 상수 $K$의 값을 알려준다.

축전기의 틈에 절연체가 없다면 축전기에 걸리는 전위차는 $|\Delta V| = Es(\vec{E}$가 균일하고 $d\vec{r}$와 평행하므로)이다. 축전기의 틈을 절연체가 메우고 두 금속판은 $+Q$와 $-Q$의 전하를 유지한다면 전기장 $E$와 전위차 $\Delta V$ 모두가 같은 비율 $K$로 감소한다:

$$\Delta V_{절연체} = \frac{\Delta V_{진공}}{K}$$

절연체 내부로 실제로 들어가서 그곳의 전기장을 측정하는 것은 불가능하므로 우리는 축전기의 전하량 $Q$를 고정시키고 특정 절연체가 판 사이의 전위차 $\Delta V$에 미치는 영향을 측정하여 $K$를 정한다.

요약하자면 축전기의 판 사이에 절연체를 넣으면

- 절연체 내부의 전기장이 감소한다.
- 절연체의 양끝에 걸린 전위차가 감소한다.

만약 절연체가 틈을 모두 채우지 못한다면 절연체 내부의 전기장은 $K$의 비율로 감소하지만 틈의 다른 곳들은 거의 영향을 받지 않는다. 왜냐하면 절연체가 틈의 다른 곳에 만들어내는 전기장의 크기는 판에 의한 전기장의 크기에 비해 작기 때문이다(축전기와 비슷한 음과 양의 전하를 가지는 판으로 구성된 우리의 절연체 모형에서 쌍극자에 의해 절연체 외부에 생기는 전기장은 가장자리 전기장이다). 하지만 축전기 판 바깥에서는 판들에 의한 가장자리 전기장이 작아 절연체에 의한 작은 전기장이 알짜 전기장을 크게 감소시킨다.

16.5절에서 축전기의 두 금속판들 사이에서 전기장과 전위차에 대해 알아보았고 다음으로 다른 금속판을 삽입했었다. 다음 점검 사항에서 같은 축전기에서 시작하되 유리판을 삽입할 것이다.

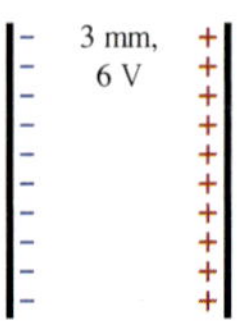


**그림 16.50** 판 사이에 두께가 1 mm인 유리 판을 삽입하기 전의 축전기

**점검 사항 11** 어떤 축전기의 틈 간격이 3 mm이고 전위차가 6볼트이다(그림 16.50). 금속판들과 단면적이 같고 두께가 1 mm인 유리 원판의 유전 상수는 2.5이다. 이 원판이 금속판 사이의 한 가운데에 삽입되었다. 이때 두 금속판 사이의 전위차는 얼마인가? (경로를 따라 전기장을 표시한 그림이 도움이 된다.)

## 16.10 에너지 밀도와 전기장

지금까지 우리는 에너지(즉, 전기적 퍼텐셜 에너지)를 상호작용하는 대전된 입자들과 관련된 것으로 생각했다. 하지만 에너지를 전기장 자체에 저장된 것으로 생각하는 대안적인 관점도 있다. 이러한 관점이 어떻게 정량적으로 계산되는지 보

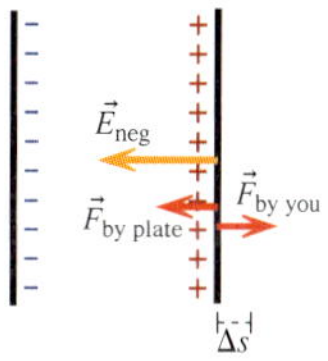


**그림 16.51** 축전기의 판을 움직이기 위해서는 다른 판에 의해 그 판이 받는 전기력과 같은 크기의 힘을 주어야 한다.

기 위해 우리는 축전기의 판 하나를 움직인다고 생각해 볼 것이다.

하나의 판이 다른 판에 작용하는 힘(그림 16.51)은 하나의 판이 가지는 전하량 $Q$에 다른 판이 만드는 전기장을 곱한 것과 같다. 이 전기장은 틈에 있는 총 전기장의 절반이다:

$$E_{\text{판 하나}} = \frac{(Q/A)}{2\varepsilon_0} \quad \text{(아주 작은 틈에서)}$$

따라서 하나의 판에 가해지는 힘은

$$F = Q\frac{(Q/A)}{2\varepsilon_0}$$

이다.

음극판이 미치는 힘보다 극미량만큼 큰 힘만을 작용하면서 양극판을 음극판으로부터 천천히 잡아당긴다고 가정하자. 판을 $\Delta s$만큼 움직이는 데 드는 일은 전기적 퍼텐셜 에너지 $U$를 증가시키는 데 쓰인다:

$$\Delta U = W = Q\left(\frac{Q/A}{2\varepsilon_0}\right)\Delta s$$

우리는 이 식을 다음과 같이 다시 쓸 수 있다:

$$\Delta U = \frac{1}{2}\varepsilon_0\left(\frac{Q/A}{\varepsilon_0}\right)^2 A\,\Delta s$$

괄호 안에 있는 항은 축전기 안의 전기장 $E$이다. $A\Delta s$만큼의 양은 축전기 내부의 전기장이 차지하는 부피의 변화이다(길이 × 폭 × 판 사이의 거리의 변화). 따라서 우리는

$$\frac{\Delta U}{\Delta(\text{volume})} = \frac{1}{2}\varepsilon_0 E^2$$

이라고 쓸 수 있다.

우리는 이 에너지 밀도($m^3$당 줄)가 전기장에 의한 것으로 볼 수 있다. 축전기의 판을 잡아당기게 되면 꽤 큰 전기장이 걸려 있는 공간의 부피를 증가시킨다. 우리가 한 일이 전기장에 저장된 에너지로 변환되었다고 말하는 것이다.

이러한 관점은 전기적 퍼텐셜 에너지의 관점과 수치적으로 같지만 이것이 더 근본적인 관점인 것으로 나타났다. 예를 들어, 모든 전하와 멀리 떨어져 공간 상에 전파되는 전자기 방사선은 전기장과 관련된 에너지 밀도 개념으로 가장 잘 설명될 수 있다.

### 전기장 에너지 밀도

$$\frac{1}{2}\varepsilon_0 E^2 \ (\text{units are J/m}^3)$$

에너지 밀도(세제곱미터당 줄)는 크기 $E$의 전기장이 작용하는 영역에 저장된다.

축전기라는 특수한 상황에서 전기장의 에너지 밀도를 유도했지만 이 결과는 일반적인 것이다. 전기장이 있는 곳이라면 어느 곳에나 이 공식으로 주어지는 밀도의 에너지가 있다.

**점검 사항 12** 어떤 특정 축전기 안에서의 에너지 밀도가 10 J/m³이다. 이 축전기 안의 전기장의 크기는 얼마인가? $3 \times 10^6$ V/m의 (불꽃을 일으킬 정도로 큰) 전기장은 얼마의 에너지 밀도와 상응하는가?

## 전자와 양전자

**그림 16.52** 전자와 양전자가 얼마의 거리를 두고 떨어져 정지 상태로 놓였다. 전자를 계로, 다른 모든 것(양전자를 포함하여)은 주변으로 선택한다.

제6장에서 우리는 에너지 보존 법칙을 이렇게 표현했다: 계의 에너지 변화와 주변의 에너지 변화를 더하면 0이 되어야 한다. 다음 예와 같이 매우 단순한 상황에서 에너지 보존을 이해하기 위해 에너지가 장에 저장된다는 아이디어의 도움을 필수적으로 받아야 한다는 것을 알게 될 것이다.

전자와 양전자가 서로 어느 정도 떨어진 거리에서 정지 상태로 놓였다고 생각해 보자(그림 16.52). 우리는 전자를 하나의 계로 생각할 것이고 그에 따라 양전자와 우주에 있는 전자가 아닌 모든 것은 "주변"이다. 입자 간의 인력에 의해 전자는 양전자를 향해 가속하여 운동 에너지를 얻는다. 이에 따라 에너지 보존 법칙에 의해 주변의 에너지는 감소해야 한다(계에 하나의 입자밖에 없고 퍼텐셜 에너지는 두 입자가 가지는 것이므로 이 계는 퍼텐셜 에너지를 가질 수 없다는 것을 기억하라).

**질문** 양전자의 에너지는 감소하는가?

아니다. 양전자 또한 전자를 향해 가속하며 운동 에너지를 얻으므로 양전자의 에너지도 증가한다.

**질문** 주변의 에너지 감소는 어디에서 일어나는가?

명백하게 두 입자 주변의 장에 저장된 에너지가 감소해야 한다. 의심할 여지없이 입자들의 위치가 변함에 따라 공간의 모든 위치에서의 전기장이 변한다. 입자 사이 영역에서의 전기장은 증가하지만 ($E_{\text{쌍극자}}$가 입자 사이의 간격 $s$에 비례하기 때문에) 공간 상의 다른 모든 곳에서는 전기장이 감소한다. 대전된 입자에 가까워지면 $E$가 무한으로 발산한다는 혼란스러움과 함께 우주 전체의 부피에 대해서 $E^2$를 적분하는 일은 약간 아찔할 정도로 벅찰 것이다. 하지만 사실 우리는 공간 전체에 걸친 전기장의 에너지 변화를 구하기 위해 이 적분을 할 필요는 없다.

$$\Delta(\text{장 에너지}) + \Delta K_{\text{양전자}} + \Delta K_{\text{전자}} = 0$$

이므로

$$\Delta(\text{장 에너지}) = -2(\Delta K_{\text{전자}})$$

이기 때문이다.

이 예시에서 에너지 보존 법칙은 주변에서 일어나는 에너지 감소를 설명할 다른 방법이 없기 때문에 에너지가 전기장에 저장되어야 한다는 발상으로 직접 이끌어준다.

만약 전자와 양전자를 우리의 계로 선택하였다면, $\Delta U_{\text{계}}$가 $-2(\Delta K_{\text{전자}})$와 같

음을 알았을 것이다. 두 개의 입자로 구성된 계의 퍼텐셜 에너지 변화는 장 에너지의 변화와 같다. 명백하게 다중 입자 계에서 우리는 퍼텐셜 에너지의 변화를 고려할 수도 있고 장 에너지의 변화를 고려할 수도 있다(하지만 둘 다는 안 된다); 그 양들은 서로 같다.

에너지가 장에 저장되었다는 개념은 일반적인 것이다. 에너지를 운반하는 것은 전기장뿐만이 아니라 자기장과 중력장 또한 그렇다.

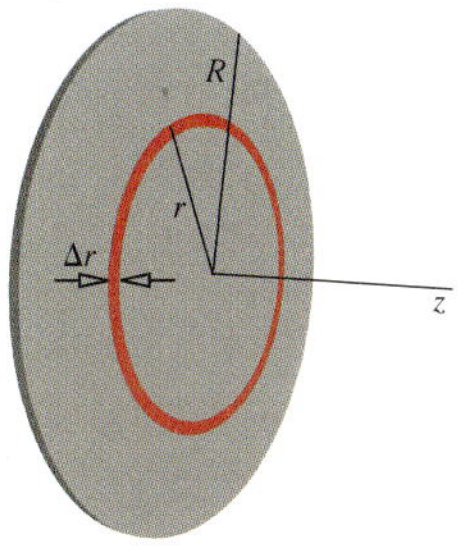


**그림 16.53** 반지름이 $r$, 폭이 $\Delta r$인 고리가 원판의 전위에 $V_{고리}$만큼의 기여를 한다.

## 16.11 분포된 전하의 전위

### 균일하게 대전된 원판의 축 위에서의 전위

반지름이 $R$인 원판(단면적 $A = \pi R^2$)의 표면에 $Q$의 전하가 균일하게 분포하고 있다고 하자. 이 원판에 의한 전위를 계산하기 위해 우리는 전하 분포에 의한 전기장을 구할 때 이용했던 것과 유사한 과정을 따를 것이다. 제15장에서 원판의 전기장을 구할 때 그랬던 것처럼 원판을 고리들로 나눈다(그림 16.53).

원판의 축을 따라 $z$만큼 떨어진 위치에서 하나의 고리에 의해 만들어진 전위는 앞에서 구한 결과 값으로 주어진다.

$$V_{고리} = \frac{1}{4\pi\varepsilon_0}\frac{\Delta q}{(z^2+r^2)^{1/2}} = \frac{1}{4\pi\varepsilon_0}\frac{Q}{A}\frac{2\pi r\Delta r}{(z^2+r^2)}$$

제16장에서 구한 고리들 중 하나에 있는 전하량에 대한 결과 $\Delta q = (Q/A)2\pi r\Delta r$을 이용했다. 모든 고리가 만들어내는 전위를 더하면:

$$V = \frac{1}{2\varepsilon_0}\frac{Q}{A}\int_0^R \frac{rdr}{(z^2+r^2)^{1/2}}$$

$$V = \frac{1}{2\varepsilon_0}\frac{Q}{A}\left[(z^2+r^2)^{1/2}\right]_0^R$$

$$V = \frac{1}{2\varepsilon_0}\frac{Q}{A}\left[(z^2+R^2)^{1/2}-z\right]$$

이 결과의 단위 확인: 대괄호 안에는 미터 그리고 분모에 있는 $A$에는 $m^2$이므로 단위는 확실히 전위의 단위인 $Q/(\varepsilon_0 R)$의 단위와 같다.

우리는 전위의 음의 기울기로부터 전기장을 구할 수 있다. 전기장의 $z$성분을 구하고자 하고, 전위에 미분을 하면

$$E = -\frac{\Delta V}{\Delta z} \rightarrow -\frac{dV}{dz} = \frac{(Q/A)}{2\varepsilon_0}\left[1-\frac{z}{(z^2+R^2)^{1/2}}\right]$$

가 된다. 이것은 제15장에서 고리의 전기장들을 더하여 얻은 결과와 같다.

> **점검 사항 13** 반지름이 $R$이고 전하 $Q$가 표면에 균일하게 분포하고 있는 공의 중심에서 전위는 얼마인가? 전기장의 적분을 하지 마라; 전하들이 만들어내는 전위를 더해서만 구하라.

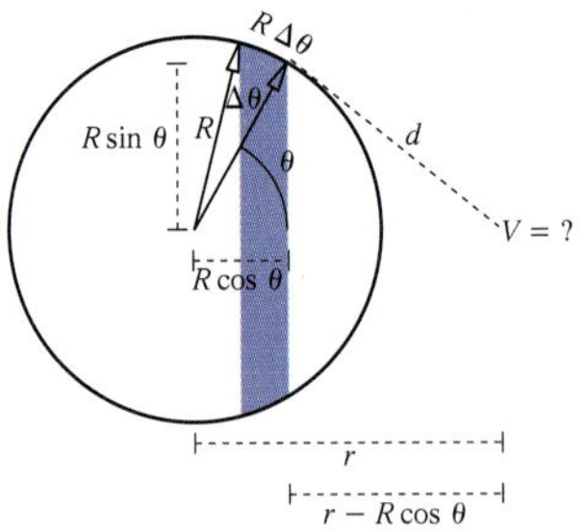


**그림 16.54** 구를 고리 모양의 조각들로 나눌 수 있다.

## 16.12 구각 적분하기

이 절에서는 표면이 균일하게 대전된 공이 밖에서는 점전하로 보이지만 그 내부에서는 전기장이 0이라는 것을 전위를 이용하여 증명할 것이다. 제15장에서는 전기장을 직접 적분함으로써 이를 증명했고 뒤에서는 가우스 법칙을 이용하는 완전히 다른 방법으로 이를 증명할 것이다.

$\theta$와 $\theta + \Delta\theta$의 각으로 범위가 주어지고 $\Delta Q$의 전하로 대전된 고리들로 공의 표면을 나눈다(그림 16.54). 각 $\theta$는 각각의 고리에 의한 전위를 더하는 데 적분 변수가 될 것이다.

각각의 고리는 공의 중심으로부터 $r$만큼 떨어져 있는 측정 위치에 $V_{고리}$만큼의 전위를 기여한다. 각각의 고리는 측정 위치로부터 $(r - R\cos\theta)$만큼 떨어져 있다 (최종적으로는 고리의 가운데까지의 거리를 재나, 고리의 가장자리까지의 거리를 재나 차이가 없을 정도로 $\Delta\theta$를 매우 작게 정할 것이다.). 따라서 각 고리의 전하로부터 측정 위치까지의 거리 $d$는 $\sqrt{[(r-R\cos\theta)^2+(R\sin\theta)^2]}$

$$V_{고리} = \frac{1}{4\pi\varepsilon_0}\frac{\Delta Q}{[(r-R\cos\theta)^2+(R\sin\theta)^2]^{1/2}}$$

총 전하 $Q$가 표면적이 $4\pi R^2$인 구의 표면 전체에 걸쳐 균일하게 퍼져 있으므로 $\Delta A$를 고리의 표면적이라고 하면 각각의 고리에 있는 총 전하의 양은

$$\Delta Q = \left(\frac{Q}{4\pi R^2}\right)\Delta A$$

이다.

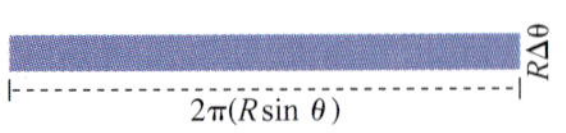


**그림 16.55** 대전된 고리의 면적은 고리를 "펼침"으로써 계산할 수 있다.

고리의 표면적 $\Delta A$를 구하기 위해서는 앞에서 그랬던 것처럼 이때 고리의 반지름이 $R\sin\theta$이고 폭이 (호의 길이는 반지름에 라디안으로 측정된 중심각을 곱한 것이므로) $R\Delta\theta$임에 주목하며 고리를 판판하게 놓는다(그림 16.55).

이 요소들을 합치면 고리에 의한 전위가

$$V_{고리} = \frac{1}{4\pi\varepsilon_0}\frac{1}{[(r-R\cos\theta)^2+(R\sin\theta)^2]^{1/2}}\left(\frac{Q}{4\pi R^2}\right)\times 2\pi(R\sin\theta)R\Delta\theta$$

임을 얻는다.

정적분의 형태로 고리가 만들어내는 전위를 모두 더할 수 있다:

$$V = \frac{1}{4\pi\varepsilon_0}\frac{Q}{2}\int_0^{\pi}\frac{\sin\theta d\theta}{[(r-R\cos\theta)^2+(R\sin\theta)^2]^{1/2}}$$

$\theta$의 범위를 0과 $\pi$라디안(180°) 사이로 하면 공의 표면에 있는 모든 공에 대해서 적분을 할 수 있다는 사실로부터 적분의 경계가 결정되었다.

변수를 치환하여 이 적분을 계산할 수 있다.

$$u = (r-R\cos\theta)^2+(R\sin\theta)^2$$
$$u = r^2-2rR\cos\theta+(R\cos\theta)^2+(R\sin\theta)^2$$

로 치환하라. 피타고라스 정리에 의해 $(R\cos\theta)^2 + (R\sin\theta)^2 = R^2$이므로

$$u = r^2 - 2rR\cos\theta + R^2$$

$$du = 2rR\sin\theta d\theta \quad \text{and} \quad \sin\theta d\theta = \frac{1}{2rR}du$$

$$V = \frac{1}{4\pi\varepsilon_0}\frac{Q}{2}\frac{1}{2rR}\int_{\theta=0}^{\theta=\pi}\frac{du}{u^{1/2}}$$

$$V = \frac{1}{4\pi\varepsilon_0}\frac{Q}{2}\frac{1}{2rR}\left[2\sqrt{(r-R\cos\theta)^2+(R\sin\theta)^2}\right]_0^\pi$$

$$V = \frac{1}{4\pi\varepsilon_0}\frac{Q}{2rR}\left[\sqrt{(r+R)^2}-\sqrt{(r-R)^2}\right]$$

$$V = \frac{1}{4\pi\varepsilon_0}\frac{Q}{2rR}[(r+R) \mp (r-R)]$$

제곱근 항의 부호를 어떻게 처리하는지에 따라 두 가지 결과가 나올 수 있다. 공의 바깥에 있는 위치를 선택할 때에 대응되도록 부호로 하면:

$$V = \frac{1}{4\pi\varepsilon_0}\frac{Q}{r} \quad (\text{구각 바깥에서; } r > R)$$

이것은 표면이 균일하게 공의 밖에서의 전위는 마치 공 표면이 한 점으로 붕괴한 것처럼 공의 중심에 점전하가 있을 때 생기는 전위와 정확하게 일치한다. 전기장이 전위의 음의 기울기이므로 공 밖에서의 전기장은 공의 표면이 중심으로 붕괴하였을 때와 일치한다.

제곱근의 항이 + 부호가 되도록 하면

$$V = \frac{1}{4\pi\varepsilon_0}\frac{Q}{R} \quad (\text{구각 안에서; } r < R)$$

이것은 공 내부의 전위가 일정하고 구각의 바로 밖에서의 전위와 같다는 것을 말해준다. 일정한 전위는 공 내부의 전기장이 0이라는 것을 의미한다. 공 내부의 위치에 대해 일부 고리들은 왼쪽으로 전기장을 만들고 일부 고리들은 오른쪽으로 전기장을 만든다는 것에 주목하라. 결과적으로 이 전기장들이 서로 정확히 상쇄되는 것으로 나타났다.

이러한 비정상적인 결과들은 점전하의 전기장이 $1/r^2$으로 감소하는 성질에 의한 것이다. 만약 점전하에 의한 전기장이 정확히 $1/r^2$에 비례하지 않았다면 균일하게 대전된 구각 바깥에서의 전기장은 중심에 점전하가 있는 것처럼 보이지 않았을 것이고 구각 안의 전기장이 0이 되지도 않았을 것이다.

## 16.13 경로를 따라 수치 적분

$-\int_A^B \vec{E}\cdot\Delta\vec{l}$을 적분하기 위해서 프로그램을 짤 때 중요한 문제는 경로를 어떻게 잡느냐하는 것이다. 경로를 잡는 하나의 방법은 처음 위치에서 나중 위치로 가는 벡터 $\vec{B} - \vec{A}$를 구하고, 이 벡터를 $\Delta\vec{l}$를 잡기 위해 나누고 싶은 수의 단계들로 나누면 된다. 예를 들어:

반복 구간을 도는 각각의 시행은 경로를 따라 가는 각 단계에 대응된다. 각 단계에서 그 단계의 중점에서의 $\vec{E}$ 값을 이용하여 $-\vec{E} \bullet \Delta\vec{l}$를 구해야 한다. 그 다음으로는 위치를 한 단계씩 앞으로 보내야 한다. 예를 들어:

경로가 단순한 하나의 직선보다 복잡하다면, 경로를 몇 개의 마디로 나누는 것이 필수적일 것이다.

## 요약

### 전위

$$\Delta V = V_f - V_i = -\int_i^f \vec{E} \bullet d\vec{l}$$

$i$에서 $f$로 가는 경로를 따라서

$$= -\int_i^f E_x dx - \int_i^f E_y dy - \int_i^f E_z dz$$

이다.

전위의 단위는 줄/쿨롱, 즉 볼트이다.

특이한 상황:

균일한 전기장이 작용하는 영역:

$$\Delta V = \sum(-\vec{E} \bullet \Delta\vec{l})$$
$$= \sum(-E_x \Delta x + -E_y \Delta y + -E_z \Delta z)$$

전위차 $\Delta V$를 통과한 전하량이 $q$인 입자의 전기적 퍼텐셜 에너지 변화:

$$\Delta U_{전기} = q\Delta V$$

$\Delta V$의 부호와 $\vec{E}$에 대한 경로의 방향

$\vec{E}$의 방향으로 가는 경로: $\Delta V < 0$

$\vec{E}$와 반대 방향으로 가는 경로: $\Delta V > 0$

$\vec{E}$에 수직인 경로: $\Delta V = 0$

점전하: $\Delta V = \Delta\left(\frac{1}{4\pi\varepsilon_0}\frac{Q}{r}\right)$

위치 $A$에서 $B$로 가는 경로 위에서의 전기장을 알고 있다면, 전기장을 선적분함으로써 전위를 계산할 수 있다.

1단계: 경로를 선택하고 그를 $\Delta\vec{l}$의 조각들로 나눈다.

2단계: 각 조각에 대한 $\Delta V = -\vec{E} \bullet \Delta\vec{l}$의 표현을 쓴다.

3단계: 각 조각에 의한 전위를 모두 더한다.

4단계: 결과, 그 중에서도 특히 부호를 확인한다.

### 경로 독립성

두 위치 사이의 전위 변화는 경로와 무관하다.

제자리로 돌아오는 경로에 대해서 $\Delta V = 0$이다.

### 평형 상태의 도체

임의의 경로에 대해 $\Delta V = -\int_i^f \vec{E} \bullet d\vec{l} = 0$이므로 평형 상태의 도체 내부 전체에 걸쳐 전위가 균일하다(모든 위치에서 일정하다).

### 전기장은 전위의 기울기

$$E_x = \frac{\partial V}{\partial x}, \quad E_y = \frac{\partial V}{\partial y}, \quad E_z = \frac{\partial V}{\partial z}$$

### 유전 상수

절연체 내부에서 $\vec{E}_{절연체} = \frac{\vec{E}_{절연체에\ 걸린}}{K}$, $K$는 "유전 상수"; $K > 1$ 따라서

$$\Delta V_{절연체} = \frac{\Delta V_{진공}}{K}$$

요약해서, 축전기의 판 사이에 절연체를 삽입하는 것은

- 절연체 내부의 전기장을 감소시킨다.
- 절연체에 걸친 전위차를 감소시킨다.

### 전기장 에너지 밀도

$$\frac{1}{2}\varepsilon_0 E^2 \text{ (단위는 J/m}^3\text{)}$$

# 질문

**질문1.** 퍼텐셜 에너지에 대해 맞는 진술은 무엇인가? 모두 고르시오. (1) 퍼텐셜 에너지는 양수도 음수도 될 수 있다. (2) 퍼텐셜 에너지는 한 쌍의 물체들의 성질이다. (3) 상호작용하는 두 대전체가 서로 매우 멀리 떨어지면 그들의 퍼텐셜 에너지는 0에 가까워진다. (4) 하나의 입자는 퍼텐셜 에너지를 갖지 않는다. (5) 하나의 고립된 물체는 퍼텐셜 에너지를 가질 수 있다. (6) 퍼텐셜 에너지는 항상 양수이다. (7) 상호작용하는 한 쌍의 대전체는 그 둘 사이의 거리가 증가함에 따라 퍼텐셜 에너지가 증가한다.

**질문2.** 그림 16.56의 그래프는 상호작용하는 두 물체의 계가 가지는 전기적 퍼텐셜 에너지를 둘 사이의 거리에 대한 함수로 나타낸 것이다. 이 그래프가 나타내는 계로는 어떠한 것(들)이 있을까?

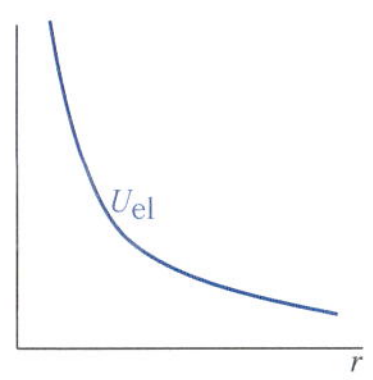


그림 16.56

(1) 양성자 두 개 (2) 소듐 이온 두 개 (3) 중성자 두 개 (4) 염화 이온 두 개 (5) 전자 두 개 (6) 양성자 하나와 전자 하나 (7) 소듐 이온 하나와 염화 이온 하나

**질문3.** 그림 16.57의 그래프는 상호작용하는 두 물체의 계가 가지는 전기적 퍼텐셜 에너지를 둘 사이의 거리에 대한 함수로 나타낸 것이다. 이 그래프가 나타내는 계로는 어떠한 것(들)이 있을까?

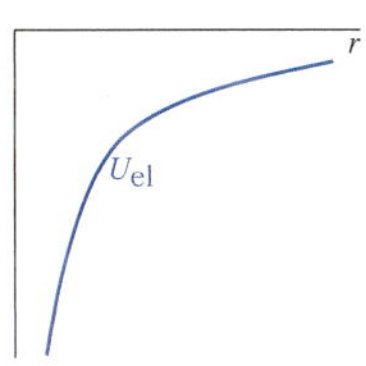


그림 16.57

(1) 양성자 두 개 (2) 소듐 이온 두 개 (3) 중성자 두 개 (4) 염화 이온 두 개 (5) 전자 두 개 (6) 양성자 하나와 전자 하나 (7) 소듐 이온 하나와 염화 이온 하나

**질문4.** 전기적 퍼텐셜 에너지와 전위의 차이는 무엇인가?

**질문5.** 전기적 퍼텐셜 에너지 전위 그리고 전기장의 단위는 무엇인가?

**질문6.** 그림 16.58에서 전기장의 방향은 어떻게 되는가? $\Delta V = V_f - V_i$는 양수인가 음수인가?

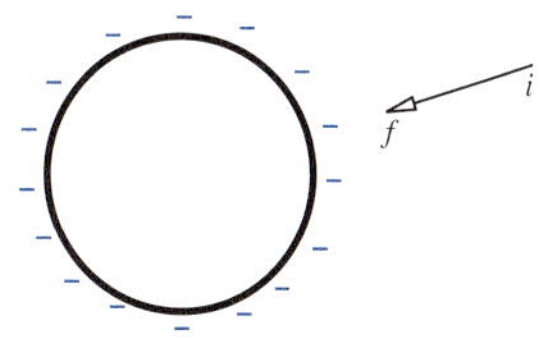


그림 16.58

**질문7.** $A$에서 $B$까지 그 영역에서의 알짜 전기장의 방향과 같은 방향으로 이동한다. 전위차 $V_B - V_A$에 대해 옳은 것은? (1) $V_B - V_A > 0$ (2) $V_B - V_A < 0$ (3) $V_B - V_A = 0$

**질문8.** $A$에서 $B$까지 그 영역에서의 알짜 전기장의 방향과 반대 방향으로 이동한다. 전위차 $V_B - V_A$에 대해 옳은 것은? (1) $V_B - V_A > 0$ (2) $V_B - V_A < 0$ (3) $V_B - V_A = 0$

**질문9.** $A$에서 $B$까지 그 영역에서의 알짜 전기장의 방향과 수직인 방향으로 이동한다. 전위차 $V_B - V_A$에 대해 옳은 것은? (1) $V_B - V_A > 0$ (2) $V_B - V_A < 0$ (3) $V_B - V_A = 0$

**질문10.** 그림 16.59는 축전기 내부에서의 위치를 몇 군데 보여준다. 전위차 $V_D - V_C$를 계산해야 한다.

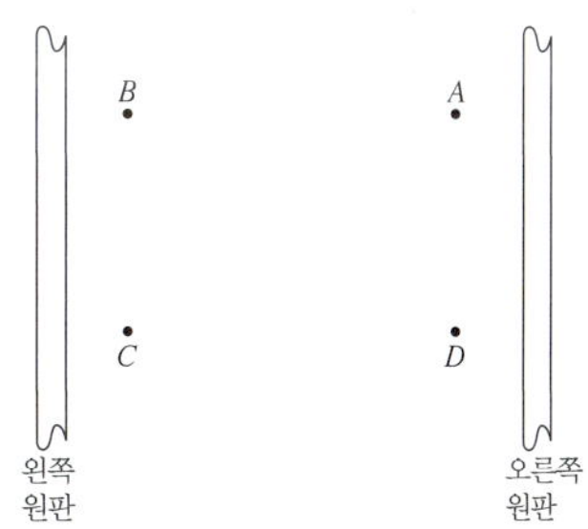


그림 16.59

(a) 경로의 방향은 무엇인가($+x$인가 $-x$인가)? (b) 오른쪽 판의 전하는 음이고 왼쪽의 전하는 양일 때 $V_D - V_C$의 부호는 무엇인가?

**질문11.** 그림 16.60은 음으로 대전된 긴 막대의 일부를 보여준다. 전위차 $V_A - V_B$를 계산해야 한다.

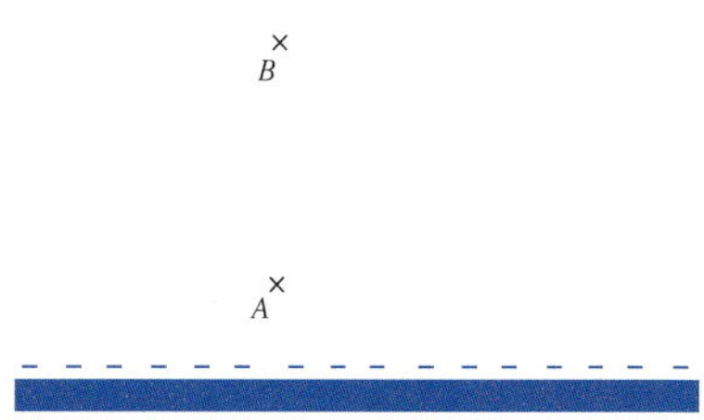


그림 16.60

(a) 경로의 방향은 무엇인가(+$y$인가 −$y$인가)? (b) $V_A - V_B$의 부호는 무엇인가?

**질문12.** 위치 $A$는 대전된 입자로부터 거리 $d$만큼 떨어져 있다. 위치 $B$는 대전된 입자로부터 거리 $2d$만큼 떨어져 있다. 다음 문장 중 옳은 것은 무엇인가? 그림을 그리면 도움이 될 것이다. (1) 만약 입자의 전하가 음이면 $V_B - V_A$는 음수이다. (2) 만약 입자의 전하가 양이면 $V_A < V_B$이다. (3) 만약 $V_B > V_A$이면 우리는 그 입자가 양수이어야 한다는 것을 알 수 있다. (4) 입자의 전하의 부호와 상관없이 $V_B < V_A$이다. (5) $(V_B - V_A)$의 부호는 입자의 전하의 부호에 대해서 아무런 정보도 주지 않는다.

**질문13.** 그림 16.61과 같이 위치 $A = \langle a, 0, 0\rangle$와 $B = \langle b, 0, 0\rangle$가 +$x$축 위에 있다. $x$축 위에서의 전기장으로 가능한 네 개의 식이 아래에 주어졌다. 각각의 전기장 식에 대해서 적당한 전위차 $V_A - V_B$의 식 (1 − 8)을 선택하라. 각각의 경우에 대해서 $K$는 적당한 단위를 가진 상수이다.

그림 16.61

(a) $\vec{E} = \left\langle \frac{K}{x^2}, 0, 0 \right\rangle$

(b) $\vec{E} = \left\langle \frac{K}{x^3}, 0, 0 \right\rangle$

(c) $\vec{E} = \left\langle \frac{K}{x}, 0, 0 \right\rangle$

(d) $\vec{E} = \langle Kx, 0, 0 \rangle$

1. $V_A - V_B = 0$
2. $V_A - V_B = K(a - b)$
3. $V_A - V_B = K\left(\frac{1}{a} - \frac{1}{b}\right)$
4. $V_A - V_B = K\left(\frac{1}{a^3}a - \frac{1}{b^3}b\right)$
5. $V_A - V_B = \frac{1}{2}K\left(b^2 - a^2\right)$
6. $V_A - V_B = K\ln\left(\frac{b}{a}\right)$
7. $V_A - V_B = K\left(a^2 - b^2\right)$
8. $V_A - V_B = \frac{1}{2}K\left(\frac{1}{a^2} - \frac{1}{b^2}\right)$

**질문14.** 그림 16.62는 전기장이 수평으로 작용하고 있고 그 크기가 위로 갈수록 커지고 아래로 갈수록 작아지는 영역에서의 전기장의 모양을 보여준다. 이러한 모양의 전기장이 정지한 전하들의 어떤 배열로써 만들어질 수 있다면 그러한 전하의 분포를 그려라. 만약 이러한 모양의 전기장이 정지한 전하의 그 어떤 배열로도 만들어질 수 없다면 그것을 증명하라.

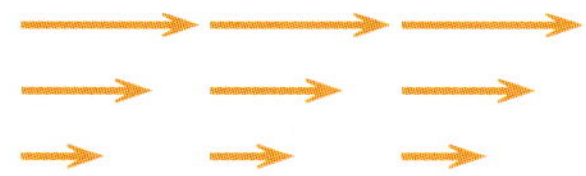

그림 16.62

**질문15.** 그림 16.63의 그래프는 어떤 물체로부터의 거리에 다른 전위의 변화 양상이다. 그 물체로 가능한 것은 다음 중 무엇인가? (1) 중성자 하나 (2) 소듐 이온 하나($Na^+$) (3) 염화 이온 하나($Cl^-$) (4) 양성자 하나 (5) 전자 하나

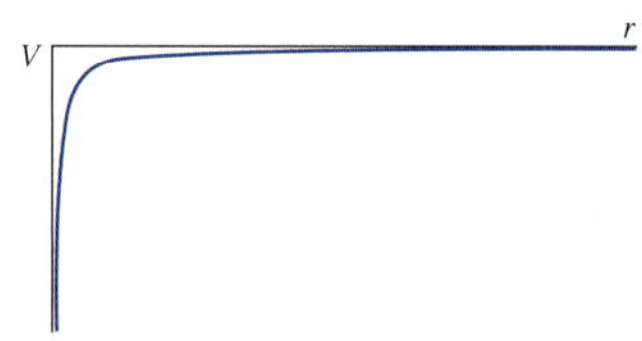


그림 16.63

**질문16.** 그림 16.64의 그래프는 어떤 물체로부터의 거리에 다른 전위의 변화 양상이다. 그 물체로 가능한 것은 다음 중 무엇인가?

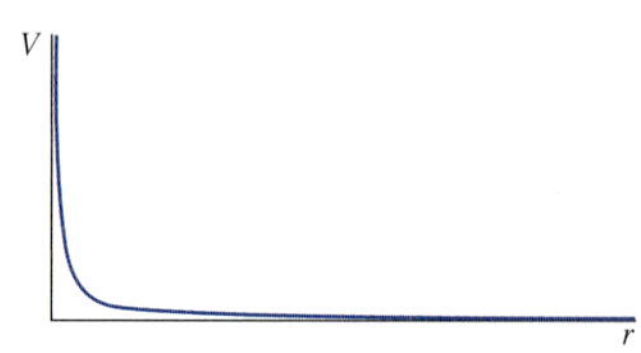


그림 16.64

(1) 중성자 하나 (2) 소듐 이온 하나($Na^+$) (3) 염화 이온 하나($Cl^-$) (4) 양성자 하나 (5) 전자 하나

**질문17.** 어떤 학생이 "표면이 대전된 속이 빈 공의 중심에서 전기장이 0이므로 여기서의 전위 또한 0이다."라고 했다. 이 학생에게 이 문장이 왜 틀렸는지 설명하라.

**질문18.** 다음의 명제들 각각에 대해 명제가 참인지 거짓인지 답하고 왜 참인지, 왜 거짓인지 설명하라. 완전하게 설명하되 간단히 하라. 전위 $V$와 전위차 $\Delta V$의 구분에 특별히 주의하라.

(a) 평형 상태의 금속 내부의 전위는 항상 0이다.

(b) 어떤 영역 전체에 걸쳐 전위가 일정하게 크면 그 영역에서의 전기장도 크다.

(c) 음의 점전하에 충분히 가까이 가면 다른 어떤 전하가 주변에 있든지 상관없이 전위가 음수이다.

(d) 점전하 근처에서 거리 $L$만큼 떨어진 두 점 사이의 전위차는 $-EL$이다.
(e) 전기장이 다양한 어떤 영역에서 거리 $L$만큼 떨어진 두 점 사이의 전위차는 $-(E_f - E_i)L$이다.

**질문19.** 축전기의 판 사이에 어떤 물질로 이루어진 판을 삽입함으로써 그 물질의 유전상수를 구하는 방법에 대해 이야기했었다. 금속판을 축전기 사이에 삽입하고(물론 축전기의 판들에 전혀 닿지 않고) 같은 방법을 이용하면 금속의 유전상수 값이 얼마로 구해지겠는가?

## 문제

### 16.1절

**문20.** 3,725 m/s의 속력으로 움직이는 양성자의 운동 에너지는 얼마인가?

**문21.** 어떤 전자의 운동 에너지가 $4.4 \times 10^{-18}$ J이라면 이 전자의 속력은 얼마인가? 근사적인(상대론적이지 않은) 공식을 사용해도 된다.

**문22.** 전자 하나가 전기장이 걸린 영역을 통과하고 있고, 이 영역 안에 있을 때 운동 에너지가 $4 \times 10^{-17}$ J만큼 줄어들었다. 전자의 초기 운동 에너지는 $4.5 \times 10^{-17}$ J이었다. 전자의 나중 속력은 얼마인가? (근사적인 (상대론적이지 않은) 식을 써도 된다.)

**문23.** 어떤 특정한 순간에 전자 하나가 속력 6,000 m/s로 움직이고 있다. (a) 이 전자의 운동 에너지는 얼마인가? (b) 만약 양성자가 같은 속력 (6,000 m/s)으로 움직이고 있었다면 양성자의 운동 에너지는 얼마가 되겠는가?

**문24.** 두 입자들로 이루어진 어떤 계의 전기적 퍼텐셜 에너지는 다음의 식으로 주어져 있다.

$$U_{\text{전기}} = \frac{1}{4\pi\varepsilon_0}\frac{q_1 q_2}{r}$$

(a) 9 nm($9 \times 10^{-9}$ m)만큼 떨어져 있는 두 양성자의 전기적 퍼텐셜 에너지는 얼마인가? (b) 같은 거리를 두고 떨어져 있는 양성자와 전자의 전기적 퍼텐셜 에너지는 얼마인가?

**문25.** 처음에 300 m/s의 속력으로 움직이는 양성자가 전기장이 걸려있는 영역에 들어간다. 전기장의 영향 아래에서 양성자는 느려져서 멈추게 된다. 양성자의 운동 에너지 변화는 얼마인가?

### 16.3절

**문26.** ⟨2, 7, 5⟩ m에 있는 위치 $i$에서 ⟨5, 6, 12⟩ m에 있는 위치까지 이동한다. 이 경로 전체에 거의 균일한 전기장 ⟨1000, 200, −510⟩ N/C이 걸려 있다. 부호와 단위를 포함하여 $V_f - V_i$를 계산하라.

**문27.** 간격이 1 mm인 축전기에서 판 사이의 전위차가 36 V이다. 판 사이에 걸린 전기장의 크기는 얼마인가?

**문28.** 강력한 전기장이 작용하고 있는 진공의 영역에 전자가 정지해 있다. 전자가 전위차가 35 V인 곳을 통과한다. (a) 전자의 운동 에너지는 몇 전자볼트(eV)인가? (b) 입자가 양성자였다면 무슨 일이 일어날까?

**문29.** 그림 16.65와 같이 위치 $A$, $B$, $C$는 균일한 전기장이 걸린 영역에 있다. 위치 $A$는 ⟨−0.5, 0, 0⟩ m에 있다. 위치 $B$는 ⟨0.5, 0, 0⟩ m에 있다. 이 영역 안에서 전기장은 ⟨750, 0, 0⟩ N/C이다. $B$에서 출발하여 $A$에 도착하는 경로에 대해 다음을 계산하라:

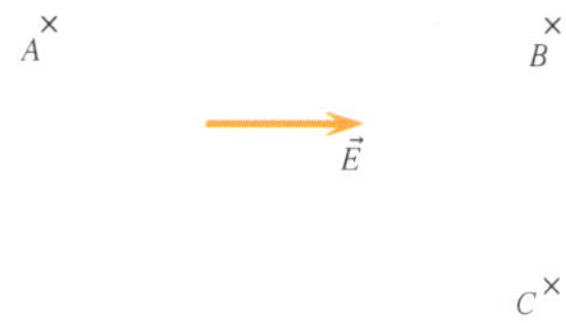


그림 16.65

(a) 변위 벡터 $\Delta\vec{l}$ (b) 전위의 변화 (c) 양성자가 $B$에서 $A$로 갈 때의 전기적 퍼텐셜 에너지 변화 (d) 전자가 $B$에서 $A$로 갈 때의 전기적 퍼텐셜 에너지 변화

**문30.** 그림 16.65와 같이 위치 $A$, $B$, $C$는 균일한 전기장이 걸린 영역에 있다. 위치 $A$는 ⟨−0.5, 0, 0⟩ m에 있다. 위치 $B$는 ⟨0.5, 0, 0⟩ m에 있다. 이 영역 안에서 전기장은 ⟨750, 0, 0⟩ N/C이다. (a) $B$에서 출발하여 $C$에 도착하는 경로에 대해 다음을 계산하라: (1) 변위 벡터 $\Delta\vec{l}$ (2) 전위의 변화 (3) 양성자가 $B$에서 $C$로 갈 때의 전기적 퍼텐셜 에너지 변화 (4) 전자가 $B$에서 $C$로 갈 때의 전기적 퍼텐셜 에너지 변화 (b) 다음 중 이 상황에 대해서 맞는 설명은 무엇인가? 모두 고르시오. (1) 이 경로 위에서 전기장이 0이 아니므로 전위는 0이 될 수 없다. (2) 양성자가 이 경로를 따라 이동할 때 전기력은 양성자에 0의 알짜 일을 한다. (3) $\Delta\vec{l}$는 $\vec{E}$에 수직이다.

**문31.** 그림 16.66과 같이 위치 $A$, $B$, $C$가 균일한 전기장이 걸린 영역에 있다. 위치 $A$는 ⟨−0.3, 0, 0⟩ m에 있다. 위치 $B$는 ⟨0.4, 0, 0⟩ m에 있다. 이 영역 안에서 전기장은 ⟨−850, 400, 0⟩ N/C이다. $A$에서 출발하여 $B$에 도착하는

경로에 대하여 다음을 계산하라:

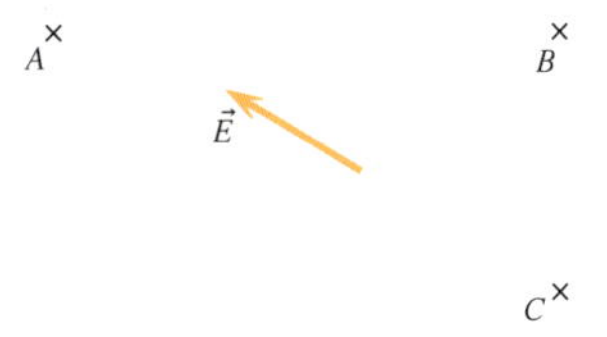


그림 16.66

(1) 변위 벡터 $\Delta\vec{l}$ (2) 전위의 변화 (3) 양성자가 $A$에서 B로 갈 때의 전기적 퍼텐셜 에너지 변화 (4) 전자가 $A$에서 B로 갈 때의 전기적 퍼텐셜 에너지 변화

**문32.** 그림 16.66과 같이 위치 $A$, $B$, $C$가 균일한 전기장이 걸린 영역에 있다. 위치 $A$는 $\langle -0.3, 0, 0 \rangle$ m에 있다. 위치 $B$는 $\langle 0.4, 0, 0 \rangle$ m에 있다. 이 영역 안에서 전기장은 $\langle -850, 400, 0 \rangle$ N/C이다. $C$에서 출발하여 $A$에 도착하는 경로에 대하여 다음을 계산하라: (1) 변위 벡터 $\Delta\vec{l}$ (2) 전위의 변화 (3) 양성자가 $C$에서 $A$로 갈 때의 전기적 퍼텐셜 에너지 변화 (4) 전자가 $C$에서 $A$로 갈 때의 전기적 퍼텐셜 에너지 변화

**문33.** 그림 16.67처럼 균일한 전기장이 걸린 영역 안에 위치 $A$와 $B$가 있다. $B$에서 $A$로 가는 경로에서 전위의 변화는 −2200 V이다. $A$에서 $B$까지의 거리는 0.28 m이다. 이 영역에서의 전기장의 크기는 얼마인가?

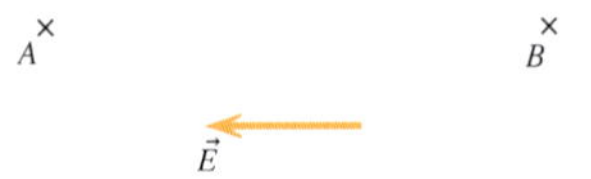


그림 16.67

**문34.** 강력한 전기장이 작용하고 있는 진공의 영역에 전자가 정지해 있다. 전자가 전위차가 44 V인 곳을 통과한다. (a) 전자의 운동 에너지는 몇 전자 볼트인가? (b) 입자가 양성자였다면 다음 문장들 중 맞는 것은 무엇인가? 모두 골라라. (1) 양성자의 운동 에너지는 음수일 것이다. (2) 양성자는 전자와 반대 방향으로 움직일 것이다.

**문35.** 만약 공기 중에서 전기장이 $3 \times 10^6$ N/C정도를 초과하면 불꽃이 발생한다. 판 사이의 간격이 3 mm인 축전기에 불꽃이 튀지 않고 걸릴 수 있는 최대의 전위차의 절댓값은 대략 얼마인가?

**문36.** 판 사이의 간격이 2 mm인 축전기에 30 V의 전위차가 걸려 있다. 판 사이에 생긴 전기장의 크기는 얼마인가?

**문37.** $\langle 2, 5, 4 \rangle$ m에 있는 위치 $i$에서 $\langle 3, 5, 9 \rangle$ m에 있는 위치까지 이동한다. 이 경로 전체에 거의 균일한 전기장 $\langle 1000, 200, -500 \rangle$ N/C이 걸려 있다. 부호와 단위를 포함하여 $\Delta V = V_f - V_i$를 계산하라.

**문38.** 어떤 영역에 $\langle -760, 380, 0 \rangle$ V/m의 전기장이 균일하게 작용하고 있다. 위치 $A$는 $\langle 0.2, 0.1, 0 \rangle$ m이고 위치 $B$는 $\langle 0.7, 0.1, 0 \rangle$ m, $C$는 $\langle 0.7, -0.4, 0 \rangle$ m이다. (a) $B$에서 $A$로 가는 경로에서 전위의 변화는 얼마인가? (b) $A$에서 $C$로 가는 경로에서 전위의 변화는 얼마인가? (c) 알파 입자(두 개의 양성자와 두 개의 중성자) 하나가 $A$에서 $C$까지 움직인다. 이 계(알파 입자와 전기장을 만드는 전하들)의 퍼텐셜 에너지 변화는 얼마인가?

**문39.** 그림 16.68에 보인 것처럼 회로에 있는 1 cm 길이의 전선의 양끝 사이의 전위차가 $\Delta V = V_B - V_A = 1.5$ V이다. 전위가 더 높은 곳은 전선의 어느 쪽인가? 전선 안에서 전기장 $E$의 크기와 방향은 어떻게 되는가?

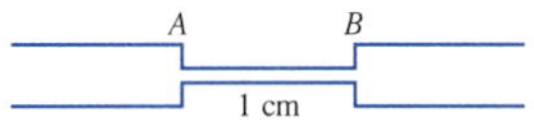


그림 16.68

**문40.** TV의 수상관 안에서 음으로 대전된 금속판 옆에 있는 아주 뜨거운 금속으로부터 전자가 튀어나온다. 이 전자들은 거의 정지 상태에서 운동을 시작하여 양으로 대전된 금속판을 향해 가속된다. 그림 16.69의 도식에 나온 것처럼 전자들은 스크린으로 가면서 양으로 대전된 판에 뚫린 구멍을 통과한다. 강력한 전압의 전원이 두 금속판 사이의 전위차를 15,000 V로 유지한다면 전자가 도달하는 속력은 얼마인가?

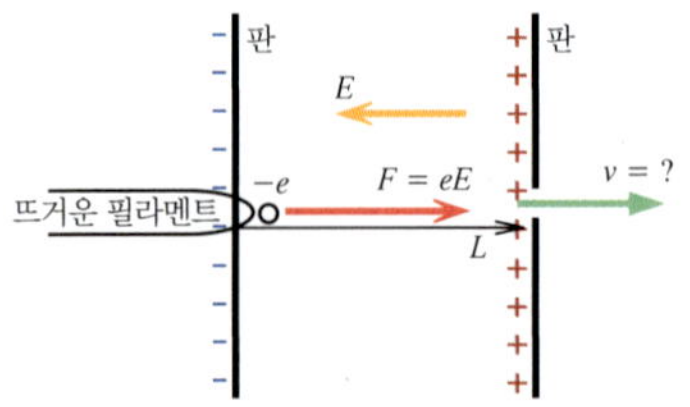


그림 16.69

**문41.** 반지름이 $R$인 두 개의 큰 원판에 $Q_A$와 $Q_B$의 전하가 균일하게 분포하고 있다. 두 판은 그림 16.70처럼 평행하게 0.1 mm만큼 떨어져 있다. 판 사이의 전위차는 $V_B - V_A = -10$ V이다. (a) 원판 사이에 걸리는 전기장의 방향은 어떻게 되는가? (b) $V_B - V_A = -10$ V를 만들어내는 $Q_A$, $Q_B$, $R$의 값을 생각해 내라.

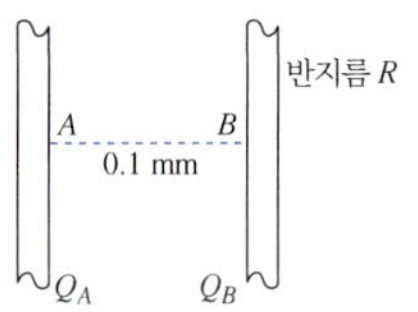


그림 16.70

**문42.** 그림 16.71에 있는 어떤 특정한 오실로스코프에는 전자가 부딪히면 발광하는 형광 물질을 바른 스크린에 전자가 적절한 속력으로 도달하도록 18,000 V의 전원 공급원이 있다. 전자는 가속하는 구간을 나온 후에는 거의 일정한 속력으로 진공 속을 이동한다. 전자를 위나 아래로 휘게 하여 화면을 그리기 위해 편향판에 + 또는 −40 V의 전위차를 줄 수 있다(그림에 표시하지 않은 편향판은 전자를 수평으로 휘도록 사용한다). 두 개의 편향판은 각각 길이 8 cm, 너비 4 cm인 얇은 금속판이다. 편향판 사이의 간격은 $s$ = 3 mm이다. 편향판으로부터 스크린까지의 거리는 $d$ = 30 cm이다. 편향판 사이에 40 V의 전위차가 있을 때 전자선이 스크린에 도달한 위치가 편향된 정도 $y$는 얼마인가? 근사적인 처리는 허용되지만, 이 경우 사용한 가정을 언급하라. 보통의 경우에 그렇듯이 계산을 대수적으로 하다가 마지막 대수적인 결과에서만 수치적으로 계산하는 것이 좋다. 수직 방향의 축척이 과장되었다는 것에 주의하라: 사실 편향된 정도는 스크린과의 거리에 비해 작다.

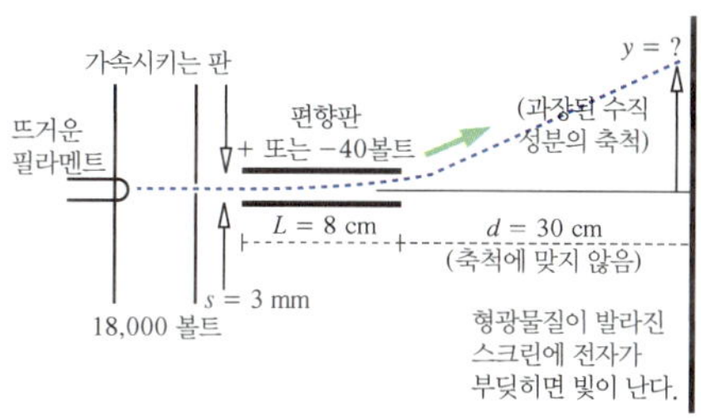


그림 16.71

## 16.5절

**문43.** 위치 $C$는 4 nC의 전하가 표면에 균일하게 분포하고 있는 작은 구와 0.02 m 떨어져 있다. 위치 $D$는 그 구로부터 0.06 m 떨어져 있다. $C$에서 $D$로 가는 경로에 대해 전위의 변화는 얼마인가?

**문44.** 양성자로부터 $3 \times 10^{-10}$ m 떨어진 곳에서 $4 \times 10^{-10}$ m 떨어진 곳까지 갈 때의 전위차 $\Delta V$는 얼마인가?

**문45.** 전자가 처음에는 정지 상태에 있다. 양성자로부터 $4 \times 10^{-10}$ m 떨어진 위치에서 $6 \times 10^{-10}$ m 떨어진 곳으로 옮겨졌다. 양성자와 전자로 이루어진 계의 전기적 퍼텐셜 에너지 변화는 얼마인가?

**문46.** 정지한 상태로 $3 \times 10^{-8}$ m 떨어져 있는 양성자와 전자를 정지한 상태로 $7 \times 10^{-8}$ m 떨어져 있도록 하는데 필요한 일은 얼마인가?

**문47.** 그림 16.72에 보인 것처럼 크고 얇은 세 대전판을 균일한 전기장이 작용하는 두 개의 영역이 인접하여 생기도록 배열하였다. 원점은 가운데에 있는 판의 중심에 있다. 위치 $A$는 $\langle -0.4, 0, 0\rangle$ m이고 위치 $B$는 $\langle 0.2, 0, 0\rangle$ m이다. 전기장 $\vec{E}_1$는 $\langle 725, 0, 0\rangle$ V/m의 값을 가지고 $\vec{E}_2$는 $\langle -425, 0, 0\rangle$ V/m의 값을 가진다.

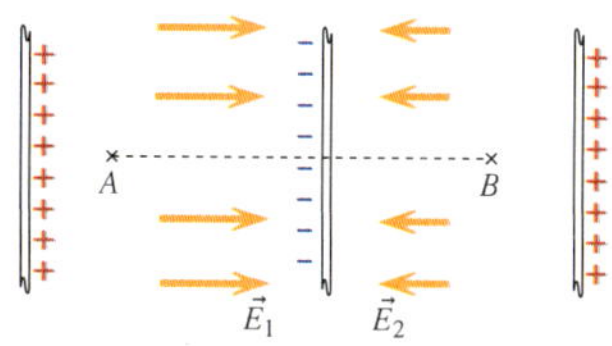


그림 16.72

(a) $A$에서 $B$로 가는 경로를 생각해 보라. 이 경로를 따라서 전위의 변화는 얼마인가? (b) $B$에서 $A$로 가는 경로에서 전위의 변화는 얼마인가? (c) 가운데의 판에 작은 구멍이 있어서 어떤 움직이는 입자가 통과할 수 있다. 만약 전자가 $A$에서 $B$까지 그림에 주어진 경로를 따라 움직였을 때 운동 에너지의 변화는 얼마가 될까? (d) $A$에 있는 전자가 $B$에 도달하기 위해 가져야하는 최소의 운동 에너지는 얼마인가?

**문48.** 어떤 특정한 영역에서 전위를 $V = 4xz + 2y - 5z$로 표현할 수 있다면 $\langle x, y, z\rangle$에서 전기장의 벡터 성분들은 무엇인가?

**문49.** 어떤 쌍극자가 $x$축 방향을 향하고 있다. 쌍극자 모멘트는 $p(= qs)$이다. (a) $1/r$의 개별적인 전위를 중첩하여 $x$축 위의 위치 $\langle x, 0, 0 \rangle$에서와 $y$축 위의 위치 $\langle y, 0, 0\rangle$에서의 (무한원점에 대한 상대적인)전위 $V$를 정확하게 계산하라. (b) (a)에서의 위치들이 쌍극자로부터 멀리 떨어진 곳일 때 이 위치에서 $V$의 근사적인 값은 얼마인가? (c) (b)의 근사적인 결과를 이용하여 전위의 $x$축 방향 기울기를 계산하고 음의 기울기가 전기장의 $x$성분 $E_x$와 같다는 것을 보여라. (d) $y$축 위에서 $dV/dy = 0$이다. 왜 $y$축 위에서의 전기장 $E$의 크기와 같지 않은가?

**문50.** 어떤 축전기가 $s$만큼 떨어져서 위치한 두 개의 큰 금속판으로 이루어져 있다. 그림 16.73에 보인 것처럼 각 원판의 반지름은 $R(R \gg s)$이고 각 원판의 두께는 $t$이다. 왼쪽의 원판은 총 $+Q$의 전하를 가지고 있고 오른쪽 원판은 총 $-Q$의 전하를 가지고 있다. 위치 1은 왼쪽 판의 중심이고 위치 2가 원판들 사이 공기 틈의 중심일 때 전위차 $V_2 - V_1$를 계산하라. 간단히 설명하라.

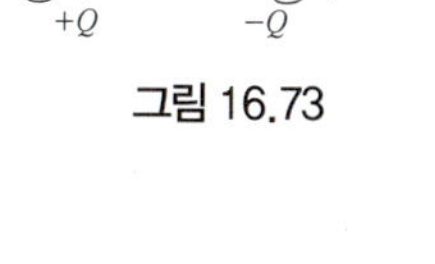


그림 16.73

**문51.** 그림 16.74의 도식은 그림에 표시된 만큼의 전하로 대전된 아주 큰 세 금속판을 보여준다(모서리에서 본 모습). 각각의 표면에 전하가 거의 균일하게 분포하고 있다. 각각의 판은 반지름 $R$이 매우 크고 두께 $t$는 작다. 그림에 표시된 것과 같이 원판 사이의 간격은 $a$와 $b$이다; 이 또한 $R$에 비교하면 작다. $V_2 - V_1$을 계산하고, 계산을 간단히 설명하라.

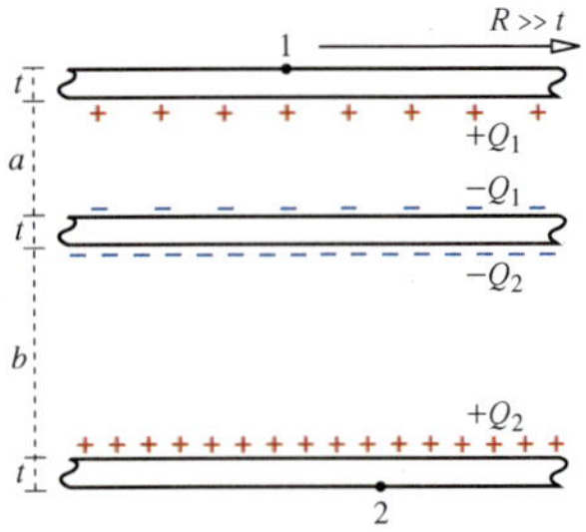


그림 16.74

**문52.** 세 개의 대전된 금속판이 그림 16.75(단면도)와 같이 배열되어 있다. 원판들은 그림에는 보이지 않는 절연 지지대에 의해 서로 떨어져 있다. 각 판의 면적은 2.5 $m^2$이다(이는 원판의 평평한 면 하나의 면적이다). 전하 $Q_1 = 5 \times 10^{-8}$ C이고 전하 $Q_2 = 4 \times 10^{-7}$ C이다.

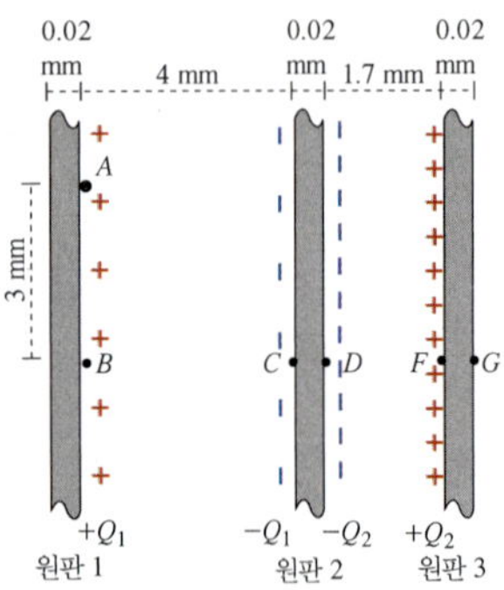


그림 16.75

(a) 원판 1과 2 사이의 영역에서 전기장은 (크기와 방향이) 어떻게 되는가? (b) 다음 문장 중 참인 것은 무엇인가? 모두 골라라. (1) $A$에서 $B$로 가는 경로에 대해 $\vec{E} \perp \Delta\vec{l}$이다. (2) $V_B - V_A = 0$ (3) $V_B - V_A = -\dfrac{Q_1/2.5}{\varepsilon_0} * (0.003)$V (c) $V_C - V_B$를 계산하기 위해서 경로는 어디에서 시작하여 어디에서 끝나야 하는가? (d) $V_C - V_B$는 양수이어야 하는가, 음수이어야 하는가? 왜 그런가? (1) $\Delta\vec{l}$가 $\vec{E}$의 방향과 반대이므로 양수이어야 된다. (2) $\Delta\vec{l}$가 $\vec{E}$의 방향과 일치하므로 음수이어야 된다. (3) $\Delta\vec{l} \perp \vec{E}$이므로 0이어야 된다. (e) 전위차 $V_C - V_B$는 얼마인가? (f) 전위차 $V_D - V_C$는 얼마인가? (g) 전위차 $V_F - V_D$는 얼마인가? (h) 전위차 $V_G - V_F$는 얼마인가? (i) 전위차 $V_G - V_A$는 얼마인가? (j) 대전된 원판들에 작은 구멍이 있어서 입자가 통과할 수 있다. 빠른 속도로 이동하는 전자 한 개가 왼쪽에서 판에 접근한다. $A$에서 $G$로 가는 경로를 따라 움직인다. 판들 + 전자의 계에 작용하는 외부의 일이 없으므로 $\Delta K + \Delta U = W_{외부} = 0$이다. 다음의 상태들을 생각하라: 전자가 $A$에 있는 처음 상태; 전자가 $G$에 있는 나중 상태. (1) 계의 퍼텐셜 에너지 변화는 얼마인가? (2) 전자의 운동 에너지 변화는 얼마인가?

**문53.** 그림 16.76에 보인 긴 막대의 길이가 $L$이고 전하 $-Q$로 균일하게 대전되어 있다. 전위차 $V_A - V_C$를 계산하라. 모든 거리들은 $L$과 비교하여 작다. 풀이를 면밀하게 설명하라.

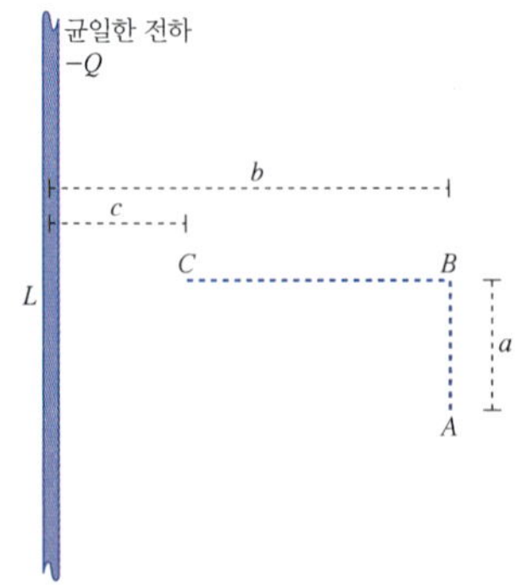


그림 16.76

**문54.** 대전된 아주 큰 세 개의 금속판이 그림 16.77처럼 배열되어 있다. 각 판의 반지름은 4미터이고 각각의 판은 $w = 0.05$ mm 두께이다. 간격 $d_1$은 6 mm이고 $d_2$는 2 mm이다. 각각의 판에는 작은 구멍이 존재하여 작은 대전된 입자가 모든 판을 통과할 수 있다. 위치 $D$와 $F$ 사이에 있는 영역의 전기장을 바꿈으로써 이 장치를 조정할 수 있다.

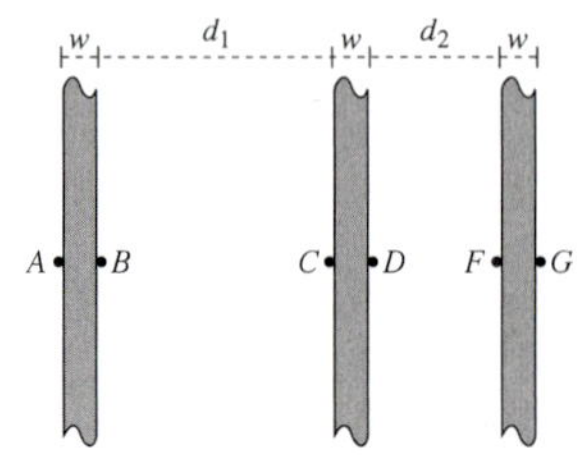


그림 16.77

이 장치를 조정하여 빠르게 움직이는 전자가 위치 $A$로 들어와서 오른쪽으로 움직여 $G$에 도착했을 때 정확히 $5.2 \times 10^{-18}$ J의 운동 에너지를 잃게 해야 된다. 전압계를 이용하여 전위차 $V_C - V_B = -16$ V라는 것을 알았다. 이 측정 결과를 바탕으로 $D$와 $F$ 사이의 전기장을 적절하게 조정한다. (a) (전자 + 판들)의 계를 생각해 보라. 전자에 가해진 중력이 한 작은 일의 양을 무시할 때 이 과정(전자가 $A$에서 $G$로 가는)에서 $\Delta K + \Delta U$는 얼마인가? (b) 이 과정에서 이 계의 퍼텐셜 에너지 변화는 얼마인가? (c) $V_G - V_A$는 얼마인가? (d) $V_F - V_D$는 얼마인가? (e) 위치 $D$와 $F$ 사이의 영역에서 전기장은 (크기와 방향이) 어떻게 되는가?

**문55.** 그림 16.78의 밴더그래프 발전기에서 속이 빈 큰 금속 공에 있는 작은 구멍을 통과하여 고무로 된 벨트가 전자를 공급한다. 전자들은 벨트의 상단에서 떨어져 나와 전선을 타고 금속 공의 바깥 표면으로 이동하고 금속 공은 전면에 걸쳐 거의 균일하게 분포하는 꽤나 큰 음전하를 갖게 된다. 공이 꽤나 큰 전하 $-Q$를 가지게 되었을 때 맨 밑(구로부터 밑으로 $h$만큼 떨어진)에서 위의 바퀴(속이 빈 구의 중심으로부터 거리 $R/2$인 곳에 위치한)까지 전자를 한 개 더 옮기는 데 필요한 일은 대략 얼마인가? 풀이를 설명하고 필요했던 근사를 정확히 언급하라.

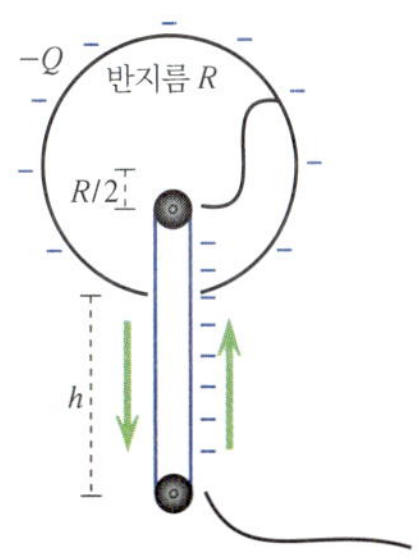


그림 16.78

**문56.** 플라스틱으로 된 얇은 공의 표면에 음전하 $-Q_1$이 균일하게 분포하고 있다. 그림 16.79에 보인 것처럼 얇은 두 유리 원판이 양전하 $+Q_2$와 음전하 $-Q_2$로 대전되어 있다. 플라스틱 공의 반지름 $R_1$은 유리 원판의 반지름 $R_2$에 비해 매우 작다. 공의 중심으로부터 양으로 대전된 원판까지의 거리는 $d$이고 $d$는 $R_2$에 비해 매우 작다. (a) 전위차 $V_2 - V_1$을 주어진 값들($Q_1$, $Q_2$, $R_1$, $R_2$와 $d$)로 표현하라. 점 1은 플라스틱 공의 중심에 있고 점2는 공의 바로 바깥에 있다. (b) 전위차 $V_3 - V_2$를 구하라. 점 2는 공의 바로 아래에 있고 점 3은 양으로 대전된 유리 원판의 바로 옆에 있다.

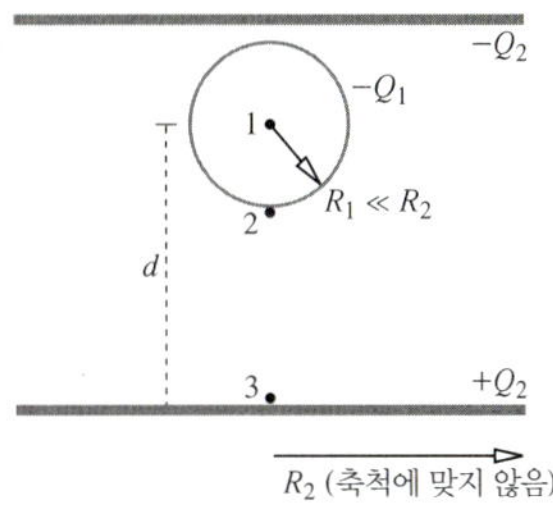


그림 16.79

(c) 플라스틱 공이 속이 꽉 차 있고 $-Q_1$의 전하를 가지고 있는 반지름 $R_1$의 금속 공으로 대체되었다고 가정하자. 전위차의 절댓값이 플라스틱 공이 있었을 때보다 큰지 작은지 아니면 똑같은지 답하라. 적절한 그림과 함께 간단히 설명하라.

**문57.** 반지름 $R_1$의 얇은 플라스틱 공의 표면에 음전하 $-Q_1$이 균일하게 분포하고 있다. 반지름 $R_2$의 얇은 유리 공의 표면에 양전하 $+Q_1$이 균일하게 분포하고 있다. 중심 사이의 거리는 그림 16.80에 보인 것처럼 $L$이다. (a) 전위차 $V_B - V_A$를 구하라. 위치 $A$는 유리 공의 중심이고 $B$는 유리 공의 바로 밖이다. (b) 전위차 $V_C - V_B$를 구하라. 위치 $B$는 유리 공의 바로 밖이고 $C$는 $B$에서 오른쪽으로 거리 $d$만큼 떨어진 곳이다. (c) 유리 공이 속이 꽉 차 있고 $+Q_2$의 전하를 가지고 있는 반지름 $R_2$의 금속 공으로 대체되었다고 가정하자. 유리 공이 그 자리에 있었을 때와 비교하여 전위차 $V_B - V_A$의 크기는 커질까 작아질까 아니면 같을까? 적절한 물리적인 그림과 함께 간단히 설명하라.

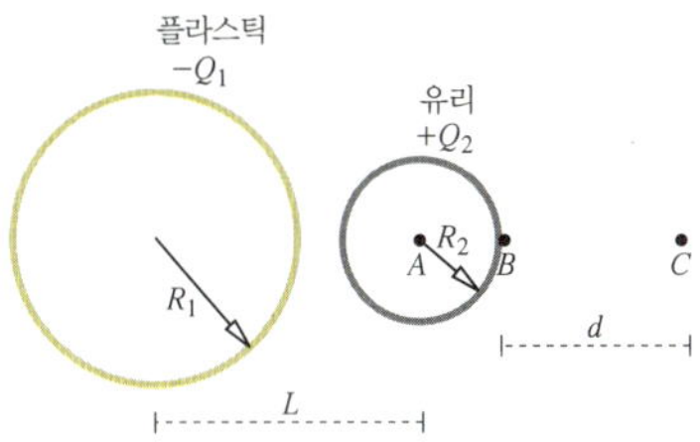


그림 16.80

**문58.** 그림 16.81처럼 반지름 $r_1$의 속이 꽉 찬 금속 공이 $+Q$의 전하를 가지고 있다. 이 공과 중심이 같고 안쪽 반지름이 $r_2$, 바깥 반지름이 $r_3$이며 안쪽 표면에는 $-Q$ 바깥쪽 표면에는 $+Q$의 전하가 대전된 금속 공이 감싸고 있다. 그림에서 점 $A$는 공의 중심으로부터 $r_4$ 거리에 위치해 있다. 점 $B$와 $C$는 둘러싼 공의 금속 안에서 각각 바깥쪽 표면과 안쪽 표면 매우 가까이에 있다. 점 $E$는 속이 꽉 찬 공의 표면 바로 안쪽에 있다. 점 $D$는 $C$와 $E$의 가운데에 있다. 점 $F$는 중심으로부터 $r_1/2$ 거리에 있다. (a) 다음의 각 전위차들은 0보다 큰가, 0인가, 아니면 0보다 작은가? 전기장의 방향과 경로의 방향을 이용하여 간단히 설명하라. (1) $V_B - V_A$ (2) $V_C - V_B$ (3) $V_D - V_C$ (4) $V_F - V_E$ (b) 위치 $F$에서의 전위 $V_F$를 계산하라. 풀이를 설명하라.

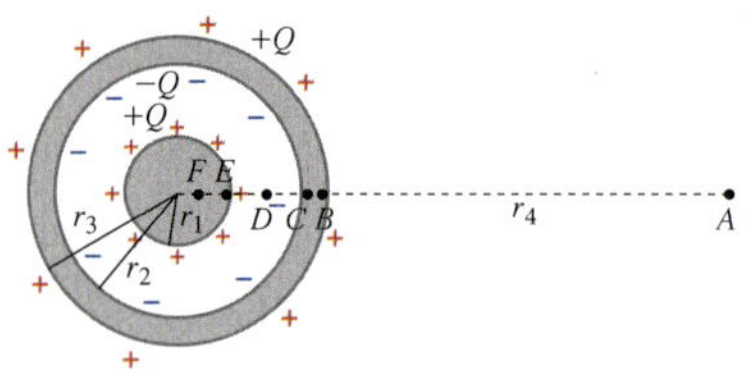


그림 16.81

**문59.** 균일한 전기장이 걸린 영역에서 원점으로부터 위치 〈0, 0, 10〉 m로의 전위차가 74 V로 측정되었다. 이제 균일하게 대전된 얇은 플라스틱 구각을 중심이 원점에 오도록 둔다. 구각의 반지름은 5 m이고 −3,530 nC이 대전되어 있다. 다음 문제들을 답하는 것을 돕는 그림을 그려라: (a) 원점으로부터 위치 〈0, 0, 5〉 m(구각의 표면에 있는)로의 전위차는 얼마인가? (b) 위치 〈0, 0, 5〉 m로부터 〈0, 0, 10〉m로의 전위차는 얼마인가?

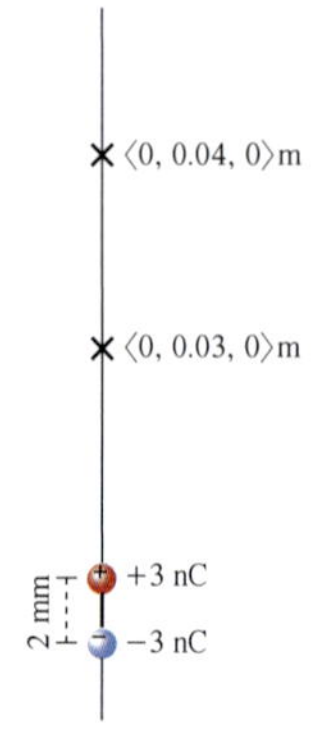


그림 16.82

**문60.** 어떤 쌍극자가 중심은 원점에 있고 축은 $y$축을 따라 있어서 $y$축 상의 위치에서 쌍극자에 의한 전기장이

$$\vec{E} = \left\langle 0, \frac{1}{4\pi\varepsilon_0}\frac{2qs}{y^3}, 0 \right\rangle \frac{\text{V}}{\text{m}}$$

로 주어졌다.

쌍극자를 구성하는 전하들은 +3 nC과 −3 nC이고 전하 사이의 간격은 2 mm이다(그림 16.82). 위치 〈0, 0.03, 0〉 m에서 시작하여 〈0, 0.04, 0〉 m에서 끝나는 경로에서 전위차는 얼마인가?

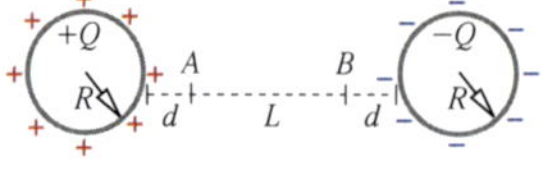


그림 16.83

**문61.** 반지름 $R$의 두께가 얇은 유리 공에 $+Q$의 전하가 균일하게 대전되어 있고 반지름 $R$의 얇은 플라스틱 공에 $-Q$의 전하가 균일하게 대전되어 있다. 공의 표면들은 서로 $L + 2d$만큼 떨어져 있고 위치 $A$와 $B$는 그림 16.83에 보인 것처럼 두 공의 표면으로부터 $d$만큼 떨어진 곳이다. 전위차 $V_B - V_A$를 계산하라.

**문62.** 기체 상태의 HCl 분자에서 (그림 16.84) 핵 사이의 거리가 $s$이다. 이 문제를 풀기 위해 다음을 가정하라.

- 분자는 두 개의 점전하 $H^+$와 $Cl^-$이 핵의 중심에 위치해 있는 것으로 생각할 수 있다(즉, 상대 이온에 의한 이온의 편극이나 전자의 공유 등을 무시하라).
- 분자의 위치가 고정되어 있다.
- 그림에 표시된 거리 $a$와 $b$는 보인 것보다 훨씬 크다($a > b \gg s$).

(a) 정사각형 상자로 표시된 세 점에 생기는 전기장의 상대적 크기와 방향을 나타내는 벡터를 그려라. 그림으로부터 어떤 벡터의 크기가 다른 벡터와 비교해서 작은지 더 큰지 알 수 있을 정도로는 정확해야 되지만 그 이상으로 정확할 필요는 없다. (b) 주어진 값들로 전위차 $\Delta V = V_B - V_A$를 표현하면 어떻게 되는가? (c) 어떤 전자가 $Cl^-$을 향해서 음의 $x$ 방향으로 $x$축을 따라 이동하며 점 $A$를 지나간다. 전자의 운동 에너지는 $K_A$이다. 점 B에서 전자의 운동 에너지는 얼마인가?

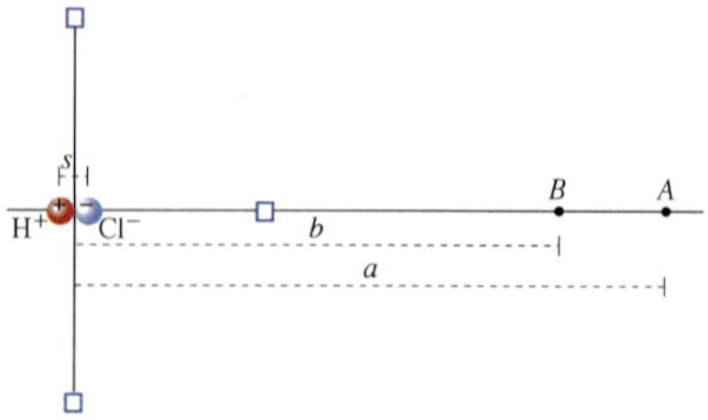


그림 16.84

**문63.** 그림 16.85에 보인 것처럼 매우 길고 가느다란 길이 $2R$의 유리막대에 $+Q$의 전하가 균일하게 대전되어 있다. 반지름 $R$의 매우 큰 플라스틱 원판에 $-Q$의 전하가 균일하게 분포하고 있고 막대로부터 $d$의 거리에 위치해 있다. 여기서 $d \ll R$이다. 위치 $A$(원판 표면의 중심)로부터 위치 $B$(원판의 중심으로부터 거리 $h$만큼 떨어진 곳)로의 전위차 $V_B - V_A$를 계산하라. 근사가 필요하다면 어떤 것인지 언급하라.

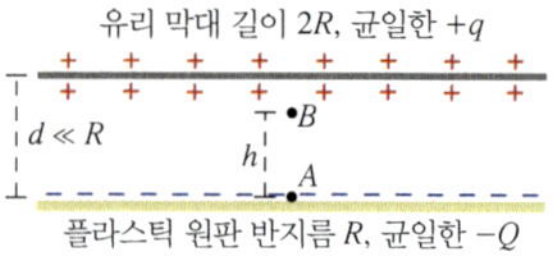


그림 16.85

**문64.** 반지름 $r$, 길이 $L$의 가늘고 긴 금속 전선이 중심을 공유하는 얇고 긴 반지름 $R$의 금속관으로 감싸져 있다. 그림 16.86에 보인 것처럼 $R \ll L$이다. 절연체로 만든 피복이 전선과 관의 전기적 접촉을 막으면서 전선을 관의 중심에 오게 잡고 있다. 가변적인 전원이 이 장치에 보인 것과 같이 연결되어 있다. 안에 있는 전선에는 $+Q$의 전하가, 바깥에 있는 관에는 $-Q$의 전하가 대전되어 있다. 앞으로 가우스 법칙을 배우면 알게 되겠지만 관 내부의 전기장은 오직 전선에 의해서만 생기고 전선 밖의 전기장은 마치 무한히 가는 전선이 만든 것과 같다; 바깥쪽의 관은 튜브의 양 끝 가까이가 아닌 이상 영향을 미치지 못한다. (a) 안쪽 전선과 바깥쪽 관의 전위차 $V_{관} - V_{전선}$은 전하 $Q$, 길이 $L$, 안쪽 반지름 $r$, 바깥쪽 반지름 $R$로 표현하면 어떻게 되는가? 답의 확인을 포함하여 설명하라. (b) 안쪽 전선에 매우 가까운 공기 틈에서 빛이 보일 때까지 전원의 전압을 서서히 증가시킨다. 이 전원의 전압을 계산하고(그 수치를 보여라) 계산을 설명하라. 길이 $L = 8$ cm, 안쪽 반 지름 $r = 0.7$ mm, 바깥쪽 반지름 $R = 3$ cm이다. 이 장치는 "가이거-뮐러 관"이라고 불리고 초기의 전기 입자 검출기 중 하나이다. 전선 근처의 공기에서 빛이 나도록 하는 경계 바로 아래로 전압이 설정되어 있다. 가운데의 전선 근처를 지나가는 대전된 입자는 공기 중에서 방전을 일으키며 쉽게 측정할 수 있는 많은 양의 전류를 만들어낼 수 있다.

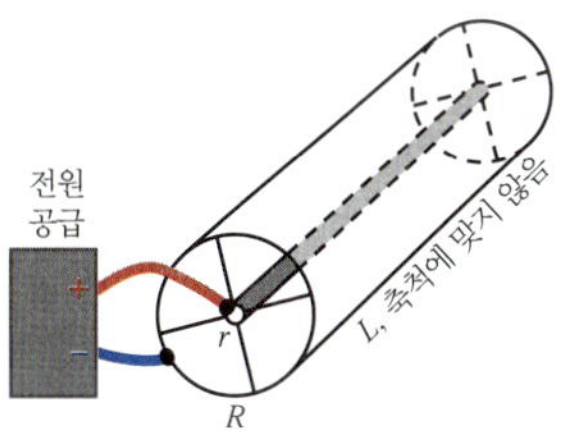


그림 16.86

## 16.6절

**문65.** 그림 16.87에 표현된 영역에 그림에는 나오지 않는 정지한 몇 개의 대전체들이 있다. $A - B - C -$ D의 경로에서 다음의 전위차들을 측정하였더니 다음과 같았다; $V_B - V_A = 12$ V; $V_C - V_B = -5$ V; $V_D - V_C = -15$ V. 전위차 $V_A - V_D$는 얼마인가?

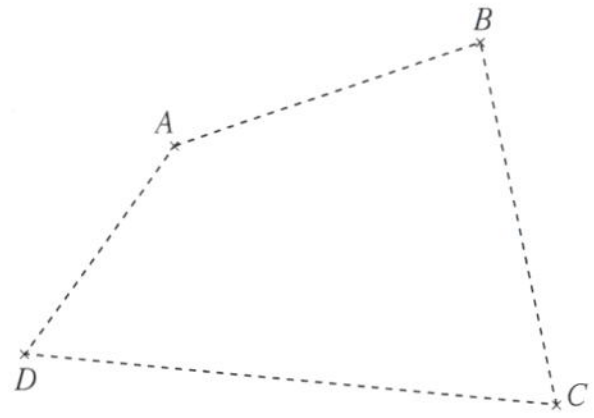


그림 16.87

**문66.** 반지름 $R$이고 대전된 두 원판을 거리 $s$만큼 떨어뜨려 만든 축전기가 있다. 여기서 $R \gg s$이다. 각 원판에 대전된 전하의 크기는 $Q$이다. 그림 16.88에 보이는 축전기 내부의 점 $A$, $B$, $C$, $D$를 생각해 보라. (a) 다음의 각 경로들에 대해 $\Delta V$를 계산함으로써 $\Delta V = V_C - V_A$가 이 경로들에서 같음을 보여라. (1) 경로 1: $A - B - C$ (2) 경로 2: $A - C$ (3) 경로 3: $A - D - B - C$ (b) $Q = 43\ \mu$C, $R = 4.0$ m, $s_1 = 1.5$ mm, $s_2 = 0.7$ mm라면 $\Delta V = V_C - V_A$는 얼마인가? (c) 점 $A$에서 $A$로 다시 돌아가는 두 개의 다른 경로를 선택하고 두 경로를 통해 제자리로 돌아오면 $\Delta V = 0$임을 보여라.

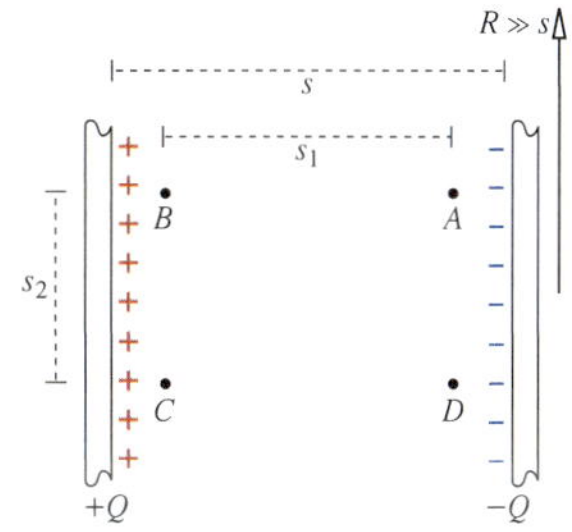


그림 16.88

**문67.** 그림 16.89처럼 전하 $+Q$로 균일하게 대전된 공의 중심이 $B$에 있다. 다음의 경로 각각에 대해 $\Delta V$를 계산함으로써(실제로 적분을 해라) $\Delta V = V_C - V_A$가 경로 독립적이라는 것을 보여라. (a) 경로 1: $A - B -$ C (공 표면을 통과하는 직선을 따라) (b) 경로 2: $A - D - C$ (점 $B$를 중심으로 하는 원호를 따라)

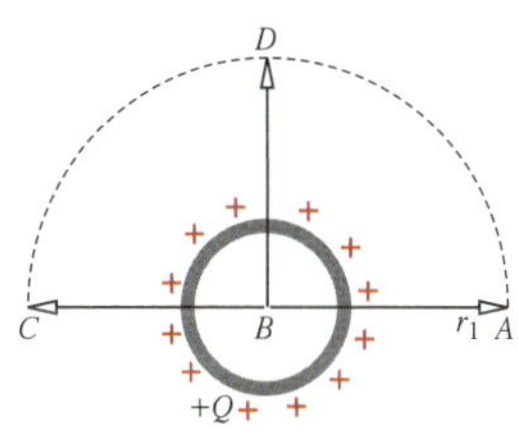


그림 16.89

**문68.** 네 개의 전압계가 그림 16.90에 보인 것처럼 회로에 연결되었다. 보통의 전압계가 그러하듯이 음극(검은색 전선, 보통 COM이라고 쓰여 있다.)이 전위가 낮은 곳에 연결되어 있고 양극(빨간색)이 전위가 높은 곳에 연결되어 있으면 전압계의 측정값이 양수이다. 회로는 알 수 없는 두 장치와 길이 9 cm의 막대 (초록색) 하나를 포함하고 있다. 어떤 특정한 순간에 전압계의 측정값이 전압계 $A$: $-$ 1.6 V; 전압계 $B$: $-$ 6 V; 전압계 $C$: $-$ 3.5 V이다. (a) 이 순간에 전압계 $D$의 측정값의 크기와 부호는 어떻게 되는가? (b) 막대 내부에 생기는 전기장의 크기와 방향은 어떻게 되는가?

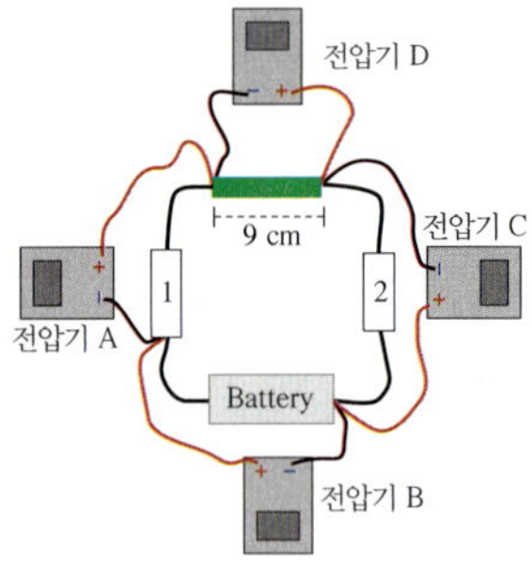


그림 16.90

## 16.7절

**문69.** $+Q_1$의 전하를 가진 입자와 $-Q_2$의 전하를 가진 입자가 그림 16.91과 같이 위치해 있다. 위치 $A$에서의 (무한원점에 대한 상대적인) 전위는 얼마인가?

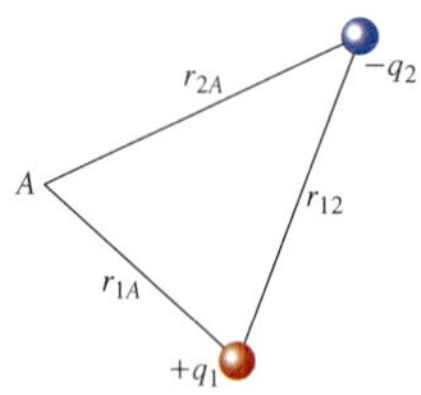


그림 16.91

**문70.** 전자로부터 $2.5 \times 10^{-9}$ m 떨어진 곳에서의 전위는 얼마인가?

**문71.** 그림 16.92의 위치 $A$에서의 전위를 계산하라.

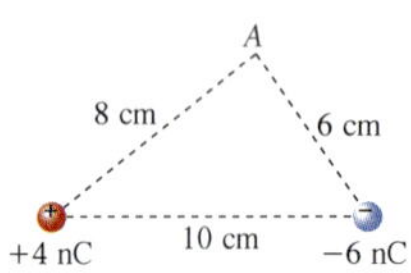


그림 16.92

**문72.** 두 축전기의 판의 넓이가 서로 같고 판 사이의 간격(2 mm)도 같다. 축전기 1의 두 판의 전위는 −10 V와 +10 V이다. 축전기 2의 두 판의 전위는 350 V와 370 V이다. 축전기 1 내부에서의 전기장은 어떻게 되는가? 축전기 2에서는 어떻게 되는가?

**문73.** $z = 3.15$ m에서의 전위가 37 V이고 $z = 3.27$ m에서의 전위가 −36 V라고 가정하자. 이 영역에서 $E_z$의 근사적인 값은 얼마인가? 적절한 부호를 포함하여 답하라.

**문74.** 네 개의 점전하 $q_1$, $q_2$, $q_3$, $q_4$가 그림 16.93처럼 한 변이 $d$인 정사각형의 꼭짓점들에 위치해 있다. 위치 $A$와 정사각형의 중심에서의 (무한원점에 대한 상대적인) 전위는 얼마인가? 한 변의 중심 $B$에서의 전위는 얼마인가?

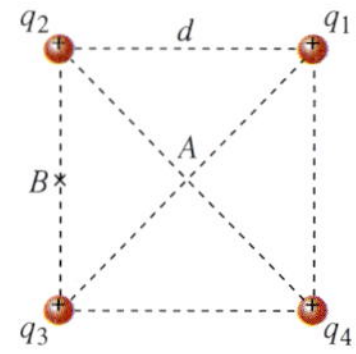


그림 16.93

**문75.** 그림 16.94처럼 반지름이 a이고 전하량이 $-Q$인 고리의 중심으로부터 거리 $h$만큼 떨어져 있는 위치 $B$에서의 (무한원점에 대한 상대적인) 전위는 얼마인가?

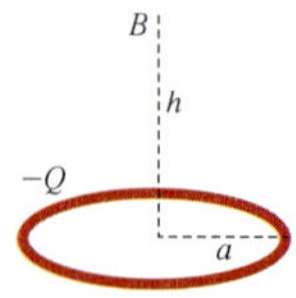


그림 16.94

**문76.** 반지름 10 cm의 금속 공이 가질 수 있는 최대의 (무한원점에 대한 상대적인) 전위는 얼마인가? 반지름이 1 mm 밖에 안 되는 금속 공이 가질 수 있는 최대의 전위는 얼마인가? 이 결과들은 고도로 대전된 금속 조각(전체에 걸쳐 전위가 일정한)이 왜 곡률이 작은 곳, 즉 날카로운 점이 있는 곳에서 불꽃이 일어나는 경향을 보이는지에 대한 힌트를 준다. 공기에서 방전이 일어나는 전기장의 크기가 대략적으로 $3 \times 10^6$ V/m임을 기억하라.

**문77.** 반지름 $r$의 속이 꽉 찬 작은 유리 공이 양이온 빔에 쪼여 부피 전체에 균일하게 분포하는 $+Q$의 전하를 얻었다. 공의 중심으로부터 $r/2$ 거리에 있는 공 내부의 위치 $A$에서의 (무한원점에 대한 상대적인) 전위는 얼마인가?

**문78.** 반지름 $r$인 작은 금속 공이 처음에는 전하 $q_0$를 가지고 있었다. 이 상태에서 멀리 떨어진 대전되지 않은 반지름 $R$의 큰 금속 공이 긴 구리 전선에 의해 이 작은 공과 연결된다. 작은 공의 최종 전하량 $q$와 큰 공의 최종 전하량 $Q$를 계산하라. 전선에 있는 적은 양의 전하는 무시해도 된다. 다른 어떠한 근사를 이용했는가? (전위에 대해 생각해 보라.)

**문79.** 반지름 $r_1$인 금속 공에 양전하 $Q$가 대전되어 있다. 이것과 중심이 같고 안쪽 반지름이 $r_2$, 바깥쪽 반지름이 $r_3$인 금속 공에 총 $4Q$의 양전하가 대전되어 일부 전하는 바깥쪽 표면에($r_3$에) 분포하고, 일부는 안쪽 표면에($r_2$에) 분포하고 있다. (a) 바깥쪽 공의 두 표면에 $4Q$의 전하가 어떻게 분포하고 있는가? 이를 증명하라! (b) $r_3$ 바로 바깥쪽,

$r_2$와 $r_3$의 가운데, $r_2$의 바로 안쪽, $r_1$의 바로 바깥쪽, 그리고 중심에서 (무한원점에 대한 상대적인) 전위는 얼마인가?

**문80.** 반지름 $a$의 얇은 플라스틱 공이 모직물에 전체적으로 문질러져 $-Q$의 전하를 얻었다. 그림 16.95와 같이 공의 중심으로부터 $a/3$만큼 떨어진 위치 $B$에서 무한원점에 대한 상대적인 전위는 얼마인가?

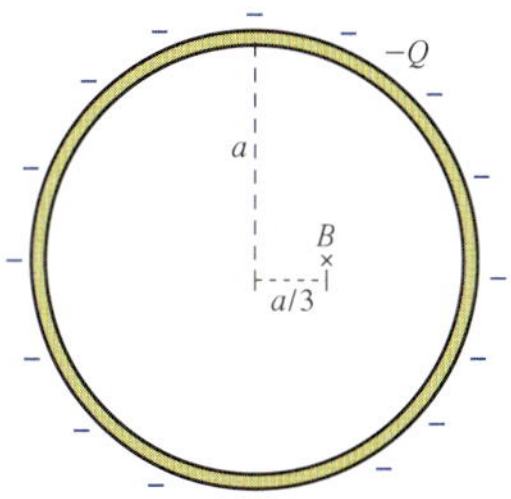


그림 16.95

**문81.** 반지름 $R$인 속이 꽉 찬 플라스틱 공에 $-Q$의 전하가 균일하게 분포하고 있다. 공은 다른 모든 물체들로부터 멀리 떨어져 있다. (a) 공의 내부에 있는 분자들의 분극을 그리고 간단히 설명하라. (b) 공의 중심에서 무한원점에 대한 상대적인 전위를 계산하라.

**문82.** 어떤 핵이 반지름 $R$의 작은 공 안에 평균적으로 균일하게 분포하고 있는 $Z$개의 양성자들을 가지고 있다. (a) 핵의 중심에서 (무한원점에 대한 상대적인) 전위를 계산하라. 이 핵 근처에 다른 전자나 대전된 입자가 없다고 가정하라. (b) 전위를 핵의 중심으로부터의 거리에 대한 함수로 하여 그래프를 그려라. (c) 어떤 가속기 실험에서 양전하를 가진 파이온 하나가 $Z$개의 양성자들을 가지고 있는 핵의 중심에 정지 상태로 놓였다고 가정하자. 파이온은 양의 뮤온(본질적으로 무거운 양전자다)과 중성미자(뉴트리노)로 붕괴한다. 뮤온의 초기 운동 에너지는 $K_i$이다. 핵으로부터 매우 멀리 떨어지게 됐을 때 뮤온이 가지는 운동 에너지는 얼마인가? (뮤온은 오직 쿨롱의 법칙을 통해서만 핵과 상호작용하고 핵력의 영향은 받지 않는다. 큰 핵은 거의 움직이지 않고, 무시할 수 있는 운동 에너지를 가진다.) (d) 만약 핵이 79개의 양성자를 가지는 금이라면 $K_f - K_i$의 수치는 전자 볼트로 얼마인가?

## 16.9절

**문83.** 큰 판으로 만들어진 고립된(무엇과도 연결되어 있지 않다) 축전기에 처음에는 2 mm의 공기 틈에 걸쳐 1000볼트의 전위차가 걸려 있다. 그림 16.96과 같이 여기에 유전상수가 5인 플라스틱으로 이루어진 1 mm 두께의 판이 공기 틈의 가운데에 삽입되었다. 다음의 전위차들을 계산하고 풀이를 설명하라.

$$V_1 - V_2 = ? \qquad V_2 - V_3 = ?$$
$$V_3 - V_4 = ? \qquad V_1 - V_4 = ?$$

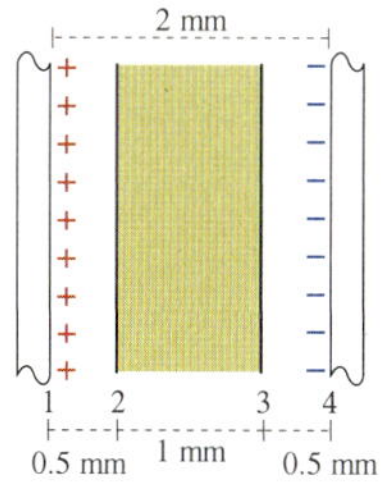


그림 16.96

**문84.** 판의 면적이 $A_1$이고 판 사이에 있는 공기 틈의 간격이 $s_1$인 어떤 고립된 평행판 축전기가 충전되어 전위차가 $\Delta V_1$이 되었다. 두 번째 축전기는 판의 면적이 $A_2$이고 판 사이에 있는 $s_2$의 틈에 유전 상수가 $K$인 플라스틱이 채워져 있으며 처음에는 대전되지 않은 상태이다. 전선으로 첫 번째 축전기의 양극판과 두 번째 축전기의 판 하나를 연결하고 또 다른 전선으로 첫 번째 축전기의 음극판과 두 번째 축전기의 다른 판 하나를 연결한다. 첫 번째 축전기에 걸린 전위차는 얼마인가?

## 16.11절

**문85.** 반지름이 $R$이고 $Q$로 대전되어 있는 고리의 축에서의 무한원점에 대한 상대적인 전위에 대해 16.7절을 참고하라. 고리의 축을 좌표계의 $z$축이라고 하고, 축 위에서 임의의 $z$값에 대해 $E_z$를 구하여라(전하가 고리 위에 고르게 분포하고 있다면, 이 상황의 대칭성에 의해 $z$축 위에서는 $E_x$, $E_y$가 0이다). 이 결과를 제15장에서 적분으로 구한 결과와 비교해 보라.

**문86.** $-Q$로 균일하게 대전된 막대가 굽어져 그림 16.97에 보이는 것 같은 반원호가 되었다. 호의 중심인 위치 $A$에서 무한원점에 대한 전위는 얼마인가?

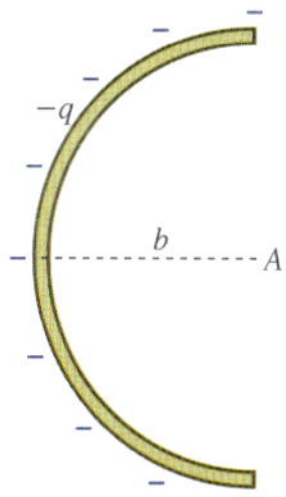


그림 16.97

**문87.** 우리는 쌍극자로부터 멀리 떨어져 있다는 전제 하에, 쌍극자로 인한 전기장의 크기를 $x$축과 $y$축 위의 위치에서 알고 있다. (a) 그림 16.98에 그려진, 쌍극자의 축에 수직인 직선 위에서 $\Delta V = V_B - V_A$를 구하라. 두 가지 방법: 두 전하에 의한 $V$를 더하는 방법과 전기장을 적분하는 방법으로 구하라. (b) 그림 16.99에 그려진 쌍극자의 축을 따라 $\Delta V = V_C - V_D$를 구하라. 두 가지 방법: 두 전하에 의한 $V$를 더하는 방법과 전기장을 적분하는 방법으로 구하라. (c) 전자를 $D$에서 $C$로 움직임에 따라 생기는 퍼텐셜 에너지의 변화 $\Delta U$는 얼마인가?

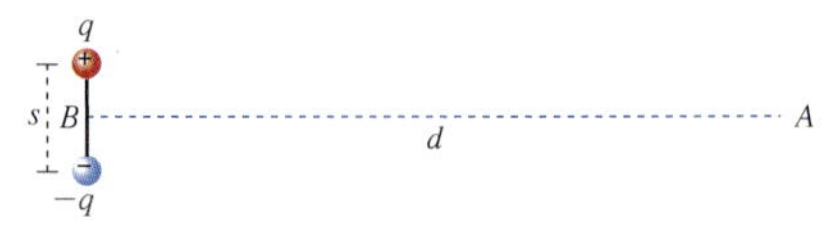


그림 16.98

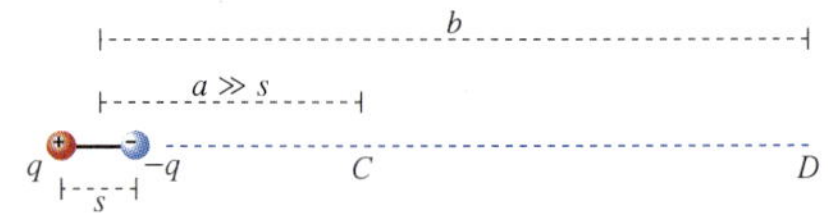


그림 16.99

## 컴퓨터 활용 문제

아래의 컴퓨터 모형화 문제 중 몇 개의 더 자세하고 확장된 버전은 문제와 상호작용 자료의 실험 활동에 있을 것이다.

**문88.** 16.8절의 프로그램을 수정하여, $C = \langle -0.03, -0.02, 0\rangle$ m이고 $D = \langle -0.05, -0.07, 0\rangle$ m일 때의 전위차 $V_C - V_D$를 계산하여라.

**문89.** 16.8절의 프로그램에서 쌍극자를 균일하게 대전된 가느다란 막대로 대체하라. 이 막대는 그 중심이 원점에 있고 $y$축 위에 놓여 있다. 막대의 길이는 0.05 m이고 총 전하량은 $-2 \times 10^{-8}$ C이다. $A = \langle 0.02, 0.02, 0\rangle$ m이고 $B = \langle 0.12, 0.08, 0\rangle$ m일 때 전위차 $V_B - V_A$를 구하여라. 막대를 몇 개의 점전하로 모형화할지를 어떻게 결정했는지 설명하라.

**문90.** 16.8절의 프로그램에서 쌍극자를 균일하게 대전된 가느다란 고리로 대체하라. 이 고리는 그 중심이 원점 위에 있고 그 축이 $z$축 위에 놓여 있다. 고리의 반지름은 0.04 m이고 총 전하는 $-3 \times 10^{-8}$ C이다. $A = \langle 0.02, 0, 0.02\rangle$ m이고 $B = \langle 0.12, 0, 0.08\rangle$ m일 때 전위차 $V_B - V_A$를 구하여라. 고리를 몇 개의 점전하로 모형화할지를 어떻게 결정했는지 설명하라.

**문91.** 총 전하 $4 \times 10^{-8}$ C으로 균일하게 대전된 길이 0.3 m, 반경 1 mm의 원기둥을 생각해 보라. 이 원기둥은 중심을 원점으로 하고 $x$축과 나란히 놓여 있다. $\langle 0, 0.05, 0\rangle$에서 $\langle 0.15, 0.05, 0\rangle$으로 가는 경로에서 생기는 전위차를 계산하여라. 원기둥을 몇 개의 점전하로 모형화할지를 어떻게 결정했는지 설명하라.

**문92.** 문91에서와 같이 총 전하 $4 \times 10^{-8}$ C으로 균일하게 대전된 길이 0.3 m, 반경 1 mm의 원기둥을 생각해 보라. 이 원기둥은 중심을 원점으로 하고 $x$축과 나란히 놓여 있다. 경로에서의 $\vec{E}$와 $\Delta\vec{l}$를 계산하고 화살표로 표시한 뒤 $-\vec{E}\bullet\Delta\vec{l}$를 모두 더하는 방식으로 $\langle 0, 0.05, 0\rangle$와 $\langle 0.15, 0.05, 0\rangle$ 사이의 전위차를 계산하라. VPython의 함수 dot($A$, $B$)는 두 벡터 $A$와 $B$의 내적 값을 준다. 이 프로그램을 어떻게 설계할지에 대한 힌트를 얻으려면 16.13절을 보라.

## 점검 사항의 해답

1. (a) $7.65 \times 10^{-21}$ J; (b) $2.12 \times 10^{-20}$ J; (c) $1.36 \times 10^{-20}$ J
2. (a) $-1.68 \times 10^{-18}$ J; (b) $1.68 \times 10^{-18}$ K; (c) $4.45 \times 10^4$ m/s; (d) $1.68 \times 10^{-18}$ J; $1.68 \times 10^{-18}$ J
3. (a) 300 V; (b) $4.8 \times 10^{-17}$ J; (c) $-4.8 \times 10^{-17}$ J; (d) 0; (e) 0; (f) 0
4. $-150$ V/m
5. (a) 왼쪽, 양; (b) 오른쪽, 음
6. (a) $-380$ V; (b) $+380$ V
7. (a) $+1$ V; (b) $-1$ V
8. $\Delta V_1 = \dfrac{1}{4\pi\varepsilon_0}\left(\dfrac{Q}{r_2} - \dfrac{Q}{r_1}\right)$

$\Delta V_2 = 0$

$\Delta V_3 = \frac{1}{4\pi\varepsilon_0}\left(\frac{Q}{r_1} - \frac{Q}{r_2}\right)$

$V_4 = 0$

$\Delta V_{\text{제자리로 돌아오는 경로}} = 0$

9. 0.025 V/m(매우 작은 전기장)

10. $\sqrt{z^2 + R^2} \approx z$, and $V \approx \frac{1}{4\pi\varepsilon_0}\frac{Q}{z}$.

11. 4.8 V

12. $1.5 \times 10^6$ V/m; 39.8 J

13. 각각의 미소전하 $dQ$가 중심으로부터 $R$만큼 떨어져 있으므로, 중심에서의 전위는 $\sum \frac{1}{4\pi\varepsilon_0}\frac{dQ}{R} = \frac{1}{4\pi\varepsilon_0}\frac{Q}{R}$

CHAPTER

# 17

# 자기장

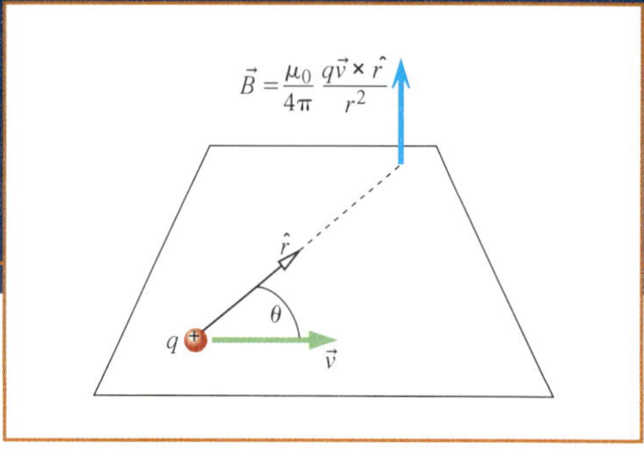


### 목표

이 장을 공부한 후에 다음과 같은 것들을 할 수 있어야 한다.

- 한 개의 움직이는 전하 또는 전류에 의한 3차원 자기장을 계산할 수 있어야 하고, 이를 화살표를 이용한 도식으로 표현할 수 있어야 한다.
- 나침반을 이용하여 도선에 흐르는 전류의 세기와 방향을 결정할 수 있어야 한다.
- 막대 자석의 자기장을 자기 쌍극자 모멘트와 연관지을 수 있어야 한다.

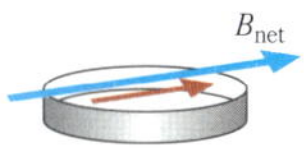


**그림 17.1** 나침반 바늘은 그 지점에서의 알짜 자기장 방향을 향한다.

대전된 입자에 의해 생기는 장은 전기장만이 아니다. 나침반 바늘이 회전하다가 특정한 방향을 가리킬 때, 우리는 그 방향으로 "자기장"이 있어서 바늘에 힘을 가해 자기장의 방향과 나란하게 만든다고 말한다(그림 17.1). 처음에는 이렇게 자기장을 단지 나침반에 의해 감지되는 어떤 것으로 정의할 것이다. 제14장에서 살펴본 바와 같이 전기 쌍극자가 뒤틀리는 현상이 전기장이 존재한다하는 것의 지표가 되는 것처럼, 나침반 바늘이 뒤틀리는 현상은 자기장이 존재한다는 것의 지표가 된다.

자기장은 움직이는 전하에 의해 발생하므로, 움직이는 전하를 만드는 장치가 필요하다. 전류를 꾸준히 흐르게 하는 단순 전기 회로를 구성하여 움직이는 전하에 대한 간편한 근원으로 삼을 것이다.

이 장에서는 자기장을 학습하고, 또한 원자 수준에서 자석을 묘사할 것이다. 이후 제20장에서는 자기장이 움직이는 전하에 가하는 힘에 대해서 학습하게 된다. 이 장에서 논의되는 주제와 관련해서 건전지, 전선, 전구, 나침반과 같은 도구들을 이용하여 이러한 현상들을 직접 탐색할 수 있는 간단한 실험들이 있다. 보다 많은 정보를 얻으려면 이 장 마지막에 있는 "실험"을 참고하기 바란다.

## 17.1 전자 전류

자기장은 움직이는 전하와 관련 있다. 도선에 흐르는 전류는 움직이는 전하의 간편한 근원을 제공하여 자기장을 생성하고 감지하는 실험을 가능하게 한다.

평형 상태에서는 금속 내부에 있는 유동 전자들의 알짜 움직임은 없다. 이 장에서 우리가 다루는 전기 회로는 전자의 바다가 꾸준한 움직임을 유지할 수 있게 해 준다. 이와 같은 전자들의 꾸준한 흐름을 "전자 전류(electron current)"라고 하는데, 이는 계가 평형 상태에 있지 않음을 의미한다. 무엇이 전자 전류에 영향을 주는지 말하기 위해서 정교한 정의가 필요하다:

**전자 전류의 정의**

전자 전류 $i$는 도체의 단면을 1초당 통과하는 전자들의 개수이다.

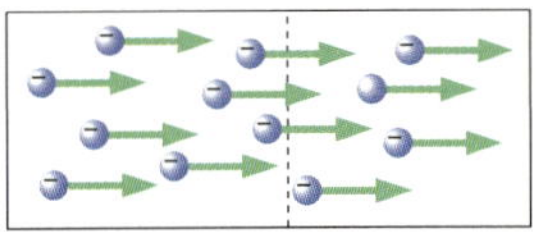

**그림 17.2** 이 도체에서 전자 전류는 1초 동안 점선을 통과하는 전자들의 개수이다.

일정한 흐름이 유지되는 전기 회로에서 전자 전류 $i$는 균일한 두께와 성분을 가진 도선 어느 단면에서나 동일하다 (다음 장에서 그 이유에 대해서 알아볼 것이다). 만일 회로의 어느 한 지점을 통과하는 1초당 전자의 수를 셀 수 있다면 (그림 17.2), 우리는 전류 밀도를 직접 측정할 수 있다. 이것은 실행하기 어려우므로, 도선에 흐르는 전자 전류의 세기를 측정하기 위해 간접적인 방법을 써야 한다. 간접적인 방법 중 하나는 움직이는 전하에 의해 생성되는 자기장을 측정하는 것을 포함한다.

전자들이 도선 속을 통과해 가면서 원자핵과 충돌하게 되는데, 이러한 "저항"이 도선을 가열한다(그러면서 전자들이 점점 더 빨라지는 것을 방지한다). 이러한 가열과 자기적 효과는 둘 다 전자 전류, 즉 매초마다 도선을 통과하는 전자들의 개수에 비례한다.

**점검 사항 1** 어떤 전구 속으로 $1.8 \times 10^{16}$개의 전자가 3 ms 동안 흘러들어갔다면, 그 지점에서 회로에 흐르는 전자 전류의 세기는 얼마인가? 만일 회로의 어떤 특정 위치에서 전자 전류가 $9 \times 10^{18}$전자수/초 라면, 10분 동안 얼마나 많은 전자들이 통과할 것인가?

### 단순 회로

건전지 하나, 도선, 전구 하나로 구성되는 단순한 전기 회로는 움직이는 전하를 공급하는 간편한 수단이 된다. 우리는 이번 장 전체에 걸쳐 이러한 회로를 언급할 것이다. 장치의 단순함에도 불구하고, 이러한 회로를 통해서 탐구할 수 있는 물리적 질문들은 핵심적으로 중요하다. 적절한 장비를 갖고 있다면, 이러한 실험들을 스스로 해 볼 수 있다. 실험1을 참조하라.

## 17.2 자기장 감지하기

자기장을 감지하는 도구로서 나침반을 이용할 수 있다. 마치 대전된 투명 테이프가 휘어지는 현상이나 영구 전기 쌍극자가 뒤틀리는 현상이 전기장의 존재를 나타내는 것과 같이, 나침반 바늘이 뒤틀리는 현상은 자기장의 존재를 나타낸다. 실험2를 참조하라.

**질문** 나침반 바늘이 단지 전기장에 반응하는 것이 아니라는 것을 어떻게 확신할 수 있을까?

나침반의 행동을 관찰함으로써 다음과 같은 내용을 알 수 있다:

- 나침반 바늘은 쇠나 강철로 만들어진 물체(설사 그것이 전기적으로 중성이라서 양이든 음이든 대전된 테이프 조각을 끌어당기는)가 접근하면 영향을 받

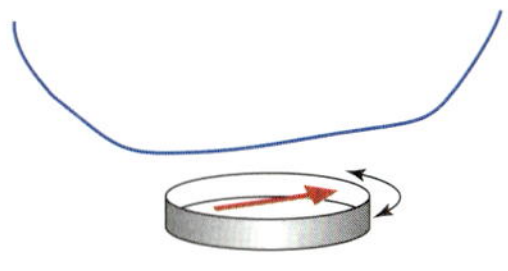

**그림 17.3** 나침반 바늘이 원래 북쪽을 향하고 있고 전류가 흐르는 도선이 남북 방향으로 나침반 위에 놓여 있다면, 나침반 바늘은 휘어진다. 휘어지는 방향은 전류가 북쪽으로 흐르는지 남쪽으로 흐르는지에 따라 달라진다.

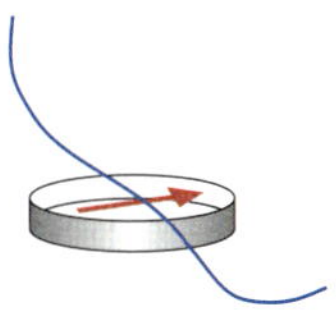

**그림 17.4** 전류가 흐르는 도선이 동서 방향으로 나침반 위에 놓여 있다면, 나침반 바늘은 휘어지지 않는다.

는다. 그것은 또한, 비록 구하기가 쉽지는 않지만, 니켈이나 코발트의 존재에도 영향을 받는다.

- 나침반 바늘은 알루미늄, 구리, 탄소 등 대전된 테이프와 상호작용을 하는 대부분의 다른 물질들에는 영향을 받지 않는다.
- 대전된 물체나 전기 쌍극자와는 달리, 나침반 바늘은 철로 된 물체가 가까이 있지 않는 한 항상 지구의 자북 방향을 가리킨다.

만일 전류가 흐르는 도선을 나침반 가까이에 가져가면 매우 놀라운 일이 벌어진다: 나침반 바늘이 도선에 전류가 흐르는 동안에는 편향되고, 전류가 끊기면 편향되지 않는다. 이러한 현상은 1820년 네덜란드의 과학자 외르스테드(Oersted)가 물리 수업 시간에 시범 강의을 하는 동안 우연히 발견되었다(그 역시 매우 놀랐을 것이다!). 이 현상은 종종 "외르스테드 효과"라고도 불린다. 이 효과는 전류가 남북 방향으로 흐를 때 최대로 나타난다(그림 17.3); 편향의 방향은 전류가 북쪽으로 흐르는지, 남쪽으로 흐르는지에 따라 결정된다. 전류가 동서 방향으로 흐를 때는 나침반 바늘은 편향되지 않는다(그림 17.4).

이와 같은 실험으로부터 다음과 같은 결론을 이끌어낼 수 있다:

- 움직이는 전하에 의해 생기는 자기장의 세기는 전류의 세기에 의존한다.
- 전류가 흐르지 않는 도선은 자기장을 생성하지 않는다.
- 전류에 의해 생기는 자기장은 전류의 방향과 수직인 방향으로 생긴다.
- 나침반 위쪽으로 흐르는 전류에 의해 생기는 자기장의 방향은 아래쪽으로 흐르는 전류에 의해 생기는 자기장의 방향과 반대이다.

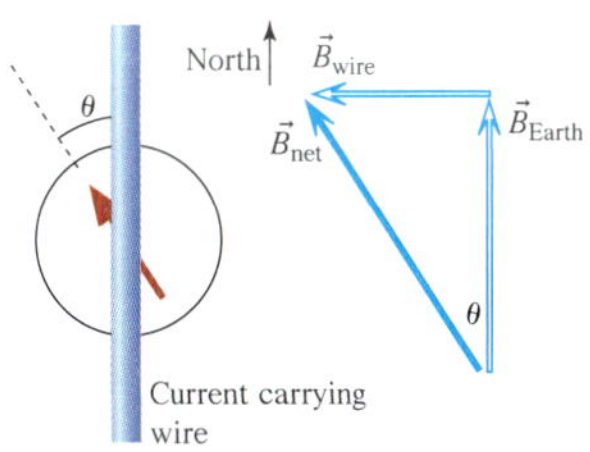


**그림 17.5** 나침반 바늘은 알짜 자기장 방향을 향하는데, 이는 지구에 의한 자기장과 남북 방향으로 전류가 흐르는 도선에 의한 자기장이 중첩되어 생긴 결과이다.

## 관찰에 대한 모형

도선 안에서 움직이는 전자들은 나침반이 있는 곳을 포함하여 공간 상의 다양한 위치에서 자기장을 생성한다. 지구 자기장 $\vec{B}_{Earth}$와 전류가 흐르는 도선에 의한 자기장 $\vec{B}_{wire}$의 벡터합은 알짜 자기장 $\vec{B}_{net}$를 만든다(그림 17.5). 나침반 바늘은 그 지점에서의 알짜 자기장의 방향을 향하므로, 바늘은 원래의 남북 방향에서 편향되어 알짜 자기장 방향으로 정렬하게 된다. 도선에 의해 생성되는 자기장은 도선에 수직이고 도선 위쪽과 아래쪽의 자기장 방향이 반대이므로, 도선에 의해 생기는 자기장은 그림 17.6과 같은 모양이 되어야 한다.

이러한 현상은 편의상 지구 자기장 $\vec{B}_{Earth}$와 도선에 의한 자기장 $\vec{B}_{wire}$의 크기가 유사하게 될 때 나타난다. 만일 지구 자기장 $\vec{B}_{Earth}$가 도선에 의한 자기장 $\vec{B}_{wire}$보다 훨씬 크다면, 나침반에는 거의 아무런 변화도 없을 것이다.

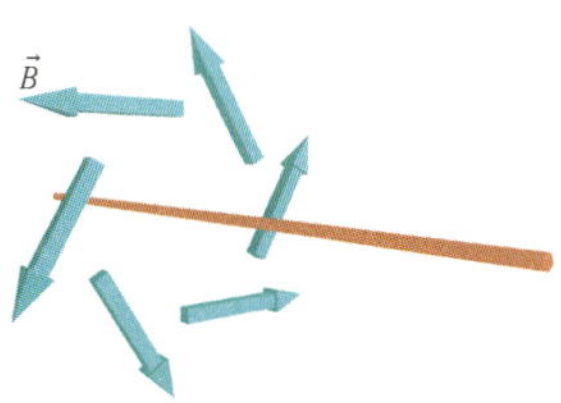


**그림 17.6** 전류가 흐르는 긴 직선 도선에 의해 생기는 자기장. 이 자기장은 도선의 어느 지점에서나 수직이다.

> **질문** 만일 도선에 의한 자기장 $\vec{B}_{wire}$가 지구 자기장 $\vec{B}_{Earth}$보다 훨씬 크다면 어떤 현상을 관찰하게 될까?

만일 도선에 의한 자기장 $\vec{B}_{wire}$가 지구 자기장 $\vec{B}_{Earth}$보다 훨씬 크다면, 알짜 자기장은 주로 도선에 의한 자기장에 의해 결정될 것이므로 나침반 바늘의 편향각은 거의 90도가 될 것이다.

전류가 흐르는 도선에는 알짜 전하가 없으므로 근처의 물체들과 전기적 상호작용은 거의 나타나지 않는다(사실은 도선 표면에 미세한 양의 초과 전하가 있다는 것을 나중에 보게 되겠지만, 그 양이 너무 적어 관찰하기 어렵다).

**예** **나침반의 편향**

전류가 흐르는 도선이 남북 방향으로 나침반 위에 놓여 있다. 나침반 바늘이 있는 위치에서 도선에 의해 생긴 자기장은 서쪽을 향하고 그 크기는 $3 \times 10^{-6}$ T(tesla)이다. 지구자기장의 수평 성분 크기는 약 $2 \times 10^{-5}$ T이다. 나침반은 얼마나 편향될 것인가?

**해답** 나침반 바늘은 알짜 자기장의 방향으로 향하게 될 것이므로, 그림 17.7로부터

$$\theta = \tan^{-1}\left(\frac{B_{\text{wire}}}{B_{\text{Earth}}}\right) = \tan^{-1}\left(\frac{3 \times 10^{-6}\,\text{T}}{2 \times 10^{-5}\,\text{T}}\right) = 8.5^\circ \text{ 서쪽}$$

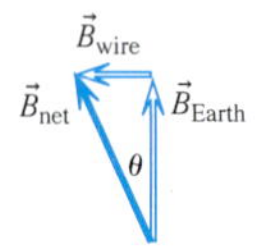


**그림 17.7** 나침반 바늘은 알짜 자기장의 방향을 향한다.

**점검 사항 2** 전류가 흐르는 도선이 남북 방향으로 있고 나침반이 도선 위에 있는데 15도 동쪽 방향을 향한다. 전류에 의해 만들어진 자기장의 크기와 방향은 무엇인가? 지구 자기장의 수평 방향의 크기는 대략 $2 \times 10^{-5}$ T이다.

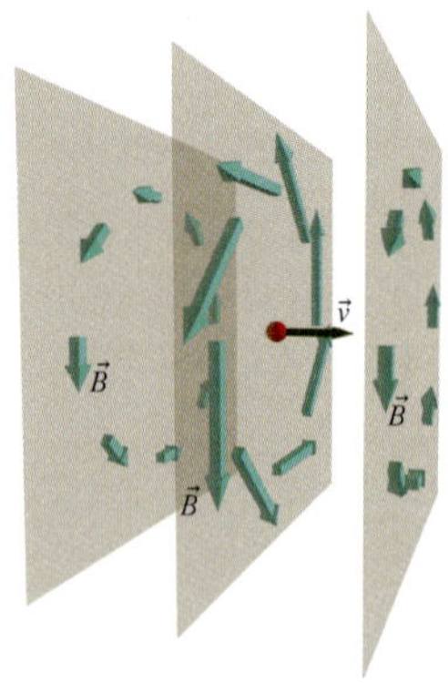


**그림 17.8** 움직이는 양전하에 의해 생기는 자기장. 속도 $\vec{v}$와 수직인 세 평면에서의 모습이 그림에 나타나 있다.

## 17.3 비오-사바르(Biot-Savart) 법칙: 단일 전하의 움직임

주의 깊은 실험을 통하여 한 개의 정지한 점전하는 쿨롱 법칙이라고 부르는 아래 공식처럼 표현되는 전기장을 생성한다는 것이 밝혀졌다.

$$\vec{E} = \frac{1}{4\pi\varepsilon_0}\frac{q}{r^2}\hat{r}$$

이와 유사하게, 주의 깊은 실험을 통하여 한 개의 움직이는 전하는 전기장뿐 아니라 자기장도 생성하고(그림 17.8), 그것이 움직이는 전하 주위를 휘감고 있다는 것이 밝혀졌다. 이렇게 휘감는 형태는 자기장의 특성이다(이와 대조적으로 제16장에서는 정지한 점전하들의 분포로는 휘감는 형태의 전기장은 생길 수 없다는 것을 보았다.). 자기장은 테슬라(tesla) 단위로 나타내며, 그 크기와 방향은 비오-사바르 법칙으로 주어진다.

**단일 전하에 대한 비오-사바르 법칙**

$$\vec{B} = \frac{\mu_0}{4\pi}\frac{q\vec{v} \times \hat{r}}{r^2}$$

여기서

$$\frac{\mu_0}{4\pi} = 1 \times 10^{-7}\,\frac{\text{T}\cdot\text{m}^2}{\text{C}\cdot\text{m/s}}$$

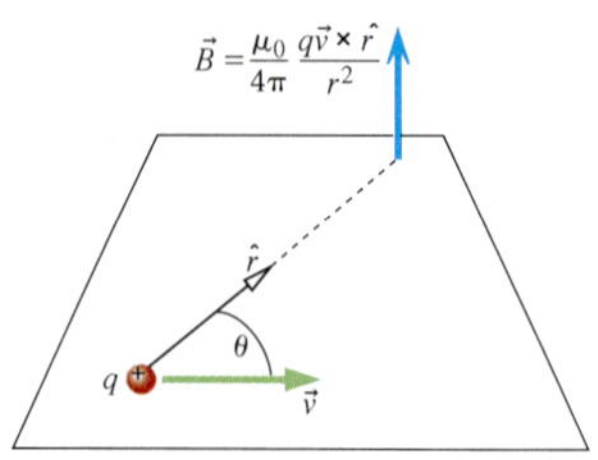


**그림 17.9** 비오-사바르 법칙은 외적 $\vec{v} \times \hat{r}$을 포함한다.

$\vec{v}$는 점전하 $q$의 속도이고, $\hat{r}$은 원천 전하로부터 관찰점으로 향하는 방향의 단위 벡터를 나타낸다. 비오-사바르 법칙은 외적 $\vec{v} \times \hat{r}$(그림 17.9)을 포함한다. 여기서 우리는 각운동량을 다룬 제11장에서 언급한 외적에 대한 논의를 요약할 것이다.

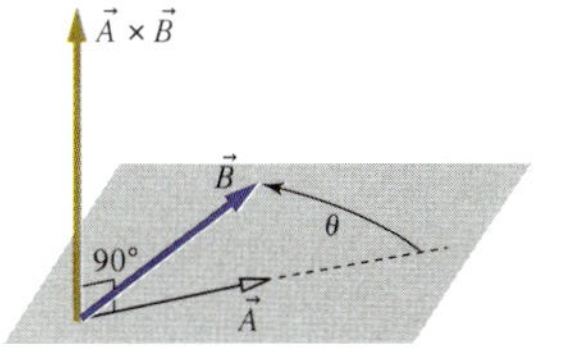


**그림 17.10** 두 벡터를 외적하면 그 두 벡터와 수직인 벡터가 된다.

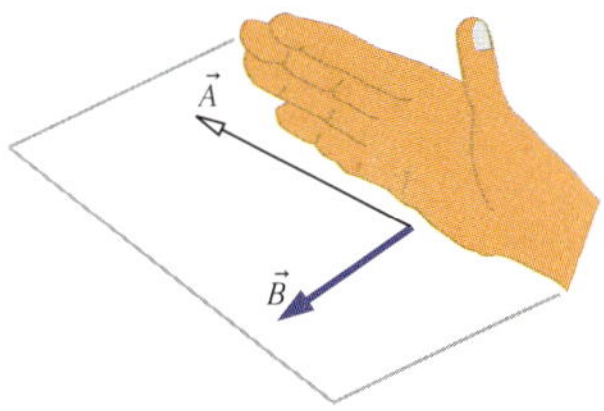


**그림 17.11** $\vec{A}$와 $\vec{B}$의 꼬리가 같이 있는 평면에서 손가락들을 $\vec{A}$방향으로 향하게 한다.

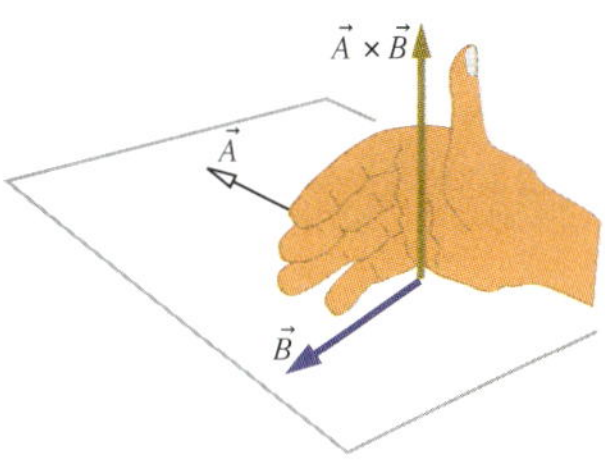


**그림 17.12** 손가락들을 $\vec{B}$ 쪽으로 감는다. 이때 엄지 손가락이 $\vec{A} \times \vec{B}$의 방향을 가리킨다.

벡터에 대한 수학에서 외적이란 두 벡터가 결합하여 처음 벡터들이 만드는 평면과 수직 방향의 제3의 벡터를 만들어내는 연산을 의미한다(그림 17.10). 두 벡터 $\vec{A}$와 $\vec{B}$의 외적은 $\vec{A} \times \vec{B}$로 표현한다. 그 크기는

$$|\vec{A} \times \vec{B}| = |\vec{A}||\vec{B}|\sin\theta$$

여기서 $\theta$는 두 벡터를 꼬리와 꼬리를 맞대었을 때 이루는 각이다. $\theta$는 항상 180도보다 같거나 작다. $\vec{A} \times \vec{B}$의 방향은 오른손 규칙에 따라 정해진다:

- 벡터 $\vec{A}$와 $\vec{B}$를 각각의 꼬리가 같은 지점에 있도록 그린다.
- 오른손 손가락들을 $\vec{A}$방향으로 향하게 하고(그림 17.11), 각 $\theta$방향으로 $\vec{B}$쪽으로 감는다(그림 17.12). 이렇게 하기 위해서 손을 뒤집어야 할 수도 있다.
- 엄지손가락을 치켜 세운다. 이때 엄지손가락이 외적의 방향을 가리킨다.

그림 17.12에서, 네 손가락을 반시계 방향으로 감을 때 $\vec{A} \times \vec{B}$는 지면으로부터 나오는 방향을 가리킨다. 반면에 $\vec{B} \times \vec{A}$의 방향을 찾기 위해서는 그림 17.12에서 손을 뒤집어 $\vec{B}$에서 $\vec{A}$방향으로 시계 방향으로 감아야 하며 그때 엄지손가락은 지면 속으로 들어가는 방향을 가리킨다. 요약하면, 외적은 반시계 방향으로 감으면 지면 바깥 방향을 가리키고, 시계 방향으로 감으면 지면 안쪽 방향을 가리킨다.

외적의 크기와 방향을 정하는 다른 방법은 아래와 같이 대수학적 표현 방식을 이용하는 것이다:

**외적 $\vec{A} \times \vec{B}$**

$$\vec{A} \times \vec{B} = \langle A_yB_z - A_zB_y, A_zB_x - A_xB_z, A_xB_y - A_yB_x \rangle$$
$$|\vec{A} \times \vec{B}| = |\vec{A}||\vec{B}|\sin\theta$$

벡터의 방향은 오른손 규칙에 의해 주어진다.

예를 들어,

$$\langle 2,3,4 \rangle \times \langle 5,6,7 \rangle = \langle 3\cdot 7 - 4\cdot 6, 4\cdot 5 - 2\cdot 7, 2\cdot 6 - 3\cdot 5 \rangle$$
$$= \langle -3,6,-3 \rangle$$

외적을 계산하는 이와 같은 접근은 컴퓨터 계산에서 특히 유용하다. 아래 첨자들의 순환 규칙 성질에 주목하여라: *xyz*, *yzx*, *zxy*

행렬식을 배웠다면 $\vec{A} \times \vec{B}$의 성분들은 $\vec{A}$와 $\vec{B}$가 각각 2열과 3열이고 1열은 $\hat{\imath} = \langle 1, 0, 0 \rangle$, $\hat{\jmath} = \langle 0, 1, 0 \rangle$ , $\hat{k} = \langle 0, 0, 1 \rangle$인 $3 \times 3$ 행렬식의 "소행렬식(minor)"으로 생각할 수 있다.

## 2차원 투영

3차원에서의 상황을 묘사하는 것은 더욱 어렵기 때문에 가능한대로 평면 위에 2차원 투영하는 것이 좋다. 만일 $\vec{A}$와 $\vec{B}$가 *xy*평면 위에 있다면, 외적 벡터 $\vec{A} \times \vec{B}$는 $+z$방향(지면 바깥 방향, ⊙) 또는 $-z$방향(지면 안쪽 방향, ⊗)을 가리킨다. ⊙ 기호는 화살표의 화살촉이 관찰자를 향하여 다가오는 (외적 벡터가 관찰자를 향하는) 방향으로 가정하고, ⊗ 기호는 화살표의 깃털이 관찰자로부터 멀어지는 (외적 벡터가 관찰자로부터 멀어지는) 방향으로 가정한다.

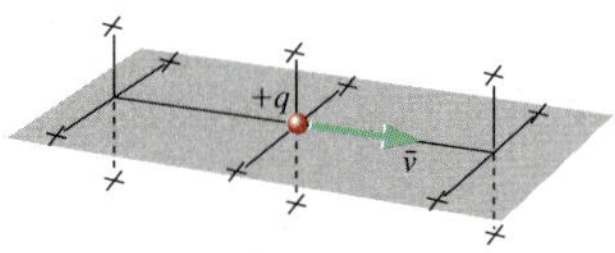


그림 17.13

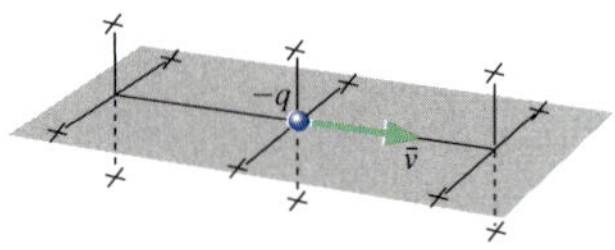


그림 17.14

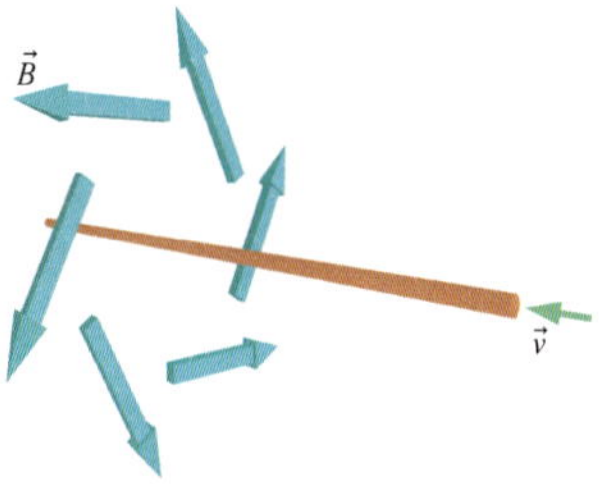


**그림 17.15** 도선 안에서 움직이는 전하들에 의해 생기는 자기장은 도선 주위를 휘감아 돈다. 여기서 움직이는 전하는 음으로 대전되었다고 가정한다.

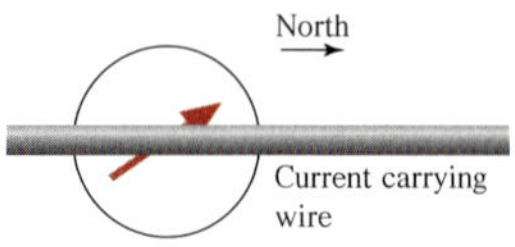


**그림 17.16** 만일 도선 안에서 움직이는 입자들이 전자라면, 이 전자들은 어느 방향으로 이동하고 있나? 만일 그 입자들이 양으로 대전되었다면, 이 입자들은 어느 방향으로 이동해야 하는가?

계속 공부하기 전에 아래 점검 사항을 풀어서 오른손 규칙을 이용하여 $\vec{B}$의 방향을 결정하는 방법을 확실하게 이해하도록 하자.

**점검 사항 3** 그림 17.13에서 ×로 표시된 위치에서 속도 $\vec{v}$로 움직이는 양전하 $+q$에 의해 생기는 자기장의 방향을 결정하라. (a) 각각의 관찰 위치에서 전하로부터 그 위치로 향하는 단위 벡터 $\hat{r}$을 그리고, 외적 $\vec{v} \times \hat{r}$을 찾아라. 자기장의 방향뿐 아니라 벡터들의 상대적인 크기에 대해서도 주의하라. (b) 만일 전하의 부호가 그림 17.14와 같이 음($-q$)이라면, 자기장의 형태는 어떻게 변할 것인가?

### 움직이는 전하의 부호

전류가 흐르는 도선에서 움직이는 대전 입자가 음으로 대전되었고 그림 17.15에서 나타난 방향으로 움직인다고 가정해 보자.

**질문** 비오-사바르 법칙과 오른손 규칙을 적용하여 도선 주위의 몇 개 지점에서의 자기장 방향을 예측하여라(그림 17.15).

$q\vec{v} \times \hat{r}$은 도선 근처에서 자기장의 방향과 형태를 정확히 나타낸다는 점을 재확인하고, 전하 $q$가 음의 부호라는 점을 고려하여라. 이러한 휘감기 형태로부터 편향된 나침반 바늘의 방향은 도선이 위쪽에 있는지 아래쪽에 있는지에 따라 달라질 것이라는 것을 알 수 있다.

**질문** 움직이는 전하가 그림과는 반대로 양으로 대전되었다고 가정하고 위의 질문을 다시 풀어라. 이때도 여전히 그림 17.15에서 나타난 것과 같은 휘감기 형태의 자기장을 예측할 수 있는가?

자기장의 방향을 예측하는 데 있어서 음으로 대전된 전하가 그림에서 주어진 방향으로 움직인다고 가정하든 양으로 대전된 전하가 그림과 반대 방향으로 움직인다고 가정하든 아무 상관 없다는 결론을 얻을 수 있을 것이다. 대개 전류의 흐름을 묘사할 때는 움직이는 전하가 양으로 대전되었다고 가정하는(비록 특정 상황에서는 그렇지 않다 할지라도) "전도 전류(conventional current)"로 나타내는 것이 일반적이다.

**점검 사항 4** 그림 17.16에서 전류가 흐르는 도선이 나침반 위에 놓여 있다. 나침반 바늘이 북쪽으로부터 멀어지는 방향으로 편향되었다고 판단할 때, 도선에 흐르는 전류 방향은 어디인가? 전류가 양전하의 움직임 때문이라면, 양전하는 어느 방향으로 움직이는가?

## 17.4 상대론적인 효과들

자기장은 관찰자의 기준 좌표계에 의존한다. 전기장은 그것이 정지해있든 움직이든 간에 전하에 의해 만들어진다. 자기장은 순전히 움직이는 전하에 의해서만 만들어지는 것처럼 보인다. 하지만 다음과 같은 엉뚱한 "사고 실험"을 고려해 보자.

철수가 대전된 투명 테이프 조각을 책상 모서리에 붙여놓은 채로 교실에 앉아있다고 가정하자. 철수는 당연히 대전된 테이프로 인한 전기장을 관찰할 수 있지만 어떠한 자기장도 관찰하지 못할 것이다. 대전된 테이프에 있는 전하들은 움직이지 않으므로 그의 나침반은 대전된 테이프로 인해 아무런 영향을 받지 않을 것이다:

$$v = 0\text{이므로}, \vec{B} = \frac{\mu_0}{4\pi}\frac{q\vec{v}\times\hat{r}}{r^2} = \vec{0}$$

영희는 매우 민감한 나침반을 지닌 채로 빠른 속도로 교실을 통과하여 대전된 테이프를 지나간다. 영희는 대전된 테이프로 인한 전기장을 관찰한다. 그런데 이와 더불어, 그녀의 기준 좌표계에서는 대전된 테이프가 움직이고 있으므로 움직이는 전하에 의해 자기장이 발생하여 나침반에 영향을 주는 것을 관찰하게 된다! 철수에게 있어서 대전된 테이프는 단지 전기장만 만들뿐이었으나, 영희에게는 분명히 움직이는 전하가 있었기에 전기장과 자기장을 함께 관찰할 수 있게 된다.

지금까지 우리는 전기장과 자기장을 근본적으로 다른 것으로 간주해 왔다. 그러나 이번 "사고 실험"은 이 둘이 서로 밀접히 연관되어 있다는 것을 보여준다. 한 발 더 나아가, 이러한 연관성은 비오-사바르 법칙에 대한 의문을 제기한다.

$$\vec{B} = \frac{\mu_0}{4\pi}\frac{q\vec{v}\times\hat{r}}{r^2}$$

이 식에서 $\vec{v}$는 어떤 속도를 적용해야 할까? 철수에 대한 테이프의 속도(크기는 0)일까 아니면 영희에 대한 테이프의 속도(영희 속도의 반대)일까?

정답은 관찰자가 자신의 기준계에서 관찰하는 전하의 속도를 적용하는 것이다. 비오-사바르 법칙에 이러한 속도를 적용할 때 자기장을 계산할 수 있다; 즉, 관찰자의 기준계에서 관찰자는 계산했던 대로 자기장을 관찰하게 된다. 다른 기준계의 관찰자는 자기장을 계산하기 위해 그 기준계에서의 속도를 비오-사바르 법칙에 적용하고, 식에서 예측했던 대로 자기장을 관찰하게 된다. 한 관찰자와 다른 관찰자는 서로 다른 자기장을 예측하고 관찰하게 되지만, 둘 다 이론 계산과 실제 관찰이 일치하는 결과를 얻는다. 철수는 대전된 테이프가 움직이지 않았기 때문에 나침반 바늘이 편향되지 않을 것이라고 예측하고 실제로 그렇게 관찰한다. 영희는 대전된 테이프가 움직였기 때문에 나침반 바늘이 편향될 것이라고 예측하고 실제로 나침반 바늘이 편향되는 현상을 관찰한다(실제로는, 테이프에는 대전될 수 있는 전하량이 많지 않기 때문에 영희가 그러한 편향을 관찰하기 위해서는 매우 빠른 속도로 움직여야만 한다).

분명히 전기장과 자기장은 서로 깊이 관련되어 있는데, 이러한 연관성은 아인슈타인의 특수상대성이론을 통해 명확히 밝혀진다. 이어지는 절에서 이러한 연관성에 대해 더 깊이 알아보자.

### 지연(retardation)

전하를 움직일 때 그 전하에 의해 생기는 전기장은 전하로부터 떨어진 어떤 지점에서 즉각적으로 변하지 않는다는 점을 기억하라. 전기장은 관찰 위치까지 빛이 도달할 수 있는 충분한 시간이 흐르기 전까지는 변하지 않고, 관찰자는 전하가 움직이는 것을 보는 동일한 순간 전기장의 변화를 측정하게 된다.

동일한 지연 현상이 자기장에서도 관찰된다. 만일 도선에 흐르는 전류가 갑자기 변한다면, 자기장 원천으로부터 얼마만큼 떨어진 어떤 지점에서 자기장은 빛이 관찰 지점에 도달할 만큼 충분한 시간이 흐르기 전까지는 변하지 않는다. 이와 같이 자기장은 그것의 원천인 전하의 움직임과는 독립적인 실체이다.

비오-사바르 법칙은 시간에 대한 어떠한 기준계도 포함하고 있지 않으므로, 상대론적으로는 옳지 않다. 쿨롱 법칙과 마찬가지로 비오-사바르 법칙은 단지 근사적으로만 옳고 움직이는 전하의 속력이 빛의 속력에 비해 작을 때만 정확한 결과를 보장한다.

## 17.5 전자 전류와 전도 전류

움직이는 대전 입자에 의한 자기장을 관찰하는 쉬운 방법 중 하나는 전류, 즉 대전된 입자들의 한 방향으로의 연속적 흐름을 만들고 그 흐름을 유지하는 것이다. 이러기 위해서, 우리는 금속 내에서 전기장이 0이 되면 그 금속은 평형 상태에 있을 것이고 전류가 흐르지 않는다는 것을 알고 있으므로, 도선 내에서 전기장을 만들고 유지하는 방법을 찾아야 한다. 전하를 어떻게 정확하게 배열해야 도선 내 어느 곳에서든 그러한 전기장을 만들 수 있는지가 제18장의 주제이다. 여기서는 어떻든 간에 건전지, 도선, 전구 등을 조합하여 회로를 구성해서 이를 성취했다고 가정하자.

이 전류에 의해 생기는 자기장의 세기와 방향을 예측하는 데 비오-사바르 법칙을 적용하기 위하여, 움직이는 전하의 개수와 이동 속도를 알아야 한다.

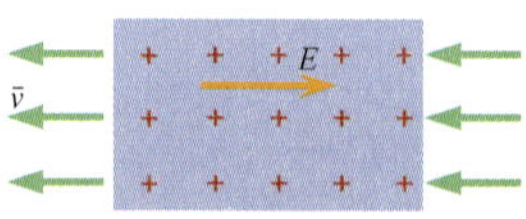


**그림 17.17** 유동 전자 바다가 왼쪽으로 $\bar{v}$의 속력으로 흘러간다.

### 전자 전류를 위한 공식

그림 17.17과 같이, 크기가 0이 아닌 전기장의 영향을 받아서 유동 전자 바다가 연속적으로 움직이는 금속 도선의 한 단면을 생각해 보자. 도선 내부 어디에도 초과 전하는 있을 수 없다. 각각의 유동 전자는 양으로 대전된 원자 중심부—원자에서 전자 하나를 뺀 것—에 대응된다. 원자 지름 수준에서 평균해 보면 금속 내부는 중성이고, 유동 전자들끼리의 척력은 양으로 대전된 원자 중심부에 의한 인력에 의해 상쇄된다.

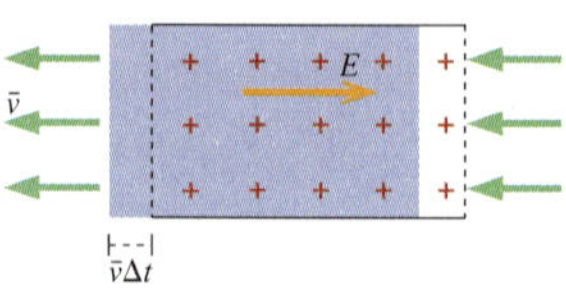


**그림 17.18** 시간 $\Delta t$ 동안 전자 바다는 $\bar{v}\Delta t$ 만큼 흘러간다.

금속 도선 안에서 유동 전자 바다 전체가 평균 "유동 속도" $\bar{v}$를 갖는다고 해 보자. 흐름이 도선 전체 단면을 가로질러 고르게 분포한다고 가정하자(다음 장에서 이것이 사실이라는 것을 보일 것이다). 짧은 시간 $\Delta t$ 후에 전자 바다의 단면 영역은 그림 17.18에서와 같이 왼쪽으로 $\bar{v}\Delta t$거리만큼 흘러갈 것이다. 만약 이 도선의 단면적이 $A$라면, 시간 $\Delta t$ 동안 도선의 왼쪽으로 밀려간 (그리고 도선의 인접한 다른 부분으로 흘러들어간) 원반 부분의 부피는 $A\bar{v}\Delta t$가 될 것이다(그림 17.19).

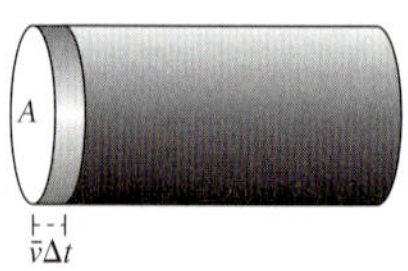


**그림 17.19** 시간 $\Delta t$ 동안 도선의 한 지점에서 흘러들어간 전자 바다의 부피는 $A\bar{v}\Delta t$이다.

**질문** 유동 전자들의 밀도(즉, 단위 부피당 유동 전자들의 개수)가 금속 어디에서나 $n$이라면, 이 원반 안에 몇 개의 전자가 들어있을까?

$$n \times \text{volume} = n(A\bar{v}\Delta t) = nA\bar{v}\Delta t$$

이 원반 안에 들어있는 전자들의 개수는 시간 $\Delta t$동안 이 영역을 흘러나가버린 전자들의 개수이다.

**질문** 유동 전자가 도선 조각의 왼쪽 끝을 통과하여 흘러나가는 비율은 얼마인가?

어떤 비율로 유동 전자가 흘러나가는지를 구하기 위해서 시간 $\Delta t$를 나눠주면 된다.

$$\frac{nA\bar{v}\Delta t}{\Delta t} = nA\bar{v}$$

도선의 어떤 영역을 흘러나가는 비율이 $nA\bar{v}$라는 결과는 암기해야 할 만큼 중요하다(물론 이 결과를 얻기 위한 간단한 증명 과정을 되풀이할 수 있는 것이 더 좋긴 하지만).

### 전자 전류

전자가 도선의 어떤 단면을 흘러나가는 비율 $i$는 다음과 같다.

$$i = nA\bar{v}$$

여기서 $n$은 유동 전자의 밀도(단위 부피당 유동 전자의 개수)이고, $A$는 도선의 단면, $\bar{v}$는 전자들의 평균 유동 속도이다. SI 단위계에서 $i$의 단위는 초당 전자 개수이다.

회로에서 전자는 전지의 음극(－로 표시된 쪽)에서 출발하여 도선을 통과하여 전자의 양극으로 흘러들어간다. 실험3을 참고하라.

**예** **전자의 유동 속도**

전자가 구리 도선을 $i = 3.4 \times 10^{18}$전자 개수/초의 비율로 흐른다고 하자(이는 단순 회로에서 전형적인 값이다). 도선의 지름은 1 mm, 구리 도선 내에 유동 전자들의 밀도는 $8.4 \times 10^{28}\,\text{m}^{-3}$이다.

(a) 전자들의 유동 속도는 얼마인가?

(b) 이 속도로 전자 하나가 30 cm 길이의 도선 양끝을 이동하려면 대략 몇 분이 걸릴까?

**해답** (a)

$$A = \pi\left(\frac{1\times 10^{-3}\,\text{m}}{2}\right)^2 = 8\times 10^{-7}\,\text{m}^2$$

$$\bar{v} = \frac{i}{nA} = \frac{3.4\times 10^{18}\ \text{s}^{-1}}{(8.4\times 10^{28}\text{m}^{-3})(8\times 10^{-7}\,\text{m}^2)} = 5.06\times 10^{-5}\,\text{m/s}$$

(b) $$t = \frac{0.3\,\text{m}}{5.06\times 10^{-5}\,\text{m/s}} = 5930\ \text{s} = 99\ \text{min}$$

이 결과는 혼란스럽다: 만약 유동 속도가 이렇게 느리다면, 어떻게 스위치를 켜자마자 바로 전구에 불이 들어올 수 있을까? 이에 대해서 제18장에서 다시 생각해 보자.

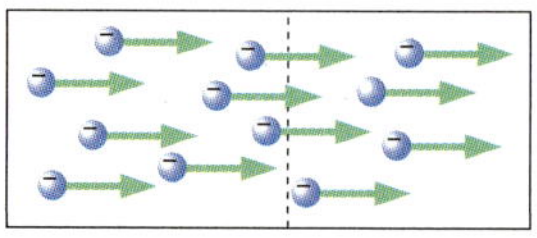

**그림 17.20** 오른쪽 방향의 전자 전류는 음전하를 왼쪽에서 오른쪽으로 이동시킨다.

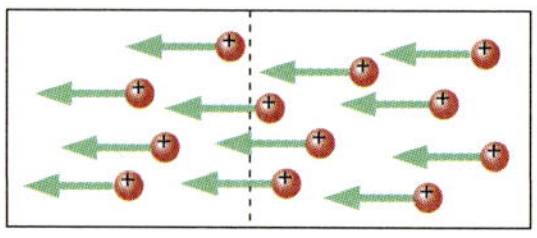

**그림 17.21** 왼쪽 방향의 전도 전류는 양전하를 오른쪽에서 왼쪽으로 이동시킬 것이고, 이는 앞의 그림처럼 음전하가 왼쪽에서 오른쪽으로 이동하는 것과 같은 효과를 준다.

## 전도 전류

대부분의 금속에서 전류는 유동 전자들로 이루어진다. 그러나 일부 금속에서는 움직이는 전하들이 마치 양으로 대전된 "구멍"이 유동 전자 바다에서 움직이는 것처럼 행동한다. 양공(양으로 대전된 구멍)은 모든 면에서 실제 양으로 대전된 입자와 같이 작용한다. 예를 들어, 양공은 전기장의 방향으로 흐르며 $+e$의 전하량을 갖는다.

전자 전류는 전지의 음극에서 나와 회로를 통해 전지의 양극으로 들어간다; 양공 전류는 그와 반대 방향으로 흐른다. 이 정보를 가지고 다음 질문에 답해 보자.

**질문** 구리 도선 주위의 자기장 방향을 관찰한 결과로부터 구리 안을 흐르는 전류가 전자 때문인지 양공 때문인지 구별할 수 있는가?

전류가 흐르는 도선 때문에 생긴 자기장을 관찰하는 것만으로는 그 차이를 구별할 수 없다. 왜냐하면 이동 전하의 부호가 바뀌면 유동 속도의 방향 역시 바뀌기 때문이다: $(+e)(+\bar{v}) \rightarrow (-e)(-\bar{v})$(그림 17.20과 17.21). 그러므로 비오-사바르 법칙이 지시하는 방향은 각각의 경우 동일하다.

대부분의 금속과 마찬가지로 구리에서도 전류는 유동 전자들 때문에 생긴다. 양공 전류가 생기는 금속에는 알루미늄과 아연이 있다. 전자공학에서 중요하게 다루는 소재인 도핑된 반도체에서 p형(positive) 물체는 양공 전류를 포함하고, n형(negative) 물체는 전자 전류를 포함한다. 우리는 제20장에서 홀(Hall) 효과를 배우게 되는데, 이를 통해 도선에 전류가 전자 때문인지 양공 때문이지 결정할 수 있게 된다.

대부분의 효과에서(홀 효과를 제외한) 전자 전류나 양공 전류가 같기 때문에, 설사 실제 흐르는 것은 전자라서 전도 전류가 흐르는 방향과 전자가 흐르는 방향이 반대라 할지라도(그림 17.21), 전통적으로 "전도 전류"의 방향을 양공 전류의 방향으로 정의한다(궁극적으로 이와 같은 부호의 결정은 벤저민 프랭클린이 오늘날 우리가 알기로 양성자에 의해 대전된 것을 '양(positive)'으로 대전되었다고 임의로 결정한 그 선택으로 거슬러 올라간다).

추가로, 전도 전류 $I$는 단위 시간당 어느 지점을 통과하는 양공의 개수로 정의하지 않고 단위 시간당 통과하는 전하의 양(쿨롬 단위로)으로 정의한다. 이는 단위 시간당 양공의 개수와 양공 하나에 해당하는 (양의) 전하량 $|q|$를 곱한 값이다:

**전도 전류**

$$I = |q|nA\bar{v} \text{ (쿨롬/초, 또는 암페어)}$$

1 C/s = 1 암페어 (기호는 A). 전도 전류의 방향은 전자 전류의 방향과 반대이다. 움직이는 대전 입자는 양으로 대전되었다고 가정한다.

전지는 양극에서 전도 전류를 흘려보낸다고 가정한다.

**예** **전자 전류와 전도 전류**

앞의 예에서 $i = 3.4 \times 10^{18}$전자 개수/초의 전자 전류가 구리 도선을 흘렀다. 이 도선에 흐르는 전도 전류의 크기는 얼마인가?

**해답**

$$I = |q|i = (1.6 \times 10^{-19}\,\mathrm{C})(3.4 \times 10^{18}\,\mathrm{s}^{-1}) = 0.544\,\mathrm{A}$$

### 전기장과 전류

0이 아닌 전기장은 도체 내에 전류를 유지하게 한다. 우리는 제14장에서 $u$가 전자 이동도(electron mobility)이고 $E$가 금속 내의 전기장(평형 상태가 아닌)일 때 금속 내에서의 평균 유동 속도가 $\bar{v} = uE$라는 것을 보았다. 그러므로 도선 내의 전도 전류는 아래와 같다.

$$I = |q|nA\bar{v} = |q|nA(uE)$$

만일 전기장의 크기를 안다면, 도선에 흐르는 전류가 얼마일지 예측할 수 있다. 우리는 제18장에서 금속 안에서 0이 아닌 전기장을 유지할 수 있는지에 대해서 보게 될 것이다.

**점검 사항 5** 구리 내에서 전자 이동도가 $4.5 \times 10^{-3}$ (m/s)/(N/C)이고, 유동 전자들의 밀도는 $8.4 \times 10^{-28}\ \mathrm{m}^{-3}$이다. 지름이 1 mm인 구리 도선에 크기가 0.05 N/C인 전기장이 걸려 있다. 이 도선에 흐르는 전도 전류는 얼마인가? (작은 전기장으로도 좋은 도체인 구리에서는 적당한 크기의 전류를 유도한다는 점을 고려하라.)

## 17.6 전류에 대한 비오-사바르 법칙

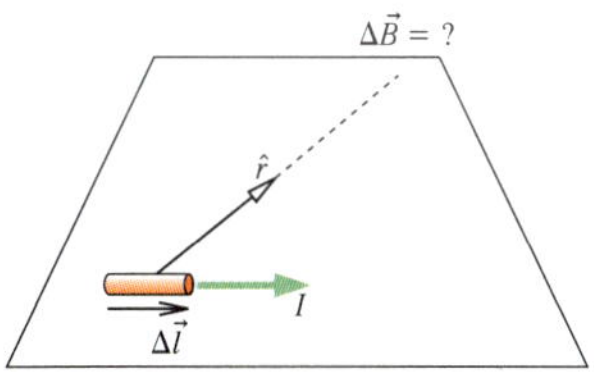


**그림 17.22** 전류가 흐르는 도선의 짧고 얇은 거리 $\Delta l$에서 만들어지는 자기장

우리가 하나의 움직이는 전하에 의한 자기장을 관찰할 기회는 별로 없다. 대체로 우리는 어떤 회로에서 도선을 통해 많은 수의 전하들이 움직일 때 만드는 자기장에 관심을 가진다. 중첩의 원리는 자기장에도 적용되므로, 개개의 전하들이 자기장에 미치는 영향들을 더할 필요가 있다.

길이 $\Delta l$과 단면적 $A$를 가진 작고 얇은 도선 안에 있는 한 무더기의 양전하가 만드는 자기장을 계산해 보자(그림 17.22). 만일 단위 부피당 $n$개의 유동 전자가 있다면 이 작은 부피 $A\Delta l$에는 $nA\Delta l$개의 유동 전자가 있을 것이다. 우리는 각각의 유동 전하들이 근사적으로 같은 크기의 자기장을 만든다고 할 수 있을 정도로 이 작은 부피 영역으로부터 충분히 떨어진 어떤 한 지점에서 자기장을 측정할 것이다.

**질문** 이 작은 부피 영역으로 충분히 떨어진 어떤 지점에서 그 부피 안에 있는 모든 유동 전하들로 인해 생기는 알짜 자기장이 다음과 같음을 보여라.

$$\Delta\vec{B} = \frac{\mu_0}{4\pi}\frac{I\Delta\vec{l} \times \hat{r}}{r^2}$$

여기서 $\Delta\vec{l}$는 $\Delta l$(도선 조각의 길이)의 크기와 전도 전류 $I$의 방향을 갖는 벡터이다.

이 결과는 부피 $A\Delta l$ 안에 $nA\Delta l$개의 유동 전자가 들어 있고 그러므로 전체 자기장은 전하 하나가 만드는 자기장을 $nA\Delta l$배 한 것만큼이라는 점으로부터 얻을 수

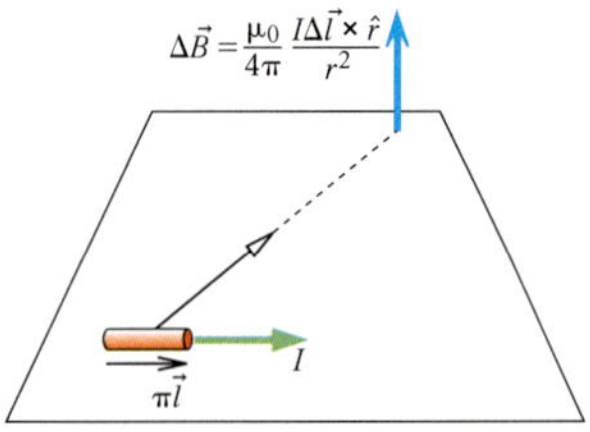


**그림 17.23** 전류 $I$가 흐르는 짧고 얇은 도선 조각에 의해 생기는 자기장을 구하는 비오-사바르 법칙. 이 전류 조각에 의한 자기장의 방향은 $\Delta\vec{l}$와 $\hat{r}$으로 정의되는 평면에 수직이다.

있다. 유동 전하 하나의 전하량은 $q$이고, 전도 전류는 $I = |q|(nA\bar{v})$이다. 각 항들을 모아보면 앞에서와 같은 결과를 얻을 수 있다.

우리는 전류가 흐르는 짧고 얇은 도선에 의해 생기는 자기장을 구하는 비오-사바르 법칙의 다른 형태를 얻었다(그림 17.23).

**짧고 얇은 도선에 대한 비오-사바르 법칙**

$$\Delta\vec{B} = \frac{\mu_0}{4\pi}\frac{I\Delta\vec{l}\times\hat{r}}{r^2}$$

여기서 $\frac{\mu_0}{4\pi} = 1\times10^{-7}\frac{\mathrm{T\cdot m^2}}{\mathrm{C\cdot m/s}}$

$\Delta\vec{l}$는 전도 전류 $I$의 방향, 도선 조각의 길이 $\Delta l$의 크기를 갖는 벡터이다. $\hat{r}$은 도선 조각으로부터 관찰점으로 향하는 방향의 단위 벡터이다.

**질문** $\Delta\vec{l}$를 전도 전류의 방향을 갖는 벡터로 정의하는 한, 유동 전하가 (음으로 대전된) 전자라 할지라도 이 공식이 여전히 성립하게 되는 이유를 설명하라.

전자가 비록 반대 전하를 띠고 있더라도 전도 전류와 반대 방향으로 움직이므로 이 법칙은 유동 전자에도 여전히 성립한다.

두 가지 형태가 아니라 단 한 가지 형태의 비오-사바르 법칙만이 존재한다는 것을 기억해 두는 것이 중요하다. 따라서 항상 다음을 기억하라.

$$\Delta\vec{B} = \frac{\mu_0}{4\pi}\frac{I\Delta\vec{l}\times\hat{r}}{r^2}$$

이 공식은 짧은 도선 조각의 여러 개의 유동 전하들에 의한 효과를 중첩한 결과이며, 각각의 유동 전하가 만드는 자기장은 아래와 같다.

$$\vec{B} = \frac{\mu_0}{4\pi}\frac{q\vec{v}\times\hat{r}}{r^2}$$

여기서 핵심은 짧은 도선 조각 안에 $\bar{v}$의 속도로 움직이는 $nA\Delta l$개의 유동 전자가 들어있다는 점이고, 따라서 모든 $q\bar{v}$의 합은 $(nA\,\Delta l)|q|\bar{v} = (|q|nA\bar{v})\Delta l = I\Delta l$이 된다는 것이다.

## 17.7 전류 분포에 따른 자기장

이 절에서는 비오-사바르 법칙을 적용하여 도선에 흐르는 전류의 다양한 분포에 따른 자기장을 구해볼 것이다. 이를 위해 제15장에서 전하 분포에 따른 전기장을 구할 때 사용한 다음 4단계를 똑같이 적용할 것이다:

1. 전류 분포를 조각으로 나눈다; 각각의 조각에 의한 $\Delta\vec{B}$를 그린다.
2. 한 조각에 의해 생기는 자기장을 식으로 표현한다.
3. 모든 조각들의 효과를 합산한다.
4. 결과를 점검한다.

### 비오-사바르 법칙 적용하기: 긴 직선 도선

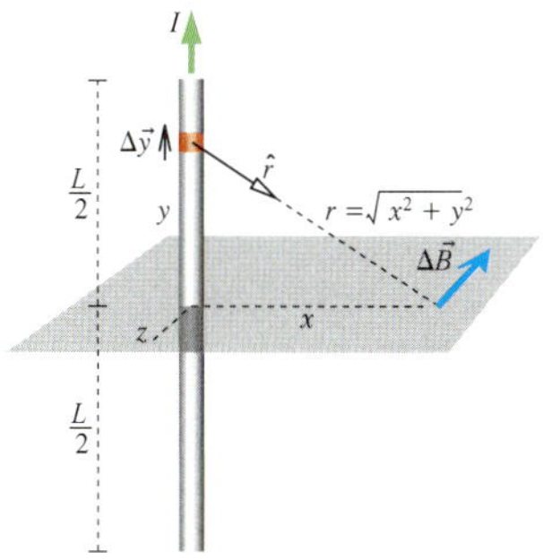


**그림 17.24** 도선을 작은 조각으로 잘게 자르고, 그 조각들 중 하나에 의한 의한 자기장을 그려라.

앞에서 기술한 절차를 적용하여 긴 직선 도선 근처의 자기장을 계산할 수 있다. 이 결과는 도선 근처에서 나침반의 바늘이 어떻게 휘어질지 예측할 수 있게 하여, 실제로 그런지 관찰 결과와 예측을 확인할 수 있다.

긴 직선 도선은 우리가 직접 계산할 수 있는 몇 안 되는 경주 중 하나이다. 몇 가지 특별한 경우를 제외하고, 전류 분포에 따른 자기장을 계산하는 것은 컴퓨터로 하는 것이 종종 더 낫다. 컴퓨터 프로그램에 적용할 기본 개념은 우리가 여기서 적용하는 것과 동일하며, 컴퓨터는 아래 과정 중 효과 합산하기에서 필요한 지루한 계산을 수행할 뿐이다.

### 단계1. 전류 분포를 조각으로 나누고 $\Delta\vec{B}$ 그리기

길이 $L$인 도선이 있다고 하자(그림 17.24). 이 도선을 전체 길이에 비해 작은 부분만 차지하는 매우 짧은 구간 $\Delta y$로 자른다. 우리는 도선의 중심에서 수직으로 $x$만큼 떨어진 지점의 자기장을 계산할 수 있다. 오른손 규칙을 사용하여 이 전류 "조각"에 의해 그 지점에서 생기는 자기장 $\Delta\vec{B}$의 방향을 구할 수 있다.

### 단계2. 한 조각에 의한 자기장 구하기

도선의 중심을 원점으로 설정하면 아래와 같이 쓸 수 있다.

$$\vec{r} = \langle x,0,0\rangle - \langle 0,y,0\rangle = \langle x,-y,0\rangle$$
$$|\vec{r}| = [x^2+(-y)^2]^{1/2} = [x^2+y^2]^{1/2}$$
$$\hat{r} = \frac{\vec{r}}{r} = \frac{\langle x,-y,0\rangle}{[x^2+y^2]^{1/2}}$$

조각의 위치는 $y$로 결정되므로 적분 변수가 될 수 있다. $\Delta\vec{l}$를 $y$의 함수로 표현하면:

$$\Delta\vec{l} = \Delta y\langle 0,1,0\rangle$$
$$\Delta\vec{B} = \frac{\mu_0}{4\pi}\frac{I\Delta\vec{l}\times\hat{r}}{(x^2+y^2)} = \frac{\mu_0}{4\pi}\frac{I\Delta y\langle 0,1,0\rangle}{(x^2+y^2)}\times\frac{\langle x,-y,0\rangle}{[x^2+y^2]^{1/2}}$$

벡터곱을 계산하면 다음과 같다:

$$\langle 0,1,0\rangle\times\langle x,-y,0\rangle = \langle 0,0,-x\rangle$$

따라서 $\Delta\vec{B}$의 최종 형태는

$$\Delta\vec{B} = -\frac{\mu_0}{4\pi}\frac{Ix\Delta y}{(x^2+y^2)^{3/2}}\langle 0,0,1\rangle$$

도선의 모든 지점들은 $-z$방향으로만 자기장을 생성하므로, 이제 우리는 $z$성분만 계산하면 된다.

### 단계3. 모든 조각들의 효과 합산하기

$\Delta y \to 0$이라고 놓으면 자기장의 합산을 다음과 같이 적분으로 표현하여 구할 수 있다.

$$B=\frac{\mu_0}{4\pi}Ix\int_{y=-L/2}^{y=+L/2}\frac{dy}{(x^2+y^2)^{3/2}}$$

다행히, 이 적분 계산은 표준적인 적분표에 나와 있다:

$$B=\frac{\mu_0}{4\pi}Ix\left[\frac{y}{x^2\sqrt{x^2+y^2}}\right]_{y=-L/2}^{y=+L/2}$$

$$B=\frac{\mu_0}{4\pi}Ix\left[\frac{L/2}{x^2\sqrt{x^2+(L/2)^2}}-\frac{-L/2}{x^2\sqrt{x^2+(L/2)^2}}\right]$$

$$B=\frac{\mu_0}{4\pi}\frac{LI}{x\sqrt{x^2+(L/2)^2}}$$

$x$보다 매우 긴 직선 도선인 경우 (즉, $L \gg x$) 또는 도선에서 매우 가까운 곳에서의 자기장을 구할 경우 (즉, $x \ll L$)는 모두 매우 중요하다.

**질문** 다음 관계식을 증명하라.

$$L \gg x\text{라면,}\quad B\approx\frac{\mu_0}{4\pi}\frac{2I}{x}$$

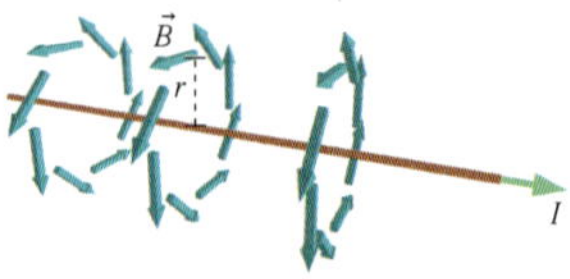


**그림 17.25** 도선으로부터 반지름 $r$만큼 떨어진 지점에서 전류가 흐르는 직선 도선에 의해 생기는 자기장

만일 $L \gg x$라면, $\sqrt{x^2+(L/2)^2}\approx L/2$라고 할 수 있다. 따라서 위의 식이 성립한다.

요약하면, 그림 17.25는 도선 중심으로부터 $r$만큼 떨어진 곳의 자기장의 유형을 보여준다. 이 장의 대칭성으로 인해 막대 주변의 장은 어디나 똑같은 모양이기 때문에 우리가 어디를 $x$축으로 잡는지는 중요하지 않다. 이를 나타내기 위해서 $x$ 대신 막대로부터 지름 방향으로 떨어진 거리인 $r$을 대신 사용할 것이다.

일정한 거리 $r$에서 자기장의 크기는 같지만 그 방향은 장이 도선 주위를 감싸고 돌기 때문에 위치에 따라 다르다. 이를 벡터식으로 나타내기 위해서 벡터곱을 써서 표현해 왔으나, 오른손 규칙을 쓰면 더 간단히 나타낼 수 있다.

### 직선 도선에 의한 자기장

$$B_{\text{wire}}=\frac{\mu_0}{4\pi}\frac{LI}{r\sqrt{r^2+(L/2)^2}}$$

여기서 $L$은 도선의 길이, $I$는 전도 전류의 크기, $r$은 도선에서 수직으로 떨어진 거리다.

또한, 만일 $L \gg r$이면

$$L \gg r\text{라면,}\quad B_{\text{wire}}\approx\frac{\mu_0}{4\pi}\frac{2I}{r}$$

역사적으로 매우 긴 직선 도선에 의한 자기장에 대한 이 식은 프랑스 물리학자 비오(Biot)와 사바르(Savart)에 의해 얻어졌다. 이들의 이름은 보다 근본적인 원리인 비오-사바르 법칙에 들어가게 되었다. 실험4를 참고하라.

### 단계4. 결과 점검하기

방향: 그림 17.25에서 오른손 규칙이 제대로 적용되었는지 확인한다.

단위: $\left(\dfrac{\text{T}\cdot\text{m}}{\text{A}}\right)\dfrac{(\text{m}\cdot\text{A})}{\text{m}\cdot\text{m}}=\text{T}$

멀어질 때 ($r \gg L$일 때):

$$B_{\text{wire}} \approx \frac{\mu_0}{4\pi}\frac{LI}{r^2} = \frac{\mu_0}{4\pi}\frac{|I\Delta\vec{l}\times\hat{r}|}{r^2}$$

이는 길이 $\Delta l$의 작은 도선에 의한 자기장과 같다.

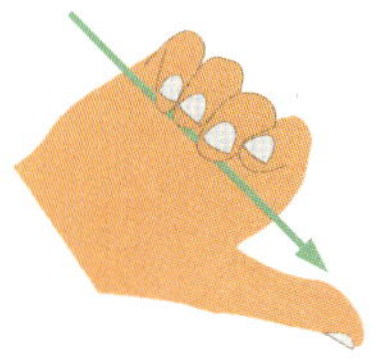

**그림 17.26** 오른손 엄지 손가락이 전도 전류 $I$의 방향을 가리키면, 나머지 네 손가락이 휘감는 방향이 자기장의 방향이다.

### 또 다른 오른손 규칙

전류가 흐르는 도선을 다룰 때 쓰면 편리한 또 다른 오른손 규칙이 있다. 그림 17.26에서 보듯이 도선을 오른손으로 감싸쥘 때 엄지손가락이 가리치는 방향이 전도 전류의 방향이라면, 나머지 네 손가락이 가리키는 방향은 자기장의 방향이다. 이 오른손 규칙은 비오-사바르 법칙에서 적용했던 오른손 규칙과 명백히 잘 부합한다.

## 17.8 원형 고리 도선

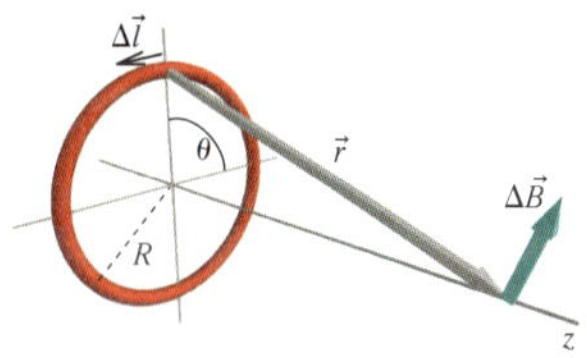


**그림 17.27** 원형 고리를 작은 조각으로 자르고, 그 한 조각에 의해 생기는 자기장을 그린다. 고리의 어느 곳에서나 $d\vec{l}\perp\hat{r}$ 임을 주목하라. 고리는, $x$는 오른쪽을, $y$는 위쪽을 가리키는 $xy$ 평면 상에 있다. $\Delta\vec{B}$는 $\Delta\vec{l}$와 $\hat{r}$에 의해 결정되는 평면에 수직이다.

이 절에서는 전도 전류 $I$가 흐르는 원형 고리 도선에 의한 전기장을 계산할 것이다. 가장 쉬운 경우인 고리의 축 위에 있는 임의의 지점에서의 자기장만 구할 것이다.

이 계산은 두 가지 면에서 중요하다. 첫째, 자기와 관련한 많은 과학적 및 기술적 응용들이 원형 고리 형태의 전류와 관련 있다. 둘째, 이 계산은 막대 자석 안의 원자 전류 고리에 대한 분석으로 이어진다. 자기장을 계산하고 난 후, 예상값과 실험 결과를 비교해 볼 것이다.

### 단계1. 전류 분포를 조각으로 나누고 $\Delta\vec{B}$ 그리기

그림 17.27을 보아라. 이 원형 고리를 길이 $\Delta l$(고리의 총 길이인 $2\pi R$에 대해 작은 비율)을 갖는 매우 작은 조각으로 자른다 (그림 17.27; 옆면 그림은 그림 17.28). 오른손 규칙을 사용하여 $\Delta\vec{B}$의 방향을 결정한다. $\Delta\vec{l}$와 $\hat{r}$ 사이의 각은 고리의 어느 곳에서나 90도라는 점을 기억하라.

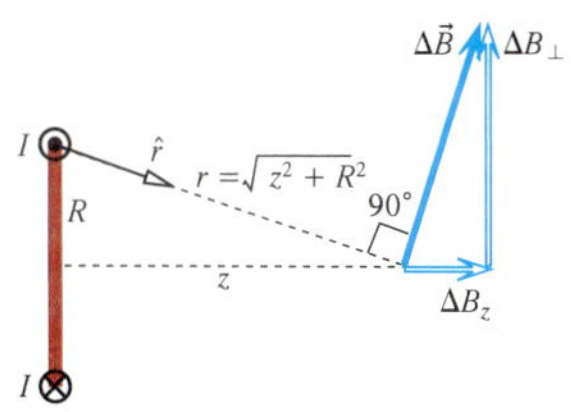


**그림 17.28** 전류가 흐르는 고리의 측면 모습. 다시 한 번 고리의 어느 곳에서나 $d\vec{l}\perp\hat{r}$임을 주목하라.

### 단계2. 한 조각에 의한 자기장 구하기

임의의 조각 $\Delta\vec{l}$에 대한 자기장 $\Delta\vec{B}$를 구하는 것은 계산이 복잡하다. 왜냐하면

$$\Delta\vec{l} = \langle R\cos(\theta+d\theta), R\sin(\theta+d\theta), 0\rangle - \langle R\cos\theta, R\sin\theta, 0\rangle\text{이고,}$$

$$\vec{r} = \langle 0,0,z\rangle - \langle R\cos\theta, R\sin\theta, 0\rangle$$

그러나 주어진 상황의 대칭성을 고려한다면 이 문제를 상당히 단순하게 만들 수 있다. 고리가 원형 대칭이기 때문에, 고리의 한 조각에 의한 자기장 성분 $\Delta B_x$와

$\Delta B_y$는 반대쪽에 위치한 조각의 효과에 의해 상쇄될 것이다.

더욱이, 고리의 어떤 한 조각에 의한 $\Delta B_z$는 항상 같다. 따라서 $\Delta B_z$를 구하기 쉬운 한 조각을 임의로 선택하고, 이를 모든 조각에 대해서 더하기만 하면 된다. 우리는 그림 17.27과 같이 $y$축 상에 있는 한 조각을 선택할 것이다. 고리의 중심을 원점으로 잡으면;

$$\vec{r} = \langle 0,0,z\rangle - \langle 0,R,0\rangle = \langle 0,-R,z\rangle$$
$$|\vec{r}| = [R^2+z^2]^{1/2}$$
$$\hat{r} = \frac{\vec{r}}{r} = \frac{\langle 0,-R,z\rangle}{[R^2+z^2]^{1/2}}$$

조각의 위치는 $\theta$에 의존하므로 적분 변수가 될 수 있다.

$$\Delta\vec{l} = \langle -R\,\Delta\theta,0,0\rangle$$
$$\Delta\vec{B} = \frac{\mu_0}{4\pi}\frac{I\Delta\vec{l}\times\hat{r}}{r^2} = \frac{\mu_0}{4\pi}I\frac{\langle -R\,\Delta\theta,0,0\rangle\times\langle 0,-R,z\rangle}{[R^2+z^2]^{3/2}}$$

벡터곱을 계산하면 다음과 같다:

$$\langle -R\,\Delta\theta,0,0\rangle\times\langle 0,-R,z\rangle = \langle 0,zR\,\Delta\theta,R^2\,\Delta\theta\rangle$$

다른 성분들은 합하여 상쇄되므로 우리는 오직 $z$성분만 필요하다:

$$\Delta B_z = \frac{\mu_0}{4\pi}\frac{IR^2\Delta\theta}{[R^2+z^2]^{3/2}}$$

그림 17.28에서 축에 나란한 성분 $\Delta B_z$와 축에 수직인 성분 $\Delta B_\perp$을 나타냈다.

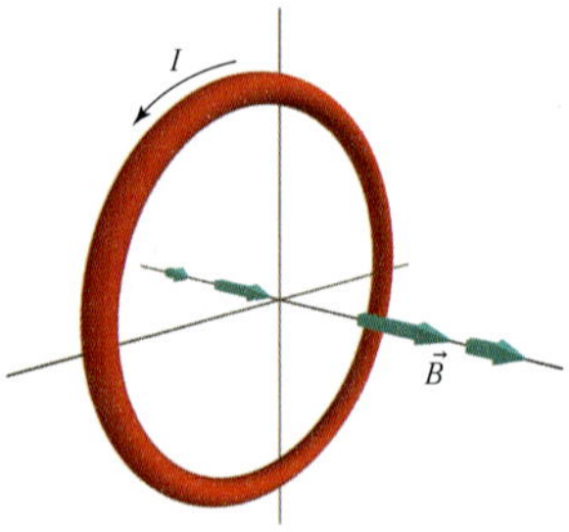

**그림 17.29** 전류가 흐르는 고리 도선에 의한 자기장

### 단계3. 모든 조각들의 효과 합산하기

우리는 조각에 의한 자기장 효과의 합을 고리 위의 조각의 위치를 나타내는 $\theta$를 원형 고리에 대한 적분식으로 다음과 같이 표현할 수 있다. 고리의 어떤 한 조각에 의한 $\Delta B_z$는 항상 같다는 점을 기억하자.

$$B_z = \int_0^{2\pi}\frac{\mu_0}{4\pi}\frac{IR^2 d\theta}{(z^2+R^2)^{3/2}} = \frac{\mu_0}{4\pi}\frac{IR^2}{(z^2+R^2)^{3/2}}\int_0^{2\pi}d\theta$$

적분값 $\int_0^{2\pi}d\theta$를 계산하면 $2\pi$이므로, 결과는 아래와 같다(그림 17.29).

**고리 도선에 의한 자기장**

$$B_{\text{loop}} = \frac{\mu_0}{4\pi}\frac{2\pi R^2 I}{(z^2+R^2)^{3/2}}$$

여기서 $R$은 고리의 반지름, $I$는 전도 전류의 크기, $z$는 고리 중심에서 축을 따라 떨어진 거리다. 실험 5를 참고하라.

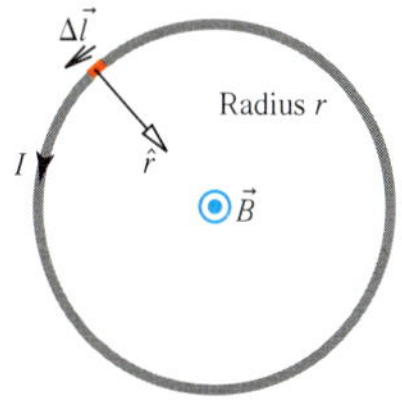


**그림 17.30** 전류가 흐르는 고리 도선의 중심에서의 자기장

### 단계4. 결과 점검하기

단위: $\left(\dfrac{\mathrm{T \cdot m}}{\mathrm{A}}\right)\dfrac{(\mathrm{m^2 \cdot A})}{(\mathrm{m^2})^{3/2}} = \mathrm{T}$

방향: 고리의 몇 군데 지점에서 오른손 규칙을 적용하여 확인해 보라.

특별한 경우: 고리의 중심 (그림 17.30), 자기장을 구하기 특별히 쉬운 지점. 오른손 규칙을 쓰면 $\Delta\vec{l} \times \hat{r}$의 방향이 고리의 모든 조각에서 항상 지면을 뚫고 나오는 방향임을 알 수 있고, 그 크기는 $\Delta l$이다. $\hat{r}$의 크기가 1이고 $\sin(90°) = 1$이다. 또한, 고리 둘레에 대하여 모든 $\Delta l$의 합이 $2\pi R$이므로, 다음과 같은 식을 얻을 수 있다.

$$B = \sum \frac{\mu_0}{4\pi}\frac{I\Delta l}{R^2} = \frac{\mu_0}{4\pi}\frac{I(2\pi R)}{R^2} = \frac{\mu_0}{4\pi}\frac{2\pi I}{R}$$

**질문** 또 다른 결과 점검 방법으로서, 원형 고리 전류에 의한 자기장의 일반식에 $z = 0$을 대입하면 위의 식과 같아짐을 증명하라.

### 고리 도선에 의한 자기장의 정성적 특징

고리에서 축을 따라 멀리 떨어진 곳에서 자기장이 어떻게 되는지 알아보는 것은 흥미롭다.

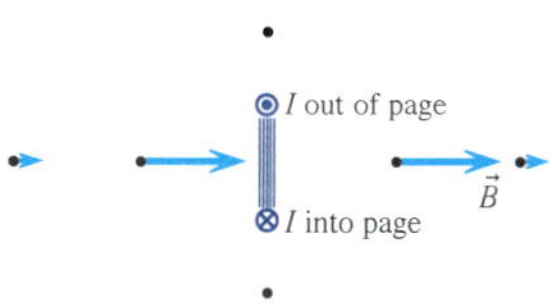


**그림 17.31** 코일의 위쪽과 아래쪽에서 코일에 의한 자기장의 방향을 예측하라. 코일의 면은 종이면과 수직이다.

**질문** 만약 $z$가 $R$에 비해 매우 크면, 자기장은 근사적으로 $\dfrac{\mu_0}{4\pi}\dfrac{2\pi R^2 I}{z^3}$과 같아진다.

이 결과의 핵심은 $z \gg \mathrm{R}$이면 $(z^2 + R^2)^{3/2} \approx (z^2)^{3/2} = z^3$이라는 점이다. 여기서 원형 고리에 의한 자기장이 $1/z^3$로 줄어듦을 알 수 있다.

**질문** 그림 17.31은 여러 개의 고리로 이루어진 코일의 중심 축을 따라 생기는 자기장의 형태를 나타낸다. 코일 위 지점과 아래 지점에서의 자기장의 방향은 각각 어떠한가? (힌트: 비오-사바르 법칙을 각각 코일의 가까운 쪽 절반과 먼 쪽 절반에 정성적으로 적용해 보아라.)

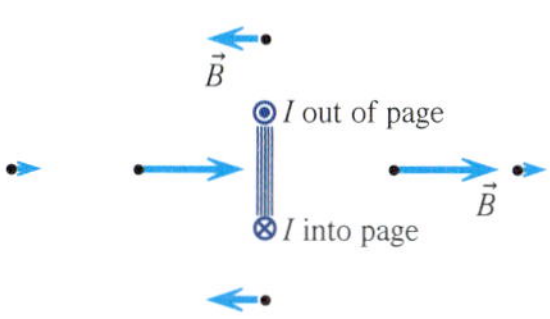


**그림 17.32** 코일의 위쪽과 아래쪽에서의 자기장 방향은 축에서의 자기장 방향과 반대이다.

그림 17.31에서 코일 위에 멀리 떨어진 지점에서 생기는 자기장은 코일 위쪽 절반이 왼쪽 방향으로 만드는 자기장이 조금 더 멀리 떨어진 코일 아래쪽 부분이 오른쪽 방향으로 만드는 자기장보다 더 크다. 자세히 계산해 보면 코일 위에 조금 떨어진 지점에서도 여전히 마찬가지로 성립한다 (그림 17.32). 이 자기장의 형태를 전기 쌍극자 주변의 전기장 형태와 비교해 보아라.

### 고리 바깥 다른 지점에서의 자기장

고리 바깥의 다른 지점에서의 자기장은 보다 계산하기 어렵다. 그러나 고리의 여러 부분에 의한 자기장의 효과를 컴퓨터로 계산한 결과에 따르면 자기장의 모습은 그림 17.33에서와 같이 쌍극자의 성질을 나타낸다.

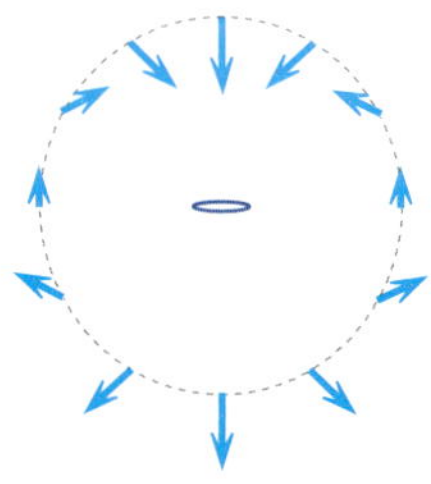

**그림 17.33** ($xz$ 평면에 놓인) 전류 고리에 의한 자기장. 고리 축을 포함하는 평면 상에서의 고리 밖에서의 자기장

### 고리 전류에 대한 특별한 오른손 규칙

고리의 축을 따라 생기는 자기장의 방향을 결정할 때 종종 사용되는 또 다른 "오

른속 규칙"이 있다. 오른손의 네 손가락들을 전도 전류의 방향으로 감아쥐면, 엄지손가락이 가리키는 방향이 그 축 상에서 자기장의 방향이 된다.

**질문** 이 오른손 규칙을 이용하여 그림 17.34에 나와 있는 지점에서의 자기장 방향을 구하라.

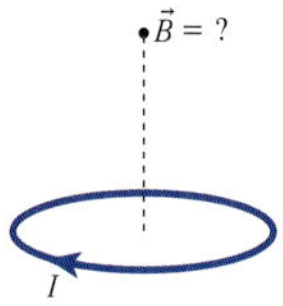


**그림 17.34** 오른손 손가락들을 전도 전류의 방향으로 휘감으면, 엄지손가락은 자기장 방향을 가리키게 된다.

위의 경우 자기장 방향은 아래쪽이라는 것을 알 수 있다. 당연히 이 오른손 규칙으로 얻은 결과는 보다 일반적인 오른손 규칙으로 벡터곱 $\Delta\vec{l} \times \hat{r}$을 구하고 이를 고리에 대해서 적분한 것, 즉 비오-사바르 법칙을 통해 얻은 결과와 같다.

**질문** 그림 17.34에서, 고리에서 서로 반대에 있는 두 작은 조각에 대한 벡터곱 $\Delta\vec{l} \times \hat{r}$을 구해 보아라. 이 두 벡터곱을 고려하여 고리 도선 위 지점에서 생기는 자기장의 방향이 아래쪽이라는 것을 보여라.

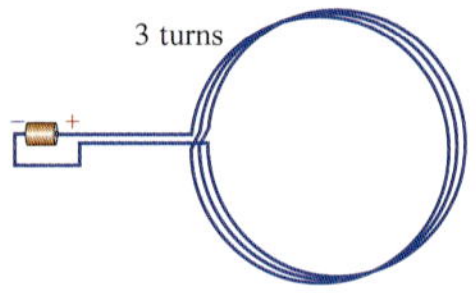


**그림 17.35** 세 번 감은 얇은 코일

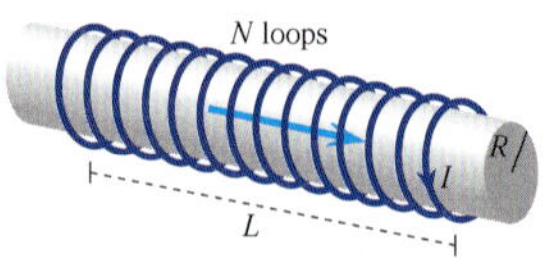


**그림 17.36** 솔레노이드는 내부에 균일한 자기장을 만드는 긴 코일이다.

### 얇은 코일과 긴 코일에서의 자기장

그림 17.35와 같이 고리가 $N$번 감긴 코일은 코일이 "얇은" 경우, 즉 고리들이 거의 한 평면 상에 있다고 할 수 있을 때, 고리 하나가 만드는 자기장의 약 $N$배의 자기장을 만든다.

얇은 코일과 대조적으로 솔레노이드는 긴 원통을 따라 도선을 감아서 만든 긴 코일이다 (그림 17.36). 17.14절에서 길이 $L$인 솔레노이드의 중심 축을 따라 생기는 자기장이 놀랍도록 단순한 형태인 $B \approx \mu_0 NI/L$라서 가장자리를 제외하고는 축 어디서나 균일한 자기장이 생긴다는 것을 보일 것이다. 제21장에서는 솔레노이드 단면 어디에서나 자기장이 거의 균일하다는 것도 보게 될 것이다. 따라서 솔레노이드는 그 내부에서는 거의 균일한 자기장(크기와 방향이 일정한)을 만드는 데 유용하다.

## 17.9 전산 및 3차원 시각화

단지 2차원 공간에 대한 고려만으로도 전기장의 형태가 어떠한지에 대해서는 이해할 수 있었지만, 자기장의 경우는 사정이 다르다. 자기장을 구하기 위해 벡터 외적이 포함되어야 한다는 사실은 자기장의 형태가 3차원적임을 알려준다.

움직이는 전하에 의한 자기장의 공간 및 시간 변화를 시각화하는 데 도움을 주는 간단한 VPython 프로그램을 작성하는 것은 쉽다. 우리는 이를 위한 전산 도구들을 이미 갖추었다.

각운동량을 다룬 제11장에서 벡터곱을 나타내는 VPython 명령어가 다음과 같음을 상기해 보라.

```
cross(v,rhat)
```

유동 전하에 의한 자기장을 계산하고 시각화하기 위한 프로그램을 짠다는 것은 간단하다:

- 관찰 지점에 화살표 집단을 설정한다.
- 대전 입자를 움직이게 하기 위해 `while` 루프(loop)를 생성한다.
- 시간 간격 $\Delta t$에 대해 모든 관찰 지점을 통해 루프를 생성하여, 각 점에서의

자기장을 계산하고, 장을 나타내는 화살표의 축을 조정한다.

상수 mzofp(mu zero over $\pi$, 즉 $\mu_0/\pi$)를 정의하고, obs라 부르는 화살표 집단을 원하는 위치에 방향대로 설정하는 등 일반적인 절차를 수행했다면, 전산 루프는 다음과 같이 보일 것이다:

```
while t < tmax:
    source.pos = source.pos + v*deltat
    i = 0
    while i < len(obs):
        r = obs[i].pos - source.pos
        rhat = r/mag(r)
        B = mzofp * source.q * cross(v,rhat)/mag(r)**2
        obs[i].axis = sf*B
        i = i + 1
    t = t + deltat
```

이 장 마지막에 있는 몇몇 문제들은 유동 전하에 의한 자기장을 다루는 이러한 종류의 시각화를 포함하고 있다. 전류가 흐르는 도선에 의해 생기는 자기장을 계산할 때는 $q\vec{v} \times \vec{r}$가 $I\Delta\vec{l} \times \vec{r}$로 대체되어 조금 다른 접근이 필요하다. VPython에서 이 상황을 다루는 가장 쉬운 방법은 각각의 pos가 직선으로 연결되는 점들의 집합에 대응되는 curve 물체를 이용하는 것이다. 전류가 흐르는 도선의 $i$번째 벡터 조각 $\Delta\vec{l}$를 wire로 이름붙인 curve 물체로 나타내면 dl = wire. pos[i+1] - wire. pos[i]이고, $\Delta\vec{l}$의 중심은 wire. pos[i] + dl/2이다. while 루프에서 i의 마지막 값은 curve 위치 집합들의 마지막 요소 다음이라는 것을 고려하면, wire. pos[i + 1]은 정식 기준계이다. 기본 개념은 다음과 같다:

```
# Create a curve object to represent a wire loop
wire = curve(radius=R/4, color=color.orange)
N = 40 # N dl's around the loop
dtheta = 2*pi/N
theta = 0
# Include one extra point for end of last dl
while theta <= 2*pi+dtheta/2:
    # Append another point to the curve
    wire.append(pos=R*vector(0, cos(theta), sin(theta)))
    theta = theta + dtheta

# Create a list named obs of observation locations
# ......

# Calculate B at all observation locations
iobs = 0
while iobs < len(obs):
    B = vector(0,0,0)
    i = 0
    while i < N:
        rate(1000)
        dl = wire.pos[i+1] - wire.pos[i]
        loc = wire.pos[i] + dl/2
        r = obs[iobs].pos-loc
        rhat = r/mag(r)
```

```
        B = B + mzofp*I*cross(dl,rhat)/mag(r)**2
        i = i + 1
    obs[iobs].axis = scalefactor*B
    iobs = iobs + 1
```

## 17.10 자기 쌍극자 모멘트

전기 쌍극자 축에서의 전기장에 대한 공식을 회상해 보면 쌍극자에서 $r$만큼 떨어진 지점에서의 전기장은 아래와 같다.

$$E_{\text{axis}} \approx \frac{1}{4\pi\varepsilon_0}\frac{2p}{r^3}$$

여기서 전기 쌍극자 모멘트 $p = qs$라 한다. 이와 유사하게, 전류가 흐르는 코일로부터 $r$만큼 떨어진 지점에서 코일의 축을 따라 생기는 자기장은 자기 쌍극자 모멘트 $\mu = IA$라 할 때 아래와 같이 쓸 수 있다 (여기서 $A$는 고리의 단면적, 즉 $\pi R^2$이다. 만약 고리를 $N$번 감았으면 $\mu = NIA$이다):

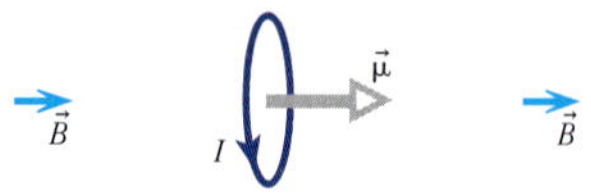


**그림 17.37** 자기 쌍극자 모멘트 $\vec{\mu}$는 축을 따라 생기는 자기장의 방향을 갖는 벡터로 간주한다.

$$B_{\text{axis}} \approx \frac{\mu_0}{4\pi}\frac{2\mu}{r^3}$$

이 자기장 공식은 고리가 원형이 아니라도 근사적으로 성립한다. 자기 쌍극자 모멘트 $\vec{\mu}$는 축을 따라 생기는 자기장의 방향을 갖는 벡터이다(그림 17.37). 이는 자기 쌍극자 모멘트의 방향이 오른손 네 손가락을 전도 전류의 방향으로 감아쥘 때 엄지손가락이 가리키는 방향임을 의미한다.

우리는 자기 쌍극자 모멘트 개념이 자석에도 역시 적용되고 자석의 세기를 나타내는 방법을 제공한다는 것을 뒤에서 보게 될 것이다.

> **점검 사항 6** 3000번 감은 3 cm × 5 cm짜리 사각형 코일에 2 A의 전류가 흐를 때, 자기 쌍극자 모멘트는 얼마인가?

### 자기 쌍극자의 편향

다음 장에서 논의할 이유들 때문에 자기 쌍극자 모멘트 벡터 $\vec{\mu}$는 나침반 바늘처럼 행동한다. 자기장 속에 놓이면 전류가 흐르는 고리는 회전하여 자기 쌍극자 모멘트 $\vec{\mu}$가 자기장 방향으로 정렬하게 된다. 실험6을 보아라.

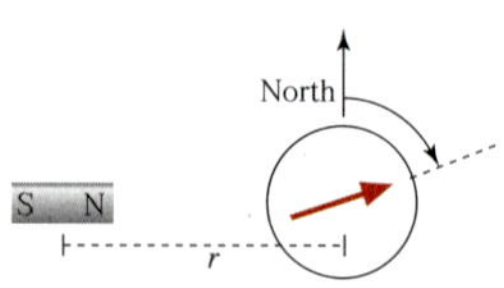


**그림 17.38** 막대 자석이 나침반에 영향을 준다.

## 17.11 막대 자석의 자기장

그 이름에서 알 수 있듯이, 자석 역시 자기장을 생성한다. 우리는 나침반 바늘이 휘어지는 현상을 보고 그곳에 자기장이 있다는 것을 알 수 있다. 나침반 근처에 막대 자석을 가져가면 나침반 바늘이 휘어지는 현상을 볼 수 있다 (그림 17.38). 두 개의 자석은 서로 상호작용하여, 상대적인 배열에 따라서 서로 밀거나 당긴다.

자기적 상호작용은 전기적 상호작용과 몇 가지 유사한 점이 있다: 인력과 척력을 모두 볼 수 있고, 중첩의 원리가 적용되며, 상호작용이 물질을 통과하여 나타난다. 그러나 일부 중요한 차이점도 있다. 대전된 투명 테이프가 모든 물체와 상호작용하는 것에 비해, 막대 자석은 오직 철이나 강철로 된 물체하고만 상호작용한다. 대전된 투명 테이프나 플라스틱 펜이 쉽게 전하를 잃는 것에 비해, 자석은 영구히 자성을 띤다. 두 개의 음으로 대전된 물체는 항상 서로 밀어내는 것에 비해, 두 개의 자석은 어떻게 놓여있는지에 따라서 밀기도 하고 당기기도 한다. 전류가 흐르는 도선 주위의 자기장은 전기장에서는 관찰할 수 없는 "되감아도는" 형태를 보인다. 실험7과 실험8을 보아라.

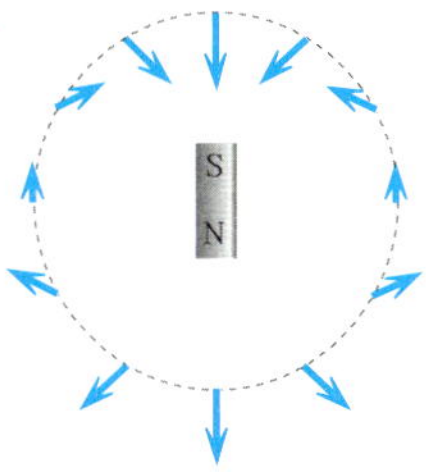


**그림 17.39** 막대 자석은 일종의 자기 쌍극자이다. 자기장의 형태가 쌍극자의 경우와 같고, 자기장의 크기는 $1/r^3$에 비례한다.

## 막대 자석은 자기 쌍극자이다

하나의 막대 자석 주변에 생기는 자기장 방향의 형태는 고리 도선 주위에 생기는 자기장 방향의 형태 및 제13장에서 본 영구 전기 쌍극자 주위에 생기는 전기장의 형태와 매우 비슷하다(그림 17.39). 또한, 자석이나 고리 도선, 영구 자기 쌍극자의 축을 따라서 자기장 또는 전기장의 세기는 실험9에서 볼 수 있는 것처럼 $1/r^3$로 떨어진다. 이러한 강한 유사성 때문에, 자석은 종종 "자기 쌍극자"라고도 불린다. 문59에서 여러분은 실험 데이터로부터 막대 자석의 자기 쌍극자 모멘트를 구하게 될 것이다. 실험9~실험11을 보아라.

**예** **자석의 자기 쌍극자 모멘트 구하기**

나침반이 북쪽을 가리키고 있다. 질량이 69.5 g인 막대 자석이 그림 17.40과 같이 나침반 근처에서 동–서 방향으로 놓여있다. 자석의 중심과 나침반의 중심이 23.3 cm 떨어져 있을 때 나침반 바늘은 70도 휘어졌다. 이 막대 자석의 자기 쌍극자 모멘트는 얼마인가?

**해답**

$$\vec{B}_{\text{알짜}} = \vec{B}_{\text{지구}} + \vec{B}_{\text{자석}}$$

$$B_{\text{자석}} = B_{\text{지구}} \tan 70°$$

$$B_{\text{자석}} = (2 \times 10^{-5}\,\text{T}) \tan 70° = 5.5 \times 10^{-5}\,\text{T}$$

$$B_{\text{자석}} = \frac{\mu_0}{4\pi}\frac{2\mu}{r^3}$$

$$\mu = \frac{B_{\text{자석}} r^3}{2\dfrac{\mu_0}{4\pi}} = \frac{(5.5 \times 10^{-5}\,\text{T})(0.233\,\text{m})^3}{2\left(1 \times 10^{-7}\dfrac{\text{T}\cdot\text{m}}{\text{A}}\right)} = 3.5\,\text{A}\cdot\text{m}^2$$

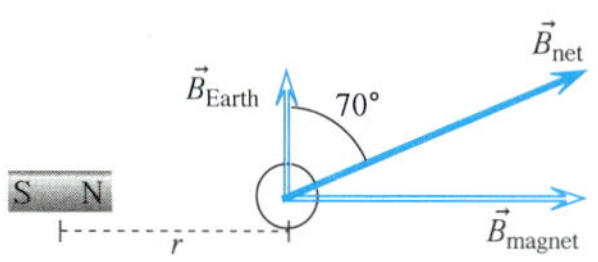


**그림 17.40** 막대 자석의 자기 쌍극자 모멘트 결정하기

## 지구의 자기장

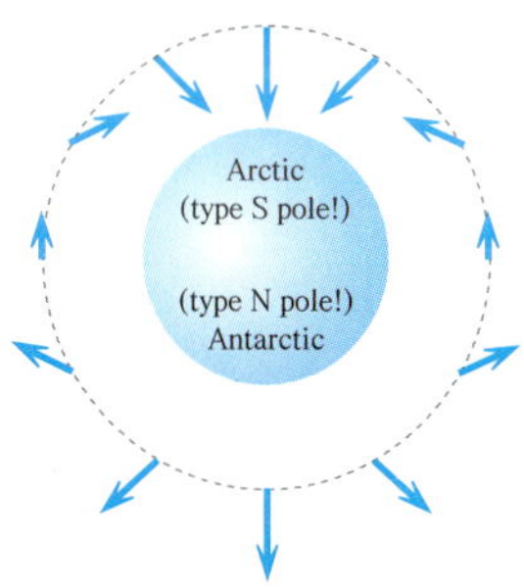


**그림 17.41** 지구는 일종의 자석과 같이 행동한다. 그것의 N극은 남극에 있고, S극은 북극에 있다.

지구에 의한 자기장은 막대 자석과 유사한 형태를 보인다(그림 17.41). 북반구에서 지구 자기장은 지구 안으로 들어가는 방향으로 생긴다. 지면과 수평하게 놓인 나침반은 자기장의 수평 성분에만 영향을 받는데, 수평 성분은 자석의 극에 가까이 갈수록 작아진다.

예를 들어, 캐나다에서 자기장의 세기는 멕시코에서보다 크지만 수평 성분은 오히려 더 작다. 극점 바로 위에서는 자기장의 세기는 가장 크지만 수평 성분은 0이다.

지구는 북극이 S극을 가진 하나의 거대한 자석으로서, 나침반의 N극이 항상 북극을 가리킨다. 지구의 자극은 지리적 극과 정확히 일치하지 않는다. 지구의 S극은 지리적 북극(진북)에서 1,300 km 떨어진 캐나다 북쪽 지역에 위치하고 있고, N극은 지리적 남극에서 1,300 km 떨어진 남극 대륙에 있다.

## 거리 의존성

수평으로 놓인 나침반에 영향을 주는 지구 자기장의 수평 성분은 위도, 즉 지구의 자극으로부터 떨어진 거리에 따라 다르다. 아래에 미국 내 몇 개 지역에서 지구 자기장 수평 성분의 크기를 측정한 값을 나타내었다:

| 지역 | 지구 자기장의 수평 성분 |
|---|---|
| 매인(Maine) 주 | 약 $1.5\times10^{-5}$ T |
| 미국 대부분 지역 | 약 $2\times10^{-5}$ T |
| 플로리다, 하와이 | 약 $3\times10^{-5}$ T |

지구 자기장의 수평 성분을 알고 있으면, 나침반 바늘의 편향 정도를 이용하여 자석의 자기장 세기를 측정할 수 있다. 이렇게 하여 자석에 의한 자기장의 거리 의존성과 방향성을 동시에 알 수 있게 된다.

## 자기 홀극

**그림 17.42** 자기 홀극이란 존재하지 않는다. 이렇게 바깥으로 퍼져가는 형태의 자기장은 결코 관찰된 적 없다.

쌍극자와 자기 쌍극자 사이에 하나의 극적인 차이점이 있다. 전기 쌍극자를 이루는 개별 양전하와 음전하(즉, 홀극들)는 서로 분리할 수 있고, 이들 각 점전하들은 밖으로 퍼져나가거나 안으로 들어오는 ($1/r^2$에 따라 변하는) 전기장을 만들 수 있다. 자기 쌍극자 역시 양과 음의 자기 홀극으로 구성되었을 것이라고 예상해 볼 수 있으나, 그동안 누구도 개별적인 자기 홀극을 발견하지 못했다. 그러한 자기 홀극이 있다면 아마도 밖으로 퍼져나가거나 안으로 들어오는 ($1/r^2$에 따라 변하는) 자기장을 만들 것이나, 그러한 형태의 자기장은 결코 관측되지 않았다.

그림 17.42는 많은 과학자들이 부지런히 찾아왔으나 결코 발견하지 못한 자기장 형태의 한 예시이다. 자석을 둘로 자르더라도, 두 개의 자기 홀극을 얻는 것이 아니라 그저 두 개의 자석만 얻게 된다!

**예** **남극에서의 회로**

남극의 한 연구 기지에서 반지름 5 cm의 부분 고리를 포함하는 회로가 탁자 위에 놓여 있다. 그림 17.43은 회로의 정면도(탁자 위에서 아래를 내려보는 그림)이다. 회로에 5 A의 전류가 그림과 같은 방향으로 흐르고 회로의 다른 부분들은 멀리 떨어져 있다. 자기 쌍극자 모멘트가 1.2 $\text{A}\cdot\text{m}^2$인 막대 자석이 있을 때, 고리 중심 위치인 $A$에서 얼마나 멀리 떨어진 위치에서 어떤 방향으로 이 막대 자석을 들고 있어야 $A$지점의 알짜 자기장이 0이 될까? 남극에서 지구 자기장의 크기는 약 $6\times10^{-5}$ T이다.

**해답** 방향 구하기:

$\vec{B}_{지구}$는 지면 밖을 향한다(남극에서 볼 때 땅에서 튀어나오는 방향).

$\vec{B}_{회로}$는 지면 밖을 향한다(탁자 위에서 튀어나오는 방향).

막대 자석은 N극이 지면 안으로 들어가는 방향으로 들어서 자기장의 방향이 땅으로 들어가는 방향이 되도록 해야 한다.

$A$지점에서 지면 밖을 향하는 자기장의 성분들은;

$B_{자석} = 6\times10^{-5}$ T

$B_{직선도선} = 0$(직선 도선 부분들은 $d\vec{l}\times\hat{r} = 0$이므로 $A$지점의 자기장에 대해 아무런 영향을 주지 않는다.)

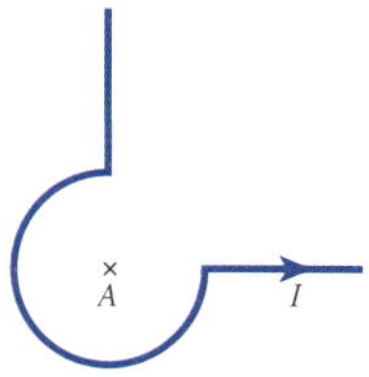


**그림 17.43** 탁자 위에 놓은 회로의 평면도 (탁자 위에서 아래를 쳐다본 그림)

고리의 3/4 영역에 의한 자기장 B:

$$\vec{B} = \int d\vec{B} = \int \frac{\mu_0}{4\pi}\frac{Id\vec{l}\times\hat{r}}{r^2}$$

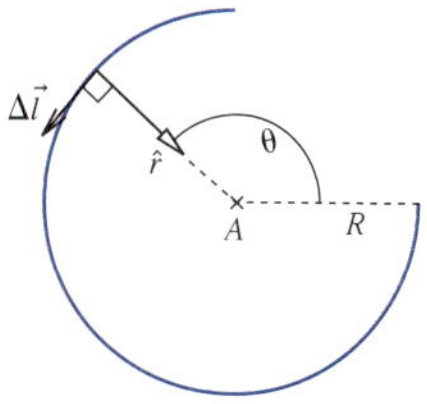


**그림 17.44** 고리를 따라 모든 지점에서 $d\vec{l}\perp\hat{r}$ 이다. $r$의 크기는 일정하고 고리의 반지름 길이와 같다.

원점: 고리의 중심

$|\vec{r}| = R$(상수)

모든 지점에서 $d\vec{l}\perp\hat{r}$이므로, 그림 17.44와 같이

$$d\vec{l}\perp\hat{r}, \text{so } |d\vec{l}\times\hat{r}| = dl\sin 90^\circ = dl = Rd\theta$$

따라서

$$|\vec{B}_{고리}| = \int_{\pi/2}^{2\pi}\frac{\mu_0}{4\pi}\frac{I(Rd\theta)}{R^2} = \frac{\mu_0}{4\pi}\frac{IR}{R^2}\int_{\pi/2}^{2\pi}d\theta = \frac{\mu_0}{4\pi}\frac{I}{R}\theta\Big|_{\pi/2}^{2\pi} = \frac{\mu_0}{4\pi}\frac{3\pi I}{2R}$$

$$|\vec{B}_{고리}| = \left(1\times10^{-7}\frac{\mathrm{T\cdot m}}{\mathrm{A}}\right)\frac{(3\pi)(5\,\mathrm{A})}{2(0.05\,\mathrm{m})} = 4.7\times10^{-5}\,\mathrm{T}$$

$$B_{지구} + B_{3/4\ 고리} = 6\times10^{-5}\,\mathrm{T} + 4.7\times10^{-5}\,\mathrm{T} = 1.06\times10^{-4}\,\mathrm{T}$$

그런데,

$$B_{자석} = 1.06\times10^{-4}\,\mathrm{T} \approx \frac{\mu_0}{4\pi}\frac{2\mu}{z^3} \text{ 이므로}$$

$$z = \left[\frac{\frac{\mu_0}{4\pi}(2\mu)}{B_{자석}}\right]^{1/3} = \left[\frac{\left(1\times10^{-7}\frac{\mathrm{T\cdot m}}{\mathrm{A}}\right)(2)(1.2\,\mathrm{A\cdot m^2})}{(1.1\times10^{-4}\,\mathrm{T})}\right]^{1/3} = 0.13\,\mathrm{m}$$

즉, 막대 자석의 N극을 고리 중심에서 13 cm 떨어진 곳에서 지면을 향하도록 하여 잡고 있어야 한다(우리는 이 자석을 자석 중앙에 있는 하나의 쌍극자로 생각할 수 있다).

## 17.12 자석의 원자 구조

우리는 원형 고리 도선에 의한 자기장이 막대 자석에 의한 자기장과 놀라울 정도

로 유사하다는 점을 보아왔다. 자기장 방향의 형태도 같고, 자석이든 고리 전류이든 축을 따라 멀리 떨어진 곳에서의 자기장 세기가 $1/r^3$로 줄어든 것 역시 똑같다. 자석과 고리 도선은 모두 자기 쌍극자 모멘트 $\vec{\mu}$로 묘사할 수 있다.

## 원자는 자기 쌍극자이다

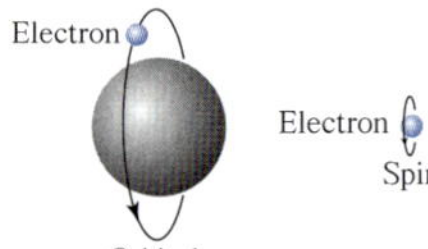


**그림 17.45** 전자들은 자기 쌍극자 모멘트에 기여하는 궤도 운동과 자전(스핀) 운동을 갖는다.

모든 원자 안에는 여러 개의 움직이는 대전 입자가 들어 있다. 자성을 띤 물체 속 원자 하나 안에 있는 여러 개의 원자 속 "전류"는 작은 자기 쌍극자 모멘트들을 만들고, 이들 모멘트가 더해져서 원자는 0이 아닌 자기 쌍극자 모멘트를 갖게 된다(이와 대조적으로, 비자성체에서는 이러한 작은 자기 쌍극자 모멘트들이 더해져서 0이 된다).

한 원자가 자기 쌍극자 모멘트를 갖도록 해주는 원자 속 전류를 생성하는 원인은 3가지이다:

- 핵 주위를 도는 전자의 궤도 운동(그림 17.45)
- 자신을 축으로 회전하는 전자의 자전(그림 17.45)
- 핵 내부의 회전 운동(양성자들과 중성자들은 각각 자전을 하면서 핵 안에서 궤도 운동도 한다)

모든 경우에 있어 각 입자들은 각운동량을 갖는다. 자기 쌍극자 모멘트는 각 입자의 각운동량 $L$에 비례한다.

$$\mu = (\text{비례 계수})\, L$$

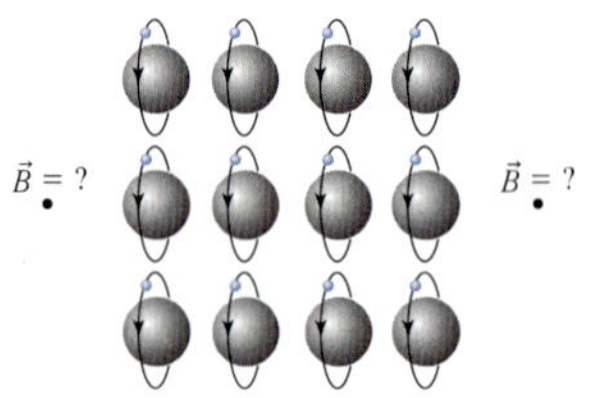


**그림 17.46** 자석에 대한 단순 모형은 원자 궤도 안에 있는 전자를 포함한다.

우리는 이 비례 계수를 측정하기 위해 간단한 모형을 사용할 수 있다.

## 궤도 운동하는 전자의 자기 쌍극자 모멘트

궤도 운동하는 전자의 자기 쌍극자 모멘트를 고려하고 간단한 보어 모형을 적용하여 그 크기의 차수를 어림하는 것이 이 비례 상수를 결정하는 가장 쉬운 방법이다. 그림 17.46에서 나타낸 바와 같이 각각의 원자마다 핵 주위를 원궤도로 일정한 속력으로 공전하는 하나의 짝없는 전자를 갖고 있다고 가정하자. 각각의 궤도 운동하는 전자는 쌍극자 자기장을 만드는 작은 고리 도선이라고 간주할 수 있다.

**질문** 그림 17.46에서 원자들의 왼쪽 지점과 오른쪽 지점에서 생기는 자기장의 방향과 한 원자의 자기 쌍극자 모멘트의 방향을 각각 구하라(전자는 음전하임을 기억하라).

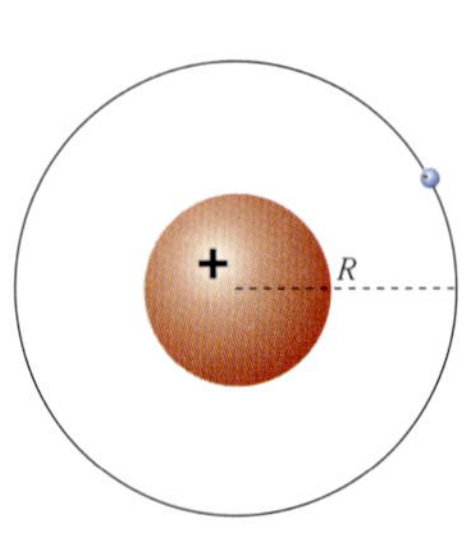


**그림 17.47** 양으로 대전된 안쪽 핵 주위를 바깥쪽의 전자가 궤도 운동하는 원자의 단순 모형

궤도 운동하는 각 전자에 의한 자기장 방향은 왼쪽이며, 따라서 각 원자 및 전체 물체의 자기 쌍극자 모멘트 방향도 왼쪽이다.

고리 도선의 경우 다음과 같은 식이 성립한다.

$$\mu = I(\pi R^2)$$

**질문** 궤도 운동하는 전자 하나에 해당하는 전류 $I$를 구하라(그림 17.47).

전류 $I$는 어떤 지점에 단위 시간(1초)당 얼마나 많은 전하들이 통과하는지를 나타내는 척도이다. 전자 하나의 전하량은 $-e$이고, 전자가 한 바퀴 회전하는 데 걸리는 시간은 $v$를 전자의 운동 속도라고 할 때 $T = 2\pi R/v$이다. 따라서

$$I = \frac{e}{\left(\frac{2\pi R}{v}\right)} = \frac{ev}{2\pi R}$$

그러므로 궤도 운동하는 전자 하나의 자기 쌍극자 모멘트는 다음과 같다.

$$\mu = I(\pi R^2) = \left(\frac{ev}{2\pi R}\right)(\pi R^2) = \frac{1}{2}eRv$$

### 자기 쌍극자 모멘트와 각운동량의 관계

궤도 운동하는 전자 하나의 각운동량의 크기는

$$|\vec{L}| = |\vec{r} \times \vec{p}|$$

원궤도에서 $\vec{r} \perp \vec{p}$이므로 위 식은 다음과 같이 쓸 수 있다.

$$L = Rp\sin 90^\circ = Rmv \quad (v \ll c)$$

우리는 궤도 운동하는 전자에 의한 자기 쌍극자 모멘트를 각운동량에 1을 곱해줌으로써 아래와 같이 다시 표현할 수 있다:

$$\mu = \left(\frac{m}{m}\right)\left(\frac{1}{2}eRv\right) = \frac{1}{2}\frac{e}{m}(Rmv) = \frac{1}{2}\frac{e}{m}L$$

자기 쌍극자 모멘트와 원자 내 입자에 대한 각운동량과 연결하는 비례 계수에 대한 우리의 추정은 다음과 같다:

$$(\text{계수}) \approx \frac{1}{2}\frac{e}{m}$$

우리는 이 비례 계수에 대한 표현이 궤도 운동하는 전자, 자전하는 전자, 자전하는 핵자(양성자와 중성자)에도 유효하다고 가정할 것이다. 이 계수들의 크기는 얼마나 될까?

전자의 경우: $\frac{1}{2}\frac{e}{m} = \frac{1}{2}\frac{(1.6\times10^{-19}\,\text{C})}{(9\times10^{-31}\,\text{kg})} = 8.9\times10^{10}\,\text{C/kg}$

핵자의 경우: : $\frac{1}{2}\frac{e}{m} = \frac{1}{2}\frac{(1.6\times10^{-19}\,\text{C})}{(1.7\times10^{-27}\,\text{kg})} = 4.7\times10^{7}\,\text{C/kg}$

핵자의 경우 이 계수는 거의 2000배 정도 작다. 각운동량은 전자에서든 핵자에서든 비슷한 크기로 양자화되어 있어서, 원자 하나의 자기 쌍극자 모멘트는 거의 대부분 전자의 궤도 운동 또는 전자의 자전에 의해 결정된다.

### 궤도 운동 또는 자전하는 전자의 각운동량

우리는 제11장에서 병진 각운동량(마치 전자의 궤도 각운동량과 같은)과 회전 각운동량(마치 전자의 자전에 의한 각운동량과 같은)이 원자 내에서 양자화되어 있다는 것, 즉 어떤 특정한 불연속값만이 관측된다는 것을 배웠다. 핵 주위를 궤도 운동하는 전자의 경우, 각운동량은 플랑크 상수 $h$를 $2\pi$로 나눈 값, 즉 $L = N\hbar$의 정수배가 되어야 한다.

$$L = N\hbar$$
(여기서 $N = 0, 1, 2, 3, \cdots$, 이고 $\hbar = 1.05\times 10^{-34}$ J·s이다.)

전자의 스핀 각운동량은 항상 $\hbar$의 1/2이지만, 각운동량과 자기 쌍극자 모멘트와의 관계식에서 이를 보상해주는 계수 2가 붙게 된다(만일 각운동량 양자화가 익숙하지 않다면 17.13절을 보아라. 전자의 궤도 각운동량을 추정하기 위해 원운동에 대하여 보다 친숙한 고전적인 추론을 통해 접근할 것이다. 결과는 동일하다).

각운동량 양자값 하나가 있다고 하면

$$L = \hbar \quad \text{따라서} \quad \mu \approx \frac{1}{2}\frac{e}{m}\hbar$$

이 값을 계산하면

$$\mu \approx \left(\frac{1}{2}\right)\frac{(1.6\times 10^{-19}\,\text{C})}{(9\times 10^{-31}\,\text{kg})}(1.05\times 10^{-34}\,\text{J}\cdot\text{s})$$
$$\mu \approx 1\times 10^{-23}\,\text{A}\cdot\text{m}^2/\text{원자}$$

## 실험 결과와 비교

막대 자석, 나침반, 미터자가 있다면 막대 자석의 자기 쌍극자 모멘트를 실험적으로 결정할 수 있다. 이를 위한 절차는 문59에 자세히 나와있다.

앞서 점검 사항에서 질량이 69.5 g인 막대 자석이 3.5 $\text{A}\cdot\text{m}^2$의 자기 쌍극자 모멘트를 갖는다는 것을 보았다. 이 자석의 자기 쌍극자 모멘트는 원자 하나가 $\mu \approx 1\times 10^{-23}\text{A}\cdot\text{m}^2$의 자기 쌍극자 모멘트(궤도 및 스핀 각운동량에 의한)를 갖는 짝없는 전자 하나를 갖고 있으며 모든 원자의 자기 쌍극자 모멘트가 같은 방향으로 정렬되어 있다는 사실에 기인한다고 가정하자. 이 막대 자석에서 자기 쌍극자 모멘트는 얼마로 예상되는가?

## 막대 자석의 자기 쌍극자 모멘트 추정치

앞서 점검사항에 나오는 막대 자석의 질량은 69.5 g이었다. 이 자석 안의 대부분의 원자가 철 원자라고 가정하자. 철 1몰의 질량은 56 g이다.

$$N = \left(\frac{69.5\,\text{g}}{56\,\text{g/mol}}\right)(6.02\times 10^{23}\,\text{개/몰}) = 7.5\times 10^{23}\,\text{개}$$
$$\mu = N\mu_{\text{원자}} = (7.5\times 10^{23}\,\text{개})\left(1\times 10^{-23}\,\frac{\text{A}\cdot\text{m}^2}{\text{원자}}\right) = 7.5\,\text{A}\cdot\text{m}^2$$

**질문** 이 자석의 자기 쌍극자 모멘트 추정치는 7.5 $\text{A}\cdot\text{m}^2$이지만, 관측 결과는 3.5 $\text{A}\cdot\text{m}^2$에 불과하다. 이 정도면 추정치와 관측치가 일치한다고 할 수 있는가, 그렇지 않은가?

이 정도는 훌륭한 일치다. 추정치와 관측치는 계수 2정도 만큼만 차이가 난다. 예측과 실측값이 이 정도로 근접한 것은 우리가 설정한 매우 단순한 모형, 즉 자석 안의 원자가 하나의 작은 쌍극자이고, 자석에 의한 자기장은 모든 원자들의 자기장의 합이라는 모형이 합리적인 가정이라는 것이다. 만약 예측과 실제 관찰 결과가 수천 또는 수백만배 차이가 났다면, 우리는 모형을 다시 점검했어야 할 것이다. 이와 관련된 문제는 문59에서 다루고 있다.

### 단순화한 모형

우리는 원자 쌍극자 모형에서 몇 가지 단순화한 가정을 세웠다. 보다 정교한 원자 모형을 다루는 화학 수업에서는 전자들이 핵 주위를 잘 정의된 원 궤도로 움직인다는 가정을 하지 않는다. 그런 모형에서는 전자가 발견될 확률만 있을 뿐이다. 더군다나, 원자 내 많은 전자들은 구 대칭의 확률 분포(*s* 궤도)를 갖고 있고, 그러한 대칭 분포에서는 평균 각운동량이 0이다. 그러나 구형 대칭이 아닌 확률 분포(*p*, *d* 또는 *f* 궤도)에서는 0이 아닌 각운동량이 존재하므로 0이 아닌 자기 쌍극자 모멘트에 기여할 수 있다. 추가로, 모든 원자에는 단 한 개의 전자만이 자기장에 영향을 준다고 가정했으나, 어떤 물질에서는 둘 이상의 짝없는 전자들이 자기장에 영향을 주기도 한다. 더욱이, 전자를 "자전하는 공"으로 보는 모형은 사실 적합하지 않다. 왜냐하면 가장 민감한 실험들에 따르면 전자는 그야말로 진짜 "점" 전하로서 반지름이 0이라는 사실을 지지하기 때문이다! 그럼에도 불구하고 전자가 마치 자전하는 공 모양의 전하인 것처럼 자기장을 만든다는 것은 실험적 사실이고, 문자 그대로 전자를 자전하는 공으로 생각하는 것은 유용할 수 있다.

그럼에도 불구하고, 우리가 세운 단순화된 모형이 적절한 수준의 예측을 할 수 있다는 점은 단순한 모형이 갖는 추론의 힘을 보여준다.

### 자석에 대한 현대 이론

자석의 성질에 대한 현대 이론들은 고체 자석 내 개개의 원자에 의한 기여뿐 아니라 자석끼리의 상호작용 효과에 대해서도 고려한다. 이렇게 보다 복잡한 이론적 취급은 자석의 자기장이 비록 전자의 궤도 각운동량이 어느 정도 공헌하지만, 대부분은 자전하는 전자들의 회전 각운동량에 의한 자기 쌍극자 모멘트에 기인한다는 점을 제안한다.

앞서 살펴보았듯이 전자에 비해 양성자의 *e*/*m*값이 훨씬 작기 때문에, 막대 자석의 자기장에 핵이 미치는 영향은 무시할 수 있다. 핵 자기 쌍극자 모멘트는 핵 자기 공명(NMR) 현상과 이를 적용하여 의학에서 쓰이는 자기 공명 영상(MRI) 기술에 중요한 역할을 한다.

### 원자 자기 쌍극자 모멘트의 정렬

많은 물질에서 원자는 알짜 궤도 또는 스핀 자성을 갖고 있지 않다. 각각의 원자들이 자기장을 만드는 대부분의 물질에서 다른 원자들의 궤도 및 스핀 운동은 서로 나란히 정렬되지 않아 물질 한 조각 내 여러 원자들의 알짜 자기장은 평균해서 0이 된다. 그러나 일부 물질에서, 대표적으로 철, 니켈, 코발트, 그리고 이러한 원소들의 일부 합금에서 이웃한 원자들의 궤도 및 스핀 운동이 서로 정렬되어 감지할만한 크기의 자기장을 만든다. 이렇게 특별한 물질들을 "강자성체"라고 부른다. 정렬하는 이유에 대해서는 양자역학의 틀 안에서나 적절하게 논의될 수 있다. 기본적으로 이러한 정렬은 원자들 간의 전기적 상호작용에 의한 것이며, 그보다 훨씬 작은 자기적 상호작용에 의한 것은 아니다.

## 자기 구역

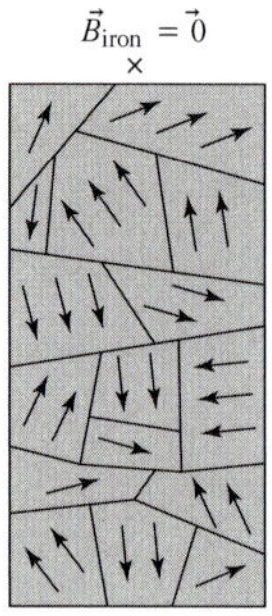


그림 17.48 무질서한 자기 구역들–철에 의해 생성되는 알짜 자기장은 거의 0이다.

자석이 아닌 평범한 철 조각은 이른바 "자기 구역"이라고 부르는 작은 영역들, 그 안에 모든 원자 자기 쌍극자 모멘트들이 거의 완벽하게 정렬하고 있는 영역들의 집합체이다. 하지만, 평상 시에는 이 구역들이 무작위한 방향으로 섞여 있어서 알짜 자기장을 만들지 않는 효과를 나타낸다. 그림 17.48은 이러한 상황을 보여주는데, 여기서 화살표는 원자들의 자기 쌍극자 모멘트를 나타낸다.

만약 코일을 써서 철 조각에 센 자기장을 가한다면, 외부에서 걸어준 장의 방향으로 정렬된 자기 구역들이 다른 방향으로 정렬된 자기 구역들을 제치고 점점 커지게 된다 (그림 17.49). 또한, 충분히 큰 자기장이 걸리면 마치 나침반이 자기장의 방향으로 편향되는 것과 같이 자기 구역 안에 있는 원자들의 자기 쌍극자 모멘트가 외부 자기장의 방향으로 정렬하게 된다. 이러한 두 효과의 결과는 대부분의 원자들의 자기 쌍극자 모멘트를 한쪽 방향으로 정렬시키고, 이는 외부 자기장보다 훨씬 큰 자기장 $\vec{B}_{철}$를 만들게 된다. 이것은 일종의 증폭 효과이다.

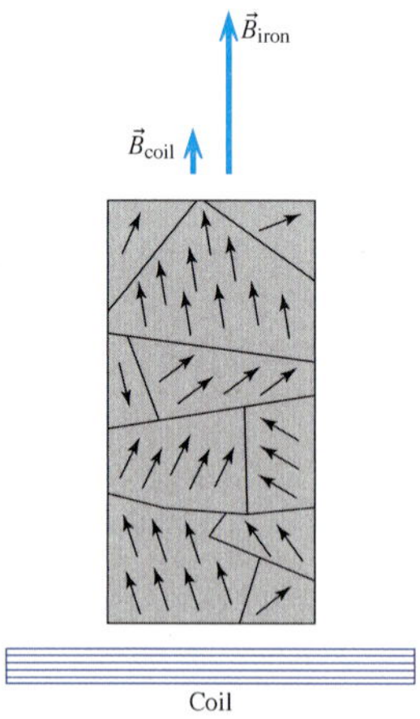


그림 17.49 코일에 의한 자기장이 자기 구역들을 부분적으로 정렬시키고, 이는 철에 의한 알짜 자기장을 만든다.

아주 순수한 철의 경우는 코일에 흐르는 전류를 끄면 철 조각은 원래의 무작위한 자기 구역들의 조각들의 집합체로 되돌아가서 더 이상 자석의 성질을 띠지 않는다. 하지만, 일부 철 합금을 포함해서 몇몇 다른 강자성체의 경우는 외부 자기장을 없애도 자기 구역들이 거의 정렬된 채로 남아있게 된다. 이런 경우 영구 자석이 되는데, 영구 자석은 보통 알니코(Alnico) 합금(철 51%, 알루미늄 8%, 니켈 14%, 코발트 24%, 구리 3%로 구성된다.)으로 만들어진다. 자석을 강하게 내리치는 것은 자기 구역들을 무질서하게 만들어서 그 금속이 더 이상 자석의 역할을 하지 못하도록 만들 수 있다. 특정 온도 이상으로 가열하는 것도 역시 자기 구역들의 정렬을 파괴한다.

## 코일 속의 철

자기장의 증폭 효과는 관찰 가능하다. 철 조각을 둘러 감은 코일 고리에 전류가 흘러서 만들어지는 작은 자기장은 철 안에 있는 자기 쌍극자 모멘트들의 정렬로 인해 생기는 관찰할 수 있을 만큼 큰 자기장을 유도할 수 있다. 이러한 증폭 효과 덕에 전류가 흐르는 코일 속에 철을 집어넣기만 하면 다른 쇠붙이를 잡아당길만큼 강력한 "전자석"을 만들 수 있다. 실험12와 실험13을 보아라.

## 자기 구역이 증폭되는 이유는?

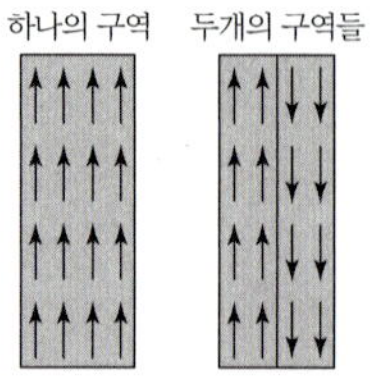


그림 17.50 가능한 배열들–하나 또는 두 개의 자기 구역

철과 같은 강자성체의 한 자기 구역 안에는 이웃 원자들 간의 강력한 전기력이 원자 자기 쌍극자 모멘트들을 서로서로 나란하도록 만든다. 왜 모든 원자들이 자발적으로는 서로 정렬하지 않을까? 왜 외부 자기장이 사라지면 각기 다른 방향을 가진 작은 자기 구역들로 나뉘어질까? 왜 이런 현상이 생기는지에 대한 단서를 얻기 위한 간단한 방법이 있다. 외부 자기장이 없을 경우 철 막대 안 자기 구역들의 두 가지 가능한 형태를 고려해 보자(그림 17.50).

두 개의 영구 막대 자석을 가지고 앞의 두 경우를 흉내낼 수 있다(그림 17.51).

**질문** 두 가지 자석 배열 중에서, 즉 두 자석이 같은 방향으로 배열된 경우와 반대 방향으로 배열된 경우 중 어느 쪽이 보다 안정적인가? 비유적으로, 어느

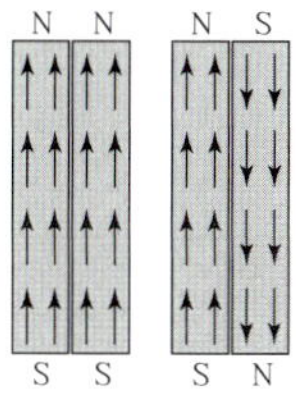


그림 17.51 두 막대 자석을 같은 방향, 또는 반대 방향으로 나란히 배열하라.

쪽이 철 막대에 가까운가? 즉, 외부 자기장이 없을 경우 철 막대는 단지 한 구역만을 가질까 아니면 두 구역으로 나뉘어질까?

나란히 정렬된 상태의 자석들은 반대 방향으로 정렬되려는 경향이 있다는 것을 알게 될 것이다. 철의 자기 구역 구조는 이웃한 원자들이 각각의 자기 쌍극자 모멘트가 서로 나란히 정렬되려는 경향(강력하지만 작용 범위는 짧은 전기적 상호작용)과 각각의 자기 쌍극자 모멘트가 서로 반대로 정렬되려는 경향(약하지만 작용 범위는 넓은 자기적 상호작용)의 절충으로 구성된다. 그러나 알짜 효과는 기하학적 배열의 세세한 부분에 결정적으로 의존한다. 나란히 정렬된 두 개의 긴 막대 자석들은 그들의 자기 쌍극자 모멘트가 서로 반대가 되는 방향으로 정렬하려는 경향을 보이지만, 두 개의 얇은 원반 모양의 자석들은 그들의 자기 쌍극자 모멘트가 나란히 되는 방향으로 정렬되려고 한다. 자성체 내부에서 벌어지는 현상은 원자들의 세세한 기하학적 배열과 이웃한 원자들 간의 세세한 전기적 상호작용에 따라 달라진다.

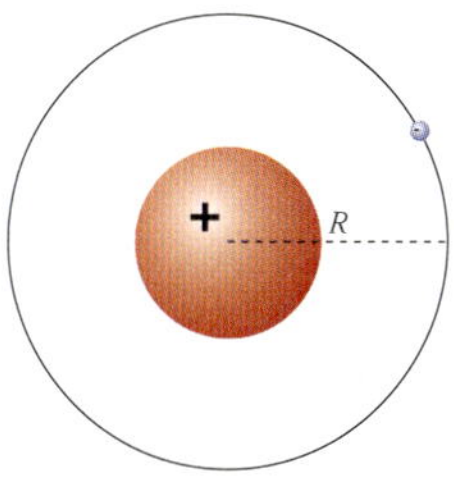


그림 17.52 양으로 대전된 안쪽 핵 주위를 바깥쪽의 전자가 궤도 운동하는 원자의 단순 모형

## 17.13 원자 내 전자의 궤도 각운동량 추정

우리는 전자가 핵 주위를 일정한 속력으로 원운동한다는 간단한 보어 모형을 쓰고 운동량 원리를 적용하여 원자 내 전자가 갖는 궤도 각운동량을 추정할 수 있다. 이 모형(그림 17.52)에서 바깥에 있는 전자는 원자의 나머지 부분(알짜 전하량 $+e$)에 의한 전기적 인력에 의해 반지름 $R$을 갖는 원궤도에 속박되어 있다.

우리는 이 전자가 갖는 각운동량의 크기를 구하고 싶다:

$$|\vec{L}| = |\vec{r} \times \vec{p}|$$

원궤도에서 $\vec{r} \perp \vec{p}$이므로, 다음과 같이 쓸 수 있다:

$$L = Rp = Rmv \quad (v \ll c)$$

우리는 원자 하나의 지름(약 $1 \times 10^{-10}$ m)과 전자 하나의 질량(약 $9 \times 10^{-31}$ kg)을 알고 있으므로, 전자의 속력을 구해야 한다.

계: 전자, 전하량 $-e$

환경: 핵과 외곽 전자들, 전하량 $+e$

운동량 원리:

$$\frac{d\vec{p}}{dt} = \vec{F}_{\text{알짜}}$$

수평 성분(속력이 일정하므로 운동량의 수평 성분은 변하지 않는다):

$$\frac{dp}{dt}\hat{p} = \vec{0}$$

수직 성분(전자가 받는 전기력은 핵을 향하고 운동량에 수직):

$$p\left|\frac{d\hat{p}}{dt}\right| = F\perp$$

$$(mv)\left(\frac{v}{R}\right) = e\left(\frac{1}{4\pi\varepsilon_0}\frac{e}{R^2}\right)$$

$$\frac{mv^2}{R} = \frac{1}{4\pi\varepsilon_0}\frac{e^2}{R^2}$$

$$v = \sqrt{\frac{1}{4\pi\varepsilon_0}\frac{e^2}{Rm}}$$

전자의 전하량과 질량을 대입하고 원자의 반지름을 약 $1 \times 10^{-10}$ m로 어림하여 계산하면 다음과 같은 값을 얻는다:

$$v = \sqrt{\frac{(9\times 10^9\ \mathrm{N\cdot m^2/C^2})(1.6\times 10^{-19}\ \mathrm{C})^2}{(1\times 10^{-10}\ \mathrm{m})(9\times 10^{-31}\ \mathrm{kg})}}$$

$$v \approx 1.6\times 10^6\ \mathrm{m/s}$$

이는 양자역학적 값인

$$L = Rmv = (1\times 10^{-10}\ \mathrm{m})(9\times 10^{-31}\ \mathrm{kg})(1.6\times 10^6\ \mathrm{m/s})$$

$$L \approx 1.4\times 10^{-34}\ \mathrm{kg\cdot m^2/s^2}$$

$\hbar = 1.05 \times 10^{-34}$ J·s와 유사하다. 만약 우리가 보어 모형의 전체 계산을 수행했더라면 약간 다른 $R$값을 얻었을 것이고, $L$은 $\hbar$와 정확히 일치했을 것이다.

## 17.14 솔레노이드의 자기장

이 절에서의 분석은 비오-사바르 법칙의 또 다른 적용 사례를 제공한다. 이 절에서 자기장은 양단에서 떨어진 부분에서는 솔레노이드의 축을 따라서 거의 일정함을 보일 것이다. 솔레노이드는 그 반경에 비해 길이가 훨씬 긴 코일이다.

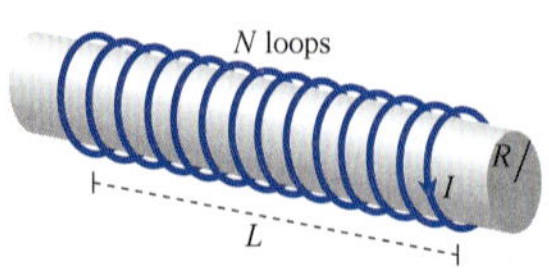


**그림 17.53** 반지름 $R$로 촘촘하게 $N$번 감은, 전류 $I$가 흐르는 길이 $L$의 솔레노이드

### 단계1. 전류 분포를 조각으로 나누고 $\Delta\vec{B}$ 그리기

우리는 반지름 $R$로 촘촘하게 $N$번 감은 길이 $L$인 솔레노이드를 고려한다(그림 17.53). 각각의 고리를 하나의 조각으로 간주한다. 고리에 흐르는 전도 전류는 $I$이다.

**질문** 각각의 고리 전류에 대한 정보가 주어졌을 때, 그림에 나타난 솔레노이드축 상 어떤 지점에서든 고리에 의해 생기는 자기장 $\Delta\vec{B}$의 방향은 어디인가?

솔레노이드 내부에서 발생하는 모든 자기장은 그림에서 오른쪽 방향을 가리킨다.

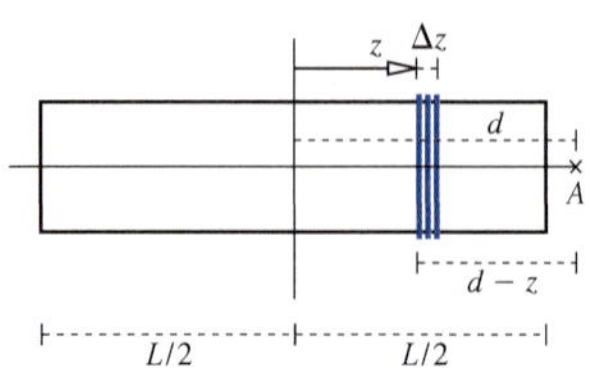


**그림 17.54** 각 루프의 기여도를 합하기 위해 적분 변수 $z$를 정의하라.

### 단계2: 한 조각에 의한 자기장 구하기

기준: 솔레노이드 중앙

한 조각의 위치: 떨어진 위치를 $z$라고 하면 적분 변수는 $z$이다; 고리로부터 관찰 지점 $A$까지 떨어진 거리는 $d - z$이다(그림 17.54). 우리의 계산 결과는 솔레

노이드 내부이든 외부이든 축 상의 모든 지점에서 유효할 것이다.

**질문** 솔레노이드의 짧은 구간 $\Delta z$안에 얼마나 많은 고리들이 들어있는가?

1미터당 $N/L$개의 고리가 있으므로, $\Delta z$안에는 $(N/L)\Delta z$개의 고리가 있다. 우리는 각 고리가 축을 따라 만드는 자기장을 알고 있다.

**질문** 그림 17.54와 같이 솔레노이드의 $\Delta z$영역 안에 있는 고리들이 관찰 지점에서 $z$방향으로 만드는 자기장이 다음과 같음을 보여라:

$$\Delta B_z = \frac{\mu_0}{4\pi}\frac{2\pi R^2 I}{[(d-z)^2+R^2]^{3/2}}\frac{N}{L}\Delta z$$

### 단계3: 모든 조각들의 효과 합산하기

알짜 자기장은 축을 따라 분포하고, 그것은 각각의 고리들이 만드는 모든 $\Delta B_z$의 총합이다:

$$B_z = \sum \Delta B_z = \sum \frac{\mu_0}{4\pi}\frac{2\pi R^2 IN}{L}\frac{\Delta z}{[(d-z)^2+R^2]^{3/2}}$$

이들 중 많은 값들은 모든 조각들에 대해 동일하므로 공통 인자로서 $\sum$앞으로 빼낼 수 있다:

$$B_z = \frac{\mu_0}{4\pi}\frac{2\pi R^2 IN}{L}\sum \frac{\Delta z}{[(d-z)^2+R^2]^{3/2}}$$

이 식은 $z$값이 $-L/2$에서 $+L/2$의 구간을 갖는 적분식으로 변환할 수 있다:

$$B_z = \frac{\mu_0}{4\pi}\frac{2\pi R^2 IN}{L}\int_{z=-L/2}^{z=+L/2}\frac{dz}{[(d-z)^2+R^2]^{3/2}}$$

$u = d - z$라고 하면 $dz = -du$이므로 적분 범위는 $u = d - (-L/2)$에서 $u = d - (+L/2)$까지로 치환된다:

$$B_z = \frac{\mu_0}{4\pi}\frac{2\pi R^2 IN}{L}\int_{u=d+L/2}^{u=d-L/2}\frac{-du}{[u^2+R^2]^{3/2}}$$
$$= \frac{\mu_0}{4\pi}\frac{2\pi R^2 IN}{L}\int_{u=d-L/2}^{u=d+L/2}\frac{du}{[u^2+R^2]^{3/2}}$$

이 적분 계산은 적분표에서 찾을 수 있다:

$$B_z = \frac{\mu_0}{4\pi}\frac{2\pi R^2 IN}{L}\left[\frac{u}{R^2\sqrt{u^2+R^2}}\right]_{u=d-L/2}^{u=d+L/2}$$
$$B_z = \frac{\mu_0}{4\pi}\frac{2\pi IN}{L}\left[\frac{d+L/2}{\sqrt{(d+L/2)^2+R^2}} - \frac{d-L/2}{\sqrt{(d-L/2)^2+R^2}}\right]$$

이 식에서 $d$는 솔레노이드 중심에서부터 떨어진 거리다.

그림 17.55는 솔레노이드 중심에서부터 떨어진 거리의 함수로 나타낸 $B_z$에 대한 식의 개략도를 나타낸 것이다. 양 끝에 가까이 가지 않는 한 솔레노이드 내부

에서는 자기장이 거의 일정하다는 점을 주목하라. 자기장은 이 그림보다 더 길고 또는 더 얇은 솔레노이드에서는 보다 더 일정하게 된다.

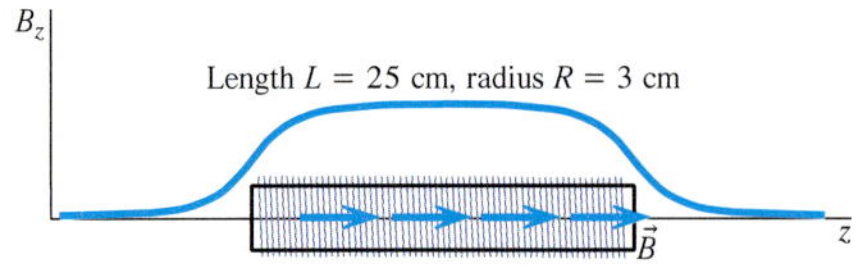


그림 17.55

**질문** 만약 반지름 $R$이 길이 $L$에 비해 충분히 작다면($R \ll L$), 솔레노이드 중심에서 자기장은 놀랍도록 단순한 값인 $B_z \approx \dfrac{\mu_0 NI}{L}$ 가 된다는 것을 보여라.

$d = 0$이고, $R \ll L$일 때, 위의 식에서 대괄호 안의 값은 다음과 같은 값이 되는데,

$$\frac{L/2}{\sqrt{(L/2)^2}} - \frac{-L/2}{\sqrt{(-L/2)^2}}$$

이 값은 2가 된다. 따라서 자기장은 $B_z \approx \mu_0 NI/L$과 같은 간단한 식이 된다.

위의 개략도는 솔레노이드 양 끝단에 너무 가까운 곳이 아닌 한 솔레노이드 내부에 생기는 자기장의 근사치를 보여준다. 솔레노이드 바깥에서 자기장은 급격히 감소한다. 멀리 떨어진 곳에서의 자기장은 $1/r^3$의 형태로 떨어지며, 이때 솔레노이드는 단지 고리 도선의 집합체라고 간주할 수 있다.

**긴 솔레노이드에 의한 자기장**

$$B_z \approx \frac{\mu_0 NI}{L}$$

솔레노이드의 반지름 $\ll L$일 때, 솔레노이드 내부의 자기장

## 단계4. 결과 점검하기

최종 결과가 그럴 듯 한가? 특별히 단위를 바르게 썼는가?

단일 전류 요소에 대한 자기장과 비교하면,

$$\frac{\mu_0}{4\pi}\frac{I\Delta\vec{l} \times \hat{r}}{r^2}$$

우리는 쉽게 우리의 해답이 올바른 단위를 갖고 있음을 확인할 수 있다. 왜냐하면, $\dfrac{NI}{L}$ 은 $\dfrac{I\Delta l}{r^2}$ 과 같은 단위를 가지기 때문이다($\hat{r}$은 차원이 없는 값임을 기억하라).

# 요약

### 비오-사바르 법칙

$\vec{B}=\frac{\mu_0}{4\pi}\frac{q\vec{v}\times\hat{r}}{r^2}$ (움직이는 단일 입자, 그림 17.56)

$\hat{r}$은 근원 전하로부터 관찰점으로 향하는 방향의 단위 벡터

$$\frac{\mu_0}{4\pi}=1\times10^{-7}\frac{\mathrm{T\cdot m^2}}{\mathrm{C\cdot m/s}}$$

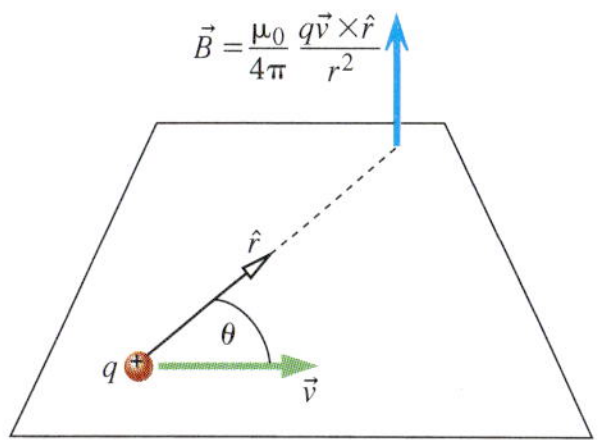

그림 17.56

$$\Delta\vec{B}=\frac{\mu_0}{4\pi}\frac{I\Delta\vec{l}\times\hat{r}}{r^2}\ \text{(전류 분포, 그림 17.57)}$$

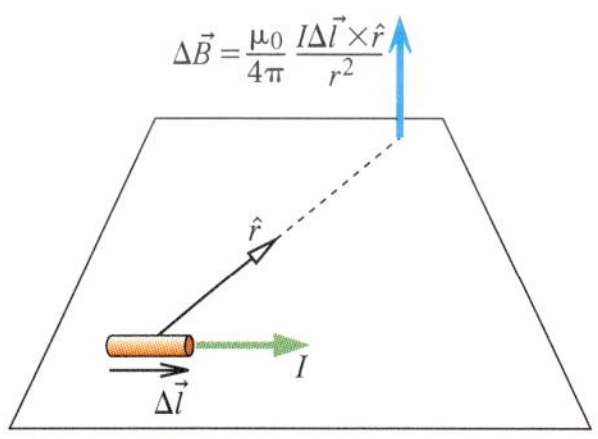

그림 17.57

전자 전류: $i = nA\bar{v}$

전도 전류: $I = |q|nA\bar{v}$

자기장은 나침반을 이용하여 감지할 수 있다; 지구 자기장의 수평 성분은 미국 내륙 대부분 지역에서 $B_{\text{지구}}\approx 2\times10^{-5}$ T이다.

### 도선에 의한 자기장

길이 $L$의 직선 도선에 전도 전류 $I$가 흐를 때 도선에서 수직으로 떨어진 거리 $r$에서(그림 17.58):

$$B_{\text{wire}}=\frac{\mu_0}{4\pi}\frac{LI}{r\sqrt{r^2+(L/2)^2}}\approx\frac{\mu_0}{4\pi}\frac{2I}{r}\ (L\gg r\text{일 때})$$

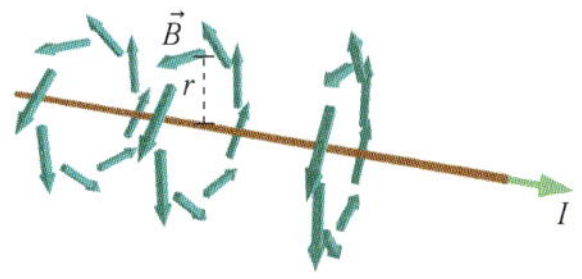

그림 17.58

### 고리에 의한 자기장

$R$은 고리의 반지름, $I$는 전도 전류의 크기, $z$는 고리 중심에서 축을 따라 떨어진 거리일 때(그림 17.59):

$$B_{\text{loop}}=\frac{\mu_0}{4\pi}\frac{2\pi R^2 I}{(z^2+R^2)^{3/2}}\approx\frac{\mu_0}{4\pi}\frac{2\mu}{z^3}\ (z\ll R\text{일 때})$$

고리의 자기 쌍극자 모멘트: $\mu = (\pi R^2)I$

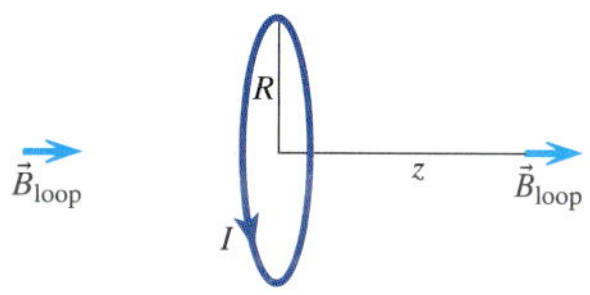

그림 17.59

### 긴 솔레노이드에 의한 자기장

긴 솔레노이드 내부에서 (솔레노이드의 반지름 ≪ $L$일 때)

$$B_z\approx\frac{\mu_0 NI}{L}$$

솔레노이드는 반지름에 비해 길이가 매우 길다는 점을 기억하라. 몇 개의 촘촘한 고리로 이루어진 코일과는 다르다(그림 17.60):

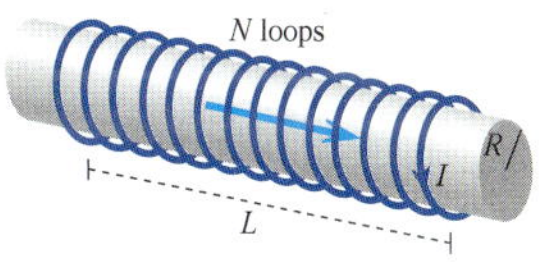

그림 17.60

### 자석의 원자 모형

원자 하나는 자기 쌍극자가 될 수 있다. 자기 쌍극자 모멘트는 주로 짝없는 전자들의 자전 운동(회전 각운동량)에 기인한다. 전자들의 궤도 각운동량 또한 자기 쌍극자 모멘트에 기여한다. 막대 자석의 자기 쌍극자 모멘트는 그것을 구성하는 모든 원자들의 자기 쌍극자 모멘트의 합이다.

### 강자성체

강자성체는 정렬된 원자 자기 쌍극자 모멘트들의 구역들로 구성되어 있고, 외부 자기장이 이들 자기 구역을 정렬시킬 수 있다. 외부 자기장을 제거해도 물질을 부분적으로 정렬된 상태로 남겨둘 수 있어서 영구 자석이 될 수 있다.

## 실험

### 장비

자기장을 공부하기 위해 다음과 같은 장비가 필요하다.

- 손전등용 건전지와 건전지 홀더 2개
- 두 종류의 전구
- 짧은 길이의 집게 전선 여러 개("집게"는 전선을 연결할 때 사용된다)
- 긴 도선 (약 2 m)
- 액체로 채워진 나침반
- 실험12를 위해 필요한 탈자화된 못

### 단순 회로

전류에 의한 자기장 효과를 관찰하기 위해서 도선, 전구, 그리고 건전지를 연결하여 단순 회로를 만드는 것이 유용하다. 이 단순 회로는 연속적인 전류의 근본적인 전기적 및 자기적 성질을 관찰할 수 있는 계의 가장 단순한 예이다.

이 장에서의 실험을 위해 필요한 장비는 다음과 같다: D셀 건전지(이 크기의 건전지에 맞는 홀더가 있으면 유용하다), 전구(#48호 그리고 가능하면 #14호), 전구 소켓, 절연된 도선, 집게 전선, 액체로 채워진 나침반(공기로 채워진 나침반은 바늘이 회전축에 잘 걸리기 때문에 제대로 작동하지 않는 경우가 많다), 막대 자석

이러한 장비들은 실험실에서 구할 수 있고, 또는 웹사이트 http://www.pasco.com에서 실험 키트 EM−8675를 구입할 수 있다.

### 전구와 소켓

전구의 필라멘트(빛을 내는 매우 가는 금속선)는 매우 높은 온도에 도달하기 전까지는 좀처럼 녹지 않는 텅스텐으로 만들어진다. 빛을 내는 텅스텐선은 공기 중에서 빠르게 산화되고 불타버리므로, 전구 내부를 진공으로 하거나 또는 아르곤과 같은 불활성 기체를 주입한다.

전구 안의 가는 텅스텐 필라멘트는 전자의 흐름을 강하게 방해한다. 전자 바다가 텅스텐을 통과하도록 힘을 받을 때, 움직이는 전자들은 양으로 대전된 중심부(핵과 내부 전자들)와 충돌하고, 이 "마찰"로 인해 금속이 뜨거워지고 빛을 낸다.

**실험1.** 단순 회로 실험

(a) 건전지 하나, 연결 도선(양 끝에 집게가 있는 절연된 도선), 소켓 없이 둥근 전구(#14) 하나를 이용하여 전구에 불이 켜지게 하여라(그림 17.61을 보라.). 만일 전구가 일정하게 빛을 내면 이를 "정상 상태"라고 한다. 어떻게 이 회로를 구성했는지 그림으로 나타내어라.

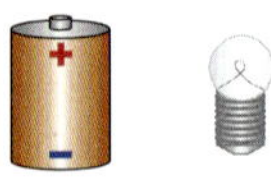

그림 17.61

(b) 전구를 유심히 살펴보고, 길이 방향으로 반으로 자른다고 상상해 보자. 그림 17.62는 단면도를 나타낸다.

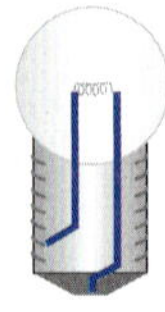

그림 17.62

이 그림 위에 중요 부분과 연결 부분을 표시하고, 어느 부분이 금속 전도체이고 어느 부분이 절연체인지를 나타내어라. 가능하면 다른 색깔을 써서 전류가 전구를 통해 흘러가는 경로를 나타내어라. 만약 건전지로 연결을 반대로 하면 어떻게 될까? 전구는 여전히 불이 들어올까?

(c) 길쭉한 전구(#48)와 둥근 전구(#14)를 자세히 살펴보아라(그림 17.63).

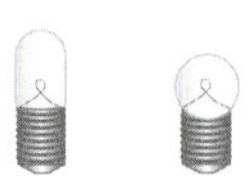

그림 17.63

두 전구 안에 있는 텅스텐 필라멘트는 거의 같은 길이지만, 아마도 그냥 맨눈으로 보더라도 길쭉한 전구 안의 필라멘트가 둥근 전구 안의 필라멘트보다 가늘다는 것을 볼

수 있다. 전자가 (길쭉한 전구 안의) 가느다란 필라멘트를 통과하는 경우와 (둥근 전구 안의) 보다 굵은 필라멘트를 통과하는 경우 중 어느 경우가 더 쉬울까? 왜 그럴까? (현 단계에서 이는 단지 추측일 뿐이지만, 이에 대해서 다음에 보다 자세히 공부하게 될 것이다.)

(d) 전구 소켓을 살펴보고, 길이 방향으로 반으로 자른다고 상상해 보자. 단면도를 그리고 중요 부분과 연결 부분을 표시하라. 어느 부분이 금속 전도체이고 어느 부분이 절연체인지를 나타내어라. 가능하면 다른 색깔을 써서 전구가 전구 소켓에 들어가 있을 때 전류가 소켓을 통해 흘러가는 경로를 나타내어라. 전구를 소켓에 끼워넣고 두 연결 도선을 써서 소켓을 건전지에 연결하여라. 전구에 불이 들어오는지 확인하여라.

(e) 소켓에 끼운 둥근 전구를 직렬로 연결된 두 건전지에 연결하여라(그림 17.64).

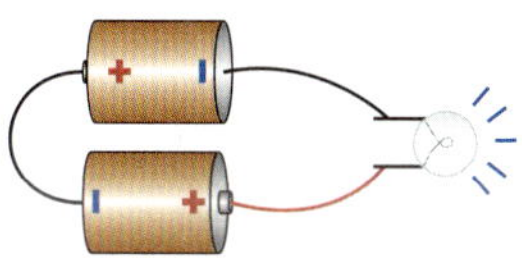

그림 17.64

두 건전지를 직렬로 연결하기 위해서는 그림처럼 반대 방향으로 놓여진 건전지 홀더에 건전지를 넣고 (+가 −로 연결되도록) 연결하면 된다. 전구가 건전지 한 개에 연결되었을 때와 두 개가 직렬로 연결된 건전지에 연결되었을 때의 밝기를 비교하여라. 이 차이 때문에 우리는 실험에서 건전지 두 개를 직렬로 연결하여 사용할 것이다.

**실험2.** 전류의 자기 작용

두 개의 건전지와 소켓에 끼운 둥근 전구 하나로 회로를 구성하여라. 도선 중 하나 아래에 평평한 바닥에 나침반을 그림 17.65와 같이 놓아라. 이때 나침반이 철로 된 물체, 즉 건전지나 집게 도선의 철제 부분과 떨어지도록 하여라. 만약 철제 책상 위에서 실험을 한다면 나침반을 두꺼운 책 위에 올려놓으면 된다(장소의 융통성을 위해서, 도선 두 개를 연결하여 하나의 긴 직선 도선을 만드는 것도 유용한 방법이다).

회로를 연결하여 전구에 불이 들어오게 하고, 다음과 같은 활동을 하여라:

- 도선을 나침반 위로 들어올린다.
- 도선을 지면과 수평이 되게 하고 나침반 바늘과 나란하도록 정렬한다.
- 그림 17.65와 같이, 정렬된 도선을 나침반 가까이로 내린다.

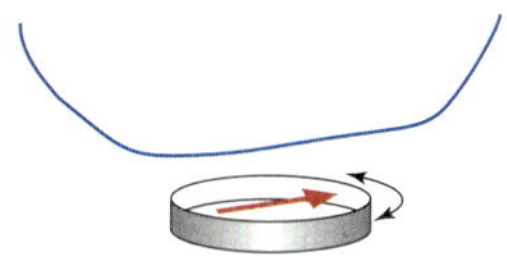

그림 17.65

(a) 도선을 나침반 위로 내릴 때 나침반 바늘에는 어떤 변화가 생기는가?

(b) 그림 17.66과 같이, 도선이 나침반 바늘과 나란하지 않고 수직으로 정렬되었다면 어떻게 될까?

(c) 건전지를 반대로 연결하거나 나침반 위에 도선을 반대 방향으로 놓아 도선 안의 전자가 반대 방향으로 흐르게 한 후 나침반 바늘이 휘어지는 것을 다시 한 번 관찰하여라. 전류의 방향을 바꾸면 나침반 바늘의 편향은 어떻게 달라지는가?

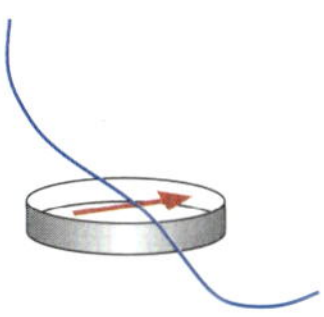

그림 17.66

(d) 도선을 나침반 밑으로 지나가게 하여라(그림 17.67). 무엇이 달라지는가?

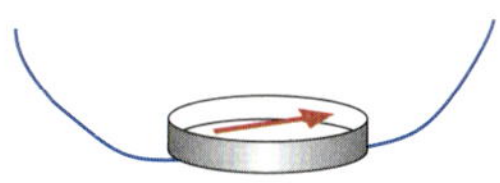

그림 17.67

(e) 나침반에 영향을 주는 것은 도선에 흐르는 전류이지 금속 도선 자체가 아님을 확인하기 위하여, 건전지의 연결을 끊어보아라. 도선을 나침반에 가까이 가져갈 때 나침반 바늘의 편향이 생기는가?

(f) 다음의 경우에 관찰되는 나침반 바늘의 편향을 기록하여라:

1. 두 건전지와 (밝은) 둥근 전구
2. 두 건전지와 (희미한) 길쭉한 전구
3. 두 건전지와 그냥 긴 도선만 (전구 없이). 이를 쇼트 회로라고 하는데, 이렇게 하면 건전지를 상당히 소모시키므로 몇 분 이상 이렇게 연결된 채로 두면 안 된다.

여러분이 관찰한 현상은 덴마크의 과학자 외르스테드(Oersted)가 1820년 물리 수업 시간에 시범 강연을 하다가 발견한 것이다. 이 현상은 종종 "외르스테드 효과"라고도 불린다. 여러분의 실험으로부터 다음과 같은 결론을 내

릴 수 있을 것이다:

- 전류로 인해 생기는 자기장의 세기는 그 전류의 세기에 의존한다.
- 전류가 흐르지 않는 도선은 자기장을 만들지 않는다.
- 전류에 의해 생기는 자기장은 전류가 흐르는 방향과 수직으로 나타난다.
- 도선 아래에서 생기는 전류에 의한 자기장의 방향은 도선 위에서 생기는 전류에 의한 자기장의 방향과 반대이다.

**실험3.** 전자 전류와 건전지

전자 전류가 건전지의 음극에서 나와서 양극으로 들어간다고 가정하고, 오른손 규칙을 써서 나침반 바늘이 왼쪽으로 휘어질지 오른쪽으로 휘어질지 예측하여라. 나침반 바늘이 예측한 대로 휘어지는지 확인하여라.

**실험4.** 긴 직선 도선에 의한 자기장

집게 도선을 이용하여 약 2 m 길이의 도선을 건전지에 연결할 준비를 하여라. 도선을 바닥이나 책상면에 놓고 남북 방향으로 직선으로 놓이도록 하고, 가능한 철제 제품과 떨어지도록 한다.

- 전류가 흐를 때 나침반 바늘이 20° 편향되는 높이까지 나침반을 가져간다. 수직으로 접어 세운 종이 위에 이 높이를 $r_{20°}$라고 표시하고 높이를 기록한다.
- 종이 위에 이 높이의 두 배 길이($2r_{20°}$)를 표시하고, 나침반을 그 높이에 놓고 바늘이 휘어진 각도를 기록한다.

(a) 여러분의 데이터는 긴 직선 도선 근처의 자기장 세기가 $1/r$(여기서 $r$은 도선에서부터 수직으로 떨어진 거리)에 비례한다는 이론 예측과 일치하는가?

(b) $r_{20°}$ 값을 이용하여 도선에 흐르는 전류의 세기 $I$를 구하여라.

코일에서의 실험 관찰

다음으로 우리는 여러 개의 고리로 이루어져 단일 고리보다 더 센 자기장을 만드는 코일에 대해서 측정할 것이다.

**실험5.** 코일에 의한 자기장

약 2 m 길이의 절연된 도선으로 손가락 두 개 정도 둘레로 $N$ = 20회 정도 감아 코일을 만들어라. 양끝을 꼬아 코일을 잡기 쉽게 하고 손가락에서 빼낸다. 집게 도선을 이용하여 코일을 건전지에 연결하여라.

$N$번 감은 코일 주위에 적절한 위치와 방향에 나침반을 놓아서 이로부터 그 지점에서의 자기장 방향과 상대적인 크기를 측정하여라. 이때 코일의 자기장이 항상 지구 자기장에 수직이 되도록 해야 함을 기억하라.

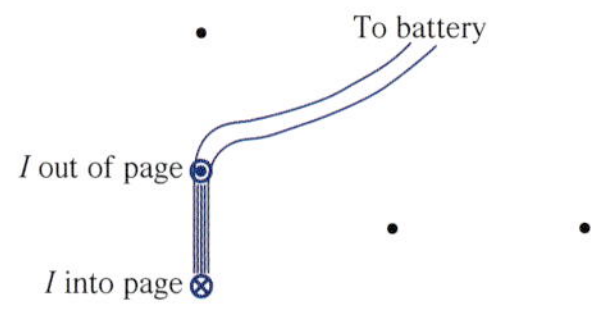


그림 17.68

그림 17.68과 같은 그림에 나타난 지점에서 자기장 벡터를 그려라. 감은 횟수 $N$, 코일의 반지름 $R$, 측정 지점까지 떨어진 거리, 각 지점에서 나침반의 편향각을 기록하여라.

(a) 여러분의 측정 결과는 코일 주변의 자기장에 대한 이론적 예측과 일치하는가?

(b) 도선에 흐르는 전류 $I$의 세기를 결정하여라.

**실험6.** 코일은 나침반이다.

다음 장에서 논의할 원인들로 인해서 자기 쌍극자 모멘트 $\vec{\mu}$는 마치 나침반 바늘과 같이 행동한다. 자기장이 가해졌을 때 전류 고리는 회전하여 자기 쌍극자 모멘트 $\vec{\mu}$가 자기장과 나란히 정렬하게 된다.

이러한 현상을 여러분이 만든 코일로는 관찰하기 어렵다. 왜냐하면 도선이 다소 뻣뻣하기 때문에 건전지를 포함한 장치 전체를 실에 매달지 않는 한, 코일이 자유롭게 회전하기 어렵기 때문이다. 또는 다음과 같이 해 보라:

주방 장비를 쓸 수 있다면, 건전지와 코일을 그릇, 유리나 알루미늄으로 된 넓은 접시나 나무 토막에 놓고 물에 띄울 수 있다(철제로 된 그릇은 안 된다!). 이렇게 하면 마치 코일의 자기 쌍극자 모멘트가 나침반 바늘인 것처럼, 코일 축이 지구 자기장과 나란히 정렬하는 것을 관찰할 수 있다.

**실험7.** 막대 자석에 의한 자기장의 방향

그 이름으로부터 자석(magnet)이 자기장(magnetic field)을 만든다는 것을 짐작할 수 있다. 우리는 나침반 바늘이 휘어지는 것을 보면 자기장이 있다는 것을 알 수 있다. 따라서 막대 자석이 나침반 바늘이 휘어지게 하는지 알아보자.

다음 그림과 같이 나침반이 동쪽으로 편향되도록 막대 자석 오른쪽에 오도록 배치한다. 유사한 그림을 여러분의 공책에 그려라.

우리는 자기장 $\vec{B}$의 방향을 그 지점에 나침반을 놓았을 때 바늘의 "북쪽" 끝이 가리키는 방향으로 정의한다.

(a) 막대 자석이 자석의 축을 따라 자기장을 만든다고 가정하고, 여러분의 공책에 나침반 바늘의 방향과 나침반이 놓인 지점에서 막대 자석에 의한 자기장 $\vec{B}_m$를 그려라. 자기장이 가리키는 방향인 자석의 "북쪽" 끝에 "N"이라고 표시한다(필요하면 테이프를 붙이고 그 위에 쓴다).

(b) 그림 17.69와 같이 나침반을 자석 왼쪽, 위쪽, 아래쪽으로 옮겨라. 각 지점에서 나침반 바늘의 방향을 기록하

고, 또한 그 지점에서 막대 자석으로 인해 생긴 자기장의 방향을 그림에 표시한다.

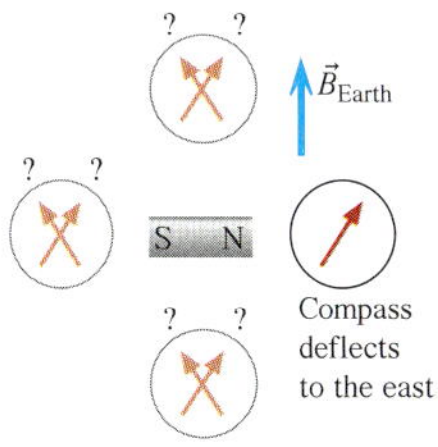


그림 17.69

위 그림에 나타난 각 지점에 나침반을 놓고, 나침반 바늘이 휘어진 정도를 기록하라. 각 지점에서 자석의 자기장 방향은 어떠한가?

(c) 이러한 자기장 형태가 익숙한가? 전에 이와 유사한 형태의 장의 분포를 본 적이 있는가?

(d) 테이프를 이용하여 자석을 실이나 머리카락에 매달거나, 또는 접시 위에 얹어 물 위에 띄워라. 어느 쪽 끝이 북쪽을 향하는지 기록하여라. 확실히 나침반은 축 위에 떠있는 바늘 모양의 자석으로 구성되어 있다.

**실험8.** 자석과 물질

동료로부터 다른 자석을 얻거나 주방용 자석을 구하여라. 이 자석에 북쪽과 남쪽을 모두 표시하도록 하여라.

(a) 두 자석의 상호작용을 간단히 묘사하여라.

(b) 여러분은 아마도 자석은 오직 쇠나 강철로 된 물건하고만 상호작용한다는 것을 알고 있을 것이다. 자석은 니켈이나 코발트로 된 물체하고도 상호작용하는데, 이들 물체는 주변에서 좀처럼 구하기는 어렵다. 여러분이 갖고 있는 자석이 알루미늄 (알루미늄 포일), 구리 (구리 동전, 또 구리 도선), 또는 비금속 물체와 상호작용하는지 확인해 보아라. 또한, 자석이 전자 제품의 철로 된 부분과 강하게 끌어당기는지 확인해 보아라.

(c) 대전된 투명 테이프와는 어떤 일이 벌어지는지 점검하라. 대전된 투명 테이프가 일반적으로 대전되지 않은 물체를 끌어당기지만 자석의 양극에서 똑같은 일이 벌어지는 것으로 보다 그것이 자기적 상호작용은 아닌 것처럼 보인다는 것을 확인하여라.

(d) 자기적 상호작용이 전기적 상호작용의 경우와 같이 물체를 통과한다는 것을 보일 증거를 댈 수 있는가?

(e) 두 자석을 나침반 근처에 다양한 위치에 놓아 자석의 자기장에도 중첩의 원리, 즉 두 자석의 알짜 자기장은 두 자기장의 벡터합이 된다는 사실을 시범으로 보이라. 자기장에 대한 중첩의 원리를 보여주는 한 가지 예를 들어라.

**실험9.** 막대 자석에 대한 거리 의존성

나침반 바늘이 동쪽으로 70도 회전하도록 (그림 17.70) 다시 한 번 막대 자석 오른쪽에 나침반을 가져다 놓아라. 제대로 된 측정을 방해할 수 있으므로 철제로 된 책상에서는 실험하면 안 된다. 측정하기 가장 좋은 장소는 쇠붙이나 강철 제품과 멀리 떨어진 야외이다.

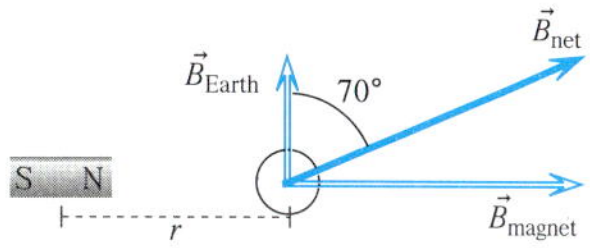


그림 17.70

(a) 자석의 중심으로부터 70도 편향각을 얻은 위치까지 떨어진 거리 $r$을 측정하라.

(b) 벡터 분해와 지구 자기장의 크기를 이용하여 자석의 중심으로부터 $r$만큼 떨어진 지점에서의 자기장 세기 $B_r$을 계산하여라.

(c) 이제 자석을 두 배 멀리, 즉 자석의 중심으로부터 $2r$만큼 떨어진 곳에 놓아라. 새로운 거리와 새로운 편향각을 기록하라. 자석으로부터 새로운 거리만큼 떨어진 곳에서의 자기장 세기 $B_{2r}$을 계산하여라.

(d) 자석으로부터 떨어진 거리가 두 배가 될 때 자석의 자기장 세기는 몇 배로 줄어들었는가?

(e) 자석의 자기장은 거리에 따라 줄어드는데, 이때 $1/r^n$ ($n$은 초기에 알려지지 않은 값)의 비율로 변한다고 가정할 수 있다. 여러분의 측정 결과에 따르면 $n$은 얼마인가? (여러분은 이 계산을 위해 몇 군데 지점에서 추가로 더 측정할 수 있다.)

(f) 자석의 한쪽 끝에서의 자기장 세기는 몇 T(테슬라)일지 외삽을 통해 구해보아라(자석의 중심으로부터 거리 $r$을 측정한다는 것을 기억하라).

(g) 나침반을 자석의 중심으로부터 북쪽 또는 남쪽으로 아까와 같은 $r$만큼 떨어진 지점에 놓고, 이 지점에서의 자기장 세기를 구하여라(그림 17.71을 보라). 이 값은 (b)에서 얻은 결과와 비교하면 어떠한가?

그림 17.71

**실험10.** 코일은 자석과 같이 당기거나 민다.
자석과 전류가 흐르는 코일이 서로 매우 유사하게 행동한다는 것을 보여주는 다른 방법이 있다. 코일을 책상 가장자리에 걸고 막대 자석을 코일의 축을 따라 가까이 가져간다. 자석의 극을 바꾸어라. 코일의 반대쪽에서 반복하여라. 이러한 결과는 두 막대 자석 사이에서 관찰되는 상호작용과 유사한가?

**실험11.** 자석을 반으로 자르기
실제로 자석을 잘라 둘로 만드는 대신, 그림 17.72와 같이 두 막대 자석을 N극과 S극끼리 서로 닿도록 연결하였다가 다시 둘로 나눠놓는 것으로 모의 실험해 보자.

그림 17.72

둘을 붙여 놓은 긴 자석이 마치 하나의 자석인 것처럼 행동하고, 이 둘을 다시 나눠놓으면 여전히 각각의 자석으로 행동한다는 것을 관찰하였는가?
만약 적절한 장비가 준비되어 있다면, 연철로 된 쇠못을 자석으로 내려쳐서 자화시킬 수 있다. 이 못을 쇠톱을 이용하여 반으로 자르고, 나눠진 각 부분의 성질을 조사하여라.

**실험12.** 자기적 배가 효과
참고: 이 실험을 위해 자화되지 않은 쇠못이 필요하다. 만약 쇠못들이 자석 근처에 놓였던 적이 있다면 아마도 쇠못은 강하게 자화되었을 것이다. 이를 확인하기 위해 이 쇠못의 양끝을 각각 나침반에 가져가 보아라. 쇠못이 자화되지 않았다면, 쇠못의 양끝은 나침반에 똑같은 영향을 줄 것이다. 그러나 쇠못이 강하게 자화되었다면, 쇠못의 양끝은 나침반에 완전히 다르게 반응할 것이다.
만일 쇠못이 강하게 자화되었다면 막대 자석을 못 가까이에 (그러나 닿지는 않게) 가져가서 쇠못을 반대로 자화시켜라. 다시 한 번 나침반을 가지고 점검하고, 필요하다면 자화된 정도가 0이 될 때까지 이를 반복하여라. 최소한 3개의 자화되지 않은 못을 확보한 후에 다음 실험으로 넘어간다.

여러분은 이제 자석 배가 효과를 공부할 수 있다. 2 m 길이의 절연된 도선을 가지고 손가락 두 개 둘레로 20회 정도 감는다. 양끝을 꼬아 코일 모양이 유지되도록 하고 손가락에서 빼낸다. 코일을 건전지에 연결하고 나침반을 코일 동쪽 또는 서쪽으로 놓아 나침반 바늘이 북쪽에서 약 5도 편향되도록 한다. 전류를 흐르지 않게 하고, 나침반 바늘의 편향이 다시 0이 되도록 한다.
(a) 자화되지 않는 쇠못을 코일 속에 넣고 나침반 바늘의 편향이 있다면 기록하여라. 이제 다시 전류를 흐르게 하고 나침반 바늘의 편향이 어떻게 변하는지 관찰하여라. 쇠못을 추가로 더 넣고 나침반 편향의 변화를 관찰하여라.
(b) 전류가 흐를 때 쇠못을 넣으면 왜 나침반 편향이 상당한 정도로 증가시키는지 간단히 설명하여라.
(c) 쇠못을 코일에 넣고 전류를 끊었을 때 쇠못이 영구히 자화되는지 점검해 보아라. 만일 나침반이 코일에 전류가 흐르지 않는데도 상당히 편향된다면, 쇠못은 강하게 자화되었을 것이다. 실제로 그러한가?
(d) 이 쇠못 중 하나를 처음에는 한쪽 끝을, 다음에는 반대쪽 끝을 나침반 가까이에 가져간다. 쇠못은 약하게 자화되었는가?

**실험13.** 전자석
다음으로, "전자석"을 만들어보자. 약 2 m 길이의 절연 도선을 가지고 쇠못의 축을 따라 촘촘히 감아라. 이 효과를 세게 하기 위해서 쇠못에 여러 차례 겹겹이 감을 수 있지만, 쇠못의 끝 부분은 다른 물체와 닿을 수 있도록 남겨놓아야한다. 도선의 양끝을 꼬아 코일을 잡기 쉽게 한다. 코일을 건전지에 연결하고 다른 못 근처에 가져간다.
다른 못을 잡아당길 수 있는가? (건전지가 새 것이 아니라면 다른 못을 잡아당길만큼의 충분한 전류가 흐르지 않을 수 있지만, 종이 클립 정도는 당길 수 있을 것이다) 전류를 끊으면 다른 쇠못이 떨어지는 이유는 무엇인가? 전자석 못이 자화된 성질을 약간은 유지하고 있다는 어떤 증거가 있는가?

## 질문

**질문1.** $\vec{v} = \langle v_x, v_y, v_z \rangle$, $\hat{r} = \dfrac{\langle x, y, z \rangle}{\sqrt{x^2+y^2+z^2}}$ 일 때, $\vec{v} \times \hat{r}$ 벡터를 구하라.

**질문2.** $\vec{a}$와 $\vec{b}$가 모두 $xz$ 평면 위에 있고, $\vec{c}$는 $\vec{a} \times \vec{b}$와 같다. 다음 중 $\vec{c}$에 대한 설명으로 옳은 것은?
(1) $\vec{c}$의 $x$와 $y$ 성분은 모두 0이다.
(2) $\vec{c}$의 $y$와 $z$ 성분은 모두 0이다.
(3) $\vec{c}$의 $z$와 $x$ 성분은 모두 0이다.

**질문3.** 움직이는 점 전하에 의한 자기장의 세기는 주어진 어느 각도에서 거리에 따라 다음 중 어떤 비율로 줄어드는

가? $1/r$, $1/r^2$ 또는 $1/r^3$

**질문4.** 움직이지 않는 전하에 의한 자기장에 대해서 기술하여라.

**질문5.** 전류가 흐르는 도선이 책상 면 위에 남북 방향으로 놓여 있다. 도선 안의 전자들은 북쪽으로 흘러가고 있다. (a) 도선 바로 아래의 한 지점에서 움직이는 전자에 의한 자기장의 방향은 어디인가? (b) 만일 나침반을 도선 바로 아래에 놓는다면 나침반 바늘은 어느 방향으로 휠 것인가?

**질문6.** 전류가 흐르는 도선이 책상 면 위에 남북 방향으로 놓여 있다. 도선 안의 전자들은 남쪽으로 흘러가고 있다. (a) 도선 바로 아래의 한 지점에서 움직이는 전자에 의한 자기장의 방향은 어디인가? (b) 만일 나침반을 도선 바로 아래에 놓는다면 나침반 바늘은 어느 방향으로 휠 것인가?

**질문7.** 그림 17.73과 같이 회로의 한 부분을 생각해 보자. 도선은 두 개의 나침반 위에 놓여져 있다. 전류가 흐르지 않을 때, 두 나침반은 모두 북쪽을 가리켰다(그림에서 회색으로 칠한 화살표). 회로에 전류가 흐를 때 나침반 1의 바늘은 그림과 같이 휘어졌다. 나침반 2의 바늘은 어느 방향으로 휘어질 것인가? 휘어진 방향을 나타내는 그림을 그려라.

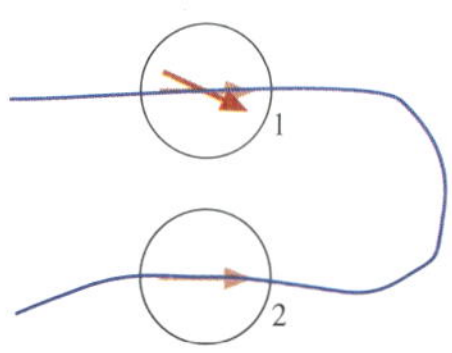


그림 17.73

**질문8.** 회로의 어느 한 도선에서 전도 전류는 $+y$ 방향으로 흐르고 있다. 그 도선에서 전자 전류의 방향은 어디인가?

**질문9.** 회로의 어느 한 도선에서 전자 전류는 $+z$ 방향으로 흐르고 있다. 그 도선에서 전도 전류의 방향은 어디인가?

**질문10.** 철로 된 막대 자석은 전류가 흐르는 긴 코일 외부에서 생기는 자기장과 유사한 형태의 자기장을 만든다. 그 철 속에 전류가 흐르고 있는가? 간단히 설명하라.

**질문11.** 여러분이 하나는 질량 100 g, 다른 하나는 질량 $a$ kg인 두 개의 알니코(알루미늄–니켈–코발트 합금) 막대 자석을 갖고 있다고 가정해 보자. 각 자석으로부터 1 m 떨어진 지점에서의 자기장은 어떻게 다를 것인가?

**질문12.** 어떤 고리에서 전도 전류가 그림 17.74에서 나타난 방향으로 흐르고 있다. 만약 여러분이 $x$축 상의 A 지점에 고리를 향하여 서 있다면, 전류는 반시계 방향으로 흐른다. 문자로 표시된 각 지점에서 고리에 흐르는 전류에 의해 생기는 자기장의 방향을 구하여라.

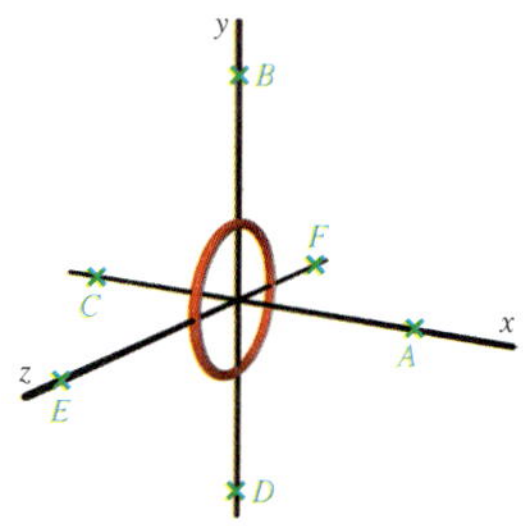


그림 17.74

**질문13.** (a) 어떻게 하면 어떤 지역에서 거의 균일한 자기장을 만들 수 있을까? (b) 어떻게 하면 $1/r$의 비율로 줄어드는 자기장을 만들 수 있을까? (c) 어떻게 하면 $1/r^2$의 비율로 줄어드는 자기장을 만들 수 있을까? (전류가 흐르는 도선의 어느 짧은 조각만을 사용할 수는 없다. 왜냐하면 도선의 나머지 다른 부분들도 영향을 주기 때문이다.) (d) 어떻게 하면 $1/r^3$의 비율로 줄어드는 자기장을 만들 수 있을까?

**질문14.** 그림 17.75에 나타난 전류가 흐르는 직사각형 코일의 안쪽과 바깥쪽 지점에서 생기는 자기장의 방향은 어디인가? 간단히 설명하라(전도 전류의 방향이 그림에 나와있다.).

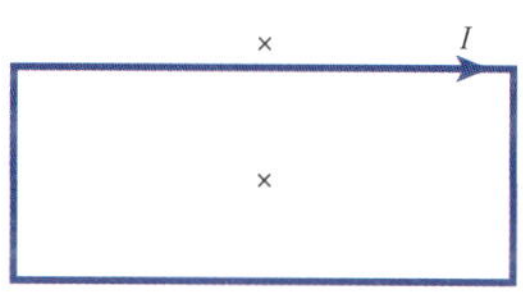


그림 17.75

# 문제

## 17.3절

**문15.** 크기가 3인 벡터 $\vec{C}$가 $x$축을 따라 놓여 있고, 크기가 5인 벡터 $\vec{D}$는 $xy$ 평면 위에 $x$축과 30도 떨어진 곳에 있다 (그림 17.76).

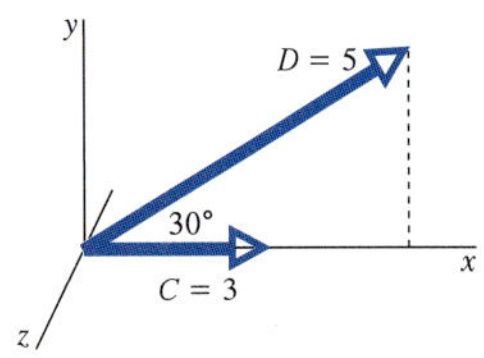


그림 17.76

외적 $\vec{C} \times \vec{D}$의 크기와 방향은 무엇인가? 외적 $\vec{D} \times \vec{C}$의 크기와 방향은 무엇인가? 그림 위에 이 두 벡터를 그려라.

**문16.** $\vec{v} = \langle 390, -480, 333 \rangle$ m/s이고, $\hat{r} = \langle 0.577, 0.577, -0.577 \rangle$일 때, $\vec{v} \times \hat{r}$은 얼마인가?

**문17.** $\langle 2, 0, -5 \rangle \times \langle -5, 3, 5 \rangle$는 얼마인가?

**문18.** 원자 수준에서의 자기장의 세기에 대한 감을 잡기 위해, 수소 원자의 단순 보어(Bohr) 모형 안에 있는 전자에 의한 자기장의 세기를 고려해 보자. 바닥 상태에서 보어 모형은 전자의 속도를 $2.2 \times 10^6$ m/s, 양성자로부터 떨어진 거리를 $0.5 \times 10^{-10}$ m로 예측한다. 양성자의 위치에서 $B$는 얼마인가?

**문19.** 전자 하나가 오른쪽으로 $4 \times 10^6$ m/s의 속력으로 수평으로 움직이고 있다(그림 17.77). 각각의 표시된 지점은 전자로부터 5 cm 떨어져 있다. 각 지점에서 이 움직이는 전자에 의한 자기장은 얼마인가? 각 지점에서 자기장의 크기와 방향을 구하여라.

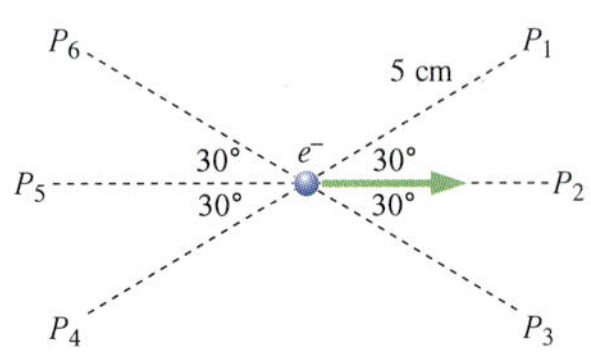


그림 17.77

**문20.** 어느 특정 순간에 원점에서 양성자는 $\langle 2 \times 10^4, -2 \times 10^4, 0 \rangle$의 속도를 갖는다. $\langle 0.02, 0.06, 0 \rangle$인 지점에서 이 움직이는 양성자에 의해 생기는 자기장을 계산하려고 한다. (a) $\vec{r}$는 얼마인가? (b) $\hat{r}$은 얼마인가? (c) $\vec{v} \times \hat{r}$은 얼마인가? (d) 관측 지점에서 움직이는 양성자에 의해 생기는 자기장은 얼마인가?

**문21.** 그림 17.78에서 양성자가 $5 \times 10^6$ m/s의 속력으로 위로 움직이고 있다. 그림에서 표시된 각 지점에서 이 양성자로 인해 생기는 자기장은 얼마인가? 각 지점은 양성자로부터 8 cm 떨어져 있다. 각 지점에서 자기장의 크기와 방향을 구하여라.

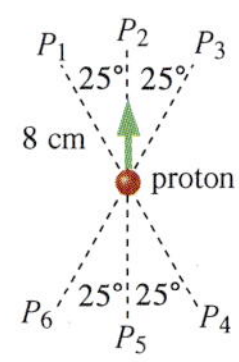


그림 17.78

**문22.** 어느 특정 순간에 원점에서 한 양성자가 $\langle 3 \times 10^4, -2 \times 10^4, -7 \times 10^4 \rangle$의 속도로 움직이고 있다. (a) 이 순간 $\langle 4 \times 10^{-3}, 4 \times 10^{-3}, 3 \times 10^{-3} \rangle$인 지점에서 이 양성자에 의해 생기는 전기장은 얼마인가? (b) 이 순간 같은 지점에서 이 양성자에 의해 생기는 자기장은 얼마인가?

**문23.** 그림 17.79에서 전자가 $3 \times 10^6$ m/s의 속력으로 움직이고 있다.

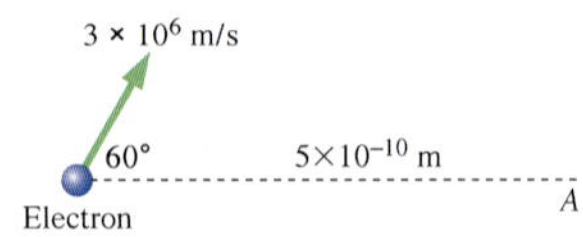


그림 17.79

(a) $A$지점에서 이 전자에 의한 전기장과 자기장의 방향은 각각 무엇인가? (b) $A$지점에서 이 전자에 의한 전기장과 자기장의 세기는 각각 얼마인가?

## 17.6절

**문24.** 수평으로 놓인 금속 도선에서 전자 전류가 $3.7 \times 10^{18}$ electrons/s의 속력으로 오른쪽으로 흐르고 있다. 전도 전류의 크기와 방향은 얼마인가?

**문25.** 12 A의 전도 전류가 수평으로 놓인 금속 도선 안에서 흐르고 있다. (a) 도선의 한 지점에서 1초 동안 몇 개의 전자들이 통과하는가? (b) 전자들은 어느 방향으로 흐르고 있는가? (c) 이 금속에서 전자 유동성은 $2.1 \times 10^{-4}$ (m/s)/(N/C)이고, 이 도선 내의 전기장은 0.15 N/C이다. 전자들의 평균 유동 속도는 얼마인가?

**문26.** 여러분은 전자회로에서 구리 도선을 사용해왔을 것이다. 구리에서 유동 전자 밀도 $n$을 계산해 보자. 1몰의 구리는 질량이 64 g(0.064 kg)이고, 이 구리의 원자 하나에서 하나의 움직이는 전자가 나온다. 구리의 밀도는 약 9

g/cm$^3$ 또는 $9 \times 10^3$ kg/m$^3$이다. 구리의 1평방미터당 움직이는 전자의 총수가 $8.4 \times 10^{28}$ m$^{-3}$임을 보여라.

**문27.** 니켈의 유동 전자 밀도를 계산하여라. 1몰의 니켈은 질량이 59 g(0.059 kg)이고, 이 구리의 원자 하나에서 하나의 움직이는 전자가 나온다. 구리의 밀도는 약 8.8 g/cm$^3$ 또는 $8.8 \times 10^3$ kg/m$^3$이다.

**문28.** 길쭉한 전구와 두 개의 손전등용 건전지가 직렬로 연결된 회로에서 전도 전류의 세기는 약 0.1 A이다. 도선에서 5 mm 떨어진 곳의 자기장은 얼마인가? (이것은 도선을 나침반 바로 위에 얹어놓을 때 나침반 바늘과 도선이 떨어진 거리와 같다) 이것은 큰 자기장인가 작은 자기장인가?

**문29.** 남북 방향으로 전류가 흐르는 도선이 나침반 위에 있어서 나침반 바늘이 동쪽으로 10도 편향되게 만들었다. (a) 이 전류에 의해 생기는 자기장의 세기는 얼마인가? 지구 자기장의 수평 성분은 약 $2\times10^{-5}$ T이다. (b) 도선에서 전자 전류는 어느 방향으로 흐르는가?

**문30.** 길이 0.62 m의 직선 도선에 0.8 A의 전도 전류가 흐르고 있다. 도선의 중심에서 수직으로 2.9 cm 떨어진 지점에서 전류에 의해 생기는 자기장의 세기는 얼마인가? 자기장의 세기를 구하기 위해 정확한 공식과 근사 공식을 모두 사용해 보아라.

**문31.** 긴 직선 도선에 0.9 A의 전도 전류가 흐르고 있다. 도선으로부터 수직으로 0.035 m 떨어진 지점에서 전류에 의한 자기장의 세기는 대략 얼마인가?

**문32.** 건전지에 연결되어 있는 니크롬선에 0.3 A의 전도 전류가 흐르고 있다. 니크롬선은 50 cm × 3 cm 길이의 직사각형 모양을 하고 있다. (a) 직사각형의 중앙에서 자기장의 세기는 대략 얼마인가? 또한, 방향은 어떠한가? (b) 이를 구하기 위해 어떤 근사를 적용하였는가?

**문33.** 전류가 흐르고 있는 도선이 그림 17.80과 같이 $x$축을 따라 놓여 있다. 이 그림에 나타나 있지 않은 연결 도선이 건전지 양단에 연결되어 있다. 전자 전류는 그림에 나타낸 것과 같이 도선을 통해 $-x$ 방향으로 흐르고 있다. 우리는 $A$지점에서 전류에 의한 자기장의 세기를 구하기 위해, 도선을 작은 조각으로 나누고 각 조각을 전도 전류 방향으로 움직이는 하나의 점 전하로 근사한 뒤 이 조각에 의한 자기장을 계산한다; 그러고 나서 모든 조각들에 의한 효과를 더하여 알짜 자기장을 구한다.

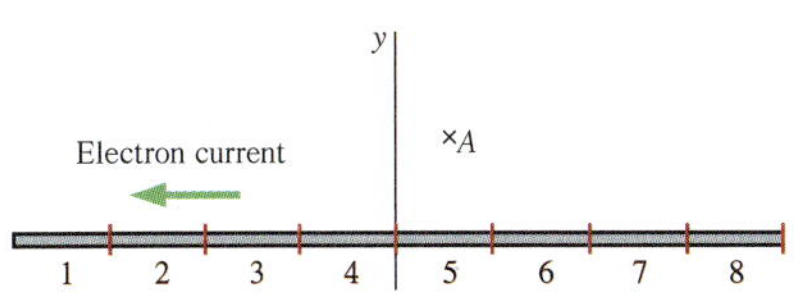


그림 17.80

도선의 길이는 1.3 m이고, 8조각으로 나누었다. 관측 지점 $A$의 위치는 $\langle 0.081, 0.178, 0 \rangle$이다. 도선을 통해 흐르는 전도 전류의 세기는 6.5 A이다. 이 연습문제에서 여러분은 조각 4에 의한 자기장만 계산할 것이다. (a) 이 도선의 전도 전류의 방향은? (b) 조각 4의 길이는? (c) 조각 4를 나타내는 $\Delta\vec{l}$의 크기를 구하라. (d) 조각 4를 나타내는 $\Delta\vec{l}$를 구하라. (e) 조각 4의 중심이 있는 위치를 구하라. (f) 조각 4에 대한 근원으로부터 관측 지점까지의 변위 $\vec{r}$를 구하라. (g) 단위 벡터 $\hat{r}$을 구하라. (h) $\Delta\vec{l} \times \hat{r}$을 계산하라. (i) 단지 조각 4에 흐르는 전류에 의하여 관측 지점에서 생기는 자기장 $\Delta\vec{B}$를 계산하라.

**문34.** 긴 직선 도선을 나침반 바늘로부터 5 mm 높이에 올려놓았다(그림 17.81). 도선에 흐르는 전도 전류가 0.2 A이고 그림처럼 왼쪽에서 오른쪽으로 흐를 때, 나침반 바늘이 북쪽을 기준으로 휘어지는 각도를 구하고 그림으로 나타내어라.

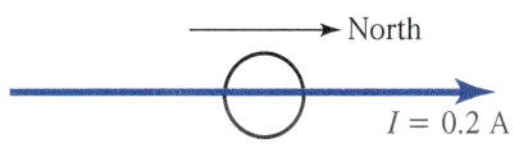


그림 17.81

**문35.** 전류가 흐르는 도선을 나침반 바늘과 나란한 방향으로 나침반 바늘 위 5 mm 높이로 가까이 가져갈 때, 나침반 바늘이 10도 휘어졌다 (그림 17.82).

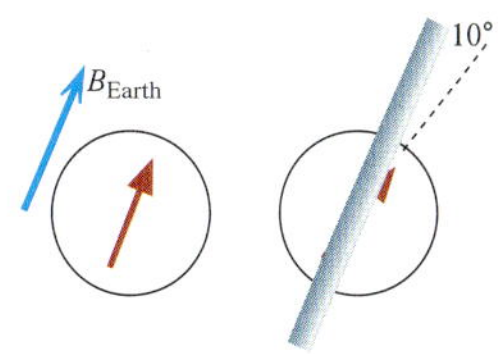


그림 17.82

(a) 그림 위에 도선에 흐르는 전도 전류의 방향을 나타내고, 도선 아래 지점에서 전류에 의해 생기는 추가적인 자기장의 방향을 나타내어라. (b) 도선에 흐르는 전류의 세기를 계산하여라. 단, 이 측정은 지구 자기장의 수평 성분이 $B_{지구} \approx 2\times10^{-5}$ T인 지점에서 이루어졌다.

**문36.** 그림 17.83과 같이 어떤 나침반이 삼각형 모양으로 세 번 감은 코일 속에 놓여 있다. 삼각형의 각 변의 길이는 $L$이다. 나침반은 각 변으로부터 수직으로 $d$만큼 떨어진 위치에 놓여 있다. 이 코일은 $xy$평면 위에 있고, 지구 자기장(자북)의 방향은 $-x$방향이다. 전도 전류는 그림과 같이 흐른다 ($+z$축에서 볼 때 반시계 방향).

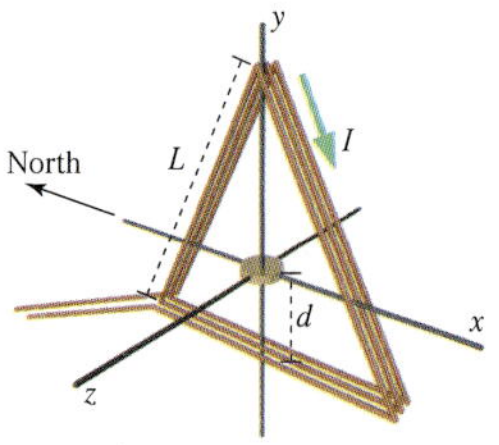


그림 17.83

(a) 전류가 코일에 흐르고 있는 동안 나침반 바늘이 가리키는 방향은 어디인가? (b) 코일에 대한 모형 설정으로 다음 중 옳은 것을 고르시오. (1) 코일은 하나의 도선으로부터 만들어지는 것이므로 한 번 감은 코일을 하나의 긴 도선으로 간주할 수 있다. (2) 이 코일의 경우 도선으로부터 나침반까지 거리가 매우 많이 달라지므로 원형 고리 모형을 적용하는 것은 옳지 않다. (3) 한 번 감은 코일은 세 개의 작은 직선 도선으로 모형화할 수 있다. (c) 도선에 0.62 A의 전류가 흐르고 있다. 만약 $L = 8.3$ cm, $d = 2.4$ cm라면 나침반이 있는 곳에서 코일에 의한 자기장의 세기는 얼마인가? (d) 나침반 바늘은 대략 몇 도 정도 휘어지겠는가?

**문37.** 어떤 가는 도선이 전류 $I$가 흐르는 전기 회로의 일부분이다. 이 문제를 풀기 위해 그림 17.84와 같이 길이 $d$의 도선 조각을 고려해 보자. 이 그림과 관련하여 다음 질문에 답하시오. (a) $Q$지점 (위치 $\langle -w, 0, 0\rangle$)에서 도선 조각에 의한 자기장의 세기와 방향을 구하라. (b) $P$지점(위치 $\langle -6, h, 0\rangle$)에서의 자기장의 $x$, $y$, $z$ 성분을 구하기 위한 적분식을 세워라. 이 적분식은 계산할 필요는 없지만 계산 가능해야 한다(단, 적분식 안에 외적은 쓰지 말 것). (c) $P$지점에서 자기장의 방향은 어떠한가?

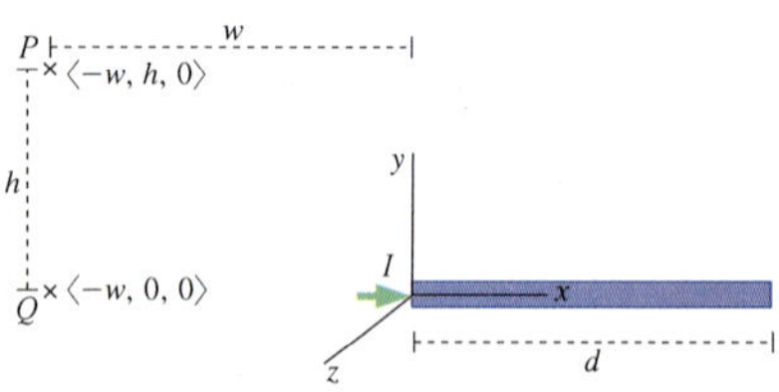


그림 17.84

**문38.** 건전지에 연결되어 전류가 흐르고 있는 긴 도선이 그림 17.85와 같이 남북 방향으로 책상면 위에 놓여 있다. 나침반 바늘은 이 도선 위 3 mm 높이에 있다. 전류가 흐를 때 나침반 바늘은 서쪽으로 11도 편향되었다. 이 지점에서 지구 자기장의 수평 성분은 약 $2 \times 10^{-5}$ T이다.

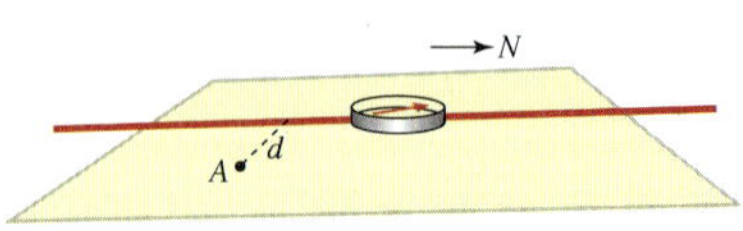


그림 17.85

(a) 도선으로부터 동쪽으로 2.8 cm 떨어진 $A$지점에서 전류에 의해 생기는 자기장의 세기는 얼마인가? (b) $A$지점에서 전류에 의해 생기는 자기장의 방향은 어떠한가?

**문39.** 그림 17.86과 같이 건전지에 연결되어 전류가 흐르는 도선이 있다. 도선은 책상면 위에 평평하게 놓여 있고, 그림은 이를 위에서 바라본 모양이다. 도선이 나침반 바늘 위 3 mm 높이에 놓여 있고, 도선의 직선 부분 사이의 거리 $d$는 4.5 cm이다. 나침반 바늘은 그림에서와 같이 북쪽으로부터 17도 편향되었다. 이 지점에서 지구 자기장의 수평 성분은 약 $2 \times 10^{-5}$ T이다.

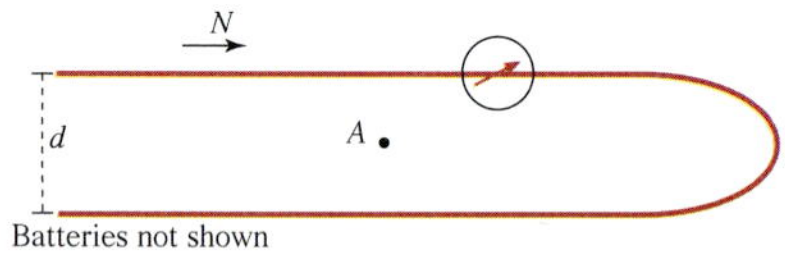


그림 17.86

(a) 도선의 직선 부분 중앙에 위치한 $A$지점에서 전류에 의해 생기는 자기장의 방향은 어떠한가? (b) $A$지점에서 전류에 의해 생기는 자기장의 세기는 대략 얼마인가? (c) $A$지점에서의 자기장을 구할 때 어떤 근사 또는 가정을 적용하였는가?

**문40.** 한때, 주택용 전기나 전선 근처에서 교류에 의한 가변(60 Hz) 자기장이 건강에 영향을 미칠 가능성이 문제 제기된 적 있다. 주택에는 대부분의 도선이 최대 15 A의 전류를 흐르게 할 수 있다(15 A짜리 퓨즈가 있어서 그 이상의 전류가 흐르면 퓨즈가 녹으면서 전류를 차단한다). 가정용 전원 코드의 두 도선이 그림 17.87과 같이 3 mm 간격으로 떨어져 있고, 모든 순간에 두 도선에는 반대 방향으로 전류가 흐른다 (양쪽 모두 1초에 60번 방향이 바뀐다).

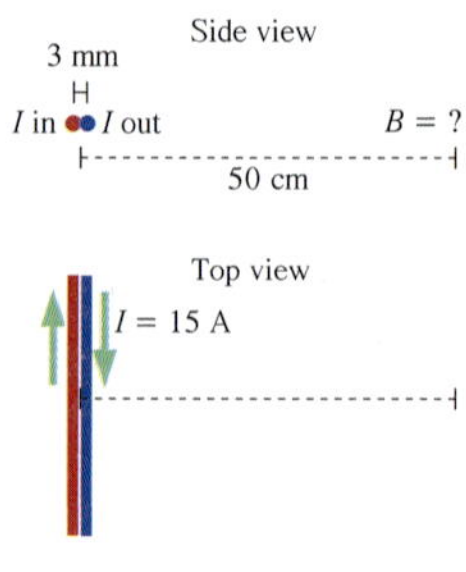


그림 17.87

(a) 15 A의 전류가 흐르는 전원 코드의 중심으로부터 50 cm 떨어진 곳에서 가변 자기장의 최대 세기를 계산하라. 두 도선은 관찰 지점으로부터 같은 높이에 있다. (b) 그림 17.88과 같이 두 도선을 새끼줄처럼 꼬면 (a)에서 언급한 자기장이 현저히 줄어드는 이유(이는 일반적으로 유용한 기술이다)를 간단히 설명하라.

그림 17.88

(c) 선택: (a)에서와 같이 거리 $d$만큼 떨어져 있는 두 개의 나란한 도선에 전류 $I$가 서로 반대 방향으로 흐르고 있을 때, 도선의 오른쪽으로 $r \gg d$만큼 떨어져 있는 지점에서 자기장을 구하는 대수적 공식을 구하라. ((a)에서 구한 자기장의 세기는 지구 자기장에 비하면 매우 작지만, 이것이 건강에 영향을 미치는지 여부에 대해서는 의문이 있었다. 여러 자세한 연구 결과, 대부분의 과학자들은 이러한 작은 가변 자기장은 전혀 해롭지 않다는 결론에 합의하였다)

## 17.8절

**문41.** (a) 고리 도선에 0.8 A의 전도 전류가 흐르고 있다. 고리의 반지름은 0.09 m이다. 고리의 중심으로부터 고리 축 방향으로 0.32 m 떨어진 곳에서 자기장의 세기를 계산하라. (b) 고리 하나 대신 100개의 고리 도선이었다면, 같은 지점에서 자기장의 세기는 어떻게 달라질 것인가?

**문42.** 반지름 5 cm의 원형 코일에 가는 도선이 100번 감겨있다(그림 17.89). 도선에 흐르는 전도 전류가 4 A일 때, 코일 중심에서 자기장의 세기와 방향은 어떠한가? (전류의 방향은 그림에 나와 있다)

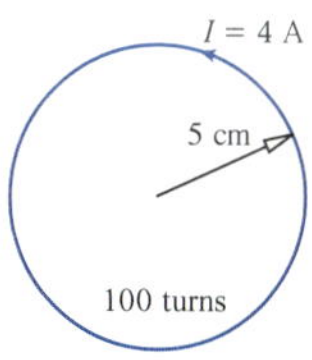


그림 17.89

**문43.** $xy$ 평면 위에 중심은 원점에 있고 반지름은 0.08 m인 원형 고리 도선에 6 A의 전도 전류가 시계 방향으로 흐르고 있다. 같은 평면 위에 중심은 원점에 있고 반지름이 0.02 m인 또다른 원형 고리 도선이 있다. 중심점에서 자기장이 0이 되려면 작은 고리 도선에 반시계 방향으로 흐르는 전도 전류의 세기는 얼마가 되어야 하는가?

**문44.** 반지름이 0.04 m, 길이가 0.35 m인 솔레노이드 내부에 $2 \times 10^{-5}$ T의 자기장, 즉 지구 자기장의 세기만큼의 자기장이 생기기 위해서는 솔레노이드에 흐르는 전도 전류의 크기는 얼마가 되어야 하는가? 단, 솔레노이드의 감은 횟수는 200번이다.

**문45.** 그림 17.90과 같이 전도 전류 $I$가 흐르는 두 개의 긴 도선이 서로 매우 근접해 있고, 각각의 도선은 하나는 $R_1$, 다른 하나는 $R_2$의 반지름을 갖는 반원 모양으로 꺾여 있다. 두 반원의 공통 중심 지점에서 생기는 자기장의 크기와 방향을 구하여라.

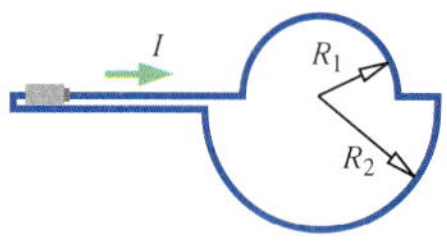


그림 17.90

**문46.** 3.5 A의 전도 전류가 흐르는 아주 긴 도선이 중간에 반지름 5.8 cm짜리 원형 고리 모양으로 휘어진 부분을 제외하고는 직선으로 펼쳐져 있다(그림 17.91). 고리의 중심에서 생기는 자기장의 세기와 방향을 구하여라.

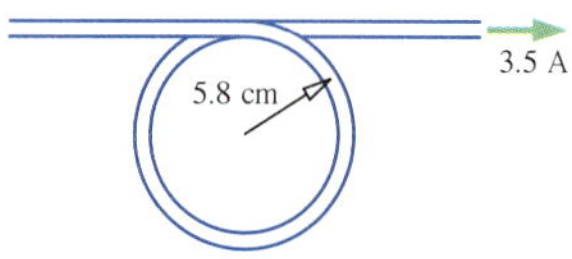


그림 17.91

**문47.** 코일에 의해 생기는 자기장을 측정하여 건전지가 얼마만큼의 전류를 코일로 공급해야 하는지를 결정할 수 있다. 실험 5의 측정값 $B$를 이용하여 코일에 흐르는 전류 $I$를 결정하라. 이 전류가 3 A보다 작다면, 건전지를 교체해야한다.

**문48.** 니크롬선으로 된 가는 코일의 반지름은 15 cm이고 감은 횟수는 3번이다. 그림 17.92와 같이 코일의 중심에 작은 나침반 하나를 놓았다. 건전지의 연결이 끊겼을 때 나침반 바늘은 코일이 만드는 평면 상에서 동쪽을 가리켰다. 지구 자기장의 수평 성분은 약 $2 \times 10^{-5}$ T라고 가정하라.
건전기가 연결되어 0.25 A의 전류가 흐를 때, 나침반 바늘의 편향각을 예측하여라. 만일 어떤 근사를 적용했다면, 그것이 무엇인지 말하여라. 위에서 바라보았을 때 나침반의 편향각은 바깥쪽인가 안쪽인가? 편향된 각도의 크기는 얼마인가?

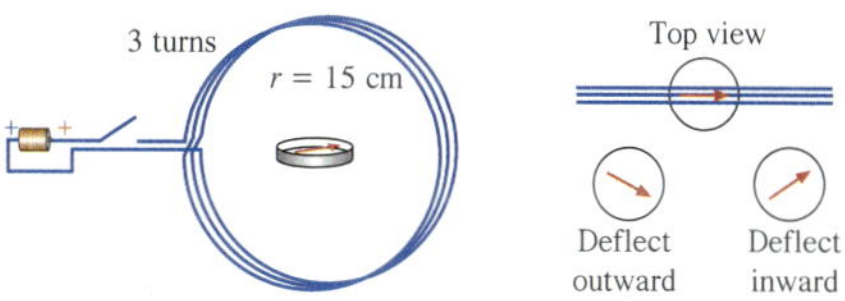


그림 17.92

**문49.** 그림 17.93과 같은 회로는 건전지와 니크롬선으로 구성되어 있고 전류 $I$가 흐르고 있다.

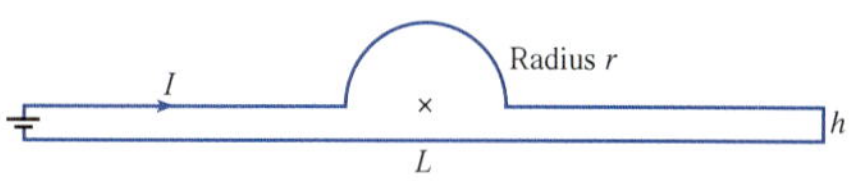


그림 17.93

(a) $x$로 표시된 지점(반원의 중심)에서 자기장의 방향은 어떠한가? (b) $x$로 표시된 지점(반원의 중심)에서 자기장의 세기는 어떠한가? 만일 어떤 근사를 적용했다면, 그것이 무엇인지 말하여라.

**문50.** 반지름이 3 cm인 가느다른 두 코일이 중심축을 공유하고 있으면서 서로 20 cm만큼 떨어져 있다(그림 17.94). 두 코일 모두 10번 감겨져 있고 오른쪽에서 바라볼 때 반시계 방향으로 2 A의 전류가 흐른다.

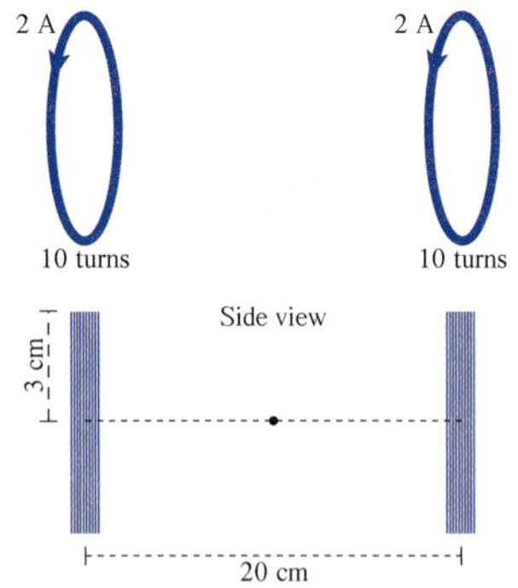


그림 17.94

(a) $z \gg r$라는 근사를 적용하지 말고, 축 상의 두 고리 가운데 지점에서 자기장의 세기와 방향을 구하여라(비교를 위해 지구 자기장의 수평 성분은 약 $2 \times 10^{-5}$ T임을 기억하라). (b) 이 상황에서 관측 지점은 각각의 코일로부터 그리 멀리 떨어져 있지 않다. $1/z^3$ 근사를 적용하게 되면 어떻게 될까? 즉, 정확한 계산 대신에 원형 고리 도선에서의 자기장 구하기 근사식을 적용하게 되면 오차가 얼마나 발생하게 되는가? (c) 전류의 방향이 시계 방향으로 바뀌면 축 상의 두 고리 가운데 지점에서 자기장의 세기와 방향은 어떻게 되는가?

**문51.** 전도 전류 $I$가 그림 17.95와 같이 흐르고 있다. 고리의 중심인 $C$지점에서 자기장의 세기와 방향을 구하여라.

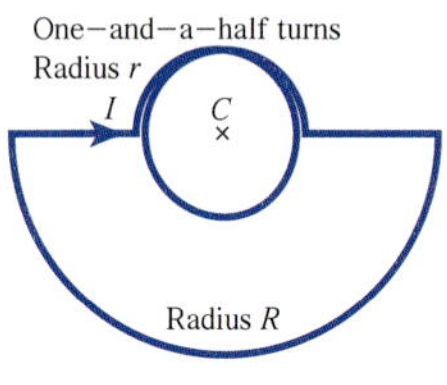


그림 17.95

**문52.** 전류 $I$가 흐르고 한 변의 길이가 $L$인 정사각형 고리 도선이 $yz$평면 상에 놓여 있고 중심은 원점에 있다. (a) $x$축 위의 $x$지점에서 이 고리에 의한 자기장의 세기와 방향은 얼마인가? (b) $L$보다 $x$의 크기가 훨씬 클 때 $x$지점에서 자기장의 세기를 구하는 근사식은 무엇인지 고리의 자기모멘트를 포함하여 나타내어라. (c) (b)에서 구한 결과는 앞서 공부한 자기 쌍극자 모멘트의 자기장에 대한 내용과 일치하는가?

## 7.11절

**문53.** 나침반이 북쪽을 향하고 있고, 이 지점에서 지구 자기장의 수평 성분은 약 $2 \times 10^{-5}$ T이다. 동서 방향으로 정렬한 막대 자석의 중앙이 나침반 중앙으로부터 0.25 m 떨어져 있을 때, 나침반 바늘의 편향각은 70도이다. 막대 자석의 자기 쌍극자 모멘트는 얼마인가?

**문54.** 그림 17.96에 나타난 영역에서 지구 자기장의 수평 성분은 약 $2 \times 10^{-5}$ T이다. $A$지점에 놓인 나침반은 북쪽을 향하고 있었다. 이때 그림에서와 같이 막대 자석 하나를 $A$지점으로부터 16 cm 떨어진 곳에 놓았더니 나침반 바늘이 서쪽으로 70도 휘어졌다.

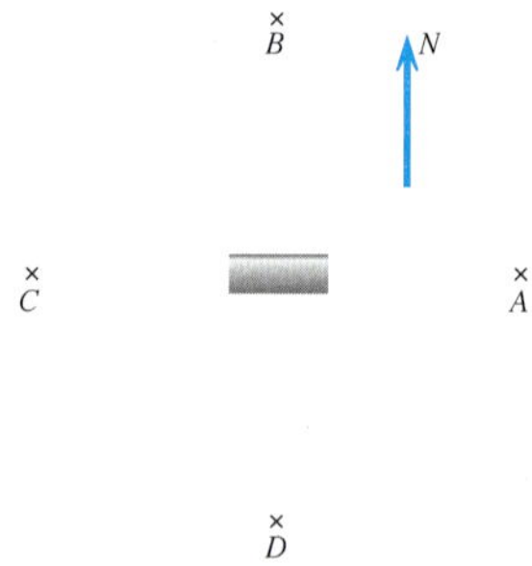


그림 17.96

(a) 자석의 어느 극이 $A$지점을 향하고 있을까? (b) 지점 $B$, $C$, $D$에서 자기장의 세기와 방향은 각각 어떠한가? (c) 막대 자석의 자기 쌍극자 모멘트는 얼마인가?

**문55.** 자기 쌍극자 모멘트가 $\langle 8, 0, 0 \rangle$ A·m$^2$인 막대 자석 하나가 원점에 놓여 있다. 자기 쌍극자 모멘트가 $\langle \mu, 0, 0 \rangle$ A·m$^2$인 두 번째 막대 자석이 $\langle 0.4, 0.2, 0 \rangle$ m에 놓여 있다. $\langle 0.4, 0, 0 \rangle$ m 지점에서 자기장이 0이 되게 하는 $\mu$의 값을 구하여라.

**문56.** 동서 방향으로 정렬한 막대 자석의 중앙이 나침반 중앙으로부터 16 cm 떨어져 있을 때(그림 17.97), 나침반 바늘의 편향각은 북쪽으로부터 50도이다. 지구 자기장의 수평 성분은 약 $2 \times 10^{-5}$ T이다.

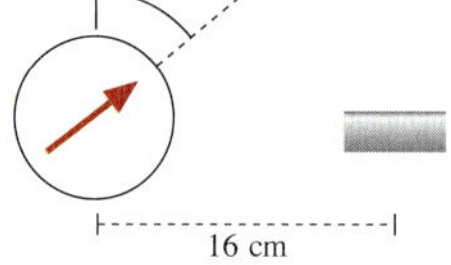


그림 17.97

(a) 막대 자석에 N극과 S극을 표시하고, 그 이유를 설명하라. (b) 이 막대 자석의 자기 쌍극자 모멘트를 정확한 단위와 함께 구하여라.

**문57.** 자기 쌍극자 모멘트가 0.54 $A \cdot m^2$인 막대 자석 하나가 그림 17.98과 같이 $-x$축 위에 놓여 있다. 나침반은 원점에 놓여있다. 지구 자기장의 북쪽은 $-z$ 방향이다. 막대 자석과 나침반 사이에 반지름이 3.5 cm인 코일이 건전지에 연결되어 놓여 있다. 코일의 중심과 나침반 중심 사이의 거리는 9.7 cm이다. 막대 자석의 중심으로부터 나침반의 중심까지의 거리는 22.5 cm이다. 코일에는 0.96 A의 일정한 전류가 흐른다. 코일에 흐르는 전도 전류의 방향은 나침반 위치에서 보았을 때 시계 방향이다.

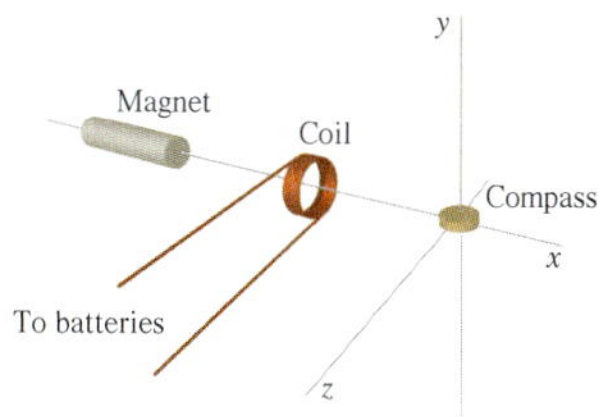


그림 17.98

코일과 막대 자석이 있음에도 불구하고 나침반의 바늘은 여전히 북쪽을 가리킨다. (a) 막대 자석의 어느 극이 나침반 가까이에 있는가? (b) 다음 설명 중 옳은 것을 모두 고르시오: (1) 나침반이 있는 지점에서 자석에 의한 자기장의 세기는 코일에 의한 자기장과 같다. (2) 코일이 자석과 나침반 사이에 있으므로 자석에 의한 자기장은 고려할 필요가 없다. (3) 자석의 모든 부분이 나침반으로부터 같은 거리에 있는 것이 아니므로, 자석을 자석 중심에 있는 쌍극자로 간주하는 것은 근사이다. (4) 코일의 자기 쌍극자 모멘트는 나침반의 자기 쌍극자 모멘트와 같다. (5) 나침반이 있는 위치에서 알짜 자기장은 지구 자기장과 같다. (c) 코일의 감은 수는 몇 번일까?

### 17.12절

**문58.** 어떤 알니코(알루미늄, 코발트, 니켈, 철의 합금) 막대 자석(자석 A)의 질량이 10 g이다. 자석 축 상에서 이 자석의 중심으로부터 0.19 m 떨어진 지점에서 자기장의 세기는 $6 \times 10^{-5}$ T이다. (a) 같은 축 상에서 자석 중심으로부터 0.38 m 떨어진 지점에서 자석에 의한 자기장의 세기는 대략 얼마인가? (b) 원래의 자석을 없애고 대신 같은 소재나 질량이 50 g인 다른 자석(자석 B)으로 대체한다면, 자석 축 상에서 이 자석의 중심으로부터 0.19 m 떨어진 지점에서 자기장의 세기는 대략 얼마인가?

**문59.** 막대 자석의 축에서 생기는 자기장은 다음과 같이 쓸 수 있다.

$$B_{축} \approx \frac{\mu_0}{4\pi}\frac{2\mu}{r^3}$$

(a) 실험9에서 얻은 데이터를 이용하여 그 막대 자석의 자기 쌍극자 모멘트 $\mu$를 구하여라. 만약 그 데이터를 잘못 얻은 것이라면 지금 다시 측정해 보아라. 이 자기 쌍극자 모멘트를 구한 값을 다음에 활용할 것이다. 자기 쌍극자 모멘트는 그 자석이 얼마나 센지를 나타낸다. 같은 지점에서 자기 쌍극자 모멘트가 클수록 자기장의 세기가 크다. (b) 자석의 질량을 구하고 그에 따라 자석 안에 있는 원자의 개수 $N$을 구하라. 아마도 여러분의 자석은 알니코 V(51% 철, 8% 알루미늄, 14% 니켈, 24% 코발트, 3% 구리)와 같은 특정 합금으로 이루어졌을 테지만, 문제를 단순화하기 위해 밀도가 8 $g/cm^3$이고 원자량이 56(즉, $6 \times 10^{23}$개의 원자가 차지하는 총 질량이 56 g)인 철로만 되어 있다고 가정하자. 각 원자가 17.12절에서 계산한 값의 자기 쌍극자 모멘트를 갖는다고 가정할 때, 자석에 대한 원자 모형이 여러분이 구한 막대 자석의 자기 쌍극자 모멘트 값과 얼마나 잘 들어맞는지 확인해 보아라.

## 컴퓨터 활용 문제

보다 자세하고 심화된 컴퓨터 활용 문제들은 교사를 위한 안내 자료에 포함된 실험 활동 속에서 찾을 수 있다.

**문60.** 양성자 하나가 $4 \times 10^4$ m/s의 일정한 속력으로 $+x$ 방향으로 $x$축을 따라 처음 위치 $\langle -4 \times 10^{-10}, 0, 0 \rangle$ m에서 출발하여 움직이고 있다. (a) $x$축에서 각각 $8 \times 10^{-11}$ m 만큼 떨어져 있는 $yz$ 평면 상의 네 지점(두 점은 $y$축에, 나머지 두 점은 $z$축에)에서, 움직이는 양성자에 의한 자기장을 계산하고 보여주는 프로그램을 작성하라. 자기장을 나타내기 위해 파란색 화살표를 쓸 수 있다. (b) 네 개의 고정 지점 중 한 지점에서 자기장은 변하는가 아니면 일정한가? (c) 만약 양성자의 속력이 달라지면 어떻게 변하겠는가? (d) 만약 양성자가 반양성자로 바뀐다면 어떻게 변하겠는가?

**문61.** 문60에서 작성한 프로그램을 구동시켜라. $x$축에 대해 원통형 표면에 위치한 여러 관찰 지점을 갖도록 프로그램을 보완하여라.

**문62.** 문60 또는 문61에서 작성한 프로그램을 구동시켜라. 고정된 관찰 지점에서 양성자에 의한 전기장을 보이도록 추가하여라. 전기장 화살표는 주황색으로 나타내어라. 자기장과 전기장은 크기와 단위가 매우 다르기 때문에, 자기장을 나타내는 화살표는 전기장을 나타내는 화살표와는 다르게 척도를 적용해야 함을 기억하라.

**문63.** 중심이 원점에 있고 축은 $+x$ 방향이고 $yz$ 평면 상에 놓인 전류가 흐르는 정사각형 고리에 의해 생기는 자기장(화살표)을 계산하고 나타내어라. 정사각형의 한 변의 길이는 0.1 m이고 고리에 흐르는 전류의 세기는 3 A이다. 정사각형을 $N = 40$개를 가진 곡선형 물체로 나타내라. 중심이 원점에 있고 $xy$ 평면 상에 반지름이 1 m인 원의 여러 지점에서의 자기장을 보임으로써, 축 위에서와 축 바깥에서 장의 모양에 대한 감을 잡아보아라. 원이 $x$축, $y$축과 각각 만나는 점에서의 자기장 값을 출력하고, 이것이 루프로부터 멀리 떨어질 때 자기장에 대한 분석적 표현과 일치하는 것을 확인하여라. 프로그램이 제대로 작동한다면, 이 분석적 해와 잘 맞아떨어지는 값을 주는 $N$의 최솟값을 구하여라.

**문64.** 이 문제는 문63과 유사하지만 정사각형 고리 대신 반지름이 0.05 m이고 전류가 3 A 흐르는 원형 고리로 대체한다. 정사각형을 $N = 40$을 가진 곡선형 물체로 나타내라. 중심이 원점에 있고 $xy$ 평면 상에 반지름이 1 m인 원의 여러 지점에서의 자기장을 보임으로써, 축 위에서와 축 바깥에서 장의 모양에 대한 감을 잡아보아라. 원이 $x$축, $y$축과 각각 만나는 점에서의 자기장 값을 출력하고, 이것이 루프로부터 멀리 떨어질 때 자기장에 대한 분석적 표현과 일치하는 것을 확인하여라. 프로그램이 제대로 작동한다면, 이 분석적 해와 잘 맞아떨어지는 값을 주는 $N$의 최소값을 구하여라.

**문65.** 길이 $L = 0.5$ m, 반지름 $R = 3$ cm이고, 감은 횟수 $N = 50$인 솔레노이드에 $I = 1$ A의 전류가 흐른다. 솔레노이드의 중심축이 $x$축 상에 있다(그림 17.99). 이 솔레노이드는 느슨하게 감겨있어서 그 내부에 자기장이 얼마나 일정할지 분명치 않다. 이를 확인하기 위해 다음과 같이 해보자:

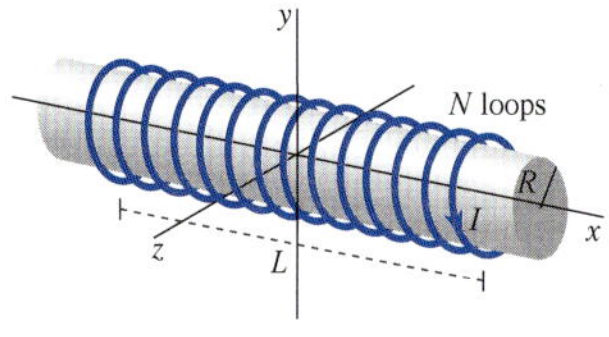


그림 17.99

(a) 그림 17.100과 같은 솔레노이드의 $xy$ 평면 상에서 솔레노이드 안과 밖 여러 지점에서 자기장 벡터를 계산하고 나타내어라. 이 자기장의 세기와 방향이 그럴 듯한가? (b) 솔레노이드 중심의 한 지점에서 자기장 세기의 수치적 크기를 나타내어라. 또한, 이것이 매우 긴 솔레노이드라는 근사(즉, $B \approx \mu_0 NI/L$)를 적용하여 자기장의 이론적 수치를 나타내어라. (c) 이론값과 수치 적분값이 잘 일치하게 하려면, 한 바퀴를 최소한 몇 단계로 나누어야 하는가? 잘 일치한다는 것의 기준은 무엇인가? (d) 코일의 감은 수를 바꿔보라. 솔레노이드 내부에서 균일한 자기장을 얻기 위해 필요한 최소한의 감은 수는 얼마인가? (e) 솔레노이드 내부의 자기장의 세기와 방향을 외부의 자기장과 비교하면 어떠한가?

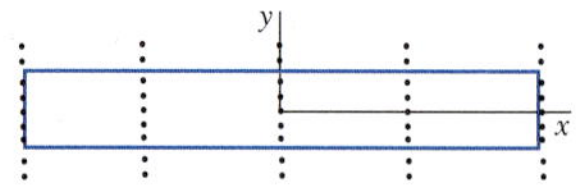


그림 17.100

아래 코드는 솔레노이드 모양의 곡선을 만들며, 또한 특정한 관찰 지점에서의 화살표 집합을 만든다. 관찰 지점 배열 중앙의 `arrow`는 `center`라는 특별한 이름으로 정해져 있다.

```
from visual import *
scene.width = 800

L = 0.5          ## length of solenoid
R = 0.03         ## radius of solenoid
mzofp = 1e-7     ## mu0/4pi
I = 1.0          ## conventional current
Nturns = 75      ## number of turns
Nsteps = 20      ## number of line segments/turn

## a curve is a list of points
## start with an empty curve (no points)
solenoid = curve(color=color.yellow,
                 radius = 0.001)
dx = L/(Nturns*Nsteps)
omega = 2*pi*Nturns/L
x = -L/2
## add points to the curve
while x < L/2+dx:
    solenoid.append(pos=vector(x,
                    R*sin(x*omega),
                    R*cos(x*omega)))
    x = x + dx

## a list of arrows
## at observation locations with
## arbitrary directions initially
Barrows = []     ## empty list
dx = L/4
## skip y = 0.03 which is inside wire
ylist = [-0.05, -0.04, -0.02, -0.01,
         0., 0.01, 0.02, 0.04, 0.05]
x = -L/2
while x < L/2 + dx:
    i = 0
```

```
while i < len(ylist):
    aa = arrow(pos=vector(x,ylist[i],0),
               axis=vector(0,0,0.005),
               color=color.cyan,
               shaftwidth=0.003)
    Barrows.append(aa)
    i = i + 1
x = x + dx
```

```
## outer while loop: choose observation location
## Barrows[i]
## inner while loop: calculate field at
## Barrows[i].pos
## and scale axis of arrow appropriately
```

## 점검 사항의 해답

1. $6\times10^{18}$ 전자/s; $5.4\times10^{21}$ 전자
2. $5.4\times10^{-6}$ T
3. (a) 그림 17.101; (b) 그림 17.102

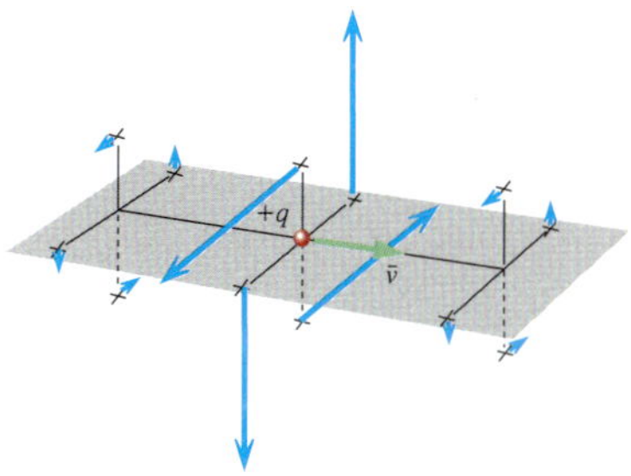


그림 17.101

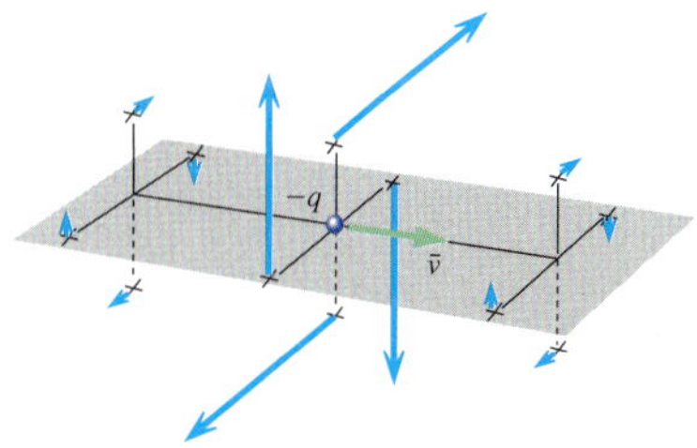


그림 17.102

4. 전자 전류는 왼쪽으로 흐르고, 전도 전류는 오른쪽으로 흐른다.
5. 2.4 A
6. 9 A·m$^2$

CHAPTER

# 18 전기장과 회로

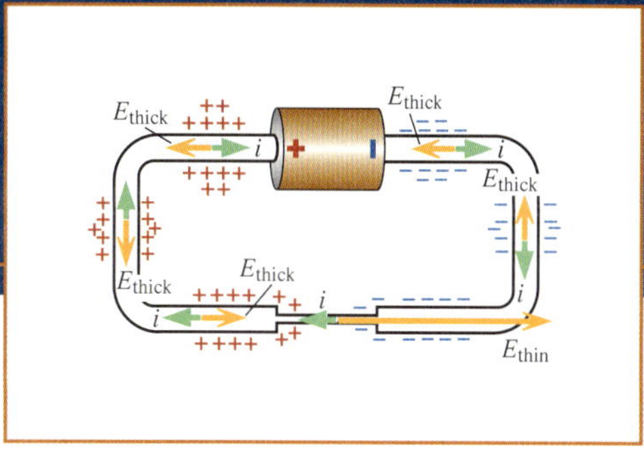


### 목표

이 장을 공부한 후에 다음과 같은 것들을 할 수 있어야 한다.

- 정상 상태(혹은 안정 상태; steady-state) 회로에서 요소 내부의 전기장을 계산하고 화살표를 이용하여 전기장을 표현할 수 있어야 한다.
- 회로의 표면 상 전하의 역할을 설명하고 단순 정상 상태 회로에서 요소의 표면 상 전하 분포를 근사적으로 나타낼 수 있어야 한다.
- 에너지 보존과 전하 보존 법칙을 통해 움직이는 전하 밀도와 전하 유동성 등 미시적인 양을 이용하여 회로를 정량적으로 분석할 수 있어야 한다.

## 18.1 회로는 평형 상태가 아니다

전기장이 도체에 가해지면 도체 내부의 움직이는 전하(자유 전자)는 힘을 받아 힘이 작용하는 방향으로 움직인다. 상당히 짧은 시간 동안 도체 표면의 전하가 밖에서 가해진 전기장의 세기와 같고 방향이 다른 전기장을 만들 만큼 쌓인다는 것을 앞에서 배웠다. 그래서 도체 내부의 전기장은 0이 된다. 그리고 이 계는 평형 상태에 도달한다. 대조적으로 전기 회로는 평형에 도달하지 않는 계이다. 전하의 운동에도 불구하고 도체 내부의 알짜 전기장은 0이 되지 않는다. 전하는 이 비평형 상태에서 오랫동안 계속 이동한다.

제18장의 목표는 전기 회로에서 일어나는 일을 익숙한 물리 법칙 (에너지 법칙, 운동량 법칙), 전기장의 개념과 퍼텐셜, 제14장에서 다루었던 금속의 미시적 모델을 이용하여 미시적으로 설명하는 것이다. 이것은 거시적인 전기 회로에 대한 관점과는 다르다. 우리는 다음과 같은 질문에 관심을 갖는다.

- 회로에서 전하는 사용되어 없어지는가?
- 도선 내부에서 0이 아닌 전기장이 어떻게 만들어지고 유지되는가?
- 회로에서 전지의 역할은 무엇인가?

회로에서 전하의 운동을 잘 이해한 후에 자기력을 탐색할 수 있을 것이다. 앞 장에서 우리는 움직이는 전하에 의한 자기장을 배웠다. 그러나 그 자기장이 다른 전하에 미치는 효과에 대해서는 다루지 않았다. 움직이는 전하만이 자기장을 만들듯이 움직이는 전하만이 자기장의 영향을 받는다. 이러한 효과를 쉽게 관찰할 수 있는 상황은 전류가 흐르는 전기 회로에서이다. 자기장을 자세히 배우기 전에 전기 회로에서 움직이는 전하에 대해 알아야 한다.

## 18.2 회로의 여러 부분에서의 전류

회로에서 전류의 흐름에 대한 미시적인 모델을 구성하는 첫 단계로서 우리는 결정적인 질문을 실험적으로도 이론적으로도 다루어야 한다. 회로를 흐르는 전하에는 무슨 일이 있는가? 전하는 사용되어 없어지는가? 경로가 하나뿐인 회로의 여러 다른 부분에서 서로 다른 크기의 전류가 흐르는가?

### 정상 상태

회로가 만들어지면 상당히 오랫동안 동일한 속력으로 흐른다. 전구의 밝기나 나침반 바늘이 돌아간 정도는 수 분 동안 눈에 띄게 변하지 않는다. 사실, 이런 상황에서 전지가 닳는 데 꽤 많은 시간이 걸리므로 전류는 몇 시간 동안 동일하다. 이러한 회로를 "정상 상태"라고 부른다. 정상 상태는 평형 상태와는 다르다.

**평형 상태와 정상 상태**

평형은 전류가 흐르지 않음을 의미: $\bar{v} = 0$
정상 상태는 전하가 움직이는 상태($\bar{v} \neq 0$)이지만 한 지점에서의 유동 속도가 시간에 따라 변하지 않는 것을 의미한다. 과잉 전하량이 어느 곳에서도 더 이상 변하지 않는 것을 의미.

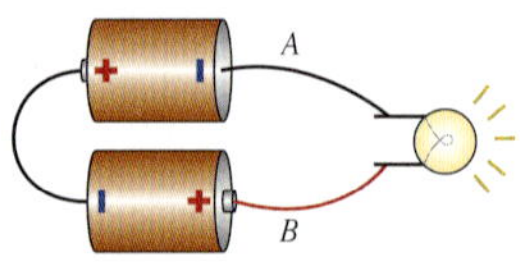


**그림 18.1** 2개의 하나의 전구를 직렬 연결한 회로

### 단순 회로의 서로 다른 부분의 전류

전류에 의해 생기는 자기장이 전류의 양에 비례하기 때문에 나침반이 휘는 정도를 이용하여 단순 회로의 서로 다른 부분의 전류를 측정할 수 있다.

그러한 측정을 하기 전에 무엇을 기대할 수 있을지를 논의하는 것이 좋다. 그림 18.1과 같이 2개의 전지와 하나의 전구로 이루어진 회로를 생각해 보자. 전자의 흐름은 전지의 음극에서 전구 쪽으로 향한다.

**질문** 위치 $A$에서의 전자 흐름의 양을 위치 $B$에 대비하여 얼마로 기대하는가?

대부분의 사람은 다음 중 하나를 예측하였을 것이다.

1. $B$의 위치에서 전류는 없다. 왜냐하면 전지의 음극에서 나온 모든 전자의 흐름이 전구에서 사용되어 없어졌기 때문이다.
2. $B$의 위치에서 전류는 위치 $A$에서의 전류보다 작다. 왜냐하면 일부 전류가 전구의 불을 켜고 열을 내는 데 사용되었기 때문이다.
3. $A$, $B$ 위치 모두에서 전류는 같아야 한다.

이 실험을 하기 전에 전기적 상호작용과 금속의 성질에 대해 우리가 아는 것을 이용하여 이론적 관점에서 위의 예측들을 생각해 보자.

### 전류는 전구에서 사용되어 없어질 수 있는가?

열과 빛을 내기 위해 전류가 사용되었다고 생각하는 것은 논리적이다. 전류가 사용될 수 있는 사물인지를 우선 생각해 보자.

**질문** 금속 도체 내부의 전류는 단지 한 지점을 지나는 전하의 흐름이다. 전하가 전구에서 사용되어 없어질 수 있는가?

전자는 혼자서 파괴되지는 않는다. 왜냐하면 이는 전하 보존의 법칙에 위배되기 때문이다. 만약 음전하 입자가 파괴가 된다면 우주는 계속해서 양으로 대전될 것이다!

전자가 양전자(양으로 대전된 반-전자)와 상호작용해서 동시에 두 입자가 사라지면서 많은 양의 에너지를 낼 수 있다. 그러나 보통의 물질은 아주 짧은 시간동안도 반물질과 공존할 수 없다. 따라서 전자를 사라지게 할 수 있는 양전자가 회로에 제공될 수가 없다.

**질문** 전자가 전구에 쌓이게 되어 *B*위치가 *A*위치보다 더 적은 양의 전자가 있지 않는가?

만약 전자가 전구에 쌓인다면 전구를 음으로 대전시킬 것이다. 전구의 음전하는 안으로 유입되는 전자를 밀어낼 수 있고 그래서 전류를 멈추게 할 수 있다. 그러나 정상 상태에서 전류는 계속 흐르기 때문에 이런 일은 일어날 수 없다(더욱이 점점 더 많이 음으로 대전된 전구는 근처의 물체에 인력을 작용할 것인데 그런 일은 일어나지 않는다).

우리는 전자가 없어지거나 전구에 쌓인다는 가능성을 제거하기 위해 모순에 의한 증명을 사용하였다. 따라서 전구에서 사용되어 없어질 수가 없다. 예측 (1)과 (2)는 이 논증에 의해 가능성이 없으므로 (3)이 옳다고 할 수 있다. *A*, *B* 위치 모두에서 전류는 같다.

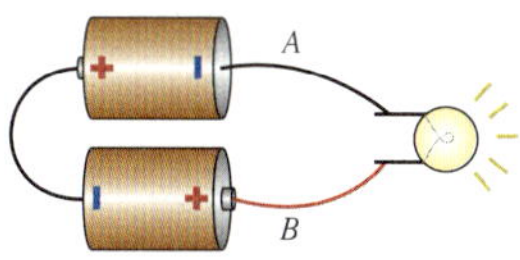


**그림 18.2** 만일 우리가 *A*와 *B* 지점에서 전류를 측정한다면, 우리는 이 둘의 전류값이 같음을 알 수 있다.

### 회로 전체에서 전류 측정하기

이론적 근거에 의해 전류는 회로에서 소모되지 않는다는 것을 예측하였다. 만약 조심스럽게 측정을 한다면 회로의 모든 지점에서 전류 값이 동일하다는 관찰을 할 수 있을 것이다. (그림 18.2와 같이 병렬 연결이 없는 회로에서) 간단한 도구로 이를 실험하기 위해서는 이 장의 끝에 제시된 실험1을 해보기 바란다.

### 전구에서 사용되는 것은 무엇인가?

실험1에서 관찰할 수 있듯이 전구에 들어와서 나가는 전류의 양은 동일하다. 그러나 이에 대해 불편한 마음이 들 수 있다. "만약 전자가 전구에서 소모되는 것이 아니라면 무엇이 빛을 만드는가? 무에서 유를 창조할 수는 없다."

**질문** 몇 분 동안 손을 가능한 세게 그리고 빨리 문질러보자. 손에서 어떤 변화가 일어나는가?

손은 따뜻해지지만 손이 사용되는 것은 아니다! 그러나 전구의 불을 밝히기 위해 무언가가 소비되어야 한다는 생각은 완전히 논리적이다.

**질문** 여러분의 손을 따뜻하게 하는 데 또는 전구를 충분히 뜨겁게 하여 빛이 날 수 있도록 하는 데 무엇이 사용되었나?

이 두 경우 모두 에너지가 소비되었다. 아니 저장된 에너지가 열에너지로 (전구의 경우는 빛의 형태로) 전환되었다. 여러분의 손을 움직이기 위해 여러분은 몸에 저장해 두었던 화학 에너지를 사용했을 것이다. 마찬가지로 전자가 필라멘트를 지나가게 하기 위해서는 전지에 저장된 화학 에너지의 일부가 사용되어야 한다.

전자가 필라멘트를 지나가게 함으로써 일종의 마찰에 의해 필라멘트에 열이 나게 하는 것이다. 여러분이 손을 비빌 때 열과 다르지 않다. 두 경우 모두 화학 에너지가 열에너지로 전환된 것이다. 하지만 서로 문지르는 물체가 없어지지는 않았다.

이 계(회로)의 에너지 흐름은 열과 빛의 형태이므로 나중에 회로의 에너지에 대해 배울 때 이것을 고려해야 한다.

## 접합점(node)에서의 전류

좀 더 복잡한 모양의 회로에 적용할 수 있다. 일반적으로 정상 상태에서는 전하 보존에 의해 다음과 같은 원칙을 가진다(접합점은 회로에서 2개 이상의 도체가 만나는 점이다).

## 전류 접합점 규칙

정상 상태에서 회로의 접합점에 들어온 전자의 전류는 접합점을 떠나는 양과 같다. 이 규칙은 근본적인 원칙이라기보다는 전하량 보존 법칙과 정상 상태 정의의 결과이다. 이것을 "키르히호프의 접합점 규칙(the Kirchhoff node rule)"이라 부른다).

**예** **접합점에서 전류**

그림 18.3은 회로의 일부를 나타낸다. 정상 상태에서 $i_1 = 3 \times 10^{19}$ 전자수/초라 하고 $i_4 = 7 \times 10^{19}$ 전자수/초라 하자. $i_3$는 얼마인가?

**해답**

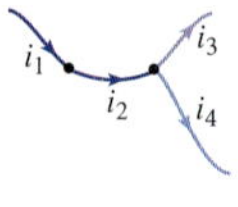


그림 18.3 회로의 일부 중 다른 지점에서의 전자의 전류

$$i_1 = i_2$$
$$i_2 = i_3 + i_4$$
$$3 \times 10^{19} \text{ electrons/s} = i_3 + 7 \times 10^{19} \text{ electrons/s}$$
$$i_3 = -4 \times 10^{19} \text{ electrons/s}$$

답에서 음의 부호는 어떤 의미인가? 이것은 우리가 $i_3$에 대해 잘못 예상을 하였다는 것을 의미한다. 그림에서 나타낸 $i_3$의 화살표는 틀렸고 전자는 그 반대 방향으로 흐른다. 접합점에서 나가는 방향이 아니라 들어오는 방향이라는 것이다. 우리는 회로도에서 화살표로 전자의 흐름 또는 전류를 표시한다. 그리고 $i_3$와 같은 기호를 쓴다. 그러나 만약 $i_3$가 음수로 나오면 이는 전류가 흐르는 방향을 잘못 추측했다는 의미이다.

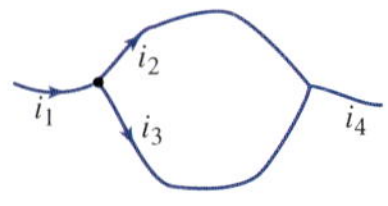


**그림 18.4** 두 개의 평행한 가지가 있는 회로의 일부분

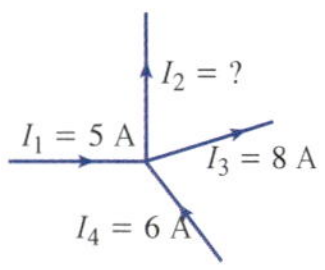


**그림 18.5** 회로의 교점

**질문** 정상 상태 회로에서 전류는 항상 어디서나 같은가?

그렇지 않다. 그림 18.4에서 보면 $i_2$와 $i_3$가 흐르는 두 개의 평행한 가지가 있다. 이 두 전류의 방향이 맞다고 하자. 그럼 $i_2$와 $i_3$가 각각 $i_1$보다 작아야 한다. 사용한 전선의 종류에 따라 $i_2 \neq i_3$일 수 있다. 그러나 우리는 이 회로에서 $i_1 = i_2 + i_3$임을 안다. 일반적인 전류로 표현을 한다면 이 접합점 규칙을 다음처럼 쓸 수도 있다. $I_2 + I_3 = I_1$

**점검 사항 1** 그림 18.5는 전류의 크기를 암페어(A)로 설정한 정상 전류의 일부를 나타낸다. 그리고 전류의 방향은 화살표로 표시하였다. 그림 18.5에 대해 접합점 방정식을 써보자. 바깥으로 나가는 전류 $I_2$의 값은 얼마인가? 만약 $I_4$가 6 A가 아니라 1 A라면 전류 $I_2$의 값은 얼마인가?

## 18.3 전기장과 전류

제14장에서 우리는 금속에서 자유 전자의 운동에 관한 드루드 모델(Drude Model)과 $\bar{v} = uE$를 다루었다. 자유 전자의 평균 유동 속력은 전기장의 크기에 비례한다. 비례 상수 $u$는 전자 유동성이라 한다.

**질문** 운동량 원칙에 의하면 일단 물체가 운동 상태에 있다면 일정 속력으로 움직이는 데는 아무런 힘이 필요하지 않다. 그렇다면 전류가 계속 흐르기 위해 왜 전기장이 필요한가?

만약 전자가 양으로 대전된 원자핵으로 이루어진 격자와 전혀 상호작용을 하지 않는다면 일단 전류가 흐르기 시작하면 영원히 흐를 수 있다. 하지만 우리가 관찰했듯이 상호작용이 있다. 자유 전자는 격자에게 에너지를 잃고 원자의 열적 운동을 증가시킨다. 이는 도선이 뜨거워지는 것으로 관찰할 수 있다. 충돌 후에 전기장이 전자가 계속 운동을 할 수 있도록 운동량을 증가시키기 위해 존재하지 않는다면 마치 마찰에 의해 에너지가 소진되듯이 전자의 에너지는 금방 소진될 것이다. 그리고 전류 흐름은 멈추게 된다.

### 전자는 도선에서 서로를 밀 수 없다

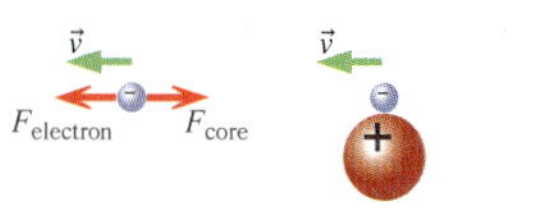


**그림 18.6** 움직이는 전하는 도선을 통해 다른 움직이는 전하를 밀 수 없다. 다른 움직이는 전자와 원자핵의 양전하에 의해 움직이는 전자에 작용하는 총 힘은 0이다.

**질문** 회로에서 각 자유 전자는 왼편의 자유 전자에 영향을 주는 전기장을 만들어 (옆의 전자를 밀어내는) 전류가 흐르게 할 수 있다고 주장할 수도 있다. 금속에서 자유 전자 바다를 생각해 보면 왜 이러한 분석이 틀린가?

앞서 언급했듯이 도체 내부에는 과잉 전하가 있을 수 없다(후에 이것이 평형 상태 이외에 정상 상태에서도 적용된다는 것을 알 것이다). 따라서 금속 내부의 전자의 수적인 밀도는 원자핵의 양전하의 수적 밀도와 동일하다. 즉, 도선의 내부는 전기적으로 중성이다. 그림 18.6에서 오른편에 있는 전자가 왼편에 있는 자유 전자에 작용하는 척력은 이웃하는 양전하로 된 핵의 인력에 의해 상쇄된다. 따라서 원자핵의 양전하에 의한 인력과 이웃하는 전자의 척력이 상쇄되어 자유 전자에 작용하는 알짜 힘은 0이다. 결국 자유 전자의 운동은 이상기체와 같다. 즉, 움직이는 입자는 서로 상호작용하지 않는다. 전자는 도선을 지나면서 다른 전자를 밀어낼 수 없다. 오히려 도선 밖의 전하가 만드는 전기장이 도선 내부의 전자에 의한 전류를 흐르게 하는 것이다. 이 시점에 전기장을 만드는 전하가 어디에 있는지 분명하지 않다.

## 회로의 전기장 $\vec{E}$의 크기

금속 도선에서는 자유 전자가 많고 그 유동도가 매우 높기 때문에 정상 전류를 흐르게 하는 데 필요한 전기장의 크기는 작아도 된다.

**예** **회로의 전기장 $\vec{E}$의 크기**

앞에서 우리는 전형적인 전자의 전류에서 구리 도선에서 유동 속력이 $5 \times 10^{-5}$ m/s임을 계산하였다. 구리에서 자유 전자의 유동도는 $u = 4.5 \times 10^{-3}$(m/s)/(N/C)이다. 도선 내부에서의 전기장의 크기를 계산하자.

**해답**

$$\bar{v} = uE$$

$$E = \frac{5 \times 10^{-5}\ \text{m/s}}{4.5 \times 10^{-3}\ \dfrac{\text{m/s}}{\text{N/C}}}$$

$$= 0.011\ \text{N/C}$$

구리는 아주 좋은 도체이므로 구리 도선에 정상 전류가 흐를 수 있도록 하기 위해서는 아주 작은 전기장만이 필요하다.

## 회로의 여러 다른 요소에서 전기장과 유동 속력

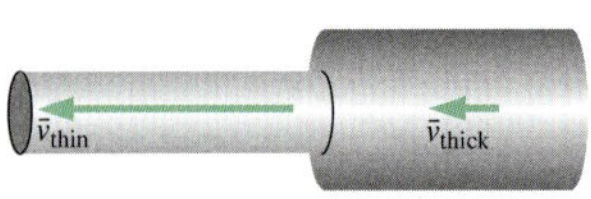


**그림 18.7** 얇은 도선과 굵은 도선에서 전자의 유동 속력

실험을 통해 우리는 정상 상태에서 전류가 직렬 회로에서 어디서나 동일하다는 것을 알았다. 그러나 전류 $i$가 $i = nA\bar{v}$에 의해 도선의 단면적 $A$에 따라 다르다는 것을 안다. 텅스텐으로 된 전구의 필라멘트의 단면적은 회로에 있는 구리 도선의 단면적에 비해 대단히 작다. 이 상황을 단순화해서 생각하기 위해, 같은 물질로 된 더 가는 도선으로 도선의 종류가 바뀌는 회로를 생각해 보자(그림 18.7).

**질문** 자유 전자의 유동 속력이 가는 도선과 굵은 도선에서 어떻게 다른가?

도선의 굵기와 상관없이 전류는 동일해야 하므로 전자의 유동 속력은 가는 곳에서 더 빨라야 한다.

$$nA_{\text{thin}}\bar{v}_{\text{thin}} = nA_{\text{thick}}\bar{v}_{\text{thick}}$$

따라서

$$\bar{v}_{\text{thin}} = \frac{A_{\text{thick}}}{A_{\text{thin}}}\bar{v}_{\text{thick}}$$

이것은 고속도로에서와 같이 "압축이 가능한" 흐름과는 아주 다른 결과이다. 고속도로에서 자동차의 밀도는 바뀔 수 있다. 예를 들면, 고속도로의 차선이 2차선에서 1차선으로 줄어들면 자동차들은 속력을 줄이고 차간 간격이 좁아진다(높은 밀도). 금속에서의 전자 바다는 압축이 불가능하므로 (밀도가 많이 바뀔 수 없어서) 정상 상태에서 전자들은 더 좁은 영역에서 더 빨리 가야 한다. 구리에서 자유 전자의 밀도 $n$은 두 도선에서 동일해야 한다.

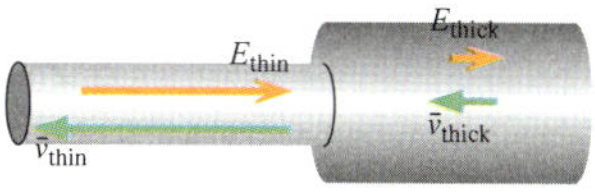


**그림 18.8** 얇은 도선과 굵은 도선 내부의 전기장

**질문** 만약 전자의 유동 속력이 가는 도선에서 더 빠르다면 가는 도선에서의 전기장과 굵은 도선에서의 전기장은 어떻게 다른가?

전자의 유동 속력이 가는 도선에서 더 빠르기 때문에 $\bar{v} = uE$에 의해 전기장도 더 커야 한다(그림 18.8).

**점검 사항 2** 한 도선에서 단면적이 절반으로 더 가는 도선으로 연결이 된다고 하자. 정상 상태에서 도선을 흐르는 전자가 1초 동안 단면을 통과하는 양이 가는 도선과 굵은 도선에서 같아야 한다. 만약 굵은 도선에서의 유동 속력 $\bar{v}_1$가 $4 \times 10^{-5}$ m/s라면 가는 도선에서의 유동 속력 $\bar{v}_2$는 얼마인가? 만약 굵은 도선에서의 전기장 $E_1$이 $9 \times 10^{-3}$ N/C라면 가는 도선에서의 전기장 $E_2$는 얼마인가?

## 도선에서 전기장의 방향

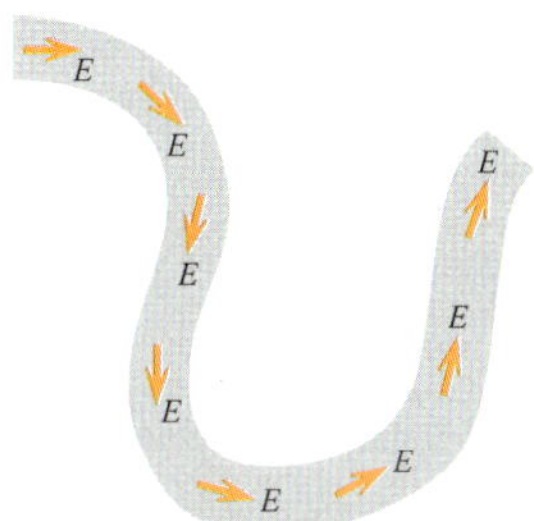


**그림 18.9** 전류가 흐르는 도선의 전기장 방향은 도선의 방향과 같아야 한다.

도선에서 움직이는 전하에 의한 자기장을 측정한 바에 의하면 전류는 직렬 회로의 어디서나 동일하다. 보통 전류는 $I = |q|nA\bar{v} = |q|nAuE$이고 그 방향은 전기장의 방향과 동일하므로 도선의 어디서나 전기장은 균일한 성질($|q|$, $n$, $A$, $u$)을 가지고 있는 것이다. 그리고 $\vec{E}$는 그림 18.9에서처럼 도선이 꼬여 있더라도 모든 곳에서 도선과 평행이다.

## 도선 내부에서 전기장과 전류가 균일하다는 증명

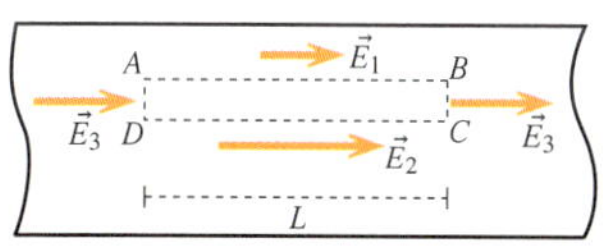


**그림 18.10** 전기장 $\vec{E}$가 균일한 도선에서 위치마다 다를 수 있을까?

전기장이 도선을 따라야 한다는 것뿐만 아니라 도선의 단면에서도 균일해야 한다. 이것이 사실이 아니라고 가정해 보자. 즉, 서로 다른 단면에서 유동 속력과 전기장이 다르다고 가정하는 것이다(그림 18.10).

그림 18.10의 $ABCDA$를 돌아오는 경로에 따른 퍼텐셜 차를 생각해 보자.

$$\Delta V_{ABCDA} = -\int_A^A \vec{E} \bullet d\vec{l}$$

**질문** 경로의 각 부분의 기여, $\Delta_{AB}$, $\Delta_{BC}$, $\Delta_{CD}$, $\Delta_{DA}$를 계산하고 그 합 $\Delta V_{ABCDA}$를 구하자. $E_1$, $E_2$에 대해 어떤 결론을 내릴 수 있는가?

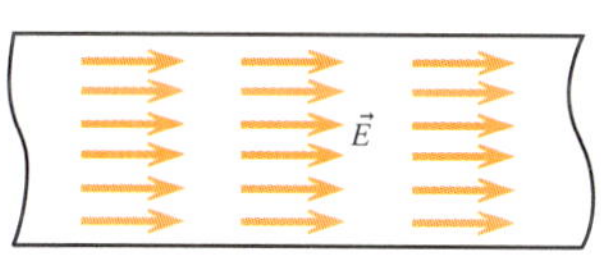


**그림 18.11** 정상 상태 회로에서 도선 속 전기장은 길이에 따른 것이나 단면적에 따른 것이나 모두 균일해야 한다.

폐경로에서의 퍼텐셜 차가 0이어야 한다는 사실은 $E_1$, $E_2$의 값이 같아야 한다는 것을 의미한다. 따라서 길이에 따른 전기장이나 단면적에 따른 전기장이 모두 균일해야 한다(그림 18.11). 유동 속력이 $E$에 비례하므로 전류는 단면에 따라 균일하게 분포된다는 것을 알 수 있다. 이 결과는 정상 상태에서 균일한 단면적, 동일한 물질의 경우에 해당한다. 고주파 교류 전류(비정상 상태)가 흐르는 경우에는 이 결과가 적용되지 않는다. 왜냐하면 시간에 따라 변하는 전류는 나중에 패러데이 법칙에 관한 내용에서 다루겠지만 쿨롱의 법칙을 만족시키지 않는 힘을 만들 수 있기 때문이다.

## 18.4 어떤 전하가 도선 내부의 전기장을 만드는가

정상 상태 회로에서 다음과 같은 결론을 내렸다.

- 도선 안에 0이 아닌 전기장이 존재한다.
- 전기장 $\vec{E}$의 크기는 균일한 단면적을 가지는 동일한 물질의 도선의 경우에 모든 곳에서 같아야 한다.
- 전류가 도선을 따라 흐르기 때문에 도선 안의 모든 곳에서 전기장의 방향은 도선의 방향이다.

**그림 18.12** 전구 필라멘트 속에는 전기장이 있다. 전지 내부나 전지 상의 전하는 전기장을 만드는가?

전구가 긴 도선으로 전지에 연결되어 있는 아주 간단한 단순 회로를 생각해 보자(그림 18.12). 전구의 금속 필라멘트에 전자가 필라멘트를 지나가게 하고 열을 내서 빛을 내게 하는 전기장이 있어야 한다는 결론을 내렸다. 전기장은 전하에 의해 만들어지기 때문에 회로 내부의 도선 어딘가에 과잉 전하가 있어서 전기장을 만들어야 한다. 이들 전하는 어디에 있을까? 도선을 따르는 전기장을 만들기 위해서 이 전하들은 어떤 분포를 하고 있어야 하는가?

### 도체 내부에 과잉 전하가 있는가

전구의 필라멘트와 도선은 도체이다. 따라서 전구의 필라멘트와 도선 안에는 과잉 전하가 있을 수 없다. 이러한 금속 물체에는 자유 전자의 수와 동일한 수의 양전하의 원자핵이 있다. 과잉 전하는 도선 내부에 있을 수 없다. 따라서 어딘가 밖에 있어야 한다.

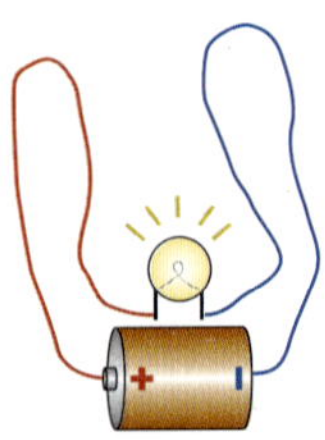

**그림 18.13** 전선을 구부려 전구를 전지 가까이에 옮겼다. 전구 속 전기장은 아마도 더 커져야 할 것이다. 그러한가?

### 과잉 전하는 전지에 있는가

논리적으로 추론을 하면 회로에 관여하는 남은 유일한 요소가 전지이므로 전기장을 만드는 전하는 전지의 내부나 전지 표면에 있을 것이다. 아마도 +극 쪽에는 +전하가 −극 쪽에는 −전하가 있지 않을까? 그런 경우 전지에 의해 만들어지는 전기장은 쌍극자에 의한 것과 유사할 것이다.

> **질문** 전구가 전지에서 10 cm떨어져 있고 아주 밝게 빛난다고 해 보자(그림 18.12).이 전구를 도선을 구부려서 전지에 가까이 옮겨서 1 cm만큼 떨어진 곳에 놓았다고 하자(그림 18.13). 이렇게 가까워진 거리에서 전지에 의한 전기장은 얼마나 더 커질 것인가?

비록 쌍극자에 의한 전기장의 크기는 $1/r^3$의 비율로 변하기 때문에 1 cm거리에서의 전기장은 10 cm거리의 전기장의 약 $1 \times 10^3 = 1{,}000$배 커진다.

> **질문** 전구의 필라멘트의 위치가 전지에 가까워져 1,000배 정도 전기장의 크기가 커졌다. 전구에 흐르는 전류와 전구의 밝기는 어떻게 변할까?

보통의 금속에서 전자 전류는 전기장에 비례한다: $i = nA\bar{v} = nAuE$. 따라서 전자 전류도 약 1,000배 증가해야 한다. 전구는 전보다 엄청나게 밝아야 한다! 그러나 이런 일은 일어나지 않는다. 단순 회로를 논할 때 보았듯이 전구의 위치를 옮기는 것은 전구의 밝기나 나침반이 나타내는 전기장에 아무런 영향을 미치지 않는다.

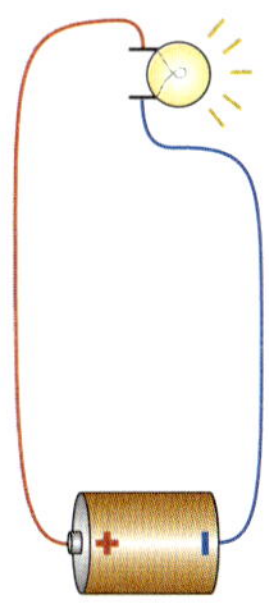

그림 18.14 전구를 회전시켜라. 전기장에서 평행한 성분의 변화로 인해 밝기가 변하였는가?

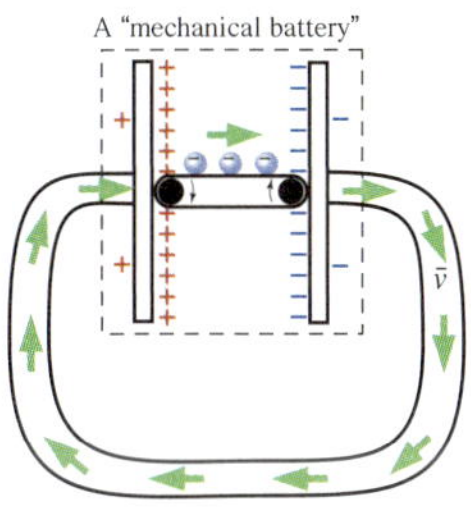


그림 18.15 "기계적인 전지" : 컨베이어 벨트는 전하를 계속 분리하여 도선에 정상 전류가 흐르도록 한다.

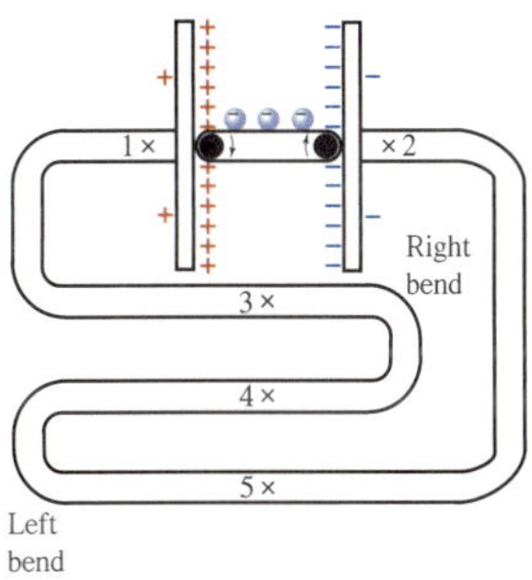


그림 18.16 니크롬선과 기계적인 전지로 이루어진 회로

"전지 표면 전하"에 의한 것이라는 주장을 다른 방법으로 반박할 수 있다. 전구의 필라멘트에서 전류를 이동시키기 위해서는 전기장이 필라멘트에 평행해야 한다. 그러나 전구를 회전시키더라도 전구의 밝기에는 아무런 변화를 보지 못한다(그림 18.14). 전기장을 만드는 전하가 전지의 내부나 전지 상에 있는 것이라면 전구를 회전시키면 밝기가 변해야 한다. 전구에 불이 켜지지 않을 수도 있어야 한다.

전지에 더 가까이 놓였을 때 전구가 더 밝아지지도 않고, 전구의 방향을 바꾸었을 때도 전구의 밝기에 변화가 없다는 사실은 전지 내부나 전지 상에 있는 전하가 필라멘트 내부에 전기장을 발생시키는 것일 수 없다는 것을 보여준다. 어딘가에 다른 전하가 있어야 한다. 그리고 이 전하들은 알짜 전하가 없는 도선이나 필라멘트 안에는 있을 수 없다. 이는 정말 퍼즐이다.

## 기계적인 전지

앞으로의 분석을 단순화하기 위해, 특히 전구 필라멘트 내부에 전기장을 만드는 전하의 위치를 찾기 위해, 단순화된 전지 모델인 "기계적인 전지"를 도입하자. 이는 화학 전지보다 더 이해하기 쉽고 회로에서 화학 전지와 유사한 방식으로 작동한다.

우리의 기계적 전지에는 모터나 손잡이로 한쪽 판에서는 전자를 끌어내서 양극으로 만들고, 다른 쪽 판에는 전자를 밀어 넣어 음극으로 만드는 컨베이어 벨트가 있다(그림 18.15). 이 작동은 음극을 떠나는 전자의 유동 속력을 $\bar{v}$로 만들고 도선을 이동한 후 양극으로 들어가는 전자를 빼낸다. 밴더그래프 제너레이터를 본 적이 있을 것이다. 이것에는 모터로 돌아가는 컨베이어 벨트와 같은 것이 있어서 많은 전하를 끌어올려 금속구로 옮긴다.

이렇게 대전된 판과 모터로 움직이는 컨베이어 벨트를 묶어 생각하면 화학적 전지와 유사하다. 주요한 차이점은 여기서는 전하를 기계적으로 옮기는 것이지만, 화학 전지에서는 화학 반응을 통해 이 작동이 이루어진다는 점이다. 모터가 두 개의 판 사이의 전하를 계속 분리하는 한 도선에 정상 전류를 흐르게 할 수 있다.

## 전지에 의한 전기장

이제 기계적 전지와 저항이 있는 구부러지고 휘어진 니크롬선을 연결한 회로를 생각해 보자(제17장에서 언급한 실험 키트의 도선이 니크롬선이다. 집에서 사용하는 토스터기에 있는 열선이 대체로 니크롬선으로 되어 있다). 앞에서 배웠듯이 휘거나 구부러진 도선은 정상 전류에 아무런 영향을 주지 않는다. 이것은 좀 이상하다. 곧 이것이 더 이상해 보일 것이다!

**질문** 그림 18.16에서 ×로 표시된 곳(위치 1부터 5)에서 기계적인 전지의 금속판에 있는 전하에 의해 생긴 전기장을 나타내는 화살표를 표시해 보자(벨트에 있는 전하의 양은 판에 있는 양에 비해 무시할 수 있다). 잠시 도선의 존재는 잊자.

**질문** 다음으로는 다른 색으로 다른 모양의 화살표로 각 위치에서 자유 전자 바다의 유동 속력을 표시해 보자. 유동 속력이 기계적인 전지의 금속판에 있는 전하에 의해 만들어진 전기장에 의해서만 생긴다고 가정한다.

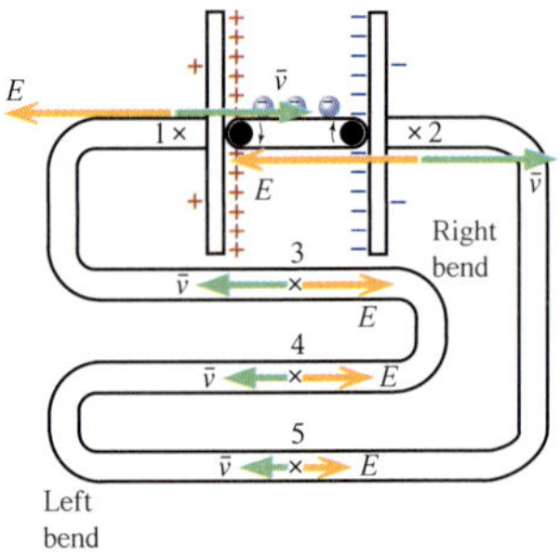


**그림 18.17** 오직 기계적인 전지에 의한 전기장(주황색)과 이 전기장에 의해 만들어진 전자의 유동 속력(녹색). 몇 개의 화살표는 명확한 관찰을 위해 상쇄되었다.

세상에 그림 18.17에서 보이듯이 도선의 위치 4에서 전자 전류가 위로 흐른다는 결론을 얻었다! 정상 전류(전하 분포와 전류가 변하지 않는 상황)에서는 있을 수 없는 일이다.

정상 전류가 흐르는 상황에서는 어딘가 다른 곳에 전하가 있어야 한다는 결론을 내릴 수밖에 없다. 이 전하들은 전선의 모든 곳에서 전선 방향으로 알짜 전기장이 향하도록 (유동 속력은 모든 곳에서 반대 방향임) 전기장을 만들어야 한다.

## 도선의 표면에 전하가 쌓인다

금속 내에서 자유 전자 바다의 전자는 서로 밀어내는 힘이 양전하의 원자핵이 당기는 힘으로 상쇄되기 때문에 서로 상호작용하지 않는다는 것을 기억해 보자. 어떤 다른 전하가 도선 안에 있는 전자에 힘을 작용하는 전기장을 만들어야 한다.

그림 18.17의 왼편의 휘어진 도선을 보라. 전하가 판들에 있는 것이 전부라면 전자 전류는 이웃하는 양쪽에서 휘어진 곳을 향하여 흐를 것이다. 이곳은 전자 전류가 들어오기만 하고 나가지 않는 영역이다.

> **질문** 이러한 현상은 도선에 어떤 영향을 미칠 것인가? 도선이 금속으로 되어 있다는 것에 명심하고 구체적으로 생각해 보자. 여러분의 생각을 그림 18.16에 표현해 보자.

만약 전자들이 도선의 한곳으로 양쪽에서 밀려온다면 이 부분은 알짜 음전하를 가지게 될 것이다. 도선은 금속으로 되어 있으므로 전자는 자유로이 움직일 수 있다. 모든 과잉 전하는 도선의 표면으로 이동할 것이다. 이 주장은 그럴듯하다. 왜냐하면 금속 내부의 과잉 전하가 서로 밀어서 표면으로 내몰릴 것이기 때문이다.

보다 정확히 말하자면, 과잉 음전하는 자유 전자 바다를 밀어내 일부가 표면으로 나와 음으로 대전된 표면을 만든다. 과잉 양전하가 내부에 있다면 근처의 전자 바다를 끌어 당겨 결국에는 양전하 핵이 표면에 남게 만든다. 모든 과잉 전하가 표면으로 간다는 것을 엄밀하게 증명하려면 가우스 법칙이 필요하다. 이는 제21장에서 공부할 것이다.

결국 음전하들이 왼쪽 구부러진 표면에 쌓인다.

> **질문** 도선에서 오른쪽으로 구부러진 부분에는 어떤 일이 생기는가? 여러분의 생각을 그림 18.16에 표현해 보자.

오른쪽으로 굽은 부분에서는 전류가 양쪽에서 나가기만 하므로 알짜 양전하들이 도선 표면에 남긴다.

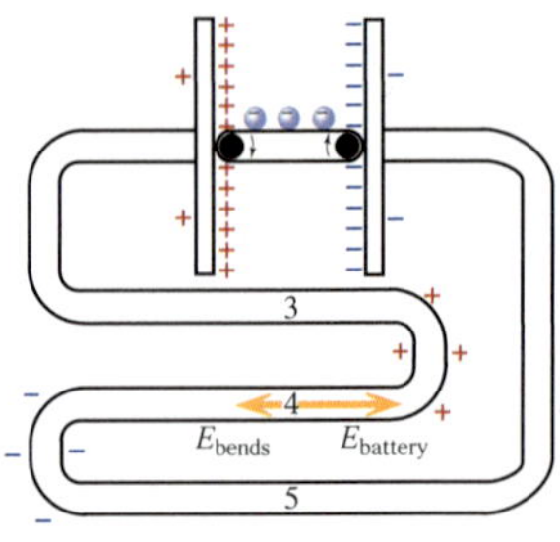


**그림 18.18** 4번 위치의 전기장은 구부러진 곳에 전하들이 쌓이는 효과로 인해 감소한다.

> **질문** 기계적 전지에 의한 전기장이 전류를 틀린 방향으로 향하도록 하는 위치 4에 초점을 두어보자. 왼쪽으로 구부러진 곳과 오른쪽으로 구부러진 곳의 과잉 +전하와 −전하에 의해 만들어지는 전기장은 4번 위치에서 방향이 어디인가?

구부러진 곳에서의 전하가 4번 위치에서 만드는 전기장은 기계적 전지가 만든 전기장과 방향이 다르다. "잘못된" 방향으로 생기는 알짜 전기장은 그 크기가 줄어들게 된다(그림 18.18). 그러나 4번 위치에서의 알짜 전기장이 오른쪽 ("틀린 방향")을 여전히 가리킨다면 점점 더 많은 과잉 전하가 구부러진 곳에 쌓이고 이들 전하에 의한 전기장은 더 커질 것이다.

**질문** 이렇게 쌓이는 효과는 얼마나 갈 것인가? 무엇 때문에 멈출 것인가?

위치 4의 알짜 전기장 방향이 바뀔 때까지 구부러진 곳에서 전하가 쌓이는 일이 계속될 것이다. 또 다른 전하들이 전선 표면에 나타나 결국에는 3, 4, 5의 위치에서 알짜 전기장이 같은 크기를 가지게 될 것이다. 이때만이 전자 전류 $i = nA\bar{v}E$가 구부러진 곳으로 들어가는 양과 나오는 양이 같아질 것이다. 그리고 더 이상 구부러진 곳에 전하량의 변화는 없을 것이다.

우리는 회로에서 왼쪽으로 구부러진 곳과 오른쪽으로 구부러진 곳에서 일어나는 "피드백"의 예를 보았다. 만약 처음에 판에 있는 전하들에 의한 전기장이 정상 전류와는 다른 양이나 방향의 전류를 흐르게 한다면, 표면 전하가 자동적으로 쌓여 전류를 정상 상태의 전류가 흐르도록 한다. 더욱이 정상 상태가 수립이 일단 되면 "음의 피드백"이 일어난다. 정상 상태를 벗어나게 하는 어떤 상황이 벌어지면 "음의 피드백"이 일어나 표면에 전하를 만들어 정상 상태로 회복하려는 경향을 갖는다.

**그림 18.19** 위에서 논의한 전산적 모델에 의해 만들어진 구부러진 회로의 표면 전하 분포이다. 빨간색은 표면의 양전하, 파란색은 표면의 음전하이다. 색의 강도(채도)는 전하의 양에 비례한다. 사각 도선은 계산의 단순함을 위해 사용하였다.

우리는 회로의 구부러진 곳에서 일어나는 가장 격한 피드백을 고려하였다. 그러나 결과적인 전하의 쌓임은 회로에서만 있는 일이 아니다. 전지의 +극과 −극의 부근에 있는 도선의 표면에 음전하나 양전하가 있어야 한다. 이 표면 전하들은 전기장을 도선 방향으로 그리고 도선 전체에서 같은 값이 되도록 만든다. $i = nA\bar{v}E$이므로 회로의 모든 곳에서 동일한 전류를 가지기 위해서는 모든 곳에서 전기장이 같아야 한다.

그림 18.19는 전산적 모델에 의해 만든 표면 전하 분포를 상세히 나타낸다. 여기에는 전지의 역할(축전기의 판에 계속 전하를 공급할 것이다)을 하는 대전된 축전기가 있다. 우리가 정성적으로 한 예측이 정량적 계산 결과로 확증되었다. 아래 부분의 왼편 구부러진 곳에서는 음전하가, 오른편 구부러진 곳에서는 양전하가 쌓인다. 이렇게 기하학적으로 복잡한 회로에서 회로의 일부가 다른 부분을 편극시키기 때문에 표면 전하의 분포가 약간 복잡하다는 것이 자명하다. 예를 들면, 우리가 고려했던 부분이 있는 도선이 그 바로 위에 있는 양으로 대전된 도선에 의해 강하게 편극된 것을 보라. 그러나 일반적으로 표면 전하는 회로를 따라 양의 값으로부터 음이 되는 경향이 있다.

## 18.5 표면 전하 분포

앞 절에서 논의한 휘어진 회로 상의 복잡한 전하 분포에도 불구하고 한 가지 두드러지는 점은 도선 표면의 위치에 따라 전하의 양과 부호가 변한다는 것이다. 일반적인 경향성은 분명하다. 축전기 왼편의 도선은 강한 양극이고 오른편은 음극이다. 그리고 적은 양의 전하가 회로의 중간에 있다. 이러한 변화는 표면 전하의 그래디언트(gradient)로 표현할 수 있다. 수학적으로는 한 지점에서 단위 길이당 양의 변화를 기술하는 미분이 그래디언트이다. 만약 회로를 1차원 상의 경로로 생각한다면 표면 전하의 그래디언트를 전선의 한쪽 끝에서 다른 쪽 끝으로 이동하면서 찾을 수 있다.

표면 전하의 그래디언트가 정상 상태 회로에서 도선 내 균일한 전기장을 만드는 데 왜 필요한지를 알아보기 위해 단순한 경우를 생각해 보자. 회로에서 아주 길고 곧은 도선을 고려해 보자. 이 중 전지에서 아주 먼 중간 부분을 생각해 보겠다. 도선의 표면을 전하로 이루어진 여러 개의 고리 모델로 보자. 이러한 단순 모델에서 각 고리는 균일하게 대전되어 있다. 도선 내부의 전기장을 계산하기 위해 우리는 각 고리를 점전하로 된 모델로 생각할 것이다(그림 18.20).

그림 18.20 대전된 고리들의 배열로서 원통형 도선의 표면 전하 모델은 점전하들의 조합으로 근사할 수 있다. 빨강은 양전하, 파랑은 음전하이고 흰색은 대전되지 않은 것이다. 색의 채도는 전하량을 나타낸다. 도선의 표면 전하는 왼쪽이 약한 음전하에서 오른쪽이 강한 양전하를 띠도록 선형적으로 변한다.

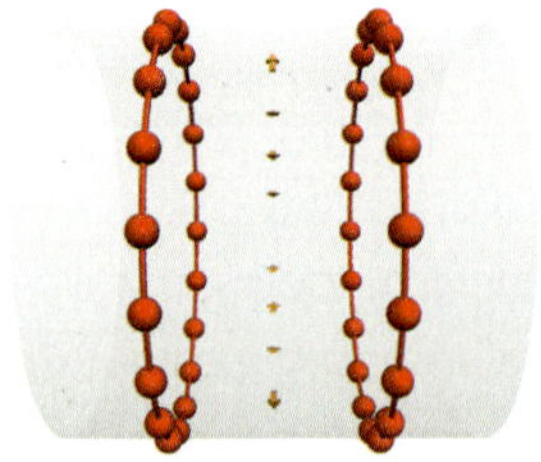

그림 18.21 도선의 표면에 동일하게 대전된 두 고리와 그들이 회로의 도선 속에서 만드는 알짜 전기장(주황색 화살표)

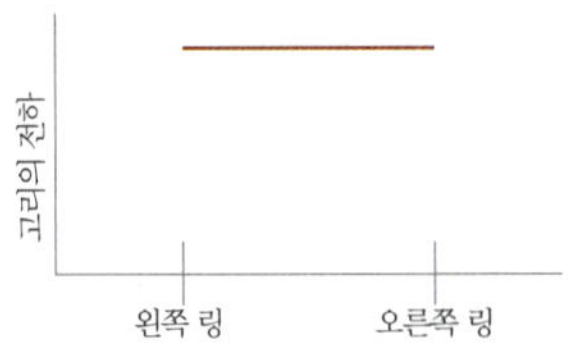


그림 18.22 그림 18.21에서 동일한 두 고리에 인한 전하의 그래디언트는 0이다(그래디언트는 직선의 기울기이다).

## 두 개의 동일하게 대전된 고리

우선 동일하게 대전된 고리(그림 18.21)를 생각해 보자. 축 상의 한 위치에서 고리의 중간 지점에 알짜 전기장은 0이다. 축이 아닌 위치에서 전기장은 0이 아니지만 아주 작고 도선 방향을 가리키지도 않는다. 고리에 전하가 아무리 많더라도 도선 방향으로 전기장을 만들지는 못한다.

**질문** 이 두 고리로 된 도선을 따라 전하의 그래디언트는 얼마인가?

위치별 고리의 전하 그래프를 그려보면 기울기가 0임을 알게 될 것이다. 각 고리의 전하량은 변하지 않는다. 따라서 이 경우 표면 전하의 그래디언트는 0이다(그림 18.22).

이 예에서 보면 단순히 같은 양으로 대전된 고리를 추가한다고 해서 도선 방향의 전기장이 생기는 것은 아님을 알 수 있다. 다른 접근법을 시도해 보자.

## 전하의 일정한 그래디언트

0이 아닌 전하 그래디언트를 갖는 가장 간단한 배열은 두 개의 고리가 다른 양의 전하를 가지는 것이다(그림 18.23).

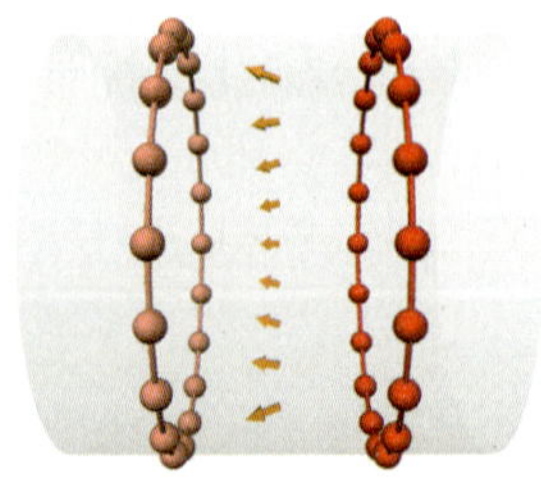

그림 18.23 다른 양의 전하를 가진 두 고리 사이의 전기장

이것은 전망이 있다. 비록 두 고리가 모두 양전하이지만 한 고리가 다른 것보다 더 많은 전하를 가지고 있으므로 두 고리 사이의 전기장은 0이 아니고 대략적으로 축 방향을 가리킨다. 도선을 따르는 전하 그래디언트는 0이 아니다(그림 18.24).

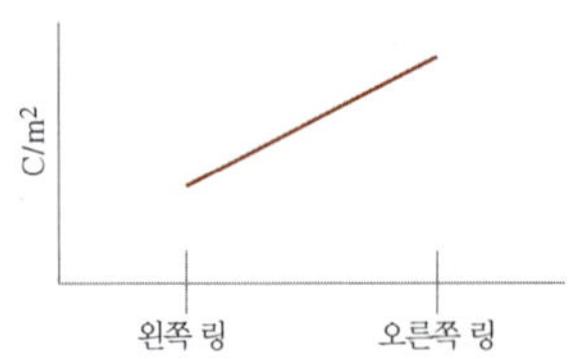


그림 18.24 다른 양의 전하로 대전된 두 고리 사이에서, 전하의 그래디언트는 0이 아니다.

전하 그래디언트 값이 일정하다고 하고 도선을 따라 양 방향으로 도선 상의 전하의 모델을 확장해 보자(그림 18.25).

이 결과는 상당히 좋다. 대전된 고리가 넓게 퍼져 있어서 부드럽지 않고 "울퉁불퉁한" 전하 분포를 보이기는 하지만 도선 내부의 전기장은 가로 방향으로도, 세로 방향으로도 그리고 표면 부근에서도 상당히 균일하다. 분명 도선의 표면에 일정한 전하 밀도 그래디언트가 있는 도선은 도선 방향이나 단면 방향 모두에서 크기가 균일하고 도선 방향을 가리키는 도선 내부에 전기장을 생성한다.

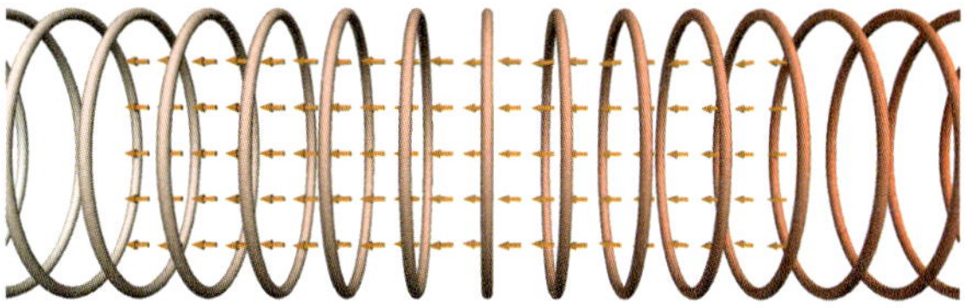

**그림 18.25** 그림 18.20의 대전된 고리 배열의 중간 부분 전기장 확대 그림. 주황색 화살표로 나타낸 전기장이 보기 쉽도록 고리를 구성하는 점전하는 표시하지 않았다.

## 회로에서의 표면 전하 분포

아무리 간단한 회로라도 대단히 긴 직선 도선보다 더 복잡하다. 회로는 전지를 포함하고 전지의 양극에 연결되려면 도선이 구부려져야 한다. 따라서 우리는 회로의 표면 전하의 분포가 단순히 일정한 전하 그래디언트보다 더 복잡할 것이라 예상할 수 있다. 그러나 우리는 다음을 기대할 수 있다.

- 다른 회로 요소에서 멀리 있는 직선 도선 상에서는 거의 일정한 전하 그래디언트가 있을 것이다.
- 표면 전하 그래디언트는 전기장이 가장 큰 영역에서 가장 클 것이다.
- 도선이 급격히 구부러진 부분이나 두 개 회로 요소(반경이 다른 도선 또는 도선과 전지)가 연결된 지점에서 전하 그래디언트는 아주 복잡할 것이다.

다음 논의에서 여러 단순 회로에서 표면 전하 분포를 계산한 컴퓨터 모델을 보여준다.

**질문** 단순 회로의 표면 전하 분포를, 계산 대신 왜 직접 측정하지 않는가?

회로에 대단히 큰 표면 전하 그래디언트가 있더라도 전하량이 너무 작아서 측정하기 어렵다. 18.11절은 회로에 아주 큰 전압을 가하여 표면 전하를 감지할 수 있는 방법에 대해 설명한다. 그러나 보통 저전압 회로에서는 가능하지 않다.

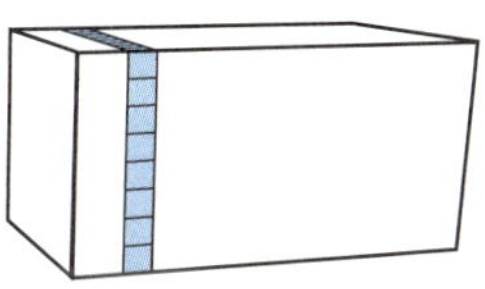

**그림 18.26** 도선 표면이 대전된 타일로 이루어진 (사각)고리

## 표면 전하 분포를 계산하는 법

기본적으로 표면 전하를 계산하는 컴퓨터 모델은 다음과 같은 논리이다.

- 전지(전하가 계속 공급이 되는 축전기 모델 사용)에 있는 전하로만 시작한다.
- 계산을 간단히 하기 위해 정사각형의 도선을 사용한다. 도선의 표면을 작은 사각 타일로 쪼갠다(그림 18.26).

이제 아래의 내용을 반복해서 한다.

- 회로의 모든 전하에 의해 타일의 위치에 생기는 전기장을 계산한다.
- 각 타일 위치에서의 전기장을 사용하여 $\Delta t$이후 타일의 각 표면으로 들어가거나 나오는 전하의 흐름을 계산한다.
- 전하 분포가 더 이상 변하지 않을 때까지 반복한다. 이 모델에 관한 자세한 설명은 18.12절에 있다. 이 모델을 수행하는 데 필요한 컴퓨터 기술은 복잡하며 이 책의 범위 밖에 있다.

**단일 도선 회로** 그림 18.27은 아주 간단한 회로(저항이 있는 도선 1개와 전지)의

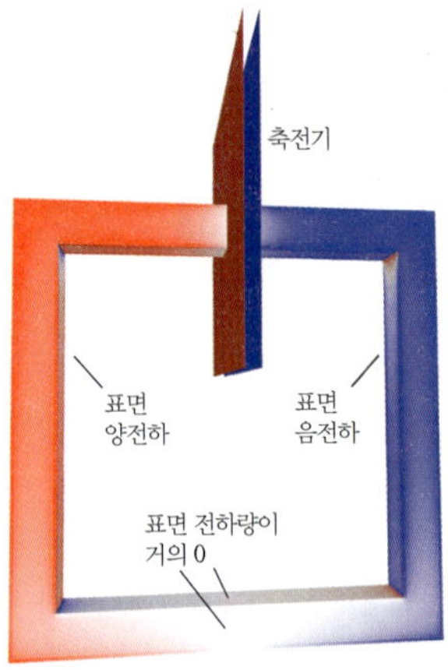


**그림 18.27** 간단한 회로의 모델. 저항이 있는 도선은 단면이 가로 세로 각 6 mm이다. 이 회로의 넓이는 60 mm이고 축전기 사이 간격은 2 mm, 간격 사이의 전위차는 1.5 V이다.

표면 전하 분포를 계산한 것을 보여준다. 축전기의 양극판에서 시작하여 회로를 반시계방향으로 돌아 음극판으로 가면서 우리는 표면 전하가 강한 양전하로 시작하여 그 양이 점점 줄어 바닥에 있는 도선의 중앙에서 0이 되고 회로를 계속 진행하며 점점 더 음전하의 양이 증가한다.

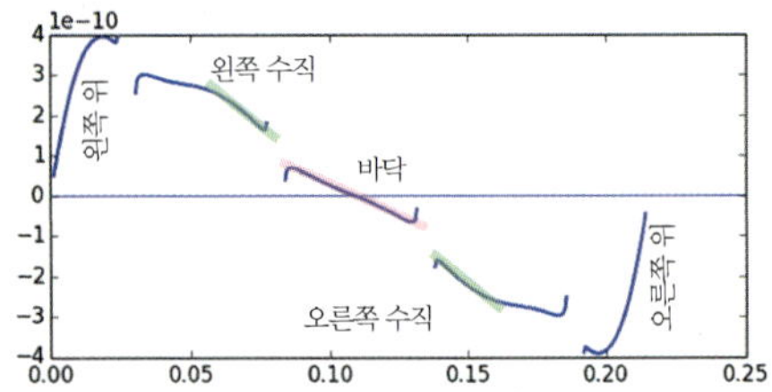


**그림 18.28** 그림 18.27의 축전기의 양극판에서 시작하여 회로를 반시계 방향으로 돌아가는 경로에 대한 대전된 고리의 표면 전하 밀도($C/m^2$). 우리는 인접한 도선이 서로 극성을 띠는 사각 모서리의 대전 상황을 생략하였다. 전지와 거리가 먼 바닥 도선의 전하 그래디언트는 일정하다(핑크 음영). 수직한 도선의 바닥 부분의 전하 그래디언트 또한 일정하다(녹색 음영).

회로 상의 위치에 따른 표면 전하 밀도 그래프는 그림 18.28에 있다. 표면 전하 밀도는 단일 고리(그림18.26)에 있는 모든 타일 상의 전하를 더하여 모든 타일의 표면적으로 나누어 계산한 것이다. 그림 18.28은 표면 전하 밀도의 그래디언트가 전지와 먼 직선 부분에서는 거의 일정하다는 것을 보여준다. 이 그래프는 회로의 모서리들에서 복잡함을 보여주지는 않는다. 그 이유 중 일부는 정사각형으로 모델 회로를 구성한 것이기 때문이다.

그림 18.29에서 볼 수 있듯이 도선 내부에서 축전기와 표면 전하에 의해서 만들어진 알짜 전기장은 아주 균일하다. 이 결과는 컴퓨터 모델링이 옳다는 것을 보여준다. 그림 18.29는 또한 전지와 도선의 표면 전하가 알짜 전기장에 기여하는 정도를 보여준다. 전지에서 가장 먼 바닥 위치의 도선에서 전기장은 거의 도선의 표면 전하 그래디언트에 의한 것이다.

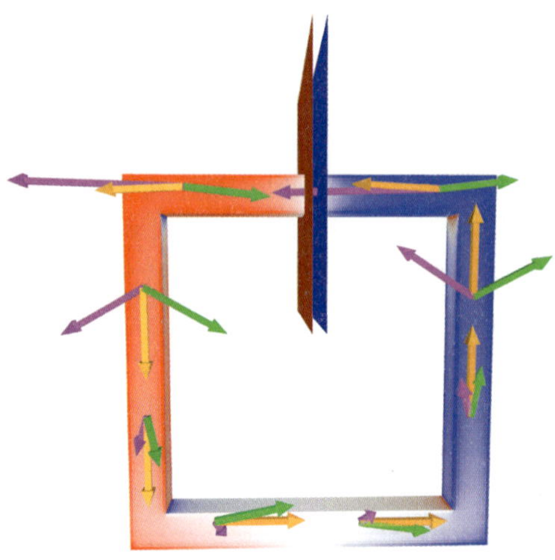

**그림 18.29** 도선 전체에서 몇 지점의 전기장. 알짜 전기장(주황색), 축전기에 의한 전기장(자홍색), 모든 표면 전하에 의한 전기장(녹색)을 표시하였다. 전기장은 도선의 중심선을 따라 계산되지만, 볼 수 있도록 도선의 앞에 화살표를 표시하였다. 표면 전하에 의한 축전기 왼쪽의 전기장이 알짜 전기장과 반대임에 유의하라. 이 위치에서는 축전기에 의한 큰 전기장이 왼쪽 위 모서리에 쌓인 표면 양전하에 의한 전기장과 반대이다.

그림 18.30 더 크게 만든 회로의 아랫부분은 축전기의 전기장은 매우 작고 표면 전하 그래디언트는 일정하다.

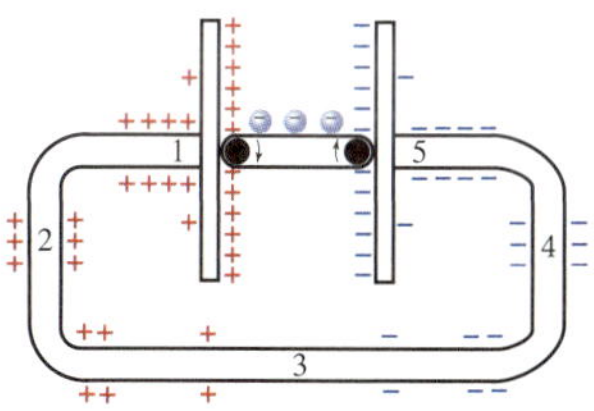


그림 18.32 대략적인 표면 전하를 표시한 기하학적으로 간단한 회로. +와 −부호의 수는 그 부분 표면 전하의 밀도를 도식적으로 나타낸 것이다. 전하량은 차이를 볼 수 있도록 샘플의 위치에만 표시하였다.

## 전기장은 단순하고 표면 전하 분포는 복잡하다

그림 18.27에서 보이는 표면 전하 분포는 우리가 기대한 대로이다. 또한, 특정 위치에서는 그 유형이 변한다는 것도 기대했었고 이를 볼 수 있다. 예를 들면, 굽어진 내부의 구석진 부분에서는 붉은색 양의 표면 전하 무리를 푸른색 음전하 영역에서 볼 수 있고, 푸른색 양의 표면 전하 무리를 붉은색 양전하 영역에서 볼 수 있다. 이렇게 서로 다른 부호의 무리는 축전기의 전기장 편극 효과와 근처 도선의 전기장 효과 때문이다. 이러한 서로 다른 부호의 표면 전하들이 있는 모서리에서는 그 반대편 모서리 표면에 올바른 (전극 부호와 동일한) 부호의 추가적인 전하량이 있음을 볼 수 있다(근처보다 좀 더 진하다). 중요한 것은 고리 전체의 총 전하량이다. 축전기판 바로 옆 지점의 전하 밀도는 축전기판에 의한 전기장의 수직 성분 때문에 줄어든다.

그림 18.28의 표면 전하 그래프에서 표면 전하 그래디언트가 대략적으로 상수인 영역이 왼편, 바닥, 오른편임을 볼 수 있음에도 불구하고 그림 18.29에서는 왼쪽과 오른쪽 도선을 따라서 알짜 전기장을 이루기 위해서 부근의 표면 전하 그래디언트뿐 아니라 축전기의 기여가 매우 큰 것을 볼 수 있다. 표면 전하에 의한 전기장의 수평 성분이 있다는 의미는 도선 상에 꽤 큰 편극이 수평 방향으로 있다는 것을 의미한다. 반대로 축전기와 가장 먼 바닥의 도선의 전기장은 거의 모두 바닥 도선의 표면 전하 그래디언트에 의한 것이다.

만약 회로를 좀 더 크게 만든다면(그림 18.30), 회로의 아랫부분에서 축전기에 의한 전기장은 아주 작고 표면 전하 그래디언트는 거의 일정함을 알 수 있다.

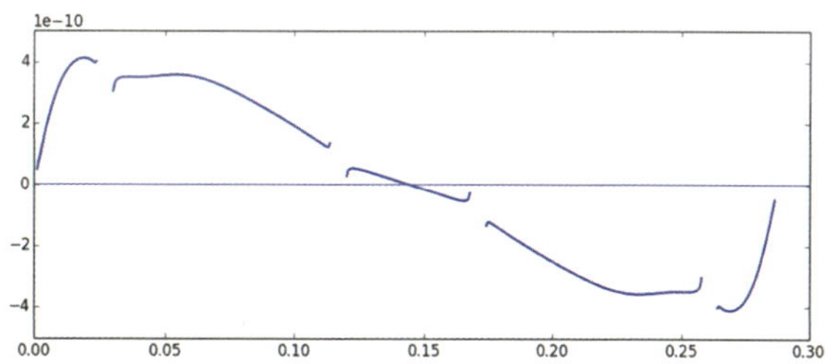


그림 18.31 그림 18.30의 회로에 대한 표면 전하

## 단순화된 표상

이 장에서 우리는 그림 18.32와 같이 표면 전하의 근사를 그릴 것이다. +와 −전하가 많이 있는 고밀도 표면 전하($C/m^2$)와 +와 −전하가 적은 저밀도 위치를 표시하였다. 방금 전에 본 것처럼 이러한 전하 분포는 세부적으로 보면 정확하지 않다. 우리의 목적은 쉽게 쓰고 해석할 수 있도록 대략적인 표면 전하 분포를 나타내는 것이다. 회로에서 되먹임(feedback) 효과로 인해 구부러진 부분에 전하들이 추가적으로 놓이도록 하고, 2번 위치 부근의 전하들은 바닥 도선을 편극시킬 것이며, 등등이 일어난다. 우리는 부가적으로 일어나는 편극은 무시하겠다. 중요한 점은 위치 1 부근의 표면 전하가 양전하여야 한다는 것이고 위치 5부근의 표면 전하는 음전하여야 한다는 것이다. 전지의 양극에서 음극 쪽으로 도선을 따라가다 보면 +표면 전하에서 −표면 전하로 변화될 것이다. 특히, 어떤 위치에서는 표면 전하가 0이 될 것이다(그림 18.32의 3번 위치).

**점검 사항 3** 그림 18.32와 같은 도식의 1, 2, 3, 4, 5 위치에서 알짜 전기장을 그려보자. 또한 그 결과에 의한 유동 속력을 그려보자. 그 방향과 상대적 크기에 유의하라.

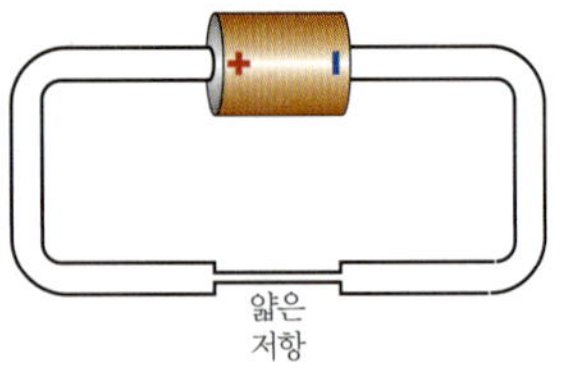


**그림 18.33** 얇은 부분이 저항으로 작용하는 회로

## 굵기가 가는 저항이 있는 회로

약간 더 복잡한 회로로 그림 18.33과 같이 굵기가 가는 저항이 굵은 도선으로 연결되어 있다고 하자. 18.3절에서 단일 고리 회로의 모든 위치에서 전류가 동일하기 위해서는 전자의 유동 속력은 단면이 더 작은 도선에서 더 커야 한다.

**질문** 그림 18.33에서 굵은 도선 상의 표면 전하 그래디언트에 비해 가는 저항을 가로지르는 표면 전하 그래디언트에 관한 어떤 결론을 지을 수 있겠는가?

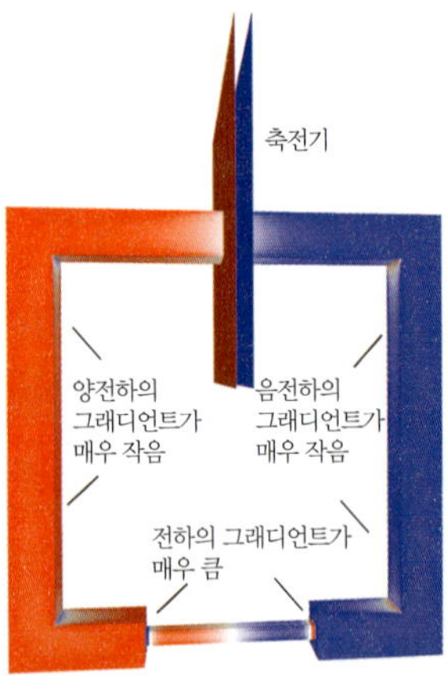


**그림 18.34** 그림 18.33과 유사한 회로의 표면 전하의 계산. 양전하는 빨간색으로 음전하는 파란색으로 나타내었다.

논리의 두 단계는 다음의 두 질문에 답을 할 수 있어야 한다. 우선 $\bar{v} = uE$이므로 유동 속력은 굵기가 가는 저항에서 더 커야 하므로 전기장은 굵은 도선보다 더 커야 한다. 둘째, 더 큰 전기장이 생기기 위해서는 가는 저항에서 표면 전하 그래디언트가 더 커야 할 거라고 추정할 수 있다.

그림 18.34와 18.35에서 이 두 가지 특성을 모두 볼 수 있다. 그림 18.34에서 굵은 도선(6 mm × 6 mm)에서는 거의 표면 전하 그래디언트가 없다. 단위 제곱미터당 전하량이 굵은 도선 영역에서는 거의 변하지 않는다. 이러한 전하 그래디언트는 도선 내 아주 작은 전기장을 생성하게 된다. 대조적으로 가는 도선(2 mm × 2 mm)에서의 전하 그래디언트는 도선을 따라 +에서 −로 급격히 변한다. 이런 큰 그래디언트는 저항 내 큰 전기장을 만들게 된다.

그림 18.35 그래프에서 가는 저항의 입구와 출구에서 추가적으로 쌓인 표면 전하와 저항을 따라 큰 그래디언트(분홍색)가 있음을 볼 수 있다. 이 둘은 저항에 큰 전기장이 생기도록 하는 데 기여한다. 대조적으로 왼편과 오른편의 수직으로 선 도선 상에서 표면 전하 그래디언트는 거의 0 (녹색)이어서 이들 도선 안에는 작은 전기장이 생기게 된다.

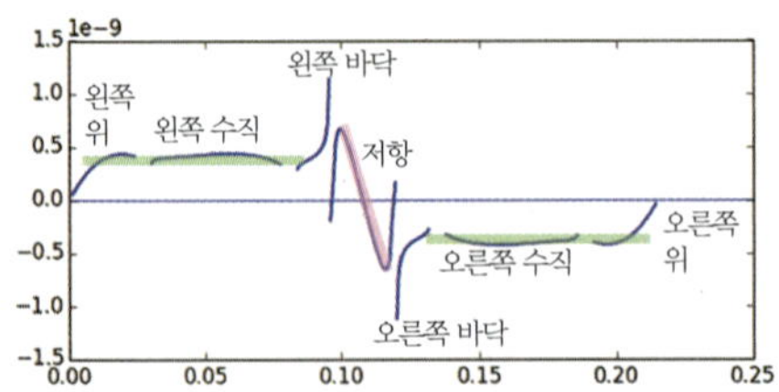


**그림 18.35** 그림 18.34의 회로에서의 표면 전하 밀도. 두꺼운 도선의 표면 전하의 그래디언트는 매우 작다(녹색 음영). 그러나 얇은 도선의 표면 전하의 그래디언트는 크다(분홍 음영).

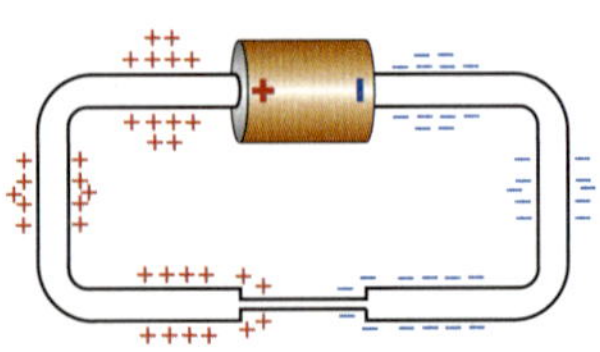

**그림 18.36** 그림 18.34의 표면 전하 분포의 도식. 얇은 저항을 지나는 전하의 그래디언트는 작다.

그림 18.34에서 우리는 복잡한 전하 유형을 접합면 부근에서 볼 수 있다. 저항의 각 끝부분에 부근의 크고 강하게 대전된 굵은 도선에 의한 편극 때문에 반대 부호의 전하가 쌓이게 된다. 이들은 저항의 양끝 지점에 전기장의 큰 수직 성분을 만든다. 그림 18.36은 그림 18.34에서 보인 표면 전하 분포의 대략적인 형태를 보여준다. 그래디언트는 이웃하는 위치에서의 전하 부호와 양으로 예상할 수 있다. 저항을 지나면서 양이 많이 변하거나 전하 부호가 변하는 것은 표면 전하 그

래디언트가 크다는 것을 나타낸다.

### 표면 전하량

회로 내에서 순환하는 다량의 전자에도 불구하고, 전류가 흐르는 도선은 매달린 대전된 테이프를 밀어내지 못한다. 시도해 보자! (대전된 테이프는 물론 중성의 물체(전선) 쪽으로 끌린다. 이는 표면 전하에 의한 매우 작은 척력을 가려버린다.) 도선에서 움직이는 다량의 전자는 동일한 양의 양으로 대전된 전자 핵과 균형을 이룬다. 그래서 도선 내 알짜 전하는 0이고 전기적 상호작용으로 척력이 작용하지는 못한다(전류는 물론 자기적 효과를 낳지 않는다).

표면 전하와 그것이 만드는 전기장은 도선을 따라 전류가 흐르게 하는 데 필수적이다. 그러나 두 개의 1.5 V 전지에 의해 도선들 표면에 나타나는 전하량은 아주 작다. 그림 18.35에서 표면 전하 밀도가 가장 큰 값은 제곱 미터당 1 nC 정도이다. 이러한 회로에서 표면 전하는 거의 필요하지 않다는 말이다. 이는 금속 내에서 전자는 움직이기가 쉽고, 상당한 양의 전류가 흐르는 데도 아주 작은 전기장이면 충분하기 때문이다. 전형적인 회로에서 구리 도선 내 전기장의 크기는 아주 작다. 전형적으로 1미터당 1볼트만 필요하다. 이것을 공기에서 스파크가 일어나기 위해 필요한 $3 \times 10^6$ V/m 전기장과 비교해 보자. 확실히 전형적인 도선에서 표면 전하의 양은 매우 작다.

10,000 V를 회로에 연결하여 표면 전하가 대전된 물체에 척력을 작용하는 것을 보일 수 있다. 표면 전하량은 전압에 비례하고 그러한 회로는 3 V가 연결된 회로보다 더 많은 표면 전하를 갖는다. 18.11절에 이 시범 실험에 관한 내용을 서술하였다.

## 18.6 회로 연결하기: 초기에 일시적으로 일어나는 현상(과도기)

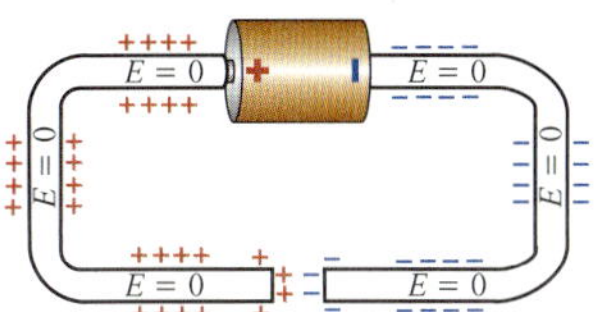


**그림 18.37** 간극이 있는 회로: 대략적인 표면 전하를 표시하였다.

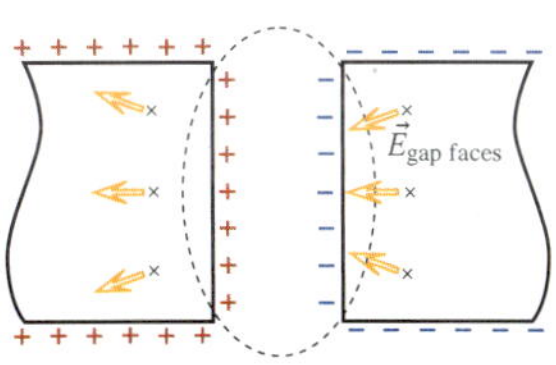


**그림 18.38** 간극의 표면에 있는 전하들 만에 의한 전기장을 보여주기 위한 그림. ×표한 지점들에서 다른 전하들에 의한 전기장을 그려라.

회로가 만들어지면 피드백에 의해 표면 전하들이 재빠르게 재배열되어 정상 상태(steady state)에 도달한다. 정상 상태에 이르기 전에 일어나는 이러한 조정 기간을 과도기라 부른다. 어떻게 동작이 이루어지고 얼마나 짧은 시간이 걸리겠는가? 정상 상태에 도달하는 과정에 대해 더 자세히 살펴보겠다.

그림 18.37과 같이 한 개의 화학적 전지와 중간이 조금 떨어진 두 개의 니크롬선으로 이루어진 회로에 대해 고려해 보자. 이 계는 평형 상태에 있어서 도선 안의 모든 곳에서 전기장 $E$는 0이다. 한 개의 도선은 양으로, 다른 한 개는 음으로 대전될 것이며 대략적인 표면 전하 분포가 표시되었다. 이 전하들이 어떻게 분포되는지에 대한 상세한 내용은 무시하였다(사실 간극에서 강한 편극으로 인해 간극 근처의 도선 표면에 상당한 양의 전하량이 집중된다. 따라서 이 그림은 대략적인 도식에 불과하다).

간극 부근을 살펴보자. 그림 18.38은 전체 전기장 중에서 간극에 있는 표면 전하에 의해 만들어지는 전기장을 보여주고 있다. 이 벡터들이 다 바르게 그려졌다고 믿기를 바란다.

**질문** 유사한 도식에서 그 외의 모든 다른 전하(전지의 끝에 그리고 도선을 따

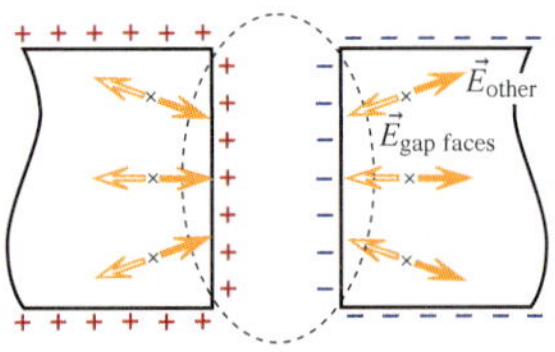


**그림 18.39** 간극 표면에 있는 전하들에 의한 전기장과 다른 모든 전하들에 의한 전기장

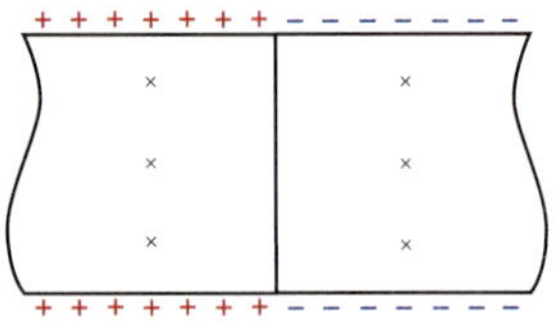

**그림 18.40** 간극을 막 닫은 후 간극 앞부분 주변의 단면

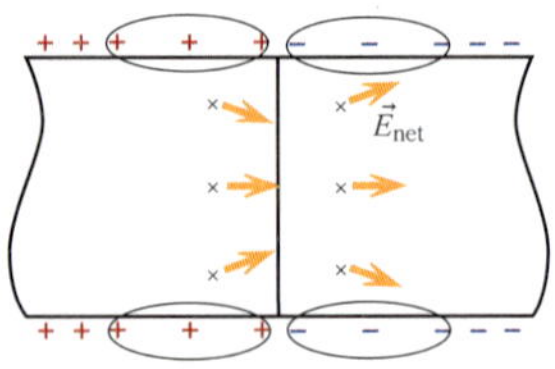


**그림 18.41** 원래 표면 전하의 희석. 오른쪽 원형 표시 영역의 음전하가 약해지는 동안 왼쪽 원형 표시 영역은 양전하가 약해진다.

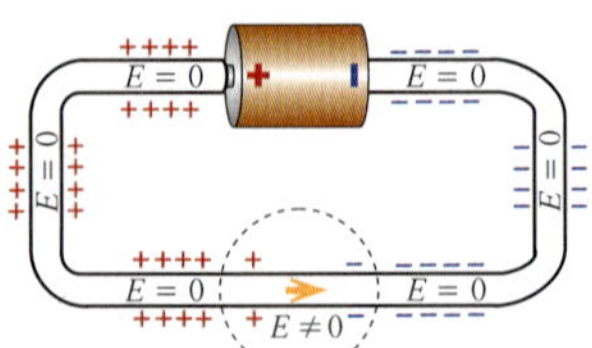


**그림 18.42** 회로의 일부는 아직 간극이 닫힌다는 정보를 받지 못했다! 구형으로 둘러싸인 지역의 전기장 변화는 빛의 속도로 확장된다.

라 있는 표면 전하들)에 의해 생기는 전기장을 간단히 그려보자. 모든 다른 전하에 의한 전기장이 간극에 있는 전하에 의한 전기장과 정반대 방향으로 생기는가?

도선 내 알짜 전기장은 0이어야 한다. 왜냐하면 계는 평형 상태에 있기 때문이다. 따라서 모든 다른 전하에 의해 만들어진 전기장은 간극 면에 있는 전하에 의해 만들어진 전기장과 비교할 때 정확히 크기는 같고 방향이 반대이어야 한다(그림 18.39).

니크롬 도선을 서로 접촉시켜 닫힌 회로를 만들어 보자. 그림 18.40처럼 도선의 양끝을 마주보고 있는 접촉면에서 전하들은 서로를 중성화시켜 도선 바깥 표면에 표면 전하 만을 남긴다. 이 순간 이 표면 전하 분포는 매우 크게 불연속이다. 접촉면 근처의 표면은 매우 가까움에도 불구하고 서로 반대 부호의 양과 음전하들이 분포한다.

**질문** 접촉한 후에 그림 18.40의 ×로 표시된 지점에 벡터를 사용하여 도선 내부의 전기장을 표시해 보자(힌트: 간극 전하는 이제 사라졌다).

간극을 없앤 후 간극 면 상의 전하에 의해 만들어졌던 전기장에의 기여는 없어졌다. 따라서 알짜 전기장은 우리가 전에 그린 "그 외의" 전하들에 의한 전기장과 유사할 것이다. 도선 내에서 자유 전자 바다는 이 전기장 때문에 움직일 것이다. 도선 내 전자가 약간 움직인 후 표면 전하의 스냅 사진을 찍는 것을 상상해 보자. 표면의 양전하 영역으로 온 자유 전자는 그 영역의 표면 전하의 양의 값을 줄일 것이고, 음전하 영역에서는 자유 전자들이 떠났기 때문에 표면 전하의 음의 값을 줄일 것이다.

**질문** 그림 18.40에 표면 전하의 변화가 있는 곳에 그 변화가 무엇인지 써보자(예를 들면, 양전하량의 증가, 음전하량의 감소 등). (표면에서의 +표시는 외부에서 도입되는 양전하를 의미하는 것이 아니라, 전자의 부족으로 금속의 양성 원자핵을 일부 노출시키는 것을 표시하는 것이라고 기억하자.)

그림 18.41은 아주 짧은 시간 후(나노초 정도!)에 표면 전하의 새로운 분포를 보여준다. 표면을 향해 또는 표면에서 빠져나가는 전자의 운동은 새로운 전기장에 의해 이루어지고 간극이 있었던 위치 근처의 표면 전하를 희석시킨다. 따라서 간극 영역에서 초기의 갑작스러운 전하 불연속이 보다 점진적으로 변하는 것으로 바뀐다. 이 결과를 더 적은 개수의 +기호나 −기호로 나타내었다. 간극이 있던 자리에 0이 아닌 전기장이 존재하게 된다.

그림 18.42에서 위의 과정이 끝난 후의 모습을 볼 수 있다. 여기서는 접촉면 근처에서 바깥쪽으로 거의 빛의 속력으로 급격히 표면 전하의 재분포가 있었다. 이 전하 분포 변화는 어느 정도 떨어진 곳에서 그 변화를 느낄 수 있다. 그림 18.42와 같이 변한 순간에 어느 정도 떨어진 다른 곳에서는 아직 표면 전하와 전기장은 그대로이다. 왜냐하면 이곳까지 아직 간극이 닫혔다는 정보가 도달하지 못했기 때문이다. 간극 부근을 제외하고 도선 내의 전기장은 여전히 0이다.

정상 상태로 가는 데 필요한 최소한의 시간은 빛의 속력이 결정한다. 빛은 나노초($1 \times 10^{-9}$ s) 동안 30 cm를 이동한다. 전자를 표면 쪽으로 또는 표면으로부터 멀리 움직이는 데 필요한 시간은 거의 무시할 정도로 작다. 왜냐하면 새로운 표면 전하 분포를 만들기 위해 전자가 움직여야 하는 거리는 매우 작기 때문이다. 이러한 변화는 전자 바다가 아주 미세한 거리만큼 이동(수축, 팽창)함으로 이루어진다(부도체에서 분자가 편극될 때 늘어나는 거리가 한 개 양성자의 반경보다도 작은데 이와 비슷한 거리이다!).

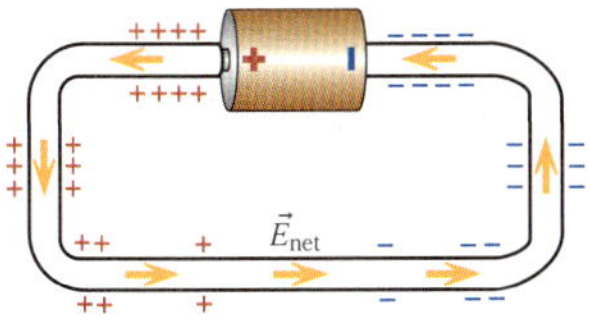


**그림 18.43** 정상 상태에서 전기장은 도선 어느곳이든 같은 값을 갖는다.

표면 전하의 재배열은 단 몇 나노초 동안 전체 회로에 전달된다. 파동과 같은 표면 전하의 출렁임이 있고 이는 "정상 상태(steady state)"가 이루어지면 결국 잠잠해지고 표면 전하와 전류는 더 이상 시간에 따라 변하지 않는다. 정상 상태에서는 회로를 따라가면서 표면 전하의 그래디언트가 있고 전기장은 도선 내부에서 균일한 값을 갖는다(그림 18.43).

이동 전하의 평균 유동 속력 $\bar{v}$로 나타내면 다음과 같다.

- 평형 상태: $\bar{v} = 0$ (전류 없음)
- 정상 상태: $\bar{v} =$ 일정 (일정함, 전류값은 0이 아님)
- 초기 과도기: $\bar{v}$ 변함 (정상 상태로 가는 짧은 과정)

### 왜 빛이 즉시로 발생하는가?

앞서 논의한 바와 같이 전지와 전구가 있는 회로에서 유동 속력은 겨우 $5 \times 10^{-5}$ m/s이다. 그러나 연결을 하거나 끊는 것과 같은 회로의 변화는 회로 전체에 대단히 빨리 거의 빛의 속력으로 전달된다. 변화 지점까지 전하가 이동을 해야 하는 것이 아니라 전하의 미소한 변화로 인한 전하 재배열이 전기장 변화를 일으키고 이는 회로 내 먼곳까지 빛의 속력으로 전달된다. 이 효과가 전달되는 데 시간이 걸린다는 것을 명심해야 한다. 약 나노초가 걸린다. 전파가 순간적이 아니라 아주 빨리 스친다는 것이다.

방안의 전등 스위치를 켜는 것은 회로를 닫힌 회로가 되게 하는 것이다. 스위치에서 출발한 전자가 전등까지 가는 데 필요한 시간은 수 시간이 걸릴 수도 있다. 그러나 전등은 바로 켜진다. 왜냐하면 회로를 따른 표면 전하의 재배열은 거의 빛의 속력으로 일어나기 때문이다. 회로의 최종 정상 상태가 몇 나노초 만에 생성되는 것이다. 이후 전자 바다는 천천히 스위치, 도선, 전구를 포함한 회로 전체에서 유유히 이동한다(대부분의 전등은 "교류"를 사용한다. 이 경우 전자 바다는 끊임없이 한쪽 방향으로 이동하지 않는다. 단지 회로 전체에서 앞뒤로 짧은 거리를 1초에 50이나 60번 왔다 갔다 하기만 한다).

전자가 스위치에서 전등까지 이동할 필요는 없다. 전구의 필라멘트에는 이미 많은 전자가 있다. 단지 아주 빨리 적절한 정상 상태를 위한 표면 전하 분포를 만드는 것만이 필요할 뿐이다. 그러면 필라멘트 속에 0이 아닌 전기장이 형성되어 전자가 이 전기장을 따라 움직인다.

## 18.7 피드백

초기 변동 상태 동안 피드백은 적절한 정상 상태의 전기장을 만들기 위한 표면 전하를 생성한다. 피드백은 또한 형성된 정상 상태를 유지시키는 역할도 한다.

## 같은 전류가 흐르도록 하는 피드백

**그림 18.44** 도선의 일부 구간에서 들어오는 전류가 나가는 전류보다 많으면 어떻게 되겠는가?

**그림 18.45** 도선의 일부 구간에서 들어오는 전류가 나가는 전류보다 적으면 어떻게 되겠는가?

도선의 일부 직선 구간에서 들어오는 전자 전류가 나가는 전자 전류보다 크다고 해 보자. 이렇게 되면 이 영역의 표면에 음전하들이 쌓이게 된다(그림 18.44).

이렇게 쌓인 표면 전하는 들어오고 나가는 전자 전류를 같아지도록 하려는 경향을 가질 것이다. 들어오는 전자 전류가 더 크면 이 구간의 도선 표면은 더 음으로 되고 이 음의 표면 전하는 들어오는 전자를 방해하고 나가는 전자를 가속시킬 것이다. 따라서 들어오고 나가는 전류를 $i = nA\bar{v}$로 거의 같게 한다. 이 피드백 과정은 두 전류가 정확히 같은 값이 될 때까지 계속될 것이다. 같은 값이 되면 더 이상 표면 전하의 변화는 없게 된다.

> **질문** 들어오는 전자 전류가 나가는 전류보다 작다면 이 부분의 도선의 바깥 표면에는 무슨 일이 일어날까?

이 경우(그림 18.45) 이 영역의 도선의 표면은 더 많은 양의 전하를 띠게 되어 들어오는 전자를 가속시키고 나가는 전자는 감속시킬 것이다. 그래서 들어오는 전자는 증가하고 나가는 전자는 감소한다. 역시 이러한 피드백 효과는 도선에 들어오고 나가는 전류량이 같아지도록 하는 것이다.

그러므로 회로의 어느 곳에서건 들어오고 나가는 전류의 불균등이 발생하면 자동적으로 피드백이 발생하여 재빨리 모든 곳에서 전류가 같아진다. 앞에서 정상 상태에서 직류 회로의 어떤 곳에서도 전류 값이 동일한 것을 보았다. 이제 피드백이 이러한 정상 상태를 어떻게 유지하는지를 배울 것이다.

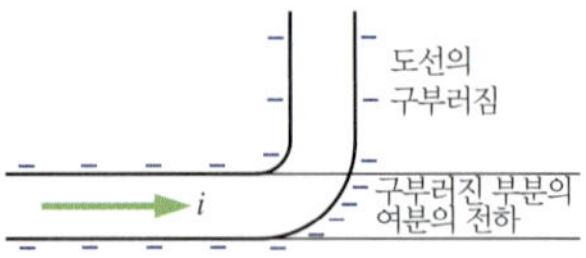


**그림 18.46** 만약 전류가 흐르는 동안 직선 도선을 구부린다면 무슨 일이 일어나겠는가?

## 피드백은 전류가 도선을 따라 흐르도록 한다

만약 전류가 흐르는 동안 직선 도선을 구부린다면 무슨 일이 일어날지 알아보는 것이 도움이 된다(그림 18.46).

계속 흐르고 있는 전자는 무슨 일이 있었는지 바로 알지는 못하고 계속 흐르던 방향으로 움직인다. 그러나 구부려진 부분에 다다르면 전자들이 구부려진 바깥쪽에 쌓여 뒤에 오는 전자의 방향을 틀게 된다.

> **질문** 얼마만큼의 전자가 쌓이는가는 어떻게 결정되는가?(즉, 쌓이는 일이 언제 멈추겠는가?)

들어오는 전자를 밀어내서 구부러진 부분의 도선을 따라 흐를 수 있을 정도까지 쌓일 것이다. Rosser의 계산에 의하면 구부러진 부분의 표면에 단 한 개의 전자가 추가되어 쌓이더라도 상당한 크기로 전류의 흐름 방향을 바꿀 수 있다! (요구되는 구심력은 $mv^2/r$인데, 여기서 $m$은 전자 질량, $v$는 유동 속력으로 아주 작다.) 피드백 과정은 들어오는 전류 값과 나가는 전류 값을 동일하게 할 뿐만 아니라 아무리 도선이 구부러져 있더라도 전류가 도선을 따라 흐르게 한다.

전류를 돌아가도록 하기에 필요한 양의 전자를 계산한 것에 대해서는 W. G. V. Rosser의 "Magnitudes of surface charge distributions associated with electric current flow(전류의 흐름과 관련된 표면 전하 분포의 크기)", *American Journal of Physics* **38**(1970), 265–266을 보라.

### 피드백 요약

전체 도선을 따라 표면에는 어느 정도 과잉 전하가 있어야 한다고 배웠다. 피드백 과정을 거쳐 이 표면 전하는 자동적으로 재배열하여 도선 내 모든 지점의 알짜 전기장이 적절한 크기를 가져 적정량의 정상 상태 전류를 흐르게 한다(이 전류량은 궁극적으로는 기계적 전지의 구동력의 크기, 도선의 재질이 갖는 전자 유동성 $u$에 의해 결정된다).

이는 정전기에서 우리가 살펴본 피드백과 아주 유사하다. 만약 외부 전기장이 격리된 금속 육면체에 적용된다면, 전하가 그 표면에 자동적으로 배열되어 육면체 내부의 전기장이 특별한 형태가 되게 한다. 즉, 평형일 때 육면체 내부 전체에서 전기장은 0이어야 한다.

정리하면 다음과 같다.

회로에서 피드백은 표면 전하와 정상 상태 전류를 이끈다. 금속 내부에서 $\vec{E}_{\text{net}} \neq \vec{0}$이다.

정전기 상황에서 피드백은 평형 상태로 이끈다. 금속 내부에서 $\vec{E}_{\text{net}} = \vec{0}$이다.

## 18.8 표면 전하와 저항

표면 전하와 전기장을 이용하여 전지와 저항 값이 큰 니크롬선으로 된 회로를 분석하였다. 이 절에서는 표면 전하 모델을 사용하여 저항이 연결된 회로를 분석한다. 저항은 회로의 다른 부분에 비해 전자의 통과를 방해하는 부분을 말한다.

### 가는 저항과 굵은 도선

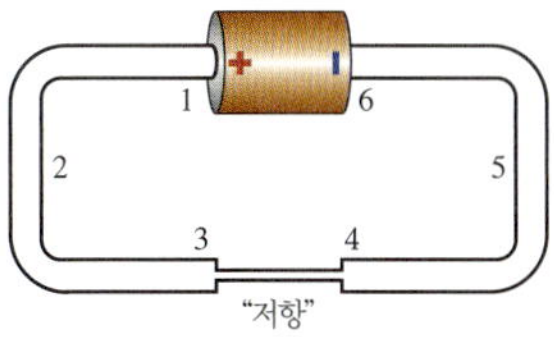


그림 18.47 "저항-니크롬선의 얇은 영역"이 있는 간단한 회로

전지, 구리 도선, 전구로 이루어진 회로와 유사한 회로를 분석해 보자. 전구의 가는 텅스텐 필라멘트가 바로 저항의 한 예이다. 이것은 저항과 전지를 연결하는 굵은 도선에 비해 전류의 흐름에 강한 방해가 되는 부분이다.

한 개의 저항만을 갖는 간단한 회로의 예로 전지와 저항이 큰 한 개의 니크롬선으로 된 회로를 생각해 보자. 그런데 니크롬선의 중간 일부분을 아주 가늘게 만들었다고 하자(그림 18.47). 이 가는 부분을 저항이라 부르겠다. 이 저항을 전지와 연결하는 2개의 굵은 도선들이 있다.

회로를 연결하고 정상 상태에 이르기 바로 전에 이 좁은 저항에서의 전기장은 잠깐 동안 이웃하는 굵은 도선의 전기장과 같은 값일 수 있다. 그래서 두 영역에서 유사한 유동 속력 $v$를 가질 수 있다. 그러나 저항으로 들어가려는 전자의 1초당 숫자는 그 수가 크고($nA_{\text{thin}}\bar{v}$), 가는 도선을 지나는 전자의 초당 숫자는 적은 수($nA_{\text{thick}}\bar{v}$)이다. 따라서 전자가 저항의 입구인 3의 위치에 쌓인다(자유 전자 밀도 $n$은 도선과 저항에서 동일함을 상기하라. 왜냐하면 모두 니크롬으로 만들어져 있기 때문이다).

마찬가지로 전자의 결핍, 즉 +전하가 저항의 출구인 4의 위치에 쌓인다. 왜냐하면 저항에서 나오는 전자가 떠나는 전자들보다 적기 때문이다.

**질문** 정상 상태가 되면 저항에서 흐르는 전류와 비교하여 굵은 도선에 흐르는 전류는 어떤가? 왜 그런가?

일단 정상 상태에 이르면 전류는 같아야 한다. 모순을 통한 추론을 해 보자. 만약 전류가 정상 상태에서 같지 않다면 표면 전하는 저항에 쌓이게 될 것이다. 이는 정상 상태에 이르지 않았음을 의미한다. 전하가 쌓이면 저항에 전기장이 증가하게 되어 굵은 도선에서 흐르는 전류와 같은 값의 전류를 흐르게 할 수 있도록 충분히 큰 유동 속력이 생긴다. 일단 이 두 영역에서 전류가 같아지면 더 이상 쌓이는 일은 없다.

**질문** 정상 상태에서 굵은 도선에서의 전기장과 비교하여 저항의 전기장 $E_{thin}$은 어떤가? 왜 그런가? 그림 18.47과 같은 도식에서 저항과 이웃하는 굵은 도선에 있는 정상 상태의 전기장을 그려보자. 상대적인 크기에 주의를 기울여 보자.

정상 상태 전류는 두껍고 가는 곳에서 모두 동일하기 때문에 다음과 같은 관계를 갖는다. $nA_{thick}uE_{thick} = nA_{thin}uE_{thin}$. 따라서 저항에서의 전기장은 굵은 영역에서보다 상당히 더 커야 할 것이다. 정량적으로 $E_{thin} = (A_{thick}/A_{thin})E_{thick}$이다. 유동 전자 밀도 $n$과 유동성 $u$는 두껍고 가는 도선 모두에서 동일하다(둘 다 니크롬으로 만들어져 있다). 저항 전체에서 균일한 큰 값의 전기장이 형성되고, 굵은 도선 전체에는 작은 균일한 전기장이 형성된다.

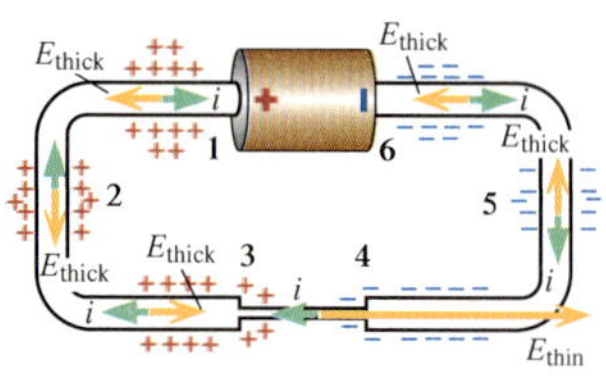


**그림 18.48** 대략적인 표면 전하 분포는 우리가 알고 있는 전기장과 일치한다.

**질문** 정상 상태에서 대략적인 표면 전하를 그려보자. 표면 전하 분포를 이미 그린 전기장과 일관되도록 하는 것을 명심하자.

정상 상태에서 표면 전하는 굵은 도선을 따라 감에 따라 조금씩 변한다. 따라서 굵은 도선에서는 작은 전기장 $E_{thick}$가 형성되고 작은 유동 속력으로 이동한다. 저항을 따라서는 +쪽에서 −쪽으로 대단히 큰 변화가 있다. 이는 가는 저항 내부에 대단히 큰 전기장 $E_{thin}$을 초래한다(그림 18.48).

이로 인해서 저항에 큰 유동 속력을 가지고 전자들이 이동한다. 이때 전류는 굵은 도선과 같은 크기이다. 전기장의 변화를 일관되게 하는 적절한 전하 분포가 있다. 그림 18.49는 전지의 역할을 대전된 축전기로 바꾸었을 때 앞서 본 상세한 표면 전하를 나타낸다.

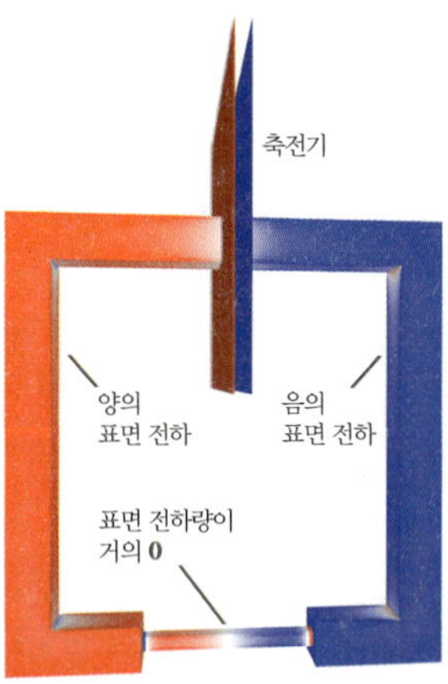


**그림 18.49** 얇은 저항이 있는 회로의 상세한 표면 전하

이 저항이 있는 회로는 정상 상태에서 필요한 전기장이 만들어지도록 자동적인 조정이 전기 회로의 피드백에 있음을 보여주는 전형적인 예이다. 굵은 도선에서 어떤 이유로 유동 속력이 순간적으로 증가한다고 한다면 잉여 전하가 저항에 쌓이게 될 것이고 굵은 도선에서의 유동 속력을 감소시키려 할 것이다.

반면 만약 굵은 도선에서 유동 속력이 순간적으로 감소한다면 전하는 저항 끝에 쌓이는 전자를 줄이는 방식으로 저항에서 새어나갈 것이다. 이로 인하여 굵은 도선에서 유동 속력이 감소될 것이다.

**점검 사항 4** 그림 18.48에 있는 도선 내부의 전기장의 크기 그래프를 도선 전체에 걸쳐 위치 함수로 그려보자(그림 18.50). 다른 색을 이용하여 각 부분에서 전자의 유동 속력을 그려보자.

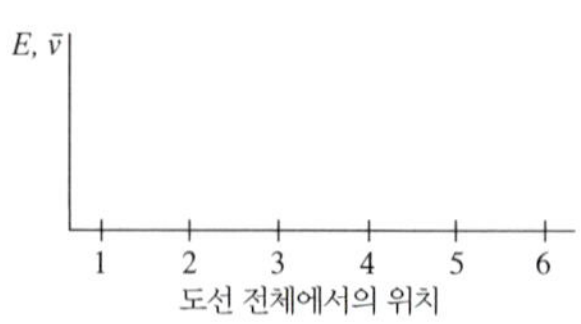


**그림 18.50** 도선 전체에서의 위치에 따른 전자의 유동 속력과 전기장의 크기 그래프를 그려보자.

## 좋은 분석 전략

앞 절에서의 분석은 회로에서 전하와 전기장의 관계를 이해하기 위한 일반적인 전략의 예이다. 다음과 같이 요약할 수 있다.

- $i = nAuE$에 기초하여 도선에서의 전기장 분포를 그려보자.
- 다음으로 전기장 분포를 일관되게 설명할 수 있는 대략적인 전하 분포를 그려보자.

이 순서로 분석을 하는 이유는 전기장 분포가 상당히 간단하고 거의 정확히 분석될 수 있기 때문이다. 반면 상세한 표면 전하 분포는 아주 복잡할 수 있기 때문이다.

우리가 아는 것은 피드백이 정상 상태의 전기장 분포를 위하여 적절하고 좀 복잡한 표면 전하 분포를 낳을 것이라는 점이다. 전기장의 분포는 전류에 대한 정량적 정보를 제공한다. 표면 전하의 분포는 전기장 분포를 낳는 과정에 대한 분명한 이해를 제공한다.

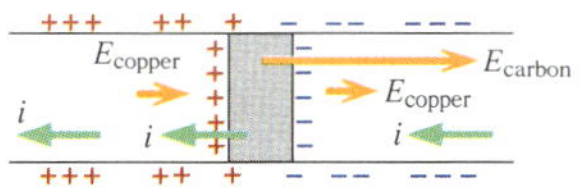


**그림 18.51** 넓은 저항이 있는 도선의 일부

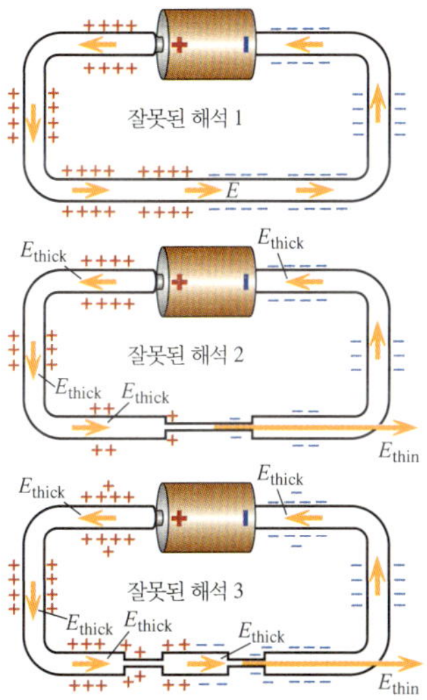


**그림 18.52** 잘못 해석된 회로들: 표면 전하의 분포가 전기장의 패턴과 일치하지 않는다.

### 넓은 저항: 표면의 전하

또 다른 종류의 저항은 넓지만 유동성이 작은 경우이다. 똑같은 단면적을 갖는 짧은 탄소 조각에 연결된 구리 도선을 생각해 보자(그림 18.51에 전체 도선을 나타내지는 않았다). 탄소는 구리보다 전자 유동성 $u$가 더 작다. 따라서 정상 상태에서 전기장은 두 물질에서 모두 같은 전류가 흐르도록 하기 위해 탄소에서 훨씬 더 커야 한다.

정상 상태로 가는 과정에서 전자들은 구리와 탄소의 바깥 표면에만 쌓이는 것이 아니라 구리와 탄소의 접촉면에도 쌓인다. 이 접촉면에 쌓인 전자들은 탄소 저항 내에 큰 전기장이 생기도록 하는 데 중요한 역할을 한다.

"잉여 전하는 항상 도체 표면에 있다"는 주장을 이 경우 표면이 다른 종류의 도체 물질과 접촉하는 곳으로 확대할 수 있을 것이다.

> **점검사항 5** 그림 18.52의 회로는 틀리게 해석되었다. 표면 전하 분포는 전기장의 분포와 일관되지 않는다. 각 경우 어떤 것이 일관되지 않는지 간단히 밝혀 보자.

## 18.9 회로에서의 에너지

전하 보존과 정상 상태의 정의는 전류에 관한 핵심 규칙에 도달하였는데, 이 규칙에 의하면 전지와 전구로 이루어진 단순한 회로에서 전류는 회로의 모든 곳에서 동일해야 한다. 그러나 몇 암페어의 전류가 흐르는가? 전류의 크기를 정하는 요인은 무엇인가? 에너지 원리는 이들에 대한 해답과 전지의 성질에 대한 것을 제공한다.

여러 개의 저항과 전지 등 다양한 부품들로 이루어진 회로를 생각해 보자. 우리는 마치 전자 한 개가 회로를 한 바퀴 돈다고 생각하고 에너지 보존에 대하여 논하자. 기계적인 전지를 지나갈 때 전자가 얻은 에너지는 회로를 통과하면서 원자핵과 부딪치며 소모된다. 다른 방법으로 회로 전체를 한 바퀴 도는 동안 단위 전하당 얻은 에너지와 잃은 에너지를 분석할 수 있다. 전류가 정상 상태이거나 거의 정상 상태라면 어떤 경로이건 전기장을 회로 전체에 대해 한 바퀴 돌면서 적분하면 0이 된다는 것을 우리는 안다(교류나 시간에 따라 변하는 전류 또는 전기장에서는 성립하지 않는다. 제22장의 패러데이 법칙에서 볼 것이다). 만약 우리가 회로의 요소 1, 요소 2 등을 통해서 한 바퀴를 따라간다면, 다음을 알 수 있다.

### 에너지 보존 (고리 규칙, The Loop Rule)

$$\text{회로의 모든 닫힌 경로를 따라 } \Delta V_1 + \Delta V_2 + \cdots = 0$$

이 식은 정상 또는 시간에 따라 천천히 변하는 회로에서 성립한다. 전위차는 단위 전하당 퍼텐셜 에너지 차로 정의된다. $\Delta V = \Delta U/q$가 고리 규칙에 의하면 한 바퀴를 돌면서 에너지를 얻을 수 없다. 회로에서 이 에너지 원리를 종종 "키르히호프 고리 규칙(Kirchhoff loop rule)"이라 부른다. 그러나 이 규칙의 유효성은 회로에만 국한되지 않는다.

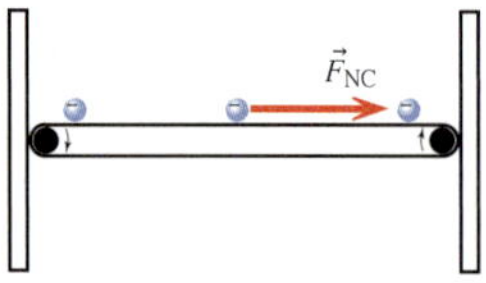


**그림 18.53** 전동기를 켜서 전자를 왼쪽에서 오른쪽으로 보내기 시작하였다.

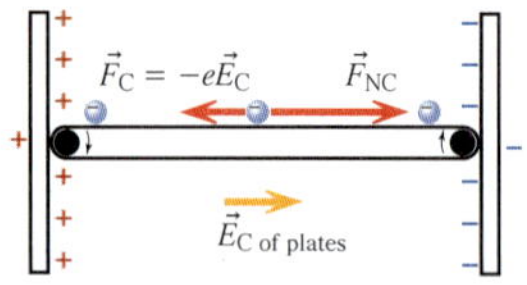


**그림 18.54** 전하가 판에 쌓이고 전달된 전하는 쿨롱 힘을 작용한다.

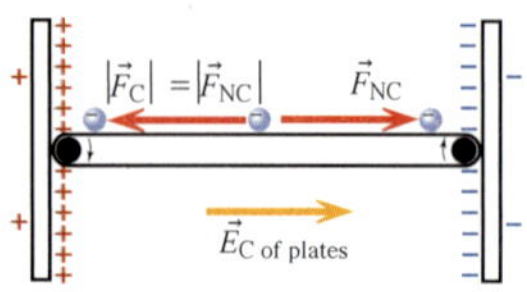


**그림 18.55** 쿨롱 힘은 점점 커져 비쿨롱 힘만큼 커진다.

## 전지의 전위차

길이 $L$인 도선이나 저항을 따라 균일한 전기장 $E$가 있을 때 전위 차는 $EL$이다. 전지에서 얼마만큼의 전위차를 유지하는지 무엇이 정하는가? 만약 대전되지 않은 판으로 시작했다고 하자(그림 18.53). 그리고 도선 연결 없이 왼편의 판에서 전자를 빼서 오른편의 판으로 보내는 전동기를 켰다고 하자.

이 전동기에 의해 돌아가는 컨베이어 벨트는 우리가 "비쿨롱 힘(non-Coulomb force)"이라고 부르는 힘 $\vec{F}_{NC}$를 전자에 작용한다.

전동기가 전자를 오른편으로 계속 전달하면 전하가 판에 쌓인다. 판에 모인 전하는 전달되고 있는 전자에 쿨롱 힘 $F_C = eE_C$를 컨베이어 벨트가 작용하는 비쿨롱 힘 $\vec{F}_{NC}$와 반대 방향으로 작용한다(그림 18.54). 이 힘이 커질수록 전자의 가속도가 더 줄어든다.

"쿨롱 힘"과 "쿨롱 장"은 쿨롱 법칙에 따라 점전하가 작용하는 힘과 장을 의미한다. 이와 다른 상호작용을 우리는 "비쿨롱 힘"이라 부른다. 쿨롱과 비쿨롱 힘은 전지 내부에서 서로 반대 방향이다.

결국 판에 충분한 전하가 쌓이면 $F_C = eE_C = F_{NC}$가 된다. 이때 전동기는 더 이상의 전하를 끌어 오지 못한다. 그리고 판에는 가능한 가장 많은 전하로 대전된다(그림 18.55). 기계적 전지(또는 화학적 전지)의 기능은 양의 판에서 전자를 끌어내어 음의 판으로 밀어 넣어 전위차를 만들고 유지하는 것이다. 전위차의 크기는 기계적 전지에 있는 전동기의 능력(또는 화학적 전지에서의 화학 반응 성격)에 달렸다.

만약 기계적 전지의 판 사이의 거리를 $s$라고 하고 대전된 판의 전기장 $E_C$가 판 사이에서 균일하다고 하면 전지를 가로지르는 전위차는 다음과 같다.

$$|\Delta V_{\text{batt}}| = E_C s = \frac{F_{NC} s}{e}$$

$F_{NC}\ s/e$의 양은 단위 전하당 에너지 투입량을 의미하며 이는 전지의 성질이고 "emf"라고 부른다. 역사적으로 emf는 "전기적 운동력(electromotive force)"의 줄임말이고 별로 좋은 이름이 아니다. 왜냐하면 emf는 절대로 힘이 아니고 단위 전하당 에너지이기 때문이다. 우리는 emf를 사용함으로써 "힘"이라는 단어를 가능한 사용하지 않겠다. 화학 전지에서 emf는 단위 전하당 화학적 에너지로 전지를 통해 전하를 옮기는 데 쓰인다. 손전등 전지의 emf는 약 1.5 V이며, 관련된 전하 이동은 화학 반응에 의한 것이다. 이때 전자는 화학 반응자이거나 반응의 결과물이다.

화학 전지의 emf는 전지에 흐르는 전류의 크기에 상관없이(전류가 너무 크지만 않으면) 그리고 물론 시간이 지나면 감소하기는 하지만 대체로 전지를 사용하는 기간과도 관련이 없이 거의 일정하다. emf가 일정한 값을 갖는다고 생각하는 것은 유용한 개념이다. 회로 분석을 효과적으로 하기 위해서는 전지의 emf와 연결된 회로 요소들의 전위차를 이용하는 것이 유용하다.

비록 emf의 단위는 V이지만 emf가 전위차가 아니라는 사실을 명심하여야 한다. 전위차는 전하에 의해 만들어지는 전기장을 경로에 따라 적분한 것이다. emf는 단위 전하당 에너지 투입량이고 원칙적으로는 중력이나 핵에 의한 것이다. 예를 들면, 우리의 기계적 전지는 떨어지는 물체에 의해 만들어질 수 있다.

## 전지의 역할

전지는 전위차를 유지한다. 이 전위차는 전지가 작은 양의 전류를 공급한다면 전지의 emf와 그 값이 같다. 후에 우리는 전류 값이 커지면 어떻게 전위차가 감소하는가에 대해 논할 것이다.

**점검 사항 6** 만약 기계적 전지의 판들이 둘 사이의 거리 $s$에 비해 아주 크고 그 면적이 $A$라면 한쪽 판의 전하량 $Q$가 전지의 emf에 의해 결정된다는 것을 보이자. $Q = \mathrm{A}\ \varepsilon_0(\mathrm{emf})/s$ 보통의 손전등 전지의 emf는 1.5 V이다. $s = 5$ cm이고 $r = 1$ cm일 때, 전지의 한쪽 판에 있는 전하량을 쿨롱으로 추정해 보자(이것은 아주 대략적인 추정이다. 왜냐하면 5 cm는 1 cm에 비해 별로 작지 않기 때문이다). 이 전하량을 U 테이프의 전하량과 비교해 보자. 전지의 한쪽 판이 U 테이프를 밀어낼 수 있을까?

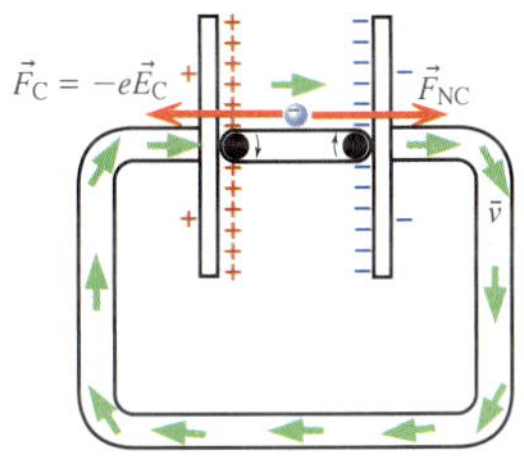

**그림 18.56** 만약 내부 저항이 없다면 $F_C = F_{NC}$이다.

## 내부 저항

만약 기계적 전지의 판들을 니크롬선으로 연결한다고 하자(그림 18.56). 만약 전동기가 +판에서 −판으로 도선에 전자가 흐를 수 있을 만큼 충분한 전자를 1초마다 이동시킨다면 정상 상태에 도달할 수 있다. 전류 값이 클수록 전류를 계속 유지하기 위해서는 초당 더 많은 전자를 전동기가 옮겨야 한다. 만약 전지 내부의 전하의 흐름에 저항이 없다면 다음과 같을 것이다. $F_C = eE_C = F_{NC}$

실제 모든 전지 속에는 전하의 흐름에 대해 저항이 있다. 이를 전지의 "내부 저항"이라고 한다. 만약 전지 내부에서 전하량 $e$, 이온의 유동성이 $u$라면 전지를 지나는 유동 속력은 이온에 작용하는 단위 전하당 알짜 힘에 비례할 것이다. $\bar{v} = u(F_{NC}/e - E_C)$ 전동기의 힘 $F_{NC}$는 정해진 양이므로 $E_C = 0$일 때 유동 속력이 최댓값이다. 이는 전지판에는 전하가 없으며, 전동기에 저항이 없고, $|\Delta V_{batt}| = 0$일 때이다. 대체로 전지 내부의 이온의 유동성 $u$는 아주 높다고 (내부 저항이 작다고) 가정한다. 따라서 비록 $F_C\ (= eE_C)$가 거의 $F_{NC}$만큼 크더라도 상당한 유동 속력을 얻을 수 있다. 즉, $|\Delta V_{batt}| =$ emf로 가정한다.

제19장에서 우리는 내부 저항을 무시하지 않을 때 전지를 어떻게 모델화하는지에 대해 살펴볼 것이다. 지금 당장은 내부 저항을 무시하여 $|\Delta V_{batt}| =$ emf인 "이상적"인 전지를 생각할 것이다.

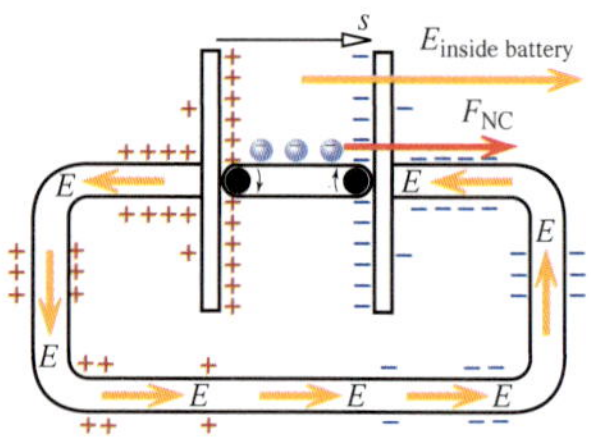

그림 18.57 기계적인 전지 내부의 전기장은 이웃하는 도선의 전기장과 반대이다.

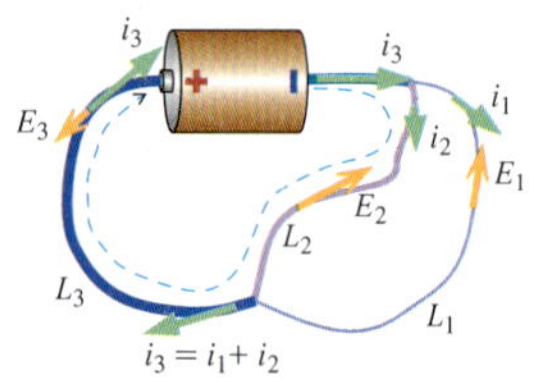

그림 18.58 $L_2$와 $L_3$를 지나는 점선 경로를 따라가자.

## 단순 회로에서 장과 전류

그림 18.57에서 기계적 전지 내부의 전기장이 +쪽에서 −쪽을 가리킨다는 것에 주목하자. 이는 도선에서의 전기장 방향과 반대이다. 전지의 +쪽은 −쪽보다 전위가 높다.

만약 전지의 −판에서 시작해서 반시계 방향으로 그림 18.57을 따라가 보면 전지를 따라 +emf의 전위 증가가 있고, 길이 $L$인 도선을 따라 $-EL$만큼의 전위 하락이 있을 것이다. 한 바퀴 돌고 나면 전위차는 0이다.

$$\Delta V_{\text{batt}} + \Delta V_{\text{wire}} = 0$$
$$\text{emf} + (-EL) = 0$$
$$E = \frac{\text{emf}}{L}$$

여기서 도선에서 전기장 크기를 정하기 위해 에너지 규칙을 사용하였다(한 바퀴 고리를 돌때 전위 변화는 없다). 만약 우리가 도선의 성격을 안다면 (단면적 $A$, 전자 밀도 $n$, 전자 유동성 $u$), 통상적인 전류값 $I = enAuE$를 정할 수 있다.

## 병렬 회로: 두 개의 서로 다른 경로

그림 18.58은 전류가 흐를 수 있는 두 개 이상의 경로가 있는 병렬 회로를 보여준다. 전지의 음극에서 시작하여 시계 방향으로 점선 경로를 따라 도선 $L_2$와 $L_3$, 전지를 지나 출발점으로 돌아오자.

$L_2$ 경로를 따라 전위가 $+E_2L_2$만큼 증가한다. $L_3$를 따라서는 $+E_3L_3$만큼 전위가 증가한다. 전지를 따라 줄어드는 전위는 −emf이므로, 폐경로를 따르는 전위차는 $E_2L_2 + E_3L_3 + (-\text{emf}) = 0$이다. 만약 $L_1$과 $L_3$ 경로를 따르는 폐경로를 선택한다면 전위차는 $E_1L_1 + E_3L_3 + (-\text{emf}) = 0$이다.

이 두 개의 방정식으로부터 $E_1L_1 = E_2L_2$임을 알 수 있다. 이는 그럴듯하다. 왜냐하면 두 개의 도선이 같은 지점에서 시작하고 끝나 전위차가 같기 때문이다. 또한 그림 18.58에서 주목할 것은 전류 접합점 규칙에 의해 (정상 상태에서 전하 보존) $i_3 = i_1 + i_2$라는 것이다.

## 연결된 도선을 따른 전위차

실험을 하면 전구나 니크롬선이 있는 회로에서 사용된 연결 도선의 숫자나 길이는 회로에 흐르는 전류에 거의 영향을 미치지 않는다는 것을 볼 수 있을 것이다. 굵은 구리 도선과 전구를 직렬로 연결한 회로에서 전기장은 전구에서 대단히 크고 굵은 구리 도선에서 아주 작다. 왜냐하면 정상 상태에서 전류 $nA\bar{v} = nAuE$는 두 개 모두에서 동일해야 하기 때문이다. 차가운 구리에서 전자 유동성은 뜨거운 텅스텐에서의 유동성보다 훨씬 더 높고 전형적으로 구리 도선은 전구의 텅스텐 필라멘트보다 더 굵다. 따라서 $E_{\text{wires}} \ll E_{\text{bulb}}$일 뿐만 아니라 긴 도선에서조차 $E_{\text{wires}}L_{\text{wires}} \ll E_{\text{bulb}}L_{\text{bulb}}$이다. 따라서 에너지 방정식에서 $(\text{emf} - E_{\text{bulb}}L_{\text{bulb}} - E_{\text{wires}}L_{\text{wires}} = 0)$, 여기서 $E_{\text{wires}}L_{\text{wires}}$항은 무시할 수 있을 것이다. 전지가 한 일은 전구에서 대부분 소모되고 아주 작은 양만 굵은 구리선에서 소모된다.

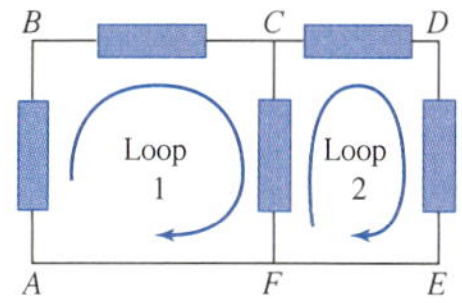


그림 18.59 두꺼운 구리 도선으로 장치들이 연결된 회로

> **점검 사항 7** 전지에 연결하는 구리 도선이 길 때, 왜 전구의 밝기가 눈에 띄게 변하지 않는지 설명하라.

## 고리 규칙의 일반적 사용

고리 규칙은 임의의 복잡한 회로의 어떤 경로에도 적용될 수 있다. 유동성이 높은 굵은 구리 도선으로 5개의 요소가 연결된 회로를 생각해 보자(그림 18.59). 회로의 요소는 저항, 전지, 축전기, 반도체로 된 다이오드나 냉장고일 수도 있다!

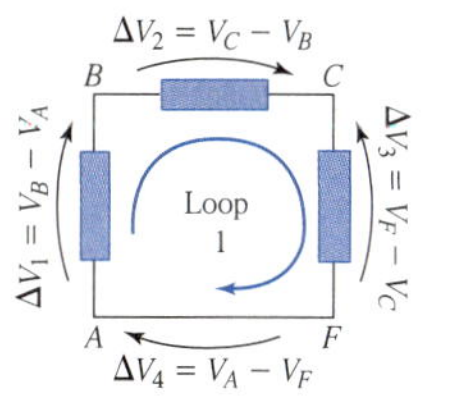


그림 18.60 *ABCFA* 경로를 따라 고리1을 따라 걷자.

그림 18.60에서 완전 회로의 왼편(고리 1)을 나타낸다.

$A$ 위치에서 시작하여 $ABCFA$ 경로를 따라 가자. $A$에서 $B$까지의 전위차는 $\Delta V_1 = V_B - V_A$, $B$에서 $C$까지의 전위차는 $\Delta V_2 = V_C - V_B$, $C$에서 $F$까지의 전위차는 $\Delta V_3 = V_F - V_C$이다.

$F$에서 $A$까지 무시할 만한 전위차 $\Delta V_4 = V_A - V_F \approx 0$이 있다. 왜냐하면 굵은 도선에서는 전자 유동성이 크고 단면적이 커서 전류를 흐르게 하는 데 작은 전기장이 필요하기 때문이다.

어떤 회로에서도 회로를 따라 돌아 제자리(폐경로)로 오면 전위차가 0이어야 한다. 즉, 고리 규칙에 의하면 다음과 같다.

$$\Delta V_1 + \Delta V_2 + \Delta V_3 + \Delta V_4 = 0$$
$$(V_B - V_A) + (V_C - V_B) + (V_F - V_C) + (V_A - V_F) = 0$$

고리(폐경로) 2($FCDEF$)를 따라서도 이에 대응하는 유사한 방정식을 쓸 수 있다. 기본적인 내용은 회로 상에서 어디서나 출발해서 처음 위치로 돌아오는 경로를 따라 가면서 전위 상승이나 하락을 합한다는 것이다.

회로 요소 밖 공기 중에서도 경로를 택할 수도 있다. 그러나 장치와 연결 도선 밖의 전기장과 전위차를 알지 못하면 별로 유용하지 않다.

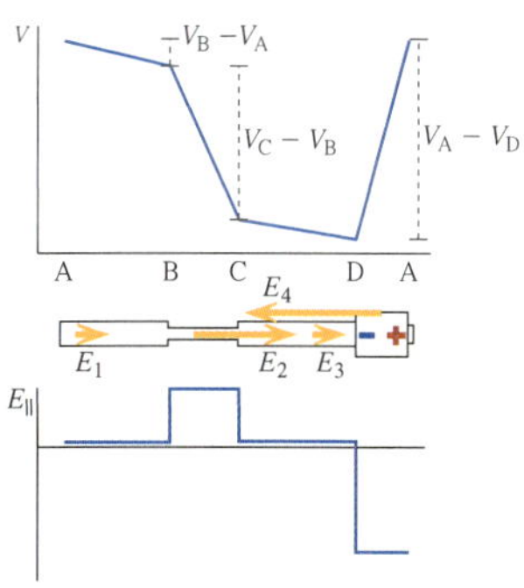


그림 18.61 당신이 회로를 걸을 때 전위의 오르내림. 전기장은 전위의 그래디언트이다. 전지의 +극에서 왼쪽 도선까지의 연결은 보이지 않는다.

> **점검 사항 8** 그림 18.59에서 $V_C - V_F = 5$ V, $V_D - VE = 3.5$ V라고 하자. 전위차 $V_C - V_D$는 얼마인가? 만약 $C$와 $D$ 사이에 전지가 있다면 전지의 +가 $C$에 있는가 $D$에 있는가?

## 회로에서의 전위차

그림 18.61의 위는 가운데 있는 회로의 $ABCDA$ 경로에 대한 전위 그래프이다. 회로 아래는 우리가 반시계 방향으로 지나가는 요소들의 전기장 $E_{||}$의 그래프이다. 전지 내부에서 우리는 전기장과 반대 방향으로 걷는다. 그래서 전지의 emf 크기만큼 전위가 증가한다.

큰 전위 그래디언트(미터당 전압)는 큰 전기장을 의미한다. 그래서 전위 그래프에서 경사가 급한 곳은 큰 전기장에 해당한다(그림 18.61에서 아래를 보라). 굵은 도선을 따라 전위 그래디언트는 작고 전기장도 작다($E = |\Delta V|/L$). 결과적으로 작은 유동 속력(예를 들면, 도선 $AB$)을 갖는다. 가는 도선($BC$)을 따라서는 큰 전위 그래디언트와 이에 맞는 큰 전기장과 큰 유동 속력을 갖는다.

전지에 연결된 2개의 굵은 도선과 가는 저항이 있는 이 회로에서 총 전위 하강

(음의 전위차)과 전지를 지나는 전위 상승(수치 상으로는 emf와 같은 크기)의 합은 0이 된다.

$$\Delta V_1 + \Delta V_2 + \Delta V_3 + \Delta V_{\text{battery}} = 0$$
$$(-E_1 L_1) + (-E_2 L_2) + (-E_3 L_3) + \text{emf} = 0$$

**점검 사항 9** 만약 전지의 emf가 1.5 V라면 그림 18.61의 저항($B$와 $C$ 사이의 위치)의 전위차 $\Delta V_2$는 얼마인가? 이 회로의 전류 $I$를 정할 수 있을 만큼의 충분한 정보를 가지고 있는가? 굵은 도선에서 전기장이 아주 작다고 가정하여 굵은 도선의 전위차는 무시할 만한 크기라고 생각하자.

## 18.10 이론의 적용

이제 회로를 분석할 두 원리를 배웠다. 하나는 전하량 보존과 관련이 있다.

**전류 접합점(node) 규칙**

많은 전자들이 접합점으로 흘러 들어가고 나가는 정상 상태에서 전류는 다음과 같다.
전자 전류: 들어오는 알짜 전류 = 나가는 알짜 전류, 이때 $i = nAuE$이다.
통상적인 전류: 들어오는 알짜 전류 = 나가는 알짜 전류, 이때 $I = |q|nAuE$

두 번째 원리는 에너지와 관련된다.

**에너지 보존 (고리 규칙) 규칙**

$$\Delta V_1 + \Delta V_2 + \cdots = 0$$

전류 접합점 규칙은 많은 전자들이 함께 움직이는 경우를 다루는 것인 데 반하여 에너지 보존 규칙 방정식은 단위 전하를 근거로 한 것이다.

우리는 이 두 개의 규칙을 단순한 회로에서 행동을 예측하는 데 적용할 것이다. 이 예측은 회로에 흐르는 전류를 측정하여 검사할 수 있다.

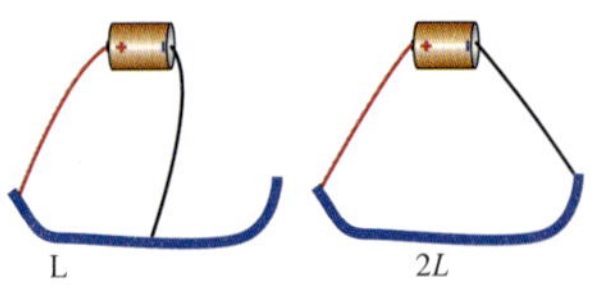


**그림 18.62** 니크롬선의 길이를 두 배로 늘렸을 때 전류는 어떻게 변하겠는가?

### 적용: 도선의 길이 두 배로 늘리기

그림 18.62에 있는 두 개 회로에서 한 개의 니크롬 선(낮은 전자 유동성을 갖는)이 굵은 구리 도선으로 전지에 연결되어 있다. 이 두 회로는 니크롬선의 길이만 다르다. 각 회로에서 생기는 전류에 의한 나침반의 회전을 측정한다고 하자.

**질문** 회로에서 전류에 관한 모델에 기반하여, 만약 길이 $L$인 니크롬선을 지나는 전류가 나침반이 $\theta$ 만큼 돌았다면, 길이가 $2L$인 니크롬선에 의해 얼마만큼 각도가 돌아갈 것이라 예상하는가?

폐회로를 따라 emf $-EL = 0$이다. 따라서 만약 길이 $L$을 두 배로 한다면 전기장은 반이 될 것이다(emf가 변하지 않으므로). 전기장이 절반이 되면 유동 속력($\bar{v} = uE$)이 절반이 되고, 전자 전류($i = nAuE$)도 절반이 되고, 통상의 전류($I = |q|nAuE$)도 절반이 된다. 따라서 자기장도 절반이 되고 나침반의 움직임도 절반

이 된다.

동일한 전구를 직렬로 연결하는 것은 전구의 필라멘트의 길이를 두 배로 하는 것과 유사하다. 그러나 만약 전구가 하나인 회로와 두 개인 회로를 비교한다면 (그림 18.63) 전구가 두 개인 회로의 전류가 절반보다는 큰 것임을 알게 될 것이다. 여기서 문제는 아주 뜨거운 (수천 도!) 텅스텐에서의 전자의 유동성이 차가운 텅스텐에서의 유동성보다 더 작다는 것이다. 원자에게 더 큰 열적 자극은 더 큰 "마찰력"을 일으킨다. 전구 두 개인 회로에서 한 개인 회로보다 더 붉은 빛을 방출한다. 이는 필라멘트가 그만큼 뜨겁지 않다는 것이다.

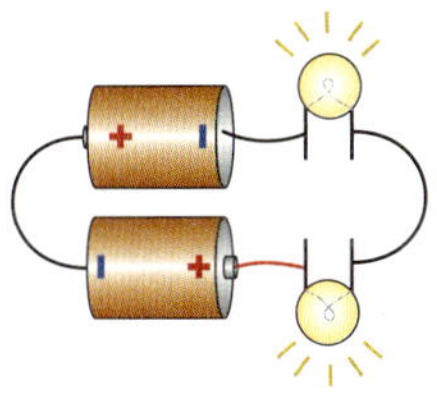

**그림 18.63** 두 개의 동일한 전구를 직렬로 연결한 회로

## 적용: 도선의 단면적 두 배로 하기

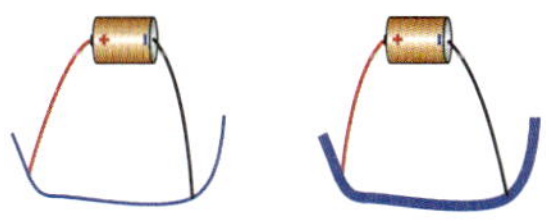

**그림 18.64** 니크롬선의 단면적을 2배로 하였을 때 전류는 어떻게 변하겠는가?

그림 18.64는 니크롬선이 굵은 구리 선으로 전지에 연결이 되어 있는 두 개의 회로를 보여준다. 회로는 니크롬선의 단면적만 다르다. 더 굵은 도선의 단면적은 가느다란 것의 두 배이다.

> **질문** 만약 회로에서 가는 니크롬선의 전류가 $I$라면 굵은 니크롬선이 연결된 회로에서의 전류에 의해 생긴 나침반의 움직임은 얼마일 것인가?

단면적 $A$를 두 배로 하는 것은 통상적인 전류 $I = |q|nAuE$도 두 배로 만든다. 이는 마치 전지에 두 개의 도선이 연결된 것과 같아 전지의 소모를 두 배로 하는 것과 같다.

이를 에너지 보존 법칙을 사용하여 정량적으로 구할 수 있다. 도선을 따라 emf $- EL = 0$이므로 도선의 전기장 $E$는 더 굵은 니크롬선을 사용해도 변하지 않는다. 따라서 두 번째 도선의 전류는 $2I$이어야 한다(이는 전지가 공급하는 전류의 양을 제한하는 전지의 내부 저항을 무시한 것이므로, 실제로는 단면적이 크고 전류가 더 클 때 단면적을 두 배로 한다고 해도 전류가 딱 두 배가 되는 것은 아니다).

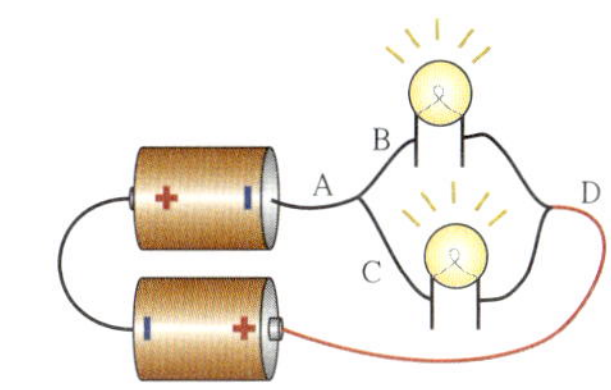


**그림 18.65** 전구 두 개를 병렬로 연결하는 것은 전구 필라멘트의 단면을 두 배로 하는 것과 동일하다.

그림 18.65에 나타냈듯이 두 개의 전구를 병렬로 연결하는 것은 전구 필라멘트의 단면적을 두 배로 하는 것과 동일하다.

## 나침반을 이용한 전류의 정량적 측정

> **질문** 전구 하나가 연결된 회로의 전류에 비해, 그림 18.65의 $D$ 위치에서 전류는 얼마일까?

앞서 논의한 바에 의하면 전구 하나가 연결된 회로에 비해 $D$ 위치에서 전류는 두 배가 되어야 한다.

실험 1부터 5까지 실험을 통하여 접합점 규칙(정상 상태에서 전하량 보존)과 고리(loop) 규칙(단위 쿨롱당 에너지 보존)을 탐색할 수 있다.

## 병렬 저항에서 전류가 어떻게 갈라져야 하는지를 어떻게 알까?

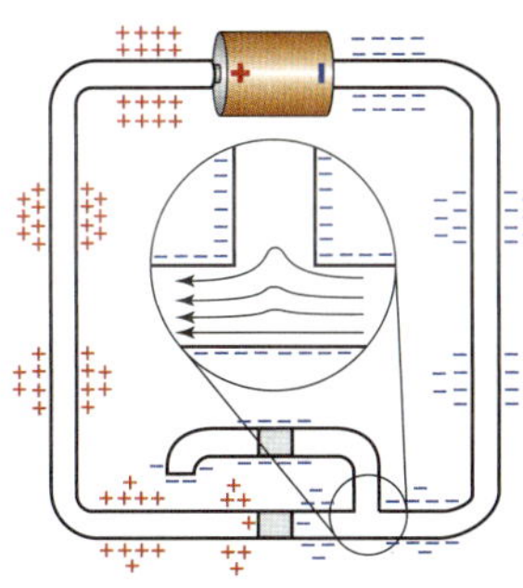

**그림 18.66** 평행한 가지(막다른 가지)가 있는 회로

실험 5와 같이 회로에 평행한 가지가 있을 때, 가지에서 전류가 어떻게 갈라질지를 아는지 관한 질문이 생긴다.

그림 18.66에서 굵은 탄소 저항이 병렬로 연결되어 있을 때 정상 상태를 아주 대략적으로 살펴볼 수 있다.

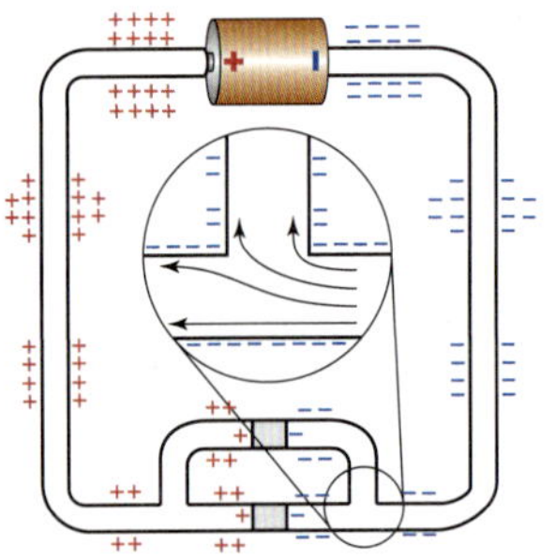

그림 18.67 완전한 연결: 전자 전류는 나뉜다.

전지를 연결한 직후 초기 변동이 있는 동안 전자는 두 경로 모두를 따라 움직인다. 그러나 막다른 경로에서 끝 부분이 음으로 대전되어 더 이상 전자가 움직일 수 없게 된다. 확대 그림에서 가지가 갈라지는 점 내부에서 바로 위 막다른 골목으로 향하던 전자 흐름이 꺾이는 것에 주의하라. 도선은 막다른 골목이 추가되어 약간 넓어진 효과가 있다.

다음으로 병렬 회로를 완성시켜 접합점에서와 표면에서의 전하 재배열이 일어나도록 하자(그림 18.67). 확대 그림은 새로운 표면 전하 분포가 어떻게 들어오는 전자 전류를 안내하고 가르는지를 보여준다. 일부 전자를 위로, 다른 것들은 아래쪽으로 간다. 전류가 더 많이 흐르게 하기 위해 전지를 통해 더 많은 전류가 흐르고, 도선을 따라 표면 전하 그래디언트가 더 크다는 것에 주목하라.

각 가지에서 정상 전류는 각 회로의 가지에서 전류를 얼마나 잘 전달하는가에 따라 결정된다. 예를 들면, 만약 유동성이 한쪽 가지에서 더 적다면 표면 전하가 쌓여 그 가지로 가는 전류를 감소시킬 것이다. 극단적인 경우는 막다른 가지로 표면 전하가 쌓여 그쪽으로 전류가 흐르지 않게 될 수도 있을 것이다. 이것이 앞서 살펴본 사례이다.

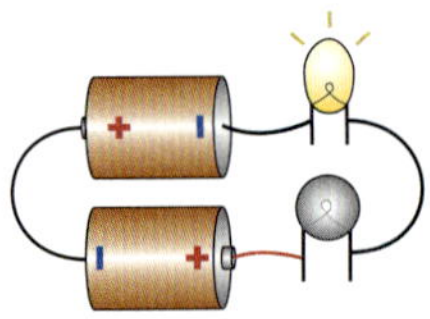

그림 18.68 얇은 필라멘트 전구와 두꺼운 필라멘트 전구의 직렬 연결—왜 두꺼운 필라멘트의 전구는 켜지지 않는가?

## 적용: 가는 필라멘트 전구와 굵은 필라멘트 전구가 병렬로 연결된 경우

앞 장의 실험 부분에서 전류와 자기 현상을 탐색할 수 있는 단순한 장치를 서술하였다. 여기에 길이가 긴 가는 필라멘트가 있는 전구와 둥근 모양의 굵은 필라멘트가 있는 전구가 있다. 만약 그림 18.68과 같이 이 두 전구를 직렬로 연결한다면 가는 필라멘트 전구만 빛을 낼 것이다. 가는 전구를 지난 전류에 무슨 일이 일어난 것일까? 이 신기한 현상에 대해 우리는 설명할 수 있다. 다음을 고려해 보자.

- 두 전구의 필라멘트 모두 텅스텐으로 되어 있다.
- 둥글고 굵은 필라멘트의 전구는 단면적은 $A_r$이고 길이는 $L_r$, 전기장은 $E_r$, 유동 속력은 $\bar{v}_r$이다.
- 길고 가는 필라멘트의 전구는 단면적은 $A_l$이고 길이는 $L_l$, 전기장은 $E_l$, 유동 속력은 $\bar{v}_l$이다.

비록 가는 필라멘트 전구는 뜨겁고 (낮은 유동성을 의미) 굵은 전구는 분명 차갑지만 (빛이 나지 않으므로, 높은 유동성 의미) 전자의 유동성이 두 전구에서 동일하다고 가정해 보자.

> **질문** 전류 접합점 규칙을 이용하여 유동 속력 $\bar{v}_r$와 $\bar{v}_l$의 관계를 나타내는 방정식을 적어보자.

정상 상태에서 각 전구를 지나는 1초당 전자의 숫자는 같아야 한다.

$$nA_r\bar{v}_r = nA_l\bar{v}_l$$

> **질문** 이 방정식에 기초하여 전기장 $E_r$과 $E_l$의 관계를 나타내는 방정식을 적어보자. 그러면 둘 중 어느 것이 더 큰가?

두 필라멘트에서 유동성이 동일하다고 가정하면 $\bar{v} = uE$이므로 $nA_r\bar{v}_r = nA_l\bar{v}_l$를 이용하면 $E_l = \dfrac{A_r E_r}{A_l}$ 이다. 따라서 $A_r > A_l$, $E_l > E_r$이다.

**질문** 고리 규칙을 적용하면 2emf = $E_rL_r + E_lL_l$임을 알 수 있다. $E_r$이 아주 작기 때문에 이 값은 $E_lL_l$과 거의 같다. 왜 굵은 필라멘트 전구가 빛을 내지 않는지 설명해 보자.

만약 굵은 필라멘트 전구가 회로에서 유일한 요소라면 밝을 것이다. 그리고 전기장은

$$2\text{emf} = E_{r,\text{bright}}$$

이 된다. 따라서 $E_{r,\text{bright}} = \dfrac{2\text{emf}}{L}$ 가 된다.

전구가 두 개인 회로에서는 (만약 필라멘트의 길이가 동일하다면) 다음 값을 가지게 된다.

$$2\text{emf} = E_rL + E_lL = L\left(E_r + \frac{A_rE_r}{A_l}\right) \quad \text{(위의 질문에서)}$$

$$\text{따라서} \quad E_r = \frac{2\text{emf}}{L(1+A_r/A_l)} < \frac{2\text{emf}}{L}$$

따라서 굵은 필라멘트 전구에서 전기장은 전구 하나만 있는 회로에서보다 훨씬 더 작다. 얼마나 작을 것인가는 굵은 필라멘트 전구 하나만 있는 회로의 전류는 가는 필라멘트 전구 하나만 있는 회로의 전류의 1/4뿐이라는 데서 추정할 수 있다. 즉, $A_r \approx 4A_l$이다.

따라서 굵은 필라멘트 전구의 전기장은 5배 줄어든다. 결국 이 전기장은 필라멘트가 빛을 낼 정도의 충분한 전류를 만들지 못한다.

더욱이 굵은 필라멘트 전구가 빛을 내지 못하므로 온도는 낮고 그 유동성이 보통 빛을 낼 때보다 더 크다. 따라서 가는 필라멘트 전구에 흐르는 전류와 같은 크기의 전류를 흐르게 하기 위하여 더 줄어든 전기장 $E_r$이 필요한 것이다.

## 전구의 밝기는 무엇이 결정하는가?

전기장 $E$에 의한 길이 $L$인 도선을 지나는 각 전자에서 계(전자와 도선)의 전기적 퍼텐셜 에너지는 $e\Delta V = eEL$만큼 감소한다. 이만큼의 전기적 퍼텐셜 에너지의 감소는 전자의 운동 에너지 증가로 이어진다. 이 운동 에너지는 도선 내의 원자와 충돌로 도선의 열에너지와 온도를 높이면서 소모된다. 도선의 온도가 올라가면서 주위로 전달하는 에너지 비율은 빛을 통해 증가한다. 일단 도선에서 소모되는 에너지와 같은 비율로 빛으로 발산하게 되면 도선의 온도 증가는 멈춘다.

$\Delta t$의 시간 동안 도선에 들어오고 나가는 전자의 수는 $nA\bar{v}\Delta t$이다. 따라서 초당 잃은 에너지(초당 전력 또는 와트)는 $(eEL)(nAuE) = enAuLE^2$이다. 에너지가 소모되는 비율은 $E$의 제곱에 비례한다. 또는 전류 $I = enAuE$의 제곱에 비례한다. 앞의 예에서 굵은 필라멘트 전구의 전기장 $E$는 5배 줄어든다. 따라서 필라멘트에서 소모되는 에너지는 25배 줄어든다. 이는 빛으로 배출되는 에너지 비율이 25배 줄어든다는 것을 의미한다. 전구가 너무나 희미해서 그 빛을 볼 수 없는 것이다.

## 적용: 병렬로 연결된 두 전지

왜 직렬로 연결된 두 개의 전지가 한 개보다 더 많은 전류를 흐르게 하는지 분명

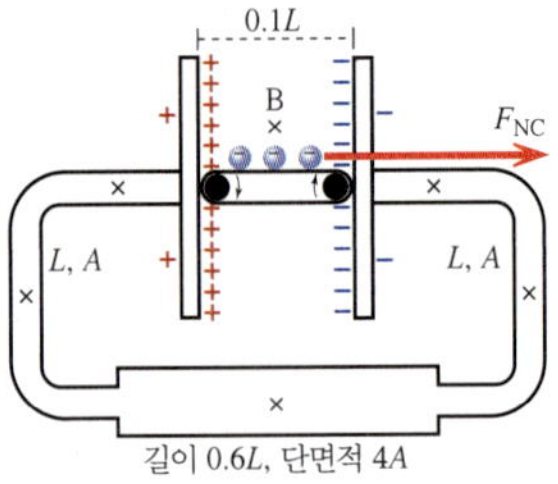


**그림 18.69** 넓은 도선의 회로

해진다. 직렬로 연결된 두 개 전지의 전위차는 2emf이고 이는 회로의 모든 곳에서의 전기장을 두 배로 만든다. 전기장을 두 배로 하면 유동 속력도 2배가 되고 (온도가 올라가서 유동성이 줄어들지만 않는다면) 전류를 두 배로 한다.

실험 6에서 전구 대신 니크롬선을 사용하여 이와 같은 예측을 시험할 수 있다. 두 번째 전지를 추가하면 필라멘트의 온도가 상당히 증가하여 유동성을 상당히 변화시킬 것이다(색이 더 흰색으로 되는 것을 볼 수 있는데 이는 필라멘트의 온도가 높아지는 것을 의미한다). 길이가 좀 되는 니크롬선으로 하면 그 온도는 방안의 온도 정도로 될 것이고 유동성이 전구 한 개일 때와 두 개일 때가 거의 같을 것이다.

**예** **넓은 도선의 회로**

그림 18.69의 회로에는 전지를 통해 전자를 옮기는 비쿨롱 힘 $F_{NC}$를 작용하는 저항이 작은 기계적 전지가 있다(무시할 만한 내부 저항). 전지의 양끝 판의 면적은 둘 사이의 거리 $0.1L$에 비해 대단히 크다 (판의 그림은 척도에 맞춰 그린 것이 아님). 길이가 $L$이고 단면적이 $A$인 두 개의 가는 니크롬 도선이 길이 $0.6L$이고 단면적이 $4A$인 굵은 니크롬선에 연결되어 있다. 니크롬선의 전자의 유동성은 $u$이고, 단위 세제곱미터당 $n$개의 자유 전자가 니크롬선에 있다.

(a) 판 사이의 $B$로 표시된 지점과 ×로 표시되어 있는 곳에서의 전기장을 나타내보자. 벡터의 상대적인 크기에 주의하자.

(b) 니크롬 도선의 표면에 대략적인 전하 분포를 나타내보자. 앞서 나타낸 전기장과 분포가 맞도록 해 보자.

(c) 주어진 양 $L$, $A$, $n$, $u$, $F_{NC}$와 기본적인 상수로 매초마다 전지를 떠나는 전자의 숫자를 계산해 보자. 계산 과정을 나타내라.

(d) 위치 $B$의 전지 두 판 사이에서 전기장의 크기를 계산해 보자.

**해답**

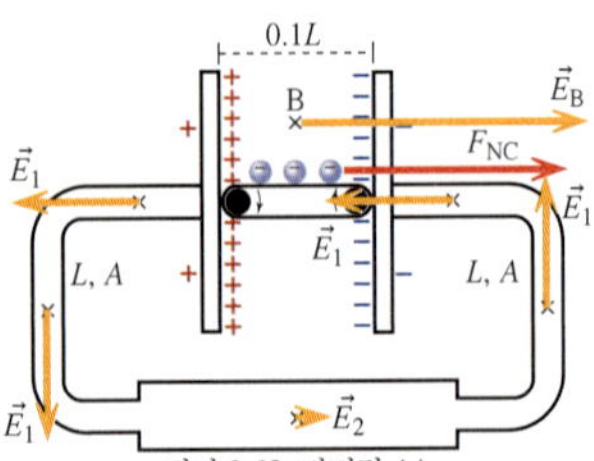


**그림 18.70** (a)에서, 도선 내 지점에서의 전기장

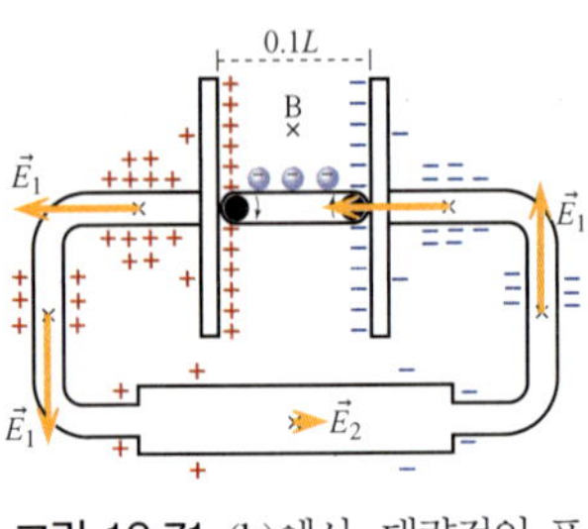


**그림 18.71** (b)에서, 대략적인 표면 전하 분포

(a) 전류 접합점 규칙에 따르면 굵은 도선과 가는 도선에서의 전류는 같을 것이다. $i = nAuE$이므로 가는 단면적의 도선에서 $E$가 더 크다. 이는 그림 18.70의 도선에 나타낸 전기장의 모양을 의미한다.

한 바퀴 돌았을 때 전위차가 0이 되기 위해서는 그림 18.70에 나타낸 것과 같이 판 사이의 전기장이 오른쪽을 가리켜야 하고 도선의 전기장보다 더 커야 한다.

(b) 그림 18.71에 나타낸 것과 같이 표면 전하의 큰 그래디언트는 큰 전기장을 만든다. 작은 그래디언트는 작은 전기장을 만든다.

(c) 기본 원리를 적용해 보자.

전류 접합점 규칙: 가는 도선의 전류 (1) = 굵은 도선의 전류 (2)이므로 $nAuE_1 = n(4A)uE_2$이다.

$\Delta V_{\text{round trip}} = 0$ (에너지 보존)이고 기계적 전지의 음극판에서부터 반시계 방향으로 움직이면 다음과 같다.

$$\frac{F_{NC}(0.1\,L)}{e} - E_1 L - E_2(0.6\,L) - E_1 L = 0$$

전류 방정식에서 다음을 쓸 수 있다.

$$E_2 = \left(\frac{A}{4A}\right) E_1 = \frac{E_1}{4}$$

이제 미지수 $E_1$, $E_2$ 두 개가 있는 방정식 2개가 있다. $E_2$를 대치하면 다음과 같이 된다.

$$\frac{F_{\mathrm{NC}}(0.1L)}{e} - 2(E_1 L) - \left(\frac{E_1}{4}\right) 0.6L = 0$$

$$E_1 = \frac{F_{\mathrm{NC}}}{e(21.5)}$$

전자 전류에 대해 풀어보면 (1초 마다 전지를 떠나는 전자의 수):

$$i = nAuE_1 = nAu\left(\frac{F_{\mathrm{NC}}}{e(21.5)}\right)$$

(d) 폐경로에서의 전위차는 0이어야 하므로 다음과 같이 된다.

$$E_B(0.1L) - 2E_1 L - \left(\frac{E_1}{4}\right)(0.6L) = 0$$

$$E_B = 21.5\left(\frac{F_{\mathrm{NC}}}{e(21.5)}\right) = 21.5\,E_1$$

전지 내 전기장 $E_B$는 $E_1$의 21.5배이다.

## 18.11 표면 전하 감지하기

단순 회로에서 표면 전하를 감지할 수 없는 이유는 도선 상의 전하량이 아주 적기 때문이다. 도선에 작은 전기장을 만드는 데 전하가 아주 조금 필요하기 때문이다. 그러나 전압이 높은 회로에서는 (약 10,000 V) 표면 전하 감지가 가능하다. 다음과 같은 재미있는 표면 전하 시범 실험은 이스라엘의 바이츠만 연구원(Weizmann Institute)에서 제안된 것이다. 아마도 수업에서 교사가 보여줄 수 있을 것이다.

**주의** 고전압을 다루는 일은 위험하다. 감독관 없이 해보지 마라. 고압 회로에서는 한 손을 등 뒤로 하라. 피복이 벗겨진 도선을 손으로 만지지 마라.

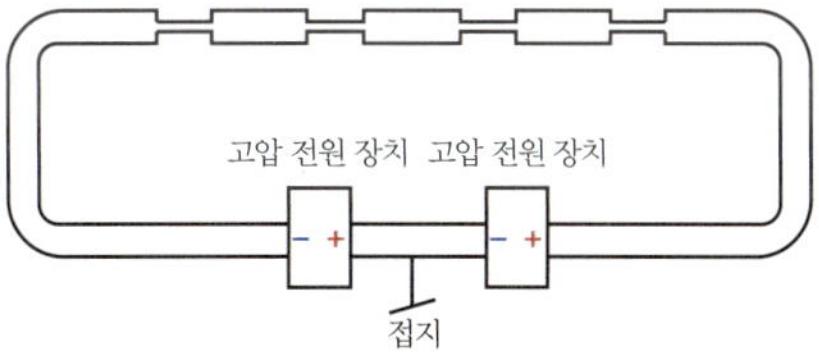


**그림 18.72** 표면 전하 감지를 위한 고압(낮은 전류) 회로

그림 18.72에 4개의 동일한 저항을 직렬로 연결하여 스티로폼으로 지지하여 도선의 다른 부분으로부터 불필요한 편극 영향을 받지 않도록 하자. 이 네 개의 저항을 그림 18.72에 나타내었다. 저항은 피복이 벗겨진 굵은 도선으로 연결하였

고, 두 개의 고압 전력 공급 장치와 연결하여 직렬 연결된 저항의 한쪽 끝은 양극에, 다른 쪽 끝은 음극에 연결하였다. 회로가 완성된 후에는 피복이 벗겨진 도선을 절대로 만지지 마라!

저항을 아주 가는 도선으로 나타낼 수 있다. 직렬 연결에서 회로의 모든 곳에서 전류는 $I = enA\bar{v} = enAuE$이다.

**질문** 전류에 관한 식을 가지고 회로 부근의 전기장의 모양을 그려보자.

분명 전기장은 굵은 연결 도선보다 가는 저항에서 훨씬 더 커야할 것이다. 각 저항에서 전기장은 모두 동일할 것이다. 전기장의 형태는 아주 간단하다. 이 단순한 형태의 전기장을 만들기 위해 피드백은 복잡한 표면 전하 분포를 형성할 것이다.

**질문** 전기장의 형태와 일관된 그럴싸한 표면 전하의 분포를 그려보자.

정말 대략적으로 가장 왼쪽 저항(A, B)의 전기장은 A에서 큰 음의 표면 전하 밀도와 B에서의 중간 크기의 표면 전하 밀도로 두 지점 사이에서 큰 그래디언크가 생기기 때문이다(그림 18.73).

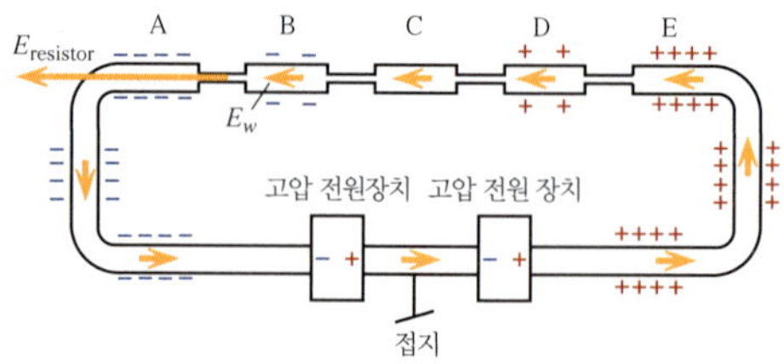


**그림 18.73** 고압 회로의 전기장과 표면 전하

이는 대략적인 분석이다. 왜냐하면 저항에서 전기장은 근처의 전하뿐 아니라 모든 전하에 의해 생기기 때문이다. 그 다음 저항(B, C)에서의 전기장도 동일한 크기여야 한다. 이는 중간 크기의 표면 전하 밀도가 B에서 나타나고 거의 0에 가까운 표면 전하 밀도가 C에서 나타나기 때문이다. 그 다음의 두 저항에 대해서도 비슷한 설명을 할 수 있다.

굵은 연결 도선 내부에서 전기장은 매우 작다. 따라서 이 도선을 따라서는 거의 균일한 전하 분포가 되도록 표시하였다. 전하의 부호는 동일하겠지만 자세한 실제 전하 분포는 이보다 더 복잡할 것으로 생각된다.

전기적으로 중성인 알루미늄 포일 띠를 절연 막대에 머리카락으로 매달고 A 부근의 피복이 벗겨진 도선에 가까이 가져가보자.

**질문** 무슨 일이 일어날 것으로 기대하는가?

이 포일 띠가 도선에 당겨지다가(띠가 도선 상의 표면 전하에 의해 편광됨) 다시 멀어지는 것(접촉했을 때 대전되어 표면 전하에 의해 밀려나기 때문에)이 관찰된다. 이 띠는 음으로 대전된 것을 알 수 있다. 왜냐하면 머리카락에 문지른 플라스틱 볼펜을 가져가면 밀기 때문이다. 유사한 효과를 E에서도 관찰할 수 있지만 띠는 양으로 대전되었다는 것을 알 수 있다. 표면 전하 밀도가 작은 B와 D에서 이보다 더 작은 효과가 관찰된다. C지점에서는 아무런 효과도 관찰할 수 없다. 여기는 대칭점이라 표면 전하가 거의 없기 때문이다. 이 실험 관찰은 대략적인 전하 분석이 타당하다는 것을 말해준다.

표면 전하 밀도는 회로의 전압에 비례한다. 그리고 아주 고압에서만 정전기에 의한 척력을 볼 수 있을 정도의 전하가 있다. 전압이 낮을 때 표면 전하에 의한 효과를 보기는 어렵다. 왜냐하면 대전된 물체는 당연히 중성 물질에 끌리고 대전된 물체와 회로 사이의 인력이 너무 커서 저전압에서 회로의 표면 전하가 작다면 척력 효과를 가릴 수 있기 때문이다.

이 물체는 아주 가벼워야 (막대에 매달린 알루미늄 포일 띠가 효과적) 상당히 먼 거리에서 상호작용을 관찰할 수 있다. 문제는 거리가 가까우면 중성 물체의 편극 때문에 인력과 척력이 힘겨루기를 한다는 것이다. 인력을 작용하는 상호작용은 거리가 멀어지면 $1/r^2$보다 더 빨리 작아진다. 제14장에서 보았듯이 점전하와 작은 중성 물질 사이의 인력은 $1/r^5$에 비례한다. 왜냐하면 중성 물체의 편극이 $1/r^2$에, 점전하와 쌍극자 사이의 상호작용은 $1/r^3$에 비례하기 때문이다.

## 18.12 회로의 컴퓨터 모델

표면 전하 분포를 계산하기 위해 사용되는 컴퓨터 모델을 중성 금속 육면체의 편극에 적용할 수 있다. 양의 점전하가 중성의 금속 육면체를 편극시키는 경우를 생각해 보자(그림 18.74). 우선 육면체 부근에는 아무 전하도 없는 상태에서 양의 점전하를 육면체 왼편으로 갑자기 가져온다고 상상해 보자.

**그림 18.74** 육면체 왼편으로 12 mm에 위치한 양의 점전하에 의해 극성을 띤 4 mm × 4 mm × 8 mm의 금속 육면체. 파란색 음영은 음전하를 나타내고 빨간색 음영은 양전하를 나타낸다.

제14장에서 보았듯이 우선 이 점전하에 의해 육면체 내부에 알짜 전기장이 만들어진다. 이 전기장은 자유 전자들은 왼편으로 이동시키고 아주 짧은 시간 $\Delta t$ 동안 얼마간의 과잉 전자들이 육면체 표면의 왼편에 나타날 것이다. 그만큼 오른쪽에 전자 결핍이 있을 것이다. 이런 0이 아닌 표면 전하를 만드는 데 드는 시간은 아주 짧다. 왜냐하면 금속 내 어디든 자유 전자들이 있기 때문이다. 이 자유 전자 바다는 표면 전하를 만드는 데 아주 짧은 거리만 이동하면 된다.

이 새로운 표면 전하는 왼쪽은 음이고 오른쪽은 양으로 육면체의 내부에서 왼쪽으로 향하는 전기장을 만들어서 내부의 알짜 전기장을 감소시킨다. 그 다음 짧은 시간 동안에는 이 오른쪽으로 향하는 감소된 전기장은 조금 더 많은 전자를 왼쪽 표면으로 몰고 갈 것이다. 이 전하들은 알짜 전기장을 더욱 줄일 것이다. 결국 왼쪽에 음전하로, 오른쪽에 양전하로 분포된 표면 전하들이 많아져 점전하에 의한 전기장과 표면 전하에 의한 전기장을 합하면 0이 된다.

이 과정을 컴퓨터 시뮬레이션을 할 때는 마치 우표로 표면을 덮는 것처럼 표면을 작은 정사각형으로 나눈다(그림 18.74, 0.25 mm × 0.25 mm). 반복적인 각 단계에서 우리는 모든 대전된 타일과 외부의 고정된 전하에 의한 각 타일 내부의 전기장을 계산한다. 표면 타일의 내부 전기장을 알면 얼마만큼의 전하가 다음 순

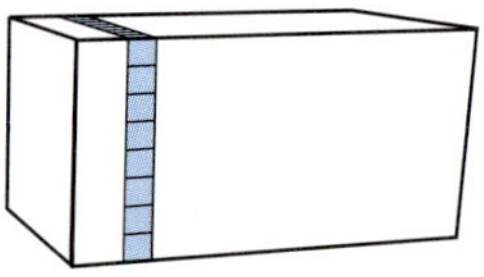

**그림 18.75** 표면이 대전된 타일로 이루어진 (사각) 고리

간 그 타일에 더해지거나 빠져야 할지 알 수 있다.

다음 단계는 각 타일 근처의 전기장 계산에서 새로운 타일 전하를 사용한다. 우리는 대표적인 타일 상의 전하량을 그래프로 그린다. 그리고 타일의 전하가 더 이상 변하지 않으면 반복을 멈춘다. 기대했던 것처럼 그림 18.74에서 금속 육면체 내부에서 대전된 타일의 마지막 분포에 의한 전기장에 외부 점전하에 의한 전기장을 더한 값이 0인 것을 알 수 있다. 표면 전하의 분포를 좀 더 정량적으로 나타내기 위해 그림 18.75와 같이 중심이 육면체의 중심선에 있는 정사각형 고리 타일을 생각해 보자. 그림 18.76은 중심선의 왼쪽에서부터 오른쪽으로 그러한 고리의 표면 전하 밀도를 계산해 나타낸 그래프이다. 각 고리에서 고리의 총 전하량을 고리의 표면적(각 타일 면적에 타일의 개수를 곱함)으로 나눈 것이다. 전하가 많이 모이는 육면체의 왼쪽과 오른쪽 끝을 제외하고 표면 전하 밀도 그래디언트가 일정한 것을 주의 깊게 살펴보아라.

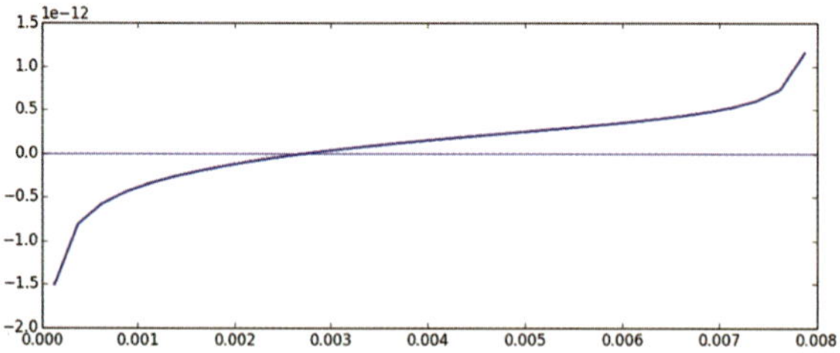


**그림 14.76** 분극된 중성 금속 육면체의 중심에서 왼쪽에서 오른쪽 방향으로의 수평 경로(m)에 따른 고리의 표면 전하 밀도($C/m^2$)

표면 전하 분포를 결정하는 계산 모델은 브이파이썬(VPython)으로 수행했다. 표면 타일들에 들어오고 나가는 표면 전하를 구하기 위하여 반복적인 순환(erative loop) 계산 작업을 준비하면서, 모든 서로 다른 타일이 1 C의 전하를 갖는 점전하 역할을 할 때 각 타일에 미칠 효과를 계산하였다. 이를 위하여 우리는 정해진 하나의 타일의 내부 전기장에 다른 타일이 미칠 영향을 계산한다. $\Delta t$ 시간 동안 타일의 전하의 변화량을 계산하기 위해 타일에 수직인 바깥으로 향하는 단위 벡터를 따라 $E_{\text{normal}}$ 요소를 구해 $enAu\ \Delta t$를 곱하여 구하였다.

$N$개의 타일 모두에 대해 이 계산을 하면, 각 타일이 다른 타일에 미치는 영향에 대한 $N \times N$개의 행렬이 생긴다. 이 효과에 각 타일의 부근 전기장이 미치는 영향을 더한다. 타일은 균일하게 대전된 정사각형 판이라고 가정한다. 마찬가지로 각 타일에 대해 고정된 외부 전하가 미치는 영향을 계산한다.

이 정보를 가지고 반복적 순환 계산의 각 회차에 현재의 타일 전하를 그 전하가 모든 타일 전하에 미치는 쿨롱당 효과를 곱한다. 여기에 고정된 외부 전하의 효과를 더한다. 모든 타일에 대한 $\Delta q$의 목록을 만든 후 모든 타일의 전하의 새로운 값을 대치한다. 대표적인 타일 상의 전하를 시간에 대한 함수로 그래프로 그린다. 이 전하가 더 이상 변하지 않으면 반복적 순환 계산을 멈춘다. 이 과정에 대한 결정적 검정은 모든 계산된 타일 전하와 외부 전하 때문에 생기는 전기장을 계산할 때 전기장의 분포가 옳은가 여부이다. 편극된 금속 육면체 내부는 0이고 정상 상태에서 도선 내부는 0이 아니고 균일하다.

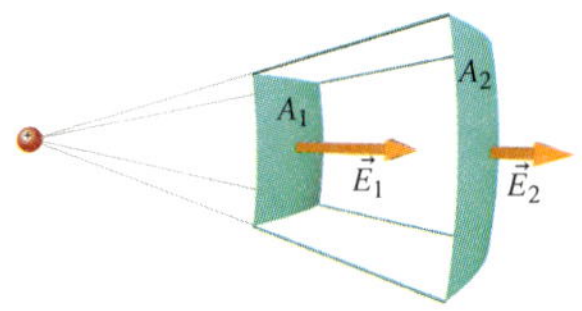


**그림 18.77** 피라미드를 자른 것과 같은 영역이 금속 내부에 있다. 이 영역은 점전하를 중심으로 한 두 개의 구면으로 둘러싸여 있다. A1은 (점전하와 더 가까운) 더 좁은 면이고, A2는 (점전하와 더 먼) 더 넓은 면이다. 각 면에서 점전하에 의한 전기장은 일정하다.

### 내부의 전류

금속 내부가 항상 중성으로 있을 거라는 것을 확신시켜 주는 것은 전기력이 $1/r^2$에 비례하는 특별한 성질 때문이다. 따라서 우리는 금속 내부의 전하에 대해 관심을 둘 필요는 없다. 피라미드를 자른 것과 같은 마름모 형태의 금속 육면체에서 피라미드 꼭지점의 위치에 점전하가 있을 때 금속 내부의 전기적 중성 영역에 처음에 어떤 일이 일어날지 생각해 보자(그림 18.77).

점전하의 전기장은 전자 전류를 왼쪽으로 몰아 잘린 피라미드의 꼭지점 쪽 면의 밖으로 내보낸다. 그 세기는 $i_1 = nA\nu = nA_1uE_1$이며 $A_1$은 왼쪽 작은 면의 면적이고 $E_1$은 가까운 쪽 면의 전기장이다. 점전하에 의한 전기장 역시 전자 전류를 먼 쪽 큰 면으로 몰아낸다. 그 세기는 $i_2 = nA\nu = nA_2uE_2$이고 $E_2$는 먼 쪽 면에서의 전기장이다.

먼 쪽에서 전기장은 더 작지만 영역은 더 크다. 면적 $A$는 $r^2$에 비례한다. $r$은 점전하까지의 거리이다. 반면 전기장은 $1/r^2$에 비례한다. 따라서 $A_1E_1 = A_2E_2$이다.

이는 $i_1$과 $i_2$가 같음을 의미한다. 또한, 이 육면체에 전자가 들어오고 나가지 않음을 의미한다. 왜냐하면 표면에 수직인 전기장 성분이 없기 때문이다. 따라서 다음 짧은 시간 $\Delta t$ 동안 전자가 밖으로 나오는 흐름은 들어가는 흐름과 양이 같다. 따라서 처음부터 전기적으로 중성이었던 이 영역은 계속해서 중성이다. 매 $\Delta t$ 동안 동일한 수의 전자가 들어오고 나가서 금속 내부는 항상 전기적으로 중성을 유지한다. 전하량의 유일한 변화는 금속의 표면에만 존재한다.

제21장에서 가우스 법칙이라는 전기장 법칙을 이용하여 어떤 모양의 금속이라도 그 내부의 알짜 전하는 일반적으로 항상 0으로 유지된다는 것을 알게 될 것이다. 금속 육면체 표면에 전하가 쌓이면 이 표면 전하에 의한 추가적인 전기장 역시 그 내부를 0으로 하는 성질이 있다. 결국, 계산은 내부는 고려하지 말고 표면 전하량만 하면 된다.

### 인터넷을 통한 학습

3D로 표면 전하 분포를 볼 수 있도록 웹 사이트에 소개되어 있다. 공정된 전하와 표면 전하들에 의해 만들어진 전기장들을 마우스를 이용하여 끌어다 놓으면서 탐구할 수 있다.

## 요약

### 새로운 개념

- 균일한 도선에서 균일한 전기장은 균일한 정상 상태 전류를 유도한다.
- 도선 표면 상의 전하의 그래디언트는 도선 내부에 전기장을 만든다.
- 최소 몇 나노초 동안의 초기 변동이 있고 이때 피드백은 표면 전하와 전류의 정상 상태 분포가 되게 한다.
- 전지는 전하 분리와 그에 따른 전위차를 유지한다. 전지의 emf는 전하 분리를 유지하는 데 필요한 단위 전하당 에너지 투입 양이다.

### 분석 기술

전기 회로 분석에서 두 가지 규칙을 적용한다. 전류 접합점 규칙:

정상 상태에서 전자 전류: $i_{in}$ = 알짜 $i_{out}$,

이때 $i = nAuE$

통상적인 전류: 알짜 $I_{in}$ = 알짜 $I_{out}$, 이때 $I = |q|nAuE$, 여기서 $q$는 움직이는 대전된 입자의 전하, $n$은 움직이는 전하 밀도, $A$는 전도 물체의 단면적, $u$는 대전된 입자의 유동성이다.

에너지 보존(고리 규칙):

정상 상태에서 어떤 폐경로에 대해서도

$$\Delta V_1 + \Delta V_2 + \Delta V_3 + \cdots = 0$$

### 결과

회로의 미시적 행동에 대한 우리들의 모델은 회로의 행동에 대한 여러 질문에 답을 제공한다.

1. 도선 내부의 전기장의 원천인 전하는 어디에 있는가? 이 전하들은 도선의 표면, 전지의 위와 내부에 있다. 필요한 전하 분포는 피드백에 의해 생기고 유지된다.
2. 움직이는 전하의 느린 유동 속력에도 불구하고 전구의 불은 어째서 빨리 켜지는가? 전기장은 빛의 속력으로 전파된다. 전구 내부의 전자들은 전구의 필라멘트에 재빨리 형성되는 전기장의 영향을 받는다.
3. 회로에서 전지의 역할은 무엇인가? 전지는 단위 전하당 일정한 양의 일(emf)을 한다. 전하를 분리하여 유지하고 그 사이의 전위차를 유지한다. 결과적으로 전체 회로의 표면 전하 분포를 유지한다.

## 실험

**실험1.** 회로의 다른 부분에서의 전류

그림 18.78과 같이 굵은 필라멘트가 있는 전구를 두 개의 전지와 직렬로 연결하자.

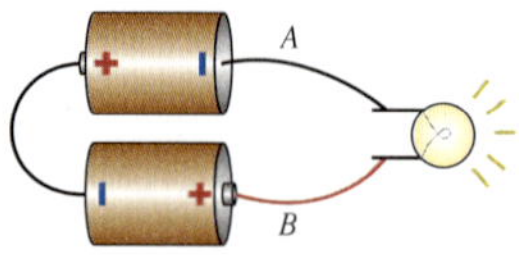


그림 18.78

다음 절차를 이용하여 각 도선에 의해 생기는 자기장을 측정하자(전류의 양이 같으면 같은 크기의 자기장을 유도하고 따라서 나침반의 바늘이 움직이는 정도도 같다).

- 도선 하나의 연결을 빼라.
- 전지와 집게가 나침반 근처에 있지 않도록 한다.
- 전류를 측정하고자 하는 도선을 나침반 위에 올려 나침반 바늘과 도선이 나란하게 한다.
- 아무것도 움직이지 않게 하면서 다시 도선을 연결한다. 2° 내외나 그보다 더 잘 나침반 바늘이 움직이는 정도를 읽는다.

(a) 회로는 정상 상태에 있는가? $A$ 지점에서 도선 아래 나침반을 놓고 15–20초 동안 관찰한다. 움직임이 일정한가?

(b) 나침반을 이용하여 $A$와 $B$ 지점의 전류를 측정하고 관찰한 나침반 바늘의 움직임을 기록한다.

(c) "영(null)" 검증을 하여 두 도선의 전류를 비교해 보자. 도선 $A$와 $B$를 나란히 전류가 서로 다른 방향으로 흐르도록 한 채 나침반 위에 놓고 회로를 연결한다. 두 도선에 의해 생성된 자기장은 반대 방향이다. 만약 전류가 크기가 같고 두 도선을 아주 가까이 하면, 두 도선에 의한 자기장이 상쇄되어 나침반은 움직이지 않을 것이다.

### 전류를 주의 깊게 측정하기

다음 실험에서 (1~5) 한 회로의 전류에 대한 다른 회로의 전류비를 예상하는 데 우리의 전류 모델을 사용할 것이다. 그리고 예상한 것을 검증할 것이다. 좋은 실험 결과를 얻기 위해 정확한 전류의 측정을 위한 나침반 사용법을 이해해야 한다. 고려해야 할 두 개의 중요한 사항이 있다.

#### 1. 나침반 바늘을 따라 자기장이 균일한가?

나침반의 바늘은 그 위치에 있는 알짜 자기장과 나란하다. 우리가 보았듯이 알짜 자기장은 지구 자기장과 도선의 전류에 의한 자기장의 합이다. 제17장에서 긴 도선에 흐르는 전류에 의한 자기장의 크기는 도선으로부터의 거리에 반비례한다.

$$B = \frac{\mu_0}{4\pi}\frac{2I}{r}$$

만약 도선으로부터 나침반 바늘 중심까지의 거리가 바늘 끝까지의 거리와 상당히 다르다면 바늘 끝에서의 자기장은 중심보다 더 약할 것이다. 이 경우 바늘의 움직임은 기대보다 더 적을 것이다. 도선이 나침반 위에 있다면 이는 바늘 중심으로부터 약 6 mm 거리에 있는 것이다. 만약 바늘이 15° 이상을 움직인다면 그림 18.79에서 볼 수 있듯이 바늘의 끝은 그보다 훨씬 더 많이 도선과 떨어져 있게 된다. 그래서 바늘의 움직임은 전류에 비례하지 않을 것이다.

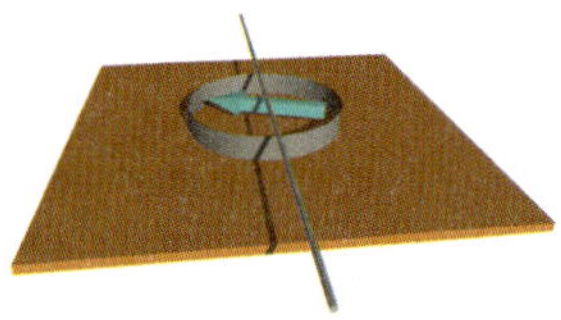

그림 18.79

### 도선 올리기

나침반 위로 1 cm 정도 도선을 올려 이 효과를 축소할 수 있다. 이제는 도선이 40° 씩이나 움직여도 끝과 중간이 도선으로부터 거의 동일한 거리만큼 떨어진다. 도선을 위로 올리는 쉬운 방법은 그림 18.80과 같이 두 손가락으로 지탱하는 것이다.

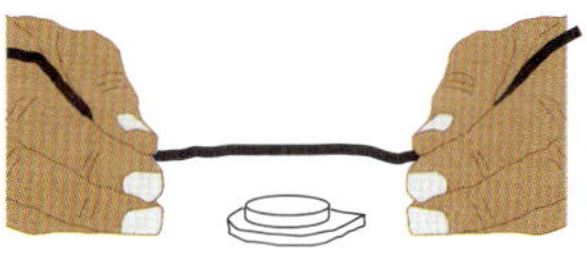

그림 18.80

### 2. 전류는 바늘이 돌아가는 각도에 비례하는가?

그림 18.81에서 보듯이 돌아간 각의 탄젠트는 도선의 전류에 의한 자기장에 비례한다. 각이 작을 때는 (rad로 측정할 때) $\theta \approx \tan\theta$이다. 그러나 이 근사는 약 0.3rad (17°) 이상 되면 유효하지 않다.

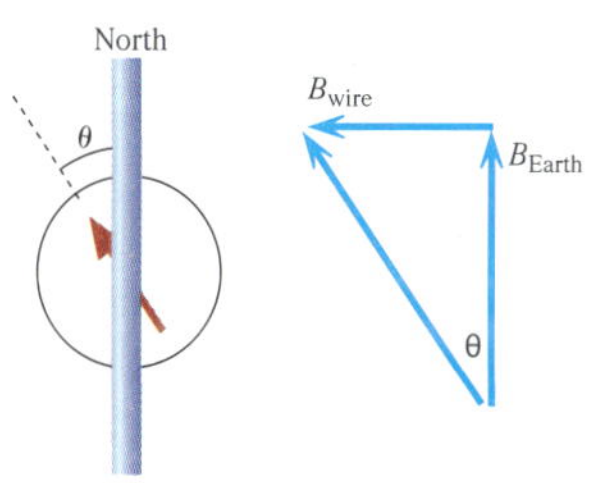


그림 18.81

돌아간 각의 탄젠트

- 15° 보다 각이 작을 때 자기장, 따라서 도선의 전류가 각도에 비례한다고 가정할 수 있다.
- 15° 보다 각이 클 때, 탄젠트 값을 이용하여 자기장을 계산하여 전류를 안다.

**실험 2.** 길이를 두 배로 한 효과

길이가 각각 $L$, $2L$인 니크롬선에 흐르는 전자 전류를 비교하는 실험이다.

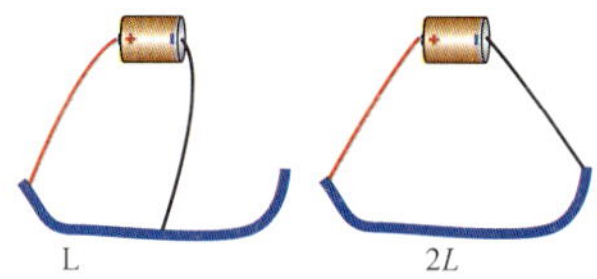


그림 18.82

도선 고리 주위에서 emf − $EL$ = 0이다.

따라서 만약 길이 $L$을 두 배로 하면 전기장은 절반이 된다(emf는 바뀌지 않으므로). 전기장이 절반이 되면 유동 속력($\bar{v} = uE$)이 절반이 되고 전자 전류($i = nAuE$)도 절반이 되며 통상적인 전류($I = |q|nAuE$)도 절반이 된다. 따라서 자기장은 절반이 되고 나침반이 도는 각도도 절반이 된다.

다음으로 측정을 하자. 니크롬선을 연결할 때 유의해야 한다. 짧은 길이 (10 cm 미만) 도선을 지나는 전류에 의해 감전될 수 있다(빛이 날 정도로 뜨거워질 수 있다).

앞의 순서에 따라 그림 18.82에서 보이는 두 개의 서로 다른 회로에 흐르는 전류의 양을 나침반을 이용하여 비교해 보자.

(a) 전지 한 개와 절반 길이(약 20 cm)의 가는 니크롬 도선. 니크롬선을 자르지 말고 중간에 악어집게로 도선을 집어라.

(b) 전지 한 개와 전체 길이(약 40 cm)의 가는 니크롬선 도선. 각도를 주의 깊게 정량적으로 측정하여 기록하자.

- 니크롬 도선을 절반으로 했을 때 전류 값이 절반이 된다는 예측을 증명할 수 있나?
- 만약 도선을 접거나 추가적인 연결 도선을 더하여도 전류가 영향을 받지 않는다는 것을 알 수 있나?

**실험 3.** 2개의 전구가 직렬로 연결된 회로에서 전류

두 개의 동일한 전구가 직렬로 연결되어 있는 것(그림 18.83)은 필라멘트 길이가 두 배인 전구 하나와 동일하다. 구리로 된 도선에서 소비되는 에너지는 무시할 수 있기 때문이다. 니크롬선 길이를 두 배로 한 앞의 실험에 비추어 전구 하나일 때에 비해 전류가 절반이 될 것이라는 것을 예상할 수 있다.

(a) 위의 절차에 따라 나침반을 이용하여 두 개의 굵은 필라멘트가 있는 전구가 그림 18.83처럼 직렬로 연결되었을 때 흐르는 전류를 측정하고 나침반이 돌아간 각도를 기록해 보자. 관찰 사실과 예측을 비교해 보자.

(b) 전구가 하나 일 때 나침반이 돌아간 각도(회로에서 한 개의 전구를 빼서)와 두 개일 때 돌아간 각도를 비교해 보자. 측정을 기록하자.

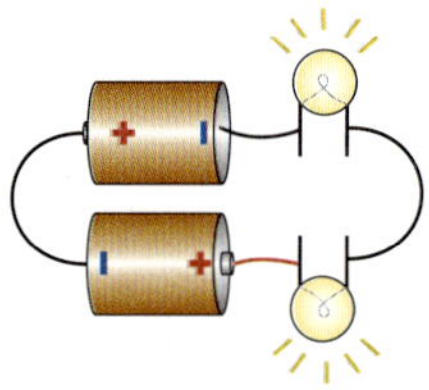

그림 18.83

여러분은 아마도 전구 두 개 회로에서의 전류가 한 개 회로에서의 전류의 절반보다 크다는 것을 발견했을 것이다(필요하다면 측정을 반복하자). 여기서 문제는 뜨거운(수천 도) 텅스텐에서 전자 유동성이 차가운 텅스텐에서보다 작다는 것이다. 원자핵의 열적 요동이 더 클수록 더 큰 “마찰력”을 낳는다. 두 전구 회로에서 전구가 단일 전구보다 더 붉은 빛을 낸다. 이는 필라멘트가 뜨겁지 않다는 것이다.

두 전구가 병렬로 연결된 회로에서 전류가 전구 하나인 회로의 전류보다 절반 이상으로 흐르는지 설명해 보자. 전기장이 어떤 영향을 받는가? 유동 속력은 어떤 영향을 받는가?

니크롬선을 두 배로 했을 때는 왜 이런 관찰을 하지 못했는가?

**실험 4.** 단면적을 두 배로 하는 효과
그림 18.84는 니크롬선의 단면적을 두 배로 할 때 어떤 일이 일어나는가를 알아보기 위한 실험을 보여준다.

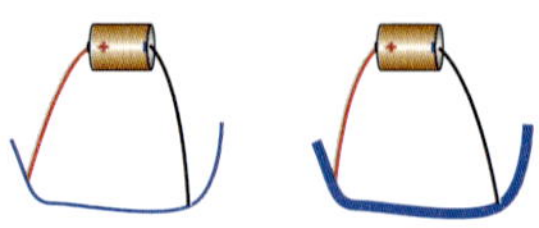

그림 18.84

**질문** 도선의 전자 전류가 왜 도선의 단면적이 두 배가 되면 두 배만큼 증가하는가를 설명해 보자.

그림 18.84에서 단면적 $A$를 두 배로 하는 것은 전류 $I = |q|nAuE$를 두 배로 하는 것과 같다. 이는 마치 도선 두 개를 병렬로 연결한 것과 같다. 따라서 전지에서 두 배로 흐르게 될 것이다.

우리는 이를 에너지를 이용하여 정량적으로 논의할 수 있다. 고리 주위에서 emf $-EL = 0$이므로 도선 상의 전기장 $E$는 도선이 두꺼워져도 변하지 않는다. 따라서 전류는 두 배가 된다(이는 전지가 공급할 수 있는 전류의 양을 제한할 수 있는 전지의 내부 저항을 무시하는 것이다. 따라서 실제적으로는 단면적이 크고 전류가 클 때 단면을 두 배로 해도 전류가 두 배가 되지는 않을 것이다).

나침반을 이용하여 두 개의 다른 회로(그림 18.84)의 전류의 양을 비교하자. 전지가 하나인 경우(나침반의 움직임이 적음)와 길이가 같고 두께가 가는 니크롬선 도선과 긴 도선.

전지를 하나만 사용하자. 니크롬선을 자르지 말고 각 니크롬선 상에서 30 cm 떨어져 도선을 연결한다. 앞에서 주어진 순서를 따라하자. 각도를 조심스럽게 측정한다.

굵은 니크롬 도선은 가는 니크롬 도선의 단면적의 두 배 정도의 단면적을 갖는다. 굵은 도선에서의 전류 대비 가는 도선에서의 전류비를 알기 위해 무엇을 측정해야 하는가? 이 값은 예측과 일치하는가?

여러분의 자료는 더 정확한 실험 결과와 일치할 것이다. 이 측정치는 개별 전자의 유동 속력이 가는 도선에서와 긴 도선에서 동일하다는 것을 의미한다(왜냐하면 도선의 길이가 동일하다면 전기장이 두 회로에서 동일하기 때문이다). 또한 많은 전자 전류는 전체 단면에 균일하게 분포된다.

만약 유동 속력이 도선의 단면 전체에서 균일하지 않다면 도선에서의 한 지점을 지나는 모든 전자에 대해 동일한 $\bar{v}$를 가지고 전자 전류에 대해 간단히 $nA\bar{v}$라고 쓸 수 없다. 18.3절에서 단면적 전체에서 전류가 진정 균일하다는 것을 증명했다.

**실험 5.** 병렬 회로 그림 18.85처럼 두 개의 굵은 필라멘트를 갖는 전구를 병렬로 연결하자.

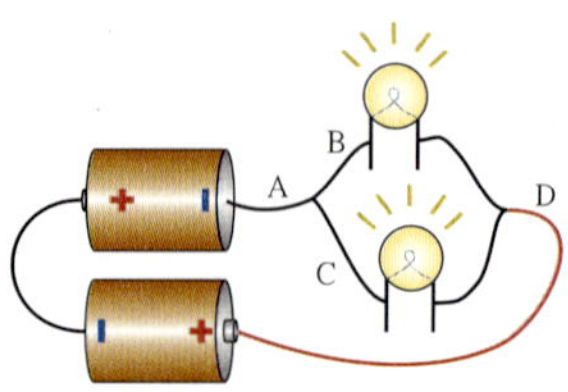


그림 18.85

(a) 이 병렬 회로에서 굵은 필라멘트가 있는 전구의 밝기는 두 개의 가는 필라멘트 전구가 직렬로 연결된 경우에 비해 어떤가?

(b) 병렬 회로의 전구 중 하나를 빼자. 다른 전구의 밝기에 어떤 변화가 있는가?

(c) 이 관찰 결과에 기초하여 이 회로 상의 $A$, $B$, $C$, $D$의 위치에서 나침반의 움직임에 대한 예측을 해 보자. 예측을 기록하자.

(d) $A$, $B$, $C$, $D$의 위치에서 나침반의 움직임을 측정하고 기록하자. 앞서 한 예측과 일치하는가?

앞의 실험에서 정상 상태에서 한 곳에 들어오는 전류가 나가는 전류와 그 값이 동일함을 봤을 것이다. 특히 $A$ 위치에서의 전류는 $B$와 $C$ 위치에서의 전류의 합과 같다. 만약 이를 관찰하지 않았다면 실험을 반복해야 한다. 병렬로 연결된 두 전구는 전구 하나의 필라멘트의 단면을 늘리는 것과 동일하다.

정량적으로 이 상황을 분석할 수 있다. 만약 우리가 전구 하나의 경로를 따라간다면 2emf$-EL$ = 0(전구가 두 개이므로 2emf), 그리고 $L$은 전구 필라멘트의 길이 (연결 도선의 감쇄는 무시)이다. 만약 우리가 굵은 필라멘트 전구를 따르는 경로를 본다면 2emf$-EL$ = 0을 역시 가진다. 따라서 전기장 $E$ = 2emf/$L$로 두 전구에서 동일하고 이는 전구가 하나만 있을 때와 동일하다.

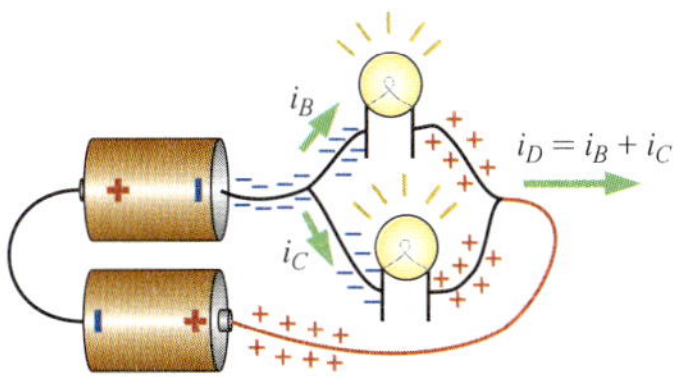

그림 18.86

그림 18.86은 이 회로에서의 대략적인 표면 전하 분포를 나타낸다. 각 전구는 양과 음전하가 측면에 배수진을 처져 있어서 전구의 필라멘트에서 큰 전기장을 만든다. 전구 하나를 빼내어도 표면 전하 분포는 많이 변하지 않는다. 남아있는 전구의 밝기도 변하지 않는다. 전지는 물론 전구가 하나일 때보다 병렬로 연결된 두 전구에 더 많은 전류($i_B$ + $i_C$)를 수송해야 한다.

**실험 6.** 두 개 전지의 효과

두 개의 다른 회로(전지 한 개, 가는 니크롬선으로 된 회로, 전지 두 개와 같은 길이의 가는 니크롬선으로 된 회로)에 흐르는 전류량을 비교하기 위해 나침반을 이용하자. 실험 1 아래에 주어진 지시 사항을 따라서 조심스럽게 각도를 측정한다.

전지가 두 개일 때 전류량이 두 배가 된다는 예측을 증명할 수 있는가? (원한다면 같은 길이의 가는 니크롬선과 세 개 이상의 전지를 사용한다. 하지만 전구에 두 개 이상의 전지를 연결하면 전지가 나갈 수 있다.)

## 질문

**질문1.** 정상 상태의 계와 평형 상태의 계 사이에 일반적인 차이 중 가장 중요한 것은 무엇인가?

**질문2.** 정상 상태와 평형 상태에 있는 금속 도선의 특징을 적어보자.

| 금속 도선 | 정상 상태 | 평형 상태 |
|---|---|---|
| 과잉 전하의 위치 | | |
| 유동 전자의 운동 | | |
| 금속 도선의 전기장 $E$ | | |

**질문3.** 회로의 도선 내부에 어떻게 0이 아닌 전기장이 있을 수 있는가?

**질문4.** 다음 진술문에 대해 실험적, 이론적 반대 의견을 진술해 보자. 두 개의 굵은 필라멘트가 있는 전구가 직렬로 연결되어 있을 때 전지의 음극에서 먼 쪽에 있는 전구의 밝기는 더 어두울 것이다. 왜냐하면 전자에 의한 전류는 앞의 전구에 의해 일부 사용이 될 것이기 때문이다. 관련된 실험을 인용하라.

**질문5.** 회로의 도선 내부에 전기장이 있는데 왜 유동 전자가 계속해서 가속되지 않는 것인가?

**질문6.** 금속 내 모든 유동 전자들이 왜 동일한 속력이 아닌가?

**질문7.** 단위 부피당 대략 동일한 숫자의 철 원자와 구리 원자가 있다. 그러나 구리는 철보다 더 좋은 도체이다. 철의 전도율과 구리의 전도율은 어떻게 다른가?

**질문8.** 정상 상태에 이르기 전 몇 나노초 동안 전지, 구리 도선, 전구 한 개로 이루어진 회로의 모든 곳에서 전류는 동일한가? 설명하라.

**질문9.** 정상 상태에 이르는 초기 과도기 동안 전구로 들어가는 전자 전류는 전구를 떠나는 전자 전류보다 더 클 수 있다. 왜 그런지 그리고 어떻게 이러한 두 전류가 정상 상태에서 같게 되는지 설명해 보자.

**질문10.** 전형적인 유동 속력 $5 \times 10^{-5}$ m/s에서 이 속력으로 이동하는 전자는 연결 도선을 지나는 시간이 약 100분 걸린다. 그렇다면 왜 전지에 도선을 바로 연결하자마자 전구가 켜지는가?

**질문11.** 이론 및 실험적 근거에 기초해서 다음 진술문을 비판하라. 구체적이고 정확하게 비판하라. 여러분 자신의 실험을 참고하거나 실시한 새로운 실험을 진술하라. "손전등의 전지는 어디에 연결이 되던 항상 동일한 양의 전류를 내놓는다."

**질문12.** emf와 전기적 퍼텐셜 차는 무엇인가?

**질문13.** 전지 내 평균 전기장의 방향과 도선 내부와 회로의 저항 내 전기장의 방향을 비교하자.

**질문14.** 그림 18.87에 나타낸 회로에서 전구 1, 2는 그 기계적인 구조는 동일(길이와 단면적이 동일)하다. 그러나 필라멘트는 서로 다른 재료로 만들어져 있다. 2번 전구에서 사용된 금속 내 전자의 유동성은 1번 전구에서 사용된 금속 내 전자 유동성의 세 배이다. 그러나 두 금속 모두 단위 부피당 동일한 수의 유동 전자가 있다. 이 두 전구는 굵은 구리 도선을 통해 전지에 직렬로 연결되어 있다.

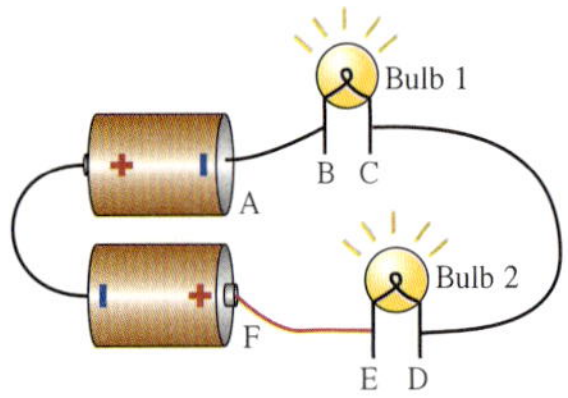


그림 18.87

(a) 전구 1에서 전류는 $i_1$이고 전기장은 $E_1$이다. 이 양을 통해서 전구 2에서의 전류 $i_2$와 전기장 $E_2$를 찾고 그 이유를 설명해 보자.

(b) 전구 2가 도선으로 대체가 된다면 전구 1을 흐르는 전자 전류는 $i_0$이고 전구 1의 전기장은 $E_0$이다.

여러분이 사용해야 하는 어떤 근사도 명시적으로 언급하고 여러분의 답을 설명하라. 미시적으로 이 장에서 제시한 분석과 관련된 개념과 자세히 연결할 수 없다면 여러분의 설명에 옴이나 병렬 연결 저항 방정식을 사용하지 마라.

(c) 굵은 구리 도선 내 전기장이 왜 작은지 설명해 보자. 또한, 만약 단면적이 모두 같다면 왜 이러한 아주 작은 전기장이 구리 도선의 모든 곳에서 동일한지 설명해 보자.

(d) 그림 18.88은 전구 2가 도선으로 대체되었을 때 회로 전체의 각 지점에서 전기장의 크기를 그래프로 나타낸 것이다. 이 그래프를 복사하고 동일한 규모로 전구 두 개가 모두 있을 때 각 지점에서의 전기장의 크기 그래프를 그려라. 구리 도선 내 아주 작은 전기장을 실제보다 더 크게 나타낸 것은 이 두 회로에서 전기장이 어떻게 다른지를 보여주기 위해서이다.

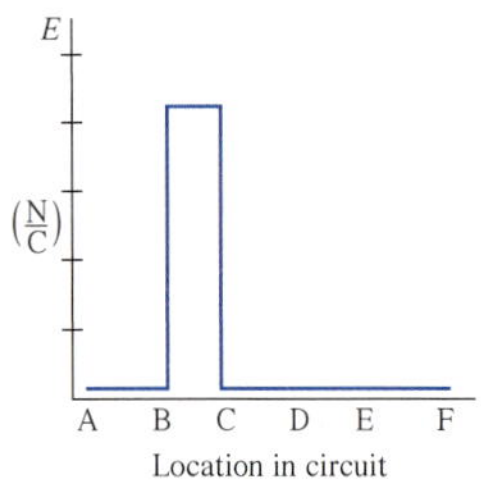


그림 18.88

**질문15.** 어떤 학생들이 전지를 병렬로 연결하여 전구의 불을 켜고자 한다. 그러나 실수로 그림 18.89처럼 전지 둘 중 하나를 거꾸로 연결하였다. 전구는 가는 필라멘트로 표시되었다.

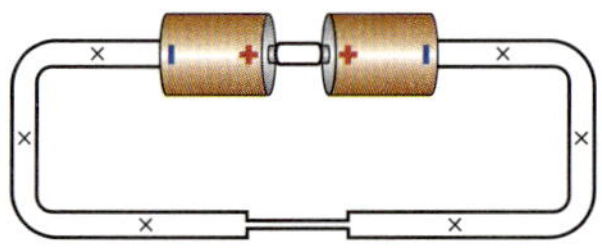

그림 18.89

(a) +와 −부호를 사용해서 도선과 전구를 따른 대략적인 정상 상태 전하 분포를 보이라.

(b) 연결 도선과 전구 내 표시한 위치에서의 전기장 벡터를 그려보자.

(c) 전지 하나를 거꾸로 연결하지 않았더라면 생길 전구의 밝기에 이 회로의 전구의 밝기를 비교해 보자.

(d) 여러분의 분석을 확인하기 위한 실험을 해 보자. 예측한 대로 전구가 빛나는가?

**질문16.** 다음의 각 실험에 있어서 관찰한 효과를 진술해 보자. 회로에서의 전류가 어떤 영향을 받는가?

$$전자\ 전류 = nA\bar{v}이고\ \bar{v} = uE$$

| 실험 | 전류에 미치는 영향(정량적으로) | 변화한 변인을 표시하고 간단히 설명 |
|---|---|---|
| 니크롬선의 길이를 두 배로 할 때 | | $nAuE$ |
| 니크롬선의 단면적을 두 배로 할 때 | | $nAuE$ |
| 직렬로 동일한 두 전구가 연결되어 있을 때와 전구 한 개가 연결되어 있을 때 | | $nAuE$ |
| 두 전지가 병렬로 연결되어 있을 때와 전지가 한 개일 때 | | $nAuE$ |

**질문17.** 아래 표에서 동일한 물질로 만들어져 저항으로 사용되는 가는 저항과 굵은 연결 도선에 대한 정상 상태에서의 각 값을 비교하는 부등호를 표시하라.

| 저항 내 전자 전류 | 등호나 부등호 <, =, > | 굵은 도선 내 전자 전류 |
|---|---|---|
| $n_R$ | | $n_W$ |
| $A_R$ | | $A_W$ |
| $u_R$ | | $u_W$ |
| $E_R$ | | $E_W$ |
| $v_R$ | | $v_W$ |

**질문18.** 그림 18.90과 같이 정상 상태 전류가 니크롬선 도선을 따라 흐른다.

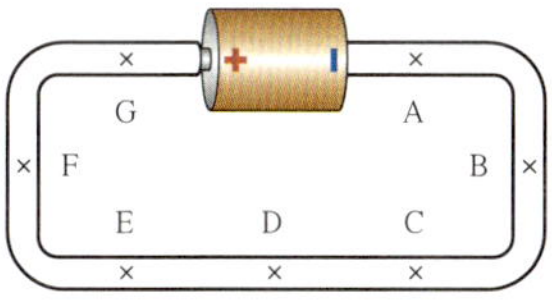


그림 18.90

다음 질문에 대한 답을 적기 전에 이 그림을 우선 그려보자. 문자로 표시된 곳은 도선 내부의 위치이다. (a) 여러분의 그림에 표시된 위치에서의 전기장을 상대적 크기에 주의하여 나타내라. (b) 그림에 조심스럽게 +와 −를 표시하여 앞서 그린 전기장이 만드는 대략적인 표면 전하 분포를 나타내라. 그림에서 낮은 전하 분포를 보이는 위치와 높은 전하 분포를 보이는 위치가 비교될 수 있도록 그린다. 그림을 이용해서 이 회로에 관한 다음 어떤 진술이 사실인지 결정해 보자. (1) $B$ 위치에 잉여 음전하가 있다. (2) 금속 도선 내에 전기장의 크기는 0이다. (3) $G$와 $C$에서 전기장의 크기는 동일하다. (4) $G$의 위치에서 전기장은 왼쪽을 가리킨다. (5) 도선의 표면에는 잉여 전하는 없다. (6) 전지 부근 도선의 표면에는 잉여 전하가 있지만 다른 곳에는 없다. (8) $D$ 위치에서 전기장은 왼쪽을 가리킨다. (9) 전류는 변하지 않기 때문에 회로는 정적 평형 상태이다.

**질문19.** 그림 18.91에서 모든 도선은 니크롬선으로 되어 있다. 그러나 일부분은 아주 가는 단면을 갖는다. 이 그림을 그대로 그리고 앞의 질문에 있는 그림 18.90과 동일한 규모에서 표시된 지점의 정상 상태 전기장을 나타내보자. 이 질문에 답을 하기 전에 이 그림을 그대로 그린다. 문자로 표시된 모든 지점은 도선 내부의 지점이다.

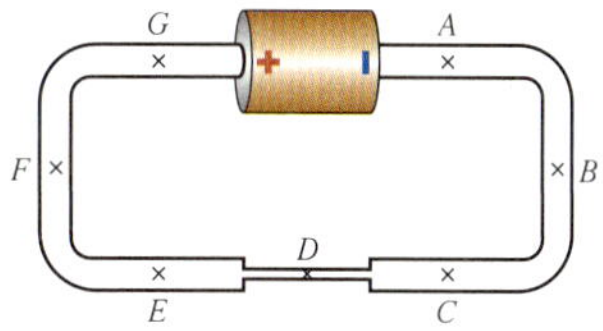


그림 18.91

(a) 여러분이 그린 그림에 표시된 지점에서의 전기장을 나타내보자. 상대적인 크기에 유의하라. 앞의 문제에서 사용한 규모와 동일한 규모로 표시하라.

(b) 그림에 +와 −를 조심스럽게 나타내어 전기장이 만들어내는 대략적인 표면 전하를 나타내라. 높은 전하 밀도를 갖는 위치와 낮은 전하 밀도를 갖는 위치가 분명히 구분이 되도록 그림을 그리자. 이 그림을 이용하여 다음의 어떤 진술문이 사실인지 결정하라. (1) $C$와 $E$ 위치 사이의 도선 상의 표면 전하 그래디언트가 크다. (2) 이 회로의 모든 곳에서 전자 전류는 동일하다. (3) $C$의 위치보다 $E$의 위치를 지나는 단위 시간당 전자의 수는 더 작다.

(4) $G$의 위치에서의 전기장의 크기는 앞 문제의 회로(그림 18.90)에서보다 이 회로에서 더 작다. (5) 전기장의 크기는 이 회로의 모든 곳에서 동일하다. (6) $D$ 위치에서 전기장의 크기는 $G$ 위치에서보다 더 크다. (7) $G$ 위치 부근에서 표면 전하는 전혀 없다. (8) 이 회로의 전자 전류는 앞 문항의 회로(그림 18.90)의 전자 전류보다 적다.

## 문제

### 18.2절

**문20.** 평형 상태에 있는 금속 도선에 대한 다음 진술문 중 어느 것이 사실인가? 해당되는 모든 것을 지적하라. (1) 도선의 표면 상에 과잉 전하는 있을 수 없다. (2) 도선 내 유동 전하의 알짜 흐름은 없다. (3) 도선 내부에 아무런 잉여 전하가 없다. (4) 도선 내 잉여 전하가 있을 수 있다. (5) 도선 내 모든 곳에서 알짜 전기장은 0이다. (6) 도선의 표면에 잉여 전하가 있을 수 있다. (7) 금속 도선 내부는 전기적으로 중성이다. (8) 도선 내 유동 전자의 흐름은 일정할 수 있다. (9) 도선 내 전기장은 0이 아닐 수 있으나 균일하다.

**문21.** 정상 상태에서 금속 도선에 관한 다음 진술문 중 어느 것이 진실인가? 해당되는 모든 것을 지적하라. (1) 도선 내부에 유동 전자의 흐름은 일정하다. (2) 도선 내 모든 곳에서의 알짜 전기장은 0이다. (3) 도선 내 과잉 전하는 없다. (4) 도선의 표면에 과잉 전하가 있을 수 없다. (5) 도선 내부에 알짜 유동 전하는 없다. (6) 도선의 표면에 과잉 전하가 있을 수 있다. (7) 도선 내부에 과잉 전하가 있을 수 있다. (8) 0이 아닌 균일한 전기장이 도선에 있을 수 있다. (9) 금속 도선 내부는 전기적으로 중성이다.

**문22.** 전자 전류 $i = nA\bar{v} = nAuE$:
(a) 전자 전류의 단위는 무엇인가? (b) $n$은 무엇인가? (c) $A$는 무엇인가? 그 단위는 무엇인가? (d) $\bar{v}$는 무엇인가? 그 단위는 무엇인가? (e) $u$는 무엇인가? 그 단위는 무엇인가?

**문23.** 그림 18.92에 나타낸 회로에서 $i_A$, $i_B$, $i_C$, $i_D$ 사이의 관계는 무엇인가? 아래쪽 전지에 흐르는 전류는 얼마인가?

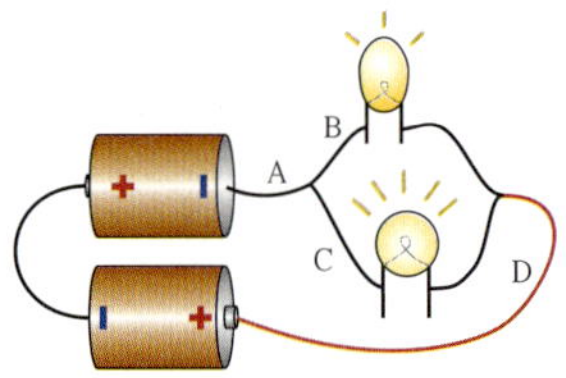


그림 18.92

**문24.** 그림 18.93에서 나타낸 회로에 정상 상태 전류가 흐른다. 가는 저항과 굵은 연결 도선은 동일한 재료로 만들어져 있다.

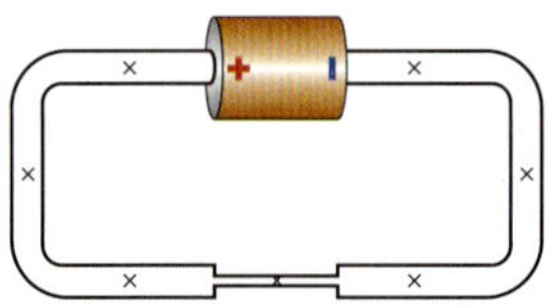

그림 18.93

가는 저항과 굵은 도선에서 다음 양 중 어느 것이 더 큰가? 적용되는 모든 것을 지적하라. $u$, $n$, $E$, $v$, $A$, $i$ 또는 해당 없음.

**문25.** 그림 18.94에서 회로 일부를 고려해 보자. (a) 바깥으로 나가는 통상적인 전류 $I_2$의 절댓값은 얼마인가? (b) 이 경우 통상적인 전류 $I_2$의 방향을 옳게 추정하였는가? (c) $I_3$가 20 A라고 하자. 바깥으로 나가는 통상적인 전류 $I_2$의 절댓값은 얼마인가? (d) 이 경우 통상적인 전류 $I_2$의 방향을 옳게 추정하였는가?

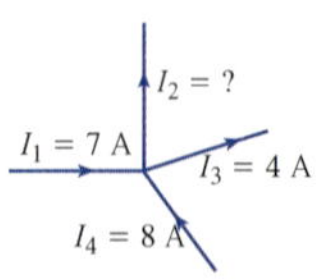


그림 18.94

**문26.** 그림 18.95에 나타낸 회로에서 가는 저항은 굵은 연결 도선과 동일한 재질로 만들어져 있다. 정상 상태에서 그림 18.96의 어느 그래프가 회로 전체의 전기장을 옳게 보여주는가?

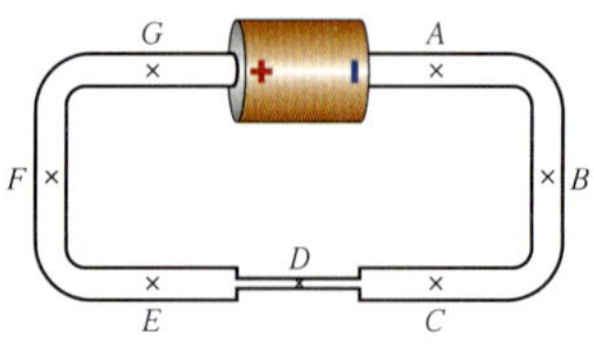


그림 18.95

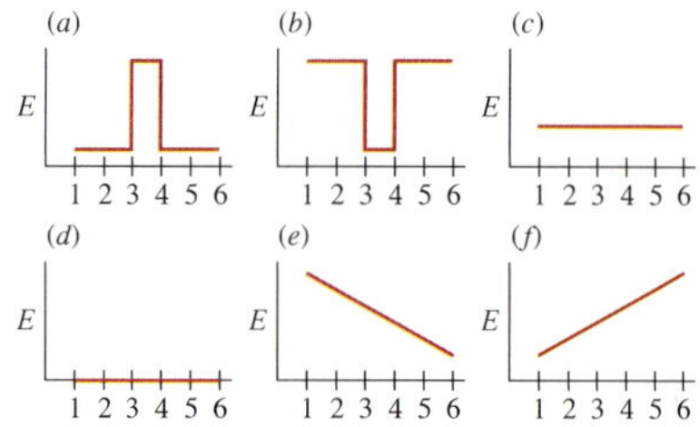


그림 18.96

정상 상태에서 그림 18.97의 어떤 그래프가 회로 전체 위치에서의 유동 속력을 옳게 나타내는가?

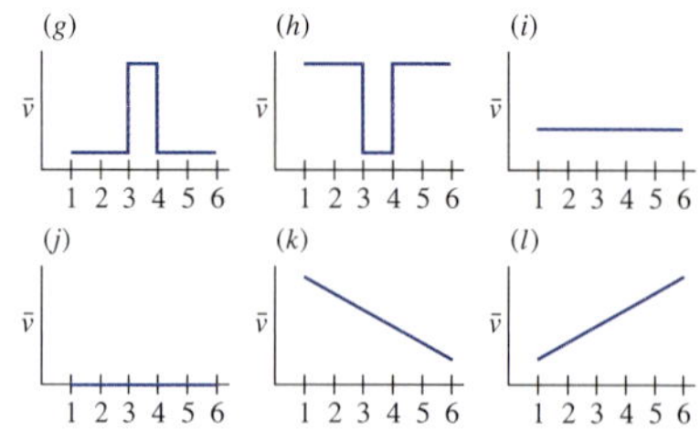


그림 18.97

## 18.3절

**문27.** 구리 도선 내부의 전형적인 전자 전류의 유동 속력은 $7 \times 10^{-5}$ m/s이다. 구리 도선 내부의 전기장의 크기를 계산해 보자. 구리 도선 내부의 유동 전자의 유동도는 $4.5 \times 10^{-3}$(m/s)/(N/C)이다.
(도선 내 전기장이 아주 작지만 구리 도선에 상당한 양의 전자 전류를 일으킬 수 있다는 점에 유의하라.)

**문28.** 한 도선이 그 단면적의 1/3밖에 되지 않는 가는 도선에 연결되었다고 하자. 정상 상태에서 굵은 도선에 1초 동안 흐르는 전자의 수는 가는 도선에 흐르는 수와 동일해야 한다. 굵은 도선에서의 유동 속력 $\bar{v}_1$가 $4 \times 10^{-5}$ m/s라면 가는 도선에서의 유동 속력 $\bar{v}_2$는 얼마인가?

**문29.** 그림 18.98에 보인 회로에서 기계적인 전지는 낮은 전자 유동성을 갖는 도선에 정상 전류를 흐르게 한다.

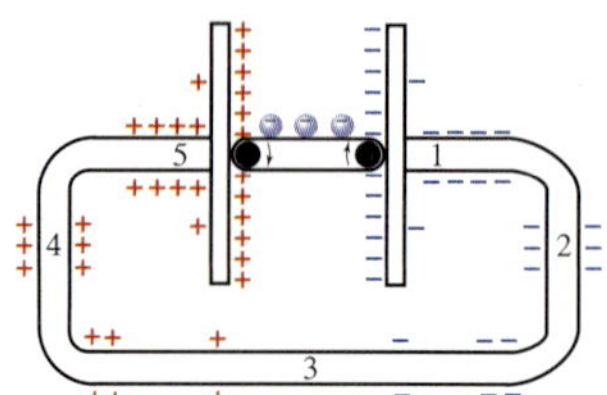


그림 18.98

회로에 대해 다음 중 어느 진술문이 진실인가? 적용되는 모든 것을 지적하라. (1) 도선 내부의 전기장은 위치에 따라 그 크기가 다르다. (2) 도선 내부의 3의 위치에서 전기장은 오른쪽을 가리킨다. (3) 금속 도선 내 모든 곳에서 전기장은 0이다. (4) 3의 위치에서 전기장은 왼쪽을 가리킨다. (5) 도선 내 전기장의 크기는 도선 내부의 모든 곳에서 동일하다. (6) 도선 내 유동적인 전자는 도선에서 서로 밀어낸다. (7) 도선 내 0이 아닌 전기장은 도선에서 움직이는 전자에 의해 생긴다. (8) 도선 내 모든 곳에서 전기장의 방향은 도선과 나란하다. (9) 도선 내부의 0이 아닌 전기장은 도선 표면, 전지 내부와 전지 상의 과잉 전하에 의해 생긴다.

**문30.** 한 도선이 그 단면적의 1/2밖에 되지 않는 가는 도선에 연결되었다고 하자. 정상 상태에서 굵은 도선에 1초 동안 흐르는 전자의 수는 가는 도선에 흐르는 수와 동일해야 한다. 굵은 도선에서의 전기장 $E_1$이 $1 \times 10^{-5}$ N/C이라면 가는 도선에서의 전기장 $E_2$는 얼마인가?

**문31.** 도선 $A$와 $B$가 서로 다른 재료로 만들어졌고, 서로 다른 회로에서 동일한 전기장의 영향을 받는다고 하자. 도선 $B$는 $A$에 비해 단면이 6배 넓고, 단위 부피당 1.3배의 유동 전자가 있으며, 유동성은 4배이다. 정상 상태에서 매초 $2 \times 10^{18}$개의 전자가 도선 $A$에 들어간다면 매초 도선 $B$에는 몇 개의 전자가 들어가는가?

**문32.** 화학적 전지 내부에서 전지의 +에서 −로 이동하는 것은 개별적인 전자가 아니다. 전지의 + 극에서 "수용자"인 분자는 들어오는 전자를 집어내고 −극에서는 이와 다른 "기부자" 분자가 전자를 내어놓아 전지를 떠난다. 전자가 아니라 이온이 두 극 사이에서 움직여 전하를 전지 내부에서 이동시키는 것이다.

수용자 분자와 기부자 분자가 전지 내부에서 사용되면 전지는 닳는다. 왜냐하면 더 이상 전자를 받거나 내어놓을 수 없기 때문이다. 매초 움직이는 전자로 계산되는 전자 전류에 전지 수명을 곱한 것은 전지 내부의 수용자 또는 기부자 분자의 숫자와 같다.

손전등 전지에는 대략적으로 0.5몰의 기부자 분자가 있다. 손전등의 두 개 전지에 의해 켜지는 굵은 필라멘트를 흐르는 전자 전류는 약 0.3 A이다. 이 전지의 전구는 얼마 동안 켤 수 있겠는가?

**문33.** 그림 18.99에 나타낸 모든 도선은 동일한 재료로 만들어졌다. 그러나 한 도선이 다른 것보다 더 작은 반경을 갖는다.

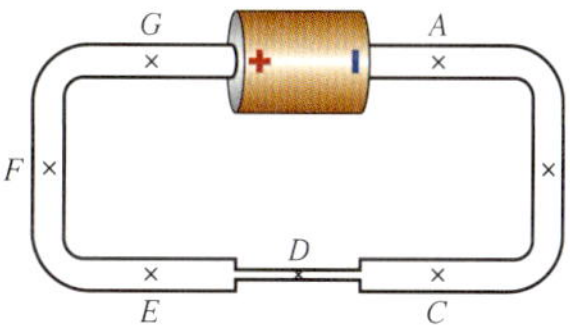


그림 18.99

다음 진술문 중 어느 것이 진실인가? 해당 되는 것 모두를 골라라. (1) $D$ 지점을 지나는 전자의 유동 속력은 $G$ 지점을 지나는 전자보다 더 크다. (2) 전기장의 크기는 글자로 표시된 각 위치에서 동일하다. (3) $F$ 지점에서 전기장은 위를 가리킨다. (4) $G$ 지점에서 전기장은 $C$ 지점보다 더 크다. (5) 매초 $B$ 지점을 지나는 전자의 수는 $D$ 지점을 매초 지나는 수와 동일하다.

가는 도선의 반경은 0.22 mm이다. 굵은 도선의 반경은 0.55 mm이다. 단위 세제곱미터당 유동 전자의 수는 $4 \times 10^{28}$개이다.

전자 유동도는 $6 \times 10^{-4}$(m/s)(V/m)이다.

만약 $6 \times 10^{18}$개의 전자가 $D$ 지점을 매초 지난다면 $B$ 지점에는 매초 몇 개가 지날까? $B$ 지점에서의 전기장의 크기는 얼마인가?

**문34.** 그림 18.100은 세 개의 동일한 전구가 있는 회로의 일부를 위에서 바라본 것이다(나머지 회로 부분은 전지가 있는데 그림에는 표시하지 않았다). 연결 도선은 구리로 이루어져 있다.

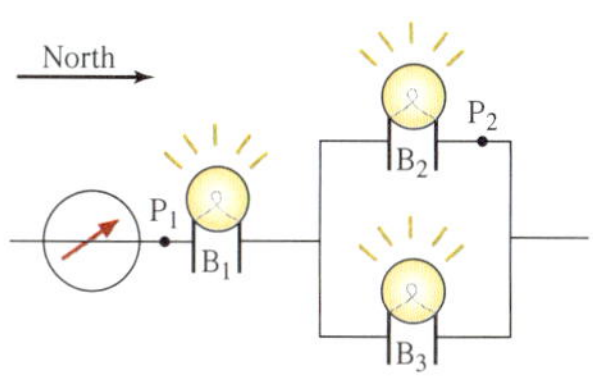


그림 18.100

(a) 나침반을 도선 위에 놓았더니 그림처럼 북쪽에서부터 20도 각도로 휘었다(도선은 나침반의 아래에 위치해 있다). $P_1$ 지점에서 전자는 어느 방향으로 움직이는가? 방향을 어떻게 알 수 있는가? (b) 정상 상태에서 $3 \times 10^{18}$개의 전자가 매초 $P_1$ 지점을 지난다. 매초 $P_2$ 지점에는 몇 개의 전자가 지나는가? 간단히 설명해 보자. (c) 전구 $B_1$, $B_2$, $B_3$의 상대적 밝기를 제시해 보자. 간단히 설명해 보자. (d) 세제곱미터당 $6.3 \times 10^{28}$개의 유동 전자가 텅스텐에 있다고 하자. 전구 $B_1$의 텅스텐 필라멘트의 단면적은 0.01 $mm^2$이다(이는 $1 \times 10^{-8}$ $m^2$에 해당).

뜨거운 텅스텐에서 전자 유동도는 $1.2 \times 10^{-4}$(m/s)/(N/C)

이다.

전구 $B_1$의 텅스텐 필라멘트의 전기장을 계산해 보자. 전기장의 크기와 방향 모두 제시하라.

**문35.** 그림 18.101과 같이 동일한 전구 세 개가 있는 회로를 생각해 보자. 북쪽이 그림에 표시되어 있다. $A$와 $B$ 지점에 도선 아래에 나침반이 놓여 있다.

(a) 나침반 $A$가 꺾인 각도의 크기는 북쪽으로부터 13도이다. 바늘이 어느 방향을 가리키는가? 대략적인 그림을 그려보자. (b) 나침반 $B$가 꺾인 각도의 크기는 얼마인가? 바늘이 어느 방향을 가리키는가? 대략적인 그림을 그려보자. (c) 정상 상태에서 매초 $1.5 \times 10^{18}$개의 전자가 1번 전구에 들어간다고 하자. 뜨거운 텅스텐에서 전자 유동성은 $1.2 \times 10^{-4}$(m/s)/(N/C)이다.

3번 전구의 텅스텐 필라멘트 내부의 전기장을 계산해 보자. 전기장의 방향과 크기 모두 제시하라.

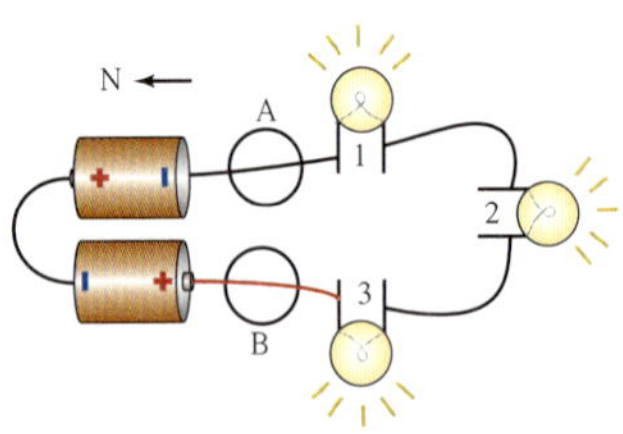


그림 18.101

## 18.10절

다음 문제에서 이 장에서 배운 원칙에 따라 분석을 하라. 어딘가에서 유도된 공식을 사용하려 한다면 이 장에서 소개된 미시적 전기장으로 그 방정식을 정당화해야 한다.

**문36.** (a) 한 손전등 전지의 emf는 1.7 V이다. 만약 전지가 4.5 cm이고 원통형 전지의 반경이 1 cm라면 전지의 양극의 전하량을 대략적으로 추정하라. (b) 그만한 양의 전하는 양으로 대전된 투명 테이프를 눈에 띄게 밀어낼 정도로 충분한가?

**문37.** 길이가 30 cm이고 직경이 0.25 mm인 니크롬선이 1.5 V 손전등 전지에 연결되어 있다. 도선 내부의 전기장은 얼마인가? 도선이 어떻게 구부러져 있는지 알 필요가 없는가? 도선의 반경이 0.35 mm로 바뀐다면 답이 어떻게 바뀔 것인가? (도선 내 전기장은 근처의 대전된 투명 테이프의 전기장에 비해 상당히 작다는 것에 유의하라.)

**문38.** 전지에 연결된 구리 도선의 길이를 늘리더라도 전구의 밝기가 변하지 않는 이유는 무엇인가? (1) 굵은 연결 도선에서 아주 작은 에너지가 소모된다. (2) 연결 도선에서 전기장은 아주 작아서 emf $\approx E_{\text{bulb}}L_{\text{bulb}}$이다. (3) 연결 도선 내 전기장은 0이고 따라서 emf $= E_{\text{bulb}}L_{\text{bulb}}$이다. (4) 연결 도선에서의 전류는 전구에서의 전류보다 더 작다. (5) 모든 전류가 전구에서 소모되어 연결 도선은 상관없다.

**문39.** 길이가 48 cm, 직경이 0.25 mm인 니크롬 도선이 1.6 V의 손전등 전지에 연결되어 있다. 도선 내부의 전기장은 얼마인가? 길이가 같지만 직경이 0.2 mm인 니크롬 도선으로 교체한다면 도선 내부의 전기장은 얼마인가?

**문40.** 전지가 하나 있는 회로에서 12 cm 니크롬선이 연결되어 있고 나침반이 6도 꺾였다. 전지 두 개가 직렬로 연결되었고, 길이가 36 cm인 단면이 두 배인 굵은 니크롬선이 연결되었다면 나침반은 얼마나 꺾일 것인가? 설명하시오.

**문41.** 그림 18.102에서 $V_C - V_F = 8$ V이고 $V_D - V_E = 4.5$ V이다.

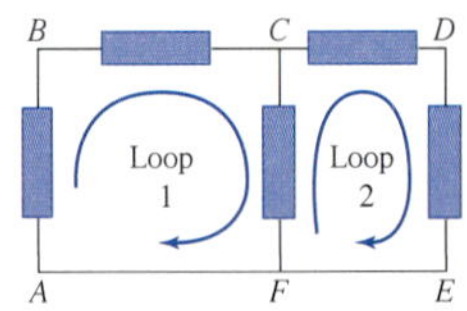


그림 18.102

(a) $V_C - V_D$의 전위차는 얼마인가? (b) $C$와 $D$ 사이에 있는 것이 전지라면 +극이 $C$쪽일까 $D$ 쪽일까?

**문42.** 만약 전지의 emf가 3.5 V라면 그림 18.103에서 가는 저항이 사이에 있는 $V_C - V_B$의 전위차는 얼마인가? 굵은 도선의 전기장이 아주 작다고 가정하라(따라서 굵은 도선 사이의 전위차는 무시할 수 있다). 회로에서 전류 $I$를 아는 데 필요한 충분한 정보가 있는가?

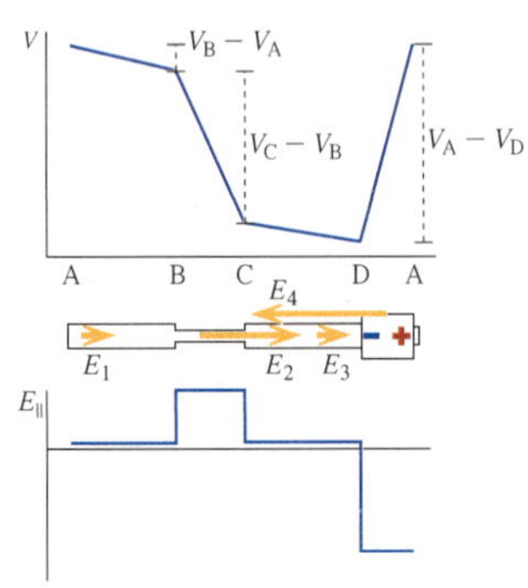


그림 18.103

**문43.** 그림 18.104에서 보인 것처럼 전지 두 개, 도선 2개로 회로를 만들었다. 각 전지는 emf가 1.3 V이다. 각 도선의 길이는 26 cm이고 직경이 $7 \times 10^{-4}$ m이다.

도선은 금속으로 되어 있고 1세제곱미터당 $7 \times 10^{28}$개의 유동 전자가 있다. 전자의 유동도는 $5 \times 10^{-5}$(m/s)/(V/m)

이다.

정상 전류가 도선을 따라 흐른다. ×표시가 된 지점과 문자로 표시된 곳은 도선의 내부이다.

(a) 도선 내부의 ×로 표시된 지점에서의 전기장에 대한 다음의 어느 진술문이 진실인가?

해당되는 모든 것을 골라라. (1) $G$ 지점에서 전기장의 크기는 $F$ 지점에서보다 더 크다.

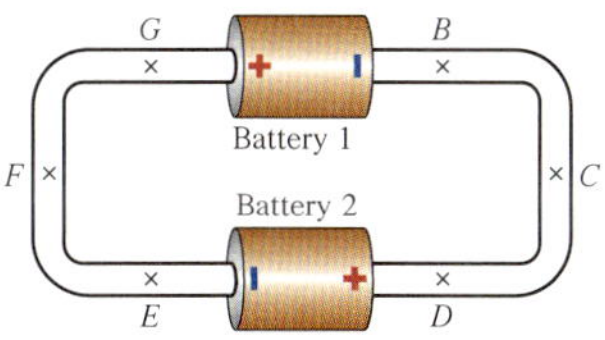


그림 18.104

(2) 표시된 모든 지점에서 전기장은 크기가 같다. (3) $B$ 지점에서 전기장은 왼쪽을 가리킨다. (b) 이 회로에서 전지 1의 음극에서 출발하여 반시계 방향으로 회로를 따라 이동하며 에너지 보존(왕복 전위차)을 적어라. (c) $B$ 지점에서 전기장의 크기는 얼마인가? (d) 매초 2번 전지의 양극을 들어가는 전자의 수는 얼마인가? (e) 두 도선의 단면적이 2배 증가한다면 $B$ 지점에서 전기장의 크기는 얼마일까? (f) 그림 18.105에서 어느 것이 도선의 표면에서 대략적인 과잉 전하 분포를 나타내는가?

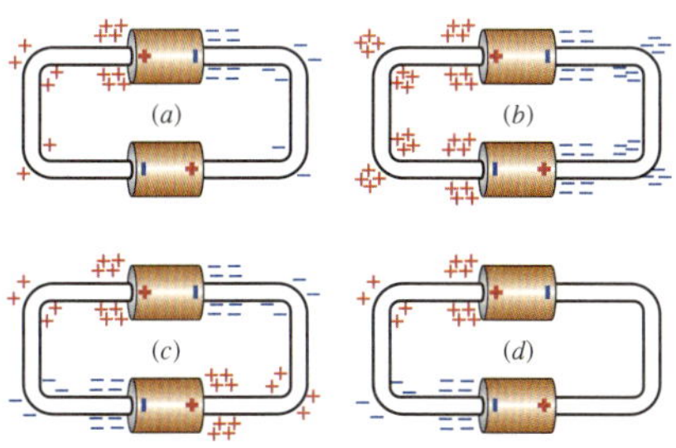


그림 18.105

**문44.** 그림 18.106에서 세 개의 동일한 전지가 두 개의 전구에 연결되어 있다. (a) 이 회로를 분석하기 위해 에너지 보존 (고리) 방정식을 적어야 한다. 각 방정식은 동일한 지점에서 시작하여 끝나는 왕복 여행과 관련된다. 각 경로는 공기가 아니라 도선, 전구, 전지를 지난다. 얼마나 많은 타당한 에너지 보존 (고리) 방정식이 이 회로에 대해 가능한가? (b) 다음 방정식 중 어느 것이 타당한 에너지 보존 (고리) 방정식인가? $E_1$은 전구 1에 대한 전기장을 말하고 $L$은 전구 필라멘트의 길이를 의미한다. 연결 도선의 전기장은 충분히 작아서 무시할 수 있다.

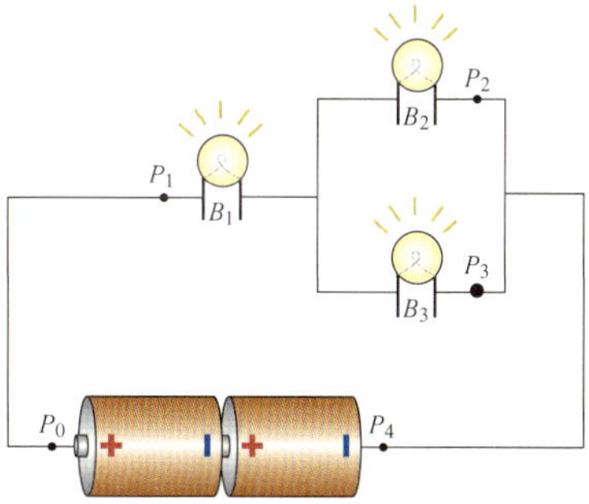


그림 18.106

(1) $+ E_2L - E_3L = 0$, (2) $E_1L - E_2L = 0$, (3) $+ 2\text{emf} - E_2L - E_3L = 0$, (4) $E_1L - E_2L = 0$, (5) $+ 2\text{emf} - E_1L - E_2L = 0$, (6) $+ 2\text{emf} - E_1L - E_3L = 0$, (7) $+ 2\text{emf} - E_1L - E_2L - E_3L = 0$.

(c) 전하 보존 방정식을 적을 필요도 있다. 각 방정식은 접촉점에 흐르는 각 전자 전류를 나오는 전자 전류에 관련지어야 한다. 다음 중 어느 것이 타당한 전하 보존 방정식인가? (1) $i_1 = i_3$, (2) $i_1 = i_2$, (3) $i_1 = i_2 + i_3$.

각 전지의 emf는 1.5 V이다. 각 전구의 텅스텐 필라멘트의 길이는 0.008 m이다. 필라멘트의 반경은 $5 \times 10^{-6}$ m이다.

대단히 얇다! 텅스텐 전자의 유동도는 $1.8 \times 10^{-3}$(m/s)/(V/m)이다.

텅스텐은 세제곱미터당 $6 \times 10^{28}$개의 유동 전자를 갖는다. 미지의 양이 세 개가 있기 때문에 이와 관련된 세 개의 방정식이 필요하다. 두 개의 타당한 에너지 보존 방정식과 한 개의 타당한 전하 보존 방정식을 이용하여 $E_1$, $E_2$, $i_1$, $i_2$를 구하라.

**문45.** 그림 18.107에 나타낸 회로는 emf가 1.8 V인 전지 한 개, 세 개의 동일한 재료로 만들어진 단면적이 다른 도선으로 이루어져 있다. 각 굵은 도선의 단면은 $1.4 \times 10^{-6}$ $m^2$이고 길이는 25 cm이다. 가는 도선의 단면은 $5.9 \times 10^{-8}$ $m^2$이고 길이는 6.1 cm이다.

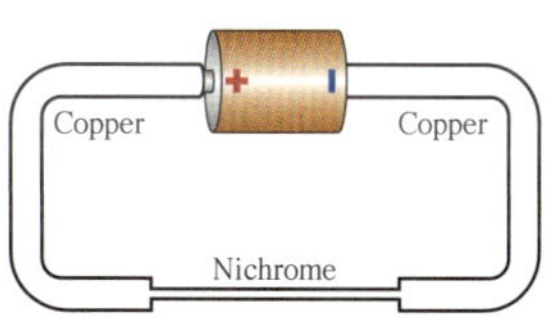


그림 18.107

이 금속에서 전자의 유동도는 $5 \times 10^{-4}$(m/s)/(V/m)이고 세제곱미터당 유동 전자는 $4 \times 10^{28}$개이다.

(a) 정상 상태에서 회로에 대한 다음 진술문 중 어느 것이 진실인가? (1) $B$ 위치에서 전기장은 지면의 위를 가리킨

다. (2) $F$와 $C$ 지점의 전기장 크기는 동일하다. (3) $D$와 $F$ 지점에서 전기장의 크기는 동일하다. (4) $D$ 위치에서 전자 전류는 $F$에서의 전자 전류와 동일하다.
(b) 전지의 음극에서 출발하여 반시계 방향을 따르는 경로로 이 회로에 대한 올바른 에너지 보존 (고리) 방정식을 적어라. (c) 이 회로에 적절한 전하 보존 방정식을 적어라. (d) 적절한 방정식과 전자 전류를 전기장과 연결하는 식을 이용하여 $D$와 $F$ 지점에서의 전기장 $E_D$, $E_F$를 구하라.
(e) 적절한 방정식을 사용하여 $D$ 지점에서 정상 상태에서의 전자 전류를 계산하라.

**문46.** 그림 18.108에 보인 회로에서 두 개의 굵은 구리 도선이 1.5 V 전지에 니크롬선으로 연결되어 있다. 굵은 연결 도선은 각각 17 cm이고 반경은 9 mm이다. 구리는 세제곱미터당 유동 전자는 $8.4 \times 10^{28}$개가 있다. 전자의 유동도는 $4.4 \times 10^{-3}$(m/s)/(V/m)이다.
니크롬선 도선은 8 cm 길이이다. 그리고 반경은 3 mm이다. 니크롬선은 세제곱미터당 유동 전자는 $9 \times 10^{28}$개가 있다. 전자의 유동도는 $7 \times 10^{-5}$(m/s)/(V/m)이다.

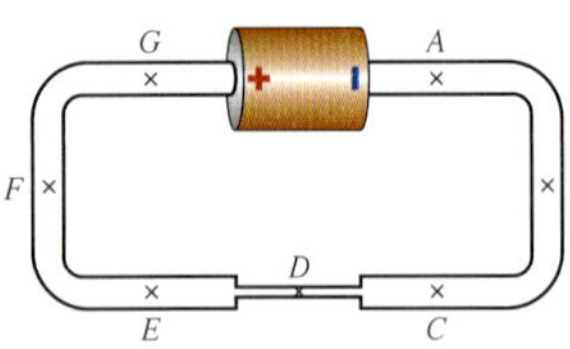


그림 18.108

(a) 굵은 구리 도선에서의 전기장 세기는? (b) 가는 니크롬선 도선에서 전기장의 세기는?

**문47.** 한 개의 굵은 필라멘트를 갖는 전구와 두 개의 전지가 직렬로 연결되어 있을 때 매초 $3 \times 10^{18}$개의 전자가 전구를 지나간다. 두 개의 전지가 한 개의 가는 필라멘트 전구에 병렬로 연결되어 있을 때 이 필라멘트가 같은 재료로 되어 있고 길이는 같고 단면만 더 작다면 매초 $1.5 \times 10^{18}$개의 전자가 전구를 지난다.
(a) 그림 18.109에 나타낸 회로에서 매초 몇 개의 전자가 가는 필라멘트 전구를 지나는가? (b) 어떤 근사 방식이나 단순화 가정을 사용하였나? (c) 회로 그림에 대략적인 표면 전하를 보이라.

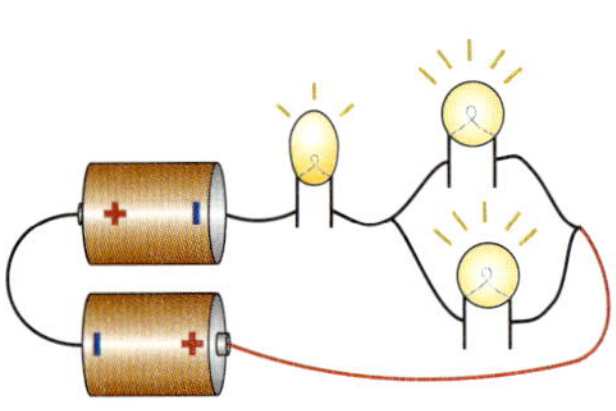

그림 18.109

**문48.** 그림 18.110에 보이는 회로에서 두 개의 굵은 도선과 가는 도선이 니크롬선으로 되어 있다.

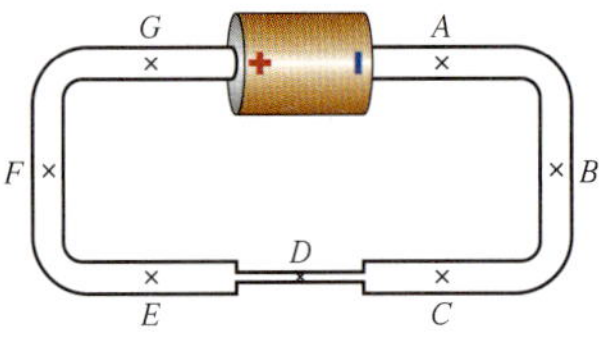


그림 18.110

(a) 가는 도선을 포함하여 표시된 지점에서의 정상 상태 전기장을 나타내라. (b) 그림에 +와 −를 표시해서 정상 상태에서의 대략적인 표면 전하 분호를 나타내라. (C) 전지의 emf는 1.5 V이다. 니크롬에는 세제곱미터당 유동 전자 $n = 9 \times 10^{28}$개가 있다. 전자의 유동도는 $u = 7 \times 10^{-5}$(m/s)/(N/C)이다.
굵은 도선 각각은 $L_1 = 20$ cm $= 0.2$ m이고 단면적 $A_1 = 9 \times 10^{-8}$ m$^2$이다.
가는 도선의 길이는 $L_2 = 5$ cm $= 0.05$ m이고 단면적은 $A_2 = 1.5 \times 10^{-8}$ m$^2$이다(이 세 도선의 총 길이는 45 cm이다). 정상 상태에서 매초 가는 도선에 들어가는 전자의 수를 계산하라. 어떤 근사도 사용하지 말고 옴의 법칙이나 직렬 저항 방정식도 사용하지 마라. 각 방정식이 어디서 왔는지 간단히 진술하라.

**문49.** 세 개의 동일한 두께의 필라멘트가 있는 전구가 직렬로 그림과 같이 연결되어 있다. 굵은 구리 도선이 전구를 연결한다. 정상 상태에서 $3 \times 10^{17}$개의 전자가 $A$ 지점에서 전지를 떠난다.

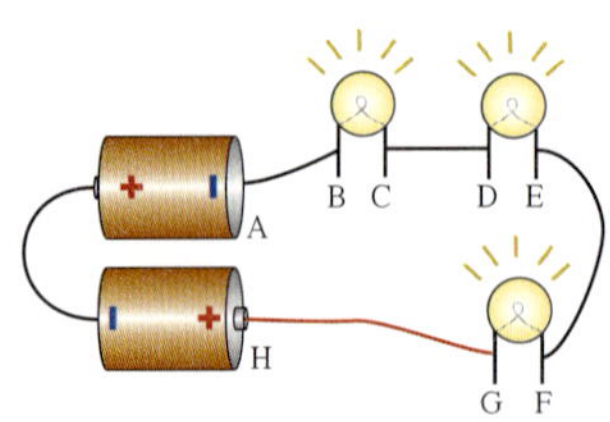


그림 18.111

(a) $D$ 위치에서 몇 개의 전자가 매초 두 번째 전구에 들어가는가? 수치적 결과를 얻기에 정보가 불충분하다면 $3 \times 10^{17}$에 비교하면 그 크기가 얼마인지 진술하라. 답의 정당성을 정당화하라. (b) 다음으로 그림 18.112와 같이 중간 전구 ($DE$)가 도선으로 대체된다면 $A$ 지점에서 매초 몇 개의 전자가 떠날 것인가? 명확히 설명해 보자. 만약 근사를 해야 한다면 그것이 무엇인지 진술하라. 만약 이 장에서 소개한 미시적인 분석에 따른 개념과 관련되는지 보일 수 없다면 설명에 옴의 법칙이나 직렬 저항 방정식을 사용하

지 마라.

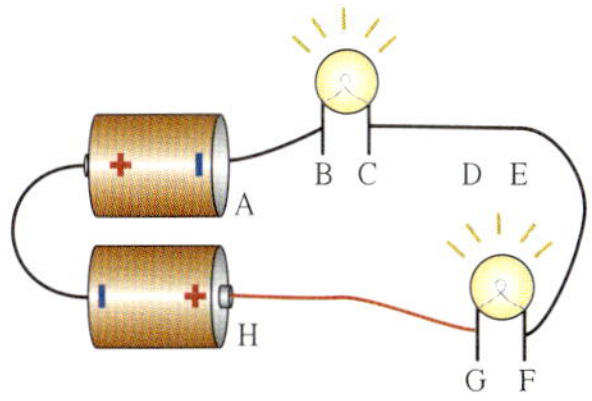


그림 18.112

(c) 여러분의 분석을 옆 친구의 것과 비교해 보자. 전구 제조 과정에서 차이가 있을 수 있기 때문에 비슷한 밝기로 빛나는 전구 세 개를 찾아보자. 나침반이 돌아간 각도가 15도를 넘지 않게 회로를 구성해 보자. 관찰한 돌아간 각도를 보고하자. 실험이 예측과 일치하는가?
(만약 일치하지 않는다면 그 차이를 설명할 수 있겠는가? 구체적으로 설명하라. 예를 들면, 만약 전류가 예측한 값보다 크다면 왜 그것이 예측값보다 큰지 설명하라.) (d) 마지막으로 그림 18.113과 같이 세 번째 전구(*FG*)를 다른 면에서 다 동일하나 필라멘트 단면적만 두 배인 전구로 대체한다고 하자. 이제 얼마나 많은 전자가 *A* 지점에서 매초 전지를 떠날 것인가? 분명하게 설명하라. 만약 근사를 해야 한다면 그것을 진술하라.

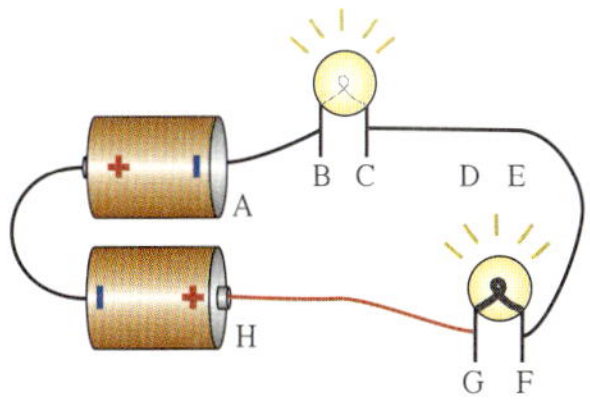


그림 18.113

**문50.** 다음 질문은 그림 18.114에 나타낸 회로에 관한 것이다. 이 회로는 두 개의 손전등 전지와 각 길이와 두께가 다른 두 개의 니크롬선으로 되어 있다.

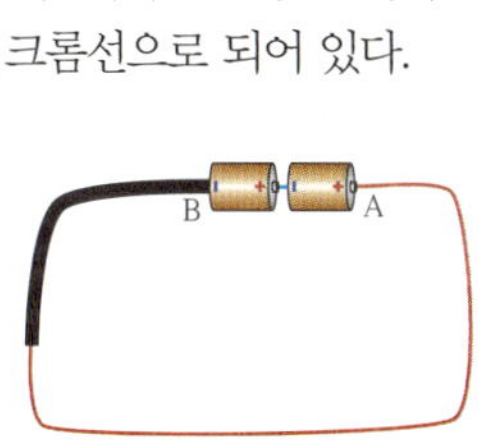


그림 18.114

가는 도선은 50 cm 길이이고 직경이 0.25 mm이다. 굵은 도선은 15 cm 길이이고 직경이 0.35 mm이다. (a) 각 손전등 전지의 emf는 1.5 V이다. 각 니크롬선 내부의 정상 상태 전기장을 결정하라. 정상 상태에서 전류 마디(node) 규칙과 에너지 보존이 만족해야 함을 명심하라. 이러한 두 원칙에 따라 두 개의 미지의 전기장에 대한 두 개의 방정식을 얻을 수 있다. (b) 실온에서 니크롬선의 전자 유동도는 약 $7 \times 10^{-5}$(m/s)/(V/m)이다.
두 니크롬선의 *B* 지점에서 *A* 지점까지 전자가 가는 데 36분이 걸린다는 것을 보이라. (c) 반면, 회로를 처음 만들어서 정상 상태가 되는 데 걸리는 시간은 얼마인가? (d) 니크롬선에는 세제곱미터당 $9 \times 10^{28}$개의 유동 전자가 있다. 매초 몇 개의 전자가 두 도선의 접합점을 지나가는가?

**문51.** 길이가 75 cm이고 직경이 0.25 mm인 니크롬 도선이 1.7 V의 손전등 전지에 연결되어 있다. (a) 도선 내 전기장은 얼마인가? (b) 니크롬선을 그 길이와 반경이 같고 유동 전자 밀도는 같으나 유동성이 니크롬선의 4배가 되는 도선으로 교체했다고 하자. 도선 내 전기장은 얼마인가? (c) 처음 회로(니크롬선이 있는)에서 전자 전류는 $i_1$이다.
두 번째 회로에서 (유동성이 더 큰 도선이 있는) 전류는 $i_2$이다.
다음 진술문 중 어느 것이 진실인가? (1) $i_2 = i_1$, (2) $i_2 < i_1$, (3) $i_2 > i_1$, (4) 두 전류를 비교하기에는 정보가 부족하다.

**문52.** 1.5 V 전지와 굵은 구리 연결 도선, 가는 필라멘트 전구로 두 개의 회로를 구성하였다(그림 18.115).

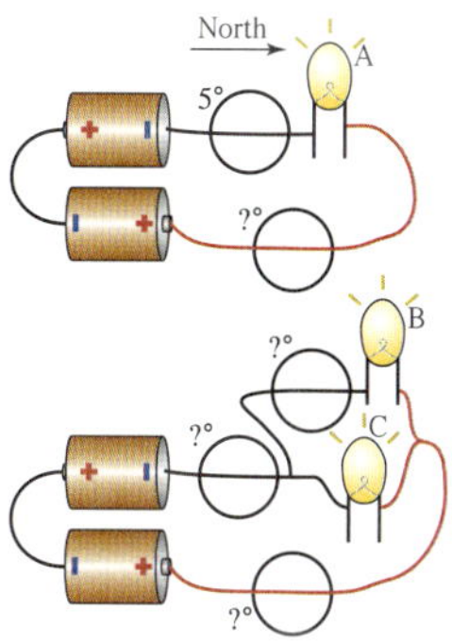


그림 18.115

전구 *A*, *B*, *C*는 동일한 가는 필라멘트 전구이다. 나침반이 동일한 위치에서 도선 아래에 놓여 있다. (a) 회로 그림에서 나침반의 바늘이 가리키는 방향을 표시하고 대략적인 나침반 꺾이는 정도를 표시하라. 한 지점에서의 나침반이 꺾인 정도가 표시되어 있음에 주목하라. 수치를 정하기에 정보가 불충분하다면 5도보다 더 큰지 작은지 정도로 제시하라(나침반이 금속 껍질로 싸인 전지와는 충분히 멀다고 가정하라). (b) 나침반의 휘는 정도에 대한 여러분의 생각을 간단히 설명하라. (c)회로를 나타낸 그림에 표면 전하 분포를 대략적으로 그려보라. (d) 각 전구의 텅스텐 필라멘트의 길이가 4 mm이고 반경이 $6 \times 10^{-6}$ m라 하자. 각 전구의 전기장 $E_A$, $E_B$, $E_C$를 계산해 보자.

**문53.** 가는 필라멘트 전구와 굵은 필라멘트 전구가 있는 회로를 그림 18.116과 같이 구성하였다.

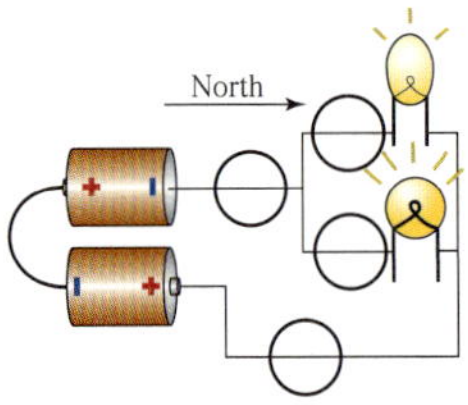


그림 18.116

4개의 나침반이 도선 아래에 놓여 있다(회로를 아래로 내려다보고 있다). 가는 필라멘트 전구를 회로에서 뺀다면 왼편에 있는 나침반(전지 바로 옆)이 15도 돌아간다. 가는 필라멘트 전구를 다시 끼워 넣고 굵은 필라멘트 전구를 뺀다면 왼편 나침반이 4도만큼 돌아간다. 전구 두 개 모두 다 끼운다면 각 나침반의 바늘의 방향을 그리고 옆 나침반의 돌아간 정도를 표시하고 간단히 설명하라.

**문54.** 반경이 $R$인 고체 금속구가 균일한 전하 $+Q$를 띤다. 반경이 $r$인 또 다른 금속구는 균일한 전하 $-q$를 띤다. 전하량이 과하지 않아 방전이 되지는 않는다. 이 두 개의 구가 충분히 멀리 떨어져 있다(거리 $\gg R$이고 거리 $\gg 6$). $t = 0$에서 아주 가는 길이 $L$인 도선이 두 개의 구를 연결하고 있다(그림 18.117). 이 도선의 유동 전하의 유동성 u는 아주 작고 도선은 전자를 잘 전달하지 못해 평형에 이르는 데 한 시간이 걸린다. 아주 짧은 시간 $\Delta t$동안(몇 초) 몇 개의 전자가 반경 $r$인 구를 떠나는가? 도선에서는 세제곱미터당 유동 전자는 $n$이고 도선은 일정한 단면적 $A$를 갖는다. 과정 및 필요한 근사를 설명하라.

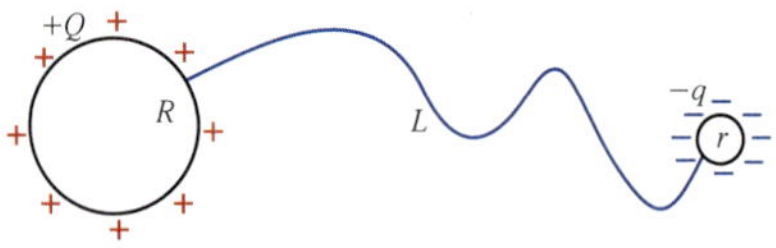


그림 18.117

## 점검 사항의 해답

1. $I_1 + I_4 = I_2 + I_3 = 3$; $I_2 = 3A$; $I_2 = -2A$이다. 여기서 음의 부호는 전류가 접합점을 나가기보다는 들어온다는 것을 의미한다. 전류가 회로의 모든 곳에서 동일하다는 것은 사실이 아니다. 접합점에 들어오는 전류와 나가는 전류가 동일해야 할 뿐이다. 여기서 $i_1 = i_2 + i_3$이다.
2. $\bar{v}_2 = 8 \times 10^{-5}$ m/s; $E_2 = 1.8 \times 10^{-2}$ N/C
3. 그림 18.118을 보라.

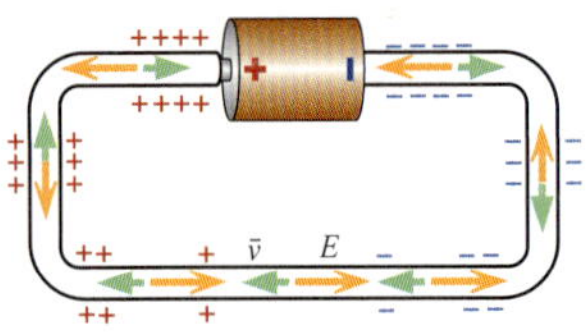


그림 18.118

4. 그림 18.119를 보라.

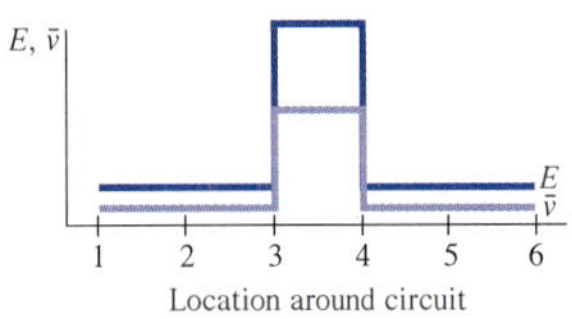


그림 18.119

5. 그림 18.120을 보라.

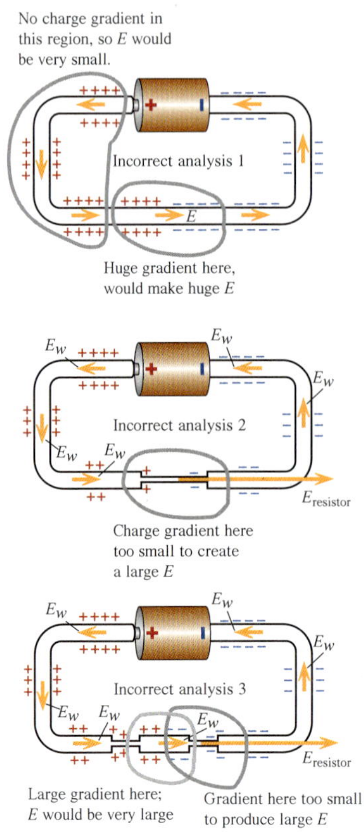


그림 18.120

이 영역에서 전하 그래디언트는 없어 E는 아주 작을 것이다.

CHAPTER

19

# 회로 요소들

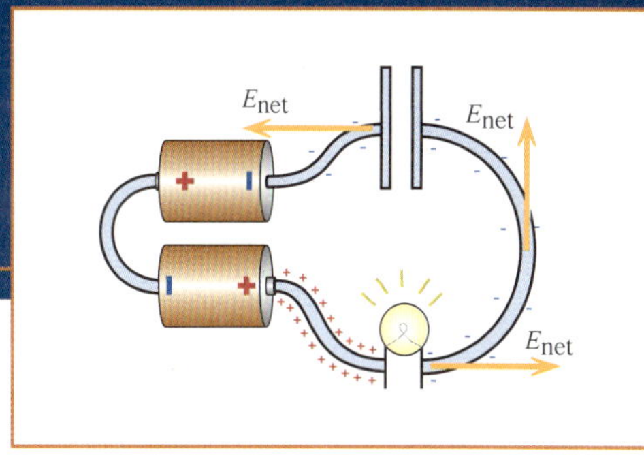


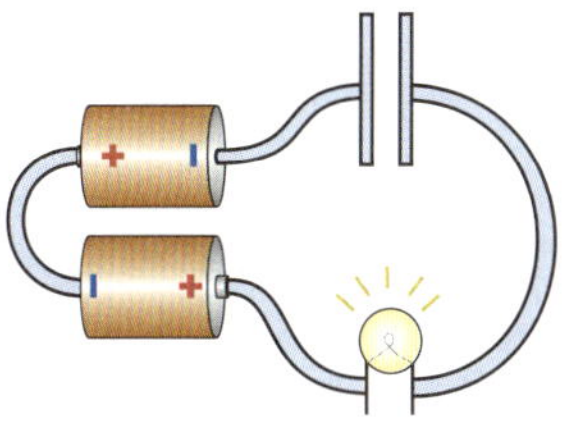

**그림 19.1** 축전기 충전. 처음에 전구는 밝게 빛나지만, 시간이 지남에 따라 어두워지다가 결국에는 불이 꺼진다.

**그림 19.2** 축전기 방전. 처음에 전구는 밝게 빛나지만, 시간이 지남에 따라 어두워지다가 결국에는 불이 꺼진다.

### 목표

이 장을 공부한 후에 다음과 같은 것들을 할 수 있어야 한다.

- 정성적으로 그리고 정량적으로 축전기를 포함하는 회로의 작동을 설명해야 한다.
- 저항과 축전 용량과 같은 거시적인 양들을 이용해서 회로를 분석해야 한다.

## 19.1 축전기

이 장의 마지막에 있는 실험 1은 재미있는 현상을 보여준다. 이 실험에서는 전지들을 어떤 종류의 축전기(1패럿, F) 그리고 섬광 전구와 직렬로(그림 19.1) 연결하고, 그러면 이 "충전" 과정에서 관찰하는 것은 처음에 전구가 밝게 빛난다는 것이며, 축전기 판 사이의 틈을 건너서 전류가 흐를 수 없다는 사실에도 불구하고, 이 회로에 축전기가 없는 것처럼 밝은 것이다. 하지만, 시간이 지나면서 전구는 점점 어두워지고 몇 초가 지나면 결국에는 전구의 불이 꺼진다.

전구가 빛나지 않게 되었을 때, 만일 전지를 제거하고 전구를 축전기에 붙인다면 ("방전", 그림 19.2), 전구는 다시 밝게 빛나게 되지만 이어서 전구는 점점 어두워지면서 몇 초가 지나면 결국에는 전구의 불이 꺼진다.

이 회로에서 일어나는 일에는 두 개의 서로 다른 시간 척도가 있다. 연결이 이루어졌을 때 전구는 당장에 불이 켜지지만 (표면 전하 재배치는 나노초 동안에 일어난다), 이 회로의 전류는 수초 동안에 서서히 줄어든다.—이 두 개의 시간 척도는 $1 \times 10^{10}$배 다른 값이다. 우리는 이 느린 과정을 "준-안정 상태"라고 부르며, 여기서 전류는 회로가 천천히 평형에 이르는 것처럼 시간에 따라 천천히 변하고, 결국에는 멈추게 된다(축전기가 피코패럿 $1 \times 10^{-12}$ F으로 고진동수 회로에서는, 이들 두 개의 시간 척도 사이에 차이가 거의 없을 수도 있다는 것을 알아야 한다. 또한, 국가적인 전력망과 같은 큰 회로에서는 표면 전하 재배치가 1나노초보다 훨씬 더 길게 걸릴 것이다).

### 축전기 만들기

우리가 앞의 장들에서 논의했던 축전기들은 틈에 의해서 분리되어 있는 두 개의 매우 큰 평면 판들로 이루어져 있다. 하지만 회로에서 이렇게 큰 장치를 사용하려고 시도하는 것은 매우 실제적이 아닐 것이다. 회로들에서 이용되는 종류의 축

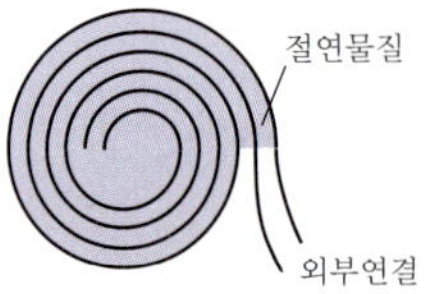


**그림 19.3** 전형적인 축전기 만들기—절연 물질로 분리되어 있는 금속 박편 샌드위치를 감은 것.

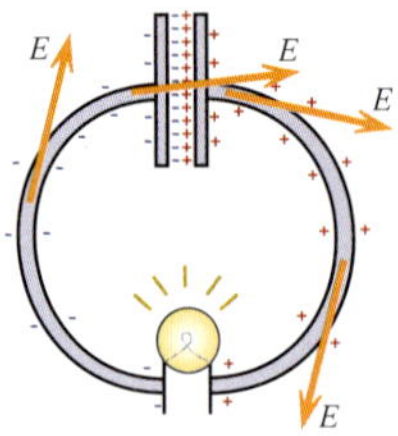


**그림 19.4** 전구를 충전된 축전기에 연결한 0.01초 후에 전하와 전기장. 전구는 밝다.

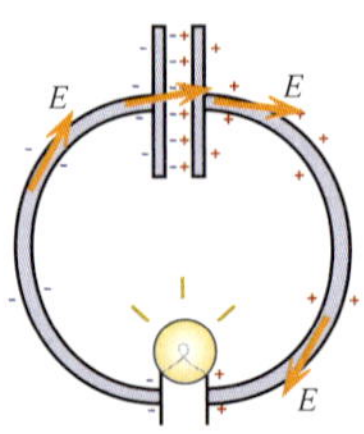


**그림 19.5** 전구를 충전된 축전기에 연결한 1초 후에 전하와 전기장. 전구는 전보다 덜 밝다.

전기는 보통 절연 물질로 분리되어 있는 두 개의 금속 박편 샌드위치로 구성되어 있고, 작은 꾸러미 안에 감겨져 (그림 19.3) 있다. 비록 축전기와 직렬로 연결된 전구를 빛이 나게 할 수 있지만, 축전기 두 판 사이를 전하가 지나갈 수 있게 하는 전도 경로는 없다는 사실을 꼭 명심하여야 한다. 전하는 한쪽 판에서 다른 쪽 판으로 건너뛸 수는 없다.

## 축전기 방전

우리가 이미 알고 있는 것을 이용하면, 우리는 축전기의 충전과 방전을 전하와 전기장 등 기본적인 양을 이용해서 설명하는 것이 가능하다. 먼저 방전을 논의할 것인데, 이것이 충전보다 이해하기 더 쉽기 때문이다. 우리는 그림 19.2에서 보여준 것처럼 간단한 회로를 고려할 것이다.

우리의 논의는 전선 내부에서 알짜 전기장과 이것이 전선에 있는 전자들에 미치는 영향에 집중할 것이다. 축전기를 방전하기 위해서 요구되는 시간(몇 초)과 비교해서는 짧지만, 표면 전하가 전선과 전지 위에서 자신을 배열하는 데 걸리는 시간(나노초)과 비교해서는 긴, 시간 간격을 선택해서, 반복적으로, 이것에 관하여 단계적으로 생각할 것이다. 그림 19.4는 전구를 충전된 축전기에 연결한 후 0.01초가 지나서, 전구가 아직 밝게 빛나고 있는 동안에, 연결 전선 속에서 전기장의 형태를 보여준다.

축전기 바로 바깥에서, 전선 안쪽에 있는 한 점에서 전기장은, 부분적으로 축전기의 가장자리 전기장 때문에, 양극판에서 음극판 쪽으로 향하게 된다는 것을 알고 있다. 짧은 (수 나노초) 순간이 지나면, 연결 전선 안에 있는 모든 지점에서 전자 흐름이 같아지게 되고, 표면 전하가 쌓여서 전선 안의 모든 점에서 균일한 전기장을 만들 것이다. 표시하지는 않았지만 전구 필라멘트 안쪽에도 가로지르는 표면 전하 기울기가 커서, +에서 −로 향하는 커다란 전기장이 있게 된다.

> **질문** 그림 19.4에서, 전자 흐름은 전기장과 반대 방향으로 움직이게 될 것이다. 그림처럼 전류의 흐름의 방향이 주어졌다면, 짧은 시간 간격 후에, 축전기의 음극판 위에 있는 전하의 양은 어떻게 될까? 양극판 위에서는 어떻게 될까?

전자의 흐름은 음극판으로부터 멀어지지 때문에, 음극판은 음전하의 일부를 잃어버리게 될 것이다. 전자 흐름은 양극판 방향으로 움직이기 때문에, 음극판에는 점점 양전하가 감소하게 될 것이다. 이제 두 판 모두에서 전하가 줄어들었기 때문에, 이들은 연결된 전선 안에 더 적은 가장자리 장을 만들며, 그러므로 그림 19.5에서 볼 수 있는 것처럼 회로 안의 모든 점에서 전기장은 더 작아지게 된다. 전기장이 더 작아졌다는 것은 전류의 흐름이 더 적어졌다는 것을 의미하므로, 전구는 덜 밝게 빛나게 된다.

> **질문** 이 과정이 계속된다면, 마지막 상태는 무엇이 될 것인가?

시간이 지나면서, 축전기의 판들은 더 많은 전하를 잃게 될 것이고, 그렇게 되면 전기장이 점점 약해지게 되며, 또한 전류의 흐름도 점점 약해지게 된다. 전구는 점점 더 어두워질 것이고, 전류가 약해져서 전구를 빛나게 할 수 있을 만큼 전구 필라멘트를 가열할 수 없게 되었을 때가 되면, 마침내 전구의 빛은 눈으로 볼 수 없게 된다. 결국에는 축전기의 판이 전하를 모두 잃어버리고, 전류는 완전히 멈추

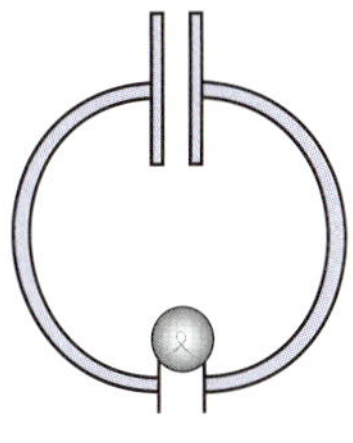

그림 19.6 수초 후에는 축전기 판 위에 더 이상 전하가 없고, 전류는 0이다(평형 상태).

게 된다(그림 19.6). 이제 전류는 평형 상태에 도달한 것이다.

밝은 전구가 어두워지는 것은 점진적인데, 왜냐하면 축전기의 판에 전하가 적어지면서 가장자리 전기장도 작아지게 되고 판에서 없어지는 전류도 함께 작아지기 때문이다. 처음 1초 동안에 축전기의 판을 떠나는 전하의 양은 다음 1초 동안에 떠나는 양보다 더 많으며, 이것도 다음 1초 동안에 떠나는 양보다는 더 많은 것이다. 전구는 짧은 시간 동안 밝게 빛나지만 오랜 시간 동안 천천히 어두워지는 것이다.

**질문** 축전기의 판들 위에 있는 양전하와 음전하는 서로 잡아당기고 있는데, 왜 전하가 축전기를 떠나서 전구를 통과하게 되는 것인가?

위의 논의에서 우리는 판의 바깥이지만 매우 가까운 전선 안에서의 전기장에 집중했다. 처음에, 음극판 바로 옆에서, 그림 19.4에 보인 것처럼, 전선 안에서 전기장은 0이 아니고 음극판 쪽으로 향한다. 이 지점에서 전선 안에 있는 전자는 힘을 느끼게 되며 음극판에서 멀어지는 쪽으로 움직이게 된다. 마찬가지로 양극판 근처에 있는 전선 안에서 전자는, 전선 안에서 가장자리 전기장의 영향 아래에서, 양극판 쪽으로 움직이게 된다.

## 축전기 충전

전지를 포함하는 회로에서 축전기의 초기 충전을 설명하기 위해서 비슷한 논의를 이용할 수 있다. 우리가 위에서 했던 것처럼, 전선 내부에 있는 위치에서 전기장을 고려하고, 그 위치에 있는 전선에서 전자들에게 이 전기장이 미치는 영향을 고려할 것이다. 또 다시 우리는 이것을 반복적 과정으로 고려하면서, 단계적으로 생각할 것이다.

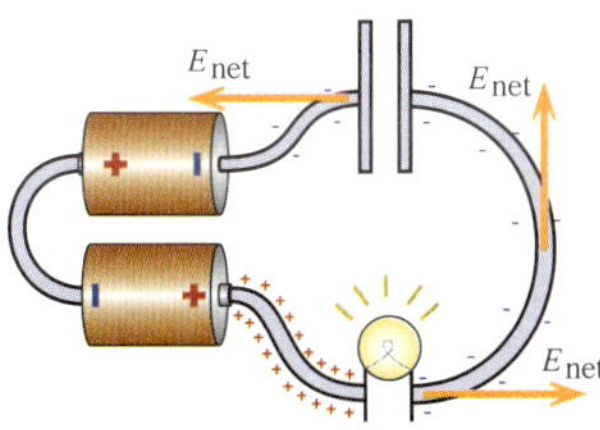



그림 19.7 회로를 연결한 0.1초 후에 전하와 전기장. 축전기가 없는 회로에서처럼 전구가 밝다.

우리는 약 0.01초의 시간 간격을 선택할 것인데, 이것은 축전기를 충전하기 위해서 걸리는 전체 시간(수 초)과 비교해서는 짧지만, 표면 전하가 전선과 전지 위에서 자신을 배열하는 데 걸리는 시간(수 나노초)과 비교해서는 길다. 축전기는 처음에 충전되지 않았기 때문에, 첫 번째 시간 간격 동안에 전선 안쪽에서 알짜 전기장에 기여하는 축전기의 기여는 거의 0이다 (그림 19.7).

**질문** 단지 전지와 전구만을 포함하는 회로와 비교해서, 축전기는 처음에 충전되지 않았는데, 그렇다면 어떻게, 처음에 전구가 밝게 될 것인가?

분명하게 처음 전류는 단순한 전구 회로인 것과 같을 것이고, 전구는 보통처럼 (그림 19.7) 밝게 빛난다. 하지만, 몇 번의 시간 간격 후에, 1초 또는 조금 더 오래 전선에 전류가 흐른 후에는, 축전기 판 위에 상당한 양의 양전하와 음전하가 있게 될 것이다.

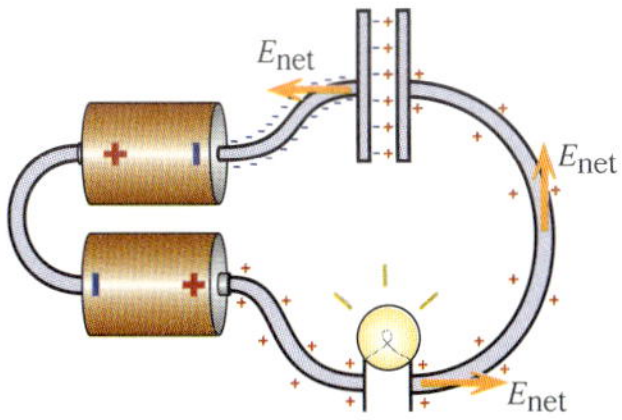



그림 19.8 회로를 연결한 1초 후에 전하와 전기장. 전구는 전보다 덜 밝다.

**질문** 회로가 연결되고 1초 후에, 축전기의 가장자리 전기장은 근처에 있는 전선 안에서 알짜 전기장에 어떻게 영향을 줄 것인가—알짜 전기장을 증가시키는가 아니면 감소시키는가? 전류에는 어떤 일이 생길 것인가?

축전기의 가장자리 전기장은 전도 전류의 방향과 반대 방향으로 작용하여 알짜 전기장의 크기를 줄인다. 결과적으로 전류는 줄어들게 된다(그림 19.8). 궁극적으로 전류는 완전히 멈추게 되는데 축전기 판에 충분한 전하가 쌓여 다른 전하들

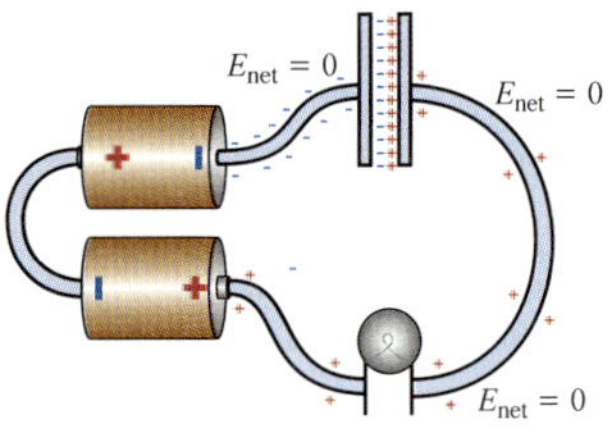


**그림 19.9** 수초 후에는 전류가 0 이다 (평형 상태).

**그림 19.10** 가는-필라멘트 전구가 전지에 연결되었을 때, 전류는 작고 전구는 어둡다. 굵은-필라멘트 전구의 경우에는 전류가 높고 전구는 밝다.

이 만든 전기장을 상쇄시킬 만큼 충분히 큰 가장자리 전기장을 만들 때이다. 전구는 꺼지게 된다(그림19.9). 충전이나 방전 과정에서 회로의 정성적 행동을 설명하기 위한 핵심 개념이 축전기에서 시간에 따라 변하는 가장자리 전기장이라는 것을 알 수 있다.

표면 전하가 초기에 분포되는 데 시간은 수 나노초밖에 걸리지 않는다. 하지만 평형 상태에 도달하는데는 수초가 걸린다. 수초 동안 전구는 켜질 텐데 전류는 일정하지 않고 시간에 따라 천천히 변한다. 이러한 상황을 "준 안정 상태"라고 말하는데 일리가 있다.

## 저항기의 효과

회로에서 전구가 충전 과정에 미치는 영향과 축전기의 최종 상태에 미치는 영향에 대하여 궁금해 할 수 있다. 두 개의 전구가 있는데, 한 전구는 굵은 필라멘트로 되어 있고 다른 하나는 가는 필라멘트로 되어 있다고 가정하자(그림 19.10). 만일 가는-필라멘트 전구를 통해서 축전기를 충전한다면, 처음에 전구는 어두우며 (낮은 전류) 빛이 다 꺼질 때까지 오래 걸린다. 반대로, 만일 굵은-필라멘트 전구를 통해서 축전기를 충전한다면, 처음에 전구는 밝으며 (높은 전류) 하지만 짧은 시간 동안만 빛난다.

**질문** 축전기 판 위에 있는 전하의 최종적인 양은 충전 과정 동안에 사용된 전구의 종류에 어떻게 의존하는가? 다음에 나오는 두 주장을 고려하자.

- 가는-필라멘트 전구를 통해서 축전기를 충전하는 것이 굵은-필라멘트 전구를 통해서 축전기를 충전하는 것보다 훨씬 더 오래 걸리기 때문에, 가는-필라멘트 전구가 사용되었을 때 축전기가 훨씬 더 많은 전하를 충전시킨다고 주장할 수 있겠다.
- 반대로, 굵은-필라멘트 전구가 훨씬 더 밝게 빛나기 때문에, 비록 전구가 훨씬 빠르게 꺼지기는 하지만 축전기가 더 많이 충전을 할 것이라고 주장할 수도 있다.

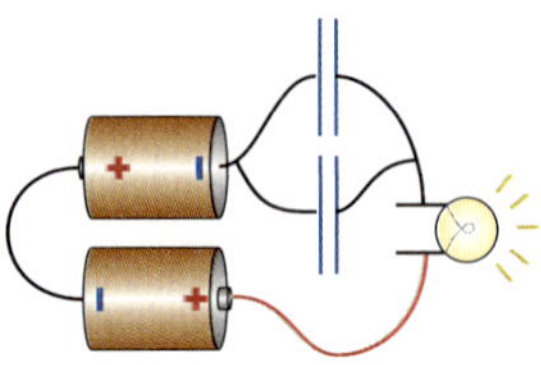

**그림 19.11** 병렬 연결된 두 개의 축전기; 실험 3.

최종 상태에서는 전류가 없기 때문에, 유일한 퍼텐셜 차는 전지와 축전기 양단에 걸쳐 있다. 그러므로 축전기 양단의 퍼텐셜 차이는 전지 양단의 그것과 같게 되고, 회로에 어떤 전구가 있다 하더라도, 판 위의 전하는 사용된 전구에 관계 없이 같다. 가는-필라멘트 전구에서는 적은 전류가 오래도록 흐르고, 굵은-필라멘트 전구에서는 많은 전류가 짧은 시간 동안 흐르지만, 전하의 전체 양은 어느 경우에나 같은 것이다. 실험 2는 전구의 종류가 축전기 판들 위에 있는 총 전하량에 미치는 영향을 시험하는 것이다.

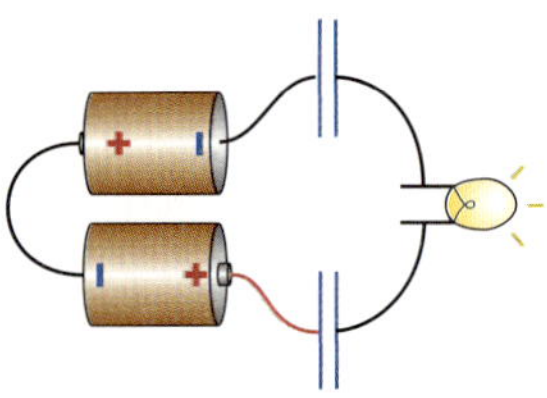

**그림 19.12** 밝게 빛나고 있는 전구가 전지로부터 완전히 고립되어 있다; 실험 4.

제19.7절에서 우리는 충전 또는 방전 과정 동안 특정 순간에 축전기 위에 있는 전류와 전하의 양을 정량적으로 어떻게 알 수 있는지를 보게 될 것이다.

## 여러 회로들에 있는 축전기들

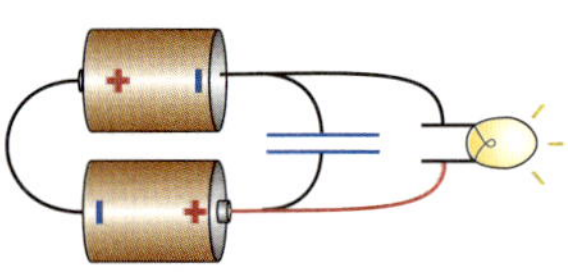

**그림 19.13** 축전기는 무엇을 위해 이용되는가; 실험 6.

축전기들은 여러 회로들에서 다양한 방법으로 이용되는데, 그 중에서 몇 개가 그림 19.11–19.13에 표시되어 있다.

병렬로 연결된 축전기들: 그림 19.11에 보인 것처럼 병렬로 연결된 두 개의 축전기는 면적이 두 배인 판을 가진 (점검 사항 1 참조) 하나의 축전기로 생각할 수 있다. 실험 3은 이 배열의 경우에 전구가 두 배만큼 오래 빛난다는 것을 보여준다.

고립된 전구: 그림 19.12에 나타낸 것처럼, 실험 4에서, 전구와 전지 사이에는 전도 경로가 없다는 사실에도 불구하고 전구가 밝게 빛나는 것을 볼 수 있다! 이 회로의 고립된 부분에서, 왼쪽 축전기의 윗부분에서 전구를 통해서 오른쪽 축전기의 윗부분까지 전자가 흐르며, 동시에 아래 전선에도 전류가 흐른다.

축전기 반대로 하기: 실험 5에서 우리는 충전 후에 회로에서 축전기를 반대로 하면 재미있는 결과를 얻는다는 것을 알 수 있다. 임시적으로, 이것은 회로에 여분의 전지를 더한 것과 같게 된다.

간단한 전력 방해를 위한 보상: 실험 6은 (그림 19.13에 보인 것처럼) 축전기가 어떻게 유용한가를 이해하는 데 도움을 준다. 만일 1초보다 짧은 시간 동안 전지에 연결된 부분을 간헐적으로 단절시킬 때 알 수 있는 것은, 전지로부터 연결이 끊어졌는데도 불구하고 전구가 여전히 빛나고 있다는 것이다. 전류는 축전기로부터 공급되는데, 이것은 전지에 의해서 충전이 되어 있던 것이다. 우리는 축전기가 전지와 직렬이 아닌 "병렬로" 연결되었다고 말한다.

이 실험에서 사용된 대용량의 축전기는 이러한 방식으로 사용되도록 설계되었는데, 컴퓨터에서 전원 공급기에 병렬로 연결되어, 순간적인 전력 차단 동안 컴퓨터 회로에 전류를 공급하도록 되어 있다. 이 축전기는 주어진 전압에서 보통의 축전기보다 거의 백만 배나 많은 전하를 가지고 있다!

보다 일반적으로, 병렬로 배열된 축전기는 모든 종류의 전기 회로에서 사용되어 빠르게 변하는 전압을 안정되게 만들고 있다. 예를 들면, 전력 공급기에서, 병렬 축전기는 일정한 (DC) 전압 위에 올라있는 고주파수 (AC) 전압 변화를 제거하는 데 이용된다. 축전기는, 조건을 빠르게 변화하지 못하도록 함으로써, 회로가 완만한 방법으로 작동하도록 만든다고 말할 수 있겠다.

## 축전기에 저장된 에너지

전구를 통한 축전기 충전과 방전의 에너지 측면을 간단하게 고려해 보자.

> **질문** 충전 단계에서, 회로가 본질적으로 더 이상 전류가 없게 되었을 때에 도달하기 직전에, 전지, 전구, 축전기, 그리고 주변에서 에너지 이득 또는 손실이 있는지 여부를 말하시오(힌트: 전구의 처음 상태와 최종 상태에 대하여 특별히 세심하게 생각한다).

전지는 에너지를 잃고, 전구는 잃지도 않고 얻지도 않으며 (처음에 밝게 빛난 것도 아니고, 후에도 또한 빛나지 않는다), 축전기는 (나중에 전구에 전력을 주기에 충분한) 에너지를 얻고, 주변은 (빛과 열이 전구로부터 전달) 에너지를 얻는다.

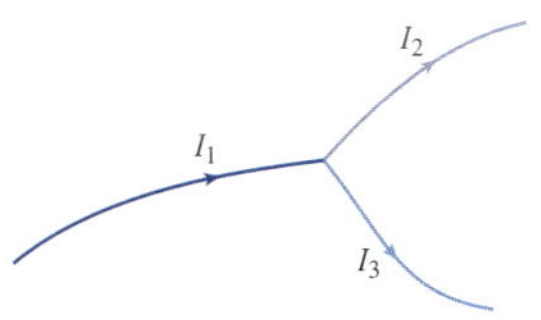


**그림 19.14** 안정 상태에서 $I_1 = I_2 + I_3$이 되어야만 한다.

## 축전기 회로에서 전류 분기점 규칙

회로에서 전류 분기점 규칙은 정상 상태에서 전하 보존의 결과이다. 그림 19.14는 회로의 분기점에서 분기점 규칙의 간단한 적용을 보여주는데, 분기점에서 들어오는 전류가 $I_1$이고 나가는 전류가 $I_2$와 $I_3$이어서 $\sum(I_{\text{entering}}) = I_1 - I_2 - I_3 = 0$이다.

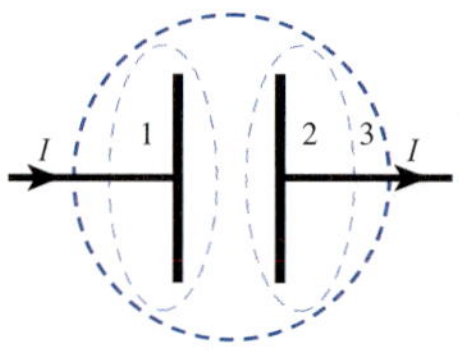


**그림 19.15** 비-안정 상태 상황에서는 전류 분기점 규칙이 적용되지 않는다.

그림 19.15는 더 복잡한 상황을 보여준다. 위치 1과 2를 분기점으로 생각하자. 축전기가 충전되고 있는 동안에, 축전기의 한쪽 판에서 나가는 전류는 없고, 판으로 들어가는 전류가 있게 되며 (그림 19.15에서 영역 1), 그 결과 판 위에서 전하가 변한다. 이것은 명백하게 정상 상태가 아니다. 마찬가지로, 다른 판에서는 전류가 떠나가게 되고 (그림 19.15에서 영역 2), 이것은 그 판 위의 전하를 변화시킨다.

하지만, 만일 축전기를 전체로 본다면 (그림 19.15에서 영역 3), 한쪽 판에서 전류가 떠나는 바로 그만큼 다른 판으로 들어가게 된다. 그렇지 않다면 두 개의 판이 함께 0이 아닌 전하를 얻게 되어 축전기의 알짜 전하를 0으로 회복시키는 방식으로 전자를 밀거나 잡아당기게 될 것이다. 비록 축전기의 한쪽 판에 적용되지는 않지만, 그러므로 축전기의 충전 또는 방전 동안 전류 분기점 규칙은 축전기에 전체로서 적용된다.

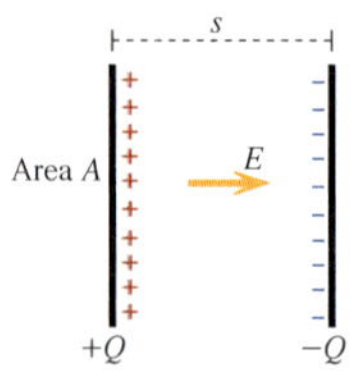


**그림 19.16** 판 위에 더 많은 전하가 있게 되면, 전기장도 커지고 퍼텐셜 차도 커진다.

## 축전 용량

회로 실험에서 사용되는 축전기는 그 위에 "0.47 F" 또는 "1 F"이라고 표시되어 있는데, 이것은 이들이 대략 0.5 또는 1 "farad"(Michael Faraday를 존경하는 단위)이라는 "축전 용량"을 가지고 있는 것을 의미한다. 이러한 "축전 용량"이 의미하는 바를 살펴보기로 하자.

축전기 판 위에 있는 전하가 많아지면 ($+Q$와 $-Q$), 사이에서 전기장이 커지게 되고, 틈을 가로지르는 퍼텐셜 차 $\Delta V$도 커지게 된다(그림 19.16). 그러므로 퍼텐셜 차의 절대 크기인 $|\Delta V|$는 양극판 위의 양전하 $Q$의 양에 비례하며, 역으로 $Q$는 $|\Delta V|$에 비례한다. 우리는 "축전 용량" $C$를 비례 상수로 정의한다:

**축전 용량의 정의**

$$Q = C|\Delta V|$$

축전 용량의 단위는 볼트당 쿨롱(Coulomb per volt), 즉 "farad"이다.

**질문** 여러분이 $E$와 $\Delta V$에 관하여 알고 있는 것을 이용해서, 판의 면적이 $A$이고 판의 간격이 $s$인 평행판 축전기에서 $C = (\varepsilon_0 A)/s$임을 보이시오.

틈 안에서 전기장의 크기는 아래 식과 같기 때문에

$$E = (Q/A)/\varepsilon_0$$

우리는 퍼텐셜 차를 다음 식으로 계산할 수 있다.

$$|\Delta V| = [(Q/A)/\varepsilon_0]s$$

이 식은, 기대했던 것처럼, 퍼텐셜 차가 한쪽 판 위에 있는 전하 $Q$에 비례한다는 것을 보여준다. 그러므로 축전 용량은 다음과 같이 표현된다.

$$C = Q/|\Delta V| = (\varepsilon_0 A)/s \text{ (평행판 축전기)}$$

축전 용량이, 판의 면적과 판 사이의 간격 등, 축전기의 구조에 의존한다는 것에 주목하자.

축전 용량의 개념은 회로의 자세한 분석에서 유용하며, 나중에 축전기 회로를 정량적으로 연구하기 위해서 이용하게 될 것이다. 하지만 축전 용량은, 전하와 퍼텐셜 차(궁극적으로 전하와 전기장) 등, 보다 근원적인 양과 연관되는 단지 유도된 양이라는 것을 명심하자.

### 복습: 여러 회로들에 있는 축전기들

우리는 "준-안정 상태"라고 할 수 있는 회로의 작동 하나를 살펴보았다. 축전기 회로에서 전류는 1초 정도의 시간 동안에는 근사적으로 일정하지만, 단지 근사적으로이다: 전류는 천천히 감소하며 결국에는 0이 된다—평형에 도달한 것이다.

실제로는, 보통의 전지-전구 회로도 진짜 정상 상태에 있는 것이 아니며, 왜냐하면 전지에서 화학 약품이 다 소진되었을 때 계가 평형 상태가 되는 (전류가 없는) 것이다. 하지만 중요한 차이가 있다. 축전기 회로에서는 전류가 연속적으로 감소한다. 그러나 전지가 전력을 공급하는 회로에서는, 전류가 여러 시간 동안 거의 일정하며, 훨씬 짧은 시간 동안에 0으로 떨어진다.

우리는 축전기 회로의 작동을 축전기의 가장자리 전기장이 다른 전하와 (전지 전하와 표면 전하) 경쟁한다는 것으로 이해할 수 있었다. 축전기 위에 있는 전하가 많아질수록 가장자리 전기장도 커지게 된다. 축전기를 충전할 때, 마침내 평형에 도달하는 것은, 축전기 위에 전하가 많아져서 가장자리 전기장이 전기장에 대한 다른 기여를 상쇄할 정도로 커졌을 때이다.

우리는 근본적인 문제를 확인하고, 전하와 전기장을 논의하는 일을 덧붙이기 위해서, 축전기의 정성적인 분석을 강조하였다. 이러한 회로를 정량적으로 분석하기 위해서는 우리의 분석에 에너지 원리를 적용하는 것이 필요하다. 이번 장의 뒷부분에서 이것을 하게 되면, 전류의 감소율을 정량적으로 예측할 수 있다는 것을 알게 된다.

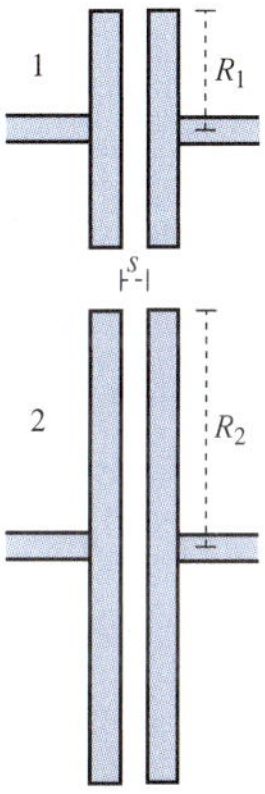


**그림 19.17** 축전기 판의 크기를 증가시킨 효과는 무엇인가?

**점검 사항 1** 축전기 2의 판이 축전기 1의 판보다 더 넓다는 것이 유일한 차이인 두 개의 축전기를 고려하자(그림 19.17). 두 축전기 모두 판 사이에 절연층을 가지고 있지 않다. 이들이 비슷한 전지와 전구가 축전기와 직렬로 연결된 두 개의 서로 다른 회로에 놓여 있다.

축전기 2를 가진 회로에서 1초보다 짧은 시간에 전류가 거의 일정하다는 (덜 빨리 감소) 것을 보여라. 그 이유를 자세하게 설명하시오. 힌트: 금속 판 위에서 전하를 보이고, 주변의 전선에 만드는 전기장을 고려한다. 원형 축전기 바깥에 판 근처에서 가장자리 전기장은 근사적으로 다음 식이 된다.

$$\frac{Q/A}{\varepsilon_0}\left(\frac{s}{2R}\right)$$

더 자세한 분석에 의하면 이런 경향은 전체 충전 과정에 대해서 성립한다: 더 넓은 축전기가 판 위에 더 많은 전하를 충전한다. 우리가 사용해오고 있는 축전기는 매우 넓은 면적을 가지고 있으며, 작은 꾸러미 안에 접혀져 있다.

## 19.2 저항기

전기 회로에 대한 우리의 연구는, 전지 위와 안 그리고 전선의 표면 위에 있는 전하에 의해서 만들어지는 전기장 때문에, 전선 내에서 전자의 움직임에 대한 미시적인 묘사에 기반을 두고 있다. 이 미시적인 묘사는 회로 작동의 근본적인 물리 메커니즘에 대한 통찰력을 준다. 하지만, 직접적으로 전기장, 표면 전하, 전자 이동 속력, 또는 이동도를 측정하는 것이 쉽지는 않다.

다른 한편으로, 관습적인 전류(전자 전류보다는), 퍼텐셜 차이(전기장보다는), 그리고 "저항" (이동도보다는) 등을 측정하기 위해서 상대적으로 상업적으로 쉽게 구할 수 있는 값싼 측정 기기들을 이용하는 것이 쉽다. 실제적인 목적을 위해서는, 이들 거시적인 양을 써서 회로를 기술하고 분석하는 것이 유용하다. 우리는 원자 수준에서 회로에 관하여 이미 알고 있는 것을 표준 기기들을 가지고 쉽게 측정될 수 있는 양들을 이용하는 거시적인 기술과 연결할 것이다.

미시적인 수준에서 자세하게 회로의 작동을 분석하기 위해서는, 특정한 물질의 성질과, 가는 전선과 굵은 전선 등, 특정한 회로 요소의 구조를 둘 다 고려하는 것이 필요하다는 것을 발견했다. 어떤 특정한 물체의 성질을 요약하기 위해서 하나의 수를 사용하는 것이 때때로 유용하다.

## 전도도: 물체의 성질을 종합

관습적인 전류는 $I = |q|nA\bar{v} = |q|nAuE$이고, 여기서 $|q|$는 움직이는 "전하 운반자" (전자 또는 양공) 중 하나의 전하의 절댓값, $n$은 전하 운반자의 개수 밀도, $A$는 전선의 단면적, $u$는 전하 운반자의 이동도, $E$는 전하를 움직이도록 만드는 전선 내부의 전기장이다. 관습적인 전류에 대한 식은 세 가지 서로 다른 양을 함께 혼합하고 있다: $|q|$, $n$, $u$는 물질의 성질이고, $A$는 물질의 구조를 기술하며, $E$는 물질의 바깥에서 (그리고/또는 표면 위에서) 전하에 기인하는 전기장이다.

물체의 성질을 하나로 묶는 것이 도움이 된다: $I = (|q|nu)AE$. 이제 만약 식의 양변을 면적 $A$로 나누면, 이 상황을 기술하는 다음 방법에 도달하게 된다:

$$J = \frac{I}{A} = (|q|nu)E = \sigma E$$

여기서 $J$ = 전류 밀도(A/m$^2$)이고 $\sigma$ = 전도도 = $(|q|nu)$이다.

전류를 단면적으로 나누어 줌으로써, "전류 밀도" $J$를 단위 면적당 암페어 (ampere per square meter) 단위로 얻게 되며, 이것은 어떤 상황의 구조와는 무관한 양이 된다. 전류 밀도는 가해진 전기장에 비례하고, 비례 상수 $\sigma$는 "전도도"라고 불리며, 이 양은 물질의 관련된 성질 모두를 합쳐놓은 것으로 $|q|nu$이다.

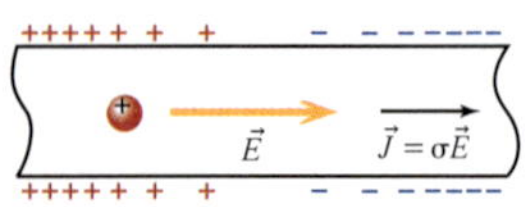


**그림 19.18** $\vec{J}$는 전기장의 방향과 같고, 가상적인 양전하의 운동 방향과 같다.

우리는 $\vec{J}$가 관습적인 전류 흐름의 방향으로 향하는 벡터로 생각할 수 있고, 이 방향은 가해진 전기장 $\vec{E}$의 방향이 된다(그림 19.18).

### 전류 밀도와 전도도

$$\vec{J} = \sigma\vec{E}$$

전류 밀도 $J = I/A$ ampere/m$^2$.

전도도 $\sigma = |q|nu$는 아래 양들에 의존한다.

- $|q|$, 각 운반자 전하의 절댓값.
- $n$, 단위 부피당 전하 운반자의 개수.

■ $u$, 전하 운반자의 이동도.

높은 전도도는 주어진 가해진 전기장 $\vec{E}$에 대하여 큰 전류 밀도를 준다는 것을 의미한다. 전도도는 물질의 성질이고, 물질의 모양 또는 물체에 가해진 전기장의 크기 등과 전혀 관련이 없다.

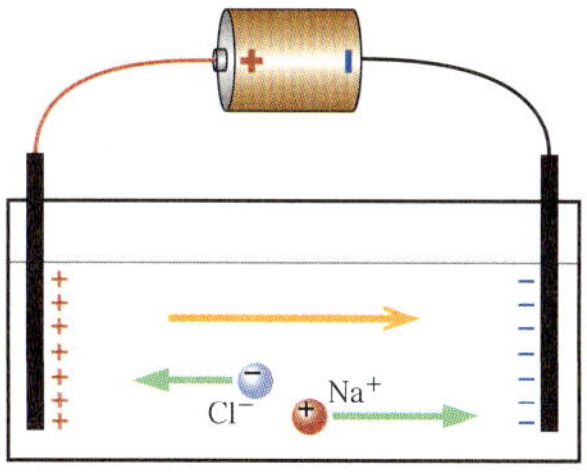

**그림 19.19** 소금물에서는 양전하와 음전하가 모두 움직인다.

## 두 종류의 전하 운반자를 가진 전도도

소금물에 전기력이 가해질 때, 소듐 이온($Na^+$)과 염화 이온($Cl^-$) 둘 다 움직이며 전류를 구성한다. 만약 전기장이 물에서 오른쪽 방향이라면, $Na^+$에 작용하는 힘은 오른쪽 방향이지만, $Cl^-$에 작용하는 힘은 왼쪽 방향이다(그림 19.19).

오른쪽으로 향하는 $Na^+$의 흐름은 오른쪽으로 향하는 관습적인 전류를 구성하며, 왼쪽으로 향하는 $Cl^-$의 흐름도 또한 오른쪽으로 향하는 관습적인 전류를 구성하는데, 왜냐하면 이들 음이온의 운동은 오른쪽 영역을 덜 음이 되도록 그래서 더 양이 되도록 만드는 경향의 효과를 가짐으로써, $Na^+$이 오른쪽으로 흐르는 것과 비슷한 효과를 가지기 때문이다.

만약 양이온의 전하가 $q_1$이라면 ($Na^+$의 경우에는 $e$), 관습적인 전류에 기여하는 양이온 기여는 초당 쿨롱(coulomb per second) 단위로 $q_1 n_1 A V_1$이다. 만약 음이온의 전하가 $q_2$라면 ($Cl^-$의 전하는 $q_2 = -e$), 음이온 기여는 $|q_2| n_2 A V_2$이다. 양이온과 같이 음이온도 같은 방향으로 관습적인 전류에 기여하기 때문에 전하의 절댓값을 취해야만 한다.

이동도가 (따라서 이동 속력이) 두 종류의 이온에 대해서 다를 수도 있다는 것에 주목하라. 큰 이온은 물을 통해서 움직이도록 하는 것이 더 어렵기 때문에 보통 더 작은 이동도를 가진다.

관습적인 전류는 암페어(ampere; coulomb per second) 단위로 양전하에 의한 관습적인 전류와 음전하에 의한 같은 방향의 관습적인 전류의 합이다:

$$I = |q_1| n_1 A v_1 + |q_2| n_2 A v_2$$

두 이온 전류 모두 총 전류에 기여하고, 이온의 전하 $q_1$ 또는 $q_2$가 $e$의 배수가 될 수도 있다는 것에 주목하라. 예를 들면, $Zn^{++}$의 전하는 2 $e$이다.

전류 밀도 $J = I/A = |q_1| n_1 u_1 E + |q_2| n_2 u_2 E = \sigma E$이고, 그러므로 이렇게 두 종류의 전하 운반자가 있는 상황에서 전도도는

**두 종류의 전하 운반자를 가진 전도도**

$$\sigma = |q_1| n_1 u_1 + |q_2| n_2 u_2$$

## 저항은 전도도와 구조를 결합

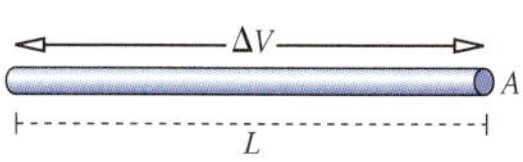

**그림 19.20** 저항기—예를 들면, 니크롬 전선

종종 두 개의 서로 다른 회로를 비교할 때, "단면적이 증가하고, 길이가 감소하며, 이동도가 증가"한다고 말한다. 물체의 성질과 (이동도, 움직이는 운반자 개수 밀도) 특정한 물체의 구조 성질을 (단면적, 길이) 둘 다 하나에 넣어서 저항기를 기술하는 하나의 양을 가지는 것이 실제적이다. 이 양은 "저항"이라고 불린다.

일정한 단면적 $A$, 길이 $L$, 그리고 균일한 조성을 가진 전선의(그림 19.20) 한쪽 끝에서 다른 쪽 끝까지 퍼텐셜 차 $\Delta V$를 고려하자. 정상 상태에서, 전선 내부에서

전기장은 어디에서나 같은 크기를 가지며 (그렇지 않다면 이동 속력과 전류가 변하게 될 것이다), 모든 곳에서 전선에 평행하다(그렇지 않다면 여분의 전하가 표면으로 이동될 것이다). 퍼텐셜 차는 아래 식으로 정의되기 때문에

$$\Delta V = -\int_i^f \vec{E} \bullet d\vec{l}$$

$|\Delta V| = EL$ 관계식을 가진다. 앞의 장에서 증명되었던 것처럼 (만약 $E$가 단면적을 가로질러 변한다면, 한 바퀴 돌아왔을 때 0이 되지 않는 경로를 만들 수 있으며, 균일한 $E$는 균일한 $v$와 따라서 균일한 $J$를 의미), 관습적인 전류 밀도 $J = I/A$는 전선의 단면적 $A$ 위의 어느 곳에서나 모두 같다.

> **질문** 어떤 물질에 대해서 $J = \sigma E$이다. 이 물질에 대하여, $I$를 $\sigma$와 $|\Delta V|$를 이용해서 식으로 표현하시오.

$|\Delta V|$와 $J$에 관한 두 개의 방정식을 결합하면, 관습적 전류 $I$와 퍼텐셜 차 $\Delta V$라는 두 거시적 양 사이의 관계를 알게 된다:

$$J = \sigma E$$
$$\frac{I}{A} = \sigma \frac{\Delta V}{L}$$

전류와 퍼텐셜 차이의 이 관계를 다음과 같이 재배열하는 것이 유용하다:

$$I = \frac{\Delta V}{L/(\sigma A)} = \frac{\Delta V}{R}$$

여기서 "저항" $R$은 volt per ampere 또는 "ohm" (약자로 $\Omega$이고 1800년대 초에 처음 정량적으로 저항을 연구했던 독일의 물리학자인 Georg Ohm의 이름을 따서 만들어진) 단위로 측정된다. 우리는 다음의 정의를 가진다:

**저항의 정의**

$$R = \frac{L}{\sigma A}$$

저항은 아래 양에 의존하는 것을 주목한다.

- 물질의 성질: $\sigma = |q|nu$
- 저항기의 구조: $L, A$

이들 측면들이 하나의 양으로 합쳐졌다—저항. 우리는 여러 가지 방법으로 큰 저항의 저항기를 만들 수 있다. 저항기는 긴 길이 $L$, 또는 작은 단면적 $A$, 또는 작은 전도도 $\sigma$를 가질 수 있다. 때때로 저항은 "비저항" $\rho = 1/\sigma$로 표현할 수도 있다. 이 경우에 $R = \rho L/A$이다.

물론 우리는 $I = |\Delta V|/R$ 식을 재배열할 수 있으며 $|\Delta V| = RI$라고 쓸 수 있다. 하지만, 보통 퍼텐셜 차가 전류를 흐르도록 한다고 생각하는 것이 적절하고, 전류가 퍼텐셜 차를 만드는 것이라고 생각하는 것은 적절하지 않으며, $I = |\Delta V|/R$ 형태는 우리에게 전류가, 퍼텐셜 차와 연관이 있는, 전기장을 가한 결과라는 사실을 생각나게 만들어 준다.

우리가 어떤 새로운 물리 원리를 발전시킨 것은 아니라는 것에 주목하라. 우리는 단지 퍼텐셜 차를 이용해서 $I = |q|nA\bar{v} = |q|nA(uE)$라는 식을 다시 썼던 것이며, 그래서 $I = |\Delta V|/R$ 식을 얻은 것이다.

## 복습: 거시적인 관점과 미시적인 관점을 연결

우리는 방금 했던 분석을, 금속 안에 있는 전자처럼, 한 가지 전하 운반자를 가진 물질에서 전류의 미시적인 앞서의 분석과 연결할 수 있다:

$$\bar{v} = uE$$
$$I = |q|nA\bar{v} = |q|nA(uE)$$

직선 모양의 전선에 대해서 $|\Delta V| = EL$이므로, $E = |\Delta V|/L$이다.

$$I = |q|nA\left(u\frac{\Delta V}{L}\right) = \frac{\Delta V}{\left(\dfrac{L}{|q|nAu}\right)}$$

$I = \dfrac{\Delta V}{R}$ 이고, 여기서 $R = \dfrac{L}{\sigma A}$ 이며, $\sigma = |q|nu$이다. 노트를 참조하지 않고도 이 관계식을 혼자서 유도할 수 있어야만 한다.

어떤 과학적인 일의 경우에는 전기장, 이동도, 이동 속력($\bar{v} = uE$) 등을 이용한 미시적인 묘사가 더 유용하다. 하지만, 전압계, 전류계, 저항계 등 기술적인 분야와 접촉할 필요가 있을 때는, 또한 퍼텐셜 차(전압), 저항, 관습적인 전류 등 거시적인 양으로 표현하는 상황을 기술할 수 있는 것이 필요하다.

두 관점을 하나씩 비교한 것은 아래와 같다:

| 미시적 관점 | 거시적 관점 |
|---|---|
| $\bar{v} = uE$ | $J = \sigma E$ |
| $i = nA\bar{v} = nAuE$ | $I = \lvert q\rvert nA\bar{v} = \left(\frac{1}{R}\right)\Delta V$ |

## 옴의 법칙을 만족하는 물질과 만족하지 않는 물질

전구 실험에서 보았던 것처럼, 전구 필라멘트에서 텅스텐의 이동도 $u$는 온도에 따라 변한다. 예를 들면, 하나의 전구를 통해서 흐르는 전류는 직렬로 연결된 두 개의 전구를 통해서 흐르는 전류의 두 배보다 약간 작은데, 왜냐하면 고온에서는 이동도가 더 작기 때문이다. 이동도처럼, 전도도 $\sigma = |q|nu$와 따라서 저항도 서로 다른 양의 전류에 대하여 변할 수 있다.

어떤 물질에서는, 저항기를 통해서 흐르는 전류의 양과 무관하게, 전도도 $\sigma$가 거의 일정하다. 우리는 이렇게 일정한 전도도를 가지는 물질을 "옴의 법칙을 만족하는" 물질이라고 부른다. 옴의 법칙을 만족하는 물질은, 전류의 양에 무관하게, $I = |\Delta V|/R$에서 저항 $R = L/(\sigma A)$가 일정하다는 성질을 가진다. 전도도는 어느 정도 온도에 의존하고, 높은 전류는 물질의 온도를 높이는 경향이 있기 때문에, 어떤 물질도 진짜로 옴의 법칙을 만족하지는 않지만, 온도가 매우 많이 변하지 않는 한도 내에서는 많은 물질들이 옴의 법칙을 근사적으로 만족한다고 간주

할 수 있다.

옴의 법칙을 만족하는 물질로 만들어진 저항기는 "옴의 법칙을 만족하는" 저항기라고 부른다. 만약 저항기를 가로지르는 퍼텐셜 차 $|\Delta V|$가 일정하도록 유지된다면, 옴의 법칙을 만족하는 저항기의 길이 $L$을 두 배로 하면 저항 $R$도 두 배가 되며 전류는 절반으로 줄어든다. 만약 저항기를 가로지르는 퍼텐셜 차이 $|\Delta V|$가 일정하도록 유지된다면, 단면적 $A$를 두 배로 하면 저항은 절반으로 줄어들고 전류는 두 배가 된다.

온도를 현저하게 올릴 정도로 전류가 많이 흐르지는 않는 한도 내에서, 니크롬 전선은, 회로에서 사용되는 탄소 저항기도, 거의 옴의 법칙을 만족하는 저항기이다. 금속에서 전도도는 고온에서 약간 감소하며, 금속은 단지 근사적으로 옴의 법칙을 만족한다. 고온에서는 전자들이 무작위 운동을 증가시키는 원자와 더 빈번하게 충돌을 한다고 생각할 수 있다. 앞의 장에서 옴의 법칙을 만족하지 않는 작동에 대한 증거를 보았는데, 직렬로 연결된 두 개의 전구를 통과하는 전류가 하나의 전구를 통과하는 전류의 절반보다 더 컸다.

**점검 사항 2** 실제 측정에서는, 가는-필라멘트 전구를 통해서 흐르는 전류는 직렬로 연결된 두 개의 전지에(3 volt) 연결했을 때 대략 100 milliampere (mA)이고; 전지 하나에(1.5 volt) 연결했을 때 전류는 대략 80 mA이며; 단지 50 millivolt의 작은 전압에 연결했을 때는 전류가 대략 6 mA이다(다른 가는-필라멘트 전구는 이 값들과 약간 다를 수도 있다). 공식 $I = |\Delta V|/R$을 이용하면, 이 각각의 경우에 $R$은 얼마인가? $R$이 일정한가? 가는-필라멘트 전구가 이 전체 전류 영역에서 옴의 법칙을 만족하는 저항기인가?

$R$을 계산한 후에, 비록 1.5에서 3 volt 사이 영역에서는 저항이 단지 대략 50% 정도 변화하고 전구는 대강 옴의 법칙을 만족한다고 말할 수 있겠지만, 0에서 3 volt 사이에서는 가는-필라멘트 전구가 옴의 법칙을 만족하지 않는다는 점에 주목한다.

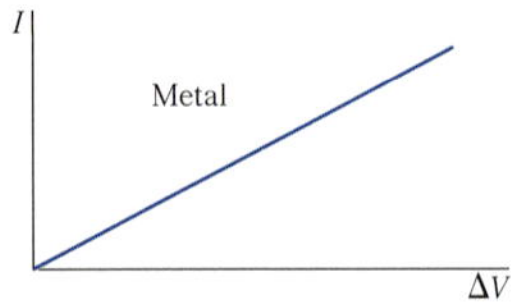


**그림 19.21** 원자에 묶여있지 않고, 움직이는 전자—옴의 법칙을 만족하는 작동

## 반도체

금속에서 퍼텐셜 차가 0일 때 전류는 0이지만, 그림 19.21에 보인 것처럼, 약간의 퍼텐셜 차도 전류를 흐르게 할 수 있다. 이러한 작동은 금속에서는 최소한 약간의 전자들이, 원자에 묶여있지 않고, 진짜로 자유롭다는 것을 의미한다. 만약 모두가 묶여있다면, 몇 개라도 자유롭게 만들기 위해서는 어느 정도 전기장을 가해야만 하고, 그림 19.22에 보인 것처럼, 전류를 증가시키기 위해서는 더 많은 전기장을 가해야만 할 것이다.

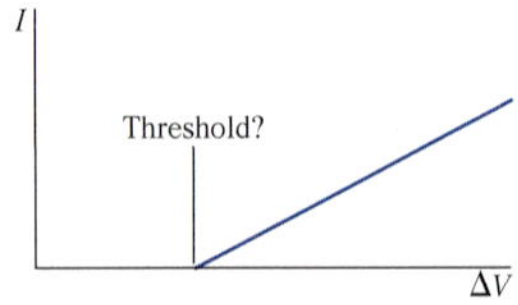


**그림 19.22** 만약 금속에서 전자가 원자에 묶여있다면, 전류는 이와 같이 행동할 것이다.

순수한 실리콘과 게르마늄은 특별하게 유용한 방식으로 옴의 법칙을 만족하지 않는다. 이들 "반도체" 물질에서는, 움직이는 전자의 밀도 $n$과 따라서 전도도 $\sigma = enu$는 (여기서 $u$는 움직이는 전자의 이동도) 전압에 지수함수 모양으로 의존한다. 약간의 전압을 가하면 거의 전류를 만들지 못한다. 작은 전류를 얻을 수 있는 충분한 전압을 가한 후에는, 전압을 두 배로 하면 전류가 두 배가 되는 것이 아니고 거의 100배로 증가되도록 만들 수 있다! (그림 19.23 참조)

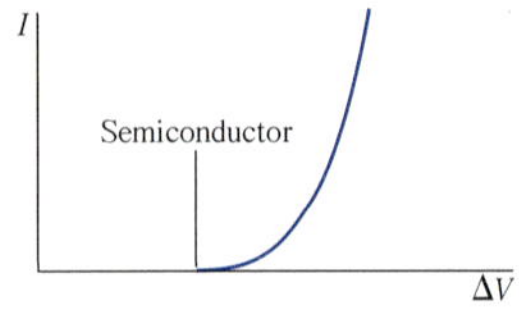


**그림 19.23** 실리콘 또는 게르마늄 같은 순수한 반도체의 작동

금속과 반도체의 핵심적인 차이는 $n$, 즉 단위 부피당 이용 가능한 전하 운반자의 수에 있다. 금속에서는 $n$이 (원자 핵심마다 하나의 움직이는 전자 또는 양공)

고정된 수이다. 반도체에서는 매우 낮은 온도에서 움직이는 전자 또는 양공이 없으며, 물질은 가해진 작은 전기장에 대하여 거의 절연체처럼 행동한다. 하지만, 전자들이 원자 핵심에 강하게 묶여있는 것은 아니고, 충분히 큰 전기장을 가하면 약간의 전자를 자유롭게 만드는 것이 가능하며, 그러므로 $n$은 변할 수 있고 퍼텐셜 차이를 증가시키면 따라서 증가한다.

온도를 올리는 것 또한 약간의 전자를 (또는 양공을) 자유롭게 만들 수 있고, 원자 핵심과 충돌하는 비율이 증가하는 것을 상쇄하는 것보다 $n$을 더 증가시켜서, 반도체의 경우에는 온도를 올리면 저항이 감소한다. 이것은 탄소의 경우에도 사실이다: 탄소 저항기의 저항은 온도를 올리면 약간 감소한다.

### 옴의 법칙을 만족하지 않는 다른 회로 요소들

모든 저항기가 옴의 법칙을 만족하는 것은 아니며, 심지어 "옴의 법칙을 만족하는" 것이라고 부르는 것들도, 만약 온도가 전류에 따라 변한다면, 단지 근사적으로 만족한다는 것을 보았다. 게다가, 저항기가 아닌 다른 회로 요소들은 뚜렷하게 옴의 법칙을 만족하지 않는다.

축전기는 옴의 법칙을 만족하지 않는다: 만약 축전기 판으로 흘러가고 흘러나오는 전류를 두 배로 한다면, 축전기가 더 빨리 충전되겠지만, 축전기의 경우에는 $|\Delta V|$가 $I$에 비례하는 것은 아니다. 전압은 전류에 비례하는 것이 아니고 한쪽 판 위에 있는 전하량에 비례한다: $|\Delta V| = Q/C$. 그러므로 축전기는 옴의 법칙을 만족하는 소자가 아니다.

전지는 옴의 법칙을 만족하지 않는다: 만약 전지를 통과하는 전류를 두 배로 한다면 (전지에 연결된 회로 소자를 변화시켜서), 전지의 전압은 거의 변화하지 않는다. 전지의 전압은 확실히 두 배는 아니고 실제로는 약간 감소할 것이다. 전지에 대해서는 명확하게 $|\Delta V|$가 $I$에 비례하는 경우는 아니다.

오직 저항기에만 $I = |\Delta V|/R$ 식을 적용하는 것이 매우 중요하다. 이 식은 넓은 타당성을 가진 근본적인 물리 원리가 아니다. 이것은 다만 어떤 물질은 (근사적으로) 옴의 법칙을 만족한다는 사실을 표현하는 것이다.

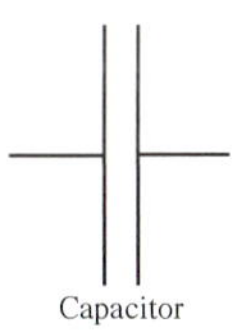


**그림 19.24** 축전기의 관습적인 기호

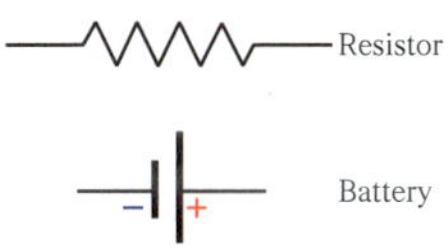


**그림 19.25** 저항기와 전구의 관습적인 기호

## 19.3 관습적인 기호들과 용어들

관습적인 회로 그림에서 전선은 직선으로 표시하고, 회로 요소들을 나타내기 위해서 특수한 방식의 기호들이 사용된다. 축전기는 감겨진 축전기를 펼쳐서 금속판의 중앙에 외부 연결을 만든 것처럼 나타낸다(그림 19.24). 판 사이의 절연 물질은 보통 표시하지 않는다.

저항기는 톱니 모양의 지그재그 선으로 나타낸다. 전지를 위한 기호는 길이가 같지 않은 두 개의 평행선이다. 더 긴 선은 전지의 양극 끝을 나타내고 짧은 선은 음극 끝을 나타낸다. 그림 19.25는 저항기와 전지에 대한 기호들을 보여준다.

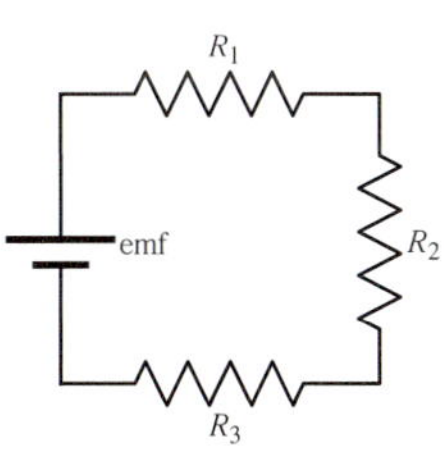


**그림 19.26** 직렬로 연결된 세 개의 저항기

### 직렬로 연결된 저항기들

회로 요소들이 갈라지는 곳이 없이 하나의 길을 따라서 연결되어 있을 때, 그들은 직렬로 연결되어 있다고 말한다. 그림 19.26은 옴의 법칙을 만족하는 세 개의 저항기들이 하나의 (내부 저항을 무시할 수 있는) 이상적인 전지와 직렬로 연결되어 있는 것을 보여준다.

우리는 옴의 법칙을 만족하는 몇 개의 저항기를 직렬로 연결하면 각각의 저항을 합한 값을 가지는 옴의 법칙을 만족하는 하나의 저항과 동등하다는 것을 보일 수 있다. 그림 19.26의, 옴의 법칙을 만족하는 세 개의 저항이 (내부 저항을 무시할 수 있는) 이상적인 전지 하나와 직렬로 연결된 회로를 고려하자.

전류 $I$는 이 직렬 회로에서 어디에서나 같다.

**질문** 옴의 법칙을 만족하는 저항기에 대해서 $\Delta V = RI$라는 사실을 이용해서, 이 회로에 대한 에너지 보존 폐회로 방정식을 적으시오.

폐회로 방정식 $\text{emf} - R_1I - R_2I - R_3I = 0$을 재배열하여 다음 식으로 쓸 수 있다:

$$\text{emf} = (R_1 + R_2 + R_3)I = R_{\text{equivalent}}I$$

명백하게 직렬로 연결된 옴의 법칙을 만족하는 저항기는, 모든 저항의 합과 같은 하나의 저항을 가지는, 옴의 법칙을 만족하는 하나의 저항기처럼 행동한다:

$$R_{\text{equivalent}} = R_1 + R_2 + R_3$$

이것은 완전히 명백한 결과는 아니다! 그 증명은 다음 사항들에 의존한다:

- 저항의 정의 $R = L/(\sigma A)$;
- 이 저항기를 이루는 물질에 대해서는 전도도 $\sigma$가 전류에 무관하다는 가정(옴의 법칙을 만족하는 저항기);
- 모든 저항기 퍼텐셜 하락의 합의 크기가 전지를 가로지르는 퍼텐셜 상승과, 이것은 전지의 emf와 같은 값을 가진다, 같다는 사실; 그리고
- 직렬 회로에서 정상 상태 전류 $I$는, 전하 보존과 정상 상태에서 변하지 않는 전하 분포 때문에, 모든 요소에서 같다는 사실.

만약 다양한 저항기들이 모두 같은 물질로 만들어졌고 서로 같은 단면적을 가지고 있다면, $R = L/(\sigma A) = \rho L/A$이기 때문에, 직렬-저항 공식은 단지 다양한 길이를 더하는 것과 동등하다는 것을 주목하라: $L_{\text{equivalent}} = L_1 + L_2 + L_3$

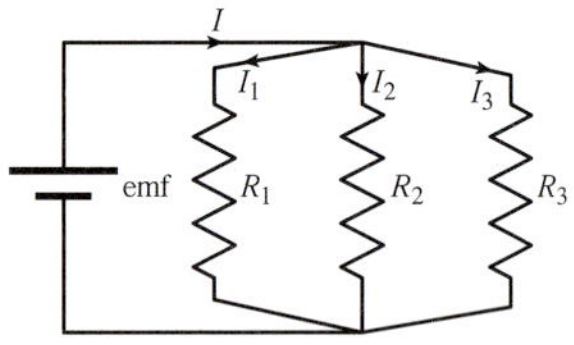


**그림 19.27** 병렬로 연결된 세 개의 저항기

## 병렬로 연결된 저항기들

회로 요소들을 직렬로 연결하는 대신에, 회로 안에서 몇 개의 갈라지는 곳을 만들어서, 이들을 병렬로 연결하는 것이 가능하다. 그림 19.27은 세 개의 저항기들이 병렬로 연결되어 있는 것을 보여준다.

우리는 옴의 법칙을 만족하는 몇 개의 저항기를 병렬로 연결하면 각각의 저항의 역수를 합한 값의 역수인 저항을 가지는 옴의 법칙을 만족하는 하나의 저항과 동등하다는 것을 보일 수 있다. 옴의 법칙을 만족하는 서로 다른 세 개의 저항이 병렬로 연결된, 그림 19.27의 회로를 고려하자.

이 병렬 회로에서 각각의 저항기를 가로지르는 퍼텐셜 차는 서로 같고, 이것은 전지의 emf와 같은 값을 가진다.

**질문** 옴의 법칙을 만족하는 저항기에 대해서 $I = \Delta V/R$이라는 사실을 이용해서, 이 회로에 대한 전류 분기점 방정식을 적으시오.

전류 방정식 $I - \frac{\text{emf}}{R_1} - \frac{\text{emf}}{R_2} - \frac{\text{emf}}{R_3} = 0$을 재배열하여 다음 식으로 쓸 수 있다:

$$I = \left(\frac{1}{R_1} + \frac{1}{R_2} + \frac{1}{R_3}\right)(\text{emf}) = \frac{\text{emf}}{R_{\text{equivalent}}}$$

명백하게 병렬로 연결된 옴의 법칙을 만족하는 저항기는, 모든 저항의 역수의 합과 역수 값이 같은 하나의 저항을 가지는, 옴의 법칙을 만족하는 하나의 저항기처럼 행동한다:

$$\frac{1}{R_{\text{equivalent}}} = \frac{1}{R_1} + \frac{1}{R_2} + \frac{1}{R_3}$$

만약 다양한 저항기들이 모두 같은 물질로 만들어졌고 서로 같은 길이를 가지고 있다면, $1/R = \sigma A/L$이기 때문에, 병렬-저항 공식은 단지 다양한 단면적을 더하는 것과 동등하다는 것을 주목하라: $A_{\text{equivalent}} = A_1 + A_2 + A_3$

**점검 사항 3** 밝게 빛나고 있을 때, 가는-필라멘트 전구의 저항은 대략 30 Ω이고 굵은-필라멘트 전구의 저항은 대략 10 Ω이다. 만약 이들이 병렬로 연결되어 있다면, 등가 저항은 얼마인가? 직렬로 연결된 두 개의 1.5 V 섬광 전지를 통과해서 흐르는 전류는, 만약 가는-필라멘트 전구와 굵은-필라멘트 전구가 이 전지들에 병렬로 연결되었다면, 얼마인가?

## 19.4 회로에서 일과 전력

만약 적은 양의 전하 $\Delta q$를 한 장소에서 다른 장소로 옮긴다면, 적은 양의 전기 퍼텐셜 에너지 변화 $\Delta U_e$는 전하 $\Delta q$와 퍼텐셜 차 $\Delta V$를 곱한 양인 $\Delta U_e = (\Delta q)(\Delta V)$와 같은데, 왜냐하면 전기 퍼텐셜은 (joule per coulomb, 또는 volt) 단위 전하당 전기 퍼텐셜 에너지이기 때문이다. 만약 이 일이 시간 $\Delta t$ 안에 수행된다면, 전력을 계산할 수 있는데, 이것은 단위 시간당 에너지이다:

$$\text{Power} = \frac{\Delta U_e}{\Delta t} = \frac{(\Delta q)(\Delta V)}{\Delta t}$$

하지만, $\Delta q/\Delta t$는 단위 시간당 옮겨진 전하의 양이며, 이것은 바로 전류 $I$이다. $\Delta q/\Delta t = I$이므로, 우리는 다음과 같은 중요한 방정식을 얻는다.

**어떤 종류의 회로 요소에 대해서 전력**

$$\text{Power} = |I\Delta V|$$

노트를 참조하지 않고도 이 주장을 반복할 수 있어야만 한다. 이것은 매우 일반적인 결과이고, 어떤 종류의 회로 요소에 대해서도 적용된다. 이 방정식을 전지와 저항기에 적용한 예가 있다. 저항기에서 소모되는 전력은 $I(RI) = RI^2$인데, 이것은 또한 $(\Delta V/R)\Delta V = (\Delta V)^2/R$로 쓸 수도 있다는 것을 주목하자.

**점검 사항 4** 전지에서 전력: 어떤 회로에서, 1.5 V의 emf를 가진 전지가 3 A의 전류를 만들고 있다. 전지의 출력 전압은 얼마인가? 적절한 단위를 포함하라(만약 다른 한편으로 3 A의 충전 전류로 재충전이 가능한 전지를 충전하고 있는 경우에는, 이것은 전지에 입력 전력이 될 것이다).

**예** **직렬로 연결된 두 개의 서로 다른 전구**

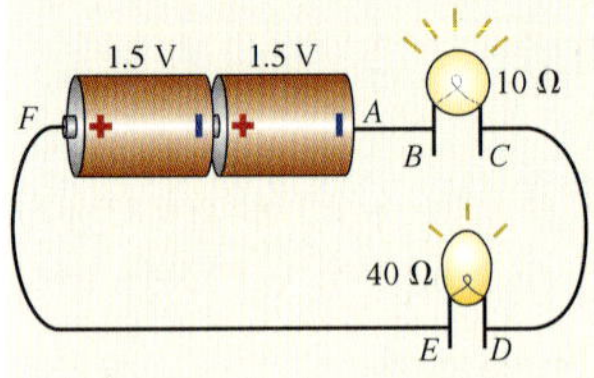


**그림 19.28** 가는-필라멘트 전구와 굵은-필라멘트 전구가 있는 회로

그림 19.28에 있는 회로는 두 개의 섬광 전지, 가는-필라멘트 전구 하나, 굵은-필라멘트 전구 하나, 그리고 매우 작은-저항 구리 전선으로 구성되어 있다.

(a) 정상 상태에서, 위치 *A*에서 1초당 전지로부터 나오는 전자의 수를 계산하라. 이 정상 상태 상황에서는 굵은-필라멘트 전구의 저항은 10 Ω이고 가는-필라멘트 전구의 저항은 40 Ω이라고 가정하라.

(b) 정상 상태 회로 위에서 근사적인 표면 전하를 나타내라.

(c) 회로를 돌아서, *x*축을 *A*에서 *F*를 거쳐 *A*까지 가도록 해서, 정확한 퍼텐셜 그래프를 그려라. 퍼텐셜의 값을 *y*축에 나타내라.

(d) 가는-필라멘트 전구에 있는 텅스텐 필라멘트는 길이가 8 mm이고 단면적이 $2 \times 10^{-10}$ $m^2$이다. 이 금속 필라멘트 안에서 전기장은 얼마인가?

(e) 전지의 출력 전력은 얼마인가?

**해답**

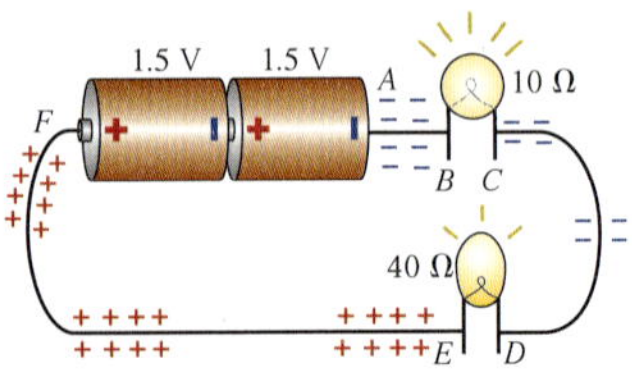


**그림 19.29** 정상 상태에서 회로 위의 근사적인 표면 전하 분포

**그림 19.30** 회로에서 퍼텐셜(전압) 대 위치. 거리(*x*좌표)는 척도가 없는 것이다.

(a) 폐회로 규칙: $2\ \text{emf} - IR_{10} - IR_{40} = 0$

$$I = \frac{2\,\text{emf}}{(R_{10} + R_{40})} = \frac{2(1.5\,\text{V})}{(10\,\Omega + 40\,\Omega)} = 6 \times 10^{-2}\,\text{A}$$

$$i = \frac{I}{|q|} = \frac{6 \times 10^{-2}\,\text{A}}{1.6 \times 10^{-19}\,\text{C}} = 3.8 \times 10^{17}\,\text{electrons/s}$$

(b) 그림 19.29를 보시오. 가는-필라멘트 전구에서는 (더 큰 저항을 가지기 때문에) 더 큰 전기장이 필요하므로, 가는-필라멘트 전구를 가로지르는 표면 전하 기울기는 굵은-필라멘트 전구를 가로지르는 표면 전하 기울기보다 훨씬 더 크다. 구리 전선을 가로지르는 표면 전하 기울기는 매우 작은데, 그 이유는 전선 안에서 매우 작은 전기장이 필요하기 때문이다. 기울기는 너무 작아서 이 그림에 나타낼 수 없으므로, 표면 전하는 전선 위에서 근사적으로 균일한 것처럼 나타냈다.

(c) 그림 19.30을 보시오. *x*축 위에서 거리는 척도가 없는 것이다.

(d) 가는-필라멘트 전구를 가로지르는 퍼텐셜 하락은 $\Delta V_{40} = R_{40}I$로 주어진다. 가는-필라멘트 전구의 필라멘트에서 전기장은 퍼텐셜 차이로부터 알아낼 수 있다:

$$E = \frac{\Delta V}{L} = \frac{R_{40}I}{L} = \frac{(40\,\Omega)(6 \times 10^{-2}\,\text{A})}{(8 \times 10^{-3}\,\text{m})} = 300\,\frac{\text{V}}{\text{m}}$$

(e) 전지에 대하여:

$$P = I\Delta V = (6 \times 10^{-2}\,\text{A})(3\,\text{V}) = 0.18\,\text{W}$$

## 19.5 전지

우리는 지금까지 전지가 이상적인 소자인 것처럼 취급해왔다: 다시 말한다면, 무엇에 연결되는가에 상관없이 같은 전하 분리를 유지하려고 항상 애쓰는 것으로 생각했다. 하지만, 실제 전지는 전지 emf와 같은 퍼텐셜 차이를 유지하지 못하는데, 전지 자체가 전류의 진행에 방해가 되는 "내부 저항" 때문이다. 실제 전지를 저항이 없는 이상적인 전지와 전지의 내부 저항이 직렬로 연결된 것으로 모형으로 나타낼 수 있다는 것을 보여줄 것이다.

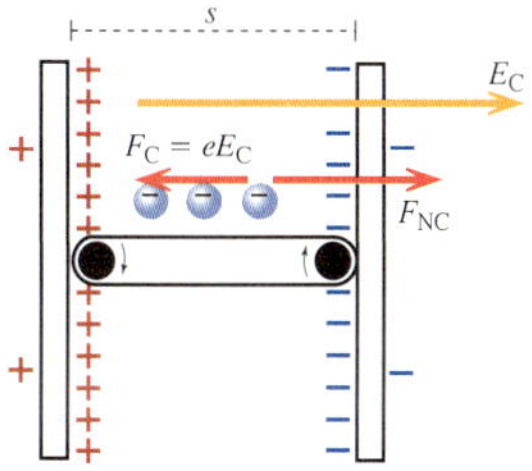


**그림 19.31** 메커니즘에서 약간의 마찰력이 있는 기계적인 전지

컨베이어 벨트 위에 있는 전자를 "+" 판에서 "−" 판으로 옮김으로써 전하가 끊임없이 다시 채워지는 두 개의 커다란 충전 판으로 구성되어 있는 기계적인 "전지"를 다시 고려하자. 모터에 의해 구동되는 벨트 위에 있는 전하는, 판 위에 있는 전하에 의한 쿨롱 힘 $\vec{F}_C = -e\vec{E}_C$과, 모터에 의해 미치는 비-쿨롱 힘 모두에 의해 영향을 받는다. 이들 두 힘은 서로 반대 방향으로 힘을 준다(그림 19.31).

일반적으로, 전지를 통해서 움직이는 전하의 한정된 이동도 때문에, 비-쿨롱 힘 $F_{NC}$가 쿨롱 힘 $F_C = eE_C$보다는 약간 더 크게 되어야만 한다. 화학적 전지에서는 이것이, 평균 이동 속력에 이르는, 충돌의 낯익은 형태를 가진다. 전지를 관통하는 이온의 이동 속력은 알짜 힘인 $(F_{NC}-eE_C)$에 비례한다. 만약 $\sigma$가 전지를 통과하는 움직이는 이온의 전도도이고, $A$가 전지의 단면적이라면, 전류 밀도 $J = I/A$는 보통의 $J = \sigma E$에 의해서 주어지는 것이 아니고 다음 식으로 주어진다.

$$J = \frac{I}{A} = \sigma \times (\text{force per unit charge}) = \sigma\left(\frac{F_{NC}}{e} - E_C\right)$$

이 식을 다시 정리하면, 우리는 아래 식을 얻는다.

$$E_C = \frac{F_{NC}}{e} - \frac{I/A}{\sigma}$$

만약 우리의 기계적인 전지의 (짧은) 길이가 $s$이고, 전기장이 거의 균일하며, 전지를 가로지르는 퍼텐셜 차가 $\Delta V = E_C s$라면, 다음 식이 성립한다.

$$\Delta V = \frac{F_{NC}s}{e} - \frac{s}{\sigma A}I$$

하지만, $F_{NC}s/e$는 단위 전하당 일 또는 전지의 emf이고, $s/(\sigma A)$는 저항의 단위를 가진다는 것을 주목하라. 우리는 $s/(\sigma A)$를 전지의 "내부 저항" $r_{int}$이라고 부르며, 결국 아래 식을 얻는다.

$$\Delta V = \frac{F_{NC}s}{e} - \frac{s}{\sigma A}I$$

이 식은 말한다: 만약 전지를 통한 이온의 움직임에 매우 작은 내부 저항 $r_{int}$이 있다면 (또는 매우 작은 전류 $I$가 있다면), 전지를 가로지르는 퍼텐셜 차 $\Delta V$는 전지의 emf와 거의 같은 값을 가진다는 것이다. 지금까지는 논의를 간단하게 하기 위해서 이렇게 가정을 해왔다. 하지만, 만약 전지를 통과하는 전류 $I$가 충분히 크다면, $r_{int}I$ 항이 꽤 크게 될 수 있으며, 전지를 가로지르는 (따라서 회로의 다른 요소를 가로지르는) 퍼텐셜 차가 전지 emf보다 현저하게 작을 수 있다.

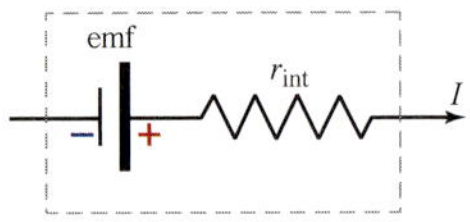


**그림 19.32** 실제 전지는 이상적인 전지가 내부 저항과 직렬로 연결된 모형으로 나타낼 수 있다.

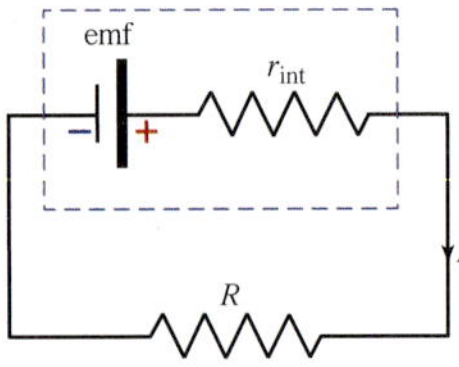


**그림 19.33** 저항과 연결된 이상적이지 않은 전지

$$\Delta V_{\text{battery}} = \text{emf} - r_{\text{int}}I$$

이므로, 실제의 (이상적이지 않은) 전지는 이상적인 전지와 내부 저항이 직렬로 연결된 것으로 모형으로 나타낼 수 있으며, 전지를 가로지르는 퍼텐셜 차이는 emf보다, 내부 저항을 가로지르는 퍼텐셜 하락에 (그림 19.32) 해당하는 양인 $r_{\text{int}}I$ 만큼, 더 작게 된다.

만약 저항기 $R$이 실제의 이상적이지 않은 전지에 연결되어 있다면(그림 19.33), 에너지 보존 때문에 (되돌아오는 퍼텐셜 차 = 0) 다음 식이 성립한다.

$$(\text{emf} - r_{\text{int}}I) - RI = 0$$

전류 $I$를 풀면, 다음 식을 얻는다.

$$I = \frac{\text{emf}}{R + r_{\text{int}}}$$

이 식이 실제로는 어떻게 작용하는지 살펴보자. 새로운 1.5 V "알칼리" 섬광 전지는 대략 0.25 Ω의 내부 저항 $r_{\text{int}}$를 가지고 있다.

**질문** 이 전지에 여러 가지 저항기를 연결했을 때 얻는 전류는 얼마인가? 그 효과의 아이디어를 얻기 위해서 여러 가지 값을 계산하시오:

| 이상적인 전지 $r_{\text{int}}$ = 50 | | 실제 전지 $r_{\text{int}}$ = 50 Ω | |
|---|---|---|---|
| 100 Ω | 0.015 A | 100 Ω | |
| 10 Ω | 0.15 A | 10 Ω | |
| 1 Ω | 1.5 A | 1 Ω | |
| 0 Ω | 무한대 | 0 Ω | |

실제 전지의 경우 전류는 각각 0.01496 A, 0.146 A, 1.2 A, 6 A이다. 이 표에서 주의할 몇 가지 사항이 있다: 내부 저항이 0이 아닌 실제 전지의 경우에는, 1 Ω 저항기를 통과하는 전류가 10 Ω 저항기를 통해 얻는 값의 10배가 아니다. 또한, 내부 저항은 전지에서 얻을 수 있는 최대 전류를 결정하는데, 이 전지는 아무리 작은 저항기를 붙이더라도 6 ampere보다 더 많은 전류를 전달할 수 없다. 하지만, 만약 전류가 작다면, 그 작동이 거의 "이상적"으로 된다.

전지의 내부 저항의 역할에 대한 한 예는 자동차 배터리에 대한 요구 조건에서 볼 수 있는데, 이 배터리는 시동 모터에 매우 큰 전류를 공급해야만 한다. 그러므로 이 배터리는 특별하게 낮은 내부 저항을 가지도록 만들어져야만 한다. 자동차 배터리 (큰 단면적 A를 가진) 내부에는 매우 큰 금속 전극이 있으며, 이것은 이온이 이동할 때 내부 저항을 감소시키도록 도와준다.

화학적 전지의 내부 저항 $r_{\text{int}}$가 단지 근사적으로 일정하다는 것을 지적해야만 한다. 전지를 점점 사용할수록, 내부 저항이 증가한다. 하지만, 어느 특별한 순간에, (그 순간에 유효한 emf와 내부 저항의 값을 사용하면) 식 $\Delta V_{\text{battery}} = \text{emf} - r_{\text{int}}I$는 전지를 가로지르는 퍼텐셜 차이를 전지를 통과하는 전류와 연결하지 않게 된다.

**점검 사항 5** 만약 내부 저항이 0.25 Ω이고 연결된 전선의 저항이 0.25 Ω보다 훨씬 작다면, 단락되었을 때 1.5 V 전지를 가로지르는 퍼텐셜 차 $\Delta V$는 얼마인가? 전지 내부에서 평균 알짜 전기장 $E$는 얼마인가? 기계적인 "전지"에 대해서, 전지 판 위에 얼마나 많은 전하가 있는가?

이것은 다시, 전지에 무엇이 연결되어도 변하지 않는, 전지의 비-쿨롱 emf와, 전지가 양 끝에 얼마나 많은 전하를 유지할 수 있는가에 의존하는, 전지를 가로지르는 퍼텐셜 차 $\Delta V$의 차이를 보여준다. 단지 내부 저항이 없는 이상적인 전지에서만 $\Delta V$가 emf와 정확하게 같다. 방전이 되고 있는 실제의 전지에 대해서 $\Delta V$는 항상 emf보다 약간 작게 되며 (만약 재충전이 가능한 실제 전지를 충전한다면, emf보다 약간 더 큰 $\Delta V$를 가해야만 한다.)

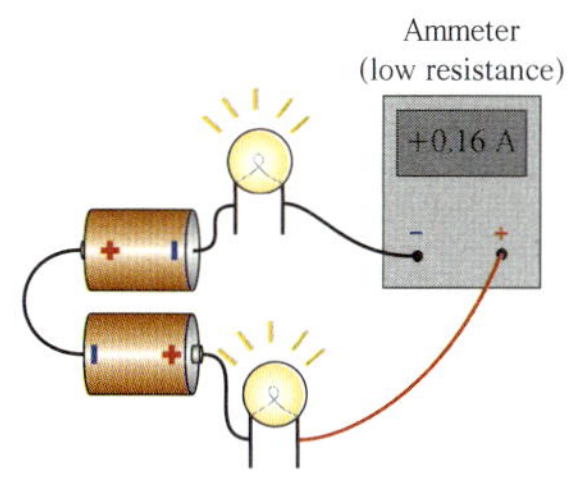


**그림 19.34** 전류계는 전류를 측정하기 원하는 회로 소자와 직렬로 삽입되어야만 한다. 전류계는 회로를 현저하게 변경시키지 않도록 낮은 저항을 가져야만 한다.

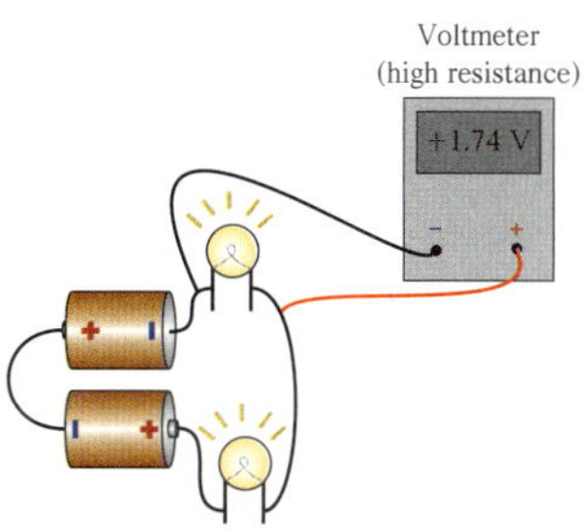


**그림 19.35** 전압계는 퍼텐셜 차이를 측정하기 원하는 회로 소자와 병렬로 놓여야만 한다. 전압계는 별도의 전류 경로를 만들어 회로를 현저하게 변경시키지 않도록 높은 저항을 가져야만 한다.

## 19.6 전류계, 전압계, 저항계

회로 이론의 중요한 응용은 관습적인 전류, 퍼텐셜 차, 저항을 측정하기 위해 사용되는 전류계, 전압계, 저항계의 작동을 설명하는 것이다. 현대의 디지털 "멀티미터"는 이 기능들을 합쳐서 하나의 소형 기구에 넣은 것으로, 전류, 전압, 저항을 선택할 수 있도록 스위치를 가지며, 부호와 함께 편리한 디지털 정보 읽기를 갖추고 있다. 전류계와 전압계에 관하여 알아야 할 가장 중요한 사항들이 있다.

- 전류계는 전류를 측정하기 원하는 회로 소자와 직렬로 삽입되어야만 한다. 전류계는 매우 작은 저항을 가져야만 하는데, 이는 전류계가 삽입된 회로를 현저하게 변경시키지 않도록 하기 위함이다(그림 19.34).
- 전압계는 퍼텐셜 차이를 측정하기 원하는 회로 소자와 병렬로 놓여야만 한다. 전압계는 매우 높은 저항을 가져야만 하는데, 이는 회로를 변경하게 될 전류를 위한 중요한 별도의 경로를 만들지 않기 위함이다(그림 19.35).

### 전류계 이용

전류계는 회로에 삽입되어야만 하고, 측정되는 전류는 "+" 소켓으로 들어가서 "−" 소켓으로 나간다. 만약 관습적인 전류가 "+" 소켓으로 흐른다면, 전류계가 양수를 보여준다. 관습적인 전류가 "−" 소켓으로 흐를 때는, 전류계가 음의 전류값을 나타낸다.

**전류계 부호 약속**

> 만약 관습적인 전류가 "+" 표시가 있는 소켓으로 흐른다면, 전류계는 양 전류를 나타낸다.

(이것은 전지에 대한 약속과는 반대인데, 왜냐하면 관습적인 전류는 전지의 "+" 단자로부터 흐르기 때문이다.)

### 간단한 전류계

만약 전류와 나침반을 가지고 실험을 수행한다면, 통과하는 전류에 의해서 바늘이 돌아가는 형태의 간단한 전류계를 사용한다. 만약 나침반 위에 알려진 양의 전류가 흐를 수 있으면, 알려진 전류와 관측된 편향 각도 사이의 관계를 결정함으로써 전류계를 조정할 수 있다. 이것은 "비-침투" 전류계인데, 왜냐하면 전선 내의 전류를 감지하고 측정할 수 있기 위해서 회로를 변경시킬 필요가 없기 때문이다.

표준 전류계를 사용하는 일에서 심각한 실제적인 문제는, 만약 이미 있는 회로의 어느 장소에서 전류를 측정하고 싶다면, 관심이 있는 장소에서 회로를 절단하고 전류계를 삽입해야만 한다는 것이다. 이런 일이 측정되는 전류에 가능하면 작은 변화를 만들기 위해서는, 전류계가 매우 낮은 저항을 가지도록 설계되어야만 하고, 그렇게 되면 만약 전류계를 삽입하면 마치 전선을 약간 더 길게 만든 것처럼 된다.

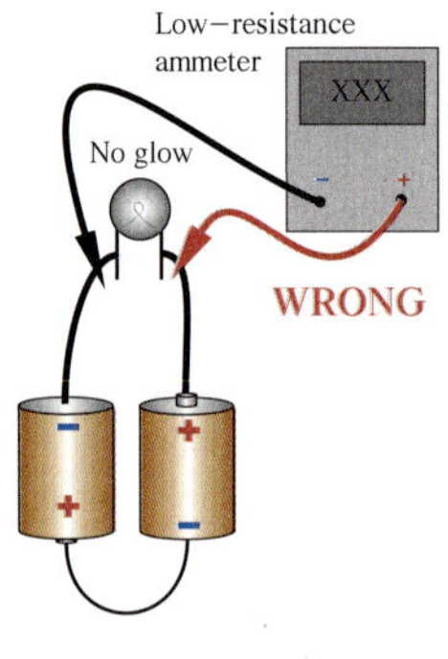


그림 19.36 이 전류계는 회로에서 잘못 놓여 있다.

### 전류계는 낮은 저항을 가져야만 한다

전류계는, 측정하려고 시도하는 전류를 변화시키지 않도록, 가능하면 작은 저항을 가져야만 한다.

**질문** 그림 19.36에 보인 회로에서 전지를 통과하는 전류를 측정하려고 시도하는 중이라고 가정하자. 전류계를 놓은 것에 무엇이 틀렸는가?

전지에 병렬로 전류계를 연결한 것은 전류를 위한 매우 낮은-저항 경로가 ("단락 회로") 있는 것을 의미한다. 매우 적은 전류가 전지를 통해서 흐르고, 대부분의 전류는 전류계를 통해서 흐르게 될 것이다. 전지는 더 이상 밝게 빛나지 않고, 전류계를 통해서 흐르는 전류는 전지를 통해서 흐르는 미미한 전류와 상관이 없으며, 오히려 전지가 제공할 수 있는 최대 전류를 측정한 것이 된다.

전류계가 회로 속으로 삽입되어야만 한다는 사실은 단순한 회로를 가진 문제처럼 보이지 않을 수 있고, 만약 관심이 있는 회로가 회로에 손상을 주지 않고 전류계를 삽입하기 위해 끊을 수 없도록 되어 있다면 큰 문제일 수 있다. 게다가, 상업적인 전류계는, 만약 그림 19.36에 보인 것처럼 올바르지 않게 사용된다면, 퓨즈가 망가지거나 심지어는 영구적으로 손상을 입을 수도 있는데, 왜냐하면 매우 낮은-저항 전류계를 통해서 수 ampere의 전류가 흘러가고, 그렇게 되면 많은 상업적인 전류계는 그런 큰 전류를 제어할 수 없기 때문이다.

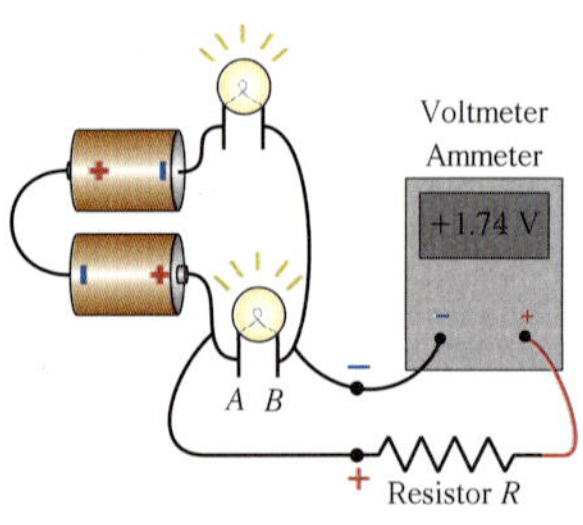


그림 19.37 직렬로 연결된 저항기를 가진 전류계는 전압계를 이룬다.

## 전압계는 퍼텐셜 차를 측정

만약 전류계에 직렬로 연결된 저항기를 더하면, 원리적으로 우리는 퍼텐셜 차를 측정하는 전압계를 만들 수 있다. 회로 요소 하나를 가로지르는 전류계를 붙이고 저항 $R$이 매우 큰 저항기도 함께 있다고 가정하자(그림 19.37).

**질문** 만약 전류계를 통과하는 측정된 전류가 $I$라면, $R$과 $I$로 나타낸, 이 회로에서 퍼텐셜 차 $V_A - V_B$는 얼마인가?

저항기를 따라서 퍼텐셜 차는 $V_A - V_B = RI$이다. 저항기를 통하여 흐르는 작은 전류 $I$는 전류계에 의해서 측정되었고, 퍼텐셜 차는 $RI$이다. 만약 전류계가 volt ($RI$) 단위로 다시 표시된다면, 이 기기는 퍼텐셜 차를 직접 읽는 것이다. 전압계는 직렬 저항을 가진 전류계로, 전체가 상자 하나에 들어가 있는 것으로 (그림 19.37에서 끊어진 선 안쪽에 보인) 생각될 수 있다.

전압계는 두 개의 단자를 가지고 있고, 퍼텐셜이 아닌, 퍼텐셜 차를 측정한다는

것에 주목하라. 상업적인 전압계는 "+"와 "−" 소켓을 다음과 같이 가지고 있다:

**전압계 부호 약속**

> 만약 "+"로 표시된 소켓에서 퍼텐셜이 더 높으면, 전압계는 양의 퍼텐셜 차를 보여준다.

만약 "−" 소켓이 더 높은 퍼텐셜에 있으면, 전압계는 음의 퍼텐셜 차를 표시한다. 그림 19.37에 있는 전압계는 양의 값을 가질 것이다.

전류계는 매우 작은 저항을 가져야만 하는데, 이는 전류계를 회로에 삽입한 것이 가능하면 적게 회로를 교란시켜야만 하기 때문이다. 하지만, 전압계는 가능하면 매우 큰 저항을 가져야만 하는데, 이는 회로 소자와 병렬로 전압계를 놓는 것이 가능하면 적게 회로를 교란시키고, 단지 미약한 전류만이 전압계를 통해서 옆으로 흐르기 때문이다.

**전압계는 높은 저항을 가져야만 한다**

> 전압계는 (병렬로 사용되어) 매우 큰 저항을 가져야만 한다.
> 전류계는 (직렬로 사용되어) 매우 작은 저항을 가져야만 한다.

전압계 저항에는 실제적인 한계가 있다. 전압계의 저항이 커지면 커질수록, 전압계의 전류계 부분이 더욱 더 민감하게 되어야만 한다. 상업적인 전압계는 보통 10 MΩ ($10 \times 10^6$ ohm) 정도로 높은 저항을 가지고 있고, 전압계의 전류계 부분이 따라서 민감하게 되어 있다. 10 MΩ 저항을 가진 상업적인 전압계조차도 100 MΩ 저항기로 구성되어 있는 회로에서 퍼텐셜 차를 측정하는 것에는 소용이 없는데, 왜냐하면 10 MΩ 전압계를 100 MΩ 저항기와 병렬로 놓으면 회로를 격렬하게 변경시키기 때문이다.

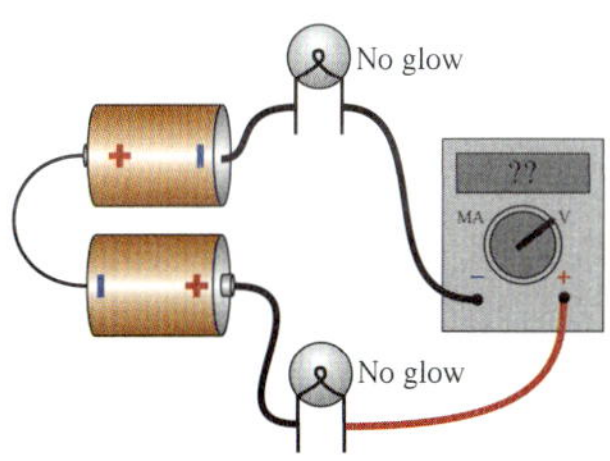


**그림 19.38** 이 전압계는 회로에서 잘못 놓여 있다.

> **점검 사항 6** 두 명의 실험실 동료가 직렬 회로에서, 디지털 멀티미터를 (milliampere 단위로 전류를 읽도록 조정된) 두 개의 굵은-필라멘트 전구 사이에 직렬로 놓음으로써, 전류를 측정했다(그림 19.38). 다음에 그들은 전구 하나를 가로지르는 전압을 측정하고 싶었고, 그래서 단순하게 멀티미터의 스위치를 V 설정으로 (volt) 바꾸었다. 전구가 밝게 빛나는 것을 멈추었으므로 그들은 깜짝 놀랐다. 그들은 무엇을 잘못한 것인가? 전압계는 무엇을 읽었던 것인가?

## 저항계

상업적인 멀티미터는 전류계와 전압계로 작동할 수 있을 뿐만 아니라 회로에서 제거되었던 소자의 저항을 측정하는 "저항계"로도 사용된다. 멀티미터의 저항계 부분은 작은 전압 원천이 (예를 들면, 50 mV) 직렬로 연결된 전류계로 구성되어 있다. 미지의 저항기를 저항계에 연결했을 때, 작은 전압이 작용해서 저항기와 전류계를 통해서 작은 전류가 흐르도록 한다. 저항계는 가해진 전압을 측정된 전류로 나누어서 표시되도록 조정되어 있는데, 이것이 바로 (전류계의 저항이 측정하려고 시도하는 저항과 비교해서 작다고 가정하면) 저항이다. 저항계를 이용하기 전에 회로에서 관심이 있는 저항기를 제거해야만 한다는 것을 알 수 있는데, 왜냐하면 저항계는 자신의 전압 원천을 가지고 있는 능동 소자이기 때문이다.

### 상업적인 측정기는 실제로 어떻게 만드는가?

큰 저항을 가진 저항기를 직렬로 연결한 민감한 전류계로부터 전압계를 만들 수 있다는 것을 알았다. 현대적인 디지털 전압계는, 알려진 전류가 축전기를 방전시키는 데 걸리는 시간을 측정함으로써, 전압을 직접 읽는다! 디지털 전류계는 기본적으로 매우 작은 저항이 병렬로 연결된 전압계이고, 전압계는 작은 저항을 가로질러 매우 작은 퍼텐셜 차이를 읽는다. 디지털 저항계는 알려진 전류가 미지의 저항을 통해서 흐르도록 만들고, 결과로 나타나는 퍼텐셜 차이를 측정한다. 만드는 세부 사항에 무관하게, 전류계는 매우 낮은 저항을 가지고 있고, 전압계는 매우 높은 저항을 가지고 있다는 것을 이해하는 것이 중요하다.

## 19.7 *RC* 회로의 정량적인 분석

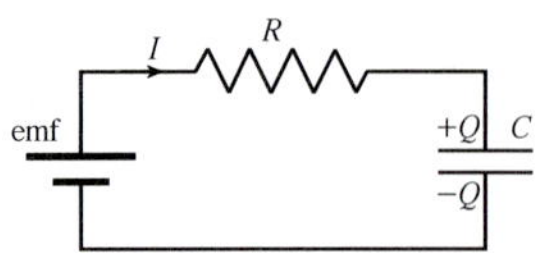

그림 19.39 *RC* 회로

우리는 이제 알려진 emf를 가진 이상적인 전지, 저항기 $R$, 축전기 $C$를 포함하고 있는 직렬 회로를 (이른바 "*RC*" 회로) 정량적으로 분석할 위치에 있다. 축전기를 가로지르는 퍼텐셜 차 $\Delta V = Q/C$이고, 여기서 $Q$는 양극판 위에 있는 전하이고 $C$는 "축전 용량"이다(제19.1절: 평행판 축전기에서는 $C = K\varepsilon_0 A/s$이고, 여기서 $A$는 판의 면적이고, $s$는 판 사이의 틈 거리이며, $K$는 틈을 채우고 있는 물질의 유전상수이다). 그림 19.39에 있는 *RC* 회로에 대한 에너지 방정식은 아래 식과 같다.

$$\Delta V_{\text{round trip}} = \text{emf} - RI - Q/C = 0$$

### 최종 상태

분석할 가장 간단한 상황은 이 회로의 마지막 평형 상태인데, 이 상태에서 전류는 0으로 떨어지고, 축전기는 완전히 충전된 상태이다. 그렇게 되면 $RI$항은 0이 되고, 폐회로 방정식은 아래와 같다:

$$\Delta V_{\text{round trip}} = \text{emf} - Q/C = 0$$
$$Q = \text{emf} \cdot C$$

축전기 위에 있는 최종 전하는 오직 emf와 축전 용량에 의존한다는 것을 알 수 있다. 회로에 있는 저항기는 평형에 도달하는 데 얼마나 걸리는지를 결정하지만, 축전기 위에 있는 최종 전하에는 아무런 영향을 주지 못한다.

### 초기 상황

전지와 굵은-필라멘트 전구가 직렬로 (방전된) 축전기에 연결되었을 때 어떤 일이 일어나는지 살펴보자. 최종 연결을 한 직후에 전구는 매우 밝고 (이후에는 어두워진다) 처음의 밝기는 축전기가 없이 단지 굵은-필라멘트 전구만 포함하고 있는 회로에서 얻는 것과 같아 보인다.

이것을 정량적으로 어떻게 이해할 수 있는지 살펴보자. 다른 양들을 이용해서 $I$를 구하기 위해서 에너지 방정식을 재정리하면 다음 식을 얻는다:

$$I = \frac{\text{emf} - Q/C}{R}$$

**질문** 초기의 밝기가 왜 마치 축전기가 없었던 것과 같은지를 설명하기 위해서 $I$에 관한 식을 이용하라(힌트: 초기에 $Q$는 얼마인가?).

축전기는 초기에 충전되지 않았으므로, 초기에 $Q = 0$이고, 이 $Q$값을 $I$에 관한 방정식에 넣으면 $I = \text{emf}/R$이 된다. 이것은 축전기가 없는 단순한 회로에서 얻을 수 있는 전류와 같다. 이 초기 상황을 이해했으므로, 다음에는 어떤 일이 발생하는지를 살펴보자.

축전기의 양극판 위에 쌓이는 전하 $Q$의 충전 비율은 $I = dQ/dt$이다. 이것을 다른 방식으로 말한다면, 시간 $dt$가 지나면 축전기 판은 여분의 전하 $dQ = Idt$를 얻게 된다. 에너지 방정식을 다시 쓰면 다음과 같다:

$$I = \frac{dQ}{dt} = \frac{\text{emf} - Q/C}{R}$$
$$dQ = \left(\frac{\text{emf} - Q/C}{R}\right) dt$$

이 식은 수치 적분을 하는 데 적당한 형태를 가지고 있다. 어떤 순간에, 우리는 $Q$를 알고 있고 (초기에는 0), 그러면 이 방정식으로부터 변화량 $dQ$를 계산할 수 있다. 다음에는 $Q + dQ$가 새로운 $Q$가 되고, 그러면 $dQ$의 새로운 값을 계산하기 위해서 이 새로운 $Q$를 이용할 수 있으며, 이와 같이 계속된다.

## 수치 적분

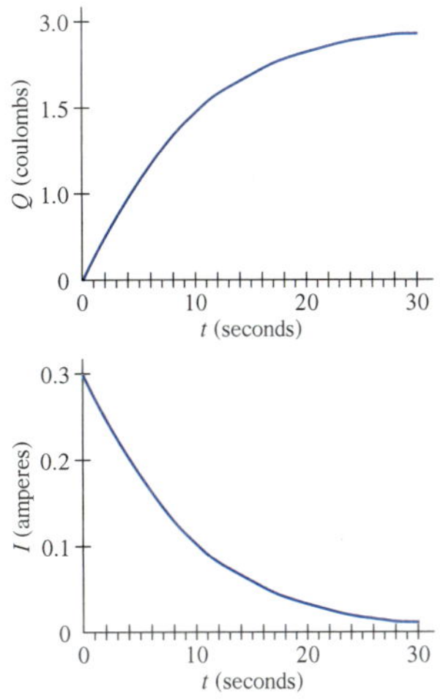

**그림 19.40** 시간의 함수로 나타낸 전하와 전류

일이 어떻게 진행되는지 알기 위해서 이 수치 적분에서 몇 단계를 나가보자. 첫 번째 시간 간격 $dt$가 지나면, 초기 값 $Q_0$는 0이기 때문에, $dQ = (\text{emf}/R)dt$이다. 새로운 값 $Q_1$은 다음 식과 같이 된다.

$$Q_1 = Q_0 + dQ = (\text{emf}/R)dt$$

이제 축전기는 0이 아닌 작은 전하 $Q_1$을 가지게 된다. 두 번째 시간 간격에서는, 다음 식을 얻을 수 있다.

$$dQ = \left(\frac{\text{emf} - Q_1/C}{R}\right) dt$$
$$Q_2 = Q_1 + dQ$$

이 식에서 $Q_1$은 0이 아니기 때문에, 전하의 증가량 $dQ$가 이번에는 더 작다. 시간이 지나가면, $Q$는 점점 더 커지고, 각각의 계속되는 시간 간격에 대한 $dQ$는 점점 더 작아질 것이다. 그러므로 $Q$ 대 시간 그래프는 그림 19.40의 위쪽 그래프처럼 보이게 될 것이다. 이 그래프는 두 개의 1.5 V 전구가 직렬로 연결된 $R = 10\ \Omega$과 (밝게 빛나는 굵은-필라멘트 전구의 근사적인 저항) $C = 1.0$ F을 이용한 수치 적분의 결과이다.

그림 19.40의 아래쪽 그래프는, $I = dQ/dt$로 계산된, 저항기를 흐르는 전류이다. 축전기의 가장자리 전기장이 전류 흐름을 점점 더 방해하기 때문에, $Q$가 증가함에 따라 $I$는 감소한다. 퍼텐셜로 말한다면, $Q$가 증가함에 따라, 축전기를 가

로지르는 퍼텐셜 차가 증가하고, 이것은 저항기를 가로지르는 퍼텐셜 차가 감소해야만 한다는 것을 의미하며, 그러므로 $I = \Delta V_{\text{resistor}}/R$은 감소한다.

## 해석적인 해

그림 19.40에 있는 그래프는 지수 함수처럼 보인다. 전류가 아래 식으로 표현된다고 추측을 해 보자.

$$I = I_0 e^{-at}$$

여기서 $I_0$는 초기 전류이고 (앞에서 우리는 $I_0 = \text{emf}/R$이 됨을 알았다), $\alpha$는 미지의 상수이다. 일련의 추론을 고려하자:

$$I = \frac{dQ}{dt} = \frac{\text{emf} - Q/C}{R} \quad (I\text{와 } Q\text{를 이용한 에너지 방정식})$$
$$\frac{dI}{dt} = -\frac{1}{RC}\frac{dQ}{dt} = -\frac{1}{RC}I \quad (\text{emf}/R\text{은 상수이기 때문에})$$
$$\frac{dI}{dt} = \frac{d}{dt}(I_0 e^{-at}) = -aI_0 e^{-at} = -aI = -\frac{1}{RC}I \quad (I\text{에 관한 우리의 추측을 이용해서})$$

만일 $a = 1/RC$라면 이 마지막 방정식은 모든 시간에 대해서 참이 되므로, 우리는 다음의 해를 얻는다.

**직렬 $RC$ 회로에서 전류**

$$I = \left(\frac{\text{emf}}{R}\right) e^{-t/RC}$$

이 해는 모든 올바른 성질을 가지고 있다. 시간 $t = 0$일 때 지수 함수는 1이기 때문에, $I = \text{emf}/R$이 되어 초기의 밝기는 축전기가 없는 것과 같아진다. 시간 $t$가 매우 커지면서 지수 함수는 0이 되고 전류는 0이 되는데, 이것은 $RC$ 회로에서 관측되는 것이다.

우리는 (미분과 연관되는 방정식인) 미분 방정식에 관한 해석적인 해를 발견하기 위한 매우 평범하고 강력한 방법을 이용했다: 해의 형태를 추측하고 ($\alpha$ 같은 미지의 상수를 포함하는), 이 형태와 미분을 미분 방정식에 넣어서, 어떤 상수가 방정식을 만족하는지를 ($\alpha = 1/RC$) 결정한다.

$I = dQ/dt$이고 $Q = \int_0^t I dt$이기 때문에, 다음 식을 보이는 것은 쉽다:

**직렬 $RC$ 회로에서 전하**

$$Q = C(\text{emf})\left[1 - e^{-t/RC}\right]$$

이 해는 모든 올바른 성질을 가지고 있다. 시간 $t = 0$일 때 지수 함수는 1이기 때문에, $Q = 0$이 된다(축전기의 양극판 위에는 아직 전하가 없다). 시간 $t$가 매우 커지면서 지수 함수는 0이 되고 $Q$는 $C(\text{emf})$에 접근한다. 이것은 옳다: $\Delta V_{\text{Capacitor}} = Q/C = C(\text{emf})/C = \text{emf}$. 전류가 흐르지 않을 때, 축전기를 가로지르는 퍼텐셜 차는 전지를 가로지르는 퍼텐셜 차와 같아진다.

**질문** 이 회로에서 축전기의 한쪽 판 위에 저장되는 최종 전하의 수치 값은, coulomb 단위로, 얼마인가?

우리는 $Q_F = C \times \text{emf} = (1.0\ \text{farad})(3\ \text{V}) = 3.0\ \text{C}$이라는 것을 알았다. 이것은 매우 큰 전하량이다! 예를 들어, 볼 수 없는 테이프 조각 위에 있는 전하의 양과, 이것은 $1 \times 10^{-8}$ C 정도이다, 비교해 보시오.

실제로는, 미분 방정식의 해석적인 해가 물리적으로 단지 근사인데, 왜냐하면 전류가 저항기를 변화시키면서 온도와 저항도 변하기 때문이다. 이것은 저항기가 전구일 때 특별히 중요한데, 왜냐하면 전류가 감소하고 냉각이 되면서 저항이 급격하게 떨어지기 때문이다.

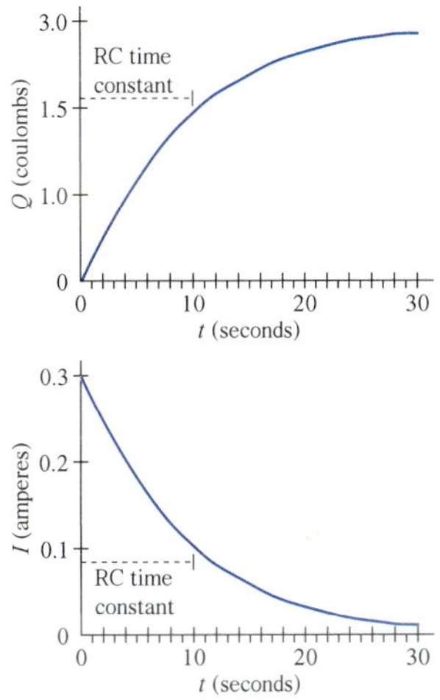


**그림 19.41** 시간의 함수로 나타낸 전하와 전류

### RC 시간 상수

최종 평형에 도달하는 데 얼마나 걸리는지 대략적인 값이 "시간 상수" $RC$이다. 시간 $t = RC$일 때, 인자 $e^{-t/RC}$는 $e^0 = 1$로부터 다음 식의 값으로 떨어진다.

$$e^{-t/RC} = e^{-1} = \frac{1}{e} = \frac{1}{2.718} = 0.37$$

**질문** $R = 10\ \Omega$과 (밝게 빛나는 굵은-필라멘트 전구의 근사적인 저항) $C = 1.0$ F을 가진 회로에 대해서 "시간 상수"를 계산하라. 이것은 전류가 원래의 0.30 A에서 0.11 A로 (0.30 A의 0.37배) 감소했을 때의 시간이다.

시간 상수 $RC = (10\ \Omega)(1.0\ \text{F}) = 10$ s이다. 전구는 이 전류일 때 매우 어둡게 될 것이다. 이것은 굵은-필라멘트 전구와 1 F 축전기를 가지고 관측되는 것과 일치하는데, 이 정도의 시간이 지나면 밝기의 대부분을 잃어버린다. 그림 19.41은, $RC$ 시간 상수 10 s인, 굵은-필라멘트 전구를 가진 $RC$ 회로에 대해서 $Q$ 대 $t$와 $I$ 대 $t$의 그래프를 보여준다.

**질문** 시간 $t = RC$일 때 전구에서 소모되는 전력이 원래 전력의 단지 14%라는 것을 보이시오.

전구에서 소모되는 전력은 $I\Delta V = RI^2$이므로, 전류가 0.37배로 감소하는 것이 전력에서는 $(0.37)^2 = 0.136$배 감소를 주게 된다.

**질문** 굵은-필라멘트 전구를 가는-필라멘트 전구로 (전구에 따라 달라질 수 있지만, 밝게 빛날 때 전형적인 저항 $R$은 대략 30 Ω이다) 교체한 회로에서 "시간 상수"를 계산하라.

시간 상수 $RC = (30\ \Omega)(1.0\ \text{F}) = 30$ s이고, 이것은 1 F 축전기를 가지고 관측되는 것과 대략적으로 일치한다.

우리는 이제 $RC$ 회로의 작동에 대한 완벽한 거시적인 기술을 갖게 되었다. 실험에서는, 전구가 더 이상 밝게 빛나지 않는 지점까지 전류가 감소하는 데 걸리는 시간을 측정하면, 이것은 전류가 $e^{-1}$배로 작아질 때까지 걸리는 시간과 같지는 않다.

## 19.8 복습: 거시-미시 연결

이 장에서는 저항에 대한 미시적인 관점과 거시적인 관점을 결부시켜 생각했다. 원래의 미시적인 관점에서는, 개별 전자들이 전기장에 비례하는 이동 속력 $\bar{v} = uE$를 획득했다. 이 전기장은 전지의 안과 위 그리고 전도 회로 요소의 표면에 있는 모든 전하에 의해서 만들어진다. 전자 전류 $i$는 단위 시간당 전자의 수로 측정된다.

거시적인 관점에서는, 모든 전하에 의해서 만들어지는 전기장은 관습적인 전류 밀도 $J = \sigma E$와 단위 시간당 coulomb(ampere) 단위로 측정되는 전류 $I = JA$를 생성한다. 전기장의 적분이 퍼텐셜 차이고, 점전하로 인한 전기장의 어떤 폐곡선 적분도 0이 되어야만 하는데, 이것은 단위 전하당 에너지 보존을 의미한다. 우리는 또한 정상 상태 전류 분기점 규칙의 관습적인 전류 해석을 이용했다.

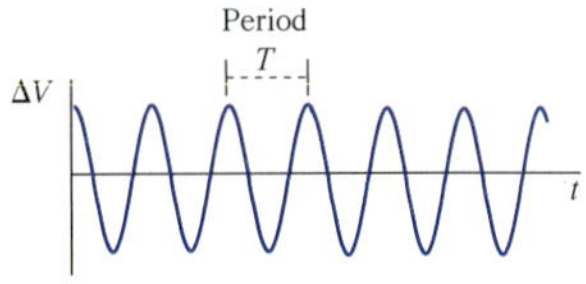


**그림 19.42** 벽에 있는 소켓에서 두 구멍 사이의 전압은 사인파 형태로 변한다.

## 19.9 AC와 DC는 무엇인가?

전지와 저항기로 이루어진 회로에서 일정한 정상 전류는 "직류" 또는 DC라고 불린다. 거실의 전구와 같은 가전제품은 "교류" 또는 AC를 이용한다. 벽에 있는 소켓에서 두 구멍은, 전구에 사인파 형태로 변하는 전류를 만드는, 사인파 형태로 변하는 전압을 ("AC 전압") 공급하고 (그림 19.42) 있다(벽에 있는 소켓에서 세 번째 구멍은 안전을 위해서 접지되어 있다). 미국을 포함한 많은 나라에서 진동수는 60 Hz이다(60 hertz는 1초에 사인파가 60번 진동하는 것을 의미하며, 주기는 $T$ = 1/60초이다). 많은 다른 나라들은, 유럽에 있는 나라들을 포함해서, 50 Hz AC를 사용한다. 아래에서 논의될 이유 때문에, "110 volt AC"라고 불리는 것이 실제로는 $-155$ volt와 $+155$ volt 사이에서 사인파 형태로 변하는 전압이다.

비록 거실의 백열전구에서 전류가 사인파 형태로 증가하고 감소하지만, 그 빛은 두 가지 이유 때문에 깜박거리는 것으로 보이지는 않는다. 첫 번째로, 인간은 1초에 50번 또는 60번 깜박거리는 것을 감지하기가 어렵다. 예를 들면, 영화는 1초에 24개의 스틸 사진 형태로 제시되지만, 우리는 연속적인 이미지로 인식한다. 두 번째로, 백열전구 필라멘트의 온도는 급격하게 변할 수가 없다: 필라멘트의 온도가 차가워질 시간이 60 Hz 주기의 부분에는 없다. 하지만, 빛이 가해진 전압과 시간을 맞추어 열적이 아닌 방법으로 생성되는 형광등에서는, 만약 손가락을 앞뒤로 빠르게 흔들면서 전구에 있는 손가락을 보게 된다면, 손가락 이미지가 스트로브처럼 보인다.

발전소와 멀리 떨어진 도시 사이에서 전력을 송전할 때는 에너지 손실을 감소시키기 위해서 매우 높은 전압이 (100,000 V 또는 그 이상) 사용된다. 만약 $R$이 송전선의 저항이라면, 송전선을 따라서 전압 강하 $RI$가 작게 되는 것을 원하므로, 전류 $I$가 작게 되는 것을 원하게 된다. 송전선에 공급되는 전력은 $I\Delta V$이므로, $I$가 작아지기 위해서는 $\Delta V$가 커질 필요가 있는 것이다. 하지만, 매우 높은 전압은 가정에서 극도로 위험하게 될 수도 있다. 작동이 나중에 공부하게 될 Faraday의 법칙에 기반을 두고 있는 "변압기"를 이용해서, 높은 AC 전압을 낮은 AC 전압으로 변환하는 것이 상대적으로 값싸고 효율적이다. 최소한 아주 최근까지도, 높은 DC 전압을 낮은 DC 전압으로 변환하는 것은 (비록 현대적인 반도체 기기와 함께 변화되었지만) 어렵고 비효율적이었기에 역사적으로 전력을 배분하는 일에 AC를 사용하는 것이 분별력 있는 것이 되었다.

컴퓨터와 같은 전자 기기들은 낮은 DC 전압을 필요로 한다. 벽에 있는 소켓과 랩탑 사이의 작은 상자는 AC 전압을 12 volt DC로 바꾸는 반도체 소자를 이용하고 있다; 비슷하게 AC를 DC로 바꾸는 변환기가 데스크톱 컴퓨터와 라디오 등과 같은 다른 기기에서도 만들어져 있다.

## AC 전력

$-155$ V와 $+155$ V 사이에서 사인파 형태로 변하는 전압이 "110 volt AC"라고 불리는 이유는 이 전압이 일정한 110 V라면 1초에 같은 에너지를 전달하기 때문이다. 거실의 전등과 같은 저항기와 AC 전력 공급기를 포함하고 있는 회로를 고려하자. $\Delta V = \Delta V_{max}\cos(\omega t)$를 가지고, 순간 전력을 한 주기에 걸쳐서 (주기 $T$와 $\omega = 2\pi/T$를 가진) 적분할 것이고, 한 주기 동안에 저항기 $R$에 전달되는 에너지가 얼마나 되는지 알아볼 것이다:

$$\begin{aligned}\text{energy} &= \int_0^T \frac{\Delta V^2}{R}dt \\ &= \frac{\Delta V_{max}^2}{R}\int_0^T \cos(\omega t)^2 dt \\ &= \frac{\Delta V_{max}^2}{R}\int_0^T \frac{1}{2}[1+\cos(2\omega t)]dt \quad \text{(삼각함수의 성질을 이용)}\end{aligned}$$

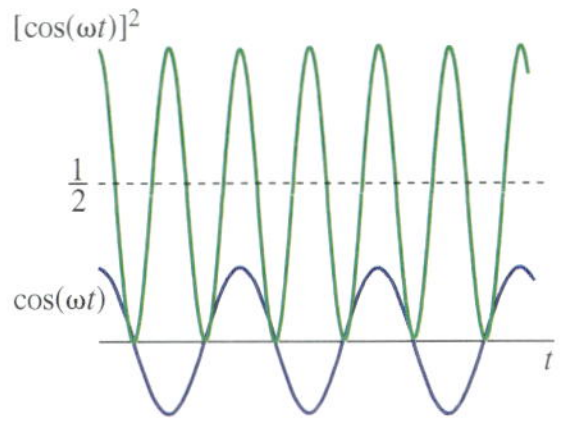


그림 19.43 cos 함수 제곱의 평균은 1/2이다.

$$\text{energy} = \frac{\Delta V_{max}^2}{R}\frac{1}{2}T$$

평균 전력은 시간 $T$로 나누어서 시간 $T$ 동안에 전달된 에너지이다:

$$\text{average power} = \frac{1}{2}\frac{\Delta V_{max}^2}{R}$$

인자 1/2은 궁극적으로 cosine 제곱의 평균값이 1/2이라는 사실에 기인한다(그림 19.43).

"root mean square" (s) 전압은 $\Delta V_{rms} = \sqrt{\frac{1}{2}}\Delta V_{max}$로 정의되는데, 이 경우 평균 전력을 DC 전력에 대한 방정식처럼 보이는 형태로 쓸 수 있다:

$$\text{average power} = \frac{\Delta V_{rms}^2}{R}$$

벽에 있는 소켓에서 볼 수 있는 "110 volt AC"는 $V_{rms} = 110$ V를 의미하며, 이것은 $\Delta V_{max} = \sqrt{2}\Delta V_{rms} = 155$ V에 해당한다.

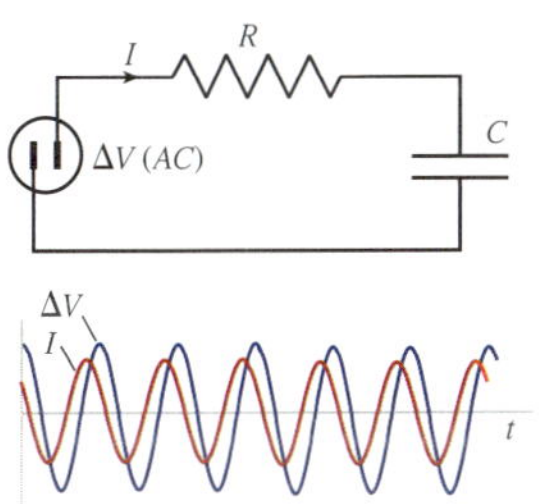


그림 19.44 AC 전압이 RC 회로에 가해진다. 회로의 전류는 가해진 $\Delta V$보다 더 빨리 최고점에 도달한다.

## 위상 변화

AC 회로의 유별난 측면 하나는 전류가 전압과 위상이 일치할 필요가 없다는 것이다. 예를 들면, 만약 AC 전압이 $RC$ 회로를 가로질러 유지된다면, 이렇게 가해진 전압은 전류보다 나중에 최고점에 도달한다(그림 19.44). 우리는 이 회로에서 전류가 가해진 전압보다 "위상이 앞선다"고 말한다. 에너지 방정식은 (폐회로 규칙) 아래 식과 같다.

$$\Delta V_{max}\cos(\omega t) - RI - \frac{Q}{C} = 0$$

여기서 $Q = \int$ 또는 $dQ/dt = I$이다; 한쪽 판 위에서 전하가 증가하는 비율은 판으로 들어가는 단위 시간당 전하와 같은데, 이것이 전류 $I$이다. 에너지 방정식을 $I$에 관해서 미분하면 우리는 다음 식을 얻는다.

$$-\Delta V_{\max}\omega \sin(\omega t) - R\frac{dI}{dt} - \frac{I}{C} = 0$$

에너지 방정식에 대입하면 전류가 다음 식으로 표현하는 것이 가능하다.

$$I = I_{\max}\cos(\omega t + \phi)$$

여기서 $\phi$는 "위상 각"이라고 불리고, 전류 $I$는 가해진 전압보다 다른 시각에 최고점에 도달한다는 결과를 표현하고 있다. 다음 관계식에 의해 $\phi$와 $I_{\max}$ 값이 얻어질 수 있는데, 이것은 해를 얻는 과정에서 나오게 된다:

$$\tan\phi = \frac{1}{RC\omega}$$

$$I_{\max} = \frac{\Delta V_{\max}}{\sqrt{R^2 + 1/(C\omega)^2}}$$

진동수에 의존하는 $\sqrt{R^2 + 1/(C\omega)^2}$ 인자는 "임피던스"라고 불리며, 이 회로에서 저항의 역할을 한다. 만약 축전 용량 $C$ 또는 각진동수 $\omega$가 매우 크다면, 임피던스는 근사적으로 $R$과 같으며 간단한 저항기 회로에서처럼 단지 $I = \Delta V_{\max}/R$이 된다. 또한, 이 경우에는 $\tan\phi \approx 0$이고 $\phi \approx 0$이 되어, DC 회로에 대한 것과 같이 전류는 가해진 전압과 위상이 일치한다.

## 19.10 금속 안에서 전자들

금속 안에서 움직이는 전하를 띤 입자들이 실제로 전자들이라는 것은 실험적으로 보여주는 것이 가능하다. 예를 들면, 자기력은 전류를 운반하는 전선의 횡적 분극으로 이어지며, 이러한 분극의 부호가 양과 음의 움직이는 전하에 대하여 서로 다르다(이것은 "Hall 효과"라고 불리며, 우리는 제20장에서 공부할 것이다).

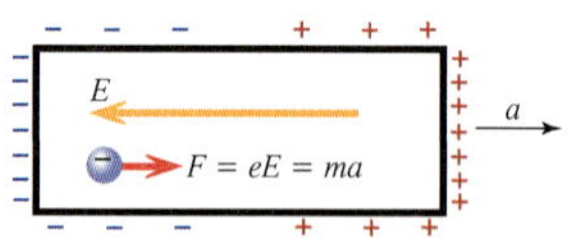


**그림 19.45** 가속되는 금속 막대에서 움직이는 전자들은 최초에 뒤에 남겨지며, 막대를 분극화시킨다.

다른 종류의 실험이 1916–1917년에 Tolman과 Stewart에 의해서 수행되었는데, 이 실험은 금속 안에서 움직이는 전하 운반자는 실제로 전자들이라는 것을 보여주었고, 이 사실은 그들의 실험 이전에는 확실하게 알려지지 않았다. 우리는 그들이 실제로 수행했던 실험과 개념적으로 동등한 더 간단한 실험을 기술할 것이다.

우리가 금속 막대를 가속한다고 가정하면, 이것은 원자 핵심을 가속하는 것을 의미하며, 이 원자 핵심들은 서로 묶여 있다(그림 19.45).

평균적으로, 움직이는 전자들은 보통 아무런 힘을 느끼지 못 한다: 움직이는 전자들 서로의 반발력은 원자 핵심에 이끌리는 힘에 의해서 효과적으로 상쇄된다. 그러므로 막대와 원자 핵심들이 가속되면서, 움직이는 전자들은 뒤에 남겨지게 된다. 결과적으로, 이들은 막대의 뒤쪽 끝에 쌓이게 (이들은 쉽게 막대를 떠날 수 없다) 된다. 이것은 막대를 분극화시키며, 그림 19.45에 보여준 것처럼, 음전하는 뒤쪽 표면 위에 있고 양전하는 (전자의 결핍) 앞쪽 표면 위에 있게 된다.

표면 전하는 왼쪽 방향의 전기장 $E$를 생성하며, 이것은 금속 내부에 있는 전자에 작용하는 오른쪽 방향의 힘 $eE$가 있다는 것을 의미한다(그림 19.45). 분극이 증가하면서, 전기력 $eE$ 값이 전자의 질량 곱하기 금속 막대의 가속도와 같아질 때까지 $E$가 증가하며, 이 점에서는 움직이는 전자의 가속도가 막대의 가속도와 필적하게 되고, 그렇게 되면 분극이 더 이상 증가하지 않는다.

관찰된 분극 방향은 (왼쪽 끝에서 음) 움직이는 입자들이 실제로 음으로 대전되었다는 결론을 만들도록 실험을 이끈다. 만약 움직일 수 있는 전하들이 양이었다면, 막대의 뒤쪽 끝이 음 대신에 양이 되었을 것이라는 것을 알게 될 주장을 훑어보아야만 한다.

비록 이 실험이 움직이는 입자의 전하와 질량에 대해서 분리된 값을 주지는 않지만, 이것은 그 비율인 $q/m$의 측정을 제공한다. 텔레비전 튜브와 비슷한 장치 안에서, 진공에서 움직이는 전자의 비율인 $q/m$의 측정이 이미 있었다. 전자에 대해서 이 비율에 대한 현대적인 값은 대략 다음 식과 같다.

$$\frac{e}{m} = \frac{(1.6 \times 10^{-19}\,\text{C})}{(9 \times 10^{-31}\,\text{kg})} = 1.7 \times 10^{11}\,\text{C/kg}$$

Tolman과 Stewart는 가속도 $a$를 측정했고, 금속 막대의 한쪽 끝에서 다른 쪽 끝까지 퍼텐셜 차 $\Delta V$를 측정하기 위해서 전압계를 이용했다. 퍼텐셜은 막대의 왼쪽 끝에서 더 낮았으며, 이것은 움직이는 전하 운반자가 음이라는 것을 보여준다. 게다가, $q/m$의 실험적인 값이 다른 실험에서 전자에 대하여 얻은 값과 같았다. 이것은 금속 안에서 전류는 움직이는 전자들로 구성되어 있다는 매우 강력한 증거였다.

**점검 사항 7** 만약 막대의 길이가 $L$이라면, $q/m$을 Tolman과 Stewart에 의해서 측정된 양으로 ($a$와 $\Delta V$) 표현하시오.

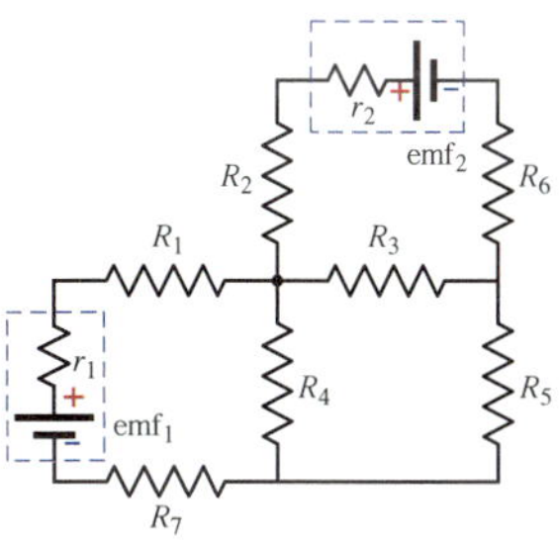


**그림 19.46** 우리가 결정하게 될 미지의 저항을 가진 회로

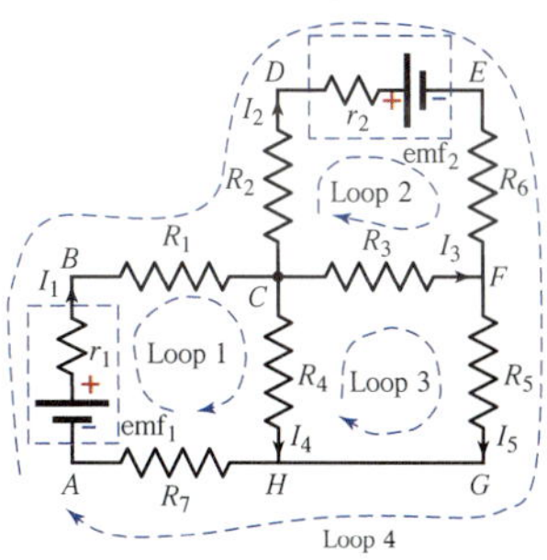


**그림 19.47** 미지의 저항에 이름을 정하고, 따라 가면서 에너지 보존을 적용할 경로를 그린다.

## 19.11 복잡한 저항 회로

우리는 전지와 옴의 법칙을 만족하는 저항기로 (전류가 퍼텐셜 차에 비례하는 저항기) 이루어진 복잡한 "여러 폐곡선" 회로의 각 요소에서 얼마의 전류가 흐르는지 결정하기 위해서 에너지 보존과 (폐곡선 방정식) 전류 분기점 규칙을 이용할 수 있다. 이 절에서 논의되는 것과 같은 복잡한 회로를 분석하는 일은 근원적인 물리학이기보다는 기술의 문제이므로, 우리는 많은 회로를 분석하지는 않을 것이다. 하지만, 에너지 보존과 전류 분기점 규칙을 적용하는 것을 보여주는 그러한 회로를 최소한 하나 분석하는 것은 유용하다. 우리는 미지의 전류 개수와 같은 수의 독립적인 방정식을 만들기 위해서 폐곡선과 분기점 규칙을 이용할 것이며, 다음에 이 연립 방정식을 풀 것이다. 그림 19.46에서 회로에 대하여 emf, 전지 내부 저항 $R$ 등은 알려져 있고, 전류는 모른다고 가정하자. 우리는 회로의 각 부분에서 전류를 결정할 것이다. 해를 구하는 첫 번째 단계는 미지의 저항에 이름과 방향을 할당하는 (저항기 $R_1$을 통과하는 $I_1$, 저항기 $R_2$를 통과하는 $I_2$, 등등) 것이다. 우리는 이들 미지의 전류의 실제 방향이 무엇인지 알지 못하므로, 추측을 해서, 그림 위에 우리의 예측을, 그림 19.47에 보여준 것처럼 기록한다. 또한, 에너지 보

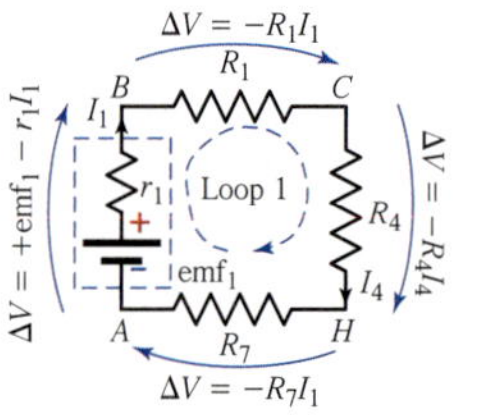


그림 19.48 폐곡선 경로인 폐곡선 1에 (*ABCHA*) 대하여 에너지 보존을 적용한다.

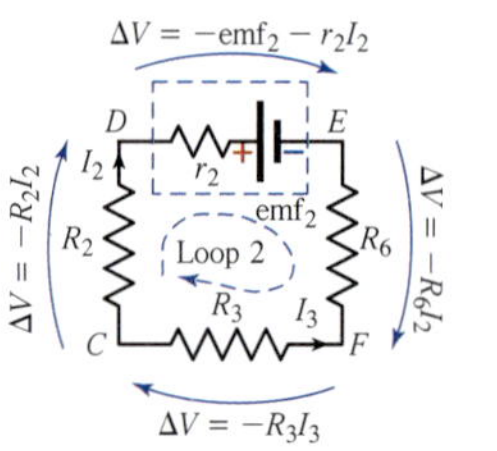


그림 19.49 폐곡선 경로인 폐곡선 2에 (*CDEFC*) 대하여 에너지 보존을 적용한다.

존을 위한 폐곡선 방정식을 쓰기 위해서 따라갈 가능한 경로들을 그린다.

모든 가지에 서로 다른 전류 변수를 지정할 필요는 없다. 관습적인 전류 $I_1$을 고려하자. 회로 그림 위에서 우리는 이 전류가 *A*에서 *B*로 흐른다고 가정했다. 이것은 또한 같은 양의 전류 $I_1$이 저항기 $R_1$을 통과해서 *B*에서 *C*로, 저항기 $R_7$을 통과해서 *H*에서 *A*로 흐른다는 것을 가정했다는 것을 의미한다. 비슷한 언급이 다른 전류에도 적용된다. 이러한 단순화는 전류 분기점 규칙의 자명한 응용이다.

먼저 폐곡선 1에 (*ABCHA*) 대하여 에너지 보존을 이용해 보자. 우리는 폐곡선을 따라서 어디에서도 시작할 수 있다: 위치 *A*에서 시작해서, 가는 길에 만나는 퍼텐셜 차이를 더해가면서, 폐곡선을 따라가 보자(그림 19.48). 전지를 가로질러 퍼텐셜은 증가하며 (전지의 내부에서 전기장은 우리가 걷고 있는 방향과 반대이다), 저항을 따라가면서 퍼텐셜은 감소하는데, 왜냐하면 관습적인 전류의 가정된 방향을 따라 걷고 있고, 이것은 더 높은 퍼텐셜에서 더 낮은 퍼텐셜로 전기장의 방향을 따라 가는 것이기 때문이다.

출발점 *A*로 돌아왔을 때, 우리의 길을 따라 알짜 퍼텐셜 차는 0이 되어야만 하는데, 왜냐하면 폐곡선에서 퍼텐셜 차는 0이기 ($V_A - V_A = 0$) 때문이다:

$$\text{폐곡선 1: } (\text{emf}_1 - r_1I_1) + (-R_1I_1) + (-R_4I_4) + (-R_7I_1) = 0$$

이 폐곡선 규칙을 쓰는 데 있어서 전지, $r_1$, $R_1$, $R_7$을 통과하는 전류는 같은 $I_1$이라는 것을 보이기 위해서 전류 분기점 규칙을 암묵적으로 이용했다는 것을 주목하라. 또한, 옴의 법칙을 만족하는 저항기는 $R_1$을 통과하는 전류를 $R_1$을 따라서 퍼텐셜 차와 $(-R_1I_1)$ 연결시킬 수 있다는 성질을 이용했다.

만약 미지의 전류에 관해서 풀어서 $I_1$이 $-1.3$ A로 밝혀졌다면, 이것은 단지 우리가 잘못된 방향을 예측했고 실제로는 $I_1$이 *C*에서 *B*로 흐른다는 것을 (그래서 *C*가 *B*보다 더 높은 퍼텐셜에 있다는 것을) 의미할 것이다. 그러므로 잘못된 전류 방향을 예측했다고 해서 진짜 벌점은 없는 것이다.

다음으로, 위치 *C*에서 출발하는 (그림 19.49), 폐곡선 2를 (경로 *CDEFC*) 고려하자. 우리가 *C*에 있는 출발점으로 돌아왔을 때, 우리의 길을 따라 알짜 퍼텐셜 차는 0이 되어야만 한다:

$$\text{폐곡선 2: } (-R_2I_2) + (-\text{emf}_2 - r_2I_2) + (-R_6I_2) + (R_3I_3) = 0$$

폐곡선 2에 대한 설명: *D*에서 *E*로 가면서 전지를 따라 수치적으로 $(-\text{emf}_2 - r_2I_2)$와 같은 퍼텐셜 하락이 (상승이 아닌) 있는데, 왜냐하면 높은-퍼텐셜 + 끝에서 낮은-퍼텐셜 − 끝으로, 전지 내부에서 전기장의 방향으로, 전지를 횡단하고 있기 때문이다(만약 우리가 $I_2$의 방향에 관하여 올바로 예측했다면, 이 전지는 방전되는 것이 아니라 충전되고 있는 것이다). *F*에서 *C*로 가면서 퍼텐셜 상승 $+R_3I_3$가 (하락이 아닌) 있는데, 왜냐하면 우리가 전류 $I_3$를 거슬러서 상류로 향하고 있기 때문이다. 다시 말하면, $I_3$의 가정된 방향은 (*C*에서 *F*로) *C*에서 퍼텐셜이 *F*에서보다 더 높다는 것을 의미한다. 또 다시, 만약 우리가 잘못된 가정을 했다면, 일어나게 될 모든 것은 $I_3$에 대한 최종 수치 답이 반대 부호를 가질 것이라는 것이다.

**질문** 같은 방법으로, 폐곡선 3과 (경로 *HCFGH*) 폐곡선 4에 (경로 *ABCDEFGHA*) 대하여 에너지 보존을 이용하시오.

회로의 바깥을 도는 경로 4에 관한 방정식은 다른 세 개의 폐곡선에 대한 방정식들의 대수적인 합이고 독립적인 방정식은 아니다. 미지의 전류를 풀기 위해서는, 비록 해에서 이용하기 위해서는 어떤 것 세 개를 선택하는가는 상관이 없지만, 네 개의 폐곡선들 중에서 단지 세 개만이 실제적으로 중요하다.

폐곡선 3: $(R_4I_4)+(-R_3I_3)+(-R_5I_5)=0$

폐곡선 4:

$$(\text{emf}_1-r_1I_1)+(-R_1I_1)+(-R_2I_2)+(-\text{emf}_2-r_2I_2)+(-R_6I_2)+(-R_5I_5)+(-R_7I_1)=0$$

**질문** 이제, 부호에 (들어오는 전류에는 +, 나가는 전류에는 −) 주의하면서, 분기점 $C$, $H$, $F$에 대한 전류 분기점 규칙을 쓰시오.

분기점 $C$와 분기점 $F$에 대한 방정식을 더하면 분기점 $H$에 대한 방정식과 동등한 방정식을 주게 된다. 이들 세 개의 분기점 방정식 중에서 단지 두 개만이 실제적으로 독립이고, 미지의 전류를 풀기 위해서는 이들 중에서 어떤 것이라도 두 개를 이용할 수 있다.

분기점 $C$: $I_1-I_2-I_3-I_4=0$
분기점 $F$: $I_2+I_3-I_5=0$
분기점 $H$: $I_4+I_5-I_1=0$

우리는 총 다섯 개의 (세 개의 독립적인 폐곡선 방정식과 두 개의 독립적인 분기점 방정식) 독립적인 방정식을 가지게 되었다.

어떤 저항 회로에서도 최소 크기 폐곡선의 (다시 말하면, 폐곡선 4와 같은 결합된 폐곡선은 무시하고) 개수와 같은 개수의 독립적인 폐곡선 방정식이 있다는 것을 보일 수 있다. 독립적인 분기점 방정식의 개수는 독립적인 전류의 개수로부터 독립적인 폐곡선 방정식의 개수를 빼서 결정할 수 있다.

우리의 다섯 개의 방정식은 알려진 emf와 알려진 저항들을 가지고 미지의 전류 다섯 개에 대한 풀이를 할 수 있기에 충분하다. 이렇게 해를 구하는 단계는 매우 지루한 대수적 조작을 수반할 수 있고 보통 Maple 또는 Mathematica와 같은 상징적인 조작 패키지에 넘겨야만 한다. 물론 매우 간단한 경우에는 방정식들을 푸는 것이 쉬울 수도 있지만, 일반적으로 이 대수는 매우 어려울 수 있다.

일단 미지의 전류가 결정되었다면 (보통은 방정식을 푸는 컴퓨터 프로그램을 이용하여), 회로에 대해서 알아야 할 본질적으로 모든 것을 알 수 있다. 예를 들면, 각 저항기를 가로지르는 퍼텐셜 하락 $\Delta V=-RI$를 계산할 수 있는데, 왜냐하면 각 저항기에 대해서 $R$과 $I$를 알기 때문이다. 그러므로 회로의 어떤 두 지점 사이에서 퍼텐셜 차이를 계산할 수 있다.

**점검 사항 8** 그림 19.47을 참조하고, $\text{emf}_1=12$ V이고 $R_1=20\ \Omega$이라고 가정하면, 방정식들을 푼 후에 $I_1$이 0.4 A임을 알았다. 퍼텐셜 차 $V_C-V_B$는 얼마인가? 얼마나 많은 전력이 $R_1$에서 소모되는가? 전지 1의 전력 소비는 (내부 저항 $r_1$에 의해 전지 자체에서 소모되는 것) 얼마인가?

# 요약

### 새로운 개념들

축전기 회로에서는 최종 평형 상태로 이어지는 느린 일시적인 상태가 있다.

비록 회로에서 틈이 있지만 전류가 (잠시 동안) 흐를 수 있다. 전하와 전기장을 사용해서 축전기 회로의 작동을 이해하는 것에 근처 전선 안에서 축전기의 가장자리 전기장이 결정적이다.

관습적인 전류 $I$는:

- 양전하를 가진 운반자의 운동 방향과 같은 방향이다.
- 단위 시간당 coulomb 단위로 측정된다.

전도도 $\sigma = |q|nu$는 물질의 성질이다:

$$J \equiv \frac{I}{A} = \sigma E$$

옴의 법칙을 만족하는 저항기와 만족하지 않는 저항기

### 결과들

충전과 방전 시간은 더 넓은 판, 더 좁은 틈, 또는 틈 사이에 있는 절연체가 있는 경우에 더 길어진다.

저항 $R = \dfrac{L}{\sigma A}$ 은 저항기의 구조와 연관이 된다.

$I = \dfrac{\Delta V}{R}$ 는 저항기를 통해서 흐르는 전류이다.

$|\Delta V| = RI$는 저항기를 가로지르는 퍼텐셜 차이다.

어떤 회로 요소에 대해서 전력 $= I\Delta V$이다.

실제의, 이상적이 아닌 전지를 가로지르는 퍼텐셜 차 (그림 19.50):

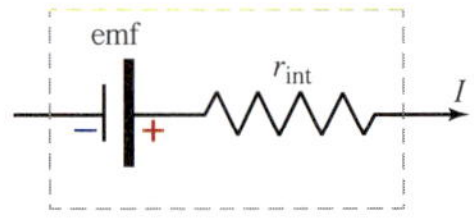


그림 19.50 동등한 이상적이 아닌 전지

회로에 있는 축전기는 $\Delta V = Q/C$를 이용해서 분석될 수 있는데, 여기서 $C$는 축전 용량이고, 전하 $Q$와 전류 $I$는 시간에 따라, 시간 상수 $RC$를 가지고, 지수 함수 모양으로 변한다.

축전 용량 $C = Q/|\Delta V|$는 축전기의 구조에 (제19.1절; 평행판 축전기의 경우에, $C = K\varepsilon_0 A/s$, 여기서 $A$는 판의 한쪽의 면적, $s$는 판 사이의 틈 간격, $K$는 틈을 채우고 있는 물질의 유전 상수이다) 의존한다.

# 실험

### 회로에서 축전기

**실험 1.** 축전기 충전과 방전

실험 키트 또는 실험실에 축전기를 찾으시오(조교가 축전기가 어떻게 보이는지 알려줄 것이다).

**주의 사항: 축전기 위에 표시되어 있는 전압 정격을 넘지 마시오.—보통 몇 V. (만약 정격이 2.5 V라면, 보통의 "1.5 V" 전지 두 개를 사용하는 것은 괜찮다.)**

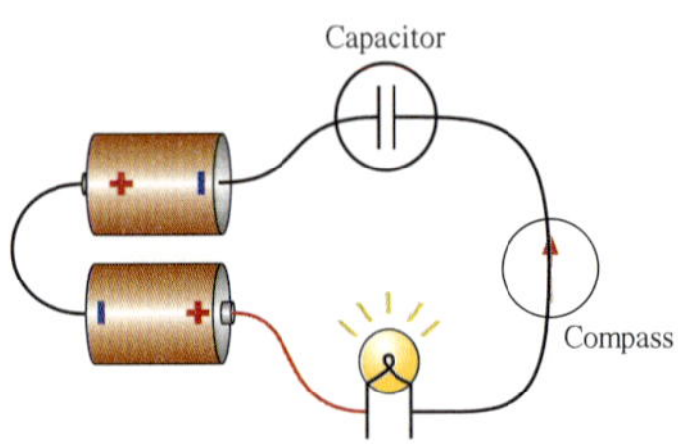


그림 19.51 축전기 충전

- 축전기가 초기에 충전되지 않았다는 것을 확실하게 하기 위해서, 처음에 축전기를 방전하기 위해 몇 초 동안 축전기를 가로질러 전선을 연결한다.
- 그림 19.51: 방전된 축전기를 굵은-필라멘트 전구와 (#14) 직렬로 연결하고, 전선이 나침반 위로 지나가도록 한다. 이 과정은 "축전기 충전"이라고 불린다. 무엇을 관측할 수 있는가?
- 전구가 밝게 빛나는 것을 멈춘 후에, 아직도 전류 흐름이 있었는가? (나침반의 작은 편향을 쉽게 보기 위해서는 전선을 나침반 아래에 놓을 필요가 있을 수도 있다.)
- 그림 19.52: 전지를 제거하고 전구를 축전기에 직접 연결한다. 이 과정은 "축전기 방전"이라고 불린다. 무엇을 관측할 수 있는가?

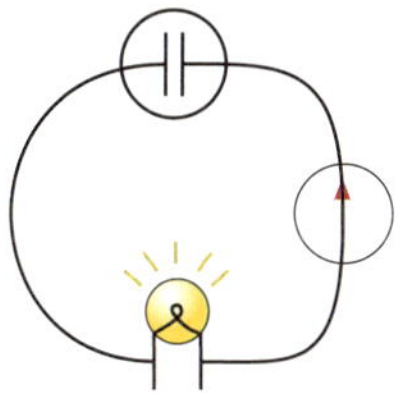

그림 19.52 축전기 방전

- 이 실험의 두 과정을 반복하는데(충전과 방전), 이번에는 가는-필라멘트 전구와 (#48) 두 개의 배터리와 축전기를 이용한다. 이렇게 전구를 선택하는 것은 어떤 차이를 만드는가?
- 두 종류의 전구에 대해서 전구를 통해서 흐르는 전류 대 시간의 그래프를 그려라. 그래프 위에서 시간 축에 라벨을 붙이고, 어떤 곡선이 어떤 전구에 해당하는 것인지 표시하라. 초기 전류의 크기에 특별히 주의를 기울인다(이것을 관찰하기 위해서 실험을 반복할 필요가 있을 수 있다).

저항을 바꿈으로써 시간이 바뀌어 질 수 있다는 것을 보게 된다. 만약 원한다면, 니크롬 전선의 길이와 굵기를 다르게 해서 실험을 수행할 수 있는데, 이렇게 하면 넓은 영역의 충전과 방전 시간을 제공하게 된다.

**실험 2.** 서로 다른 전구가 최종 전하에 미치는 영향
축전기의 판 각각 위에 있는 전하의 양이 축전기를 충전하는 데 연관이 있는 전구에 어떻게 의존하는지 보여줄 실험을 설계한다. 실험을 수행하기 전에 다른 학생들과 아이디어에 관하여 토론할 수 있다(만약 원한다면, 두 종류의 전구보다는 서로 다른 길이와 굵기의 니크롬 전선을 이용하여 연구를 수행할 수 있다).
실험에서 유의할 사항. 축전기를 충전하기 전에 판 위에 전하를 가지고 있지 않도록 확실하게 한다: 축전기를 가로질러 몇 초 동안 전선을 연결해서 축전기를 완전히 방전시킨다. 측정이 재현 가능하다는 것을 확실히 하기 위해서 어떤 측정이라도 몇 번 반복한다: 15.43초와 15.67초는 중요한 차이가 아닐 수 있다!
실험, 결과, 결론을 기술하라.

**실험 3.** 병렬로 연결된 두 개의 축전기
그림 19.53에 보여준 것처럼 병렬로 연결된 두 개의 축전기를 가지고 굵은-필라멘트 전구를 빛나도록 시도할 수 있게 하기 위해서 다른 그룹과 일을 한다. 하나의 축전기를 가진 회로와 비교해서 충전 시간에 관하여 어떤 예측을 하는가? (다시 한 번, 1초의 첫 부분에 무슨 일이 발생하는지, 다음 시간 간격에서는 이것이 어떤 영향을 주는지 고려한다.) 무엇을 관측할 수 있는가?

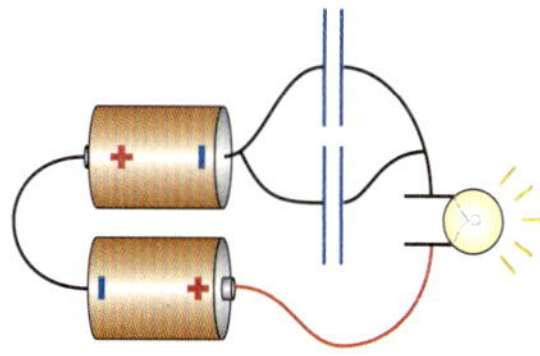

그림 19.53

**실험 4.** 고립된 전구를 밝게 만들기
그림 19.54에 보여준 것처럼 두 개의 축전기를 가진 회로를 만들 수 있게 하기 위해서 또 다른 그룹과 일을 한다. 가는-필라멘트 전구가 전지로부터 완전히 고립된 전도 "섬"에 있다는 것을 주목하라.

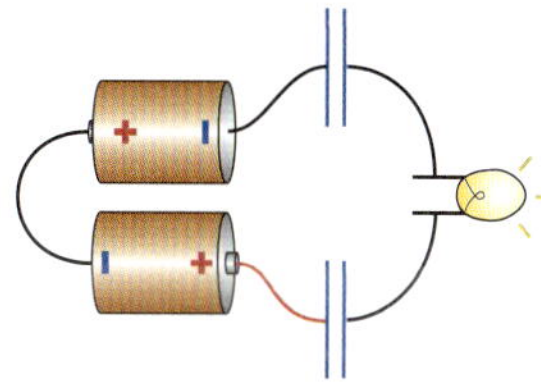

그림 19.54

회로를 작동시키기 전에, 어떤 일이 일어날 것인가를 자세하게 예측하고, 그 이유를 설명하라. 두 그룹에 있는 학생들 사이에 의견 일치를 이루도록 노력한다. 몇 나노초 과도 현상 동안에는, 충전되지 않은 축전기가 전기장에 아무런 영향이 없다는 것을 기억하시오.
이제 두 축전기 회로를 만들어서 무슨 일이 일어나는지 관찰한다. 예측과 관찰 사이의 차이에 관하여 토론한다. 회로의 여러 부분에서 전류에 관한 이론을 검증하기 위해서 나침반을 이용할 수도 있다.

**실험 5.** 축전기를 반대로 하기
다음 지시 사항을 세심하게 따라라—그렇지 않으면 축전기 또는 전구를 망가뜨릴 수 있다.
하나의 전지와 (오직 하나의 전지를 사용!) 가는-필라멘트 전구를 사용해서 축전기를 충전한다. 이제 축전기가 충전되었는데, 전지를 포함한 모든 다른 연결을 그대로 두고, 만약 축전기에 연결하는 것을 반대로 한다면 어떤 일이 발생할 것으로 예상하는가? 적절한 그림을 포함해서, 그 이유를 설명하라.
이제 시도를 해 본다. 무엇을 관측할 수 있는가? 만약 관측이 예상과 다르다면, 예상에서 무엇이 잘못되었는지 설명하라. 전지를 하나만 사용하는 것이 왜 중요한가?

**실험 6.** 축전기의 유용함

축전기와 가는-필라멘트 전구를 직렬이 아닌 병렬로 연결하자(그림 19.55). 전지에의 연결을 1초보다 짧은 시간 동안 간헐적으로 끊는다. 전지 연결이 끊어지는 매우 짧은 시간 동안에, 회로에 축전기가 없으면 무엇이 일어나는가와 비교하여, 전구의 밝기에 어떤 일이 일어나는지를 설명하라.

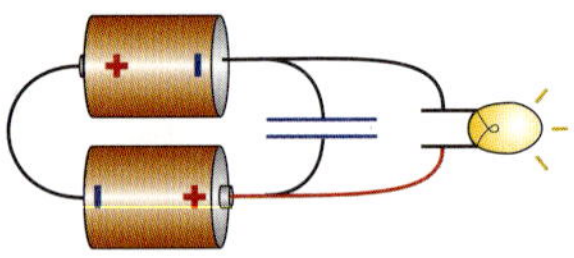

그림 19.55

전지의 내부 저항

**실험 7.** 병렬로 연결된 두 개의 전구

직렬로 연결된 두 개의 전지와 병렬로 두 개의 굵은-필라멘트 전구를 연결한다. 두 개의 전구 중에서 하나의 나사를 뺀다. 다시 나사를 연결했을 때, 다른 전구의 밝기에 약간의 변화를 볼 수 있을 것이다. 왜 이렇게 되는가?

**실험 8.** 직렬로 연결된 두 개의 전구

두 개의 전지를 가는-필라멘트 전구와 병렬로 연결한다. 전구는 전지가 하나만 있을 때의 밝기와 거의 같은 밝기를 (어두움을) 가지는 것을 보게 될 것인데, 왜냐하면 퍼텐셜 차는 본질적으로 변화되지 않기 때문이다. 전지가 하나만 있는 것과 비교해서, 전지가 얼마나 오랫동안 지속되는가와 관련하여 무엇을 예상하는가? 왜 그러한가?

**실험 9.** 단락 전류

전선이 다른 연결 전선에 의해 단락된 전지 하나와 연결했을 때, 나침반 바늘이 20도 편향되는 나침반 위로 구리 연결 전선을 충분히 높이 들고 있다. 전선을 움직이지 않도록 노력하면서, 다른 전지를 시도한다. 각 전지에 대해서 얻게 되는 나침반 편향 각은 어느 정도인가? 두 개의 전지가 직렬로 연결된 경우에는 어떠한가? 두 개의 전지가 병렬로 연결된 경우에는 어떠한가? 측정 결과가, 직렬과 병렬로 연결된 전지로부터 얻는 최대 전류에 대한 연습 문제에서, 예측과 일치하는가?

## 질문

**질문1.** 회로에서 직렬로 연결된 축전기를 놓음으로써 영향을 받는 전구를 통과하는 초기 전류는 어떻게 되는가? 간단하게 설명하시오.

**질문2.** 축전기의 충전 시간은 초기 전류와 어떻게 연관되는가? 다시 말하면, 만약 초기 전류가 더 커지면, 충전 시간이 더 길어지는가, 더 짧아지는가, 아니면 변화가 없이 같은가? 간단하게 설명하시오.

**질문3.** 축전기 2의 판이 축전기 1의 판보다 더 넓다는 것이 유일한 차이인 두 개의 축전기를 고려하자(그림 19.56). 두 축전기 모두 판 사이에 절연층을 가지고 있지 않다. 이들이 비슷한 전지와 전구가 축전기와 직렬로 연결된 두 개의 서로 다른 회로에 놓여 있다.

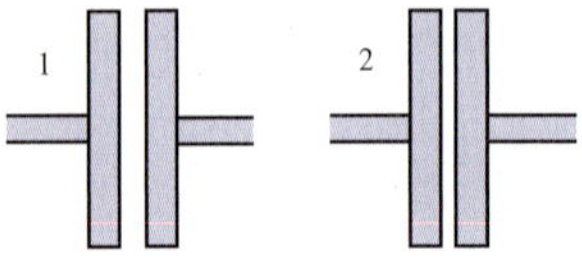


그림 19.56

축전기 2를 가진 회로에서 1초보다 짧은 시간에 전류가 거의 일정하다는 (덜 빨리 감소) 것을 보이시오. 그 이유를 자세하게 설명하시오. 힌트: 금속 판 위에서 전하를 보이고, 주변의 전선에 만드는 전기장을 고려한다. 원형 축전기 바깥에 판 근처에서 가장자리 전기장은 근사적으로 다음 식이 된다.

$$\frac{Q/A}{\varepsilon_0}\left(\frac{s}{2R}\right)$$

더 자세한 분석에 의하면 이런 경향은 전체 충전 과정에 대해서 성립한다: 더 좁은 틈을 가진 축전기가 판 위에 더 많은 전하를 충전한다.

**질문4.** 축전기의 판들 사이에 있는 절연 층은 판들이 붙어서 전도가 일어나는 것을 방지하기 위해서 판들을 서로 떨어뜨려 놓도록 유지할 뿐만 아니라 충전에도 큰 영향을 미친다. 축전기 1은 판들 사이에 아무 것도 없는 반면에 축전기 2는 틈 사이에 플라스틱 층을 가지고 있는 것이 유일한 차이인 두 개의 축전기를 고려하자(그림 19.57). 이들이 비슷한 전지와 전구가 축전기와 직렬로 연결된 두 개의 서로 다른 회로에 놓여 있다.

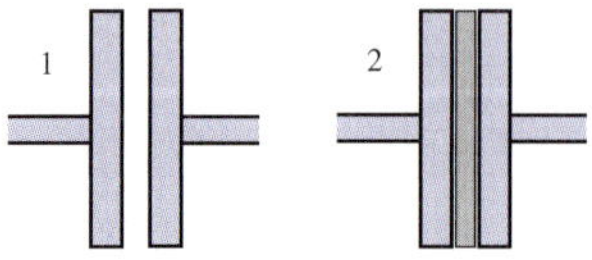


그림 19.57

축전기 2를 가진 회로에서 1초보다 짧은 시간에 전류가 거의 일정하다는 (덜 빨리 감소) 것을 보이시오. 그 이유를 자세하게 설명하시오. 힌트: 플라스틱을 채운 축전기에 의해 가까운 전선에 만들어지는 전기장을 고려한다.

이 플라스틱이 더 쉽게 편극이 되는 다른 플라스틱에 의해서 대체되었다고 가정하자. 같은 회로에서, 이 축전기는 축전기 2보다 더 혹은 덜 거의 상수로 유지할 것인가?

더 자세한 분석에 의하면 이런 경향은 전체 충전 과정에 대해서 성립한다: 쉽게 편극이 되는 절연체를 포함하고 있는 축전기가 판 위에 더 많은 전하를 충전한다. 지금 사용하고 있는 축전기가 극도로 쉽게 편극이 되는 절연체로 채워져 있다.

**질문5.** 그림 19.57에 보여준 축전기의 판들 사이에 절연층을 놓는 대신에, 판들을 접촉하지는 않을 정도의 두께지만, 같은 두께의 금속 평판을 끼워 넣었다고 가정하자. 같은 회로에서, 이 축전기는 질문 4에 있는 축전기 2보다 더 혹은 덜 거의 상수로 유지할 것인가? 이것이 왜 판들 사이에 더 짧은 거리를 가진 축전기를 만드는 것과 본질적으로 같은 것인지 설명하시오.

**질문6.** 축전기 판들 위에 있는 최종 (평형) 전하는 충전 동안에 회로에서 특정한 저항기에 (예를 들면, 전구의 종류 또는 니크롬 전선의 길이) 어떻게 의존하는가? 간단하게 설명하시오.

**질문7.** 축전기 판들 위에 있는 최종 (평형) 전하는 축전기 판들의 크기에 어떻게 의존하는가? 축전기 판들 사이의 간격에는 어떻게 의존하는가? 판들 사이의 플라스틱 평판의 존재에는 어떻게 의존하는가?

**질문8.** 연구자들은 가는-필라멘트 전구를 통해서 방전하는 데 8시간 (!) 걸리는 실험 축전기를 개발하였다. 그들은 이것을 비상 상황을 위한 에너지를 공급하는 전기 자동차에 (이 차는 정상적인 주행 동안에 천천히 충전될 것이다) 이용할 것을 제안한다. 이 특별한 축전기의 핵심 디자인 요소들을 일반적인 용어들로 기술하시오.

**질문9.** 축전기와 전구로 구성되어 있는 회로에서 축전기의 방전 동안에 전류의 작동에 대해서 완전하지만 간단한 설명을 하시오. 자세한 그림을 포함시키시오. 설명을 하고, 단지 기술만 하지는 마시오.

**질문10.** 전지들, 전구, 축전기가 직렬로 연결되어 있는 회로에서 축전기의 충전 동안에 전류의 작동에 대해서 완전하지만 간단한 설명을 하시오. 자세한 그림을 포함시키시오. 설명을 하고, 단지 기술만 하지는 마시오.

**질문11.** 그림 19.58은 A, B, C라고 라벨을 붙인 세 개의 회로를 보여준다. 모든 가는-필라멘트 전구들, 축전기들, 전지들은 동일하며, 여러분이 수업 시간에 사용하는 장비들과 같다. 축전기들은 처음에 충전되지 않은 상태이다. 각 회로에서 전지들은 짧은 시간 $T$ 동안 연결되었다가 곧 연결이 끊어졌다. 시간 $T$는 하나의 가는-필라멘트 전구를 통한 전체 충전 시간의 단지 10%이고, 그래서 전구의 밝기는 시간 $T$ 동안 많이 변하지 않는다.

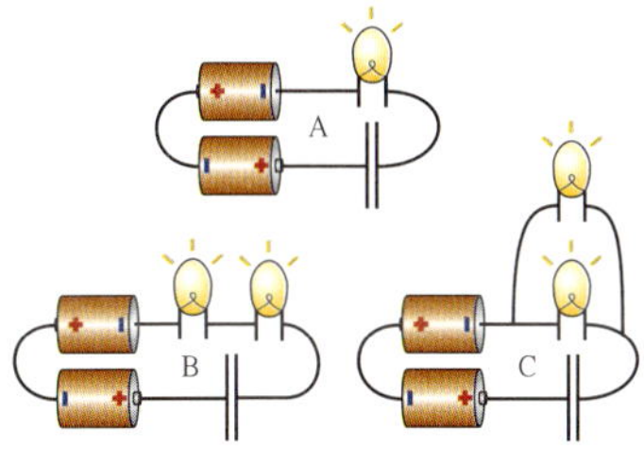


그림 19.58

(a) 어느 회로에서 (A, B, 또는 C) 축전기가 전하를 가장 많이 가지는가? 설명하시오. (b) 어느 회로에서 (A, B, 또는 C) 축전기가 전하를 가장 적게 가지는가? 설명하시오. (c) 여러분의 대답을 확인하기 위한 실험들을 설계하고 실행하시오. 실험들과 수치 결과들을 기술하시오. 각 실험 전에, 축전기를 완전히 방전하기 위해서 몇 초 동안 축전기를 통해서 전선을 연결한다. 시간 $T$ 동안 축전기에 저장되는 전하의 양을 비교하는 한 가지 방법은 하나의 가는-필라멘트 전구를 통해서 축전기를 충전하는 것을 끝마치고, 방전된 축전기를 가지고 시작할 때보다 얼마나 적은 시간이 요구되는지 보는 것이다.

**질문12.** 그림 19.59에서 보여준 두 개의 회로는 서로 다른 축전기를 가지고 있지만 같은 전지와 가는-필라멘트 전구를 가지고 있다. 회로 2에 있는 축전기가 판 사이가 더 가깝게 만들어졌다는 것을 제외하고는 회로 1과 회로 2에 있는 축전기는 동일하다. 두 축전기는 모두 판 사이에 공기를 가지고 있다. 축전기는 처음에 방전되어 있다. 각 회로에서 평형에 도달하는 데 요구되는 시간과 비교하면 짧은 시간 동안 전지가 연결되었다가, 다음에는 연결이 끊어졌다. 어느 회로에서 (1 또는 2) 축전기가 현재 더 많은 전하를 가지고 있는가? 그 이유를 상세하게 설명하시오.

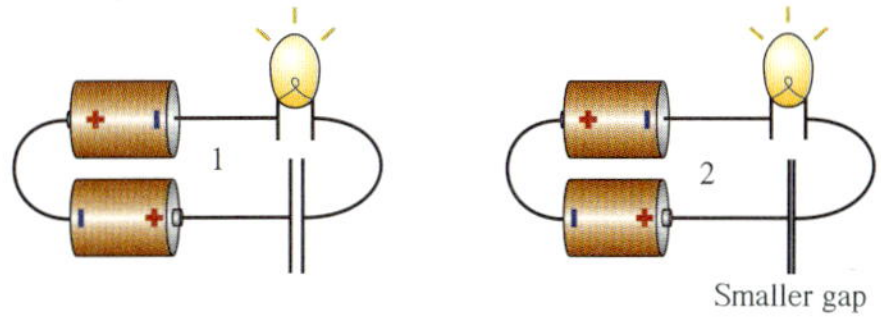


그림 19.59

**질문13.** 그림 19.60에 보여준 회로는 두 개의 전지, 두 개의 동일한 가는-필라멘트 전구, 초기에 방전된 축전기 하나로 구성되어 있다. 세 개의 나침반이 전선의 아래에 있는 탁상 위에 놓여 있고, 회로가 닫히기 전에 모두 북쪽을 향하고 있다. 전선 사이에 있는 틈이 닫혔을 때, 왼쪽에 있는 나침반은 즉시 약 20도 편향을 보인다.

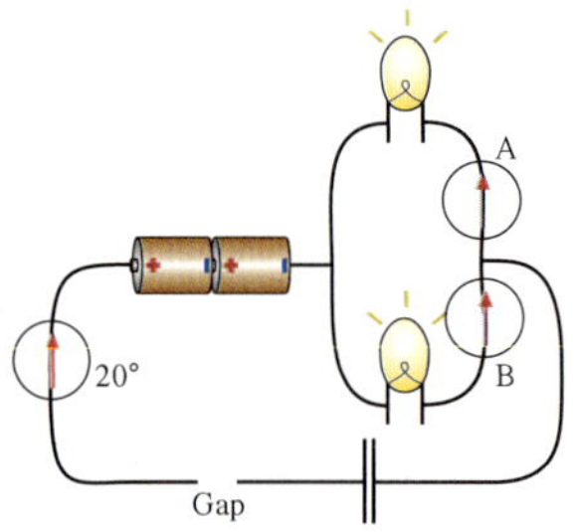


그림 19.60

(a) 그림 위에, 이 시간에 세 나침반 모두 위에서 새로운 바늘의 위치를 그리고, A와 B라고 라벨을 붙인 나침반 옆에 근사적인 편향 각도를 적어라. 자세하게 설명하시오.
(b) 소켓에서 전구 하나를 제거하고 회로가 연결되었을 때, 하나의 전구는 $T$초 동안 빛났다. 그림 19.60에 보여준 두 전구 회로에서, 두 개의 전구는 ($T$를 사용해서) 얼마나 오래 빛나게 될 것인지 예측하라. 자세하게 설명하시오.
(c) 만약 가능하다면, 하나 또는 두 개의 가는-필라멘트 전구를 가지고 초기의 나침반 편향과 빛이 나는 시간의 길이를 측정하는, 실험을 수행하라. 수치 결과를 설명하시오. 관찰이 예측과 일치하는가?

**질문14.** 그림 19.61에 보여준 회로는 두 개의 섬광 전지, 큰 공기-틈 축전기 하나, 니크롬 전선으로 구성되어 있다. 이 회로는 축전기 판 위에 $+Q$와 $-Q$로 완전히 충전되기에 충분할 정도로 오래 전류가 흐르도록 되어 있다.

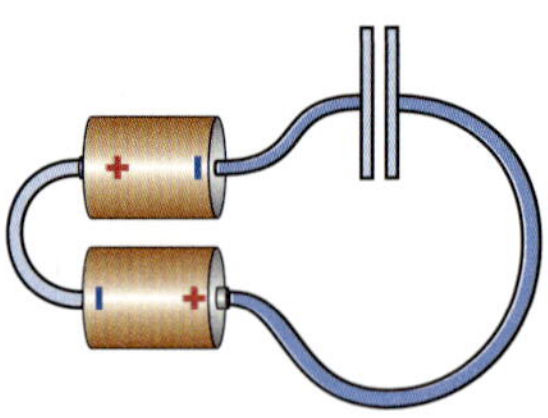

그림 19.61

다음으로 두 판을 밀어서 더 가깝게 (그렇지만 판이 서로 닿지는 않도록) 되도록 한다. 무슨 일이 발생하는지 기술하고, 왜 그런지 전하와 전기장 등 기본적인 개념을 사용해서 설명하시오. 몇 번의 시간에서 전하와 전기장을 보여주는 그림을 포함하시오.

**질문15.** 고립된 축전기 위에 있는 전하는 유리판이 축전기 판 사이에 삽입되었을 때 변하지 않고, 퍼텐셜 차는 감소한다는 것을 알게 된다(왜냐하면 절연체 내부에서 전기장은 $1/K$ 인자로 줄어들기 때문이다). 대신에 축전기가 전지에 연결되어서, 전지가 축전기를 가로질러 고정된 퍼텐셜 차를 유지하도록 한다고 가정하자. (a) 전구와 축전 용량 $C$의 공기-틈 축전기가 알려진 emf를 가진 전지에 직렬로 연결된다. 축전기의 양극판 위에 있는 최종 전하 $Q$는 얼마인가? (b) 축전기를 완전히 충전한 후에, 유전 상수가 $K$인 플라스틱판을 축전기 속으로 삽입해서 틈을 메운다. 전구를 통해서 어떤 전류가 흐르는가? 왜? 축전기의 양극판 위에 있는 최종 전하는 얼마인가?

**질문16.** 매우 얇은 플라스틱판에 의해서 분리되어 있는 두 개의 커다란 금속 원판으로 구성되어 있는 고립된 축전기가 초기에 두 원판 위에 크기가 같고 부호가 반대인 전하 $+Q$와 $-Q$를 가지고 있다. 다음에 그림 19.62에서 보여준 것처럼 축전기에 길고 가는 니크롬 전선을 연결한다.

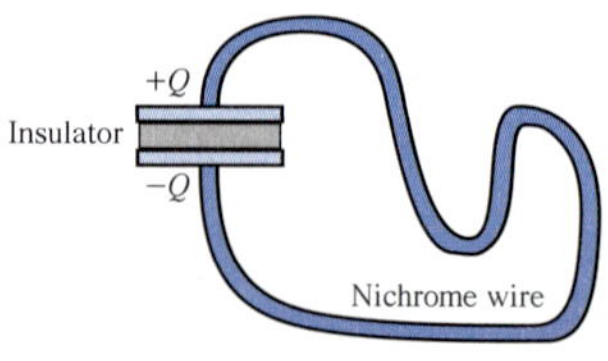


그림 19.62

처음 몇 나노초, 최종 상태로 접근, 최종 상태를 포함하여 시간에 따라 무슨 일이 일어나는지 기술하고 설명하라. 설명을 전하와 전기장의 기본적인 개념에 기반을 두어라. 전하와 전기장을 그릴 공간을 허용하기 위해서, 축전기와 전선의 두께를 크게 과장한, 그림 19.62와 같은 그림을 그리시오.

**질문17.** 판 사이에 유리판을 가진 축전기가 니크롬 전선에 의해 전지에 연결되고 완전히 충전되도록 하였다. 다음에 유리판이 제거되었다. 무슨 일이 일어나는지 기술하고 설명하시오. 그림들을 포함하시오. 만약 전류의 방향을 준다면, 전자 전류 또는 관습적인 전류 중 어느 것을 기술하는지 지정하시오.

**질문18.** 축전기가 니크롬 전선에 의해 전지에 연결되어 완전히 충전되도록 하였다. 그리고 판들이 갑자기 멀리 떨어지도록 하였다. 무슨 일이 일어나는지 기술하고, 기본적인 물리 원리에 기반을 두고, 왜 그런 일이 일어나는지 자세하게 설명하시오. 만약 전류의 방향을 준다면, 전자 전류 또는 관습적인 전류 중 어느 것을 기술하는지 지정하시오. 설명을 뒷받침하기 위한 적절한 그림을 포함하시오.

**질문19.** 두 개의 1.5 V 전지가 매우 가깝게 놓인 두 개의 매우 큰 금속 원판으로 구성되어 있는 축전기에 직렬로 연결되어서, 판들이 (왼쪽 원판이 양으로) 충전되었다. 다음에 전지가 제거되었다.

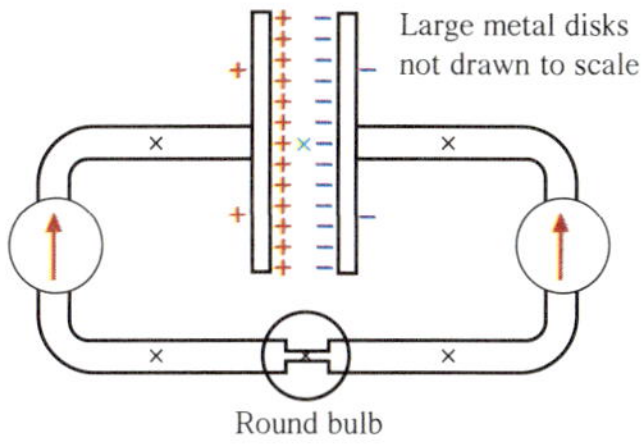


그림 19.63

다음으로, 굵은 구리 전선과 굵은-필라멘트 전구를, 그림 19.63에 나타낸 것처럼, 충전된 축전기에 붙인다. 구리 전선 위에 놓인 두 개의 나침반은 초기에 북쪽을 향하고 있다. 이 굵은-필라멘트 전구가 직렬로 두 개의 전지와 직접적으로 연결되었을 때, 나침반 바늘이 15도 편향되는 것을 관측하는 것을 실험적으로 보게 된다. (a) 다음 1분 동안 전구와 두 나침반에 관하여 무슨 일이 일어날 것인지 자세하게 간단히 기술하시오. (b) 이 회로를 조립하고 0.01초 후에, 그림 위의 $x$표시를 한 여섯 지점에서 전기장을 그리고 라벨을 붙이시오. 벡터의 상대적인 크기에 주의를 기울이시오. 전기장 벡터에 명확하게 라벨을 붙이도록 (예를 들면, $E_{\text{bulb}}$ 등) 확실하게 하시오. (c) 그림 위에서 가능한 전하 분포를 개략적으로 그리시오. 명료함을 위해서 필요하다면, 전하 분포에 관한 그림 위에 설명을 덧붙인다. (d) 왼쪽 구리 전선의 길이가 $L$이고, 오른쪽 구리 전선의 길이도 또한 $L$이며, 전구 필라멘트의 길이는 $L_{\text{bulb}}$이고, 축전기 판 사이의 틈은 $x$이다. 구리 전선의 지름은 $d$이고, 전구 필라멘트의 지름은 $d_{\text{bulb}}$이다. 구리의 이동도는 $u$이고, 뜨거운 텅스텐의 이동도는 $u_{\text{bulb}}$이다. 단위 부피당 움직이는 전자의 개수는 구리와 텅스텐에서 근사적으로 같다. 이 회로를 조립하고 0.01초 후에, 앞의 (b)에서 전기장에 관하여 제시했던 라벨을 이용해서, 전기장의 크기와 연관되는 두 개의 유효한 물리 방정식을 쓰시오. 이 물리 방정식에 있는 원리는 무엇인가? (e) 앞의 (a)에서 1분 동안 전구와 나침반을 가지고 발생하는 일을 보게 될 것을 기술하였다. 이제 정량적으로 하지만 자세하게 왜 이런 일이 생기는지 설명하시오. 설명을 간단하게 하되 완벽하게 하시오.

**질문20.** 어떤 사람이 말하기를, "전류는 저항이 최소인 경로를 택한다."라고 하였다. 이 진술에서 무엇이 잘못되었는가?

**질문21.** 전도도 $\sigma$, 비저항 $\rho$, 저항 $R$, 전류 밀도 $J$의 단위는 각각 무엇인가?

**질문22.** 다음 중 옴의 법칙을 만족하는 저항기는 어느 것인가? 옴의 법칙을 만족하는 저항기가 아닌 경우에는, 왜 그런지 간단하게 설명하시오. (a) 니크롬 전선 (b) 가는 필라멘트 전구 (c) 플라스틱 봉 (d) 소금물 (e) 실리콘 (반도체)

**질문23.** 120 V 벽 소켓에 꽂는 탁상용 전구는 60 W 또는 120 W 전구를 사용할 수 있다. 어느 전구가 더 큰 저항을 가지는가? 간단하게 설명하시오.

**질문24.** (a) 만약 전지를 관통하는 전류가 두 배가 된다면, 전지 전력은 몇 배로 증가되는가? (b) 만약 저항기를 관통하는 전류가 두 배가 된다면, 전력 소모는 몇 배로 증가되는가? (c) 왜 이들 인자가 서로 같은지 또는 다른지 (발견한 것에 의존하는) 설명하시오.

**질문25.** 다음 진술이 참 또는 거짓인지 여부를 말하고, 그 이유를 간단하게 설명하시오: "그림 19.64에 보여준 두 개의 회로에서, 전력을 소모하는 여분의 저항기 $R_2$가 있기 때문에, 전지 출력 전력은 회로 2에서 더 크다."

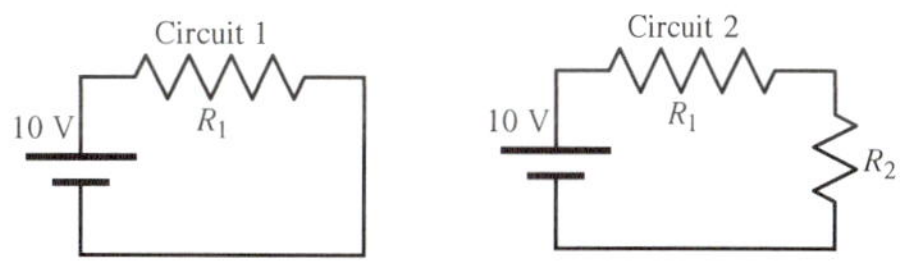


그림 19.64

**질문26.** 왜 새들은 100,000 V 전력선의 전선 위에서 감전되지 않고 맨발로 앉을 수 있을까?

**질문27.** 전류계는 낮은 저항 또는 높은 저항 중 어느 것을 가져야만 하는가? 왜 그런가? 전압계는 낮은 저항 또는 높은 저항 중 어느 것을 가져야만 하는가? 왜 그런가?

**질문28.** 민감한 전압계를 포함하여 모든 종류의 표준 전기 장치들이 있는 하지만 전류계는 가지고 있지 않다. 외딴 섬에 유배가 되었다. 전압계를 이용해서 어떻게 전류를 측정할 수 있는지 설명하시오.

# 문제

## 제19.1절

**문29.** 그림 19.65에 있는 축전기는 초기에 충전되어 있고, 회로가 연결된다. 그림 19.66에 있는 어떤 그래프가 전구를 통과하는 전류를 시간의 함수로 가장 잘 기술하고 있는가?

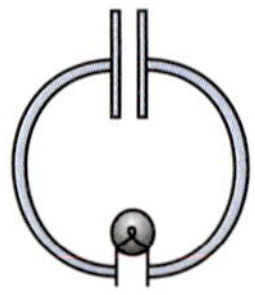

그림 19.65

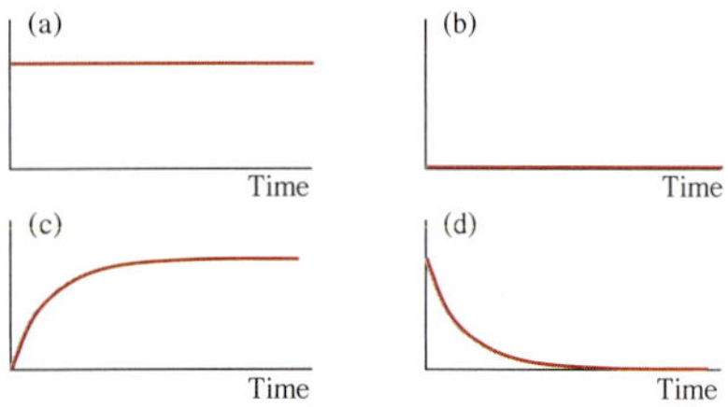


그림 19.66

**문30.** 그림 19.67에 있는 축전기는 초기에 방전되어 있고, 회로가 연결된다. 그림 19.66에 있는 어떤 그래프가 전구를 통과하는 전류를 시간의 함수로 가장 잘 기술하고 있는가?

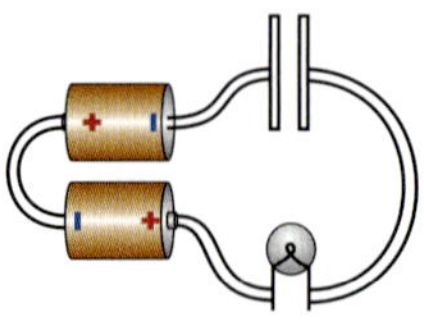

그림 19.67

**문31.** 그림 19.67에 있는 축전기는 초기에 방전되어 있고, 회로가 연결된다. 그림 19.66에 있는 어떤 그래프가 왼쪽 판 위에 있는 전하의 절댓값을 시간의 함수로 가장 잘 기술하고 있는가?

**문32.** 그림 19.68에 있는 축전기는 초기에 방전되어 있고, 회로가 연결된다. 그림 19.66에 있는 그래프 중 어느 것이 (연결 전선 내부의) 위치 $A$에서 축전기의 가장자리 전기장의 크기를 시간의 함수로 가장 잘 기술하는가?

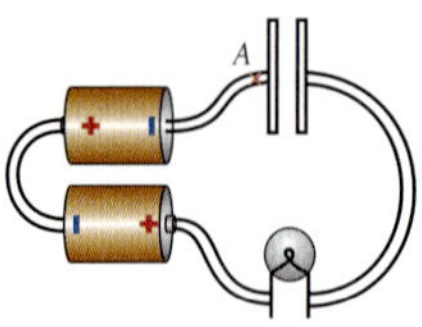


그림 19.68

**문33.** 그림 19.68에 있는 축전기는 초기에 방전되어 있고, 회로가 연결된다. 그림 19.66에 있는 그래프 중 어느 것이 (연결 전선 내부의) 위치 $A$에서 축전기의 알짜 전기장의 크기를 시간의 함수로 가장 잘 기술하는가?

**문34.** 어떤 특정한 축전기가 초기에 충전되어 있다. 그림 19.69에 보여준 것처럼, 축전기의 판 사이에 큰 저항을 가진 니크롬 전선이 연결되었다. 연결이 이루어지자마자 전선 아래에 놓인 나침반의 바늘이 동쪽으로 20도 편향되었다. 60초 후에는 나침반 바늘이 더 이상 편향되지 않는다. (a) 그림 19.69에 있는 그림 중 어느 것이 이 회로의 세 지점에서 전자 전류를 가장 잘 나타내고 있는가: (1) 회로가 연결된 후 0.01초에? (2) 회로가 연결된 후 15초에? (3) 회로가 연결된 후 120초에? (b) 그림 19.70에 있는 그림 중 어느 것이 이 회로의 세 지점에서 전선 내부에서 알짜 전기장을 가장 잘 나타내고 있는가: (1) 회로가 연결된 후 0.01초에? (2) 회로가 연결된 후 15초에? (3) 회로가 연결된 후 120초에?

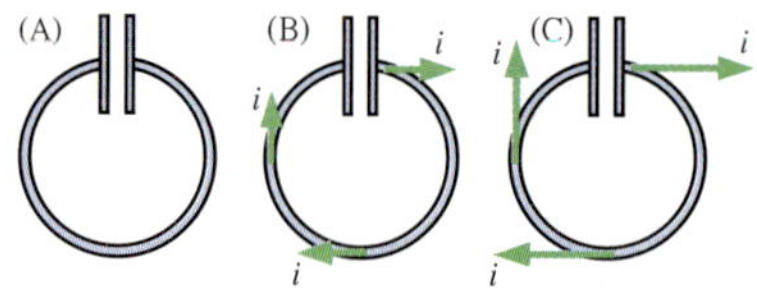


그림 19.69

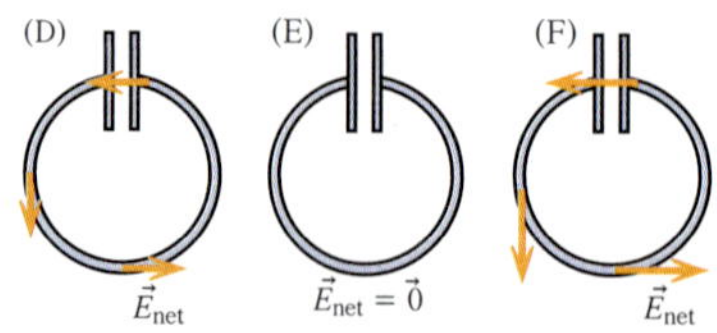


그림 19.70

**문35.** 전구를 통한 축전기의 방전에 관해서 다음 중 옳은 진술은? 옳은 것을 모두 고르시오. (1) 축전기 판 위의 전하가 감소하면서 축전기의 가장자리 전기장이 감소한다. (2) 축전기의 판 사이 틈을 가로질러 전자들이 흐르며, 그래서 축전기 위에 있는 전하를 줄인다. (3) 전선의 내부에 있는 한 지점에서 전기장은 전선의 표면 위에 있는 전하와 축전기의 판 위에 있는 전하에 기인하는 것이다. (4) 전선의 내부에 있는 전자들은, 축전기 위에 있는 전하를 줄이면서, 음극판으로부터 양극판 쪽으로 흘러간다.

**문36.** 초기에 방전되어 있는 어떤 특정한 축전기가 전지와 작은 전구에 연결되었을 때, 전구는 처음에 밝지만 점점 어두워지고, 45초 후에는 빛나지 않는다. 그림 19.71에 있는 그림들은 전구에 연결이 이루어진 후에 각각 0.01초, 2초, 240초 등 서로 다른 시간에 회로에서 전기장과 전선 위에서 표면 전하 분포를 보여주고 있다. 그림 19.71에 있는 그림들은 전지에 연결이 이루어진 후에 각각 0.01초, 8초, 240초 등 서로 다른 시간에 회로에서 전기장과 전선의 표면 위에서 전하의 형태를 보여주고 있다. 그림들 중 어느 것이 각각의 특정 시간에 회로의 상태를 가장 잘 기술하는가? (a) 연결이 이루어진 후 0.01초 (b) 연결이 이루어진 후 8초 (c) 연결이 이루어진 후 240초

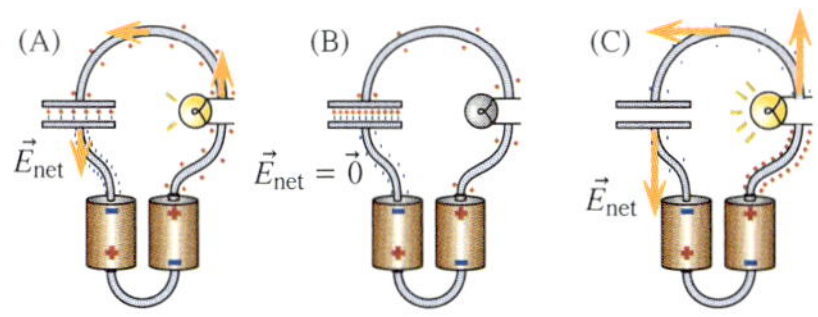


그림 19.71

**문37.** 회로 1에서 (그림 19.72) 방전된 축전기가 직렬로 두 개의 전지와 전구 하나와 연결되어 있다. 회로 2는 (그림 19.72) 회로 1에 있는 전구와 같은 전구 두 개를 포함하고 있다; 다른 모든 면에서는 회로 1과 동일하다. 회로 1에서, 전구는 25초 동안 밝게 빛난다. 아래 질문들은 이 회로들과 관련되어 있다. 질문에 대답하기 위하여, 언급된 시간에 각 회로에서 전기장과 전하를 나타내는 그림을 그려야만 한다.

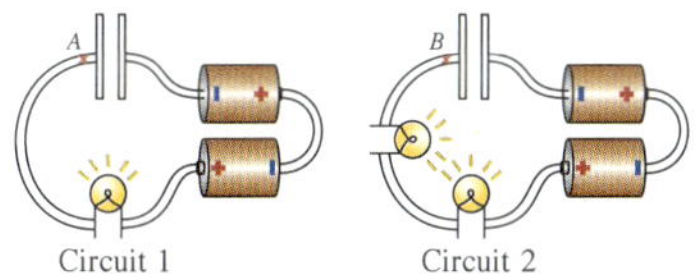


그림 19.72

(a) 두 회로가 모두 연결되고 1마이크로초 ($1 \times 10^{-6}$ s) 후에, 다음 중 어느 것이 참인가? 적용되는 것 모두를 고르시오: (1) 회로 1의 위치 $A$에서 알짜 전기장은 회로 2의 위치 $B$에서 알짜 전기장보다 더 크다. (2) 회로 1의 위치 $A$에서, 전자는 왼쪽으로 흐른다. (3) 회로 1의 위치 $A$에서, 전선과 전지의 표면 위에서 전하에 의한 전기장은 오른쪽으로 향한다. (4) 회로 1에서 축전기 판을 가로지르는 퍼텐셜 차는 전지의 emf와 같다. (5) 회로 1에서 전류는 회로 2에서 전류보다 더 크다. (b) 두 회로가 모두 연결되고 2초 후에, 다음 중 어느 것이 참인가? 적용되는 것 모두를 고르시오: (1) 축전기 2의 판 위에 있는 것보다 축전기 1의 판 위에 더 많은 전하가 있다. (2) 회로 1에 있는 축전기의 오른쪽 판 위에 음의 전하가 있다. (3) 회로 2의 위치 $B$에서 알짜 전기장은 오른쪽으로 향한다. (4) 회로 2의 위치 $B$에서 축전기의 가장자리 전기장은 오른쪽으로 향한다. (5) 회로 1의 위치 $A$에서 축전기의 가장자리 전기장은 왼쪽으로 향한다. (c) 그림 19.73에 있는 그래프 중에서 어느 것이 회로 1에 있는 축전기의 양극판 위에 있는 전하의 양을 시간의 함수로 표시한 것인가? (d) 그림 19.73에 있는 그래프 중에서 어느 것이 회로 1에 있는 전류를 시간의 함수로 표시한 것인가?

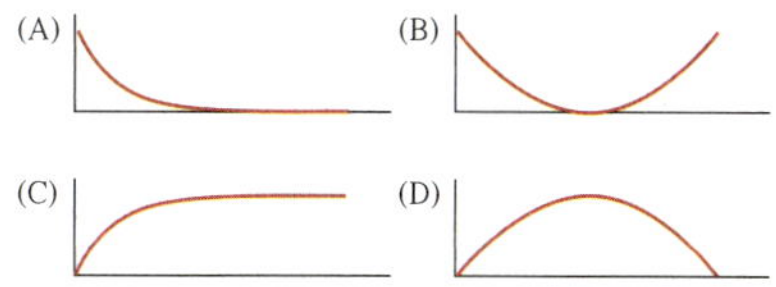


그림 19.73

**문38.** 어떤 축전기가 56 cm × 24 cm 직사각형 판과 0.20 mm의 틈을 가지고 있다. 이 축전기의 축전 용량은? 우리는 전형적인 축전 용량이 farad 단위로 측정될 때 매우 작은 값을 가진다는 것을 보게 된다. 1 farad 축전기는 매우 특이하다! 분명하게 이것은 매우 넓은 면적 $A$와 (모두 작은 꾸러미 안에 감겨져 있는) 매우 작은 틈 간격 $s$를 가진다.

**문39.** 어떤 축전기가 59 cm × 33 cm 직사각형 판과 0.27 mm의 틈을 가지고 있다. 만약 틈이 유전 상수 2.9인 물질로 채워진다면, 이 축전기의 축전 용량은?

**문40.** 두 개의 1.5 V 전지를 가지고 2.5 F 축전기를 충전했다고 가정하자. 최종 상태에서 각 판에는 얼마나 많은 전하가 있게 될 것인가? 음극판 위에는 얼마나 많은 여분의 전자가 있게 될 것인가?

**문41.** 공기 틈 간격 2 mm에 의해서 분리되어 있는 반지름이 0.08 m인 두 개의 원판들로 구성되어 있는 축전기에 9 V 전지를 연결한다. 양극 판 위에서 전하는?

**문42.** 반지름이 0.12 m인 두 개의 원판들이 공기 틈 간격 1.5 mm에 의해서 분리되어 있다. 판들은 전하 $+Q$와 $-Q$를 가지고 있고 여기서 $Q = 3.6 \times 10^{-8}$ C이다. (a) 틈 안에서 전기장의 크기는? (b) 틈을 가로질러 퍼텐셜 차는? (c) 이 축전기의 축전 용량은?

**문43.** 방전이 일어나는 동안, 전구가 충전 동안에 그랬던 것처럼, 그만큼 밝게 오랫동안 빛나는 것을 알아챌 수 있을 것이다. 방전 단계에서, 전구가 축전기에 연결되기 직전부터 본질적으로 더 이상 전류가 없을 때까지, 전구에 의해 (빛과 열처럼) 방출되는 에너지를 $E$라고 하자. 충전 단계와 방전 단계에서, $+E$ 또는 $-E$ 항으로, 전지, 축전기, 전구, 그리고 주변의 에너지 변화는 얼마인가? 다음 표에서 답 하나는 이미 주어져 있다:

| | 충전 | 방전 |
|---|---|---|
| 전지 | | |
| 전구 | | |
| 축전기 | | |
| 주변 | | $+E_W$ |

하나의 간단한 관찰로부터 이렇게 많은 정보를 얻을 수 있다는 것은 놀라운 일이다.

**문44.** 그림 19.74에 보여준 것처럼, 반지름이 $r_1$인 공 모

양의 금속 껍질은 전하 $Q$를 (바깥쪽 표면 위에) 가지고 있고, 반지름이 $r_2$인 중심이 같은 공 모양의 금속 껍질에 의해서 둘러싸여 있으며, 이 껍질은 (안쪽 표면 위에) 전하 $-Q$를 가지고 있다.

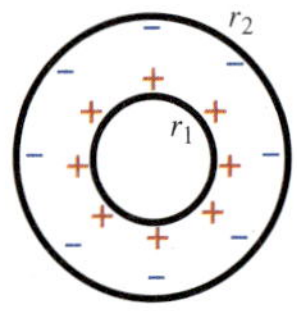


그림 19.74

(a) 이 공 모양 축전기의 축전 용량을 구하기 위해서 축전 용량의 정의 $Q = C|\Delta V|$를 이용하시오. (b) 만약 공 모양 껍질의 반지름 $r_1$과 $r_2$가 크고 거의 같다면, $C$는 $\varepsilon_0 A/s$로 (이것은 또한 평행판 축전기의 축전 용량에 관한 식이다) 쓸 수 있다는 것을 보이시오. 여기서 $A = 4\pi r^2$는 구의 표면적이고, $s$는 그들 사이의 작은 틈 ($r_2 = r_1 + s$) 거리이다.

## 제19.2절

**문45.** 실온에서 금은, 움직이는 전자의 이동도는 대략 $4.3 \times 10^{-3}$(m/s)/(V/m)이고, $m^3$ 당 움직이는 전자가 대략 $5.9 \times 10^{28}$개 있다. 금의 전도도를 올바른 단위를 포함해서 계산하시오.

**문46.** 단면적이 1 $mm^2$이고 0.3 ampere 전류를 운반하는 은 전선을 고려하자. 은의 전도도는 $6.3 \times 10^7$(A/$m^2$)(V/m)이다. 전선을 관통하는 전류를 흐르도록 하는 데 요구되는 전기장의 크기를 계산하시오.

**문47.** 가는-필라멘트 전구가 직렬로 두 개의 1.5 V 전지와 연결되었을 때, 전류는 0.075 A이다. 밝게 빛나는 가는-필라멘트 전구의 저항은 얼마인가?

**문48.** 실온에서 구리는, 움직이는 전자의 이동도가 대략 $4.5 \times 10^{-3}$ (m/s)/(volt/meter)이고, $m^3$ 당 $8 \times 10^{28}$개의 움직이는 전자가 있다. 전도도 $\sigma$를 계산하고 올바른 단위를 포함하시오. 실제 상황에서는, 전도도 $\sigma$를 측정하고 이 측정으로부터 이동도 $\mu$를 추론하는 것이 보통 더 쉽다.

**문49.** (a) 어떤 탄소 저항기의 길이가 5 mm이고 일정한 단면적은 0.2 $mm^2$이다. 실온에서 탄소의 전도도는 $\sigma = 3 \times 10^4$ per ohm•m이다. 어떤 회로에서 이 저항기의 한쪽 끝에서 퍼텐셜은 접지를 기준으로 12 volt이고, 다른 쪽 끝에서는 15 volts이다. 저항 $R$과 전류 $I$를 계산하시오. (b) 같은 회로에 있는 가는 구리 전선의 길이가 5 mm이고 일정한 단면적은 0.2 $mm^2$이다. 실온에서 구리의 전도도는 $\sigma = 6 \times 10^7$ $ohm^{-1}$ $m^{-1}$이다. 방금 공부했던 같은 회로에서 탄소 저항기와 직렬로 연결된 구리 전선이, 한쪽 끝은 탄소 저항기의 15 V 끝에 연결되고, (a)에서 계산했던 전류가 탄소 저항기 전선을 통해서 흐른다. 구리 전선의 저항 $R$과 전선의 다른 쪽 끝에서 퍼텐셜 $V_{\text{at end}}$를 계산하시오.

많은 경우에 회로에서 굵은 구리 전선은 실제적으로 균일한 퍼텐셜을 가진다는 것을 알 수 있다. 왜냐하면 굵은 고-전도도 구리 전선에서 작은 이동 속력은 단지 매우 작은 전기장을 요구하며, 이 매우 작은 전기장을 적분하면 전선을 따라서 매우 작은 퍼텐셜 차이를 만들어내기 때문이다.

**문50.** 하나의 가는-필라멘트 전구가 1.5 V 전지 하나에 연결되었을 때, 전지를 통과해서 흐르는 전류는 대략 80 mA이다. 만약 또 하나의 가는-필라멘트 전구를 병렬로 연결한다면, 전지 전류는 물론 160 mA로 증가한다. 이 전지는 옴의 법칙을 만족하는가? 다시 말한다면, 전지를 통과해서 흐르는 전류는 전지 사이의 퍼텐셜 차이에 비례하는가?

**문51.** 옴의 법칙을 만족하는 어떤 저항기가 40 Ω의 저항을 가지고 있다. 두 번째 저항기는 같은 물질로 만들어졌지만 길이가 세 배이고 단면적은 절반이다. 이 두 번째 저항기의 저항은 얼마인가? 직렬로 연결된 두 저항기의 유효 저항은?

**문52.** 그림 19.75에 보여준 회로에서, 전지의 emf는 7.9 V이다. 저항기 $R_1$은 23 Ω의 저항을 가지고 있고, 저항기 $R_2$는 44 Ω의 저항을 가지고 있다. 정상 전류는 회로를 통해서 흐른다. (a) $R_1$을 가로지르는 퍼텐셜 차이의 절댓값은 얼마인가? (b) $R_2$를 통과하는 관습적인 전류는 얼마인가?

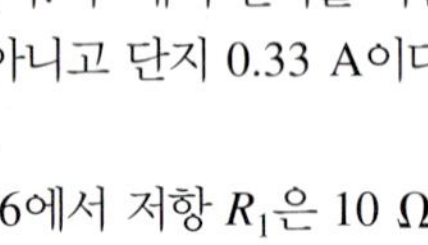


그림 19.75

**문53.** 굵은-필라멘트 전구가 섬광 전지와 연결되었을 때, 전류는 0.20 A이다. 두 개의 전지를 직렬로 사용할 때, 전류는 0.40 A가 아니고 단지 0.33 A이다. 이 작동을 간단하게 설명하시오.

**문54.** 그림 19.76에서 저항 $R_1$은 10 Ω, $R_2$는 5 Ω, $R_3$는 20 Ω이다. 만약 이 저항기의 조합이 동일한 저항을 가진 하나의 저항기에 의해 대치된다면, 그 저항은 얼마가 되어야만 하는가?

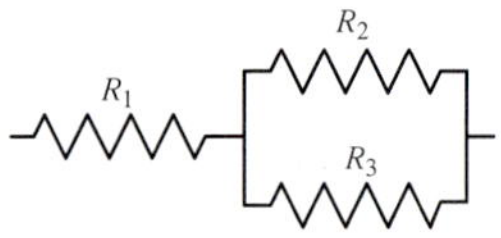


그림 19.76

**문55.** 두 개의 1.5 V 전지를 포함하는 회로에서 1 F 축전기를 충전한다고 가정하면, 판들을 가로지르는 최종 퍼텐셜 차이는 3 V이다. 각 판 위에는 얼마의 전하가 있게 되는가? 음극 판 위에서는 얼마나 많은 여분의 전하가 있게 되는가?

**문56.** 그림 19.77에 보여준 회로에서 전지의 emf는 7.4 V이다. 저항기 $R_1$은 31 Ω의 저항을 가지고 있고, 저항기 $R_2$는 47 Ω의 저항을 가지고 있으며, 저항기 $R_3$는 52 Ω의 저항을 가지고 있다. 정상 전류가 회로를 통하여 흐른다.

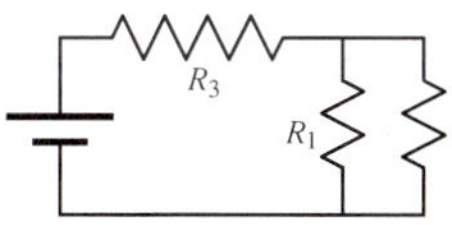

그림 19.77

(a) $R_1$과 $R_2$의 합성 저항과 동등한 저항은 얼마인가? (b) 세 개의 저항기 모두의 합성 저항과 동등한 저항은 얼마인가? (c) $R_3$를 통과하는 관습적인 전류는 얼마인가?

**문57.** 단면적이 (연결 전선과 비슷한) 1 $mm^2$이고 0.3 A 전류를 운반하는 구리 전선을 고려하면, 이것은 대략 하나의 굵은-필라멘트 전구와 두 개의 전지가 직렬로 연결된 회로에서 얻을 수 있는 값이다. 이 전선을 통해서 이 전류가 흐르도록 요구되는 매우 작은 전기장의 세기를 계산하시오.

**문58.** 실온에서 텅스텐의 전도도인 $1.8 \times 10^7$( $A/m^2$)(V/m)는 구리의 전도도보다 훨씬 작다. 밝게 빛나는 전구 필라멘트의 매우 높은 온도에서는 (거의 3000 K), 텅스텐의 전도도는 실온에서보다 18배 더 작다. 굵은-필라멘트 전구의 텅스텐 필라멘트는 반지름이 대략 0.015 mm이다. 빛나는 전구를 통과하는 전류 0.20 ampere가 흐르도록 하는 데 요구되는 전기장을 계산하고, 이것이 연결 구리 전선에서의 전기장과 비교해서 매우 크다는 것을 보이시오.

**문59.** 그림 19.78에 보여준 것처럼 어떤 회로가 전지 하나와 (emf는 $K$) 다섯 개의 니크롬 전선으로 (세 개는 굵고 두 개는 가느다란) 구성되어 있다. 전선 내부에 그릴 공간을 주기 위해서 전선의 굵기는 과장되어 있다. 전지의 내부 저항은 전선의 저항과 비교해서 무시할 수 있다. 전압계는 문제 (e)가 나올 때까지는 연결하지 않는다.

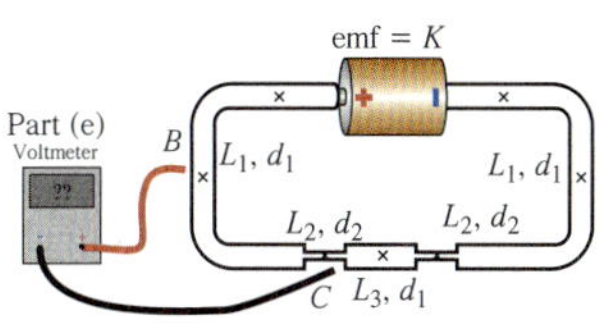

그림 19.78

(a) 전선 내부의 ×로 표시된 지점들에서, 그리는 벡터의 적절한 상대적인 크기에 주의하면서, 전기장을 그리고 적절하게 라벨을 붙이시오. (b) 이 회로에 대한 근사적인 전하 분포를 보이시오. 필요하다면 그림 위에 매우 간단한 기술을 하면서 그림을 보충해서, 그림에 전하 분포의 중요한 면을 매우 명확하게 만드시오. 이 문제의 (a)와 (b) 부분이 서로 일치한다는 것을 확실하게 하시오. (c) 니크롬에 대해서 실온에서 움직이는-전자 밀도가 $n$이고 전자 이동도가 $u$라는 것을 알고 있다고 가정하자. 전선의 길이와 ($L_1$, $L_2$, $L_3$) 지름이 ($d_1$, $d_2$) 그림 위에 주어진다. 매초마다 전지의 음극 끝을 떠나는 전자의 개수를 정확하게 계산하라. 회로의 어떤 부분도 매우 뜨거워지지 않는다고 가정한다. 결과를 주어진 양 $k$, $L_1$, $L_2$, $L_3$, $d_1$, $d_2$, $n$, $u$를 이용해서 표현하시오. 결과를 설명하고 이용한 원리를 밝히시오. (d) $d_2 \ll d_1$인 경우에, 매초마다 전지의 음극 끝을 떠나는 전자의 근사적인 개수는 얼마인가? (e) 전압계가, + 전극은 위치 $B$에 (왼쪽에 있는 굵은 전선을 따라 중간에) 연결되고 − 전극은 위치 $C$에 (왼쪽에 있는 가는 전선을 따라 중간에) 연결되어, 회로에 연결되어 있다. $d_2 \ll d_1$인 경우에, 전압계 위에 보이는 근사적인 전압은, 부호를 포함해서, 얼마인가? 결과를 주어진 양 $K$, $L_1$, $L_2$, $L_3$, $d_1$, $d_2$, $n$, $u$를 이용해서 표현하시오.

**문60.** 매우 좋은 도체인 굵은 연결 전선을 이용해서, 길이가 $L_1$이고 단면적이 $A_1$인 니크롬 전선이 ("전선 1") 직렬로 전지와 전류계에 연결되어 (이것이 회로 1이다) 있다. 전류계 위의 눈금은 $I_1$이다. 이제 니크롬 전선은 제거되고 다른 전선에 ("전선 2") 의해서 대체되는데 (이것이 회로 2이다), 이 회로에서 전선은 원래 전선 길이의 2.5배이고 단면적은 5.5배이다.

아래 질문에서, 첨자 1은 회로 1을 나타내고, 첨자 2는 회로 2를 나타낸다. 수치 계산을 하기 전에 아래 질문에 대한 해를 대수적으로 쓰는 것이 도움이 될 수 있을 것이다. (힌트: 이 두 회로에서 무엇이 같은가에 관하여 생각하시오.) (a) 두 회로에서 관습적인 전류의 비율인 $I_2/I_1$의 값은 무엇인가? (b) 전선의 저항 비율인 $R_2/R_1$의 값은 무엇인가? (c) 정상 상태의 전선 내부에서 전기장의 비율인 $E_2/E_1$의 값은 무엇인가?

**문61.** 폭이 $w$이고 높이가 $h$인 긴 철 평판이, 그림 19.79에 보여준 것처럼, 용광로에서 나오고 있다. 용광로 근처의 평판 끝은 뜨겁고 다른 끝은 차갑기 때문에, 전자 이동도는 거리 $x$와 함께 현저하게 증가한다.

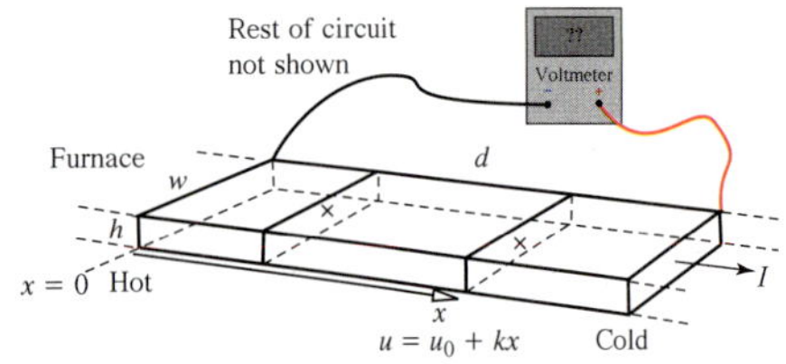


그림 19.79

전자 이동도는 $u = u_0 + kx$이고, 여기서 $u_0$는 평판의 뜨거운 끝에서 철의 이동도이다. 철 원자가 $m^3$당 $n$개가 있고, 각 원자는 전자 하나를 움직이는 전자의 바다에 기여한다(우리는 철의 작은 열팽창을 무시할 수 있다). 정상 상태 관습적인 전류가 뜨거운 끝에서 차가운 끝으로 평판을 관통하여 흐르고, (그림에 표시하지 않은) 전류계는 전류가 ampere 단위로 크기 $I$를 가지는 것으로 측정한다. 전압계가 거리 $d$만큼 떨어진 두 지점에, 그림에서 보여준 것처럼 연결되었다. (a) 평판 내부에 $x$로 표시된 두 지점에서 전기장을 보이시오. 그리는 두 벡터의 상대적인 크기에 주의한다. (b) 이 두 지점에서 전기장의 크기가 왜 다른지 설명하시오. (c) 왼쪽 전압계 연결로부터 거리 $x$인 지점에서, $x$와 주어진 양 $w$, $h$, $d$, $u_0$, $k$, $n$, $I$를 (그리고 기본 상수를) 사용해서, 전기장의 크기는 얼마인가? (d) 전압계에 표시되는 퍼텐셜 차의 부호는 무엇인가? 간단하게 설명하시오. (e) 주어진 양 $w$, $h$, $d$, $u_0$, $k$, $n$, $I$를 (그리고 기본 상수를) 사용해서, 전압계 수치의 크기는 얼마인가? 결과를 점검하시오.

## 제19.4절

**문62.** 무시할 수 있는 내부 저항을 가진 전지가 저항기에 연결되어 있다. 전지에서 생성되는 전력과 저항기에서 소모되는 전력은 모두 $P_1$이다. 같은 종류의 또 다른 저항기가 더해져서, 이제 회로는 전지 하나와 저항기 두 개가 직렬로 구성되어 있다. (a) $P_1$을 사용해서, 이제 첫 번째 저항기에서는 얼마나 많은 전력이 소모되는가? (b) $P_1$을 사용해서, 이제 전지에서는 얼마나 많은 전력이 생성되는가? (c) 회로가 재배치되어 두 개의 저항기가 직렬보다는 병렬로 연결되었다. $P_1$을 사용해서, 이제 전지에서는 얼마나 많은 전력이 생성되는가?

**문63.** 두 개의 섬광 전지가 직렬로 연결되어, 저항을 무시할 수 있는 구리 전선으로 연결된, 그림 19.80에 보인 것처럼 네 개의 옴의 법칙을 만족하는 저항기로 구성된 회로에 전력을 생성한다. 전지의 내부 저항은 무시할 수 있다. 두 개의 나침반이, 회로를 닫기 전에 초기에 북쪽으로 향하고 있던, 전선의 아래에 놓여진다. 매우 높은 저항을 가진 전압계가 보여준 것처럼 연결된다. 저항은 $R_1$은 20 Ω, $R_2$는 20 Ω, $R_3$는 30 Ω, $R_4$는 15 Ω이다.

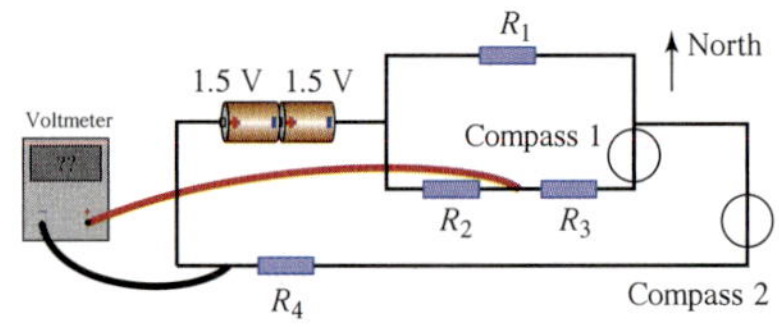


그림 19.80

(a) 기본적인 원리에서 시작하여, 각 저항기를 통과하는 관습적인 전류를 결정하기 위해서 풀 수 있는 방정식을 쓰고, 그림 위에 이들 전류의 방향을 나타내시오. 방정식 각각이 어디에서 나오는지 설명하시오. 병렬과 직렬 저항에 관한 식을 사용하지 않는다(하지만 원한다면 결과를 점검하기 위해서 그러한 식을 사용할 수는 있다). 만약 이 방정식들이 풀린다면, $R_1$을 통과하는 전류는 0.073 ampere이고 $R_4$를 통과하는 전류는 0.102 ampere라는 것을 알게 된다. (b) 나침반 바늘의 위치를 개략적으로 그리시오. 나침반 1은 3도 편향된다. 나침반 2의 편향 각도는 얼마인가? (c) 저항기는 $m^3$당 $8 \times 10^{28}$개의 자유 전자를 가지고 $3 \times 10^{-5}$(m/s)(N/C)의 이동도를 가진 물질로 만들어져 있다. 저항기 $R_2$에서, 이것은 일정한 단면적 $6 \times 10^{-10}$ $m^2$를 가진 짧은 전선의 모양을 하고 있다, 전기장의 크기 $E_2$를 구하시오. (d) 저항기 $R_1$에서 전기장 $E_1$은 $E_2$보다 더 큰가, 더 작은가, 아니면 같은가? (e) 저항기 $R_2$의 길이는 얼마인가? (f) 전압계의 눈금은 부호를 포함해서 얼마인가? (g) 전지 중 하나의 한쪽 끝에서 같은 전지의 다른 끝까지 대전된 이온을 움직일 때 전지에 의해서 소비되는 에너지는 joule 단위로 얼마인가? (h) 전지 중 하나로부터 얼마의 전력 출력이 있는가?

**문64.** 그림 19.81에 나타낸 두 개의 회로를 고려하자. 회로 1에서, 옴의 법칙을 만족하는 저항기 $R_1$은 5 W를 소모하고; 회로 2에서, 옴의 법칙을 만족하는 저항기 $R_2$는 20 W를 소모한다. 전선과 전지는 무시할 수 있는 저항을 가진다. 이 회로들은 10 V 전지를 포함하고 있다.

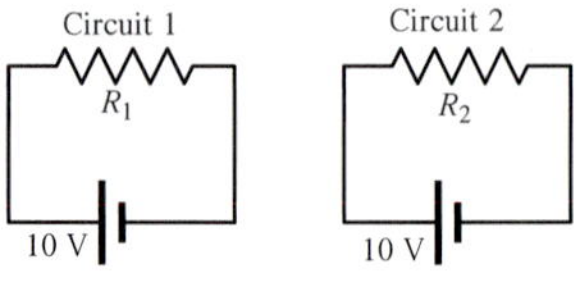


그림 19.81

(a) $R_1$과 $R_2$의 저항은 얼마인가? (b) 저항기 $R_1$은 길이가 3 mm이고 지름이 0.1 mm인 매우 얇은 금속 전선으로 만들어져 있다. 이 금속 저항 내부에서 전기장은 얼마인가?

(c) 같은 저항기들이, 전처럼 같은 10 volt 전지를 사용하면서, 회로 3을 만드는 데 사용된다(그림 19.82). 회로 3에 대하여 퍼텐셜 대 위치의 정확한 그래프를 완성하시오. 그래프의 중요한 면모를 설명하도록 확실하게 한다.

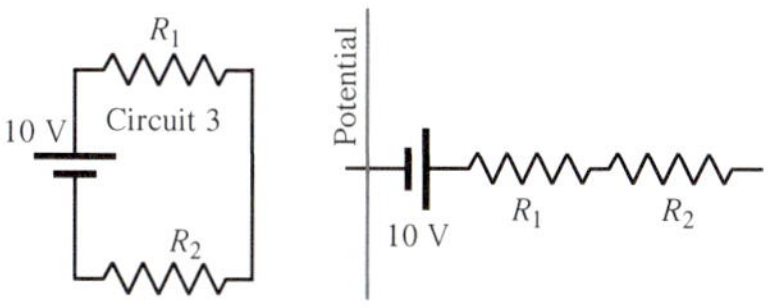


그림 19.82

(d) 회로 3의 그림 복사본 위에, 회로 위에 있는 모든 곳에서 표면 전하의 분포를 나타내기 위해서 +와 −를 놓으시오(이 부분은 설명이 필요하지 않다). (e) 회로 3에서, 매초당 $R_1$으로 들어가는 전자의 개수와 매초당 $R_2$로 들어가는 전자의 개수를 계산하시오. (f) 회로 3에서 전지의 전력 출력은 얼마인가?

**문65.** 축전기가 있을 때 일과 에너지: 축전 용량이 $C$인 축전기가 판 중 하나 위에 전하 $q$를 가지고 있고, 이 경우에 판을 가로지르는 퍼텐셜 차이 $|\Delta V| = q/C$이다. (축전 용량의 정의) 축전기를 충전할 때 작은 전하량 $dq$를 더하는 데 해주는 일은 $dq(\Delta V) = dq(q/C)$이다. 적분을 해서 축전기에 전하가 없는 상태에서 최종 전하 $Q$까지 만드는 데 요구되는 일은 $dq(\Delta V) = dq(q/C)$임을 보이시오. 이것은 축전기를 충전하기 위해 요구되는 일의 양이기 때문에, 이것은 또한 축전기에 저장된 에너지의 양이다. $Q = C\Delta V$를 대입하면, 또한 이 에너지를 $1/2C(\Delta V)^2$으로 표현할 수 있다.

**문66.** 회로가 그림 19.83에 보여준 것처럼 1.5 V 전지 두 개와 전구 세 개로 구성되어 있다.

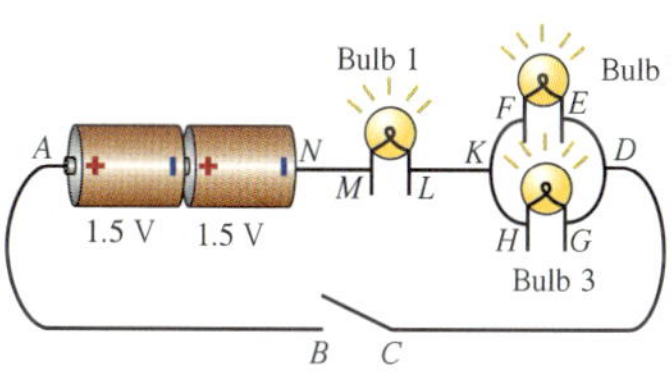


그림 19.83

스위치가 닫혔을 때 전구가 밝게 빛나며, 전구 1은 10 Ω의 저항, 전구 2는 40 Ω의 저항, 전구 3은 30 Ω의 저항, 구리 연결 전선은 무시할 수 있는 저항을 가지고 있다. 전지의 내부 저항 또한 무시할 수 있다. (a) 회로 그림의 복사본을 만드시오. 스위치가 열렸을 때, 근사적인 표면 전하를 그림 위에 +와 −로 표시하시오. (b) 스위치가 열렸을 때, 퍼텐셜 차이 $V_B - V_C$와 $V_D - V_K$를 구하시오. (c) 스위치가 닫히고 정상 상태가 되었을 때, 전구 1, 2, 3을 통과하는 전류는 각각 $I_1$, $I_2$, $I_3$이다. 이들 세 개의 미지 전류를 결정하기 위해서 풀 수 있는 폐곡선 방정식과 분기점 방정식을 쓰기만 하고, 풀지는 마시오. 그림 위에 이용하는 전류 방향, 폐곡선, 분기점 등을 라벨을 붙이고, 어떤 방정식이 어디에 해당하는지 설명하시오. 일반적인 접근에 관하여 배우기 위해서, 이 문제에서 직렬과 병렬 저항에 관한 식을 이용하지는 마시오(결과를 점검하기 위해서 이 식을 이용할 수는 있다). (d) 미지의 전류 $I_1$, $I_2$, $I_3$를 사용하면, (스위치가 닫혔을 때) 퍼텐셜 차 $V_C - V_F$는 얼마인가? (e) 미지의 전류 $I_1$, $I_2$, $I_3$를 사용하면, (스위치가 닫혔을 때) 얼마나 많은 전력이 전지에 의해서 공급되는가? (f) 방정식을 풀어서 $I_1$, $I_2$, $I_3$의 값을 구하시오. (g) 위치 $A$에서 매초당 얼마나 많은 전자들이 전지를 떠나는가? (h) $V_C - V_F$의 값은 얼마인가? (i) 전지에 의해 공급되는 전력의 값은 얼마인가? (j) 40 ohm 전구에 있는 텅스텐 필라멘트는 길이가 8 mm이고 단면적은 $2 \times 10^{-10}$ m$^2$이다. 이 금속 필라멘트 내부에서 전기장은 얼마나 큰가?

## 제19.5절

**문67.** 어떤 6 V 전지가 단락되었을 때 12 A를 공급한다. 이 전지는 1 Ω 저항기가 연결되었을 때는 얼마나 많은 전류를 공급하는가?

**문68.** (a) 전지의 한쪽 끝에서 다른 끝을 짧은 전선으로 연결해서 9 V 전지를 단락시킬 수 있다. 만약 이 단락 회로에서 전류가 18 A로 측정되었다면, 이 전지의 내부 저항은 얼마인가? (b) 이 전지에 의해서 생성되는 전력은 얼마인가? (c) 내부 저항에서 매초당 소모되는 에너지는 얼마인가? (1 watt는 1 joule per second라는 것을 기억한다) (d) 이것과 같은 전지가 이번에는 10 Ω 저항기에 연결되었다. 이 저항기를 통해서 얼마나 많은 전류가 흐르는가? (e) 이 10 Ω 저항기에서 얼마나 많은 전력이 소모되는가? (f) 전압계의 전극이 10 Ω 저항기를 포함하는 이 회로에서 전지의 두 끝에 놓여졌다. 전압계 눈금은 얼마인가?

**문69.** 9 V 전지가 100 Ω 저항기에 연결되어 있고, 전압계는 전지를 가로지르는 퍼텐셜 차이가 6.7 V임을 보여주고 있다. (a) 전지의 내부 저항은 얼마인가? (b) 만약 저항기가 매우 낮은 저항을 가진 전선으로 대체된다면, 전압계의 눈금은 어떻게 될까? (c) 이 전선을 통해서 흐르는 전류는 얼마인가?

**문70.** (a) 두 개의 동일한 섬광 전지를 직렬로 연결해서 3 V emf를 얻는다고 가정하자. 이들 전지가 공급할 수 있는 최대 (단락) 전류는 전지 하나로부터의 최대 전류와 정확하게 같다는 것을 보여주는 폐곡선 방정식을 쓰시오. (b) 다른 방식으로, 두 개의 동일한 섬광 전지를 병렬로 연결한다고 가정하면, 이것은 단지 1.5 V emf를 주게 된다. 이들 전지가 공급할 수 있는 최대 (단락) 전류는 전지 하나 전류의 두 배가 된다는 것을 보여주는 폐곡선 방정식과 분기점 방정식을 쓰시오.

## 제19.6절

**문71.** 전류계를 내부 저항이 0.1 Ω인 1.5 V 전지에 연결한다. (a) 전류계가 가리키는 눈금은 얼마인가? (b) 전류계를 전압계로 대체한다. 전압계가 가리키는 눈금은 얼마인가?

**문72.** 그림 19.84에 보여준 것처럼, 직사각형 모양의 단면이 7 mm × 3 mm이고 길이가 40 cm인 높은 저항 전선이 전류계를 통하여 12 V 전지에 연결되어 있다. 전선의 저항은 50 Ω이다. 전류계의 저항과 전지의 내부 저항은 전선의 저항과 비교해서 무시할 수 있을 정도로 작다고 간주될 수 있다.

그림에서 보여준 것처럼 높은 저항 전압계에 전극이 연결되는데, − 전극은 전선의 안쪽 가장자리에, 위에서 (위치 *A*) 연결되고, + 전극은 전선의 바깥쪽 가장자리에, 아래에서 (위치 *C*) 연결된다. 전선을 따라서 전압계 연결 사이의 거리는 5 cm이다.

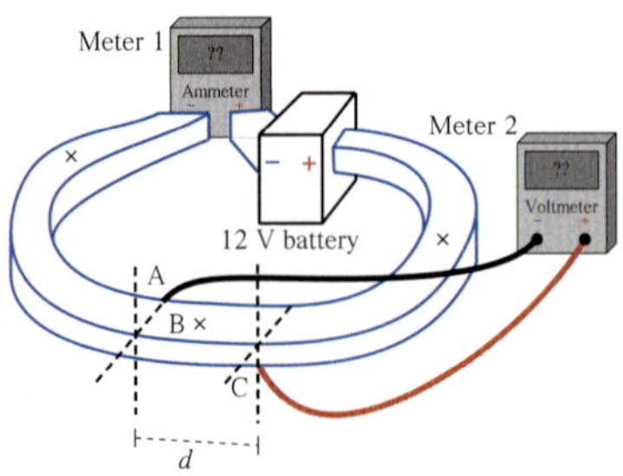


그림 19.84

(a) 그림의 복사본 위에, 근사적인 전하 분포를 보이시오. (b) 그림의 복사본 위에, ×로 표시한 세 곳의 전선 내부에서 전기장을 그리시오. (c) 위치 *B*에서 전기장의 크기는 얼마인가? (d) 전압계의 눈금은 크기와 부호 모두 얼마인가? (e) 전류계의 눈금은 크기와 부호 모두 얼마인가? (f) 60 second 주기에서, 얼마나 많은 전자가 전지의 − 끝에서 방출되는가? (g) 전선에서 $m^3$당 $1.5 \times 10^{26}$개의 자유전자가 있다. 이 전선에서 전자의 유동 속력 $v$는 얼마인가? (h) 전선을 만드는 물질의 이동도 $u$는 얼마인가? (i) 계기 1을 전류계에서 전압계로 바꾼다. 이제 두 계기의 눈금은 무엇을 보여줄까? (j) 회로로부터 12 V 전지가 제거되고 전류계와 전압계 둘 모두 전지와 병렬로 연결되었다. 전압계는 1.8 V, 전류계는 20.4 A를 보여주었다. 전지의 내부 저항은 얼마인가?

**문73.** 각자의 저항이 $4 \times 10^6$ Ω인 두 개의 저항기가 내부 저항이 무시될 수 있는 60 V 전원 장치와 직렬로 연결되어 있다. 두 저항기 중 하나를 가로질러 전압계를 연결했는데, 이 전압계는 $1 \times 10^6$ Ω의 내부 저항을 가지고 있다. 전압계가 가리키는 눈금은 얼마인가?

## 제19.7절

**문74.** 저항이 20 Ω인 저항기와 축전 용량이 2 F인 축전기가 9 V 전지와 직렬로 연결되어 있다. 회로가 처음 조립되었을 때 초기 전류는 얼마인가? 50초가 지난 후에 전류는 얼마인가?

**문75.** 저항이 *R*인 저항기와 축전 용량이 *C*인 축전기가 전지와 (그 세기가 "emf"이다) 직렬로 연결되어 있다. (a) 축전기의 양극판 위에 있는 최종 전하는 얼마인가? (b) 축전기를 완전히 충전한 후에 (그래서 전류가 없는), 유전 상수가 *K*인 플라스틱판을 축전기 사이로 삽입하여 틈을 채운다. 회로에서 왜 전류가 흐르기 시작하는지 설명하시오. 선호하는 것에 따라 설명을 전기장 또는 전기 퍼텐셜에 기반을 둘 수 있다. (c) 플라스틱판을 삽입한 직후에 저항기를 관통하는 초기 전류는 얼마인가? (d) 플라스틱을 삽입한 후에 축전기의 양극판 위에 있게 되는 최종 전하는 얼마인가?

**문76.** 오실로스코프에서 편향판은 10 cm × 2 cm이고 틈 간격은 1 mm이다. 이 편향판과 직렬로 연결된 1000 Ω 저항기를 관통해서 갑자기 100 V 퍼텐셜 차가 초기에 방전된 판에 가해졌다. 편향판 사이의 퍼텐셜 차가 95 V에 도달하는 데 얼마나 걸리는가?

**문77.** 어떤 축전기가 3 m × 4 m 직사각형 금속판 두 개로 구성되어 있고, 공기 중에서 2.5 mm 떨어져서 놓여있다(그림 19.85). 이 축전기를 완전히 충전할 수 있을 정도로 긴 시간 동안 9 V 전지와 이 축전기가 연결되었고, 그런 후에 전지가 제거되었다.

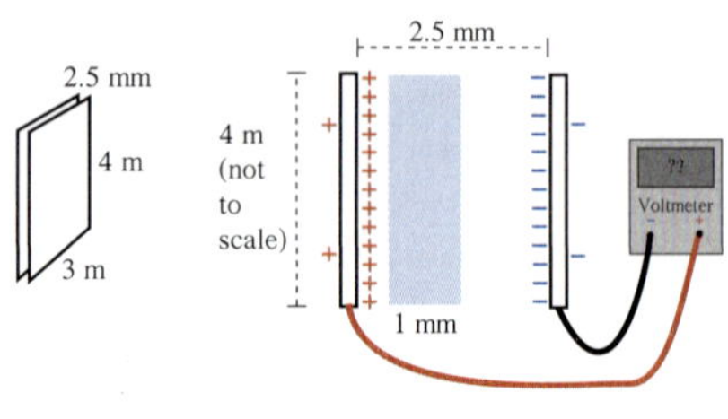


그림 19.85

(a) 판 사이의 공기에서 불꽃이 없을 것이라는 것을 보이시오. (b) 축전기의 양극판 위에 얼마나 많은 전하가 있는가? 여전히 전지가 연결되지 않은 채로, 판 사이에 3 m × 4 m × 1 mm 플라스틱판을, 그림 19.85에 보여준 것처럼, 양

극판 옆에 삽입한다. 이 플라스틱은 유전 상수가 5이다. (c) 플라스틱을 삽입한 후에, 이 축전기에 전압계를 연결한다. 전압계의 초기 눈금은 얼마인가? (d) 전압계는 100 MΩ($1 \times 10^8$ Ω)의 저항을 가지고 있다. 연결이 되고 3초 후에 전압계의 눈금은 얼마인가?

### 제19.11절

**문78.** 그림 19.86에 보여준 회로에 대해서, 이것은 알려진 emf를 가진 전지와 알려진 저항을 가진 옴의 법칙을 만족하는 저항기들로 구성되어 있다, 미지의 전류를 푸는 데 적당하게 될 에너지 보존과 전류 분기점 규칙 방정식을 쓰고, 방정식을 풀지는 말아라. 그림 위에 분기점과 전류에 라벨을 붙이고, 각 방정식을 (에너지 또는 전류, 그리고 어떤 폐곡선 또는 분기점에 관한 것인지) 확인하라.

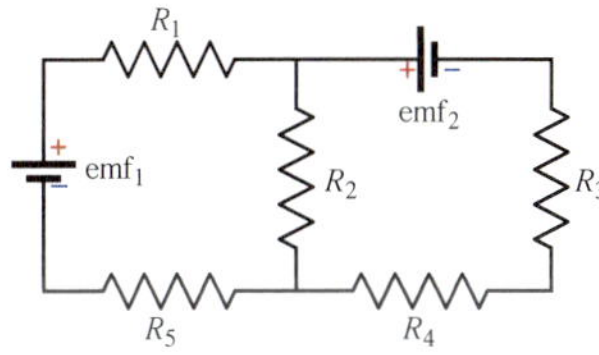


그림 19.86

**문79.** 어떤 회로가 전지 두 개 (무시할 수 있는 내부 저항을 가진), 옴의 법칙을 만족하는 저항기 여섯 개, 무시할 수 있는 저항을 가진 연결 전선으로 구성되어 있다. 저항 $R_1$은 10 Ω, $R_2$는 20 Ω, $R_3$는 30 Ω, $R_4$는 12 Ω, $R_5$는 15 Ω, $R_6$는 20 Ω이다. 미지의 전류 $I_1$, $I_2$, $I_3$, $I_4$, $I_5$, $I_6$는 그림 19.87에 있는 회로 그림 위에서 표시된 방향을 가지고 있다.

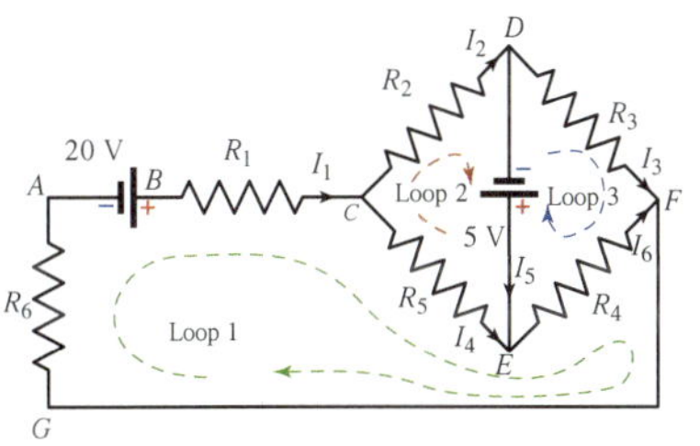


그림 19.87

(a) 여섯 개의 미지 전류를 풀 수 있게 될 방정식들의 조합을 쓰시오. 어떻게 이 방정식들을 얻게 되었는지 완전하게 설명하도록 확실하게 한다. (b) 올바른 방정식들의 조합이 풀렸을 때, 전류는 다음과 같다: $I_1 = 0.4394$ A, $I_2 = 0.3312$ A, $I_3 = 0.0065$ A, $I_4 = 0.1082$ A, $I_5 = 0.3247$ A, $I_6 = 0.4329$ A이다. 이 값들을 대입해서 방정식을 확인하시오. (c) 전압계의 음극을 위치 $G$에 연결하고 전압계의 양극을 위치 $C$에 연결했다고 가정하자. 전압계의 눈금은 크기와 부호 모두 얼마인가? (d) 5 V 전지의 전력 출력은 얼마인가? (e) $R_4$ 저항기는 길이가 3 mm이고 지름이 0.1 mm인 매우 얇은 금속 전선으로 만들어져 있다. 이 금속 저항기 내부에서 전기장은 얼마인가?

**문80.** 어떤 회로가 두 개의 (내부 저항을 무시할 수 있는) 전지와 옴의 법칙을 만족하는 다섯 개의 저항기를 포함하고 있다(그림 19.88). 연결 전선들은 무시할 수 있는 저항을 가진다. 문자 $A$부터 $H$까지는 회로의 특정한 부분을 지칭하는 것을 가능하도록 만들기 위해서 나타내었다.

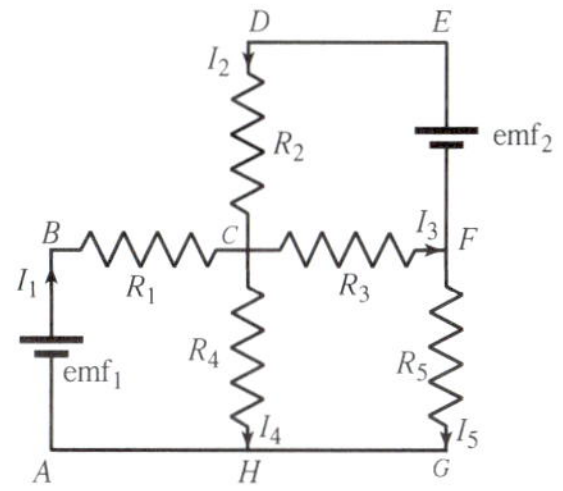


그림 19.88

(a) 미지의 전류들인 $I_1$, $I_2$, $I_3$, $I_4$, $I_5$를 풀기 위해서, 이 전류들의 방향은 회로 그림 위에 표시, 필요한 방정식들을 모두 쓰시오. 이 방정식들을 풀지 말고, 방정식들이 무엇에 근거를 두고 있고, 무엇을 참조했는지 분명하게 설명하시오.

알려진 전지 전압들과 알려진 저항들을 이용해서 컴퓨터 프로그램이 이 방정식들을 풀었고, 그래서 전류들 $I_1$, $I_2$, $I_3$, $I_4$, $I_5$를 알았다고 가정하자. (b) 알려진 양들을 이용해서, $(V_D - V_A)$를 계산하고, 부호가 올바른 의미를 가진다는 것을 확인하시오. (c) 알려진 양들을 이용해서, 전지 2에서 만들어지는 전력을 계산하시오.

## 점검 사항의 해답

**1.** 매우 짧은 첫 시간 간격을, 예를 들면 0.01초, 생각하자. 이 시간 간격의 초기에는 두 개의 축전기 모두 거의 전하를 가지고 있지 않는다. 전선 안에서 전기장은 거의 전적으로 전지와 전선 위에 있는 표면 전하에 기인하며, 두 경우에 같다. 그러므로 음극판으로 흘러 들어가고 양극판을 떠나는 전자의 개수는 처음 0.01초 지나서는 근사적으로 같다. 이 시간 간격의 끝에서는, 두 축전기 모두 거의 같은 전하량 $q$를 가지고 있다. 이것이 그림 19.89에 설명

되어 있는 상황이다.

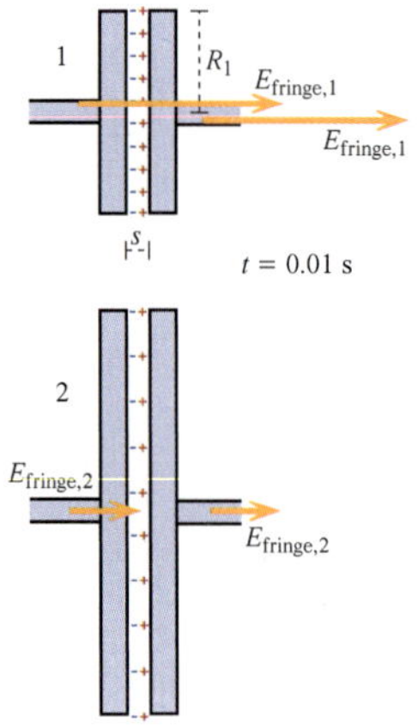


그림 19.89

더 작은 축전기의 가장자리 전기장은 다음 식이 된다:

$$E_{fringe,1} \approx \frac{q/A}{\varepsilon_0}\left(\frac{s}{2R_1}\right) = \frac{1}{\varepsilon_0}\frac{q}{\pi R_1^2}\left(\frac{s}{2R_1}\right)$$

더 큰 축전기의 가장자리 전기장은 더 작아지는데, 왜냐하면 $R_2 > R_1$ 때문이다:

$$E_{fringe,2} = \frac{1}{\varepsilon_0}\frac{q}{\pi R_2^2}\left(\frac{s}{2R_2}\right) < E_{fringe,1}$$

더 큰 축전기의 더 작은 가장자리 전기장은 더 큰 알짜 전기장과 더 큰 유동 속력을 의미하는데, 그래서 더 큰 축전기로 흘러가는 전류는 더 작은 축전기로 흘러가는 전류보다 덜 감소하였다. 제 19.7절에 있는 더 자세한 논의를 참조하라.

2. 30 Ω; 18.8 Ω; 8.3 Ω; $R$은 상수가 아니며, 전구 필라멘트는 이 전류 영역에서 옴의 법칙을 만족하지 않는다.

3. 7.5 Ω; 0.4 A

4. 4.5 W

5. nearly 0; nearly 0; nearly 0

6. 전압계는 매우 높은 저항을 가지며, 그래서 전류는 극도로 작다; 전압계는 3 V를 나타낸다. ($+3 - 3 = 0$ 되돌아오는 퍼텐셜 차이)

7. $q/m = aL/\Delta V$

8. $-8.0$ V; 3.2 W; 4.8 W

CHAPTER 20

# 자기력

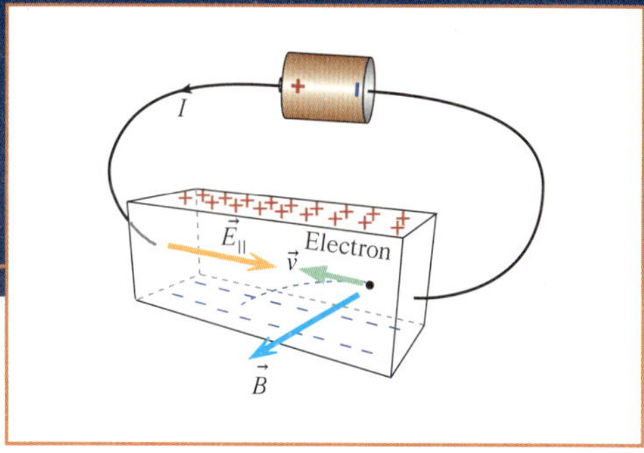


### 목표

이 장을 공부한 후에 다음과 같은 것들을 할 수 있어야 한다.

- 움직이는 전하 입자에 작용하는 자기력과 전류가 흐르는 도선에 작용하는 자기력들을 계산할 수 있어야한다.
- Hall 효과를 이용하여 전도체 내에 유동 전하들의 부호를 결정할 수 있어야 한다.
- 운동 기전력을 설명하고 그 크기를 계산할 수 있어야 한다.

### 복습: 움직이는 전하의 자기장

움직이는 전하에 의해 생성되는 자기장은 Biot-Savart 법칙으로부터 다음과 같이 구해진다는 것을 상기해라:

$$\vec{B} = \frac{\mu_0}{4\pi}\frac{q\vec{v}\times\hat{r}}{r^2}$$

이 법칙과 전류의 정의로부터, 우리는 작은 전류 성분에 의해 생성되는 자기장의 표현을 유도했었다:

$$\Delta\vec{B} = \frac{\mu_0}{4\pi}\frac{I\Delta\vec{l}\times\hat{r}}{r^2}$$

그리고, 직선 도선, 고리, 솔레노이드 같은 형태의 여러 전류들의 분포에서의 자기장을 구하기 위해 Biot-Savart 법칙의 형태를 적분할 수 있었다.

이번 장에서 우리는 자기장들의 효과들을 공부할 것이다. 우리의 해석은 두 단계를 필요로 할 것이다: 첫째, 움직이는 전하 혹은 전류에 의해 만들어진 자기장을 찾는다. 둘째, 이 자기장이 다른 움직이는 전하에 미치는 효과를 찾는다. 전하에 의해 생성된 전기장이 그 자체 전하에는 영향을 주지 않는 것처럼, 움직이는 전하에 의한 자기장은 그 자체 전하가 아니라, 다른 움직이는 전하에만 영향을 준다.

## 20.1 움직이는 전하에 작용하는 자기력

주로 집 텔레비전 세트나 컴퓨터 모니터에 사용되었던(오늘날 사용되는 평면패널 디스플레이가 아닌) 브라운관(CRT)에서 전자들은 전기장에 의해 고속으로 가속되어졌다. 움직이는 전자들은 자기장에 의해 수직으로 휘어지게 된다. 이 자

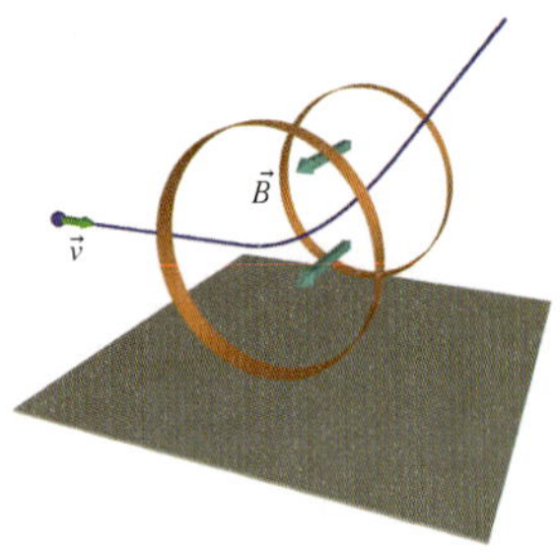


그림 20.1 움직이는 전자가 자기장에 의해 휘어지는 것을 옆에서 본 것. 전류가 흐르는 코일은 자기장의 원천.

기장은 그림 20.1에서처럼 수평 방향으로 뻗어 있고, 코일의 전류에 의해 생성된다(전자들을 옆 방향으로 휘어지게 하는 자기장을 생성하는 다른 코일들은 보여주지 않았지만).

움직이는 전하에 작용하는 자기장의 방향은 다음과 같은 것들과 3D 기하학적인 관계를 형성한다.

- 인가된 자기장의 방향
- 움직이는 전하의 속도 방향
- 움직이는 전하의 부호

이와 같은 변수들을 체계적으로 변화시키는 실험으로부터, 우리는 움직이는 전하에 작용하는 자기력이 다음 관계식으로 표현됨을 알 수 있다.

**자기력**

$$\vec{F}_{\text{magnetic}} = q\vec{v} \times \vec{B}$$

$q$는 움직이는 전하의 (부호를 포함하는)전하 값
$\vec{v}$는 움직이는 전하의 속도
$\vec{B}$는 인가된 (테슬라로 표현된)자기장
$\vec{F}_{\text{magnetic}} = q\vec{v} \times \vec{B}$이기 때문에, 테슬라는 $F/qv$의 단위를 가진다. 즉,

$$\text{T} = \frac{\text{N}}{\text{C} \cdot \text{m/s}} = \frac{\text{N/C}}{\text{m/s}}$$

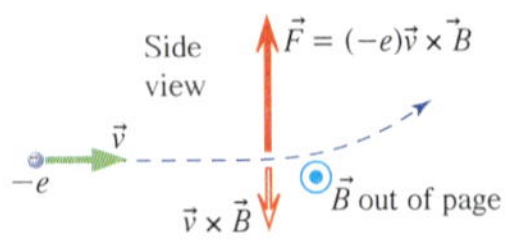


그림 20.2 움직이는 전하의 자기력에 의한 편향을 옆에서 본 모습

그림 20.1과 면을 보여주는 그림 20.2에서처럼, 벡터곱의 오른손 규칙을 사용하면 자기력에 대한 식이 자기력의 실제 방향을 말해준다는 것도 알 수 있다. 전자의 전하는 $q = -e$이기 때문에, 움직이는 전자에 작용하는 자기력은 벡터곱 $\vec{v} \times \vec{B}$ 의 반대 방향을 향하게 된다.

식 $\vec{F} = q\vec{v} \times \vec{B}$는 움직이는 전하에 작용하는 자기장의 효과에 대한 실험적인 결과들을 요약한 것이다.

> **질문** 이러한 관측들이 움직이지 않는 전자에 자기장이 주는 효과에 대해 무엇을 말해줄 수 있나? 그리고 이것이 움직이지 않는 전하에 전기장이 주는 효과와 어떻게 비교될 수 있나?

전하가 움직이지 않는다면, 자기장은 전하에 어떠한 영향도 주지 않는다. 이에 반해 전기장은 전하들이 정지해 있더라도 그것들에 영향을 준다.

## 자기력의 크기

식 $\vec{F}_{\text{magnetic}} = q\vec{v} \times \vec{B}$에 따르면, 자석 근처에서 대전된 테이프 조각을 가까이 움직이면 그 조각에는 자기력이 작용한다. 그러나, 이 자기력의 크기는 조각과 자석 사이에 작용하는 전기력에 비해서는 아주 작다. 대전된 테이프가 금속인 자석에 정전기 유도를 시킴으로 인해 발생하는 전기력 CRT 내에서 움직이는 전자에 작용하는 자기력은 상당히 크다. 그 이유는 입자의 가속도 $\vec{a} = d\vec{v}/dt$는 $q/m$의 비율에 비례하기 때문이다:

$$\left|\frac{d\vec{p}}{dt}\right| = qvB\sin\theta$$

$$\left|\frac{d\vec{v}}{dt}\right| = \frac{q}{m}vB\sin\theta \quad (v \ll c\text{일 때})$$

$q/m$의 비율 값은 한 개의 전자에서 상당히 크다:

$$(1.6\times10^{-19}\ \mathrm{C})/(9\times10^{-31}\ \mathrm{kg}) \approx 1\times10^{11}\ \mathrm{C/kg}$$

그러나 $q/m$은 대전된 조각에서는 아주 작다:

$$(1\times10^{-8}\ \mathrm{C})/(1\times10^{-4}\ \mathrm{kg}) \approx 1\times10^{-4}\ \mathrm{C/kg}$$

마찰에 의해 대전된 움직이는 물체들에 작용하는 자기력들은 언제나 작을 것이다. 왜냐하면, 물체 내 극도로 작은 수의 원자들만이 전기 전하를 잃거나 혹은 얻기 때문이다. 게다가, 자기력은 움직이는 입자의 속력에 비례하고, CRT 내의 전자들의 속도는 아주 빠르다(거의 $1 \times 10^8$ m/s가 된다).

**점검 사항 1** 제14장에서 우리는 대전된 불투명 테이프가 약 $1 \times 10^{-8}$ C의 알짜 전하를 가짐을 확인하였다. 그것은 약 10 m/sec 정도의 속력을 가지고 자석을 지나갈 수 있었다. 제17장에서는 작은 막대 자석 끝에서의 자기장이 0.1 T임을 알 수 있었다. 자석 근처에서 움직이는 불투명 테이프에 작용하는 대략적인 자기력과 10 cm 떨어진 곳에서 두 대전된 테이프 사이에 작용하는 대략적인 전기력을 비교하여라.

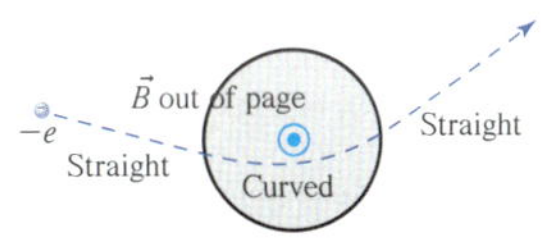


**그림 20.3** 자기장의 제한된 영역을 통과하는 전자의 궤도

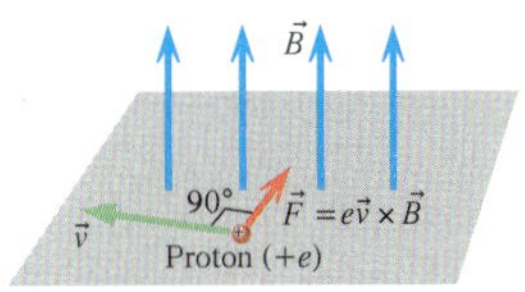


**그림 20.4** 균일한 자기장 영역에서의 양성자의 원운동

## 자기장에서의 원형(혹은 나선형) 운동

CRT 내에서 전자가 휘어지는 부분은 코일에 의해 자기장이 만들어진 영역이다. 그리고 자기장 영역에 들어가기 전과 그 영역을 벗어난 후 전자의 운동 궤도는 거의 일직선을 그리게 된다(그림 20.3).

그러나 충분히 큰 영역에서 균일한 자기장이 존재한다면, 전하는 원을 그리면서 돌고 또 돌게 된다. 그리고 CRT 내에서의 전자 궤도는 곡선으로 휘어진 부분이 원호가 된다(만약 자기장이 확실히 균일하다면). 자기장에서 대전된 입자들의 원형 운동에 대한 많은 다른 예들이 있다. 예를 들어, 입자 가속기 내에서의 입자 궤도들과 북극광(Northern Lights)을 생성시키는 지구 자기장 하에서의 높은 고도 전자들의 궤도 등이 있다.

그림 20.4에서처럼 양성자는 균일한 수직인 위방향의 자기장을 가진 넓은 영역에서 속력 $v$를 가지고 수평으로 움직이고 있다(여기서 중력과 같은 아주 작은 효과는 무시한다). 자기력 $\vec{F} = q\vec{v} \times \vec{B}$는 속도 $\vec{v}$와 수직을 이루고 있다. 즉, 자기력이 속도의 크기(속력 $v$)를 변화시키지 않고 단지 속도의 방향을 변화시키게 되고, 이러한 상황에서는 자기력에 의해 행해진 어떠한 일도 행해지지 않게 된다. 만약 수평으로 움직이지 않는다면, 자기장 방향의 속도 성분은 변하지 않을 것이고, 입자의 운동 궤도는 원형 대신에 나선형(소용돌이 모양)을 그릴 것이다.

## 임의의 속력에서의 원운동

이러한 현상은 로프의 끝에서 원형 운동하는 바위, 혹은 지구 주위를 원형 궤도를 그리며 운동하는 달과 유사하다. 어떤 임의의 속력(빛의 속도도 포함한다)으로 움직이는 입자의 일반적인 운동을 생각하자. 일정한 속력으로 반지름 $R$의 원형 궤도로 움직이는 입자에 대하여, 입자의 운동량 변화율은 원의 중심을 향하고, 크기는 다음과 같다.

$$\left|\frac{d\vec{p}}{dt}\right| = p\left(\frac{v}{R}\right) \quad \text{where } p = \gamma mv = \frac{1}{\sqrt{1-(v/c)^2}}mv$$

$v/R$은 각속도 $\omega$(오메가)에 해당하고, 그 단위는 radians/s이다. 그래서 다음과 같은 식이 성립한다.

$$p\left(\frac{v}{R}\right) = \omega p = \omega\gamma mv$$

운동량 법칙으로부터 입자의 운동량 변화율이 그 입자에 작용하는 알짜 힘과 같다는 것을 안다. 이 경우 자기력은 $\vec{F} = q\vec{v} \times \vec{B}$에 해당한다. 그래서 다음과 같은 식이 성립한다.

$$\omega\gamma mv = |q\vec{v} \times \vec{B}| = |q|vB\sin 90°$$

$$\text{어떤 임의의 속력에서} \quad \omega = \frac{|q|B}{\gamma m}$$

## 느린 속력에서의 원운동

빛의 속력 $v$보다 아주 작은 속력으로 움직이는 하전 전하 입자의 원운동은 하나의 중요한 특별한 경우에 해당한다. 이 경우, $\gamma \approx 1$ 이고, 각속력 $\omega$는 다음과 같이 속력 $v$에 (근사해서)의존하지 않는다.

$$v \ll c\text{인 경우} \qquad \omega \approx \frac{|q|B}{m}$$

이 결과에 대한 또 다른 유도 방법은 비상대론적 운동량 법칙으로부터 가능하다. 만약 $v \ll c$, $\vec{p} \approx m\vec{v}$라면, 다음과 같은 식들이 성립한다.

$$\left|\frac{d\vec{p}}{dt}\right| = p\left(\frac{v}{R}\right) \approx \frac{v(mv)}{R} = \frac{mv^2}{R}$$

$$\frac{d\vec{p}}{dt} \approx m\frac{d\vec{v}}{dt} = \vec{F}_{\text{net}}$$

$$\frac{mv^2}{R} = |q|vB\sin 90°$$

$$m\omega = |q|B \quad \text{or} \quad \omega = \frac{|q|B}{m}$$

## 하나의 원 궤도를 도는 데 걸리는 시간

여기서 $T$를 대전된 입자가 원 궤도를 한 번 도는 데 걸리는 시간이라고 하자.

**질문** 비상대론적 속력 ($v \ll c$)에서 $T = 2\pi\dfrac{m}{|q|B}$ 임을 보여라.

정의에 의하면 각속력 $\omega$는 $2\pi$ rad을 한 번 도는 데 걸리는 시간 $T$로 나눈 것과 같다. 즉, $\omega = 2\pi/T$이다. 그리고 $v \ll c$인 경우에는 $\omega \approx |q|B/m$이 된다. 이것은 아주 놀라운 결과이다. 왜냐하면, 각속력이 속력 $v$와 반지름 $R$에 의존하지 않기 때문이다. 이말인즉, 입자는 아무리 빨리 움직이더라도 균일한 자기장 하에서 한 원 궤도를 도는 데 같은 시간이 같다는 것이다($v \ll c$이 성립한다면). 입자가 빠르게 움직이면 움직일수록, 원의 반지름은 커진다. 그러나 큰 원 궤도 상의 긴 거리는 정확히 빠른 속력으로 상쇄된다. 궤도 주기의 이와 같은 성질은 곧 살펴볼 사이클로트론의 기초 성질이 된다.

## 입자의 운동량 정하기

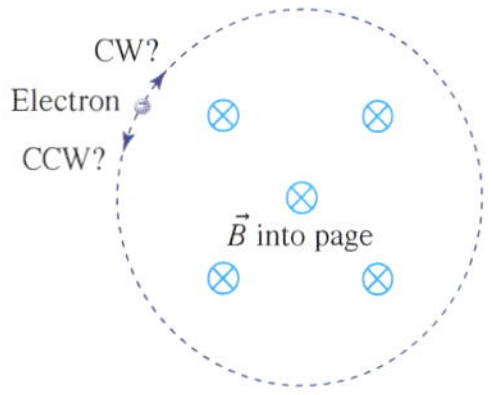


그림 20.5 이와 같은 균일한 자기장에서 전자는 어떤 방향으로 움직이나? (점검 사항 2)

일정한 자기장 영역 안에서, 이미 알고 있는 전하값(심지어 빛의 속도로 근접하게 움직이는 경우에도)을 가지는 입자의 운동량은 자기장에서의 입자 운동의 곡률 반지름을 측정함으로써 얻을 수 있다.

$$\text{임의의 속력에서 } \left|\frac{d\vec{p}}{dt}\right| = p\left(\frac{v}{R}\right) = |q|vB, \text{ 그래서 } p = |q|BR$$

이 결과식은 고에너지 입자 실험에서 운동량을 측정하기 위해서 사용된다.

**점검 사항 2** 그림 20.5에서처럼 지면으로 들어가는 방향의 자기장이 있다. 그림 상에 나타나지 않았지만, 그 자기장은 전류가 흐르는 아주 큰 코일에 의해 생성되어진다. 이 경우 전자는 시계 방향으로 원운동할까 혹은 반시계 방향으로 원운동할까? 간략하게 설명하시오(힌트: 양방향에서 시도해 보고, 어느 방향이 자기력 방향과 일치하는지 보아라). 자기장은 움직이는 전자에 의해 만들어지는지는 고려하지 않는다. 단지 코일에 의한 자기장이 움직이는 전자에 어떤 영향을 주는지에 만 관심이 있다.

## 응용: 사이클로트론

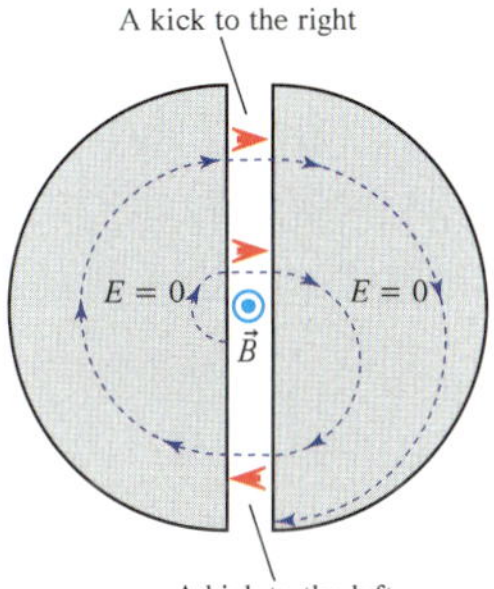


그림 20.6 사이클로트론. 자기장은 $+y$ 방향으로 균일하다; 양성자의 궤도는 $x-z$ 평면 위에 있다.

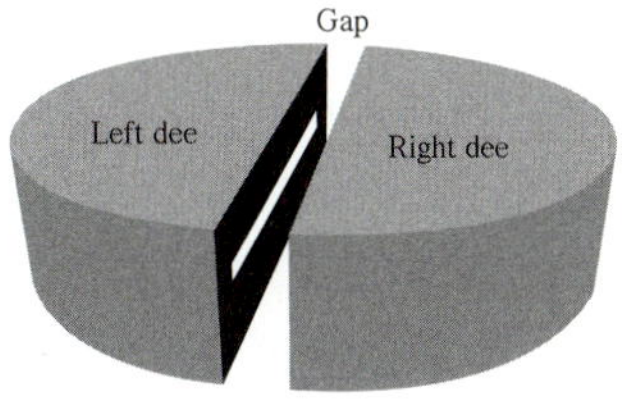


그림 20.7 사이클로트론의 3D 모습

원자의 핵을 연구하는 기본적인 방법 중의 하나는 핵에 고속 양성자들을 쏘고 그에 따른 반응을 관찰하는 것이다. 그것들은 서로 전기적으로 반발하기 때문에, 핵에 양성자를 보내기 위해서는 1백만 볼트 혹은 그 이상의 전위차에서 양성자는 충분히 가속되어져야 한다. 예를 들어, 멀리 떨어진 거리(무한대 거리)에서부터 탄소 핵 ($q= 6e$) 표면 (반지름이 약 $1 \times 10^{-14}$ m 정도)까지는 1백만 볼트의 전위차가 존재한다. 그런 높은 전위차를 만들 수 있는 간편한 실험 장치가 사이클로트론이다. Ernest Lawrence라는 사람이 1929년에 사이클로트론의 아이디어를 처음 고안하였다[Richard Rhodes가 지은 *The Making of the Atomic Bomb*라는 책을 보아라. Simon & Schuster(1986), pp.145-148; 이 책은 20세기 초 물리학의 훌륭한 역사들을 기록했다.] 사이클로트론은 강한 자기장 하에 놓인 두 가지의 D자 모양의 금속 박스들("디스(dees)"라고 불리는)로 구성된다(그림 20.6과 그림 20.7). 양성자들은 편평한 면들의 슬릿을 통과하여 디스(dees)에 들어갈 수 있다. 여기서 사이클로트론의 중심은 저속의 이온화된 수소(양성자들)들이 생성되는 곳이다. 금속 디스 안에서는 전기장이 0이고(왜냐하면, 금속 박스의 전기 분극이 박스 내부의 전기장에 관여를 하는데, 그것들은 외부 전하들에 의한 모든 전기장들을 상쇄시킨다—제21장을 살펴보아라), 그리고 양성자는 자기장 하에 원형 경로를 가지고 움직인다. 양성자가 왼쪽 디(dee)에서 오른쪽 디로 지나갈 때, 두 디스의 전위차로 인해 오른쪽으로 힘을 받게 된다. 이것으로 인해 양성자의 운동량이 증가하게 되고, 오른쪽 디에서는 더 큰 곡률반경을 그리게 된다. 양성자가 오른쪽 디 안에 있는 동안에는 전기장이 0이 되고, 그림 아랫부분에서 양성자가 오른쪽 디에서 왼쪽 디로 갈 때 디스 사이의 전위차가 역전되고, 양성자는 다시 힘을 받게 된다. 결과적으로 왼쪽 디에서 보다 큰 반지름의 곡률과 보다 큰 운동량을 가지게 된다. 전위차를 통과하는 식으로 양성자에 반복적으로 힘을 가해줌으로써 양성자는 실제로 불가능할 것 같았던 수백만 볼트의 전위차에 해당하는 높은 운동량과 높은 에너지까지 가속된다. 문32와 문82는 사이클로트론의 작동에 대해서 다룬다. 앞 절에서 살펴보았듯이, $v \ll c$인 경우, 양성자의 속력이 변하더라도 양성자의 궤도 주기는 변하지 않는다. 그래서 우리는 여기에 $\Delta V = \Delta V_0 \cos(\omega t)$같은 삼각함수로 진동하는 전위차를 가해줌으로써 양성자를 가속시킬 수 있다.

그러나 만약 가속 전위차가 약 1억 볼트 이상이고, 이것이 가속기에 있다면, 양성자의 속력은 빛의 속력 $c$에 버금가는 양을 가지게 되고, 이때는 상대론적 효과가 중요해지게 된다. 그 결과 다음과 같이

$$\omega = \frac{2\pi}{T} = \frac{|q|B}{\gamma m} \text{ 는 } v\text{에 의존하게 된다.}$$

고속에서 $\gamma$는 더 이상 근사적으로 1이 성립하지 않는다. 그래서 운동 주기도 더 이상 속력에 독립적이지 않다. 사이클로트론의 가속 볼트의 진동수 혹은 자기장의 세기는 가속하는 동안 조정되어야 한다.

가장 큰 규모를 가지는 현대식 원형 가속기는 스위스 제네바에 위치해 있는 CERN(European Organization for Nuclear Research)안에 LHC(Large Hardron Collider)이다. 가속의 최종 단계에서, 양성자는 27 km(17 mi)의 원둘레를 가지고 원운동하게 된다! 고진공 링이 지하에 매장되어 있고, 그것은 스위스와 프랑스 일부 지역들을 통과하게 된다. 작은 가속기에서 우선적으로 양성자는 빛의 속력과 거의 비슷한 속력 $v = 0.999998c$로 이 링에 입사하게 된다. 더 큰 링에서 속력이 조금 더 빛의 속력에 가까워져 $v = 0.999999c$로 가속된다. 속력은 거의 변하지 않았지만, 에너지는 $E = \gamma\, mc^2$에 의해 480 $mc^2$에서 7500 $mc^2$으로 어마어마하게 변하게 된다. $\gamma$의 큰 변화에도 불구하고, 같은 반지름을 유지하면서 양성자를 가속시키려면 자기장이 증가되어야 한다. 최대 운동량의 경우, $B = \gamma mv/eR$은 5.6 T가 된다. 이 값은 초전도 코일로 제작된 전자석에 의해 만들어 질 수 있다(실제로, 이 자석들은 전체 원둘레를 둘러싸지는 않는다. 그리고 휘어지는 지점 사이에 있는 직선 구간이 존재한다. 그래서 자석은 8.4 T에 도달하게 된다). 한 바퀴 도는데 걸리는 시간은 사이클로트론에서처럼 거의 일정하다. 그러나 전혀 다른 이유로 인해 (광속 $c$에 가까운 거의 일정한 속력으로 인해) 일정하게 된다. 여러분이 보다 많은 정보를 얻고 싶다면, LHC를 온라인 상에서 검색하거나 정보 소개 동영상 "Large Hadron Rap"을 찾아보아라.

## 20.2 전류가 흐르는 도선에 작용하는 자기력

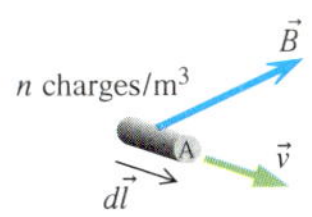


**그림 20.8** 전류가 흐르는 짧은 도선에 작용하는 자기력을 계산하라.

우리는 종종 회로의 도선을 통해 흐르는 많은 양의 전하들에 작용하는 자기력에 관심을 가진다. 시스템(도선)에 작용하는 알짜 힘은 각각의 성분들에 작용하는 모든 힘들의 합이기 때문에, 이 모든 힘들의 합은 전체 도선에 작용하는 알짜 힘을 나타낸다.

길이 $\Delta l$과 단면적 $A$를 가지는 작은 부피 성분에 포함되어 움직이는 양전하들에 작용하는 자기력을 계산해 보자(그림 20.8). 그것들의 평균 유동 속도는 $\bar{v}$이다.

만약 단위 부피당 움직이는 $n$개의 전하들이 있다면, 이 작은 부피 안에 $nA\Delta l$개의 움직이는 전하들이 존재하게 된다.

**질문** 이런 짧은 도선 내에 움직이는 모든 전하들에 작용하는 알짜 힘은 다음과 같음을 보여라.

$$\Delta\vec{F}_{\text{magnetic}} = I\Delta\vec{l} \times \vec{B}$$

여기서 $\Delta\vec{l}$는 $\Delta l$의 크기를 가지는 벡터이고, 방향은 전류의 방향과 같다.

$nA\Delta l$개의 움직이는 전하들은 자기장에 의해 영향을 받기 때문에, 이 도선 부분에 작용하는 총 힘은 다음과 같다.

$$(nA\Delta l)(q\vec{v} \times \vec{B}) = (qnA\bar{v})(\Delta\vec{l} \times \vec{B})$$

$\vec{v} = |\vec{v}|\hat{v}$이기 때문에, 그래서 $\vec{v}(\Delta l) = |\vec{v}|\hat{v}(\Delta l) = |\vec{v}|(\hat{v}\Delta l) = |\vec{v}|(\Delta\vec{l})$식이 된다. 그리고 전류는 $I = qnA\bar{v}$이다. 그래서 우리는 다음과 같은 관계식을 얻게 된다.

$$\Delta\vec{F}_{\text{magnetic}} = I\Delta\vec{l} \times \vec{B}$$

**질문** 대부분의 금속 도선에서 움직이는 전하들은 반대 방향으로 운동하는 음전하의 전자들이다. 실제 운동하는 전하들이 음의 값을 가짐에도 불구하고 위의 식이 잘 성립한다. 그 이유를 짧게 설명하여라.

전자들은 일반 전류의 반대 방향으로 이동하고, 전하량은 음의 값을 가진다. 그래서 $q\vec{v}$ 양은 서로 곱해져서 다시 양이 된다. 그래서 일반 전류로 표현된 위 방정식은 실제 전하들이 음의 전자들이더라도 아무 문제가 되지 않는다.

### 전류가 흐르는 짧은 도선에 작용하는 힘

$$\Delta\vec{F}_{\text{magnetic}} = I\Delta\vec{l} \times \vec{B}$$

$I$는 전류이고, $|\Delta\vec{l}|$는 도선 성분의 길이를 나타낸다. 그리고 $\Delta\vec{l}$는 일반적인 전류 이동 방향과 같다. $\vec{B}$는 인가된 자기장이다.

이것은 새로운 기본 식이 아니다. 도선의 한 부분에서 모든 움직이는 전하들에 대해서 합해진 힘이다. 이것이 유도 과정을 암기하기 위한 확실한 방법 중에 하나이다. 여기서 핵심 포인트는 도선의 짧은 부분에서의 $nA\Delta l$의 전자들이 존재하고, 각각은 평균 속력 $\bar{v}$ 로 움직이며, 결과적으로 모든 $|q|\vec{v}$의 합은 $(nA\Delta l)|q|\bar{v} = (|q|nA\bar{v})\,\Delta l = I\Delta l$ 이다.

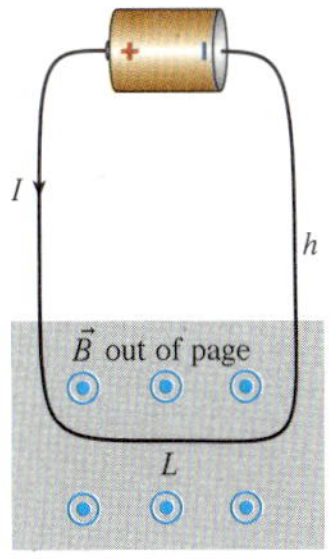


**그림 20.9** 일반 전류 $I$가 흐르는 도선의 고리에 작용하는 자기력

**질문** 그림 20.9는 건전지와 긴 도선으로 이루어진 회로도를 나타낸다. 도선

의 일부분은 지면으로부터 나오는 방향의 균일한 자기장이 걸려 있다. 자기장 영역 안에 있는 도선이 받는 자기력의 방향은 어느 방향인가?

각 도선을 따라 자기력은 고리로부터 바깥 방향으로 향하게 된다(왼쪽 와이어에서는 왼쪽으로, 아래쪽 와이어에서는 아래 방향으로, 오른쪽 와이어에서는 오른쪽 방향으로). 보통 전류 방향으로 움직이는 양전하들이거나 반대 방향으로 움직이는 전자들이거나 관계없이 위와 같은 결과가 나오게 된다.

**질문** 이러한 힘의 방향이 주어진다면, 와이어에 작용하는 알짜 힘이 어떻게 되는지 자기장 $B$와 전류 $I$, 높이 $h$, 그리고 길이 $L$로 표현하시오(노트: 많은 $\Delta\vec{l}$들의 기여들을 합하시오).

왼쪽과 오른쪽 도선들에 작용하는 바깥 방향으로의 힘들은 서로 상쇄된다(그 힘들이 고리를 늘어뜨리겠지만). 결과적으로 알짜 자기력은 아래 방향이 된다. 크기는 $(IL)\,B\sin 90^\circ = IBL$이 된다.

**질문** 크기의 스케일에 대한 감을 얻기 위해서, $B = 1$ T, $I = 10$ A, $h = 50$ cm, 그리고 $L = 10$ cm이라고 가정해 보자. 힘의 세기는 어느 정도인가?

자기력은 $h$가 아니라 단지 $L$에 만 의존한다. 즉, $IBL = 1$ N으로 다소 작은 값을 가진다(1 N은 대략 작은 사과에 작용하는 중력이다). 관계된 실험들은 실험1–실험3이다.

자기력에 대하여 두 가지가 아닌 오직 한 가지 표현식이 있다는 것을 명심하여라. $\Delta\vec{F}_{\text{magnetic}} = I\Delta\vec{l} \times \vec{B}$는 짧은 도선 내에 움직이는 많은 전하들에 작용하는 효과들을 합한 결과라는 것을 항상 기억하여라. 그리고 그 안의 각각의 전하들이 $\vec{F} = q\vec{v} \times \vec{B}$의 힘을 받는다는 것도 기억하여라.

## 응용: 평행한 도선들 사이의 힘

서로 떨어져 있는 평행한 도선들 사이에 작용하는 자기력의 계산은 이 이론의 중요한 응용 예이다. 1 m 만큼 떨어진 두 도선 사이에 하나의 도선은 다른 도선에 단위 미터당 $2 \times 10^{-7}$ N의 힘이 작용하고, 여기서 $\mu_0/4\pi$는 정확히 $1 \times 10^{-7}$ T·m/A일 때, 암페어는 두 개의 무한히 긴 평행한 도선들에 흐르는 전류의 양으로 정의된다.

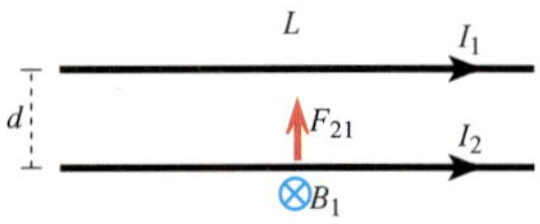

**그림 20.10** 평행한 도선들은 서로 자기력을 가한다.

그림 20.10에서처럼, 길이 $L$을 가진 두 개의 아주 긴 직선 도선들이 거리 $d$만큼 떨어져 있다. 위의 도선은 전류 $I_1$이 흐르고, 아래 도선은 같은 방향으로 전류 $I_2$가 흐른다. 여기에 어떤 자석도 존재하지 않는다.

1단계, 위의 도선 때문에 생기는 자기장: 위의 도선이 아래 도선에 작용하는 자기력을 계산하기 위해서는, 먼저 아래 도선의 임의의 위치에서 위의 도선(전류 $I_1$이 흐르는)때문에 생기는 자기장 $\vec{B}_1$의 크기와 방향을 구해야 한다. 제17장에서 우리는 긴 직선 도선 근처에서의 자기장을 계산하였다. 그 결과를 이용하면, $B_1 \approx [\mu_0/(4\pi)][2I_1/d]$라는 식을 얻을 수 있다. 오른손 규칙을 이용하면, 자기장의 방향은 지면으로 들어가는 방향이 된다.

2단계, 아래 도선에 작용하는 자기력: 위의 도선에 의해 발생한 자기장을 이용하여 아래 도선에 작용하는 자기력 $\vec{F}_{21}$의 세기를 다음과 같은 식으로 구할 수 있다.

$$F_{21} = I_2 L B_1 \sin 90° = I_2 L \left( \frac{\mu_0}{4\pi} \frac{2I_1}{d} \right)$$

$I\Delta\vec{l} \times \vec{B}$에 오른손 법칙을 적용하면, 자기력의 방향은 위 방향이고, 그 결과 아래 도선은 위의 도선 방향으로 잡아당겨진다.

위의 도선에 작용하는 힘: 위의 도선에 작용하는 자기력 $\vec{F}_{12}$의 크기와 방향을 확인하여라. 이 문제는 다음 두 가지 단계를 필요로 한다.

**질문** 첫째, 위의 도선의 임의의 위치에서 아래도선(전류 $I_2$가 흐르는)에 의해 생성되는 자기장의 크기와 방향은 어떻게 되는가?

크기는 $B_2 = [\mu_0/(4\pi)][2I_2/d]$와 같고, 방향은 책장을 나오는 방향이다.

**질문** 아래 도선에 의해 발생한 자기장에 의한 위도 선에 작용하는 $\vec{F}_{12}$의 크기와 방향은 어떻게 되는가? 이것은 뉴턴 제3법칙이 성립하는가(힘의 상호작용)? 즉, $\vec{F}_{12} = -\vec{F}_{21}$이 성립하는가?

위의 도선에 작용하는 힘의 크기는 다음과 같다.

$$F_{12} = I_1 L B_2 \sin 90° = I_1 L \left( \frac{\mu_0}{4\pi} \frac{2I_2}{d} \right)$$

$I\Delta\vec{l} \times \vec{B}$에 오른손 법칙을 적용하면, 자기력의 방향은 아래 방향이고, 즉 위의 도선은 아래 도선 방향으로 끌어당기어진다. 두 도선들 사이에 작용하는 힘들은 마치 자기력의 상호작용이 성립하는 것처럼 같은 크기와 반대 방향을 가지게 된다(그러나 이것이 항상 성립하지는 않는다. 질문3과 문30을 보아라).

### 반대 방향의 전류들

**질문** 두 전류가 같은 방향으로 흐른다면, 자기적 상호작용은 인력이 됨을 알 수 있다. 그러면, 두 전류가 반대 방향으로 흐르는 경우에 자기적 상호작용은 척력이 되는가? 작용하는 자기장의 방향과 힘을 고려하여 여러분의 주장을 증명해 보아라.

이 경우에 반대 방향으로 흐르는 두 전류가 서로 밀어낸다는 것을 확인해야 한다. 전기력을 살펴보면서, "같은 것끼리는 척력, 다른 것끼리는 인력"이라고 말하였지만, 두 평행한 전류가 흐르는 도선들 사이의 자기력에서는 "같은 것끼리는 인력, 다른 것끼리는 척력"이라고 말할 수 있다.

**점검 사항 3** 이러한 효과들의 크기에 대한 감을 얻기 위해서, 단위 미터당 작용하는 힘의 세기를 구하여라. 단, $I_1 = I_2 = 10$ A이고 도선 사이의 거리는 $d = 1$ cm이다.

## 20.3 전기력과 자기력의 결합

전하 입자가 일정한 자기장 하에 움직인다면, $\vec{F}_m = q\vec{v} \times \vec{B}$에 해당하는 자기력을 받게 된다. 그 영역에 전기장이 존재한다면, 입자는 $\vec{F}_e = q\vec{E}$의 전기력 또한 받게 된다.

$$\text{전기장과 자기장에 의한 알짜 힘 } \vec{F} = q\vec{E} + q\vec{v} \times \vec{B}$$

이러한 알짜 전기력 + 자기력을 로렌츠 힘(Lorentz 힘)이라고 부른다. 어떤 의미에서, 이 식은 전기장 및 자기장의 정의를 실제 입자들에 작용하는 효과들을 표현한 것이라 볼 수 있다.

> **점검 사항 4** (a) 그림 20.11의 상황을 생각해 보자. $x$방향으로 균일한 전기장이 있고, $y$방향으로는 균일한 자기장이 존재한다. 각각 정지해 있거나, 혹은 $x$, $y$, $z$ 방향으로 움직이는 양성자가 있다면, 그때 양성자에 작용하는 알짜 전기력 및 자기력의 방향은 무엇인가? (b) 그림 20.12의 각각의 경우에서, 전자에 작용하는 알짜 전기력 및 자기력의 방향은 무엇인가?

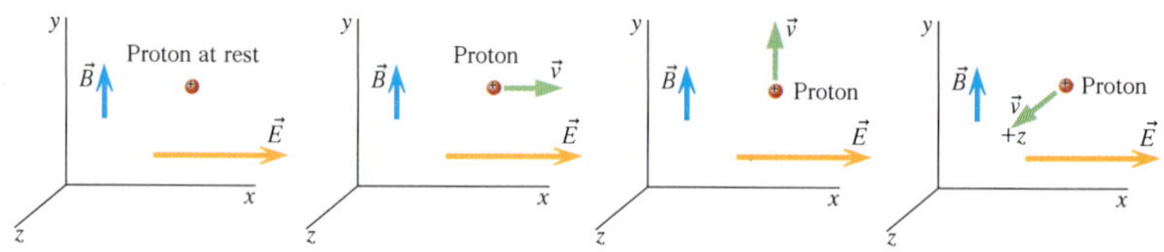


**그림 20.11** 전기장 및 자기장에서의 양성자

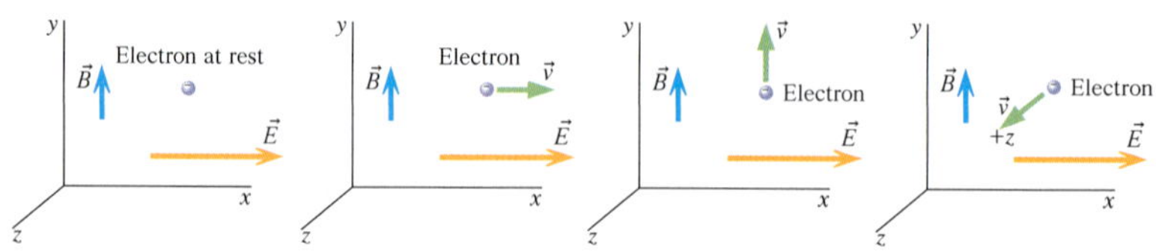


**그림 20.12** 전기장 및 자기장에서의 전자

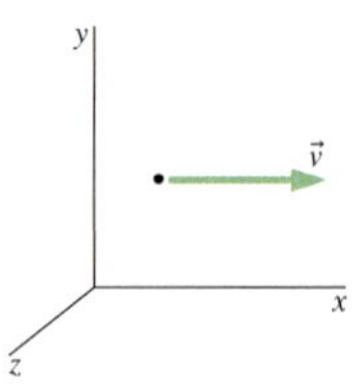


**그림 20.13** 입자에 작용하는 알짜 전기 및 자기력이 0가 되도록 3차원 공간에 전기 및 자기장을 그려 보아라.

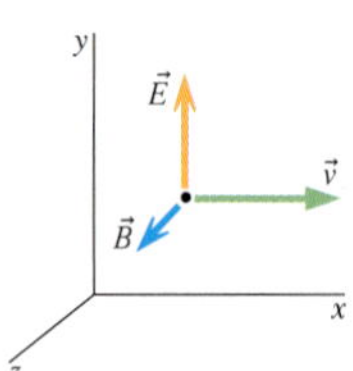


**그림 20.14** 전하 입자가 직선 경로를 가지고 움직일 수 있도록 하는 전자기장의 분포

## 응용: 속도 선택기

속도 $\vec{v}$를 가지고 움직이는 양전하 $+q$에 작용하는 전자기력 $\vec{F} = q\vec{E} + q\vec{v} \times \vec{B}$이 0가 되도록 전자기장을 배치할 수 있다.

**질문** $x$ 방향으로 움직이는 속도 $\vec{v}$일 때(그림 20.13), 알짜 전자기력이 0가 되도록 하는 $\vec{E}$와 $\vec{B}$의 배열을 3차원으로 그려 보아라. 그 경우, 입자는 일정한 속도를 가지고 움직일 것이다.

여러 배치가 가능하나, 그 중 하나를 그림 20.14에 그려보았다.

**질문** 이 경우에 자기장이 크기 $B$를 가진다면, 전기장의 크기 $E$는 무엇인가?

알짜 힘이 0가 되기 위해서는 전기력 및 자기력이 서로 같고 방향이 반대여야 하기 때문에,

$$eE = evB \sin 90°$$
$$E = vB$$

**질문** 이 영역에 같은 크기의 전하를 가진 입자가 들어온다고 생각하자. 또한, 이 입자는 같은 방향으로 움직이나 낮은 속력으로 들어오고 있다. 이 입자가 왜 직선 경로로 움직이지 않는지 간략하게 설명하여라.

$qE > qvB$이므로 알짜 힘은 0이 되지 않는다.

**질문** 정확히 같은 속도를 가지나 음전하 $-q$를 가진 입자가 들어온다면, 그 입자는 직선 경로를 따라 움직이는가? (그림을 그려라)

그렇다. 전기전 및 자기력 둘 다 180°로 방향을 바꾸지만, 알짜 힘은 여전히 0가 된다.

이렇게 전기장 및 자기장(서로 수직인)을 포함하는 영역은 일종의 속도 선택기이다. 즉, 이것은 오직 선택된 속력과 방향을 가진 경우의 입자들만이 직선 경로로 움직이게 한다. 여기서 벡터곱 $\vec{E} \times \vec{B}$는 직선으로 뻗어갈 수 있는 속도의 방향을 가리킨다.

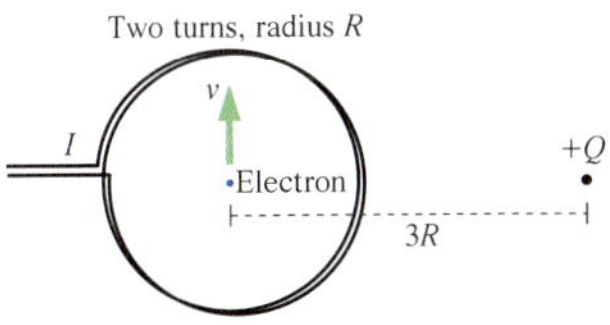


**그림 20.15** 두 번 감긴 전류가 흐르는 도선 고리 안에서의 전자

**예** **전자와 전류 고리**

긴 직선 도선들로부터 연결된 반지름 $R$을 가지는 두 번 감긴 원형 도선 고리에 큰 전류 $I$가 주입되고 있다(그림 20.15). $+Q$ 크기의 전하가 고리의 중심으로부터 오른쪽으로 $3R$ 만큼 떨어져 있다. 속력 $v$를 가지고 위 방향으로 움직이는 전자가 고리의 중심을 지나가고 있다. 이때 이 전자에 작용하는 알짜 힘은 0가 된다. 지구의 자기장은 이 영역에서는 무시할 수 있다. 전류 $I$의 크기와 방향은 무엇인가? 다른 모든 양들은 알고 있다고 가정하자.

**해답** 여기서 핵심 아이디어는 그 순간에 $\vec{F}_{\text{magnetic}} + \vec{F}_{\text{electic}} = 0$ 식이 성립한다는 것이다.

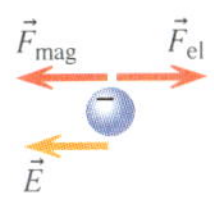


**그림 20.16** 전자에 작용하는 전기력과 자기력의 방향

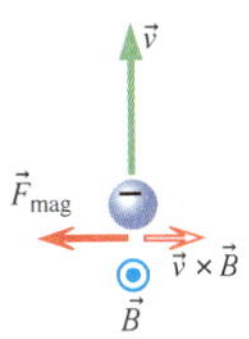


**그림 20.17** 자기장의 방향 확인하기

### 전류의 방향

전자의 위치에서, 양전하 때문에 생기는 전기장의 방향은 $-x$ 방향이다. 그리고 전자에 작용하는 전기력의 방향은 $+x$ 방향이다(그림 20.16). 그 순간 전자에 작용하는 알짜 힘은 0이 되기 때문에, 전자에 작용하는 자기력은 전기력과 크기가 같고 방향이 반대이다. 즉, $\vec{F}_{\text{magnetic}}$는 $-x$ 방향이나, 전자의 전하는 음의 값을 가진다. 그래서, $\vec{v} \times \vec{B}$는 $+x$ 방향을 향해야만 한다(그림 20.17). 오른손 법칙(벡터들은 손가락들을 가리키고, 벡터곱 $\vec{v} \times \vec{B}$는 엄지 방향을 가리키고)을 사용하면, $\vec{B}$는 $+z$ 방향을 향해 있어야 한다는 것을 알 수 있다. 전류 고리의 오른손 법칙을 이용하면, 이 방향으로 자기장을 만들기 위해서 전류는 고리 주위로 반시계 방향으로 흘러야만 한다는 것을 알 수 있다.

### 전류의 크기

전자에 작용하는 알짜 힘은 0이기 때문에, 다음과 같은 사실을 알 수 있다.

$$|\vec{F}_{\text{magnetic}}| = |\vec{F}_{\text{electric}}|$$

$$\frac{1}{4\pi\varepsilon_0}\frac{eQ}{(3R)^2} = evB$$

$$B = \frac{\dfrac{1}{4\pi\varepsilon_0}\dfrac{Q}{9R^2}}{v}$$

앞 장에서 우리는 고리의 자기장이 다음과 같은 식으로 표현됨을 확인하였다.

$$B_{\text{loop}} = \frac{\mu_0}{4\pi} \frac{2\pi R^2 I}{(z^2+R^2)^{3/2}}$$

고리의 중앙에서 $z = 0$이고, 그래서 $B_{\text{loop}} = \dfrac{\mu_0}{4\pi}\dfrac{2\pi I}{R}$ 이 성립한다. 그리고 두 고리들에 대해서는 다음과 같은 식이 성립한다.

$$\frac{\dfrac{1}{4\pi\varepsilon_0}\dfrac{Q}{9R^2}}{v} = 2\frac{\mu_0}{4\pi}\frac{2\pi I}{R}$$

$$I = \frac{1}{\varepsilon_0\mu_0}\frac{Q}{36\pi R v}$$

이 양은 C/s 혹은 암페어의 단위들을 가짐을 알 수 있다.

**점검 사항 5** $\langle 0, 0.9c, 0\rangle$의 속도를 가지고 움직이는 전자가 자기장이 $\langle 1, 0, 0\rangle$ T인 영역을 통과하면, 전자가 직선 경로로 움직일 수 있도록 하는 데 필요한 전기장은 무엇인가? $\vec{E}$를 벡터로 표현하여라.

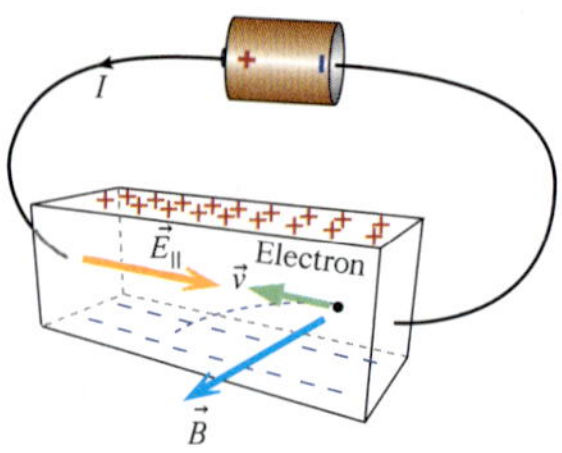


**그림 20.18** 도체 막대기에서 전자들의 자기적 회절 현상. $\vec{E}_{\parallel}$는 건전지와 (그림에 나타나지 않았지만) 막대기의 표면 전하 때문에 생긴 전기장이고 그것은 전류를 흐르게 한다. 그림에 나타난 전기 분극은 과도기 전자들의 자기 휨 현상 때문에 생긴다.

## 20.4 홀 효과

도체 내에서 전하 입자에 작용하는 자기력은 도체를 전기적으로 분극화시킬 수 있다. 이것이 홀 효과의 기본 원리이다.

### 초기 과도기: 전기 분극이 진행

금속 도선 내에 움직이는 전자들은 도선에 수직인 자기장에 의해 도선의 표면으로 굽어지게 된다. 그림 20.18에서 (그림에는 나타나지 않았지만) 아주 큰 코일들이 도체 막대 전 영역에 걸쳐 크기 $B$를 가진 균일한 자기장을 발생시킨다. 보통, 움직이는 전자들은 전류가 흐르도록 하는 전기장과 반대 방향으로 움직인다. 제18장에서 살펴보았듯이, 이 전기장은 도선에 평행하기 때문에 $\vec{E}_{\parallel}$으로 나타낼 것이다.

움직이는 전자들이 도선의 아래 표면(간단히 직사각형 자석으로 보여진)을 향해 휘어지는 것을 증명하여라. 그 결과 아래 표면은 음의 값으로 대전되고, 위 표면은 (전자들의 부족으로) 양의 값으로 대전된다. 혼동을 피하기 위해 그림 상에는 표시하지 않았지만, 이 전하들은 보통의 표면 전하들과는 다르다.

### 정상 상태: 전기력에 의해 균형이 맞춰진 자기력

시간이 지남에 따라, 더 많은 전자들이 도선의 아래 부분에 쌓여질 것이다. 그러나 계속 쌓이지는 않는다. 전자들이 아래 부분(위 표면에는 동일한 양의 전자들이 부족하게 됨)에 충분히 쌓이면, 이와 같은 추가적인 표면 전하들은 도선 내에 움직이는 방향으로 전자들에 수직한 방향으로 전기력을 만드는 새로운 전기장을 생성할 것이다.

**질문** 이 새로운 전기장의 방향은 무엇인가?

금속 도선 내에, 새로운 전기장은 아래 방향으로, 즉 위 부분의 양전하에서 멀어진 방향으로 아래 부분의 음전하를 향하는 방향으로 향하게 된다. 이 전기장을 수직 전기장 $\vec{E}_\perp$로 표현할 것이다.

**질문** 아래 부분에서 전자들이 더 이상 쌓이지 않을 때, 수직 전기장의 크기 $E_\perp$을 자유 전자들의 유동 속력 $\bar{v}$와 자기장 $B$로 표현하면 어떻게 되는가? (힌트: 전자들이 더 이상 쌓이지 않는다면, 움직이는 전자들에 작용하는 전자기력은 무엇일까?)

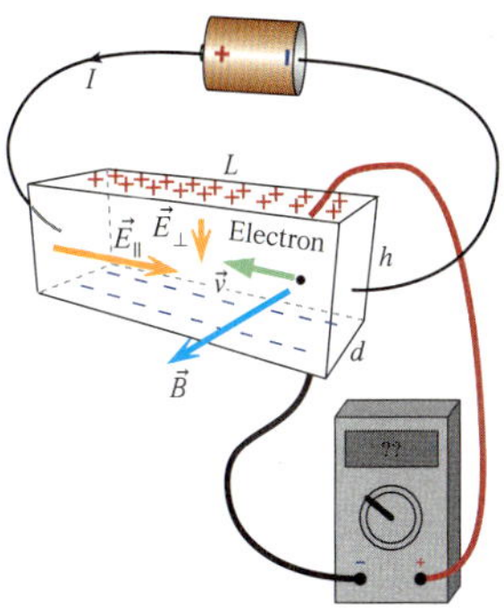


**그림 20.19** 옆방향의 전위차 측정하기. 전압계 단자들은 위 방향 및 아래 방향 표면들에 직접 연결되어져 있다.

전기력이 자기력만큼 커지게 된다면, 쌓기는 중단될 것이다. 그때 총 알짜 수직 힘은 0이고, 전자들은 수직 방향의 휨 없이 도선의 수평 방향으로 움직인다. 또한, 이때 전자에 작용하는 수직 힘은 0이다. 그래서 자기력은 다음과 같이 수직 전기력과 같아야 한다.

$$|\vec{F}_{\text{electric}\perp}| = |\vec{F}_{\text{magnetic}}|$$
$$eE_\perp = e\bar{v}B\sin 90°, \text{ 따라서 } E_\perp = \bar{v}B$$

이 해석과 20.3절에서의 살펴본 속도의 해석이 유사하다는 것을 주목해라.

**질문** 그림 20.19에서처럼 디지털 전압계의 단자들을 위, 아래 부분의 표면에 연결한다고 생각하자. 전압계에 표시된 전압의 크기와 부호를 결정하여라. (도선은 높이 $h$, 깊이 $d$, 그리고 길이 $L$를 가진다. 그리고 크기 $B$의 균일한 자기장이 존재한다.)

전기장이 도선 내 아래 방향으로 향해 있기 때문에, 전기 위치 에너지는 윗부분에서 더 높다. 전기장은 도선 내에 $E_\perp = \bar{v}B$의 균일한 크기를 가진다. 그 결과 전압계는 $+E_\perp h = +\bar{v}Bh$에 해당하는 양의 값을 표시하게 된다.

**질문** 자기장이 없다면, 이 전압은 얼마가 되는가?

전위차는 $\bar{v}Bh$이기 때문에, $B = 0$인 경우 전압은 0가 될 것이다.

자기장 하에 전류가 흐르는 도선의 횡 방향 혹은 가로지르는 방향으로의 전위차를 발견자의 이름을 따서 "홀 효과"라고 부른다.

금속 내에서 홀 전압이 얼마나 큰지 대략적으로 살펴보자. 길이 5 cm, 높이 2 cm, 깊이 0.5 mm의 철 막대기가 있다고 하자. 그림 20.19에서처럼, 2 T의 수직 방향의 자기장 하에 막대기 내에 오른쪽 방향으로 전류 15 A가 흐르고 있다. 철에서는 1 $\text{m}^3$당 약 $8.4 \times 10^{28}$개의 움직이는 전자들이 존재한다.

자기력은 다음과 같이 움직이는 전하의 평균 유동 속력을 포함한다.

$$\bar{v} = \frac{I}{|q|nA} = \frac{15\text{ A}}{(1.6\times10^{-19}\text{ C})(8.4\times10^{28}\text{ m}^{-3})(0.02\text{ m})(5\times10^{-4}\text{ m})}$$
$$= 1.11\times10^{-4}\text{ m/s}$$

정상 상태에서, 움직이는 전하에 작용하는 수직 힘(전류 흐름 방향과 수직인 힘)은 다음과 같이 0가 된다.

$$F_{\text{magnetic}} = F_{\text{electric}\perp} \text{ 이고 } evB = eE_\perp \text{ 이므로}$$
$$E_\perp = \bar{v}B = (1.11\times10^{-4}\text{ m/s})(2\text{ T}) = 2.22\times10^{-4}\text{ V/m}$$
$$\Delta V_{\text{Hall}} = E_\perp h = (2.22\times10^{-4}\text{ V/m})(0.02\text{ m}) = 4.5\times10^{-6}\text{ V}$$

이것은 아주 작은 전압에 해당하나, 막대기에 수직 방향으로 조심스럽게 연결된 고감도 전위계를 이용하면 측정될 수 있다.

### 유동 전하들의 밀도 정하기

금속에 있는 유동 전하들의 밀도는 홀 전압과 전류를 측정함으로써 얻을 수 있다.

$$\Delta V_{\text{Hall}} = E_{\perp}h = \bar{v}Bh = \left(\frac{I}{|q|nA}\right)(Bh)$$

$$n = \frac{I}{|q|\Delta V_{\text{Hall}}A}(Bh)$$

소듐(Na) 같은 1가의 금속에 대해서, 홀 효과 측정을 하면 $n$은 1 $m^3$당 원자들의 수와 같게 된다. 즉, 각각의 원자들은 자유 전자 바다에 하나의 전자를 내보낸다는 것을 말한다. 다른 금속들에서는 원자당 한 개 이상의 전자들이 기여할지도 모른다.

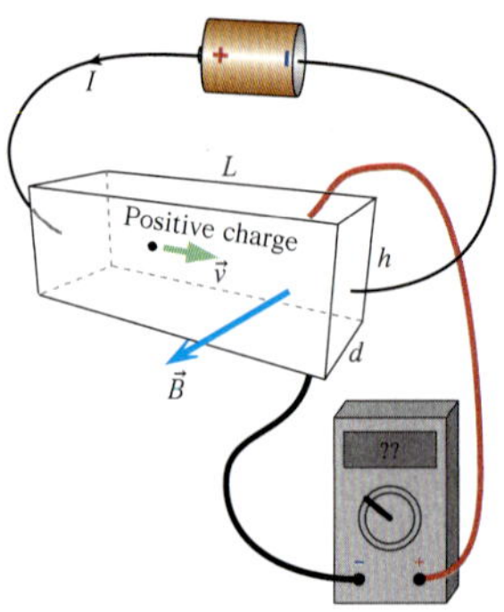


**그림 20.20** 전하들이 양의 값을 가진다면 무슨 일이 일어날까? 전압계 단자들은 위 방향 및 아래 방향 표면들에 직접 연결되어져 있다.

### 유동 전하들의 부호 정하기

홀 효과는 전류에 기여하는 "전하 운반자들"(유동 전하들)의 성질에 대해 특별한 통찰력을 제공한다. 대부분의 전기 측정은 도선 내에서 전자들이 움직이는지 혹은 양 입자들(금속 내의 정공들)이 반대 방향으로 움직이는지에 관계없이 같은 결과를 도출한다. 그러나 홀 효과는 이 두 경우에 있어서 다르게 된다.

그림 20.20에서 보는 바와 같이 전자들이 왼쪽으로 움직이는 대신에 양의 입자들(알루미늄 혹은 아연인 경우의 정공들)이 그 도선 내에 오른쪽으로 움직이고 있다면, 과연 무슨 일이 일어나는지 생각해보자.

**질문** 그림 20.20같은 다이어그램 상에, 위, 아래 방향의 표면들에 쌓이는 전하들과 그것 때문에 생기는 전기장을 그려 보아라. 전위계에 표시되는 전압의 부호는 어떻게 될 것인가?

음 전하 운반자들인 경우에는 도선의 위 방향 표면이 양의 값을 가진 반면, 이 경우에서는 도선의 아래 부분이 추가적인 양의 표면 전하를 가지게 된다. 옆 방향의 전기장은 바로 위 방향으로 향하게 되고, 전압계는 음의 값을 표시하게 된다.

**홀 효과와 입자 운반자들의 부호**

특정한 물질에 대한 홀 효과를 측정함으로써, 우리는 전류를 이루고 있는 움직이는 입자들의 전하 부호를 결정할 수 있다.

정상 상태에서, 홀 효과는 교차된 전기 및 자기장 하에서의 전하 입자들의 직선 운동의 한 예이다. 홀 효과 때문에 축적되는 표면 전하들은 도선 내의 전하들만 있는 것은 아니다. 즉, 도선 내의 장 방향의 전기장 때문에 생기는 통상적인 표면 전하들도 존재한다. 특이한 점은 통상적인 표면 전하들은 도선 내부에 전류 방향의 전기장들을 만드는 데 반해, 홀 효과 표면 전하들은 전류 방향에 수직인 횡 방향의 전기장 $\vec{E}_{\perp}$를 생성한다는 것이다.

**점검 사항 6** 1 T의 자기장 하에 20 A의 전류를 운반하고 5 mm의 길이와 0.1 mm의 폭을 가진 구리 띠가 있다고 하자. 이 경우의 홀 전압 $\Delta V_{\text{Hall}}$을 계산하시오. 구리에 대해서, $q = -e$이고, (원자당 한 개의 전자) 1 $m^3$당 $n = 8.4 \times 10^{28}$개의 자유 전자들이 존재한다.

이것은 아주 작은 전압에 해당한다. 그러나 고감도 전위계를 이용하면 측정될 수 있다. 반도체에서 전하 운반자들의 밀도 $n$은 금속에 비해서 상당히 작을 수 있으나, 그런 경우에 홀 효과는 $n$의 역수에 비례하기 때문에 꽤 큰 값을 가질 수 있다.

구리에서의 횡 방향 홀 전위와 여러분이 구리 띠에서 측정한 전위를 비교하는 것은 굉장히 유익할 것이다. 띠의 5 mm 길이 상에서 측정된 위치 에너지 차이를 계산하시오. 단, 구리의 전도도는

$$\sigma = 6 \times 10^7 \frac{\text{A/m}^2}{\text{V/m}}$$

이다. 이 전압은 홀 전압보다 훨씬 크기 때문에, 막대기의 위치 에너지 차이 때문에 생기는 가짜 효과를 없애기 위해서는 전압계 단자들을 정확히 연결하도록 실험자들은 특별히 주의하도록 해야 한다. 이러한 문제를 체크할 수 있는 한 방법은 자기장을 제거하는 것이고, 그때의 홀 전위가 0이 되어야 한다.

## 홀 효과의 실제 응용

물질의 홀 효과 전위차를 측정함으로써 유동 전하들의 부호와 단위 체적당 전하들의 수에 대한 정보를 알 수 있다. 예를 들어, 홀 효과 측정으로부터 어떤 금속과 반도체에서 주된 전하 전달자들이 전자 바다에서 전자들이 아니고 정공들인지를 알 수 있다. 소듐과 구리 같은 1원자가 금속에 대하여 유동 전자들의 홀 효과를 측정하면 $n$이 1 $m^3$당 원자들의 수와 같다는 것을 알 수 있고, 즉 자유 전자 바다에 각각의 원자들이 하나의 전자를 내보낸다는 것과 같다. 다른 금속들에서는 원자당 기여하는 전자가 하나 이상일 수도 있다.

홀 효과의 또 다른 실용적인 응용을 위해서는 지금까지의 관계식을 역으로 돌려야한다. 유동 전하들의 부호와 밀도를 알고 있는 물질에서 홀 전위를 측정함으로써 자기장의 크기와 방향을 알 수 있는 상업적인 측정 장치들이 있다.

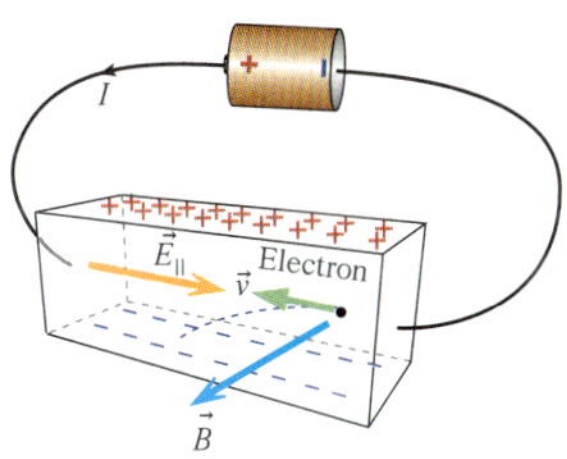


**그림 20.21** 회절되는 전자들은 또한 그 방향으로 도선을 끌고 간다.

## 전류가 흐르는 도선은 왜 움직이는가?

자기장이 전류가 흐르는 도선에 작용시키는 자기력에 대해서는 약간 미묘한 부분이 있다. 자기력은 단지 움직이는 입자들에게만 작용한다. 구리인 경우라고 가정하면 여기서 움직이는 입자들은 유동하는 전자들이다. 움직이지 않는 상태에 있는 양전하의 원자핵에는 어떠한 자기력도 작용하지 않는다. 그러면 전체 도선이 왜 움직이는가?

이 같은 퍼즐에 대한 답은 홀 효과와 밀접하게 관련이 있다. 그림 20.21에서처럼 자기장 하에 전류가 흐르는 금속 도선을 생각해 보자. 아래 표면에서 전자들이 쌓이면서 점점 그 개수가 증가하고 있다(그리고 동일한 양의 전자들의 위 표면에서 일어난다). 또 다시, 분명히 하기 위해서, 도선에 존재하는 통상적인 표면 전하들은 고려하지 않는다. 단지 우리는 전자들의 자기장 휨 현상 때문에 생기는 추가적인 표면 전하들만 고려한다. 추가적인 표면 전하들은 움직이는 전자들의 위 방향으로 전기력 $eE_{\perp}$을 일으키고, 정상 상태에서 그 전기력은 자기력 $e\bar{v}B$와 균형을 이룬다. 추가적인 표면 전하들은 또한 양전하의 원자핵에 $eE_{\perp}$의 전기력을 발

생시키는데 그것은 비평형된 힘이다. 그 이유는 원자핵들은 움직이지 않아 자기력이 작용하지 않기 때문이다.

**질문** 표면 전하들 때문에 원자핵들에게 작용하는 전기력의 방향은 무엇인가?

분명하게, 양의 값으로 대전된 원자핵들은 아래 방향으로 힘을 받는다. 홀 효과의 표면 전하들 때문에 생기는 전기력에 의해 도선 전체는 $\Delta\vec{F}_{\text{magnetic}} = I\Delta\vec{l} \times \vec{B}$의 방향으로 움직이게 되고, 또한 그 전기력의 크기는 이 관계식의 크기와 같게 된다. 종합적인 효과는 그림 20.21에서 보는 바와 같다. 즉, 전자들이 아래 방향으로 힘을 받을 때 원자핵들도 아래 방향으로 힘을 받게 된다. 도선의 운동은 움직이는 전자들에 작용하는 자기력의 전기적 부산물이다.

이것에 대해 생각할 수 있는 또 다른 방법으로서, 전자들이 전기적으로 금속 도선에 튕기어 진다고 말할 수도 있다. 즉, 그것들이 단순히 도선 밖으로 빠져 나가지는 못한다. 이렇게, 전자들이 자기력에 의해 아래 방향으로 힘을 받았을 때, 전자들이 함께 도선까지 끌고 가게 된다. 결국 건전지는 도선에 에너지를 공급한다는 것을 명심해라.

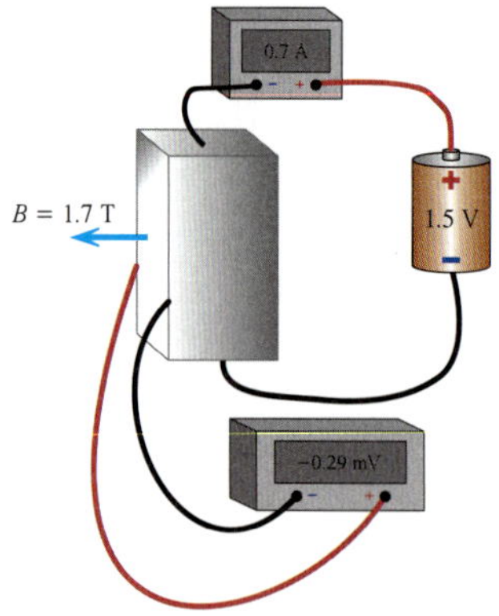


**그림 20.22** 회로에서 퍼텐셜(전압) 대 위치. 거리($x$좌표)는 척도가 없는 것이다.

**예 전기적 성질의 측정**

새로운 전도 물질로 이루어진 막대기가 4 cm의 너비와 2 cm의 폭을 가진 사각형 모양의 단면적을 가지고 9 cm의 길이를 가지고 있다. 막대기는 1.5 V 건전지를 가진 회로에 연결되어 있고, 0.7 A의 일정한 전류가 흐르고 있다(그림 20.22). 도선들과 전류계를 연결하는 구리의 저항과 건전지의 내부 저항은 막대기의 저항에 비해 모두 무시할 수 있다. 그림에 나타나지 않았지만 아주 큰 코일들을 사용하여, 1.7 T의 균일한 자기장을 막대기에 수직한 방향으로 가해준다(그림 20.22에서 왼쪽 방향으로). 전압계는 그림에서 보이는 바와 같이 막대기의 측면에 직접적으로 조심스럽게 연결되어 있다. 전압계는 −0.29 mV를 표시하고 있다. 전압계는 양단자가 음단자보다 높은 전위에 연결되어 있다면, 양의 값을 표시함을 알아야 한다. 막대기 물질 내에는 오직 한 종류의 유동 전하만 존재한다.

(a) 막대기에서 유동 전하의 부호는 무엇인가? 그리고 전하들은 어떤 방향으로 움직이나? 상세하게 설명하여라. 설명을 위해 다이어그램을 사용하도록 하여라.

(b) 유동 전하들이 한쪽 끝에서 다른 쪽 끝에 도달하는 데 시간이 얼마나 걸리나?

(c) 유동 전하들의 유동도 $u$는 얼마인가?

(d) 만약 각각의 유동 전하가 $|q| = e$로 대전되었다면, 이 물질의 1 $m^3$에 얼마나 많은 유동 전하들이 존재하는가?

**해답** (a) 이것은 여러 시행착오가 필요하게 된다. 유동 전하들은 특정 부호를 가지고 있다고 가정하고, 이것이 관찰된 분극을 일으키는지 확인하라. 첫째, 건전지와 막대기의 표면 전하에 의해 생성되는 $\vec{E}_{\parallel}$를 그려야 한다. 그 전기장은 막대기의 전류를 만든다(그림 20.23을 보아라).

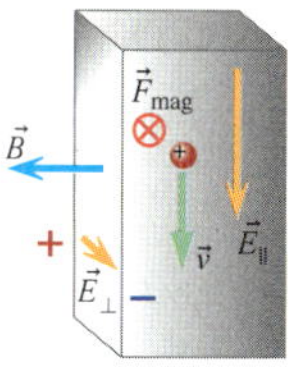


**그림 20.23** 움직이는 전하들이 양의 값을 가지면, 그것들의 속도는 $\vec{E}_{\parallel}$ 방향이 될 것이다. 자기력은 지면으로 들어가는 방향이 되고, 막대기의 뒷면은 양의 전하 값을 가지게 될 것이다.

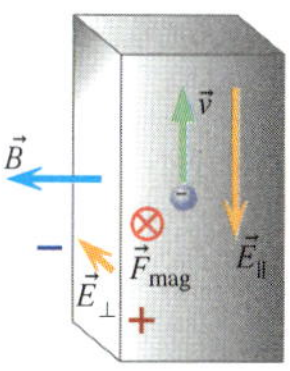


**그림 20.24** 움직이는 전하들이 음의 값이라면, 그것들의 속도는 $\vec{E}_{\parallel}$의 반대 방향이 될 것이다. 그러나 자기력은 다시 지면으로 들어가는 방향이 될 것이고, 막대기의 뒷면은 음의 전하 값을 가지게 될 것이다.

유동 전하들이 양의 값을 가지면, 그 전하들은 $\vec{E}_{\parallel}$의 방향으로 움직일 것이다. 그리고 그것은 그림 20.24에서 보는 바와 같이 막대기의 뒷면에 양의 전하를 축적시킬 것이다(지면으로 들어가는 방향의 자기력). 전기장 $\vec{E}_{\perp}$는 지면으로부터 나오는 방향이기 때문에, 전압계는 양의 값을 표시할 것이다. 이것은 관찰될 것과는 다르기 때문에 유동 전하는 양의 값을 가지지 않는 것은 확실하다.

유동 전하들이 음의 값을 가진다면, 그림 20.24에서처럼 그 전하들은 $\vec{E}_{\parallel}$의 반대 방향으로 움직일 것이다. 자기력은 다시 지면으로 들어가는 방향이 될 것이고, 막대기의 뒷면은 음의 전하 값으로 만들고, 그래서 지면으로부터 나오는 방향의 전기장 $\vec{E}_{\perp}$를 만들 것이다. 전압계는 관측한 것과 같이 음의 값을 표시할 것이다.

자기력은 지면으로 들어가는 방향이 될 것이고, 막대기의 뒷면은 양의 전하 값으로 대전되고, 책장 방향으로 향하는 전기장 $\vec{E}_{\perp}$를 만들 것이다. 전위계는 관측한 것과 같이 음의 값을 가리킬 것이다. 그래서 움직이는 전하들은 음의 값을 가진다고 결론지을 수 있다.

(b) 유동 전하들의 평균 유동 속력을 확인해야 한다. 그것은 전자에 작용하는 자기력으로부터 확인할 수 있다. 정상 상태에서, 횡 방향의 자기력과 전기력들은 다음과 같이 균형을 이루게 된다.

$$eE_{\perp} = e\bar{v}B$$

$$E_{\perp} = \frac{\Delta V_{\perp}}{d} \text{ 때문에 } \frac{\Delta V_{\perp}}{d} = \bar{v}B$$

$$\bar{v} = \frac{\Delta V_{\perp}}{Bd} = \frac{0.29\times10^{-3}\text{ V}}{(1.7\text{ T})(0.02\text{ m})} = 8.5\times10^{-3}\text{ m/s}$$

$$\Delta t = \frac{0.09\text{ m}}{8.5\times10^{-3}\text{ m/s}} = 10.6\text{ s}$$

(c) 유동 전하들의 유동 속력은 다음과 같이 장 방향의 전기장과 전하 유동성에 의존한다.

$$\bar{v} = uE_{\parallel}$$

$$E_{\parallel} = (1.5\text{ V})/(0.09\text{ m}) = 16.7\text{ V/m}$$

$$u = \frac{\bar{v}}{E_{\parallel}} = \frac{(8.5\times10^{-3}\text{ m/s})}{(16.7\text{ V/m})} = 5\times10^{-4}(\text{m/s})/(\text{V/m})$$

(d) $I = enA\bar{v}$, 따라서 $n = I/(eA\bar{v})$.

$$n = \frac{(0.7\text{ A})}{(1.6\times10^{-19}\text{ C})(0.02\text{ m})(0.04\text{ m})(8.5\ \times10^{-3}\text{ m/s})} = 6.4\times10^{23}\text{ m}^{-}$$

## 20.5 운동 기전력

자기장은 전류가 흐르는 도선에 힘을 준다. 이 작용은 반대 상황에서도 마찬가지로 적용된다. 즉, 자기장 하에 도선을 이동시키면, 도선 내에 전류가 생성된다. 이런 식으로 기계적인 일로부터 전기를 만들어 낼 수 있게 된다.

## 초기 과도기: 전기 분극의 전개

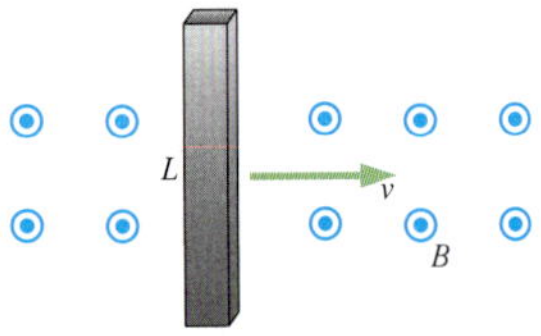


**그림 20.25** 지면에서 나오는 방향을 가지는 균일한 자기장 영역에서 일정한 속도로 움직이는 금속 막대기

균일한 자기장 영역에서 길이 $L$의 금속 막대기가 움직이고 있다고 생각해 보자 여기서 자기장의 방향은 지면에서 나오는 방향이고, 그 크기는 $B$이다(그림 20.25). 움직이는 금속 막대기 내부에 하나의 유동 전자가 오른쪽으로 움직이고 있기 때문에, 그것은 자기력을 받게 된다.

> **질문** 막대기가 속력 $v$ 로 움직이고 있다면, 이 전자에 작용하는 자기력의 크기와 방향은 무엇인가?

자기력 $\vec{F} = (-e)\vec{v} \times \vec{B}$는 위로 향해 있고, 그 힘의 크기는 $evB\sin(90°) = evB$이다. 이 자기력의 결과로서 유동 전자의 바다는 위 방향으로 이동할 것이다.

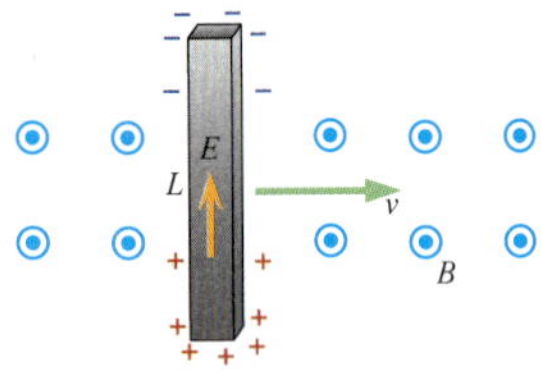


**그림 20.26** 금속 막대기는 그림과 같이 전기 분극화되어, 금속 내에 위 방향의 쿨롱 전기장을 형성한다.

> **질문** 금속 막대기에 나타나는 대략적인 최종 전하 분포는 어떻게 될 것인가? 금속 내의 이런 전하 분포로부터 발생하는 전기장 $\vec{E}$의 방향은 무엇인가?

움직이는 막대기에 작용하는 자기력은 막대 자체를 전기 분극화시킨다, 즉, 위 방향은 음으로 아래 방향은 양으로 분극화된다. 결과적으로 금속 내에 위 방향으로 향하는 전기장 $\vec{E}$가 존재하게 된다(그림 20.26). 금속 내에 유동 전자는 자기력뿐만 아니라 전기장에 의한 전기력도 받게 된다.

## 정상 상태: 전기력에 의해 균형이 맞춰진 자기력

> **질문** 막대기가 일정한 속력 $v$로 움직이고 있다면, 정상 상태에서 전기장 $E$는 자기장 $B$에 비해서 얼마나 클까? 그 이유는? (힌트: 왜 전기 분극이 계속해서 일어나서 막대기의 한쪽 끝에서 더 많은 전자들을 축척하도록 하게 하지 않을까?)

처음에는, 유동 전자에 작용하는 유일한 힘은 위 방향의 자기력이다. 유동 전자들의 바다가 위로 이동할수록, 전자에 작용하는 아래 방향의 전기력 $-e\vec{E}$는 더 커지게 된다. 분극 현상은 전기장이 커져서 결국 위 방향의 알짜 힘 $(evB - eE)$이 0가 될 때까지 계속된다. 그래서 정상 상태에서는 $E = vB$가 성립한다.

이러한 상황은 약간 이상하다. 즉, 평형 상태(더 이상 가속이 되지 않고 일정한 속도로 움직이는 막대기)의 금속 내부에서는 0이 아닌 전기장이 존재하게 된다. 전기력이 자기력에 의해 균형이 이루어 졌기 때문에, 여기서는 어떠한 전류도 흐르지 않는다. 즉, 금속 내부에 있는 유동 전자에 작용하는 알짜 힘은 0이다.

> **질문** 막대기의 한쪽 끝에서 다른 쪽 끝 사이의 전위차 $\Delta V$는 무엇인가? 어느 쪽 끝이 높은 전위를 가지는가?

전기장은 $E = vB$이기 때문에, (여기서 $v$와 $B$는 막대기 내에서 같은 값을 가진다) 전기장 $E$는 균일하고 전위차는 간단히 $\Delta V = EL = vBL$이다.

막대기의 아래 끝부분이 높은 전위에 있고, 양의 전하를 띤다(막대기 안에서 아래 방향으로 움직인다는 것은, 즉 전기장 방향과 반대 방향으로 가는 것이고, 이는 높은 전위로 움직이는 것을 의미한다).

> **질문** 막대기가 완전히 분극이 이루어졌을 때, 막대기가 일정한 속력 $v$ 로 움직이도록 하기 위해서는 얼마나 많은 힘을 가해주어야만 하는가?

정상 상태에서는 막대기 내에 어떤 전류도 흐르지 않는다. 그래서 자기장 때문에 생기는 어떤 힘도 존재하지 않는다. 분극화된 막대기는 어떠한 힘을 가지지 않고 계속해서 미끄러져 갈 것이다.

## 운동 기전력은 전류를 흐르게 한다

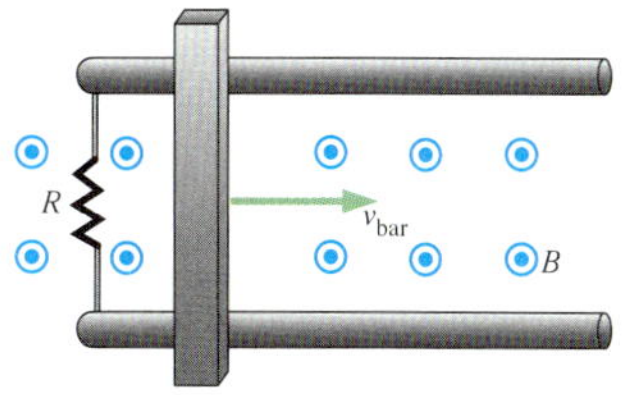

**그림 20.27** 마찰이 없는 금속 레일 위에서 일정한 속력으로 금속 막대기를 잡아당긴다. 저항기가 양 레일들 사이에 연결되어 있다.

**질문** 분극화된 막대기로부터 예전에 배웠던 것 중에 어떤 것이 생각나는가? 전에 살펴봤던 물체나 장치 중에 어떤 것이 분극화된 막대기와 가장 유사한가?

그것은 건전지이다. 왜냐하면, 한쪽 끝에서 다른 쪽 끝으로 전하 분리가 유지되어 있기 때문이다. 물론, 이 경우에는 쿨롱 힘이 아닌 자기력에 의한 것이라는 점에서는 다르다. 우리는 이러한 효과가 전류를 발생시킨다고 이해할 수 있다.

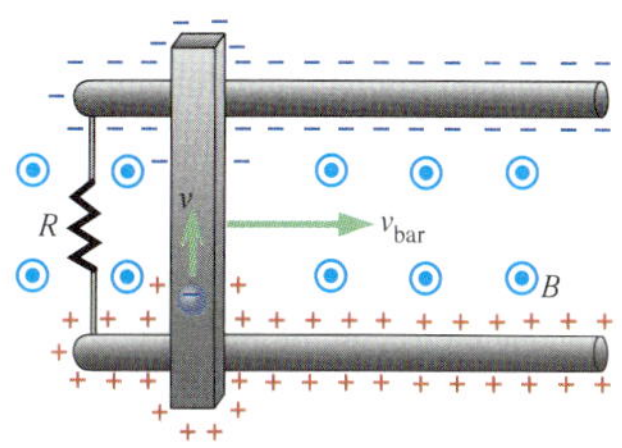

**그림 20.28** 회로의 대략적인 표면 전하 분포

균일한 자기장 내에 마찰이 없는 금속 레일들 위를 따라 일정한 속력 $v_{bar}$로 금속 막대기를 잡아당긴다고 생각하자(그림20.27). 움직이는 금속 막대기와 금속 레일들은 무시할 수 있는 저항을 가지고 있다. 그러나 저항 $R$을 가지고 있는 저항기가 양쪽 레일들 사이에 연결되어 있다. 움직이는 막대기로 작동되는 "건전지"에 의해 이 회로 내에 전류가 흐르게 될 것이다. 이 현상을 "운동 기전력"이라고 한다. 그림 20.28은 회로의 대략적인 표면 전하 분포를 보여준다. 전자들은 움직이는 막대기를 통하여 "잘못된" 방향으로 흐르게 된다. 즉, 전자들은 막대기의 음전하를 가진 끝 방향으로 움직이게 된다.

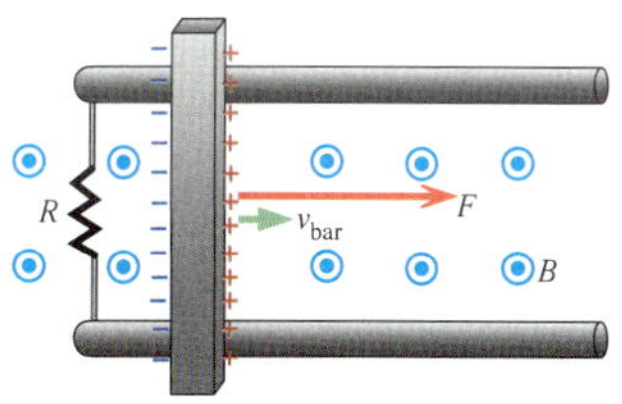

**그림 20.29** 막대기가 움직이기 시작할 때, 유동 전자들은 왼쪽 아래로 향하게 되고 결국 막대기는 왼쪽2오른쪽으로 분극화된다.

운동 기전력을 좀 더 자세히 이해하기 위해서, 어떤 기전력과 전류가 존재하지 않는 정지 상태의 막대기부터 시작할 것이다. 그러고 나서 단계별로 차근차근 따져볼 것이다. 먼저, 막대기를 움직일 수 있도록 오른쪽 방향으로 크기 $F$의 힘을 가해준다. 금속 내의 자유 전자에 작용하는 총 전기력은 0가 되기 때문에, 막대기가 오른쪽 방향으로 움직일 때 일어날 수 있는 첫 번째 상황은 유동 전자들이 남아 뒤쳐지게 된다(또 다른 예로 제19장 끝에 있는 "금속 내의 전자들"이라는 Optional section을 보아라). 막대기는 그림 20.29에서 보이는 바와 같이 거의 순간적으로 전기 분극화가 이루어진다. 이제 편극된 막대기에 의해 움직임이 가능한 전자들에는 영이 아닌 전기력이 작용하게 된다. 이 전기력은 오른쪽으로 전자들을 움직이게 한다. 이 같은 상황을 묘사할 수 있는 또 다른 방법으로는 여러분이 양이온들의 격자를 오른쪽으로 잡아당기고, 반대로 자유 전자들이 양전하들과의 전기적 상호작용으로 인해 오른쪽으로 잡아당겨진다고도 볼 수 있다.

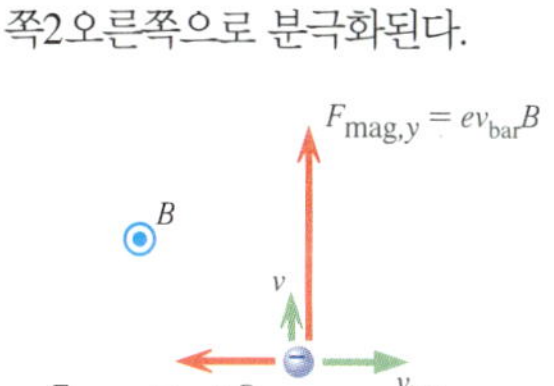

**그림 20.30** 막대기 내의 유동 전자에 작용하는 자기력의 $x$과 $y$ 성분들

**질문** 그림 20.27에서 보는 것처럼 지면으로부터 나오는 방향($+z$)의 자기장이 존재할 때, 오른쪽 방향으로 움직이기 시작하는 자유 전자들에 작용하는 자기력의 방향은 어느 방향인가?

유동 전자는 $+y$ 방향으로 위 방향의 작은 크기의 자기력을 받을 것이다.

이 자기력 때문에, 유동 전자는 $+x$ 방향의 속도 성분뿐 아니라, 추가적으로 $+y$ 방향의 속도 성분을 가지게 될 것이다. 그림 20.28과 20.30에서처럼 전자의 속도 벡터를 $\vec{v}_{electron} = \langle v_{bar}, v, 0 \rangle$로 나타낼 것이고, 여기서 $v_{bar}$는 막대기의 속력이고, $v$는 그것의 수직 성분을 나타낸다.

**질문** 위와 같은 상황에서 유동 전하에 작용하는 자기력의 성분들은 무엇인가? 자기장의 크기는 $B$이고 전자 전하량은 $-e$이다.

$\vec{F}_{mag} = -e\vec{v}_{electron} \times \vec{B} = \langle -evB, ev_{bar}B, 0 \rangle$. 유동 전하에 작용하는 자기력은 $+y$ 방향뿐 아니라 $-x$방향의 성분을 가진다(그림 20.30). 막대기에 힘이 작용한 후에 유동 전자의 속도는 작기 때문에, 두 성분들도 아주 작게 된다. 막대기를 하나의 시스템으로 본다면, 막대기에 작용하는 알짜 힘의 $x$ 성분은 $F_{net,\,x} = F - NevB$이고, 여기서 $N$은 막대기 내에 유동 전하의 총 개수이다.

$F_{net,x}$가 제로가 되지 않는 한, 막대기는 계속해서 오른쪽으로 가속될 것이다. 그러나 속력이 클수록 자기력의 수직 성분 $ev_{bar}B$이 크다는 것을 뜻하고, 이것은 결국 유동 전하의 속도의 수직 성분 $v$를 증가시킨다. 막대기가 빠르게 움직일수록 유동 전하에 작용하는 모든 자기력들 때문에, $v$가 커지고, 막대기에 왼쪽 방향으로 작용하는 힘 $NevB$는 더욱 커지게 된다.

시간이 흐를수록 막대기에 작용하는 알짜 힘은 점점 더 작아지게 된다. 결국, 알짜 힘은 0이 되고, 막대기는 오른쪽 방향으로 일정한 속력을 가지고 움직이게 되며 자기력의 $x$ 성분은 왼쪽으로 작용하게 된다. 이런 상태가 유지됨에 따라, 여러분은 그림 20.28에서처럼 전하 분리를 유지하기 위해 어떤 일을 하게 되고, 그래서 저항기에 전류가 흐르게 된다.

**질문** 막대기 중앙의 위, 아래에 존재하는 전하들 때문에 막대기 내부에는 전기장이 존재한다고 볼 수 있다. 왜 전자들은 막대기를 따라 "잘못된 방향", 즉 수직 위 방향으로 움직이는가?

저항기로 흐르는 전자는 움직이는 막대기의 끝에 존재하는 전하들을 계속해서 격감시키고, 결국 막대기 내의 전기장은 자기장을 유지하는 데 필요한 만큼의 값보다 항상 다소 작게 된다. 아래 방향의 전기력 $eE$는 위 방향 자기력 $evB$보다 다소 작다. 그래서 전자들은 막대기의 음전하 끝부분으로 움직이게 된다.

자기력 $evB$는 비쿨롱 힘이다(건전지에 대해 앞의 논의에서 살펴보았던 $F_{NC}$).

하나의 전자가 막대기의 한쪽 끝에서 다른 쪽 끝으로 움직일 때, 이 힘에 의해 행해진 일은 다음과 같다.

$$F_{NC}\,L = ev_{bar}BL$$

**질문** 기전력은 "건전지"의 한쪽 끝에서 다른 쪽 끝으로 전하가 움직일 때 단위 전하당 행해진 일이다. 그러면 "건전지"의 기전력은 무엇인가?

단위 전하당 비쿨롱 일은 $(ev_{bar}BL)/e = v_{bar}BL$이다. 막대기의 저항을 무시할 수 있다면, $V =$ 기전력 $= v_{bar}BL$이다. 막대기가 저항 $r_{int}$를 가진다면, 이 저항은 또 다른 종류의 건전지의 내부 저항과 같다. 그리고 $V =$ 기전력 $- r_{int}I$(제19장에서 "건전지" section에서 내부 저항을 가진 건전지를 보아라). 유동 전하에 작용하는 자기력의 수직 성분이 양의 일을 한다면, 힘의 수평 성분은 음의 일을 하게 된다. 그래서 알짜 일은 0이 되고, 그것은 자기력이 전자의 속도와는 항상 수직이다는 사실과 일치한다. 자기력에 의해 전자에 생기는 일률 입력 값은 $\vec{F}_{mag} \bullet \vec{v}_{electron}$이고 그 값이 0이 된다. 이것은 $\vec{F}_{mag} = \langle -evB, ev_{bar}B, 0 \rangle$과 $\vec{v}_{electron} = \langle v_{bar}, v, 0 \rangle$의 내적을 취하면 증명이 된다. 전류를 흐르게 하는 일은 이와 같은 상황을 유지하기 위해 가해준 힘 때문이라는 것을 한 순간에 이해하게 될 것이다. 자기장 하에서 도선을 움직임으로써 생성된 기전력은 "운동 기전력"이라고 불린다. 이 작

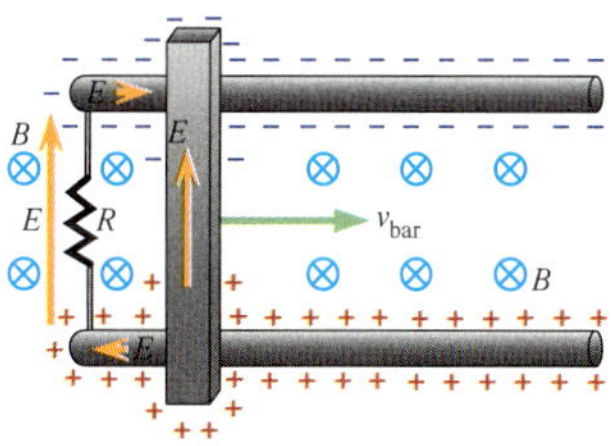


**그림 20.31** 움직이는 막대기에 의해 생성된 회로 내의 전기장의 모양

용은 홀 효과를 연상시킨다. 왜냐하면, 자기장 내에서 도선을 움직일 때, 자기력은 운동 방향에 수직한 방향으로 분극(그리고 전기장)을 발생시키기 때문이다.

> **질문** 점전하들 때문에 생기는 전기장의 경로 적분을 해야 하는 경우라면, 그림 20.31에서처럼 회로 주위의 원형 경로에 대한 전위차 $\Delta V = -\oint \vec{E} \bullet d\vec{l}$는 0이 될 수 있을 것인가? (그림 20.31에서 움직이는 막대기와 선로, 저항기에서의 전기장의 방향을 주의하여라.)

움직이는 막대기의 아래 끝부분으로부터 시계 방향으로 고리 주위를 돌 때, 아래 선로에서 작은 전위 감소와 저항기에서 큰 전위 감소, 위 선로에서는 작은 전위 감소, 움직이는 막대기에서는 큰 전위 증가를 가지게 될 것이다. 그래서 원형 경로에 대한 총 전위차 $\Delta V$는 0이 될 수 있는 것은 매우 타당하고, 그것은 사실이다.

이 같은 상황은 마치 그것 내부에 기계적인 건전지가 있는 회로와 상당히 유사하다. 여기서 비쿨롱 힘 때문에 전하들은 기계적인 건전지를 통하여 잘못된 방향으로 움직이고, 그래서 원형 경로의 전위차는 0이 된다. 여기서 비쿨롱 힘이 바로 자기력이 된다.

> **점검 사항 7** 막대 자석 주위로 연결된 도선을 빠르게 지나가게 하면, 손전등의 불을 킬 수 있을까? 수치적으로 계산해 보자. 막대 자석 근처에서의 자기장은 약 0.1 T이었고, 자기장에 영향을 받는 도선의 길이는 약 1 cm이었다. 여러분은 도선을 10 m/s의 속력으로 움직여 막대 자석을 지나도록 할 수 있다. 여러분이 만들 수 있는 기전력은 얼마인가? 이 값이 손전등의 건전지 기전력과 얼마나 차이가 날까?

## 작은 크기의 운동 기전력

예전 연습문제에서 손전등 전구를 다뤘던 것처럼 단지 건전지와 전구를 가지고 운동 기전력의 효과를 보기는 어렵다는 것을 알 수 있다. 상당한 크기의 기전력을 얻기 위해서는 알짜 기전력에 기여하는 것들, 즉 자기장을 통과하는 도선들이 빠른 속력 ($v_{bar}$)을 가지면서 큰 영역($L$)에서 보다 큰 자기장 $B$와 도선의 많은 감은 수 등이 필요하다.

또한, 자석 주위에 하나의 도선을 빠르게 움직이면, 기전력은 오래도록 유지되지는 않는다. 즉, 전구 혹은 나침반이 작은 전류들을 측정할 만큼 민감하지는 않다. 결과적으로, 운동 기전력을 연구하기 위해서는 다소 민감한 실험 장비들이 필요하다. 여러분의 선생님이 이들 현상을 보여주기 위해 시범 실험을 하거나 여러분 스스로 이러한 현상을 관찰할 수 있는 실험을 할 수도 있을 것이다.

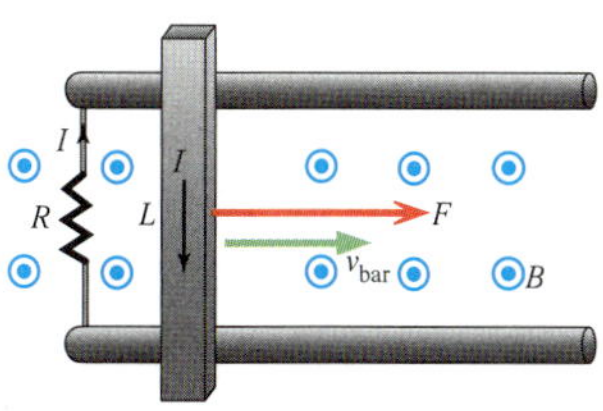


**그림 20.32** 이 회로에서 전류가 흐르도록 하기 위해 막대기를 계속해서 잡아당겨야 한다.

## 움직이는 막대기에 작용하는 힘과 에너지 보존

금속 막대기가 선로를 따라 일정한 속력 $v_{bar}$로 수월하게 미끄러지고, 저항기가 주위를 계속해서 따뜻하게 달군다면, 아무것도 없는 곳에서 무언가를 얻게 될 것이다. 즉, 이렇게 움직이는 막대기, 저항 회로, 자기장을 만드는 자석으로 이루어진 계 내부로 에너지 유입이 있어야 한다. 자기력은 이 계 내에서는 내력에 해당한다. 여기서 유일한 외력은 막대기에 계속적으로 가해주는 힘이다. 막대기를 일정한 속력으로 움직일 수 있도록 힘을 가해주어야 한다(그림 20.32). 왜냐하면,

막대기 내에 흐르는 전류 때문에 움직이는 막대기에 작용하는 자기력의 수평 성분이 있어야 하기 때문이다.

**질문** 이 자기력의 방향은 무엇인가? 막대기를 일정한 속력으로 움직이도록 하는 막대기에 작용하는 힘의 크기와 방향은 무엇인가?

어떤 순간에 막대기를 하나의 계로 생각할 때, 우리가 가해주는 힘과 반대되는 $NevB$ 크기의 자기력의 $x$ 성분이 존재함을 알 수 있다. $N$은 막대기 내의 유동 전하들의 수이고, 이것은 전자 밀도(단위 부피당 전자들) $n$과 막대기의 부피 $AL$의 곱과 같다. 여기서 $A$는 막대기의 단면적이다. 그래서, 반대 방향의 자기력의 크기는 $NevB = (nAL)evB = (enAv)LB$이고, 결국 $ILB$가 된다. 즉, 수직 방향의 자기장 하에 전류가 흐르는 도선에 작용하는 힘의 일반적인 표현과 같게 된다. 정상 상태에서, 막대기가 일정한 속력으로 움직일 수 있도록 하기 위해서는 막대기에 작용하는 알짜 힘의 $x$성분이 0가 되어야 한다. 그래서 오른쪽 방향으로 $ILB$ 만큼의 힘이 가해져야만 한다.

짧은 시간 $\Delta t$동안 막대기는 $\Delta x$의 거리만큼 움직인다. 시간 $\Delta t$ 동안 일의 양 $F\Delta x$가 행해져야 하고, 즉 $F\Delta x/\Delta t = Fv_{bar}$의 비율로 에너지가 공급되어야 한다.

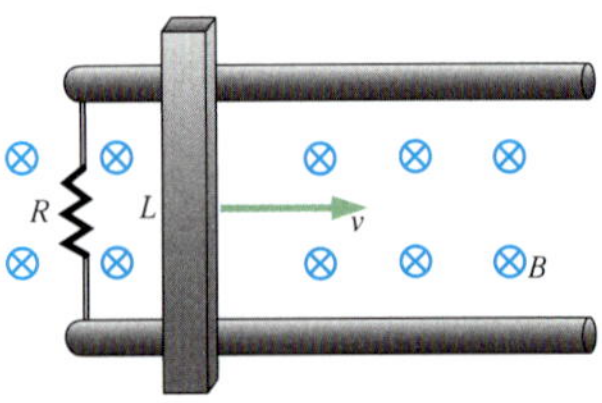


**그림 20.33** 마찰이 없는 금속 선로 위로 금속 막대기를 일정한 속력으로 잡아당긴다. 저항기 $R$이 선로들 사이에 연결되어 있다.

**질문** 일률 입력 $Fv_{bar}$가 수치적으로 저항기에서 소멸된 일률과 같은가?

일률 $= (ILB)v_{bar} = I(LBv_{bar}) = I(\text{emf})$이나 $I(\text{emf})$는 저항기에 주입된 건전지의 일률 출력과 같다. 게다가, $I = \text{emf}/R$이기 때문에 저항기에서 소멸된 일률은 기대한 것처럼 $\text{emf}^2/R = RI^2$.

이것은 발전기의 기본적인 원리이다. 즉, 기계적인 일률이 전기적인 일률로 전환된다. 상업적으로, 기계적인 에너지는 파워 댐에 물을 떨어트림으로써 혹은 터빈에 증기를 팽창시킴으로써 공급된다(여기서 증기는 화학적 혹은 원자핵 반응들에 의해 뜨거워진다–석탄, 기름, 천연가스를 태우거나, 우라늄의 핵분열). 실제 발전기는 미끄러지는 막대기가 아닌 회전하는 코일을 가지고 있다. 그래서 이 장 뒷부분에서 실제 발전기를 살펴볼 것이다.

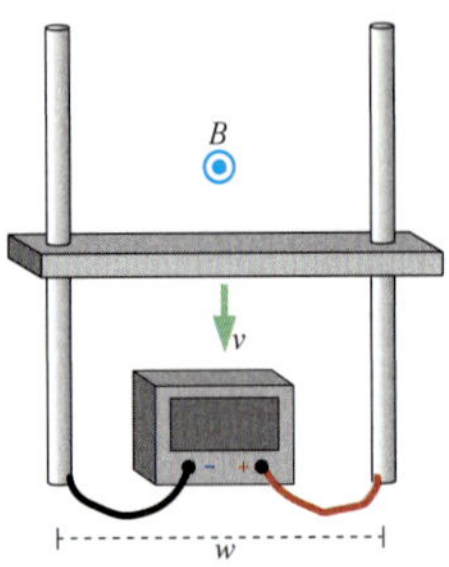


**그림 20.34** 금속 막대가 아래로 움직일 때, 전압계는 어떤 값을 표시하는가?

**점검 사항 8** 기본 개념들의 복습: 길이 $L$의 금속 막대가 지면으로 들어가는 방향으로 크기 $B$를 가진 균일한 자기장 영역에서 마찰이 없는 전도 선로 위를 수평 방향으로 일정한 속력 $v_{bar}$를 가지고 움직이고 있다(그림 20.33). 여기에 저항 $R$이 존재한다. 유도된 기전력의 크기는 무엇인가? 전류 $I$의 방향은 무엇인가? 전류 $I$의 크기는 무엇인가? 막대를 일정한 속력 $v_{bar}$로 움직이게 하는 힘의 크기와 방향은 무엇인가?

### 예 아래 방향으로 움직이는 금속 막대

그림 20.34에서 수평 금속 막대는 지면 상에서 아래 방향으로 움직이고 있다. 여기서 막대는 거리 $w$만큼 떨어진 2개의 금속 수직 막대들에 전기적으로 연결되어 있다. 이 영역에는 그림에 나타나지 않았지만 아주 큰 코일에서 만들어진, 지면으로부터 나오는 방향의 크기 $B$를 가지는 균일한 수평 자기장이 존재한다. 막대기가 속력 $v$를 가지고 움직이는 순간, 전압계에 표시되는 양은 무엇인가? 크기와 부호를 구하고, 이를 간략하게 설명하여라.

**해답** 막대 내에 전하 입자들이 자기장 하에 움직이고 있기 때문에 자기력을 받게 된다. 유동 전하들이 어떤 부호를 가지는지는 중요하지 않다. 부호들의 처리를 간단하게 하기 위해서 우리는 유동 전하의 부호를 양의 값으로 가정할 것이다.

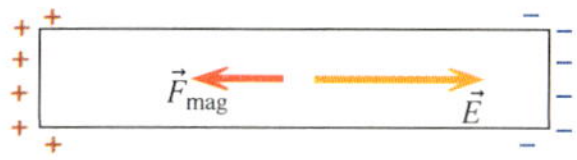


**그림 20.35** 막대를 분극화시키는 양전하에 작용하는 자기력과 분극 때문에 생기는 전기장

$\vec{v} \times \vec{B}$는 왼쪽 방향을 나타내고, 그림 20.35에서처럼 막대는 전기적으로 분극화된다. 분극은 굉장히 짧은 시간에 일어난다(수 나노초 이하). 그 후 막대 내의 모든 유동 전하들에 대해서는 다음과 같은 관계식이 성립한다(여기서 전압계는 매우 높은 저항을 가지기 때문에, 거의 전류가 흐르지 않는다).

$$\vec{F}_{\text{magnetic}} + \vec{F}_{\text{electric}} = 0$$
$$qvB\sin(90°) = qE$$
$$E = vB$$

전기장 $E$는 막대 내에서 균일하기 때문에 다음과 같은 식이 성립한다.

$$|\Delta V| = \left| -\int \vec{E} \cdot d\vec{l} \right| = vBw$$

막대의 왼쪽 끝부분이 오른쪽 끝부분보다 높은 전위에 있다. 높은 전위의 끝부분은 전압계의 음의 단자에 연결되기 때문에, 전위계의 표시는 음의 값일 것이다. 전압계는 그래서 $-vBw$를 표시할 것이다.

## 20.6 움직이는 좌표계에서의 자기력

움직이는 전하에 의해 생성된 자기장은 전하의 속도에 의존하고, 이러한 사실은 매우 흥미로운 결과를 도출하게 된다. 즉, 정지해 있는 밥이 움직이는 앨리스가 보는 것과 전혀 다른 자기장을 관측하게 된다. 밥이 정지해 있는 전하를 가지고 있다고 생각하자. 그 경우, 순수한 전기장이 생성되고 어떠한 자기장도 생성되지 않는다. 앨리스가 밥을 지나 달려간다면, 그녀는 그녀에 대해 움직이는 전하에 의한 전기장과 자기장의 조합을 느낄 것이다.

움직이는 전하가 받는 자기력은 또한 전하의 속도에 의존하고, 그것은 자기 효과에 대한 관찰 결과가 다른 움직이는 좌표계에서 왜 서로 다른지에 대한 또 다른 원인이 된다. 밥이 만약 서로 밀어내는 두 개의 전하를 띤 테이프들을 가지고 있다면, 그는 이 상황을 다음과 같이 묘사할 것이다. 즉, 하나의 테이프는 순수한 전기장을 발생시키고, 그리고 또 다른 테이프는 그 전기장에 의해 영향을 받는다라고 말할 것이다. 그러나 앨리스는 밥을 지나치면서 움직일 때, 그녀는 다음과 같이 말할 것이다. 하나의 (움직이는) 테이프는 전기장과 자기장의 조합을 생성하고, 다른 (움직이는) 테이프는 전기력 및 자기력 모두를 느끼게 된다.

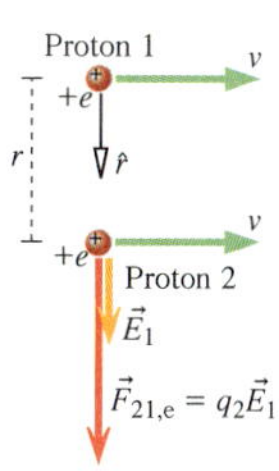


**그림 20.36** 양성자1은 양성자2에 전기력을 가해준다.

### 두 개의 움직이는 양성자들

우리는 여기서 이러한 특이한 현상들에 대한 세부적인 계산을 수행할 것이다. 초기에 두 양성자가 거리 $r$만큼 떨어져서 같은 속력 $v$를 가지고 서로 평행하게 움직인다고 생각해 보자. 그리고 그때 양성자2에 작용하는 양성자1에 의한 전기력과 자기력의 크기와 방향을 계산할 것이다(그림 20.36). 전기력은 아주 쉽다. 양성자

1은 양성자2의 위치에 전기장 $\vec{E}_1$를 만들고, 양성자2는 다음과 같이 전기력 $\vec{E}_{21,e} = q_2\vec{E}_1$을 받게 된다.

$$F_{21,\mathrm{e}} = \frac{1}{4\pi\varepsilon_0}\frac{e^2}{r^2}, \quad \text{아래 방향으로}$$

전기력을 계산하기 위해 쿨롱의 법칙을 사용할 때 근사를 사용하고 있다. 상대론적인 효과 때문에, 움직이는 전하(양성자1)에 의해 만들어진 전기장 $\vec{E}_1$는 정지해 있는 전하에 의한 전기장과는 약간 다르다. 후에 우리는 이 근사에 대해서 자세히 다루게 될 것이다. 자기력은 장과 힘에서의 벡터곱을 포함한다. 양성자2에 작용하는 자기력 $\vec{F}_{21,\mathrm{m}}$을 정하기 위해서, 먼저 양성자1에 의해 만들어진 양성자2의 위치에서의 자기장 $\vec{B}_1$를 계산해야 한다. 다이어그램 상에 단위 벡터를 그리는 것이 크게 도움이 될 것이다(소스 지점에서 관찰 지점까지, 즉 양성자1로부터 양성자2까지).

**질문** $\vec{B}_1 = \dfrac{\mu_0}{4\pi}\dfrac{q_1\vec{v}_1 \times \hat{r}}{r^2}$ 의 방향과 크기를 구하여라.

자기장 $\vec{B}_1$는 지면상에 양성자2의 위치에 있고, 그것의 크기는 $B_1 = [\mu_0/(4\pi)](ev/r^2)\sin 90°$이다.

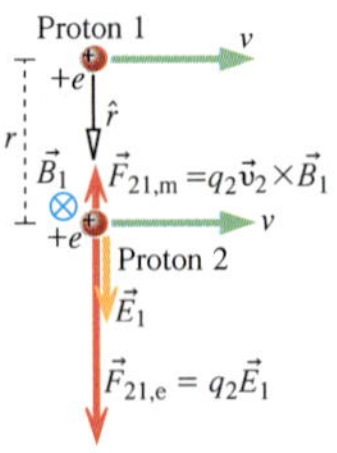


**그림 20.37** 양성자2에 작용하는 자기력은 전기력의 반대 방향이다.

**질문** 자기장 $\vec{B}_1$의 방향과 크기를 알았으므로, 양성자2에 작용하는 자기력 $\vec{F}_{21,\mathrm{m}} = q_2\vec{v}_2 \times \vec{B}_1$의 방향과 크기를 정하여라.

방향은 위 방향이고, 크기는 $F_{21,\mathrm{m}} = \dfrac{\mu_0}{4\pi}\dfrac{e^2v^2}{r^2}$ 이다.

## 자기력과 전기력의 비

그림 20.37은 이 상황을 요약한 것이다. 양성자2에 작용하는 자기력은 전기력의 반대 방향이다. 양성자 2에 작용하는 알짜 힘은 움직이지 않는 양성자에 대해서 고려한 힘보다 줄어들게 된다.

**질문** 양성자1 때문에 생기는 양성자2에 작용하는 전기력에 대한 자기력의 비는 무엇인가?

$$\frac{F_{21,\mathrm{m}}}{F_{21,\mathrm{e}}} = \frac{\left(\dfrac{\mu_0}{4\pi}\dfrac{e^2v^2}{r^2}\right)}{\left(\dfrac{1}{4\pi\varepsilon_0}\dfrac{e^2}{r^2}\right)}$$

$$= \frac{v^2}{\left(\dfrac{1}{4\pi\varepsilon_0}\Big/\dfrac{\mu_0}{4\pi}\right)} = \frac{v^2}{(9\times 10^9/1\times 10^{-7})} = \frac{v^2}{(3\times 10^8)^2} = \frac{v^2}{c^2}$$

이 결과는 매우 놀랍다! 전기력과 자기력의 비교에서 왜 빛의 속력이 나타나야만 하는가? 이 현상을 위해 빛의 속력이 무슨 역할을 하는가? 여기에 아주 심오한 주제들이 포함되어 있다(위 계산에서는 단위들을 나타내지 않았으나, 그 계산들은 정확하게 수행되었다.)

이 결과에 의하면, 일반적인 속력($v \ll c$)에서 두 전하 입자들 사이의 자기적인 상호작용은 전기적 상호작용보다는 훨씬 작다는 것을 알 수 있다. 그러나 $v$가 빛의 속력 $c$에 가까워진다면, 자기력은 전기력에 견줄 수 있을 만큼 된다. 낮은 속력에서는 자기력이 전기력에 비해 본질적으로 작을지라도, 자기력은 실제 많은 산업적인 응용에서 아주 중요하다. 왜냐하면, 기본적으로 전류가 흐르는 도선에 작용하는 자기력은 도선에 작용하는 전기력보다 훨씬 크기 때문이다. 즉, 도선의 알짜 전하가 거의 0이기 때문이다(아주 작은 양의 표면 전하를 무시하면).

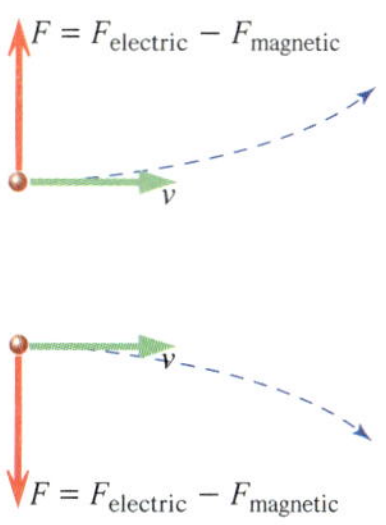


**그림 20.38** 밥은 계속해서 앉아 있고, 그는 곡선 경로로 움직이는 양성자를 보게 된다.

**질문** 양성자1 때문에 양성자2에 작용하는 전체 전기력과 자기력 $\vec{F} = q\vec{E} + q\vec{v} \times \vec{B}$을 구하여라(크기와 방향). 전기력은 아래 방향이고, 자기력은 위 방향이다. 그리고 양성자2에 작용하는 알짜 힘은 다음과 같다.

$$\frac{1}{4\pi\varepsilon_0}\frac{e^2}{r^2} - \frac{\mu_0}{4\pi}\frac{e^2v^2}{r^2} = \frac{1}{4\pi\varepsilon_0}\frac{e^2}{r^2}\left(1 - \frac{v^2}{c^2}\right), \text{ 아래 방향으로}$$

**질문** 양성자들의 순간 궤도들을 묘사하여라.

양성자들은 서로 밀어낸다. 그래서 그것들의 궤도들은 서로 떨어져서 움직이는 곡선들이 된다(그림 20.38).

**점검 사항 9** 수치적인 계산의 예로서, $v$ = 1500 m/s라고 가정하자. 즉, 상온에서 수소 분자의 높은 속력에 해당하는 속력이다. 이와 같은 속력으로 움직이는 양성자에 대한 전기력 대비 자기력의 수치적인 비율은 얼마인가?

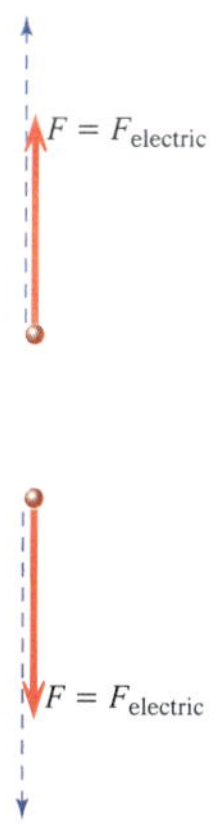


**그림 20.39** 앨리스는 속력 $v$로 양성자들 옆으로 달려가고 있고, 그녀는 직선 경로를 움직이는 양성자를 보게 된다.

## 앨리스와 밥 그리고 아인슈타인

알짜 힘이 움직이는 양성자들에서 더 작다는 사실은 자연스러운 것처럼 보일지도 모른다. 그러나 그것은 아주 놀라운 결과이다. 밥이 계속해서 앉아 있고, 지나가는 양성자를 본다고 가정하자. 양성자들은 자기적 효과 때문에 다소 약해진 힘을 가지고, 원형 경로들을 따라서 서로 밀어낸다(그림 20.38).

앨리스가 초기에 양성자들이 가진 속력 $v$로 양성자들의 옆으로 달려가고 있다고 가정하자. 그녀는 두 양성자들이 같은 직선 상에서 서로 밀어내는 것을 보게 된다(그림 20.39). 이와 같은 반발력은 약해지지 않은 순수한 전기적 반발력이다(한 양성자의 자기장은 다른 양성자의 위치에서는 0이다. 왜냐하면, 양성자의 운동 직선 상에서는 $\vec{v} \times \hat{r} = 0$이기 때문이다).

앨리스와 밥 둘은 양성자들이 바닥과 천장의 중간 지점에서부터 출발하여 방의 바닥과 천장에 충돌하는 데 걸리는 시간들을 측정하기 위한 정확한 타이머를 사용한다.

**질문** 양성자를 수직으로 가속하는 힘에 있어서 차이가 날 때, 어느 관찰자가 양성자가 바닥과 천장에 도달하는 데 있어서 짧은 시간으로 측정하게 될까?

앨리스는 순수한 전기적 반발력을 보게 된다. 동시에 밥은 서로 끌어당기는 자기력에 부분적으로 대응하는 전기적 반발력을 보게 된다. 구체적인 예를 들어보면, 밥의 타이머는 이 과정 동안 20 ns 만큼 진행했다고 가정하자. 그러면, 앨리스의 타이머는 단지 15 ns 만큼 진행하게 된다(만약 $v$가 빛의 속도에 대해 큰 비율에 해당한다면). 즉, 이것은 양성자가 보다 큰 반발력 때문에 보다 적은 시간에 바닥과 천장으로 이동하게 되는 것을 그녀가 관찰한다는 것이다.

그러나 이것은 얼마나 말도 안 되는 일인가! 확실히 앨리스와 밥은 다른 양의 시간을 측정하지 않았을 텐데, 그렇지 않은가? 아인슈타인은 이 현상과 이 현상과 관계된 패러독스들에 대해서 깊게 생각하였고, 다음과 같이 결론 내렸다. 즉, 통상적인 의미를 많이 벗어난 결론으로 앨리스의 타이머가 밥이 가진 타이머보다 느리게 작동하는 것처럼 보이는 경우가 있어야만 하는 것이다!

이것은 완전 터무니 없는 것처럼 들릴지도 모른다. 그러나 이 같은 종류의 많은 실험들 모두가 아인슈타인의 근본적인 해설과 일치한다. 즉, 타이머가 다른 관찰자들에서는 다른 비율로 작동한다. 아인슈타인이 이렇게 이상한 개념을 도입한 이유 중의 하나는 그가 그의 특수상대성이론(1905)을 제안하기 전까지는 앨리스와 밥의 관찰에서 보았듯이 전자기학에 존재하는 이론들이 서로 모순이 된다는 것이 명백하였기 때문이다. 사실상 아인슈타인의 1905년 저널의 제목은 “On the electrodynamics of moving bodies” 이었다.

밥에 의해 관측된 알짜 힘(전기력에서 자기력을 뺀)은 항상 앨리스에 의해 관측된 순수 전기력보다는 작게 된다. 그리고 앨리스와 밥은 양성자들이 떨어져 움직이는 데 걸리는 시간에 대해 서로 일치하지 않고, 또한 그들의 타이머가 시간을 정확히 측정하고 있는지도 서로 일치하지 않는다. 그러나 앨리스와 밥은 양성자가 바닥과 천장에 치는 시간 동안 그들의 타이머가 얼마나 진행되었는지를 정확히 예측할 수는 있다.

장들의 상대론적인 관점이 고려되지 않았기 때문에, 우리의 세부적인 계산들은 아주 정확하지는 않다. 고속으로 움직이는 입자의 전기장과 자기장은 저속으로 움직이는 전하에 만족하는 쿨롱의 법칙과 Biot-Savart 법칙에서 주어진 장들과는 다르다. 그러나 양쪽 장들은 다 같이 $1/\sqrt{1-v^2/c^2}$ 에 의해서 보정된다. 그래서 전기력에 대한 자기력의 비는 모든 속력에 대해서 $v^2/c^2$과 같게 된다. 앨리스와 밥은 같은 과정에서 실제로 다른 시간들을 관측할 것이다. 움직이는 기준계에서의 전기장과 자기장의 성질에 대한 자세한 논의를 보려거든 이 장의 마지막 20.11절을 살펴보아라.

### 측정에서의 비대칭

여러분은 앨리스와 밥이 했던 측정들에서의 비대칭에 대해 걱정할지 모른다. 밥은 앨리스의 타이머가 느리게 간다고 생각한다면, 왜 앨리스는 밥의 타이머가 느리게 간다고 생각하지 않을까? 결국, 앨리스는 밥이 그녀를 지나 움직이는 동안 그녀는 여전히 서 있다는 관점을 가질 수 있어야만 한다.

실제로, 밥은 그의 측정들이 아무 도움도 받지 않고 이루어 질 수는 없다. 밥과 그의 친구 프레드는 방에서 적절한 거리만큼 떨어진 곳에 있어야만 한다. 밥은 양성자가 그를 지나갈 때 시간(밥의 타이머 상의)을 기록하고, 또한 밥이 그 순간 앨리스의 타이머 상에서 나타난 시간을 기록한다. 프레드는 양성자가 그에게 도착하고 바닥과 천장을 때릴 때의 시간(프레드의 타이머)을 기록한다. 또한, 프레드는 그 순간 앨리스의 타이머 상에 나타난 시간을 기록한다. 이와 같은 측정을 위해서는 밥과 프레드 두 사람이 필요하게 된다. 반대로 밥은 앨리스의 타이머로부터 나온 빛이 상당한 거리로 떨어져 있는 그에게 도착하는 데 걸리는 시간 때문에 그의 측정들에 대한 교정을 시도해야만 한다.

프레드가 자기의 측정을 수행한 후에, 밥과 프레드는 노트들을 비교하여 그들이 기록한 시간들이 20 ns 만큼의 차이를 가진다는 것을 알게 된다(그들은 예전에 이미 그들의 타이머가 동시에 작동되도록 하였다). 앨리스 타이머를 본 두 명의 관찰자들은 그녀의 타이머가 단지 15 ns 만큼 진행되었다는 것을 인지하게 된다. 밥과 프레드는 앨리스의 타이머가 느리게 움직이는 것으로 기술한다. 이러한 상황은 앨리스의 경우에는 다르게 된다. 왜냐하면, 그녀는 두 개의 다른 타이머들, 즉 밥과 프레드의 타이머들을 보기 때문이다. 비대칭이란 결국 방 안에 앉아 있는 두 명의 관찰자(밥과 프레드)가 있고, 단지 한 관찰자(앨리스)는 방안을 움직이고 있다는 것을 말한다.

반대로, 앨리스가 밥을 지나가는 우주선의 앞자리에 앉아 있고, 그녀의 친구 수가 우주선 안의 좀 더 뒤쪽에 앉아 있다고 가정하자. 앨리스는 그녀가 밥을 지나갈 때 자신의 타이머 상과 밥의 타이머 상의 시간들을 메모한다. 그리고 수는 그녀가 밥을 지나갈 때 마찬가지로 같은 행동을 수행한다. 앨리스와 수의 노트를 비교할 때, 그들은 밥의 타이머가 느리게 작동하는 것으로 기술할 것이다.

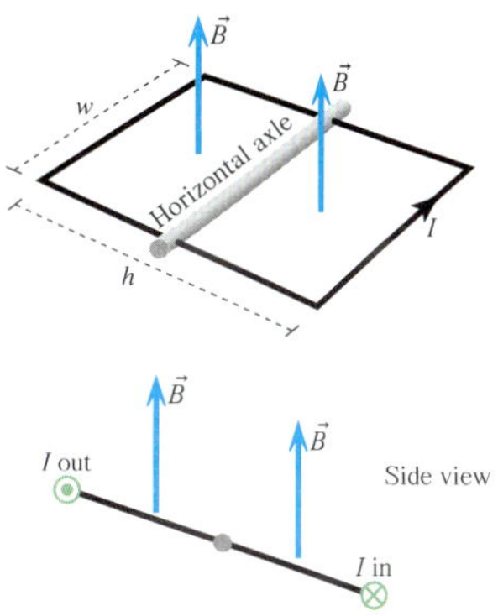


**그림 20.40** 수평 회전축에 연결된 전류가 흐르는 도선 고리는 자유스럽게 회전한다.

## 20.7 자기적 토크

자기장은 전류가 흐르는 도선의 코일을 회전시킬 수 있다. 만약 여러분이 직접 도선 코일을 매달아 놓고 자석을 가까이 하면 코일이 자기장으로 인해 회전함을 볼 수 있다(혹은 코일을 띄워 놓으면 지구 자기장 때문에 회전하게 된다). 게다가 나침반 바늘은 원자 전류 고리들의 집합체로 볼 수 있기 때문에 자기장 하에서 나침반 바늘이 회전하는 것을 확실히 볼 수 있다.

> **질문** 그림 20.40에서 고리의 각 4방향 성분들에 작용하는 자기력의 방향은 무엇인가?

균일한 자기장 하에 전류가 흐르는 직사각형 고리를 생각하자(여기서 자기장은 전 영역에 걸쳐 같은 크기와 방향을 가진다). 고리는 절연된 수평축에 대해서 자유스럽게 회전하게 된다(그림 20.40). 양쪽 도선 $h$ 부분에 대해 자기력은 수평의 바깥 방향을 가리켜 고리를 잡아당기게 된다. 길이 $w$와 반대 쪽 부분에 대해서 자기력은 수평 방향이고 이 힘은 회전축을 중심으로 고리를 돌리게 된다. 그림 20.40에서처럼 측면에서 살펴보는 것이 더 이해하기 쉬울 것이다.

> **질문** 측면에서 보면, 고리는 시계 방향으로(오른쪽으로) 회전할 것인가? 아니면 반시계 방향으로(왼쪽으로) 회전할 것인가?

자기력은 고리를 반시계 방향으로 돌리게 된다.

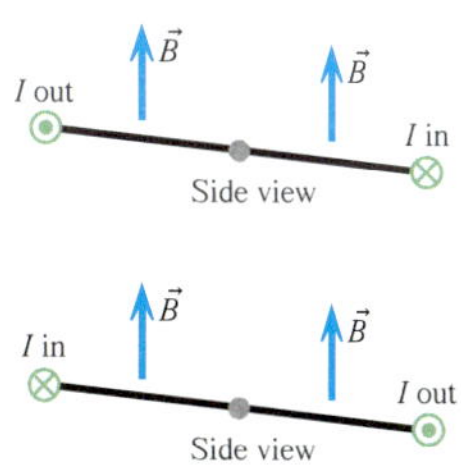


**그림 20.41** 위의 두 방향에서 어느 것이 더 안정한가?

> **질문** 고리의 평면이 자기장에 수직일 때, 자기력은 어떠한 회전도 발생시키지 않는다. 그러나 이 방향들 중에 하나는 안정적이지 않다. 즉, 여러분이 그것을 살짝만 움직여 준다면, 고리는 돌게 될 것이다. 그림 20.41에서처럼 측면에서 보여준 두 정렬 방향 중 어떤 방향이 안정적인가? 그리고 어떤 방향이

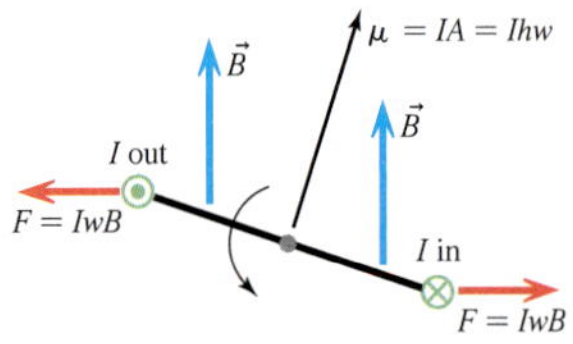


**그림 20.42** 고리의 자기 쌍극자 모멘트는 외부 자기장 방향으로 정렬되려고 하는 벡터량이다.

불안정한가?

위쪽 정렬 상황이 안정적이다, 즉, 자기력은 고리를 수평면을 향하는 방향으로 회전시킨다. 반대로 아래 쪽 정렬 상황은 불안정하다. 수평면으로부터의 작은 각도의 변화가 있으면 자기력들은 수평면으로부터 벗어나는 방향으로 고리를 회전시킨다.

전류가 흐르는 도선 고리에 작용하는 돌림힘을 "자기 쌍극자 모멘트"(제17장을 보아라)라는 측면에서 이야기하는 것이 더 쉬울 것이다. 전류가 흐르는 도선 고리의 자기 쌍극자 모멘트 $\vec{\mu}$는 축 상에 고리가 만드는 자기장 방향과 같은 벡터로 정의된다. 이것은 오른손 규칙을 따른다(물론 고리에 의해 생성된 자기장은 고리를 돌리기 위해 가해진 자기장과는 전혀 다르다). 자기 쌍극자 모멘트의 크기는 $\mu = IA$이다.

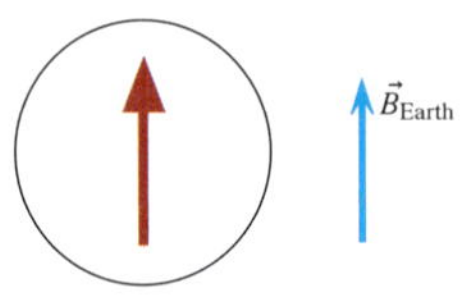


**그림 20.43** 북쪽을 가리키는 나침반 바늘의 내부에 있는 원자 자기 쌍극자의 방향은 무엇인가?

> **점검 사항 10** 그림 20.43에서처럼 북쪽을 가리키는 자화된 나침반 바늘 내부에서 원자 자기 쌍극자 모멘트 $\vec{\mu}$는 어느 방향을 가리키는가? 바늘이 북쪽으로부터 벗어나 풀려난다면, 무슨 일이 일어나는가? 간결하게 설명하여라.
> 마침내 나침반 바늘의 현상을 이해하는 데 자기학의 기본 원리를 이용하여 설명하고자 한다. 즉, 나침반은 왜 항상 외부 자기장 방향으로만 정렬되는지에 대해 살펴본다(실제 나침반은 진동을 멈추게 하기 위해서 약간의 마찰력이 작용하고 있다. 즉, 마찰력이 없다면 나침반 바늘은 마찰력이 없는 추와 같이 계속해서 앞뒤로 흔들린다. 많은 나침반들이 진동을 멈추게 하기 위해 액체로 채워져 있다).

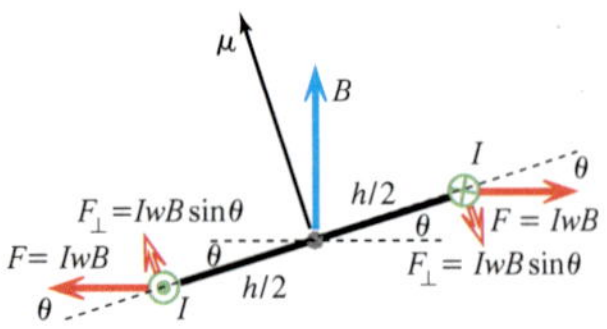


**그림 20.44** 전류가 흐르는 직사각형 고리에 작용하는 자기력은 그 고리를 시계 방향으로 회전시키게 된다(지면으로 들어가는 방향의 토크 $\vec{\mu} \times \vec{B}$가 존재한다).

## 정량적인 토크

자기장 하에 자기 쌍극자가 회전한다는 사실은 매우 중요하다. 축 주위에서 각각의 자기력들 때문에 생기는 토크는 축으로부터의 거리("모멘트 팔")와 모멘트 팔에 수직한 힘의 성분의 곱과 같게 된다. 그림 20.44에서처럼 이 직사각형 고리에 발생된 회전은 고리의 $w$ 길이 성분들에 작용하는 자기력들 때문이다. 여기서 자기 토크는 지면으로부터 나오는 방향을 가진다(시계 방향의 돌림힘이 존재한다).

각 힘의 수직 성분은 $F_\perp = IwB\sin\theta$이고, 모멘트 팔은 $h/2$이다(힘의 다른 성분과 고리의 $h$ 길이 부분들에서의 힘들은 회전을 주지 않고 단지 고리를 잡아당기기만 한다). 각 힘들은 $(F_\perp)(h/2)$의 토크를 준다. 그래서 총 토크는 $2IwB\sin\theta(h/2) = (Iwh)B\sin\theta$이다.

$\mu = Iwh$이기 때문에, 토크를 $\vec{\mu} \times \vec{B}$의 형태로 표현할 수 있다. 왜냐하면, 이 벡터곱은 $|\vec{\mu}||\vec{B}|\sin\theta = \mu B\sin\theta$의 크기를 가지기 때문이다. 이 토크 벡터의 방향은 고리가 회전하는 축과 나란한 방향이다. 여러분의 오른손 엄지가 $\vec{\mu} \times \vec{B}$ 방향이라면, 나머지 손가락들은 코일이 회전하는 방향으로 감싸게 된다. 그림 20.44에서처럼, 토크 벡터는 지면으로 들어가는 방향이고, 코일은 시계 방향으로 회전한다.

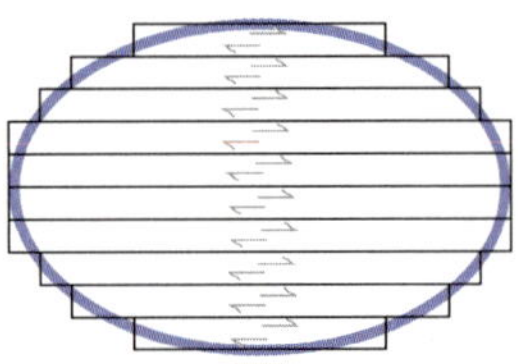

**그림 20.45** 임의의 모양을 가지는 고리는 근사적으로 여러 직사각형 고리들의 집합으로 기술될 수 있다.

직사각형 모양의 고리에 대한 토크는 $\mu B\sin\theta$임을 보았다. 그러나 임의의 모양을 가진 고리는 대략적으로 전류가 흐르는 직사각형들의 집합으로 기술될 수 있다(그림 20.45). 그리고 여기에 인접해 있는 고리들의 옆 성분들에서는 전류가 서로 상쇄하게 된다. 즉, 이것은 어떤 종류의 고리에서도 토크는 $\mu B \sin\theta$라는 것을 말한다.

자기 쌍극자에 작용하는 토크

$$\vec{\tau} = \vec{\mu} \times \vec{B}$$

## 20.8 자기 쌍극자에 대한 퍼텐셜 에너지

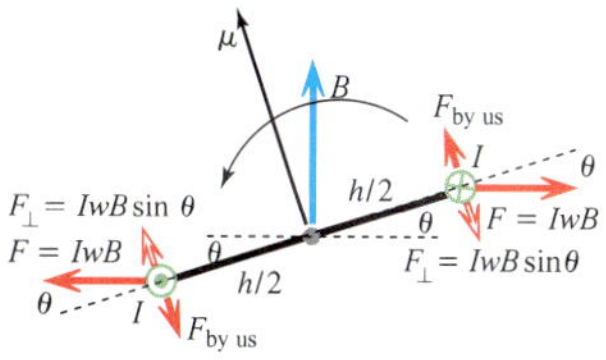

**그림 20.46** 자기장 하에 전류 고리를 돌리는데 필요한 일의 양 계산하기

자유스럽게 회전하도록 놓아둔다면, 자기 쌍극자는 인가된 자기장의 방향으로 정렬하도록 회전하게 된다. 즉, 정렬된 자기 쌍극자는 자기장 하에 가장 낮은 퍼텐셜 에너지와 관련이 있고, 그 계는 보다 낮은 퍼텐셜 에너지 상태로 갈려고 할 것이다. 만약 자기 쌍극자를 이 정렬로부터 벗어나도록 움직이게 하기 위해 얼마나 많은 일이 필요한지 계산해보면, 이 정렬에서 벗어난 것과 관련된 증가된 퍼텐셜 에너지를 얻을 수 있을 것이다.

그림 20.46에서처럼 직사각형 고리를 생각하자. 그리고 그 고리를 초기 각도 $\theta = \theta_i$에서 최종 각도 $\theta = \theta_f$로 움직이게 하기 위해서 얼마나 많은 일을 해야만 하는지 계산해 보자. 고리의 운동 에너지가 변하지 않도록 아주 천천히 움직이도록 하자. 고리는 항상 거의 평형 상태에 있게 된다.

고리를 아주 작은 각 $d\theta$ 만큼 회전시킬 때, 가해진 양 힘들은 $(h/2)d\theta$ 만큼의 거리에서 작용하게 된다. 왜냐하면, 호의 길이는 반지름$(h/2)$ 곱하기 각도(라디안으로 측정된 $d\theta$)이기 때문이다. 만약 고리를 초기 각도 $\theta = \theta_i$에서 최종 각도 $\theta = \theta_f$로 회전시킨다면, 두 힘을 가해줌으로써 하게 되는 일의 양은 적분으로 계산되어야 한다. 여기서 힘 $F$는 상수가 아니기 때문이다. 우리가 해준 일은 자기장 하에 자기 쌍극자로 이루어진 계의 자기적인 퍼텐셜 에너지 $U_m$을 다음과 같이 변화시키게 된다.

$$\text{일} = \Delta U_m = \int_{\theta_i}^{\theta_f} 2IwB \sin\theta\left(\frac{h}{2}d\theta\right) = IwhB \int_{\theta_i}^{\theta_f} \sin\theta d\theta$$

$$\Delta U_m = IwhB\,[-\cos\theta]_{\theta_i}^{\theta_f} = -IwhB\,[\cos\theta_f - \cos\theta_i]$$

$$\Delta U_m = \Delta\,(-\mu B\cos\theta) \text{ since } \mu = IA = Iwh$$

영점 퍼텐셜 에너지를 선택하고, 자기장 하에서 자기 쌍극자의 퍼텐셜 에너지를 정의하는 것이 관례적인 방법이다. 그런 방법으로 다음과 같은 식을 얻게 된다.

$$U_m = -\mu B\cos\theta$$

이것은 또한 다음과 같이 벡터 내적으로도 표현될 수 있다.

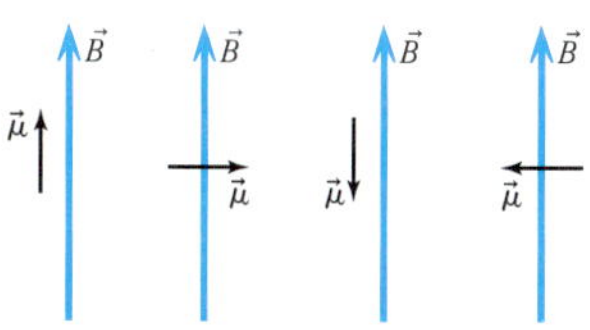

**그림 20.47** 어떤 정렬 방향이 가장 낮은 퍼텐셜 에너지를 나타내는가? 그리고 어떤 방향이 가장 높은 퍼텐셜 에너지를 나타내는가?

자기 쌍극자에 대한 퍼텐셜 에너지

$$U_m = -\vec{\mu} \bullet \vec{B}$$

이것은 $\theta = 90°$일때 $\cos(90°) = 0$이기 때문에, 앞에서 말한 영점 퍼텐셜 에너지를 정하는 것과 같다.

**질문** $U_m = -\vec{\mu} \bullet \vec{B}$이 주어질 때, 그림 20.47에서 어떤 정렬 방향이 가장 낮

은 퍼텐셜 에너지에 해당되는가? 그리고 어떤 방향이 가장 높은 에너지에 해당되는가?

가장 낮은 에너지는 $\vec{\mu}$와 $\vec{B}$가 같은 방향에 있을 때이고, 이때 $U_m = -\mu B \cos 0 = -\mu B$가 된다. 이것은 또한 가장 안정한 상태를 가리킨다. 만약 자기 쌍극자가 이 위치로부터 벗어나 회전한다면, 자기장에 의해 다시 원래 위치로 되돌아서 회전될 것이다. 가장 높은 에너지는 $\vec{\mu}$와 $\vec{B}$가 서로 반대 방향을 가리킬 때이고, 이때 $U_m = -\mu B \cos 180^\circ = +\mu B$가 된다. 이것은 불안정한 상태에 해당하게 된다. 즉, 약간의 위치 변화를 주게 되면, 아주 크게 회전하게 된다.

다른 두 가지 상태들은 중간 에너지에 해당하게 된다. 즉, $U_m = 0(\cos 90^\circ = 0$이기 때문에).

자기장에서의 자기 쌍극자의 퍼텐셜 에너지에 대한 이와 같은 설명은 원자 및 핵물리에서 아주 중요하다. 자기장 안에서 원자들 혹은 핵들은 높은 에너지 상태에서 낮은 에너지 상태로 전이할 수 있고, 이 상태들은 자기장에 대한 자기 쌍극자 모멘트들의 서로 다른 방향을 나타낸다.

예를 들어 현재 병원에서 사용하는 자기장 활용 이미지 장비에서, 환자는 아주 큰 솔레노이드 전자석 안에 누워있게 된다. 솔레노이드의 자기장에서 환자의 인체 내부의 핵들은 그 핵들의 핵자기 쌍극자가 자기장 방향 혹은 반대 방향으로 정렬되어있는지에 따라 약간 다른 에너지들을 가지게 된다. 고감도 장비는 이와 같이 약간 다른 두 에너지 상태들 사이의 전이를 관측하게 된다.

**점검 사항 11** 가장 높은 에너지와 가장 낮은 에너지 상태 사이의 에너지 차이는 얼마인가?

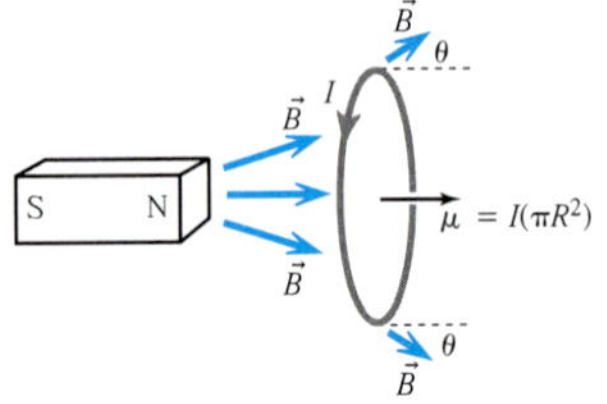


**그림 20.48** 막대 자석은 전류가 흐르는 고리에 힘을 작용시킨다.

## 자기 쌍극자에 작용하는 힘

우리는 앞에서 자기장 하에서의 자기 쌍극자의 회전을 성공적으로 설명하였다. 이제는 자기 쌍극자에 작용하는 알짜 힘을 어떻게 설명할지가 남아 있다. 예를 들어 두 자석 사이에 작용하는 인력 혹은 척력을 어떻게 설명할 수 있을까?

만약 자기 쌍극자가 비균일한 자기장 하에 놓이게 되면, 자기 쌍극자는 힘을 느끼게 된다는 것을 보여줄 수 있다. 그림 20.48은 자석의 축 상에서 막대 자석의 북극 근처에 놓인 원형 전류 고리를 나타낸다. 그림에서 보는 바와 같이 막대 자석의 자기장은 각도 $\theta$를 가지고 발산하게 되고, 그래서 균일하지 않다.

**질문** 전류 고리에 작용하는 알짜 힘이 $F = I(2\pi R)B\sin\theta = (2\mu B/R)\sin\theta$의 크기를 가지고, 왼쪽 방향으로 향해 있다는 것을 보여라. 여기서, $R$은 원형 고리의 반지름에 해당한다.

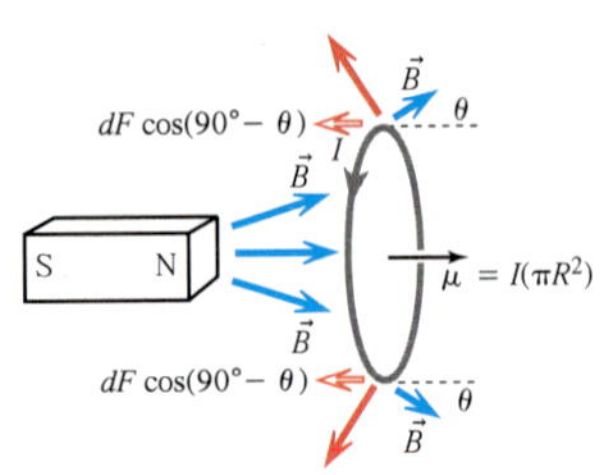


**그림 20.49** 막대 자석에 의해 전류 고리에 작용하는 힘

그림 20.49에서 보는 바와 같이, 링의 각 부분 요소에는 $d\vec{F} = I\Delta\vec{l} \times \vec{B}$의 자기력이 작용한다. 힘의 수평 성분은 $dF\cos(90^\circ - \theta) = dF\sin\theta$이다. 링의 두 반대 방향의 조각들에 작용하는 힘들의 수직 성분들은 상쇄하게 된다. 그래서 알짜 힘은 $-x$ 방향으로(막대 방향으로) 향하게 된다.

$$F_{\text{net}} = IB\sin\theta\int dl = IB(2\pi R)\sin\theta$$

$\mu = IA = I(\pi R^2)$이기 때문에,

$$F_{\text{net}} = \frac{\mu(2B\sin\theta)}{R}$$

자기장이 각도 상으로($R$만큼 떨어진 축으로부터의 $\theta$ 각도) 어떤 식으로 펼쳐져 있는지 알았다면, 우리는 알짜 힘 $F$를 계산할 수 있었다. 그러나 그러한 정보가 없더라도, 우리는 다음 절에서 다루게 될 퍼텐셜 에너지에 근거한 방법을 이용하여 $F$를 계산할 수 있다.

> **점검 사항 12** 막대 자석이 회전했다면 알짜 힘은 어느 방향이겠는가? 혹은 고리 내의 전류가 반대 방향으로 흐른다면, 알짜 힘은 어느 방향이 될 것인가? 자기장이 균일하다면 ($\theta = 0$) 알짜 힘은 어떻게 될까?

## 자기 쌍극자에 작용하는 힘 계산하기

에너지를 이용한 방법을 사용하여 비균일한 자기장 때문에 생기는 자기 쌍극자에 작용하는 힘을 계산할 수 있다. 예를 들어, 다른 자석에 의해 하나의 자석에 작용하는 힘을 계산할 수 있다.

만약 자기 쌍극자를 약한 자기장 영역에서 강한 자기장 영역으로 이동시킨다면, 자기 퍼텐셜 에너지 $U_m = -\vec{\mu}\bullet\vec{B}$는 변하게 된다. 물체를 정지 상태에서 놓는다면, 그 물체는 자발적으로 자기 퍼텐셜 에너지가 낮은 곳으로 움직일 것이고, 동시에 운동 에너지를 얻게 될 것이다. 만약 물체가 아주 느린 일정한 속력으로 움직임으로써 운동 에너지가 변하지 않는다면, 우리는 어떤 힘을 인가해야 하고 일을 해야 한다. 이를 위해 해주어야 할 일의 양을 계산함으로써 우리는 가해주어야할 힘의 크기를 결정할 수 있다. 그리고 이것은 수학적으로 물체에 작용하는 자기력과 같다. 이렇게 함으로써 우리는 한 자석이 또 다른 자석에 얼마나 큰 힘을 가해주는지를 계산하게 된다.

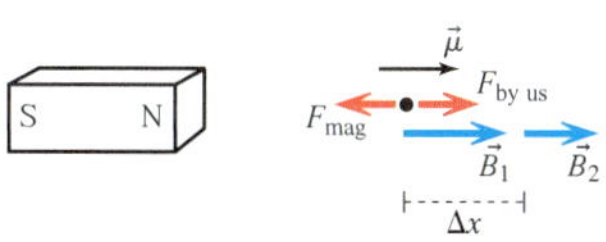


**그림 20.50** 막대 자석이 자기 쌍극자에 힘을 작용한다.

그림 20.50에서의 상황을 생각하자. 자기 쌍극자는 막대 자석에 의해 만들어진 자기장에 의해 정렬된다. 그리고 앞 절에서 살펴본 바와 같이 자석은 자기 쌍극자 모멘트의 왼쪽 방향으로 힘 $F_{\text{magnetic}}$을 작용하게 된다. $F_{\text{magnetic}}$보다 아주 극미량만큼 큰 값을 가지는 힘 $F_{\text{by us}}$을 오른쪽 방향으로 가해준다고 하자. 그리고 자기 쌍극자 모멘트를 오른쪽 방향으로 짧은 거리 $\Delta x$ 만큼 이동시킨다.

자석은 균일하지 않은 자기장을 만든다(자석으로부터 멀리 있다면 $1/x^3$에 비례한다). 그리고 자기 쌍극자는 큰 자기장 $B_1$에서 작은 자기장 $B_2$로 움직이게 한다. 자기 퍼텐셜 에너지는 $-\mu B_1$에서 $-\mu B_2$로 증가한다. 그래서 우리는 다음과 같은 양의 일을 해야만 한다.

$$F_{\text{by us}}\Delta x = \Delta U_m = (-\mu B_2) - (-\mu B_1) = -\mu(B_2 - B_1) = -\mu\Delta B$$

$B_2 < B_1$이기 때문에, 이 값은 0보다 크다. 우리가 가해줘야 하는 힘의 크기는 다음과 같다.

$$F_{\text{by us}} = \frac{\Delta U_m}{\Delta x} = -\mu\frac{\Delta B}{\Delta x} \to -\mu\frac{dB}{dx} \text{ (양의 값; } dB/dx < 0)$$

자석이 자기 쌍극자에 왼쪽 방향으로 가해주는 힘은 수치적으로 우리가 가해준 힘과 동일하다. 이 크기는 또한 반발력의 경우에도 일치한다. 자기 쌍극자가 자기장에 어떤 각도로 있다면 알짜 힘과 회전 둘 다 존재하게 된다.

이것은 퍼텐셜 에너지와 관련된 힘이 퍼텐셜 에너지의 음의 기울기라는 다음과 같이 일반적인 결과로부터 얻은 특별한 경우에 해당한다.

$$F_x = -\frac{dU}{dx} \quad \text{(일반적인 결과)}$$

$$F_x = -\frac{d(-\vec{\mu}\bullet\vec{B})}{dx} = \mu\frac{dB}{dx} \quad \text{(우리의 특별한 경우)}$$

이 같은 특별한 경우에 $\vec{\mu}\bullet\vec{B}$의 양은 $+x$ 방향으로 감소할 것이고, 그래서 이 식에 의하면 자기 쌍극자에 작용하는 힘의 $x$ 성분이 $-x$ 방향에 있을 것이라고 예측된다. 이것은 정확한 결과이다.

자기장이 균일하다면($dB/dx = 0$), 어떠한 힘도 존재하지 않게 되어 예전 결과들과 일치한다. 단, 회전은 존재한다. 이것은 지구 자기장에 의해 영향을 받는 나침반 바늘의 상황과 같다. 여기서 짧은 거리 상에서 지구 자기장은 거의 변하지 않고 그래서 극도로 작은 알짜 힘이 작용한다. 그러나 동일한 크기를 가진 서로 반대 방향의 힘들 때문에 나침반 바늘을 북극 방향으로 가리키게 하는 회전힘은 존재하게 된다.

우리는 지금 하나의 막대 자석이 다른 막대 자석에 인가하는 힘을 계산할 수 있다. 하나의 자석으로부터 멀리 떨어진, 자석 축 상에서의 자기장은 다음과 같다.

$$B_1 \approx \frac{\mu_0}{4\pi}\frac{2\mu_1}{x^3}$$

**그림 20.51** 두 번째 자석의 자기 쌍극자 모멘트 $\mu_2$가 첫 번째 자석 $\mu_1$의 축 상에 놓여 있다.

여기서 $\mu_1$은 자석 내의 모든 원자 자기 쌍극자들의 총 자기 쌍극자 모멘트에 해당한다.

**질문** 이 자석이 $\mu_1$의 축 상에 놓여 있는 자기 쌍극자 모멘트 $\mu_2$(그림 20.51)에 작용하는 인력이 다음과 같은 식으로 표현됨을 보여라.

$$F \approx 3\mu_2\left(\frac{\mu_0}{4\pi}\frac{2\mu_1}{x^4}\right)$$

이 결과를 얻기 위해서는 자기 퍼텐셜 에너지의 음의 기울기를 얻어야 한다. 즉, 두 자석들은 $1/x^4$에 비례하는 힘을 가지고 서로 끌어당기거나 밀어야만 한다. 게다가, 제17장에서 우리의 막대 자석들의 자기 쌍극자 모멘트들의 측정들을 사용할 때, 자석하나로 다른 자석을 들어올릴 때 얼마나 가까이 접근해야만 하는지를 계산할 수 있어야 한다. 실험4를 보아라.

## 자기력과 일

기본적인 자기력은 벡터 곱을 포함하고 있기 때문에, 홀로 움직이는 대전 입자에 작용하는 자기력 $q\vec{v}\times\vec{B}$는 입자의 속도(및 운동량)에 수직으로 작용하게 된다. 그래서 자기력은 입자 운동량의 방향을 변화시킬 수 있으나 운동량의 크기 혹은 운동 에너지는 변화시킬 수 없다. 이러한 효과를 볼 수 있는 또 다른 방법은 $\vec{F}\bullet$

$d\vec{r} = 0$을 확인하는 것이다. 즉, 입자에 어떠한 일이 행해지지 않는다.

그러나 자기장은 나침반 바늘을 회전하게 만들 수는 있다. 즉, 바늘은 회전 운동 에너지를 얻는다. 자기 돌림힘의 방향들과 바늘의 회전은 같다. 그래서 행해진 일은 0이 아니게 된다. 막대 자석이 또 다른 막대 자석에 영향을 줄 때, 두 번째 자석은 위 방향으로 가속되고, 결국 운동 에너지를 얻게 된다. 즉, 자기력과 변위의 방향은 같다. 그래서 일은 0이 아니게 된다. 이것들은 점입자들에 작용되는 자기력들의 경우가 아님을 명심해야 한다.

추가적으로, 한 전하 입자가 전기력에 의해 다른 입자들에게 묶인다면, 자기력이 간접적으로 운동 에너지를 변화시킬 가능성이 있다. 도선 내의 유동 전자들의 전류에 작용하는 자기력은 정지해 있는 양전하 핵들을 간접적으로 움직이게 할 수 있다는 것을 기억해 낼 수 있을 것이다. 즉, 이유는 전자들은 전기력에 의해 양전하에 속박되어 있고,  전자들을 움직이게 하는 에너지는 전지에서 제공되기 때문이다.

## Stern–Gerlach 실험

원자들의 이해에 있어서 가장 중요한 사건은 1922년의 Stern–Gerlach 실험이었다. 은이 오븐 안에서 증기화되고, 전하를 띄지 않는 중성의 은 원자 빔이 슬릿들을 거치면서 거의 평행하게 만들어진다(그림 20.52). 이론적으로 보면, 각각의 은 원자들은 각운동량을 가지게 되고, 따라서 각운동량에 비례하는 자기 쌍극자 모멘트를 동시에 가지게 된다. 중성 원자들은 균일하지 않은 강한 자기장을 통과하게 되고, 그러고 나서 원자들이 붙을 수 있는 차가운 유리판에 도달하게 되고 결국 유리판에는 눈에 확실히 보이는 은의 흔적들을 남기게 된다(전체적인 실험 장치는 공기 분자들과의 충돌을 피하기 위해서 진공 안에 있게 된다).

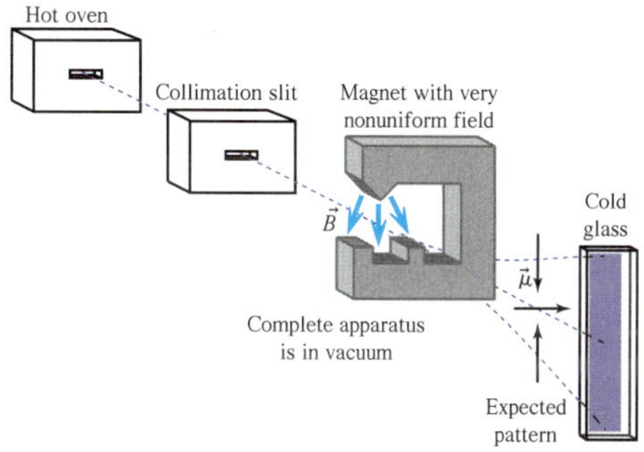


**그림 20.52** 고전적으로 유리 판에 연속적인 은 패턴을 예측하게 된다.

원자들이 자기 쌍극자 모멘트들을 가진다면, 원자들은 수직 방향의 힘을 경험해야 한다. 즉, 자기 쌍극자 모멘트들의 방향에 따라 다른 위 방향 혹은 아래 방향의 힘을 경험하게 된다. 자기 쌍극자 모멘트들은 임의의 방향 즉 모든방향을 향하기 때문에 유리 위에 증착되는 은은 수직한 띠를 형성할 것이다. 예를 들어, 만약 자기 쌍극자 모멘트가 수평 방향이라면, 원자는 어떤 휘어짐이 없이 직선으로 나아가게 된다(운동은 실제로 아주 복잡하다. 왜냐하면, 자기 쌍극자 모멘트가 자기장 방향으로 정렬되어 있지 않는 한, 자기 쌍극자 모멘트는 마치 감쇠가 없는 나침반 바늘이 북극 방향을 중심으로 진동하는 것처럼, 자기장 안에서 앞뒤로 진동하게 되기 때문이다). 이러한 사실임에도 불구하고 결론은 동일하다.

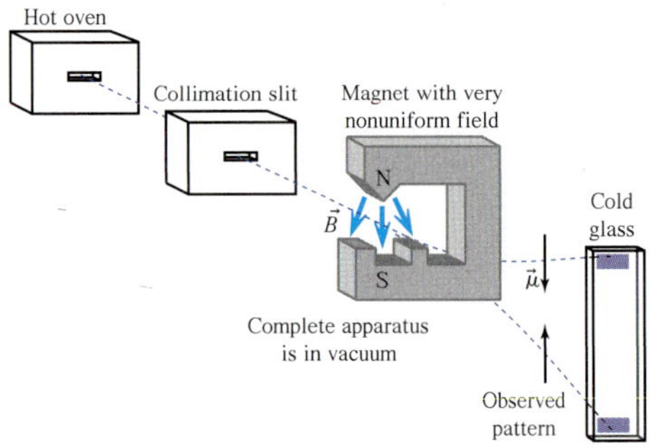


**그림 20.53** 실제 실험결과는 유리판에서 두 군데만 도달하는 양자화된 모습이다.

원자들이 균일하게 펼쳐질 것이라는 예측 결과와는 달리, Stern와 Gerlach가 실제로 관측한 것은 원자들이 예상되는 영역에서 단지 위 혹은 아래 부분에만 도달한다는 것이다(그림 20.53). 이것은 원자의 각운동량의 방향이 "양자화"되어 있다는 것을 보여주는 실험 결과로 해석된다. 즉, 원자가 이와 같은 방식으로 관찰될 때는 각운동량의 한 성분이 연속적인 값이 아니라 양자화된 특정한 값들만 가질 수 있다는 것이다. 이와 같이 특별한 양자 효과는 원자들과 아원자 입자들의 전형적인 행동을 나타낸다.

## 20.9 전동기와 발전기

전동기는 우리가 거의 매일매일 접하는 중요한 장치로서 돌림힘이 적용된 것이다. 여기서, 돌림힘은 전류가 흐르는 도선에 자기장을 가해줄 때 발생하게 된다. 일상생활에서 우리는 여러 장치들 안에 설치된 전동기에 의해 아주 큰 영향을 받고 있다. 즉, 냉장고 압축기, 물 펌프, 컴퓨터 디스크 드라이브, 엘리베이터, 자동차 시동 전동기 등등이 그것이다.

**그림 20.54** 분할링 정류기는 코일과 같이 회전한다. 코일이 안정적인 위치에 도달했을 때 코일에 흐르는 전류 방향은 역전된다.

앞에서 우리는 전류가 흐르는 도선이 자기장 하에 놓일 때, 가장 안정적인 위치로 회전한다는 것을 볼 수 있었다. 어떻게 하면 이 코일을 연속적으로 돌게 할 수 있을까? 그 해답은 코일을 전기적으로 연결하고 그 후 코일이 안정적인 위치에 도달하게 될 때 전류의 방향을 역전시키는 것이다. 그 순간 코일이 충분히 빠르게 회전한다고 가정할 때, 코일은 원래 위치로 가는 것보다 새로운 안정적 위치로 가기 위하여 같은 방향으로 회전을 이어나갈 것이다. 그리고 코일이 새로운 안정적 위치에 접근했을 때, 다시 전류의 방향을 변화시켜 회전이 지속적으로 이루어지게 한다.

코일의 연속적인 회전운동을 얻는 간단한 방법은 정확한 순간에 코일에 흐르는 전류의 방향을 자동적으로 변화시키는 "분할링 정류자(split-ring commutator)"를 사용하는 것이다(그림 20.54). 탄력있는 금속 탭 혹은 솔들이 건전지와 정류자 사이에 연결되어 있다. 실제 전동기는 아주 다양한 모습이지만, 이 간단한 단일 회로 전동기는 직류(DC, 교류 AC와는 반대되는 것)에 의해 구동되는 기본 원리만을 내포한다.

## 전기 발전기

이 장의 앞부분에서 살펴본 바와 같이, 도선 위를 자유스럽게 움직이는 막대기 형태의 발전기를 설계하는 것은 다소 힘들 것이다. 왜냐하면 막대기와 고리를 직선상에 앞뒤로 움직이는 것은 기계적으로 매우 어려울 뿐 아니라 그리고 막대기와 선로들 사이의 많은 마찰력들을 피하기는 어려울 것이기 때문이다. 상업용 발전기는 막대기를 앞뒤로 움직이는 것과는 달리 자기장 하에서 도선 고리를 회전시킨다. 이와 같은 회전은 회전하는 고리에 전하들을 교대로 놓는 것과 같은 효과를 거둔다. 그러나 회전식 운동은 기계적으로 위치를 변화시키는 것보다 훨씬 쉽고, 상대적으로 회전 축에 작은 마찰력을 가지게 할 수 있다.

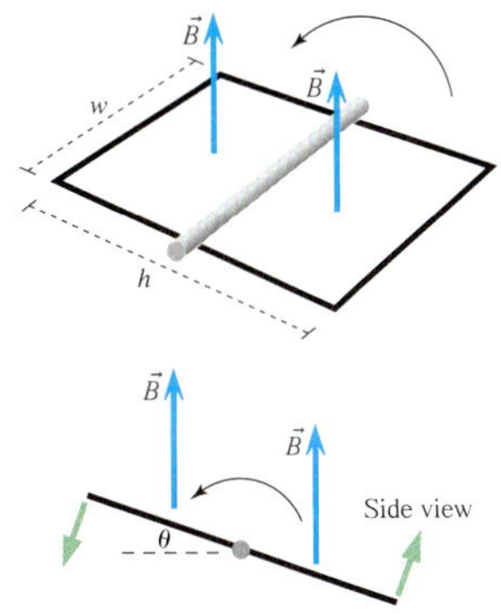


**그림 20.55** 자기장 하에 회전하는 고리는 전류를 발생시킨다.

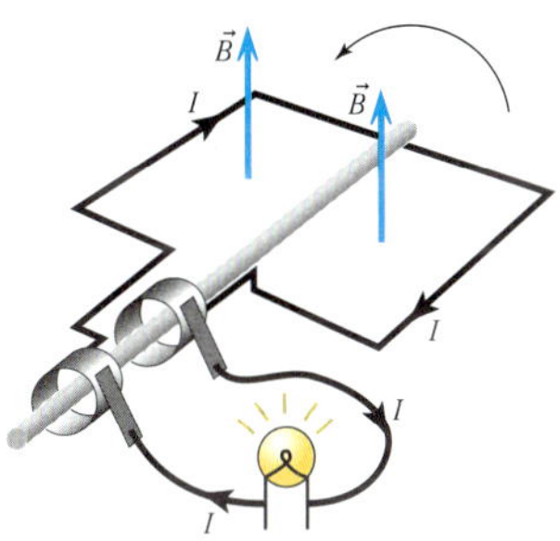


**그림 20.56** 여러분이 고리를 회전시킨다면, 전구에 빛이 들어오게 할 수 있다. 여기서 전구의 저항은 $R$이다.

## 외부 자기장에서 회전하는 고리

크랭크를 돌려서 균일한 자기장 안에 일정한 각속도 $\omega = d\theta/dt$(rad/s)로 $wh$의 사이즈를 가진 고리를 회전시킨다고 가정하자. 균일한 자기장은 큰 전자석 혹은 코일로 만들어 진다(그림 20.55). 도선은 축으로부터 $h/2$만큼의 거리로 떨어져 있기 때문에, 왼쪽 혹은 오른쪽 도선의 접선 속력은 $v = \omega(h/2)$이 된다.

> **질문** 도선 내의 양전하들에 작용하는 자기력을 살펴보아라. 그림 20.55의 상황에서는 전류가 고리의 어느 방향으로 움직일 것인가? 시계 방향 혹은 반시계 방향?

자기력들은 오른쪽 도선에 지면을 나오는 방향으로, 왼쪽 도선에는 지면으로 들어가는 방향의 전류를 흐르게 한다. 그래서 위에서(그림 20.56) 본 바와 같이 시계 방향의 전류가 흐르게 될 것이다(앞과 뒤 도선들이 있는 이상, 자기력들은 단지 도선에 수직한 방향으로 전하를 분리시킨다).

> **질문** 고리가 수평축으로부터 $\theta$의 각도에 있을 때, 오른쪽 도선 내 전하 운반자 $q$에 작용하는 자기력의 크기는 무엇인가?

도선 내에 전하 운반자 $q$에 작용하는 자기력은 $\vec{F} = q\vec{v} \times \vec{B}$이다. 여기서 $\vec{v}$는 도선의 속도이다. 이 힘의 크기는 $F = qvB \sin\theta$이다.

> **질문** 고리가 수평축으로부터 $\theta$의 각도에 있을 때, 그림 20.55의 오른쪽 도선에 생성되는 운동 기전력의 크기는 무엇인가?

그 순간 오른쪽 도선에서의 자기장은 균일하다. 그래서, 운동 기전력, 단위 전하당 비쿨롱 일은 다음과 같이 자기력 곱하기 길이 $w$를 $q$로 나눈 값이 된다.

$$\text{왼쪽 도선에서의 기전력} = \frac{(qvB\sin\theta)w}{q} = vBw\sin\theta$$

왼쪽 도선도 고리 주위로 같은 방향으로 작동하는 같은 기전력에 기여를 한다. 그래서 고리 주위의 기전력은 다음과 같다.

$$\text{고리 주위의 기전력} = 2vBw \sin\theta$$

$v = \omega(h/2)$이고 $\sin\theta = \sin(\omega t)$이기 때문에, 기전력은 다음과 같이 표현된다.

$$\text{고리 주위의 기전력} = \omega B(hw)\sin(\omega t)$$

여기서 $hw$는 고리의 면적이다.

우리는 그림 20.56에서 보는 바와 같이 고리에 연결된 회전하는 링들에 눌린 금속 탭을 통하여 고리 바깥으로 전류를 흐르게 할 수 있다.

**질문** 그림 20.56에서처럼 저항 $R$의 전구가 연결되어 있을 때, 고리 내의 전류의 크기는 무엇인가? 여기서, 고리 자체의 저항은 무시할 수 있다고 하자.

전류는 $I = \omega B(hw)\sin(\omega t)/R$일 것이다. 고리를 자기장 내에 일정한 속력으로 회전시킨다면, 기전력을 발생시킬 수 있고 전구에 전류를 흐르게 할 수 있다. 이것은 우리 도시, 농장 및 산업에 전력을 공급하는 데 사용되는 전력 발전기의 기본 원리이다. 이 간단한 발전기와 상업용 발전기의 중요한 차이는 보다 큰 기전력을 얻기 위해 단지 고리 내에 많은 코일들이 감겨져 있다는 것이다. $N$번 감겨져 있다는 것은 $N$개의 단일 고리 발전기들이 연결되어 있는 것과 같고, 그래서 우리는 단일 고리 기전력의 $N$배를 얻게 된다.

회전하는 고리에 발생하는 기전력은 $\sin(\omega t)$에 비례한다. 그래서 그 기전력은 전구를 처음에는 한 방향으로 전류를 흐르게 하다가, 다시 반대 방향으로, 즉 사인변화를 가지고 전류를 흐르게 한다. 그런 전류들을 교류 혹은 AC라고 부른다. 그리고 이 교류는 바로 벽에 설치된 콘센트에서 공급된다. 이것은 베터리(혹은 균일한 자기장 내에 선로 위에 미끄러지는 막대기)에 의해 공급되는 한 방향의 안정된 전류, 즉 직류 혹은 DC라고 불리는 그것과는 완전히 다르다.

만약 이렇게 교차하는 교류의 진동수가 충분히 크다면, 전구 필라멘트는 주기 내에 존재하는 수많은 전류의 최대치들 사이의 쉬는 시간도 가질 수 없게 되어, 결과적으로는 빛이 우리 눈에는 안정적으로 나오는 것처럼 보이게 된다(그리고 우리 눈에는 연속적으로 아주 잘 보이게 된다).

**점검 사항 13** 각도 $\theta = \omega t$의 어느 값에서 순간적인 기전력이 최대가 되는가? 어느 값에서 최소가 되는가? 2 T의 균일한 자기장에서 40번 감은 0.1 m, 0.2 m 사이즈의 직사각형 고리를 회전시켜라. 여기서 고리는 초당 30번의 공전($2\pi$ 라디안) 비율로 회전한다. 기전력의 최댓값은 얼마인가?

**그림 20.57** 자기장 내에 전류 고리를 돌리기 위해 필요한 일을 계산하기

## 발전기를 돌리는 데 필요한 일률

아마도 자기장 하에 고리를 회전시키기 위해서 있는 힘껏 돌려야 할 것이다. 우리는 공짜로 전구에 빛을 나오게 할 수 없을 것이다! 우리가 고리를 회전시키기 위해서는 얼마나 많은 일률을 공급해야 하는지 살펴보자. 앞 절에서 우리는 부착된 전구에 흐르는 전류 $I$를 계산하였다(수평으로부터 각도 $\theta = \omega t$의 함수로써). 그림 20.57에서 고리를 회전시키기 위해서는 고리에 작용하는 자기력의 수직 성분 $F_\perp = IwB \sin \theta$와 균형을 맞추기 위해, 고리에 수직하게, 고리의 양 끝에 변하는 힘 $F_{\text{by us}} = IwB \sin \theta$를 가해주어야 한다. 우리가 고리를 아주 작은 각도 $\Delta\theta$ 만큼 회전시킬 때, 우리는 양 끝을 아주 짧은 거리$(h/2)\,\Delta\theta$ 만큼 이동시키고 그래서 다음과 같이 작은 양의 일을 하게 된다.

$$\Delta W = 2[IwB \sin \theta]\left[\frac{h}{2}\Delta \theta\right]$$

이 결과를 $\Delta t$로 나누고, 우리가 공급하는 기계적인 일률 $dW/dt$을 계산하기 위해서 다음과 같이 $\Delta t$가 0으로 가는 극한을 취하도록 하자.

$$\frac{dW}{dt} = 2[IwB\ \sin\theta]\left[\frac{h}{2}\frac{d\theta}{dt}\right] = I[Bwh\ \omega\sin\theta]$$

이전 절에서 구한 계산에서처럼 저항 $R$의 전구가 연결될 때(여기서, $\theta = \omega t$). $I = Bwh\omega\ \sin(\theta)/R$이라는 것을 이용하면, 우리는 다음과 같은 결과를 얻게 된다.

$$\frac{dW}{dt} = I[RI] = RI^2$$

이것은 순간적으로 저항기에 의해 소멸되는 일률을 나타낸다. 이렇게 공짜로 어떤 것을 얻을 수 없다. 즉, 방에 열을 내게 하는 저항기의 출력 일률은 우리가 공급하는 입력 일률과 같다. 전기적인 "발전기"는 "변환기"로 더 잘 불린다. 왜냐하면, 공짜로 전기 일률이 생성되지 않기 때문이다. 그것은 단지 기계적인 일률을 전기적인 일률로 변환시킨 것이기 때문이다.

## 20.10 사례 연구: 공기 중의 스파크

이제 우리는 매우 복잡한 전기 현상인, 즉 공기 중의 스파크 발생 현상을 자세히 다룰 수 있는 모든 기법과 개념들을 알고 있다. 여러분은 스위치를 올리거나, 전원 코드의 플러그를 뽑을 때나, 혹은 여러분이 건조기에 함께 뭉쳐진 옷을 분리할 때 혹은 겨울에 시트로부터 담요를 들어올릴 때에 스파크를 우연히 보게 된다. 스파크가 일어나는 동안 전하는 한쪽 물질에서 다른 쪽 물질로 이동하게 된다. 어떻게 그런 스파크들이 공기 중에 일어날 수 있을까?

다른 가스들과 같이 대부분 중성 질소와 산소 분자들로 이루어진 공기는 아주 훌륭한 절연체이다(만약 공기가 좋은 전도체였다면, 대전된 띠는 아주 빨리 방전하게 된다). 즉, 어떤 움직일 수 있는 전하 입자들도 존재하지 않는다. 즉, 모든 전자들이 중성의 가스 분자들에 속박되어 있다. 그러나 스파크가 일어나는 동안 전자들은 분자들로부터 분리되어(이온화), 자유 전자들과 양전하의 $N_2^+$와 $O_2^+$ 이온들로 남게 되고, 이 이온들 모두는 공기 내에 움직이게 되고 결국 한 곳에서 또 다른 곳으로 상당한 양의 전하를 전달하게 된다. 이온화된 가스는 플라즈마라고 부른다. 플라즈마 물리학은 별들과 핵융합로와 스파크에서 발견된 플라즈마들의 행동에 관한 물리학의 한 분야이다.

다음 절들의 목적은 공기 내의 스파크들의 발생에 대한 물리적으로 의미가 있는 메커니즘을 이해하는 것이다. 우리는 대체 가능한 모델들이 물리적으로 의미가 있는지를 판단하기 위해서 여러 물리적인 양들을 평가할 것이다. 때때로 간단한 계산들을 통하여 복잡한 현상의 특정 모델들을 완벽히 배제시킬 수 있다는 것을 볼 것이다.

스파크 현상을 설명하기 위해, 다음과 같은 여러 면들을 설명해야만 한다.

전기 전하가 어떻게 공기 내에서 움직일 수 있을까?
스파크는 왜 아주 짧은 시간에서만 지속될까?

왜 빛이 발산될까?
마지막으로, 공기가 어떻게 이온화될까?

### 추론의 긴 과정

스파크를 이해하는 것은 상당한 흥미롭다. 왜냐하면, 스파크는 가장 인상적인 전기 현상 중의 하나이기 때문이다. 추가적으로, 우리가 스파크에 대해서 확인하게 될 설명이 일종의 중요한 과학적인 추론의 좋은 예를 제시하게 된다. 즉, 그 안에는 길게 연결된 하나의 추론 과정이 있다. 설명을 위한 각 단계들은 상대적으로 간단하나, 많은 간단한 단계들을 하나의 긴, 엄격한, 논리적인 사슬로 만드는 데는 복잡함이 서려있다.

### 전기 전하가 어떻게 공기 중에서 움직일 수 있을까? 두 가지 모델들

우리는 전도체가 아닌 공기 내에서 전하가 어떻게 움직이는지에 대한 가능한 두 가지 다른 모델들을 살펴볼 것이다. 먼저 우리는 이러한 상황을 묘사한, 겉보기에 그럴듯해 보이는 하나의 모델을 설명할 것이다. 그러나 그 후에 전도에 대한 이 첫 번째 모델이 잘 작동하지 않는다는 것을 보일 것이다. 과학의 가장 강력한 능력 중의 하나는 가능한 모델들이나 혹은 설명들을 과감하게 제외시킬 수 있다는 것이다. 우리는 여기서 이 같은 종류의 추론 과정을 보여줄 것이다.

음전하와 양전하를 띤 두 가지 다른 금속 공들을 가지고 있다고 하자. 두 공들을 서로 가까기 가져갈 때(그러나 접촉하지는 않는다), 그것들 사이에 스파크가 존재하게 된다. 어떻게, 왜 이러한 현상이 일어날까?

### 모델 1: 공들 사이의 전자들의 점프

스파크가 일어나는 동안 전자들은 간단히 음전하 공에서 양전하 공으로 점프할 수 있다고 추측해보는 것은 상당히 솔깃한 설명이다. 그럼 이 모델이 의미있는 모델인지 아닌지를 검증해 보자. 여기서 중요한 것은 한 전자가 가스 분자와 충돌해서 대부분의 에너지를 잃어버리기 전에 공기 내에 평균적으로 얼마나 멀리 이동할 수 있는지이다. 공기 내 분자들은 고체나 액체의 경우와 비교하면, 상대적으로 많이 떨어져 있기 때문에, 아마도 전자는 어떠한 것들과 충돌하지 않고 음전하 공에서 양전하 공으로 이동할 수 있다. 우리는 공기 내 입자의 "평균 자유 이동 거리"라고 부르는 것을 계산함으로써 이것을 결정할 수 있다. 가스들에 대한 보충자료 S1에서 똑같은 논의를 볼 수 있을 것이다. 즉, 우리는 여기서 그것을 복습한다.

### 평균 자유 이동 거리

평균 자유 이동 거리는 하나의 입자가 또 다른 입자와 충돌하기 전에 평균적으로 이동할 수 있는 거리를 말한다.

**질문** 정량적으로, 공기 내 입자의 평균 자유 이동 거리는 어떠한 요소에 의존해야 하는가?

여러분은 다음과 같은 것들을 추측해 내야만 한다. 입자의 평균 자유 이동 거리 $d$

는 입자를 둘러싸고 있는 가스의 밀도에 반비례해야 한다. 즉, 가스 밀도가 높을수록 평균 자유 이동 거리는 작게 된다. 또한, $d$는 가스 분자들의 크기에 반비례해야만 한다. 혹은, 보다 정확하게 말하면, 우리는 충돌에만 관심이 있기 때문에 하나의 가스의 cross-sectional 면적에 반비례해야만 한다. 즉, 분자가 클수록 평균 자유 이동 거리는 작아진다. 이 두 가지 요소가 아주 중요하다는 것이 증명될 것이다. 만약 입자의 속력이 하나의 요소라고 추측했다면, 다시 생각해야 한다. 왜냐하면 우리는 충돌 사이의 시간에는 관심이 없고, 충돌 사이의 입자의 이동 거리에만 관심이 있기 때문에, 속력은 중요하지 않다.

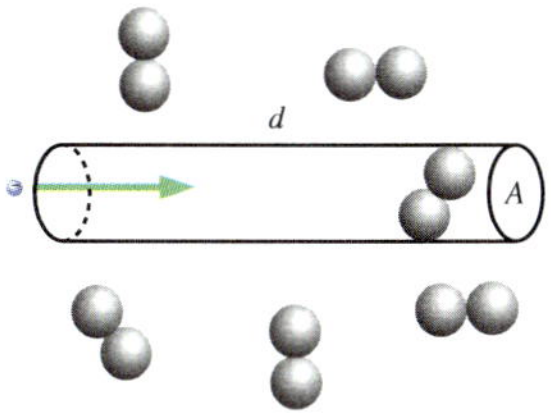

**그림 20.58** 평균적으로 한 공기 분자를 포함하는 원통 체적

단순한 기하학적 통찰력에 근거하여 공기 내의 전자의 평균 자유 이동 거리를 정하는 것은 어렵지 않다. 공기 분자들의 단면적과 같은 단면적 $A$와 길이 $d$를 가진, 전자 이동 방향의 원통을 그려보아라(그림 20.58). 이 원통이 기하학적으로 중요한 이유는 만약 전자의 경로가 분자의 반지름 내로 들어온다면, 전자는 분자를 칠 것이고, 그래서 원통 내에 중심점이 있는 분자들이 충돌될 것이다.

정의에 의하면, $d$는 전자가 분자와 충돌이 일어나기 전에 이동하는 평균 거리에 해당한다. 그래서 그림 20.58에 그린 원통은 평균적으로 약 한 분자를 포함하고 있어야 한다.

**질문** 평균적으로 한 분자를 포함하는 공기의 체적은 얼마인가?

표준 온도와 압력에서(0에서 1기압), 가스 1몰은 22.4 L를 차지한다. 1리터는 1 입방 데시미터이다. 다시 말해서, 1리터는 변의 길이가 0.1 m이고 체적이 (0.1 m)$^3$인 정입방체를 채우게 된다.

$$\left(\frac{22.4\ \text{L}}{1\ \text{mol}}\right)\left(\frac{1\ \text{mol}}{6.02\times10^{23}\ \text{molecules}}\right)\left(\frac{(0.1\ \text{m})^3}{\text{L}}\right)=3.72\times10^{-26}\ \text{m}^3$$

**질문** 원통 체적 내를 움직이는 전자가 한 분자와 충돌할 경우를 생각한다면, 원통의 반지름은 얼마가 되어야 하는가?

원통의 반지름은 분자의 반지름이어야 한다. 우리는 $1.5\times10^{-10}$ m의 대략적인 값을 반지름으로 이용할 수 있다.

**질문** 한 분자를 포함하는 우리의 가상적인 원통의 반지름과 체적이 주어질 때, 원통의 길이 $d$는 얼마인가?

$$\text{체적}=\pi r^2 d$$

$$d=\frac{\text{체적}}{\pi r^2}=\frac{3.72\times10^{-26}\ \text{m}^3}{\pi(1.5\times10^{-10}\ \text{m})^2}\approx5\times10^{-7}\ \text{m}$$

이렇게 공기 내 하나의 자유 전자는 공기 분자와 이온과 충돌하기 전에 대략 $5\times10^{-7}$ m 정도의 거리를 이동한다.

**질문** 공기 내에 스파크가 일어나는 동안 양전하 공은 양전하 값이 줄어들게 되고, 음전하 공은 음전하 값이 줄어들게 된다. 공기 내에서 전자들이 하나의 공에서 다른 공으로 점프하는가?

분명히 아니다. 자유 전자가 가스 분자와 충돌하여 많은 에너지를 잃어버리기 전에 단지 약 $5 \times 10^{-7}$ m를 이동할 수 없기 때문에, 이러한 일은 불가능한 메커니즘이다. 이와 같은 검증을 통하여 우리는 공기내의 전하 이동에 대한 모델1은 제외시킬 수 있다.

## 모델2: 이온화된 공기 내의 양이온과 전자들

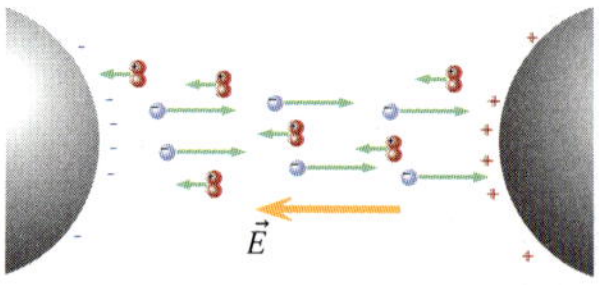

**그림 20.59** 자유 전자들과 양전하 이온들($O_2^+$ 혹은 $N_2^+$)이 공들 사이의 이온화된 공기 내를 움직인다.

공기 내에 많은 양의 산소와 질소 분자들이 이온화되었다면, 자유롭게 움직이는 대전된 입자들로 이루어진 가스를 가질 수 있었을 것이다. 다시 말해서, 공기는 자유 전자들과 양전하를 가지는 $N_2^+$와 $O_2^+$ 이온들을 포함하게 되고, 그래서 전도체가 될 것이다. 어떻게 공기가 이온화될 수 있는지에 대한 의문은 잠시 접어두고, 이온화된 공기 내에서 전하 이동의 메커니즘을 생각해 보자. 금속 도선 내에서처럼, 동적인 대전 입자들의 바다가 있다.

> **질문** 그림 20.59에서 전자들은 어느 방향으로 움직일 것인가? 양이온들은 어느 방향으로 움직일 것인가?

이온화된 공기 내의 모든 자유 전자들은 양으로 대전된 공을 향하여 전기장의 반대 방향으로 움직일 것이다. 양이온 바다는 음전하 공 방향으로 전기장에 의해서 움직일 것이다.

> **질문** 어떻게 음전하 공의 음전하 값이 작아지게 되나? 어떻게 양전하 공의 양전하 값이 작아지게 되는가?

약하게 양전하를 띤 이온들이 음전하 공에 접촉하게 될 때, 전자들을 얻을 수 있고, 다시 중성 분자들로 변하게 될 수 있다. 그래서 음전하 공의 음전하 값은 줄어들게 된다. 양전하 공 근처의 자유 전자들은 공에 접촉하게 되고 금속 내의 자유 전자 바다에 합류하게 되어 공의 양전하 값이 줄어들게 된다.

> **질문** 어떤 입자가 하나의 공에서 다른 공으로 점프하겠는가?

아니다. 각각의 공 근처에 수많은 대전 입자들이 존재하기 때문에, 자유 전자와 양이온들의 바다는 두 공들을 중성으로 만들기 위해 적당한 전하를 공급하기 위해서는 단지 아주 작은 거리를 움직임으로써 가능하다.

이온화된 공기 모델에서 어떠한 입자들도 평균 자유 이동 거리보다 많이 움직일 필요가 없기 때문에, 모델2(이온화 된 공기)는 모델1(점프하는 전자들)보다는 훨씬 더 좋아 보인다. 그러나 여전히 우리는 어떻게 공기가 이온화되는지에 대한 의문에 답할 필요가 있다. 즉, 이 논의로 빨리 들어가고자 한다.

> **점검 사항 14** 높은 고도에서 공기의 밀도는 작아지게 된다. 공기의 밀도가 해수면 근처의 공기 밀도의 반절 정도라면, 공기가 변할 때 평균 자유 이동 거리는 어떻게 될 것인가? 만약 공기 분자의 반지름이 두 배 정도 크다면, 평균 자유 이동 거리는 어떻게 변할 것인가?

## 왜 스파크는 단지 아주 짧은 시간 동안만 지속되는가?

공기가 어떻게 해서든지 많은 양의 유동 전하들과 이온들로 이온화될 수 있다고 한다면,(우리는 아직 어떻게 이온화되는지는 설명하지 않았다.) 다음엔 무슨 일이 일어날까? 전자들은 양전하 공을 향해 이동하고 양이온들은 (훨씬 천천히) 음전하 공으로 이동하게 된다. 작은 질량의 전자들은 훨씬 더 빨리 움직이기 때문에, 이온화된 공기는 금속 내의 전기 전도성과 마찬가지 방법으로 전도성을 띠게 된다. 공기 내 이동하는 자유 전자들의 "바다"가 존재한다. 각각의 전자들은 "출발–정지"의 반복적인 같은 운동을 하게 된다. 즉, 전자들은 다른 분자와 충돌하여 거의 정지하게 될 때까지는 가속하게 된다. 그리고 충돌 후 다시 가속하게 된다. 이와 같이 가속화되는 "출발–정지"운동은 평균 속력을 가지게 되고, 이를 "유동 속력"이라고 부른다. 금속 내 유동 전하들의 Drude 모델과 유사하다는 것을 주목해야 한다.

**질문** 전자가 양전하 금속 공과 충돌할 때 무슨 일이 일어날까? 두 공들 사이의 공기 내에 존재하는 전기장은 변하는가?

전자는 양전하로 대전된 금속 공에 전자 결손 부분을 채우게 되고, 그 결과 양전하 공은 더 작은 양전하 값을 가지게 된다. 결과적으로, 두 공들 사이의 공기 내 모든 위치에서의 전기장의 크기는 약간 감소하게 된다.

**질문** 이온이 음전하 금속 공과 충돌할 때 무슨 일이 일어날까? 이온에 무슨 일이 일어날까? 두 공들 사이의 공기 내에 존재하는 전기장은 변할까?

이온은 음전하로 대전된 금속 공으로부터 과잉 전자를 잡아당길 수 있어서 보통의 중성 분자들이 된다. 음전하 공은 더 작은 음전하 값을 가지게 된다. 결과적으로, 공 사이의 공기 내 모든 위치에서의 전기장의 크기는 약간 감소하게 된다. 전기장이 공기 내에서 약 $3 \times 10^6$ V/m보다 크기만 하면, 공기의 이온화는 활발하게 일어나게 된다. 그러나 만약 전기장이 아주 작게 되면, 이온과 전자들은 다시 결합하게 되어 가스는 더 이상 전도성을 띠지 않게 된다. 이것들에 대한 원인은 나중에 살펴볼 것이다.

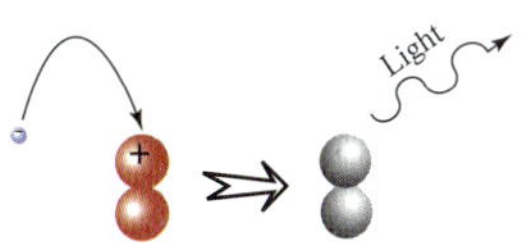


**그림 20.60** 자유 전자는 양이온과 재결합하여 중성 분자를 형성한다. 과잉 에너지는 가시광선으로 발하게 된다.

**질문** 스파크는 왜 아주 짧은 시간 동안 유지되는가?

양쪽 금속 공들에 존재하는 과잉 전하는 빠르게 감소하기 때문에, 공기가 활발하게 이온화되기 위한 전기장을 만들 수 없게 된다. 그래서 스파크는 사라지게 된다. 그러나 만약 우리가 두 공에 건전지나 전력 공급 장치를 연결시켜 금속 공들에 다시 전하들을 공급하게 되면, 안정적인 스파크를 유지시킬 수 있다. 아주 드라마틱한 예는 탐조등과 상업 영화 프로젝터("탄소 아크" 빛) 내에 존재하는 두 탄소 전극들 사이에 유지되는 아주 밝은 스파크이다. 일상적인 예로는 네온 등의 연속 불빛이 있고, 그 안에는 낮은 압력의 네온이 채워져 있다.

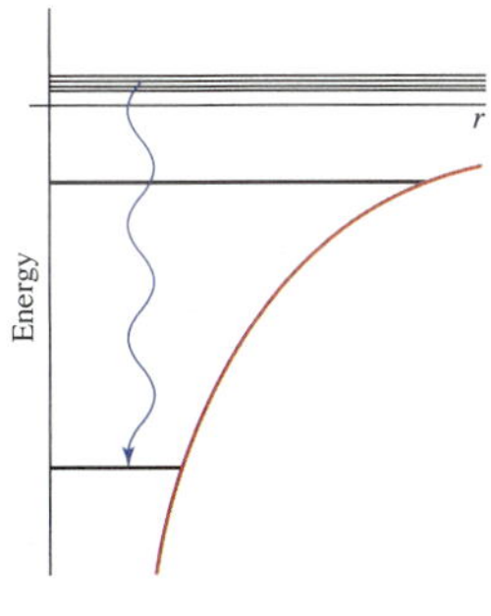


**그림 20.61** 들뜬 (높은 에너지) 상태에서 바닥 (낮은 에너지) 상태로 전자 1 이온의 전이는 광자의 방출을 동반한다.

## 왜 빛이 발해지는가?

어떻게 빛이 스파크에 의해 방출되나? (왜 광자가 방출되나?) 실제로, 빛의 방출은 일종의 공기 이온화의 부산물이다. 가끔, 자유 전자는 양이온(반드시 원래의 양이온일 필요는 없다.) 근처로 충분히 가까워지게 되어 인력을 받게 되고 양이온과 재결합하여 중성 분자를 형성하게 된다. 자유 전자와 이온이 재결합할 때(그림20.60), 바닥 상태가 아닌 높은 에너지 상태에서 낮은 에너지의 바닥 상태로 전이가 일어난다(그림20.61). 그리고 이 현상은 광자의 방출을 수반한다.

이온화된 공기를 통하여 빛의 방출 현상이 전하 이동과 동시에 일어난다는 것을 이해하는 것은 아주 중요하다. 인가된 전기장이 충분히 크다면, 중성 분자들은 계속해서 이온화되고, 이와 동시에 자유 전자와 이온들이 중성 분자를 만들기 위해(빛의 방출과 함께) 재결합할 것이다. 우리가 보는 빛은 아주 명백한 스파크의 모습이지만, 빛은 본질적으로 단지 가스 내에서의 전도 현상의 부산물로 여겨질 수 있다.

우리는 지금 이온화된 가스 내의 스파크의 주된 특성을 살펴보았다. 스파크는 종종 "가스 방전"으로도 여겨진다. 그리고 총 전하가 제로이고 많이 이온화된 가스는 "플라즈마"라고 부른다. 플라즈마 물리학은 현대 연구의 중요한 한 분야이다.

그러나 여전히 큰 의문이 남아 있다. 가스가 처음에 어떻게 이온화되는가? 그것은 다음 절에서 다룰 주제이다.

## 공기는 어떻게 이온화되는가? 두 모델들

공기를 이온화하고 전도성을 띄게 만들기 위해서는 약 $3 \times 10^6$ V/m의 전기장이 필요하다는 것이 실험적으로 관측된다. 우리는 이러한 과정의 모델에 대해 이해하고자 노력할 것이다. 우리의 모델이 적당한지를 결정하기 위해서, 우리는 실험적인 관측들과 모델의 예측들을 비교할 것이다. 특히, 임계 전기장 값이 $E_{crit} = 3 \times 10^6$ V/m라는 관점을 가지고 논할 것이다.

앞에서 공기 내의 전도에 대한 모델들에서 했던 것처럼, 공기가 어떻게 이온화될 수 있는지에 대한 두 개의 가능한 모델을 살펴볼 것이다. 먼저 우리는 그럴듯한 모델을 검토하겠으나 그러고 나서 이온화에 대한 이 모델이 잘못됐다는 것을 보여줄 것이다. 다시 한 번 말하지만, 비록 정확한 설명이 무엇인지는 잘 모를지라도 제안된 모델들을 아주 제외시키는 것은 가능하다. 이것은 과학의 중요하고 위대한 점들 중의 하나이다. 이온화에 대한 첫 번째 모델을 폐기시킨 후에 우리는 스파크의 많은 특성들을 설명하는 또 다른 모델에 대해 논의할 것이다.

## 모델 2A: 강한 전기장은 분자 밖으로 전자를 잡아당긴다

원자나 분자는 전기장에 의해 분극화되기 때문에, $3 \times 10^6$ V/m의 크기를 가지는 전기장은 공기 분자로부터 전자를 잡아당길 만큼 충분하고, 그래서 양이온과 전자를 만들 수 있다고 생각하자. 이 모델을 검증해 보자.

**질문** 여러분이 원자들에 대한 지식을 이용하여, 중성 원자에서 최외각 전자를 제거하는 데 얼마나 큰 전기장이 필요한지를 계산해 보아라.

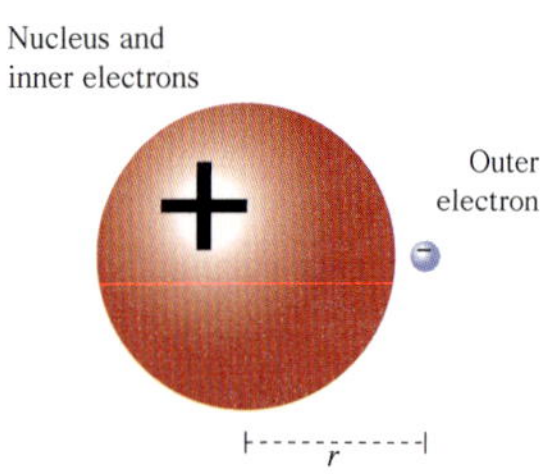


**그림 20.62** 바깥 전자는 원자의 핵과 내부 전자들과 상호작용한다.

만약 이 계산을 할 수 없었다면, 더 읽기 전에 잠깐 다시 생각해 보아라. 여러분은 실제로 이 계산을 할 수 있을 만큼의 충분한 지식을 가지고 있다. 특히, 원자의 반지름이 약 $1 \times 10^{-10}$ m라는 것을 기억해라. 간단하게 수소 원자에 대해서 생각하고 싶을 것이다.

구형의 전하 물체는 하나의 점전하처럼(구의 바깥 부분에서) 행동한다는 것을 안다. 최외각 전자가 전자를 제외한 나머지 원자 부분(전하 $+e$를 가지는)으로부터 인력을 받고 있다고 생각하자(그림 20.62). 이 $+e$ 전하에 의해 만들어진 전기장은 다음과 같은 크기로 최외각 전자에 작용한다.

$$E = \frac{1}{4\pi\varepsilon_0}\frac{e}{r^2} = (9\times10^9\ \mathrm{N\cdot m^2/C^2})\frac{(1.6\times10^{-19}\ \mathrm{C})}{(1\times10^{-10}\ \mathrm{m})^2} = 1.4\times10^{11}\ \mathrm{V/m}$$

여기서 $r = 1 \times 10^{-10}$ m이고, 원자의 대략적인 반지름을 나타낸다. 원자 밖으로 최외각 전자를 떼어내기 위해서는 적어도 이만큼의 전기장을 인가해야만 한다.

원자를 이온화하기 위해 필요한 계산된 전기장 값이 $3 \times 10^6$ V/m의 실험적으로 관측된 값과 상당한 차이가 난다는 것은 전기장에 의해 직접적으로 원자가 이온화되는 것은 불가능하다는 것을 의미한다. 이것은 과학의 위대함 중에 한 예이다. 즉, 우리는 보다 정확한 설명을 할 수 없을지라도 제안된 모델을 제외시키는 것은 가능하다.

인가된 전기장에 의한 직접적인 원자 이온화에 대한 모델을 배제시킨다면, 우리가 생각할 수 있는 다른 과정은 무엇인가?

## 모델 2B: 고속의 전하 입자들이 원자들로부터 전자들을 떼어 낸다

공기를 이온화시키는 것은 아주 큰 사건이다. 왜냐하면, 이는 공기 분자들로부터 전자들을 떼어내기 위해서 상당히 큰 힘을 필요로 하기 때문이다. 고속 대전 입자는 원자 및 분자와 충돌하면서 전자를 떼어 내고 이온을 생성시킬 수 있다. 그러한 에너지가 큰 전하 입자들은 어디로부터 오는가? 그런 일이 일어 날 때, 아주 짧은 순간에 여러분의 몸을 빠르게 관통하는 전하 입자들이 존재하여, 여러분의 몸속의 몇몇 원자와 분자들을 이온화시킨다! 이와 같은 전하 입자들은 대기권 꼭대기에서 핵반응을 일으키는 우주 방사선에 의해 생긴 "뮤온"이다. 다른 것들로는 방사성 동위원소들에 의해 방출되는 전자, 양전자 혹은 알파 입자(헬륨 핵) 등이 있고, 그것들은 물질 내부와 여러분의 내부 혹은 주위에 아주 소량으로 존재한다.

이와 같은 과정은 어떤 위험한 잠재적인 사고의 원인이 되기도 한다. 여러분의 DNA 내부에서 갑작스럽게 이온으로 전환된 중성 원자는 생화학적 파괴와 유전학적 돌연변이를 일으킬 수 있다. 컴퓨터 칩 내부에 아주 작고 매우 민감한 부분을 고속 대전 입자가 지나가게 되면, 메모리 비트는 예상치 못한 결과들로 변하게 될 수 있다. 그런 사고를 방지하기 위해서 DNA와 컴퓨터 회로 내부에는 피할 수 없는 고속 대전 입자의 투과에 의해서 발생하는 위험들을 보상하기 위한 확인 장치들이 존재한다.

## 우주 공간으로부터의 침략군들

"우주 방사선"은 대부분 우리 태양계의 바깥으로부터 오는 고에너지 양성자들로 이루어지고, 그것들은 지구의 최고층 대기권에 있는 분자들의 핵들을 때리게 된다. 핵반응의 결과로 다른 입자들의 다발이 생성된다. 이 같은 반응의 많은 부산물이 양성자, 중성자, 파이온과 같은 입자들이고, 그것들은 공기 분자들의 내부 핵들과 강하게 상호작용한다. 그러한 이유로, 이와 같은 입자들은 최고층 대기권을 통과할 때 멀리 이동하지 못한다. 대기층을 투과하고 지구의 표면에 도달할 수 있는 것은 주로 양의 뮤온과 음의 뮤온($\mu^+$과 $\mu^-$) 그리고 중성 뉴트론 등이다.

전자와 뮤온, 중성자 등은 핵과 강한 상호작용을 하지 않는다. 대전된 전자와 뮤온은 원자와 핵과 전기적으로 상호작용을 한다. 전자들은 너무 작은 질량을 가지고 있기에 크게 꺾이고 공기 내를 멀리 이동할 수 없다. 뮤온은 기본적으로 마

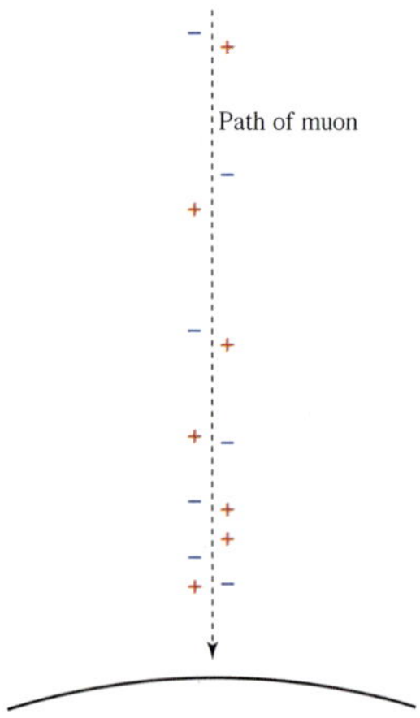


**그림 20.63** 지구의 대기권으로 급하강하는 뮤온들에 의해 남겨진 이온 자국

치 질량이 큰 전자와 같다. 즉, 뮤온은 전자 질량보다 약 100배 정도 큰 것을 제외하고는 거의 모든 면에서 전자가 행동하는 것과 똑같이 행동한다. 뮤온의 큰 질량 때문에, 뮤온은 거의 꺾이지 않고 공기 내부에서 먼 거리를 이동할 수 있게 된다.

알짜 전하가 없는 중성미자들은 물질과 전기적인 상호작용을 하지는 않는다. 물질과 아주 약한 비전기적 상호작용을 한다. 물질과 중성미자들의 상호작용은 상상할 수 없을 만큼 약하기 때문에 중성미자들의 대부분은 지구 전체를 곧장 들어가게 되고, 어떠한 변화 없이 반대쪽 면으로 통과하여 나간다!

고속의 대전된 뮤온들이 공기 내부를 급하강할 때, 가끔 공기 분자들로부터 전자들을 떼어내기에 충분한 에너지를 갖게 된다. 이런 방법으로 자유 전자와 양이온들을 만들어낸다(그림 20.63). 각 뮤온은 약하게 이온화된 공기의 자국을 남긴다. 우주 방사선에 의해 만들어진 뮤온들은 공기 이온화의 유일한 원인은 아니다. 우리 주위의 물질들은 고속의 전자들, 양전자들 혹은 알파 입자들(헬륨핵, $He^{2+}$)을 방출할 수 있는 극소량의 핵반응 원자핵들을 포함하고 있다. 이 같은 고속의 대전 입자들이 또한 공기를 이온화할 수 있다. 이온화가 대규모로 일어난다면, 언제나 좋은 전도성을 띨 수 있었을 테지만, 그러나 우주 방사선 뮤온과 자연적인 핵반응에 의해 생성된 자유 전자와 이온들의 수가 너무 적어서 공기를 좋은 전도성을 띠게 만들 수는 없다. 그러나 다음 절에서 이와 같은 방법으로 생성된 적은 양의 이온화가 대규모의 이온화를 위한 방아쇠 역할을 할 수 있다는 것을 보여줄 것이다.

뮤온들이 실제로 지구 표면에 도달하게 된다는 것은 아주 놀라운 일이다. 왜냐하면, 움직이지 않는 상태에서 양의 뮤온 혹은 음의 뮤온은 양전자($\mu^+$인 경우) 혹은 음전자($\mu^-$인 경우), 중성미자, 반중성미자로 분열되기(붕괴되기) 전에 약 $2\mu$s정도의 평균 수명을 가진다. 비록 뮤온이 빛의 속도에 근접하게 움직이더라도, 뮤온은 붕괴되기 전에 단지 약 $(3 \times 10^8\ \text{m/s})(2 \times 10^{-6}\ \text{s}) = 600\ \text{m}$ 정도를 이동하게 되고, 이것은 뮤온이 생성된 최고층 대기권으로부터 지표면에 도달하기에는 너무 짧은 이동 거리에 해당한다.

그러나 20.6절에서 살펴본 것처럼, 아인슈타인의 특수 상대성 이론에 의하면 시간은 고속으로 움직이는 물체에 대하여 아주 느리게 흘러간다. 그래서 뮤온의 좌표계에서는 지표면에 도달하는 데 2 $\mu$s보다 짧은 시간이 걸려 매 순간마다 여러분의 방으로 많은 뮤온들이 들어오게 된다.

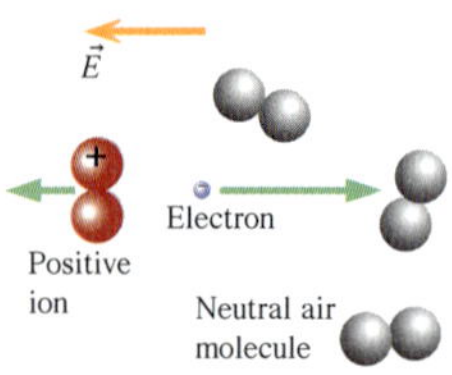


**그림 20.64** 하나의 자유 전자는 전기장에 의해 가속되어 연속 반응을 유발시킨다.

## 연속 반응

공기 중에 하나의 자유 전자(뮤온들 혹은 자연적인 핵반응에 의해서)가 있다면, 그것은 앞에서 살펴본 대전된 금속 공과 같이 대전된 물체로부터 인가된 전기장에 의해 가속될 수 있다(그림20.64).

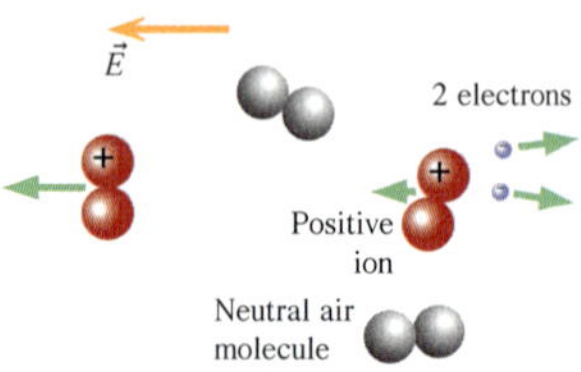


**그림 20.65** 첫 번째 자유 전자는 하나의 공기 분자를 이온화하여, 두 번째 자유 전자를 만들어낸다.

만약 전자가 하나의 공기 분자와 충돌하기 전에 충분히 빠르게 움직인다면, 전자는 공기 분자로부터 또 다른 전자를 떼어 낼 수 있다. 그래서 결국 2개의 자유 전자와 2개의 이온들이 만들어진다(그림 20.65).이 두 개의 자유 전자는 두 개 이상의 전자들을 떼어 낼 수 있고, 그래서 자유 전자들의 수는 빠르게 증가한다. 즉, 2, 4, 8, 16, 32, 64 등등 계속해서 증가한다. 우리는 이것을 사태 혹은 "연속 반응"이라고 한다. 그런 방법으로 공기는 상당히 많이 이온화되고, 많은 수의 유동

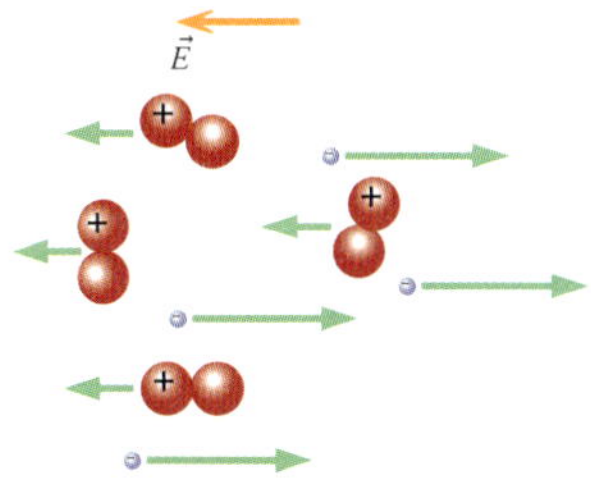


**그림 20.66** 연속 반응이 진행될 때 보다 더 많은 전하 입자들이 해방되게 되어 공기는 전도성을 띄게 된다.

전하 입자들이 되어 좋은 전도성을 띠게 된다(그림 20.66). 그리고 금속 도선의 내부가 전체적으로 중성인 것처럼, 공기는 전체적으로는 중성이라는 것을 명심해야 한다.

물론, 분자들이 이온화될 때 만들어진 양이온들도 인가된 전기장에 의해 영향을 받는다. 그래서 이들도 전기장의 영향 하에 움직이기 시작한다. 그러나 이온들의 질량은 전자의 질량보다 아주 크기 때문에, 이온들은 훨씬 느리게 움직이게 된다. 그래서 분자와 충돌함으로써 분자를 이온화시키는 입자는 자유 전자들이라는 것을 좀 더 강조하는 것이 타당하겠다.

## 연속 반응을 촉발시키는 데 필요한 전기장

우주 방사선과 핵반응 때문에 생기는 몇몇 자유 전자들이 중성인 공기 분자들과 자주 충돌하게 된다. 그러나 전자들이 분자로부터 전자를 제거하기에 충분한 속도로 움직이지 않는 한, 연속 반응을 발생시키지는 않는다. 기본 원리와 물질의 구조로부터 임계 전기장 $E_{\text{crit}}$의 크기를 입자는 자유 전자들이라는 것을 여기서, 임계 전기장은 연속 반응을 촉발시키기 위해 자유 전자에 충분한 운동 에너지를 공급하기 위해 필요한 전기장을 말한다.

> **질문** 산소 혹은 질소 분자로부터 전자를 제거하기 위해 필요한 입력 에너지는 얼마인가?

분자가 이온화되면, 하나의 바깥 전자가 평균 위치, 즉 원자핵으로부터 $R$의 거리로부터 양이온 때문에 생기는 전기장이 충분이 작아지는 거리 만큼 움직이게 된다. 전자 + 양이온 시스템의 퍼텐셜 에너지에서의 변화는 다음과 같다.

$$\Delta U = (-e)\Delta V = (-e)(V_\infty - V_R)$$

모델 2A에 대해 앞에서 살펴본 바와 같이, 이온 근처에서 이온 때문에 생기는 전기장은 주위의 어떠한 전기장과 비교해도 아주 크기 때문에, 단지 $+e$를 가지는 양이온에 의한 퍼텐셜 에너지만을 고려하면 된다. 이온의 반지름 $R$이 약 $1 \times 10^{-10}$ m라고 할 때, 다음과 같은 식을 확인할 수 있다.

$$\begin{aligned}(V_\infty - V_R) &= 0 - \frac{1}{4\pi\varepsilon_0}\frac{e}{r} \\ &= -\frac{1}{4\pi\varepsilon_0}\frac{e}{(1\times 10^{-10}\text{ m})} \\ &= -14.4\text{ V}\end{aligned}$$

그래서 $\Delta U = -1.6\times 10^{-19}\text{C}\cdot(-14.4\text{V}) = 2.3\times 10^{-18}$ J이다.

시스템의 퍼텐셜 에너지에서 이 같은 차이는 분자와 충돌하는 고속 전자의 운동 에너지로부터 나와야 한다(간편한 계산을 위해서, 비록 분자에 구속된 바깥 전자의 운동 에너지가 실제로 질소 분자와 산소 분자의 이온화 에너지에 근접한 $2.3 \times 10^{-18}$ J일지라도, 우리는 그 값을 무시할 것이다). 만약 입사하는 전자의 운동 에너지 $K$가 $2.3 \times 10^{-18}$ J보다 작다면, 입사하는 전자는 전자를 떼어 내지 못하고, 바로 튕겨 나오거나 혹은 공기 분자를 더 높은 양자 상태로 들뜨게 만든다(그림 20.67). 그러나 만약 $K$가 하나의 공기 분자를 이온화시키기 위한 에너지

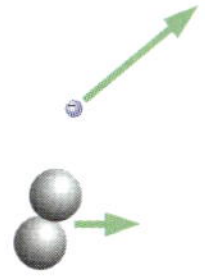

**그림 20.67** 충분하지 않은 에너지를 가진 전자는 공기 분자로부터 전자를 제거할 수 없다.

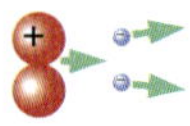

**그림 20.68** 충분한 에너지를 가진 전자는 충돌하는 동안 공기 분자로부터 또 다른 전자를 제거하게 된다.

와 같거나 크다면, 하나였던 전자가 충돌 후에는 두 개의 전자가 될 수 있다(그림 20.68).

그림 20.68의 두 전자들은 평균적으로 $d$거리 동안 가속될 수 있고, 둘 다 분자들을 이온화하게 되어, 결국 4개의 자유 전자가 존재하게 된다. 그리고 8, 16, 32, 64 등등 계속해서 증가하게 된다. 즉, 연속 반응이 일어난다(이온화 충돌 후, 두 전자들은 다소 느리게 움직이게 되어, 전자들이 거의 정지된 상태에서 움직인다. 그래서 충돌 에너지는 항상 거의 같게 된다).

**질문** 정지 상태에서 움직이기 시작한 자유 전자가 분자를 이온화하기 위해 한 평균 자유 이동 경로 동안 적당한 운동 에너지를 얻을 수 있겠는가?

인가된 전기장에서 자유 전자 시스템을 생각하면 다음과 같은 결과를 얻을 수 있다.

$$\Delta K + \Delta U = 0$$
$$(K_f - 0) + (-e)\Delta V = 0$$
$$K_f = -(-e)\Delta V$$
$$\Delta V = \frac{K_f}{e} = \frac{2.3 \times 10^{-18}\ \text{J}}{e} = +14.4\ \text{V}$$

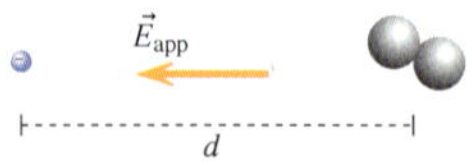


**그림 20.69** 평균 자유 이동 거리 $d$

평균적으로 자유 전자는 분자와 충돌하기 전에 단지 평균 자유 이동 거리만큼 이동할 것이다(그림 20.69). 적당한 운동 에너지를 얻기 위해서 자유 전자는 이 거리 동안 +14.4 V 만큼의 퍼텐셜 에너지 차를 가지고 이동해야만 한다. 분자에 갇혀 있는 전자와는 달리, 자유 전자는 단지 인가된 전기장에 의해서만 영향을 받는다. 전기장이 거리 상으로 균일하고, 전자가 앞에서 계산한 것과 같이 $5 \times 10^{-7}$ m 만큼의 평균 자유 이동 거리를 움직인다고 가정하면 다음과 같은 식이 성립한다.

$$\Delta V = E_{app} \cdot d$$
$$+14.4\ \text{V} \approx E_{app} \cdot 5 \times 10^{-7}\ \text{m}$$
$$E_{app} \approx 2.9 \times 10^{7}\ \frac{\text{V}}{\text{m}}$$

그래서 모델 2에 의하면, 스파크를 촉발시키는 데 필요한 전기장의 크기는 대략 $3 \times 10^7$ V/m 정도로 예측된다.

**질문** 우리는 이 값이 $3 \times 10^6$ V/m의 실험값과 어느 정도 일치한다고 봐야 하나 아니면 전혀 아니라고 봐야하나?

앞의 모델(인가 전기장에 의한 직접적인 이온화)에 의하면, 모델의 예측 값은 실험적인 값보다 ($1 \times 10^5$) $10^5$ 배 만큼 작다. 연속 반응 모델에서는 올바른 스케일을 예측한다는 것은 아주 만족스럽다($1 \times 10^5$의 배수가 차이가 나는 대신에 10 배 정도 차이가 난다). 이것은 우리가 이 현상에 대해 상당히 훌륭한 직관적인 접근을 하고 있다는 것을 말한다.

정확한 값을 예측하는 것은 이 현상의 통계적인 성질 때문에 어려운 계산을 수반하게 된다. 우리의 간단한 계산에서는 모든 전자는 평균 자유 이동 거리를 움직이고 같은 양의 운동 에너지를 갖는다고 가정했다. 그러나 가끔 전자는 $d$보다 훨씬 먼 거리를 움직이게 되고, 그래서 보다 작은 전기장을 가지고도 분자를 이온화하기 위한 충분한 에너지를 가지도록 전자를 가속시킬 수 있다. 연속 반응을 발생시키기 위해서 반드시 모든 전자가 원자를 이온화할 필요는 없다. 이것이 바로 우리의 간단한 계산 결과가 실제 스파크를 일으키기 위해 필요한 전기장보다 큰 값을 내는 원인이다.

### 모델들의 추가적인 테스트

두 모델의 예측들을 다른 실험적인 관찰 결과들과 비교함으로써 모델들을 추가적으로 테스트할 수 있다. 즉, 변화하는 가스 밀도가 임계 전기장에 미치는 효과 같은 다른 실험적인 관찰을 말한다. 물리적인 모델이 여러 다양한 실험적인 결과들을 설명한다면, 모델의 타당성에 대한 확신이 증가하게 된다.

**질문** 만약 공기의 밀도가 해수면에서 값의 반에 해당한다면, 각 모델에서 이 밀도가 공기를 이온화하기 위한 전기장에 어떻게 영향을 줄 것인가? 어느 모델이 약 $3 \times 10^6$ V/m의 값을 예측할까?

공기 밀도가 반이 된다는 것은 평균 자유 이동 거리 $d$가 두 배가 된다는 것이다. 모델 1(전자를 분리하는 데 아주 큰 전기장이 필요한)에 의하면, 어떠한 차이도 없다. 모델 2(가속된 자유 전자가 분자와 충돌하는)에 의하면, 자유 전자의 운동 에너지(정지 상태에서 출발한)는 $\Delta K = K_{\text{final}} - 0 = eEd$이기 때문에, 두 배의 $d$는 $E_{\text{critical}}$을 절반으로 감소시킨다. 실험적으로 관측되는 것은 필요한 전기장이 공기 밀도에 정확히 비례하는 것이고, 이것은 모델 2와 일치한다.

보통의 긴 형광등 튜브 혹은 네온사인 등이 이 현상의 좋은 예이다. 튜브 내의 가스 밀도가 매우 낮지 않다면, 튜브 내의 방전(연속적인 스파크)을 유지시키기 위한 충분히 큰 전기장을 만들기는 어려울 것이다. 튜브 내의 가스 밀도가 낮기 때문에, 필요한 전기장도 작게 되어 실용적인 빛들을 만들게 된다. 다른 관점에서 살펴보면, 높은 압력에서의 가스들(높은 밀도)은 때때로 절연체로도 사용된다.

**점검 사항 15** 만약 우리가 어떤 특정한 조건에서 보통보다 3배의 전기장이 공기를 이온화하기 위해 필요한 것으로 관찰했다면, 이 같은 조건에서 평균 자유 이동 거리에 대해 무엇을 말할 수 있나? 대략적으로 표준 온도와 압력에서 가스에 스파크를 일으키기 위해서 얼마나 큰 전기장이 필요한가? 단, 이 가스 분자들의 이온화 에너지가 공기 분자들의 이온화 에너지보다 1.5배 크고, 가스 분자들의 단면적은 공기 분자의 단면적보다 0.8배 정도라고 하자.

### 스파크 내의 자유 전자들의 유동 속력

우리는 지금 스파크 내의 자유 전자들의 평균 "유동 속력"을 계산할 수 있다. 평균 자유 이동 거리에서 얻은 운동 에너지가 $2.4 \times 10^{-18}$ J이라는 것을 알기 때문에, 실제로 분자를 칠 때 전자의 최종 속도 $v_f$를 다음과 같이 얻을 수 있다.

$$\frac{1}{2}mv_f^2 \approx 2.3 \times 10^{-18}\ \text{J}$$

$$v_f \approx \left(\frac{2(2.3 \times 10^{-18}\ \text{J})}{9 \times 10^{-31}\ \text{kg}}\right)^{1/2} = 2 \times 10^6\ \text{m/s}$$

$$\bar{v} \approx \frac{1}{2}v_f = 1 \times 10^6\ \text{m/s}$$

자유 이동 거리의 분포가 있기 때문에 통계적인 평균 속력은 정확히 계산하기는 어렵다. 그러나 분명히 평균 유동 속력은 $1 \times 10^6$ m/s 정도의 스케일에 해당한다.

### 이온화의 진행

전기장의 크기는 두 개의 반대로 대전된 금속 공 사이의 영역에서는 균일하지 않다. 그리고 공 근처에서 가장 크다(이유를 알겠는가?). 음전하 공 표면 근처에서의 전기장이 $3 \times 10^6$ V/m보다 크다고 가정하면, 공표면 근처의 공기는 강하게 이온화하게 된다. 어떻게 전기장 $E$가 작은 영역으로 이온화가 확장될 수 있는가?

양이온들은 음전하 공으로 인력을 받게 되고, 전자들은 $3 \times 10^6$ V/m보다 작은 전기장을 가진 공기 영역으로 밀쳐지게 된다. 이 같은 전자들은 이온화되지 않은 영역에서 전기장을 증가시키고, 많은 수의 전자들이 연속 반응을 가능하게 한다. 그래서 스파크는 공으로부터 멀리 있는 공기 속으로 침투하게 된다. 비록 초기에는 단지 음전하 공 근처에서만 전기장이 $3 \times 10^6$ V/m보다 컸지만, 나중에는 두 공들을 사이로 활발히 이온화되는 공기가 연속으로 이어져 있는 기둥모양으로 형성되게 된다. 공기가 활발히 이온화될 때, $3 \times 10^6$ V/m보다 상당히 작은 전기장만으로도 스파크를 잠시 동안 유지하기에 충분하다. 이 기둥 내의 전자와 이온들의 재결합은 기둥 빛을 만들어 내고, 우리는 두 공들을 연결하는 스파크를 보게 된다.

매우 유사한 현상이 천둥에서 일어난다. 이온화된 공기 기둥이 음으로 대전된 구름의 바닥으로부터 지면을 향하여 아래 방향으로 진행한다. 구름에서 지면으로의 이동 속력은 우리가 계산한 평균 유동 속력($1 \times 10^6$ m/s)보다는 다소 느리다. 왜냐하면, 기둥의 이동이 여러 단계들로 일어나는데, 즉 이웃하는 공기들 사이에 연속 반응을 촉발시키는 식의 통계적인 성질 때문에 단계들 사이에서는 멈추면서 진행하게 된다. 이온화된 공기가 지면으로 완전히 도달했을 때, 아주 큰 전류가 이온화된 기둥을 따라 흐르게 된다. 물론 밝은 섬광은 기둥 내의 이온과 전자들의 재결합 때문이다. 큰 전류는 기둥을 폭발적으로 가열하고, 빠르게 팽창하는 가스는 번개 같은 소음을 만든다.

## 20.11 상대론적 장 변환

앨리스와 밥은 둘 다 그들의 좌표계에서 정확히 같은 양성자의 운동을 기대하겠지만, 각자 다른 좌표계에서는 그들이 관찰하는 전자기장과 전자기력들 대신에 전혀 다른 전자기장들을 관찰하게 된다.

상대성 이론은 여러분이 기준 좌표계에서 다른 좌표계로 변하게 될 때, 전기장과 자기장의 측정들이 어떻게 변환되는지를 예측한다. 우리는 아무런 증명 없이 이 변환 관계식을 도입할 것이다. 다음에서 프라임 표시가 되지 않은 양들($E_x$ 등)은 실험실 좌표(우리 실험실 고정된)에서 관찰된 전자기장들이다. 프라임 표시가 된 ($E'_x$ 등) 은 실험실에 좌표계에 대하여 상대적으로 $+x$ 방향으로 속력 $v$로 움직이는 기준 좌표에서 관찰된 전자기장들이다(그림 20.70).

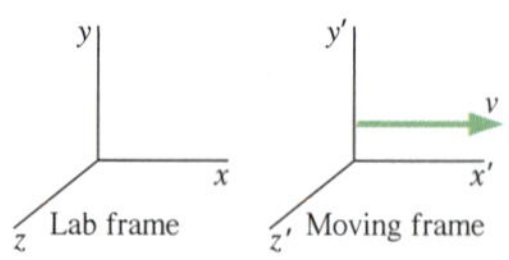


**그림 20.70** 움직이는 기준 좌표계가 실험실 좌표계에 대해 $+x$ 방향으로 속력 $v$을 가지고 움직인다.

$$E'_x = E_x \qquad E'_y = \frac{(E_y - vB_z)}{\sqrt{1-v^2/c^2}} \qquad E'_z = \frac{(E_z + vB_y)}{\sqrt{1-v^2/c^2}}$$

$$B'_x = B_x \qquad B'_y = \frac{\left(B_y + \frac{v}{c^2}E_z\right)}{\sqrt{1-v^2/c^2}} \qquad B'_z = \frac{\left(B_z - \frac{v}{c^2}E_y\right)}{\sqrt{1-v^2/c^2}}$$

## 움직이는 전하 입자의 자기장

실험실 계에서 정지하고 있는 양전하 입자에 이와 같은 변환을 적용해 보자. 물론, 이것은 단지 전기장만을 만들게 된다. 그러나 만약 여러분이 입자를 스쳐 지나가고 있다면, 여러분은 그것이 움직이고 있다고 관측하게 되고, 여러분은 전기장뿐 아니라 자기장도 관측하게 된다.

실험실 계에서 움직이지 않는 전하의 전기장은 다음과 같이 주어진다.

$$\vec{E} = \frac{1}{4\pi\varepsilon_0}\frac{q}{r^2}\hat{r}$$

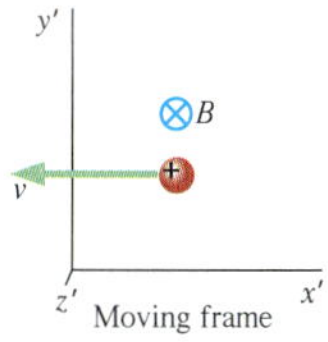


**그림 20.71** 움직이는 기준계에서, 입자는 $-x$ 방향으로 속력 $v$를 가지고 움직인다. 자기장이 이 계에서 나타나게 된다.

우리는 움직이는 기준계에서 이 전하에 의해 발생하는 전자기장들을 계산하고 싶다. 움직이는 기준계에서 입자는 $-x$ 방향으로 속력 $v$를 가지고 움직이는 것으로 보여진다(그림 20.71). 실험실 계에서는 어떠한 자기장도 존재하지 않는다. 그러나 움직이는 입자의 수직 방향으로, $E_y$는 양수이고, 그래서 움직이는 계에서는 다음과 같은 자기장이 존재한다.

$$B'_z = \frac{\left(B_z - \frac{v}{c^2}E_y\right)}{\sqrt{1-v^2/c^2}} = \frac{-\frac{v}{c^2}E_y}{\sqrt{1-v^2/c^2}}$$

낮은 속력에서는, 이것은 대략 다음과 같이 된다.

$$B'_z = -\frac{v}{c^2}\left(\frac{1}{4\pi\varepsilon_0}\frac{q}{r^2}\right) \quad (v \ll c)$$

양전하 입자 위에서의 자기장은 $-z$ 방향으로 있다(그림 20.71). 이것은 움직이는 전하에 의한 자기장의 방향에 대한 Biot-Savart 법칙의 예측과 일치한다. 이 절의 끝의 한 연습문제에서 이 변환식을 이용하여 움직이는 전하 주위로의 자기장이 보통의 동그랗게 둘러싼(curl) 모양을 가질 것이라고 증명할 것이다.

움직이는 계에서 자기장의 크기를 $\mu_0/4\pi$로 표현해 보자. 두 움직이는 양성자들 사이의(앨리스와 밥의 에피소드) 전자기력을 해석할 때, 다음과 같은 것을 확인하였다.

$$\frac{1}{\mu_0\varepsilon_0} = c^2 \quad \text{그래서} \quad \frac{1}{4\pi\varepsilon_0} = c^2\frac{\mu_0}{4\pi}$$

그리고 우리는 다음과 같이 식을 얻을 수 있다.

$$B'_z = -\frac{v}{c^2}\left(\frac{1}{4\pi\varepsilon_0}\frac{q}{r^2}\right) = -\frac{\mu_0}{4\pi}\frac{qv}{r^2}$$

이것은 정확히 $v \ll c$인 경우 Biot-Savart 법칙에서 예측한 움직이는 전하에서의 자기장의 크기이다. 즉, 이것은 장 변환식이 여러분이 전에 전자기장에 대해서 배운 것들과 일치한다는 것을 부분적으로 증명한 셈이다.

**전기장 및 자기장들은 서로 관계가 있다.**

단지 기준계의 변화가 전기장과 자기장을 서로 혼합시키기 때문에, 전기장과 자기장들은 서로 밀접하게 관계가 있다.

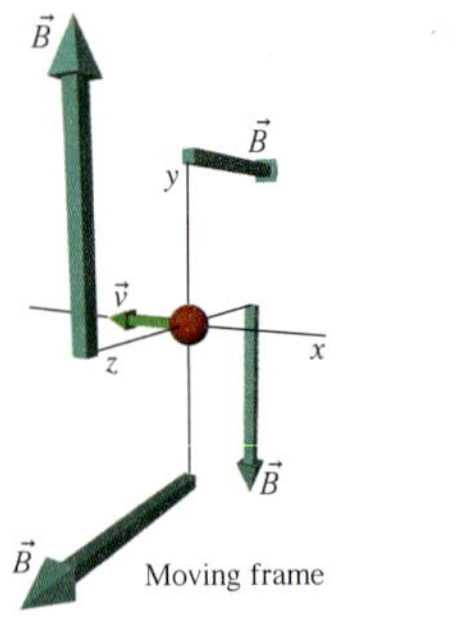


**그림 20.72** 움직이는 계에서 움직이는 양전하 주위로 동그랗게 둘러싼(curl) 모양의 자기장이 존재한다는 것을 보이기 위해서 장 변환식을 사용하여라.

많은 상황에서 자기장은 전기장의 상대적인 결과로 생각할 수 있다. 예를 들어, 만약 우리가 정지된 전하를 스쳐 지나가게 된다면, 자기장을 관찰할 수 있다. 그러나 만약 여러분이 여전히 서 있다면, 자기장을 관찰하지 않게 된다. 그러나 자기장이 단순히 기준계의 변화에 의한 결과로 되는 경우가 항상 성립하는 것은 아니다. 예를 들어, 정지된 전자, 양성자, 중성자 등은 자기 쌍극자처럼 행동하게 되어 자기장을 생성하게 된다. 그래서 자기장이 0이 되는 관성 기준계는 존재하지 않는다.

**점검 사항 16** 움직이는 기준계에서 양전하 입자의 앞, 뒤, 아래 방향에서의 자기장의 방향을 확인하기 위해 장 변환식을 사용하여라. 그리고 앞에서 예측한 것처럼(그림 20.72) 움직이는 양전하 주위로 동그랗게 둘러싼(curl) 모양의 자기장이 존재한다는 것을 보여라.

## 고속 전하 입자의 전기장

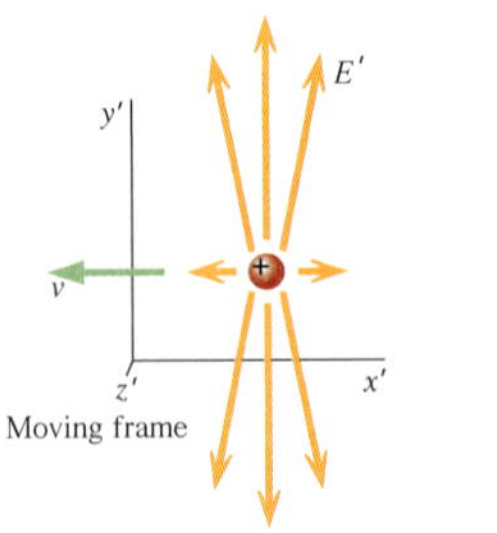


**그림 20.73** 움직이는 계에서의 입자의 전기장, 여기서 입자는 빠르게 움직이고 있다.

움직이는 기준계의 속력이 아주 크다면(거의 $c$에 근접하게), 입자의 전기장은 움직이는 계에서 상당히 변환하게 된다. 움직이는 계에서 입자의 앞뒤에서의 전기장의 크기는 변하지 않는다. 즉, $E'_x = E_x$이다. 그러나 입자의 측면 방향에서 전기장은 높은 속력에서 훨씬 크게 된다. 왜냐하면, $v$가 $c$에 근접하게 되면 다음과 같은 식을 가진 $E'_y$이 $E_y$보다 훨씬 크기 때문이다.

$$E'_y = \frac{(E_y + vB_z)}{\sqrt{1 - v^2/c^2}} = \frac{E_y}{\sqrt{1 - v^2/c^2}}$$

그림 20.73은 이 기준계 상에서 빠르게 움직이는 전하 근처에서, 움직이는 계에서 바라본 전기장의 일반적인 패턴을 보여준다. 높은 전기장 세기의 영역은 입자의 속력이 광속에 근접하게 될 때 점점 더 얇은 팬케이크 같은 모양이 된다.

## 균일한 자기장 영역에서의 움직임

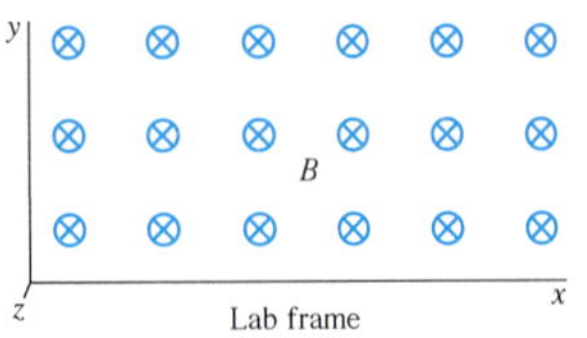


**그림 20.74** 실험실 계에서 $-z$방향으로 뻗어있는 균일한 자기장의 영역

앞에서 살펴본 예들에서 다음과 같은 상황이 포함되어 있다. 정지된 입자계에서는 어떤 자기장도 없었으나, 움직이는 좌표계에서는 전기장과 자기장이 있었다. 이제 우리는 실험실 계에서 어떤 전기장도 존재하지 않는 균일한 자기장 영역을 생각해 볼 것이다. 움직이는 기준계에서 어떤 장들이 존재하는지를 볼 것이다. 실험실 계에서 자기장은 $\langle 0, 0, -B \rangle$이고 그래서 $B_z = -B$이다(그림 20.74).

**질문** 여러분이 이 영역 내에서 $+x$ 방향으로 속력 $v$를 가지고 움직인다고 가정하자. 위에서 주어진 장 변환식을 사용하면, 여러분은 어떤 전기장을 관측하겠는가?

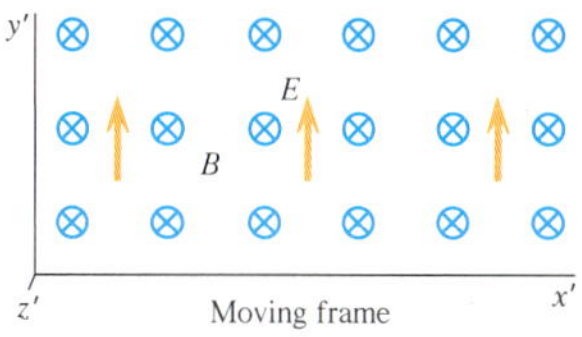


**그림 20.75** 움직이는 계에서 $+y$ 방향의 $E = vB$의 크기를 가지는 전기장이 존재한다.

실험실 계에서는 어떠한 전기장도 존재하지 않겠지만, 변환식에 의하면, 움직이는 기준계에서 다음과 같이 크기 $E = vB$를 가지는 위 방향의 전기장을 관측할 것이다($+y$ 방향; 그림 20.75를 보아라).

$$E'_y = \frac{0 - vB_z}{\sqrt{1 - v^2/c^2}} = \frac{0 - v(-B)}{\sqrt{1 - v^2/c^2}} \approx vB \quad \text{if } v \ll c$$

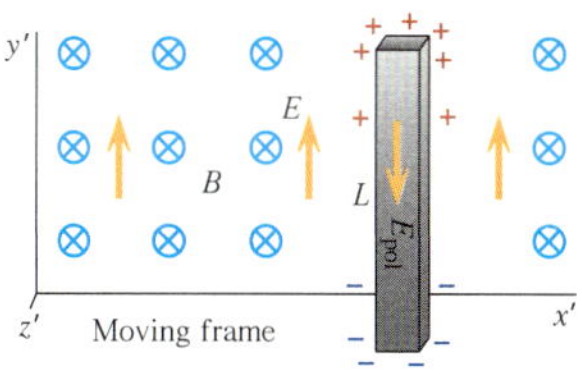


**그림 20.76** 움직이는 계에서 정지해 있는 금속 막대기는 위 방향의 인가된 전기장에 의해 분극화된다. 분극 전하들은 아래 방향의 전기장 $E_{pol} = vB$를 생성한다.

우리가 이 움직이는 계에 있다고 가정한다면, 우리는 이 좌표계에서 정지해 있는 금속 막대를 관측한다고 하자. 이 영역의 모든 곳에서 $E = vB$ 크기를 가지는 위 방향의 전기장이 있기 때문에 금속 막대기는 분극화된다(그림20.76). 막대기는 $E_{pol} = vB$의 크기를 가지는 아래 방향의 전기장을 생성하기에 충분한 전하가 존재할 때까지 분극화한다. 그 시점에서 금속 내부의 알짜 전기장은 제로가 되고 평형 상태가 된다.

실험실 계에서, 금속 막대는 균일한 자기장을 가지나 전기장이 없는 영역 내에서 $+x$ 방향으로 일정한 속력 $v$로 움직인다(그림 20.77). 우리는 운동 기전력과 연결해서 이 장의 앞부분에서 이 같은 상황을 다루었다. 실험실 계에서 움직이는 금속 막대기는 움직이는 동적 전하들에 작용하는 자기력 $qvB$ 때문에 분극화가 이루어진다. 분극 전하들은 아래 방향의($-y$ 방향) 전기장 $E_{pol}$을 생성한다. 평형 상태에서 $qE_{pol} = qvB$ 그리고 $E_{pol} = vB$가 되어야 한다.

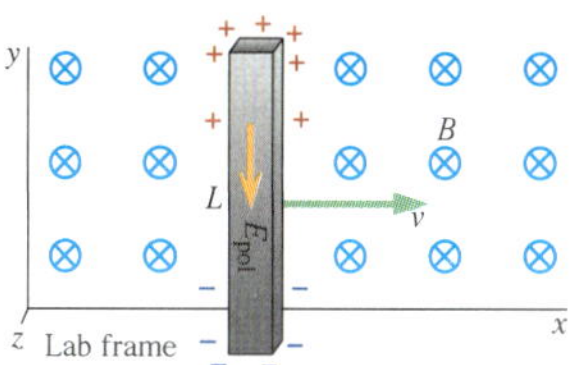


**그림 20.77** 실험실 계에서 움직이는 금속 막대는 묶이지는 전하들에 작용하는 자기력에 의해 분극화 된다. 분극 전하는 $E_{pol} = vB$의 크기를 가지는 아래 방향의 전기장을 생성한다.

형성된 전하의 양은 어느 기준 좌표계에서도 같다. 그러나 두 좌표계에서의 관찰자들은 각각 전하 형성의 원인에 대한 설명은 다르다. 움직이는 기준계에서(여기에서 막대기는 움직이지 않는다), 분극 전하들에 의한 아래 방향의 전기장 $E_{pol} = vB$에 의해 균형이 이루어 질 때까지 막대를 분극화시키는 $E = vB$ 크기의 위 방향 전기장이 존재하게 된다. 실험실 계에서는(막대가 움직인다.) 자기력이 분극 전하의 전기력에 의해 균형이 이루어 질 때까지 막대를 분극화시키는 자기력이 존재하게 된다. 즉, 아래 방향의 전기력은 $E_{pol} = vB$의 크기를 가진다.

### 상대성의 원리

다른 기준계에서 다른 관찰자에 대한 다른 메커니즘이 존재할지도 모른다. 그러나 모든 관찰자는 상대론적으로 옳은 물리 법칙을 이용하여 자신의 좌표계에서 무슨 일이 일어나는지를 정확히 예측할 수 있다.

## 속도 선택기를 통한 이동

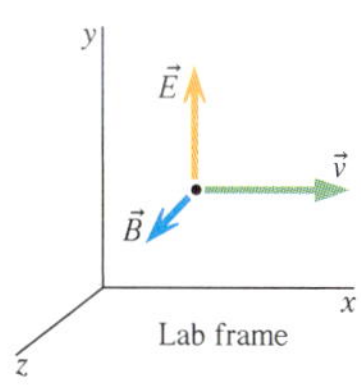


**그림 20.78** 속도 선택기. 만약 $E = vB$라면, 전하 입자들은 어떤 휘어짐도 없이 바로 통과하게 된다.

또 다른 예로, 그림 20.78에서 보는 것처럼 앞에서 살펴본 속도 선택기를 생각해 보자. 실험실 계에서 $+y$ 방향으로 크기 $E$의 전기장이 있고 $+z$ 방향으로 크기 $B$의 자기장이 있는 영역 내에서 $x$방향으로 속력 $v$를 가지고 전하 입자가 움직이고 있다. 만약 $E = vB$라면, 전하 입자는 어떤 휘어짐도 없이 지나가게 된다. 왜냐하면 $qE$의 전기력은 $qvB$의 자기력과 크기가 같고 방향이 반대이기 때문이다.

**질문** 전하 입자가 없는 영역을 여러분이 $+x$ 방향으로 $v$라는 속력을 가지고 움직이고 있다고 가정하자. 위에 주어진 장 변환식에 의하면, 여러분은 어떤 전기장과 자기장을 관측하게 되는가?

움직이는 계에서 여러분이 관측하는 유일한 장들은 다음과 같다.

$$E'_y = \frac{(E_y - vB_z)}{\sqrt{1-v^2/c^2}} = \frac{E - vB}{\sqrt{1-v^2/c^2}} = \frac{vB - vB}{\sqrt{1-v^2/c^2}} = 0$$

$$B'_z = \frac{\left(B_z - \dfrac{v}{c^2}E_y\right)}{\sqrt{1-v^2/c^2}} = \frac{B - \dfrac{v}{c^2}E}{\sqrt{1-v^2/c^2}} = \frac{B - \dfrac{v}{c^2}(vB)}{\sqrt{1-v^2/c^2}} = \frac{(1-v^2/c^2)}{\sqrt{1-v^2/c^2}}B$$

**질문** 여러분이 이 같은 장들을 관측할 때, 여러분의 기준계에서 초기에 정지하고 있는 전하 입자들에게 무슨 일이 일어날 것인가?

정지된 전하는 자기장에 의해 영향을 받지 않는다. 그리고 어떤 전기장도 없기 때문에 전하 입자에 어떠한 힘도 존재하지 않는다. 이것은 타당성이 있다. 왜냐하면, 여러분의 기준계에서 정지된 입자는 실험실계에서는 일정한 속도를 가지고 움직인다. 즉, 속도 선택기를 따라 직선으로 움직인다.

두 기준계에서 관찰자들은 그들의 상황에 대한 해석에 있어서 차이가 있다는 것을 명심해야 한다. 그러나 양쪽은 전하 입자에 일어나는 것을 정확히 예측한다. 여러분은 정지해 있는 전하 입자가 계속 정지해 있을 것이라고 예측한다. 왜냐하면, 어떤 전기장도 존재하지 않고 알짜 전자기력도 0이기 때문이다. 실험실 계에서의 관찰자는 전기력과 자기력을 계산하고, 그것들이 서로 크기가 같고 방향이 반대라는 것을 알게 되고, 그래서 입자에 작용하는 알짜 힘이 0이기 때문에 그 입자는 일정한 속력을 가지고 움직일 것이라고 예측하게 된다.

## 변환의 또 다른 형태

장들의 $y$와 $z$ 성분들에 대한 변환에서 벡터 곱 같이 보이는 부분을 주목했을 것이다. 즉, 그 성분들은 운동 방향에 수직이다. 우리는 장들의 변환을 다음과 같이 운동 방향에 평행하고 수직인 것으로 쓸 수 있다.

$$E'_{\parallel} = E_{\parallel} \qquad B'_{\parallel} = B_{\parallel}$$

$$E'_{\perp} = \frac{(\vec{E} + \vec{v}\times\vec{B})_{\perp}}{\sqrt{1-v^2/c^2}} \qquad B'_{\perp} = \frac{\left(\vec{B} - \dfrac{\vec{v}\times\vec{E}}{c^2}\right)_{\perp}}{\sqrt{1-v^2/c^2}}$$

**점검 사항 17** 앞에서 다루었던 하나 혹은 여러 개의 현상들을 다시 해석하기 위해서 이러한 형태의 변환식을 사용해 보도록 하여라. 즉, 움직이는 전하의 장들, 자기장 내에 움직이는 금속 막대, 혹은 속도 선택기 등을 해석해 보아라.

만약 여러분이 상대성에 대해 더 많이 알고 싶다면, 이 주제에 대한 많은 좋은 책들이 있다. 혹은, 상대성에 대한 강좌를 보고 싶어할지도 모른다. 여기 다음과 같이 두 권의 훌륭한 입문서들이 있다.

R. Resnick, *Introduction to Special Relativity* (Wiley, 1968)

E. Taylor and J. Wheeler, *Spacetime Physics* (Freeman, 1992)

## 요약

**알짜 전기력과 자기력**

$$\vec{F} = q\vec{E} + q\vec{v} \times \vec{B}$$

("로렌츠 힘"이라고 부른다.)

전류가 흐르는 도선의 짧은 부분에 작용하는 힘

$$\Delta\vec{F}_{\text{magnetic}} = I\Delta\vec{l} \times \vec{B}$$

균일한 자기장 내에서의 원운동

$$\text{임의의 속력에서, } \omega = \frac{|q||\vec{B}|}{\gamma m}$$

$$v \ll c \text{ 라면, } \omega \approx \frac{|q||\vec{B}|}{m}$$

운동량 $|\vec{p}| = |q|\,|\vec{B}|R$은 상대론적인 속력에서도 성립한다.

홀 효과: 자기장 하에 전류가 흐르는 도선 내에 움직이는 전하 입자에 작용하는 자기력 때문에 생기는 측면 방향의 전기장. 홀 효과 때문에, 특정한 물질에서의 유동 전하들의 부호와 밀도를 구할 수 있다.

운동 유도 기전력은 자기장 하에 도선 내의 유동 전하들에 작용하는 자기력의 적분에 해당한다.

전류가 흐르는 코일 혹은 자기 쌍극자 모멘트는 자기장 하에 어떤 돌림힘을 받게 되고, 인가된 자기장 방향으로 회전하게 된다.

자기 쌍극자에 작용하는 자기 돌림힘은 다음과 같다.

$$\vec{\tau} = \vec{\mu} \times \vec{B}$$

자기장 하에 자기 쌍극자와 관련된 퍼텐셜 에너지는 $U_m = -\vec{\mu} \bullet \vec{B}$이고, 자기 쌍극자에 작용하는 힘은 다음과 같다.

$$F_x = -\frac{dU_m}{dx} = \frac{d(\vec{\mu} \bullet \vec{B})}{dx}$$

질소 혹은 산소 분자를 이온화하기 위해 충분히 큰 전기장으로 자유 전자를 가속할 때, 연속 핵반응이 일어날 수 있다.

전기장과 자기장은 정지된 좌표계와 움직이는 좌표계에서 다르게 된다. 금속 막대의 분극과 같은 현상은 다른 좌표계에서 다르게 설명될 수 있다. 다음 변환 관계식은 움직이는 좌표계에서의 $\vec{E}'$와 $\vec{B}'$을 정지된 좌표계에서의 $\vec{E}$와 $\vec{B}$과 연관시킨다.

$$E'_x = E_x \qquad E'_y = \frac{(E_y - vB_z)}{\sqrt{1 - v^2/c^2}} \qquad E'_z = \frac{(E_z + vB_y)}{\sqrt{1 - v^2/c^2}}$$

$$B'_x = B_x \qquad B'_y = \frac{\left(B_y + \frac{v}{c^2}E_z\right)}{\sqrt{1 - v^2/c^2}} \qquad B'_z = \frac{\left(B_z - \frac{v}{c^2}E_y\right)}{\sqrt{1 - v^2/c^2}}$$

## 실험

**실험 1.** 자기력 관찰하기

자기장이 전류가 흐르는 도선에 작용하는 자기력을 스스로 관찰하여라. 짧은 회로 혹은 더 많은 건전지를 준비하고, 전류가 흐르는 도선이 막대 자석 근처에서 어떻게 휘어지는지 관찰하여라(휘어짐의 방향을 보기 위해서 회로를 만들고 해체하는 식으로 시도해 보아라). 2 m 길이의 도선을 사용하고 도선의 일부분은 도선의 위 부분이 무게를 가지고 자유스럽게 움직이도록 책상의 가장자리에 걸려 있게 한다. 그리고 회로가 연결되고 닫힐 때 도선의 아래 부분이 움직이지 않도록 한다(그림 20.79). 도선을 연결했을 때, 도선이 다소 옆으로 갑작스럽게 움직이게 된다. 그 힘은 아주 작으니까 가까이서 관찰하도록 하여라.

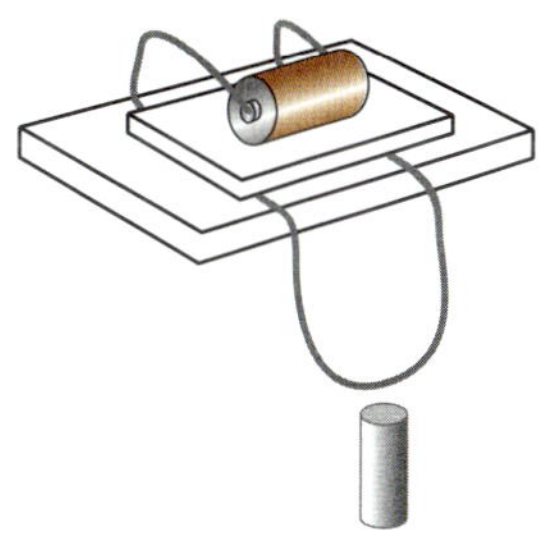

그림 20.79

다른 방향의 전류와 자기장에서도 시도해 보아라(자석에 기록된 N과 S 표시들을 사용하거나, 나침반을 체크하는 방식으로). 그리고 뒤틀림의 방향을 예측할 때, 파트너와 교대하여라. 여러 상황들을 스케치하고, 여러분이 관찰한 것을 설명하기 위하여 식을 사용하여라.

**실험 2.** 막대 자석과 코일
긴 도선을 말아서 코일로 만들고, 연결된 도선들로 코일을 매달고, 막대 자석을 매달린 코일 근처로 가져간다.
(a) 어떤 조건에서 막대 자석이 코일을 밀어낼까? 어떤 조건에서 막대 자석이 코일을 잡아 당길까?
(b) 막대 자석 때문에 코일이 휘어지는 상황을 스케치하여라. 코일의 어느 부분에 어떤 힘이 작용하는지를 알아보는 방법으로 간결하게 설명하여라.

**실험 3.** 건전지의 직렬 연결과 병렬 연결
(a) 모든 건전지가 같은 내부 저항을 가진다고 가정하면, 직렬로 더 많은 건전지를 연결하게 되면, 자기력에 무슨 일이 일어날 것이라 예측하는가? 병렬로 연결한다면 무슨 일이 일어날까? 보통의 손전등 건전지는 약 1/2 혹은 1/4 의 저항을 가진다. 그러나 여기서 도선의 저항은 그것보다 훨씬 작다.
(b) 여러 건전지의 조합을 사용할 때(여러분의 파트너와 함께 건전지를 조합하는 것도 포함하여), 여러분의 막대 자석에 의한 도선 혹은 코일의 휘어짐을 관찰하여라. 여러분은 무엇을 관찰하고, 그것이 여러분의 예측과 어떻게 비교되는가? (힌트: 회로 안팎으로 몇몇의 건전지를 연결함으로써 병렬로 연결된 다른 수의 건전지들의 효과를 비교하여라. 동시에 도선의 휘어짐도 관찰한다.)

**실험 4.** 자석은 자석을 잡아당긴다.
예측: 두 자석의 자기 쌍극자 모멘트 $\mu_1$과 $\mu_2$를 구하고, 자석들의 무게를 측정해라. 어떤 특정한 거리 $x$에서 두 자석들의 자기적인 인력이 한 자석의 무게 $Mg$와 같아진다. 이 거리 $x$의 수치적인 값을 예측하여라. 측정: 자석을 책상 위에 위 방향으로 세워 놓는다. 그리고 다른 자석을 이용하여 그 자석을 띄우도록 한다. 아래의 자석이 뜨는 순간에 자석들의 중심 사이의 거리 $x$를 측정하여라. 그리고 이것을 이론적인 예측 값과 비교하여라. 이 책 뒤 커버 안에 자가 있다. 중심과 중심 사이의 평균 거리를 사용하면, 힘이 $1/x^4$을 가지고 변하게 된다. 이 실험은 우리가 예측한 것보다 상당히 잘된다.

## 질문

**질문1.** 양성자가 자기장에 수직인 속도 성분뿐 아니라 수평 속도 성분을 동시에 가지고 있다고 가정하자(그림 20.80). 자기장이 수평 속도 성분에 미치는 효과는 무엇인가? 양성자의 운동 궤도는 어떤 모양일까?

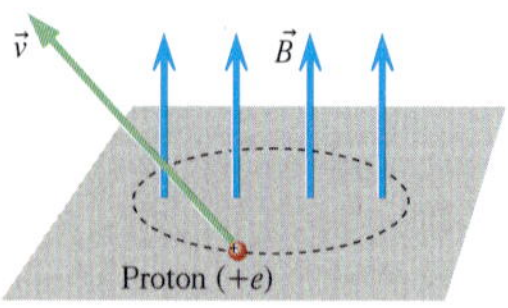


그림 20.80

**질문2.** 전자가 지면 상에서 $v$의 속력을 가지고 움직이고 있다(그림 20.81), 그리고 이 영역에서 지면으로 들어가는 방향으로 균일한 자기장이 있다. 즉, 이 자기장은 그림에서 보이지 않았지만 큰 코일에 의해 생성된다. 전자의 궤도를 그리고 그것을 정량적으로 설명하여라.

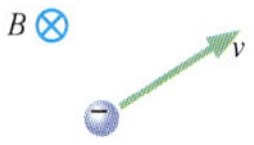


그림 20.81

**질문3.** 그림 20.82에서 보는 바와 같이 양성자와 전자가 특정한 속도로 움직이고 있다.

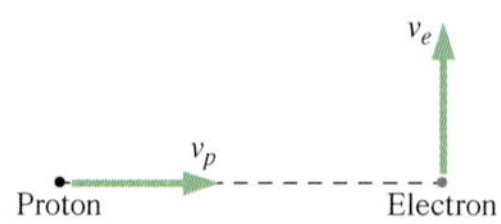


그림 20.82

(a) 그림과 같은 상황에서, 전자가 위치한 곳에서 양성자가 만들어내는 전기장과 자기장의 방향을 보여라.
(b) 양성자가 전자에 주는 전기력과 자기력의 방향을 보여라.
(c) 마찬가지로, 양성자의 위치에서 전자가 만들어내는 전기장 및 자기장의 방향을 보여라.
(d) 전자가 양성자에 주는 전기력 및 자기력의 방향을 보여라.
(e) (b)와 (d)에서 구한 결과들을 주의 깊게 생각해 보자. 전자와 양성자에 작용하는 자기력들이 서로 반대 방향에 있는가?
(f) 두 입자들의 총 운동량은 일정한가? 이것은 고립된 계에서의 운동량 보존 법칙에 위배되는가?

뒷장에서 살펴보겠지만, 이와 같은 입자들의 전기장 및 자기장과 관련된 운동량이 존재한다. 양성자의 선운동량 + 전자의 선운동량이 변하더라도, 입자 운동량들의 합 +

자기장 운동량은 변하지 않는다.

**질문4.** 정사각형 단면적을 가지는 구리 도선이 왼쪽 방향으로 전류 $I$를 운반한다(그림 20.83에서처럼). 도선에 수직한 자기장 $B$가 존재한다. 홀 효과 때문에 생기는 도선 내의 횡 방향 전기장 $E_\perp$의 방향을 묘사하고, 간략하게 설명하여라.

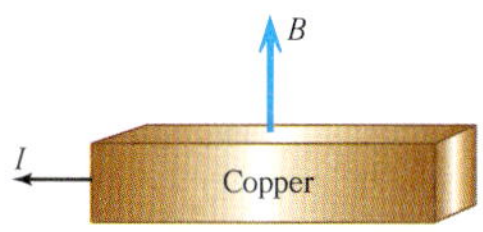


그림 20.83

**질문5.** 자석이 건전지에 연결된 도선 막대에 수직으로 고정되어 있다. 구리 막대 중심에서의 전기장 성분들의 방향을 기술하여라. 즉, 막대에 수평하고 수직인 성분으로 나타내어라. 그리고 간결하게 설명하여라.

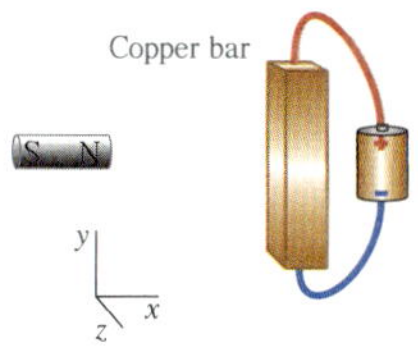


그림 20.84

**질문6.** 홀 효과는 특정 전도 물질 내의 유동 전하들의 부호를 결정하는 데 사용될 수 있다. 새로운 종류의 전도 물질의 막대기가 그림 20.85에서 보는 바와 같이 건전지에 연결되어 있다. 여기서, $x$축은 오른쪽 방향이고, $y$축은 위 방향이고, $z$축은 지면으로부터 나오는 방향에 해당한다. 전압계는 보는 바와 같이 막대기의 옆을 가로질러서 연결되어 있고, 단자들이 수직선 상에서 각각 서로 반대 방향에서 직접 연결되어 있다. 다음 질문들에 답하기 위해서는 여러분은 이 상황에 대해 주의 깊게 그려 보아야 한다. 즉, 관계된 모든 전하들, 전기장들, 자기장들, 그리고 속도들을 고려해야 한다.

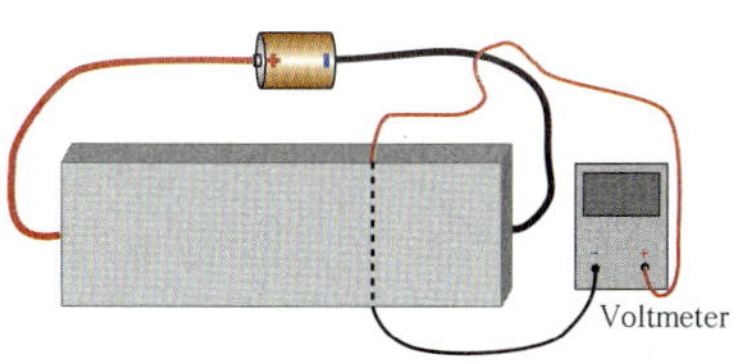


그림 20.85

처음 단계에서는 막대기 지점에서 어떠한 자기장도 존재하지 않는다.

(a) 막대 내에서, 건전지와 도선과 막대 표면의 전하 때문에 생기는 전기장 $\vec{E}$의 방향은 무엇인가? 이 전기장은 막대 내의 전류를 흐르게 만든다.

(b) 막대 안의 유동 전하들이 양의 전하일 때, 전류가 흐를 때 해당 전하들은 어느 방향으로 움직이는가?

(c) 막대 안의 유동 전하들이 음의 전하일 때, 전류가 흐를 때 해당 전하들은 어느 방향으로 움직이는가 ?

(d) 이와 같은 상황에서(자기장이 0인), 전압계가 표시하는 부호는 무엇인가?

다음 단계에서는, 아주 큰 코일들(그림에서 보이지 않았지만)이 막대기 근처에서 움직이고 있고, 그 코일들을 따라 전류가 흐르고 있기 때문에 $-z$방향(지면을 들어가는 방향으로)으로 자기장을 만들게 된다.

(e) 막대 내의 유동 전하들이 음의 전하일 때, 유동 전하들에 작용하는 자기력의 방향은 무엇인가?

(f) 막대 내의 유동 전하들이 음의 전하일 때, 다음과 같은 것들 중에 어떤 일이 발생할 것인가? (1) 양의 전하는 막대의 윗부분에 축적될 것이다. (2) 막대는 편극되지 않을 것이다. (3) 음의 전하는 막대의 왼쪽 끝부분에 축적될 것이다. (4) 음의 전하는 막대의 윗부분에 축적될 것이다.

(g) 막대 내의 유동 전하들이 양의 전하일 때, 유동 전하에 작용하는 자기력의 방향은 무엇인가?

(*h*) 막대 내의 유동 전하들이 양의 전하일 때, 다음과 같은 것들 중 어떤 일이 발생할 것인가? (1) 양의 전하가 막대의 윗부분에 축적될 것이다. (2) 막대는 분극화되지 않을 것이다. (3) 양의 전하가 막대의 오른쪽 끝에 축적될 것이다. (4) 음의 전하가 막대의 윗부분에 축적될 것이다.

전압계를 보면, 미터 값이 $-5 \times 10^{-4}$ V을 나타낸다.

(i) 이 관측으로부터 여러분은 무엇을 말할 수 있나? (전압계는 양의 단자가 높은 퍼텐셜 에너지에 연결될 때만 양의 미터 값을 주게 된다는 것을 알아야 한다.) (1) 유동 전하들의 부호를 알 수 있는 충분한 정보가 없다. (2) 유동 전하들은 음의 값을 가진다. (3) 유동 전하들은 양의 값을 가진다.

**질문7.** 유동 전하와 정사각형 단면적을 가지는 금속 도선이 $-y$ 방향으로 전류 $I$를 운반한다.

$+x$ 방향으로 자기장 $B$가 존재한다. 다음 질문들에 답하기 위해, 이 상황을 묘사하는 다이어그램을 그려라.

(a) 전류를 흐르게 하는 전기장 $E_{\text{parallel}}$의 방향은 무엇인가?

(b) 유동 전하들의 유동 속도의 방향은 무엇인가?

(c) 움직이는 전자들에 작용하는 자기력의 방향은 무엇인가?

(d) 도선 내 홀 효과 때문에 생긴 전기장 $E_{transverse}$의 방향은 무엇인가?

(e) 만약 유동 전하가 음이 아닌 양의 값(정공들)을 가졌다면, 움직이는 양의 전하들에 작용하는 자기력의 방향은 무엇이 됐을까?

(f) 만약 유동 전하가 음이 아닌 양의 값을 가졌다면, 횡 방향의 전기장 방향은 무엇이 됐을까?

**질문8.** 여러분은 유도 기전력 = $K$를 가진 건전지, 고감도 전압계, 판 모양의 큰 저항을 가진 금속을 가지고 있다. 금속 내 유동 전하는 이동도 $u$를 가진 전자들이다. 그리고 입방 미터당 $n$개의 전자들이 있다. 금속판은 길이 $L$, 높이 $h$, 넓이 $w$를 가진다. 여러분은 또한 그림 20.86에서 부품들을 연결하기 위해 사용할 수 있는 매우 작은 저항을 가진 많은 도선들을 가지고 있다. 금속판이 위치한 영역에서 위 방향으로 향해 있는 균일한 자기장이 있다. 즉, 그림에서 보이지 않았지만, 이 자기장은 아주 큰 자석에 의해 생성된다. 사용가능한 장비들을 가지고 이 자기장의 크기를 계산해 내는 것이 이 문제의 목표이다.

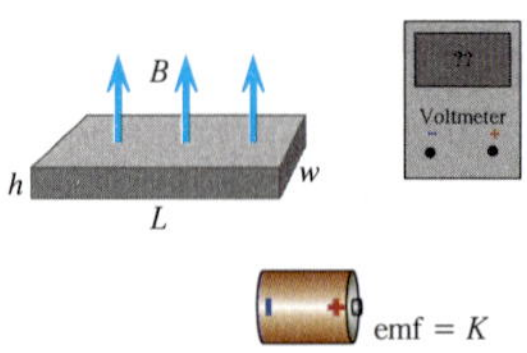


그림 20.86

(a) 어떻게 장비들을 연결할 것인지를 보여주기 위해 그림에 도선들을 그리시오.

(b) 적절한 그림들을 포함하여, 여러분이 어떻게 $B$를 알아낼 것인지 세부적으로 설명하여라. 그리고 전압계에서 읽혀지는 $\Delta V$와 이미 알려진 값들($K$, $u$, $L$, $h$, $w$)을 이용하여 $B$를 구하여라.

**질문9.** 그림 20.87에서 저항기를 따라 흐르는 전류는 어느 방향으로 흐를 것인가? 움직이는 막대에 작용하는 자기력의 방향은 무엇인가?

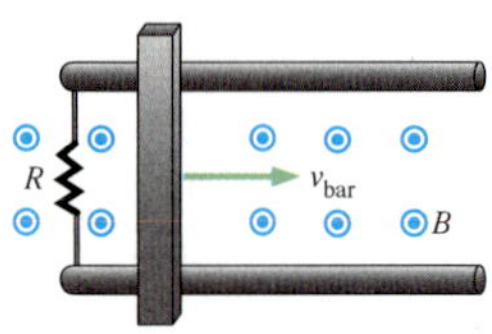


그림 20.87

**질문10.** 길이 $w$인 두 금속 도선들과 길이 $h$의 두 금속 도선들이 연결되어, $w$와 $h$의 변의 길이를 가지는 직사각형 모양의 도선이 만들어진다. 직사각형은 위 방향의 균일한 자기장 $B$에서 마찰력 없는 축(외부 힘 때문에)을 중심으로 일정한 각속도 $\omega$를 가지고 반시계 방향으로 회전하게 된다(그림 20.88).

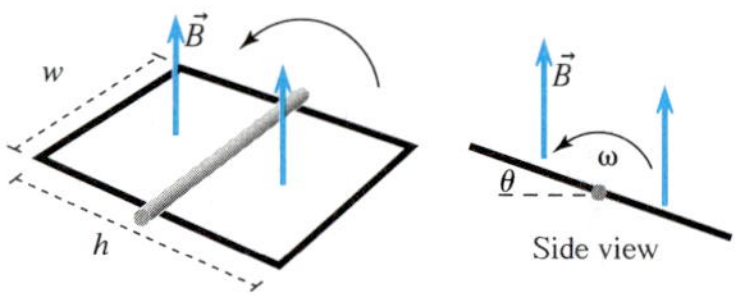


그림 20.88

(a) 직사각형 고리가 수평으로부터 $\theta$의 각도로 있을 때, 회로에 유도되는 유도 기전력의 크기와 전류 $I$의 방향은 어떻게 되나?

(b) 비록 직사각형 고리가 마찰력이 없는 축을 중심으로 일정한 각속도로 회전하더라도, 왜 고리를 회전시키는데 외부 힘이 필요할까 ? 그림 상에 외부 힘들의 방향을 표시하여라.

**질문11.** 그림 20.89를 보아라. 만약 여러분이 움직이는 막대와 함께 $v$의 속력으로 움직인다면, 여러분의 기준계에서는 막대기 안의 전하 입자들은 움직이지 않는다. 여러분의 움직이는 기준계에서, 막대기가 왜 여전히 분극화되는지는 설명하여라.

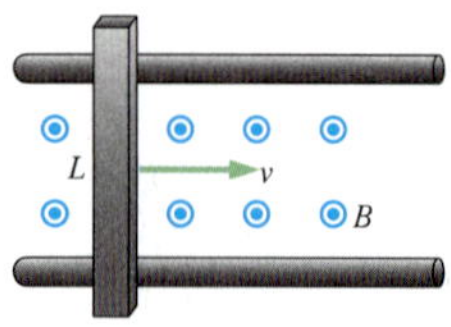


그림 20.89

**질문12.** 전류가 흐르는 직사각형 도선 고리가 축 상에 고정되어, 균일한 자기장에 대해서 어떤 각을 가지고 유지되어 있다. 만약 고리가 자유스럽게 풀려난다면, 그것은 시계 방향으로 혹은 반시계 방향으로 회전할 것인가? 간략하게 설명하여라. 그리고 설명할 때, 그림 20.90을 사용하여라.

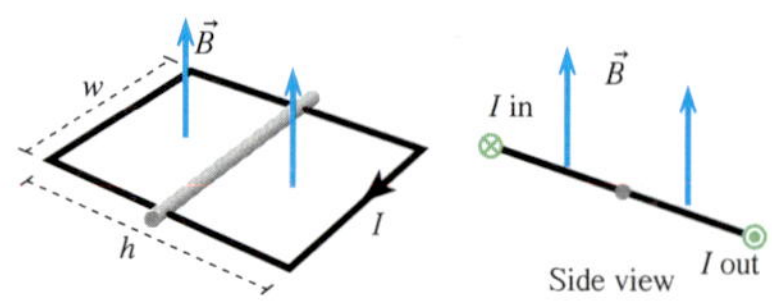


그림 20.90

**질문13.** 그림 20.91에서처럼 막대 자석이 축 상에 고정되어 있고, 자기장 $\vec{B}$ 하에 풀려나게 된다. 이 자기장은 그림에서 보이지 않았지만, 코일에 의해 생성된다. 초기에 자석은 시계 방향 혹은 반시계 방향으로 회전하는가? 왜 이것이 회전하고 예측된 방향으로 회전하는지에 대한 원인을 세부적으로 설명하여라.

그림 20.91

**질문14.** 그림 20.92는 균일하지 않는 자기장의 영역을 보여준다. 자기장은 오른쪽으로 갈수록 강해진다. 그림에서 보여준 각각의 네 가지 방향에서 자기 쌍극자에 작용하는 자기력의 초기 방향은 무엇인가? (힌트: 자유스럽게 움직이는 자기 쌍극자는 낮은 퍼텐셜 에너지 영역으로 이동한다. 여러분은 또한 두 자석의 상호작용에 대해 아는 것을 확인할 수 있다.)

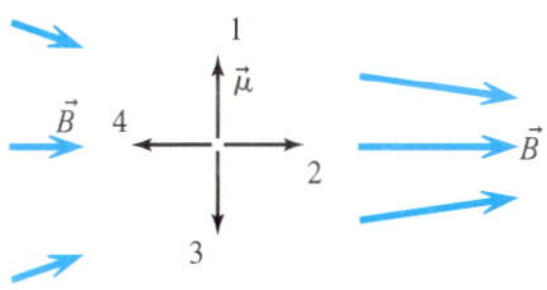


그림 20.92

**질문15.** 자석이 어떻게 클립을 잡아당길 수 있는지를 정량적으로 설명하기 위해서 강자성 물질과 자기 모멘트에 작용하는 힘들에 대한 지식들을 조합해 보아라.

**질문16.** 한 학생이 말하기를 "스파크가 일어난 동안, 양성자는 양전하 공 바깥으로 잡아당겨지고 음전하 공으로 뛰어 넘게 된다." 고 한다. 왜 이 같은 해석이 정확하지 않는지에 대한 적어도 두 가지의 이유를 대시오.

**질문17.** "여러분이 두 개의 반대로 대전된 금속 블록들 사이에 금속 도선을 연결할 때, 음전하의 블록에 있는 전자들이 양전하 블록으로 점프하게 된다." 이 문장에 어느 것이 잘못된 것인지 간결하게 설명하여라.

**질문18.** 질소 분자의 이온화 에너지보다 작은 에너지를 가진 전자가 질소 분자와 충돌했다면 무슨 일이 일어날까?

**질문19.** 높은 고도에서 공기의 밀도는 작게 된다. 공기의 밀도가 해수면에서의 공기 밀도의 1/2 배라면, 공기 내의 전자의 평균 자유 이동 거리 $d$는 어떻게 변하는가? (1) $d$는 전과 같게 된다. (2) $d$는 두 배 늘어난다. (3) $d$는 반으로 줄게 된다. (4) $d$는 1/4배로 줄게 된다. (5) $d$는 4배 늘어난다.

**질문20.** 공기 분자의 반지름이 두 배 크다면, 공기 내의 전자의 평균 자유 이동 거리 $d$는 어떻게 변하는가? (1) $d$는 먼저와 같게 된다. (2) $d$는 두 배 늘어난다. (3) $d$는 반으로 줄게 된다. (4) $d$는 1/4배로 줄게 된다. (5) $d$는 4배 늘어난다.

**질문21.** 어떤 특정 조건에서 공기를 이온화하는 데 보통보다 6배의 전기장이 필요했다면, 이 조건에서의 평균 자유 이동도는 얼마여야만 하는가? STP에서의 평균 자유 이동도에 대한 이 조건에서의 평균 자유 이동도의 비율로 구하는 것으로 답하여라.

**질문22.** 그림 20.93에서처럼 금속구 1은 음의 값으로 대전되어 있고 금속구 2는 전하를 띄지 않는다.

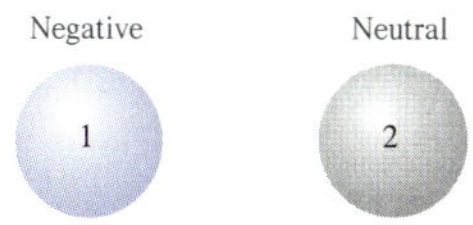


그림 20.93

(a) 책에서 기술하고 사용한 것처럼 그림을 이용하여, 양 구에 나타나는 전하 분포를 기술하여라.

(b) 구들은 서로 가깝게 움직인다(전하가 변화되지 않도록 절연시키는 것들을 사용한다). 그것들이 어떤 짧은 거리로 떨어질 때, 스파크가 짧은 순간에 관측된다. 스파크가 생성되는 데 필요한 거리가 얼마나 되는지 정량적으로 설명하여라(구가 훨씬 멀리 떨어질 때, 왜 스파크가 일어나지 않는가?)

(c) 스파크가 멈춘 후에 양 구에 나타나는 전하 분포를 기술하여라. 그리고 이 새로운 전하 분포가 어떻게 발생하는지 간결하나 완벽하게 설명하여라.

**질문23.** 아주 건조한 날씨에서, 여러분이 신고 있는 고무창 구두를 카펫에 이리저리 문지르고 나서 여러분의 손가락을 문손잡이 같은 금속 물체에 가져간다면, 여러분은 아마도 충격과 함께 스파크를 보게 될 것이다. 어떻게 이와 같은 일이 일어나는지는 굉장히 의문스러웠다. 왜냐하면, 고무는 절연체이기에 전하는 여러분의 신발 구두창으로 이동할 수 없기 때문이다. 이 과정을 적절한 그림과 함께 자세히 설명하여라. 다음 질문에 답하도록 하여라. (a) 신발을 카펫, 양모, 다른 옷 등에 문지른 후에 신발의 밑창에 생성된 전하의 부호를 알기 위한 실험을 수행하여라. 여러분이 수행한 테스트를 설명하여라(결과를 얻을 수 없다면, 나머지는 논의를 사용하여 부호를 선택하여라).

(b) 신발과 나머지 몸을 포함하는 그림을 그려라. 모든 관련된 전하들과 장들을 포함시켜라.

(c) 여러분의 손이 문손잡이로부터 1 cm일 때 스파크가 일어났다고 가정해 보자. 여러분의 손가락, 문손잡이, 모든 관련된 전하들, 관련된 위치에서의 전기장에 기여한 모든 것들을 보이는 두 그림을 그리시오. 즉, 손가락이 문손

잡이로부터 1.5 cm 떨어졌을 때(스파크가 아직 안 일어났을 때)와 손가락이 문손잡이로부터 1 cm 떨어졌을 때(스파크가 시작할 때). 이 그림들을 바탕으로, 손가락이 문손잡이로부터 충분히 가까울 때(1 cm)만 스파크가 일어나고, 멀리 있으면 왜 안 일어나는지 그 이유를 설명하여라.

(d) 어느 위치에서 스파크가 일어난다고 생각하는가? 그리고 왜 일어나는가?(왜 그 밖에서는 안 일어나는가?)

(e) 왜 스파크가 멈추는가?

## 문제

### 20.1절

**문24.** 전자가 $z$방향의 $B = 3.5$ T 자기장이 있는 지점에서 $y$방향으로 $v = 2 \times 10^7$ m/s의 속력을 가지고 움직이고 있다(그림 20.94). 움직이는 전자에 작용하는 자기력의 크기와 방향은 무엇인가? 힘 벡터를 그림에 그려 넣어라.

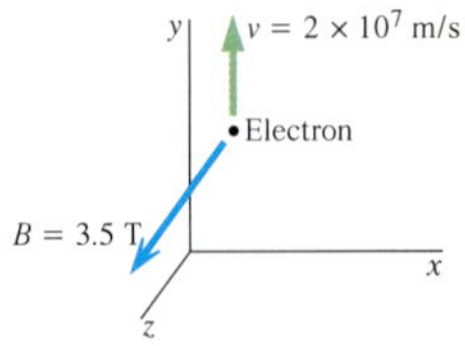


그림 20.94

**문25.** 어느 특정 순간에 양성자가 $-x$방향으로 $5 \times 10^5$ m/s의 속력을 가지고 움직이고 있다. 양성자의 위치에서 0.24 T의 크기를 가진 $-y$방향의 자기장이 존재한다. 이 자기장은 근처에 있는 전류가 흐르는 코일 때문에 발생한다. 양성자에 작용하는 자기력의 크기와 방향은 무엇인가?

**문26.** 어느 특정 순간에 전자가 $-x$방향으로 $4 \times 10^5$ m/s의 속력을 가지고 움직이고 있다. 전자의 위치에서 0.27 T의 크기를 가진 $+z$방향의 자기장이 존재한다. 이 자기장은 아주 큰 자석 때문에 발생한다. 전자에 작용하는 자기력의 크기와 방향은 무엇인가?

**문27.** 어느 특정 순간에 전자가 $+z$방향으로 $8 \times 10^5$ m/s의 속력을 가지고 움직이고 있다. 전자의 위치에서 0.32 T의 크기를 가진 $-z$방향의 자기장이 존재한다. 이 자기장은 아주 큰 자석 때문에 발생한다. 전자에 작용하는 자기력의 크기와 방향은 무엇인가?

**문28.** 자기장 효과의 크기의 스케일에 좀 더 친숙해지기 위해서, 텔레비전 브라운관(평면패널 TV가 아닌)에서의 상황을 생각하여라. 전자가 스크린의 중앙이 쭉 뻗어나가기 보다는 스크린의 위 방향을 때리도록 전자 궤도를 휘게 하기 위해서는 자기장에서 약 20 cm의 곡률 반지름이 필요하게 된다(그림 20.95). 전자들이 15,000 V의 전위차에서 가속화된다면, 그것들은 $0.7 \times 10^8$ m/s의 속력을 가지게 된다. 전자들이 스크린의 위 부분을 때리도록 하는 데 필요한 자기장의 크기를 구하여라. 자기장은 지면으로 들어가는 방향인가? 나오는 방향인가?

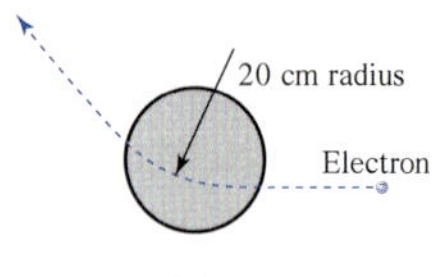


그림 20.95

**문29.** 알파 입자(두 개의 양성자와 두 개의 중성자로 이루어진)는 어떤 전류가 흐르는 코일에 의해 발생하는 균일한 자기장에 수직하게, 원 궤도를 그리며 일정한 속력으로 움직이고 있다. 이 원운동은 매 80 ns마다 한 번의 시계 방향 공전을 한다(그림 20.96). 속력이 광속에 비해 작다면, 코일에 의해 생성된 자기장 $B$의 수치적 크기는 얼마인가? 이 자기장의 방향은 무엇인가?

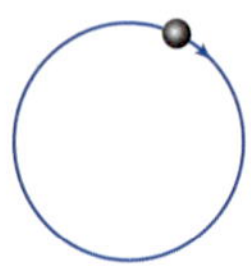

그림 20.96

**문30.** 그림 20.97에서처럼 전자와 양성자 둘 다 서로 운동하고 있다. 이 순간 전자와 양성자는 거리 $r$만큼 떨어져 있다. 양성자는 수평축에서 $\theta$의 각도를 가지고 속력 $v_p$를 가지고 움직이고 있고, 전자는 속력 $v_e$를 가지고 위 방향으로 직선 운동을 하고 있다.

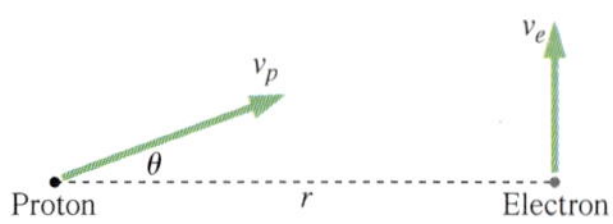


그림 20.97

(a) 양성자가 전자에 작용하는 힘의 $x$, $y$ 성분을 구하여라. 먼저 양성자가 전자의 위치에 생성하는 전기장과 자기장을 구하여라. 그런 후에 이 전자기장이 전자에 작용하는 힘을 구하도록 하여라.

(b) 전자가 양성자에 작용하는 힘의 $x$, $y$ 성분을 구하여라.

먼저 전자가 양성자의 위치에 생성하는 전기장과 자기장을 구하여라. 그런 후에 이 전자기장이 양성자에 작용하는 힘을 구하도록 하여라(아주 정확한 정량적인 계산에서는 상대론적으로 정확한 장들을 사용해야 한다).

(c) 여러분의 결과를 자세히 살펴보아라. 전자와 양성자에 작용하는 자기력들은 크기가 같고 방향이 반대인가? 자기력들에 대해 상반성이 성립하는가?

(d) 두 입자들의 총 운동량은 일정하게 유지되는가? 이것은 고립된 계의 운동량 보존의 법칙을 위반하는가?

질문3의 마지막 내용을 살펴보아라.

**문31.** 질량 분석계는 이온화된 원자 혹은 분자들 개별적인 질량을 정확히 구하기 위해 사용되는 방법이다. 그리고 비슷하지만 약간 다른 질량을 가진 원자 혹은 분자들을 구별하는 데도 사용된다. 예를 들어, 탄소–14(핵이 6개의 양성자와 8개의 중성자를 포함하는)와 탄소–12(보통의 탄소로, 6개의 양성자와 6개의 중성자를 가지는)의 상대적인 비를 구할 수 있는 질량 분석계를 사용함으로써, 고대 무덤으로 부터 나온 옷의 작은 샘플의 연대도 추정할 수 있다.

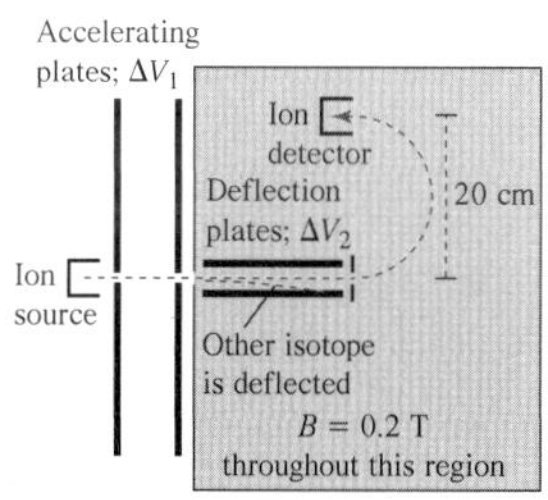


그림 20.98

특정한 유형의 질량 분석계가 그림 20.98에서 보여진다. 샘플의 탄소는 왼쪽의 이온 소스 안에서 이온화된다. 결과로 생성된 단일 전하의 $^{12}C^+$와 $^{14}C^+$ 이온들은 무시할 수 있는 아주 작은 초기 속도를 가진다(그것들은 정지된 것으로 본다). 그것들은 전위차 $\Delta V_1$에서 가속된다. 그런 후에 그것들은 $B = 0.2$ T의 고정된 자기장을 가진 영역에 들어가게 된다. 이온들은 전위차 $\Delta V_2$를 가지고 1 cm 떨어진 전기적 회절판들 사이를 통과하게 된다. 이 전위차는 어떤 특정한 입자에 대해 전기적 휘어짐과 자기적 휘어짐이 서로 상쇄되도록 보정되어 있다. 한 입자가 똑바로 쭉 뻗어 나가면, 다른 입자는 휘어지게 되어 분석계의 다음 영역으로 들어가는 입구를 통과하지 못하게 된다. 입구로부터 고정된 이온 검출기까지의 거리는 20 cm이다.

단지 $^{12}C^+$ 혹은 $^{14}C^+$이 시스템의 모든 부분을 통과하고 검출기에 도달하게 하기 위해, 가속 전위 $\Delta V_1$과 회절 전위 $\Delta V_2$를 여러분이 변화시키는 조정을 해야 한다. 같은 횟수의 실험에서 각각의 이온의 숫자를 세고, 이렇게 상대적인 비를 구한다. 다양한 회절들 때문에 두 전위들의 특정한 조건에서 여러분이 측정하고자 하는 이온들의 숫자를 셀 수 있다.

다음 계산들을 수행하여라. 그리고 간결한 설명도 덧붙여라.

(a) 어느 가속 판이 양의 전하를 띄는지 알아내고(왼쪽 혹은 오른쪽). 그리고 어떤 회절 판이 양의 전하를 띄는지 알아내어라(위 혹은 아래). 그리고 자기장의 방향을 구하여라.

(b) $^{12}C^+$에 대한 $\Delta V_1$과 $\Delta V_2$의 적절한 값들을 구하여라. 문제 (c)에서 수학적인 결과들을 사용할 수 있도록, 수학적으로 중급 정도 수준의 계산을 수행하여라.

(c) $^{14}C^+$에 대한 $\Delta V_1$ 과 $\Delta V_2$의 적절한 값들을 구하여라. 배경지식: 유기물에서 $^{14}C$와 $^{12}C$의 비율은 그 물질이 얼마나 오래 됐는지에 의존한다. 그것은 탄소 –14 연대 결정의 기본 원리이다. $^{14}C$는 우주 방사선(바깥 우주로부터의 고에너지의 전하 입자들, 주로 양성자)에 의한 핵반응으로 인해 최고층 대기에서 계속해서 생성된다. 그리고 $^{14}C$는 5700$y$의 반감기를 가진 방사성 물질이다. 목화 식물이 성장할 때, 그것이 조직을 만들기 위해서 공기 중으로부터 추출하는 약간의 $CO_2$는 최고층 대기로부터 아래로 확산되어 온 $^{14}C$를 포함하고 있다. 그러나 목화 수확된 이후에는 공기로부터 $^{14}C$의 어떠한 유입도 없다. 그리고 최고층 대기에서 $^{14}C$를 생성하는 우주 방사선들이 더 이상 공기층을 투과할 수 없고 옷에 도달할 수 없다. 이렇게 목화 내 $^{14}C$의 양은 계속해서 시간에 따라 감소한다. 반면에, 비방사능 물질에 해당하는 $^{12}C$의 양은 일정하게 유지된다.

**문32.** 사이클로트론(그림 20.99)의 디자인과 작동에 대해 20.1절에서 살펴보았다.

(a) 오른쪽으로의 한 킥에서 같은 방향의 다음 킥 사이의 시간, 즉 이 운동의 주기를 구하여라. 광속에 비교하여 작은 속력들의 영역에서는 이 주기 값이 양성자의 현재 속력에는 의존하지 않는다. 결과적으로, 우리는 이 주기를 가지고 D들 사이에 간단한 사인 함수로 변하는 전위차를 줄 수 있고, 사이클로트론의 최대 반지름에 도달할 때까지 연속적인 가속을 달성할 수 있다.

(b) 1932년에 만들어진 Ernest Lawrence의 초기 사이클로트론 중의 하나는 단지 30 cm의 지름을 가지고 있었고, 약 1 T의 자기장 하에 놓여 있었다. 양성자를 가속하기 위한 디사이에 설치된 사인 함수로 변하는 전위차의 진동수(= 1/주기, Hz = 초당 사이클 수)는 얼

마였겠는가?

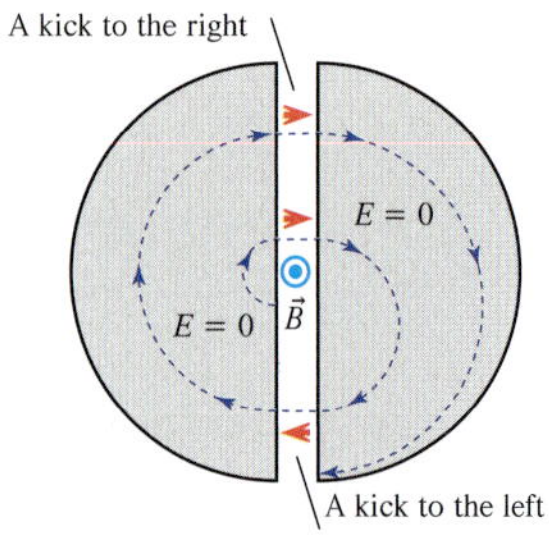


그림 20.99

(c) 이 소규모 사이클로트론에 상응하는 가속 전위차가 약 백만 볼트였다는 것을 보여라! 다시 말해서, 중앙으로부터 가장 바깥의 반지름으로의 운동 에너지 증가는 $\Delta K = e\Delta V_{eq}$이고, 여기서 $\Delta V_{eq} = 1 \times 10^6$ V이였다. (힌트: 가장 바깥 반지름에서의 최종 속력을 구하여라.)

(d) 디 사이에 공급해준 사인 함수 형태의 전위차가 500 V의 진폭을 가지고 있다면(다시 말해서, 그것이 +500 V에서 −500 V로 변한다), 양성자가 중앙에서 가장 바깥의 반지름으로 움직이는 데 걸리는 시간은 약 65 $\mu$s이었다는 것을 보여라.

**문33.** 그림 20.100에서처럼 얇은 원형 코일이 반지름 $r$ = 15 cm를 가지고, $N$ = 3번 감은 니크롬 선으로 이루어 다. 코일은 6 Ω의 저항을 가지고 있다. 작은 나침반이 코일의 중앙에 놓여 있다. 건전지가 연결되지 않을 때, 나침반 바늘은 코일의 평면으로 오른쪽을 가리킨다. 이 기구가 적도 근처에 위치해 있다. 그 지역에서의 지구 자기장 $B_{Earth}$는 수평 방향으로 약 $4 \times 10^{-5}$ T의 크기를 가지고 있다.

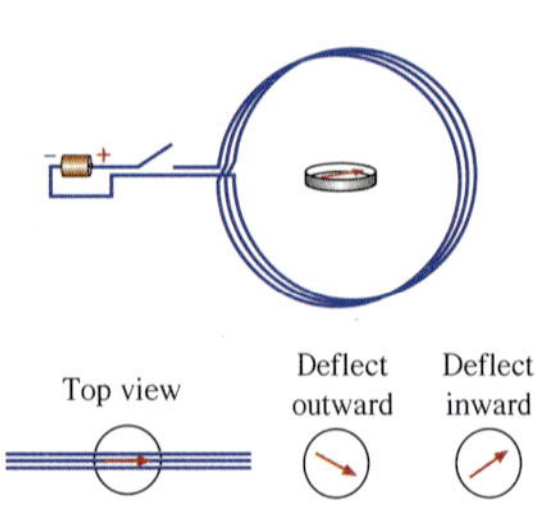


그림 20.100

(a) 1.5 V의 건전지가 연결될 때, 나침반 바늘의 편향을 예측하여라. 근사를 해야만 한다면, 그것이 무엇인지 기술하여라. 위에서 보는 것처럼 편향이 바깥 방향인가? 안쪽 방향인가?

(b) 나침반이 제거되었다. 코일에 전류가 계속해서 흐른다. 하나의 전자가 코일의 중앙에 있고, 지면을 들어가는 방향으로(코일의 평면에 수직하게) $v = 5 \times 10^6$ m/s의 속력을 가지고 움직이고 있다. 지구와 코일 때문에 생기는 자기장들 외에도 코일의 중앙에 전기장이 존재한다(그림 20.100에서는 보이지 않은 전하들 때문에 생기는). 그리고 이 전기장은 위 방향으로 향해 있고, $E$ = 250 V/m의 크기를 가진다. 그 순간 전자에 작용하는 힘의 크기와 방향은 무엇인가? (여러분은 중력을 무시할 수 있고, 그것은 쉽게 증명될 수 있다.)

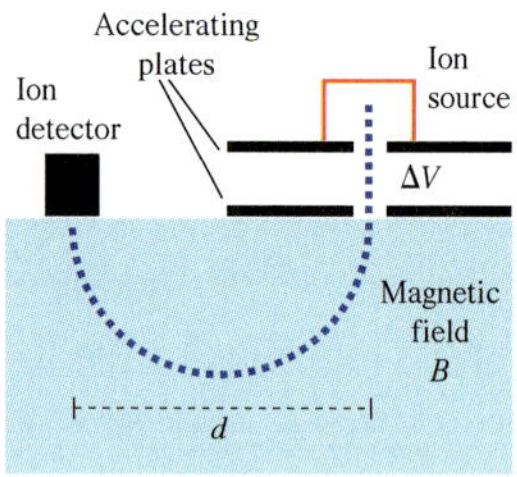


그림 20.101

**문34.** 그림 20.101에서처럼 간단한 질량 분석계에서 양이온들이 이온 소스에서 발생한다. 그 양이온들은 전위차 $\Delta V$인 두 가속 판들 사이의 영역으로 아주 낮은 속력으로 이동하게 된다. 어두운 영역에는 균일한 자기장 $\vec{B}$가 있고, 반대로 이 영역 바깥에서의 자기장은 무시할 수 있다. 질량 $M$을 가지는 단일 전하 양이온은 가속 판들의 영역을 지나 자기장 영역으로 움직이고, 반원의 경로를 그린다. 그리고 그림에서처럼 이온 검출기를 때리게 된다. 자기장 $\vec{B}$의 적절한 크기와 방향을 그림 20.101에서의 이미 알려진 양들로 구하여라. 그 원인의 모든 단계들을 설명하여라.

**문35.** 지름 4 cm의 긴 솔레노이드가 진공 안에 있고, 리튬 핵(4개의 중성자들과 3개의 양성자들로 이루어진)이 솔레노이드 내부에서 원형 궤도를 시계 방향으로 돌고 있다(그림 20.102). 리튬 핵이 한 바퀴를 다 도는 데 걸리는 시간은 50 ns($50 \times 10^{-9}$ s)이다.

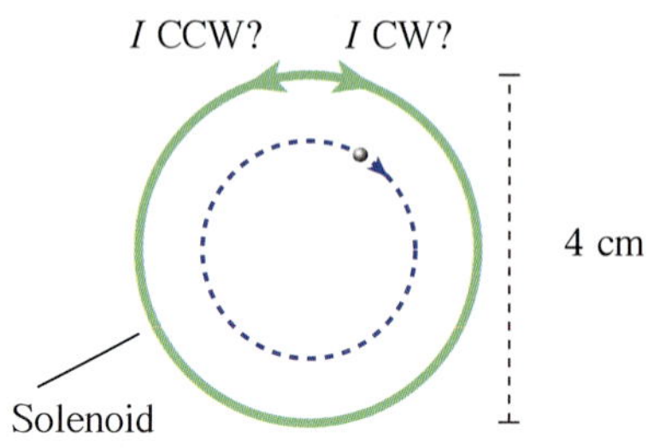


그림 20.102

(a) 솔레노이드 내 전류는 시계 방향으로 흐르나 혹은 반시계 방향으로 흐르나? 물리학적인 그림과 함께 설명

하여라.

(b) 솔레노이드에 의해 발생하는 자기장의 크기는 무엇인가?

**문36.** 그림 20.103에서처럼, 공기 중에 고정되어 있는 긴 직선 도선이 8.2 A의 전류를 흐르게 한다(도선은 $x$방향으로 뻗어있다). 어떤 순간에, $\langle 0, -0.003, 0 \rangle$위치에 있는 전자는 $\langle -1.5 \times 10^5, -1.8 \times 10^5, 0 \rangle$m/s이다.

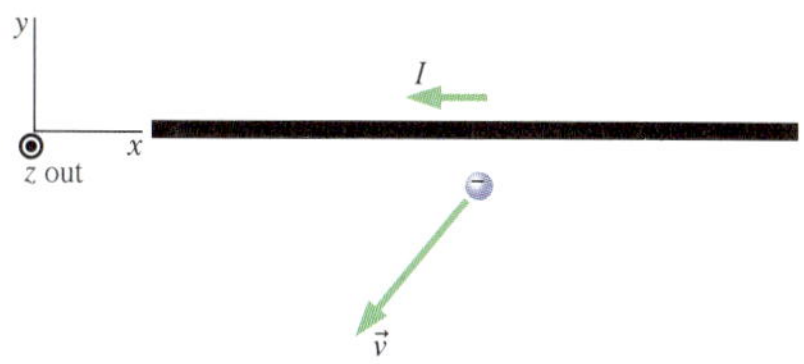


그림 20.103

(a) 전자의 위치에 도선 때문에 생기는 자기장(벡터)은 무엇인가?

(b) 도선의 전류 때문에 전자에 생기는 자기력(벡터)은 무엇인가?

(c) 움직이는 입자가 전자 대신에 양성자였다면, 양성자에 작용하는 자기력(벡터)은 무엇인가?

**문37.** 도선이 $x$ 방향으로 정렬되어 있다. 그 도선은 두 건전지에 연결되어 있고, 1.8 A의 전류가 도선의 $+x$ 방향으로 흐른다. 근처의 아주 큰 자석에 의해 0.25 m 길이의 도선을 따라 $+y$ 방향의 0.54 T의 자기장이 존재한다. 회로의 다른 위치들에서 외부적인 요인에 의한 자기장은 무시할 수 있다. 도선에 작용하는 자기력의 크기와 방향은 무엇인가?

**문38.** 1.5 V 건전지가 저항이 5인 저항 도선에 연결되어 있다. 도선은 50 cm × 3 cm 사이즈의 직사각형 모양으로 배치되어 있다(그림 20.104). 그림 상에서 도선의 윗부분이 아래 부분에 작용하는 자기력의 대략적인 크기와 방향은 무엇인가? 간결하게 설명하여라.

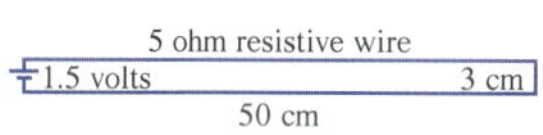


그림 20.104

**문39.** 전류가 흐르는 도선이 $y$축 방향으로 정렬되어 있다. 그 도선이 $+z$ 방향으로 4.5 T의 자기장이 있는 영역을 통과한다. 도선은 $-x$ 방향으로 14.9 N의 힘을 받게 된다.

(a) 도선에 흐르는 전류의 크기는 무엇인가?

(b) 도선에 흐르는 전류의 방향은 무엇인가?

**문40.** 손전등 건전지가 1/4의 내부 저항을 가지고 있고, 막대 자석이 자석의 한쪽 끝에 약 0.1 T의 자기장을 발생시킨다면, 건전지에 초대한 짧게 연결된 5 cm 도선에 작용하는 자기력의 대략적인 크기는 무엇인가? 그림에 이 힘의 방향을 표시하여라.

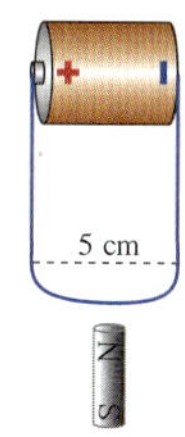


그림 20.105

**문41.** 그림 20.106에서처럼 니크롬 도선이 반지름 $a$와 $b$를 가진 두 2/4 원호들을 가지고, 나머지 직선 부분들에 연결되어 있다. 도선은 그림에서 표시된 방향으로 전류 $I$를 운반한다.

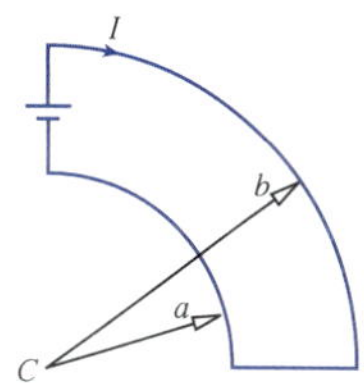


그림 20.106

(a) 원호들의 중심인, 점 $C$에서 자기장의 크기와 방향을 구하여라. 그림과 함께 설명하여라.

(b) 어느 특정 순간에, 전자가 속력 $v$를 가지고 움직이다가 점 $C$에 있게 된다. 그때의 전자에 작용하는 자기력의 크기와 방향을 구하여라. 그림과 함께 설명하여라.

**문42.** 긴 도선이 전류 $I_1$을 위 방향으로 운반하고 있다. 높이 $h$와 너비 $w$를 가지는 직사각형 고리는 시계 방향으로 전류 $I_2$를 운반한다(그림 20.107). 고리는 긴 도선으로부터 $d$만큼 떨어져 있다. 긴 도선과 직사각형 고리는 같은 평면 상에 있다. 긴 도선에 의해 직사각형 고리에 작용하는 총 자기력의 크기와 방향은 무엇인가? 그림과 함께 간략하게 설명하여라.

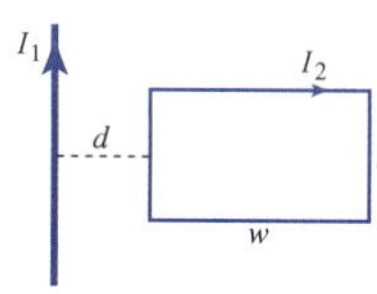


그림 20.107

**문43.** 길이 $L$ = 12 cm와 질량 $m$ = 70 g의 금속 막대가 양 끝에 금속 고리들을 가지고, 두 금속 기둥을 따라 움직인다(그림 20.108). 막대는 금속 기둥과 전기적으로 잘 접촉되어 있으나 자유스럽게 위아래로 미끄러질 수도 있다. 금속 기둥은 도선으로 건전지에 연결되어 있고, $I = 5$ A의 전류가 막대를 따라 흐르게 된다. 자석이 막대가 있는 지점에 아주 큰 균일한 자기장 $B$를 발생시킨다. 이 자기장은 5 A 전류 때문에 생기는 자기장들을 무시할 수 있을 만큼 충분히 크다. 자기장은 막대에 최대의 효과를 주도록 인가된다. 막대는 테이블 위로 $d = 4$ cm 떨어진 곳에서 정지해 있다. 막대 지점에서의 자기장의 크기와 방향은 무엇인가? 그림을 포함하여 간략하게 설명하여라.

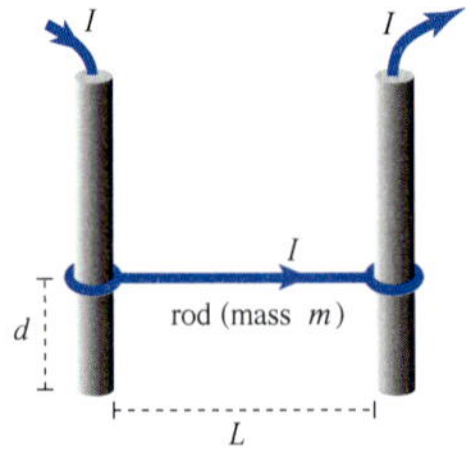


그림 20.108

## 20.3절

**문44.** 전하 $q$의 물체가 속력 $v$를 가지고 $x$방향으로 움직이고 있다. 이 영역에서 크기 $E$를 가진 $y$방향의 균일한 전기장이 있다(그림 20.109). 움직이는 전하에 작용하는 총 전자기력이 0가 되도록 하는 균일한 자기장의 방향과 크기 $B$를 구하여라. $\vec{B}$를 그림에 그려라.

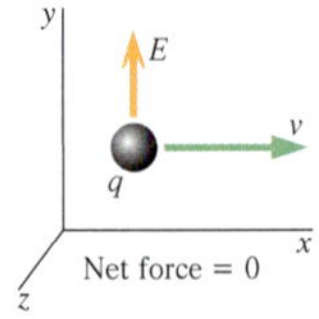


그림 20.109

**문45.** 그림 20.110에서처럼, +9 nC의 전하를 가진 입자가 전기장이 $-y$방향으로 3800 V/m인 영역에서 일정한 속력을 가지고 왼쪽으로 직선 경로를 따라 움직인다. 입자의 속력은 무엇인가?

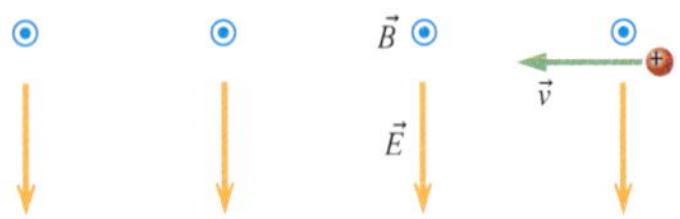


그림 20.110

**문46.** 전자가 $\langle 5 \times 10^5, 0, 0\rangle$m/s의 속도를 가지고 움직인다. 그 전자가 $\langle 0, 0.9, 0\rangle$ T의 균일한 자기장이 있는 영역에 들어가게 된다.

(a) 전자에 작용하는 자기력(벡터)은 무엇인가?

(b) 자기력이 있음에도 불구하고, 전자는 계속해서 일정한 속력으로 직선 경로를 움직인다. 이것은 전자에 작용하는 또 다른 힘이 있어야 한다는 것을 말한다. 여러분은 이 영역에 또한 전기장이 있다는 것을 알기에, 또 다른 힘이 결국 전기력이어야만 한다는 결론을 내린다. 이 전기력(벡터)은 무엇인가?

(c) 이 영역에서 결국 전기력을 주게 되는 전기장(벡터)은 무엇인가?

**문47.** $+x$ 방향으로 3105 m/s의 속력으로 움직이는 양성자가 $+y$ 방향의 0.6 T의 크기를 가지는 균일한 자기장이 있는 영역을 지나간다. 여러분은 이 양성자가 계속해서 일정한 속력을 가지고 직선 경로를 움직이기를 원한다. 이것을 하기 위해서, 여러분은 이 영역에 균일한 전기장을 만들 수 있는 장치를 켤 수 있다. 어떤 크기와 방향을 가진 전기장(벡터로)이 인가되어야 하는가?

**문48.** 양성자가 전기장과 자기장이 있는 영역에서 $+y$ 방향으로 일정한 속도로 움직이고 있다. 전기장은 $+x$ 방향에 200 V/m의 크기를 가지고 있다. 자기장은 $-z$방향에 0.95 T의 크기를 가진다.

(a) 양성자에 작용하는 총 힘의 크기는 무엇인가?

(b) 양성자의 속력은 얼마인가?

**문49.** 8 A의 전류가 흐르는 두 개의 긴 직선 도선들이 반지름 0.035 m의 3/4 원호에 연결되어 있다(그림 20.111). (이 회로의 나머지 부분은 충분히 멀리 있기 때문에 이 영역에서의 자기장에 거의 기여하지 않는다.) 여기서 보이지 않았지만 전하들에 의한 전기장들이 또한 이 영역에 존재한다. 한 전자가 원호의 중심 $C$를 지나갈 때, $5.7 \times 10^5$ m/s의 속력을 가지고 오른쪽으로 움직이고 있다. 그 순간 전기장에 작용하는 총 전자기력은 제로이다.

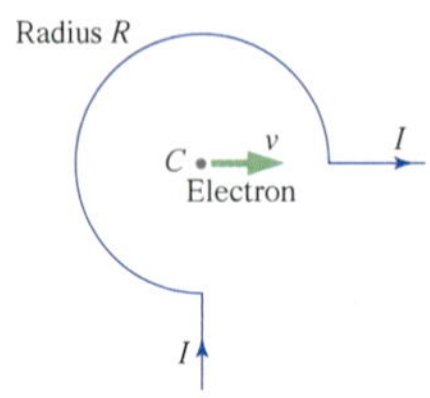


그림 20.111

(a) 전류 때문에 중심 $C$에 생기는 자기장의 방향은 무엇인가?

(b) 중심 $C$에서 전기장의 방향은 무엇인가?

(c) 전류 때문에 중심 $C$에 생기는 자기장의 크기는 무엇인가?

(d) 중심 $C$에서 전기장의 크기는 무엇인가?

**문50.** 4.5 m 만큼 떨어진 두 쌍의 아주 큰 대전 판 사이에서 한 전자가 $\langle 0, 0, -2.9 \times 10^6 \rangle$ m/s의 속도를 가지고 움직이고 있다. 이 영역에서 또한 균일한 자기장이 존재한다. 이 영역에서 전자의 속도는 일정하게 된다. 이 영역 밖의 아주 큰 코일에 의해 생성된 자기장은 $\langle 0, -0.27, 0 \rangle$ T로 확인된다.

전자의 속도, 자기장의 방향, 전자에 작용하는 자기력의 방향, 전자에 작용하는 전기력의 방향, 전기장의 방향 등을 그림에 그려 넣어라. 그림을 그려 다음 질문에 답하여라.

(a) 전자에 작용하는 자기력의 방향은 무엇인가?
(b) 전자에 작용하는 전기력의 방향은 무엇인가?
(c) 이 영역에서의 전기장의 방향은 무엇인가?
(d) 전자에 작용하는 자기력의 크기는 얼마인가?
(e) 판 사이의 전위차의 절대적인 값은 얼마인가?

**문51.** 그림 20.112와 그림 20.113에서처럼 음극선관(CRT)은 진공 유리 튜브이다. 전류는 튜브의 오른쪽 끝에 필라멘트를 통하여 흐른다.

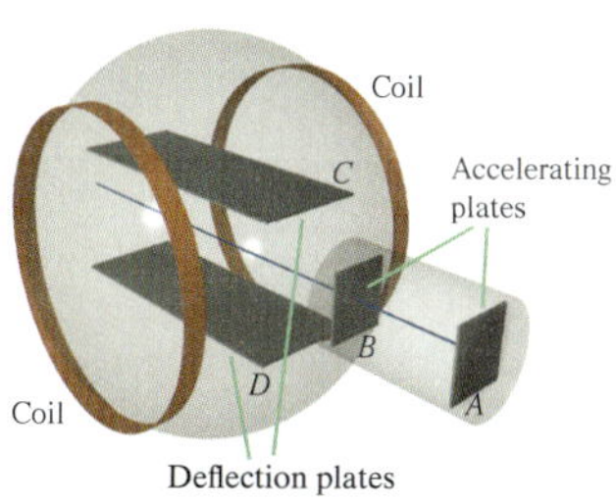


**그림 20.112**

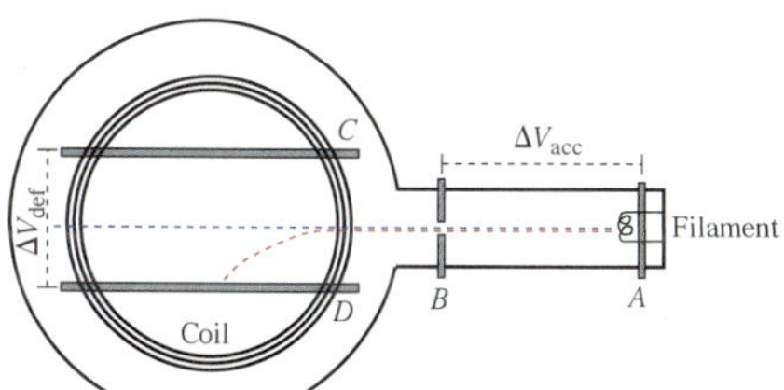


**그림 20.113**

금속 필라멘트가 아주 뜨거워질 때, 전자들은 가끔씩 필라멘트로부터 탈출하게 된다. 이 전자들은 그림 상에 $A$와 $B$로 표시된 금속판들 사이에 전위차 $\Delta V_{acc}$를 가해줌으로써 필라멘트에서 멀어지는 방향으로 가속될 수 있다.

전자들은 판 $B$의 구멍을 통과하여 유리구 안에 들어가게 된다. 여기서 전자들은 $C$와 $D$로 표시된 두 수평 금속 "회절" 판들 사이를 지나가게 된다. 전자들의 빔을 휘게 하기 위해서 그 판들 사이에 $\Delta V_{def}$의 전위차를 인가할 수 있다. 회절판들 사이에 자기장을 생성하기 위하여, 전류가 흐르는 두 코일이 유리구의 앞뒤에 위치한다. 코일들은 지면으로 들어가는 방향으로의 자기장을 만들어 지도록 정렬된다.

(a) $A$ 혹은 $B$ 중의 어느 가속 판이 양의 전하를 가지는가?
(b) 코일에 전류가 흐르지 않고, 회절 판 사이에 전위차 $V_{def}$가 0가 아니라면, 전지 빔은 아래 방향으로 휘어져서, 그림에서처럼 빨간 점선으로 표시된 경로를 그리게 된다. 만약 빔이 빨간 점선의 곡선 모양을 따른다면, 회절 판 사이의 전기장의 방향은 무엇인가?
(c) 전류가 코일에 흐르게 되면, 회절 판 사이에는 자기장이 존재하게 될 것이다. 코일에 의해 만들어진 자기장이 판 사이에서 지면으로 들어가는 방향으로 뻗어 있다면, 빔 내의 한 전자에 작용하는 자기력의 방향은 무엇인가? (아주 작은 지구의 자기장의 효과는 무시할 수 있다.)
(d) 가속시키는 전위차 $\Delta V_{acc}$가 3.1 kV로 측정된다. 전자가 판 $B$의 구멍을 지나간 후의 전자의 속력은 얼마인가? 각각의 코일은 320번 감겨졌다. 코일의 평균 반지름은 6 cm이다. 한 코일의 중심으로부터 전자 빔 사이의 거리는 3 cm이다. 0.5 A의 전류가 두 코일에 흐른다면, 코일 사이의 중간 지점이자 코일의 축 상에 있는 지점에서 자기장의 크기는 얼마인가? (전자빔은 이 점을 지나게 된다.) 여기서 정확한 관계식이 사용됐는지 혹은 대략적인 관계식이 사용됐는지를 관련된 거리들의 상대적인 크기를 고려하여 살펴보아라.
(e) 특별한 실험에서, 가속시키는 전위차 $\Delta V_{acc}$는 3.1 kV로 설정된다. 회절 판 사이의 거리는 8 mm이다. 0.5 A의 전류가 코일에 흐르고 있고, 전위차 $\Delta V_{def}$는 전자 빔이 다시 파랑 점선으로 표시된 직선 경로를 따를 때까지 조정된다. 이 상황에서(전자 빔이 직선을 다라 움직이는), 다음 문장 중 어느 것이 사실인가? (1) 빔 내의 전자에 작용하는 자기력은 전자의 운동방향과 같다. (2) 빔 내의 전자에 작용하는 전기력과 자기력은 서로 반대 방향이다. (3) 이 영역에서의 전기장의 크기는 자기장의 크기와 같다. (4) 이 영역에서 전기장과 자기장 사이의 각은 180°이다. (5) 빔 내의 전자에 작용하는 총 힘은 제로이다. (6) 빔 내의 전자에 작용하는 전기력은 같은 전자에 작용하는 자기력과 크기가 같다.
(f) 전자 빔이 직선 경로로 움직이도록 하기 위한 $\Delta V_{def}$의 크기는 얼마인가?

**문52.** 그림 20.114에서 전류 $I$가 흐르는 두 개의 직선 도선들이 반지름 $R_1$의 3/4 원호와 반지름 $R_2$의 1/4 원호에 연결되어 있다. 또한 이 영역에 그림에 있지는 않지만 전하들에 의해 전기장들이 존재한다.

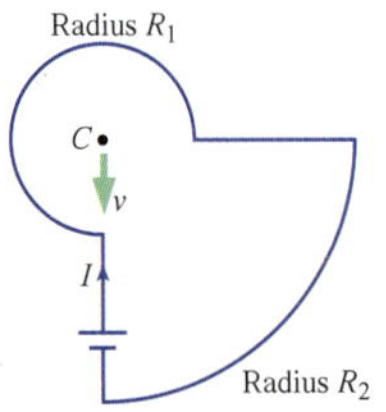

그림 20.114

전자가 원호의 중심 $C$를 지나갈 때 속력 $v$를 가지고 움직이고 있다. 그 순간에 전자에 작용하는 총 전기력과 자기력은 0가 된다(여기서 지구의 자기장은 무시할 수 있다).

(a) 전류 $I$ 때문에 중심 $C$에 생기는 자기장의 방향은 무엇인가? 간결하게 설명하여라.

(b) 중심 $C$에서의 전기장의 방향은 무엇인가? 그 이유를 명백하게 설명하여라.

(c) 전류 $I$ 때문에 중심 $C$에 생기는 자기장의 크기는 무엇인가?

(d) 중심 $C$에서의 전기장의 크기는 무엇인가? 간결하게 설명하여라.

**문53.** 그림 20.115에서, 큰 전류 $I$가 흐르는 두 개의 긴 직선 도선들이 반지름 $R$로 1.25번 감긴 도선에 연결되어 있다. 전자가 원호의 중심을 지나가는 순간 전자는 $v$의 속력을 가지고 오른쪽으로 움직인다. 여러분이 원호의 중심에 전기장 $\vec{E}$를 가해주어 그 순간 전자에 가해지는 총 힘이 0가 되었다(전자에 작용하는 중력은 무시할 수 있다. 쉽게 증명될 수 있고, 코일의 자기장의 크기는 지구의 자기장보다 훨씬 크다).

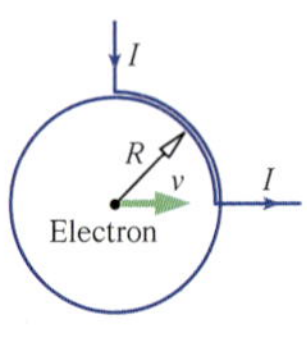

그림 20.115

전기장 $\vec{E}$의 크기와 방향을 구하여라. 벡터들을 그리고 사용하여 충분히 자세히 설명하여라.

**문54.** 그림 20.116에서 유도 기전력이 $L$인 건전지가 두 개의 큰 평행 판들에 연결되어 있다. 각각의 판은 $L$의 길이와 $W$의 너비를 가지고 있다. 판들은 아주 짧은 거리 $s$만큼 떨어져 있다. 판들은 전류 $I$가 흐르고 $N$번 감긴 반지름 $r$의 얇은 원형 코일에 의해 수직하게 둘러싸여 있다 코일의 중심은 판 사이의 거리 중심에 있다. 어떤 순간에, 양성자(전하 $+e$, 질량 $M$)가 코일의 중앙을 통하여 오른쪽으로 속력 $v$를 가지고 움직인다. 이 순간 양성자에 작용하는 총 힘은 0이다(아주 작은 중력을 무시한다). 코일에 흐르는 전류의 크기와 방향은 무엇인가? 명확하게 설명하여라.

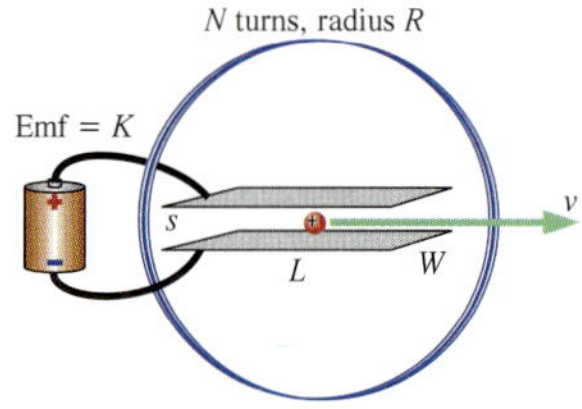

그림 20.116

## 20.4절

**문55.** 그림 20.117에서 보는 것처럼 모르는 물질로 만들어진 판이 전력 공급 장치에 연결되어 있다. 이 영역에서 위 방향으로 0.7 T의 균일한 자기장이 존재한다(수평 판에 수직한 방향으로). 두 전압계가 판에 연결되어 있고, 그림에서처럼 안정적인 전압이 기록되고 있다.

판을 가로지르는 연결은 판에 직접 아주 조심스럽게 연결하도록 한다. 이 물질 안에서는 단지 한 종류의 유동 전하만 있다고 가정하자. 그러나 우리는 그것들이 양의 전하인지 음의 전하인지는 모른다.

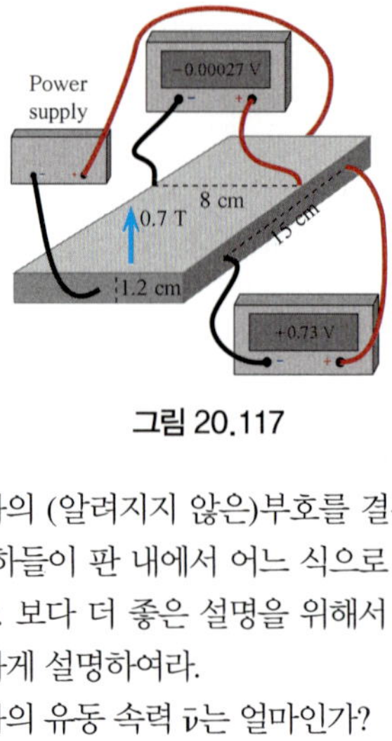

그림 20.117

(a) 유동 전하의 (알려지지 않은)부호를 결정하여라. 그리고 이 전하들이 판 내에서 어느 식으로 움직이는지 기술하여라. 보다 더 좋은 설명을 위해서 그림을 사용하여 간결하게 설명하여라.

(b) 유동 전하의 유동 속력 $\bar{v}$는 얼마인가?

(c) 유동 전하의 이동도 $u$는 얼마인가?

(d) 판에 흐르는 전류는 0.3 A로 측정되었다. 만약 각 유동 전하가 단일 전하($|q| = e$)라면, 이 물질의 1 m3 내에 얼마나 많은 유동 전하들이 존재하는가?

(e) 막대기의 15 cm 길이 방향의 저항은 ohm 값으로 얼마인가?

**문56.** 새로운 전도 물질의 전기적인 특성을 알아보기 위해서 한 실험이 수행되었다. 막대기는 그 물질로 구성되어 있고, 3 cm × 0.8 cm의 단면적과 18 cm의 길이를 가지고 있다. 막대는 회로의 일부분에 해당하고, 일정한 전류를 운반한다(그림 20.118은 단지 회로의 일부분을 보여준다). 지면으로부터 나오는 방향으로, 막대에 수직하게 1.5 T 크기의 균일한 자기장이 존재한다(보이지는 않았지만 어떤 코일을 사용하여).

두 전압계는 막대의 가로 세로 방향으로 연결되어 있고, 그림에서 보는 바와 같이 안정적인 전위들을 표시한다 (mV = milivolt = $1 \times 10^{-3}$ V). 막대를 가로지르는 방향의 연결은 막대기에 직접 아주 조심스럽게 연결하도록 한다. 이것은 막대 방향으로의 훨씬 큰 전위로 인한 잘못된 측정의 가능성을 줄여준다. 이 물질에는 단지 한 종류의 유동 전하만 있다고 가정하자.

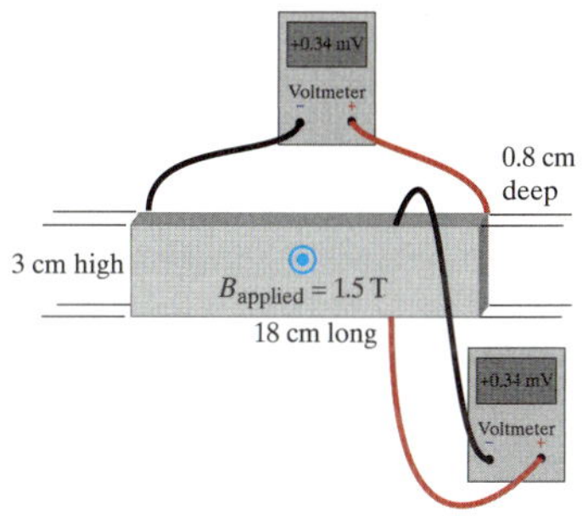


그림 20.118

(a) 유동 전하의 부호는 무엇인가? 그리고 그것들은 어떤 방식으로 움직이는가? 보다 더 잘 설명하기 위해서 그림도 사용하여 자세히 설명하여라.
(b) 유동 전하의 유동 속력 $v$는 얼마인가?
(c) 유동 전하의 이동도 $u$는 얼마인가?
(d) 막대기를 통해 흐르는 전류는 0.6 A로 측정되었다. 만약 각 유동 전하가 단일 전하($|q| = e$)라면, 이 물질의 1 $m^3$ 내에 얼마나 많은 유동 전하들이 존재하는가?
(e) 막대기의 긴 방향의 저항은 ohm 값으로 얼마인가?

**문57.** 그림 20.119에서 길이 $L$, 너비 $w$, 두께 $d$를 가지는 막대가 알려지지 않은 안정된 전류 $I_{wire}$를 운반하는 아주 긴 직선 도선으로부터 거리 $h$만큼 떨어져 위치해 있다($w$는 $h$에 비해서 아주 작다. 그리고 $h$는 아주 긴 도선의 길이에 비하면 아주 작다). 막대를 구성하는 물질은 입방 미터당 $n$개의 양의 유동 전하 전달자("정공")를 가진다. 각각의 정공은 $e$의 전하값을 가진다. 그리고 정공이 막대 내의 유일한 유동 전하 전달자이다.

전류계는 막대 내를 지나는 작은 전류 $I$를 특정하게 된다. 전류가 흐르는 긴 수직 도선; $I_{wire}$?

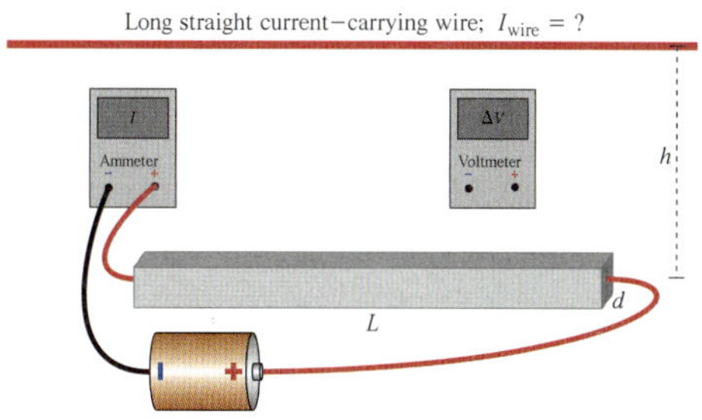


그림 20.119

(a) 전압계와 막대를 연결하는 도선을 그려라. 여기서, 긴 직선 도선 내의 $I_{wire}$ 크기를 알기 위해서 연결 도선들의 양 끝이 막대에 어떻게 연결되어야 하는지를 보여줘야 한다. 전압계의 측정값 $\Delta V$가 양의 값을 가진다면, 긴 직선 도선 내의 전류는 왼쪽으로 흐르는가? 혹은 오른쪽으로 흐르는가? 간결하게 설명하여라.
(b) 전압계의 측정값이 $\Delta V$라면, 긴 직선 도선에 흐르는 전류 $I_{wire}$는 무엇인가? 큰 전류 $I_{wire}$를 이미 알고 있는 양인 $h$, $L$, $w$, $d$, $n$, $I_{ammeter}$, $\Delta V$와 물리적으로 잘 알려진 상수 $e$로 표현하여라.

**문58.** 그림 20.120에서 큰 막대 자석의 중심은 12 cm 길이, 2.5 cm 높이, 0.1 cm 두께를 가지는 높은 저항의 얇은 판으로부터 20 cm 만큼 떨어져 있다. 그리고 얇은 판은 240 V의 전력 공급기에 연결되어 있고, 공급기의 내부 저항은 무시할 수 있다. 막대 자석은 이 판에 수직으로 향해 있다.

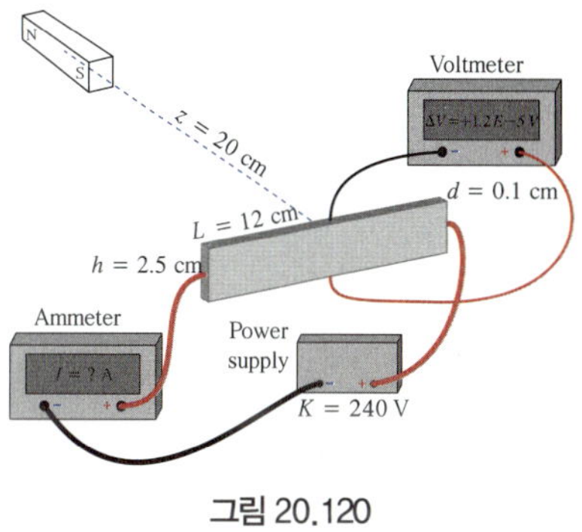


그림 20.120

얇은 판 내부의 전하 전달자의 이동도는 $3.5 \times 10^{-4}$ (m/s) (V/m)이고, 전하의 밀도는 $4 \times 10^{23}$ $m^{-3}$이다.

전압계는 얇은 판을 가로질러 정확히 수직으로 연결되어 있고 $+1.2 \times 10^{-5}$ V를 기록한다. 작은 저항의 전류계는 회로의 나머지 부분에 직렬로 연견되어 있다.

(a) 전하 전달자는 전자인가 정공인가? 물리학적인 그림과 함께 설명하여라.
(b) 막대 자석의 자기 쌍극자 모멘트는 무엇인가? 단위도 표시하여라.

(c) 전류계는 어떤 값과 부호를 표시하는가?

**문59.** 그림 20.121에서처럼 3 cm × 2 cm의 직사각형 단면적과 11 cm의 길이를 가지는 막대가 1.2 V 건전지와 전류계에 연결되어 있다. 구리 연결 도선들의 저항과 건전지의 내부 저항은 막대의 저항과 비교하여 모두 무시할 수 있다.

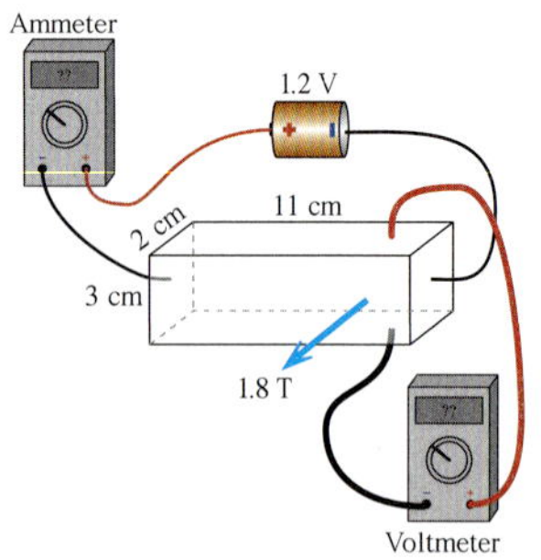


**그림 20.121**

그림 상에서 보이지 않았지만, 아주 큰 코일을 사용하여, 1.8 T의 균일한 자기장이 막대에 수직한 방향으로 인가된다(지면으로부터 나오는 방향으로). 전압계는 막대를 가로질러 연결되어 있고, 각각은 막대를 가로질러 조심스럽게 연결되어 졌다.

막대 내 유동 전하들은 $+e$의 전하를 가지고, 전하 밀도는 $7 \times 10^{23}$ /m$^3$이다. 전하의 이동도는 $3 \times 10^{-5}$ (m/s)(V/m)이다.

전압계와 전류계에 나타나는 값들과 부호들을 예측하여라. 보다 잘 설명하기 위해 그림을 사용하여 자세히 설명하여라. + 단자가 높은 전위에 연결되어 있다면, 전압은 양의 값을 기록하고, 전류가 + 단자로 들어간다면, 전류계는 양의 값을 기록할 것이다.

## 20.5절

**문60.** 중성 철 막대가 지면으로부터 나오는 방향으로 형성된 자기장 $B$ 영역에서 일정한 속력 $v$를 가지고 왼쪽 방향으로 끌리게 된다(그림 20.122). 어떤 그림(1−5)이 막대의 상태를 잘 보여주는가?

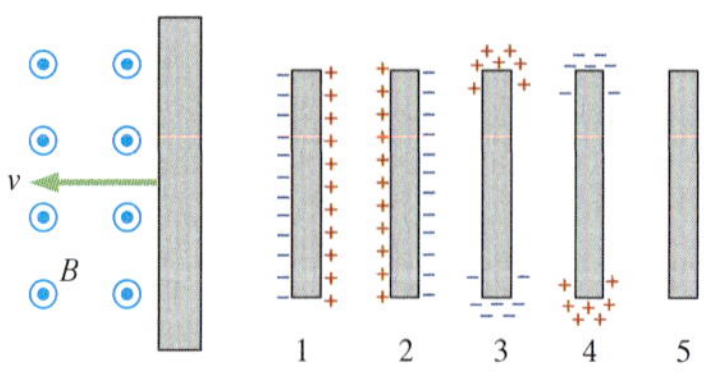


**그림 20.122**

**문61.** 수평으로 정렬된 중성 구리가 지면으로부터 나오는 방향의 자기장이 있는 영역으로 위 방향으로 움직인다. 그림 20.123에서의 어떤 그림(1−5)이 막대에 존재하는 전하의 분호를 정확히 보여주는가?

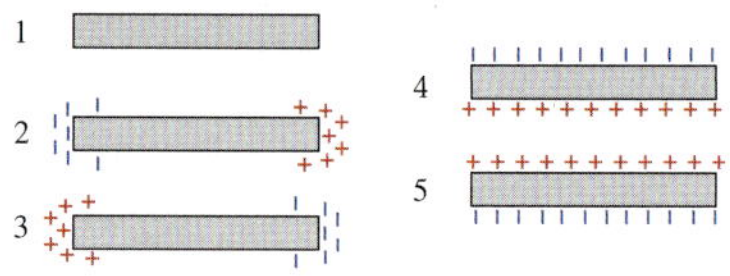


**그림 20.123**

**문62.** 길이 $L$의 금속 막대가 마찰력이 없는 절연성을 띤 선로 위를 $v$ 의 일정한 속력을 가지고 수평 방향으로 미끄러지고 있다. 여기서, 크기 $B$를 가지는 균일한 자기장이 지면으로부터 나오고 있다 (그림 20.124).

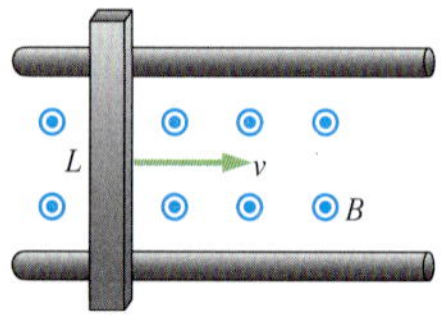


**그림 20.124**

그림 상에 막대의 분극과 막대 내의 쿨롱 전기장의 방향을 그려라. 그리고 간결하게 설명하여라. 막대 내 쿨롱 전기장의 크기 $E_C$는 얼마인가? 막대의 양 끝 부분에서의 전위차는 얼마인가? 막대에서의 유도 기전력은 얼마인가? 막대를 일정한 속력 $v$으로 움직이게 하기 위해 가해주어야 하는 힘의 크기와 방향은 무엇인가?

**문63.** 0.45 m 길이의 중성 금속 막대가 마찰력이 없는 전도성 레일 위를 7 m/s의 일정한 속력으로 왼쪽 수평 방향으로 미끄러지고 있다. 여기에는 그림 20.125에서처럼 지면으로부터 나오는 방향으로 0.4 T 크기의 균일한 자기장이 존재한다.

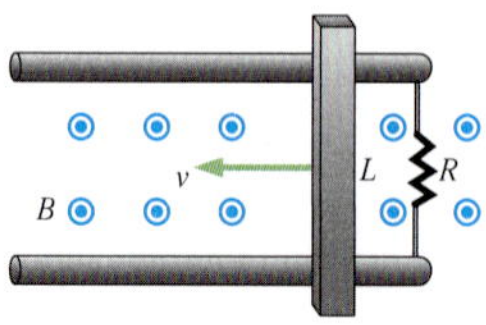


**그림 20.125**

다음 질문들에 답하기 전에, 막대의 분극과 막대 내의 쿨롱 전기장의 방향을 보여주는 그림을 그려라.

(a) 다음 중에 어떤 문장이 참일까? (1) 움직이는 막대의 꼭대기는 양의 전하를 띤다. (2) 움직이는 막대의 꼭대기는 음의 전하를 띤다. (3) 움직이는 막대의 오른쪽 부분은 양의 전하를 띤다. (4) 움직이는 막대의 오른쪽

부분은 음의 전하를 띤다. (5) 움직이는 막대는 분극화 되지 않는다.

(b) 초기 과도 상태 후에, 막대 내 유동 전하들에 작용하는 총 힘의 크기는 얼마인가?

(c) 막대 내 유동 전하에 작용하는 전기력의 크기는 얼마인가?

(d) 막대 내 유동 전하에 작용하는 자기력의 크기는 얼마인가?

(e) 막대를 가로지르는 전위차의 크기는 얼마인가?

(f) 막대를 일정한 속력으로 움직이기 위해 어떤 방향으로 힘을 가해주어야 하는가?

**문64.** 질량 $M$과 길이 $L$을 가지는 금속 막대기가 두 수직 금속 기둥들 사이에 전기적으로 아주 잘 접촉되어 아래 방향으로 무시할 수 있는 마찰력을 가지고 미끄러지고 있다 (그림 20.126). 막대기는 일정한 속력 $v$를 가지고 떨어진다. 떨어지는 막대와 수직 금속 기둥들은 무시할 수 있는 전기 저항을 가지나 바닥의 막대는 저항 $R$을 가진다. 전체적으로 지면으로부터 나오는 방향으로 크기 $B$를 가지는 균일한 자기장이 존재한다. 각 단계를 분명하고 자세히 설명하여라.

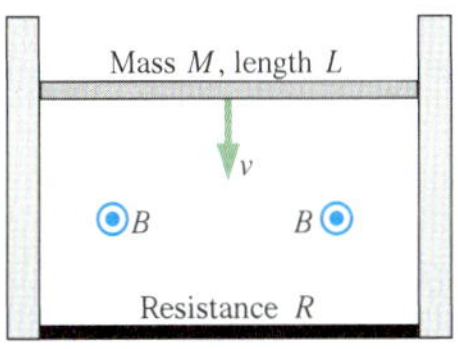


그림 20.126

(a) 저항자에 흐르는 전류 $I$의 양을 계산하여라.

(b) 그림에서 회로 주위의 모든 영역에 형성된 표면 전하 분포와 전류 $I$의 방향을 분명하게 기술하여라. 그리고 설명하여라.

(c) 떨어지는 막대의 일정한 속력 $v$를 계산하여라.

(d) 우주의 중력 에너지의 변화율이 저항기에서 소비된 에너지 비율과 같다는 것을 보여라.

**문65.** 그림 20.127에서 저항 $R$과 길이 $w$와 높이 $h$의 크기를 가지는 직사각형의 도선 고리 지면으로부터 나오는 방향으로 형성된 균일한 자기장 영역에서 오른쪽 방향으로 일정한 속력 $v$로 끌리게 된다. 자기장은 이 영역 밖에서는 무시할 수 있을 만큼 작다. 운동의 각 단계에서, 고리에 흐르는 전류 $I$와 일정한 속력을 유지하기 위해 필요한 힘 $\vec{F}$를 계산하여라. 여기에는 5개의 단계가 존재한다.

(a) 자기장 영역에 들어가기 전 단계 (b) 고리가 일부분만 자기장 영역으로 들어가는 단계(이 단계는 그림에서 볼 수 있다) (c) 고리가 완전히 자기장 영역으로 들어간 단계 (d) 고리가 일부분만 자기장 영역을 벗어나는 단계 (e) 자기장 영역을 떠나는 단계

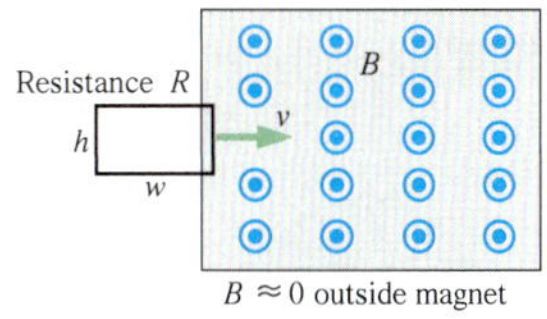


그림 20.127

각 단계를 간단하게 설명하여라. 각 단계에서 $\vec{F}$와 $I$의 크기의 계산에 더 추가해서, 5단계 각각에 대한 그림을 그리고, 그림 상에 $\vec{F}$와 $I$의 방향을 기술하여라. 또한, 고리에 형성된 대략적인 표면 전하의 분포를 기술하여라.

**문66.** 그림 20.128에서 왼쪽 부분에서는 지면으로 들어가는 방향으로 균일한 자기장 $B_1$이 있고, 오른쪽 영역에서도 지면으로 들어가는 방향으로 균일한 자기장 $B_2$가 존재한다. 자기장 $B_2$는 $B_1$보다 작다($B_2 < B_1$).

여러분이 마찰이 없는 표면 상에서 저항 $R$과 길이 $w$와 높이 $h$의 크기를 가지는 직사각형의 도선 고리를 첫 번째 영역에서 두 번째 영역으로 잡아당긴다. 여러분이 이것을 하는 동안 오른쪽 방향으로 일정한 힘 $F$를 가해주게 된다. 그러면, 고리가 가속되지 않고 일정한 속력으로 움직이게 된다.

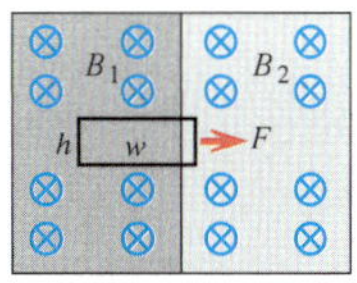


그림 20.128

일정한 속력 $v$를 이미 알려진 양들인 $B_1$, $B_2$, $w$, $h$, $R$ 그리고 $F$로 표현하여라. 그리고 그 계산에 대해서 자세히 설명하여라. 또한, 고리에 형성되는 대략적인 표면 전하 분포를 기술하여라.

**문67.** 60 cm 길이의 중성 금속 막대가 지구를 향하여 떨어진다. 막대기는 수평으로 동서쪽으로 향해 있다.

(a) 막대기의 어느 쪽 끝, 즉 동쪽 혹은 서쪽 중에 어느 쪽이 과잉 전자들을 가지는가?

(b) 막대기의 속력이 4 m/s일 때, 얼마나 많은 과잉 전자들이 막대기의 끝에 존재하는가?

**문68.** "단극" 발전기는 지면으로부터 나오는 방향에, 디스크에는 수직한 균일하고 안정적인 자기장에서 회전하는 반지름 $R$의 구리 디스크로 구성된다(그림 20.129). (자기장은 일정한 전류가 흐르는 아주 큰 코일에 의해 생성된다. 그림에서는 보이지 않았다.) 도선의 미끄러운 접촉은

중앙(축 위에)과 디스크의 둘레에 형성하고, 그 도선들은 전압계에 연결되어 있다. 만약 바깥 둘레가 속력 $v$를 가지고 반시계 방향으로 움직인다면, 전압계에 읽혀지는 값(크기와 부호)은 무엇인가?

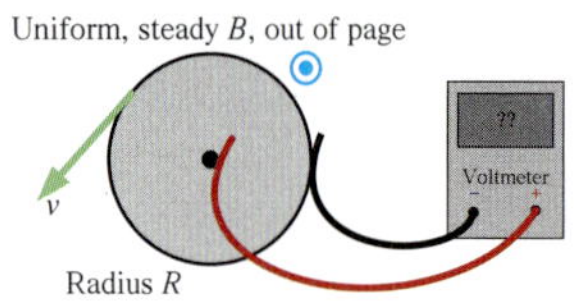


그림 20.129

**문69.** 그림 20.130에서, $R = 0.3$의 저항을 가진 $L = 15$ cm의 길이와 $h = 3$ cm의 높이를 가지는 직사각형의 도선 고리가 오른쪽 방향으로 $v = 8$ m/s의 일정한 속력으로 움직이고 있다. 그리고 고리는 균일한 자기장이 있는 직사각형 영역에서 자기장이 거의 없는 영역으로 나오게 된다. 자기장 영역에서 자기장은 지면으로 들어가는 방향이고, 그 크기는 $B = 1.2$ T이다.

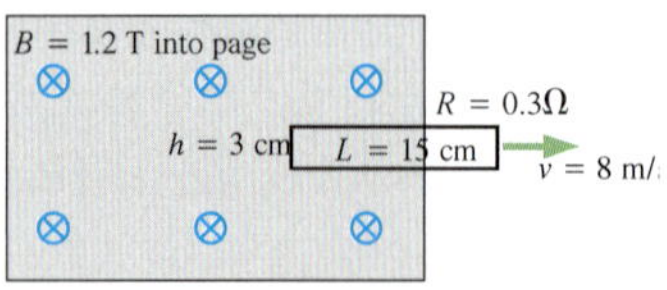


그림 20.130

(a) 그림 상에, 움직이는 고리에 나타나게 되는 대략적인 전하 분포를 기술하여라.

(b) 고리에 흐르는 전류의 방향과 크기는 무엇인가? 간결하게 설명하여라.

(c) 다음 중에 어떤 것이 참인가? (1) 자기력은 단지 고리를 늘어나게 한다; 고리에 작용하는 총 자기력은 0이다. (2) 전류가 고리에 흐르기 때문에, 고리에 작용하는 자기력이 존재한다. (3) 고리의 속도와 같은 방향으로 고리에 자기력이 존재한다.

(d) 고리를 일정한 속력으로 움직이게 하기 위해서 가해주어야 하는 힘의 크기와 방향은 무엇인가?

## 20.6절

**문70.** 양성자가 $+x$ 방향으로 속력 $v$를 가지고 움직인다. 실험실(정지해 있는) 좌표계에서 양성자에서 위로 $r$만큼 떨어진 거리($+y$ 방향)에서의 여러분이 관측하는 전기장과 자기장은 무엇인가? 양성자와 함께 움직이는 좌표계에서 같은 위치에서 여러분이 관측하는 전기장과 자기장은 무엇인가? 어떤 양으로써 기술하여라.

**문71.** 자기 쌍극자 모멘트가 ⟨4, 0, 1.5⟩ A·m$^2$인 막대 자석이 ⟨0.8, 0, 0⟩ T의 자기장이 있는 영역에서 실로 매달려 있다. 막대 자석에 작용하는 벡터 돌림힘은 무엇인가?

**문72.** 질량이 0.02 kg이고 자기 쌍극자 모멘트가 ⟨6, 0, 0⟩ A·m$^2$인 막대 자석이 ⟨1.5, 0, 0⟩ T의 자기장이 있는 영역에서 아주 작은 마찰력이 있는 축에 매달려 있다. 여러분이 막대 자석을 수평면 상에서 살짝 회전시켜서 그것이 풀어지게 만든다.

(a) 회전하는 자석의 각진동수는 무엇인가?

(b) 인가된 자기장이 ⟨3, 0, 0⟩ T라면, 각진동수는 무엇인가?

**문73.** 자기 쌍극자 모멘트가 15 A·m$^2$인 막대 자석이 4 T의 자기장 방향으로 정렬되어 있다. 막대 자석을 자기장의 반대 방향을 나타내는 180°로 회전시키기 위해 필요한 일은 얼마인가?

**문74.** 자기 쌍극자 모멘트가 ⟨8, 0, 0⟩ A·m$^2$인 막대 자석의 중심이 원점에 놓여있다. 자기 쌍극자 모멘트가 ⟨3, 0, 0⟩ A·m$^2$인 두 번째 막대 자석은 $x = 0.12$ m에 있다, 첫 번째 자석 때문에 두 번째 자석에 생성되는 벡터 힘은 무엇인가?

**문75.** 구리 도선으로 50번 반복해서 감겨진 8 cm × 5 cm 사이즈의 얇은 직사각형 코일이 있다. 그것은 1.2 T의 자기장에서 100 rad/s의 각진동수를 가지고 회전하게 된다.

(a) 코일에 생성되는 최대 유도 기전력은 얼마인가?

(b) 50 ohm의 저항기에 전달되는 최대 일률은 얼마인가?

## 20.10절

**문76.** 스파크가 일어나기 위해서는 공기를 반드시 이온화시켜야 한다. 보통의 공기는 전도성을 띄지 않기 때문이다. 공기가 이온화되게 하는 과정에 대한 가능한 한 모델은 다음과 같다: 만약 충분히 큰 전기장이 원자에 인가된다면, 원자 밖으로 바깥 전자를 잡아당길 수 있을 것이고, 그 결과 양으로 대전된 이온과 자유 전자가 남게 된다. 우리는 원자로부터 전자 하나를 제거하기 위해 필요한 전기장의 세기를 계산해 볼 것이다.

(a) 질소 원자 안의 단일 바깥 전자와 "원자핵"(원자 내의 모든 나머지 전하 입자들–핵 내의 양성자들과 모든 나머지 전자들)과의 상호작용을 생각하자. 원자핵의 총 전하는 무엇인가?

(b) 만약 원자의 반지름이 대략 $1 \times 10^{-10}$ m라면, 바깥 전자의 위치에서 원자핵 때문에 생성되는 전기장의 크기는 무엇인가?

(c) 원자로부터 바깥 전자를 제거하기 위해 인가해 줘야 하는 전기장의 크기는 얼마인가?

(d) $3 \times 10^6$ V/m 크기의 전기장이 공기 중에 스파크를 일으키기에 충분하다고 실험적으로 관측되었다. 스파크를 일으키기 위해 필요한 관측된 전기장 값에 대한 여러분이 계산한 전기장 값의 비는 얼마인가?

(e) 이 모델에 대해 우리는 어떤 결론을 내려야만 하나? (1) 더 많은 그림들을 사용한다고 해서 일치점을 찾아낼 수는 없을 것이다. (2) 우리는 어떻게 공기가 이온화되는지에 대한 다른 물리적 해석을 생각해야만 한다. (3) 우리의 계산이 더 정확한 값들을 사용했다면, 많은 것들이 아마도 일치했을 것이다. (4) 너무 크게 불일치하기 때문에, 이 모델은 틀림없이 잘못됐다.

**문77.** 스파크에서 공기가 일어나게 되는 이유에 대한 다른 모델은 에너지에 초점을 둔다. 매우 고에너지의 입자가 질소 혹은 산소 원자와 충돌하고 전자를 제거하여 분자를 이온화한다고 가정하자. 이 과정에 필요한 운동 에너지를 계산하여라.

(a) 질소 원자에 원자핵과 상호작용하는 바깥 전자를 생각하자(핵과 모든 다른 전자들). 원자핵의 총 전하는 무엇인가?

(b) 질소 원자의 반지름이 약 $1 \times 10^{-10}$ m일 때 바깥 전자의 위치에서의 전기적 위치 에너지는 무엇인가?

(c) 원자를 이온화한다는 것은 바깥 전자가 원자핵으로부터 아주 멀리 이동한다는 것을 의미한다. 원자핵으로부터 먼 거리의 전기적 위치 에너지는 무엇인가?

(d) 이 두 위치 사이의 위치 에너지 차이는 얼마인가?

(e) 이 과정에서 전자 + 원자핵 시스템의 전기적인 위치 에너지 변화는 무엇인가?

(f) 입자와 원자 사이의 충돌에서 원자를 이온화하기 위해서 필요한 입사 입자의 운동 에너지는 얼마인가?

**문79.** 교실에서 금속 구에 쌓일 수 있는 전하량에 제한이 존재한다. 그 이유를 간단하게 설명하여라. 만약 구의 반지름이 15 cm라면, 여러분이 구에 쌓을 수 있는 최대량은 얼마인가? (균일한 전하구는 마치 모든 전하가 구의 중심에 모여 있는 것처럼 구의 바깥 부분의 전기장을 만든다는 것을 기억해라.)

**문80.** 밴더그래프(Van de Graaff) 정전 발전기는 지구로부터 전자들을 잡아당겨, 그것을 다시 거의 구 모양의 금속 껍질 속 컨베이어 벨트 안으로 전달시킨다 (그림 20.123). 이 발전기의 금속 껍질의 지름은 24 cm이다.

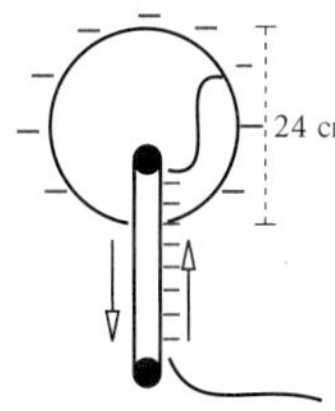


그림 20.131

(a) 껍질 표면 근처의 공기가 계속해서 푸르스름하게 빛나도록 하도록 하기 위해 금속 껍질에 충분한 전하를 형성하고 유지할 수 있도록 밴 더 그래프 발전기의 컨베이어 벨트를 빠르게 작동시키고 있다고 가정하자. 이러한 조건 하에, 금속 껍질에 총 전하 $|Q|$는 얼마나 될 것인가? $|Q|$의 수치적인 값을 계산하고 이를 간략하게 설명하여라(균일하게 대전된 구 바깥의 전기장은 구의 중심에 위치한 점전하의 전기장과 같다는 것을 기억해라).

(b) 이러한 조건 하에(공기가 끊임없이 방전하는), 밴더그래프 발전기는 금속 껍질로 계속해서 추가적인 전자들을 나르게 된다. 그럼에도 불구하고 껍질 위의 총 전하 $Q$는 변하지 않는다. 껍질 위의 총 전하가 변하지 않는 이유를 간단하지만 자세히 설명하여라.

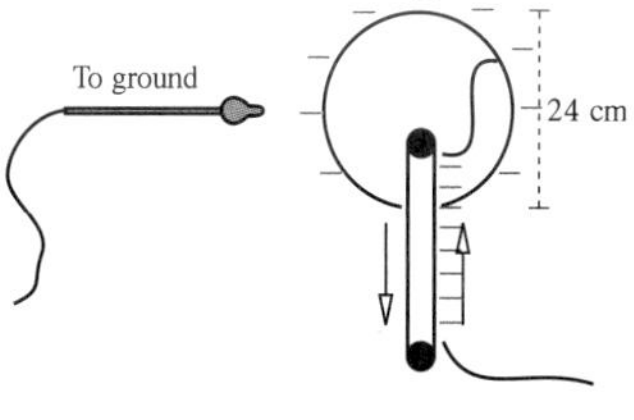


그림 20.132

(c) 밴더그래프 발전기는 더 느리게 작동하고, 금속 껍질에 전하의 축적이 음전하 껍질로 전자들을 운송하기 위한 모터의 성능 때문에 제한을 받게 된다고 가정하자. 공기는 더 이상 방전이 일어나지 않는다. 우리는 지구에 연결된(접지된) 금속 도선에 연결되어 있는 배 모양의 금속 조각을 가지고 있다. 그림 20.231에서처럼 접지된 금속 조각이 밴더그래프 금속 껍질 근처로 가까이 갈 때, 아주 큰 스파크가 관찰된다. 스파크는 왜 일어나고, 추가적인 금속 조각 없이는 왜 안 일어나는지를 설명하여라.

(d) 이 스파크는 아주 짧은 시간 동안만 지속된다. 왜 그런가?

(e) 만약 접지된 금속 조각을 금속 껍질로부터 5 cm 만큼 떨어지게 유지한다면, 2 s마다 크고 짧은 스파크들이

관측된다. 만약 우리가 이 거리를 2 cm로 줄인다면, 우리가 관측하는 스파크들은 더 자주 나타난다. 그리고 스파크들은 더 강렬해지지는 않고 약해진다. 이것을 간결하게 설명하여라.

## 컴퓨터 활용 문제

**문81.** 다음에 보여준 기본 프로그램을 기초로 하여, 일정한 자기장에서의 양성자의 운동을 예측하는 프로그램을 기술하여라. 기본 프로그램은 "바닥"을 그리게 되고 초기에 $\langle 0, 0.2, 0\rangle$ T의 값을 가지는 균일한 자기장을 출력한다. 시작하기 전에 하나 혹은 그 이상의 힘들에서의 물체의 운동을 예측했던 예전 프로그램을 다시 복습하는 것이 도움이 될 것이다. 여러분은 다음과 같은 것들을 해야 한다.

- 계에 작용하는 알짜 힘 $\vec{F}_{\text{net}}$를 계산하여라.
- 계의 운동량을 업데이트하여라: $\vec{p}_f = \vec{p}_i + \vec{F}_{\text{net}}\Delta t$
- 계의 위치를 업데이트하여라: $\vec{r}_f = \vec{r}_i + \vec{v}_{\text{avg}}\Delta t$

각 단계에서 $\vec{v}_{\text{avg}}$를 근사하기 위해 $\vec{p}_f/m$을 사용하여라.

여러분의 프로그램이 작동하고 있을 때, 다음과 같은 것들을 수행하여라.

(a) $\langle 2\times 10^6, 0, 0\rangle$ m/s의 초기 속도를 사용하여, `while` 문장을 `while t < 3.34e27`: 로 바꾸어라. 그리고 프로그램을 실행하여라. 양성자는 단지 하나의 완전한 궤도를 형성해야만 한다. 만약 그것이 안 된다면, 여러분의 코드를 다시 살펴보아라.

(b) 양성자 궤도의 대략적인 반지름은 무엇인가?

(c) 여러분이 초기 속도를 두 배로 한다면, 궤도의 반지름은 어떻게 변하는가?

(d) 속력을 두 배로 하면 한 궤도를 완성하는 데 걸리는 시간은 어떻게 변하는가?

(e) $2\times 10^6$ m/s의 초기 속력을 반으로 줄이면, 궤도의 반지름은 어떻게 변하는가?

(f) 속력을 반으로 줄이면 한 궤도를 완성하는 데 걸리는 시간은 어떻게 변하는가?

(g) 양성자의 초기 속도를 다시 원래대로 돌려놓고, 자기장을 두 배로 하여라. 그러면 무엇이 변하는가?

(h) 자기장을 다시 원래대로 돌려놓고, 양성자의 초기 속도를 자기장에 평행하도록 변화시켜라. 양성자의 궤도를 기술하고, 설명하여라.

(i) 초기 속도를 다시 원래대로 돌려놓고, 속도에 유효한 $+y$ 성분을 더하여라. 양성자가 5바퀴의 완전한 궤도를 돌도록 루프에 허락된 시간을 충분히 늘려라. 양성자의 궤도를 기술하고 설명하여라.

(j) 양성자를 반양성자로 바꾸자. 반양성자는 양성자와 같지만, 단지 전하만 $-e$를 가진다. 무엇인 변하는가?

```
from visual import *
scene.width = 800
scene.height = 800
## CONSTANTS ##
mzofp = 1e-7  ## mu-zero-over-four-pi
qe = 1.6e-19
mproton = 1.7e-27
B0 = vector(0,0.2,0)
bscale = 1
#### THIS CODE DRAWS A GRID ##
#### AND DISPLAYS MAGNETIC FIELD ##
xmax = 0.4
dx = 0.1
yg = -0.1
x = -xmax
while x < xmax+dx:
    curve(pos=[(x,yg,-xmax),(x,yg,xmax)],
          color=(.7,.7,.7))
    x = x + dx
z = -xmax
while z < xmax+dx:
    curve(pos=[(-xmax,yg,z),(xmax,yg,z)],
          color=(.7,.7,.7))
    z = z + dx
x = -xmax
dx = 0.2
while x < xmax+dx:
    z = -xmax
    while z < xmax+dx:
        arrow(pos=(x,yg,z),
              axis=B0*bscale,
              color=(0,.8,.8))
        z = z + dx
    x = x + dx
#### OBJECTS AND INITIAL CONDITIONS ##
particle = sphere(pos=vector(0,0.15,0.3),
                  radius=1e-2,
                  color=color.yellow,
                  make_trail=True)
## make trail easier to see (thicker) ##
particle.trail_object.radius = particle.
radius/3
vparticle = vector(-2e6,0,0)
p = mproton*vparticle
qparticle = qe
deltat = 5e-11
t = 0
############################################
while True:
    rate(500)
    ## YOUR CODE GOES HERE ##
```

**문82.** 사이클로트론 내에 양성자의 움직임을 계산하고 출력하는 컴퓨터 프로그램을 기술하여라. 첫째로 사이클로트론들은 데스크톱 사이즈의 장치들이라고 가정하자. 우리는 기본적인 물리 현상을 이해하기 위해 작은 장치를 모델화할 것이다. D들 사이의 거리는 0.5 cm이고 반지름은 5 cm인 사이클로트론을 생각하자(그림 20.133).

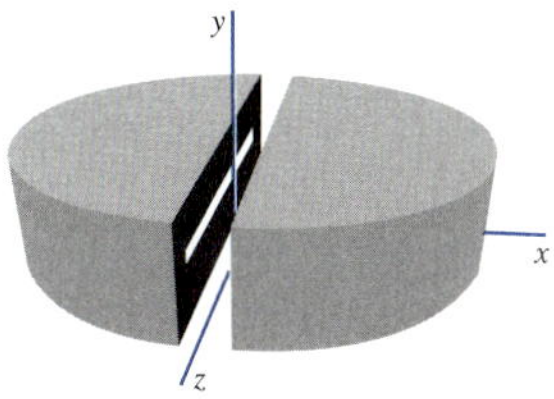


그림 20.133

외부의 자석들이 이 장치에 $+y$방향으로 1.0 T의 균일한 자기장을 생성한다. 양성자는 사이클로트론의 중심에서 정지한 상태에서 움직이기 시작한다. D들 사이에서의 최대 위치 에너지는 5000 V이다. 여기서 D들 사이의 전기장은 언제나 0이다. 그림 20.133은 금속 D들이 아주 가까운 전도성의 구역을 형성하는 것을 보여준다.

(a) 여러분이 인가해 주어야 할 사인파 형태로 진동하는 전위차의 각진동수 $\omega$는 무엇인가?

(b) 사이클로트론 내의 양성자의 운동 궤도를 계산하고 출력하여라. 즉, 양성자의 궤도를 출력하여라. 여러분은 상대론적으로 정확한 계산을 얻기 위하여 양성자가 광속에 충분히 가깝게 운동하지 않는다고 가정할지 모른다. 그러나 이 가정을 체크해 보아라.

(c) 시간에 대한 양성자의 운동 에너지 $K$(eV 단위로)의 그래프를 그려라.

(d) 여러분이 전위차에 다른 각진동수를 사용한다면, 무슨 일이 일어나는가? 예를 들어, 0.6 $\omega$의 각진동수를 사용하여라.

(e) 양성자가 D들 내에 있는 동안 상당한 양의 운동 에너지를 얻는다면, 여러분의 $dt$는 너무 크게 된다. 여러분의 $dt$를 적절하게 조절하여라. 어떤 값의 $dt$가 타당한 결과를 줄까?

(f) 양성자가 사이클로트론의 가장 바깥 부분에 도달하는데 얼마나 많은 시간이 걸리는가?

(g) 양성자가 사이클로트론의 가장 바깥 부분에 도달했을 때, 운동 에너지 $K$(eV 단위로)는 얼마인가?

(h) (g)에 대해 답변했다면, 양성자가 사이클로트론의 가장 바깥 부분에 도달하기까지 얼마나 많은 궤도를 돌았겠는가?

(i) 양성자의 최종 속력은 무엇인가? $v \ll c$라고 가정하는 것이 타당한가?

## 점검 사항의 해답

**1.** $F_{magnetic} \approx 1 \times 10^{-8}$ N, $F_{electric} \approx 9 \times 10^{-5}$ N, 훨씬 크다.

**2.** 시계 방향으로, $q\vec{v} \times \vec{B} = -e\vec{v} \times \vec{B}$는 안쪽을 가리키고, 전자의 운동량을 돌리게 된다.

**3.** 도선의 미터당 $F = 2 \times 10^{-3}$ N

**4.** (a) 그림 20.134를 보아라. (b) 그림 20.135를 보아라.

**5.** $\vec{E} = \langle 0, 0, 2.7 \times 10^8 \rangle$V/m.

그런 속도로 움직이는 입자는 아마도 진공 챔버 내에서 가능할 것이고, 그래서 이 크기의 전기장은 스파크를 일으키지 않는다.

**6.** $\Delta V_{Hall} = 1.5 \times 10^{-5}$ V,

$\Delta V_{wire} = 3.3 \times 10^{-3}\ \text{V} \gg \Delta V_{Hall}$

**7.** 0.01 V($\ll$ 1.5 V)

**8.** 기전력 = $v_{bar}BL$, 반시계 방향의 전류 $I$, $I = v_{bar}BL/R$, 오른쪽 방향으로 힘 $F = v_{bar}B^2L^2/R$.

**9.** $F_{magnetic}/F_{electric} = 2.5 \times 10^{-11}$

**10.** 원자 자기 쌍극자 모멘트는 북쪽을 가리킨다. 북쪽으로 움직인다, 자기 쌍극자들은 자기장 방향으로 정렬되도록 회전한다.

**11.** $2\mu B$

**12.** 알짜 힘의 방향은 반대가 되고 반발력을 띤다. 알짜 힘은 제로가 된다.

**13.** $\theta = 90°$일때, 기전력은 최댓값을 가진다(자기장의 오른쪽 각도 방향의 속도), $\theta = 0$일때, 기전력은 최솟값을 가진다(자기장 방향의 속도, 그래서 벡터 외적이 0가 된다). 302 V

**14.** 평균 자유 이동 거리는 두 배가 된다, 평균 자유 이동 거리는 1/4배가 된다.

**15.** 평균 자유 이동 거리는 1/3배가 된다, $3.6 \times 10^6$ V/m

**16.** 그림 20.72에서 전하 아래에서, $E_y < 0$이고 $E_z = 0$이다. 그래서 다음과 같은 식이 성립한다.

$$B'_y = \frac{\left(B_y + \frac{v}{c^2}E_z\right)}{\sqrt{1 - v^2/c^2}} = 0$$

$$B'_z = \frac{\left(B_z - \frac{v}{c^2}E_y\right)}{\sqrt{1 - v^2/c^2}} = \frac{-\frac{v}{c^2}E_y}{\sqrt{1 - v^2/c^2}} > 0$$

그래서 예측했던 것처럼, $B'_z = 0$이고 $B'_z > 0$이다.

그림 20.72에서 전하 앞에서는 $E_y = 0$이고 $E_z > 0$이다. 그래서 다음과 같은 식이 성립한다.

$$B'_y = \frac{\left(B_y + \frac{v}{c^2}E_z\right)}{\sqrt{1 - v^2/c^2}} = \frac{\frac{v}{c^2}E_z}{\sqrt{1 - v^2/c^2}} > 0$$

$$B'_z = \frac{\left(B_z - \frac{v}{c^2}E_y\right)}{\sqrt{1 - v^2/c^2}} = 0$$

그림 20.72에서 전하 뒤에서는 $E_y = 0$이고 $E_z < 0$이다. 그래서 다음과 같은 식이 성립한다.

$$B'_y = \frac{\left(B_y + \frac{v}{c^2}E_z\right)}{\sqrt{1 - v^2/c^2}} = \frac{\frac{v}{c^2}E_z}{\sqrt{1 - v^2/c^2}} < 0$$

$$B'_z = \frac{\left(B_z - \frac{v}{c^2}E_y\right)}{\sqrt{1 - v^2/c^2}} = 0$$

그래서 예측했던 것처럼, $B'_y < 0$이고 $B'_z = 0$이다.

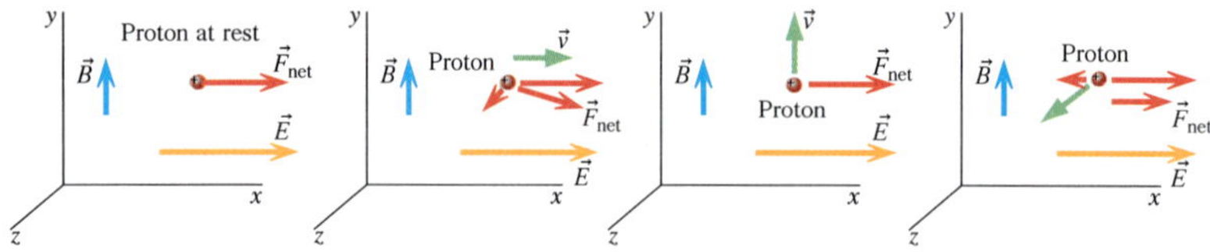


**그림 20.134** 점검 사항 4(a)

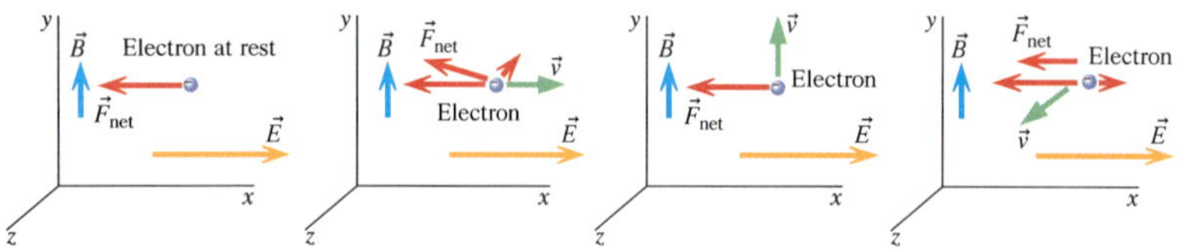


**그림 20.135** 점검 사항 4(b)

CHAPTER

# 21

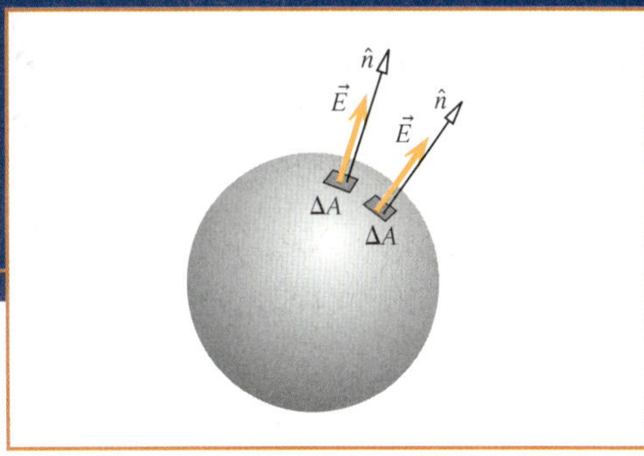


# 공간에서 장의 형태

**목표**

이 장을 공부한 후에 다음과 같은 것들을 할 수 있어야 한다.

- 폐곡면 상의 알짜 전기장과 폐곡면 내부의 알짜 전하와의 관계를 수학적으로 관련지을 수 있다.
- 폐곡선을 따라 형성된 알짜 자기장과 폐곡선 내의 알짜 전류와의 관계를 수학적으로 관련지을 수 있다.

전하는 전기장과 자기장을 만든다. 그리고 우리는 (움직이는 전하를 포함하여)전하들의 특정 분포에 따른 장의 크기와 방향을 계산하거나 추정하는 방법에 대해 알고 있다. 그러나 때때로 거꾸로 논할 때도 유용하다. 즉, 전기장과 자기장의 3차원 형태를 관측함으로써 어떤 전하들이 이 형태에 영향을 주었는지 추론이 가능하다. 가우스 법칙은 폐곡면을 지나는 전기장의 형태와 폐곡면 내부의 전하의 양과의 관계를 나타낸다. 앙페르 법칙은 폐곡선을 따라 형성된 자기장의 형태와 폐곡선을 통과하는 전류의 양과의 관계를 나타낸다.

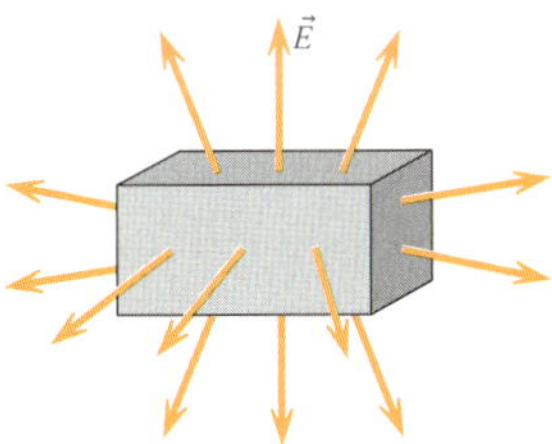


**그림 21.1** 상자 안에 무엇이 있는가?

## 21.1 전기장의 형태: 가우스 법칙

공간에서 장의 형태에 대한 연구로 전기장의 형태에 대해 먼저 알아보자. 그림 21.1은 어떤 전하를 포함하고 있는 상자를 나타낸다. 상자 내부를 볼 수는 없으나, 상자의 표면을 통과하는 전기장을 측정할 수 있다고 가정하자.

> **질문** 상자 내부에 전하가 있는지 결론내릴 수 있는가? 양전하인가? 음전하인가?

전기장의 방향이 상자 외부를 향하고 있다는 사실은 상자 내부에는 양전하가 존재해야 함을 의미한다.

그림 21.2는 또 다른 상자(표면의 전기장은 관측자의 위치에서 보았을 때 벡터의 꼬리보다는 머리 부분을 나타내고 있음)를 나타낸다. 이 상자 또한 내부를 볼 수는 없으나, 상자의 표면을 통과하는 전기장을 측정할 수 있다.

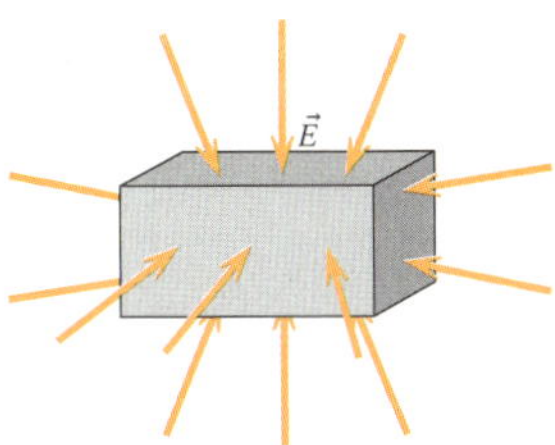


**그림 21.2** 상자 안에 무엇이 있는가?

> **질문** 상자 내부에 전하가 있는지 결론내릴 수 있는가? 양전하인가? 음전하인가?

표면을 지나는 전기장이 상자 내부를 향하고 있기 때문에 상자 내부에는 음전

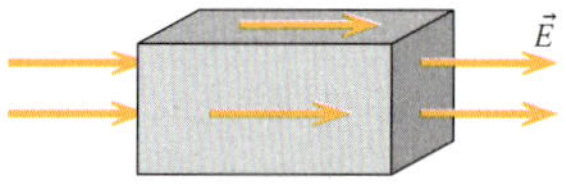


**그림 21.3** 상자 안에 무엇이 있는가?

하가 존재해야 한다. 상자의 표면에서 전기장의 형태가 그림 21.3과 같이 나타난다고 가정해 보자.

> **질문** 상자 내부에 전하가 있는지 결론내릴 수 있는가? 양전하인가? 음전하인가? 어떤 전하 분포가 이러한 전기장 형태를 만들 수 있을까?

전기장이 한쪽 표면에서는 상자 밖으로 향하고, 또 다른 표면에서는 상자 안으로 향하고 있다. 이러한 전기장의 형태를 만들 수 있는 전하 분포는 양(+)으로 대전된 매우 큰 평판이 상자의 왼쪽에 있는 경우이거나, 음(−)으로 대전된 매우 큰 평판이 상자의 오른쪽에 있는 경우일 것이다. 또는 축전기 판 사이에 상자가 위치하는 것과 같이 두 대전된 평판들이 좌우에 존재하는 경우일 것이다(또 다른 가능성은 상자는 도선 방향으로 균일한 전기장을 갖는 회로 도선 안에 그려진 수학적 표면이다).

상자 표면의 전기장의 분포가 이와 같다면, 우리는 상자 내부에 알짜 전하가 없다는 결론을 내릴 수 있다. 비록 언뜻 봐서는 상자 내부에 전기 쌍극자가 존재할 것 같아 보인다. 쌍극자가 상자의 양끝 부분(오른쪽 방향의 전기장 $\vec{E}$)에서 관측되는 전기장 형태를 만들 수는 있지만, 상자의 옆쪽 면들(쌍극자일 경우 $\vec{E}$가 왼쪽 방향이어야 함)에서 보이는 전기장은 쌍극자가 만들지 못하므로 쌍극자일 가능성은 없다. 상자에 형성되는 전기장 형태가 그림 21.4와 같다고 가정하자.

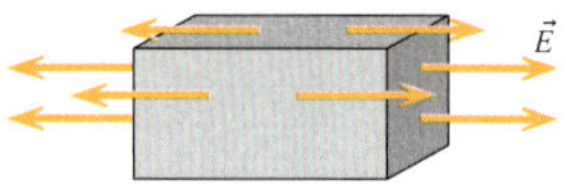


**그림 21.4** 상자 안에 무엇이 있는가?

> **질문** 상자의 표면에서 이와 같은 전기장의 형태를 만들 수 있는 전하 분포를 생각할 수 있는가?(힌트: 상자 내부뿐 아니라 외부에도 어떤 전하가 있을 수 있다.)

상자의 표면에서 이러한 전기장의 형태를 만들 수 있는 전하 분포는 상자의 중간을 수직으로 가로지르는 양(+)으로 대전된 매우 큰 평판이 있는 경우이다. 이러한 경우에는 상자 내부에(또한 외부에) 양전하가 있다.

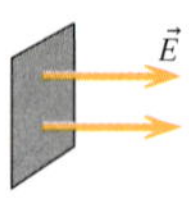


**그림 21.5** 어떤 결론을 내릴 수 있는가?

## 닫힌 표면과 열린 표면

반면에, 어떤 공간을 둘러싸며 전기장을 측정할 수 없는 경우에는 내부의 전하 분포에 대해 잘 알지 못한다. 그림 21.5는 상자의 한 면에 대한 전기장의 형태를 보여준다.

> **질문** 그림 21.5에서 관측되는 전기장 형태를 만들 수 있는 세 가지의 전하 분포를 생각해 보시오.

양으로 대전된 매우 큰 평판이 표면의 왼쪽에 있거나, 음으로 대전된 매우 큰 평판이 표면의 오른쪽에 있을 때, 또는 두 가지 다 존재하는 경우가 있다. 우리는 그림 21.5와 같이 "열린" 표면과 공간의 어떤 지역을 둘러싸고 있는 상자나, 구면과 같이 "닫힌" 표면 사이에 매우 중요한 차이가 있다는 것을 알 수 있다. 정성적으로, 닫힌 표면 전체에 대해 전기장을 측정하면 닫힌 표면 내부에 존재하는 전하에 대해 꽤 잘 이해할 수 있다. 그러나 열린 표면에서 전기장 측정은 가까이에 존재하는 전하가 양전하인지, 음전하인지에 대해서조차 알 수 없다.

가우스 법칙은 폐곡면에서 전기장의 측정과 폐곡면 내부에 존재하는 전하의 양과 부호 사이의 정량적 관계를 나타낸다.

우리는 전하와 장 사이의 관계에 대해 또 다른 식견을 제공해주는 가우스 법칙에 대해 공부할 것이다. 그리고 비록 쿨롱 법칙이 가우스 법칙과 (전하가 움직이지 않는 경우) 서로 등가 관계에 있긴 하나, 쿨롱 법칙만을 사용해서는 구하기가 거의 불가능하고 가우스 법칙을 사용해서는 구할 수 있는 중요한 상황들에 대해서도 공부하게 될 것이다.

더욱이 가우스 법칙과 관련해서 나타나는 "선속(flux)"의 개념은 뒤에서 배우게 될 시간에 따라 변화하는 자기장(패러데이 법칙)의 효과에서 중요한 역할을 하게 된다.

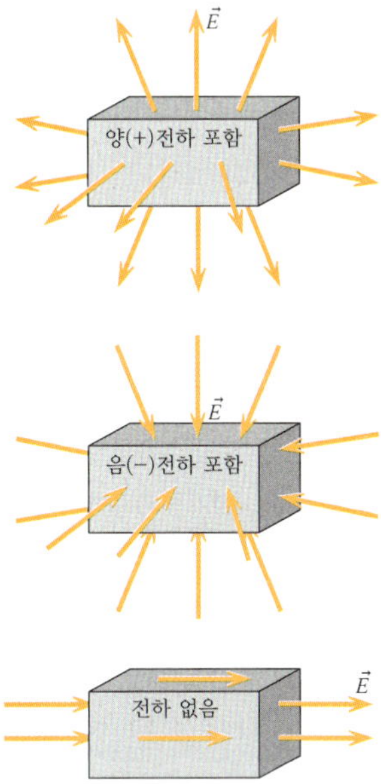


**그림 21.6** 3상자의 전기장 형태 비교

## 21.2 "전기 선속"의 정의

폐곡면 위의 전기장의 형태와 내부의 전하량 사이에 어떠한 관계가 있는 것은 명확하다. 그러나 이것을 어떻게 정량적 관계로 변환시킬 수 있을까? 우리는 면 전체를 지나는 전기장의 방향과 양에 대한 정량적인 측정 기준을 정의할 필요가 있다. 이 기준을 "전기 선속(electric flux)"이라고 부른다. 지금부터 전기 선속의 정량적인 정의가 갖는 특성들에 대해 알아보고자 한다.

### 특성 1: 전기장의 방향

그림 21.6에서 나타내는 양전하, 음전하, 그리고 전하가 없는 3상자의 표면에서의 전기장 형태를 비교하라.

"전기 선속"의 한 가지 분명한 특징은 전기장이 상자의 밖으로 향할 때는 양(+)의 값을, 상자의 안으로 향할 때는 음(−)의 값을, 그리고 전기장이 표면을 관통하지 않는 경우는 0의 값을 갖는다. 그림 21.6의 세 번째 상자의 경우 선속은 오른쪽 면에서 +1 단위, 왼쪽면에서 −1 단위, 그 외 다른 면들에서 0으로 구성되어 있어 전체 선속이 0이 되고, 이는 상자 내부에 전하가 없다는 것과 대응된다.

전기 선속의 부호와 전기장이 표면과 이루는 각은 서로 관련이 있다. 각도 인자는 +1(표면에 수직하고 외부를 향할 때)과 −1(표면에 수직하고 내부를 향할 때) 사이에서 변하고, 전기장이 표면에 평행할 때는 0이다. +1, −1, 그리고 0의 값들은 극한값들이므로 −1에서 +1의 범위 내에서 변화하는 각을 표현하는 방법이 필요하다.

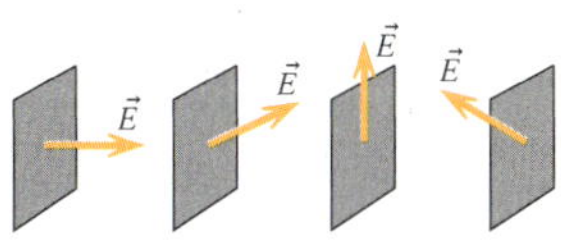


**그림 21.7** 표면과 다른 각도들에서 전기장

그림 21.7은 +1부터 0, 그리고 음의 값으로 변화하는 각도 인자를 갖는 일련의 열린 표면들을 나타내고 있다. 그림 21.8에서 보듯 각도 인자는 폐곡면으로부터 바깥쪽을 향하고 표면에 수직한 단위 벡터 $\hat{n}$과 전기장 벡터가 이루는 각의 코사인 성분으로 나타낼 수 있다.

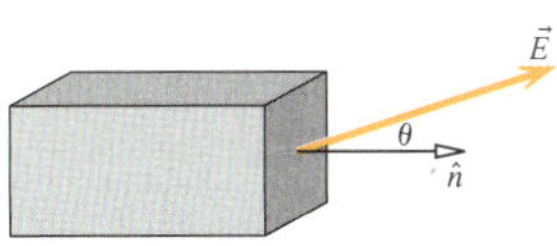


**그림 21.8** 밖을 향하는 단위 벡터

**질문** 그림 21.8의 각 $\theta$의 코사인 성분이 우리가 찾고 있는 다음과 같은 적절한 특징을 가짐을 보이시오. 즉, $\vec{E}$가 밖을 향하면 +1, 안을 향하면 −1, 그리고 $\vec{E}$가 표면과 나란한 경우에는 0, 그 밖의 다른 경우에는 +1에서 −1 사이의 값을 갖는다.

폐곡면의 전기 선속은 폐곡면을 이루는 열린 면들에서의 전기 선속의 합임을 명심하라. 예를 들어, 그림 21.9의 상자의 왼쪽 면은 음의 선속을, 그리고 오른쪽 면에서는 양의 선속을, 그리고 다른 면들에서는 0의 선속을 나타낸다. 이 폐곡면에서의 전체 선속은 각각의 면에서의 선속의 합과 같으므로, 전체 선속은 0으로 상자 내부에 전하가 없다는 것을 의미한다.

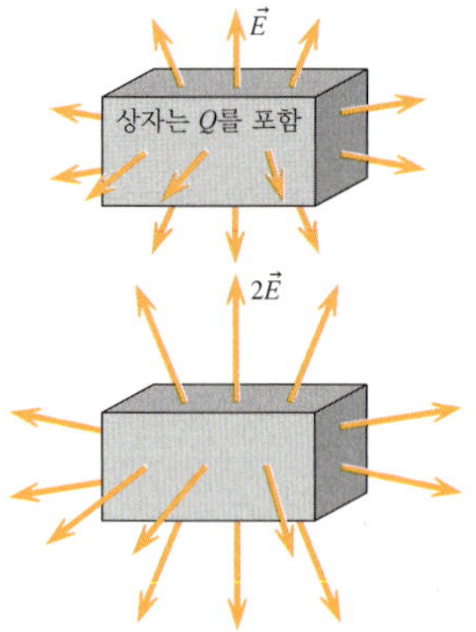


그림 21.9 아래쪽 상자 면에서 장의 크기는 위쪽 상자 면에서 보다 2배 크다.

### 특성 2: 전기장의 크기

전기 선속이 전기장의 크기에 어떻게 의존하는가? 그림 21.9에 나타난 두 상자의 표면에서의 전기장 형태를 고려해 보자.

**질문** 위쪽 상자는 전하량 $Q$인 전하를 포함하고 있다. 아래쪽 상자 표면의 전기장 벡터가 위쪽의 두 배라면, 아래쪽 상자 내부의 전하량은 얼마인가? 전하량을 두 배로하면 전기장도 두 배가 된다. 분명히 아래쪽 상자에는 전하 $2Q$가 있다. 그래서 전기 선속의 정의는 두 배의 전기장은 두 배의 선속을 만든다는 특성을 갖는다. 그러므로 전기 선속은 $\cos\theta$에 비례할 뿐만 아니라 전기장 $E$에 비례한다. 분명히 전기 선속의 정의는 곱 $E\cos\theta$를 포함하고 있어야 한다. $E\cos\theta$는 $\vec{E}\bullet\hat{n} = E\,|\hat{n}|\cos\theta$로 표현할 수 있다. 왜냐하면 내적은 두 벡터 사이의 각도의 코사인 값이며, (차원이 없는) 단위 벡터의 크기 $|\hat{n}|$은 1이기 때문이다(그림 21.10).

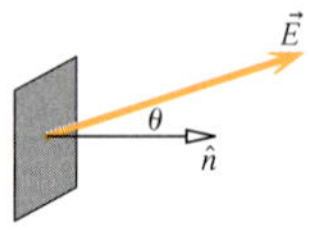


그림 21.10 $\vec{E}\bullet\hat{n} = E\,|\hat{n}|\cos\theta$

**질문** 그림 21.10에서, 전기장이 $\hat{n}$과 평행할 경우 $\vec{E}\bullet\hat{n}$은 $+E$, $\hat{n}$과 반 평행할 경우 $-E$, 그리고 표면과 평행할 경우 0이 됨을 보여라.

밖을 향할 때 : $\vec{E}\bullet\hat{n} = \langle +E, 0, 0\rangle \bullet \langle 1, 0, 0\rangle = +E + 0 + 0 = +E$
안을 향할 때: $\vec{E}\bullet\hat{n} = \langle -E, 0, 0\rangle \bullet \langle 1, 0, 0\rangle = -E + 0 + 0 = -E$
표면에 평행할 때 : $\vec{E}\bullet\hat{n} = \langle 0, E, 0\rangle \bullet \langle 1, 0, 0\rangle = 0 + 0 + 0 = 0$

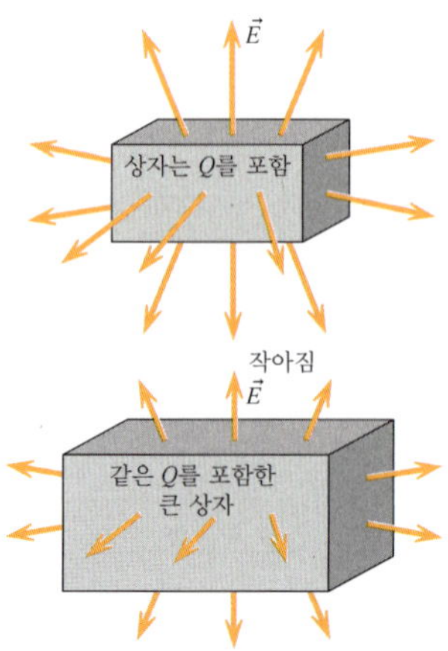


그림 21.11 같은 전하를 포함한 큰 상자는 표면에서 작은 전기장을 가짐

### 특성 3: 표면적

마지막으로 그림 21.11에 나타난 두상자를 고려해 보자. 작은 상자는 내부에 전하 $Q$를 포함하고 있으며, 외부에는 전하가 없다. 만약 더 큰 상자가 같은 전하 $Q$를 둘러싸고 있다면, 큰 상자의 표면에서의 전기장 벡터는 더 작을 것이다. 왜냐하면, 표면이 둘러싸인 전하로부터 더 멀리 떨어져 있기 때문이다.

작은 상자의 표면에서 큰 전기장의 경우나, 큰 상자의 표면에서 작은 전기장의 경우가 동일하다는 방식으로 전기 선속을 정의할 필요가 있다. 이는 전기 선속의 정의에서 전하를 둘러싸는 폐곡면의 크기를 보정하기 위해서는 단순히 $\vec{E}\bullet\hat{n}$이 아니라, 표면의 면적 $A$를 포함시켜야 한다는 것을 의미한다. 아마도 전기 선속은 $\vec{E}\bullet\hat{n}A$로 정의해야 한다. 사실, 모든 거리를 두 배로 하면, 표면적은 4배로 증가하는 반면에 전기장은 1/4로 감소하게 된다. 그러므로 상자의 크기를 변화시키는 것에 대해 정확히 보정하기 위해 전기 선속의 정의에 면적 $A$를 포함시켜야 한다.

전기장 $\vec{E}$의 크기와 방향은 큰 표면에서 위치에 따라 변할 수 있으므로, 전기장의 변화가 거의 없는 작은 면적 $\Delta A$에 대한 전기 선속을 정의해야 한다. 이러한 모든 요소들을 고려하면 작은 면적 $\Delta A = \Delta x \Delta y$에 대한 전기 선속의 유용한 정의는 $\vec{E}\bullet\hat{n}\Delta A$이 된다. 그리고 이러한 작은 기여를 모두 더해 전체 표면에 대한 전기 선속 $\Phi_{el}$을 구할 수 있다(그림 21.12).

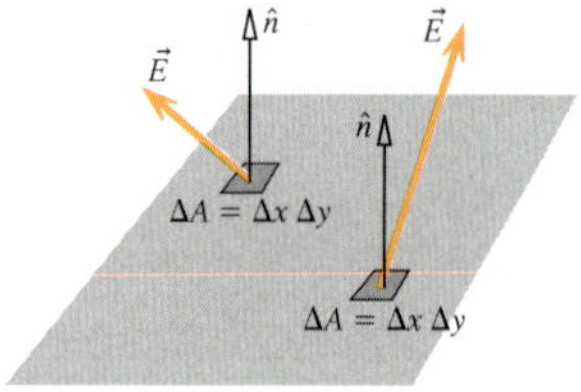


그림 21.12 표면에서 전기 선속은 각각의 작은 면적 $\Delta A = \Delta x \Delta y$에 대한 기여 $\vec{E}\bullet\hat{n}\Delta A$를 모두 더해 얻는다.

**표면에서 전기 선속의 정의**

$$\Phi_{el} = \sum_{\text{surface}} \vec{E} \bullet \hat{n}\,\Delta A$$

## 수직 장 또는 수직 면적

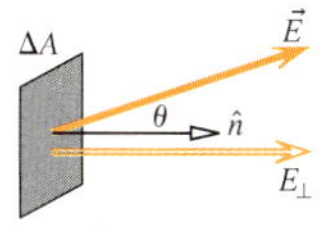


그림 21.13 $\vec{E} \bullet \hat{n}\Delta A = E_\perp \Delta A$

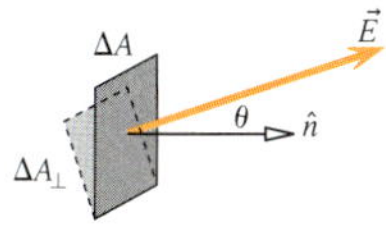


그림 21.14 $\vec{E} \bullet \hat{n}\Delta A = E\Delta A_\perp$

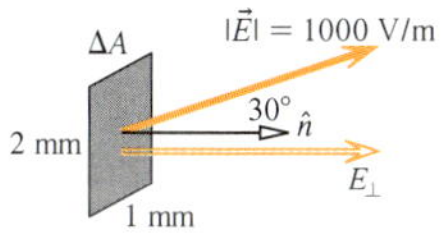


그림 21.15 직사각형에서 전기 선속 구하기

어떤 표면에 대한 전기 선속은 $\vec{E} \bullet \hat{n}\Delta A$의 합으로 정의한다. 이 정의는 전기장의 방향과, 크기, 그리고 표면적을 고려한 것이다. 선속을 계산하는 방법들 중 한 가지는 $E \cos\theta$를 표면에 수직한 전기장 성분 $E_\perp = E\cos\theta$로 생각하는 것이다. 그러면 작은 면적에 대한 선속은 $E_\perp\ \Delta A$가 된다(그림 21.13). 또는 작은 면적에 대한 선속은 전기장과 전기장의 방향과 수직한 방향으로 투영된 표면적 $\Delta A$의 곱으로 계산할 수 있다(그림 21.14). 이 수직하게 투영된 면적을 $\Delta A_\perp$라 하면, 선속은 $E\Delta A_\perp$가 된다.

그러므로 선속을 표현하는 방법에는 다음의 3가지, 즉 $\vec{E} \bullet \hat{n}\Delta A$, $E_\perp \Delta A$, 또는 $E\Delta A_\perp$가 있다. 많은 책들에서 전기 선속에 대한 또 다른 표현 방법인 $\vec{E} \bullet \Delta\vec{A}$도 볼 수 있다. 이 표기법은 $\Delta\vec{A}$가 바깥쪽을 향하고 법선 방향을 가리키는 벡터이며, 크기가 $\Delta A$임을 의미한다. 즉, $\Delta\vec{A} = \hat{n}\Delta A$이다.

> **점검 사항 1** 그림 21.15에서 전기장의 크기는 1000 V/m이고, 법선과 30°의 각도를 이루고 있다. 크기가 1 mm × 2 mm인 작은 직사각형에 대한 선속은 얼마인가?

## 선속 합하기

작은 면적 $\Delta A$에 대한 전기 선속은 $\vec{E} \bullet \hat{n}\Delta A$이다. 확장된 표면에 대한 전기 선속을 계산하기 위해서는 작은 면적으로 표면을 나누고, 각 면적에 대해 선속을 계산한 후, 모두 더한다. 기호로 표현하면 다음과 같다.

$$\text{표면에서의 전기 선속} = \sum \vec{E} \bullet \hat{n}\,\Delta A$$

표면을 무한히 많은 수의 미소 면적으로 나눈다면, 이 합은 적분이 된다. 이는 제15장에서 고리 또는 디스크에 분포한 전하들에 의한 전기장을 계산하기 위해 했던 과정과 유사하다.

$$\text{표면에서의 전기 선속} = \Phi_{el} = \int \vec{E} \bullet \hat{n}\,dA$$

이 "표면 적분"은 다음의 형태로 쓸 수 있다.

$$\Phi_{el} = \int E_\perp dA = \int E\,dA_\perp = \int \vec{E} \bullet d\vec{A}$$

상자와 같은 폐곡면에 대한 전기 선속을 구하면 폐곡면 내부에 있는 전하에 대한 정보를 알 수 있음을 보았다. 모든 폐곡면에 대해 전기 선속을 더하고자 할 때마다 다음의 표기법을 스스로 상기할 필요가 있다.

$$\text{폐곡면에서의 전기 선속} = \oint \vec{E} \bullet \hat{n}\, dA = \sum_{\text{closed surface}} \vec{E} \bullet \hat{n}\, \Delta A$$

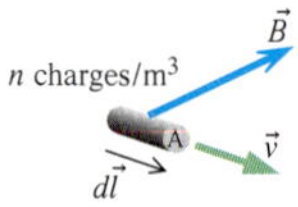


**그림 21.16** 이 닫힌 표면의 각각에 대해 전기장은 균일하다.

적분 기호 위에 놓인 원은 "완전함"을 나타내는 표준 표기법이다. 이런 경우에 전기 선속은 전체 폐곡면—다시 말해서 공간에서 체적을 완벽히 둘러싸는 표면—에 대해 적분해야 한다.

**질문** 그림 21.16에서 닫힌 표면에 대한 알짜 선속 $\Phi_{el}$은?

이 면에 대한 알짜 선속은 0이다. 각 면에서 전기장은 균일하므로, 이 경우 각 면의 $\Delta A$는 그 면의 전체 면적으로 취급해도 된다. 오른쪽 끝 면에서 선속은 $+EA_{end}$, 왼쪽 끝 면에서 선속은 $-EA_{end}$, 그리고 그 외 다른 면에서 선속은 $\vec{E}_{\perp}\hat{n}$이므로 0이다.

## 21.3 가우스 법칙

나중에 증명하게 될 가우스 법칙(Gauss's Law)은 다음과 같다.

**가우스 법칙**

$$\sum_{\text{closed surface}} \vec{E} \bullet \hat{n}\Delta A = \frac{\sum q_{\text{inside}}}{\varepsilon_0}$$

또는

$$\oint \vec{E} \bullet \hat{n}\, dA = \frac{\sum q_{\text{inside}}}{\varepsilon_0}$$

폐곡면 전체 면적에 대해 전기 선속을 더했을 때, 전기장 형태의 정량적 측정은, 이 장의 앞부분에서 살펴본 형태로부터 유추할 수 있는 것처럼 폐곡면 내부의 전하량과 비례하게 된다.

### 가우스 법칙의 증명

폐곡면 상의 전기 선속은 내부의 전하량에 비례함을 나타내는 가우스 법칙이 옳음을 증명하기 위해 무엇이 필요한가?

- 비례 상수가 $1/\varepsilon_0$임을 보여라.
- 표면의 크기와 모양은 문제가 되지 않음을 보여라.
- 표면 내부에 점전하의 수와 관계없이 옳음을 보여라. 표면 외부의 전하는 알짜 선속에 영향을 주지 않음을 보여라.

다음 절에서는 위 문제들을 각각 다룸으로써, 가우스 법칙이 옳음을 증명할 것이다. 그 증명은 대수학적인 증명보다는 기하학에 기반을 둔 증명이다. 여러분은 지금까지 폐곡면 내부의 전하와 폐곡면 상의 전기 선속 사이에 어떤 관계가 있음을 배웠다. 이제는 정량적인 측면에서 좀 더 자세히 증명해 보자.

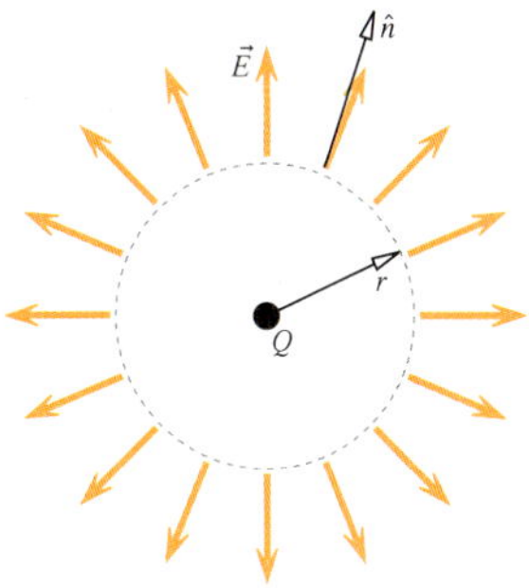


**그림 21.17** 반지름 $r$로 선택한 수학적 구면으로 둘러싸인 점전하 $Q$

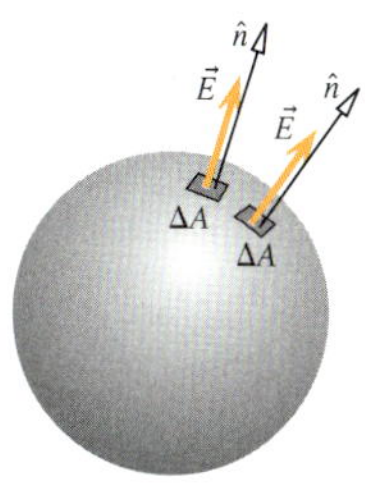


**그림 21.18** 표면의 모든 작은 조각 $\Delta A$에 대해 선속을 계산한다.

## 비례 상수 결정

폐곡면에 대한 알짜 전기 선속은 내부 전하에 비례한다고 가정했다:

$$\sum_{\text{closed surface}} \vec{E} \bullet \hat{n}\Delta A = k\sum q_{\text{inside}}$$

여기서 비례 상수 $k$는 $1/\varepsilon_0$이다.

이를 증명하기 위해 쉽게 계산할 수 있는 표면—그림 21.17에서처럼 구의 중심에 양의 점전하 $+Q$를 둘러싸는 닫힌 구면—에서의 알짜 전기 선속을 계산해 보자. 이 구면은 어떤 물질로 만들어진 실제 구껍질이 아니라 임의로 택한 순수하게 수학적인 구면이라는 것을 이해하는 것이 매우 중요하다.

3차원 그림을 그리거나 해석하기가 어려우므로, 일반적으로 3D 표면의 단면으로 2차원 그림을 그려 설명할 것이다. 하지만 이 그림은 전하 $Q$를 둘러싸고 있는 3차원 폐곡면임을 기억하자.

**질문** 구면을 작은 조각 $\Delta A$로 나누고, 각 조각에 대해 $\vec{E} \bullet \hat{n}\Delta A$를 계산한다. 닫힌 구면의 중심에 점전하가 위치하고 있으므로, 표면의 모든 위치에 대해 $\vec{E} \bullet \hat{n} = E\cos\theta$에서의 각 $\theta$는 얼마인가?(그림 21.18을 참조.)

전기장 $\vec{E}$와 임의로 선택한 구면의 표면 모든 곳에서 외부를 향하는 법선 $\hat{n}$이 이루는 각이 0이므로, $\cos\theta = +1$이다.

**질문** $E\cos\theta\Delta A$를 전체 표면에 대해 더한다. 구면의 반지름이 $r$일 때, 표면의 모든 위치에서 전기장 $E$의 크기는 얼마인가?

전하 $Q$가 중심에 위치한 수학적인 구면을 사용했기 때문에, 구면의 모든 위치에서 전기장의 크기는 다음과 같다.

$$E = \frac{1}{4\pi\varepsilon_0}\frac{Q}{r^2}$$

**질문** 구의 전체 표면적은 $4\pi r^2$이다. 전체 표면에 대해 각 조각의 $E\cos\theta\Delta A$를 더하면 얼마인가? 구의 중심에 위치한 전하 $Q$를 포함하여 나타내시오.

$E\cos\theta\Delta A$는 $\cos\theta = +1$이므로 $E\Delta A$와 같으며, $E$는 상수이다. 그러므로 전체 표면에 대한 알짜 전기 선속은 다음과 같다.

$$\sum_{\text{closed surface}} \vec{E} \bullet \hat{n}\,\Delta A = \left(\frac{1}{4\pi\varepsilon_0}\frac{Q}{r^2}\right)(+1)(4\pi r^2) = \frac{Q}{\varepsilon_0}$$

우리의 희망은 임의로 선택한 폐곡면을 통과하는 전기 선속의 총 합은 폐곡면 내부의 전하량에 비례해야 한다는 것이다.

$$\sum_{\text{closed surface}} \vec{E} \bullet \hat{n}\,\Delta A = kq_{\text{inside}}$$

**질문** 비례 상수 $k$는 얼마인가?

분명히 구면에서의 비례 상수는 $k = 1/\varepsilon_0$이다. 왜냐하면 내부 전하는 $Q$이기 때문이다. 이것은 그럴 듯해 보인다. 폐곡면에서 전기장 형태의 정량적인 측정, 즉 총 전기 선속을 얻었고 적어도 이처럼 점전하를 중심에 둔 구면의 경우에 전체 전기 선속은 내부 전하에 $(1/\varepsilon_0)$을 곱한 값과 같다.

**질문** 만약 구 중심에 위치한 전하가 음전하 $(-Q)$라면 어떻게 되는가? 여전히 위의 관계가 적용되는가?

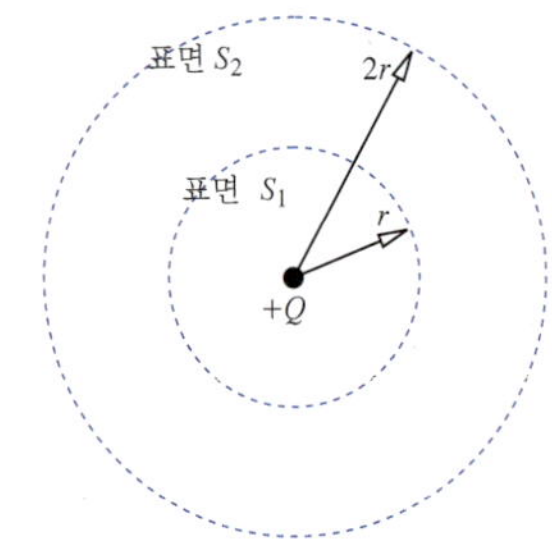


**그림 21.19** 임의로 택한(그림의 단면) 두 개의 서로 다른 구면 상에서 전기 선속을 고려하자.

내부 전하가 음전하일 때 $\cos\theta$가 얼마인지 고려하여 확인해 보시오. 이 경우 코사인 성분이 $-1$이기 때문에 선속은 음$(-)$이고, 음전하 $-Q$에 비례한다. 이는 $\cos\theta$ 항이 선속을 정의하는 데 적합하다는 또 다른 증거이다.

## 표면의 크기는 문제가 되지 않는다

최종 결과에 $r$은 나타나지 않으므로, 분명히 이 관계식은 구면의 반지름 $r$에 무관하다.

왜 그럴까? 반지름이 두 배인 또 다른 구면을 생각해 보자. 그림 21.19와 같이 두 구면 $S_1$과 $S_2$의 단면을 그려보자.

**질문** $S_2$ 표면 상에서 전기장 $E_2$는 $S_1$ 표면 상에서 전기장 $E_1$과 어떻게 다른가? 전체 표면적은 얼마나 다른가(구의 표면적은 $4\pi r^2$이다)? 전체 전기 선속은 얼마나 다른가? 두 표면에서 $\sum_{\text{closed surface}} \vec{E} \bullet \hat{n}\,\Delta A = q_{\text{inside}}/\varepsilon_0$식은 유효한가?

전기장의 크기는 $1/r^2$에 비례하므로 1/4로 감소한다. 그러나 표면적은 $r^2$에 비례하므로 4배만큼 증가한다. 그러므로 바깥 표면에서의 전기 선속은 안쪽 표면에서와 같으며, 같은 비례 상수 $k = 1/\varepsilon_0$를 갖는다. 이 예는 전기 선속의 정의에 왜 표면적을 포함해야 하는지를 보여준다. 이러한 결과는 점전하의 전기장이 $1/r^2$에 비례한다는 사실에 결정적으로 의존한다는 것에 유의하자. 만약 $1/r^{2.001}$에 비례한다면, 전기 선속이 안쪽 표면에서보다 바깥 표면에서 더 작고, 전기 선속의 개념은 매우 쓸모가 없어진다. 그러므로

$$\sum_{\text{closed surface}} \vec{E} \bullet \hat{n}\,\Delta A = \frac{q_{\text{inside}}}{\varepsilon_0}$$

는 $q_{\text{inside}}$의 부호에 상관없이, 또는 둘러싸고 있는 구면의 크기에 상관없이 늘 성립한다.

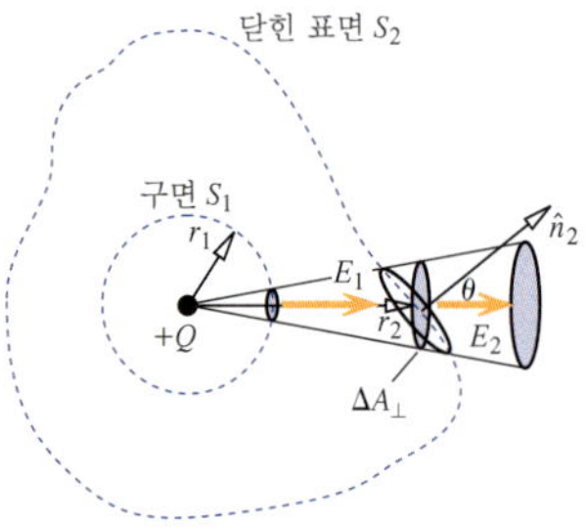


**그림 21.20** 구면에 대한 선속과 닫힌 표면에 대한 선속 비교

## 표면의 모양은 문제가 되지 않는다

다음으로 그림 21.20과 같이 반지름 $r_1$의 작은 구면과 비교하기 위해 점전하를 둘러싸고 있는 임의의 폐곡면을 고려하자. 점선으로 그려진 두 곡선은 실제로는 점전하 $Q$를 둘러싸고 있는 폐곡면을 나타내는 단면을 의미한다. 두 표면의 일부 면적을 포함하는 원뿔을 그려보자. $\Delta A_\perp = \Delta A\cos\theta$는 점전하를 중심으로 그린 구면 상에 실제 면적 $\Delta A$를 투영시킨 넓이이다(그림 21.21). 투영된 원의 반지름 $R$은 점전하 $Q$로부터 떨어진 거리 $r_2$에 비례한다. 즉, $R = r_2\tan\phi$이다.

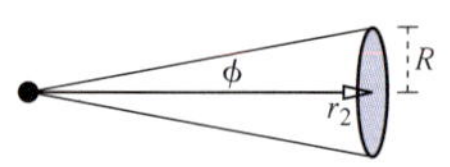


**그림 21.21** 수직한 단면적 $\Delta A_\perp = \pi r^2$은 $r_2^2$에 비례한다.

따라서 $\Delta A_\perp$은 $r_2^2$에 비례한다.

**질문** 원뿔로 둘러싸인 바깥 표면의 일부를 지나는 전기 선속이 그에 대응되는 안쪽 구면의 일부를 지나는 전기 선속과 같은 이유에 대해 설명해 보자. 다시 말해, 왜 $E_2\,\Delta A_{2\perp}$는 $E_1\Delta A_{1\perp}$와 같은가?

전기장의 크기는 $1/r^2$에 비례하므로, $E_2/E_1 = r_1^2/r_2^2$이다. 또한, 투영된 원의 면적은 $r^2$에 비례하므로, $\Delta A_{2\perp}/\Delta A_{1\perp} = r_2^2/r_1^2$이다. 따라서 $(E_2\Delta A_{2\perp})/(E_1\Delta A_{1\perp})$은 1이다.

**질문** 만약 모든 방향에 대해서, 바깥 표면의 일부를 지나는 전기 선속과 그에 대응되는 안쪽 구면에 투영된 면적을 지나는 전기 선속이 같을 경우, 바깥 표면의 전체 선속과 안쪽 구를 지나는 전체 선속을 비교하면 어떻게 되는가?

분명히 임의의 모양의 바깥 표면을 지나는 전기 선속은 내부 구면을 지나는 전체 전기 선속과 같다. 이는 정말로 고무적인 사실이다.

우리는 다음과 같은 식

$$\sum_{\text{closed surface}} \vec{E} \bullet \hat{n}\,\Delta A = \frac{q_{\text{inside}}}{\varepsilon_0}$$

이 점전하를 둘러싸고 있는 구면에서 뿐만 아니라 모양과 관계없이 둘러싸고 있는 어떤 모양에 대해서도 성립됨을 보였다. 다시 한 번 위 식이 성립하는 핵심 이유는 쿨롱 법칙의 $1/r^2$ 특성 때문이다. 즉, 더 큰 폐곡면에서의 전기장은 전기장과 면적의 곱이 정확히 같도록 충분히 작다. 만약 전기장이 정확히 $1/r^2$ 처럼 행동하지 않는다면, 전기 선속은 임의의 모양의 폐곡면마다 다르게 나타나므로 더 이상 유용하지 않다.

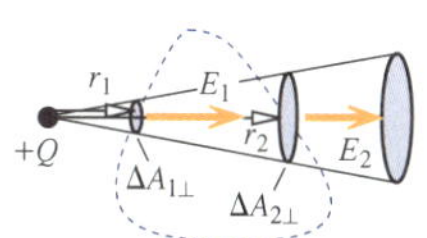


**그림 21.22** 표면(점선) 밖의 점전하는 알짜 선속에 미치는 영향은 0이다.

## 표면 밖의 전하는 알짜 선속에 영향을 미치지 않는다

모든 경우에 대해 올바른 공식에서, 폐곡면 내부에 전하가 없는 경우, 폐곡면 외부에 다른 전하가 있더라도 전체 선속이 0이 됨은 사실이다. 그림 21.22와 같이 폐곡면(점선으로 그린 단면) 바깥에 점전하 $+Q$가 존재하는 상황을 고려하자.

**질문** 전하로부터 폐곡면의 가까운 쪽과 먼 쪽을 가로지르는 원뿔을 그리자. $\Delta A_{\perp} = \Delta A \cos\theta$는 원뿔과 표면이 만나는 두 위치에서 실제 면적 $\Delta A$의 투영된 면적임을 기억하자. 안쪽 표면과 바깥쪽 표면에서의 전기 선속의 크기는 같지만 부호가 반대임을 보이시오.

앞서 언급한 원뿔 내부에서 둘러싸인 두 표면을 지나는 선속에 대한 논의를 다시 사용할 수 있다. 하지만 이 경우에 (체적 바깥쪽을 향하는 전기장으로 인해) 두 번째 표면을 지나는 선속이 양인 것에 반해, (체적 안쪽을 향하는 전기장으로 인해) 첫 번째 면을 지나는 선속은 음이다. 따라서 원뿔 내부의 선속을 모두 더하면 0이 된다.

**질문** 폐곡면의 안쪽 부분과 바깥쪽 부분의 임의의 쌍들에 대해 성립하므로, 폐곡면 바깥의 점전하로 인한 전체 표면을 지나는 전체 전기 선속을 구하면?

이 상쇄 효과는 임의의 어떤 원뿔에 대해서도 성립하므로, 전체 표면에 대해 모두 더한 알짜 선속은 0이 된다.

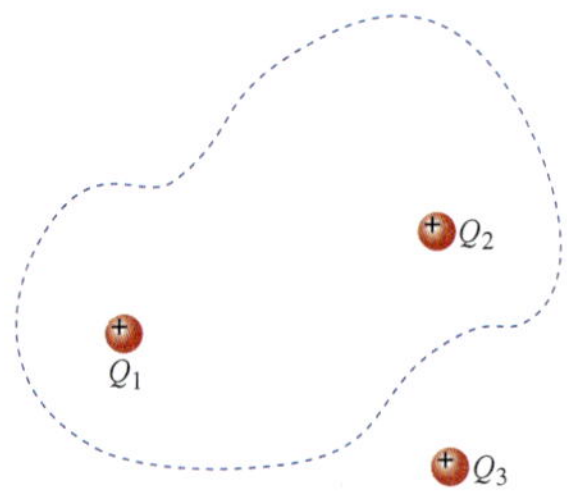


**그림 21.23** 표면 외부의 전하가 알짜 전기 선속에 미치는 영향은 0이다.

폐곡면 밖의 점전하들은 확실히 표면에서 전기장과 전기 선속을 만든다. 하지만 외부 전하들에 의한 전기 선속을 모두 더하면 이들에 의한 총 전기 선속은 0이 된다.

$$\sum_{\text{closed surface}} \vec{E} \bullet \hat{n} \Delta A = \frac{q_{\text{inside}}}{\varepsilon_0}$$

## 중첩과 가우스 법칙(Superposition and Gauss's Law)

그림 21.23과 같이 수학적 폐곡면 내부에 2개, 그리고 외부에 1개의 점전하가 존재하는 경우를 고려하자. 각 전하들에 대해

$$\sum_{\text{closed surface}} \vec{E}_1 \bullet \hat{n} \Delta A = Q_1/\varepsilon_0$$

$$\sum_{\text{closed surface}} \vec{E}_2 \bullet \hat{n} \Delta A = Q_2/\varepsilon_0$$

$$\sum_{\text{closed surface}} \vec{E}_3 \bullet \hat{n} \Delta A = 0 \quad (Q_3\text{는 표면 외부에 존재하므로})$$

이고, 이를 모두 더하면

$$\sum_{\text{closed surface}} (\vec{E}_1 + \vec{E}_2 + \vec{E}_3) \bullet \hat{n} \Delta A = \frac{Q_1 + Q_2}{\varepsilon_0}$$

이다. 그러나 $\vec{E}_1 + \vec{E}_2 + \vec{E}_3$는 표면의 내부와 외부에 존재하는 모든 전하에 의한 전체 전기장이며, 이것이 우리가 표면에서 측정하게 되는 알짜 전기장이다. 폐곡면 내부와 외부에 존재하는 점전하들의 수를 일반화시켜, 이른바 말하는 가우스 법칙을 증명할 수 있다.

**가우스 법칙**

$$\sum_{\text{closed surface}} \vec{E} \bullet \hat{n} \Delta A = \frac{\sum q_{\text{inside}}}{\varepsilon_0}$$

또는

$$\oint \vec{E} \bullet \hat{n} \Delta A = \frac{\sum q_{\text{inside}}}{\varepsilon_0}$$

이 식은 이제까지 정성적으로 보아온 식을 정량적인 형태로 나타낸 가우스 법칙이다. 즉, 폐곡면에서의 전기장 형태는 폐곡면 내부에 존재하는 전하들에 대한 정보를 제공한다. 표면에서의 전기장 형태를 전기 선속을 이용하여 정량적으로 표현함으로써, 비록 측정한 전기장이 일부 표면 외부에 존재하는 전하들에 의한 것일지라도, 선택한 폐곡면 내부에 얼마나 많은 양의 전하가 존재하는지 알 수 있다.

## 가우스 법칙과 쿨롱 법칙

쿨롱 법칙으로부터 가우스 법칙을 유도하였기 때문에, "가우스 정리(Gauss's theorem)"로 불러야 할 것 같다. 하지만 마찬가지로 가우스 법칙으로부터 쿨롱 법칙을 유도하는 것이 가능하므로, 겉보기에는 달라 보이지만 두 법칙은 완벽하

게 등가 관계에 있다고 볼 수있다.

그러나 전하가 움직이는 경우에 한해서는 가우스 법칙과 쿨롱 법칙은 동등하지 않으며, 전하가 빛의 속도와 비교할 만큼 빠른 속도로 움직이는 경우에 두 법칙의 예측 결과는 완전히 다르다. 그 이유는 지연(retardation)의 문제에 있다. 빠르게 움직이는 전하에 의한 공간의 한 위치에서 전기장은 쿨롱 법칙으로는 계산을 할 수가 없고, 대신에 전하가 움직인 이력을 고려한 매우 복잡한 계산이 필요하다. 즉, 관측 지점에서 현재의 전기장은 원천 전하의 과거 위치에 의존한다.

쿨롱 법칙과 달리, 가우스 법칙은 모든 경우에 대해 옳다. 동기화된 시계(synchronized watch)를 가진 많은 관측자들이 폐곡면 상에 배치되어 있다고 가정하자. 사전 합의를 통해, 오전 9시 35분에 자신이 위치한 표면의 작은 면적에 대해 전기 선속을 측정하여 그 결과를 보고하도록 한다.

비록 어떤 전하들이 빛의 속도에 견줄 만큼 빠른 속도로 움직였다 할지라도, 모든 전기 선속의 측정 결과의 합은 오전 9시 35분에 표면 내부에 있었던 ($\varepsilon_0$로 나누어진) 모든 전하의 합과 같다. 그래서 쿨롱 법칙과 달리 가우스 법칙은 특수 상대성 이론과도 배치되지 않는다(이 측정에는 사실상 한계가 있다. 즉, 관측자들은 관측 결과를 우리에게 빛보다 빠른 속도로 전달할 수 없으므로, 모든 선속을 더해 오전 9시 35분에 얼마나 많은 전하가 있었는지 결정하는 시간은 측정 시간에 비해 이미 꽤 지난 후이다!).

**예** **원통형 표면**

그림 21.24와 같이 반지름 5 cm, 높이 15 cm인 원통형 가우스 면에서 전기장을 측정한다. 휘어진 표면의 모든 곳에서 전기장 $\vec{E}_1$는 550 N/C의 일정한 크기를 갖고, 방향은 지름을 따라 바깥을 향한다. 편평한 양 끝 부분에서 전기장 $\vec{E}_2$의 크기는 변하지만, 방향은 지름을 따라 바깥을 향한다. (a) 가우스 면으로 둘러싸인 전하의 양을 구하시오. (b) 만약 전기장의 원천이 일부가 가우스 면 내부에 존재하는 균일하게 대전된 길고 가는 막대라면, 긴 막대의 선 전하 밀도(단위 길이당 전하량, $Q/L$)는 얼마인가?

**해답** (a) 표면의 휘어진 모든 부분에서 $\vec{E}_1 \parallel \hat{n}$이므로, $\vec{E}_1 \cdot \hat{n} = |\vec{E}_1|$이다.

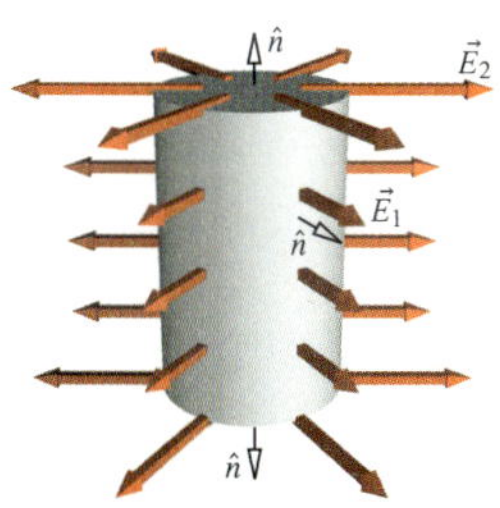

**그림 21.24** 원통형 가우스 면에서 전기장

$$\Phi_{\text{side}} = \left|\vec{E}_1\right|(2\pi rh) = (550\,\text{N/C})(2\pi)(0.05\ \text{m})(0.15\ \text{m}) = 25.9\ \text{V}\cdot\text{m}$$

표면의 편평한 꼭대기 모든 부분에서 $\vec{E}_2 \perp \hat{n}$이므로, $\vec{E}_2 \cdot \hat{n} = 0$이고 $\Phi_{\text{top}} = 0$이다. 표면의 편평한 바닥 모든 부분에서 $\vec{E}_2 \perp \hat{n}$이므로, $\vec{E}_2 \cdot \hat{n} = 0$이고 $\Phi_{\text{bottom}} = 0$이다.

$$\oint \vec{E}\cdot\hat{n}\,dA = (25.9+0+0)\ \text{V}\cdot\text{m} = 25.9\ \text{V}\cdot\text{m}$$

가우스 법칙을 적용하면

$$\oint \vec{E}\cdot\hat{n}\,dA = \frac{q_{\text{inside}}}{\varepsilon_0}$$

$$q_{\text{inside}} = (25.9\ \text{V}\cdot\text{m})\left(8.85\times10^{-12}\,\frac{\text{C}^2}{\text{N}\cdot\text{m}^2}\right)$$
$$= 2.29\times10^{-10}\ \text{C}$$

이다.

(b) 가우스 원통이 길고 균일하게 대전된 막대의 일부를 둘러싸고 있다면, 막대의 전하 밀도는

$$\frac{Q}{L} = \frac{2.29\times10^{-10}\ \text{C}}{0.15\ \text{m}} = 1.53\times10^{-9}\,\frac{\text{C}}{\text{m}}$$

이다.

## 21.4 가우스 법칙으로부터 추론

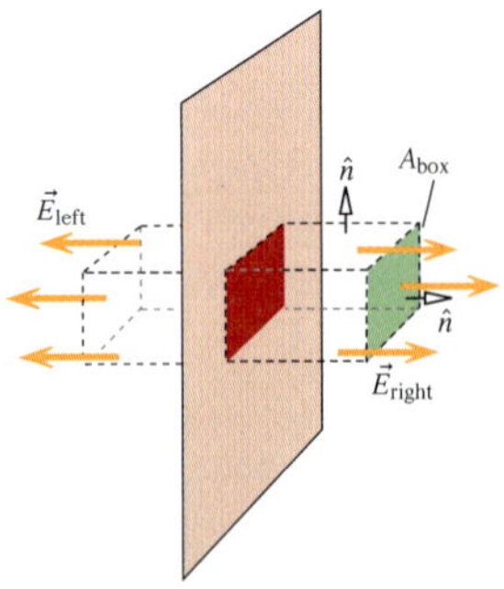


**그림 21.25** 가우스 면을 갖는 균일하게 대전된 큰 판의 일부. 상자 모양의 가우스 면 한쪽 끝 단면(초록색)적은 $A_{\text{box}}$이다. 상자 내부에 놓인 판의 일부는 판의 다른 부분보다 진한 색으로 그려져 있음.

폐곡면 내에 얼마나 많은 양의 전하가 있는지 알아내기 위해 폐곡면에 대한 전체 전기 선속을 사용했다. 이는 전하에 대한 정보를 얻기 위해 전기장의 지식을 사용하는 것을 의미한다. 전하 분포에 의한 전기장의 크기를 유도하는 것과 같이, 어떤 경우에는 다른 방향으로 가우스 법칙을 사용할 수 있다. 이제 그러한 예들을 살펴보자. 가우스 법칙을 적용하기 위해서는

- 전기장 $\vec{E}$를 알고 있거나 알고 싶은 곳을 통과하는 (수학적인) 폐곡면을 선택하여야 한다.
- 폐곡면은 전하가 얼마나 존재하는지 알고 있거나 알고 싶은 영역을 둘러싸야 한다.

### 큰 평판의 전기장

균일하게 대전된 큰 평판의 중심 가까이에서의 전기장에 대해 알지 못하거나 전기장의 공식을 기억하지 못한다고 가정하자. 단지 알고 있는 것은 그림 21.25와 같이 평판의 중심 가까이에서 전기장이 평판에 수직하다는 것이다.

**예** **대전된 큰 평판의 전기장**

균일하게 대전된 매우 큰 평판의 중심 가까이에서 전기장에 대한 식을 결정하기 위해 가우스 법칙을 사용하자(그림 21.25). 평판의 한 면의 넓이는 $A$이고, 평판에 대전된 총 전하량은 $Q$이다.

**해답** 그림 21.25와 같이 평판에 중심을 둔 상자 형태의 가우스 면을 택한다. 가우스 면의 한쪽 끝 부분의 넓이를 $A_{\text{box}}$로 두자. $E_{\text{right}}$ 또는 $E_{\text{left}}$의 크기를 모른다고 가정하자. 하지만 대칭성에 의해 $E_{\text{right}} = E_{\text{left}} = E$로 가정할 수 있다. 먼저, 총 선속을 미지의 전기장 $E$를 포함하여 구한다. 상자의 양 끝 면에서 단위 법선 벡터 $\hat{n}$을 그리면, 오직 상자의 끝에서만 전기 선속이 0이 아님을 알게 된다.그래서 상자 전체를 지나는 전체 전기 선속은 상자의 양 끝에서의 선속,

$\Phi_{\text{net}} = \oint \vec{E}\cdot\hat{n}\,dA = 2E(\cos 0)A_{\text{box}}$이다.

두 번째, 상자 내부의 전하량에 대한 표현을 찾는다. 평판 전체 면적의 일부 $A_{\text{box}}/A$가 상자 내부에 있으므로, 상자 내부의 전하량은 $Q(A_{\text{box}}/A)$이다.

이제 가우스 법칙을 적용하면 다음과 같다.

$$2EA_{\text{box}} = \frac{(Q/A)A_{\text{box}}}{\varepsilon_0}$$

$$E = \frac{(Q/A)}{2\varepsilon_0}$$

큰 평판 가까이에서의 전기장을 구하는 간단한 계산과 제15장에서 수행했던 원판에서의 긴 계산과 비교해 보라!

가우스 법칙의 강력함은 여기에 있다. 전기장에 대한 약간의 부분적인 지식(전기장의 방향과 대칭성과 같은)을 가지고 있는 상황에서, 복잡한 적분을 수행하지 않고도 복잡한 전하 분포에 의한 전기장의 계산이 가능할 수 있다.

수학적으로 선택한 가우스 면의 양 끝 면적은 계산 과정에서 없어지고, 그래야만 한다. 왜냐하면 전기장에 대한 물리적 결과가 편의상 선택한 수학적 표면의 크기에 의존해선 안 되기 때문이다.

## 균일한 구 껍질의 전기장

전기장의 크기를 계산하기 위해 전기장 형태에 대한 부분적인 지식을 사용하는 두 번째 예로서, 균일하게 대전된 구 껍질을 고려해 보자. 제15장에서 이러한 전하 분포에 대한 전기장을 얻기 위해 쿨롱 법칙을 적분했던 것이 매우 어려웠음을 상기하자.

**예** **균일하게 대전된 구 껍질의 전기장**

전하량 $Q$로 균일하게 대전된 속이 빈 구에 의한 전기장에 대한 식을 구의 안쪽과 바깥쪽 모두에서 구하기 위해 가우스 법칙을 사용하자.

**해답** 껍질 바깥쪽 전기장을 구하기 위해, 그림 21.26과 같이 구의 바깥쪽에 구의 중심으로부터 반지름이 $r$인 구형의 가우스 면을 그린다. 이 면 상에서 전기장은 아직 알 수 없다. 하지만 구와 가우스 면의 대칭성으로 인해 전기장이 방사상 형태이며 크기가 균일함을 추측할 수 있다. 전기장이 방사상이 아닐 경우, 전기장은 대칭성으로 인해 그림 21.27과 같은 형태를 보이게 될 것이다. 하지만 이런 경우에 전기장을 경로를 따라 한 바퀴 적분한 값 $V_A - V_A$는 0이 되지 않는다. 따라서 이 전기장 형태는 제외시킬 수 있다.

구형 가우스 면의 모든 곳에선 $\vec{E}\parallel\hat{n}$이므로

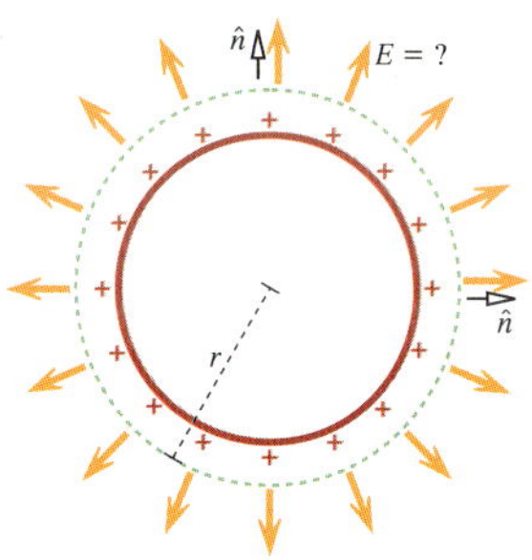

**그림 21.26** 균일하게 대전된 구 껍질 밖에 그린 구형 가우스 면(초록색).

$$\oint \vec{E}\cdot\hat{n}\,dA = EA = E(4\pi r^2)$$

이다. 구의 모든 전하 $Q$는 가우스 면 내부에 있다. 가우스 법칙에 의해

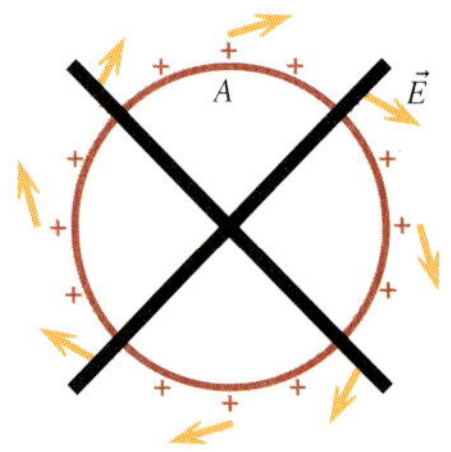


**그림 21.27** 대전된 구의 전기장이 방사상 형태가 아니면, 그림과 같아야 하지만 이는 불가능하다.

$$\oint \vec{E}\cdot\hat{n}\,dA = \frac{q_{\text{inside}}}{\varepsilon_0}$$
$$E(4\pi r^2) = \frac{Q}{\varepsilon_0}$$
$$E = \frac{1}{4\pi\varepsilon_0}\frac{Q}{r^2}$$

이다. 반지름 $r$이 임의의 값을 가지므로 이 결과는 구 외부의 어떤 곳에서도 유효하다. 구 내부에서 전기장을 구하기 위해, 그림 21.28과 같이 대전된 구 내부에 반지름 $r$인 가우스 면을 그려보자. 앞에서와 같이, $\vec{E}$는 대칭성으로 인하여 방사상이어야 한다는 결론을 내릴 수 있다. 안쪽 면에서의 전기 선속은 $-E(\cos 0)(4\pi r^2)$($\vec{E}$와 $\hat{n}$이 반대 방향이기 때문)이지만, 안쪽 면 내부에 존재하는 전하는 0이다.

가우스 법칙에 의해

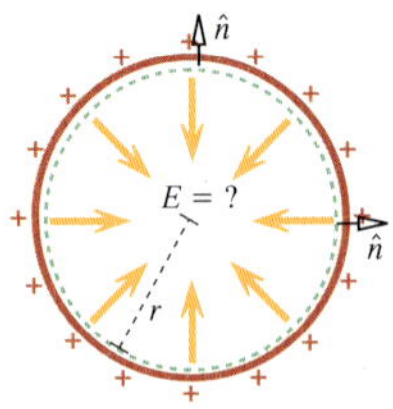


**그림 21.28** 균일하게 대전된 구 껍질 밖에 그린 구형 가우스 면(초록색).

$$\oint \vec{E}\cdot\hat{n}\,dA = \frac{q_{\text{inside}}}{\varepsilon_0}$$
$$E(4\pi r^2) = \frac{0}{\varepsilon_0}$$
$$E = 0$$

이다. 구 내부의 모든 위치에서 $E$는 0임을 알 수 있다.

---

전기장의 크기를 측정하고자 하는 위치에 가우스 면을 두는 것이 이러한 종류의 논의에서 가장 중요한 부분이다. 이 예에서, 가우스 법칙은 매우 간단한 계산을 통하여 균일하게 대전된 구 껍질 내부와 외부에서 전기장의 크기를 구할 수 있도록 해준다. 반면에 동일한 문제를 전하 분포에 대한 쿨롱 법칙을 적분해서 전기장을 구하는 것은 꽤 어려운 삼각법과 적분법을 포함하고 있다(제15장 참조). 제16장의 전위를 이용한 계산 또한 가우스 법칙을 이용하는 것에 비해 훨씬 어렵다.

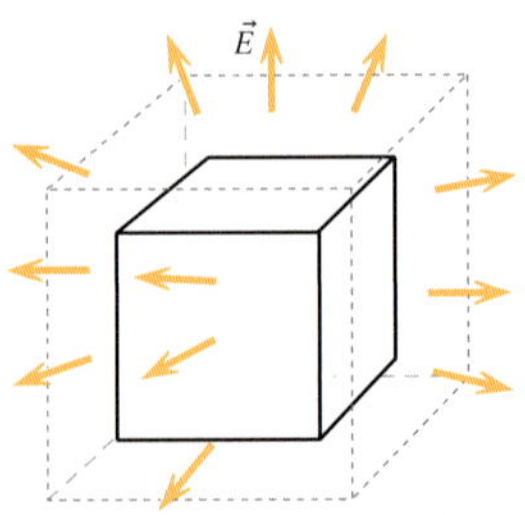


**그림 21.29** 대전된 정육면체의 전기장을 구하기 위한 가우스 법칙 사용

## 균일한 정육면체의 전기장

다음으로 가우스 법칙을 이용하여 균일한 양전하로 대전된 정육면체 주위의 전기장을 구해 보자. 금속 정육면체의 경우 전하가 균일하게 분포되지 않을 수 있으므로, 이 정육면체는 절연체로 만들어져야 한다. 그림 21.29와 같이 대전된 정육면체를 둘러싸는 가우스 면으로서 정육면체 상자를 선택하는 것이 그럴 듯해 보인다.

그러나 정육면체 가우스 면의 한쪽 면에서 전기장은 큰 평판이나 구의 경우에서처럼 방향이나 크기가 일정하지 않다.

**질문** 이 정육면체 가우스 면에서 가우스 법칙은 유효한가?

가우스 법칙은 어떤 경우에서건 항상 유효하다. 분명히 전체 가우스 면을 지나는 총 전기 선속은 정량적으로 정육면체의 전하량을 $\varepsilon_0$로 나눈 값과 같다.

**질문** 가우스 법칙을 사용하여 정육면체 가까이의 전기장을 구할 수 없는 이유에 대해 설명하시오.

비록 가우스 법칙이 유효할지라도 도움이 되지는 않는다. 전기장의 크기는 표면 전체에서 변하고, 전기장과 바깥을 향하는 법선과 이루는 각 또한 변한다. 적분을 간단하게 하는 대칭성이 존재하지 않으며, $E$와 $\cos\theta$ 둘 다 선속 계산에서 추출되지 않는다. 따라서 미지의 $E$로 표현되는 선속 계산을 할 수가 없다.

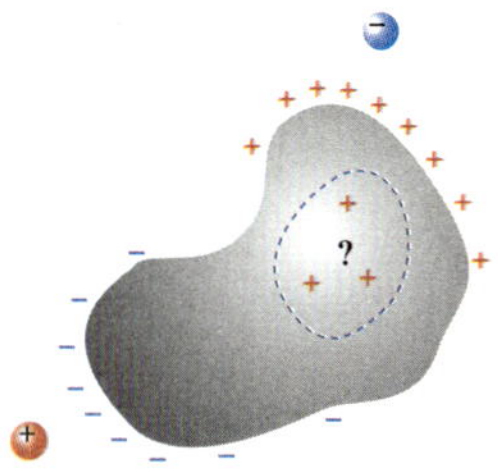


**그림 21.30** 금속 내부에 과잉 전하가 존재할 수 있을까?

## 금속의 몇몇 중요한 특성들의 증명

금속의 내부에는 어떤 과잉 전하가 존재할 수 없음을 반복적으로 언급해 왔다. 과잉 전하는 표면에 존재해야 한다. 가우스 법칙을 사용하여 평형 상태에 있는 금속의 경우에 대해 이를 증명할 수 있다. 금속 내부에 과잉 전하가 있다고 가정하고, 가우스 법칙을 사용하여 모순이 있음을 보이는 "귀류법(proof by contradiction)"을 사용하고자 한다.

평형 상태에 있으며 외부 전하에 의해 분극된 금속 조각을 생각하자. 그림 21.30과 같이 금속 내부에 과잉 전하가 존재한다고 (잘못된)가정을 하고, 과잉 전하를 둘러싸는(닫힌 수학적인 면인) 가우스 면을 그려보자. 가우스 면은 표면의 모든 요소가 금속 내부에 있도록 그린다(이 가우스 면은 단순히 수학적으로 만들어진 것이므로 물체 내부에 그려도 괜찮음을 기억하자).

> **질문** 금속이 평형 상태에 있으므로, 가우스 면 상의 모든 곳에서의 전기장의 크기는? 가우스 면 상에서 총 전기 선속은? 가우스 법칙을 사용하여, 가우스 면 내부의 전하에 대해 어떤 결론을 내릴 수 있는가?

평형 상태에 있는 금속 내부의 모든 곳에서 전기장은 0이다. 왜냐하면 0이 아닐 경우, 내부의 알짜 전기장이 0이 되는 평형 상태에 도달할 때까지, 전자가 움직여 금속의 극성을 증가시킬 것이다. 금속 내부에 있는 수학적인 표면에서 전기장은 0이 되므로, 그 면에서 전기 선속은 0이어야 한다. 가우스 법칙은 이 표면 내부의 전하는 0이 되어야 함을 말해준다.

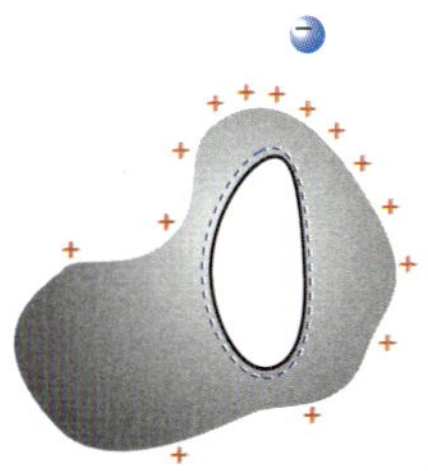

**그림 21.31** 대전되어 있고, 분극된 금속 조각 내부의 구멍

따라서 우리는 모순에 도달하므로, 초기 가정이 틀렸음을 알 수 있다. 즉, 평형 상태에서는 금속 내부에 어떤 과잉 전하도 존재할 수 없고, 과잉 전하는 표면에서만 존재해야 한다. 이 해석을 통해 전기장에 대한 어떤 지식($E = 0$)을 알게 되었고, 그로부터 전하에 대한 어떤 지식을 추정할 수 있다.

> **질문** 그림 21.31과 같이 금속 내부에 구멍이 있다고 가정하자. 내부 표면 상에 전하가 있을까? 구멍의 경계선에 매우 가까이 위치하게 금속 내부에 그려진 가우스 면을 사용할 때 (그림 21.31), 구멍의 표면에서의 알짜 전하에 대해 어떤 결론을 내릴 수 있는가?

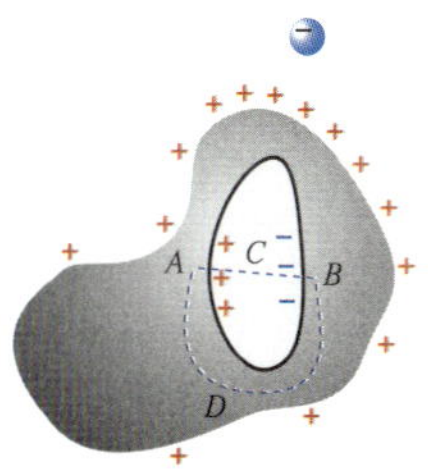


**그림 21.32** 구멍 표면에서 알짜 전하가 0인 조건을 만족한다면, 구멍 내부의 전기장이 0이 아닐 수 있을까?

다시 한 번, 평형 상태에 있는 금속 내부의 가우스 면 전체에서 전기장은 0이다. 그러므로 총 전기 선속 또한 0이 되고, 가우스 면 내부에 둘러싸인 전하 또한 0이 된다.

구멍 내부의 전기장은 0인가? 0이 아닌가? 내부 표면에 모두 더해서 0이 되는 "+"와 "−" 전하들이 있다면, 전기장은 0이 아니라고 생각할 수도 있다. 그러나 구멍 내부에 전기장 $E$는 반드시 0이 되어야 함을 보일 수 있다. 두 개의 다른 경로, 즉 그림 21.32와 같이 $A$에서 $C$를 거쳐 $B$로 향하는 경로와 $A$에서 $D$를 거쳐 $B$를 향하는 경로를 따라 계산된 전위차를 생각해 보자.

**질문** 금속에서 $A$에서 $D$를 거쳐 $B$로 가는 경로를 따를 경우, 전위차 $\Delta V$는? 전위차는 경로에 무관하므로, $A$에서 $C$를거쳐 $B$로 가는 경로에서 전위차는 얼마가 되어야 하는가?

$A$에서 $D$를 거쳐 $B$로 가는 모든 위치는 전기장이 0인 금속을 지나므로, 전위차(전기장의 경로 적분)는 0이 되어야 한다. 구멍 내부의 표면에 존재하는 전하들에 의해 만들어진 전기장이 존재한다면 $A$에서 $C$를 거쳐 $B$로 가는 경로에 대한 전위차는 존재할 수 있지만, 전위차 $V_B - V_A$는 경로에 무관해야 한다. 결국 우리는 모순에 이르게 되므로, 구멍의 표면에 전하가 존재한다는 가정은 잘못된 것이다.

우리는 평형 상태에 대해서 다음을 증명하였다.

- 금속 내부의 비어 있는 구멍의 표면에 전하는 존재하지 않는다.
- 금속 내부의 비어 있는 구멍 안의 모든 곳에서 전기장은 0이다.

평형 상태의 금속에서 빈 구멍은 전하 또는 전기장이 없다는 공식적 추론을 통해, 이와 같은 중요한 결과를 다른 방법으로 생각해 보는 것도 도움이 된다. 만약 도체가 금속일 경우, 평형 상태의 모든 곳에서 전기장은 0이 되며, 앞에서 결론 내렸듯이 내부의 모든 곳에서 과잉 전하는 존재하지 않는다. 내부에서 마치 산으로 부식되듯이 중성이고 분극 되지 않은 많은 원자들이 제거되었다고 상상해 보자. 이중성이고 분극되지 않은 원자들은 전기장에 어떤 영향도 미치지 않으므로, 이들의 제거는 전하 분포나 전기장에 어떤 영향도 미치지 않을 것이다. 따라서 금속 내부에 만든 구멍은 전기장도 전하도 포함할 수 없다는 결론을 내릴 수 있다.

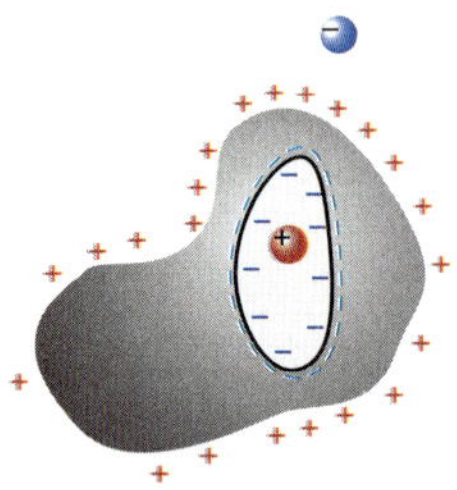

**그림 21.33** 구멍은 비어 있지 않고 +5 nC의 전하를 포함하고 있다.

**질문** 반면에, 그림 21.33과 같이 구멍 내부에 +5 nC의 전하가 있을 경우를 가정해 보자. 표시된 가우스 면을 가지고 가우스 법칙을 사용하면, 구멍 내부의 표면의 전하에 대해 어떤 결론을 내릴 수 있는가?

선택한 면에서 선속은 0이어야 하므로(금속의 표면에서는 전기장이 항상 0이기 때문), 표면 내부의 전체 전하는 0이어야 한다. 그러므로 구멍의 안쪽 표면에는 −5 nC의 전하가 분포하여야 한다. 따라서 구멍에 의도적으로 여분의 전하를 놓은 이러한 경우, 구멍 내부에는 전하와 전기장이 존재한다.

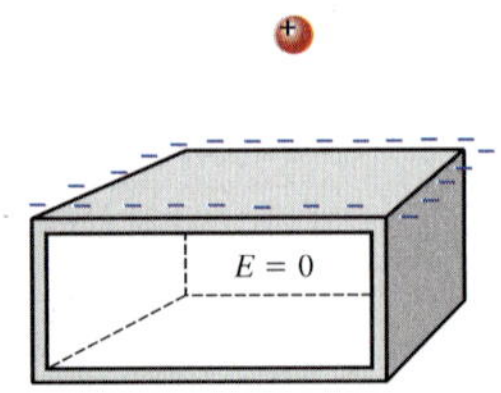


**그림 21.34** 비록 상자가 알짜 전하를 가지고 있고 외부 전하에 의해 분극되어 있어도, 빈 금속 상자 내부에서 $E = 0$이다.

## "차폐(Screening)"

평형 상태에서는 금속 내부뿐만 아니라 금속 내부의 비어 있는 구멍에서도 전기장이 0이라는 것을 증명하기 위해 가우스 법칙(그리고 전위 이론)을 사용해왔다. 이는 매우 중요한 실질적 결과이다. 그림 21.34와 같이 금속 상자는 상자 외부의 전하에 의한 효과로부터 내부를 차폐할 수 있다.

많은 경우에 상자는 딱딱한 금속면들을 가질 필요는 없다. 한쪽 면에 몇몇 구멍을 가진 상자 또는 철망이나 스크린으로 만들어진 면을 갖는 상자는 상자 내부의 전기장을 줄이는 데 꽤 효과적일 수 있다.

**질문** 이 차폐는 실제로 얼마나 효과적일까? 외부 전하에 의해 발생한 전기장이 상자 내부로 들어가는 것을 막을 수 있는가? 전기장이 물체를 관통하여 지나가는 것은 어떤 원리인가? 역설처럼 보이는 것을 설명할 수 있는가?

전기장은 차단될 수 없다: 중첩의 원리에 따르면, 외부 전하들에 의한 전기장이 분명히 상자 내부에 존재한다. 하지만, 분극된 도체의 표면 전하들에 의한 전기장은 외부 전하들에 의한 전기장과 크기는 같고 방향이 반대이므로 알짜 전기장은 0이 된다.

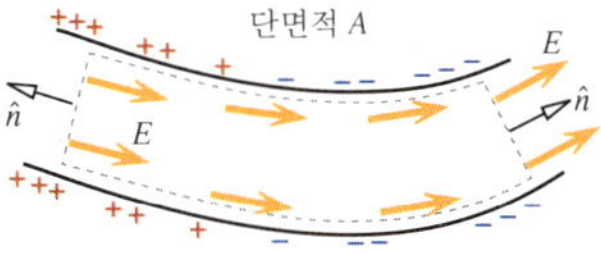


**그림 21.35** 회로의 전류가 흐르는 도선 내부에 그린 가우스 면

## 회로에 적용된 가우스 법칙

지금까지의 모든 예들은 평형 상태를 다뤄왔다. 하지만 가우스 법칙은 전하와 전기장 사이의 일반적인 관계들까지도 완벽하게 표현하므로, 전기 회로에도 적용할 수 있다. 그림 21.35는 단면적이 $A$이고 균일한 성분을 갖는 전류가 흐르는 도선의 일부를 나타낸 것이다.

> **질문** 정상 상태에서, 과잉 전하들은 도선의 표면에서 자체적으로 배열된다. 전기장 $E$는 도선을 따라 서로 다른 위치에서 같은 크기를 갖고, 방향은 도선에 평행하다. 그림 21.35에서, 점선으로 된 관 모양의 가우스 면은 도선을 거의 포함하고 있다. 가우스 법칙을 사용해서 도선 내부에 과잉 전하가 없음을 증명하시오.

관의 옆면을 따라가는 전기장은 가우스 면에 나란하고, 선속에 영향을 미치지 못한다. 관의 오른쪽 끝부분에서 전기 선속은 $EA$이고, 왼쪽 끝부분에서 전기 선속은 $-EA$이므로 가우스 면에 대한 총 전기 선속은 0이다. 이는 가우스 면 내부에 어떤 알짜 전하도 존재하지 않음을 의미한다. 즉, 모든 과잉 전하는 도선의 바깥 면에 있다.

**예** **접촉면에서의 전하(Charge at an Interface)**

그림 21.36은 정상 전류 $i$가 흐르는 회로의 일부를 보여준다. 금속 1로 만들어진 도선이 금속 2로 만들어진 도선에 연결되어 있으며, 두 도선은 모두 반지름이 $r$로 균일한 원형이다. 금속 2에서의 전자 이동도(electronmobility) $u_2$는 금속 1에서의 $u_1$보다 훨씬 작다. 금속 1에서 단위 체적당 운동 전자는 $n_1$이고 금속 2에서는 $n_2$이며, $n_1 > n_2$이다. 금속 1과 금속 2의 접촉면에서 부호를 포함하여 전하량을 구하고, 이에 대해 설명하시오. 모든 가정을 자세하게 언급하고, 모든 양들을 어떻게 구했는지 보이시오.

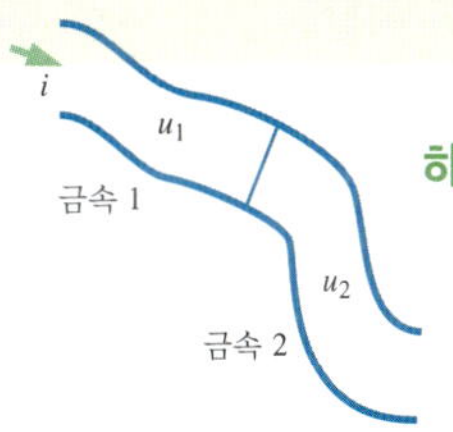


**그림 21.36** 두 서로 다른 도선을 포함하는 회로의 일부를 지나는 전류

**해답** 기본적인 원리로 시작하자.

교점에서 전류 법칙에 의해 $i_1 = i_2$이므로, $n_1Au_1E_1 = n_2Au_2E_2$이고

$$E_2 = \frac{n_1u_1}{n_2u_2}E_1$$

이다. 이 결과는 타당하다. 왜냐하면 $E_2$는 $E_1$보다 커야 하기 때문이다. 금속 2에서 더 큰 전기장을 만들기 위해 접촉면에서 과잉 전하가 있어야 할 것 같다.

도선의 바깥 면에 있는 전하를 포함해서는 안 되므로, 도선 내부에 가우스 면을 택한다. 그림 21.37에 점선으로 그려진 도선 내부에 관 형태의 가우스 면을 고려하자. 도선의 균일한 구간에서 도선 내부에는 전하가 존재할 수 없음을 보였기 때

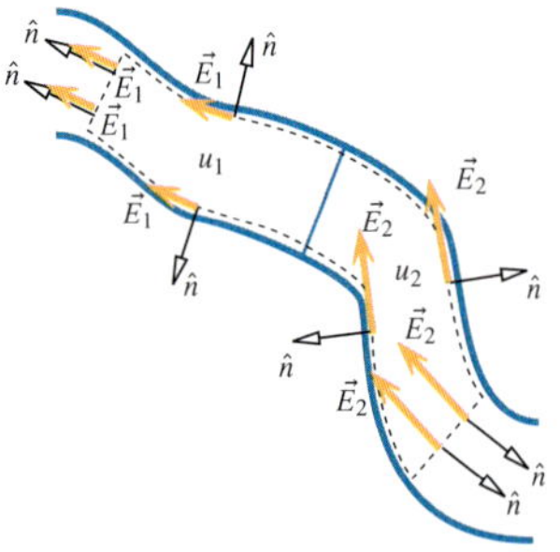

그림 21.37 전기장과 법선 벡터가 포함된 도선 내부의 가우스 면

문에, 가우스 면 내부에 존재하는 전하는 두 도선의 접촉면에 있어야 한다.

가우스 법칙에 의해 다음을 얻는다.

$$\oint \vec{E} \cdot d\vec{A} = \frac{\sum q_{\text{inside}}}{\varepsilon_0}$$

가정: 도선 내부의 전기장은 어느 곳이든 도선에 나란하며, 일정한 물질의 도선 내부에서는 전기장의 크기가 일정하다(제18장에서 이 주장은 증명하였다).

주어진 전자 흐름의 방향에 대해 도선 내부에서의 전기장은 그림 21.37에 나타난 바와 같다. 표면의 다른 부분에서 선속을 계산하면 다음과 같다.

도선의 바깥 면 : $\vec{E} \perp \hat{n}$이므로, 선속 = 0

위쪽 끝(금속 1) : 선속 = $E_1(\pi r^2)\cos 0° = +E_1(\pi r^2)$

아래쪽 끝(금속 2) : 선속 = $E_2(\pi r^2)\cos 180° = -E_2(\pi r^2)$

$$\oint \vec{E} \cdot d\vec{A} = 0 + E_1(\pi r^2) - E_2(\pi r^2)$$

이므로, 접촉면에서의 전하량은 다음과 같다.

$$\sum q_{\text{inside}} = \varepsilon_0(E_1(\pi r^2) - E_2(\pi r^2))$$

$$\sum q_{\text{inside}} = \varepsilon_0 i\left(\frac{1}{n_1 u_1} - \frac{1}{n_2 u_2}\right)$$

이 양은 음(−)이다. 왜냐하면 접촉면에서의 $E_2$는 증가하고 $E_1$이 감소하기 위해서는 전하가 음이어야 한다.

## 21.5 자기에서 가우스 법칙

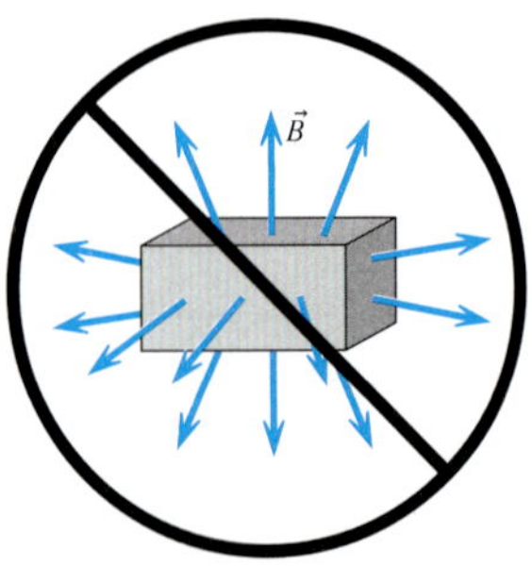

그림 21.38 이런 형태의 자기장은 발견되지 않았다.

전기와 자기 쌍극자 사이에는 큰 차이가 있다. 전기 쌍극자를 만드는 양전하와 음전하("홀극(monopole)")는 서로 분리될 수 있고, 이 점전하들은 바깥쪽 또는 안쪽을 향하는 ($1/r^2$에 따라 변화하는) 전기장을 만든다. 막대 자석 같은 자기 쌍극자도 양과 음의 자기 홀극으로 이루어졌다고 예상할 수 있으나, 과학자들의 노력에도 불구하고 아직까진 독립적인 자기 홀극을 찾지 못하였다. 그런 자기 홀극은 아마도 바깥쪽 또는 안쪽을 향하는 ($1/r^2$에 따라 변화하는)자기장을 만들겠지만, 그러한 자기장의 형태는 아직까지 관측된 적이 없다(그림 21.38).

이와 같은 자기장 형태가 관측되지 않은 것은 자기에서 "가우스 법칙"으로 표현할 수 있다. 즉, 폐곡면을 지나는 자기장 $\vec{B}$의 알짜 선속은 (존재하지 않는) 내부의 "자기 전하"와 같다.

**자기에서 가우스 법칙**

$$\oint \vec{B} \cdot \hat{n}\, dA = 0$$

제17장에서 보았듯이, 자석은 원자 전류 고리 (또는 전류 고리처럼 행동하는 전자들)로 구성되어 있다고 생각할 수 있다. 만약 자석을 둘로 자르면, 두 개의 자기

홀극을 얻는 것이 아니라 두 개의 자석을 얻게 된다!

## 21.6 자기장의 형태: 앙페르 법칙

가우스 법칙이 쿨롱 법칙을 대체할 수 있는 것처럼, 비오-사바르 법칙을 대체할 수 있는 앙페르 법칙이라 불리는 관계식이 있다. 앙페르 법칙은 폐곡면보다 폐곡선에 대해 언급한다.

이제부터 앙페르 법칙이 전류와 자기장 사이의 관계에 대해 제공하는 부가적인 관점과 앙페르 법칙을 사용하여 아주 쉽게 얻을 수 있는 매우 중요한 결과들에 대해 알아보고자 한다. 더욱이, 앙페르 법칙은 가우스 법칙과 같이 상대론에서도 잘 맞는다. 보다 중요한 것으로, 제23장에서는 시간에 따라 변화하는 전기장과 자기장 사이의 관계를 연결해주는 앙페르 법칙의 맥스웰 확장에 대해 알아볼 것이다. 이를 통해 빛의 본성을 이해할 수 있다.

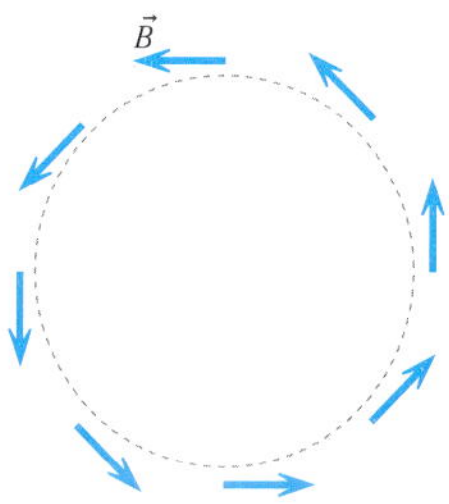


**그림 21.39** 이 영역을 통과하는 전류가 존재하는가? 통상적인 전류가 종이면에서 나오거나 종이면으로 들어가는 방향인가?

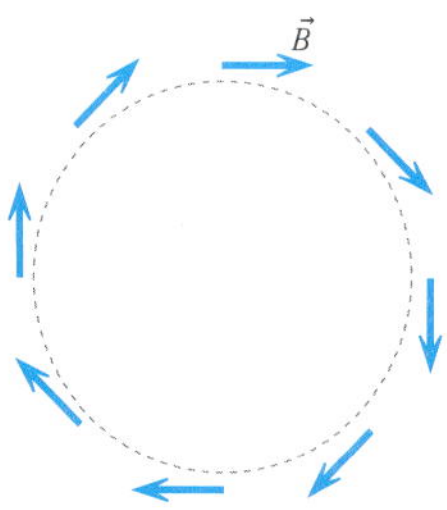


**그림 21.40** 이 영역을 통과하는 전류가 존재하는가? 통상적인 전류가 종이면에서 나오거나 종이면으로 들어가는 방향인가?

### 자기장의 형태

움직이는 전하는 자기장을 만든다. 그리고 우리는 움직이는 전하나 전류의 특별한 분포에 의한 자기장의 크기와 방향을 계산하거나 추정하는 방법에 대해 알고 있다. 하지만, 때때로 다른 방향으로 접근하는 것이 유용할 때가 있다. 자기장의 형태를 관측함으로써, 어떤 전류가 이 형태의 원인이 되는지 추론하는 것이 가능하다.

그림 21.39에서 보는 바와 같이 원형 영역 내부를 볼 수는 없으나, 그 영역의 경계를 따라 자기장을 측정할 수 있다고 가정하자.

> **질문** 이 영역 내에 어떤 전류가 흐른다고 결론 내릴 수 있는가? 통상적인 전류가 종이면에서 나오거나 종이면으로 들어가는 방향인가?

가능성 중의 하나는 종이면에서 나오는 방향으로 통상적인 전류가 흐르는 도선이 원의 중심에 놓여 있는 것이다. 이러한 가능성이 관측된 자기장 형태를 만든다.

또 다시, 그림 21.40에서 보는 바와 같이 원형 영역 내부를 볼 수는 없으나, 그 영역의 경계를 따라 자기장을 측정할 수 있다고 가정하자.

> **질문** 이 영역 내에 어떤 전류가 흐른다고 결론 내릴 수 있는가? 통상적인 전류가 종이면에서 나오거나 종이면으로 들어가는 방향인가?

원의 중심에 놓인 종이면으로 들어가는 방향으로 통상적인 전류가 흐르는 도선이 관측된 자기장 형태를 만들 수 있다.

앙페르 법칙은 폐곡선을 따라 자기장의 측정과 경계선을 관통하는 전류의 양과 방향 사이의 정량적인 관계를 나타낸다. 이는 폐곡면에서의 전기장의 측정과 폐곡면 내의 전하량 사이의 관계를 나타내는 가우스 법칙과 매우 유사하다는 것에 유념하자.

### 자기장 형태의 정량화(Quantifying the Magnetic Field Pattern)

폐곡선을 따르는 자기장 형태와 폐곡선에 의해 닫힌 영역을 관통하는 전류의 양

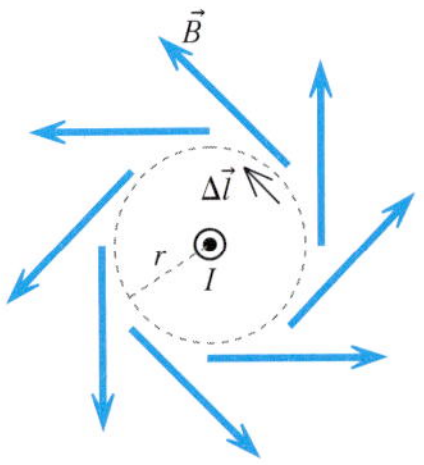


**그림 21.41** 매우 긴 도선으로부터 거리 $r$만큼 떨어진 곳에서 자기장

사이에 어떤 관계가 있다는 것은 명확하다. 그러나 이것을 어떻게 정량적인 관계로 나타낼 수 있을까? 완전한 폐곡선을 따라 자기장의 방향과 크기의 정량적인 측정에 대해 정의할 필요가 있다. 그림 21.41과 같이 전류가 흐르는 매우 긴 도선으로부터 거리 $r$만큼 떨어진 곳에서 자기장을 생각해 보자. 제17장에서는 비오-사바르 법칙을 사용하여 계산하였다. 즉,

$$B_{\text{wire}} \approx \frac{\mu_0}{4\pi}\frac{2I}{r} \quad \text{(매우 긴 도선으로부터 거리 } r\text{만큼 떨어진 곳)}$$

도선 주위의 자기장이 회전하는 특성으로부터, 한 바퀴 회전하는 경로를 따라 $\int \vec{B} \bullet d\vec{l}$를 계산하면 다음과 같다.

$$\oint \vec{B} \bullet d\vec{l} = \left(\frac{\mu_0}{4\pi}\frac{2I}{r}\right)\oint dl$$

여기서 경로를따라 $\vec{B} \parallel d\vec{l}$이고, $r$ = 상수이므로

$$\oint \vec{B} \bullet d\vec{l} = \left(\frac{\mu_0}{4\pi}\frac{2I}{r}\right)(2\pi r) = \mu_0 I$$

이다. 이것이 앙페르 법칙이다. 즉, 자기장의 경로 적분은 경로에 의해 둘러싸인 영역을 관통하는 전류에 $\mu_0$를 곱한 것과 같다(이는 전기장의 면적 적분이 폐곡면 내부의 전하량에 $1/\varepsilon_0$을 곱한 것과 같은 가우스 법칙과 유사하다).

전류와 자기장 사이의 정량적인 관계에 대한 일반적인 증명을 위해, 전류 주위의 어떤 경로에서든 성립하여야 하고, 경로 밖의 전류가 경로 적분에 영향을 미치지 않는다는 것을 증명할 필요가 있다.

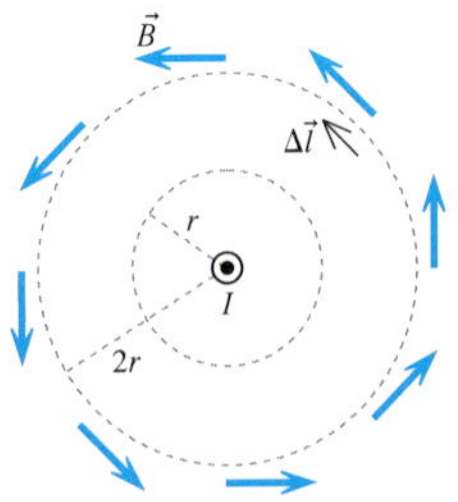


**그림 21.42** 매우 긴 도선으로부터 거리 $2r$만큼 떨어진 곳에서 자기장

## 반지름이 두 배 커진 원형 경로

우리의 결과는 선택한 경로의 반지름 $r$에 무관하다는 것을 보이는 것은 쉽다. 예를 들어, 그림 21.42와 같이 반지름 $2r$인 더 큰 원형 경로를 선택하자.

**질문** 경로 적분은 왜 더 큰 경로를 따라 적분을 해도 같은가?

매우 긴 도선 주위에서의 자기장이 도선으로부터 수직하게 떨어진 거리가 $r$일 경우, $1/r$에 비례한다는 것을 알고 있다. 그러므로 반지름(그리고 원주)이 두 배가 되는 원에서 자기장은, 앞에서처럼 경로 적분을 같게 만들기 위해, 절반이 된다. 자기장의 경로 적분은 원의 크기에 무관하다. 이는 전하를 둘러싸는 가우스 구의 반지름이 두 배가 될 때, 구의 면적이 4배가 되나 전기장이 1/4로 감소하는 가우스 법칙과 유사하다.

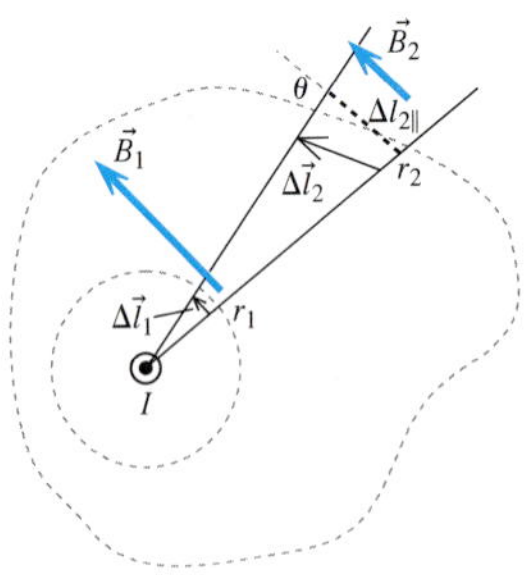


**그림 21.43** 원형 경로와 비원형 경로에 대한 자기장의 경로 적분 비교

## 비원형 경로(A Noncircular Path)

비원형 경로를 따라 경로 적분을 한다고 가정하자. 그림 21.43에서 원의 짧은 원호에 대한 $\vec{B}_1 \bullet \Delta\vec{l}_1$와 이에 대응하는 비원형 경로에 대한 $\vec{B}_2 \bullet \Delta\vec{l}_2$에 초점을 맞추어 보자.

그림 21.43에서 $\vec{B}_2$의 방향과 평행한 $\Delta\vec{l}_2$ 의 투영 성분 $\Delta l_{\parallel}$은 $\Delta l_2 \cos\theta$와 같다. 그리고 닮은 삼각형에 의해 다음이 성립한다.

$$\frac{\Delta l_{2||}}{r_2} = \frac{\Delta l_1}{r_1}$$

그러므로

$$\vec{B}_2 \bullet \Delta\vec{l}_2 = B_2 \Delta l_2 \cos\theta = B_2 \Delta l_{2||} = B_2 (r_2/r_1) \Delta l_1$$

이다. 하지만, 긴 직선 도선 근처의 자기장은 도선으로부터의 거리에 반비례하므로 $B_2/B_1 = r_1/r_2$이다. 따라서

$$\vec{B}_2 \bullet \Delta\vec{l}_2 = B_1 \Delta l_1 = \vec{B}_1 \bullet \Delta\vec{l}_1$$

이다. 이 식은 어떤 원호에 대해서도 성립하므로, 비원형 경로를 따른 $\oint\vec{B} \bullet d\vec{l}$는 원형 경로를 따른 값 $\mu_0 I$와 같은 값을 가져야 한다. 앙페르 법칙에 대해 충분히 증명을 하였다. 단지 남은 것은 닫힌 경로 밖의 전류가 흐르는 도선이 미치는 영향이 없음을 보이는 것이다.

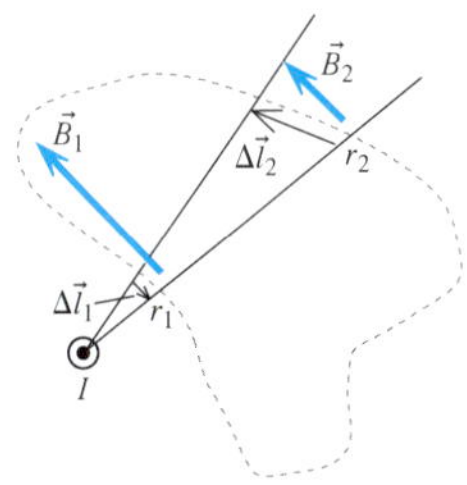


**그림 21.44** 경로 밖의 전류가 자기장의 경로 적분에 미치는 알짜 영향은 없다.

## 경로 밖 전류가 미치는 영향

경로 밖에 전류가 있는 그림 21.44를 생각해 보자.

> **질문** 반시계 방향을 따라 갈 때, 왜 $\vec{B}_2 \bullet \Delta\vec{l}_2 = B_1 \Delta l_1 = \vec{B}_1 \bullet \Delta\vec{l}_1$인지, 그리고 이 경우에 왜 $\oint\vec{B} \bullet d\vec{l} = 0$인지 간단하게 설명하시오.

만약 $\Delta\vec{l}_1$와 $\Delta\vec{l}_2$가 두 원에서 근사적으로 원호 조각이 될 정도로 충분히 작다면, 길이 $\Delta l_{2\perp} = \Delta l_2 \cos\theta$는 $r$ 배만큼 커지고 $B$는 $1/r$배만큼 작아지게 된다. 그러므로 곱 $B\Delta l_\perp$의 크기는 두 위치에서 동일하다. 반시계 방향으로 따라 가면, $\vec{B}_1 \bullet \Delta\vec{l}_1$은 음이 되고, $\vec{B}_2 \bullet \Delta\vec{l}_2$는 양이 되므로, $\vec{B}_1 \bullet \Delta\vec{l}_1 + \vec{B}_2 \bullet \Delta\vec{l}_2 = 0$이 된다. 이와 같이 모든 쌍을 더하면, 선택한 폐곡선 외부에 있는 전류에 의한 경로 적분 $\oint\vec{B} \bullet d\vec{l}$은 0이 된다.

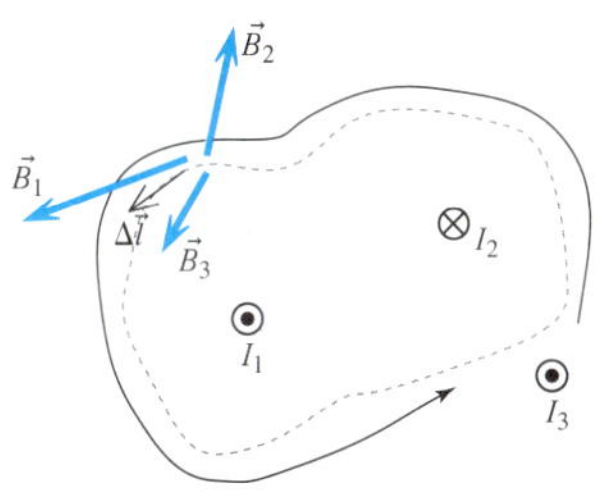


**그림 21.45** 반시계 방향을 따라 $\vec{B} \bullet \Delta\vec{l}$의 기여를 모두 더한다.

그림 21.45와 같이 전류가 흐르는 세 도선의 예에 대해 고려해 보자. 두 도선을 둘러싸는 수학적인 경계선을 그리고, 이 경로를 따라 반시계 방향으로 돌아보자. 각 전류에 대해 다음을 얻는다.

$$\oint \vec{B}_1 \bullet d\vec{l} = \mu_0 I_1 \quad (I_1\text{이 종이면에서 나오기 때문})$$

$$\oint \vec{B}_2 \bullet d\vec{l} = -\mu_0 I_2 \quad (I_2\text{가 종이면으로 들어가기 때문})$$

$$\oint \vec{B}_3 \bullet d\vec{l} = 0 \quad (I_3\text{가 경계선 밖에 있기 때문})$$

이를 모두 더하면 다음과 같다.

$$\oint (\vec{B}_1 + \vec{B}_2 + \vec{B}_3) \bullet d\vec{l} = \mu_0 (I_1 - I_2)$$

그러나 $(\vec{B}_1 + \vec{B}_2 + \vec{B}_3)$는 경계선의 내부와 외부의 모든 전류에 의한 알짜 자기장 $\vec{B}$이고, 이것이 우리가 경계선을 따라 측정하는 자기장이다. 경로를 따라 반시계 방향으로 돌아가는 방향과 자기장이 이루는 방향에 따라 전류를 양 또는 음으로

계산한다는 것과, 종이면에서 나오는 전류인지 또는 종이면으로 들어가는 전류인지에 따라 전류의 부호를 명시하는 것은 동등하다는 사실에 주의하자.

이 모든 것을 고려하면, 자기장의 경로 적분은 경로에 둘러싸인 (양 또는 음인) 전류의 합에 $\mu_0$를 곱한 것과 같고, 경로 밖의 전류가 합에 영향을 주지 않는다는 것을 알 수 있다. 이러한 관계를 앙페르 법칙이라고 한다.

**앙페르 법칙**

$$\oint \vec{B} \bullet d\vec{l} = \mu_0 \sum I_{\text{inside path}}$$

우주의 모든 전류는 중첩을 통해 자기장에 기여하지만, 앙페르 법칙은 경로 밖 전류가 경로 적분에 미치는 영향이 0이기 때문에, 단지 경로 안의 전류에 대해서만 언급한다. 이것은 가우스 법칙과 매우 유사하다.

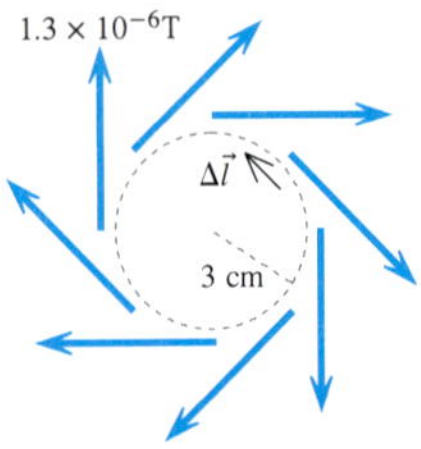


**그림 21.46** 반지름 3 cm인 원형 경로를 따라 측정한 크기가 $1.3 \times 10^{-6}$ T인 자기장

형태가 매우 다름에도 불구하고, 앙페르 법칙은 근본적으로 비오-사바르 법칙과 등가 관계에 있다. 그러나 어떤 경우에 있어서는 비오-사바르 법칙을 사용하기보다는 앙페르 법칙을 사용하는 것이 훨씬 편리하다. 더욱이 비오-사바르 법칙이 상대론적으로 맞지 않는 반면에, 앙페르 법칙은 지연을 포함하지 않기 때문에 상대론적으로도 정확하다. 이는 가우스 법칙과 쿨롱 법칙 사이의 관계와도 같다.

가우스 법칙이 표면에 수직한 $\vec{E}$의 성분을 포함하는 반면에, 앙페르 법칙은 경로에 평행한 $\vec{B}$의 성분을 포함한다.

> **점검 사항 2** 그림 21.46의 경로를 따라 자기장을 측정했더니, 크기는 일정하고 방향은 원형 경로에 항상 접선이었다. 경로의 반지름이 3 cm이고, 경로를 따라 $B$가 $1.3 \times 10^{-6}$ T일 경우, 경로에 둘러싸인 전류의 크기와 방향은 얼마인가?

## 어떤 전류가 경로 "내부"에 있는가?

앙페르 법칙을 중요한 상황에 적용하기 전에, 어떤 전류가 닫힌 경계선 "내부"에 있는가를 결정하는 방법을 좀 더 정교화해 보자. 한 도선의 경우에 대해서 말하는 것은 쉽지만, 좀 더 복잡한 경우에 대해서는 다소 까다로울 수 있다. 따라가기 쉬우면서, 다음 장에 소개될 맥스웰에 의한 앙페르 법칙의 중요한 확장을 이끌 수 있는 방식을 취하고자 한다.

가우스 법칙의 많은 적용에서 폐곡면을 선택하는 것으로 시작해 법칙을 적용한 것처럼, 앙페르 법칙의 적용은 관심 있는 영역의 경계선이 되는 폐곡선을 선택하는 것으로 시작된다.

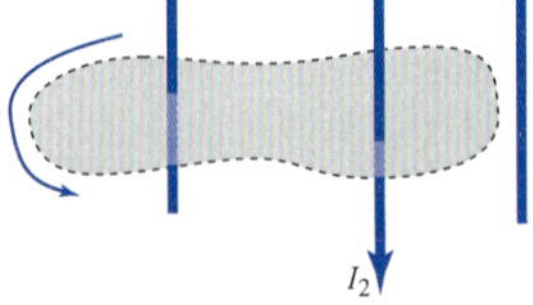


**그림 21.47** 오른손을 반시계 방향을 감싸 쥔다. 막을 통과하며 엄지손가락과 같은 방향이면 양 ($I_1$), 반대 방향이면 음($I_2$), 막을 통과하지 않으면 고려하지 않는다($I_3$).

폐곡선을 선택한 후, 선택한 경로를 덮는 비누 막을 입힌다고 생각해 보자. 비누 막을 관통하는 전류가 흐르는 도선의 수를 셈으로써 경계를 지나는 전체 전류를 계산할 수 있다. 경로를 따라 반시계 방향으로 돌면서 $\oint \vec{B} \bullet d\vec{l}$를 구한다. 비누 막을 관통해 나오는 전류는 양(+)으로 계산하면 된다. 좀 더 정확하게는, 오른손의 손가락들을 경로를 따라 반시계 방향으로 감싸 쥐고 전류가 엄지손가락이 가리키는 방향과 같으면 양으로 계산한다. 비누 막을 관통해 반대 방향으로 지나가는 전류는 음으로 계산한다.

그림 21.47에서 $\oint \vec{B} \bullet d\vec{l} = \mu_0 \sum I_{\text{inside path}} = \mu_0(I_1 - I_2)$이다. 왜냐하면 $I_1$

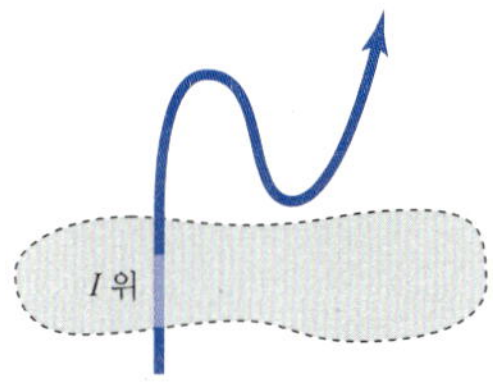


**그림 21.48** 위 편평한 비누 막을 전류 하나만 관통

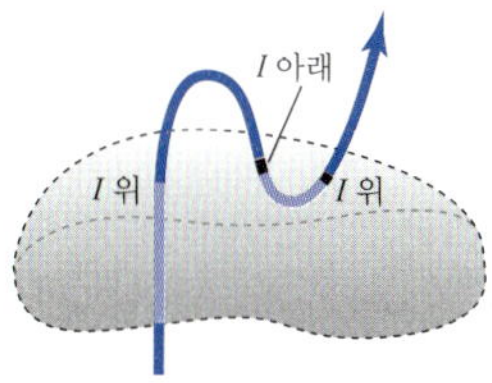


**그림 21.49** 둥근 지붕 모양의 비누 막을 관통하는 세 전류, 위쪽으로 두 개와 아래쪽으로 한 개

은 가상 비누 막을 위쪽으로 관통하고, $I_2$는 반대쪽, 그리고 $I_3$는 막을 지나지 않기 때문이다.

비록 (작은 지역 내에서 비누 막을 나누고, 각 지역의 경계선에서 앙페르 법칙을 적용하여 그 결과를 모두 더하는) 증명을 하진 않겠지만, 폐곡선의 경로가 평면에 놓여있지 않거나 경계선에 고정된 비누 막이 편평하지 않은 모양으로 변형되더라도, 앙페르 법칙은 여전히 유효하다. 분명히 앞에서 본 직선 도선의 경우에는 위나 아래로 비누 막이 변형되어도 관통하는 수를 세는 것에 있어서는 차이가 없다.

좀 더 흥미로운 경우로, 그림 21.48에서와 같이 닫힌 경계선 안에 S자 형태로 휘어진 도선이 있는 경우를 생각해 보자. 얼마나 많은 전류가 경계선 "내부"에 있는가? 비누 막을 관통하는 것만을 세어 전류를 계산한다면, 비누 막 끝이 경계선에 고정되어 있는 한 막이 어떤 형태로 변형되더라도 동일하게 옳은 결과를 얻을 수 있음을 보일 수 있다.

그림 21.48에서는, 가상 비누 막을 하나만 관통하고 있으므로 $\sum I = +I$이다.

그림 21.49에서는, 가상 비누 막을 세 개가 관통하고 있지만 전류를 모두 더하면 $\sum I = (+I) + (-I) + (+I) = +I$라는 결과를 다시 얻는다. 따라서 비누 막을 변형시키는 것은 막의 경계(선택한 닫힌 경로)에 의해 둘러싸인 전류의 양을 계산하는 것에 영향을 주지 않는다.

## 앙페르 법칙의 적용

한 영역에 많은 수의 전류가 분포되어 있는 몇몇 경우에 앙페르 법칙을 적용해 보자. 다음은 앙페르 법칙을 적용하는 데 있어 중요한 단계를 요약해 놓은 것이다.

1. (수학적인)닫힌 경로를 경계로 선택하라.
2. 경계를 덮는 가상 비누 막을 펼쳐라.
3. 경계선을 따라 반시계 방향으로 돌면서 $\oint \vec{B} \bullet d\vec{l}$을 적분하라.
4. 비누 막을 관통하는 양(+)과 음(−)의 전류를 더해 $\sum I_{\text{inside path}}$를 구하라. 막을 관통하며 밖으로 나오는 전류는 양으로(다시 말해서, 반시계 방향으로 오른손을 감싸 쥘 때 엄지손가락이 가리키는 방향), 막을 관통하며 들어가는 전류는 음으로 계산하라.
5. 두 식을 같게 하여 앙페르 법칙을 적용하라.

$$\oint \vec{B} \bullet d\vec{l} = \mu_0 \sum I_{\text{inside path}}$$

이 단계를 적용하여 긴 굵은 도선이나, 솔레노이드, 그리고 토로이드에 의한 자기장을 구해 보자.

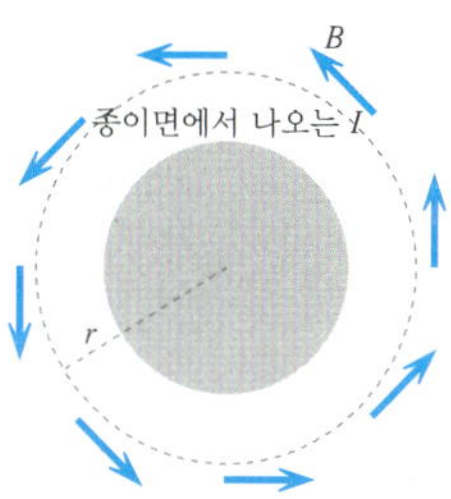


**그림 21.50** 종이면에서 나오는 $I$ 앙페르 법칙을 이용한 굵은 도선의 자기장 구하기

## 긴 굵은 도선

그림 21.50과 같이 긴 굵은 도선 가까이에서 자기장을 구하는 문제를 고려하자. 비오-사바르 법칙을 사용한다면, 도선의 길이뿐만 아니라 전류 요소에 대해 변화하는 거리를 가진 도선의 굵기에 대한 적분 식을 세우고 계산하는 것이 어렵다. 그러나 앙페르 법칙을 사용하면 그 결과를 매우 쉽게 얻을 수 있다.

대칭성에 의해 자기장 $B$가 경로에 접선이 되고 크기가 일정하도록, 굵은 원형 도선을 중심으로 반지름 $r$의 원형 경로를 그려라. 이 원형 경로를 덮는 가상의 비누 막을 펼쳐라.

**질문** 앙페르 법칙을 사용하여, 긴 굵은 도선의 중심으로부터 거리 $r$만큼 떨어진 곳에서의 자기장의 크기를 계산하시오.

대칭성에 의해 자기장의 크기 $B$는 상수이고 원형 경로에 대해 항상 평행(접선)하기 때문에, 자기장의 경로 적분은 $B(2\pi r)$이다. 가상의 비누 막을 관통하는 전류의 양은 $\mu_0 I$이므로, 다음과 같은 결과를 얻는다.

$$B(2\pi r) = \mu_0 I$$

$$B = \frac{\mu_0 I}{2\pi r} = \frac{\mu_0}{4\pi}\frac{2I}{r} \quad \text{(굵은 도선)}$$

이 간단한 결과(가는 도선의 자기장과 동일)는 비오-사바르 법칙을 직접 사용하면 구하기 매우 어려워진다. 비록 비오-사바르 법칙으로부터 앙페르 법칙을 유도하였지만, 대칭적인 상황에 있어서는 앙페르 법칙을 사용하는 것이 훨씬 쉽다.

## 솔레노이드

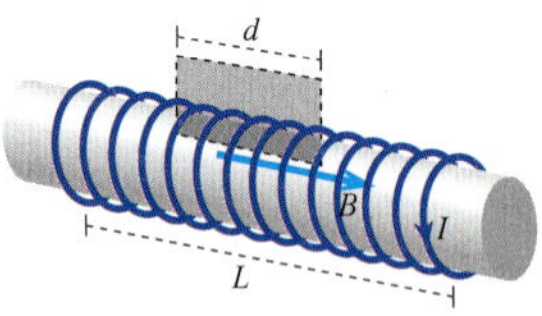


**그림 21.51** 솔레노이드. 직사각형 경로에 둘러싸인 표면은 전류가 흐르는 일부 도선들이 관통하고 있다.

작은 지름을 가진 도선의 긴 코일을 "솔레노이드"라고 부른다. 못에 도선을 감아 만든 간단한 전자석은 철로 채운 솔레노이드이다. 많은 원형 고리로 구성된 솔레노이드의 축을 따라 자기장을 계산할 수 있다. 솔레노이드 내부에서는 끝부분에 매우 가까이 가지 않는 한, 자기장의 크기와 방향이 거의 변하지 않는다. 솔레노이드의 사용법 중 하나는 균일한 자기장을 만드는 것이다. 또한, 솔레노이드는 어떤 종류의 전기 회로에서 매우 중요한 역할을 한다.

그림 21.51은 매우 긴 솔레노이드의 일부를 보여준다. 양 끝으로부터 멀리 떨어진 솔레노이드 내부 자기장은 거의 균일하고, 외부 자기장은 고리의 가까운 면과 먼 면 사이의 상쇄 효과로 인해 매우 작다고 가정하자(제17장의 끝부분에 있는 비오-사바르 법칙을 이용한 해석 참조).

그림 21.51에 보이는 것처럼 직사각형 경로를 선택하고, 직사각형을 덮는 가상의 비누 막을 펼친다. 만약 솔레노이드 전체 길이 $L$에 도선이 $N$번 감겨있다면, 종이면에서 나오는 방향으로 비누 막을 관통하는 도선은 $(N/L)d$이다.

**질문** 앙페르 법칙을 사용하여 솔레노이드 내부의 자기장은 $B \approx \mu_0 NI/L$임을 보이시오. 이 결과는 비오-사바르 법칙에 기반해 제17장 끝부분에서 훨씬 어려운 해석으로 얻은 결과와 같다.

경로 적분 값은 $Bd$이다. 왜냐하면 직사각형 경로의 양 끝을 따라 자기장이 경로에 수직하며, 경로의 바깥 부분을 따라서는 자기장이 매우 작다고 했기 때문이다. 비누 막을 관통하는 전류는 관통하는 수와 전류 $I$의 곱, 즉 $[(N/L)d]I$이다. 앙페르 법칙을 이용하면 $Bd = \mu_0[(N/L)d]I$이고, 이로부터 다음과 같은 결론을 쉽게 얻는다.

$$B = \frac{\mu_0 NI}{L} \quad \text{(솔레노이드)}$$

길이 $d$는 결과 식에 나타나지 않는다. 왜냐하면 자기장은 우리가 선택한 수학적인 경로의 길이에 의존하지 않기 때문이다.

솔레노이드 내부에 포함된 경로의 부분을 어떤 위치에 있게 하더라도, 같은 결과를 얻게 될 것이다. 이것은 솔레노이드의 끝부분으로부터 멀리 떨어져 있는 한, 솔레노이드 내부에서 자기장은 균일하다는 것을 의미한다. 이것은 그림 21.52에서 보듯 비오-사바르 법칙을 사용하여 수치 해석을 통해 확인할 수 있다. 이 계산은 솔레노이드 바깥에서의 위치들도 포함하고 있으나, 장을 표현하는 화살표가 너무 작아서 볼 수는 없다. 분명한 것은 양 끝으로부터 멀리 떨어진 솔레노이드 외부에서의 자기장은 작다는 가정은 정당하다는 사실이다.

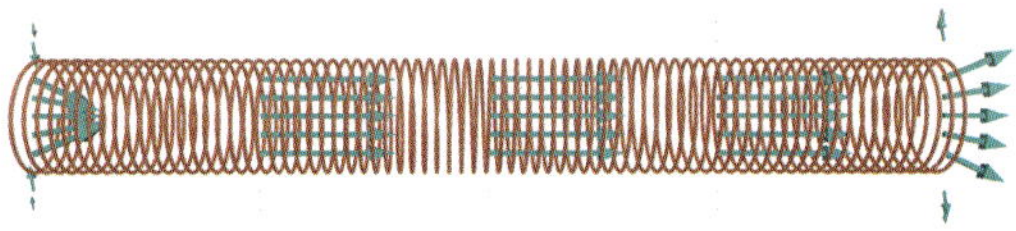

그림 21.52 토로이드(*A* Toroid)

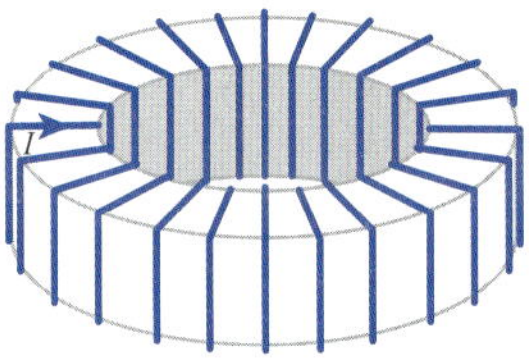


그림 21.53 토로이드. 양끝을 만나게 구부린 솔레노이드와 같다.

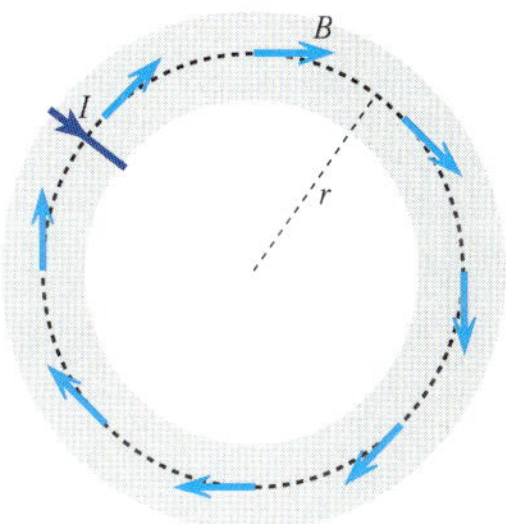


그림 21.54 위에서 본 토로이드

그림 21.53은 도선으로 감겨진 "도넛" 형태의 토로이드를 나타낸 것으로, 양 끝을 만나게 구부린 솔레노이드와 같다. 대칭성에 의하여, 토로이드 내부의 원형 경로에서 자기장은 그림 21.54처럼 위에서 볼 때, 경로에 접선 방향이고 크기는 일정하다.

감은 도선의 내부에 반지름 $r$의 원형 경로를 그린다. 솔레노이드에 감긴 도선의 수가 $N$번이면, 닫힌 경로를 덮는 비누 막을 관통하는 도선은 $N$개이다.

**질문** 앙페르 법칙을 사용해서 토로이드의 중심으로부터 거리 $r$만큼 떨어진 곳에서, 토로이드의 내부 자기장은 $B = (\mu_0 NI)/(2\pi r)$임을 보이시오.

자기장의 경로 적분은 간단하게 $B(2\pi r)$이다. 왜냐하면 $\vec{B}$는 크기가 일정하고 항상 접선 방향($\Delta\vec{l}$에 평행)이기 때문이다. 비누 막을 관통하는 전류는 $NI$이므로, 앙페르 법칙은 다음과 같다.

$$B(2\pi r) = \mu_0 NI$$

이로부터 자기장을 구하면

$$B = \frac{\mu_0 NI}{2\pi r} \quad (\text{토로이드})$$

이다. $B$는 $1/r$에 비례하며, 자기장이 토로이드의 단면을 지나며 변화함에 주의하자. 비오-사바르 법칙을 사용해서는 이 결과를 쉽게 얻을 수 없다. 왜냐하면 모든 전류 요소에 대한 적분이 지나치게 어렵기 때문이다. 반면에 앙페르 법칙을 사용하면 손쉽게 결과를 얻을 수 있다.

## 21.7 맥스웰 방정식

이 장에서 세 가지의 새로운 방정식, 즉, 전기에 대한 가우스 법칙, 자기에 대한 가우스 법칙, 그리고 자기에 대한 앙페르 법칙에 대해 소개하였다. 어떤 면에서는 "전기에 대한 앙페르 법칙"을 이미 가지고 있다. 점전하에 의해 생성된 전기장의 한 바퀴 도는 경로 적분은 0이다. 즉,

$$\oint \vec{E} \bullet d\vec{l} = 0 \text{ (한 바퀴 돌면 전위차는 0이므로)}$$

이다. 이 네 방정식은"맥스웰 방정식"으로 알려진 네 방정식의 기초를 이룬다. 비록 다음 장에서 보게 되겠지만 방정식 중 두 개는 불완전하다. "전기에 대한 앙페르 법칙"이라 불렸던 식은 완성되면 "패러데이 법칙"이라 불리우며, 이는 제22장의 주제이기도 하다. "앙페르 법칙"이라 불렸던 것은 완성되면 제23장에서 논의될 "앙페르-맥스웰 법칙"으로 불려진다. 요약하자면, 네 가지 방정식은 다음과 같다.

**(불완전한) 맥스웰 방정식**

| | |
|---|---|
| $\oint \vec{E} \bullet \hat{n}\, dA = \frac{\sum q_{\text{inside}}}{\varepsilon_0}$ | 전기에 대한 가우스 법칙 |
| $\oint \vec{B} \bullet \hat{n}\, dA = 0$ | 자기에 대한 가우스 법칙 |
| $\oint \vec{E} \bullet d\vec{l} = 0$ | 패러데이 법칙의 불완전한 버전 |
| $\oint \vec{B} \bullet d\vec{l} = \mu_0 \sum I_{\text{inside path}}$ | 앙페르 법칙(앙페르-맥스웰 법칙의 불완전한 버전) |

이 법칙들의 구조에 주목하자. 방정식 중 두 개는 (전기장 또는 자기장에서) 면에 대한 적분을 포함하고 있고, 다른 두 개는 (전기장 또는 자기장에 대해) 경로를 따라 적분하는 것을 포함하고 있다. 마지막 두 법칙의 불완전성은 아직 배우지 않은 효과로부터 기인한다. 이 법칙들의 완전한 형태는 전기장과 자기장의 시간에 대한 미분을 포함하는 항들로 이루어진다.

## 21.8 반도체 장치

이 교재의 학생 웹 사이트, www.wiley.com/college/chabay에 선택적인 부록 S2, "반도체 장치(Semiconductor Devices)"를 무료로 이용할 수 있다. 이곳에는 현대 전자 장치 요소들에 대해 배울 수 있는 도구와 개념들을 갖추고 있다.

## 21.9 *가우스 법칙의 미분 형태

이 절은 다음 장들을 위한 배경 지식으로 요구되는 수준이 아닌, 고급 주제를 다룬다. 가우스 법칙의 상대론적인 정확성에 대한 중요한 문제들을 포함하고 있다.

전하가 정지해 있거나 빛의 속도에 비해 매우 천천히 움직이는 경우가 아니면, 쿨롱 법칙을 사용하여 어떤 위치에서 전기장을 계산하려는 시도에는 결함이 있다는 것에 수차례 지적해왔다. 그 문제는 상대론적인 지연이다. 전기장은 빠르게 움직이는 입자가 현재의 위치가 아닌, 과거 어떤 시간에 있었던 곳에 의존한다. 따라서 쿨롱 법칙은 특수 상대론과 일치하지 않는다. 그러나 가우스 법칙은 상대론과 일치한다. 이 절에서는 그 이유에 대해 알아볼 것이다.

지연에 대한 문제를 피하는 한 방법은 어떤 위치와 시간 $(x, y, z, t)$에서 전기장의 특성을 같은 위치와 시간 $(x, y, z, t)$에서의 원천 전하들과 연관시키는 어떤 물리 법칙을 도출해 내는 것이다. 같은 시간과 위치에서 원천 전하와 전기장을 연관시키는 형태로 법칙을 기술할 수 있다면, 지연은 문제가 되지 않을 것이다. 그리고 이 법칙은 쿨롱 법칙과 달리 특수 상대론과 일치하게 될 것이다.

요약하면, 다음을 찾는 것이다.

- 어떤 $(x, y, z, t)$에서 원천 전하와 연관되는 같은 $(x, y, z, t)$에서의 전기장 $\vec{E}$의 특성

전기장은 점전하의 위치에서는 무한하기 때문에, 점전하를 가지고 이 방법으로 접근하는 것은 어려움이 있다. 일반적인 방법을 논의한 후에, 점전하를 어떻게 다룰 수 있는지 설명할 것이다.

## 발산

우리가 원하는 특성을 가진 "발산(divergence)"이라고 불리는 전기장의 특별한 성질을 소개할 것이다. 즉, 같은 위치와 시간에서 발산을 전하와 연관시킬 수 있다.

공간의 한 위치에서 매우 작은 체적 $\Delta V$를 둘러싸고 있는 매우 작은 가우스 면을 고려하자(여기서 $V$는 전위가 아닌, 체적이다!). 이 영역에는 세제곱미터당 쿨롬으로 측정되는 전하 밀도 $\rho$가 있다($\rho$는 그리스 소문자 로(rho)이다). 미소 체적 안의 전하량은 $\rho\Delta V$(세제곱미터당 쿨롬과 세제곱미터 단위를 갖는 체적의 곱)이다. 가우스 법칙으로부터, 미소 체적의 표면에서 알짜 선속은 다음과 같다.

$$\oint \vec{E} \bullet \hat{n}\, dA = \frac{\rho \Delta V}{\varepsilon_0}$$

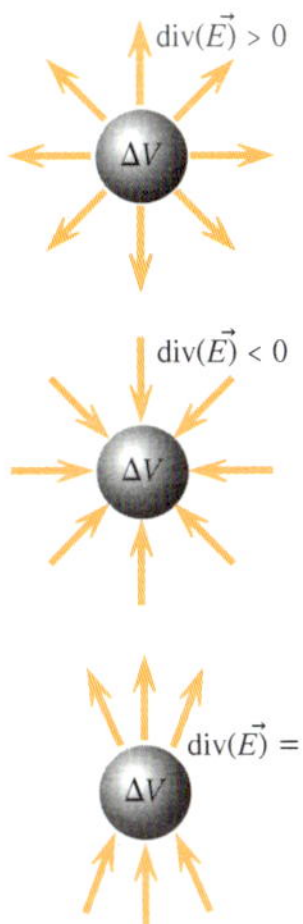

**그림 21.55** 매우 작은 체적 $\Delta V \to 0$로 둘러싸인 위치에서 전기장의 발산

미소 체적 $\Delta V$로 나누면

$$\frac{\oint \vec{E} \bullet \hat{n}\, dA}{\Delta V} = \frac{\rho}{\varepsilon_0}$$

이다. 이 방정식의 왼쪽은 단위 체적당 알짜 선속이다. 체적이 매우 작은 값 $\Delta V \to 0$을 갖는 극한에서, 이 비율은 이 위치에서 전기장의 "발산"(div)이라 부른다. 즉,

$$\text{div}(\vec{E}) \equiv \lim_{\Delta V \to 0} \frac{\oint \vec{E} \bullet \hat{n}\, dA}{\Delta V}$$

이고, 이 값은 벡터가 아니고, 스칼라임에 주의하자. 이것이 우리가 찾는 특성이다. 왜냐하면 다음과 같은 형태의 방정식은 지연 문제를 갖지 않기 때문이다.

$$\text{div}(\vec{E}) = \frac{\rho}{\varepsilon_0}$$

전기장의 이러한 특성을 왜 "발산"이라 부를까? 이 장의 시작 부분에 있는 그림과 그림 21.55를 다시 보자. 매우 작은 체적 안에 양전하가 있다면, 전기장은 "발산"하는 방향이고, 알짜 전기 선속과 div($\vec{E}$)는 모두 양이다. 매우 작은 체적에 음전하가 있다면, 전기장은 ("발산하지 않는") 수렴하는 방향이 되고, 알짜 전기 선속과 div($\vec{E}$)는 모두 음이다. 만약 그 체적 내에 전하가 없다면, 전기장은 발산이나 수렴을 하지 않고 단순히 체적을 통과하는 것처럼 보인다. 그리고 알짜 전기 선속과 div($\vec{E}$)는 모두 0이다. 이 주제를 소개하면서, 발산을 div($\vec{E}$)로 썼는데, 이

는 정의를 상기시키기 위한 표현이다. 앞으로는 좀 더 일반적으로 사용되는 발산의 또 다른 표현 $\vec{\nabla} \bullet \vec{E}$를 소개할 것이다.

## 발산은 상대론적으로 옳다

발산(체적이 0으로 가는 극한에서, 단위 체적당 알짜 전기 선속)은 같은 시간과 위치에서 전기장의 중요한 특성을 측정하고, 같은 위치와 시간에서 전하 밀도에 비례한다. 이를 전하와 장 사이의 "국소적(local)" 관계라 부른다. 왜냐하면 전하와 발산 성질은 다른 시간과 위치가 아닌 같은 시간과 위치에서 계산되어지기 때문이다. 이것은 상대론적 지연의 문제를 피하고, 특수 상대론과 양립하는 "국소장 이론(local field theory)"이라 불리는 것의 기초를 형성한다.

이 장의 앞부분에서 (아마도 큰) 폐곡면을 지나는 선속의 적분을 포함하는, 가우스 법칙의 "적분 형태"로 불리는 것에 대해 알아보았다. 지금 살펴 본 것은 가우스 법칙의 "미분 형태"이다 :

**가우스 법칙의 미분 형태**

$$\text{div}(\vec{E}) = \frac{\rho}{\varepsilon_0}$$

여기서 발산의 정의는

$$\text{div}(\vec{E}) \equiv \lim_{\Delta V \to 0} \frac{\oint \vec{E} \bullet \hat{n}\, dA}{\Delta V}$$

이고, 이는 스칼라량이다.

전기장의 발산 단위는 $\rho/\varepsilon_0$의 단위와 같음을 보일 수 있다.

> **점검 사항 3** 납의 핵은 반지름이 약 $7\times10^{-15}$ m인 구형이다. 핵은 82개의 양성자(전형적으로 126개의 중성자)를 포함한다. 이들의 운동 때문에 평균적으로 양성자는 핵에 균일하게 분포되어 있다고 볼 수 있다. 핵 표면에서 알짜 선속에 기초하여, 단위 체적당 전기 선속으로써 전기장의 발산을 구하시오. 반지름 $3.5 \times 10^{-15}$ m에서 계산을 반복하시오(이 반지름에서 전기장의 크기를 계산하기 위해 가우스 법칙을 사용할 수 있다). 또한, 핵 내에서 $\rho/\varepsilon_0$를 구하시오.

## 가우스 법칙의 적분 형태는 왜 상대론적으로 옳은가

이 장의 앞부분에서 정상 상태의 전하에 대해 쿨롱 법칙으로부터 가우스 법칙의 적분 형태를 유도하였다. 미분 형태는 적분 형태로부터 유도되었지만 가우스 법칙의 미분 형태는 상대성 이론과 양립하는 중요한 특성을 갖는다. 그래서 실제로 처음 출발점이었던 쿨롱 법칙보다 더 일반적이다. 이제는 상대론적으로 옳은 가우스 법칙의 미분 형태로부터 출발해서 적분 형태 또한 상대론적으로 옳다는 것을 보이고자 한다.

순수하게 수학적 정리인 "발산 정리(divergencetheorem)"가 있는데, 이는 어떤 시간에 큰 체적에 대한 벡터장의 발산 적분

$$\int \text{div}(\vec{E})\, dV$$

를 보여준다. 이는 체적을 둘러싸는 닫힌 경계 표면에 대한 벡터장의 수직 성분의 적분

$$\oint \vec{E} \bullet \hat{n}\, dA$$

과 같다. 다시 말해서, 수학적인 "발산 정리"는 다음과 같다.

$$\int \text{div}(\vec{E})\, dV = \oint \vec{E} \bullet \hat{n}\, dA$$

그러나 $\text{div}(\vec{E}) = \rho/\varepsilon_0$이므로

$$\int \text{div}(\vec{E})\, dV = \int \frac{\rho}{\varepsilon_0} dV = \frac{Q_{\text{inside}}}{\varepsilon_0}$$

이며, 전하 밀도 $\rho$의 체적 적분은 그 순간에 경계면 내부에 존재하는 전하이다. 이는 표면 내부의 모든 미소 체적 $\Delta V$의 발산을 동시에 계산하여 각 체적의 전하를 구한 후, 이 전하들을 모두 더해 표면 내부의 전체 전하를 구하는 것으로 생각할 수 있다.

미분 형태로부터 시작하고 순수한 수학적인 정리를 이용해서, 다음과 같은 가우스 법칙의 적분 형태를 얻었다.

$$\oint \vec{E} \bullet \hat{n}\, dA = \frac{Q_{\text{inside}}}{\varepsilon_0}$$

고정된 시간에 상대론적으로 옳은 가우스 법칙의 미분 형태를 적분해서 가우스 법칙의 적분 형태를 복구하였다. 이 결과는 쿨롱 법칙과 달리, 왜 가우스 법칙의 적분 형태조차 특수 상대론과 양립할 수 있는지를 잘 보여준다(21.3절에서의 초반 논의 참조).

## 점전하 다루기

$\Delta V \to 0$인 극한을 취함으로써 발산을 계산할 때, 전자 같은 점전하와 정확히 같은 위치로 $\Delta V$가 줄어들면, 극한 과정은 작동하지 않고 단위 체적당 선속은 무한대가 된다(점전하에 아주 가까운 임의의 위치에서는 문제가 없으며, 그 위치에서 전하 밀도는 0이다.).

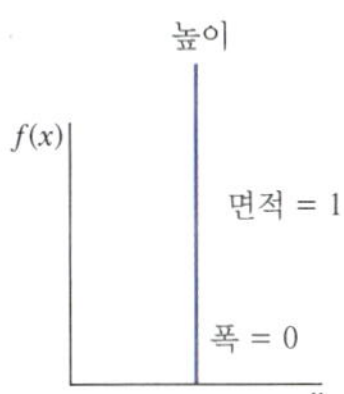

**그림 21.56** 1차원 델타 함수

점전하가 갖는 수학적 어려움은 "델타 함수(delta function)"의 사용을 통해 형식적으로 해결할 수 있다. 델타 함수는 무한대가 되는 한 점을 제외한 모든 곳에서 0로 정의되고, 그것의 적분은 정확히 1이다. 다시 말해, 델타 함수는 0의 폭과 무한한 높이를 갖으며, 폭과 높이의 곱이 유한하도록 만들어진 함수이다(그림 21.56). 이 독특한 함수는 실제 함수는 아니고, "일반화된 함수" 또는 "분포"라고 불리는 수학적 대상의 한 부류에 속한다.

수학적 문제를 다루는 동등한 방법은 점전하를 매우 작은 반지름과 매우 큰 전하밀도를 가진 전하 구로 근사시키는 것이다. 이 경우에 발산 극한은 납 핵 내의 발산을 계산하는 것처럼(점검 사항 3) 매우 작은 전하 구 전체에서 잘 정의된다.

보통의 원자로 된 물질 내부에 대한 실제적인 경우에, 비록 매우 작다하지만 여전히 많은 원자들을 포함할 만큼 충분히 큰 크기에서 체적을 줄어들게 하는 것을

멈출 수 있다. 이러한 경우에는 많은 양성자와 전자를 포함하는 아주 작은 체적에 대해 발산과 전하 밀도의 평균을 낸다. 이는 제16장 후반부에서 많은 원자들에 대해 평균을 내어 유전체 내부의 평균 전기장을 구하였던 것과 유사하다.

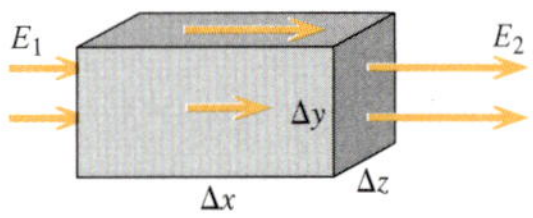


**그림 21.57** 미소 체적의 닫힌 표면에서 전기장의 발산 계산

## 발산을 계산하는 또 다른 방법

$\Delta V \to 0$의 극한을 취하는 정의로부터 발산을 직접 계산하는 것이 가능하다. 이 절에서는 발산을 계산하는 또 다른 방법을 제시하고자 한다. 그림 21.57과 같이 아주 작은 상자 모양의 표면을 고려하자. 이 작은 영역에서 전기장은 $x$축 방향이고 크기는 변한다. 발산 정의를 이용하면 체적을 0으로 보내는 극한에서

$$\mathrm{div}(\vec{E}) \equiv \lim_{\Delta V \to 0} \frac{\oint \vec{E} \bullet \hat{n}\, dA}{\Delta V} = \lim_{\Delta V \to 0} \frac{(E_2 - E_1)\Delta y \Delta z}{\Delta x \Delta y \Delta z}$$

$$\mathrm{div}(\vec{E}) = \lim_{\Delta x \to 0} \frac{(E_2 - E_1)}{\Delta x}$$

임을 알 수 있다. 하지만 이 극한은 $x$에 대한 전기장의 미분의 정의이다.

$$\mathrm{div}(\vec{E}) = \frac{dE}{dx}$$

좀 더 정확하게는, 이 경우에 발산은 $x$에 대한 $E_x$의 "편미분"과 같다. "편미분" 표기법은 미분하는 동안 $y$와 $z$를 상수로 두는 것을 나타낸다.

$$\mathrm{div}(\vec{E}) = \frac{\partial E_x}{\partial x}$$

좀 더 일반적으로는, 같은 방법으로 계산할 수 있는 $E_y$ 또는 $E_z$를 포함하는 항들의 기여가 있을 수도 있다. 발산에 기여하는 이 모든 값들을 더하면 다음과 같은 식을 얻는다.

**가우스 법칙의 미분 형태**

$$\mathrm{div}(\vec{E}) = \frac{\partial E_x}{\partial x} + \frac{\partial E_y}{\partial y} + \frac{\partial E_z}{\partial z} = \frac{\rho}{\varepsilon_0}$$

## 전위와 가우스 법칙

전기장은 전위의 음의 기울기로써 표현될 수 있다는 것을 기억하자(힘이 퍼텐셜 에너지의 음의 기울기로 표현될 수 있는 것처럼). 전위를 $V$로 쓰면, 다음과 같은 식을 얻는다.

$$E_x = -\frac{\partial V}{\partial x}, \quad E_y = -\frac{\partial V}{\partial y}, \quad E_z = -\frac{\partial V}{\partial z}$$

이 기울기 형태를 가우스 법칙의 미분 형태에 대입하면, 다음과 같은 중요한 방정식을 얻는다.

$$\frac{\partial^2 V}{\partial x^2} + \frac{\partial^2 V}{\partial y^2} + \frac{\partial^2 V}{\partial z^2} = -\frac{\rho}{\varepsilon_0}$$

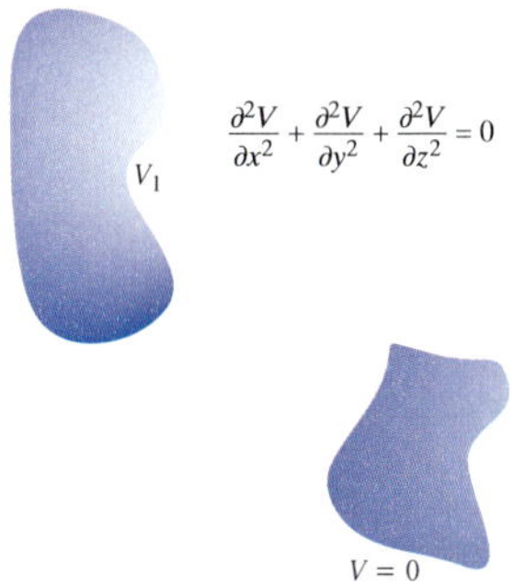


**그림 21.58** 경계값 문제. 금속 한 조각은 $V=0$의 전위를 유지하고, 다른 한 조각은 $V_1$의 전위를 유지한다. 빈 공간에서 가우스 법칙은 $V(x, y, z)$를 풀기 위한 미분 방정식을 제공한다.

이 식은 어떤 위치에서 전위와 같은 위치에서 전하 밀도 사이의 관계를 나타내는 미분 방정식이다. 이 방정식은 알고 있는 전위가 유지되는 어떤 대전된 금속 조각 가까이의 빈 공간(전하 밀도 $\rho$가 0인 곳)에서 전위를 구할 때 자주 사용한다("경계값" 문제, 그림 21.58). 이 금속 조각의 전하 분포를 안다면, 중첩을 통하여 어느 곳에서든지 전위와 전기장을 계산할 수 있다. 하지만 종종 전하 분포가 아니라 금속 조각의 고정된 전위만을 알 때가 있다. 그러한 경우에는 "라플라스 방정식"으로 불리는 다음의 미분 방정식을 사용할 수 있다.

$$\frac{\partial^2 V}{\partial x^2}+\frac{\partial^2 V}{\partial y^2}+\frac{\partial^2 V}{\partial z^2}=0 \text{ (빈 공간에서)}$$

금속 조각 사이의 빈 공간에서, 전위는 이 미분 방정식의 해가 된다. 라플라스 방정식을 풀 수 있는 해석적 방법과 수치 해석적 방법 모두 존재한다. 금속 조각과 매우 가까운 위치에서, 빈 공간에서 라플라스 방정식의 해는 알고 있는 전위와 같아야 한다. 이는 과학과 공학에서 매우 중요한 문제인 "경계값 문제"로 불리는 것의 한 예이다.

**점검 사항 4** 공간의 어떤 영역에서, 전위는 다음과 같이 $V = V_0 + a(x^2 + y^2 + z^2)$ 위치에 의존하며, $V_0$와 $a$는 상수이다. 이 영역의 전하 밀도는? 공간의 또 다른 영역에서, 전위는 다음과 같이 $V = V_0 + b(3x + 4y - 2z)$ 위치에 의존하며, $V_0$와 $b$는 상수이다. 이 영역의 전하 밀도는?

## 표준 표기법

주제의 이해를 돕기 위해 발산을 $\text{div}(\vec{E})$로 표기해 왔다. 보통 발산에 대한 일반적인 표기법은 다음과 같다.

$$\vec{\nabla}\bullet\vec{E}=\frac{\partial E_x}{\partial x}+\frac{\partial E_y}{\partial y}+\frac{\partial E_z}{\partial z}=\frac{\rho}{\varepsilon_0}$$

$\vec{\nabla}$(또는 "델") 연산자는 다음의 형태로 표현된다.

$$\vec{\nabla}=\left\langle\frac{\partial}{\partial x},\frac{\partial}{\partial y},\frac{\partial}{\partial z}\right\rangle$$

"연산자"는 자신의 오른쪽에 있는 어떤 양을 연산한다. 이 경우 연산자는 편미분을 포함한다. 보통의 스칼라 곱을 계산하는 법칙에 따라 $\vec{\nabla}\bullet\vec{E}$를 구한다. 즉,

$$\left\langle\frac{\partial}{\partial x},\frac{\partial}{\partial y},\frac{\partial}{\partial z}\right\rangle\bullet\langle E_x,E_y,E_z\rangle=\frac{\partial E_x}{\partial x}+\frac{\partial E_y}{\partial y}+\frac{\partial E_z}{\partial z}$$

또한, 델 연산자는 기울기 개념을 표현하는 데 쓰일 수 있다.

$$\vec{E}=-\left(\frac{\partial V}{\partial x}\hat{\imath}+\frac{\partial V}{\partial y}\hat{\jmath}+\frac{\partial V}{\partial z}\hat{k}\right)=-\vec{\nabla}V$$

이처럼 가우스 법칙의 미분 형태를 다시 쓰면

$$\vec{\nabla} \bullet (\vec{\nabla} V) = \frac{\partial^2 V}{\partial x^2} + \frac{\partial^2 V}{\partial y^2} + \frac{\partial^2 V}{\partial z^2} = -\frac{\rho}{\varepsilon_0}$$

이다. 기울기의 발산을 나타내는 이 결합은 “라플라시안(Laplacian)”으로 불리며, 다음과 같다.

$$\nabla^2 V = \frac{\partial^2 V}{\partial x^2} + \frac{\partial^2 V}{\partial y^2} + \frac{\partial^2 V}{\partial z^2} = -\frac{\rho}{\varepsilon_0}$$

전하가 없는 영역에서 라플라스 방정식은 다음과 같다.

$$\nabla^2 V = \frac{\partial^2 V}{\partial x^2} + \frac{\partial^2 V}{\partial y^2} + \frac{\partial^2 V}{\partial z^2} = 0 \text{ (빈 공간에서)}$$

## 21.10 *앙페르 법칙의 미분 형태

우리는 전하가 빛의 속도에 비해 매우 천천히 움직이지 않는 한, 비오-사바르 법칙을 사용하여 어떤 위치에서의 자기장을 계산하면 결함이 있음을 수차례 지적해 왔다. 이 문제는 상대론적 지연 때문이다. 자기장은 빠르게 움직이는 입자가 현재 어디에 있는가가 아니라, 과거 어떤 시간에 어디에 있었는가에 의존하므로, 비오-사바르 법칙은 특수 상대론과 양립하지 않는다. 그러나 앙페르 법칙은 상대론과 양립한다. 이 절에서는 왜 그런지에 대해 살펴볼 것이다.

이 논의는 가우스 법칙과 관련지어 제시하였던 것과 매우 유사하다. 우리는 다음을 찾는다.

- 어떤 $(x, y, z, t)$에서 운동하는 원천 전하와 연관되는 같은 $(x, y, z, t)$에서의 자기장 $\vec{B}$의 특성

### 회전(Curl)

“회전(curl)”이라 불리는 자기장의 특성을 소개하고자 한다. 매우 작은 면적 $\Delta A$를 둘러싸는 공간의 한 영역 주위에 매우 작은 앙페르 경로를 고려하자. 이 영역에서 제곱미터당 암페어로 측정된 전류 밀도 $\vec{J}$가 있다. 벡터 $\vec{J}$의 방향은 그 위치에서 전류의 방향이다. 미소 면적을 통과하는 전류는 $\vec{J} \bullet \hat{n}\Delta A$(제곱미터당 암페어와 제곱미터 단위의 면적의 곱)이며, $\hat{n}$은 그 면적에 수직인 단위 벡터이다. 앙페르 법칙으로부터, 미소 면적 둘레를 따라 자기장의 경로 적분은 다음과 같음을 알 수 있다.

$$\oint \vec{B} \bullet d\vec{l} = \mu_0 \vec{J} \bullet \hat{n}\,\Delta A$$

이를 미소 면적 $\Delta A$로 나누면

$$\frac{\oint \vec{B} \bullet d\vec{l}}{\Delta A} = \mu_0 \hat{J} \bullet \hat{n}$$

이다. 이 방정식의 왼쪽은 단위 면적당 자기장의 경로 적분이다. 면적이 매우 작은 값 $\Delta A \to 0$을 갖는 극한에서, 이 비율을 이 위치에서 자기장 “회전”의 $\hat{n}$방향

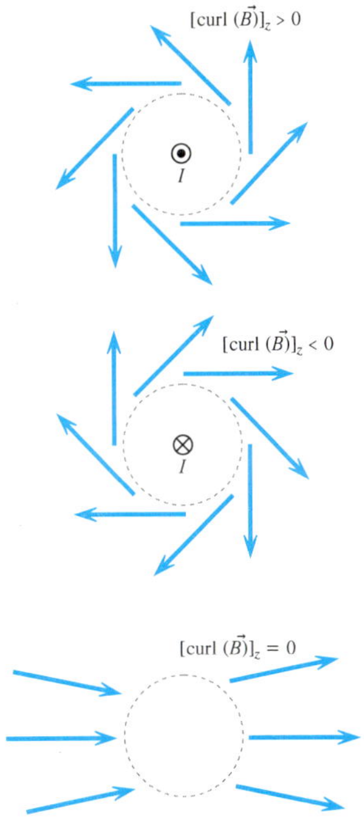


**그림 21.59** $\Delta A \to 0$인 미소 면적에 둘러싸인 영역에서 자기장의 회전

성분이라 부른다. 즉,

$$[\text{curl}(\vec{B})] \bullet \hat{n} \equiv \lim_{\Delta A \to 0} \frac{\oint \vec{B} \bullet d\vec{l}}{\Delta A}$$

이다. 이것이 우리가 찾는 특성으로, 다음과 같은 형태의 방정식은 지연 문제를 갖지 않는다.

$$\text{curl}(\vec{B}) = \mu_0 \vec{J} \text{ (이 식은 벡터 방정식임)}$$

이러한 자기장의 특성을 왜 자기장의 "회전"이라 부르는가? 그림 21.59를 보라. (사라질 만큼 작은) 영역을 통과하는 전류가 있다면 자기장은 전류 주위를 "회전"한다.

## 회전은 상대론적으로 옳다

(면적이 0로 가는 극한에서 단위 면적당 자기장의 알짜 경로 적분인) 회전은 어떤 시간과 위치에서 자기장의 중요한 특성을 측정하는 것으로 같은 시간과 위치에서 전류 밀도에 비례한다. 이를 전류와 자기장 사이의 "국소" 관계라 부른다. 왜냐하면 전류와 회전하는 특성이 다른 위치와 시간에서 보다 같은 위치와 시간에서 계산되어지기 때문이다. 이것은 상대론적인 지연 문제를 피하고, 특수 상대론과 양립하는 "국소장 이론"이라 불리는 것의 기초를 형성한다.

이 장의 앞 부분에서는 (가능한 긴) 폐경로에 대해 자기장의 경로 적분을 포함한, 앙페르 법칙의 적분 형태로 불리는 것에 대해 알아보았다. 지금 살펴본 것은 앙페르 법칙의 "미분 형태"이다 : 앙페르 법칙의 미분 형태

$$\text{curl}(\vec{B}) = \mu_0 \vec{J}$$

미소 면적 $\Delta A$에 수직한 $\hat{n}$방향으로의 회전 성분은 다음과 같이 정의된다.

$$[\text{curl}(\vec{B})] \bullet \hat{n} \equiv \lim_{\Delta A \to 0} \frac{\oint \vec{B} \bullet d\vec{l}}{\Delta A}$$

"델"연산자를 사용하면, 앙페르 법칙은 다음과 같다.

$$\vec{\nabla} \times \vec{B} = \mu_0 \vec{J}$$

앙페르 법칙의 미분형은 같은 위치와 시각에서 전류 밀도와 자기장의 관계를 나타낸다. 하지만 뒤에서 앙페르 법칙이 불완전하다는 것을 보게 될 것이다.

**점검 사항 5** 단위 면적당 자기장의 경로 적분으로 정의된 것에 기초하여, 자기장의 회전의 단위는 무엇인가? 이 단위가 $\mu_0 \vec{J}$의 단위와 같음을 보이시오.

## 요약

### 기본 원리

가우스 법칙

$$\oint \vec{E} \bullet \hat{n}\, dA = \frac{\sum q_{\text{inside}}}{\varepsilon_0}$$

자기에 대한 가우스 법칙

$$\oint \vec{B} \bullet \hat{n}\, dA = 0$$

앙페르 법칙

$$\oint \vec{B} \bullet d\vec{l} = \mu_0 \sum I_{\text{inside path}}$$

### 가우스 법칙의 다른 표기

전기 선속의 유한 합

$$\sum_{\text{closed surface}} \vec{E} \bullet \hat{n}\, \Delta A = \frac{\sum q_{\text{inside}}}{\varepsilon_0}$$

$E_\perp$ = 표면에 수직한 전기장 $E$의 성분:

$$\oint E_\perp dA = \frac{\sum q_{\text{inside}}}{\varepsilon_0}$$

$A_\perp$ = 전기장에 수직한 면적 $A$의 성분:

$$\oint E dA_\perp = \frac{\sum q_{\text{inside}}}{\varepsilon_0}$$

해당하는 면적과 수직한 성분 $d$

$$\oint \vec{E} \bullet d\vec{A} = \frac{\sum q_{\text{inside}}}{\varepsilon_0}$$

적분 기호 위에 놓여진 원은 "전체 폐곡면에 대한 적분"을 의미한다.

(닫힐 필요가 없는) 표면에서 전기 선속

$$\Phi_{\text{el}} = \int \vec{E} \bullet \hat{n}\, dA$$

### 결과

평판과 구의 전기장을 구하기 위해 가우스 법칙을 사용했다. 또한, 금속에 대한 중요한 특성들을 증명하였다. 특히, 과잉 전하는 표면에 있으며, 평형 상태에서 금속 내부의 빈 구멍에는 전기장이 존재하지 않는다. 두꺼운 도선이나, 솔레노이드, 그리고 토로이드의 자기장은 앙페르 법칙을 이용하여 구했다.

### 고급*가우스 법칙의 미분형

$$\vec{\nabla} \bullet \vec{E} = \frac{\partial E_x}{\partial x} + \frac{\partial E_y}{\partial y} + \frac{\partial E_z}{\partial z} = \frac{\rho}{\varepsilon_0}, \text{ or}$$

$$\nabla^2 V = \frac{\partial^2 V}{\partial x^2} + \frac{\partial^2 V}{\partial y^2} + \frac{\partial^2 V}{\partial z^2} = -\frac{\rho}{\varepsilon_0}$$

### 고급*앙페르 법칙의 미분형

$$\vec{\nabla} \times \vec{B} = \mu_0 \vec{J}$$

## 질문

**질문1.** 닫힌 면에서 전기장은 닫힌 면 밖의 전하들을 포함하여 우주의 모든 전하들의 영향을 받는다. 그럼에도 불구하고, 왜 총 전기 선속은 바깥 전하의 영향은 없고 표면 내부의 전하들에만 비례하는지 설명하시오.

**질문2.** 우리는 제15장에서 균일하게 대전된 고리의 축 상의 한 점에서 전기장을 구하였다. 모든 계산을 하지 말고, 왜 가우스 법칙을 사용해서 그 점에서 전기장을 구할 수 없는지 설명해 보시오.

**질문3.** 번개 맞은 차 안에 있으면 왜 안전한지 설명해 보시오. 또한, 번개 맞은 직후 차 밖으로 나가 한쪽 다리는 차 안에 다른 쪽은 지면에 닿으면 왜 안전하지 못할 수 있는지 설명해 보시오(사람을 죽이는 것은 전류다. 약간의 전류가 심장을 통과해도 치명적일 수 있음에 유의하자).

**질문4.** 단위 체적당 전기 선속으로서의 정의에 기초하여, 전기장의 발산 단위는?

**질문5.** 그림 21.60과 같은 영역에서 자기장은 수직이고 그 값들은 원통 면에 나타내었다. 이 측정에 어떤 문제가 있는지 논의하시오.

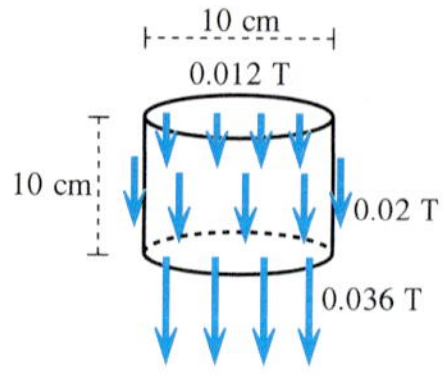


그림 21.60

# 문제

## 21.2절

**문6.** 그림 21.61은 반지름이 2 cm인 판 모양의 영역을 나타낸 것이다. 이 영역에는 판의 면과 30° 각을 이루고 크기가 300 V/m인 균일한 전기장이 있다. $\hat{n}$을 위쪽 방향 또는 $+y$방향의 단위 벡터라 하자. 판에서 전기 선속을 단위를 포함하여 구하시오.

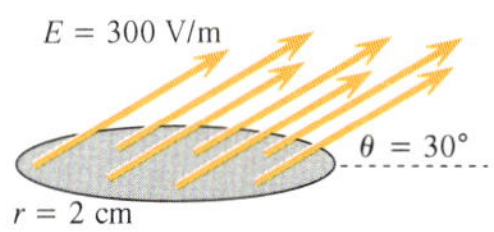


그림 21.61

## 21.3 절

**문7.** 그림 21.62는 상자를 나타낸 것으로, 각 면들에서는 오른쪽으로 나란하게 향하는 전기장이 측정되었다. 왼쪽 면 (3 cm × 2cm)에서 전기장의 크기는 400 V/m이고, 오른쪽 면에서의 크기는 1000 V/m이다. 다른 면들에서는 단지 (수평)방향만이 알려져 있다. 상자의 모든 각 면에서 전기 선속, 총 선속, 그리고 상자 안에 포함된 전하량을구하시오.

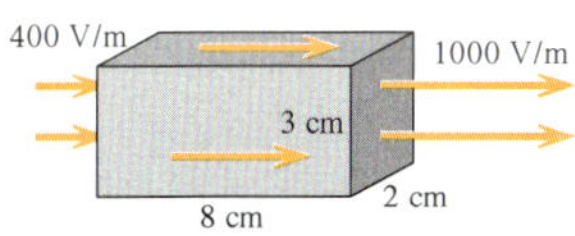


그림 21.62

**문8.** 그림 21.63은 미지의 전하량을 포함하는 실린더 모양의 가우스 면을 나타낸 것이다. 실린더 면에서 전기장의 형태가 그림과 같을 때, 내부의 알짜 전하는 얼마인가? 이러한 전기장 형태를 주는 실린더 내부의 가능한 전하 분포를 고안해 보시오.

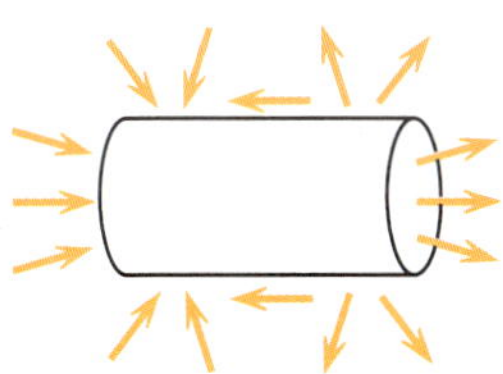

그림 21.63

**문9.** 그림 21.64와 같이 길이 20 cm, 높이 4 cm, 깊이 3 cm인 상자의 표면에서 수직으로 향하는 전기장이 측정되었다. 전기장의 크기는 상자 밑면에서 $E_1 = 1500$ V/m, 옆면에서 $E_2 = 1000$ V/m, 그리고 윗면에서 $E_2 = 600$ V/m이다. 이로부터 상자 안의 내용물에 대해 어떤 결론을 내릴 수 있는가? 수치 해석적 결과를 포함하시오.

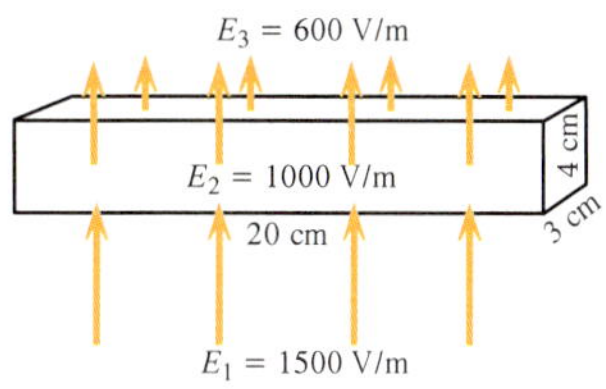


그림 21.64

**문10.** 그림 21.65와 같이 전기장이 수평으로 향하고 크기는 실린더 모양의 표면에 적혀 있다. 이 전기장 형태로부터 어떤 결론을 내릴 수 있는가? 수치 해석적 결과를 포함하시오.

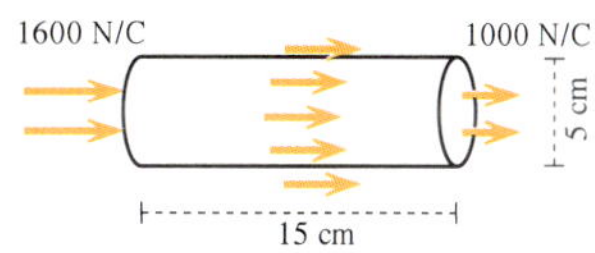


그림 21.65

**문11.** 한 변의 길이가 10 cm이고 한쪽 모퉁이를 $xyz$좌표의 원점에 둔 정육면체를 생각하자. 전 영역에 걸쳐 전기장은 $\vec{E} = \langle 50, 200y, 0\rangle$ N/m이다. 즉, $x$성분은 상수이며, $y$ 성분은 $y$값에 따라 선형적으로 증가한다. (a) 정육면체의 모든 면에서 $\hat{n}$과 $\vec{E}$를 그리시오. (b) 정육면체 내부의 전하량을 구하시오.

**문12.** 그림 21.66과 같이 닫힌 상자의 모든 곳에서 수평방향의 오른쪽으로 향하는 전기장이 측정되었다. 전기장의 크기는 상자의 왼쪽 면에서 $E_1 = 100$ V/m, 오른쪽 기울어진 면에서 $E_2 = 300$ V/m이다.
평균 전기장은 맨 윗면에서 $E_3 = 150$ V/m, 앞쪽과 뒤쪽 옆면에서 $E_4 = 175$ V/m, 바닥면에서 $E_5 = 220$ V/m이다. 상자 안의 전하량은? 간략히 설명하시오.

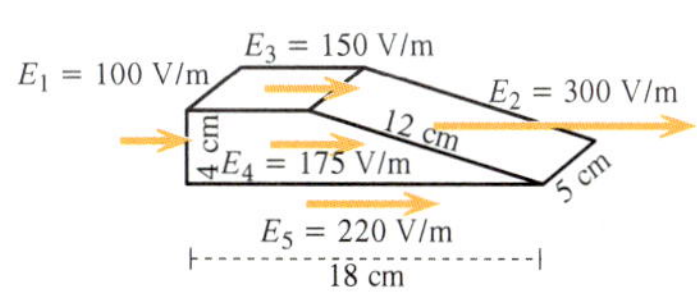


그림 21.66

**문13.** 그림 21.67과 같이 $x$축을 따라 놓인 직사각형 모양의 상자 면에서 전기장이 측정되었다. 상자의 폭 $w$는 6 cm, 높이 $h$는 4 cm, 깊이 $d$는 2 cm이다. 상자 밑면에서 전기장 $\vec{E}_1$은 ⟨50, 40, 0⟩ N/C이다. 다른 모든 면(앞, 뒤, 위, 왼쪽, 오른쪽 면)에서 전기장 $\vec{E}_2$는 ⟨120, 96, 0⟩ N/C이다(그림 상에서, 앞, 뒤, 왼쪽 옆면은 전기장 표시가 안 되어 있음). (a) 상자의 모든 면에서 $\hat{n}$을 명시하시오. (b) 상자의 모든 면에서 전기 선속을 구하시오. (c) 상자 내부의 알짜 전하를 구하시오.

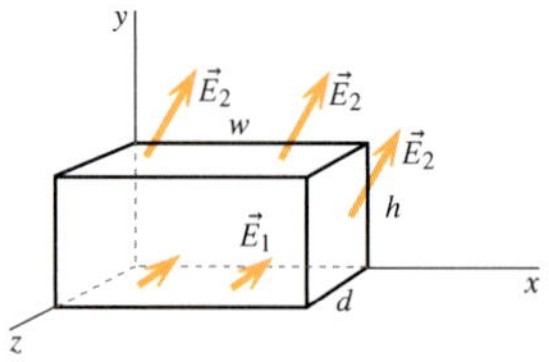


그림 21.67

**문14.** 정육면체의 모든 면에서 전기장을 측정하였고, 측정된 전기장 형태는 그림 21.68과 같다. 전기장은 정육면체의 오른쪽면과 밑면에서 ⟨370, −370, 0⟩ N/C이고, 윗면과 왼쪽 면에서는 0이다. 앞면과 뒷면의 절반에서 전기장은 ⟨370, −370, 0⟩ N/C이고, 나머지 절반에서 전기장은 0이다. 정육면체 한 변의 길이는 55 cm이다. (a) 정육면체 면 전체의 알짜 전기 선속은? (b) 정육면체 내부의 알짜 전하량은? (c) 이러한 전기장 형태를 만들 수 있는 전하 분포를 생각해 보시오.

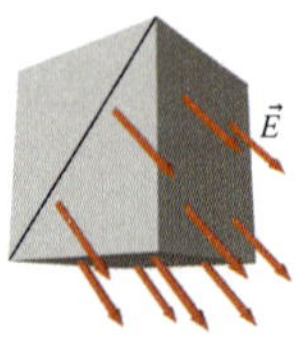


그림 21.68

**문15.** 외부 공간에서 얇은 종이로 된 정육면체 중심이 원점에 놓여 있다. 정육면체 한 변의 길이는 10 cm이다. 근처의 유일한 물체들은 몇몇 작은 대전 입자들이고, 각각의 전하와 순간 위치는 다음과 같다: ⟨4, 2, −3⟩ cm에 놓인 +9 nC, ⟨1, −3, 2⟩ cm에 놓인 −6 nC, ⟨15, 0, 4⟩ cm에 놓인 +7 nC, ⟨−1, 3, 2⟩ cm에 놓인 +4 nC, 그리고⟨−2, 12, −3⟩ cm에 놓인 −3 nC이다. 정육면체 면 중 5면상에서의 전기 선속의 합은 564 V • m이다. 나머지 한 면에서 전기 선속은?

## 22.4절

**문16.** 음전하 $-Q$가 속이 빈 절연된 구 껍질의 중심에 놓여 있다. 구껍질이 내부와 외부 반지름은 각각 $R_1$과 $R_2$이다. 절연된 껍질 전체에 $+3Q$의 전하가 균일하게 분포하고 있으며 표면에는 전하가 없다. 다음 각 경우에 전기장을 구하시오. (a) $r < R_1$, (b) $R_1 < r < R_2$, 그리고 (c) $R_2 < r$.

**문17.** 아마도 텔레비전에 연결된 "동축 케이블(coaxial cable)"을 본 적이 있을 것이다. 그림 21.69에서 보듯, 동축 케이블은 중앙에 반지름 $r_1$인 구리 도선이 내부와 외부 반지름이 각각 $r_2$와 $r_3$인 속이 빈 구리 관(보통 꼰 구리선으로 만들어짐)에 의해 둘러싸여 있다. 중심 도선과 관 사이에는 보통 절연체가 채워져 있지만, 이 문제에서는 공기로 채워져 있다고 가정하자. 케이블에는 전류가 흐르지 않는다고 가정한다.

만약 동축 케이블은 직선으로 길이는 $L$로 매우 길며, 중심 도선은 $+Q$의 전하가 균일하게 분포(단위 길이당 전하는 $+Q/L$)한다고 가정하자. 또한, 바깥쪽 관은 길이를 따라 $-Q$의 전하가 균일하게 분포한다. 원통형 대칭성을 통해 전기장의 방향은 지름 방향으로 나가거나 들어오는 방향임을 알 수 있다. 길이 방향에 해당하는 전기장 성분은 없다. 이 문제에서, 길이가 $d$($d$는 $L$보다 매우 작음)이고 중심 도선으로부터 반지름이 $r$인 수학적 원통형 가우스 면을 그려보자. (a) 중앙 도선 안쪽($r < r_1$)과 관의 내부($r_2 < r < r_3$)에 위치한 수학적 가우스 원통을 이용하여 내부와 외부 도체 상에서 전하의 정확한 위치와 양을 구하시오(힌트: 두 도체 내부에서 전기장의 어떤 것을 알고 싶은가? 실린더 모양의 가우스 원통 양 끝에서 선속에 대해 어떤 것을 알고 싶은가?). (b) 반지름이 공기로 채워진 빈 공간($r_1 < r < r_2$)에 놓인 수학적 가우스 원통을 이용하여 빈 공간에서 전기장을 $r$의 함수로 구하시오(가우스 원통의 양 끝에서 선속을 고려하는 것을 잊지 말 것). (c) 반지름이 바깥 관에 놓인($r > r_3$) 가우스 원통을 이용하여 관 밖의 전기장을 구하시오(가우스 원통의 양 끝에서 선속을 고려하는 것을 잊지 말 것).

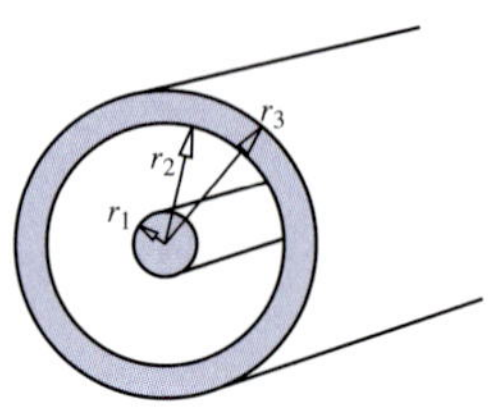


그림 21.69

**문18.** 길이가 $L$이고 반지름이 $R(R \ll L)$인 플라스틱 원통을 양성자 빔으로 조사하였더니, 원통 전체가 균일하게 과도 전하 $Q$로 대전되었다. 원통의 중심으로부터 $r(r < R)$만큼 떨어진 지점에서 전기장을 구하시오.

**문19.** 그림 21.70은 단면적 $A$인 두 금속판으로 만든 축전기의 중심 영역을 확대한 것이다. 두 판의 안쪽 면에 대전된 전하량은 각각 $+Q$와 $-Q$이고, 바깥쪽 면에는 이보다 작은 전하량 $+q$와 $-q$가 각각 대전되어 있다.

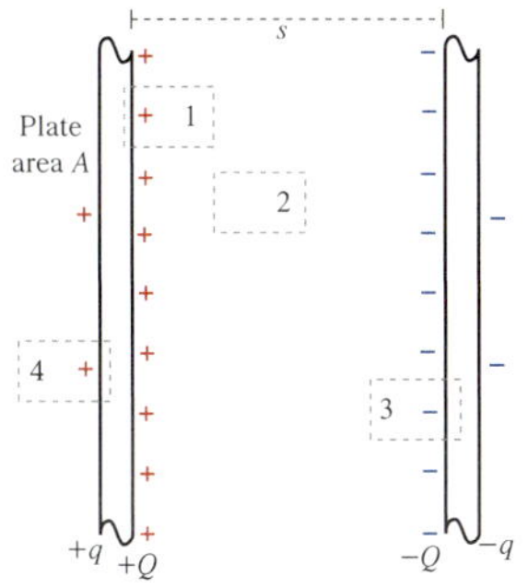


그림 21.70

(a) $Q$를 알 때, $E$를 구한다. 단면적 $A_{box}$인 신발 상자 모양의 가우스 면을 고려하자. 면의 한쪽 끝은 왼쪽 판 내부에 있고 다른쪽 끝은 공기로 찬 두판 사이에 있다(그림에서 표면 1).이 영역에서 전기장은 수평 방향임을 이용해서, 가우스 법칙을 사용하여 두 판 사이의 전기장의 크기를 구하시오. 구한 결과가 제15장에서 한 계산과 일치하는지 검토해 보시오(가우스 상자의 모든 면에서 선속을 고려했는지 확인하자). (b) 모순에 의한 증명. 양 끝 면이 모두 두 판 사이에 있는 가우스 상자 2를 고려하자. 가우스 법칙을 사용해서 두 판 사이의 전기장의 크기가 일정함을 증명하시오. (c) $E$를 알때, $Q$를 구한다. 왼쪽 끝은 두 판 사이에 오른쪽 끝은 오른쪽 판 안에 놓인 가우스 상자 3을 고려하자. 이 가우스 상자에 적용된 가우스 법칙이 두 판 사이의 올바른 전기장의 크기를 주고 있음을 보이시오. (*d*) $E$를 알 때, $q/A$를 구한다. 끝으로, 왼쪽 끝은 축전기 밖에 오른쪽 끝은 왼쪽 판 안에 놓인 가우스 상자 4를 고려하자. 제15장에서 우리는 가장자리 장은

$$E_{\text{fringe}} \approx \frac{Q/A}{2\varepsilon_0}\frac{s}{R}$$

와 같이 근사됨을 보였다. 여기서 $s$는 두 판 사이의 폭이고 $R$은 원판의 반지름이다. 이 정보와 가우스 상자 4를 이용해서 도체판의 바깥 면에서 전하 $q$의 근사적 양을 구하시오.

**문20.** 제20장에서 자석이 만든 자기장의 비균일한 방향에 의해 자석이 고리에 미치는 힘 $F = I(2\pi R)B\sin\theta$임을 보였다. 하지만, 우리는 자기장의 방향의 비균일성을 측정하는 각 $\theta$를 모른다(그림 21.71). 자기에 대한 가우스 법칙은 이 각 $\theta$를 구하는 데 사용될 수 있다.

(a) 자기에 대한 가우스 법칙을 전류 고리가 위치할 지점에 놓인 반지름 $R$, 두께 $\Delta x$인 얇은 판에 적용하자. 가우스 법칙을 사용해서 자석의 축으로부터 반지름 $R$에서 축에 수직인 자기장 성분 $B_3\sin\theta$를 구하시오. $R$은 충분히 작아서 자기장의 $x$성분은 판의 왼쪽 면과 오른쪽 면 (값은 작지만) 모든 곳에서 거의 균일하다고 근사시킬 수 있다. 자석의 자기 쌍극자 모멘트는 $\mu$이다.

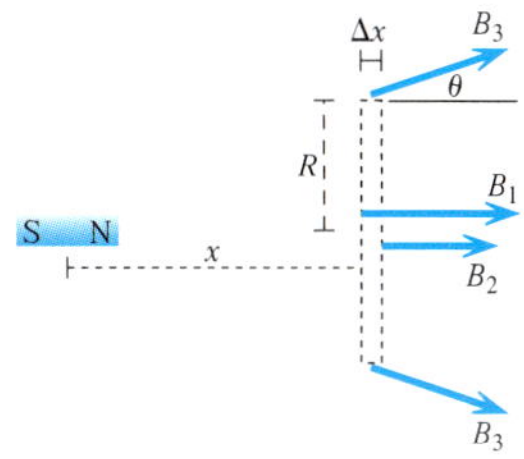


그림 21.71

(b) 이제 이 위치에 전류 고리를 놓는다고 할 때, $F = I(2\pi R)B_3\sin\theta$는 제20장에서 전위 에너지 논의로부터 얻은 결과인 $F = \mu_{\text{loop}}|dB_{dx}|$로 쓸 수 있음을 보이시오.

**문21.** 그림 21.72와 같이 금속 토막이 알짜 양전하를 운반하고 금속 밖에 있는 다른 전하들에 의해 분극되어 있다. 평형 상태에서 금속 표면 근처에서 전기장은 표면에 수직하다. 표면에 수평인 성분은 금속에 전류를 유도한다(일부는 금속 안에 다른 일부는 금속 밖에 놓인 직사각형 경로를 따라, 한 바퀴 돈 후 전위차는 0이므로 전기장이 수평 성분은 표면의 안과 밖에서 모두 같다). $S$를 "국소적" 표면 전하 밀도, 즉 표면 상의 한 점에서 단위 면적당 표면 전하($C/m^2$)라 하자.

(a) 금속 표면 근처의 공기 중에서 전기장의 크기 $E$를 그 지점에서 표면 전하 밀도 $S$로 나타내시오. 그림에 나타난 한 면은 금속 안쪽에 다른 한 면은 바깥에 놓인 원통형 가우스 면을 사용하시오. 모든 분석 단계를 꼭 거치시오.

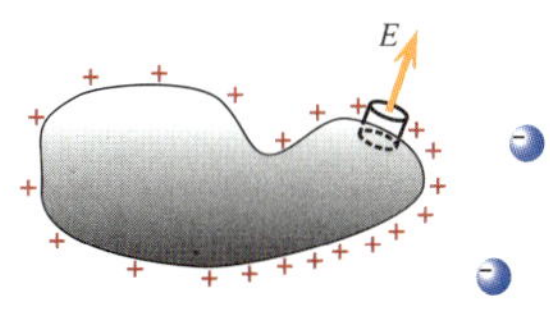


그림 21.72

(b) 근처에 있는 전하들은 $E$의 절반만큼 기여하고 멀리 있는 전하들이 나머지 절반을 기여함을 보이시오.

## 22.6절

**문22.** 그림 21.73과 같이 길이 20 cm, 높이 4 cm인 직사각형 경로를 따라 모든 곳에서 자기장은 수평임이 측정되었다. 평균 자기장은 아래쪽 경로를 따라 $B_1 = 1.5 \times 10^{-4}$ T, 옆 경로를 따라 $B_2 = 1.0 \times 10^{-4}$ T, 그리고 위쪽 경로를 따라 $B_3 = 0.6 \times 10^{-4}$ T이다. 이 직사각형 경로에 둘러싸

인 영역에서 전류에 대해 어떤 결론을 내릴 수 있는가?

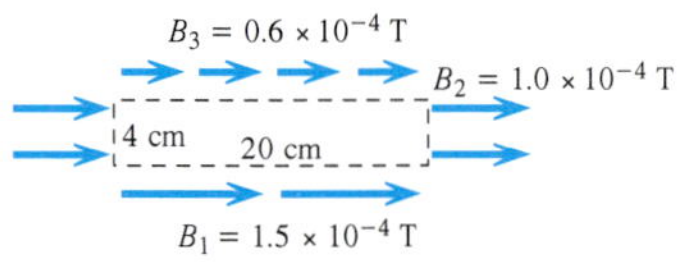


그림 21.73

**문23.** 그림 21.74는 공간에서 측정된 자기장의 형태를 나타낸 것이다. 그림자 영역을 통해 흐르는 전류 $I$는? 전류의 방향은?

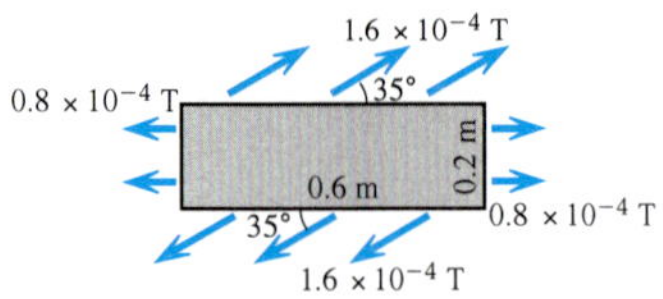


그림 21.74

**문24.** 그림 21.75는 작은 정사각형 단면과 균일하게 $N$번 감은 플라스틱으로 만든 D자형 틀을 나타낸 것이다. 자기장은 플라스틱 전체를 통해 크기가 같다($R$은 $w$보다 훨씬 크다).

전류 $I$가 흐를 때, 플라스틱 내부의 자기장은 얼마인가? 플라스틱 안의 몇몇 위치에서 자기장의 방향을 보이시오.

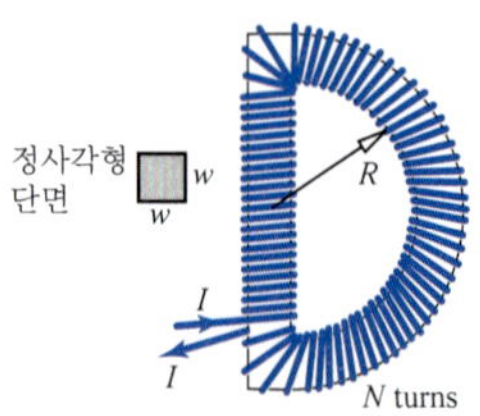


그림 21.75

**문25.** 그림 21.76은 촘촘하게 $N$번 감은 도선을 나타낸 것이며, 전류 $I$는 종이면에서 나오는 방향이다. 도선 판의 넓이는 $L$이다.

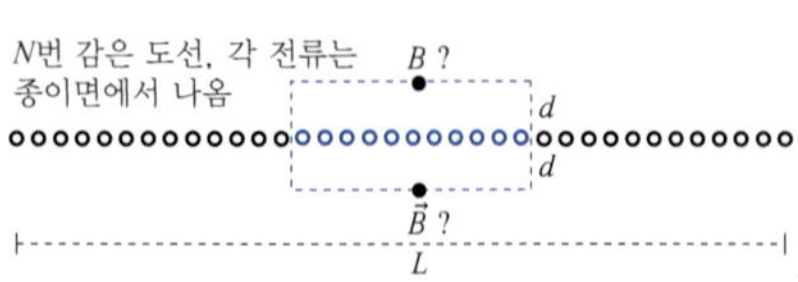


그림 21.76

(a) 그림에 표시한 도선에서 $d(d \ll L)$만큼 떨어진 두 지점에서 자기장의 방향을 보이고 설명하시오. (b)그림에 표시한 직사각형 경로를 사용해서 표시한 두 지점에서 자기장의 크기를 주어진 기호 $N$, $I$, $L$로 나타내시오. (c) (b)에서 구한 결과를 이용해서, 같은 전류가 흐르고 방향이 반대인 두 평행 전류판 사이에서 자기장 $\vec{B}$를 구하시오. (d) 두 평행판 밖에서 $\vec{B}$는?

**문26.** 직사각형 단면적이 $h \times w$인 긴 플라스틱 막대가 코일에 감겨 있다. 코일의 감은 수는 $N$번이고, 길이는 $d$이며 저항은 무시한다. 전류 $I$가 코일을 통해 흐른다.

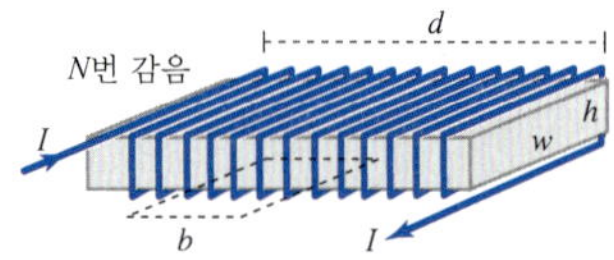


그림 21.77

그림21.77과 같이 길이 $b$의 직사각형 경로를 사용해서, 코일 내부의 자기장은 $B = \mu_0 NI/d$임을보이고, 코일 내부의 $\vec{B}$의 방향을 기술하시오.

**문27.** 동축 케이블은 반지름 $r_1$인 안쪽 금속 도선과 반지름 $r_2$인 바깥쪽 금속 원통으로 이루어져 있다(그림 21.78). 도선의 오른쪽으로 전류 $I_1$이 흐르고 $I_2 < I_1$은 원통에서 왼쪽으로 흐른다. 도선의 중심에 있고 도선에 수직하게 반지름 $R$인 원형 앙페르 경로를 생각하자. 도선의 양 끝에서 멀리 떨어져 있으며 도선 위 $R$의 위치에서 자기장의 크기와 방향을 구하시오. 모든 과정, 방향, 계산들을 포함해서 자세히 설명하시오. 모든 분석 단계를 꼭 거치시오.

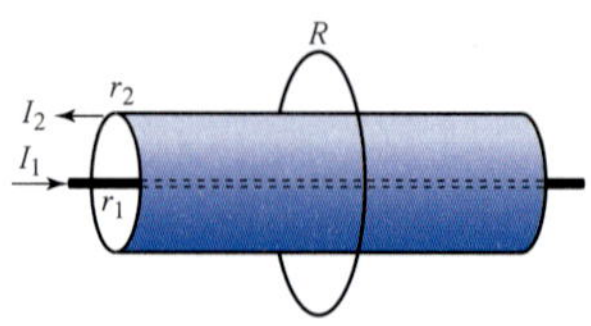


그림 21.78

**문28.** 반지름 $R$인 두꺼운 도선에 전류 $I$가 흐른다(그림 21.79). 중심으로부터 $r$만큼 떨어진 도선 내부의 지점($r < R$)에서 자기장을 구하시오.

그림 21.79

## 21.9절

**문29.** 납 핵은 반지름이 대략 $7 \times 10^{-15}$ m인 구형이다. 핵은 82개의 양성자(그리고 전형적으로 126개의 중성자)를 포함한다. 이들의 운동 때문에 평균적으로 양성자는 핵에 균일하게 분포되어 있다고 볼 수 있다. 핵 표면에서 알짜 선속에 기초하여, 단위 체적당 전기 선속으로써 전기장의 발산을 구하시오

## 컴퓨터 활용 문제

**문23.** $2 \times 10^{-9}$ C의 점전하가 $\langle -0.03, 0, 0\rangle$ m에 놓여 있다. $\langle 0.03, 0, 0\rangle$ m를 중심으로 하는 정육면체 가우스 면에 대해 알짜 전기 선속을 구하는 프로그램을 작성하시오. (a) 정육면체의 각 면에 대한 면적 요소를 $\Delta A$로 놓고, 각 면의 중심에서 전기장 $\vec{E}$값을 사용하여 시작하자. $\sum q_{\text{inside}}/\varepsilon_0$과 비교하여 알짜 전기 선속은? (b) 정육면체 각 면을 네 개의 작은 정사각형으로 나누어 계산을 좀 더 정확히 하면, 결과는 어떻게 변하는가? (c) 각 정사각형을 결과가 더 이상 변하지 않을 때까지 더욱 잘게 나누어서 계산하시오. 그러면 $\sum q_{\text{inside}}/\varepsilon_0$와 비교하여 전기 선속의 최종 결과는? (d) 대전된 입자를 정육면체 내부에 위치한 $\langle 0.035, 0, 0\rangle$ m로 옮겨놓을 때, 총 선속을 다시 계산하시오. $\sum q_{\text{inside}}/\varepsilon_0$와 비교하여 전기 선속의 최종 결과는?

## 점검 사항의 해답

1. $1.73\times10^{-3}$ V·m
2. 0.195 A, 종이면으로 들어가는 방향
3. $1.03 \times10^{36}$ N/C/m; $1.03 \times 10^{36}$ N/C/m; $1.03\times 10^{36}$ N/C/m
4. $-6\varepsilon_0 a$; 0
5. T/m

CHAPTER

# 22

# 패러데이 법칙

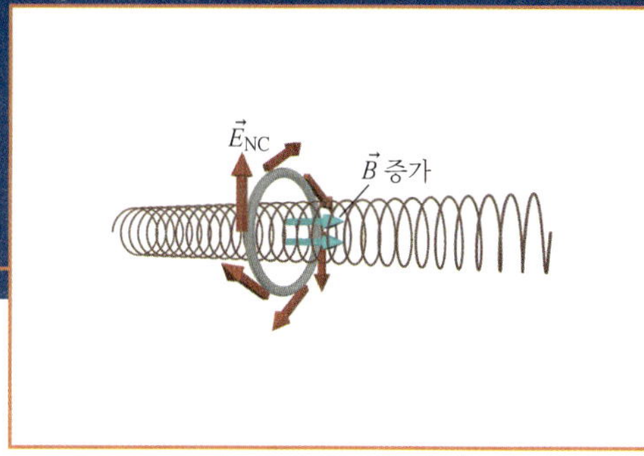


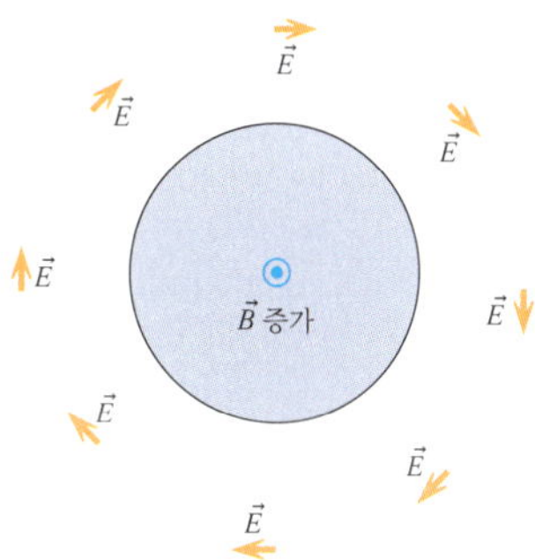


**그림 22.1** 시간에 따라 변하는 자기장 영역에서 전기장 또한 존재한다.

### 목표

이 장을 공부한 후에 다음과 같은 것을 할 수 있어야 한다.

- 시간에 따라 변화하는 자기장과 관련된 전기장의 크기와 방향을 계산할 수 있다.

이전 장에서는 전기장과 자기장을 개별적인 독립체로 고려해 왔다. 정지 전하들은 전기장을 만들고, 전기장은 다른 전하들에 영향을 준다. 움직이는 전하는 전기장뿐만 아니라 자기장을 만들며, 자기장은 다른 움직이는 전하들에 영향을 준다. 그러나 이 장에서는, 이전에 의심하지 않았던 전기장과 자기장 사이에 관계가 있다는 것을 보일 것이다. 공간의 한 영역에서 시간에 따라 변화하는 자기장이 있으면, 그 영역을 둘러싸는 회전하는 전기장 또한 있다는 것을 실험적으로 발견한다(그림 22.1). 제16장에서는 전기장의 폐곡선 적분을 고려함으로써 회전하는 형태의 전기장이 정지 전하 집단으로 만들어 질 수 없음을 증명하였다. 그래서 이것은 특히 흥미로운 현상이다. 전기장이 어떻게 생성되는지 상관없이, 전기장이 전하 $q$에 미치는 효과는 같다(즉, $\vec{F} = q\vec{E}$).

"자기 유도(magnetic induction)"라는 용어는 이런 현상을 기술하기 위해 종종 사용되며, 어떤 이는 시간에 따라 변화하는 자기장이 회전하는 전기장을 "유도"한다고 말한다. 하지만 이렇게 말하는 것은 다소 오해의 소지가 있다. 시간에 따라 변화하는 자기장이 있는 곳에서는 회전하는 전기장을 관찰할 수 있다라고 말하는 것이 좀 더 올바르다. 패러데이 법칙(Faraday's law)은 이러한 관찰 결과들을 양적으로 관련지어 설명한다.

## 22.1 회전하는 전기장

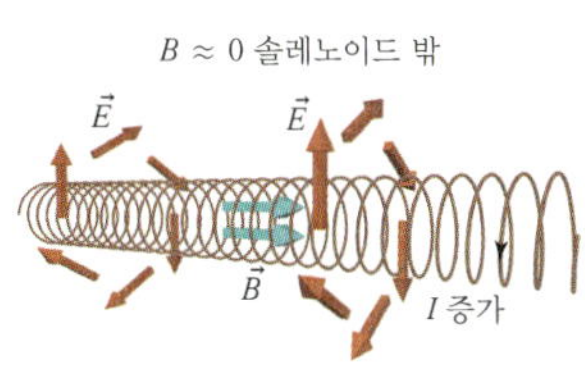


**그림 22.2** 솔레노이드 내부에서 시간에 따라 전류가 변하는 경우 회전하는 전기장이 존재 한다.

비오-사바르 법칙(Biot-Savart law)을 사용한 제17장과 앙페르 법칙(Ampere's law)을 사용한 제21장에서, 솔레노이드에 전류 $I_1$이 흐를 때, 빽빽하게 감긴 솔레노이드 내부(양끝으로부터 너무 가깝지 않은 곳)의 자기장은 $B_1 = \mu_0 N I_1 / d$임을 알았다. 여기서 $N$은 도선의 감은 수, $d$는 솔레노이드의 길이이다. 솔레노이드 외부(양끝으로부터 너무 가깝지 않은 곳)의 자기장은 매우 작으며, 매우 긴 솔레노이드의 경우 0으로 놓을 수 있다.

전류가 일정하면, $B_1$은 상수이다. 이 경우에 솔레노이드 외부의 전기장과 자기

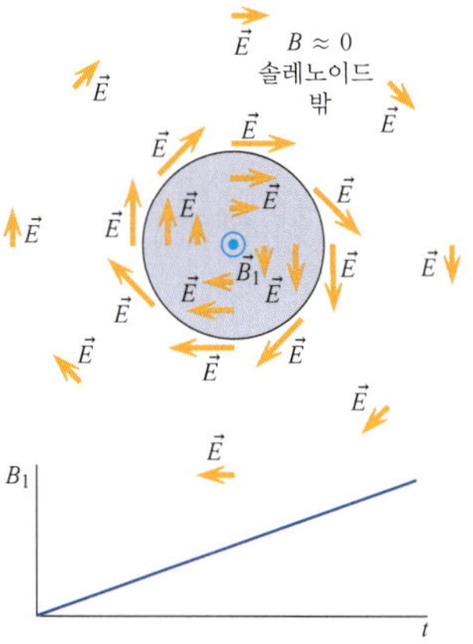


그림 22.3 시간에 따라 변하는 자기장(위)이 존재하면 회전하는 전기장이 존재한다. 이 경우 $B_1$이 시간에 따라 증가한다(아래).

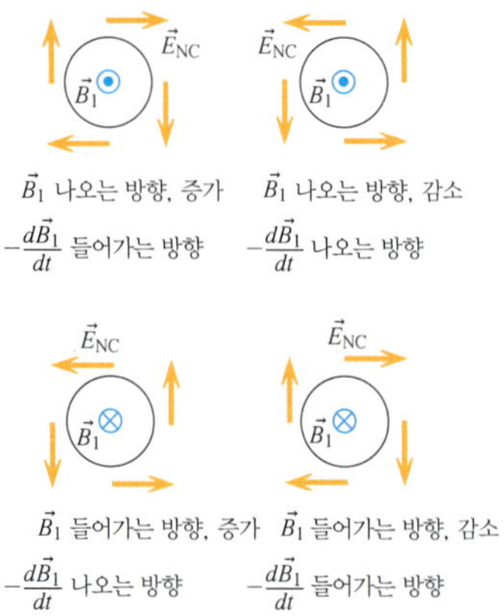


그림 22.4 4가지 경우: 자기장이 종이면에서 나오거나 들어가면서, 증가 또는 감소

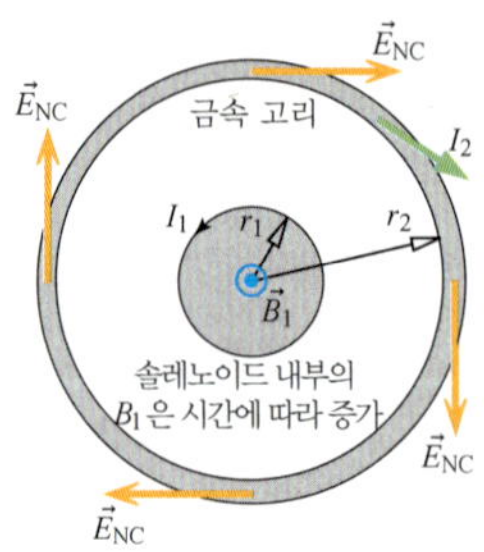


그림 22.5 $-d\vec{B}_1/dt$의 방향을 결정하기 위하여 자기장의 변화 구하기

장은 0이므로 솔레노이드 외부에서 운동하는 전하는 전기력 또는 자기력을 경험하지 않을 것이다. 하지만 전류를 변화시켜 솔레노이드 내부의 자기장 $B_1$이 시간에 따라 변화하면 놀라운 일이 벌어진다(그림 22.2). 여전히 솔레노이드 외부의 자기장은 거의 0이지만, 솔레노이드 내부와 외부 모두에서 회전하는 전기장을 관측하게 된다. 이 특이한 전기장은 솔레노이드 축 주위를 회전한다(단면도; 그림 22.3). 이 전기장은 자기장의 변화율, $dB_1/dt$에 비례한다

솔레노이드 내부에서 전기장은 축으로부터 떨어진 거리 $r$에 비례한다. 솔레노이드 외부에서 회전하는 전기장은 $1/r$에 비례한다. 즉, 전기장은 솔레노이드로부터 멀어짐에 따라 점점 작아진다.

회전하는 전기장은 전하에 대해 평상시와 동일한 효과를 미친다. 즉, 전하 $q$는 전기력 $\vec{F} = q\vec{E}$를 느낀다. 예를 들어 그림 22.3의 솔레노이드 위에 위치한 양성자는 초기에 오른쪽으로 밀리게 될 것이다. 왜냐하면 이 회전하는 전기장은 정지 전하들보다는 시간에 따라 변화하는 전류와 자기장과 관계되어 있기 때문이다. 이러한 전기장을 "비쿨롱(non-Coulomb)"장 $\vec{E}_{NC}$라고 부른다.

**질문** 어떻게 회전하는 전기장 형태가 정지 전하들에 의해 생성될 수 없음을 아는지 설명하시오.

솔레노이드 주위를 완전한 한 바퀴 돌아가며 적분을 하였을 때, $\oint \vec{E}_{NC} \cdot d\vec{l} \neq 0$이다. 왜냐하면 정지 전하들에 의한 전기장의 폐적분은 항상 0이기 때문이다. 이러한 전기장의 형태는 정지 전하들로부터 만들어 질 수 없다.

### 비쿨롱 전기장

- 쿨롱 전기장은 쿨롱 법칙에 따라 전하에 의해 생성된다.

$$\vec{E} = \frac{1}{4\pi\varepsilon_0}\frac{q}{r^2}\hat{r}$$

- 비쿨롱 전기장 $\vec{E}_{NC}$는 시간에 따라 변화하는 자기장 $dB/dt$와 관련되어 있다. 내부 자기장이 $B_1$인 긴 솔레노이드 외부에서, 비쿨롱 전기장은 $dB_1/dt$에 비례하며, $1/r$로 거리에 따라 감소한다.

그림 22.4는 자기장이 지면으로 들어가거나, 나오는 곳에서 시간에 따라 증가하거나 감소하는 네 가지의 다른 경우들에 대해 실험적으로 관측된 것들을 보여준다. 이 결과들로부터 $\vec{E}_{NC}$의 방향은 $\vec{B}_1$의 방향이 아니라 $\vec{B}_1$의 변화율의 방향에 의해 결정되는 것이라는 것을 알 수 있다. 다음의 오른손 법칙은 실험 관측 결과들을 요약한 것이다.

### 회전하는 전기장의 방향

오른손 엄지손가락을 $-d\vec{B}_1/dt$의 방향으로 가리키면서, 다른 손가락들은 $\vec{E}_{NC}$의 방향으로 감싼다.

## $-d\vec{B}/dt$의 방향 찾기

이 오른손 법칙을 사용하기 위해, 벡터량 $-d\vec{B}_1/dt$의 방향을 결정해야 할 필요가 있다. 먼저 작고, 유한한 시간 간격 $\Delta t$에 대해, 다음의 벡터량 $-\Delta\vec{B}_1/\Delta t$를 생각

해 보자. 이 형태로부터 $-d\vec{B}_1/dt$의 방향은 $-\Delta\vec{B}_1$의 방향, 즉 짧은 시간 동안 자기장 방향의 음(−)의 변화와 같다는 것을 볼 수 있다. $-d\vec{B}_1/dt$의 방향을 찾는 가장 좋은 방법은 시간 $t$ 에서의 자기장 $\vec{B}_1(t)$와 약간 시간이 지난 $t+\Delta t$에서의 자기장 $\vec{B}_1(t+\Delta t)$를 그리고, 그 변화량 $\Delta\vec{B}_1$을 관측하는 것이다(그림 22.5). 이때 $-\Delta\vec{B}_1$는 $-d\vec{B}_1/dt$의 방향이 된다.

**점검 사항 1** 바닥 가까이 자기장이 위쪽을 가리키며 증가하고 있다. 바닥을 내려다볼 때, 비쿨롱 전기장은 어느 방향(시계 방향 또는 반시계 방향)으로 회전하는가? 천장 가까이 자기장이 아래쪽을 가리키며 감소하고 있다. 천장을 올려다볼 때, 비쿨롱 전기장은 어느 방향(시계 방향 또는 반시계 방향)으로 회전하는가?

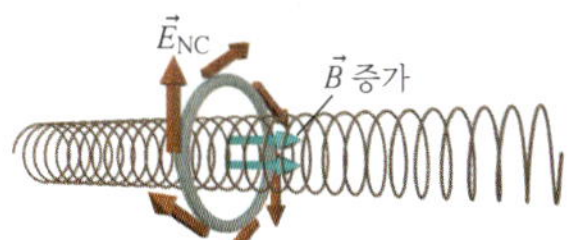


**그림 22.6** 솔레노이드 주위에 놓인 금속 고리

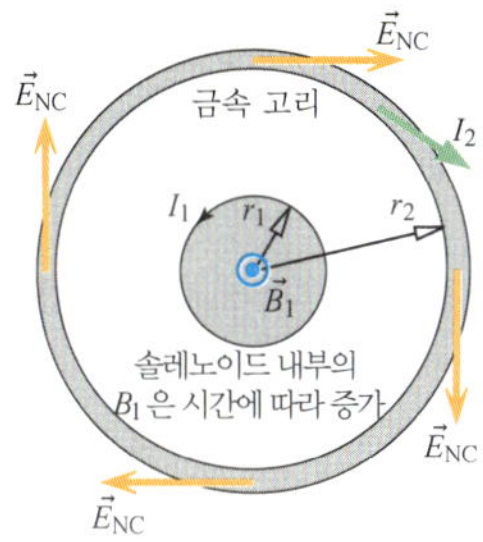


**그림 22.7** 끝 보기(Endview): 비쿨롱 전기장은 고리에 전류 $I_2$를 유도한다.

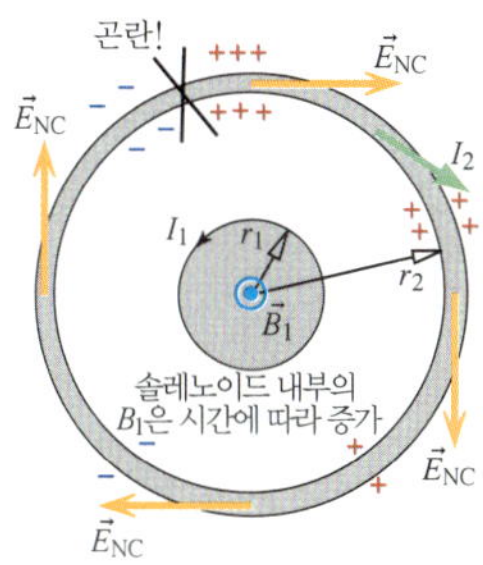


**그림 22.8** 솔레노이드 내부의 $B_1$은 시간에 따라 증가

## 비쿨롱 전기장에 따라 움직이는 전류

내부의 자기장이 시간에 따라 증가하는 솔레노이드(그림 22.6)를 둘러싸는 반지름 $r_2$인 원형 금속 고리를 그림 22.7과 같이 놓았다고 가정하자. 금속 내부의 비쿨롱 전기장은 고리를 따라 전류를 유도할 것이다($-d\vec{B}_1/dt$는 지면으로 들어가는 방향이므로, 오른손 엄지손가락을 지면으로 들어가는 방향을 가리키면 손가락들이 시계 방향으로 돌아간다). 이 효과의 기술적인 중요성은 마치 전지가 있는 것처럼 도선에 전류가 흐를 수 있도록 만든다는 것이다.

고리에 흐르는 전류 $I_2$는 보통의 회로에서와 같이 금속 내부의 전기장 $E_{NC}$에 비례한다. 그러나 보통의 회로에서는 전지의 전하들과 함께, 전류를 흐르게 하는 금속 내부의 전기장을 만드는 전하가 도선의 표면에 있다.

**질문** 이 고리 표면 전하의 가능한 형태를 생각해 보자. 이 상황에서 고리 표면 전하의 변화율을 그럴 듯하게 그리는 것이 왜 불가능한가?

고리의 대칭성은 고리를 따라 표면 전하의 변화율을 가지는 것을 불가능하게 한다. 모순되는 방법으로 설명해 보자. 그림 22.8에서와 같이 한 점을 택해, 그곳에 양의 표면 전하를 그린다면, 양전하의 양은 서서히 감소하면서 음의 표면 전하량이 증가하게 되고, 출발점으로 다시 돌아왔을 때 표면 전하가 (−)에서 (+)로 바뀌면서 잘못된 방향으로 거대한 전기장 $E$를 발생하는 큰 변화가 있다는 것을 발견하게 된다. 하지만 선택한 점은 특별한 곳이 아니므로, 고리의 모든 다른 점들에서와 다른 전기장을 가질 수 없고, 고리를 따라 변화하는 표면 전하는 있을 수 없다(하지만 고리의 외부에서는 전자의 작은 쌓임이 있어야 하고, 이는 전자 흐름을 만드는 지름 방향을 따라 안쪽을 향하는 힘을 제공한다고 깨달을 수도 있다. 이 전자의 쌓임은 유동 전자의 작은 평균 유동 속력 $\bar{v}$로 인해 구심 가속도 $\bar{v}^2/r$이 매우 작으므로 극히 작다).

기전력은 단위 전하당 가해지는 (비쿨롱) 에너지이다. 단위 전하당 (비쿨롱) 힘은 (비쿨롱)장 $E_{NC}$이다.

이런 형태의 표면 전하는 불가능하다. 이유는 표시된 지점에서 $E$가 매우 커짐을 의미하고, 방향도 잘못됐기 때문이다.

**질문** 고리의 반지름이 $r_2$일 때, 고리의 기전력을 $E_{NC}$로 나타내면?

$$\text{emf} = \oint \vec{E}_{NC} \bullet d\vec{l} = E_{NC}(2\pi r_2)$$

여기서 $E_{NC}$는 상수이며, 경로에 평행하다. 고리의 저항이 $R$일 때, 반지름 $r_2$인 고리에 흐르는 전류는 $I_2 = \text{emf}/R$이다. 이것은 마치 고리에 전지를 연결한 것과 같다.

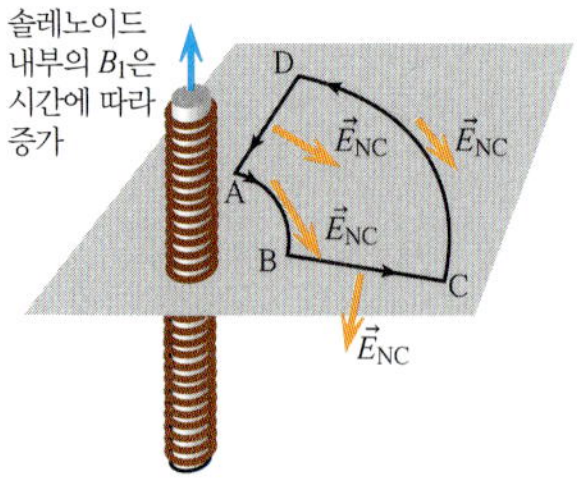


**그림 22.9** 솔레노이드를 감싸지 않는 경로

> **질문** 만약 금속 고리의 반지름 $r_2$가 2배 커지면, 전기적 운동력은 얼마인가? $\text{emf} = \oint \vec{E}_{NC} \bullet d\vec{l}$이다. 솔레노이드 외부에서의 비쿨롱 전기장은 $1/r$에 비례함을 보여주는 실험 결과들을 기억하라.

반지름이 두 배가 되면 전기장이 반이 되므로, 곱 $E_{NC}\ (2\pi r_2)$는 같은 값을 갖는다. 솔레노이드를 둘러싸는 고리의 기전력은 어떤 반지름에서도 동일하다(사실, 원형 고리뿐만 아니라 솔레노이드를 둘러싸는 어떤 회로에서도 기전력은 동일하다).

> **질문** 그림 22.9와 같이 솔레노이드를 둘러싸지 않는 임의의 폐곡선 경로를 고려하자. 경로 A−B−C−D−A를 따라 전기장은 화살표로 나타내었다. 솔레노이드를 둘러싸지 않는 경로에서는 왜 $\text{emf} = \oint \vec{E}_{NC} \bullet d\vec{l} = 0$인지 설명하기위해 $E_{NC} = \text{emf}/(2\pi r)$라는 사실을 이용하라.

경로 A−B−C−D−A를 따라 한 바퀴 돌아보면, $\oint \vec{E}_{NC} \bullet d\vec{l}$에 대한 기여는 A−B 구간에서는 양(+), B−C 구간에서는 0(전기장의 평행한 성분이 0이므로), C−D 구간에서는 음(−), 그리고 D−A 구간에서는 0이다. 더욱이 C−D 구간에서의 값은 A−B 구간에서의 값과 크기는 같다. 왜냐하면 경로가 길어지면 그만큼 전기장(1/$r$에 비례하는)이 작아지기 때문이다. 그러므로 이 경로를 따라 기전력은 0이 된다. 비쿨롱 전기장은 이 경로를 따르는 도선을 편극시키지만 고리를 따라 전류를 유도하지는 않는다.

도선에 전류를 흐르게 하기 위해서는 도선이 자기장이 변화하는 지역을 둘러싸야 한다는 것을 배웠다. 도선이 변화하는 자기장이 있는 곳을 둘러싸지 않는다면 기전력은 생기지 않는다.

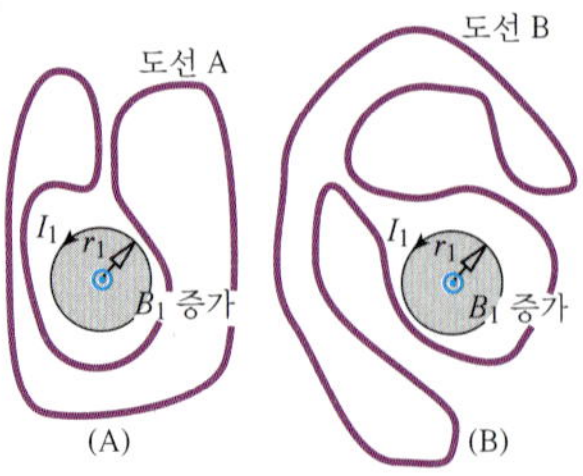


**그림 22.10**두 보라색 도선에 전류가 흐를까?

> **점검 사항 2** (a) 그림 22.10에서, 도선 A에는 전류가 흐르는가? (b) 도선 B에는 흐르는가? 증가하는 자기장을 가진 솔레노이드 주위의 공기 중 반지름 10 cm의 원형 경로 상에서 기전력은 30 V이다. (c) 이 경로에서 비쿨롱 전기장의 크기는 얼마인가? (d) 저항이 4인 도선이 경로 상에 놓여 있다. 도선의 전류는 얼마인가?

## 22.2 패러데이 법칙

지금까지 회전하는 전기장의 방향을 결정하기 위해 오른손 법칙을 사용해왔다. 그러나 비쿨롱 전기장의 크기를 계산하는 방법에 대해서는 모른다. 패러데이 법칙은 자기장의 변화율과 비쿨롱 전기장의 크기 사이의 정량적인 관계에 대해 언급한다. 이 정량적인 관계를 세우기 위해, 원칙적으로 우리는 자기장을 변화시키고 회전하는 전기장이 독립적인 전하에 미치는 영향을 관측하여 $E_{NC}$를 측정할 수 있으나, 독립적인 전하의 경로를 추적하는 것은 어려울 수 있다. 대신에 비쿨롱 전기장을 측정하고자 하는 경로를 따라 회로를 만들고, 회로의 전류를 $dB/dt$의 함

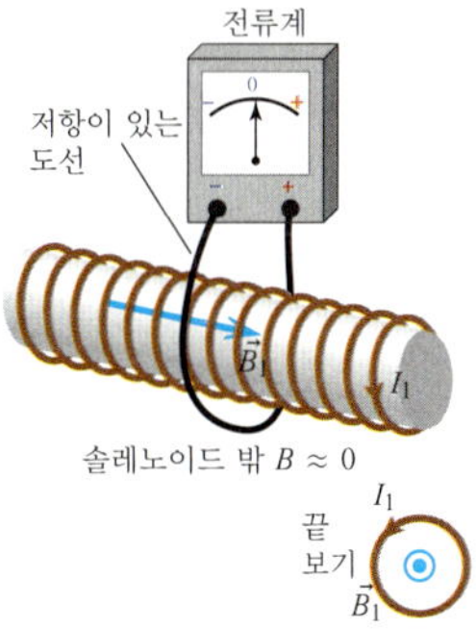


**그림 22.11** 전류계는 솔레노이드를 감싸는 고리에 흐르는 전류를 측정한다. 초기에 $I_1$은 상수이므로 $B_1$도 상수이고, 전류계를 통해 흐르는 전류는 없다(전원 공급 장치와 솔레노이드에 연결된 선들은 그림에 나타내지 않았다).

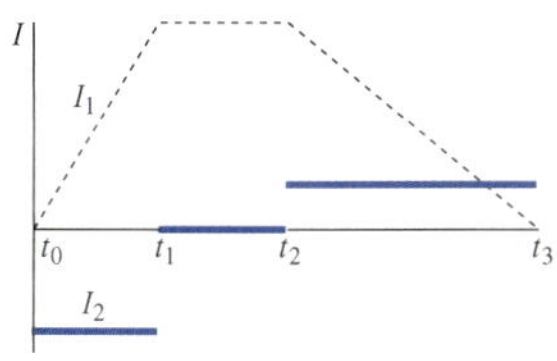

**그림 22.12** 솔레노이드 전류 $I_1$을 변화시키며 전류계를 통해 바깥 도선에 흐르는 전류 $I_2$를 측정한다.

수로 측정할 수 있다. 패러데이 법칙을 이끌어 낼 회로 실험에 대해 알아보자.

## 비쿨롱 전기장에 의해 관측된 전류

그림 22.11에서, 전류 $I_1$을 달리하며 자기장 $B_1$을 변화시키고, 솔레노이드를 감싸는 고리에 흐르는 전류를 측정하기 위해 전류계를 사용하면, 고리를 따라 수행한 적분, 즉 기전력으로부터 비쿨롱 전기장 $E_{NC}$에 대한 어떤 것을 추론할 수 있다. 불행하게도 나침반과 같은 간단한 장치로는 그 현상을 측정할 수 없고, 대신에 민감한 전류계가 필요하다. 아마도 선생님이 시범 실험을 하거나 여러분에게 적절한 장치를 가지고 실험하도록 안내할 것이다.

초기에 솔레노이드에 흐르는 전류 $I_1$은 상수이고, $B_1$도 상수이며, 저항을 가진 도선과 전류계를 지나는 전류는 없다. 다음으로 솔레노이드에 흐르는 전류 $I_1$을 변화시키면 자기장 $B_1$도 변화하며, 바깥 도선에 전류 $I_2$가 흐르는 것을 관측한다. 그림 22.12와 같이 솔레노이드에서 처음에 전류를 빠르게 증가시키다가 일정하게 만들고, 다시 처음의 절반 비율로 천천히 감소시킨다. 전류계를 포함한 회로의 저항 $R$을 알면, 기전력 $-RI_2 = 0$이므로 전류계 눈금으로부터 기전력을 알 수 있다. 즉, 도선은 전지가 연결된 것처럼 행동한다.

1. 시간 $t_0$에서 $t_1$까지 솔레노이드 전류 $I_1$이 증가하는 동안(그림 22.12), $B_1$은 증가하고, $I_2$는 전류계의 "+" 단자로부터 나와 회로의 시계 방향으로 흐른다. 전류계의 눈금은 음(−)의 값을 가리킨다. 전류계의 양(+)의 단자로 흘러들어가는 보통의 전류는 양의 눈금을 가리킴을 기억하자.

   만약 $dB/dt \neq 0$이면, $E_{NC}$가 존재한다.

2. 시간 $t_1$에서 $t_2$까지 솔레노이드 전류 $I_1$이 일정하게 흐르는 동안(그림 22.12), 솔레노이드 안의 자기장은 변하지 않고, 회로의 기전력은 없다. 전류계 눈금도 0을 가리킨다.

   크지만 일정한 $B$가 있더라도 $dB/dt$와 $E_{NC}$는 0이다.

3. 시간 $t_2$에서 $t_3$까지 솔레노이드 전류 $I_1$이 처음의 반에 해당하는 비율로 감소하는 동안(그림 22.12), $B_1$은 감소하고, $I_2$는 전류계의 "+" 단자로 들어가며 회로의 반시계 방향으로 흐른다. 전류계의 눈금은 양(+)의 값을 가리킨다. 전류 $I_2$는 처음 구간 값의 절반에 해당하는 값을 갖는다.

   솔레노이드 밖의 $E_{NC}$(와 관련 기전력)는 솔레노이드 안에서 $dB/dt$에 비례한다.

4. 한 가지 더 결정적인 실험이 있다. 만약 자기장은 변화 없고 단면적만 2배 큰 솔레노이드를 사용하면, 전류 $I_2$는 2배 커진다(이는 기전력이 2배 커짐을 의미함).

   솔레노이드 밖의 $E_{NC}$(와 관련 기전력)는 솔레노이드의 단면적에 비례한다.

## 자기 선속(Magnetic Flux)

이 실험적 관측 사실들과 기전력에 대한 양을 함께 고려하며, 실험적으로 기전력의 크기는 수치적으로 다음과 같음을 보인다.

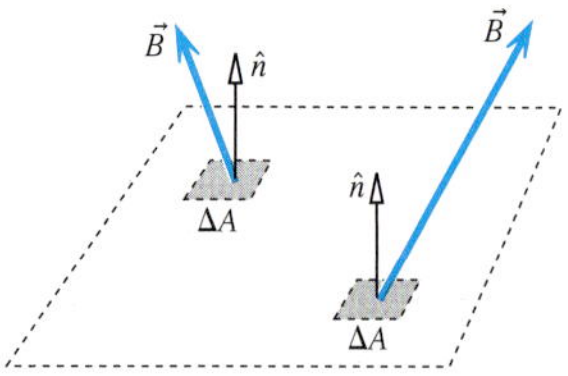


**그림 22.13** 한 면적을 통과하는 자기 선속은 각각의 작은 미소 면적을 통과하는 자기 선속의 합과 같다.

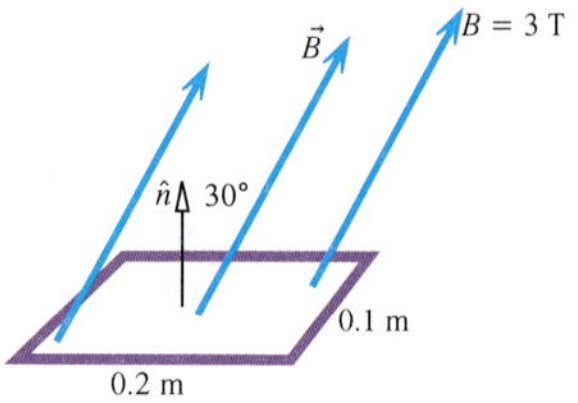


**그림 22.14** 도선 고리로 둘러싸인 한 면적을 통과하는 자기 선속의 계산

$$|\text{emf}| = \left|\frac{d}{dt}(B_1\pi r_1^2)\right|$$

$(B_1\pi r_1^2)$의 양을 회로가 감싸는 면적에 대한 "자기 선속(magnetic flux)" $\Phi_{\text{mag}}$($\Phi$는 그리스어 phi의 대문자)라 부른다. 자기 선속은 제21장의 가우스 법칙에서 소개된 전기 선속과 같은 방법으로 계산한다.

미소 면적 $\Delta A$에 대한 자기 선속은 $\vec{B} \bullet \hat{n}\,\Delta A = B_\perp \Delta A$이고, 여기서 $\hat{n}$은 면적 $\Delta A$ ($\hat{n}$은 표면에 수직하다고 함)에 수직한 차원이 없는 단위 벡터이다. $B_\perp$는 자기장의 수직한 성분이다. 이 모든 기여를 표면 전체로 확장시키면 전체 표면에 대한 자기 선속은(그림 22.13):

**자기 선속의 정의**

$$\Phi_{\text{mag}} = \int \vec{B} \bullet \hat{n} dA = \int B_\perp dA$$

이다. 자기 선속은 $\hat{n}$에 대한 자기장 $\vec{B}$의 상대적인 방향에 따라 양(+), 음(−), 또는 0의 값을 갖는다.

> **점검 사항 3** 3 T의 균일한 자기장이 0.1 m와 0.2 m 크기의 직사각형 모양의 도선 고리 면에 수직한 방향에 대해 30°의 각도를 이룬다 (그림 22.14). 이 고리에 대한 자기 선속은?

## 패러데이 법칙—정량적으로

시간에 따라 변하는 자기장이 존재할 때 자기 선속의 시간 변화율과 같은 크기의 기전력이 존재한다는 실험적 사실을 "패러데이의 법칙(Faraday's law)"이라 부른다(1831년 영국의 과학자 Michael Faraday가 발견). 패러데이 법칙은 지금까지 논의한 실험 데이터뿐만 아니라 다양한 실험 데이터들을 요약해 준다. 이 법칙은 전기장과 자기장 사이의 관계를 나타내는 주요한 물리 법칙이다. 제20장에서 배운 운동 기전력과는 달리, 패러데이 법칙은 지금까지 우리가 배워왔던 다른 어떤 기본 원리들로부터 유도할 수가 없다.

**패러데이 법칙**

$$\text{emf} = -\frac{d\Phi_{\text{mag}}}{dt}$$

여기서 $\text{emf} = \oint \vec{E}_{\text{NC}} \bullet d\vec{l}$이고 $\Phi_{\text{mag}} \equiv \int \vec{B} \bullet \hat{n} dA$이다.

말하자면, 한 바퀴 도는 경로에 대한 기전력은 경로가 감싸는 면적에 대한 자기 선속의 시간 변화율과 같다.

방향: 오른손 엄지손가락을 $-d\vec{B}_1/dt$의 방향으로 가리키면서, 다른 손가락들은 $\vec{E}_{\text{NC}}$의 방향으로 감싼다.

음(−)의 부호의 의미: 만약 오른손 엄지손가락이 $-d\vec{B}_1/dt$ 방향을 가리키면(즉, 자기장이 증가하는 방향과 반대 방향), 다른 손가락들이 감싸는 방향은 전기장 적분이 양(+)이 되는 방향과 같다.

$$\oint \vec{E}_{NC} \bullet d\vec{l} = -\frac{d}{dt}\left[\int \vec{B} \bullet \hat{n} dA\right] \text{(오른손 법칙에 따른 부호)}$$

대부분의 경우 부호나 방향을 무시하고 효과의 크기를 먼저 계산하고 난 후 오른손 법칙에 따라 적절한 부호나 방향을 결정하는 것이 쉬운 접근 방법이다. 우리는 방향을 고려할 필요가 있는 것을 알리기 위해 패러데이 법칙에서 음(−)의 부호를 포함할 것이다.

패러데이 법칙에서 자기 선속을 계산할 때 어떤 면적을 사용해야 하는가? 우리가 $\oint \vec{E}_{NC} \bullet d\vec{l}$를 계산할 때 닫힌 경로에 펼쳐진 비누 막을 생각해 본다. 그리고 이 비누 막이 덮고 있는 면적에 대한 $\Phi_{mag}$를 계산한다.

이러한 것들을 모두 고려하여, 다음과 같은 형태를 얻는다.

**패러데이 법칙의 정식 버전**

$$\oint \vec{E}_{NC} \bullet d\vec{l} = -\frac{d}{dt}\int \vec{B} \bullet \hat{n} dA \text{ (오른손 법칙에 따른 부호)}$$

패러데이 법칙을 요약하면 다음과 같다.

- 큰 기전력은 자기 선속의 빠른 변화율과 관계가 있다(만약 자기 선속이 상수이면 기전력은 없다).
- 자기장의 수직 성분이 같을 때 면적이 크면 기전력도 크다.

**점검 사항 4** 저항이 10 Ω이고 길이가 2.5 m인 도선을 원형 모양으로 구부려 솔레노이드 중심을 동심 축으로 하여 감쌌다. 솔레노이드의 자기 선속이 0.1초 동안에 5 T • m$^2$에서 3 T • m$^2$로 변할 때, 도선에서의 기전력, 비쿨롱 전기장, 그리고 전류를 각각 구하시오.

## 패러데이 법칙에 포함될 수 있는 쿨롱 전기장

우리는 보통 emf = $\oint \vec{E}_{NC} \bullet d\vec{l}$를 닫힌 경로를 따라 한 바퀴 돌 때 0이 아닌 값을 주는 회전하는 전기장임을 의미하는 것으로, 닫힌 경로에 대한 기전력이라 부른다. 하지만, 이 기전력을 알짜 전기장 $\vec{E} = \vec{E}_C + \vec{E}_{NC}$로 나타낼 수 있으며, 여기서 전하들에 의한 $\vec{E}_C$는 쿨롱 전기장이다.

$$\text{emf} = \oint \vec{E} \bullet d\vec{l}$$

이 식은 참이다. 왜냐하면

$$\text{emf} = \oint \vec{E} \bullet d\vec{l} = \oint (\vec{E}_C + \vec{E}_{NC}) \bullet d\vec{l} = 0 + \oint \vec{E}_{NC} \bullet d\vec{l}$$

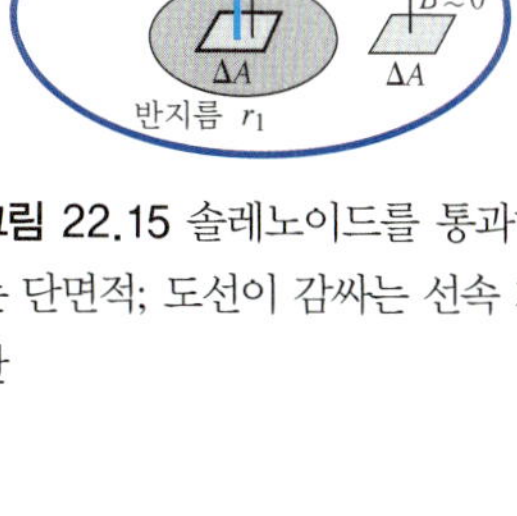


**그림 22.15** 솔레노이드를 통과하는 단면적; 도선이 감싸는 선속 계산

여기서 $\oint \vec{E}_C \bullet d\vec{l} = 0$ (즉, 쿨롱 전기장의 닫힌 경로 적분은 0)이다.

우리는 패러데이 법칙을 적용하여 솔레노이드 주변을 둘러싼 전류계를 포함한 회로의 상황을 정량적으로 분석할 수 있다(그림 22.15; 반지름이 $r_1$인 솔레노이드 단면적 그림 참조). 반지름 $r_1$인 원을 통과하는 자기장 $\vec{B}_1$이 있고, 자기장의 방향은 표면에 수직한 단위 벡터 $\hat{n}$과 같은 방향이다.

**예 솔레노이드를 감싸는 회로**

그림 22.15에서 단면적이 3 $cm^2$인 솔레노이드 안의 자기장은 0.2초 동안에 0.1 T에서 0.7 T로 증가한다. (a) 솔레노이드의 단면적에 대한 자기 선속 $\Phi_{mag}$, 솔레노이드 단면적을 제외한 회로가 포함하는 면적에 대한 자기 선속, 그리고 회로 전체가 만드는 면적에 대한 총 자기 선속을 각각 구하시오. (b) 회로에 대한 기전력은? (c) 전류계를 포함한 도선의 저항이 0.5 Ω이면, 전류계가 나타내는 전류는?

**해답** (a) 솔레노이드에 의한 단면적에 대해, $\Phi_{mag} = B_1(\pi r_1^2)$이다. 왜냐하면 $B_\perp$는 일정하며 솔레노이드 단면 전체에 대해 $B_1$과 크기가 같다. 솔레노이드 밖의 다른 모든 작은 면적에 대해, 자기장은 거의 0이므로 $\Phi_{mag} = 0$이다. 따라서 바깥 도선을 통과하는 총 선속은 $\Phi_{mag} = B_1(\pi r_1^2)$이다.

계산한 것은 상자나 구와 같은 닫힌 표면에 대한 자기 선속이 아니라, 회로에 포함된 면적에 대한 자기 선속이다. 전기 선속과는 달리, 닫힌 표면에 대한 총 자기 선속은 늘 0이다. 왜냐하면, "자기 홀극(magnetic monopole)"의 존재는 확인되지 않았기 때문이다.

(b) 패러데이 법칙에서 예측했듯이 회로에 대한 기전력은 수치 해석적으로 $d\Phi_{mag}/dt$와 같다는 것은 실험을 통해 알려져 있다. 패러데이 법칙은 다음과 같은 평균 기전력을 예측한다.

$$\text{emf} = \frac{\Delta\Phi_{mag}}{\Delta t} = \frac{(0.7\text{ T})(3\times10^{-4}\text{ m}^2) - (0.1\text{ T})(3\times10^{-4}\text{ m}^2)}{(0.2\text{ s})}$$
$$= 9\times10^{-4}\text{ V}$$

(c) 회로는 마치 전지가 있는 것처럼 행동한다. 즉, emf $-RI = 0$이므로

$$I = \frac{\text{emf}}{R} = \frac{(9\times10^{-4}\text{ V})}{(0.5\ \Omega)} = 1.8\times10^{-3}\text{ A}$$

이다.

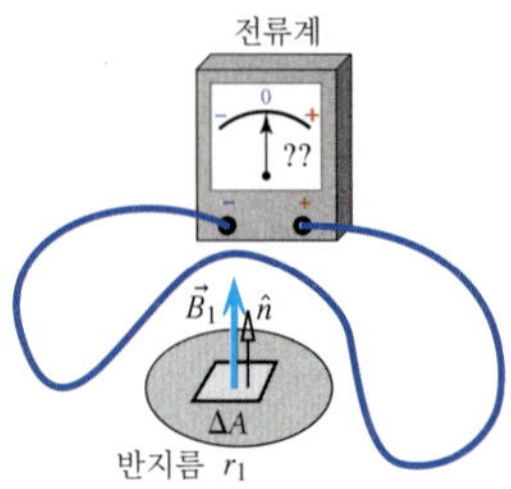


**그림 22.16** 만약 회로가 솔레노이드를 감싸지 않으면 어떻게 될까?

실험 하나 더: 그림 22.16과 같이 솔레노이드를 포함하지 않도록 도선과 전류계를 다시 연결한다.

**질문** 솔레노이드 내에서 전류(와 자기장)를 증가시키면, 패러데이 법칙으로부터 전류계 눈금이 어떻게 될까? 그렇게 예측한 이유는?

솔레노이드 밖의 도선에 의해 만들어진 면적 내에서는 사실상 자기장이 0이 되므로, 자기 선속 $\Phi_{mag}$는 0이고, 변화율 $d\Phi_{mag}/dt$ 또한 0이다. 이러한 실험을 할 때, 우리는 실제로 전류계에 흐르는 전류가 매우 작거나 없음을 발견한다.

## 전압계 눈금(Voltmeter Readings)

전압계는 직렬 연결된 큰 저항의 전류계처럼 행동하기 때문에, 시간에 따라 변하는 자기 선속이 존재하면 전압계는 혼란스러운 눈금을 줄 수 있다. 그림 22.17과

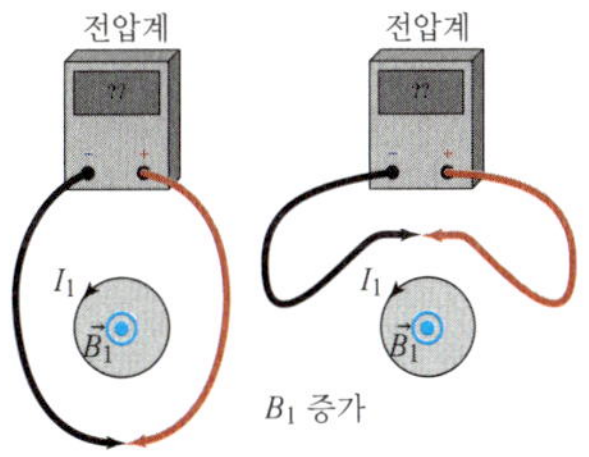


**그림 22.17** 이 두 전압계의 눈금은?

같은 두 전압계를 생각해 보자. 보통은 전압계 선이 서로 연결되면 전압계 눈금은 0이 되어야 한다고 생각한다.

**질문** 이 전압계들 눈금은 0를 가리킬까?

그림 22.17의 왼쪽 전압계 선들은 변하는 자기장을 포함하고 있으므로 전압계 눈금은 $d\Phi_{mag}/dt$와 같은 기전력을 읽을 것이다. 또 다른 전압계 선들은 변하는 자기장을 포함하지 않으므로, 전압계 눈금은 0을 가리킨다.

시간에 따라 변하는 자기장의 효과로 인해, 변하는 자기장이 주변에 있을 경우 전압계 눈금을 해석하는 데 주의할 필요가 있다. 한 예로, 시간에 따라 변하는 교류 전류(AC)가 있으면 자기장도 시간에 따라 변한다. AC 전압계의 선들이 AC 자기 선속을 둘러싸게 되면, 전압계 눈금에 영향을 미친다.

## 여러번 감은 코일에 대한 기전력(The Emf for a Coil with Multiple Turns)

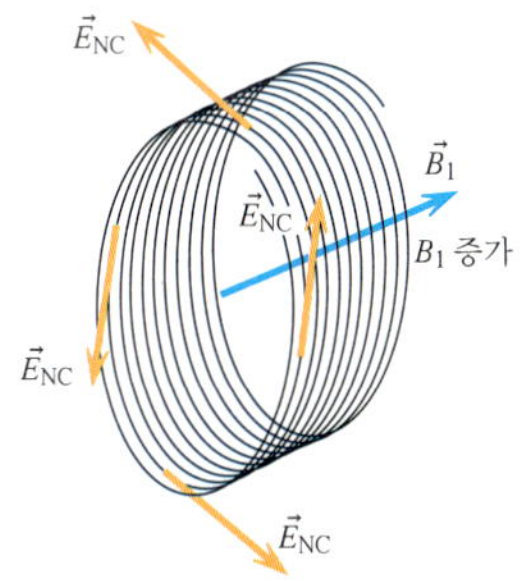


**그림 22.18** 가는 코일의 기전력은 대략 고리 한 개의 기전력의 $N$배이다.

많은 장치들의 경우, 시간에 따라 변하는 자기 선속을 감싸는 도선이 하나이기 보다는 효과를 증가시키기 위해 여러 번 감은 코일을 사용한다. $N$번 감은 코일의 기전력은 한 번 감은 코일에 비해 대략 $N$배 크다. 이 점에 대해 논의해 보자.

코일 안의 증가하는 선속이 있는 공간에는 회전하는 비쿨롱 전기장이 있다. 만약 고리가 촘촘히 감겨서 매우 가까이 붙어있다면, 각 고리의 $E_{NC}$는 거의 같다 (그림22.18). 코일의 한끝에서부터 다른 끝까지의 기전력은 비쿨롱 장의 적분이다.

$$\text{emf} = \int_{N\text{ turns}} \vec{E}_{NC} \bullet d\vec{l} = N(E_{NC}L_{\text{one turn}}) = N(\text{emf}_{\text{one turn}})$$

이런 까닭으로, 코일에 대한 패러데이의 법칙은 다음과 같이 표현된다.

**코일에 대한 패러데이 법칙**

$$\text{emf} = -N\frac{d\Phi_{mag}}{dt} \quad \text{(오른손 법칙에 의해 부호가 정해짐)}$$

$N$번 감긴 코일의 기전력은 코일의 고리 한 개의 자기선속의 변화율을 $N$배 한 것과 같다.

## 패러데이 법칙과 움직이는 코일 또는 자석

**그림 22.19** 코일 1을 코일 2를 향해 움직이면, 코일 2에 시간에 따라 변하는 자기장이 생긴다.

시간에 따라 변하는 자기 선속은 회전 전기장과 연관되어 있다. 시간에 따라 변하는 자기 선속을 만드는 한 가지 방법은 정지한 코일의 전류를 변화시키는 것이지만, 전류의 위치를 변화시키는 것 또한 시간에 따라 변하는 자기 선속과 이와 관련된 회전하는 전기장을 만들어낸다. 그림 22.19와 같이 일정한 전류가 흐르는 한 코일을 두 번째 코일에 가까이 가져갈 수 있다. 이것은 두 번째 코일 내부의 자기장(그리고 자기 선속)을 증가시키고, 자기장이 증가하는 동안 두 번째 코일에 전류를 흐르게 하는 기전력이 존재한다.

**그림 22.20** 자석을 코일 2를 향해 움직이면 코일 내부에 시간에 따라 변하는 자기장이 생긴다.

막대 자석을 코일 2로부터 가까이 또는 멀리할 때도 역시 기전력을 발견할 것이다. 왜냐하면 이것은 코일 내부에 시간에 따라 변하는 자기장(그리고 자기 선속)을 만들기 때문이다 (그림 22.20).

**그림 22.21** 막대 자석(또는 코일 1)을 회전시키면 코일 2에 시간에 따라 변하는 자기장이 생긴다.

첫 번째 코일(또는 막대 자석; 그림 22.21)의 회전에 의해서도 기전력을 얻을 수 있다. 왜냐하면, 이것은 회전시키는 동안 두 번째 코일을 지나는 선속을 변하게 하고 이러한 변화는 두 번째 코일에 둘러싸인 공간이 있는 영역의 자기장(그리고 자기 선속)을 바꾸기 때문이다.

이러한 다양한 실험은 전선으로 만든 하나 또는 여러 폐회로의 기전력은 시간에 따라 변하는 자기장과 연관되어 있고, 수치적으로 폐회로에 의해 둘러싸인 자기 선속의 변화율과 같다는 추가적인 확신을 준다.

$$\text{emf} = -N\frac{d\Phi_{\text{mag}}}{dt} = -N\frac{d}{dt}\left(\sum \vec{B}_1 \bullet \hat{n}\,\Delta A_2\right)$$

### 흥미있는 복잡성

도선의 코일에 흐르는 전류 $I_1$은 자기장 $B_1$을 만든다. 만약 시간에 따라 $I_1$ 이 변하면, 두 번째 코일에 시간에 따라 변하는 자기 선속 $dB_1/dt$, 기전력과 전류 $I_2$가 유도된다. 이 전류 $I_2$ 역시 지금까지 우리가 무시해왔던 효과인 자기장 $B_2$를 만든다. 만일 $I_2$가 일정하면(일정한 $dB_1/dt$때문에), 부가적인 자기장 $B_2$는 일정하고 다른 부가적인 비쿨롱 전기장에 기여하지 못한다.

그러나 만일 $d^2B_1/dt^2 = 0$ (변화율의 시간 변화가 존재)이면, $I_2$는 일정하지 않고, 자기장의 시간 변화율 $dB_2/dt$와 비쿨롱 전기장 그리고 자신의 기전력이 있다. 많은 경우 이런 효과는 주된 효과에 비해 작고 무시할 수 있다. 만약 이런 효과가 어느 정도 크다면, 완전한 분석은 꽤 어려울 수 있다. 왜냐하면, $I_1$의 변화가 $I_2$의 변화를 만들고 그것이 변화에 기여하고... 등등 때문이다!

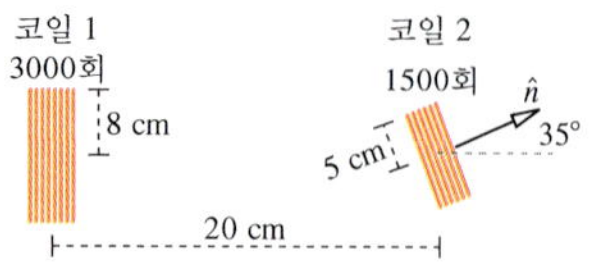


**그림 22.22** 두 코일

우리는 대부분 개론 수준의 교재에서 이렇게 복잡한 분석을 피하려고 노력할 것이지만, 이 장의 후반부에 있는 초전도체에 대한 논의에서 예제를 보게 될 것이다. 관련된 주제는 자체-유도 현상으로, 이 장의 후반에서 또 배우게 될 것이다.

**예　두 코일**

그림 22.22와 같이 두 코일이 20 cm 떨어져 있다. 코일 1은 반지름 8 cm, 도선을 3000번 감았다. 코일 1에 흐르는 전류 $I_1$이 변할 수 있도록 코일 1은 출력 전압을 변화시킬 수 있는 전원 공급 장치에 연결되어 있다. 코일 2는 1500번 감았고 반지름은 5 cm, 코일 1의 축과 그림 22.22와 같이 35° 기울어져 있다. 코일 1에 흐르는 전류가 4 ms 동안 0에서 3 A로 변하였다. 코일 2의 기전력을 계산하시오.

**해답**　기본적인 원칙으로부터 시작하자. 첫 번째 코일에 흐르는 전류 $I_1$에 대해, 코일 2에서 이 전류에 의한 자기장 $B_1$을 알 수 있다. 우리는 $dI_1/dt$를 알고 있으므로, 코일 2에서 기전력을 만들어주는 $(d\Phi_{\text{mag}}/dt)$를 알 수 있다.

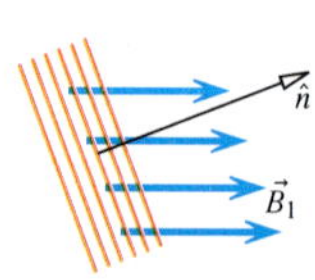


**그림 22.23** 코일 1에 의한 자기장은 코일 2 내부에서도 일정하다고 가정하자.

근사: 두 코일이 충분히 멀어 첫 번째 코일의 자기장은 두 번째 코일의 내부에서 근사적으로 크기와 방향이 거의 균일하여(그림 22.23), 자기 쌍극자 장으로 근사 시킬 수 있다고 가정하자. 또한, 코일의 길이가 둘 사이 떨어진 거리에 비해 충분히 작다(근본적으로 모든 고리가 코일의 중심에 놓여 있는 것과 같다)고 가정하자. 먼저 모든 것을 문자로 처리하고, 마지막에 숫자를 대입하자.

코일 2의 위치에 있는 자기장 $B_1$ :

$$B_1 \approx N_1 \frac{\mu_0}{4\pi}\frac{2I_1(\pi r_1^2)}{z^3}$$

코일 2의 고리 하나를 통과하는 자기 선속:

$$\Phi_{\text{mag}} \approx B_1(\pi r_2^2)\cos\theta$$
$$= N_1 \frac{\mu_0}{4\pi}\frac{2I_1(\pi r_1^2)}{z^3}(\pi r_2^2)\cos\theta$$

$I_1$은 변하는 유일한 양이므로, 코일 2의 고리 하나를 따라 나타난 기전력은 다음과 같다.

$$\text{emf} = \left|\frac{d\Phi_{\text{mag}}}{dt}\right| \approx N_1 \frac{\mu_0}{4\pi}\frac{2(\pi r_1^2)(\pi r_2^2)}{z^3}\cos\theta\frac{dI_1}{dt}$$

코일2 전체에 대한 기전력은

$$\text{emf} = N_2\left|\frac{d\Phi_{\text{mag}}}{dt}\right| \approx N_1 N_2 \frac{\mu_0}{4\pi}\frac{2(\pi r_1^2)(\pi r_2^2)}{z^3}\cos\theta\frac{dI_1}{dt}$$

$$\frac{(1500)(3000)(1\times10^{-7}\,\text{T}\cdot\text{m/A})(2)(0.08\text{ m})^2(\pi^2)(0.05\text{ m})^2\cos 35°(3\text{ A})}{(0.20\text{ m})^3(4\times10^{-3}\text{ s})}$$

$$= 10.9\text{ V}$$

이다.

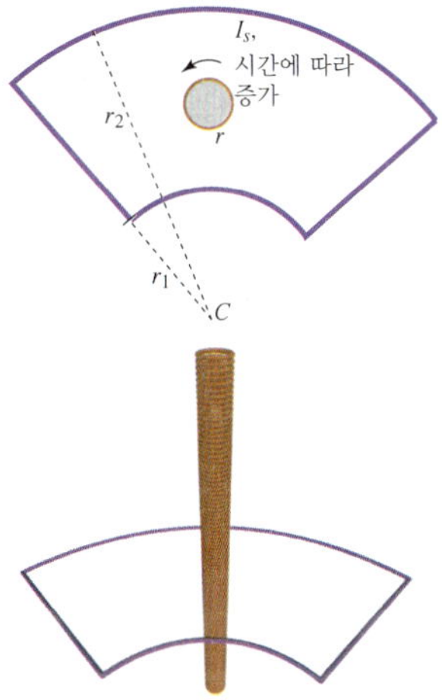


**그림 22.24** 위: 도선 고리를 통과하는 긴 솔레노이드. 아래: 3차원 그림

**예** **도선 고리와 솔레노이드**

그림 22.24와 같이 전체 저항이 $R$인 도선으로 반지름 $r_1$과 $r_2$인 원둘레의 사분의 일 원호와 지름방향 직선 부분 두 개로 폐회로를 만들었다. 매우 긴 솔레노이드는 그림과 같이 종이면을 관통하는 모양으로 위치해 있다. 솔레노이드는 반지름이 $r$, 길이가 $d$인 원통을 촘촘히 $N$번 감았고, 솔레노이드에는 반시계 방향으로 전류 $I_s$가 흐르고 $dI_s/dt$의 비율로 증가한다.

두 호의 중심인 $C$에서의 자기장의 크기와 방향은? 솔레노이드의 가장자리 자기장(즉, 솔레노이드의 밖의 솔레노이드에 의해 만들어지는 자기장)은 $C$점에서는 무시할 수 있다. 모든 관계되는 양들을 그림에 보이시오.

**해답** 언제나처럼, 기본에서 출발하자. 초기에 장의 유일한 원천은 솔레노이드에서 움직이는 전하(솔레노이드에 $B_s$를 만듦)와 솔레노이드에서 (솔레노이드 주위를 따라 회전하는 비쿨롱 전기장과 관련된) $dB_s/dt$이다. 회전하는 전기장은 둘러싼 도선에 전류 $I_{\text{loop}}$를 유도하는 기전력을 형성한다. 전류가 흐르는 도선은 $C$점에서 자기장을 만든다.

사소한 점: 도선이 원형이 아니기 때문에 도선에 아주 작은 양의 표면 전하가 쌓일 수 있다. 도선의 알짜 전기장(비쿨롱과 쿨롱 장의 중첩)은 도선을 따라 가고 도선 전체를 통해 크기는 일정하다.

(a) 솔레노이드 내부에서, 종이면에서 나오는 $B_s = \dfrac{\mu_0 N I_s}{d}$. 그림 22.25참조.

(b) 바깥 고리를 지나는 선속 =

$$B_s A_s \cos(0°) + (0)A_{\text{rest of loop}} = \frac{\mu_0 N I_s}{d}\pi r^2$$

(c) $-dB/dt$는 종이면으로 들어가므로 $\vec{E}_{NC}$와 전류 $I_{loop}$는 그림처럼 시계 방향이다.

$$|\text{emf}| = \frac{d}{dt}\left(\frac{\mu_0 N I_s}{d}\pi r^2\right) = \frac{\mu_0 N}{d}\pi r^2 \frac{dI_s}{dt}$$

그래서 $I_{loop} = \dfrac{\text{emf}}{R} = \dfrac{\mu_0 N}{d}\dfrac{\pi r^2}{R}\dfrac{dI_s}{dt}$.

(d) 직선 부분, 안쪽 도선, 그리고 바깥 도선에 의한 $B_{\text{at C}}$:

$d\vec{l} \times \hat{r} = 0$(도형 참조)이므로 $B_{\text{straigh tsegments}} = 0$

$$B_{\text{inner wire}} = \left|\int_{\text{quarter loop}} \frac{\mu_0}{4\pi}\frac{I_{loop}\, d\vec{l}\times\hat{r}}{r_1^2}\right| = \frac{\mu_0}{4\pi}\frac{I_{loop}}{r_1^2}\int_{\text{quarter loop}} dl \sin(90°)$$

$$B_{\text{inner wire}} = \frac{\mu_0}{4\pi}\frac{I_{loop}}{r_1^2}\left(\frac{2\pi r_1}{4}\right) = \frac{\mu_0}{4\pi}\frac{\pi I_{loop}}{2r_1}, \text{ and } B_{\text{outer wire}} = \frac{\mu_0}{4\pi}\frac{\pi I_{loop}}{2r_2}$$

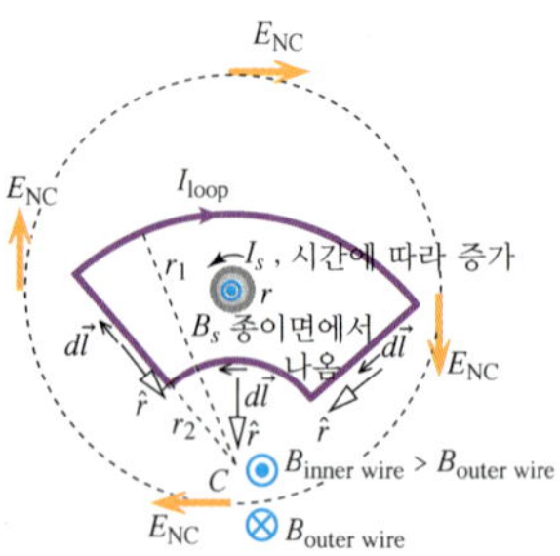

그림 22.25 장들과 전류

$C$점에서 $B_{\text{inner wire}}$는 종이면 밖으로 나오고, $B_{\text{outer wire}}$는 종이면으로 들어가는 방향이다. $B$가가 $1/r$에 비례하기 때문에, $B_{\text{inner wire}}$가 $B_{\text{outer wire}}$보다 크다. 알짜 장의 방향은 종이면에서 나오는 방향이고, 크기는 다음과 같다.

$$B_{\text{net at C}} = B_{\text{inner wire}} - B_{\text{outer wire}} = \frac{\mu_0}{4\pi}\frac{\pi I_{loop}}{2}\left(\frac{1}{r_1} - \frac{1}{r_2}\right)$$

$$B_{\text{net at C}} = \frac{\mu_0}{4\pi}\left(\frac{\pi}{2}\right)\left(\frac{\mu_0 N}{d}\frac{\pi r^2}{R}\frac{dI_s}{dt}\right)\left(\frac{1}{r_1} - \frac{1}{r_2}\right)$$

**질문** 이 예제에서 솔레노이드는 철심을 가지고 있다고 가정하자. 도선의 기전력에 어떤 영향을 주는가?

제17장으로부터 철은 승수 효과가 있다는 것을 기억하자. 철에 자기장을 가하면, 가한 자기장과 거의 정렬한 자구(magnetic domain)는 정렬되지 않은 영역을 희생해서 커지려 하고, 영역 내에서 개별적 자기 쌍극자는 가해진 자기장 방향으로 더 정렬하기 위해 회전할 수 있다. 철 안의 정렬된 자기 쌍극자들에 의한 새로운 자기장은 가해진 자기장보다 더 커질 수 있고, 모든 영역들이 완전히 정렬되지 않는 한, 이렇게 증가하는 자기장은 대략 외부 자기장에 비례할 것이다.

구체적으로, 철심이 없는 솔레노이드의 자기장이 0.1초 만에 0에서 0.1 T로 변한다고 가정하면, $dB/dt = 0.1/0.1 = 1$ T/s이다. 철심이 있고 자기장이 10배 크며 0.1초 만에 0에서 1T로 변한다고 가정하면, $dB/dt = 1/0.1 = 10$ T/s이다. 자기장의 변화율이 10배라고 하면, 솔레노이드 주위에 발생한 기전력은 10배 증가할 것이다. 이런 이유로 다양한 전기 장치들에서 철심 주위에 도선을 감은 코일을 자주 보게 된다.

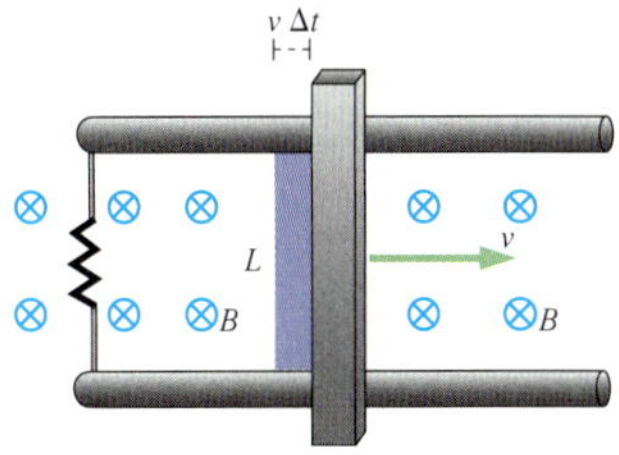


그림 22.26 막대가 운동하면서 회로를 통과하는 자속이 증가한다.

## 22.3 패러데이 법칙과 운동 기전력

제20장에서 운동 기전력을 공부했다. 즉, 도선이 자기장을 통과해 움직일 때, 자기력은 도선을 따라 전류를 유도한다. 길이 $L$인 움직이는 막대의 운동 기전력을 $(q|\vec{v} \times B|)L/q$로 계산했고, 이는 자기력 $q\vec{v} \times B$에 의한 단위 전하당 (비쿨롱) 일과 같다. 만약 막대의 속도가 자기장에 수직이면, 운동 기전력은 간단히 $vBL$이다. 운동 기전력을 자기 선속의 항으로 계산할 수 있는 수학적으로 쉬운 다른 방법이 있다.

그림 22.26과 같이, 짧은 시간 $\Delta t$ 동안 막대가 움직인 거리 $\Delta x = v\Delta t$이고, 회로 중 전류가 흐르는 부분에 의해 둘러싸인 영역이 $\Delta A = L\Delta x = Lv\Delta t$ 만큼 증가했다. 회로를 통과해 증가한 자기 선속의 양은

$$\Delta\Phi_{\text{mag}} = B_{\perp}\Delta A = B(Lv\Delta t)$$

이고, $\Delta t$로 나누면 다음과 같다.

$$\frac{\Delta\Phi_{\text{mag}}}{\Delta t} = BLv$$

그러나 $BLv$는 자기력에 의해 발생된 기전력 $vBL$과 같고, 작은 $\Delta t$의 극한에서 다음을 얻는다.

**운동 기전력 = 자기 선속의 변화율**

$$|\text{emf}| = \left|\frac{d\Phi_{\text{mag}}}{dt}\right| \text{(자기장의 방향에 의해 부호 결정)}$$

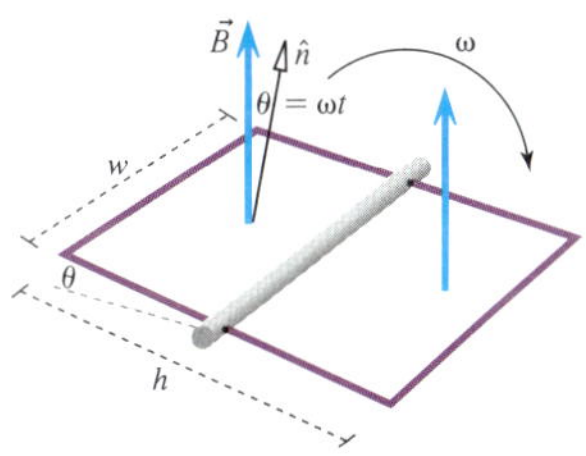


그림 22.27 선속의 변화율로부터 발전기의 기전력을 계산할 수 있다.

비록 특수 상황에 대해 이 결과를 증명했지만, 이 결과는 운동 기전력, 즉 시간에 따라 변하지 않는 자기장에 놓인 회로의 한 부분의 운동과 관계된 운동 기전력의 계산에 보편적으로 적용가능함을 보일 수 있다.

한 예로, 발전기를 생각하자(그림 22.27). 고리 면에 수직선이 자기장과 이루는 각도는 $\theta = \omega t$, 고리를 통과하는 선속은 $Bhw \cos(\omega t)$이므로 $\text{emf} = |d\Phi/dt| = \omega Bhw \sin(\omega t)$이다.

이것은 제20장에서 움직이는 도선 안의 전자들에 작용하는 자기력에 대한 항으로 계산했던 기전력과 같은 결과이다(운동 기전력).

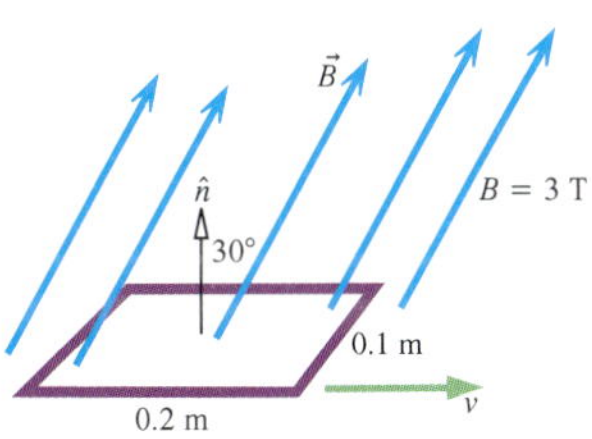


그림 22.28 균일하고, 일정한 자기장 주위로 직사각형 회로를 움직인다.

**점검 사항 5** 일정하고 3테슬라의 시간에 따라 변하지 않는 자기장이 도선으로 된 0.1 m × 0.2 m의 직사각형 폐회로 평면의 수직선에 30° 기울어져 있다(그림 22.28). 전체적으로 폐회로가 그 모양과 방향을 유지하면서 균일한 자기장 속에서 움직인다. 움직이는 동안 폐회로의 기전력은 얼마인가? 0.1초 동안 그림 22.28의 폐회로는 같은 평면에서 폐회로의 중심은 유지된 채 0.12 m × 0.22 m로 늘려졌다. 이 시간 동안 폐회로의 평균 기전력은 얼마인가?

### 선속 변화의 두 부분

시간에 따라 변하는 자기장은 회전(비쿨롱) 전기장과 관련되어 있다. 우리는 회로에 의해 닫힌 표면 위의 자기 선속의 변화율을 계산함으로써 시간에 따라 변하

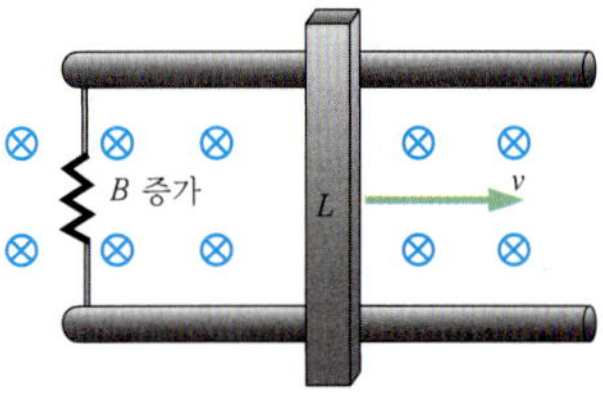


그림 22.29 $B$는 증가하기 때문에 회전하는 전기장 $\vec{E}_{NC}$가 존재하고, 막대가 움직이므로 운동 기전력 또한 증가한다.

는 자기장을 둘러싼 회로의 움직임을 정량적으로 예측할 수 있다.

그러나 우리는 앞선 절에서 자기 선속이 변할 수 있는 다른 방법이 있음을 보았다. 만약 자기장이 일정하지만 선속이 증가 또는 감소하도록 폐회로의 모양이나 방향이 변하면, 자기장이 변하지 않더라도 선속이 시간에 따라 변한다. 이것은 자기력과 관련된 운동 기전력의 현상이다.

자기장이 변하거나 모양 또는 방향이 변하거나 하는 자기 선속의 어떤 변화는 선속의 변화율과 같은 기전력을 만든다. 두 효과는 모두 동시에 존재할 수 있다. 그림 22.29에서, 금속 막대를 레일을 따라 당기는 동안 균일한 자기장의 크기 또한 시간에 따라 증가한다고 가정하자. 선속은 $B_\perp A$이고, 선속의 변화율은 자기장의 변화에 일부 기인하고, 경로의 변화에 의해 둘러싸인 면적의 변화에도 일부 기인한다.

$$\begin{aligned}\frac{d\Phi_{\text{mag}}}{dt} &= \frac{d}{dt}(B_\perp A)\\ &= \frac{dB_\perp}{dt}A + B_\perp\frac{dA}{dt}\end{aligned}$$

첫 번째 항, $(dB_\perp/dt)A$는 $B_\perp$이 시간에 따라 변하면 영이 아니다 (패러데이 법칙). 두 번째 항, $B_\perp(dA/dt)$는 자기 선속을 둘러싼 면적이 변하면 영이 아니다 (운동 기전력).

레일을 따라 움직이는 막대의 경우에 대해, 시간에 따라 자기장이 변할 뿐만 아니라 자기 선속을 둘러싼 면적의 변화가 있는 앞선 두 항을 계산하면 다음과 같다:

$$\begin{aligned}\frac{d\Phi_{\text{mag}}}{dt} &= \frac{dB_\perp}{dt}A + B_\perp\frac{dA}{dt}\\ &= \frac{dB_\perp}{dt}A + B_\perp\frac{L\,dx}{dt}\\ &= \frac{dB_\perp}{dt}A + B_\perp Lv\end{aligned}$$

그림 22.30 정지한 코일을 향해 자석을 움직이면, 코일에는 변화하는 자기장과 회전하는 전기장 $\vec{E}_{NC}$가 존재한다.

모든 경우는 아니지만 몇몇 경우에 두 효과는 좌표계의 변화를 통해 관련될 수 있다. 만약 정지한 코일을 향해 자석을 움직이면(그림 22.30), 코일 안의 자기장은 시간에 따라 증가하고, 코일에 전류를 흐르게 하는 회전하는 비쿨롱 전기장이 존재한다.

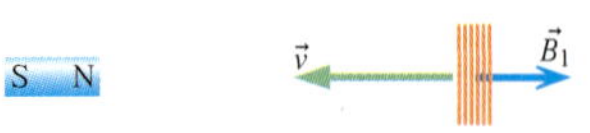


그림 22.31 정지한 자석을 향해 코일을 움직이면, 공간의 어떤 고정된 한 지점에서 자기장의 변화는 없지만 코일에 운동 기전력은 존재한다.

반면에 정지한 자석을 향해 코일을 움직이면(그림 22.31), 시간에 따라 변하는 자기장이 있는 공간의 고정된 위치는 없지만, 코일이 자기장 안에서 움직이므로 도선 안의 유동 전하들에 작용하는 자기력과 운동 기전력은 존재한다(움직이는 코일이 있는 위치에서 자기장이 시간에 따라 변하는 것은 맞지만, 이는 고정된 위치가 아니다. 즉, $dB/dt \neq 0$인 위치는 없다).

두 상황에서 선속의 동일한 변화율로부터 같은 기전력을 계산할 수 있고, 두 경우 과정이 다르게 보임에도 불구하고 코일에 같은 전류가 흐르는 것을 관찰할 수 있다. 한 상황에서 다른 상황으로 당신의 좌표계를 바꿈으로써 이동할 수 있다(자석과 함께 움직이거나, 코일과 함께 움직이는 상황). 상대성 원리는 어느 좌표에서도 같은 기전력과 같은 전류를 예상할 수밖에 없음을 의미하고, 결과도 그렇다.

단순히 좌표계를 바꾸는 것으로 두 가지 효과를 연결하는 것이 늘 가능한 것은 아니다. 예를 들면, 레일을 따라 미끄러지는 막대를 생각하자. 막대의 좌표계에서, 막대는 정지해 있지만 저항은 움직인다. 어느 좌표계에서도 시간에 따라 변하는 자기장이 존재하지 않는다.

(막대 좌표계에서의 전체적인 분석은 복잡하다. 만약 막대가 이 좌표계에서 정지해 있다면, 왜 분극되는가? 제20장에서 특수 상대론에 의해 주어진 답을 보았다. 즉, 균일한 자기장이 있는 곳에서 막대의 좌표계로 옮길 때, 크기 $vB$의 가로 전기장(transverse electric field)이 나타나고, 이 좌표계에서는 이것이 막대를 분극시킨 새로운 전기장이다.)

### 요약: 비쿨롱 장과 힘

만약 자기장이 변하면($d\vec{B}/dt$ 영이 아님), 거기에는 비쿨롱 전기장 $\vec{E}_{NC}$가 변하는 선속의 영역 주변을 회전하고, 기전력 emf $= \oint \vec{E}_{NC} \cdot d\vec{l}$은 영이 아니다. 그러나 경로는 변하지만 자기장은 변하지 않는 곳에서의 순수한 운동 기전력에서는, 비쿨롱 힘은 전기력이 아닌 자기력이다.

비쿨롱 전기장 $\vec{E}_{NC}$는 움직이는 전하뿐만 아니라 정지 전하에도 영향을 주지만, (비쿨롱)자기력은 움직이는 금속 막대 안의 전자와 같이 단지 움직이는 전하에만 영향을 준다. 두 가지 상황 모두에서 기전력의 크기는 $d\Phi_{mag}/dt$로 다소 이상하지만, 그것이 작동하는 방법이다.

우리는 도선 내부의 전자들에 영향을 주는 세 종류의 서로 다른 전기와 자기 효과를 확인했다.

1. 표면 전하에 의한 쿨롱 전기장: $\vec{E} = \dfrac{1}{4\pi\varepsilon_0}\dfrac{q}{r^2}\hat{r}$의 형태의 기여를 중첩
2. 시간에 따라 변하는 자기장, $\dfrac{d\vec{B}}{dt}$ 와 관련된 비쿨롱 전기장
3. 만약 도선이 움직이면 (경로의 변화에 의한 운동 기전력 $|\text{emf}| = \left|\dfrac{d\Phi_{mag}}{dt}\right|$을 만드는) 자기력은 $q\vec{v} \times \vec{B}$이다.

이런 모든 효과는 동시에 존재할 수 있다. 예를 들면, 만약 레일을 따라 막대를 잡아당기는 동안 자기장이 변한다고 하면, 회로의 일부분 표면에 쌓이는 전하에 의한 쿨롱 전기장, 자기장의 변화에 의한 비쿨롱 전기장, 그리고 움직이는 막대 내부 전자에 작용하는 비쿨롱 자기력이 있다. 쿨롱 전기장의 닫힌 경로 적분은 제로다. 비쿨롱 전기장과 단위 전하당 비쿨롱 자기력의 닫힌 경로 적분 모두 기전력을 주고, 전류 $I$는 $I = \text{emf}/R$이고 여기서 $|\text{emf}| = [d\Phi_{mag}/dt]$이다.

## 22.4 맥스웰 방정식

제21장에서 전기장과 자기장의 유형을 묘사하는 네 개의 "맥스웰 방정식"을 요약하였다. 우리는 전기장의 폐적분이 0이 될 필요가 없다는 것을 알고 있으므로 (패러데이 법칙) 맥스웰 방정식을 갱신할 수 있다.

### 맥스웰 방정식

$$\oint \vec{E} \bullet \hat{n} dA = \frac{1}{\varepsilon_0} \sum Q_{\text{inside the surface}} \qquad \text{가우스의 법칙}$$

$$\oint \vec{B} \bullet \hat{n} dA = 0 \qquad \text{자기에 대한 가우스의 법칙}$$

$$\oint \vec{E} \bullet d\vec{l} = -\frac{d}{dt} \int \vec{B} \bullet \hat{n} dA \qquad \text{패러데이 법칙}$$

$$\oint \vec{B} \bullet d\vec{l} = \mu_0 \sum I_{\text{inside path}} \qquad \text{앙페르 법칙(불완전)}$$

제23장에서 우리는 앙페르 법칙이 수정될 필요가 있음을 보게 될 것이고, 그때 맥스웰 방정식이 완전해질 것이다.

맥스웰 방정식은 3차원 공간에서 $\vec{E}$와 $\vec{B}$의 가능한 형태와 둘 사이의 관계에 대한 수많은 다양한 실험의 요약이다. 이들 관계식의 위배는 지금까지 발견되지 않았다.

당신은 "여기 모든 식 안에 쿨롱 법칙은 어디 있지? 비오-사바르 법칙은?"하고 의아해 할지 모르겠다. 정지한 점전하의 전기장에 대한 방정식은 가우스의 법칙으로 유도된다. 전하를 둘러싼 구형의 가우스 표면을 그리고 구 대칭성에 의해 표면에서 전기장은 어디서나 지름 방향이고 같은 크기를 갖는다고 가정하자. 그러면 구면 전체에서 전기 선속은 $E(4\pi r^2)$이고, 가우스의 법칙에 의해 $q/\varepsilon_0$와 같아야만 한다. 장에 대해 풀면, 다음과 같은 익숙한 결과를 얻는다.

$$\vec{E} = \frac{1}{4\pi\varepsilon_0} \frac{q}{r^2} \hat{r}$$

게다가, 패러데이 법칙은 $\oint \vec{E} \bullet d\vec{l} = 0$임을 의미하고 (시간에 따라 변하는 자기장이 없을 때), 이것은 정지한 점전하를 둘러싼 전기장이 밖으로 향하거나 안으로 향하는 형태이고 회전 전기장이 없는 것과 일치한다.

유사하게, 앙페르 법칙으로부터 시작하면 비오-사바르 법칙(움직이는 전하에 의한 자기장)을 유도하는 것도 가능하지만 수학은 훨씬 더 복잡하고 이 교재와 같은 입문 수준의 범위를 벗어난다. 앙페르 법칙으로부터 유도된 자기장의 회전하는 성질은 자기에 대한 가우스 법칙과 일치하는 것으로, 자기장은 밖으로 나가거나 안으로 들어올 수 없고 순수하게 회전한다(이것은 다르게 말해 자기장이 나가거나 들어오는 방향이어야 하는 자기 홀극을 누구도 발견하지 못했다는 것이고, 자기에 대한 가우스 법칙은 이러한 실험적으로 존재하지 않는 결과를 구체화한 것이다).

맥스웰 방정식은, 또한 가속된 전하 또는 시간에 따라 변하는 전류에 대한 전기장과 자기장을 예측하는 데 사용될 수 있다. 이 장에서 우리는 시간에 따라 변하는 전류가 있는 곳에 회전하는 전기장이 있음을 보았고, 이런 자연적 사실은 전기장의 경로 적분은 자기장의 변화율과 관련 있다는 패러데이 법칙에 내포되어 있다. 제23장에서 우리는 가속된 전하의 추가적인 결과들을 보게 될 것이다.

## 22.5 초전도체

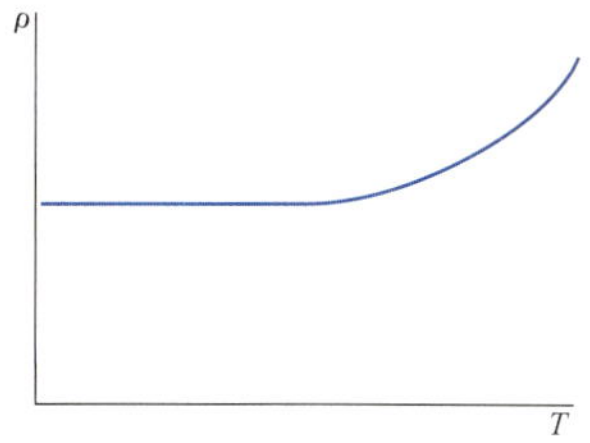


그림 22.32 일반적인 금속에서의 온도에 따른 비저항

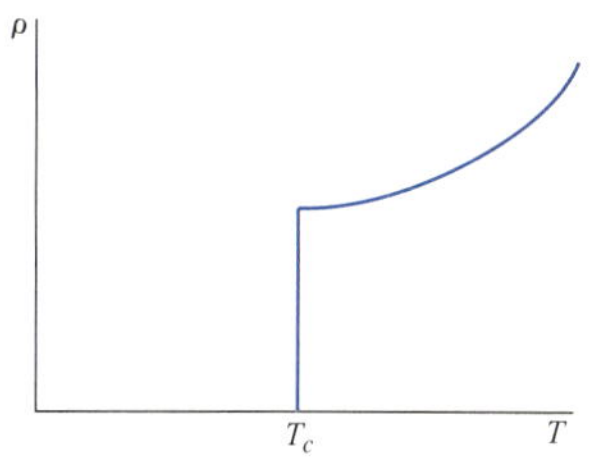


그림 22.33 초전도체에서의 온도에 따른 비저항

그림 22.34 초전도체 고리에서 전류는 수년 동안 지속된다.

온도가 낮아짐에 따라 일반적인 금속의 저항은 감소하지만 절대 온도 0 K에서도 0이 되지는 않는다(그림 22.32). 반면 일부 물질들은 전류에 대한 모든 저항을 잃기도 한다. 이러한 물질들을 "초전도체"라 한다. 초전도체는 단지 아주 작은 저항을 갖는 것은 아니다. 초전도체 물질마다 다르게 가지는 임계 온도 $T_C$보다 온도가 낮아지면 저항은 그림 22.33과 같이 완전히 사라진다. 다시 말해, 전도성이 무한대가 되는 것이다. 초전도체 내부에 0이 아닌 값의 전기장은 무한대 값의 전류를 만들 수 있다! 그 결과로, 초전도체 내부의 전기장은 항상 0이어야 하나, 0이 아닌 전류는 어느 곳으로든 흐를 수 있다.

납으로 만든 고리는 켈빈온도 7.2도 이하를 유지한 상태가 되면(즉, 절대 영도보다 단지 7.2도만큼 높다), 전류가 수년 동안 줄지 않고 지속되는 것을 관찰할 수 있다(그림 22.34)!

**질문** 어떻게 납으로 된 고리 안의 전류가 한 달 전 이후로 변하지 않았다는 것을 전류계를 넣거나 고리를 만지지 않고도 알 수 있을까?

전류 고리는 자기장을 만들기 때문에, 나침반이나 다른 민감한 자기장 측정 장치를 이용하여 전류에 의한 자기장을 측정할 수 있다.

**질문** 이 지속적인 전류는 에너지 보존의 기본 원리에 위배되는가? 왜 그런가 또는 왜 그렇지 않은가?

어떤 에너지도 고리 안에서 소실되지 않는다. 저항이 없으므로 소비 전력이 0이다($P = I^2R$). 에너지 보존에 위배되지 않는다.

**질문** 막대 자석 내 원자 전류가 유지되는 것은 에너지 보존의 기본 원리에 위배되는가? 왜 그런가 또는 왜 그렇지 않은가?

막대 자석 내의 전류는 자석의 원자 안의 전자가 자전과 공전을 하면서 형성된다. 이 전자들의 에너지는 상수로 유지된다. 에너지를 쓰지 않으므로 에너지 공급이 필요 없다. 따라서 에너지 보존에 위배되지 않는다.

초전도체에 대해 생각하는 유익한 방법은 지속적으로 유지되는 전류는 자석 내에 원자의 흐름이 유지되는 것과 같다고 생각하는 것이다. 하지만 초전도체에서 지속되는 전류 고리의 크기는 원자와 비교할 때 훨씬 크다. 자석과 초전도체 모두에서 지속적인 전류는 양자역학으로만 해석할 수 있다. 두 경우에 대한 설명은 이들 계가 불연속적인 에너지 준위를 갖는다는 사실에 근거한다. 에너지 준위는 간격에 의해 분리되므로, 작은 에너지 변화는 있을 수 없고, 그래서 에너지 손실에 대한 메커니즘은 존재하지 않는다.

### 고온 초전도체

초전도체에 저항이 없음은 전자석에서와 전력 수송에서 확실히 이익을 제공해준다. 그러나 네덜란드의 물리학자인 온네스(Kamerlingh Onnes)가 4.2K이하에서 수은의 초전도성을 발견한 1911년 이후 오랜 시간 동안, 대부분의 초전도체들은 아주 낮은 온도를 필요로 했다. 최근에 액체 질소의 끓는점(77 K, −196℃)보다 높은 온도에서 초전도성이 가능한 물질이 발견되었다. 액체 질소는 만드는 데 덜 비싸기 때문에, 이 발견은 초전도체를 사용하는 데 새로운 기회를 열어주었다. 심지어 실온에서도 초전도체가 될 수 있는 물질을 찾을 수 있다는 희망도 있다.

## 초전도체 고리를 통과하는 자기 선속

완전히 전기 저항이 없으면 초전도체의 자기장에 대한 효과에서 몇 가지 특이한 결과를 얻을 수 있다. 초전도체 고리를 통과하는 선속을 변화시킨다고 가정해 보자. 이 변하는 선속은 회전하는 전기장과 관련 있다(이 전기장의 폐곡선 적분은 $d\Phi_{mag}/dt$ 값과 같은 기전력이다). 이 회전 전기장은 고리에 저항이 없기 때문에 무한한 전류를 유도한다! 무한한 전류는 불가능하므로, 초전도체 고리를 통과하는 선속의 변화는 불가능하다고 결론을 내릴 수 있고, 관측을 통해서도 같은 결과를 보여준다.

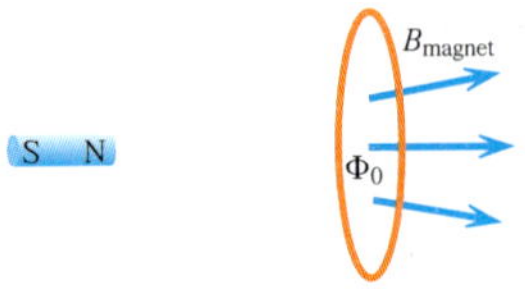


**그림 22.35** 초기에 고리가 선속 $\Phi_0$를 가지도록 시작한 후, 고리를 초전도체가 되도록 냉각시킨다.

$\Delta\Phi_{mag}$만큼 고리를 통과하는 선속을 변화시키려 할 때 무슨 일이 일어날까? 선속은 변할 수 없으므로, $-\Delta\Phi_{mag}$만큼의 선속이 생기도록 (무한이 아닌) 전류가 고리에 흐르고, 그래서 알짜 선속 변화는 0이 된다! 이 현상을 설명하기 위해 특별한 실험적 상황을 고려해 보자.

실온에서 고리와 자석을 가지고 시작하자. 고리를 통과하는 선속의 양이 $\Phi_0$이면(그림 22.35), 초전도체가 되는 임계온도 이하로 고리를 냉각시킨다(고리는 어떤 낮은 온도에서 초전도체가 되는 물질로 만들어져야 한다).

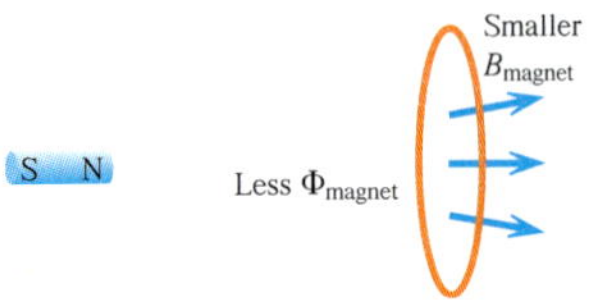


**그림 22.36** 저온에서, 고리로부터 자석을 멀리해서 자석에 인한 고리의 선속을 감소시킨다.

다음에 자석을 고리에서 점점 멀리하면, 자석에 의한 고리 안에서 자기 선속은 감소한다(그림 22.36). 즉, 자석에 의해 선속은 $-\Delta\Phi$만큼의 변화가 생긴다. 비초전도체 안에서는 emf $= RI$만큼 고리에 기전력이 발생할 것이다. 그러나 초전도체 고리의 저항 $R$은 0이므로, 기전력도 0이 된다(0곱하기 $I$는 0). 패러데이 법칙을 초전도체에 적용한다고 가정하면, $+\Delta\Phi$만큼 선속을 증가시키기 위해서는 적절한 방향으로 초전도체에 충분한 전류가 흘러야 한다. 선속의 알짜 변화량은 0이고, 선속은 처음 선속 값 $\Phi_0$로 남게 된다.

실험적으로, 그것이 실제로 일어난다(그림 22.37). 자석이 멀어지기 때문에 줄어드는 선속을 보충시키는 데 필요한 정확한 양의 자기 선속이 생기도록 충분한 전류가 흐른다. 그러면 고리를 통과하는 선속은 일정하게 유지된다. 전류가 흐름에도 불구하고 초전도체 내부의 전기장은 0이다.

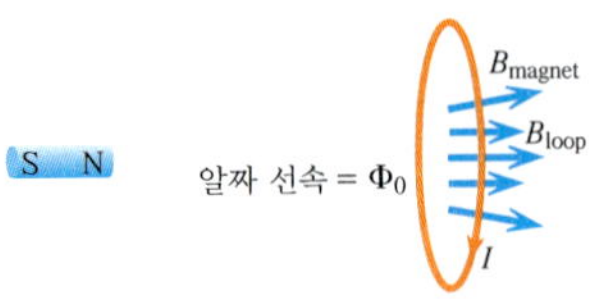


**그림 22.37** 고리의 선속의 알짜 변화량이 0이 되도록 초전도체 고리에 전류가 흐른다.

**점검 사항 6** 자석이 매우 멀리 움직일 때, 고리 안의 선속은 원래 선속 $\Phi_0$와 비교하여 얼마나 될까? 이 선속 중 고리의 전류에 기인한 양은 얼마인가?

## 마이스너 효과(Meissner effect)

수년 동안 유사한 효과가 속이 빈 고리 대신 고체 판에서 일어날 수 있다는 가정이 있었다. 판을 임계온도 아래로 냉각하는 동안에 판을 통과하는 자기 선속은 그대로 유지되고, 자석을 치우면 판의 전류는 처음의 선속을 유지하려 할 것이라 여겨왔다. 1933년에 물리학자들은 뭔가 새롭고 극적인 일이 일어난 것을 발견하고 아주 놀라워했다. 초전도체 판이 초전도성의 시작이 되는 임계온도 아래로 내려가자마자, 판 내부 전체의 자기장의 세기가 0이 되었다!

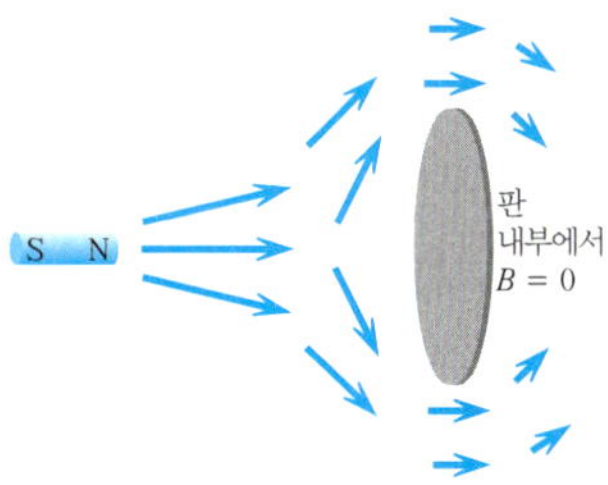


**그림 22.38** 마이스너 효과: 고체 초전도체 판 내부에서 알짜 자기장이 0이 되도록 판에 전류가 흐른다.

이 독특한 현상을 마이스너 효과(Meissner effect)라 부르며, 이는 “Type 1” 초전도체라 불리는 특정 물질들에 적용된다. 알짜 자기장(초전도체 내에 자석과 전류에 의한)의 배열은 그림 22.38과 같이 초전도체 내부에 알짜 자기장이 없는 것처럼 보인다. 초전도체 내 모든 곳의 자석에 의한 자기력을 정확히 상쇄시키는 자기장을 형성시키도록 지속적인 전류가 초전도체에 형성된다. 그림 22.38에서 전류는 판과 자석이 서로 밀어내도록 하는 방향을 향하고 있음을 유의하자.

마이스너 효과는 완전히 예기치 않은 현상이었으며, 이 효과는 속이 빈 고리에서 했던 것처럼 초전도체(더하기 패러데이 법칙) 내에서 단지 전기 저항의 결핍만으로는 설명될 수 없다. 마이스너 효과는 초전도체의 특별한 양자역학적 특성이며, 초전도체의 다른 특성들의 설명과 함께 이 효과의 설명은 1957년에 나온 바덴–쿠퍼–슈리퍼(Bardeen–Cooper–Schrieffer: BCS) 이론의 성과이었다.

초전도체 내부에서 전기장과 자기장 모두 0이 되어야 한다는 조건에서, 가우스 법칙과 앙페르 법칙을 사용하면 초전도체의 전류는 내부가 아니라 오로지 표면에만 흐를 수 있다는 것을 보일 수 있다. 특히, 내부의 전류는 물질 전체에 자기장을 형성한다.

평형 상태에서 보통의 도체 내부의 전기장은 편극 때문에 0이 된다. 하지만, 평형 상태가 아닌 경우에도 초전도체 내부에서 전기장과 자기장이 0이어야 한다는 사실은 확실히 다른 양자역학적 효과이다.

### 자기 부상(magnetic levation)

마이스너 효과는 자기 부상이라는 극적인 예의 토대이다. 자석은 초전도체 판 위에 떠 있을 수 있다. 왜냐하면 자석의 방향이 어떻든 초전도체 판의 전류는 자석을 밀어내는 방식으로 흐르기 때문이다. 자기 부상 열차를 위한 한 설계 방식은 이 초전도 효과를 이용한다.

이는 보통의 자석의 상황과는 대조적이다. 다른 자석 위에 자석을 놓고 균형을 맞추려고 한다면, 약간만 어긋나도 위쪽 자석은 뒤집어지고 위쪽으로 밀어내기보다 아래쪽으로 떨어지려고 한다.

“공중부양팽이(Levron)” 장난감은 위쪽 자석을 빠른 스핀을 갖게 하여, 자기 토크가 뒤집히기 보다는 스핀 방향이 세차 운동하게 만들어, 보통의 자석 위를 부상하게 한다. 초전도체가 위쪽 자석을 지지할 때는, 자이로스코프식(gyroscopic) 안정화는 필요 없어진다.

## 22.6 인덕턴스

코일에 흐르는 전류를 변화시키면 2차 코일에 기전력을 “유도”할 수 있다. 이 효과는 코일 하나만으로도 일어난다. 코일의 전류를 변화시키기 위한 시도는 코일 자신에게 부가적인 기전력을 유도한다. 왜냐하면 코일이 스스로 만든 시간에 따라 변하는 자기장($dB/dt$) 영역을 둘러싸고 있기 때문이다. 이 자체 유도 기전력은 전류의 변화에 반대 방향으로 만들어짐을 보일 수 있다. 결과적으로, 도선으로 된 코일에서 일종의 굼뜬 현상이 생긴다. 즉, 전류를 증가시키거나 감소시키는 것과 같이 전류를 변화시키는 것은 어렵다. 솔레노이드에서 자체 유도 효과를 정량적

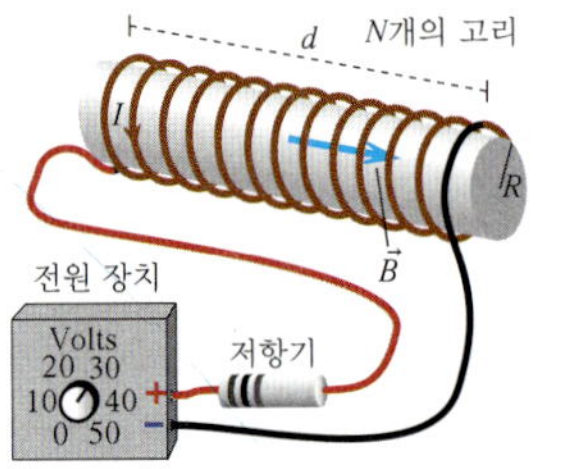


**그림 22.39** 솔레노이드를 포함하는 회로

으로 계산하는 것은 어렵지 않다.

반지름이 $R$이고 길이가 $d \gg R$인 매우 긴 플라스틱 원통이 저항을 무시할 수 있는 도선에 의해 촘촘하게 $N$번 감겨 있다. 솔레노이드가 전원 공급 장치와 저항기에 직렬로 연결되어 있으며, 전류 $I$가 그림 22.39와 같이 솔레노이드에 흐르고 있다. 이 전류는 솔레노이드 내부에서 오른쪽을 가리키며 자기장 $B$를 만든다.

만약 전류가 일정하다면, 솔레노이드 코일의 금속 내부에서의 전기장은 거의 0이 된다(도선의 저항이 매우 작음). 전원 장치의 전압을 올리면서 전류를 증가시키려 한다고 가정하자. 전류가 시간에 따라 증가한다면, 솔레노이드의 각 고리에 의해 둘러싸인 증가하는 자기 선속이 있을 것이다. 제17장과 제21장에서 우리는 길이가 $d$인 솔레노이드 내부의 자기장 $B = \mu_0 NI/d$라는 것을 배웠다.

**질문** 전류가 $dI/dt$의 비율로 변하면 코일의 고리 하나에서 발생되는 기전력은 얼마인가?

기전력은 다음과 같다.

$$\text{emf} = \left|\frac{d\Phi_{\text{mag}}}{dt}\right| = \frac{d}{dt}\left[\frac{\mu_0 NI}{d}\pi R^2\right] = \frac{\mu_0 N}{d}\pi R^2 \frac{dI}{dt} \quad (\text{단일 고리})$$

**질문** $N$개의 고리가 있고, 각 고리가 근사적으로 같은 양의 시간에 따라 변하는 자기 선속을 둘러싸고 있다. 그러면 솔레노이드 전체 길이에서 알짜 기전력은 얼마인가?

분명히 코일의 한쪽 끝으로부터 다른 쪽 끝까지 기전력을 구하기 위해서는 각 고리의 기전력을 직렬로 모두 더한다.

$$\text{emf} = N\left[\frac{\mu_0 N}{d}\pi R^2 \frac{dI}{dt}\right] = \frac{\mu_0 N^2}{d}\pi R^2 \frac{dI}{dt} \quad (\text{전체 솔레노이드})$$

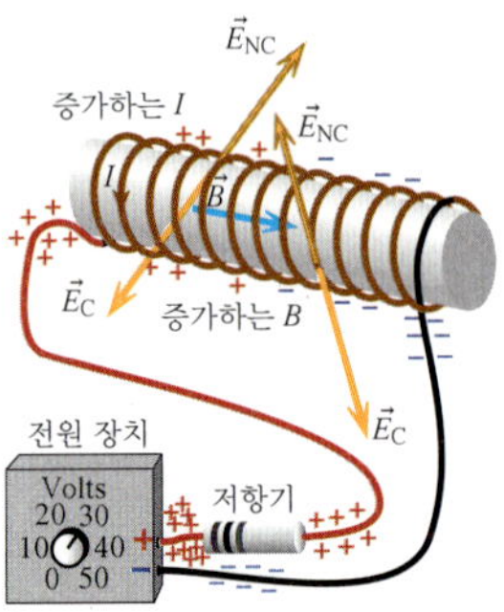


**그림 22.40** 비쿨롱 전기장은 전류의 증가를 방해하고, 솔레노이드를 분극시킨다.

**질문** 전류 $I$를 증가시키면, 회전하는 전기장의 방향은 솔레노이드의 오른쪽 끝에서 봤을 때 시계 방향인가? 반시계 방향인가? 이 회전하는 전기장은 $I$의 변화를 도와주는가? 방해하는가?

만약 전류가 증가하면, 비쿨롱 전기장 $\vec{E}_{NC}$는 솔레노이드에서 전류의 증가를 방해하고 솔레노이드를 분극시키는 방향인 시계 방향으로 회전한다(그림 22.40). 새로운 표면 전하는 도선을 따라 비쿨롱 전기장에 반대 방향으로 쿨롱 전기장 $\vec{E}_C$를 만든다. 솔레노이드 도선의 저항이 매우 작다면, 두 전기장의 크기는 거의 같다 ($E_C \approx E_{NC}$).

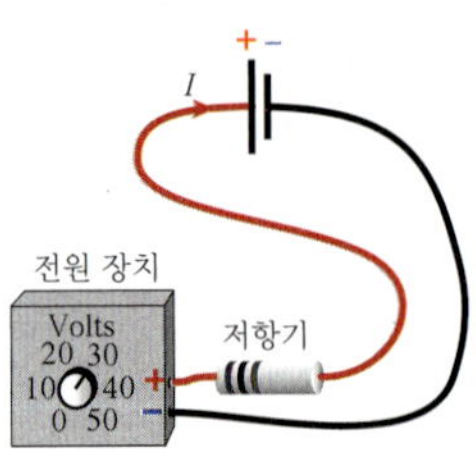


**그림 22.41** 코일은 일시적으로 전류의 변화를 방해하기 위해 삽입된 전지처럼 작동한다.

전지와의 유사성에 주목하자. 비쿨롱 기전력 $\text{emf}_{\text{ind}}$는 전하 분리를 유지하며, 솔레노이드를 따라 $\text{emf}_{\text{ind}}$와 크기가 같은 $\Delta V_{\text{sol}}$의 전압 강하가 있다. 도선 저항 $r_{\text{sol}}$이 작지 않으면, 전압 강하는 내부 저항을 가진 전지처럼 $\Delta V_{\text{sol}} = \text{emf}_{\text{ind}} - r_{\text{sol}} I$이다.

이 자체 유도 기전력은 솔레노이드를 전류의 변화를 방해하게끔 회로에 "역방향"으로 넣은 전지처럼 작동하게 하는 것으로 생각할 수 있다(그림 22.41).

많은 상수들을 하나로 묶어서 자체 유도 기전력은 전류의 변화율에 비례하고,

비례 상수는 $L$이라 쓰는 것이 관례이다.

$$|\text{emf}_{\text{ind}}| = L\left|\frac{dI}{dt}\right|$$

비례 상수 $L$은 "인덕턴스(inductance)" 또는 "인덕터(inductor)"라 불리는 기기의 "자체 인덕턴스(self-inductance)"라고 불린다.

**질문** 인덕턴스 $L$을 솔레노이드의 특성으로 표현하기 위해 위 결과들을 사용하자.

결과적으로 솔레노이드의 (자체)인덕턴스는 다음과 같다.

$$L = \frac{\mu_0 N^2}{d}\pi R^2$$

인덕턴스의 단위(Vs/A)는 시간에 따라 변하는 자기장의 효과를 마이클 패러데이(Michael Faraday)와 1831년에 동시에 발견한, 19세기 미국의 물리학자 조셉 헨리(Joseph Henry)의 이름을 기려 "헨리(Henry)"라고 한다.

**질문** 솔레노이드에 흐르는 전류를 감소시키면 어떻게 되는가? 기전력은 어떻게 되는가? 변화를 돕는가 아니면 방해하는가?

전류의 감소에 대해 이전 해석을 따른다면, 전류를 원래 전류의 방향으로 흐르게 하여 전류의 감소를 막도록 기전력이 반대 방향을 향한다는 것을 알 수 있다. 솔레노이드는 회로에 약간의 굼뜸을 만든다. 즉, 전류를 증가시키거나 감소시키는 것은 어렵다. 그 효과의 부호는 놀랍지 않다. 왜냐하면 자체 유도 기전력이 전류의 변화를 반대하는 것 대신에 도와준다면, 전류는 무한히 증가하게 될 것이기 때문이다.

> **점검 사항 7** 인덕턴스의 크기의 정도를 알기 위해, 반지름이 1 cm이고 길이가 10 cm인 솔레노이드의 감은 수가 1000회일 때, 자체 인덕턴스를 헨리(H)로 계산하시오. 솔레노이드를 철로 채우면 실제 자기장은 솔레노이드에 동일한 전류가 흐를 때보다 10배 정도 커진다. 인덕턴스는 어떻게 되는가?

**그림 22.42** 100번 감은 1차 코일과 20번 감은 2차 코일로 이루어진 변압기

## 변압기(Transformer)

전기 에너지는 수십만 볼트의 전위차로 먼 거리를 이동하지만, 가정의 가전제품은 100볼트 정도만 필요로 한다. 고전압에서 저전압으로의 변환은 많은 수로 감긴 1차 코일이 적은 수로 감긴 2차 코일에서 기전력을 만드는 변압기에서 이루어진다. 그림 22.42와 같이 1차 코일로 길이 $d = 0.1$ m인 빈 원통을 $N_1 = 100$회 감은 솔레노이드를 만들고, 외부에 $N_2 = 20$회 감아 2차 코일을 만들었다고 가정하자. 100회 감은 1차 코일에 전압이 $\Delta V_{\text{max}}\cos(\Omega\, t)$인 AC 전원 공급 장치를 연결한다. 2차 코일에는 얼마의 기전력이 생길까?

1차 코일에서 만들어진 자기장은 $B = \mu_0 N_1 I/d$이며, 솔레노이드의 단면적이 $A$이면 2차 코일의 한 번 감긴 고리의 기전력은 $AdB/dt$이다. 2차 코일의 전체 기전력은 한 번 감긴 고리의 $N_2 = 10$배이므로, 2차 코일의 전위차는 $N_2 A(\mu_0 N_1/d)dI/dt$이다.

1차 코일의 전위차는 얼마인가? 그것은 $LdI/dt$임을 배웠고, 여기서 $L = A\mu_0 N_1^2/d(A = \pi R^2)$이므로 1차 코일의 전위차는 $L = A(\mu_0 N_1^2/d)dI/dt$이다.

$\text{emf}_2 = N_2 A(\mu_0 N_1/d)dI/dt$를 $\text{emf}_1 = A(\mu_0 N_1^2/d)dI/dt$와 비교하면, $\text{emf}_2 = (N_2/N_1)\text{emf}_1$ 또는 1차 코일 기전력의 20/100 = 0.2배임을 알 수 있다. 감은 수의 비는 전압의 변화를 결정한다. 1차 코일에서 $\Delta V_{max}$가 500 V이면 2차 코일에서는 단지 100 V가 된다.

에너지는 보존되고 전력은 $I\Delta V$이므로, 2차 코일에서 더 작아진 전압은 더 커진 전류를 동반한다. 이 두 코일로 된 장치인 "변압기"는 효율이 100%인 경우 전압은 5배 감소하고, 전류는 5배 증가한다.

우리는 전압을 감소시키는(전류를 증가시키는) "감압(step-down)" 변압기에 대해 간략히 언급하였다. 적게 감은 1차 코일과 많이 감은 2차 코일로 이루어진 "승압(step-up)" 변압기 또한 존재하고, 그 효과는 전압을 증가시키고 전류를 감소시킨다.

실제로는, 2차 코일의 전압이 2차 코일에 연결된 회로 요소의 종류에 영향을 덜 받도록, 코일 내부에 보통 공기 대신에 철을 넣는다.

**점검 사항 8** 1차 코일이 500번, 2차 코일이 20,000번 감긴 변압기가 있다. 최대 전압이 100 V인 AC 전압을 1차 코일에 걸었다. 2차 코일의 최대 전압은 얼마인가?

## 에너지 밀도

제16장에서는 축전기의 에너지를 축전기의 전기장으로 표현함으로써, 전기장과 관련된 에너지 밀도가 있음을 보였다.

$$\frac{\text{Electric energy}}{\text{Volume}} = \frac{1}{2}\varepsilon_0 E^2$$

이제 인덕터의 에너지를 인덕터의 자기장으로 표현함으로써, 자기장과 관련된 에너지 밀도가 있음을 보일 수 있다. 비록 인덕터의 특별한 경우에 대해서 유도했지만, 아주 일반적인 자기 에너지에 대한 중요한 결과를 얻는다.

인덕터에 저장된 자기 에너지가 $\frac{1}{2}LI^2$임을 보이는 것은 쉽다. 어떤 장치에서는 인덕터로 가는 전력은 $I\Delta V$이고, 그 값은

$$P = I\Delta V = I(\text{emf}) = I\left(L\frac{dI}{dt}\right)$$

이다. 이를 시간에 따라 적분하면,

$$\text{Energy input} = \int (I\Delta V)dt = L\int_{t_i}^{t_f} I\frac{dI}{dt}dt = L\int_{I_i}^{I_f} IdI$$

$$= L\left[\frac{1}{2}I^2\right]_{I_i}^{I_f} = \Delta\left(\frac{1}{2}LI^2\right)$$

이다. $B = \dfrac{\mu_0 NI}{d}$이고 $L = \dfrac{\mu_0 N^2}{d}\pi R^2$이므로, 다음과 같다.

$$\text{Magnetic energy} = \frac{1}{2}\left(\frac{\mu_0 N^2}{d}\pi R^2\right)\left(\frac{Bd}{\mu_0 N}\right)^2$$
$$= \frac{1}{2}\frac{1}{\mu_0}(\pi R^2 d)B^2$$

솔레노이드의 자기장은 체적 $(\pi R^2 d)$에서 크다. 그러므로 전기와 자기 에너지 밀도에 대해 다음과 같은 결과를 얻는다.

**전기와 자기 에너지 밀도**

$$\frac{\text{Energy}}{\text{Volume}} = \frac{1}{2}\varepsilon_0 E^2 + \frac{1}{2}\frac{1}{\mu_0}B^2$$

단위 $J/m^3$.

비록 긴 솔레노이드라는 특별한 경우에 대해 자기 에너지 밀도를 계산하였지만, 이것은 일반적인 결과이다. 전기장 또는 자기장이 있는 공간에는, 장의 제곱($E^2$ 그리고/또는 $B^2$)에 비례하는 관련된 에너지 밀도가 있다고 해석한다.

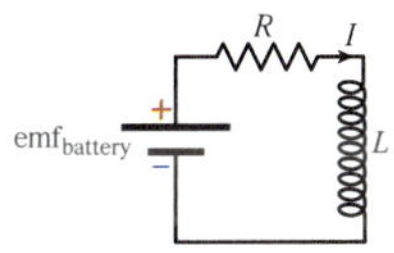


**그림 22.43** 저항과 인덕터를 포함하는 *RL* 회로

## 22.7 *인덕터 회로

### RL 회로에서 전류

저항 *R*과 인덕터 *L*을 포함하는 회로를 *RL* 회로라 부른다. 그림 22.43은 스위치를 닫은 후의 직렬 *RL* 회로를 나타낸다. 이 직렬 회로에 대한 에너지 보존 고리 법칙은 다음과 같다.

$$\Delta V_{\text{battery}} + \Delta V_{\text{resistor}} + \Delta V_{\text{inductor}} = 0$$
$$\text{emf}_{\text{battery}} - RI - L\frac{dI}{dt} = 0$$

고리 방정식에서 $-LdI/dt$는 음의 부호를 가진다. 왜냐하면 우리가 봐온 것처럼, 인덕터의 기전력은 스위치를 닫을 때 전류의 증가를 방해하기 때문이다. 이 미분 방정식은 제19장에서 분석하였던 저항기-축전기(*RC*) 회로의 미분 방정식과 유사하다.

스위치를 닫았을 때의 시간을 $t = 0$로 두자. 스위치를 닫기 직전 전류는 물론 0이었다. 그리고 스위치를 닫은 직후도 전류는 0이 된다. 왜냐하면 인덕터의 느릿함이 $I = 0$부터 $I \neq 0$까지 순간적인 변화를 허락하지 않기 때문이다. 사실 이와 같은 순간적인 변화는 인덕터의 무한한 자체 유도 기전력을 극복하기 위해 무한한 전지의 전압을 요구하게 되어 $dI/dt$가 무한함을 의미한다.

**질문** *I*와 $dI/dt$를 에너지 보존 방정식에 대입해 다음을 증명하시오.

$$I = \frac{\text{emf}_{\text{battery}}}{R}\left[1 - e^{-(R/L)t}\right]$$

회로에 흐르는 최종(즉, 매우 오랜 시간이 지난 후) 전류는 얼마인가? 합리적인가?

시간 *t*가 클 때, 지수는 0이 되고 $I = \text{emf}_{\text{battery}}/R$이 된다. 이는 오랜 시간 후에

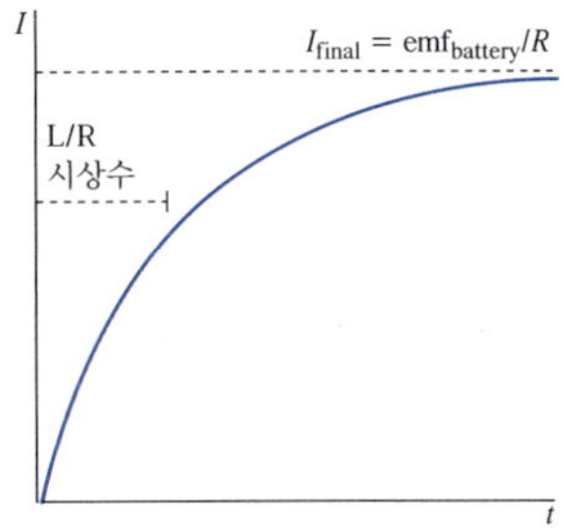


**그림 22.44** *RL*회로의 시간에 따른 전류 그래프. 스위치는 $t = 0$에서 닫혔다.

정상 전류가 흐르고, 선속이 더 이상 변화하지 않으므로 합리적이다. 선속이 더 이상 변하지 않으면, 인덕터에는 기전력이 발생하지 않고, 전류는 인덕터가 회로에 존재하지 않는 것과 같은 값을 갖게 된다. 전류는 이 값으로 천천히 증가한다. 그림 22.44는 시간에 따른 전류 그래프를 보여준다. 전류가 증가하는 데 걸린 시간을 측정하는 하나의 기준으로 "시상수(time constant)" $L/R$이 있다.

즉, 이 시간에 지수 항이 $1/e$로 떨어진다.

$$e^{-(R/L)t} = e^{-(R/L)(L/R)} = e^{-1} = \frac{1}{e} = 0.37$$

회로에서 인덕터의 존재는 회로를 다소 느리게 만든다는 것을 알 수 있다. 전류가 회로를 전지와 저항으로만 구성하였을 때 순간적으로 도달하게 되는 값에 이르는 데 다소 시간이 걸린다(그러나 전류를 0에서 0이 아닌 값까지 변화시키는 것은 시간에 따라 변하는 자기 선속을 포함하므로, 어떤 회로든 약간의 인덕턴스와 약간의 느릿함을 가진다는 것에 유의하자).

**질문** 정상 전류에 도달한 후에 스위치를 열었을 때 어떤 일이 일어나는가 보는 것은 흥미롭다. 전류가 $I$로부터 0까지 짧은 시간 $\Delta t$ 동안 떨어진다면, 왜 솔레노이드의 기전력은 매우 커지며, 전지의 기전력보다 훨씬 커지게 되는지 설명하시오.

기전력은 $dI/dt$에 비례하는 $dB/dt$에 의존한다. 시간 간격이 매우 짧다면, $dI/dt$는 매우 커지며, 기전력도 매우 커진다. 이 큰 기전력으로 인해, 열리는 스위치에서 스파크 점프가 일어나는 것을 보게 될 것이다. 이 현상은 폭발성의 가스가 주위에 있는 경우 유도 회로에서 스위치를 여는 것을 매우 위험하게 만든다.

## *LC* 회로에서 전류

우리는 평형과 정상 상태 전류의 많은 예들을 공부해 왔다. 또한, 천천히 평형(*RC* 회로) 또는 정상 상태 전류(방금 조사한 *RL* 회로)로의 접근 예들을 보아왔다.

또 다른 가능성이 있다. 즉, 회로는 전하가 앞뒤로 영원히 움직이며 최종적으로 평형 또는 정상 상태로 가지 않고 진동할 수 있다. 우리가 분석 또는 실험한 계 중에서, 어떤 것도 연속적으로 진동하지 않았다. 왜냐하면 계에는 어떤 진동 경향을 감쇠시킬 수 있는 약간의 저항은 늘 존재하기 때문이다. 표면 전하가 회로에서 재배열 되는 처음 수 나노초(nanosecond) 동안, 전하가 앞뒤로 움직일 수 있지만, 이 진동은 저항이 있는 도선에서 에너지 손실에 의해 감쇠한다.

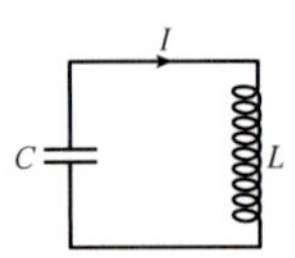


**그림 22.45** 인덕터와 축전기로 구성된 *LC*회로

인덕터 $L$과 축전기 $C$를 포함하는 회로를 $LC$회로라 부른다(그림 22.45). 이와 같은 회로는 만약 저항이 작으면 진동할 수 있다. 이 회로에서, 연결 도선은 저항이 작은 두꺼운 구리 도선이다. 축전기가 초기에 충전되었다면, 축전기와 인덕터를 연결한 스위치를 닫는다.

처음에 축전기의 전하가 인덕터를 통해 흐르기는 어렵다. 왜냐하면 인덕터는 전류(그리고 초기 전류는 0이었다)를 변화시키려는 시도를 방해한다. 하지만, 인덕터는 전류가 변하는 것을 완전히 막을 수는 없어서, 축전기의 전하를 빼내면서 조금씩 전류가 증가한다.

축전기가 전하를 소진하는 순간, 인덕터의 느린 반응 때문에 순간적으로 0으로 변할 수 없는 전류가 인덕터에 흐르는 것을 보게 될 것이다. 그래서 그 계는 평형에 도달하지 못하고 평형 조건을 지나쳐 버리고 전하를 축전기에 퍼붓는다. 축전기가 완전히 대전되면(초기 조건과 반대 부호), 축전기는 인덕터를 통해 다시 방전하기 시작한다.

이 진동 순환은 만약 회로에 저항이 없으면 영원히 반복된다. 만약 저항이 존재하면, 진동을 결국 멈추지만, 계는 평형에 도달하기 전에 많은 순환을 거치게 될 것이다. 이 회로에 대한 에너지 보존 고리 규칙은 다음과 같다.

$$\Delta V_{\text{capacitor}} + \Delta V_{\text{inductor}} = \frac{1}{C}Q - L\frac{dI}{dt} = 0$$

여기서 $Q$는 축전기 위쪽 판의 전하이고, $I$는 위쪽 판을 떠난 전류이고 인덕터를 통해 흐른다.

**질문** 왜 $I = -dQ/dt$인지 설명할 수 있을까?

$dQ/dt$는 단위 초당 축전기 판을 떠나는 전하의 양이다. 이는 전류와 같다. 전하가 축전기 판을 떠나고 $dQ$는 음이 되므로, $I = -dQ/dt$이다. $I = -dQ/dt$이므로, 에너지 보존 방정식을 다음과 같이 다시 쓸 수 있다.

$$\frac{1}{C}Q + L\frac{d^2Q}{dt^2} = 0$$

**질문** 다음을 보이시오.

$$Q = Q_i \cos\left(\frac{1}{\sqrt{LC}}t\right)$$

는 $Q$와 그것의 2차 미분을 방정식에 넣어 다시 쓴 에너지 보존 방정식의 가능한 해이다.

더군다나, 스위치를 닫은 직후인 $t = 0$에서 만약 $Q_i$가 위쪽 판의 초기 전하이면, 이 해는 초기 조건을 만족한다. 왜냐하면 이 표현식은 $Q = Q_i \cos(0) = Q_i$로 되기 때문이다(또 다른 초기 조건에서, 올바른 해는 사인, 또는 사인과 코사인의 조합이다).

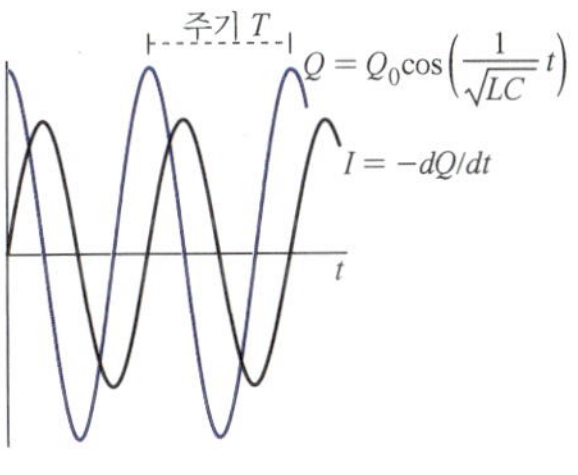

**그림 22.46** 저항이 없는 $LC$회로에서 축전기 전하와 인덕터 전류

**질문** 이제 축전기의 위쪽 판에 있는 $Q$를 시간의 함수로 알기 때문에, 인덕터에 흐르는 전류 $I$를 시간의 함수로 계산하시오.

전류는 다음과 같다.

$$I = -\frac{dQ}{dt} = \frac{Q_i}{\sqrt{LC}}\sin\left(\frac{1}{\sqrt{LC}}t\right)$$

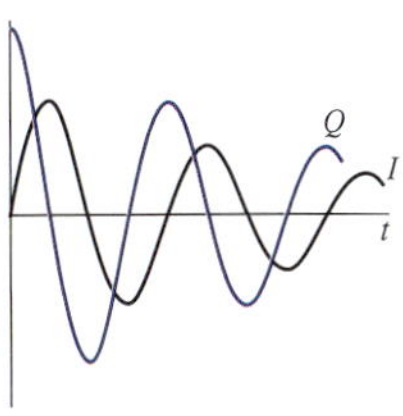

**그림 22.47** 저항을 갖는 $LC$회로

이제 시간의 함수로써 $Q$와 $I$에 대한 표현을 갖고 있으므로, 이 두 양들을 그래프로 그릴 수 있다(그림 22.46). 이는 매우 특별하다. 즉, 전하가 회로에서 영원히 앞뒤로 진동한다(저항을 무시하면). 평형은 없고, 정상 상태도 없다. 에너지 손실이 없기 때문에, 전지나 다른 에너지 공급원이 필요 없다. 전하는 단지 스스로 앞뒤로 영원히 진동한다. 만약 약간의 저항이 존재하면, 그림 22.47과 같이 진동은 천천히 소멸 한다(고리 방정식은 $-RI$ 항을 포함하도록 수정되어야 한다).

전류 $I$는 순간적으로 커지지 않음에 유의하자(인덕터의 반응이 느리므로). 또한, 축전기 전하의 소실 비율인 전류는 $Q$가 0로 될 때 최대에 도달함에 유의하자. 이 최대 전류는 축전기의 아래쪽 판을 양으로 충전시키기 시작하고, 이는 전류를 감소시킨다. 전류가 0이 되면, 계는 초기 상태와 거의 같은 상태로 되지만, 반대로 아래쪽 판이 양이 된다. 이제 계는 반대로 진행하고 결국에는 한 주기 후에 위쪽 판이 다시 양이 되는 상태로 되돌아오고, 전류는 순간적으로 0이 된다. 이런 과정은 반복된다.

완전히 한 주기 후에, $(1/\sqrt{LC})t = 2\pi$이므로, 진동 주기는 $T = 2\pi\sqrt{LC}$이다. 진동수는 $f = 1/T = 1/(2\pi\sqrt{LC})$이다.

**점검 사항 9** 축전기의 전기 용량이 $1\mu F$이고 인덕터의 인덕턴스가 1 mH인 LC 회로의 진동수는 얼마인가? (둘 다 전기 회로에서는 전형적인 축전기와 인덕터의 값들이다. 인덕턴스의 수치 예제에 대해 점검 사항 7 참조).

## *LC*회로에서 에너지

*LC*회로에 대해 말할 수 있는 또 다른 방법은 저장된 에너지로 나타내는 것이다. 초기 에너지는 $Q^2/(2C)$와 같은 축전기에 저장된 전기 에너지였다. 제19장을 참조하라. 진동 중에 축전기의 전하가 순간적으로 0이 되는 순간, 축전기에 저장된 에너지는 없다. 그 순간 모든 에너지는 인덕터에 자기 에너지의 형태로 저장된다. 계가 진동하면서, 에너지는 축전기와 인덕터 사이를 오간다.

이 장의 앞부분에서 우리는 인덕터에 저장된 자기 에너지는 $\frac{1}{2}LI^2$임을 보였다. 시간 $t = 0$일 때, 전류는 0이고, 계에 저장된 모든 에너지는 축전기의 전기 에너지이다. 축전기에서 $Q = 0$인 순간에, 전류는 최대이고, 계에 저장된 모든 에너지는 인덕터의 자기 에너지이다.

**질문** 만약 $Q_i$가 축전기의 초기 전하라면, 회로의 최대 전류 $I_{max}$를 찾기 위해 에너지 논거를 사용하시오. 초기에, 저장된 모든 에너지는 전기이다.

$$U = U_{electric} + U_{magnetic} = \frac{1}{2}\frac{Q_i^2}{C}$$

$I = I_{max}$일 때, $Q = 0$이고, 저장된 에너지는 자기이다.

$$U = U_{electric} + U_{magnetic} = \frac{1}{2}LI_{max}^2$$

회로는 저항이 없고 열로의 에너지 손실도 없으므로, 회로의 총 에너지는 변하지 않아서 다음 식은 옳다.

$$\frac{1}{2}LI_{max}^2 = \frac{1}{2}\frac{Q_i^2}{C}, \quad \text{and} \quad I_{max} = \frac{Q_i}{\sqrt{LC}}$$

**질문** 이 결과는 $I = -dQ/dt$를 구하고 최대 전류가 무엇인지 찾아서 $Q = Q_i \cos(t/\sqrt{LC})$와 일관됨을 보이시오.

전하를 시간의 함수로 시작해서, 다음을 얻는다.

$$I = -\frac{dQ}{dt} = -\frac{Q_i}{\sqrt{LC}} \sin\left(\frac{t}{\sqrt{LC}}\right) \quad \text{so that} \quad I_{\max} = \frac{Q_i}{\sqrt{LC}}$$

이것은 에너지 논거를 이용해서 얻은 결과와 같다.

우리는 "자유" 진동을 논의해 왔다. 여기서 진동(영구 또는 감쇠)은 외부로부터의 입력 없이 진행한다. 만약 외부로부터 (AC 전원 공급 장치로) AC 전압을 걸어 진동을 "강제"하려고 하면, "자유" 진동 주기 $f = 1/(2\pi\sqrt{LC})$를 맞추어 주지 않는 한 많은 전류를 흐르게 하기 어렵다는 것을 알게 될 것이다.이것이 이른바 "공명(resonance)" 현상이라 불리는 예(제7장 후반부 참조)이고, 여기서 계(이 경우 $LC$회로)는 자유-진동 진동수와 가까운 진동수에서 계의 강제가 이루지는 경우에만 크게 반응한다.

## AC 회로

완전성을 위해, 인덕터의 중요한 사용은 AC회로(사인 함수로 변하는 전류)에 있음을 언급해야 하겠다. 자기장에서 회전하는 고리를 가진 발전기와 마찬가지로, $LC$회로는 사인 함수로 변하는 전류로 특징 지워짐을 보아왔다. 인덕터를 지나는 AC 전류가 존재할 때마다, 시간에 따라 변하는 선속에 의해 인덕터에서 발생한 AC 기전력이 있다. 만약 전류가 사인 함수이면, 기전력은 코사인 함수이고, 반대도 성립한다.

AC회로를 다루는 데 있어서, AC회로에서 전류와 전압은 동시에 최대에 도달할 필요가 없다("위상 변위", 막 분석한 $LC$회로에서는 90°)는 사실에 대한 설명을 포함해서 정교한 수학적 형식이 있다. 여기서는 이처럼 복잡한 것은 다루지 않겠지만, 그와 같은 회로를 이해하는 데 중요한 요소는 인덕터에서 자체 유도 기전력의 역할을 인지하는 것과 인덕터에서 사인 형태의 전류는 코사인 형태의 전압과 관계 있다는 사실을 유의할 필요가 있다.

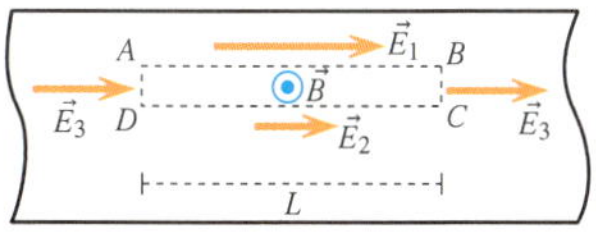

**그림 22.48** AC 전류는 도선에 시간에 따라 변하는 자기장을 생성하고, $E_1 > E_2$이다.

## 표피 효과(Skin Effect)

제18장에서 우리는 DC회로에서 전기장은 도선의 단면을 통해 균일하다는 것을 보였다. 왜냐하면 그림 22.48에서와 같이 폐곡선 경로에서 전위차 $\Delta V_{ABCDA}$는 0이어야 하므로, $\vec{E}_1$는 $\vec{E}_2$와 같아야 하기 때문이다. 이것은 AC회로에서는 사실이 아니다. 왜냐하면 AC 전류가 만든 자기장은 시간에 따라 사인 함수로 변하기 때문이다. 고리 $ABCDA$ 내부에서 자기장은 증가하면서 종이면에서 나오고, 시계방향의 비쿨롱 전기장이 생길 것이다. 경로 $ABCDA$를 따라가며 한 경로 적분은 $\int \vec{E} \bullet d\vec{l} = E_1L - E_2L = d\Phi/dt$이고, 양의 값을 갖는다. 그러므로 $E_1 > E_2$이다. $d\Phi/dt$가 커지면, $E_1$과 $E_2$ 사이의 차이도 커진다.

전류의 AC 진동수가 커지면, $d\Phi/dt$도 커지므로, 매우 높은 진동수에서 $E_2$는 $E_1$에 비해 매우 작고, 도선 표면 근처에만 상당한 전기장이 존재한다. $J = I/A = \sigma E$이므로, 전류 밀도는 도선 내부 어느 곳에서도 거의 없다. 대부분의 전류는 도선의 표면 근처에서만 흐른다. 이러한 높은 진동수 현상을 "표피 효과"라 부른다.

## 22.8 *몇몇 독특한 회로

이 절에서는 시간에 따라 변하는 자기장이 존재할 경우 회로들의 몇몇 놀라운 특성 예들을 다룰 것이다.

그림 22.49 변하는 자기장 $B$를 갖는 솔레노이드 둘레에 연결된 두 전구

### 솔레노이드 근처의 두 전구

우리는 다소 놀라운 방법으로 작동하는 매우 간단한 회로를 보여 줄 수 있다. 시간에 따라 변하는 자기장을 갖는 솔레노이드 둘레에 직렬로 연결된 두 전구를 생각해 보자(그림 22.49). 솔레노이드에는 회로를 통해 시간에 따라 변하는 자기 선속을 제공하기 위해 교류(AC)가 흐르고, 따라서 전구를 켜기 위한 기전력이 존재한다. 만약 선속이 $\Phi_{mag} = \Phi_0 \sin(\omega t)$ 처럼 변한다면, 전구 회로는 변하는 기전력 emf $= \text{emf}_0 \cos(\omega t)$을 갖는다. 왜냐하면 기전력은 자기 선속의 시간 변화율에 비례하기 때문이다. 만약 전구가 저항 $R$을 갖는다면, 전구를 통해 흐르는 교류의 양은 다음과 같다.

$$I = \frac{\text{emf}}{2R} = \frac{\text{emf}_0}{2R}\cos(\omega t)$$

균일하게 증가하는 선속 ($\Phi_{mag} = \Phi_0 t$)은 일정한 기전력을 만들지만, 사인 곡선으로 변하는 선속은 코사인 곡선으로 변하는 기전력을 만든다는 것에 유의하라. 시간에 따라 변하는 자기장 효과의 연구는 교류 전류를 사용하면 매우 편리하다. 왜냐하면 초기 전류와 유도 전류는 사인과 코사인 함수로 변하고, 교류 전압계와 전류계는 회로의 두 부분을 측정하는 데 사용될 수 있기 때문이다.

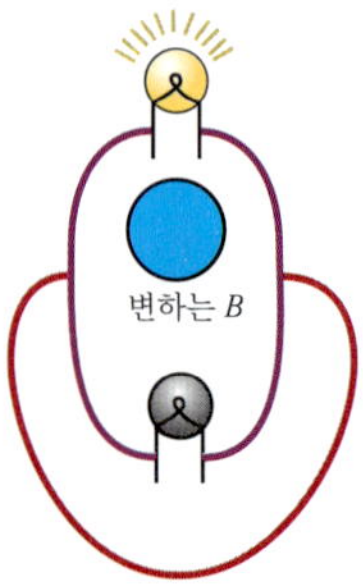


그림 22.50 두꺼운 구리 도선을 두 전구 회로에 연결한다.

이제 두꺼운 구리 도선을 연결하여 회로를 변경해 보자 (그림 22.50). 위쪽 전구는 훨씬 밝아지고 아래쪽 전구는 꺼지는 것을 보고 놀라워 할 수 있다. 어떻게 이런 일이 일어나는지 알아보자.

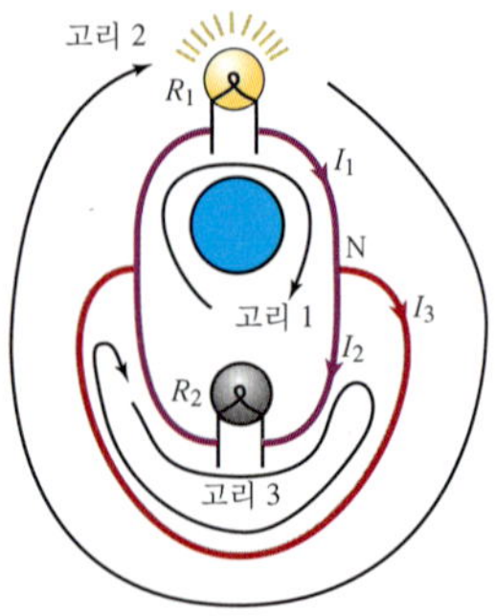


그림 22.51 이 회로의 고리(loop)와 접합 점(node) 방정식을 쓰시오.

보통 전하 보존 접합 점(node) 방정식과 에너지 보존 고리(loop) 방정식을 쓸 필요가 있으므로, 그림 22.51과 같이 접합 점들과 고리들을 표기할 필요가 있다 (세 고리들 중 둘이면 충분하지만, 이들 모두를 다루는 법을 보여주고 싶다).

여기에 이 독특한 회로를 분석하기 위한 핵심이 있다. 고리 1 또는 고리 2를 왕복하는 데 기전력(마치 회로에 전지가 있는 것처럼)이 필요하다. 하지만, 고리 3을 따라가는 왕복 경로는 시간에 따라 변하는 선속을 포함하지 않으므로 기전력이 없다. 따라서 고리와 접합 점 규칙은 다음과 같다.

고리 1: $\text{emf} - R_1I_1 - R_2I_2 = 0$ 　　접합 점 N: $I_1 = I_2 + I_3$
고리 2: $\text{emf} - R_1I_1 = 0$
고리 3: $R_2I_2 = 0$ (포함된 선속이 없음)

여기서 $R_1$과 $R_2$는 각각 가열된 위쪽 전구의 저항과 차가운 아래쪽 전구의 저항이고 추가된 구리 도선의 저항은 본질적으로 0이다. 고리 3 방정식으로부터 $I_2 = 0$임을 알 수 있고, 이것이 아래쪽 전구가 꺼진 이유이다.

$I_2 = 0$이므로 접합 점 $N$규칙은 $I_1 = I_3$과 같다. 즉, 위쪽 전구의 모든 전류는 구리 도선을 통해 흐른다(아래쪽 전구를 통해 흐르는 전류는 없음). 고리 1과 고리 2 방정식 모두 $R_1I_1 = \text{emf}$이므로, 위쪽 전구를 통해 흐르는 전류는 $I_1 = \text{emf}/$

$R_1 = (\mathrm{emf}_0/R_1)\cos(\omega t)$이고, 이는 구리 도선을 추가하기 이전 값의 거의 두 배이다(높은 온도에 의해 $R_1 > R$).

> **점검 사항 10** 그림 22.52는 구리 도선을 연결하는 네 가지 방법을 보여준다. 고리에 전지 같은 기전력의 존재 여부를 밝히는 것을 포함해 지금까지 수행한 분석에 기초하여, 회로 1, 2, 3, 4에 있는 두 전구들의 밝기는 어떻게 될까?

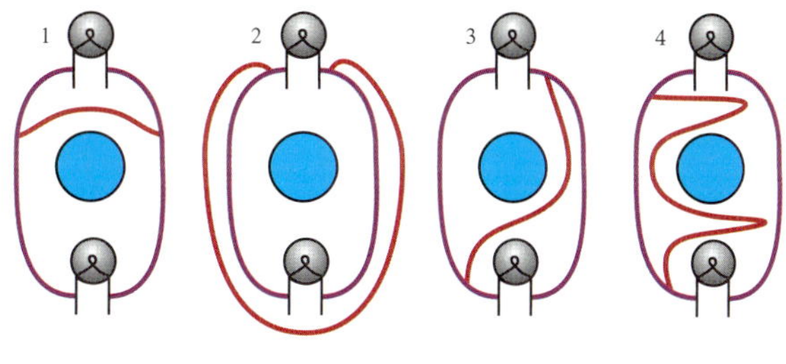


그림 22.52

## 비균일 고리에서 쿨롱과 비쿨롱 전기장

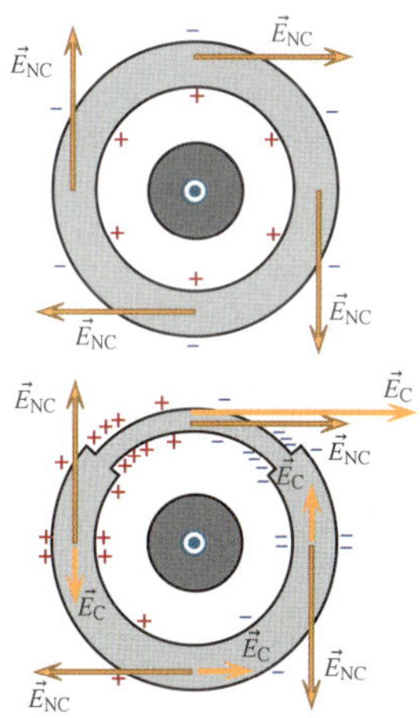


**그림 22.53** 균일한 금속 고리와 얇은 부분을 갖는 금속 고리

시간에 따라 변하는 자기장을 갖는 솔레노이드를 둘러싸는 원형 고리에서, 비쿨롱 전기장에 의한 전류가 존재한다. 비록 회로에서 전자를 돌게 하는 데 필요한 작은 가로 분극은 존재하지만, 고리를 따라 표면 전하의 변화는 없다(그림 22.53의 위).

하지만 만약 두께가 다른 고리의 얇은 부분이 있다면, 전하들은 이 부분이 끝에 쌓일 것이고, 고리 전체를 따라 표면 전하들이 존재할 것이다 (그림 22.53의 아래). 이 표면 전하들은 쿨롱 전기장 $\vec{E}_C$를 만들 것이고, 이들은 변하는 자기 선속과 관계된 비쿨롱 전기장 $\vec{E}_{NC}$에 벡터적으로 더해진다. 알짜 전기장 $\vec{E}_{NC} + \vec{E}_C$가 고리 전자들을 돌게 한다.

얇은 부분 안에서 알짜 전기장은 균일한 고리의 전기장보다 크고, 두꺼운 부분 안에서 알짜 전기장은 균일한 고리에 비해 작다.

> **질문** 만약 두 고리가 같은 물질로 만들어 졌다면, 전류는 균일한 고리에 비해 얇은 단면을 갖는 고리에서 작아져야 하는지 어떻게 알 수 있을까?

비균질 고리의 두꺼운 부분에서, 변하는 유일한 것은 알짜 전기장이 작아진 것이므로, 두꺼운 부분에서 전류는 작아져야 한다(물론 동일한 이 작은 전류는 고리의 얇은 부분을 통해서도 흐른다).

쿨롱 전기장 $\vec{E}_C$는 얇은 부분에서는 크고 시계 방향이지만, 두꺼운 부분에서는 작고 반시계 방향이다. $\vec{E}_C$는 점전하들에 기인하고, 폐곡선에 대한 $\vec{E}_C$의 적분 값은 0이다.

반면에, 변하는 자기 선속에 기인한 비쿨롱 전기장 $\vec{E}_{NC}$는 고리 전체를 따라 시계 방향이고, 폐곡선에 대한 적분은 emf $= d\Phi_{mag}/dt$이고, 이 값은 0이 아니다.

## 줄어드는 고리에서 두 경합하는 효과

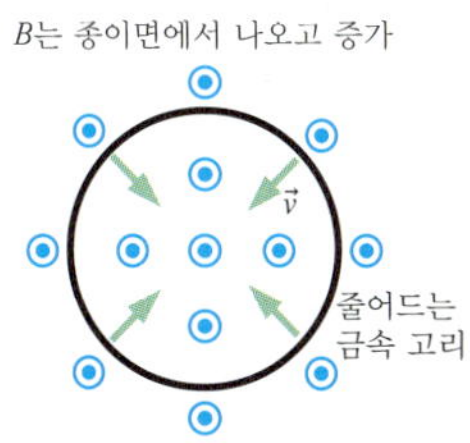


**그림 22.54** 늘어났던 탄력 있는 금속 고리가 줄어들고 있다.

반지름 $R$인 탄력 있는 금속 고리를 늘려 종이면에서 나오는 균일한 자기장 $B$ 영역에 놓아둔다고 가정하자. 자기장은 $dB/dt$의 비율로 증가한다(그림 22.54). 고리를 그냥 두면, $dR/dt$의 비율로 감소한다(음의 값을 가짐). 금속 고리 주위의 기전력은 얼마인가?

선속의 항으로, 두 개의 서로 경합하는 효과가 있다. 증가하는 자기장 $B$는 선속을 증가시키려 하지만, 감소하는 면적은 선속을 감소시키려 한다. 전류가 흐르는가에 대한 여부는 이들 두 효과의 크기가 알짜 선속에 미치는 정도에 달려 있다.

자기장은 고리 전체를 통해 일정하고 종이면에 수직이므로, 어느 순간 고리를 통과하는 선속은 $\Phi_{mag} = B(\pi R^2)$이다. 기전력은 선속의 변화율이다. 즉,

$$\begin{aligned}\text{emf} &= \frac{d\Phi_{mag}}{dt} = \frac{d}{dt}[B(\pi R^2)] = \frac{dB}{dt}(\pi R^2) + B\frac{d(\pi R^2)}{dt} \\ &= \frac{dB}{dt}(\pi R^2) + B(2\pi R)\frac{dR}{dt}\end{aligned}$$

이다. 기전력에 대한 이들 두 기여의 물리적 중요성은 무엇인가? 변하는 자기장이 존재하면, 도선에 시계 방향의 비쿨롱 전기장이 있다. $dB/dt$를 포함하는 첫 번째 항은 도선의 이 비쿨롱 전기장과 관계가 있다.

도선은 안쪽으로 움직이므로, 도선에 있는 전자들에 자기력이 작용한다. 이 경우, $\vec{v} \times \vec{B}$(단위 전하당 자기력)은 고리에서 반시계 방향이다. 음의 양인 $dR/dt$를 포함하는 두 번째 항은 고리의 움직이는 조각들에 작용하는 자기력과 관계가 있다 (운동 기전력). $|dR/dt|$는 중심을 향하는 고리의 부분들의 속력이고, $2\pi r$은 원주이므로, 기전력에의 기여도는 레일 위를 미끄러지는 길이 $L$인 막대에 대한 기전력 $BLv$와 유사하다.

만약 $(dB/dt)(\pi R^2) = B(2\pi R)|(dR/dt)|$이면, 비록 자기장도 변하고 면적도 변하지만 기전력은 0이 된다. 이 경우, 고리 안의 전자에 작용하는 자기력은 비쿨롱 전기장에 의한 비쿨롱 전기력과 크기는 같고 방향은 반대이다.

이 대칭적인 고리를 따라 표면 전하의 차이는 없고, 쿨롱 전기장도 없다. 금속 고리 안의 전자들에 작용하는 힘들은 비쿨롱 전기장에도 기인하고 고리의 움직이는 조각들에 작용하는 비쿨롱 자기력에도 기인한다.

## 22.9 *패러데이 법칙의 미분형

가우스 법칙과 앙페르 법칙과 함께, 특정한 위치와 시간에 유효한 패러데이 법칙의 미분형이 존재한다. 벡터 계산법의 특성을 이용해서 패러데이 법칙의 적분형은 다음과 동등함을 보일 수 있다.

**패러데이 법칙의 미분형**

$$\text{curl}(\vec{E}) = -\frac{\partial \vec{B}}{\partial t} \quad \text{or} \quad \vec{\nabla} \times \vec{E} = -\frac{\partial \vec{B}}{\partial t}$$

여기서 미분은 시간에 대한 "편미분"(위치는 상수로 유지)이다.

## 22.10 *렌츠의 법칙

오른손 엄지손가락이 $-d\vec{B}_1/dt$ 방향을 가리키면서 나머지 손가락들을 $\vec{E}_{NC}$ 방향

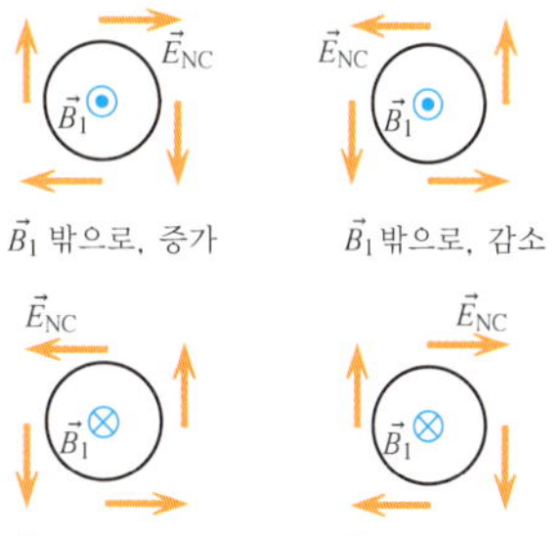


**그림 22.55** 비쿨롱 전기장의 방향을 결정하기 위해 렌츠의 법칙을 이용한다.

으로 감싸 쥔다. "렌츠의 법칙"이라 불리는 또 다른 규칙이 비쿨롱 전기장의 방향을 얻는 데 사용될 수 있다. 비록 전기와 자기에 대한 입문 교재에서 렌츠의 법칙을 배우고 사용할 필요는 없지만, 아래의 기술 내용에 필요하므로 간략히 렌츠의 법칙을 설명하고자 한다.

### 렌츠의 법칙

비쿨롱 전기장은 선속을 유지시키도록 자기장을 만드는 방향으로 전류를 유도한다.

변하는 자속 둘레에 도선을 놓는다고 하면, 비쿨롱 전기장은 도선에 전류를 유도한다. 어떻게 이것이 작동하는지 보기 위해, 그림 22.55의 첫 번째 그림을 고려하자. 이 그림에서 $\vec{B}_1$는 증가하면서 종이면에서 나오고 비쿨롱 전기장은 솔레노이드 주변을 시계 방향으로 회전한다. 만약 도선이 솔레노이드를 둘러싸고 있으면, 전류는 도선에서 시계 방향으로 흐르고 이 전류는 그 영역에서 종이면으로 들어가는 방향으로 추가적인 자기장을 생성한다.

이 추가적인 자기장은 $\vec{B}_1$의 변화와 반대 방향이므로, 우리는 $B_1$의 증가에도 불구하고 추가적인 자기장은 자기 선속을 일정하게 유지시키려고 한다고 말한다. 유도 전류는 알짜 선속을 일정하게 유지시키지 못 한다 (도선이 초전도 물질로 만들어지지 않는 한). 특히, 만약 $B_1$이 일정한 비율로 증가하면, 고리의 전류 $I_2$와 추가적인 자기장은 패러데이 법칙에 의해 일정하므로, 알짜 선속은 증가한다. 반면에 $\vec{B}_1$가 감소하면서 종이면에서 나오면 (그림 23.55의 두 번째 예), 도선에서 전류를 반시계 방향으로 흐르게 하는 반시계 방향의 비쿨롱 전기장이 존재한다. 이는 $B_1$의 감소함에도 불구하고 자기 선속을 일정하게 유지시키려고 자기장을 종이면에서 나오는 방향으로 만든다(그럼에도 불구하고, 고리가 초전도로 만들어지지 않는 한 알짜 선속은 감소한다).

**질문** 그림 22.55의 세 번째와 네 번째 예로 위와 같은 분석을 해 보고, 렌츠의 법칙이 비쿨롱 전기장의 방향에 대한 실험 데이터를 잘 요약해 준다는 것을 스스로 확인해 보시오.

렌츠의 법칙 중 흥미 있는 특징은 이것이 운동 기전력의 경우 또는 시간에 따라 변하는 자기장과 운동 모두 회로의 일부로 둘러싸인 선속의 변화에 기여하는 경우에 대해 전류의 방향을 옳게 기술한다는 것이다.

우리는 두 가지 이유 때문에 렌츠의 법칙을 강조하지 않았다. (시간에 따라 변하는 선속과 기전력 보다는) 시간에 따라 변하는 자기장과 회전하는 비쿨롱 전기장은 강조해 왔다. 이는 메커니즘에 대해 보다 분명히 인식하고, 자기장에서 도선의 운동에 의한 효과와 시간에 따라 변하는 자기장 효과를 구별하기 위함이다.

또한, 시간에 따라 변하는 자기장을 처음 공부할 때 렌츠의 법칙을 사용하면 상당히 심각한 개념적 오류를 범하기 쉽다. 이유는 유도 전류의 방향이 아니라 크기를 양적으로 계산할 때 렌츠의 법칙을 사용하려고 하는 자연스런 경향 때문이다. 특히, 초전도를 제외하고, "자기장의 변화를 상쇄하기에 충분한 전류가 흐른다"는 것은 사실이 아니다.

# 요약

### 패러데이 법칙

이 장에서 소개된 새로운 현상은 시간에 따라 변하는 자기장은 그 주변 영역을 회전하는 비쿨롱 전기장을 동반한다는 것이다. 점전하들이 만드는 쿨롱 전기장과는 달리, 비쿨롱 전기장은 시간에 따라 변하는 선속을 둘러싼 폐곡선에 대해 적분 값이 0이 아니다.

### 패러데이 법칙

$$\text{emf} = -\frac{d\Phi_{\text{mag}}}{dt}$$

여기서 $\text{emf} = \oint \vec{E}_{\text{NC}} \bullet d\vec{l}$ 이고 $\Phi_{\text{mag}} \equiv \int \vec{B} \bullet \hat{n} dA$. 이다.

요약: 폐곡선에 대한 기전력은 경로로 둘러싸인 면적을 통과하는 자기 선속의 변화율과 같다.

방향: 오른손 엄지손가락이 $-d\vec{B}_1/dt$ 방향을 가리키면서 나머지 손가락들을 $\vec{E}_{\text{NC}}$ 방향으로 감싸 쥔다.

### 패러데이 법칙의 정식 버전

$$\oint \vec{E}_{\text{NC}} \bullet d\vec{l} = -\frac{d}{dt}\int \vec{B} \bullet \hat{n} dA$$

(오른손 법칙에 따른 부호)

패러데이 법칙은 또한 경로의 변화에 따른 선속이 변하는 경우("운동 기전력")과 비쿨롱 자기력의 경우도 포함한다.

일반적으로, 회로 내의 전자들에 작용하는 세 가지 효과들의 조합이 있을 수 있다. 즉,

1. 표면 전하에 의한 쿨롱 전기장
2. 시간에 따라 변하는 자기장과 관련된 비쿨롱 전기장
3. 회로의 움직이는 일부에 작용하는 자기력(운동 기전력)

### 초전도체

초전도체는 저항이 0이고, 그 결과 초전도 고리는 고리로 둘러싸인 면적에서 일정한 선속을 유지시켜 준다. 초전도체 내부의 자기장은 항상 0이고(마이스너 효과), 이 중요한 특성은 저항이 0이라는 사실만으로는 설명할 수 없다.

### 인덕턴스

회로에서 전류를 변화시키면, 코일로 둘러싸인 변화하는 선속은 전류의 변화를 어렵게 만드는 같은 코일의 기전력과 관계가 있다. 이런 완만함은 *RL*과 *LC*회로에서 중요한 역할을 하고, 코일의 "인덕턴스" *L*에 의해 정량화 된다. 기전력은 전류의 변화율에 비례하는 자기 선속의 변화율에 비례한다.

$$|\text{emf}_{\text{ind}}| = L\left|\frac{dI}{dt}\right|$$

우리는 특별한 경우인 긴 솔레노이드의 인덕턴스를 구하였다.

$$L_{\text{solenoid}} = \frac{\mu_0 N^2}{d}\pi R^2$$

### 전기와 자기 에너지 밀도

$$\frac{\text{에너지}}{\text{체적}} = \frac{1}{2}\varepsilon_0 E^2 + \frac{1}{2}\frac{1}{\mu_0}B^2$$

joules/$m^3$ 단위로 측정.

### *RL*(저항–인덕터) 회로

*RL*직렬 회로에서 전류는 시간에 따라 변한다.

$$I = \frac{\text{emf}_{\text{battery}}}{R}\left[1 - e^{-(R/L)t}\right]$$

### *LC*(인덕터–축전기) 회로

*LC* 회로는 진동수 $f = 1/(2\pi\sqrt{LC})$로 사인함수로 진동한다.

$$Q = Q_i \cos\left(\frac{1}{\sqrt{LC}}t\right)$$

만약 저항이 없다면, *LC*회로는 결코 최종 평형 상태 또는 최종 정상 상태에 도달하지 못한다.

### *패러데이 법칙의 미분형

$$\text{curl}(\vec{E}) = -\frac{\partial \vec{B}}{\partial t} \quad \text{or} \quad \vec{\nabla} \times \vec{E} = -\frac{\partial \vec{B}}{\partial t}$$

## 질문

**질문1.** 그림 22.56에서 막대 자석이 S극을 위로 하고 원점(0, 0, 0)을 향해 위쪽으로 움직인다.

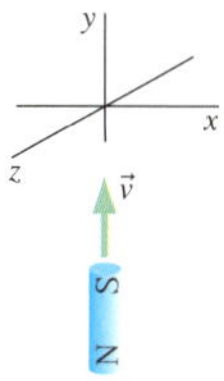


그림 22.56

(a) 원점에서, 시간 $t_1$인 순간에 $\vec{B}$의 방향은? (b) 원점에서, 여전히 막대 자석은 원점 아래에 놓여 있지만 좀 더 원점에 근접한 약간 나중 시간 $t_2$에 $\vec{B}$의 방향은? (c) 원점에서, 자기장의 크기 $|\vec{B}|$는 $t_1$과 $t_2$ 중 어느 순간에 더 클까? (d) 원점에서, $t_1$에서 $t_2$로 가는 동안 자기장 벡터의 변화량 $\Delta\vec{B}$의 방향은? (e) 원점에서, $-\Delta\vec{B}/\Delta t$의 방향은? (f) 위에서 아래에 있는 원점을 볼 때($+y$ 축을 따라), 회전하는 전기장의 형태는 시계 방향인가 반시계 방향인가? (g) (1, 0, 0)의 위치에서 $\vec{E}_{NC}$의 방향은?

**질문2.** 공통의 축을 갖는 두 도선 코일이 서로 근접해 있다(그림 22.57). 코일 1은 출력 전압을 조절할 수 있는 전원 공급 장치에 연결되어 있어서, 코일 1에 흐르는 전류 $I_1$은 변할 수 있고, 전류계 1에서 측정된다.

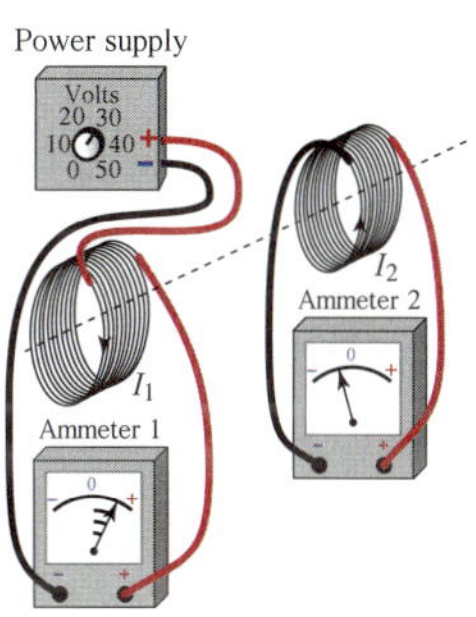


그림 22.57

코일 2에 흐르는 전류 $I_2$는 전류계 2에서 측정된다. 전류계 바늘은 전류계를 통과하는 전류의 방향에 따라 양 또는 음으로 움직이고, 전류가 "+" 단자로 흘러들어가면 전류계 눈금은 양을 가리킨다. 그림 22.58은 시간에 따른 $I_1$의 그래프이다. 같은 시간 동안 시간에 따른 $I_2$의 그래프를 그리시오. 그 이유를 설명하시오.

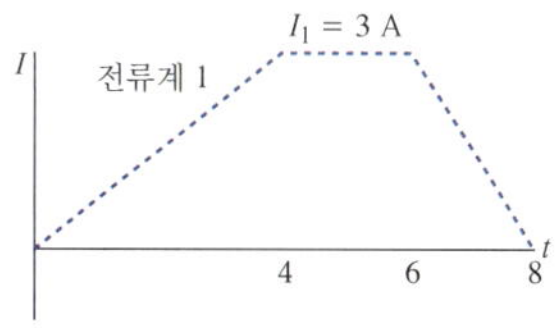


그림 22.58

**질문3.** 두 금속 고리가 탁자에 나란히 놓여 있다(그림 22.59). 왼쪽 고리에 흐르는 전류는 시계 방향이며 시간에 따라 증가하여, 오른쪽 고리에 전류가 흐른다. 이 전류는 시계 방향인가 반시계 방향인가? 그림을 그려 설명하시오. (힌트: 왼쪽 고리가 만드는 오른쪽 고리에서 자기장의 방향을 왼쪽 고리의 어느 부분이 가장 가까운지를 고려하여 신중히 판단하시오.)

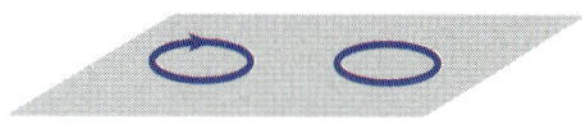

그림 22.59

**질문4.** 매우 긴 직선 도선에 (사실상 무한 길이) 6암페어의 전류가 흐른다(그림 22.60). 도선은 도선에 수직하게 놓인 반지름이 4 cm이고 저항이 2 Ω인 원형 금속 고리 중심을 통과한다. 도선에 흐르는 전류를 0.25 A/m의 비율로 증가시키면, 고리에 흐르는 전류는 얼마인가? 신중히 설명하시오.

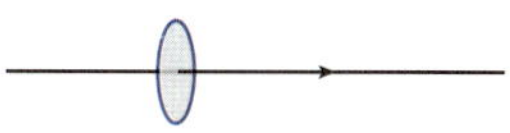

그림 22.60

**질문5.** 막대 자석이 수직한 구리관을 통해 떨어진다(그림 22.61). 자석과 관 사이의 역학적 저항이 무시할 만큼 작았지만 자석은 매우 천천히 떨어지는 것이 관측 되었다. 적절한 그림을 포함해서 신중히 설명하시오.

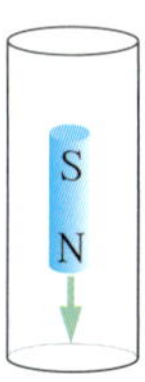


그림 22.61

**질문6.** 그림 22.62와 같이 막대 자석의 "S"극을 코일 가까운 쪽으로 하고 막대 자석을 코일을 향해 움직인다고 가정하자. (a) 전류계는 양 또는 음 중 어디를 가리키겠나? (b) 막대 자석의 "S"극을 코일 가까운 쪽으로 유지하고 코일에서 멀리한다. 전류계는 + 또는 − 중 어디를 가리키겠나?

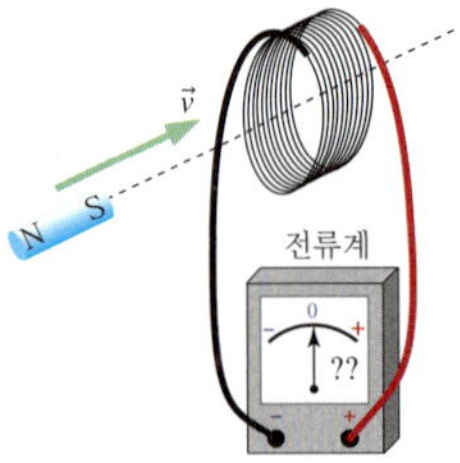


그림 22.62

**질문7.** 막대 자석은 수평으로 놓인 금속 고리에 대해 수직 위에 있고, S극이 위를 보고 있다(그림 22.63). 만약 막대 자석을 수직으로 들어 올린다면, 전류는 위쪽에서 보았을 때 시계 방향 또는 반시계 방향 중 어느 쪽으로 흐르겠는가?

그림 22.63

**질문8.** 물리학자들이 자기 홀극을 찾기 위해 사용했던 방법들 중 하나는 도선 고리에서 발생하는 전류를 관찰하는 것이다. 고리를 지나는 전기적으로 대전되지 않은 자기 홀극에 대해, 그리고 북극을 앞으로 향해 고리를 통과하는 전기적으로 대전되지 않은(중성자와 같은) 자기 쌍극자에 대해, 시간에 따른 고리의 전류를 각각 그리시오. 입자가 고리면을 통과할 때의 정확한 순간에 대해 너무 세세히 알 필요는 없고, 이 사건이 일어나기 바로 직전과 직후의 시간들에 집중하시오. 두 그래프에서 차이점을 설명하시오. (자기 홀극에 상응하는 신호가 이와 같은 실험을 통해 나타난 적이 있었지만, 아무도 이 결과를 재현한 사람이 없다. 그리고 대부분의 물리학자들은 그와 같은 사건은 외부 소음이나 다른 장치의 기능이 잘못 되었던 것으로 생각하고 있는 듯하다.)

**질문9.** 그림 22.64에 보는 바와 같이 전류 $I$가 코일을 통해 흐른다. 한 번 감은 구리 도선 고리가 코일 근처에 놓여 있다. 고리와 코일은 정지해 있다.

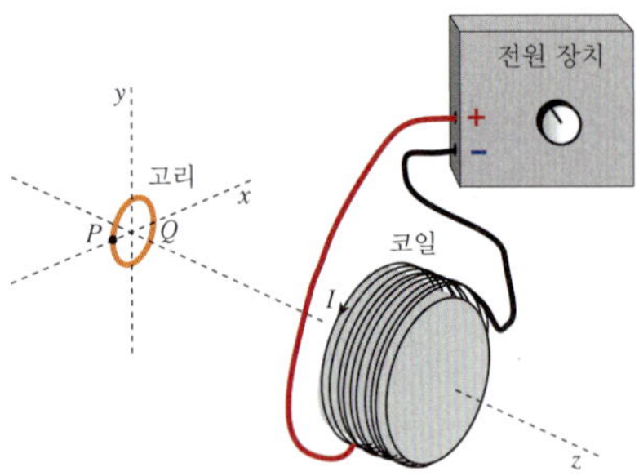


그림 22.64

(a) 초기 상태(코일에 흐르는 전류가 일정)에서, 코일에 흐르는 전류로 인한 구리 고리의 중심에서 자기장의 방향은? (b) 초기 상태에서, 구리 고리 내부의 $P$점에서 전기장의 방향은? (c) 구리 고리 내부의 $Q$점에서 전기장의 방향은? 다음으로 코일에 흐르는 전류가 시간에 따라 감소하도록 전원 장치를 조절한다. (d) 이제, 구리 고리의 중심에서 $d\vec{B}/dt$의 방향은? (e) 구리 고리의 중심에서 $-d\vec{B}/dt$의 방향은? (f) 구리 고리의 $P$점에서 전기장의 방향은? (g) 이 순간에, 구리 고리 내부에서 자기 선속의 크기는 증가, 감소, 또는 일정하게 유지 중 어느 것인가?

**질문10.** 솔레노이드가 철로 채워지면 솔레노이드의 인덕턴스는 커질까 작아질까? 간략히 설명하시오.

**질문11.** (a) $RL$회로가 매우 짧은 시간 동안 1.5 V 전지에 연결되어 있었을 때, 저항 양단의 전위차는 얼마인가? (b) $RL$회로가 매우 긴 시간 동안 1.5 V 전지에 연결되어 있었을 때, 저항 양단의 전위차는 얼마인가? (c) 평형 상태, 정상 상태 전류, 그리고 $LC$ 회로의 거동 사이의 차이점에 대해 간략히 설명하시오.

## 문제

### 22.2절

**문12.** 그림 22.65에서 솔레노이드의 반지름은 2 cm이고 길이는 10 cm이다. 솔레노이드 내부에서 $B = 0.5$ T이고, 외부에서 $B \approx 0$이다. 바깥 고리를 통과하는 자기 선속은 얼마인가?

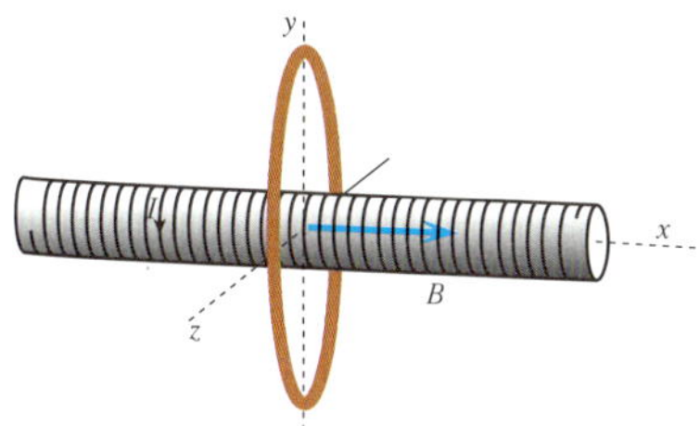


그림 22.65

**문13.** 그림 22.66에서 막대 자석의 북극은 감은 수가 40인 얇은 원형 코일을 향한다. 자석은 코일로부터 멀어질 때, 한 번 감은 코일 내부를 통과하는 선속은 0.2초 동안 0.3 T • $m^2$만큼 감소한다. 이 시간 동안 코일의 평균 기전력은? 오른쪽에서 볼 때(자석의 반대편), 유도 전류는 시계 방향인가 반시계 방향인가? 간단히 설명하시오.

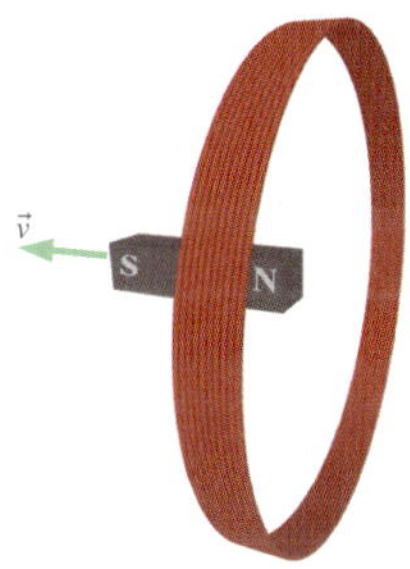


그림 22.66

**문14.** 솔레노이드 안의 자기장은 $B = \mu_0 NI/d$이다. 솔레노이드의 반지름이 2 cm, 길이가 $d = 1$ m, 감은 수가 10,000이다. 솔레노이드 중심을 동심 축으로 하여 반지름 10 cm인 원형 도선을 만든다. 전류가 50 A/s의 비율로 증가할 때, 도선에서 비쿨롱 전기장은?

**문15.** 그림 22.67에서 종이면으로부터 나오는 균일한 자기장이 존재하는 반지름 $r_1$인 원형 영역이 있다(이 영역 밖의 자기장은 근본적으로 0이다). 이 순간에 자기장은 $|dB/dt|$의 비율로 감소한다. 반지름 $r_2$이고 저항이 $R$인 도선은 자기장 영역 밖에 놓여 있다(밖의 자기장은 없다). 전류 $I$는 고리에서 어느 방향으로 흐르는가? $I$의 크기는 얼마인가? 고리에서 (비쿨롱) 전기장의 형태를 보이시오. 비쿨롱 전기장의 크기 $E_{NC}$는 얼마인가?

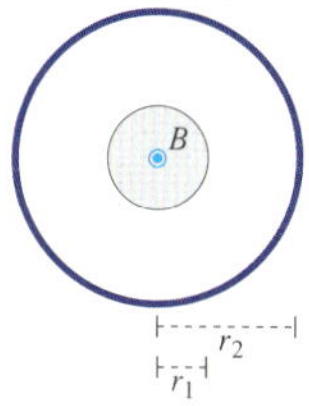


그림 22.67

**문16.** 전압계에 연결된 굵은 구리 도선이 시간에 따라 변하는 자기 선속 영역을 둘러싸고 있고, 전압계의 눈금은 10 V이다. 한 번 감은 구리 도선 코일 대신에 20번 감은 도선을 사용할 때, 전압계의 눈금은? 전류계에 연결된 가느다란 니크롬선이 시간에 따라 변하는 자기 선속 영역을 둘러싸고 있고, 전류계의 눈금은 10 A이다. 한 번 감은 니크롬선 코일 대신에 20번 감은 도선을 사용할 때, 전류계의 눈금은?

**문17.** 그림 22.64에서 300회 감은 도선 코일이 전원 공급 장치에 연결되어 있고, 코일에 전류가 흐른다. 한 번 감은 구리 도선 고리가 코일 근처에 놓여 있고, 코일의 축과 같은 축을 공유한다. 고리와 코일은 정지해 있다. 코일의 반지름은 9 cm이고, 고리의 반지름은 4 cm이다. 고리의 중심과 코일의 중심 사이의 거리는 22 cm이다. 시간 $t_1$일 때 코일에 흐르는 전류 $I$는 5 A이고, 그 값은 변하지 않는다.

(a) 시간 $t_1$에서 고리를 통과하는 자기 선속의 절댓값은? (b) (a)의 답을 계산하는 데 사용한 근사 또는 가정들은 무엇인가? (c) 시간 $t_1$에서 구리 고리 내부의 $P$점에서 전기장의 방향은? (이 시간에 코일의 전류의 일정함을 기억하라.)

나중 시간 $t_2$에서 코일에 흐르는 전류는 감소하기 시작한다. (d) 고리의 회전하는 전기장의 방향은?

시간 $t_2$에서 코일의 전류는 $dI/dt = -0.3$ A/s의 비율로 감소한다. (e) 이 시간에, 고리를 통과하는 자기 선속의 변화율의 절댓값은? (f) 이 시간에, 고리의 기전력의 절댓값은? (g) 도선 내부의 점 $P$에서 전기장의 크기는? (h) 이제 도선 고리를 제거하고, 다른 조건은 시간 $t_2$ 일 때와 같다. 즉, 전류는 여전히 같은 비율로 변한다. $P$점에서 전기장의 크기는?

**문18.** 그림 22.68에서 자기장은 반지름 $R$인 원 안에서 균일하고 종이면에서 나오는 방향이며, 원 밖의 영역에서는 0이다. 자기장의 크기는 시간에 따라 변한다. 즉, 시간의 함수로서 자기장의 크기는 $(B_0 + bt^3)$이고, 여기서 $B_0 = 1.5$ T, $b = 1.4$ T/$s^3$, $r_1 = 3.6$ cm, $r_2 = 51$ cm, $t = 1.3$ s, 그리고 $R = 17$ cm이다

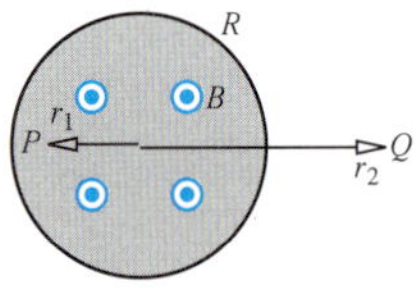


그림 22.68

(a) 중심에서 왼쪽으로 $r_1(r_1 < R)$만큼 떨어진 $P$점에서 전기장의 방향은? (b) $P$점에서 전기장의 크기는? (힌트: 기전력은 닫힌 경로에 대한 비쿨롱 전기장의 적분임을 기억하라.) (c) 중심에서 오른쪽으로 $r_2$ $(r_2 > R)$만큼 떨어진 $Q$점에서 전기장의 방향은? (d) $Q$점에서 전기장의 크기는?

**문19.** 그림 22.69에서 반지름이 $r_1$이고 감은 수가 $N_1$인 얇은 원형 코일에 전류 $I = a + bt + ct^2$가 흐르고, $t$는 시간이며, $a$, $b$, $c$는 양의 상수이다. 반지름이 $r_2$이고 감은 수가 $N_2$인 얇은 원형 코일이 처음 코일의 축을 따라 먼 거리 $x$의 위치에 놓여 있다. 두 번째 코일은 매우 큰 저항을 가진 오실로스코프에 연결되어 있다.

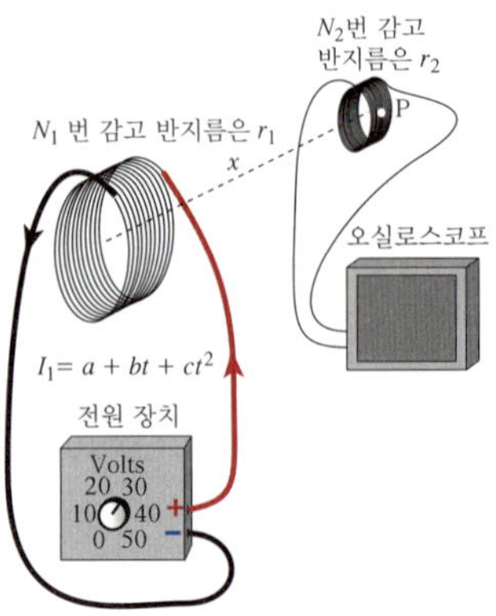


그림 22.69

(a) 시간 $t$의 함수로서, 오실로스코프에 나타난 전압의 크기를 구하시오. 계산 과정을 상세히 설명하되, 부호는 신경 쓰지 마시오. (b) 그림의 $P$점에서(두 번째 코일의 오른쪽), 비쿨롱 전기장을 나타내는 벡터를 그리시오. (c) 비쿨롱 전기장의 크기를 구하시오.

**문20.** 그림 22.70에서 전류 $I$가 흐르는 긴 직선 도선이 $v$의 속력으로 전압계에 연결된 $N$번 감은 반지름 $r$인 원형 코일을 향해 움직인다. 긴 도선은 코일과 같은 평면 상에 있다(도선의 일부분만 그림에 그려져 있다.).

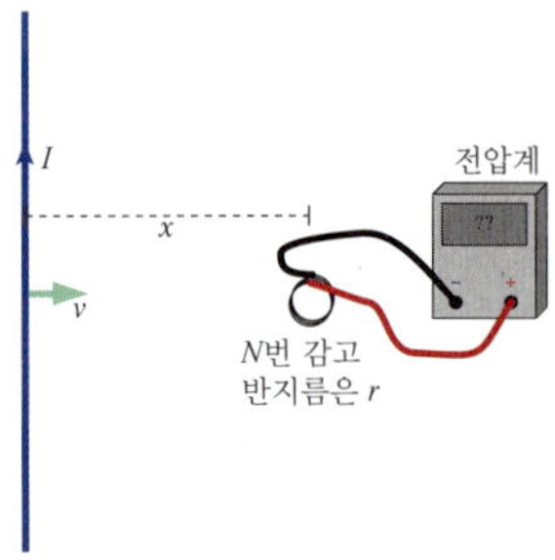


그림 22.70

코일의 반지름은 0.02 m이고, 11번 감겨 있다. 어떤 순간에 $I$ = 3A, $v$ = 3.2 m/s, 그리고 코일의 중심에서 도선까지의 거리 $x$ = 0.13 m이다.

(a) 코일 내부 자기장의 변화율의 크기는? 숫자로 나타내기 전에 기호로 계산할 필요가 있다. 코일의 위치에서 도선에 의한 자기장에 대한 표현식을 적으시오. 도선이 매우 길므로, 근사식을 사용하시오. 연쇄 법칙(chain rule)과 $v = dx/dt$임을 기억하자. (b) 전압계 눈금의 크기는? 이것은 11번 감은 코일을 모두 포함하는 것임을 기억하자. (c) $d\vec{B}/dt$의 방향은? (d) 코일에서 회전하는 전기장의 방향은?

**문21.** 3000번 감고 반지름이 5 cm인 코일이 오실로스코프에 연결되어 있다(그림 22.71). 막대 자석을 코일 축을 따라 코일을 향해 움직여서, 0.2초 동안 40 cm 떨어진 지점에서 30 cm 떨어진 지점까지 이동시켰다. 막대 자석은 0.8 $A \cdot m^2$의 자기 모멘트를 갖는다.

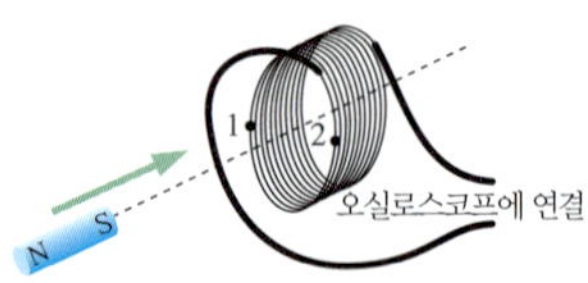


그림 22.71

(a) 그림의 위치 1과 2에서 비쿨롱 전기장 벡터를 그리시오. 그 이유를 그림으로 간략히 설명하시오. (b) 오실로스코프 상에 관측된 신호의 근사적 크기는? (c) 어떤 근사 또는 가정을 사용하였는가?

**문22.** 그림 22.72에서 토로이드는 안쪽 반지름이 $r_1$ = 9 cm, 바깥쪽 반지름이 $r_2$ = 12 cm, 그리고 높이가 $h$ = 5 cm이고 직사각형 단면을 가지며, 전류가 흐르는 도선들이 조밀하게 감겨있다 (그림에는 그리지 않음). 감긴 코일 내부에서 자기장의 방향은 그림에 나타나 있고, 코일 밖에서 자기장은 본질적으로 0이다. 민감한 전류계에 연결된 도선이 그림에 나타나 있다. 도선과 전류계의 저항 $R$ = 1.4 Ω이다.

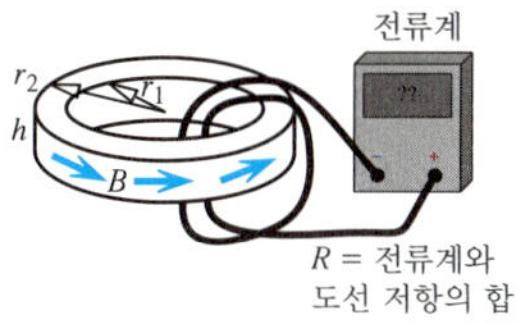


그림 22.72

토로이드를 감은 코일에서 전류는 변하여, 단면적에 대해 평균한 코일 내부의 자기장은 그림 22.73과 같이 시간에 따라 변한다.

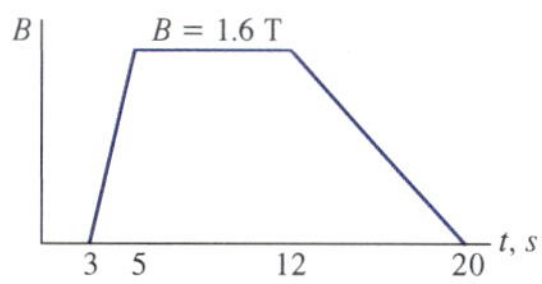


그림 22.73

전류계 눈금이 나타내는 그래프를 부호를 포함해서 시간의 함수로 신중히 그리시오. 그래프에 표시를 하고, 부호를 포함해서 그래프의 수치적 양상을 설명하시오.

**문23.** 그림 22.74에서 반지름 $r_1 = 4$ cm, 감은 수 $N_1 = 5000$회인 얇은 코일 저항 $R = 100\ \Omega$을 통해 $f = 2500$ Hz에서 운영되는 교류 전원 공급 장치에 연결되어 있고, 저항과 코일을 지나는 전류는 $I_1 \sin(2\pi \times 2500\ t)$이다. 저항 양단의 전압은 같은 전압을 표시해 주는 오실로스코프를 작동을 유발시키는데, 최대와 최소 사이가 10 V이므로 5 V의 진폭을 갖는다 (그래서 전류의 진폭은 $I_1 = 0.05$ A이다).

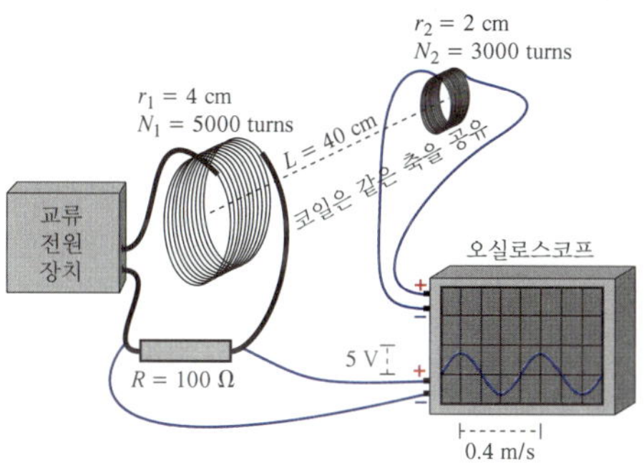


그림 22.74

반지름 $r_2 = 2$ cm, 감은 수 $N_2 = 3000$회인 두 번째 얇은 코일은 첫 번째 코일과 $L = 40$ cm 떨어져 있다. 두 코일의 축은 동일 선상에 있다. 두 번째 코일은 오실로스코프 위쪽 입력 단자에 연결되어서 두 번째 코일 양단 전압은 저항 양단 전압과 함께 표시된다.

(a) 두 번째 코일의 신호를 쉽게 볼 수 있도록 위쪽 입력 단자의 손잡이를 조정했다고 가정하자. 오실로스코프 상에 나타난 두 번째 코일 전압을 저항의 전압과 함께 그려 보시오. 서로에 대해 두 전압 곡선의 모양과 위치를 신경써서 그리시오. 간단히 설명하시오. (b) 두 번째 코일의 진폭(최대 전압)을 계산하시오. 만약 단순화시키는 가정을 하고 싶으면, 그것에 대해 명확히 설명하시오.

**문24.** 얇은 직사각형 코일이 저항이 작은 탁자 위에 놓여 있다 (그림 22.75). 매우 긴 직선 도선도 코일로부터 거리 $z$ 만큼 떨어져 탁자에 놓여 있다. 도선에는 전류 $I$가 오른쪽으로 흐르고, 시간에 따라 감소한다. 즉, $I = a - bt$이고 $t$는 초의 단위를 갖는 시간이고, $a$와 $b$는 양의 상수이다. 코일은 길이가 $L$이고 폭이 $w$이며, $w \ll z$이다. 코일의 감은 수는 $N$이고 총 저항은 $R$이다.

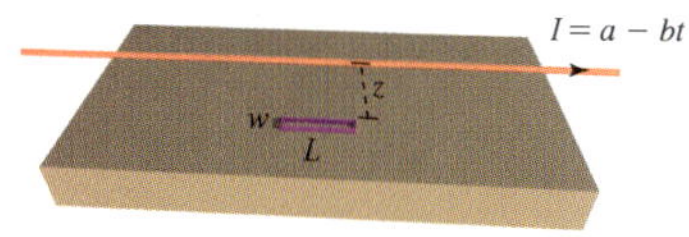


그림 22.75

코일에 작용하는 0이 아닌 알짜 힘의 초기 크기와 방향은? 마찰은 무시한다. 자세히 설명하시오. 만약 단순화시키는 가정을 하고 싶으면, 그것에 대해 명확히 설명하되, 알짜 힘은 0이 아님을 명심하시오.

**문25.** 이 문제에는 숫자가 매우 많다. 이것을 옳게 구하는 유일한 방법은 매 단계를 기호로 구한 후, 숫자를 기호에 대입하는 것이다.

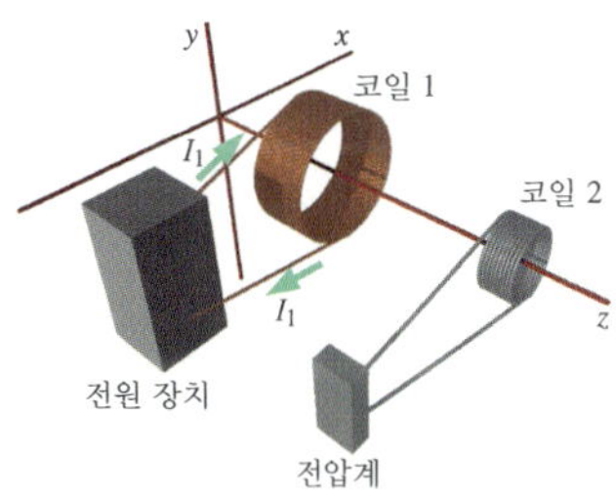


그림 22.76

그림 22.76과 같이 두 도선 코일은 $z$축을 따라 정렬되어 있다. 코일 1은 전원 공급 장치에 연결되어 있고, 코일 2의 위치에서 볼 때 전류는 코일 1을 통해 시계 방향으로 흐른다. 코일 2는 전압계에 연결되어 있다. 두 코일 중심 사이의 거리는 0.14 m이다.

코일 1의 감은 수는 $N_1 = 570$회이고, 반지름은 $R_1 = 0.07$ m이다. 코일 1을 지나는 전류는 시간에 따라 변한다. 시간 $t = 0$일 때 코일 1을 지나는 전류는 $I_0 = 18$ A이다. 시간

$t = 0.4$ s일 때 코일 1을 지나는 전류는 $I_{0.4} = 6$ A이다. 코일 2의 감은 수는 $N_2 = 275$회이고, 반지름은 $R_2 = 0.03$ m이다.

(a) 코일 2 내부에서, 이 시간 동안 $d\vec{B}/dt$의 방향은? (b) 코일 2의 위쪽 위치에서, 코일 2 도선 내부의 전기장의 방향은? (c) 시간 $t = 0$ 일 때, 한 번 감은 코일 2를 통과하는 자기 선속은? 코일 1의 전체 감은 수가 자기장에 기여함을 기억하자. 두 코일은 반지름에 비해 그리 멀리 떨어져 있지 않다. (d) 한 번 감은 코일 2를 통과하는 선속의 계산에서 세운 가정은 무엇인가? (e) 시간 $t = 0.4$ s일 때, 한 번 감은 코일 2를 통과하는 자기 선속은? (f) 이 시간 동안 한 번 감은 코일 2의 기전력은? (g) 전압계가 전체 감은 코일 2 양단에 연결되어 있다. 이 시간 동안 전압계가 가리키는 눈금은? (h) 이 시간 동안, 코일 2의 도선 내부에서 비쿨롱 전기장의 크기는? 전압계가 측정한 기전력은 코일 2를 만든 도선의 전체 길이를 포함하고 있음을 기억하자. (i) 시간 $t = 0.5$ s일 때, 코일 1에 흐르는 전류는 5 A에서 상수가 된다. 다음 설명 중 옳은 것은? (1) 전압계 눈금은 이제 0 V이다. (2) 코일 2의 도선 내부 전기장은 이제 반대 방향을 가리킨다. (3) 전압계 눈금은 $t = 0.4$ s일 때와 거의 같다. (4) 코일 2의 도선 내부 전기장은 이제 0 V/m이다.

**문26.** 그림 22.77과 같이 반지름이 $r = 0.5$ cm이고 저항이 $x = 5\ \Omega$인 아주 작은 원형 금속 고리가 반지름이 $R = 50$ cm인 큰 원형 금속 고리의 중심에 놓여 있다. 두 고리는 같은 평면 상에 있다. 시간 $t = 3$ s일 때, 큰 고리에는 3A의 전류가 시계 방향으로 흐른다. 시간 $t = 3.2$s일 때, 큰 고리에는 5 A의 전류가 반시계 방향으로 흐른다.

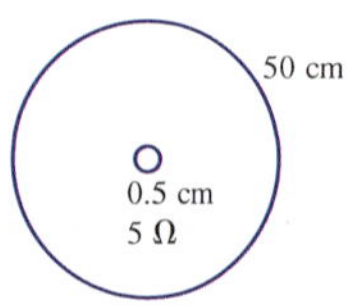


그림 22.77

(a) 이 시간 동안 작은 고리에서 기전력의 크기는? (b) 작은 고리에서 평균 전류의 크기와 방향은? (c) 이 시간 동안 작은 고리에서 평균 전기장은? 크기와 방향을 모두 구하시오. 그림을 그리고, 모든 관계되는 물리량을 나타내시오.

**문27.** 매우 길고 촘촘히 감긴 솔레노이드가 반지름 3 cm인 원형 단면적을 갖는다 (그림 22.78에는 도선의 일부만 나타남). 솔레노이드 밖의 자기장은 무시한다. 솔레노이드 내부 전체의 자기장 $B$는 균일하고, 그림과 같이 왼쪽 방향이며, 시간 $t$에 따라 변한다. 즉, $B = (0.07 + 0.03t^2)$ T이다. 10 cm × 15 cm인 직사각형 모양의 감은 수가 4회인 고리가 솔레노이드를 둘러싸고 있다.

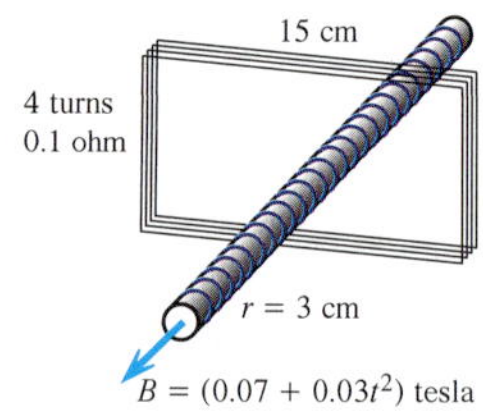


그림 22.78

(a) $t = 2$ s일 때, 4회 감은 고리에 흐르는 전류의 방향은? 간단히 설명하시오. (b) $t = 4$ s일 때, 4회 감은 고리에 흐르는 전류의 방향은? 간단히 설명하시오.

**문28.** 긴 탑이 지상에서 50 m 위에 있고 20 m 벌어진 송전선을 지지하고, 송전선을 통해 수력 발전소에서 대도시로 $1 \times 10^4$ A의 진폭을 갖는 60 Hz의 교류를 공급한다 (그림 22.79). 즉, 송전선 양쪽에 흐르는 전류는 $I = (1 \times 10^4\text{ A})\sin(2\pi \cdot 60\text{ Hz} \cdot t)$이다.

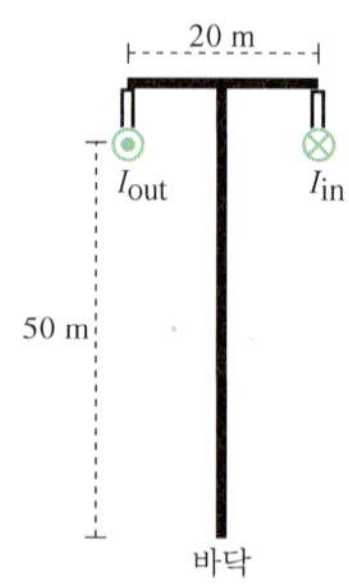


그림 22.79

(a) 탑의 바닥에서 두 송전선이 만드는 자기장의 진폭(최대 크기)과 방향을 계산하시오. 이때 송전선 왼쪽에는 $1 \times 10^4$ A의 전류가 종이면에서 나오는 방향이고, 오른쪽에는 $1 \times 10^4$ A의 전류가 종이면으로 들어가는 방향이다.

(b) 이 자기장은 지구 자기장에 비해 작지만, 시간에 따라 변하므로 지구의 정상 자기장에 비해 다른 생물학적 효과를 미칠 수 있다. 탑의 바닥 지면에 누워 있는 사람에 대해, 대략 길이가 2 m이고 폭이 0.5 m인 몸의 주변 둘레에서 발생되는 최대 기전력을 근사적으로 구하시오.

**문29.** 그림 22.80과 같이 길이가 $d$이고 반지름이 $r_1$인 매우 긴 솔레노이드가 촘촘히 균일하게 도선에 의해 $N$번 감겨 있다. 변화하는 전원 공급 장치가 솔레노이드에 흐르는 $I_1 = p - kt$의 전류를 흐르게 하고, 여기서 $p$와 $k$는 양의 상수이다 (초기 전류는 $p$이고 시간에 따라 감소하도록). 반지름이 $r_2$이고 저항이 $R$인 원형 금속 고리가 솔레노이드를 중심으로 하여 양 끝과 매우 멀리 떨어진 솔레노이드 중간 근처에 놓여 있다(솔레노이드가 본질적으로 솔레노이드 밖의 자기장에 기여하지 않도록).

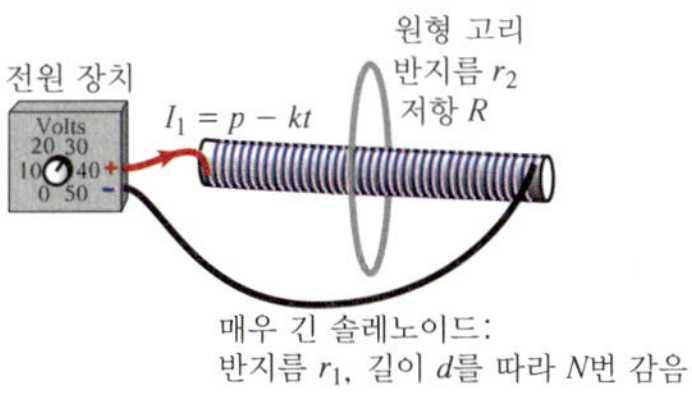


그림 22.80

(a) 솔레노이드와 고리에 의한 고리의 중심에서 시간의 함수로 나타나는 자기장의 크기와 방향은? 풀이에 대해 설명하고, 그 일부는 적절한 그림의 설명을 포함해서 자신의 설명을 명확히 하는 데 사용하시오. (b) 만약 철 막대를 솔레노이드 안으로 집어 넣으면 어떻게 이 결과들이 영향을 받게 될까? 매우 간략히 정성적으로 답하고, 그 이유를 설명하시오.

**문30.** S극을 아래로 향해 막대 자석을 아래로 던진다(그림 22.81). 막대 자석은 1.2 $A \cdot m^2$의 자기 쌍극자를 갖는다. 탁자에는 반지름이 5 cm이고 도선의 감은 수가 1000회인 거의 평평한 원형 코일이 놓여있다. 코일은 매우 큰 저항을 갖는 오실로스코프와 연결되어 있다.

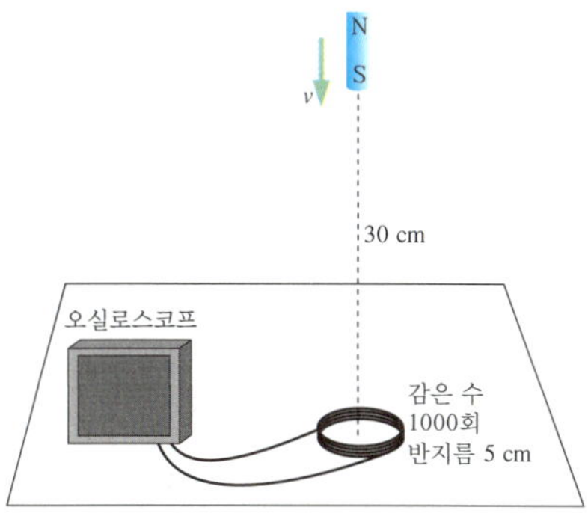


그림 22.81

(a) 도표 상에, 코일에서 비쿨롱 전기장의 형태를 나타내고, 간략히 설명하시오. (b) 자석이 탁자 위 30 cm 떨어져 있는 순간에, 오실로스코프는 2 mV의 크기를 나타내었다. 이 순간 막대의 속력 $v$는 얼마인가?

**문31.** 균일한 자기장 $B$가 존재하는 영역에서 반지름 $r$인 원형 궤도에서 빛의 속력에 가깝게 움직이는 전자가 있다고 가정하자.

(a) 전자의 상대론적 운동량 $p$는? (b) 이제 균일한 자기장이 시간에 따라 증가하기 시작한다. 즉, $B = B_0 + bt$이고, 여기서 $B_0$와 $b$는 양의 상수이다. 한번 도는 데 궤도 반지름이 별로 변하지 않는다고 가정하면 전자의 에너지는 얼마나 증가할까? (이 효과는 1940년대에 발명한 전자 가속기인 "베타트론"에서 실험하였다.)

주의: 전자의 에너지는 여기서 계산한 양보다 적게 증가함이 밝혀졌다. 그 이유는 제23장에서 밝혀질 것이다.

**문32.** 원점에 가는 코일이 놓여 있다. 코일의 반지름은 3 cm이고 중심축은 $x$축 상에 놓여 있다. 코일의 저항은 작고 30회 감겨 있고 75 Ω의 저항에 연결되어 있다. 두 번째 가는 코일은 ⟨15, 0, 0⟩ cm에 놓여 있고 원점을 향해 8 m/s의 속력으로 운동한다. 두 번째 코일의 반지름은 4 cm이고, 50회 감겨있으며, 중심축은 $x$축 상에 놓여 있고, 전지에 의해 12 A의 전류가 흐른다. 첫 번째 코일에 흐르는 전류의 크기는?

**문33.** 자기 쌍극자 모멘트가 ⟨0, 0, 6⟩ $A \cdot m^2$인 막대 자석이 ⟨0, 0, 5⟩ m/s로 등속 운동한다. 막대의 중심이 ⟨1, 5, 3⟩ m에 놓였을 때, ⟨1.04, 5, 2⟩ m의 위치에서 전기장 벡터는?

**문34.** 그림 22.82와 같이 매우 긴 도선에 전류 $I_1$이 위쪽으로 흐르고, 이 전류는 시간에 따라 감소한다. 근처에 직사각형 모양의 도선 고리가 직선 도선과 같은 평면 상에 놓여 있고, 고리의 한 부분은 저항 $R$을 가지며 나머지 부분의 저항은 $R$에 비해 무시 가능하다. 고리의 폭은 $w$이고 높이는 $h$이며, 긴 도선에서 오른쪽으로 $d$만큼 떨어져 있다.

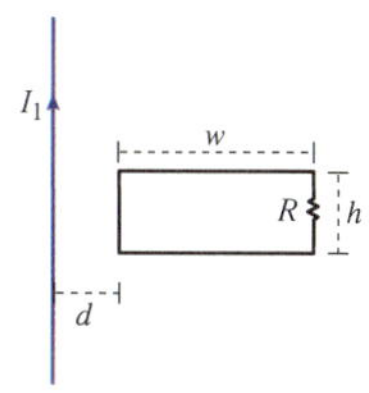


그림 22.82

(a) 고리에 흐르는 전류 $I_2$는 시계 방향인가 반시계 방향인가? 그림을 이용해 설명하시오.

(b) 고리에 흐르는 전류 $I_2$의 크기는 다음과 같음을 보이시오.

$$I_2 = \frac{\mu_0}{4\pi}\frac{(2h)\ln[(d+w)/d]}{R}\left|\frac{dI_1}{dt}\right|$$

(힌트: 자기장을 알 수 있는 좁은 수직 조각으로 면적을 나누시오.)

**문35.** 그림 22.83과 같이 반지름 $R$인 한 개의 원형 도선 고리에 크고 일정한 전류 $I_{loop} = I_0$가 시계 방향으로 흐른다. 이 전류는 질량이 $M$이고 전하량이 $e$인 양성자가 고리와 동일 평면 상에서 고리의 중심 주위를 반지름 $r$인 작은 원을 따라 일정한 속력으로 돌게 한다. 궤도 반지름 $r$은 고리 반지름 $R$에 비해 매우 작다($r \ll R$).

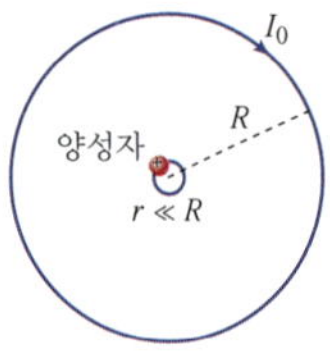


그림 22.83

(a) 양성자 궤도 그림을 그리고, 시계 방향 또는 반시계 방향으로 도는지 나타내고, 간략히 설명하시오. (b) 양성자의 속력 $v$는 얼마인지 알고 있는 양들인 $I_0$, $R$, $r$, $M$, 그리고 $e$로 나타내시오. 선택한 어떤 근사를 포함하여 과정을 설명하시오. (c) 전류는 잠시 동안 일정하지만, 어떤 시간 $t = t_0$에 천천히 감소하기 시작해서, $t$시간 후의 전류는 $I_{loop} = I_0 - k(t - t_0)$가 되었다. 양성자 궤도 그림 위에, 사분원으로 나눠 4군데에 전기장 벡터를 그리고 간략히 설명하시오. (d) 전류가 감소할 때, 양성자의 속력은 증가할까 감소할까?

## 22.3절

**문36.** 길이가 $h$이고 전기 저항이 $R$인 구리 막대가 마찰과 전기 저항을 무시할 수 있는 금속 레일을 따라 미끄러진다(그림 22.84). 레일의 오른쪽은 무시할 수 있는 저항을 가진 도선이 연결되어 있고, 나침반이 도선 아래에 놓여 있다(그림은 위에서 본 것임). 그림에서 보듯 나침반 바늘은 북극의 오른쪽으로 비껴 있다.

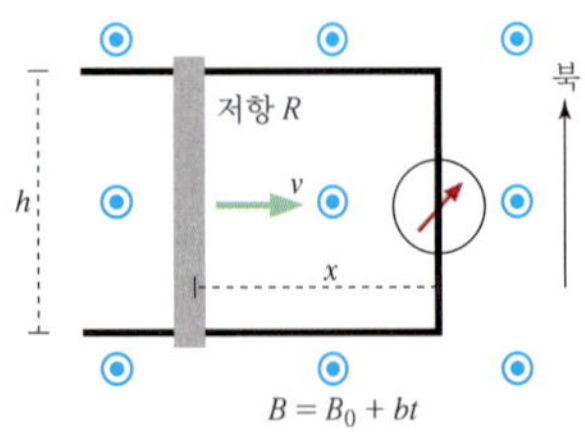


그림 22.84

이 영역 전체에 그림에는 보이지 않는 큰 코일에 의해 만들어진 균일한 자기장 $B$가 종이면에서 나온다. 자기장은 시간에 따라 증가하며, 그 크기는 $B = B_0 + bt$이고, 여기서 $B_0$와 $b$는 양의 상수이며, 시간 $t$는 초의 단위를 갖는다. 구리 막대를 오른쪽으로 미끄러지게 하고 시간 $t = 0$일 때 레일의 오른쪽 끝으로부터 $x$만큼 떨어진 막대를 놓는다. 이 순간 막대는 오른쪽으로 $v$의 속력으로 움직인다.
(a) 이 회로의 초기 전류 $I$의 크기를 구하시오.
(b) 막대를 놓은 직후 막대에 작용하는 알짜 힘의 크기를 구하시오.
(c) 막대의 속력은 증가, 감소, 또는 일정하게 움직일까? 간략히 설명하시오.

## 22.5절

**문37.** 반지름 $R$인 초전도 고리에 그림 22.85에 나타난 방향으로 영구 전류 $I$가 흐르고 고리의 중심축은 $x$축과 나란하다. 고리가 $x$축을 따라 오른쪽으로 일정한 속력 $v$로 움직인다. 고리의 중심에 대해 위치 $\langle x, y, 0\rangle$에서 전기장(크기와 방향)을 구하시오. 만약 어떤 단순화시키는 가정 또는 근사를 취하면, 명확히 설명하시오.

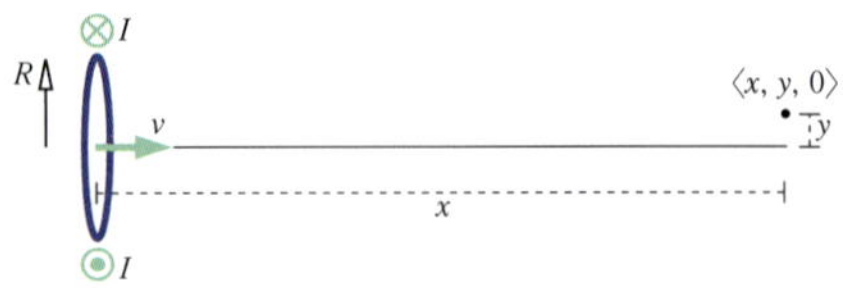


그림 22.85

## 22.6절

**문38.** 도선을 직사각형으로 12번 감은 가는 코일이 있다. 3 A의 전류가 코일을 흐를 때, 한 번 감은 코일에 의한 총 선속은 $1 \times 10^{-3}$ T • m$^2$이다 ($\Phi = kI$이고 비례 상수 $k$를 계산할 수 있음을 주목하자). 인덕턴스를 헨리(H)로 계산하시오.

**문39.** 변압기의 1차 코일은 100회 감겨 있고 2차 코일은 350회 감겨 있다. 1차 코일에 대한 AC전압은 최대 120 V이고 AC전류는 최대 4 A이다. 2차 코일에 대한 전압과 전류의 최댓값은?

**문40.** 반지름이 1.4 cm이고 길이가 25 cm인 솔레노이드의 감은 수는 1000회이고, 솔레노이드에 흐르는 전류는 8 A이다. (a) 솔레노이드의 인덕턴스는? (b) 솔레노이드 내부에서 솔레노이드의 양 끝에서 멀리 떨어진 곳에서 자기 에너지 밀도(J/m$^3$)는?
(c) 솔레노이드 밖의 자기장은 없고 안에서는 자기장이 일정하다고 가정할 때, 총 자기 에너지는? (d) (c)의 결과는 $\frac{1}{2}LI^2$임을 증명하시오.

**문41.** 1 F의 전기 용량을 가진 축전기를 사는 것이 가능하다.
(a) 대전된 1 F의 축전기에 연결될 때, 회로가 1초의 주기로 진동하도록 솔레노이드를 설계하시오. 누군가 당신이 설계한 내역으로부터 솔레노이드를 만들 수 있도록 솔레노이드의 모든 관련된 변수(길이 등)를 나열하시오. 비록 도선이 초전도가 아니면 현실적으로 실현 불가능할지 모르지만, 솔레노이드의 저항이 무시될 만큼 충분히 낮은 저항을 갖는 도선이 있다고 가정하자. (b) 만약 1 F의 축전

기가 초기에 3 V로 대전된다면, 인덕터를 통해 흐르는 전류의 최댓값은?

**문42.** 반지름이 5 mm이고 길이가 40 cm인 원통형 솔레노이드에 도선이 촘촘하고 균일하게 300회 감겨 있다(그림 22.86). 솔레노이드 중간 근처에 150 Ω의 저항을 갖는 저항선으로 만든 3 cm × 2 cm의 두 번 감은 직사각형 고리가 있다.

전지와 20 Ω 저항과의 직류 회로를 만들기 위해 자유로운 도선을 전지에 연결한 후 1 $\mu$s 후에, 직사각형 고리에 흐르는 전류의 크기와 방향은(그림에서 시계 방향 또는 반시계 방향)?

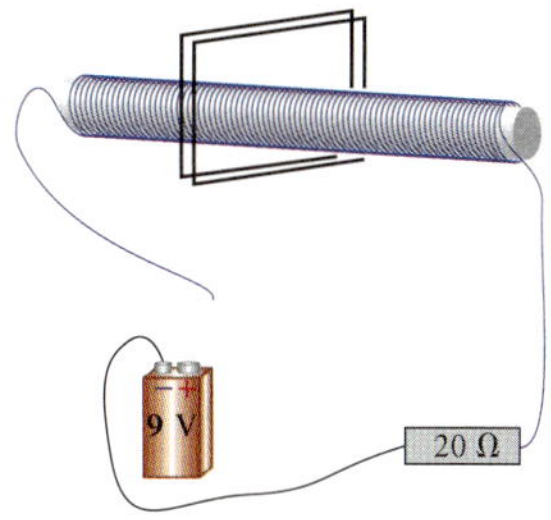


그림 22.86

## 점검 사항의 해답

1. 시계 방향; 반시계 방향
2. (a) 도선 A에 흐르는 전류는 없다. (b) 도선 B에 전류가 흐를 것이다. (c) 47.7 V/m. (d) 7.5 A
3. 0.052 $\text{T}\cdot\text{m}^2$
4. 20 V; 8 V/m; 2 A
5. 0(선속 변화 없음); 0.166 V
6. 선속은 $\Phi_0$이어야 한다. 자석이 기여하기에는 너무 멀리 있으므로, 모든 선속은 고리의 전류에 기인해야만 한다.
7. $4 \times 10^{-3}$ H; $4 \times 10^{-2}$ H
8. 4000 V
9. 5033 Hz
10. 처음 세 경우, 밝은 전구에 대해서는 단지 그 전구와 변하는 자기 선속을 포함하는 도선으로 구성된 회로를 그릴 수 있다. 어두운 전구에 대해서는 단지 그 전구와 변하는 자기 선속을 포함하지 않는 도선으로 구성된 회로를 그릴 수 있다. (1) 아래 전구는 밝고 위는 어둡다; (2) 위 전구는 밝고, 아래는 어둡다; (3) 위 전구는 밝고, 아래는 어둡다. 네 번째 경우, 두 전구는 변하는 자기 선속을 포함하는 회로에 있으므로 모두 빛난다. 전류는 다른 회로들에 비해 작다. 왜냐하면 기전력이 두 전구를 직렬로 만들기 때문이다.

$$\vec{\nabla} \times \vec{B} = \mu_0 \vec{J}$$

CHAPTER
# 23
# 전자기 복사

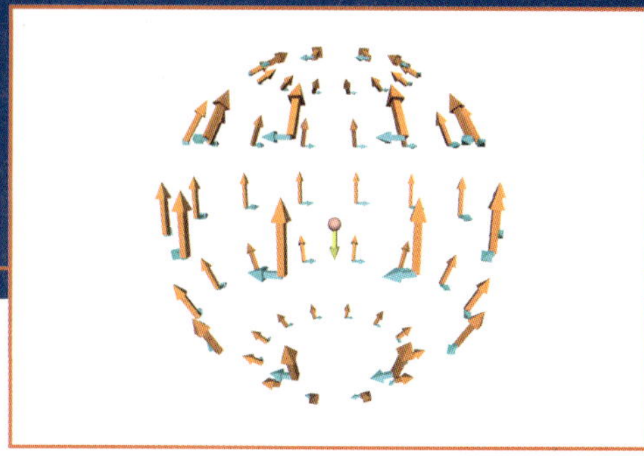

### 목표

이 장을 공부한 후에 다음과 것들을 할 수 있어야 한다.

- 가속 운동하는 전하에 의해 만들어지는 3차원 복사 전자기장을 계산할 수 있다.
- 사인 함수 꼴 전자기 파동의 주기, 파장, 속도 사이의 관계를 수학적으로 구할 수 있고 에너지 밀도를 진폭과 관계 지을 수 있다.
- 전자기파의 재복사를 포함한 물리 현상을 설명할 수 있다.
- 매질 속에서 빛의 진동수, 전파속도, 그리고 굴절각과 굴절률 사이의 관계를 수학적으로 구할 수 있다.

우리는 전기와 자기에 대한 공부에서 전자기파, 곧 빛의 고전적 모형인 최고의 지점에 접근하여 가고 있다. 1권에서 빛의 양자역학적 양상에 대하여 공부한 바 있다. 빛은 정지 질량이 0이며 에너지와 운동량을 갖는 광자라는 입자적 성질을 가지고 있다. 그러나, 간단한 입자적 모형으로는 설명이 되지 않는 빛과 물질의 상호작용과 관련한 중요한 성질들이 있다. 빛을 파동으로 취급하여야 하는 이들 현상은 전자기파의 고전적 모형으로 설명이 될 수 있는데, 이에 대하여 이 장에서 살펴볼 것이다. 이 고전적 모형 측면은 빛의 양자적 모형을 더 깊이 이해하기 위하여 중요하다.

## 23.1 맥스웰 방정식

4개의 맥스웰 방정식들은 공간에서 가능한 전자기장을 완전하게 묘사하도록 한다. 지금까지는 이들 방정식들 중에 3가지 형태, 즉 가우스 법칙, 자기에 대한 가우스 법칙, 패러데이 법칙들에 대해 살펴보았다. 4번째 방정식인 앙페르의 법칙은 완전한 형태가 아니다. 좀 더 앞으로 나가기 전에 이 방정식을 완성시킬 필요가 있다. 모든 맥스웰 방정식들이 완성이 되면 공간 상에서 전자기장의 놀라운 형태가 가능할 뿐 아니라 매우 중요하다는 것을 볼 수 있을 것이다.

### 앙페르-맥스웰 법칙

제22장에서 본 것과 같이, 패러데이 법칙은 공간의 어떤 지점에서 시간에 따라 변하는 자기장과 돌아가는 (비쿨롱) 전기장 사이의 관계를 말한다. 그렇다면 공

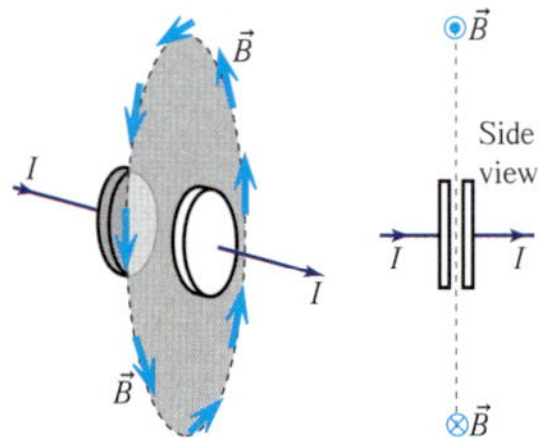


그림 23.1 비누막이 원형 앙페르 고리를 경계로 평평하게 펼쳐져 있다.

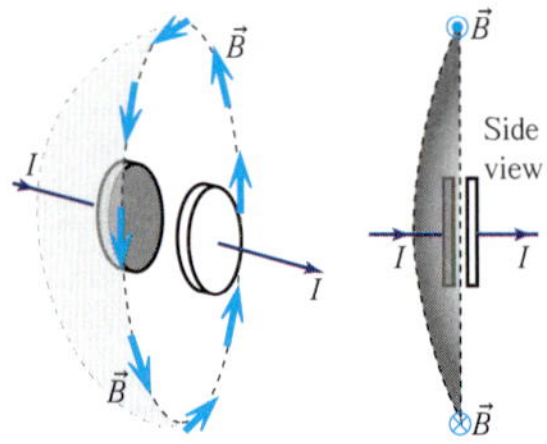


그림 23.2 비누막이 원형 앙페르 고리를 경계로 부풀어 있어 왼쪽 전선에 전류에 의해 뚫리고 있다.

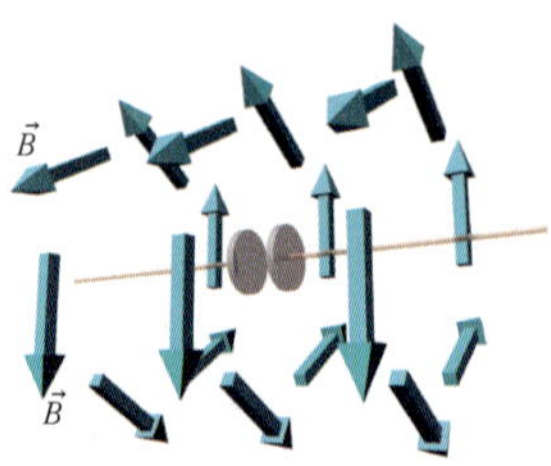


그림 23.3 축전기 주변에 예상되는 전기장

간의 어떤 지점에서 시간에 따라 변하는 전기장은 자기장과 관련이 있지 않을까 하는 의문이 생길 것이다. 사실이 그렇다는 것이 밝혀졌다. 앙페르 법칙은 이러한 점을 포함시키기 위하여 수정되어야 한다는 것을 살펴볼 것이다.

축전기에 전하를 충전하기 위하여 곧게 긴 전선이 연결된 회로에 앙페르 법칙을 적용하면, 무엇이 모순인지 찾을 수 있다. 축전기 주위에 원형 "앙페르" 고리를 선택하고 선택된 고리를 경계로 하는 가상적인 비눗물 막을 생각할 수 있다. 고리는 같지만 2개의 다른 비눗물 막을 생각해 보자.

그림 23.1을 보면 막을 통과하는 어떠한 전류도 없다. 그 이유는 막이 평평하며 축전기 판들 사이에 위치하기 때문이다. 그러므로 이 원형 고리를 따르는 선적분 $\oint \vec{B} \cdot d\vec{l}$은 영이라는 결론을 내려야 한다.

그러나 그림 23.2에서는 막을 통과하는 전류가 있다. 그 이유는 막이 왼쪽으로 반구형 형태로 되어 있어 전류가 흐르는 전선이 막을 뚫고 지나가기 때문이다. 이 경우에는 $\oint \vec{B} \cdot d\vec{l}$이 $\mu_0 I$라는 결론에 도달한다. 이 결과는 같은 적분 경로에 대하여 계산한 앞의 결과와 다르다는 모순이 생긴다.

**질문** ; 어떤 결과가 더 그럴듯한가? 선택한 경로를 따라서 자기장이 영일까 혹은 영이 아닐까?

추정하건대, 경로 상에서 자기장은 영이 아니다. 그 이유는 전선에 흐르는 전류는 공간의 모든 지점에 자기장 형성에 기여하기 때문이다. 축전기 주변의 자기장은 그림 23.3과 같이 근처에 있는 전선 주위의 자기장과 거의 같아야 하는 것을 예상할 수 있다.

제17장에서 긴 전선에 비오-사바르 법칙을 적용하여 전선 근처의 자기장이

$$B = \frac{\mu_0}{4\pi}\frac{2I}{r}$$

이라는 것을 구했었다.

그림 23.1에 원형 경로 위에서 자기장 값은 근사적으로 이 식으로부터 구해질 수 있다. 그 이유는 매우 긴 전선 중에서 매우 짧은 구간에서만 전선이 없어진 것으로 간주할 수 있기 때문이다. 결론적으로 그림 23.1의 암페어 고리에 대한 적분은 다음과 같이 되어야 할 것이다.

$$\oint \vec{B} \bullet d\vec{l} \approx \frac{\mu_0}{4\pi}\frac{2I}{r}2\pi r = \mu_0 I$$

딜레마는 스코틀랜드 물리학자인 제임스 클럭 맥스웰에 의해 해결되었다. 시간에 따라 변하는 자기장은 전기장을 발생시킨다는 패러데이의 발견이 알려진 후에 그는 시간에 따라 변하는 전기장도 자기장을 발생시킬 수 있을 가능성이 있다는 것을 추측하였다. 축전기의 두 판 사이에는 시간에 따라 변하는 전기장이 있게 되는데, 그 이유는 충전이 이루어지면서 더 많은 전하들이 충전될수록 전기장이 커지기 때문이다. 맥스웰은 시간에 따라 변하는 전기장은 축전기 주변에 자기장을 만들 것이라고 예상하였다.

이 아이디어를 양적으로 탐색하여 보자. 패러데이 법칙과 유사하게 어떤 지역에서 전기 선속의 변화율이 그 지역을 둘러싼 경로를 따라 자기장의 적분과 관련이 있다고 추측할 수 있다.

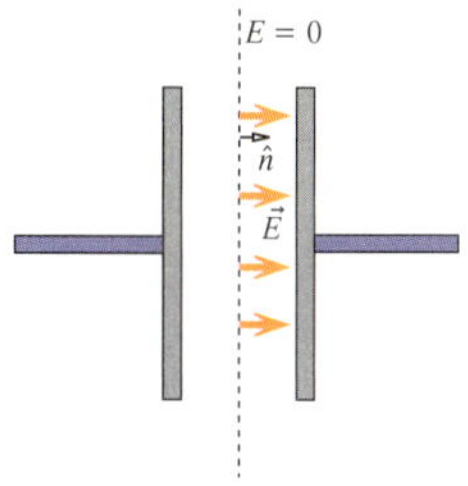


**그림 23.4** 축전기 판들 사이에 표면을 통과하는 선속 계산(측면 모습)

첫째로 그림 23.4에 있는 표면을 통과하는 전기 선속에 대한 표현이 필요하다. 제21장에서 본 바와 같이

$$\Phi_{전기} = \int \vec{E} \cdot \hat{n} dA$$

그림 23.4에 보여진 바와 같이 축전기 내에서 전기장은 $\hat{n}$에 평행하고 크기는 $(Q/A)/\varepsilon_0$이다. 축전기 밖에서는 축전기 판들이 매우 크고 가까이에 있다면 전기장은 매우 작다. 그러므로,

$$\Phi_{전기} = \left(\frac{Q}{A\varepsilon_0}\right) A \cos 0° = \frac{Q}{\varepsilon_0}$$

**질문** : 이 상황에서 전기 선속의 시간 미분 값은 무엇인가?

$\Delta t$ 시간 동안에 축전기 안으로 들어오는 전하량 $\Delta Q$는 $\Delta Q = I\Delta t$이다. 축전기에 충전되는 전하량 $Q$의 시간 변화율

$$\frac{dQ}{dt} = I$$

이다. 그러므로 전기 선속의 시간 변화율은

$$\frac{d\Phi_{전기}}{dt} = \frac{d}{dt}\left(\frac{Q}{\varepsilon_0}\right) = \frac{I}{\varepsilon_0}$$

이다. $\varepsilon_0 \dfrac{d\Phi_{전기}}{dt}$ 는 암페어의 단위를 가지고 있어서 이것을 앙페르 법칙에서 $I$에 더하여 사용할 것이다. 이와 같이 앙페르 법칙의 더 일반적인 형태를 "앙페르–맥스웰 법칙"이라고 할 것이다.

앙페르–맥스웰 법칙

$$\oint \vec{B} \bullet d\vec{l} = \mu_0 \left[\sum I_{내부경로} + \varepsilon_0 \frac{d\Phi_{전기}}{dt}\right]$$

$$\Phi_{전기} = \int \vec{E} \cdot \hat{n} dA$$

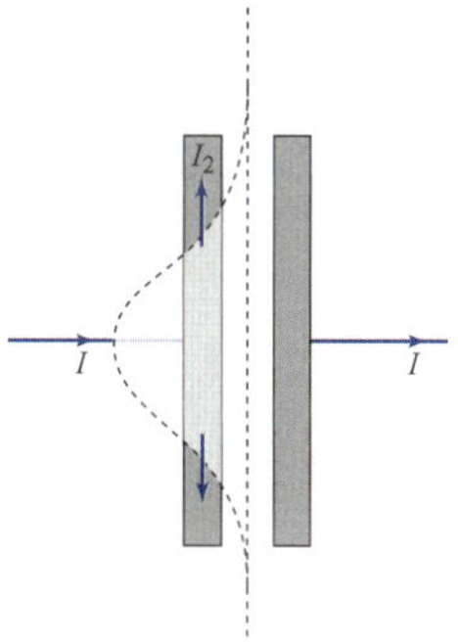


**그림 23.5** 비누막이 판 중심 근처에서 볼록 튀어 나와 있다.

비누막이 축전기 밖에 있는 경우에는 $I$를 포함한 항만 있고 전기 선속이 변하는 항은 포함되지 않는다. 비누막이 축전기 판들 사이에 있으면 $I$를 포함한 항은 없고 시간에 따라 변하는 전기 선속 항만 있다. 앙페르–맥스웰 법칙은 두 경우 모두를 다룬다.

이 법칙은 축전기 판의 중심 근처에서 볼록 튀어 나온 비누막과 같은 경우에도 적용이 된다(그림 23.5). 이 경우에 막은 모든 전기 선속을 감싸지 않는다. 비누막은 들어오는 전류만이 아니라 축전기 판의 중심으로부터 가장 자리를 향하여 밖으로 흐르는 반지름 방향의 전류 $I_2$도 고려할 수 있다. 결과적으로 비누막을 통과하는 알짜 전류는 $I - I_2$이다.

이 경우에 앙페르–맥스웰 방정식은 $\mu_0 I$까지 더해지는 전류 항과 선속 항 모두가 포함된다.

시간에 따라 변하는 전기장은 항상 자기장과 관련이 있다고 말함으로써 앙페

르–맥스웰 법칙을 해석한다. 맥스웰의 천재적 추측을 직접 실험으로 증명하는 것은 매우 어렵다. 이유는 변하는 전기장을 만들기 위해서는 전하의 양이 계속 증가하면서 전하들을 붙잡는 전류를 흘려주어야 하는데, 이 피할 수 없는 전류도 또한 자기장을 만들기 때문에 둘을 구별해서 측정하는 것이 매우 어렵기 때문이다. 기하학적으로 정교하게 배치를 하지 않으면, 실제로 흐는 전류가 시간에 따라 변하는 전기장의 효과를 가려버릴 수 있다. 실제로 전기 선속 항의 실험적 증명이 있어 왔지만, 맥스웰의 영감에 의한 예측의 확신은 간접적이다. 빛과 라디오 파의 성질에 대하여 설명하면서 확신이 가능한데 이에 대해서 곧 살펴볼 예정이다.

### 맥스웰 방정식 (적분형)

모든 전자기 효과들을 4개의 방정식들로 정리할 수 있다. 이들을 모아서 맥스웰 방정식(맥스웰 혼자 현대의 형태로 모든 방정식을 쓰지는 않았지만) 이라고 한다. 처음 3개는 앞의 장들에서 소개된 친숙한 방정식들이다.

**맥스웰 방정식**

$$\oint \vec{E} \bullet \hat{n} dA = \frac{1}{\varepsilon_0} \sum Q_{\text{표면 안쪽}} \qquad \text{가우스 법칙}$$

$$\oint \vec{B} \bullet \hat{n} dA = 0 \qquad \text{자기에 대한 가우스 법칙}$$

$$\oint \vec{E} \bullet d\vec{l} = -\frac{d}{dt} \int \vec{B} \bullet \hat{n} dA \qquad \text{패러데이 법칙}$$

$$\oint \vec{B} \bullet d\vec{l} = \mu_0 \left[ \sum I_{\text{내부 경로}} + \varepsilon_0 \frac{d}{dt} \int \vec{E} \bullet \hat{n} dA \right] \qquad \text{앙페르–맥스웰 법칙}$$

이들은 맥스웰 방정식의 적분형 꼴이다. 맥스웰 방정식의 미분형은 이 장의 끝에 소개한다.

맥스웰 방정식에 더해서 전기와 자기의 기본적인 관계들에 대한 목록을 완성하기 위하여 우리는 전하에 대한 전기장과 자기장의 영향으로 말미암는 전자기력, Lorentz 힘에 대한 방정식을 함께 놓을 필요가 있다. 이 힘은 전자기장들 속에 전하들에 작용하는 힘이다.

**알짜 전기와 자기력**

$$\vec{F} = q\vec{E} + q\vec{v} \times \vec{B} \qquad (d\vec{F} = I d\vec{l} \times \vec{B}, \text{ 전류에 대해})$$

## 23.2 공간에서 진행하는 장들

시간에 따라 변하는 자기장은 전기장을 발생시키고 시간에 따라 변하는 전기장은 자기장을 발생시킨다. 빈 공간에 시간에 따라 변하는 전기장과 자기장이 근처에 전하나 전류가 전혀 없이도 존재할 수 있겠는가?

만약에 이것이 가능하다는 것을 보일 수 있다면, 즉, 이것이 맥스웰 방정식들 중 하나 혹은 그 이상의 것들과 모순이 없을지라도 여전히 어떻게 그와 같은 과정이 시작할 수 있는지에 대한 질문에 답하여야 한다. 최종적으로 우리는 그와 같은 장들이 가속된 전하에 의해서 만들어질 수 있다는 것을 보여줄 것이다. 하지만 먼저 우리는 그와 같은 전기장과 자기장 구조가 정말로 가능한 것을 세우는 데 집중할 것이다.

### 맥스웰 방정식 풀이

원칙적으로 이것을 어떻게 해결하는가 보이는 직접적인 방법은 맥스웰 방정식의 미분형 꼴의 미분 방정식을 푸는 것이다. 하지만 수학의 수준이 이 책의 수준을 넘기 때문에 이 방법으로 해결하지는 못한다. 그러나 우리는 제19장에서 *RC* 회로에 대한 미분 방정식에 대한 해를 구한 것과 같은 방법으로는 할 수 있다. 그 경우에 우리는 지수 함수가 시간의 함수로서 전류에 대한 해가 될 수 있다는 것을 예상했었다. 그런 후에 이 해를 미분 방정식에 대입하여 예상된 함수를 미분하는 과정을 통하여 해가 되는 것을 보여주었다. 이것이 미분 방정식을 풀기 위한 가장 일반적인 방법들 중 하나이다. 이 방법은 적분 방정식을 풀 때도 사용된다.

### 해를 구하는 과정

우리는 문제에 대하여 다음과 같은 순서로 해를 구해 갈 것이다.

- 공간과 시간에 따라 전기장과 자기장의 특별한 구도를 제안한다.
- 이것은 4개의 맥스웰 방정식들을 만족시키며 따라서 가능한 해이다.
- 가속 운동하는 전하는 그와 같은 장들을 만드는 것을 보인다.
- 그와 같은 장들이 매질과 상호작용할 때 효과를 규명할 것이다.
- 그와 같은 장들을 포함하는 다양한 현상들을 찾아볼 것이다.

### 진행하는 장들의 간단한 모습

우리는 어떤 원천 전하들도 없는 공간에서 시간에 따라 변하는 전기장과 자기장의 다양한 모습들을 생각할 수 있다. 그들 중 대부분은 맥스웰 방정식들을 만족시키지 못해서 가능한 답이 될 수 없다는 것을 볼 것이다. 그러나 영이 아닌 장들이 공간 속을 속도 $v$로 진행한다는 가정을 더하면, 우리는 맥스웰 방정식을 만족하는 해를 구할 수 있다. 영이 아닌 장들의 영역이 공간을 통하여 움직인다는 이 아이디어는 맥스웰 방정식 모두를 만족시키는 시간에 따라 변하는 전기장과 자기장을 찾는 핵심이 된다.

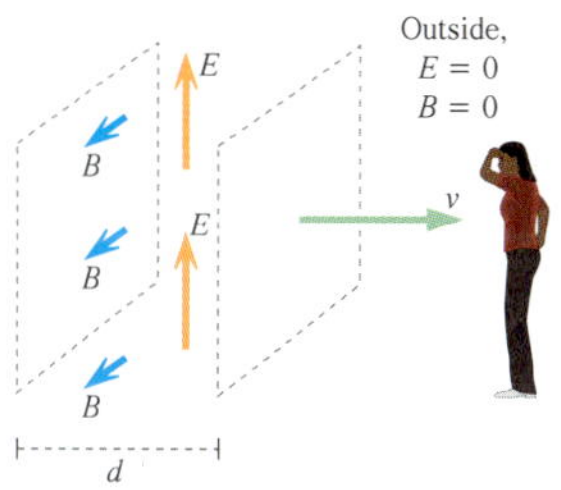


**그림 23.6** 공간의 어느 부분(slab)이 전기장과 자기장을 가지고 있고 다른 곳에는 없다. slab는 오른쪽으로 속도 $v$로 움직인다.

여러분은 공간을 통과하는 교란과 같은 현상을 파동으로 알고 있다. 미분 방정식에 친숙한 사람들에게 맥스웰 방정식의 미분 형은 파동이 가능한 해가 되는 것을 알 수 있다. 친숙한 사인 함수 형태의 파동을 비롯해서 많은 파동의 형태가 가능하다. 우리의 분석을 간단하게 하기 위하여 우리는 먼저 가장 간단한 파동, 즉 그림 23.6에서 보여주는 것과 같은 하나의 진행하는 펄스를 고려할 것이다.

### 움직이는 Slab(펄스)

그림 23.6과 같은 두께가 $d$이고 매우 높고 깊은 직사각형 "slab" 공간을 생각해 보자. slab 내부는 위쪽을 향하는 균일한 전기장과 지면 앞쪽을 향하는 자기장으로 채워져 있다. slab 밖에서 전기장과 자기장은 영이다. 이 slab가 속도 $v$로 오른쪽으로 움직이고 있다고 상상하자. 시간이 지나면 장들이 포함된 공간이 현재의

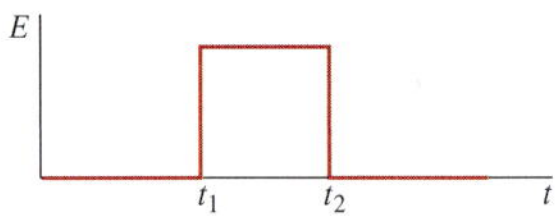


**그림 23.7** 펄스가 지나감에 따라 전기장의 크기는 공간의 한 지점에서 시간의 함수로 관측된다. 이 지점에서 $t_1$과 $t_2$ 시간에 전기장 값이 변한다는 것을 알아라($dE/dt \neq 0$).

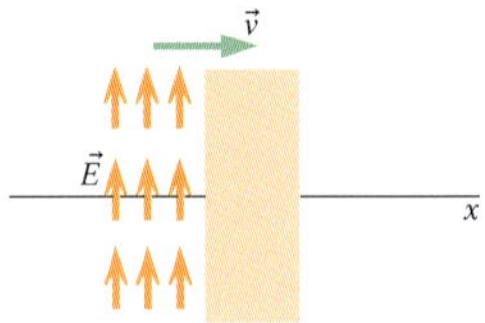


**그림 23.8** 주어진 순간에 보여준 영역에서 전기장이 영이 아니다. 다음 순간에 영이 아닌 전기장 영역은 음영 처리된 부분으로 옮겨갈 것이다. 뚜렷하게 보이게 하기 위하여 자기장은 그리지 않았다.

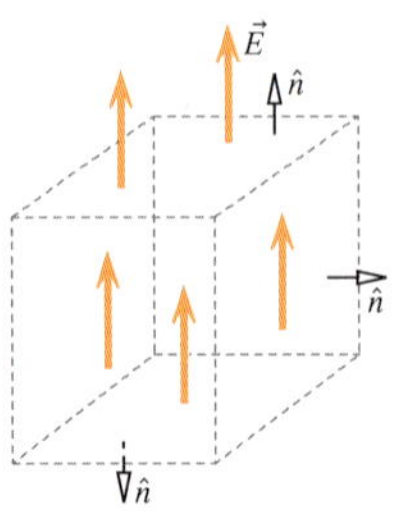


**그림 23.9** slab 안에 있는 상자 영역에 가우스 법칙을 적용하여 보면, 상자를 통과하는 알짜 전기선속은 영임을 알 수 있다. $\vec{B}$는 그리지 않았다.

위치보다 오른쪽으로 이동한 어떤 곳에 있을 것이다. 그 시간에는 원래 있었던 공간에서는 장들이 영이 될 것이다.

## 시간에 따라 변하는 장들

만약 당신이 그림 23.6에 보여준 것과 같이 오른쪽에 서 있다면, 얼마 동안 당신은 전자기 장을 경험하지 못할 것이다. 그 다음에 그림 23.7과 같이 당신이 서 있는 곳에서 장들이 변할 것이다. 짧은 시간 동안 당신은 위쪽으로 향하는 전기장과 지면 바깥을 향하는 자기장을 측정할 수 있다. slab이 지나간 후에 당신은 다시 아무런 장들을 경험하지 못하게 된다. 당신은 짧은 장들의 펄스가 지나갔다고 말함으로써 경험을 설명할 수 있다. 펄스의 가장자리가 당신이 서 있는 지점을 지나갈 때 그 지점에는 시간에 따라 변하는 장들이 있게 된다. 실제 펄스에서는 장의 크기가 순간적으로 변하지 못하기 때문에 $dE/dt$와 $dB/dt$ 값이 무한대가 되지 않는다.

## 전파

우리의 예에서 장들은 오른쪽으로 전파한다거나 전파의 방향이 오른쪽이라고 말한다. 전파라는 말은 새로운 영역으로 어떤 것(여기서는 전기장과 자기장)이 퍼져가는 것을 의미한다. 엄격하게 말하면 장들은 움직이지 않는다. 오히려 어떤 순간에 공간의 slab 모양 영역에 장들이 있고 그 이후에 원래 지점의 오른쪽 공간의 다른 영역에 slab 모양의 영역에 장들이 있게 되는 것이다(그림 23.8). 특별한 순간에 장들은 위치에 따라 변한다. 공간의 특별한 위치에서 장들은 시간에 따라 변한다(그림 23.7). 수학적으로 공간 상에서 $\vec{E}$와 $\vec{B}$가 영이 아닌 영역이 속도 $\vec{v}$로 오른쪽으로 전파하는 것이라고 말할 수 있다.

전자기장의 이 구도는 4개의 맥스웰 방정식을 만족한다는 것을 보일 것이다. 물론 우리는 $\vec{E}$, $\vec{B}$ 및 $\vec{v}$에 대하여 특별한 방향을 고려할 것이다. 그러나 다른 방향 집합을 선택한다면, 예를 들어 $\vec{E}$와 $\vec{B}$는 둘 다 아래 방향으로 잡고 $\vec{v}$를 위 방향으로 잡는다면 이들 방향들은 4개의 맥스웰 방정식들을 만족시키지 못한다. 우리가 여기서 취급하는 배열, 즉 $\vec{E}$, $\vec{B}$ 및 $\vec{v}$들이 그림 23.6과 같이 서로 수직인 경우만이 맥스웰 방정식을 만족시킨다(물론 $\vec{v}$는 어떤 방향일 수 있다. $\vec{E}$, $\vec{B}$, $\vec{v}$의 상대적인 방향은 매우 중요하다).

## 가우스 법칙

첫째로 가우스 법칙을 고려해 보자.

$$\oint \vec{E} \bullet \hat{n} dA = \frac{1}{\varepsilon_0} \sum Q_{\text{표면 안쪽}}$$

전하가 없는 공간에서 우리가 선택한 전기장 구도가 가능하다는 것을 보일 필요가 있다. 장으로 채워진 slab가 움직이는 공간에 고정되어 있는 가상적인 상자를 선택하자(그림 23.9). 상자의 위쪽 면에 대한 양의 선속은 바닥쪽 면에 대한 같은 크기의 음의 선속에 의해 정확하게 상쇄된다. 양쪽 면에 대해서는 $\vec{E}$와 $\hat{n}$이 수직이기 때문에 선속은 영이다. 알짜 선속은 영이기 때문에 따라서 우리가 기대한 것

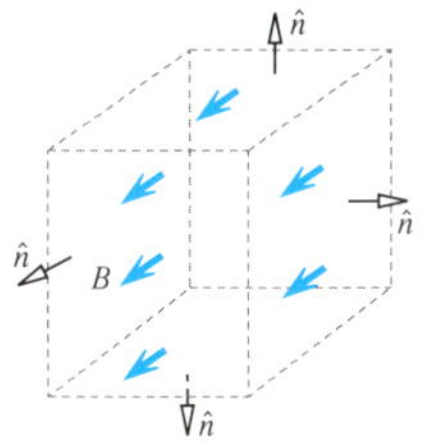


**그림 23.10** slab 안에 있는 상자 영역에 가우스 법칙을 적용하여 보면, 상자를 통과하는 알짜 자기 선속은 영이임을 알 수 있다. $\vec{E}$는 그리지 않았다.

처럼 상자 안에는 전하가 없어야 한다.

## 자기에 대한 가우스 법칙

다음으로는 자기에 대한 가우스 법칙을 생각하여 보자.

$$\oint \vec{B} \bullet \hat{n} dA = 0$$

그림 23.10과 같은 모양의 상자 면에 대하여 앞쪽 면에 대한 양의 자기 선속은 상자뒤쪽 면에 대한 음의 선속이 같기 때문에 상쇄된다. $\vec{B}$와 $\hat{n}$이 수직이기 때문에 옆쪽 면에 대한 선속은 없다. 그러므로 자기장의 이 구도는 자기 홀극이 없는 영역에서 정확하게 존재할 수 있다. 우리가 지금까지 알고 있는 한 자기 홀극은 어떤 곳에도 없기 때문에 이 결과는 좋다.

## 패러데이 법칙

패러데이 법칙은 변하는 자기 선속과 비쿨롱 전기장 사이의 관계이다.

$$\oint \vec{E} \bullet d\vec{l} = -\frac{d}{dt} \int \vec{B} \bullet \hat{n} dA$$

$\vec{E}$와 $\vec{B}$가 영이 아닌 영역이 움직이기 때문에 특정 지점에서 자기장은 시간에 따라 변하고 이 시간에 따라 변하는 자기장은 회전하는 모양의 전기장을 유도시킨다. 패러데이 법칙을 적용하기 위하여 높이가 $h$이고 폭이 $w$인 직각사각형을 그림 23.11과 같이 일부는 slab 안쪽에 있고 나머지는 밖에 위치하도록 그려보자. 이 직사각형 경로는 공간에 고정되어 있고 slab는 오른쪽으로 움직인다. 직사각형 경로에 패러데이 법칙을 적용하여 보자. 먼저 우리는 방정식의 오른쪽 항을 고려할 것이다.

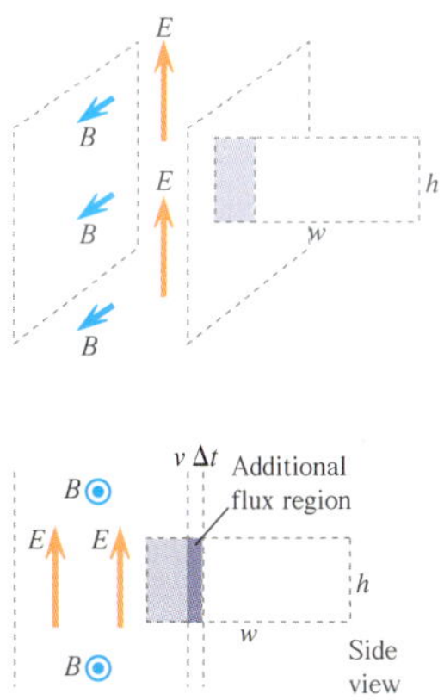


**그림 23.11** slab 안에 일부가 들어간 사각형 고리에 패러데이 법칙을 적용하는 모습. 아래 그림은 옆면을 보여주는 것이다.

> **질문** slab가 속도 $v$로 오른쪽으로 움직이면 경로에 의하여 둘러싸인 자기 선속의 변화율을 $B$항으로 계산하여라. $\Delta t$ 시간 동안에 선속이 증가하는 양을 계산하고 $\Delta t$로 나누어 계산하여라. 그림 23.11에서 측면 그림에서 $\Delta t$ 시간 동안에 나타난 자기 선속의 부가적인 영역을 확인하여라.

$\Delta t$ 시간 동안에 선택된 경로 안에서 자기장의 면적은 $v\Delta t$만큼 증가한다. slab 안에서 자기장 $B$는 균일하기 때문에 자기 선속의 증가분은 $B(v\Delta t)h \cos 0 = Bvh\Delta t$만큼이다. 그러므로 선택된 경로 안에서 자기 선속의 변화율은

$$\frac{d\Phi_{\text{자기}}}{dt} = Bvh$$

패러데이 법칙에 의해서 자기 선속의 변화율은 경로를 따라 한 바퀴 돌 때 emf와 같다. emf 값은 전기장의 경로 적분(선적분) 값이다(방정식의 왼쪽편).

> **질문** 경로의 일부분이 slab 밖에 있다는 사실을 마음에 두고 전기장의 경로 적분값이 전기장의 항으로 얼마인가?

전기장의 평행 성분이 영이 아닌 경로의 부분은 길이 $h$인 조각이다. 따라서 다음과 같은 식을 얻을 수 있다.

$$|\text{emf}| = \left|\oint \vec{E}\bullet d\vec{l}\right| = Eh\cos 0 = Eh$$

**질문** 패러데이 법칙은 $E$와 $B$ 사이에 대수적 관계를 말하는 것이다. 이 관계를 설명하여라.

emf는 자기 선속의 변화율, $Eh = Bvh$, 과 같으므로 slab에서 $B$와 $E$ 사이에 다음과 같은 관계식을 얻는다.

$$E = vB$$

**질문** $\vec{E}$의 방향은 패러데이 법칙에 의해 어떻게 되는지 설명하여라.

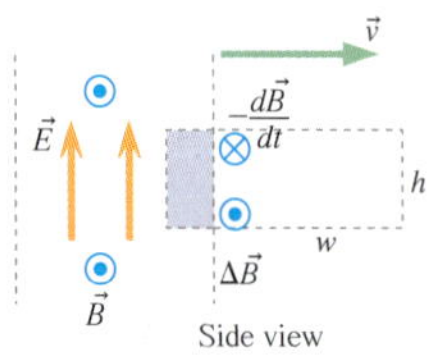


그림 23.12 전기장의 방향은 패러데이 법칙과 일치한다.

slab의 앞에 있는 영역에서 자기장은 영에서 지면에서 나오는 방향을 갖는 영이 아닌 값으로 변한다. 그래서 $\Delta\vec{B}$는 지면 밖을 향하고 $-d\vec{B}/dt$는 지면 안쪽을 향한다(그림 23.12). $-d\vec{B}/dt$의 방향으로 오른손 엄지손가락을 향하도록 하고 나머지 4개의 손가락을 시계 방향으로 감으면, 감기는 방향이 경로 주위를 돌아가는 전기장의 방향이다.

움직이는 장을 표현하기 위해 선택한 구도는 $E = vB$라는 조건 하에 패러데이 법칙을 만족함을 보였다.

## 앙페르–맥스웰 법칙

앙페르–맥스웰 법칙은 변하는 전기 선속과 자기장 사이의 관계를 말한다.

$$\oint \vec{B}\bullet d\vec{l} = \mu_0\left[\sum I_{\text{경로 내부}} + \varepsilon_0\frac{d\Phi_{\text{전기}}}{dt}\right]$$

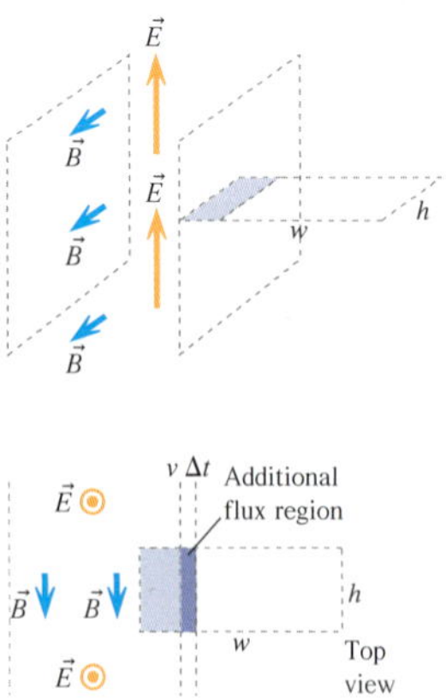


그림 23.13 앙페르–맥스웰 법칙을 slab에 적용하기. 아래쪽 그림은 위에서 본 모습이다.

현재 상황에서 실제 전류는 없다. slab에 담긴 장이 움직이기 때문에 공간의 어떤 지점에서 전기장은 시간에 따라 변하고 앙페르–맥스웰 법칙에 의해 변하는 전기장은 회전하는 자기장을 유도하여야 한다. 앙페르–맥스웰 법칙을 적용하기 위하여 우리는 공간 상에 수평 방향으로 고정된 사각형 경로(사각형은 전기장에 수직임)를 그려보자. 그림 23.13은 위에서 본 모습을 포함한 것으로 위쪽을 향하는 전기장을 내려다 본 그림이다. 먼저 우리는 방정식의 오른쪽 항을 계산할 것이다.

**질문** 앙페르–맥스웰 법칙을 이 경로에 적용하여 보자. 만약 이 slab가 속력 $v$로 오른쪽으로 움직인다면 경로로 쌓인 전기 선속의 변화율을 $E$로 앞 절에서 자기 선속의 변화율을 계산한 동일한 방법이다. 그림 23.13 위에서 본 그림에서 $\Delta t$시간 동안 전기 선속이 추가적으로 나타나는 영역을 살펴보아라.

$\Delta t$시간 동안에 선택된 경로 안으로 들어오는 전기장의 면적은 $(v\Delta t)h$만큼 증가한다. 그리고 전기장 $E$는 slab 안에서 균일하기 때문에 전기 선속은 $E(v\Delta t)h\cos 0 = Evh\Delta t$만큼 증가한다. 그러므로 선택된 경로 안에서 전기 선속의 변화율은 다음과 같다.

$$\frac{d\Phi_{\text{electric}}}{dt} = Evh$$

**질문** 경로의 일부분이 slab 밖에 있다는 것을 생각하면서 자기장의 경로 적분(방정식의 왼쪽 항)을 $B$로 나타내어라.

영이 아닌 자기장의 평행한 성분에 대한 경로의 부분은 길이 $h$의 조각이다. 따라서 우리는 다음과 같은 식을 얻을 수 있다.

$$\oint \vec{B} \bullet d\vec{l} = Bh\cos 0 = Bh$$

**질문** 앙페르-맥스웰 법칙의 적용은 $E$와 $B$ 사이에 다른 대수적 관계를 설정하는 것이다. 이 관계에 대하여 설명하여라.

전류 $I$가 없어서 자기장의 경로 적분은 전기 선속의 변화율에 $\mu_0\varepsilon_0$를 곱한 결과, $Bh = \mu_0\varepsilon_0 Evh$와 같다. 따라서 우리는 slab 안에서 $E$와 $B$ 사이에 다음의 관계식을 구할 수 있다.

$$B = \mu_0\varepsilon_0 vE$$

## 전파 속도

영이 아닌 장의 영역이 속력 $v$로 진행하면 우리가 선택한 장들의 구도가 가능하다는 것을 보였기 때문에 $v$가 무엇이어야 하는 것을 찾는 것에 대해 매우 흥미가 생겼다. $E$와 $B$를 포함한 2개의 다른 관계식을 가지고 있는데, 두 식에는 전기장과 자기장 펄스가 공간을 통하여 전파하는 알지 못하는 속력 $v$가 포함되어 있다.

$$E = vB$$
$$B = \mu_0\varepsilon_0 vE$$

**질문** 속도 $v$에 대해 풀어라. 장의 구도가 4개의 맥스웰 방정식을 만족시키기 위해서 장들이 어떤 속도로 전파해야 하는지 보기 위하여 수치적으로 결과를 평가하여라.

$E = vB$와 $B = \mu_0\varepsilon_0 vE$ 식을 결합시킴으로써 우리는 다음과 같은 식을 구할 수 있다.

$$v^2 = \frac{1}{(\mu_0\varepsilon_0)}$$

수치적으로 평가하기 위하여 우리는 다음과 같이 계산할 수 있다.

$$v = \sqrt{\frac{1}{\mu_0\varepsilon_0}} = \sqrt{\left(\frac{1}{4\pi\varepsilon_0}\right)\left(\frac{4\pi}{\mu_0}\right)}$$
$$v = \sqrt{(9\times10^9\ \mathrm{N\cdot m^2/C^2})(1\times10^7\ \mathrm{A/T\cdot m})} = 3\times10^8\ \mathrm{m/s}$$

전자기파는 빛의 속도로 전파한다! 이것은 놀라운 결과이다. 펄스는 알려진 빛의 속도와 같은 속력으로 전파한다는 것이 예견이 된다. 1800년 중반에 맥스웰은 유사한 추론을 했던 시기에 어떤 사람도 빛의 실제 본성에 대하여 아이디어를 갖지 못했지만 빛의 속력이 $3 \times 10^8$ m/s로 알려졌다. 맥스웰이 움직이는 장들의 가능성에 대한 이론적인 분석을 성공하였고 간단한 전기와 자기 실험을 통하여 측정할 수

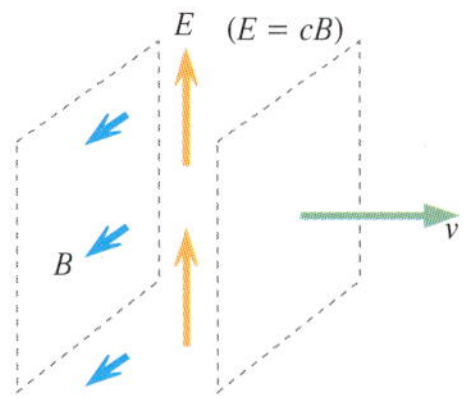


그림 23.14 전자기 펄스의 전파 방향

있는 $\mu_0$와 $\varepsilon_0$의 값들을 사용하여 그와 같은 장들의 전파 속도를 예견한 것이었다.

예견된 속력이 빛의 속력으로 알려졌을 때 맥스웰은 빛은 시간에 따라 변하는 전기장과 자기장의 조합으로 되어 있으며 어떤 전하나 전류가 없는 빈 공간을 통하여 전파할 수 있다고 결론을 내렸다. 이 이론적 분석은 1885−1889년 사이에 아인리치 헤르츠에 의해 증명이 되었다. 헤르츠는 방전 상황에서 전하들을 가속시키고 처음으로 빛의 속력으로 전파하는 라디오 파를 관측하였다.

펄스의 전파 $\vec{v}$ 방향이 $\vec{E} \times \vec{B}$의 방향과 같다는 것을 아는 것은 유용하다(그림 23.14). 우리는 펄스 안에 있는 $E$와 $B$ 사이에 다음과 같은 관계가 있다는 것으로 요약할 수 있다.

**전자기파에서 $E$와 $B$ 사이의 관계**

$$E = cB$$

여기서 $c$는 빛의 속력이다. $\vec{v}$의 방향은 $\vec{E} \times \vec{B}$의 방향이다.

전기력이 $q\vec{E}$이고 자기력이 $q\vec{v} \times \vec{B}$라는 것을 알고 있다면 $cB$는 $E$와 같은 단위이기 때문에 $E = cB$라는 것을 기억하기 쉬울 것이다.

> **점검 사항 1** 복사 펄스 가속도 $\vec{v} = (0, c, 0)$으로 진행하고 있다. 펄스 안에서 전기장은 $\vec{E} = (0, 0, 1 \times 10^6)$ N/C이다. 펄스 안의 자기장은 얼마인지 벡터로 나타내어라.

## 전자기 복사

진행하는 전자기장 펄스를 전자기 복사라고 한다. 전자기라고 하는 것은 전기장과 자기장을 가지고 있기 때문이고 복사라고 하는 것은 원천으로부터 밖으로 방출되기 때문에 붙인 이름이다. 가시광—인간의 눈으로 측정이 가능한 전자기 복사—은 전자기 복사 스펙트럼 중에 극히 일부분에 해당한다. 우리가 빛이라고 말할 때 단지 가시광 만을 의미하지 않고 전자기 복사의 다른 형태들, 즉 마이크로파, 라디오 파, 적외선, 자외선, X선, 감마선 등 모두를 지칭한다. 이 장 뒤에 전자기 스펙트럼에 대하여 좀 더 자세하게 논의할 것이다.

어떤 경우에도 빈 공간에 맥스웰 방정식을 만족하는 진행하는 전기장과 자기장들은 단지 하나의 배열만 가능하다. $\vec{E}$와 $\vec{B}$는 $E = cB$이며 서로 직교하고 영이 아닌 영역은 빛의 속력으로 $\vec{E} \times \vec{B}$방향으로 진행한다. 지금까지 우리는 진행하는 장들이 맥스웰 방정식들을 만족하는 것을 성공적으로 보였는데, 다음 일은 그와 같은 장들이 어떻게 생성되는지를 알아보는 것이다.

## 다른 파형들

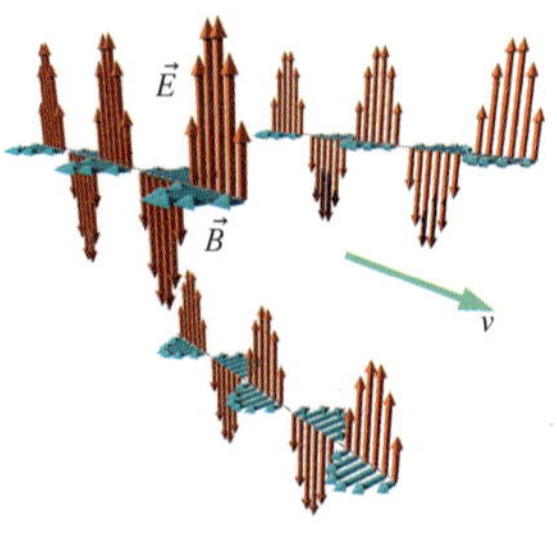


그림 23.15 사인 형태의 전자기파

우리가 생각하고 있는 간단한 펄스만이 가능한 전자기파의 형태는 아니다. 사실 다른 크기의 연속적인 펄스들을 이용하여 만든 파형도 맥스웰 방정식들을 만족할 수 있다. 예를 들어 사각파나 사인파(그림 23.15)도 또한 가능하다. 우리는 후에 사인 형태의 전자기파가 특별히 일반적이라는 것을 보게 될 것이다.

## 23.3 가속된 전하에 의한 복사 발생

그림 23.16 정지한 양전자를 둘러싼 전기장의 방향

빛의 속도로 전파하는 전자기 복사 펄스가 맥스웰 방정식들을 만족함을 보아왔다. 우리가 답해야 할 다음 질문은 진행하는 장들의 구도가 어떻게 만들어지는가이다. 전자기파를 방출하는 방법은 전하를 가속시키는 것이 판명되었다.

그림 23.16과 같이 정지해 있는 양전하 $q$를 생각해 보자. 이 전하에 의해 만들어진 전기장의 방향은 모든 방향으로 밖으로 향하는, 즉 지름 방향이다. 그 지점에서 전기장의 방향(크기가 아니라)을 보여주기 위한 전기력선들로 나타낼 수 있다.

우리가 전하를 아래쪽 방향으로 일시적으로 힘을 가해 킥을 했다고 하자. 매우 짧은 시간에 속력을 얻게 된다. 작은 속력으로 아래로 내려간다(저항이 없다고 하자). 킥을 한 후 약간의 시간이 지난 다음에 이 지역을 통과하는 전기장의 방향을 사진 촬영했다고 하자. 사진은 그림 23.17과 같이 놀라우며 특별한 모양이 된다. 1과 2 지역에 서 있는 두 명의 관찰자가 관찰한 것을 논의할 것이다. 관찰자 1은 천천히 움직이는 전하가 있는 현재의 위치에서 밖을 향하는 전기장을 본다.

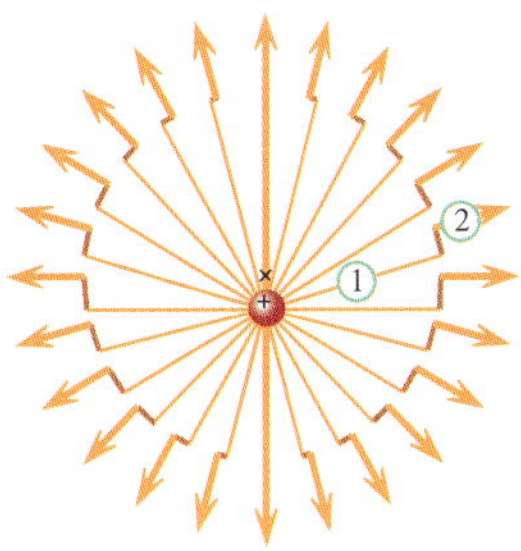


그림 23.17 킥을 한 후 짧은 시간 후에 전기장의 방향. ×표시는 전하가 원래 있었던 자리를 나타낸다.

**질문** 이 순간에 관찰자 2는 왜 전하가 현재 있는 위치에서 만든 전기장이 아니라 원래의 위치에서 만든 전기장을 보게 되는지 설명하여라.

핵심 아이디어는 지연이다. 전기장의 변화에 대한 정보가 아직 관찰자 2까지 도달하지 않은 것이다. 전기장의 변화는 빛의 속력으로 전달되기 때문에 새로운 장이 관찰자 2까지 도달하기 위해서는 어느 정도 시간이 필요하다.

관찰자 1과 관찰자 2 사이에 전기장 방향에 있어 꺾임이 있게 된다. 시간이 좀 더 지나면 관찰자 2의 위치에서 꺾임이 있게 될 것이다(그림 23.18).

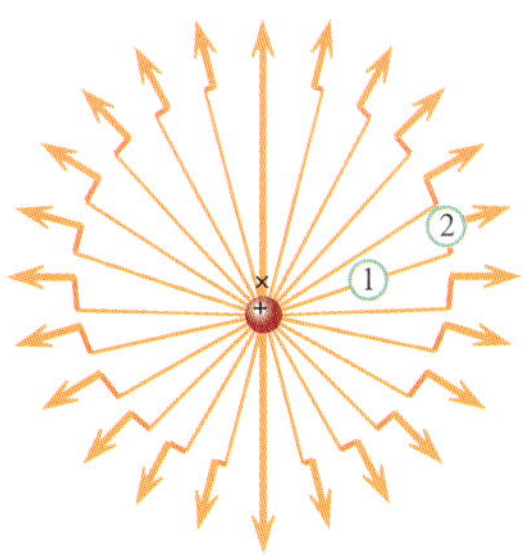


그림 23.18 변화에 대한 정보가 관찰자 2에 도달하였다.

**질문** 전하가 원래 있었던 위치에서 관찰자 2까지 거리가 $r$이라면 전하를 킥한 후에 얼마나 시간이 지나면 관찰자 2가 전기장(횡방향)을 측정하게 되겠는가?

횡방향 전기장은 빛의 속력으로 전파하기 때문에 우리는 $r = ct$와 $t = r/c$를 구할 수 있다. 관찰자 2가 전하의 원점으로부터 매우 멀리 떨어져 있다면 전파하는 복사의 곡률 반경 $r$이 매우 크게 되며 관찰자 2는 우리가 앞서 논의했던 움직이는 slab와 같은 횡방향 전기장의 간단한 펄스를 경험하게 될 것이다. 가속된 전하는 전자기 복사를 발생한다. 물론 이들 평평한 그림들은 그림 23.19와 같은 3차원 모양에서 단면을 보여주는 것이다.

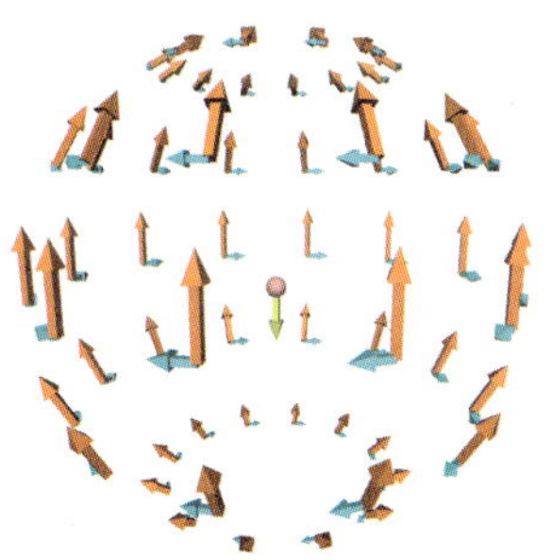

그림 23.19 복사는 아래 방향으로 짧은 시간 동안 가속된 전하(중심)로부터 구면 모양으로 퍼진다. 주황색 화살표들은 전기장을 나타내고 파란색 화살표들은 수반되는 자기장들을 나타낸다.

패러데이 법칙과 앙페르–맥스웰 법칙으로부터 복사 펄스는 전기장과 자기장을 포함한 움직이는 slab가 분명하다. 결과적으로 펄스는 어떤 전하도 없는 빈 공간에서 영원히 움직일 것이다. 횡방향 전기장은 전기장에 수직인 횡방향 자기장에 의해 유도되고, $\vec{E} \times \vec{B}$인 방향으로 전파한다. 이것은 그림 23.18과 23.19의 오른쪽에서는 종이 밖으로 복사 자기장 방향이 되며, 이들 그림의 왼쪽에서는 종이 안쪽으로 자기장 방향이 향하는 것을 의미한다.

복사의 확장하는 구 밖에서는 어떠한 자기장도 없다. 그 이유는 전하가 처음에 정지하여 있었기 때문이다. 확장하는 구 안에서는 아래쪽으로 일정한 속력으로 내려가는 전하가 있어 그것은 일반적인 자기장(비오-사바르 법칙에 의한)을 만든다. 오른쪽에서는 지면 밖으로, 왼쪽에서는 지면 안쪽을 향한다. 이 경우에 비오-

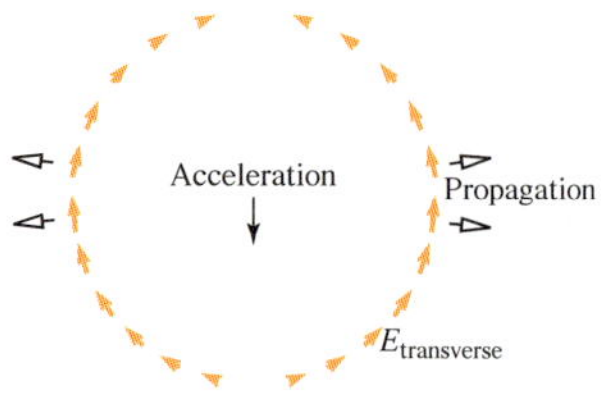


**그림 23.20** 어떤 순간에 횡방향 전기장의 모습으로 이는 가속 전하로부터 멀어지는 방향으로 전파한다. 자기장은 그리지 않았다.

사바르 자기장은 복사 자기장과 같은 방향이다. 그러나 항상 그럴 필요는 없다. 만약에 전하의 가속도가 속도에 반대 방향이라면 (속도가 증가하는 것이 아니라 감소하는 경우), 두 종류의 자기장들은 반대 방향을 향한다.

**질문** 전하가 처음에 정지해 있다. 여러분이 그것을 다른 위치로 옮겨서 그 자리에 다시 정지시켰다. 이 과정에서 어떤 복사가 있는가?

## 횡방향 전기장의 방향

만약 킥을 한 후에 어떤 시간에 횡방향 전기장만을 그린다면 그림 23.20과 같은 모양의 전기장을 볼 것이다. 그림 23.20은 그림 23.19와 같이 지면 안쪽과 바깥쪽으로도 나가는 펄스가 있는 3차원 현상을 2차원 평면에 보기 위한 단면 그림이다.

**질문** 전자기 복사가 가장 강한 방향은 어디인가? 전자기 복사가 없는 방향은 어디인가?

## 횡방향 전기장의 크기

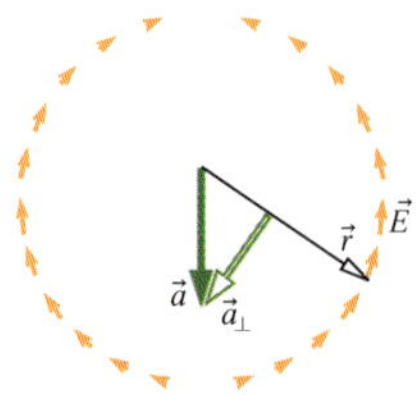


**그림 23.21** 가속도의 횡방향 성분에 비례하는 횡방향 전기장

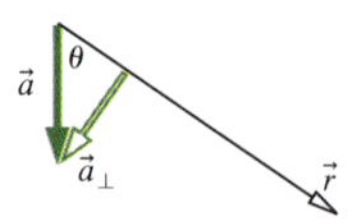


**그림 23.22** $\vec{a}_\perp$의 크기는 $a \sin\theta$이다.

우리가 방금 한 질적인 논의는 복사장의 방향에 대한 것이다. 이 논의를 복사 전기장과 자기장들의 크기와 방향에 대한 표현을 구하기 위하여 가우스 법칙을 적용하여 양적으로 할 수 있다. 처음에 Purcell에 의해 이루어진 이 유도 과정은 23.11절에서 다루어질 것이다. 유도의 결과는 복사장들에 대하여 다음과 같은 설명이 가능하게 된다.

횡방향 전기장 성분은 원천 전하의 가속 운동과 관련한 전기장 방향에서 비뚤어짐과 관련된다. 이 과정에 대한 그림으로부터 복사장의 크기는 $-q\vec{a}_\perp$에 비례할 것이다. $\vec{a}_\perp$은 전하의 투영된 가속도 (그림 23.21과 같이 시선에 수직인 평면에 투영된 것)이다. $\vec{a}_\perp$의 크기는 $a \sin\theta$이다(그림 23.22).

복사 전파 방향은 원천 전하로부터 멀어지는 방향이며 보통 원천 전하로부터 관찰자 지점을 향하는 $\hat{r}$ 단위 벡터 방향이다. 이것은 또한 $\vec{E} \times \vec{B}$의 방향이다. 복사(횡방향) 전기장은 전하량 $q$와 투영 가속도 $\vec{a}_\perp$에 비례하고 거리에 반비례한다. 전체 관계식은 다음과 같다.

**복사 전기장 발생**

$$\vec{E}_{\text{복사}} = \frac{1}{4\pi\varepsilon_0}\frac{-q\vec{a}_\perp}{c^2 r}$$

이 방정식에서 알아야 할 2가지 중요한 점들이 있다.

- 횡방향 전기장의 방향은 $q\,\vec{a}_\perp$에 반대이다.
- 장은 $1/r$의 비율로 거리에 따라 줄어든다.

이것은 보통 정지한 전하 혹은 일정한 속력으로 움직이는 전하에 의한 전기장이 $1/r^2$에 비례하는 것과 매우 다르다. 이와 같이 거리에 따라 매우 천천히 감소하는 특성으로 인하여 복사를 하는 가속 전하들로 매우 멀리 떨어진 물질에도 영향을 줄 수 있다. 이와 같은 이유로 매우 멀리 떨어져 있는 별들을 볼 수 있는 것이다.

앞에 장들에서 전기장과 자기장에는 장의 크기의 제곱에 비례하는 에너지 밀도가 있다는 것을 보였다. 유사하게 이 장의 뒤에서 우리는 단위 면적당 일률로 복사 에너지 흐름이 전기장의 제곱에 비례하는 것을 보일 것이다. 단위 면적당 에너지 흐름은 $1/r^2$에 비례하여 줄어들 것이다. 구 표면 밖으로 빠져나가는 에너지 흐름은 상수인데, 그 이유는 표면적 $4\pi r^2$도 $r^2$에 비례하여 커지기 때문이다. 가속되는 전하가 전자이거나 혹은 다른 음전하라면 그림 23.21에서 모든 복사장은 반대 방향을 향한다. 그 이유는 전기장은 전하 $q$에 비례하기 때문이다.

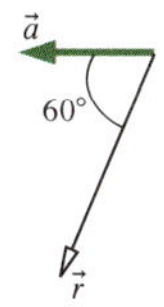


**그림 23.23** 전자가 보여준 방향으로 가속한다(점검 사항 2).

**점검 사항 2** 전자가 그림 23.23과 같은 방향으로 짧은 시간 동안 가속된다. 발생되는 전자기 복사는 그림에서 $\vec{r}$로 표시된 지점에서 관측된다. 그림을 복사해서 관측 지점에서 두 개의 벡터들 $\vec{a}_\perp$와 $\vec{E}$을 그려라.

## 원자의 안정성

양자역학이 나오기 전에 고전적으로는 어떤 가속 전하도 전자기파를 방출하여야 한다. 전자기 복사는 다른 전하를 가속시키기 때문에 복사와 관련한 에너지 흐름이 있게 된다. 이것은 가속된 전하는 복사 에너지를 방출함으로써 역학적 에너지를 잃는다는 것을 의미한다.

양자역학 전에 이것은 원자의 안정성에 대해 퍼즐을 남겼다. 만약 원자를 작은 태양계와 같이 생각하면, 즉 전자가 원자핵 주변을 돌고 있다면 전자는 가속 운동을 하게 되고(구심 가속도 = $v^2/r$), 복사에 의해 에너지를 잃어야 하고 핵 쪽으로 나선형 궤도를 그리며 들어가야 한다. 원자가 얼마나 지속되는지를 계산해 보면 1초보다 매우 작은 시간이다! 이 패러독스는, 또한 자석 안에 지속되는 원자 전류와 초전도 링에서 지속되는 전류에 적용할 수 있다.

이 패러독스는 양자역학에 의해 해결되었다. 기본적인 아이디어는 계의 에너지가 양자화되어 있다는 것이다. 어떤 경우(원자, 자석, 초전도체)에 계가 가질 수 있는 더 낮은 에너지 상태가 없어서 반대로 바닥상태 위의 에너지를 갖는 상태에 있는 원자는 더 낮은 에너지 상태로 떨어지면서 빛의 형태로 에너지를 방출한다.

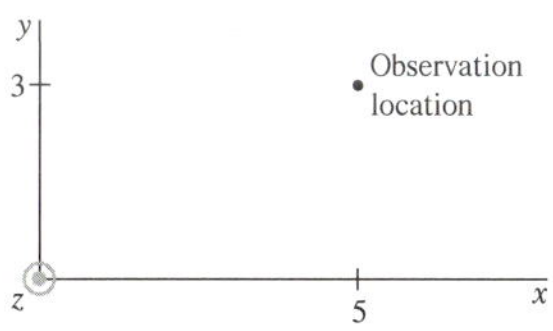


**그림 23.24** 전자가 전기장 영역으로 들어간다.

**예** **전자가 전기장 영역 안으로 들어간다**

전자가 그림 23.24와 같이 거의 영인 장의 영역 $+z$방향으로 $z$축을 따라서 비상대론적 속력으로 진행하고 있다. $t = 0$일 때 원점 (0, 0, 0)에 도달하여 전기장이 $(0, 0, 2 \times 10^{16}\ \text{V/m})$인 영역으로 들어간다. 당신은 (5, 3, 0)인 지점에서 장을 관측한다. 다음 질문에 충분히 답하여라.

(a) 언제 복사장을 처음으로 관측하나? 설명하여라.
(b) 그림에 당신의 위치에서 초기 복사 전기장의 방향을 보여라. 설명하여라.
(c) 그림에 당신의 위치에서 초기 복사 자기장의 방향을 보여라. 설명하여라.
(d) 당신의 위치에서 초기 복사 전기장의 크기는 얼마인가?
(e) 당신의 위치에서 초기 복사 자기장의 크기는 얼마인가?

**해답** (a) 원점으로부터 관측 지점까지 빛이 전파하는 데

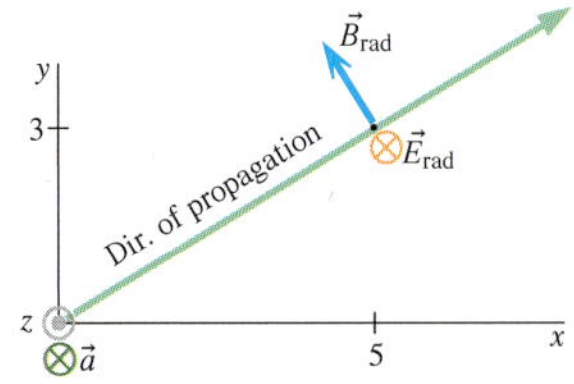


**그림 23.25** 복사장의 방향

$$\frac{\sqrt{(5\text{ m})^2+(3\text{ m})^2}}{3\times 10^8\text{ m/s}}=1.9\times 10^{-8}\text{ s}$$

가 걸린다.

(b) 그림 23.25를 보아라. 전자는 $-z$방향으로 가속(감속) 운동하여 $\vec{a}_\perp$는 $-z$ 방향이고 $-q\vec{a}_\perp = -(-e)\vec{a}_\perp$도 $-z$ 방향이다. 이것은 $-z$ 방향에 복사 전기장을 그림과 같이 생성한다.

(c) 전파 방향은 $\vec{E}\times\vec{B}$에 의해 주어지는데, 그림과 같이 $\vec{B}$방향이 향하여야 하는 것을 요구한다.

비오-사바르 법칙에 의해 예상되는 자기장의 방향과 반대 방향이라는 것을 아는 것은 중요하다. 그것은 가속의 방향($-z$ 방향)이 아니라 전자의 속도($+z$ 방향)에 의존하기 때문이다. 매우 먼 지점에서 복사 자기장 ($1/r$)은 비오-사바르 자기장($1/r^2$)보다 훨씬 크다.

(d) 속력은 비상대론적이어서 $a_\perp = a = eE/m$이고

$$E_{복사}=\frac{1}{4\pi\varepsilon_0}\frac{e(eE/m)}{c^2r}$$

$$E_{복사}=\left(9\times 10^9\frac{\text{N}\cdot\text{m}^2}{\text{C}^2}\right)\frac{(1.6\times10^{-19}\text{ C})^2(2\times10^6\text{ V/m})}{(3\times10^8\text{ m/s})^2(\sqrt{(5\text{ m})^2+(3\text{ m})^2})(9\times10^{-31}\text{ kg})}$$

$$E_{복사}=9.8\times10^{-10}\text{ V/m}$$

(e) $B_{복사}=\dfrac{E_{복사}}{c}=\dfrac{9.8\times10^{-10}\text{ V/m}}{3\times10^8\text{ m/s}}=3.2\times10^{-18}\text{ T}$

## 요약: 전자기장의 발생

전기장과 자기장이 만들어지는 가장 기본적인 성질에 대한 요약은 다음과 같다.

### 전하들에 의해 만들어지는 장들

- 정지해 있는 전하는 $1/r^2$ 전기장을 만들지만 자기장은 만들지 못한다.
- 일정한 속력으로 움직이는 전하는 $1/r^2$ 전기장과 $1/r^2$인 자기장을 만든다.
- 가속 운동하는 전하는 추가적으로 $1/r$ 전기장과 그에 따르는 $1/r$ 자기장을 갖는 전자기 복사를 한다.

지금까지 아무도 자기 홀극을 발견한 사람이 없음을 기억하여라. 그러나 그와 같은 물체가 있다면 아마 다음과 같은 장들을 만들 것이다.

### (가상적인) 자기 홀극에 의해 생성되는 장들

- 정지해 있는 자기 홀극은 $1/r^2$ 자기장을 만들지만 전기장은 만들지 못한다.
- 일정한 속력으로 움직이는 자기 홀극은 $1/r^2$ 자기장과 $1/r^2$인 전기장을 만든다.
- 가속 운동하는 자기 홀극은 추가적으로 $1/r$ 자기장과 그에 따르는 $1/r$ 전기장을 갖는 전자기 복사를 한다.

## 23.4 조화 함수적인 전자기 복사

전하가 움직이도록 한 번의 킥만 있었다면 짧은 가속 동안 전하는 하나의 전자기파 펄스를 방출한다. 그러나 전하가 조화 함수적으로 움직인다면 연속적으로 복사를 방출할 것이다. 이 경우에 시간에 따른 전하의 위치가 다음과 같이 묘사된다.

$$y = y_{\text{최대}} \sin \omega t$$

여기서 $\omega$는 시간당 라디안으로 각진동수이다. 원자 안의 전자 구름과 핵 사이의 전기 상호작용은 용수철(힘이 변위에 비례)과 같기 때문에 원자 내의 전자들은 보통 용수철에 매달린 전하로 모형화시킬 수 있다. 보통 물질은 조화 함수적인 전자기 복사의 형태로 남는 에너지를 방출한다.

**질문** 전하가 조화적으로 움직이면 $y$ 위치는 $y = y_{\text{최대}} \sin \omega t$로 기술된다. 전자기 복사가 왜 조화적인가?

$$v_y = \frac{dy}{dt} = \omega y_{\text{최대}} \cos(\omega t)$$
$$a_y = \frac{dv_y}{dt} = -\omega^2 y_{\text{최대}} \sin(\omega t)$$

전하의 가속도의 $y$ 성분은 조화적이다. 조화적 운동은 조화적 가속을 포함하고 있어 조화적 전자기파를 방출한다. 복사는 가속 전하에서 $\pm y$ 방향을 제외하고는 모든 방향으로 퍼져 전파한다(그림 23.26). $xz$ 평면에서 전파하는 파동에 대해서 우리는 다음과 같은 식을 얻는다.

$$E_y = \frac{1}{4\pi\epsilon_0} \frac{-qa_y}{c^2 r}$$
$$E_y = \frac{1}{4\pi\epsilon_0} \frac{q\omega^2 y_{\text{최대}}}{c^2 r} \sin(\omega t)$$

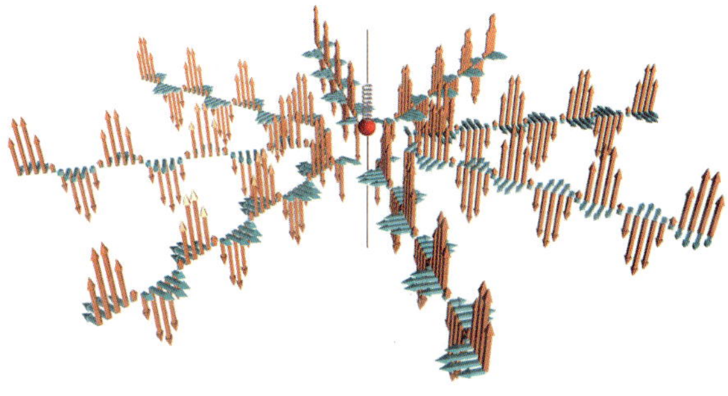

**그림 23.26** $\pm y$ 방향으로 조화적으로 움직이는 전하는 조화적인 전자기파를 방출하며 이들은 원천에서 멀어지는 방향으로 전파한다. 분명한 이해를 위하여 복사를 $xz$ 평면만 보여주었다. 크기가 $1/r$의 비율로 떨어지는 것도 나타내지 않았다. 대개 주황색은 전기장을 나타내고 파란색은 자기장을 나타낸다.

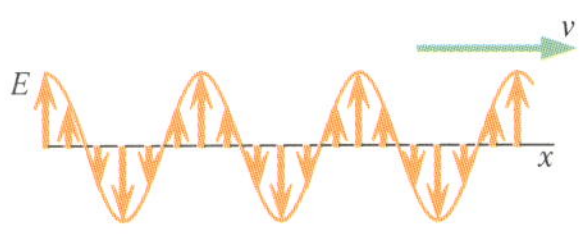


**그림 23.27** 조화적으로 움직이는 전하에 의한 한 순간에 복사의 모습. 어떤 한 순간에 위치에 따라 보여준 것이다. 파동의 포락선을 그림에 나타내었다(실선)

어떤 순간에 그와 같은 파동의 정지 모습은 그림 23.27과 같다. 이와 같은 파동을 종종 함수 값만을 연결한 선(포락선)으로 그림 23.28과 같이 나타낸다.

## 진폭

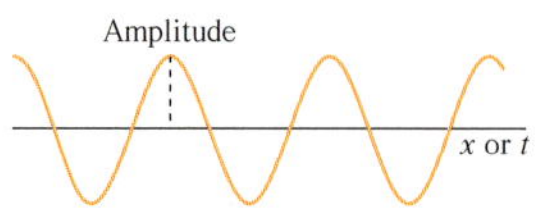


**그림 23.28** 진폭은 파동 마루의 높이이다.

조화 파동의 진폭은 파동에서 영에서부터 측정된 값들 중에 최대 함수값이다(그림 23.28). 전자기파의 경우에 진폭은 전기장의 최댓값이다.

## 주기

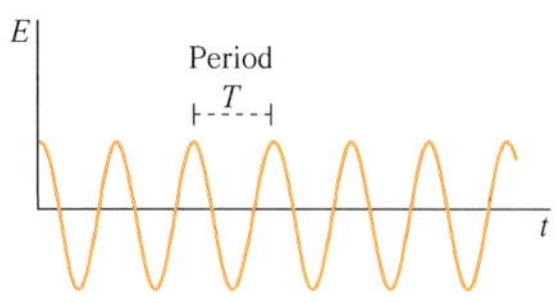


**그림 23.29** 공간의 한 지점에서 $E-t$ 그래프. 파동의 주기는 한 지점에서 인접한 마루들이 지나가는 시간 간격이다.

여러분이 조화 함수 파동이 지나가는 어떤 지점에 서 있다고 생각해 보라. 파동의 주기는 당신의 위치에서 마루 사이의 시간 간격이다. 여러분은 서 있는 위치에서 초시계를 사용하여 마루가 지나가는 순간 시계를 시작하여 다음 마루가 지나갈 때 정지시켜 시간을 측정할 수 있다. 그림 23.29는 어떤 위치에서 시간에 따른 전기장을 그래프로 나타낸 것이다. 주기가 그래프에 표시되어 있다.

## 진동수

조화 전자기파의 진동수 $f$는 주어진 위치에서 1초당 지나가는 최댓값들의 숫자이다. 그것은 진동수의 역수이다.

$$f = \frac{1}{T}$$

진동수의 단위는 $s^{-1}$이며 헤르츠(간략히 Hz)로 나타내기도 한다.

진동수 $f$는 1초당 라디안인 각진동수 $\omega$와 다음과 같은 관계가 성립한다.

$$f = \frac{\omega}{2\pi}$$

## 파장

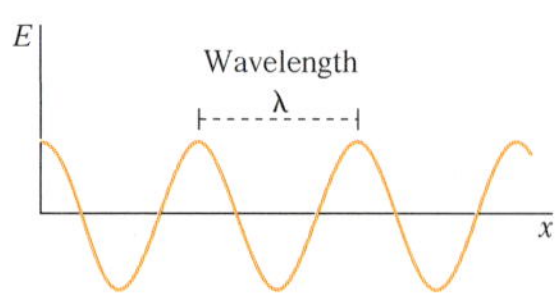


**그림 23.30** 한 순간의 시간에 $E-x$ 그래프. 파장 $\lambda$는 두 최대 사이의 거리이다.

조화 전자기 복사는 종종 진동수 $f$ 대신에 파장 $\lambda$항으로 표현되며, 그리고 $c = f\lambda$가 되는데 그 이유는 파동이 한 주기 $T = 1/f$ 동안 그림 23.30에서와 같이 $\lambda = cT$만큼 진행하기 때문이다. 다른 영역 파장대의 전자기 복사는 $X$-선 혹은 마이크로 파와 같은 다른 이름이 주어져 있다. 400 − 700 nm(1 nm = $1 \times 10^{-9}$ m)대의 파장인 복사는 특별한데, 인간 눈 속에 있는 분자들에 의해 감지가 되기 때문이다. 우리는 이것을 가시광이라고 한다.

전자기 복사가 꼭 조화적일 필요는 없다는 것은 분명하다. 앞서 우리가 취급했던 움직이는 slab는 하나의 펄스를 의미하고 전혀 조화적이지 않다. 그러나 조화 복사는 실제적으로 매우 중요한데, 그 이유는 원자에서부터 라디오 방송국까지 많은 종류의 계들에서 조화 복사가 방출되고 있기 때문이다.

## 속력

전자기파의 전파 속력을 어떻게 측정할 수 있는가? 2가지 다른 방법들을 생각할 수 있다.

(a) 파의 마루를 따라 가는 것: 하나의 특별한 파의 마루를 보고 있으면, 그것은 한 주기 $T$시간 동안에 거리 $\lambda$(한 파장)를 진행하는 것을 볼 것이다. 그러므로 마루의 속력은

$$v = \frac{\lambda}{T}$$

(b) 복사 전기장의 도달 시간: 전자기파의 속력을 측정하는 다른 방법을 상상할 수 있다. 당신과 친구가 시계를 동기화시켰다고 하고 거리 $d$만큼 떨어졌다고 생각하자. 당신 친구가 레이저를 당신이 있는 곳을 향하여 놓고 매우 정확한 시각 $t_1$에 레이저를 켰다고 하자. 당신은 레이저 빛 안에 있는 복사 전기장이 처음으로 측정되는 시각 $t_2$를 기록한다. 두 지점 사이의 거리를 알고 걸린 시간 $\Delta t = t_2 - t_1$을 알기 때문에 당신은 빛이 어떤 속력으로 당신을 향하여 왔는지 계산할 수 있다.

$$v = \frac{d}{\Delta t}$$

진공에서 조화 전자기파의 속력을 측정하는 2가지 방법들은 같은 답인 $3 \times 10^8$ m/s를 준다. 그러나 이것이 항상 같을 필요는 없다. 만약 공간의 전부 혹은 일부가 물, 유리, 혹은 공기와 같은 물질로 채워져 있다면 빛이 전파하는 속력은 달라진다. 이 경우에 방법 2(주어진 거리를 진행하기 위하여 걸리는 시간)는 아직도 같은 결과 $3 \times 10^8$ m/s를 얻게 된다. 방법 1(물질 내부에서 전자기파에서 마루 사이의 간격을 측정하는)에 의하면 다른 결과가 얻어진다. 거의 대부분의 경우에 항상 $3 \times 10^8$ m/s보다 작다. 23.8절에서 이 모순에 대한 이유를 생각할 것이다.

속력을 정의하는 방정식들을 결합함으로써 파장, 진동수 사이에 다음과 같은 관계식이 성립함을 알 수 있다.

$$v = \frac{\lambda}{T} \text{와 } v = \lambda f$$

**점검 사항 3** 레이저 포인터에서 나오는 초록색 빛의 파장은 532 nm이다. 이 빛의 진동수는 얼마인가?

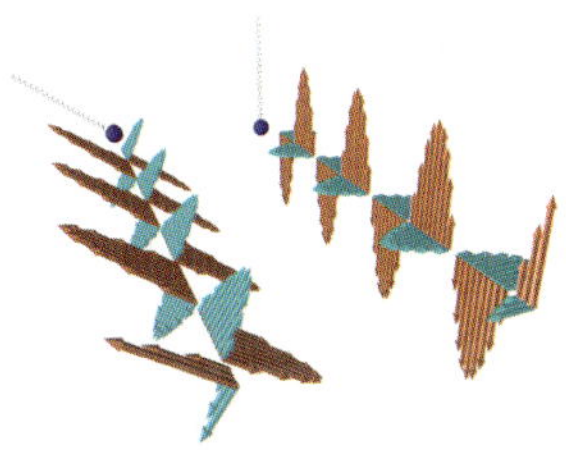

**그림 23.31** 다양한 방향으로 진동하는 전하들 집합체에 의해 방출된 복사는 편광되지 않는다. 전기장이 하나의 평면에서 진동하도록 정렬되지 않는다.

## 편광된 복사

편광이라는 용어는 전기장이 축을 따라 하나의 방향으로 정렬된 전자기 복사 빔인 경우에 사용된다. 예를 들어 그림 23.27과 같은 조화복사에서 전기장은 $+y$ 혹은 $-y$ 방향만 향한다. 이와 같이 $xz$ 평면에 있는 어떤 지점에 당신이 서 있다면 그림 23.26과 같이 진동하는 전하에 의해 방출된 전자기 복사를 보게 되는데, 당신은 $+y$ 혹은 $-y$ 방향에서만 전기장을 측정하게 될 것이다.

어떻게 복사가 무편광일 수 있겠는가? 진동하는 전하들 집합들에서 각 전하들이 다른 방향으로 진동하면 무편광된 빛을 방출하게 될 것이다(그림 23.31). 태양광 혹은 보통의 전구에서 나오는 빛은 무편광된 빛이다. 편광판이라고 하는 장치를 만드는 것이 가능한데, 이것은 특별한 방향의 전기장만을 통과시키는 역할을 한다. 편광판들은 23.6절에서 논의될 예정이다.

## 발생 장치

어떻게 하여 우리가 원하는 진동수의 전자기 복사를 만들 수 있을까? 라디오 발생 장치는 $LC$ 회로에 안테나를 연결하고 인덕턴스 $L$이나 축전용량 $C$를 원하는 진동수를 선택하기 위하여 조절한다(제22장). 이 회로는 안테나에 있는 전자를

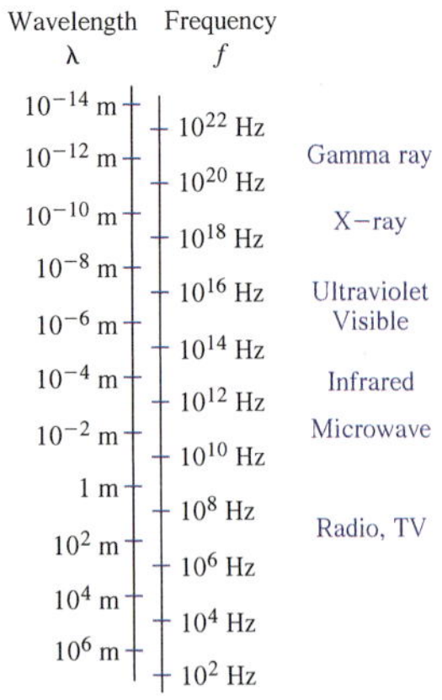


**그림 23.32** 전자기 스펙트럼: 파장과 진동수(로그 스케일임)

가속시키고 가속된 전자는 방사한다.

가시광은 물질을 뜨겁게 함으로써 발생되는데, 원자의 열적 진동이 가시광 영역의 진동수에 도달하면 된다. 이것은 플래시 전구의 필라멘트에서 일어나는 상황이다. 이 경우에 백색광이라고 하는 많은 다른 진동수들의 혼합 형태로 발생된다.

양자화된 원자 준위들 사이에 에너지 전이는 레이저에서와 같이 하나의 진동수로 빛을 발생한다.

### 전자기 스펙트럼

그림 23.32는 전자기 스펙트럼의 요약으로 전자기 복사를 발생하고 측정하는 다양한 메커니즘의 특성이 있는 진동수와 파장의 영역들로 구성된다. 파장 별로 복사 영역에 붙여진 이름은 역사를 거치면서 이루어졌고 모든 것들이 근본적으로 동일하다는 것이 분명하게 밝혀지기 전에 이미 이름이 부여되었다. 우리는 지금도 다른 진동수 혹은 파장 영역의 전자기 복사에 붙이기에 적절한 이름을 찾고 있다.

## 23.5 복사 안에 있는 에너지와 운동량

제8장에서 우리는 빛의 입자 모형에 따라 광자들은 물질에 전달될 수 있는 에너지와 운동량을 가지고 있다는 것을 보았다. 우리가 지금 살펴보고 있는 고전 모형 전자기 복사도 운동량과 에너지를 가지고 있고 물질에 에너지와 운동량이 가해진다는 것이다.

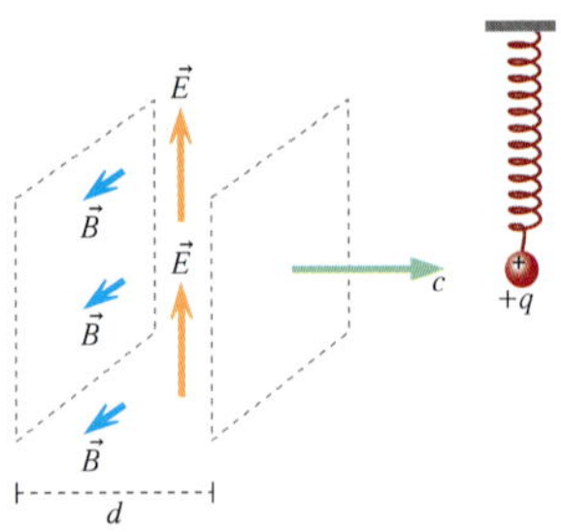


**그림 23.33** 달려있는 대전된 볼은 전자기 복사와 상호작용한다.

### 전자기 복사에 있는 에너지

전자기 복사 펄스가 보통의 물질과 어떻게 상호작용하겠는가? 전자기 복사는 전기장과 자기장으로 이루어져 있기 때문에 우리는 바로 대전된 입자들에 대한 전기장과 자기장의 효과의 항으로 분석할 수 있을 것이다. 전자기 복사 펄스에 노출된 하나의 입자에서 일어나는 현상을 조사함으로써 주요 효과들을 볼 것이다. 용수철에 $+q$ 전하를 가진 작은 볼이 붙어있는 상황을 고려할 것이다. 이 볼은 전기장의 방향으로 위 아래로 움직일 것이다. 복사 펄스가 지나감에 따라 어떠한 일이 일어날 것인지를 보기 위하여 볼을 관찰할 것이다(그림 23.33).

용수철에 매달린 대전된 볼 펄스가 볼에 도달하기 전까지는 아무 일도 생기지 않을 것이다. 펄스가 지나가는 짧은 시간 동안에 전기장과 자기장이 볼에 작용할 것이다. 장들을 포함한 slab의 두께가 $d$라면 펄스는 $d/c$($c$는 빛의 속력)만큼 짧은 시간 동안 지속될 것이다.

예를 들어, $d = 30$ cm이라면, 펄스 지속 시간은 1 ns에 불과하다. 이와 같이 짧은 시간 동안에 대전된 볼은 위쪽 방향으로 $F = qE$ 만큼의 힘을 경험하게 될 것이다. 여기서 $E$는 전자기 펄스가 가지는 전기장의 크기이다. 짧은 충격량 $F\Delta t$는 볼에 위쪽 방향으로 다음과 같은 운동량을 줄 것이다.

$$\Delta p = p - 0 = F\Delta t = (qE)\left(\frac{d}{c}\right)$$

상호작용은 매우 짧은 시간에 끝나서 볼은 펄스가 지나가는 짧은 시간 동안 위쪽으로 눈에 띄게 올라갈 시간이 거의 없다. 그러나 볼은 위쪽 방향의 운동량을 갖게 되기 때문에 그것은 위 아래로 진동하게 될 것이다(역학적인 마찰은 진동을 서서히 멈추게 한다).

### 에너지 전달

볼의 운동 에너지는 어떤 곳으로부터 와야 하기 때문에 전자기 복사에 의해 운반된 에너지가 있다는 것을 의미한다. 그리고 볼이 가속될 때 이 에너지의 일부가 복사로부터 대전된 볼로 전달되어야 함을 의미한다. 볼의 운동량이 펄스 안에 있는 전기장의 크기에 비례하기 때문에

$$\Delta K = K - 0 = \frac{p^2}{2m} = \left(qE\frac{d}{c}\right)^2 \left(\frac{1}{2m}\right)$$

상호작용하는 시간 동안 볼의 속력은 빛의 속력에 비하여 매우 느리다는 것을 가정한 것이다. 이것은 전자기 복사 안에 있는 에너지 양은 전기장의 제곱에 비례한다는 것을 의미한다.

$$\text{복사 에너지} \propto E^2$$

### 에너지 보존

볼은 에너지를 얻었기 때문에 복사는 같은 양의 에너지를 잃어야 한다. 분명히 펄스가 볼을 가속시킨 후에는 전기장 $E$는 더 작아져야 한다. 이 장의 뒤에서 우리는 이것에 대해 알아볼 것이다.

### 에너지 밀도

전자기 복사에 의해 운반되는 에너지의 양에 대해 계량화할 수 있다. 앞에서 우리는 전기장과 자기장이 가지는 에너지 밀도(단위 부피당 에너지)가 있다는 것을 살펴보았다.

### 전기장과 자기장에 있는 에너지 밀도

$$\frac{\text{에너지}}{\text{부피}} = \frac{1}{2}\varepsilon_0 E^2 + \frac{1}{2}\frac{1}{\mu_0}B^2, \ \text{J/m}^3\text{의 단위로 측정됨}$$

특히 전자기 복사의 경우에는 $E = cB$이므로

**전자기 복사에 포함된 에너지 밀도**

$$\frac{\text{에너지}}{\text{부피}} = \frac{1}{2}\varepsilon_0 E^2 + \frac{1}{2}\frac{1}{\mu_0}\left(\frac{E}{c}\right)^2 = \frac{1}{2}\varepsilon_0 E^2\left(1 + \frac{1}{\mu_0\varepsilon_0 c^2}\right) = \varepsilon_0 E^2$$

$\mu_0 \varepsilon_0 = 1/c^2$이기 때문에, 전기장과 자기장 에너지 밀도는 같다.

### 포인팅 벡터

에너지 밀도는 단위 면적당 시간당 줄 혹은 단위 면적당 와트(일률)로 표현된 에

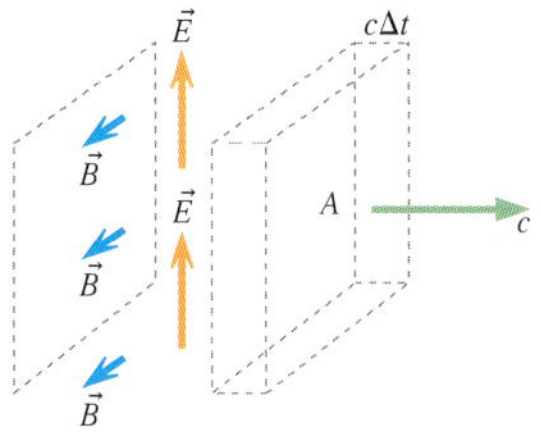


**그림 23.34** 앞으로 나가는 복사 slab은 $W/m^2$의 단위로 에너지를 운반한다.

너지 선속과 관련이 된다(이 경우에 선속은 밀폐된 표면을 통과하는 에너지의 흐름을 의미한다). 전자기 복사가 앞으로 가고 있을 때 slab의 단면적 $A$를 생각해 보자(그림 23.34). 시간 $\Delta t$ 동안에 전자기 복사장의 $A$를 통과한 체적은 $A(c\Delta t)$이다. $\Delta t$시간 동안 면적 $A$를 통과하는 에너지의 양은 $\varepsilon_0 E^2(Ac\Delta t)$이다. 그러므로 에너지 선속은 $\varepsilon_0 E^2 c$이다.

$E = cB$이고 $\mu_0\varepsilon_0 = 1/c^2$이기 때문에 우리는 이것을 다음과 같이 쓸 수 있다.

$$\text{에너지 선속} = \varepsilon_0 EBc^2 = \frac{1}{\mu_0}EB$$

에너지의 흐름 방향이 $\vec{E} \times \vec{B}$에 의해 주어지기 때문에 그리고 $\vec{E}$와 $\vec{B}$는 서로 수직이기 때문에 크기 $|\vec{E} \times \vec{B}| = EB$이다. 포인팅 벡터 $\vec{S}$를 정의하는데, 그 크기는 단위 면적당 와트로 에너지 선속률이고 방향은 전자기 복사의 전파 방향이다.

## 에너지 선속(포인팅 벡터)

$$\vec{S} = \frac{1}{\mu_0}\vec{E} \times \vec{B}, \quad \text{W/m}^2\text{의 단위}$$

**점검 사항 4** 태양 주위를 돌고 있는 지구 궤도의 근처에 태양의 에너지 세기는 약 1400 $W/m^2$이다. 태양광 안에서 전기장의 대략적인 크기는 얼마인가? (여러분이 계산한 것은 실제적으로는 "root-mean square" 혹은 "rms(실효값)"인데 고정된 위치에서 전기장의 크기는 조화적으로 변하기 때문이고 세기는 $E^2$에 비례하기 때문이다.)

## 전자기 복사에서 운동량

전자기 복사의 고전적 모형은 복사의 펄스로부터 물체로 운동량의 전달을 고려할 수 있다.

앞 절에서 우리는 복사 펄스 안에 전기장은 대전된 물체에 힘을 작용하는 것을 보았다. 전기장은 펄스의 전파 방향에 수직한 방향으로 물체를 움직이게 하였다. 전자기 복사의 주요 효과는 전기장에 의한 횡방향 킥이지만 자기장 또한 관측하는 것이 매우 작고 어렵지만 흥미 있는 효과를 초래한다. 다시 용수철에 달려 있는 대전된 볼을 생각하여 보자(그림 23.35). 전기장이 볼에 위쪽 방향으로 운동량 $\Delta p$ 만큼 전달될 때 자기장은 속력 $v$로 위쪽으로 움직이는 볼에 힘을 가하게 될 것이다.

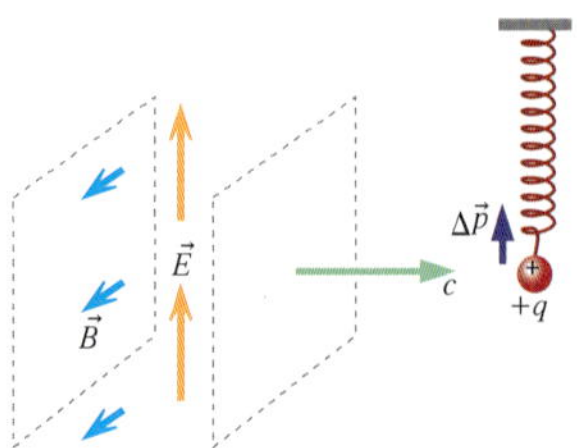


**그림 23.35** 양으로 대전된 볼에 작용하는 자기력의 방향은 무엇인가?

**질문** $+q$의 전하를 가지고 있는 볼에 작용하는 자기력은 어느 방향인가?

$+q\vec{v} \times \vec{B}$는 오른쪽 방향이다.

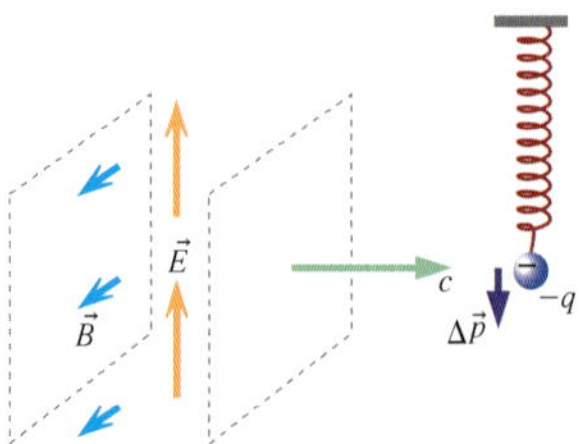


**그림 23.36** 음으로 대전된 볼에 작용하는 자기력의 방향은 무엇인가?

**질문** 만약에 볼이 음의 전하로 대전되었다면, 어떠한 일이 일어나겠는가(그림 23.36)? 음으로 대전된 볼에 자기력의 방향은 어디인가?

$-q\vec{v} \times \vec{B}$의 방향은 다시 오른쪽이다. 전하는 음($q$는 양의 값)이고 전하의 속력은 아래쪽이기 때문이다. 자기력의 방향은 볼이 양이든 음이든 관계 없이 같다. 전자기 복사가 물질에 작용하는 이 효과를 복사 압력이라고 한다. 이 힘은 중성 물질에도 작용하는데, 그 이유는 물질 안에 있는 양성자와 전자들이 같은 방식으

로 영향을 받기 때문이다. 이 효과는 매우 작아서 관측하기가 어렵다.

우리는 그 크기를 예측할 수 있다. 전하 $q$가 전자기 펄스가 지나가면서 속력 $v$가 된다. 평균 속력은 $v/2$이다. 평균 자기력은 $|q\vec{v} \times \vec{B}| = q(v/2)B \sin(90°) = q(v/2)(E/c)$이다. 여기서 slab 안 복사에서 $B = E/c$ 관계를 이용하였다. 전기력에 대한 평균 자기력의 비는 이것이다.

$$\frac{\overline{F}_m}{F_e} = \frac{q(v/2)(E/c)}{qE} = \frac{1}{2}\frac{v}{c}$$

일반적으로 전자기 펄스가 지나가면서 얻어지는 속력 $v$는 빛의 속력에 비해 너무나 작아서 자기력의 효과는 전기력의 효과에 비해 매우 작다.

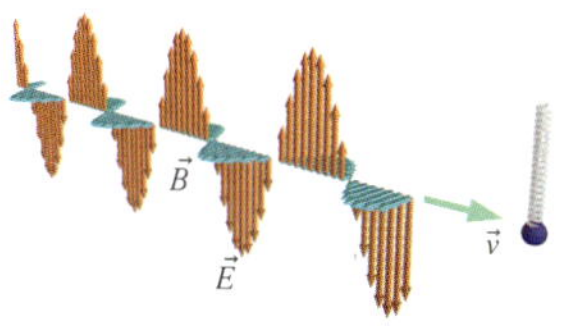


**그림 23.37** 대전된 입자에 입사되는 사인파 형태의 복사

## 전자기파는 운동량을 전달한다

조화적 전자기 복사에 노출된 대전된 전하(그림 23.37)는 복사 전파 방향에 수직한 방향에서는 어떠한 알짜 운동량도 얻지 못한다. 왜냐하면 위아래 교대로 변하는 전기장에 의해 반대 방향으로 교대로 가속되고 평균 전기력은 영이기 때문이다. 그러나 평균 자기력은 영이 아니어서 입자의 운동량은 $\vec{v}$방향으로 증가한다. 상대론적 운동량 $p$와 에너지 $E$는 질량 $m$에 대하여 다음과 같은 방정식 $E^2 = (pc)^2 + (mc^2)^2$에 의해 관계가 있다. 여기서 $E$는 에너지이고 전기장이 아니다. 광자로서 빛을 보는 양자 관점에서 빛은 영인 질량을 가진 입자 성질을 가진 것으로 간주할 수 있어서 $E = pc$이다. 에너지 $E$와 운동량 $p$ 사이에 이 관계식은 또한 맥스웰 방정식으로 기술되는 고전적 빛의 경우에도 맞아야 한다. 전자기 복사에 의해 운반되는 에너지와 운동량은 전기장의 제곱에 비례한다. 운동량 선속은 $1/c$ 곱하기 에너지 선속(포인팅 벡터로 주어지는)이다.

**운동량 선속**

$$\frac{\vec{S}}{c} = \frac{1}{\mu_0 c}\vec{E} \times \vec{B}, \quad \text{N/m}^2 \text{ 단위}$$

포인팅 벡터의 단위는 $\text{W/m}^2$이고 $c$로 나눈 운동량 선속은 $\text{W}\cdot\text{s/m}^3$인데 그것은 $\text{J/m}^3$ 혹은 $\text{N}\cdot\text{m/m}^3$이다. 그러므로 운동량 선속은 압력의 차원을 가지고 있다.

## 운동량 보존

전자기 복사가 입자에 운동량을 전달하면 복사는 같은 크기의 운동량을 잃을 것이다. 다시 우리는 전기장과 자기장은 물질과 상호작용하기 전의 크기보다 더 작아야 한다. 잠시 동안 우리는 재복사를 통하여 가능하다는 것을 볼 것이다.

## 복사 압력

전자기 복사가 중성 물질을 칠 때 양성자와 전자는 복사의 전파 방향으로 힘(복사 압력)을 경험한다. 복사 압력이 매우 작은 효과임에도 불구하고 거대한 태양 항해를 위한 우주 배를 만드는 진지한 제안이 있어 왔다. 우주 배는 지름이 수 킬로미터인데 항해를 위하여 태양의 복사 압력을 이용하여 태양계에서 돌아다니는 것이다. 이 효과는 매우 반사율이 높으면 2배가 된다. 계획은 매우 얇은 알루미늄 플라스틱으로 만든 항해를 구하고 있다.

**점검 사항 5** 힘은 $dp/dt$이기 때문에 태양배에서 반사된 복사압에 의한 힘은 초당 배를 때리는 복사 운동량은 2배가 된다. 태양을 돌고 있는 지구 궤도 주변에서 태양 빛의 에너지 세기는 대략 1400 W/m$^2$이다. 배에 미치는 압력(단위 면적당 힘)의 크기는 대략 얼마인가? 비교를 위하여 대기 압력은 약 $1 \times 10^5$ N/m$^2$

## 재복사 혹은 산란

용수철에 달려 있는 대전된 볼을 다시 한 번 생각하자. 전자기 복사에 노출되고 그리므로 복사 진동수로 진동하게 된다(그림 23.37).

잠시만! 볼은 복사를 하지 않는가? 진동하는 볼이 조화적으로 움직이는 (조화적으로 가속하고) 대전된 물체이므로 전자기파를 방출하여서는 안 되는가? 그렇다.

진동하는 볼도 거의 모든 방향으로 다시 방출한다(그림 23.19를 보아라). 대전된 볼에 의한 재복사는 새로운 방향으로 에너지를 다시 분포시킨다. 이 재복사를 흔히 산란이라고 하는데, 오른쪽으로 입사되는 원래 에너지의 일부가 다른 모든 방향으로 산란되기 때문이다.

그림 23.38은 대전된 볼에 의한 입사 복사와 재복사의 중첩의 효과를 그린 것이다. 볼의 오른쪽에서 입사와 재복사 장들의 합인 알짜 전기장은 입사 복사 안에 있는 전기장보다 작다.

**질문** 산란(재복사)은 원래의 횡방향 전기장의 방향에서 혹은 그 반대 방향에서 전혀 관측되지 않는가? (그림 23.38에서 위와 아래 방향에서)

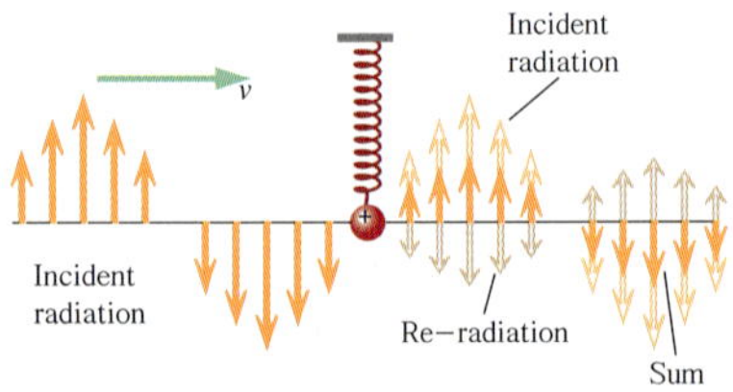


**그림 23.38** 가속된 대전된 볼에 의한 재복사. 가속된 전하는 거의 모든 방향으로 재복사한다. 확실한 그림을 $+x$ 방향으로 나가는 재복사만을 그림에 나타내었다. 나가는 복사는 입사 복사와 재복사 전기장들의 중첩이다. 나가는 $E$는 들어오는 $E$보다 작은데 그 이유는 얼마의 에너지가 다른 방향으로 산란되기 때문이다.

가속된 전하의 똑바로 위와 아래에서는 투영 가속도 성분 $\vec{a}_\perp$이 영이기 때문에 이 들 방향에서는 재복사된 빛이 없다.

우리는 입사되는 복사는 대전된 볼에 운동 에너지를 줌으로써 $E^2$에 비례하는 에너지 손실이 초래되는 것을 보았다. 가속된 전하에 의한 재복사는 원래 복사 에너지를 줄이는 역할을 한다. 대전된 볼의 오른쪽으로 나가는 전자기 복사는 원래 장들에 가속된 전하들에 의해 방출된 장들의 중첩이다. 만약에 입사되는 전기장이 위 방향이면 그것은 양으로 대전된 전하를 위쪽으로 가속시키고 볼의 오른쪽으로는 방향이 아래로 향하는 전기장을 갖는 전자기파를 재복사한다.

결과적으로 그림 23.38에서 볼의 오른쪽으로 통과하여 나온 알짜 전기장은 원

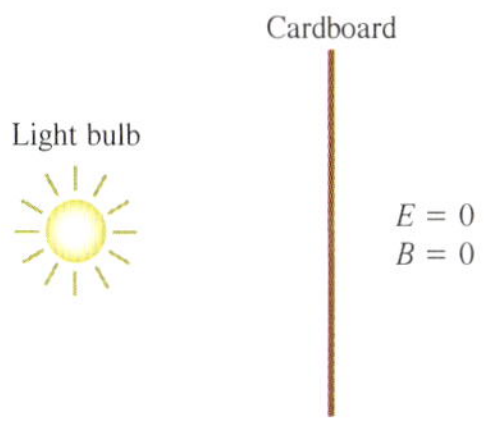


그림 23.39 왜 마분지 뒤쪽에는 빛이 없는가?

래 들어오는 전기장보다 적다. 전자기 복사에서 에너지는 $E^2$ 에 비례하는데 볼에 운동 에너지를 준 후에 더 적게 된다.

**점검 사항 6** 왜 빛은 카드보드 조각을 통과하지 못하는가(그림 23.39)? 중첩의 원리에 따라 전등에서 가속 운동하는 전하에 의해 방출된 전기장과 자기장은 카드보드의 오른쪽에 분명히 있다. 그럼에도 불구하고 왜 거기에는 빛이 없는가? 카드보드에서 전하에 의해 재복사된 빛은 진짜로 무엇인가?

## 23.6 물질에 대한 복사의 영향

복사 압력이 매우 작은 효과이기 때문에 전자기 복사와 물질 사이의 상호작용에서 대부분의 중요한 면은 전기장이 원자나 분자 안에 있는 대전된 입자들에 미치는 영향이다. 장의 나머지에서 우리는 전자기 복사에서 전기장에 집중할 것이고 자기장은 무시할 것이다. 물론 자기장은 전자기 복사에서 항상 있어야 한다. 그러나 전자기 복사의 물질에 대한 영향을 이해하려면 전자기 복사에 대한 우리의 모형으로 전기장만 고려될 필요가 있다.

다음 절들에서 전파하는 전기장과 자기장들을 구성하는 전자기 복사를 발생시키는 방법에 관하여 우리가 배웠던 방법으로 그리고 물질 안에 있는 전하들에 대하여 전기장과 자기장이 미치는 영향에 관하여 우리가 알고 있는 방법으로 폭넓게 중요하고 흥미 있는 현상들을 고려할 것이다.

### 중성 원자에 대한 복사의 영향

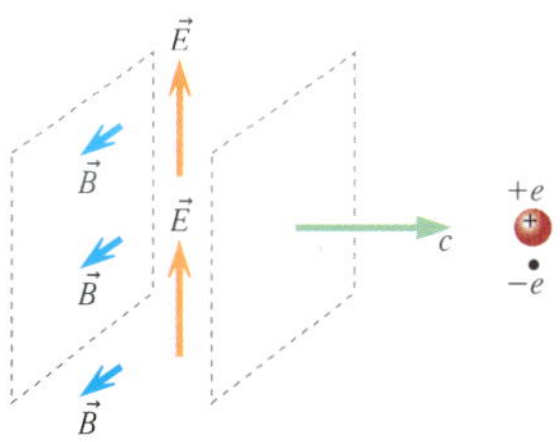


그림 23.40 중성 원자는 전자기 복사에 의해 영향을 받는다.

복사 펄스가 물질에 미치는 주요 영향은 대전된 물체에 전기적인 킥을 하는 것이다. 이 킥은 장들의 전파 방향에 대하여 수직인 횡방향이다. 전자기 복사 펄스가 중성인 원자나 분자에 무슨 일을 하겠는가? 원자나 분자의 간단한 모형은 주요 아이디어를 얻는 데 적절하다. 양의 핵(핵 플러스 강하게 속박된 내부 전자들)과 하나의 느슨하게 속박된 전자를 생각하자(그림 23.40).

**질문** 전자기 복사가 원자를 지나갈 때 무슨 일이 일어나겠는가? 원자의 어느 부분이 더 큰 속력을 얻겠는가, 전자 혹은 양의 핵?

전기장은 원자를 편극시킨다. 이 과정 동안 전자는 훨씬 질량이 큰 이온(핵 플러스 내부 전자들)보다 더 멀리 움직인다. 힘의 크기 $eE$는 두 물체에 대해 같다. 여러 목적을 위하여 전자기 복사와 원자의 상호작용은 밖의 전자를 원자의 나머지에 용수철에 의해 연결된 것으로 모형화시켜 분석할 수 있다. 제15장 문62를 보아라.

전자기 복사에 대한 우리의 모형을 따라서 이것이 빛과 물질의 기본적인 구도인 것이다. 빛의 전기장은 원자와 분자 안에 있는 전하들을 움직이게 하는 힘을 제공한다. 전자기 복사가 우리가 앞서 공부한 주제들에 비해 덜 친숙하지만 전하들에 대한 전기장의 영향에 관하여 친숙하지 않을 것도 하나도 없다. 즉, 간단히 $\vec{F} = q\vec{E}$

## 편광판

그림 23.41 고주파수 라디오 발신기와 수신기

그림 23.41은 때로 물리 강의에서 주어지는 전자기 복사의 시범 실험이다. 라디오 송신기는 고주파수 AC (약 300 MHz 정도의 진동수) 전압 공급 장치는 2개의 금속 봉으로 만든 발생 안테나에 연결되고 라디오 수신기는 손전등 전구에 연결된 2개의 금속 봉으로 이루어져 있다.

그림과 같이 배치하고 회로에 연결되지 않았더라도 전구가 불이 켜진다.

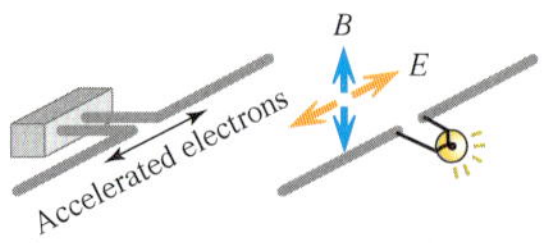


그림 23.42 복사 전기장은 전구를 통하여 전류를 흐르게 한다.

고주파수 AC 전원 장치는 송신기 안테나 내부에 있는 움직임이 가능한 전자들을 앞뒤로 진동하도록 한다. 자유 전자들의 조화적 운동은 조화적 가속 운동을 하는 것이고 이때 전자기 복사가 발생된다(그림 23.42). 오른쪽으로 전파하는 복사에 대해서 진동하는 전기장은 수평 방향이고 그것은 수신기 안테나에 있는 움직임이 가능한 전자들을 가속시킬 수 있다. 손전등 전구의 필라멘트를 통하여 전자들이 앞뒤로 진동하면서 전구는 빛을 낸다.

그림 23.43 거리가 멀어지면 밝기가 어두워진다.

송신기와 수신기를 멀리 떨어뜨려 놓으면(그림 23.43), 전구는 어두워지는데 복사 전기장의 크기가 $1/r$로 줄어들기 때문이다.

수신기 안테나를 수직으로 세우면 전구는 켜지지 않는다(그림 23.44).

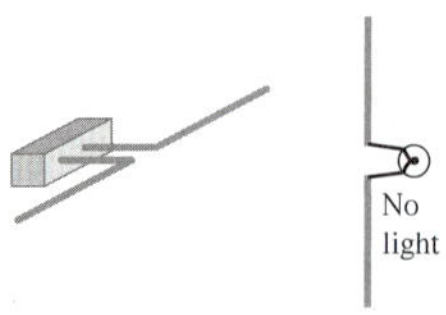


그림 23.44 수신용 안테나가 수직일 때 전구는 켜지지 않는다.

**질문** 수신기 안테나가 수직일 때 왜 전구가 켜지지 않은지 설명하여라.

방출된 복사는 송신기 안테나의 축 방향으로 편광이 되어 있어 방출된 전기장 방향은 수신기 안테나에 수직한 평면에 있다. 안테나에 있는 전자는 전선의 폭 방향(길이 방향이 아님)에서 왔다 갔다 하면서 가속되기 때문에 전류가 전구를 통하여 흐를 수 없다.

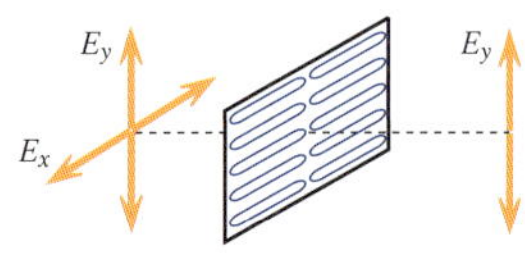


그림 23.45 무편광 빛을 편광된 빛으로 만들기. 입사광은 전파 방향에 수직한 모든 방향으로 향하는 전기장들을 갖는 파동으로 구성된 무편광 사인 함수적 복사로 되어 있다.

당신은 무편광된 빛을 특별한 플라스틱판을 통과시킴으로써 편광된 가시광을 만들 수 있다. 이 판 내부의 분자들은 그림 23.45와 같이 한 방향으로 정렬되어 있으며 Polaroid 선글라스에서 사용하는 재질과 같은 것으로 되어 있다. 분자 길이 방향의 편광 성분은 분자의 길이 방향으로 전자들을 진동시킬 수 있고 큰 규모의 운동으로 인하여 에너지를 잃게 된다. 분자 길이 방향에 수직인 편광 성분은 전자들을 거의 움직일 수 없어 결과적으로 플라스틱 안에서 에너지를 거의 잃지 않게 된다. 어떤 각도로 편광된 빛에 대해서는 분자 길이 방향에 수직인 전기장 성분만이 편광판을 통과할 수 있다. 이와 같은 방식으로 편광된 빛이 만들어지는 것이다.

당신이 첫 번째 편광판 다음에 두 번째 편광판을 두게 되면 그것의 방향은 편광판 뒤에서 관측할 때 편광된 빛의 전부, 일부, 혹은 암흑 중에 하나를 결정한다. 두 번째 편광판 뒤에서 보이는 빛의 성분은 두 번째 편광판에 정렬되어 나타난다.

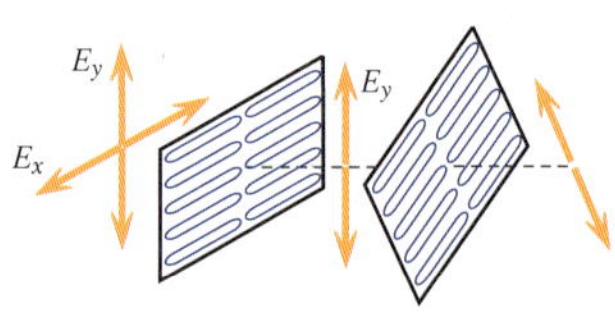


그림 23.46 두 번째 편광판은 편광 방향을 돌리는 효과를 나타낸다.

**질문** 편광 선글라스는 해변에서 유용한데, 무편광된 빛이 물에 반사될 때 전기장이 수면에 나란한 수평 방향으로 부분적으로 편광되기 때문이다. 이와 같은 눈부심을 제거하고 자연스러운 상태로 보기 위해서는 편광판에서 사용되는 분자의 방향이 수평, 수직 중에 어느 방향이어야 하는가?

우리는 수평으로 편광된 빛 (눈부심)을 줄여야 하기 때문에 분자들 또한 수평 방향이어야 한다. 수평 방향 전기장을 갖는 복사는 흡수되고 재복사되는 과정을 거치면서 원래 진행 방향에서 일부분만 보일 것이다. 수직으로 편광된 빛은 영향을 받지 않게 된다.

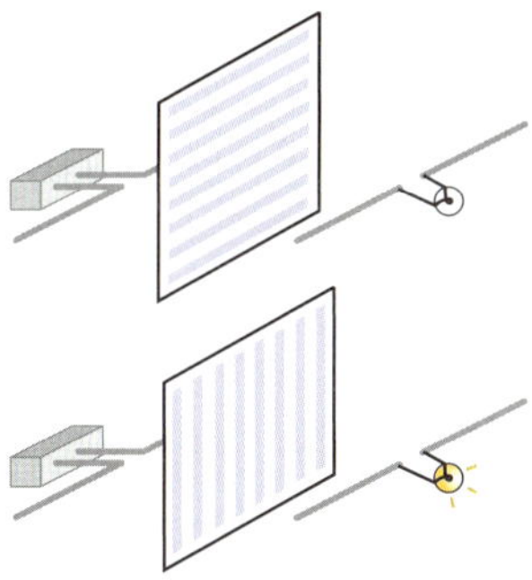

그림 23.47 라디오파에 대한 편광기

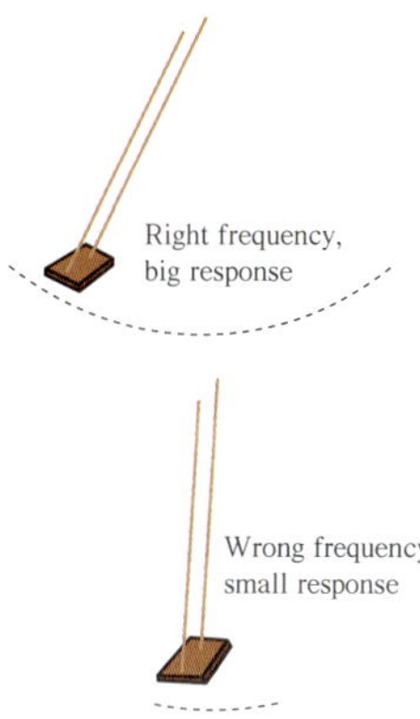


그림 23.48 그네에서 공명 현상

여러분은 이 효과를 라디오파에서 관찰할 수 있다. 두꺼운 종이에 평행하게 금속 포일을 테이프를 이용하여 붙인다. 포일들은 안테나와 같은 방향으로 정렬할 때 전구는 켜지지 않고 포일이 안테나에 대해 수직으로 정렬할 때 전구는 켜진다(그림 23.47).

**점검 사항 7** 앞에 문단에서(그림 23.47) 관찰을 간단하게 설명하여라(힌트: 전선들에서 일어날 수 있는 재복사에 대하여 생각하여라).

## 진동수에 의존하는 효과

용수철에 대전된 볼을 매달고 조화적으로 변하는 전자기 복사가 지나갈 때 어떠한 일이 발생할지 살펴보자(그림 23.37). 수직 방향에서 볼에 작용하는 전기력은 $q\,E_{최대}\sin(\omega t)$에 따라 변한다. 이 힘은 볼을 같은 각진동수 $\omega$로 올렸다 내렸다 하는 방향으로 진동하도록 한다. $\omega$가 복사 힘이 없을 때 자유로운 상태에서 진동하는 각진동수에 얼마나 가까운가에 따라 진동하는 폭이 크게 의존한다. 복사 진동수가 자유-진동 진동수와 일치하는 경우에 볼은 매우 큰 진폭으로 진동한다. 반대로 복사 진동수가 자유-진동 진동수와 매우 다르면 복사 전기장이 매우 큰 경우에도 볼은 매우 작게 진동할 것이다.

## 공명

이 현상을 공명이라고 한다. 당신이 그네에 있는 어떤 사람을 밀 때 공명을 관찰하는 것은 쉽다(그림 23.48). 그네의 자유-진동 진동수와 정확하게 같은 진동수(예를 들어 그네가 최대로 뒤로 왔을 때마다)로 약하게 밀어도 효과가 합하여져서 결국은 큰 폭의 진동을 유지하기에 충분하다. 그러나 당신이 다른 진동수로 민다면 그네는 당신이 미는 진동수로 진동은 하지만 거의 움직이지 않는다. 그 이유는 당신의 입력들이 바른 시간에 서로 겹치지 않기 때문이다.

복사 진동수가 계의 자유 진동수와 거의 일치할 때 계가 조화 복사에 강하게 반응한다는 사실의 매우 중요한 결과가 있다. 조화 전자기 복사의 다른 진동수들은 물질에 다르게 영향을 미친다. 예:

- 매우 높은 진동수 $f = \omega/2\pi$ 약 $1 \times 10^{15}$ Hz인 조화 전자기 복사는 우리 망막에 있는 생체 분자에 큰 영향을 미치게 되어 당신은 가시광을 감지할 수 있다. 그러나 라디오는 가시광에 반응하지 않는다.
- 약 $1 \times 10^{6}$ Hz(1,000 kHz)의 진동수를 갖는 조화 전자기 복사는 라디오 안테나의 금속 안에 있는 움직일 수 있는 전자에 큰 영향을 미친다. 라디오 수신기는 라디오파를 감지한다. 1020 kHz의 전자기 복사에 민감하도록 하고 다른 라디오 주파수들에 대해서는 민감하지 않도록 라디오를 맞출 수 있다. 결과적으로 당신은 한 번에 한 방송국만을 듣게 된다. 그러나 당신 눈은 라디오파는 감지하지 못한다.
- X선이라고 알려진 매우 높은 진동수를 갖는 조화 전자기 복사는 우리 몸의 원자들에 거의 영향을 주지 않는다. 대부분 상호작용하지 않고 바로 통과한다. 우리 몸의 밀한 곳들에서 만들어지는 그림자가 X선에 감도가 좋은 필름에 나타나도록 할 정도로 상호작용한다.

빛과 물질 사이에 고전적 상호작용이 포함된 많은 현상을 설명하기 위하여 중성 원자는 원자 안의 전자가 마치 용수철에 붙어 있는 물체와 같이 행동하는 것으로 모형화된다. 그것의 자유-진동 진동수는 전자기 복사에 공명 반응을 결정한다. 제15장 문62를 보아라

## 색 인식

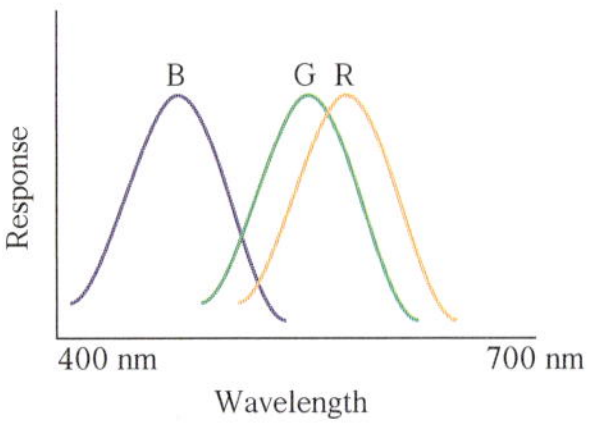


**그림 23.49** 파장에 따른 가시광에 대한 사람 눈의 시각세포들의 근사적인 반응곡선

당신의 망막에는 3가지 종류의 생체 분자가 있는데, 이들을 R, G, 그리고 B라고 부를 수 있다. R형은 560 nm 근처($0.56 \times 10^{-6}$ m, 혹은 $5.4\times 10^{14}$ Hz)의 전자기 복사에 대해 강하게 반응한다: G형은 530 nm 근처($0.53 \times 10^{-6}$ m, 혹은 $5.7\times 10^{14}$ Hz)의 전자기 복사에 강하게 반응한다: B형은 420 nm 근처($0.42 \times 10^{-6}$ m, 혹은 $7.1 \times 10^{14}$ Hz)의 전자기 복사에 강하게 반응한다. 이들 분자들 각각은 다른 분자들에 감도가 좋은 파장 대에 대해서는 거의 혹은 전혀 반응하지 않는다(그림 23.49). 당신의 뇌는 R 분자들로부터 온 신호를 빨간색으로 인식하고 G로부터 온 신호는 초록색으로 그리고 B 분자에서 온 신호는 파란색으로 인식한다.

이들 반응들의 조합에 따라 당신이 인지하는 모든 다른 색들로 해석된다. 그들 중 많은 색은 무지개 색에 포함되지 않는다. 예를 들어 700 nm(빨강)과 400 nm (파랑)에 있는 전자기 복사의 혼합은 뇌에서 마젠타색으로 해석한다. 무지개에서 빨강과 파랑은공간적으로 분리되어 나타난다. 따라서 마젠타는 무지개에서 나타나지 않는다. R, G, B가 같은 정도로 반응을 하면 뇌는 흰색으로 해석한다. 이 역시 무지개 색에 포함되어 있지 않다.

R, G, B 감도 반응 곡선에 파장들 중 일부가 겹쳐 있다. 예를 들어 588 nm(Na의 불꽃 반응에서 나타난 노란색)의 하나의 파장으로 된 빛은 R과 G 세포를 같이 자극하여 당신은 빨간색과 초록색에 해당하는 파장의 적절한 혼합에 의해 만들어지는 노란색을 인식한다. 컬러 텔레비전과 컴퓨터 스크린은 매우 가까이에 빨간색과 초록색 점들을 배치하여 뇌를 노란점으로 보도록 만든 것이다.

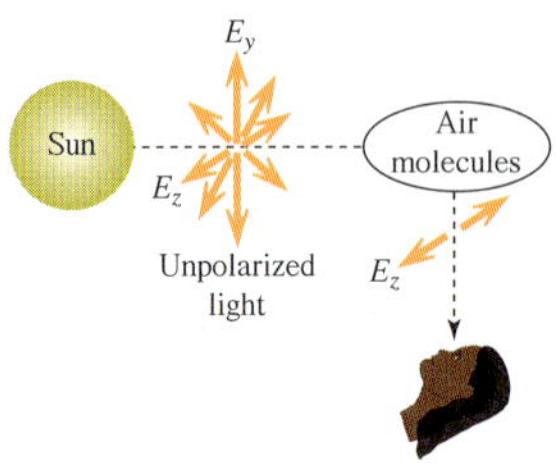


**그림 23.50** 하늘을 올려다보면... 왜 그곳에서 빛이 있나? (무편광된 빛을 표시하기 위하여 전기장 화살표들이 여러 방향을 향하도록 나타내었다.)

## 왜 하늘은 파란가(그리고 편광되었는가)?

하늘에서 오는 빛을 보면 왜 파란색인가 (편광되었는가)? 당신은 이른 아침이나 오후 늦게, 즉 그림 23.50과 같이 태양이 거의 지평선에 있을 때 파란 하늘을 본다고 상상하자.

> **질문** 먼저 하늘 위에서 오는 빛을 어떻게 보게 되는가? 만약 당신이 달에 서서 위를 본다면 하늘은 검정색이다(별을 제외).

지구에 서서 똑바로 하늘 위를 볼 때 빛을 볼 수 있는 이유는 당신 머리 위에 있는 대기를 채우고 있는 모든 공기 분자에 있는 전자들이 태양 빛에 의해 가속되고 재복사한다. 달은 태양 빛을 산란시키기 위한 대기가 없다.

두 번째 머리 위에서 오는 하늘빛은 편광되어 있다. 태양에서 오는 빛은 무질서하게 배열된 많은 원자들에 의해 방출되기 때문에 편광되지 않았음에도 불구하고 산란된 빛은 편광되어 있다. 편광된 것을 관찰하는 것은 쉽다. 구름이 없는 하늘에서 편광 안경을 쓰고 이른 아침에 혹은 오후 늦게 머리 위의 하늘을 보면서

편광기의 방향을 바꾸기 위하여 머리를 돌려라. 당신은 하늘빛의 세기에 있어 뚜렷한 변화가 있음을 볼 것이다.

**질문** 두 번째 하늘빛이 편광되어 있는 이유를 설명하고 편광 방향이 무엇인지 설명하여라.

태양으로부터 온 빛의 전기장은 전파 방향에 수직이다. 태양으로부터 온 빛은 편광되어 있지 않다, 따라서 전기장은 $yz$평면에서 모든 방향을 향하고 있다(그림 23.50). 그러나 $\pm z$방향으로 가속된 공기 분자 내의 전하들만이 $-y$축 방향으로, 즉 당신을 향하여 아래로 재복사한다. 그래서 하늘빛은 $\pm z$방향인 전기장으로 편광된다.

**질문** 세 번째 하늘빛은 왜 파란색인가?

태양으로부터 온 빛은 조화 전자기 복사의 많은 다른 진동수들의 혼합으로 되어 있다. 태양빛의 스펙트럼은 빨강에서 파랑까지 있으며 혼합은 거의 백색(어느 정도는 노랑 계통)으로 인식된다. 그렇다면 왜 하늘에서 온 빛이 노란색이 아니라 파란색으로 보이는가? 전자들은 빛의 전자기파 진동수와 같은 진동수로 진동하도록 힘이 작용한다.

원자 내에 있는 전자들은 진동하는 전기장에 의해서 흔들린다. 전자의 위치가 $x = A\cos(\omega t)$에 의해 표현된다면 가속도는 $a = -\omega^2 A\cos(\omega t)$가 된다. 재복사 전기장의 크기는 가속도에 비례한다. 당신 눈에 도달하는 재복사의 일률(에너지/초)은 가속도의 제곱에 비례한다. 우리는 눈에 도달하는 재복사는 $\omega^4$에 비례할 것으로 예상할 수 있다. 태양빛의 높은 진동수 파란색 성분의 재복사가 태양의 낮은 진동수인 빨강 성분의 재복사보다 훨씬 크다는 것을 의미한다. 빨강에 대한 파랑 진동수들의 비율은 약 2배 만큼 차이가 난다. 재복사 빛의 세기에 대한 비는 $2^4 = 16$배 정도 차이가 난다.

### 왜 먼 곳에 보이는 산은 푸르게 보이는가?

매우 깨끗한 날에 공기 중에 거의 먼지가 없을 때 멀리 보이는 산이 푸르게 보인다. 거의 흐릿하지 않다는 말은 먼 산등성이들이 선명하게 보이지 안개가 끼거나 흐릿한 날에 뿌옇게 보이지 않다는 말이다. 하늘이 파랗게 보인다는 설명과 본질적으로 동일하다! 하늘을 올려다보면 밝은 파란색을 볼 수 있을 때, 해수면 근처의 대기를 수 킬로미터를 보는 것과 같다(대기는 수십 킬로미터 펼쳐져 있지만, 고도가 높아질수록 밀도는 지수적으로 감소한다).

대기층을 통하여 수 킬로미터 떨어진 먼 산을 보면, 시선과 다른 대기에서 산란된 옅은 푸른색 태양 빛들이 눈에 들어오고 산의 상에 더해진다. 상대적으로 옅은 푸른색 빛을 보기 위해서는 배경으로 어두운 색의 산이 있어야 한다.

## 23.7 매질을 통과하여 전파하는 빛

매질을 통과하여 전자기 복사의 전파는 진공을 전파하는 경우보다 훨씬 복잡하다. 입사하는 복사 안의 전기장과 자기장이 매질 내에 있는 전하들에 영향을 주기 때문이다. 영향을 받은 입자들은 가속되고 재복사하게 된다. 알짜 장은 원래 장과 재복사 장의 중첩이다. 다음 절들에서 이 중첩 과정의 광학적 결과를 탐구할 것이다.

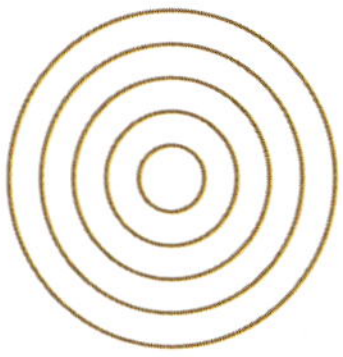

**그림 23.52** 진동하는 원천 전하로부터 퍼져 나가는 파면 그림

## 파면

진동하는 전하에 의해 방출된 조화 전자기 복사에서 파면은 같은 시간에 방출된 모든 최대치(최대 진폭)들의 집합이라고 고려한다. 그림 23.51에 원들은 조화 진동 전하에 의해 방출된 복사에 연속적인 파면을 그린 것이다. 그림은 단순화하기 위하여 파면을 표시하는 원들만 그림 23.52와 같이 보여주기도 한다.

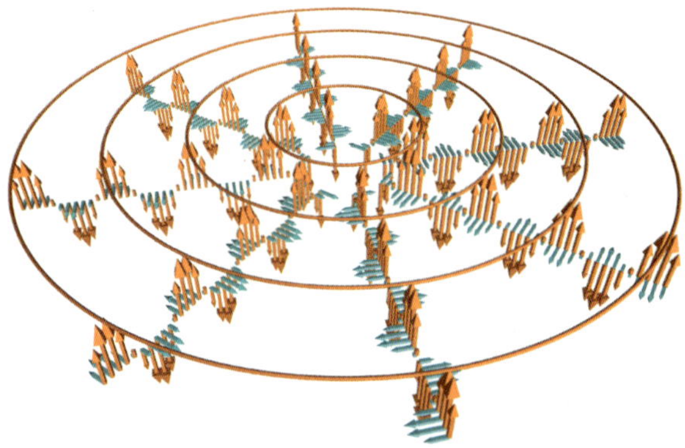

**그림 14.51** $y$축 방향을 따라 진동하는 전하(중심에 있는데 여기서는 그리지 않았음)에 의해 방출된 복사에 대하여 각 원들은 인접한 파면들을 나타낸다. 이해를 돕기 위하여 $xz$ 평면에 방출된 복사만을 그렸다(사실 복사는 $\pm y$ 방향을 제외하고 모든 방향으로 방출된다).

## 평면파들

**그림 23.53** 광원에서 멀어지면 파면의 일부는 거의 평면이 되고 서로 평행이 된다.

진동하는 전하에 의해 방출된 파면들은 그림 23.52와 같이 거의 구면이다. 그러나 파가 멀리 전파함에 따라 곡률 반경이 점점 커져 파원에서 매우 멀리 있는 관찰자(멀다는 것은 복사 파장에 비하여 충분히 먼 거리를 의미한다)는 연속적인 파면들은 거의 평면으로 보이고 그림 23.53과 같이 서로 평행하게 보인다. 이 상황에서 파를 평면파라고 말한다. 여기서 말하는 평면은 그림 23.54와 같이 $\vec{E}$와 $\vec{B}$ 벡터들에 의해 정의된 평면이다. 이 평면은 파의 전파 방향에 수직이다.

특별한 방향으로 전파하는 복사는 종종 광선으로 나타내는데, 파면에 수직이며 전파 방향으로 하나의 선으로 그린다(그림 23.55). 실제로 정해진 광선들은 없지만—진동하는 전하에 의해 방출된 복사는 공간적으로 연속—특별한 광선들을 상상하는 것은 빛이 렌즈나 프리즘과 같은 물체를 통하여 진행할 때 빛의 기하학적 행동을 이해하는 데 유용할 수 있다.

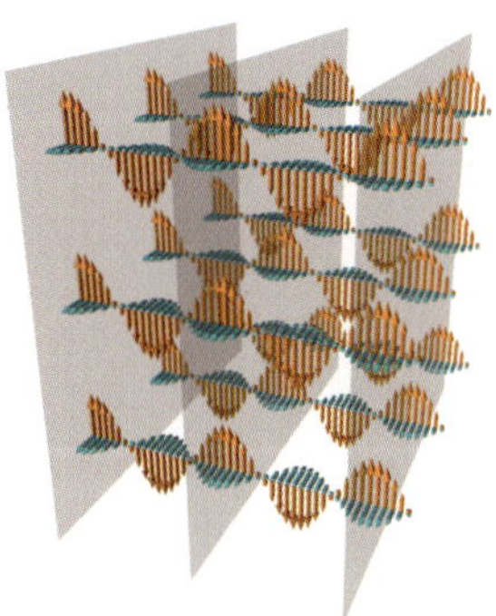

**그림 23.54** 평면파. 회색 평면들은 평행 (거의 평행)인 파면들의 위치를 나타낸다.

## 재복사와 중첩

전자기 복사가 유리, 공기, 물, 금속, 플라스틱 혹은 진공이 아닌 어떤 것과 같은 매질로 채워진 영역을 통하여 전파할 때 그것은 매질 속에 있는 대전된 입자들과 상호작용한다. 앞서 논의한 것과 같이 입사되는 복사 내에 있는 전기장은 매질 내에 있는 대전된 입자들을 가속시킨다. 이들 가속된 전하들은 또한 전자기 복사를 방출한다(양성자에 대한 전기력의 크기는 전자에 작용하는 것과 같다. 그러나 작

**그림 23.55** 광선이라고 하는 선(빨강선)은 주어진 방향으로 진행하는 파면을 나타내기 위하여 사용된다. 광선들은 파면들에 수직으로 그린다.

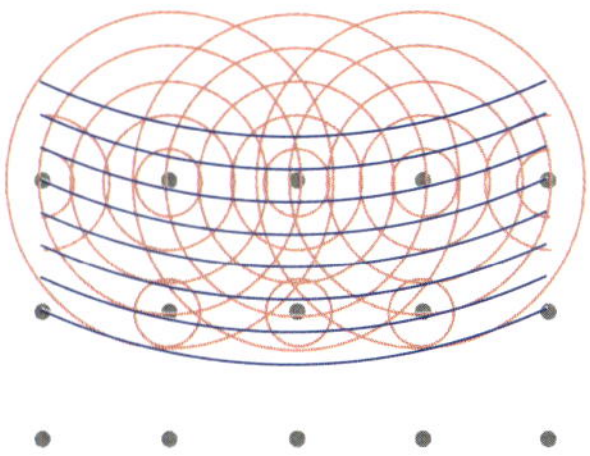

**그림 23.56** 회색 점들은 고체 내에 있는 원자들은 나타낸다. 파란색 곡선은 입사되는 복사의 파면을 나타낸다. 옅은 빨간색 원들은 입사된 광에 의해 가속된 원자들 내의 전하들에 의해 재방출된 파면들을 나타낸다. 임의의 점에서 알짜 장은 그 지점에서 모든 장들의 합이다.

은 질량을 갖는 전자의 가속도가 훨씬 커서 재복사에 기여하는 거의 모든 것은 전자에 의한 것이다). 그러므로 매질 내의 어떤 위치에서 알짜 복사 전기장과 자기장은 입사 조화 진동 장들과 재복사 장들의 중첩에 의해 결정된다. 그림 23.56에서 보여준 것과 같이 이 합은 특히 고체와 같은 밀한 매질에서 아주 복잡하다. 그것은 매우 많은 대전된 입자들로 구성되었기 때문이다. 물질 속에서 빛의 행동은 원자 수준에서 물질의 구조에 크게 의존한다.

중첩의 하나의 가능한 결과는 입사파와 재복사파들은 한 파동의 골들과 다른 파동의 마루들이 같은 위치들에서 일어나도록 중첩할 수 있다. 이 경우에 알짜 진폭은 영이고 어떠한 전자기 복사도 매질의 반대쪽에서 나타나지 않는다. 이것을 상쇄 간섭이라고 한다. 이 경우에 매질은 불투명하다. 불투명도는 입사 복사의 파장에 의존한다. 예를 들어 마분지는 가시광에 대해 불투명한데, 마이크로파에 대해서는 그렇지 않다. 마분지 상자 안에 남겨진 음식을 다시 가열하기 위하여 마이크로 오븐을 사용하는 것이 가능하다.

특별한 파장의 전자기 복사에 대해 투명한 물질에서 입사 복사와 재복사는 보강적으로 더해진다. 물질 내부에서 파들의 진폭은 영이 아니다. 그러나 이 더하기 과정은 알짜 파동의 파장에서 변화로 나타날 수 있고 매질에서 전파 속력에서 변화가 초래된다.

## 굴절률

가장 일반적으로 보통의 고체 물질에서 입사파와 재복사파들은 중첩하여 $c$보다는 느린 속력으로 매질을 통과하는 알짜 파를 만들기 위해 결합한다. 재복사의 진동수 $f$는 입사 복사의 것과 같기 때문에 매질 내에서 파장은 진공에서보다 작다: $v = \lambda/T = \lambda f$이므로 $\lambda = v/f$이고 더 작은 $v$는 더 짧은 $\lambda$($f$는 불변)를 의미한다. 매질의 굴절률은 매질에서 파면의 속력 $v$에 대한 진공에서 파면의 속력 $c$의 비로 정의된다. 한 골이 주어진 거리를 전파하기 위해 필요한 시간으로 측정된다.

$$n = \frac{c}{v}$$

파장 589 nm(노랑 Na 빛)에서 몇 개의 물질에 대한 굴절률을 표에 주어졌다.

| 매질 | $n$ |
|---|---|
| 진공 | 1.000 |
| 공기 | 1.00029 |
| 물 | 1.33 |
| 석영 | 1.46 |
| 플렉스 유리 | 1.51 |
| 지르콘 | 1.92 |

**점검 사항 8** 빛이 갈륨포스파이드를 통하여 $8.57 \times 10^7$ m/s로 전파한다. 이 매질의 굴절률은 얼마인가?

## 23.8 굴절: 빛의 꺾임

파면의 속력이 물질에 따라 다르다는 사실은 한 매질에서 다른 매질로 파가 움직일 때 광선의 꺾임을 초래한다.

### 고적대가 방향을 바꾼다

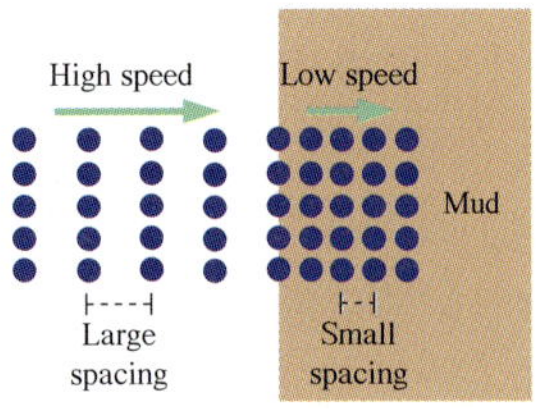


**그림 23.57** 고적대가 전진하다가 진흙을 만나면서 천천히 가게 될 때 대열이 가까워진다.

두 개의 물질 사이의 면에서 광선들과 파면에 무슨 일이 일어날지 설명하는 데 도움이 되는 유용한 비유가 있다. 잔디밭을 가로질러 빨리 가는 고적대를 생각하여라. 진흙으로 되어 있는 부분을 지나갈 때 속력이 늦어진다. 그림 23.57에 고적대 모든 멤버들이 동시에 진흙 부분에 동시에 도달하고 진흙에 도달한 줄(파면)들이 잔디에서보다 진흙 안에서 가까워진다. 이것은 빛이 공기에서 유리로 입사할 때 파장이 줄어든 것과 유사하다.

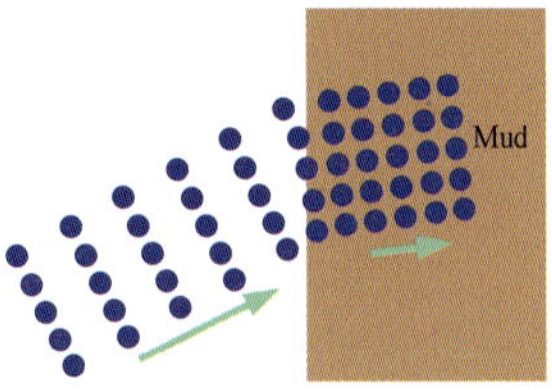


**그림 23.58** 고적대가 어떤 각도를 가지고 전진하다가 진흙을 만날 때 대열을 마치면서 진행 방향이 바뀐다.

그림 23.58에 고적대가 각도를 가지고 진흙에 접근하는 모습을 그린 것이다. 첫 번째 줄에 있는 멤버들이 진흙을 만나면 속력이 늦어지고 줄에서 아직 잔디에 있는 멤버들은 빨리 움직일 것이다. 만약에 행진하는 사람들이 줄에서 같은 간격을 유지하도록 요구하면, 진흙에 있는 줄들(파면들)은 줄이 아직 잔디에 있는 것보다 다른 각도를 가지게 될 것이다. 행진의 방향이 바뀌게 된다. 나가는 광선은 들어오는 광선과 다른 각도가 된다. 우리는 빛의 경우에 보다 양적으로 이 현상을 살펴볼 것이다.

### 빛의 꺾임

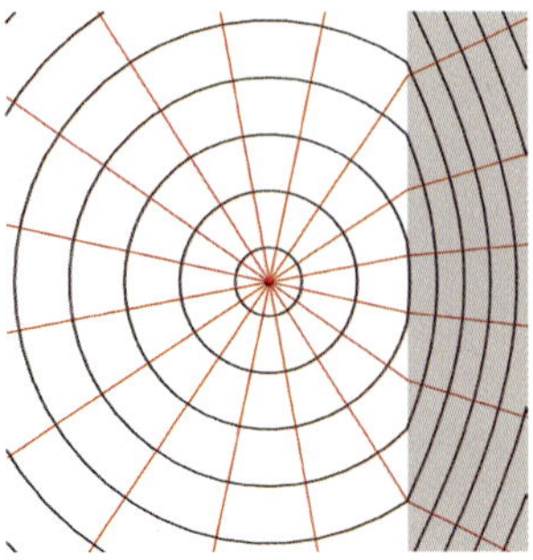

**그림 23.59** 사인 함수적으로 진동하는 광원에서 나온 빛이 퍼져나가다가 유리판을 만난다. 빨간색 광선들은 전파 방향을 표시하고 굽어진 곡선들은 광선들에 수직인 파면들을 나타낸다.

그림 23.59에 공기 중에서 조화 진동하는 전하에서 방출된 빛이 유리(회색 부분) 조각의 표면에 입사되는 것을 나타내고 있다. 굽어진 원으로 표시된 파면은 점 파원에서 나온 장들과 유리 안에서 가속된 전하들에 의해 재 방출된 추가 장들의 중첩 결과 유리 안에서 가까워진다. 복사의 파장 $\lambda$는 파가 공기에 있을 때보다 유리 안에서 더 짧아진다. 진동의 주기와 진동수는 변하지 않기 때문에 유리 안에서 파면의 속력은 공기에서보다 늦어지게 된다(속력 $= \lambda/T$. 빨간색 광선들은 파면에 수직인 전파 방향들을 나타낸다. 광선들은 공기와 유리 사이의 표면에서 안쪽을 향하여 꺾인다. 두 개의 물질 사이의 경계면에서 빛의 광선들이 꺾이는 것을 "굴절"이라고 한다.

### 반사

굴절(빛의 꺾임)에 대해서 그림 23.59와 같은 상황에서 빛의 일부가 반사한다. 유리 안에서 가속된 전자가 모든 방향으로 빛을 방출하고 유리 안에서 보다 짧아진 파장을 만드는 것에 더하여 그들은 뒤쪽 방향으로도 빛을 생성한다. 이 반사된 빛이 표면에서 튀어나오는 것처럼 보이겠지만 사실은 이 새로운 빛은 유리 전체를 통해서 가속된 모든 전하들에 의해 방출된 것이다. 반사된 빛은 아주 약하다. 여러분은 유리판에서 반사된 빛이 아주 어두울 수 있다는 것을 아마 알고 있을 것이다.

### 스넬의 법칙

우리는 경계면에서 광선들이 꺾임과 두 매질에서 파면의 속력 사이에 스넬 법칙

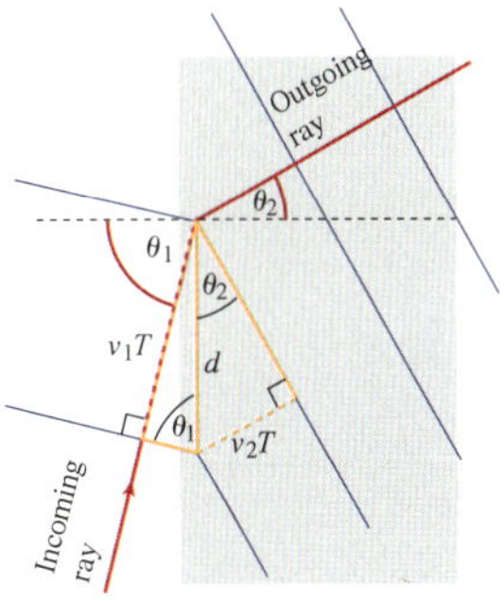


**그림 23.60** 스넬의 법칙. 빨간색 선들은 광선들을 나타낸다. 파란색 선들은 파면들을 나타낸다. 검정색 전선은 표면에 수직인 선이다. 주황색 점선은 시간 $T$ 동안 전파한 파면의 거리를 나타낸다. 회색 매질(유리)이 더 큰 굴절률을 갖는다.

이라고 하는 관계를 유도할 수 있다. 그림 23.60과 같이 파면들은 평행한 직선들에 의해 근사할 수 있을 만큼 충분히 확대하여 보자. 경계면에 수직인 법선과 광선들 사이에 각도로 입사광과 굴절광의 방향을 전통적으로 나타낸다.

그림 23.60에서 입사광은 법선에 대하여 각도 $\theta_1$이고 굴절광은 법선에 대하여 $\theta_2$각이다. 같은 각도들을 주황색 삼각형에서 찾을 수 있다. 같은 각도들이 주황색 삼각형들에서 발생한다. 이유는 각의 옆선이 다른 각의 옆선들과 수직이라면 이들 두 각도들은 같거나 그들의 합이 180도이기 때문이다(어떤 경우에도 그들의 sin값은 같다). 공기에서 속력은 $v_1$이고 유리에서 속력은 $v_2$이다. 시간 $T$(주기) 동안 공기에서 파면은 $v_1T$만큼 이동하고 유리에서는 $v_2T$만큼 이동한다. 이들은 점선으로 표시되어 있다. 두 개의 주황색 삼각형은 빗변 $d$가 같다.

왼쪽 (공기에서) 삼각형에서

$$\sin\theta_1 = \frac{v_1T}{d}$$

오른쪽 (유리 안에서) 삼각형에서

$$\sin\theta_2 = \frac{v_2T}{d}$$

$T/d$는 양쪽 삼각형에서 같기 때문에

$$\frac{\sin\theta_1}{v_1} = \frac{\sin\theta_2}{v_2}$$

이다.

결과를 굴절률 $n = c/v$항으로 표현하는 것이 전통이다.

$$\frac{\sin\theta_1}{c/n_1} = \frac{\sin\theta_2}{c/n_2}$$

$$\frac{n_1\sin\theta_1}{c} = \frac{n_2\sin\theta_2}{c}$$

양쪽에서 $c$를 제거하면 우리는 스넬 법칙을 얻는다.

**스넬 법칙**

$$n_1\sin\theta_1 = n_2\sin\theta_2$$

여기서 $n_1$과 $n_2$는 두 물질의 굴절률이고 $\theta_1$은 각각 법선과 입사광선 사이의 각도이고 $\theta_2$는 법선과 굴절광선 사이의 각도이다.

우리는 공기와 유리를 소재로 사용하여 설명하였는데, 이 결과는 굴절률이 $n_1$과 $n_2$인 어떤 물질에 대해서도 유효하다.

**예 빛이 물에서 유리로 전파하는 경우**

그림 23.61에서 빛이 물을 통과하여 진행하다가 유리 표면을 만났다. 입사빔과 법선이 이루는 각 $\theta_1$이 23°이다. 물의 굴절률은 1.33이고 유리의 굴절률이 1.65이다. $\theta_2$는 얼마인가?

**해답** 스넬의 법칙으로부터

$$n_1 \sin\theta_1 = n_2 \sin\theta_2$$
$$\sin\theta_2 = \frac{n_1 \sin\theta_1}{n_2}$$
$$\theta_2 = \arcsin\frac{1.33\sin 23^\circ}{1.65} = 18.4^\circ$$

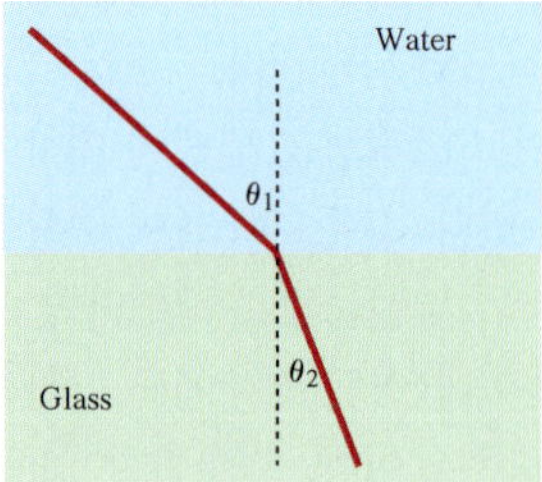


그림 23.61 빛이 물에서 유리로 전파한다.

## 내부 전반사

우리는 공기에서 유리로 들어가는 빛을 생각해 왔다. 즉, 굴절률이 증가하여서 파면의 속력이 줄어드는 경우이었다. 반대 방향으로 빛이 진행하는 경우, 즉 굴절률이 큰 쪽에서 작은 쪽으로 전파하는 경우에 특이한 현상이 일어난다. 예를 들어 빛이 물(굴절률이 1.33)에서 굴절률이 거의 1.0인 공기로 진행하는 경우를 생각해 보자. 물 속에서 법선에 대해 입사각이 그림 23.62와 같이 60°인 광선을 생각해 보자. 공기에서 법선에 대해 광선이 이루는 각을 예상하기 위하여 스넬 법칙을 적용하여 보자.

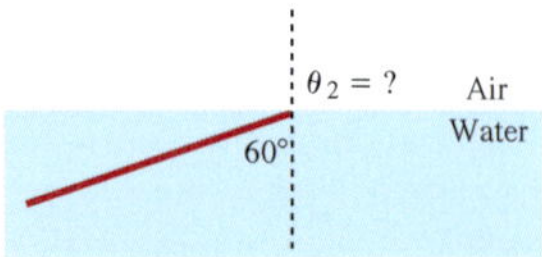


그림 23.62 빛이 물속을 통과한 후에 물–공기 경계면에 법선에 60도의 각도로 입사한다.

$$1.33\sin 60^\circ = 1.0\sin\theta_2$$
$$\sin\theta_2 = 1.33\sin 60^\circ = 1.15$$

**질문** $\sin^{-1}$ 1.15의 값을 구하기 위하여 계산기를 이용하여 보아라.

무슨 일이 일어나는가? 당신은 error를 얻게 될 것이다. sine 값은 $-1$과 $+1$ 사이에만 있지 sine 값이 1.15인 각은 존재하지 않기 때문이다. 스넬의 법칙은 우리에게 이 광선이 공기 중으로 나갈 수 있는 각도가 없다는 것을 말해준다. 법선에 대하여 60°의 각으로 수영장 물 속에서 공기를 향하여 보내면 무슨 일이 벌어지겠는가? 아무런 빛도 나오지 못하고 모든 빛이 반사되어 그림 23.63과 같이 다시 물 속으로 되돌아간다. 이러한 현상은 "내부 전반사"라고 한다. 그림 23.64는 물 속에 있는 광원에서 방출된 빛 광선들이 공기 쪽으로 나오는 모습을 보여준다. 공기에서 굴절광 중에서 법선으로부터 가능한 가장 큰 각도는 90°이다.

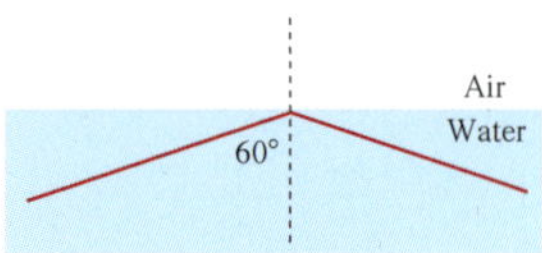


그림 23.63 내부 전반사

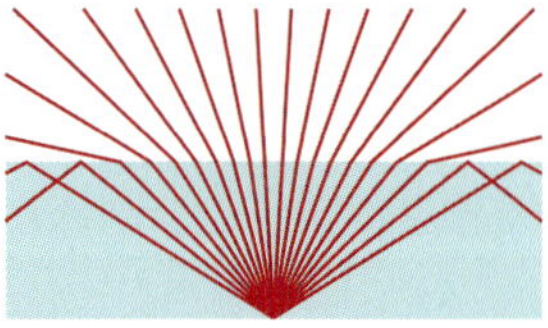

그림 23.64 물 속에 있는 점광원으로부터 나온 광선들이 굴절률이 더 작은 공기 속으로 나올 때 꺾이는 모습. 굴절각이 90도보다 크게 굴절된 물 속의 광선들은 물을 빠져 나올 수 없고 아래쪽으로 반사된다("내부 전반사").

**질문** 굴절각이 90°가 되는 물 속에서 법선과 이루는 입사각은 얼마인가? (힌트: 스넬 법칙을 사용하여라.)

스넬 법칙은 1.33 $\sin\theta_1$ = 1.0sin 90°이므로 $\sin\theta_1$ = 1.0/1.33 = 0.75이어서 $\theta_1$ = 49°이다. 49°보다 큰 각도로 입사되는 광들은 공기로 빠져 나올 수 없고 내부 전반사되어 그림 23.64에서 볼 수 있는 것과 같이 물 속으로 다시 되돌아간다. 당신이 물 속에서 잠수하면서 표면을 보면 법선과 큰 각도를 이루는 곳에서 이 효과에 의해 표면에서 밝은 반사들을 볼 것이다.

## 광섬유 광학

내부 전반사 현상의 중요한 응용이 먼 거리, 고속 인터넷 통신을 위한 광섬유 사용이다. 먼 거리에 구리선을 통하여 보내는 전기 신호보다 훨씬 많은 데이터를 광

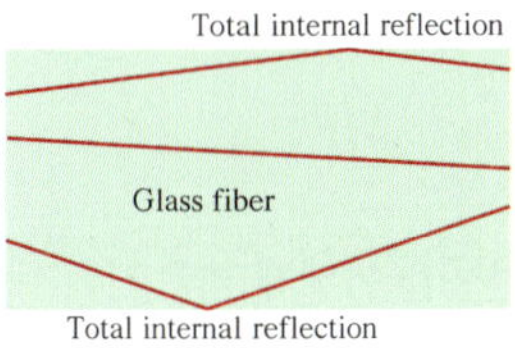


**그림 23.65** 장거리 초고속 인터넷을 위해 사용되는 유리 광섬유 안에서 광선들은 내부 전반사에 의해 빠져 나오지 않는다.

섬유를 통하여 빛의 전파 속도로 보내는 것이 가능하다. 이를 위해 해결해야 할 2가지 중요한 문제가 있다. 유리는 엄청나게 투명하기 위하여 극도로 순수해야 먼 거리를 보내는 동안 신호의 크기가 유지된다. 2번째 문제는 광섬유는 표면에서 빠져나가는 것 없이 내부 전반사에 의해 신호들이 보내지도록 설계되어야 한다. 이것은 적절한 굴절률을 갖는 유리를 사용함으로써 해결되었다. 몇 개의 제품에서는 표면에 가까워질수록 굴절률에 변화가 있도록 한 것도 있다. 그림 23.65는 기본적인 개념을 보여준다: 축과 나란하지 않는 광선들은 광섬유 안에서 내부 전반사된다.

**점검 사항 9** 굴절률이 1.6인 어떤 유리가 공기 중에 있다. 유리 속에서 출발한 광선 중에 공기 쪽으로 빠져 나올 수 있는 법선으로부터 가장 큰 각도는얼마인가?

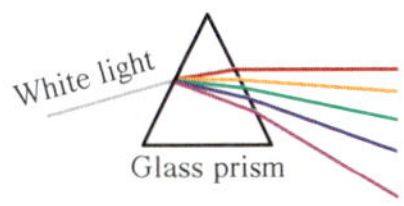


**그림 23.66** 어떤 물질의 굴절률이 파장에 따라 달라지기 때문에 프리즘을 통과할 때 파장이 달라짐에 따라 뚜렷하게 다른 각도로 꺾이게 된다.

## 23.9 렌즈

### 프리즘: 두 면에서 굴절

대부분의 물질의 굴절률은 다른 파장의 빛에 대하여 같지 않다. 이 변화는 파장이 달라지면 물질을 구성하고 있는 전하들과 다르게 상호작용하기 때문이다. 굴절률이 파장에 따라 달라짐에 따라 유리 프리즘은 백색광이 그림 23.66과 같이 모든 다른 색들의 혼합이라는 것을 보여주는 데 사용될 수 있다. 그림에서는 백색 중에 몇 가지 색만 나타내었다. 굴절률이 파장에 따라 다르기 때문에 다른 파장의 빛은 공기에서 유리로 들어갈 때 다시 유리에서 공기로 나올 때 꺾이는 정도가 다르다.

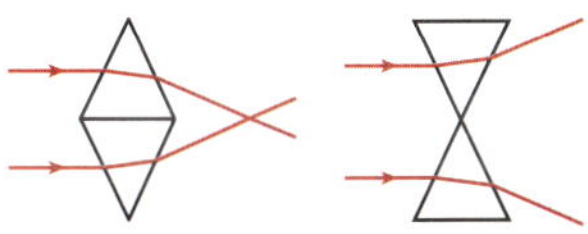

**그림 23.67** 두 개의 프리즘은 광선들은 모아지게 하거나 퍼지게 하는 데 사용될 수 있다.

### 두 프리즘은 렌즈와 같다

두 개의 프리즘을 그림 23.67의 왼쪽과 같이 아래 면끼리 마주하게 놓으면 유리에 입사되는 광선들은 중심선을 향하여 꺾이게 된다. 그들은 수렴한다. 만약에 두 프리즘을 그림 23.67의 오른쪽처럼 꼭지끼리 마주하게 놓으면 입사되는 광선들은 중심선에서 멀어진다. 그들은 발산한다. 들어오는 광선들을 꺾는 기능을 하도록 프리즘들을 쌓아 놓은 것은 매우 단순한 렌즈와 같다.

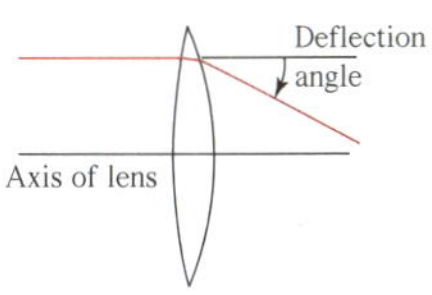


**그림 23.68** 수렴 렌즈는 렌즈 축을 향하여 들어오는 광선들을 꺾는다.

### 렌즈: 수렴과 발산

그림 23.68은 투명한 유리나 플라스틱으로 만든 렌즈의 단면을 보여주는 것이다. 재질의 굴절률은 공기보다 크다. 표면들은 구면이다. 렌즈에 수직이며 렌즈의 중심을 통과하는 선을 렌즈 축 (혹은 렌즈의 광축)이라고 한다. 입사되는 광선은 첫 번째 구면에 의해 굴절되고 다시 두 번째 구면에 의해 굴절된다. 알짜 효과는 광선이 원래의 방향에서 렌즈 축을 향하여 꺾인다. 이와 같은 렌즈를 수렴 렌즈라고 하는데 그 이유는 입사되는 광선들을 축쪽으로 수렴시키기 때문이다. 수렴 렌즈들은 가장자리보다 중앙 부분이 두껍다.

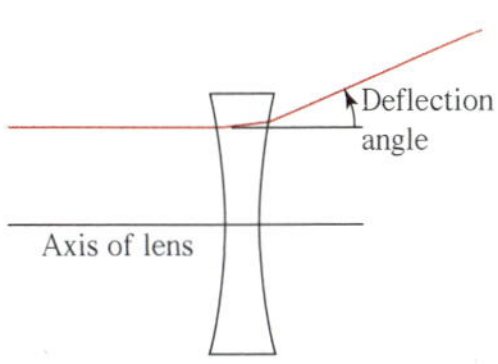


**그림 23.69** 발산 렌즈는 렌즈의 축으로부터 멀어지는 방향으로 들어오는 광선들을 꺾는다.

그림 23.69는 발산 렌즈를 보여준다.입사 광선들이 렌즈 축으로부터 멀어지는 쪽으로 꺾인다. 발산 렌즈는 가장 자리보다 중앙 부분이 더 얇다. 그림 23.70은

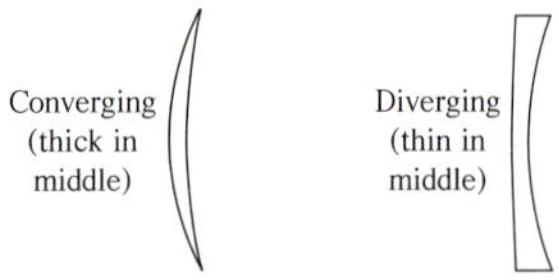


**그림 23.70** 다른 형태의 수렴 혹은 발산 렌즈

하나는 수렴, 다른 하나는 발산하는 2개의 다른 렌즈들을 보여준다.

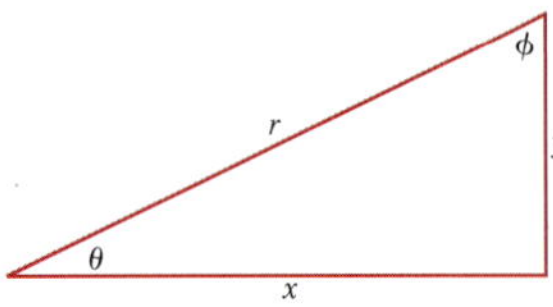


**그림 23.71** 직각 삼각형

## 삼각형의 간단한 재고

작은 각도에 대한 sin, cos, tan 값은 얇은 렌즈가 광선들을 어떻게 꺾는지에 대해 자세하게 알기 위하여 중심적인 역할을 한다. 얇은 렌즈에 대해 알아보기 전에 우리는 간단하게 재고해 보고자 한다. 그림 23.71과 같은 직각 삼각형에서 다음과 같은 관계식이 성립한다.

$$\sin\theta = \frac{y}{r} \qquad y = r\sin\theta$$

$$\cos\theta = \frac{x}{r} \qquad x = r\cos\theta$$

$$\tan\theta = \frac{y}{x} = \frac{\sin\theta}{\cos\theta} \qquad \theta + \phi = 90°$$

## 작은 각도 근사

특별히 작은 각도를 취급할 때 라디안으로 각도를 측정하는 것은 중요한 역할을 한다. 반경 $R$인 원의 원호가 길이 s라면 라디안으로 측정된 각도 $\theta$는 $\theta = s/R$로 정의된다. 한바퀴 돈 원은 길이 $s = 2\pi R$이고 한 바퀴에 대한 라디안으로 각도는 $s/R = 2\pi$ 혹은 6.28 라디안이다. 라디안을 도로 바꾸기 위해서는 (360°)/($2\pi$라디안)를 곱하면 된다. 예를 들어 1 라디안은 도로

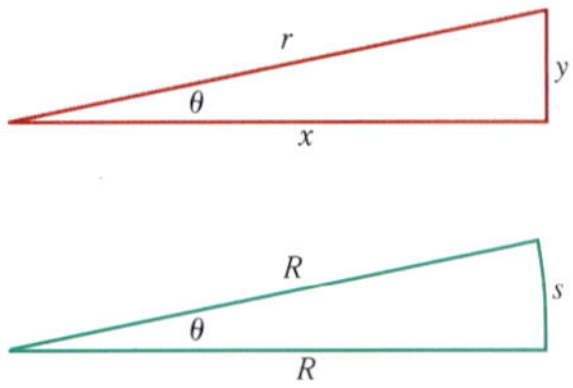


**그림 23.72** 작은 각도의 직각 삼각형(빨간색), 같은 각도를 갖는 원호(초록색)

$$(1\ \text{라디안})\frac{(360°)}{(2\pi\text{라디안})} = \frac{360°}{2\pi} = 57.3°$$

이다.

그림 23.72에는 매우 유사한 2개의 그림이 있다: 작은 각도 $\theta$인 직각 삼각형(빨강)과 같은 각도 $\theta$인 원의 일부(초록). 결국은 $s \approx y$ 그리고 $R \approx r$이어서 작은 각에 대한 sin, $y$/r 혹은 tan, $y/x$는 라디안으로 측정한 각도($s/R$)와 거의 같게 된다:

$$\tan\theta \approx \theta\ \text{라디안으로 측정}$$
$$\sin\theta \approx \theta\ \text{라디안으로 측정}$$
$$\cos\theta \approx 1\text{과 그리고}\ x \approx R$$

여러분의 계산기를 이용하여 이들 근사값의 유효성을 증명하는 것은 매우 쉽다.

**질문** 5°는 5(2 $\pi$)/360 = 0.08727라디안이다. tan 5°와 sin 5°를 계산하여라.

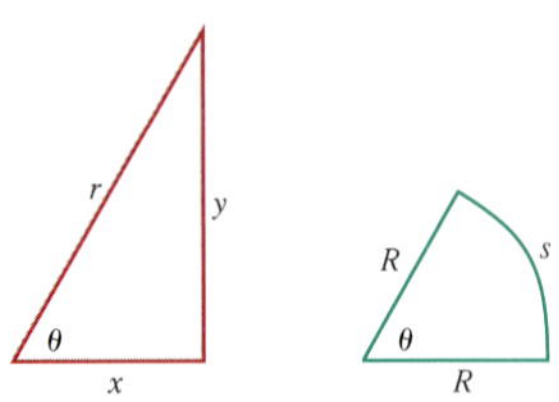


**그림 23.73** 큰 각도의 직각 삼각형(빨간색), 같은 각도를 갖는 원호(초록색)

여러분은 tan 5°는 0.08749이고 sin 5°는 0.08716인 것을 알 수 있다. 이들 값은 근사적으로 0.08727 라디안과 같다. 이 근사를 작은 각 근사라고 한다. 여러분이 볼 수 있는 것처럼 작은 각도에 대해서 매우 좋은 근사이다.

대조적으로 큰 각도인 삼각형과 비교되는 원 그림이 그림 23.73인데 $y$와 $s$ 길이가 차이가 크다. 따라서 $\theta = s/R$은 $\tan\theta = y/x$와 매우 다르다. 또한 $\cos\theta$는 근사적으로 1이 아니고 $x$도 $r$과 같지 않고 $\sin\theta \approx \theta$도 아니다.

## 얇은 렌즈

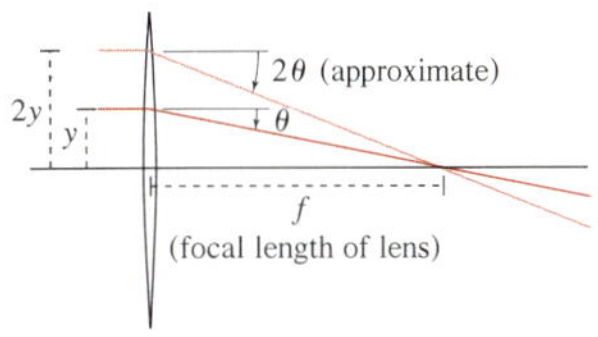


**그림 23.74** 축으로부터 2배 만큼 먼 광선은 2배 만큼 큰 각도로 꺾인다(작은 각 근사).

광선의 $y$ 위치는 렌즈를 통과하면서 많이 변하지 않는다면 우리는 이것을 얇은 렌즈라고 한다. 그림 23.74는 2개의 구면에서 스넬 법칙을 사용하여 얇은 수렴 렌즈를 통하여 2개의 광선을 추적한 컴퓨터 계산 결과이다. 다음을 알아라.

- 좋은 근사로 축으로부터 2배 만큼 높은 광선은 2배 만큼 꺾인다. 꺾이는 정도는 축으로부터 높이에 비례한다.
- 2개의 광선은 렌즈 중심으로부터 거리 $f$만큼 떨어진 축 상의 거의 같은 지점에 수렴한다.

이들 결과들은 그림 23.74에서 계산된 2개의 광선만이 아니라 얇은 렌즈를 통과하는 축에 평행인 모든 광선들에 적용한다.

거리 $f$는 "렌즈의 초점 거리"라고 하고 2개의 구면의 곡률 반경과 렌즈를 만드는 재료의 굴절률에 의해 결정된다.

## 얇은 렌즈에 대한 꺾임 각도

그림 23.74에서 밑변이 $f$이고 높이는 $y$인 직각 삼각형을 생각하자. $y$ 반대편 각도를 $\theta$라고 하면, 우리는 다음의 관계를 얻는다.

$$\tan\theta = \frac{y}{f}$$

같은 밑변이고 높이가 $2y$인 두 번째 삼각형을 생각해 보자. 이 경우에 반대편 각도는 근사적으로 $2\theta$이다.

$$\tan 2\theta = \frac{2y}{f}$$

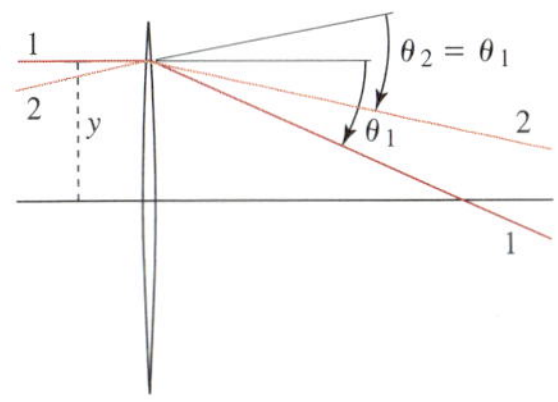


**그림 23.75** 작은 각 얇은 렌즈 근사에서는, 축으로부터 $y$만큼 떨어진 높이에 들어오는 모든 광선들은 같은 각도 $\theta_1 y/f$ 만큼 꺾인다.

라디안으로 각을 나타내고 $\theta$와 $2\theta$가 작으면,

$$\theta \approx \frac{y}{f}$$

$$2\theta \approx \frac{2y}{f}$$

작은 각도 근사에서 꺾임 각도는 간단하게 $\theta \approx y/f$를 보게 된다. 여기서 $y$는 광선이 렌즈에 입사될 때 축으로부터 높이이다. 여기에 입사 광선의 각도가 무엇인지는 중요하지 않다. 그림 23.75에서 2개의 광선들은 렌즈에 같은 점에 도달하지만 축에 대해 다른 각도로 도달하는 경우이다. 스넬 법칙을 이용한 컴퓨터 추적 결과에 의하면 꺾임 각도는 2개의 광선들에 대해 같다. 입사되는 각도는 꺾임 각도에 영향을 주지 않는다. 이 꺾임 각도는 광선이 렌즈를 치는 곳, 즉 축으로부터 높이만에 의해 결정된다.

## 얇은 렌즈 꺾임 각도

작은 각에 대해 얇은 렌즈를 통해 가는 어떤 광선에 대해 꺾임 각도는 $y/f$이다. 여기서 $y$는 광선이 렌즈에 입사될 때 축으로부터 높이이고, $f$는 렌즈의 초점 거리이다.

부호와 방향을 알아보기 위해 발산 렌즈는 음의 초점 거리를 갖는다고 말한다. 꺾임 각도 $\theta \approx y/f$는 음이다. 음의 꺾임 각도는 축으로부터 멀어지는 발산하는것으로 해석된다.

## 얇은 렌즈 공식

앞 절에서 우리는 다음을 알았다.

- 얇은 렌즈는 광선이 렌즈를 치는 축으로부터 얼마나 높은 곳에 비례하는 만큼 광선의 각도를 바꾼다.
- 꺾임 각도는 $y/f$인데 여기서 $f$는 렌즈의 초점 거리이고, $y$는 광선이 렌즈를 치는 축으로부터 높이이다.

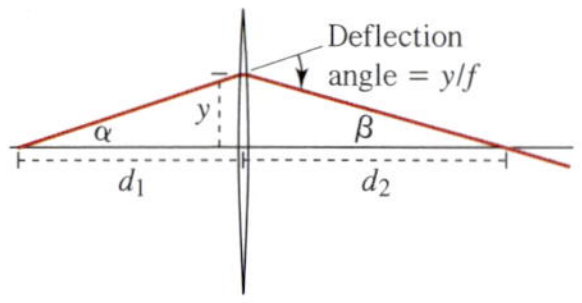


**그림 23.76** 얇은 렌즈 방정식을 구하기 위한 그림

이 기본적 성질로부터 우리는 상을 분석하는 과정에서 특별히 유용한 렌즈 공식을 유도할 수 있다. 이에 대해 다음 몇 절에 걸쳐 논의할 것이다. 그림 23.76에서 우리는 축에 있는 점에서 출발한 광선을 생각하자. 이 점은 얇은 렌즈의 왼쪽으로 $d_1$이고 렌즈를 통과하면서 축을 향하여 꺾인 후에 렌즈로부터 $d_2$만큼 떨어진 축의 지점을 가로질러 간다. 분명하게 하기 위하여 우리는 각도들이 크게 보이도록 하기 위하여 수직 방향의 크기를 확대하였다. 그러나 작은 각도 근사에서 우리는 다음을 얻는다.

$$\alpha \approx \tan\alpha = \frac{y}{d_1}$$

$$\beta \approx \tan\beta = \frac{y}{d_2}$$

밑변이 $d_1 + d_2$인 큰 삼각형의 각도들의 합은 180°이다. 이로부터 우리는 꺾임 각도 $y/f$는 $\alpha + \beta$이어야 한다. $\alpha$와 $\beta$에 대하여 우리가 얻은 결과들을 사용하여 우리는 다음을 얻는다.

$$\frac{y}{f} = \frac{y}{d_1} + \frac{y}{d_2}$$

양변을 $y$로 나누어 줌으로써 우리는 얇은 렌즈 공식을 얻는다.

**얇은 렌즈 공식**

$$\frac{1}{f} = \frac{1}{d_1} + \frac{1}{d_2}$$

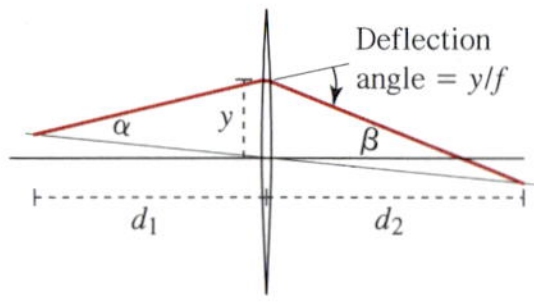


**그림 23.77** 얇은 렌즈 공식은 축 위에서 출발하지 않은 광선들에 대해서도 유효하다.

## 광선들이 축으로부터 출발하지 않을 때

그림 23.76에 있는 광선들을 그림 23.77처럼 작은 각도로 회전시키면, 렌즈 공식은 아직 유효할 것이다(작은 각도 근사). 꺾임 각도는 여전히 같다. 각도는 광선이 렌즈에 부딪치는 축으로부터 높이인 $y$에만 의존하기 때문이다. 또한 작은 각에 대한 코사인 값은 거의 1과 같기 때문에 광원이 축에서 약간만 벗어난 경우에 렌즈의 축을 따른 거리는 거의 변하지 않는다. 각도들이 작은 한 축에서 출발하지 않은 광선들에 대해서도 축 상에서 위치들을 찾기 위하여 렌즈 공식을 사용할 수 있다는 결론을 얻는다.

### 수학적 증명: 2가지 근사

우리는 꺾임 각도가 근사적으로 $y/f$와 같다는 것은 대수 및 기하학적으로 꽤 복잡하기 때문에 증명을 생략하였다. 2가지 근사들이 있었다. 하나는 작은 각도 근사이다. 다른 하나는 얇은 렌즈 근사이다. 렌즈는 초점 거리에 비하여 얇아야 한다. 이해를 돕기 위하여 몇 개의 그림들에서 렌즈들을 정말로 얇게 그리지 않았다.

**점검 사항 10** 작은 전구가 초점 거리 0.2m인 볼록 렌즈의 왼쪽에 0.3m인 곳에 있다. 전구에서 나온 광선들이 축을 가로지르는 곳은 렌즈의 오른쪽으로 얼마나 먼 곳인가?

## 23.10 상 형성

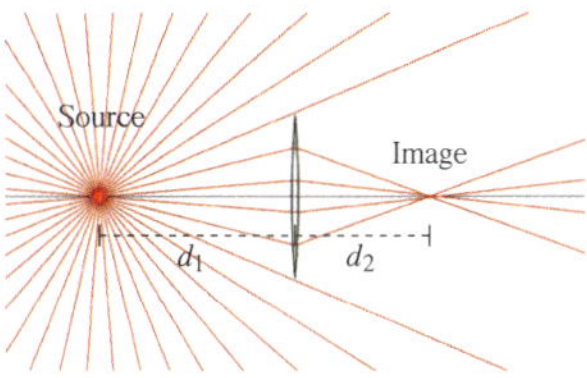


**그림 23.78** 실상을 형성하는 과정

이 절에서는 렌즈에 의해 형성되는 상에 대하여 논의하고자 한다. 상은 분명한 광원이다. 그것은 실제 광원은 아니다. 이유는 상의 위치에 실제 물체가 있지 않기 때문이다.

### 실상

그림 23.78에서 점광원(꼬마전구와 같은)의 이른바 "실상"이라는 것의 형성 예를 볼 수있다. 렌즈의 왼쪽에 점과 같은 적운 램프는 모든 방향으로 빛을 방출한다. 렌즈에 도달한 광선들은 축을 향하여 굴절하게 된다. 렌즈에 도달하지 않는 광선들은 그대로 직진하여 나간다. 광선의 꺾임 각도 $y/f$는 렌즈에 입사되는 광선의 광축으로부터 높이에 비례하기 때문에 렌즈에 입사되는 모든 광선들은 축 상의 (거의) 한 점, 즉 렌즈의 오른쪽으로 거리 $d_2$인 지점을 통과하여 지나간다.

### 얇은 렌즈 공식

$$\frac{1}{f} = \frac{1}{d_1} + \frac{1}{d_2}$$

는 렌즈 왼쪽으로 $d_1$만큼 떨어진 지점에서 출발한 모든 광선들은 렌즈 오른쪽으로 거리 $d_2$인 지점을 가로질러 간다는 것을 의미한다. 물론 이들 광선들은 계속해서 진행하는데 이들은 마치 새로운 한 점에서 나오는 것과 같다. 여러 가지 면에서 이 점은 실제 광원과 같이 행동한다. 여러분이 렌즈 오른쪽으로 훨씬 멀리 떨어져서 서서 렌즈 쪽을 보면 여러분은 새로운 곳에 램프가 있는 것처럼 볼 것이다.

우리는 이것을 "상"이라 할 것이다. 그 의미는 외관상 빛의 원천과 같다. 외관상 이라는 말은 상이 있는 곳에 실제 물체가 있지 않기 때문에 사용하는 것이다. 여러분이 상의 위치에 얇은 종이를 놓거나 오늘날 디지털 카메라에 많이 사용되고 있는 디지털 센서를 놓으면 여러분은 실상의 위치에서 빛이 모아진 점을 측정할 것이다. 광선들을 따라서 실제로 빛이 그 점을 치기 때문이다. 이러한 종류의 상을 "실상"이라고 하는데 이는 곧 논의하게 될 "허상"과 대조된다. 실상은 어떤 면에서 실제 광원과 같이 행동한다. 그러나 몇 가지 점에서 차이가 있다. 실제 광원은 모든 방향으로 빛을 방출하는데 오른쪽에 있는 상은 오른쪽으로만 빛을 원뿔 내부로 방출한다. 원뿔의 각도 크기는 렌즈의 직경에 의하여 결정된다.

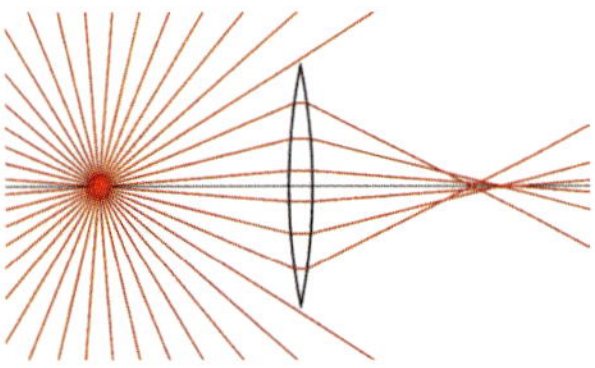

**그림 23.79** 얇은 렌즈와 작은 각 가정들이 유효하지 않으면, 얇은 렌즈 모델의 예측은 적절하지 않다. 여기서 우리는 모든 광선들이 한 점에 수렴하지 않는 것을 볼 수 있다. 이것이 "구면 수차"이다.

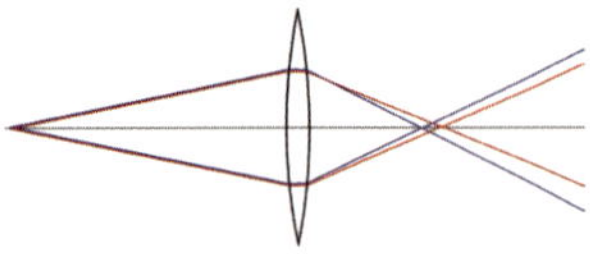

**그림 23.80** 굴절률은 일반적으로 빨간색 빛보다는 파란색 빛에 대하여 더 크기 때문에, 렌즈는 파란색을 빨간색보다 더 많이 꺾는다. 이것이 "색 수차"이다.

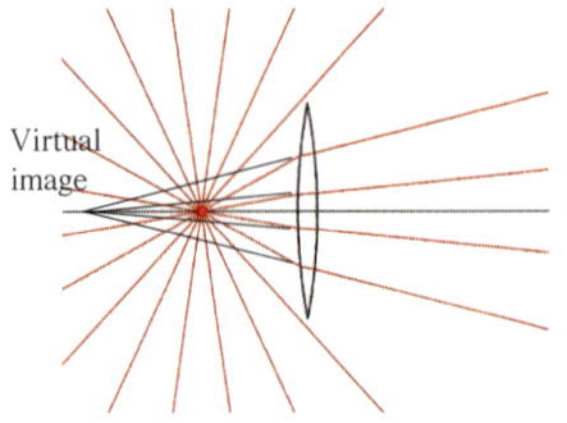


**그림 23.81** 허상을 형성하는 과정. 렌즈의 오른쪽에 있는 관찰자가 보면 빛이 허상의 위치에서 나오는 것처럼 보인다.

## 수차: 얇은 렌즈 모형의 한계

만약에 좀 더 자세하게 살펴보면, 렌즈가 얇다는 것과 작은 각도 근사에서 얇은 렌즈 모형의 한계들을 볼 수 있다. 그림 23.79는 어느 정도 렌즈가 두껍고 조금 큰 각도를 광선들에 대하여 두 개의 구면에서 스넬의 법칙을 사용하여 굴절하는 모습에 대한 컴퓨터 계산 결과이다. 광선들은 유일한 한 점이 아니라 거의 같은 점에 도달한다. 이 경우에 우리는 렌즈가 상을 형성할 때 큰 "수차"를 가지고 있다고 말한다. 가장 꺾임 각이 큰 경우가 가장 큰 각도로 입사되는 광선들이다. 이로부터 우리의 단순화한 모형에서 작은 각도 근사의 역할에 대해 생각해 볼 수 있다. 광학계를 설계하는 사람들은 수차를 최소화하기 위하여 많은 노력을 기울이고 있다. 렌즈가 구면이기 때문에 발생하는 수차를 "구면 수차"라고 한다. 이 특별한 수차는 렌즈 표면을 구면이 아닌 복잡한 면들로 만듦으로써 최소화할 수 있다. 다른 원인의 수차가 렌즈의 굴절률이 빛의 파장에 따라 다르다는 사실 때문에 발생한다. 렌즈의 초점 거리 $f$가 빨간색 빛과 파란색 빛에 대해 다르다. 파란색 빛에 대한 굴절률이 빨간색 빛에 대한 굴절률 보다 크기 때문에 파란색 빛이 빨간색보다 더 많이 꺾인다. 광원에서 빨간색과 파란색 빛이 동시에 나온다면 파란색에 의한 상이 그림 23.80과 같이 렌즈 쪽에 더 가까이에 생길 것이다. 빨강에서 파랑까지 다양한 색을 방출하는 흰색 광원은 빨강과 파랑 상들 사이에 놓이는 상들을 형성할 것이다.

색과 관련한 수차를 "색 수차"라고 한다. 색 수차는 각각의 수차들이 서로 상쇄하도록 초점 거리를 달리하여 재질이 다른 유리(굴절률이 다름)로 만들어진 두 개의 렌즈들을 결합함으로써 최소화할 수 있다. 보정이 완전하지는 않지만 그와 같은 렌즈를 "아크로매틱"(색이 없다는 그리스어)이라고 한다. 대형 망원경에서 구면 형태의 거울을 사용하는 이유 중 하나인데, 그 이유는 거울에서 반사각은 거울의 모양에만 의존하지 빛의 색에는 의존하지 않기 때문에 반사형 망원경은 완벽하게 아크로매틱하기 때문이다.

## 허상

그림 23.81에는 느린 렌즈(공기의 굴절률보다는 크지만 더 적은 굴절률로 만들어진 렌즈)를 통과하는 광선들을 보여준다. 광선들이 꺾임이 작아 렌즈의 오른쪽에 축 위의 한 점을 지나가지 못한다. 만약에 이들 광선들을 뒤쪽으로 따라가면 실제 광원보다 왼쪽의 한 점에서 오는 것처럼 보인다. 그러나 이들은 실제로 그곳 점에서 오는 것은 아니다. 여러분이 그 지점에 가보면 여러분은 거기에서 오른쪽으로 오는 어떤 빛도 찾을 수 없을 것이다. 그림 23.78에 있는 실상과 이 허상을 대비하여 보아라. 실상에서 나오는 실제 빛의 광선들이 있고 여러분이 그 지점에 가면 여러분은 실제 빛이 있음을 볼 수 있다. 그러나 그림 23.81과 같은 허상의 지점에 측정기를 놓아도 어떤 빛도 감지가 되지 않음을 볼 수 있다. 이유는 그곳에서 나오거나 그 지점으로 모아지는 실제 빛 광선들이 없기 때문이다. 이 상황에서는 램프에서 모든 방향으로 빛을 방출하고 렌즈의 오른쪽에 측정기를 어디에 놓아도 빛이 측정될 것이다.

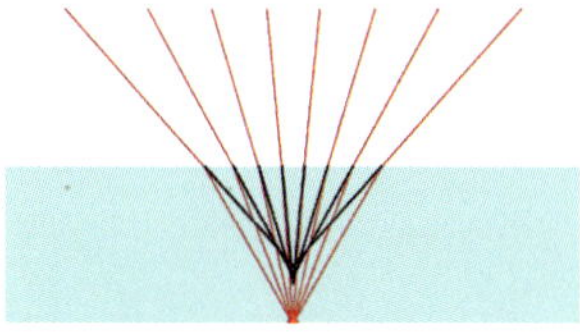

**그림 23.82** 물속에서 나온 광선들은 실제 광원보다 위쪽의 위치에서 나오는 것처럼 보인다. 이 점이 허상이다.

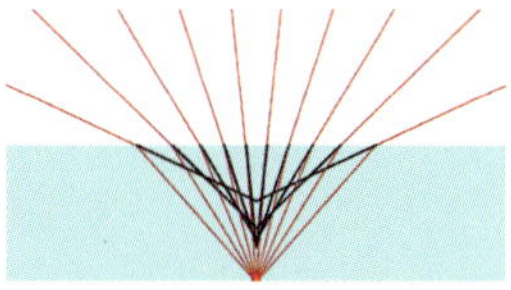

**그림 23.83** 광선들의 각도의 폭을 넓게 볼수록 허상은 덜 점광원처럼 보인다.

허상은 중요하지 않다고 말하는 것은 아니다. 허상도 매우 중요하다. 돋보기부터 현미경까지 많은 광학 기기들에서 우리 눈으로 관찰하는 것이 종종 허상들이다. 그러나 여러분이 끝까지 뒤쪽으로 광선들을 연결하여 그리면 빛은 방출하는 점에서 실제로 광원이 있지 않다.

그림 23.82에서 허상의 다른 예를 볼 수 있다. 물 속에 있는 물체에서 나온 빛 광선들은 실제의 광원의 위치보다 약간 위쪽에서 나오는 것처럼 보인다. 실제 물체보다 약간 높은 곳에 물체의 허상이 있다. 여러분의 눈은 실제 물체에서 보다는 상점에서 빛이 나오는 것처럼 보게 된다. 이 효과는 물이 담긴 그릇의 바닥에 떨어진 동전을 볼 때 기대했던 것보다 높은 곳에 동전이 있는 것처럼 보면 확인할 수 있다.

그림 23.82를 자세하게 관찰해 보면 상이 완벽하지 않다는 것을 볼 수 있다. 광선들은 한 점이 아니라 어떤 작은 영역에서 오는 것처럼 보인다. 이것은 수차의 다른 예이다. 광학계에서 광선 각도의 범위가 넓어질수록 수차가 더 커지게 되고 수차를 보상하는 것이 어려워져 훨씬 복잡한 설계가 필요하다. 그림 23.83에서 광선들의 각도가 더 커지게 되면 허상은 점에서 더 멀어지는 것을 볼 수 있다. 물 속의 동전을 볼 때 큰 각도로 굴절되어 나오는 광선들을 볼 수 있도록 옆쪽에서 보면 수직 위에서 보는 것보다 훨씬 더 떠 보인다. 이 효과는 쉽게 관찰할 수 있다.

## 유한 크기 물체의 상

지금까지 우리는 하나의 점광원의 상에 대하여 살펴보았다. 지금부터는 퍼져 있는 물체, 즉 유한 크기의 광원의 상에 대하여 생각할 것이다. 한쪽 끝에는 빨간색 램프가 다른 쪽 끝에는 파란색 램프가 있는 짧은 막대를 생각해 보자. 그림 23.84는 막대의 두 끝에서 나온 광선들을 그린 것이다.

여러분은 두 램프에 대응하는 두 개의 실상을 볼 것이다. 하나는 빨강이고 다른 하나는 파랑이다. 그들은 반대 위치에 있음을 확인할 수 있다. 즉, 위쪽 (파랑) 광원은 아래쪽에 상을 형성한다. 만약에 카메라에서 사용되는 일렬로 된 디지털 광 측정기들을 놓으면 두 개의 실상에 대응하는 점들을 얻게 될 것이다. 파랑 점은 빨강 점 아래에서 나타난다. 반전(도립)된 상은 실상의 경우에 전형적이다. 만약에 여러분이 볼록 렌즈를 가지고 있다면 팔로 쭉 뻗어 가능한 눈으로부터 멀리 렌즈를 잡은 후에 멀리 있는 물체를 렌즈를 통하여 보아라. 렌즈에서 눈까지의 거리가 렌즈의 초점 거리보다 멀면, 여러분은 반전된 상을 볼 것이다.

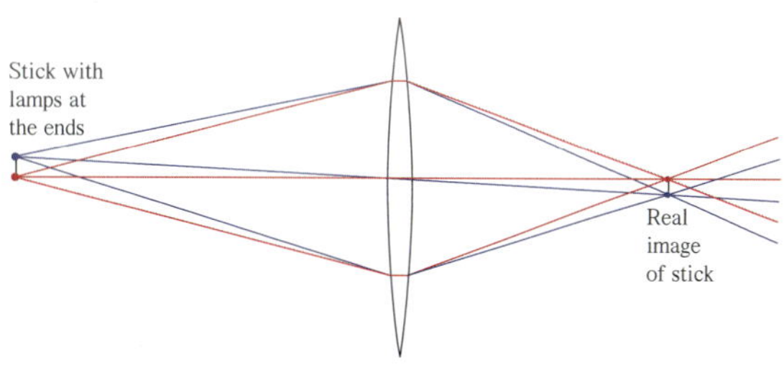


**그림 23.84** 막대의 양쪽 끝에 있는 두 개의 빨간색과 파란색 점광원들은 두 개의 실상들을 만든다(단지 몇 개의 광선들만 이해를 쉽게 하기 위하여 그렸다). 반전된 것을 확인하여라. 위쪽 파란색 광원은 아래쪽에 상이 형성되고 아래쪽 빨강 광원은 위쪽 상을 형성한다.

## 초점

얇은 렌즈 공식 $1/f = 1/d_1 + 1/d_2$ 를 렌즈로부터 멀리 떨어져 있는 광원에 대하여 적용하여 보자.

> **질문** 광원이 매우 멀리 떨어져 있으면 렌즈에 도달하는 광선들은 축에 거의 평행할 것이다. 이 경우(광원이 매우 먼 경우)에 $1/d_1$의 크기는 근사적으로 무엇이 되겠는가?

$d_1$이 매우 크면, $1/d_1$은 거의 0이 될 것이다. 따라서 렌즈 공식은 $1/f = 1/d_2$가 되어 $d_2 = f$ 가 된다. 축에 나란하게 오는 광선들이나 매우 먼 광원으로부터 온 광선들은거의 평행한 광선들은 볼록 렌즈 뒤쪽으로 거리 $f$인 지점을 지나가기 위하여 꺾이게 된다. 이 점을 렌즈의 초점이라고 한다.

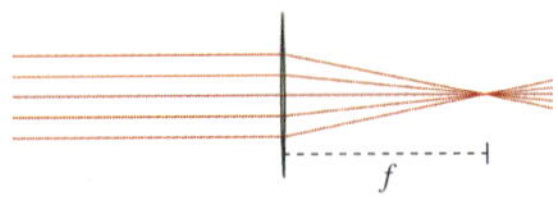


**그림 23.85** 멀리로부터 출발한 광선들은 거의 평행이고 초점을 통과한다.

### 초점의 정의

> 렌즈로부터 축을 따라 $f$인 두 개의 점들을 렌즈의 "초점들"이라고 한다. 이들은 축 상의 점들로 처음에 광축에 나란하게 입사하는 광선들은 렌즈에 의해 꺾인 후에 지나가는 점이다.

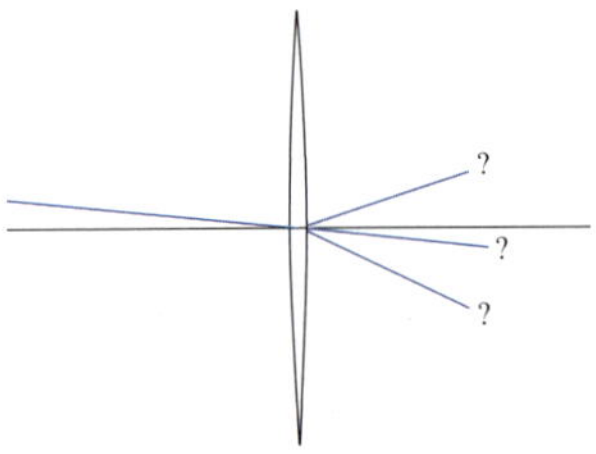


**그림 23.86** 렌즈의 중심을 향하여 오는 파란색 광선. 어떻게 꺾일까?

## 광선 추적: 작도를 이용하여 상의 위치 결정하기

그림 23.84에서 빨강 램프는 축 상에 있기 때문에 상 또한 축 위에 있을 것이라는 것을 알고 있다. 그렇다면 파란색 상은 어디에 생길까? 작도를 통하여 파란색 상의 위치를 결정하는 방법을 살펴보자. 광원을 출발하여 렌즈를 통과하는 2개 혹은 그 이상의 광선들의 경로를 추적하면, 렌즈에서 꺾인 후에 상점 위치에서 서로 만날 것이다. 그림에 그릴 수 있는 많은 광선들 중에서 특별히 그리기 쉬운 2개의 광선들이 있다.

(a) 첫째 광선은 렌즈의 중심을 향하여 램프에서 나간 것을 그린다(그림 23.86).

> **질문** 렌즈의 중심을 통과하는 광선은 얼마나 꺾이겠는가? 어떻게 그것을 아나?

> 축으로부터 높이 $y$에 수직하게 렌즈에 도달한 빛의 꺾임 각도는 $y/f$인데 우리가 생각하는 광선의 경우에 $y = 0$이기 때문에 꺾임각은 0이다. 작은 각과 얇은 렌즈 근사에서 렌즈의 중심을 향하여 들어온 광은 광선의 각도에 무관하게 꺾임 없이 직진한다.

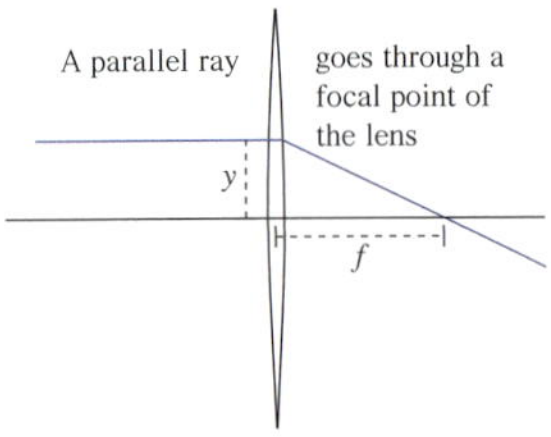


**그림 23.87** 평행한 광선은 렌즈로부터 $f$ 만큼 떨어진 축을 지나도록 꺾인다. 이것이 렌즈의 두 개의 "초점들" 중 하나이다.

(b) 두 번째 광선은 축에 나란하게 진행하는 광선을 그린다. 이 광선의 경로는 결정하는 데 쉽다. 축에 나란하게 가는 광선은 수렴(볼록) 렌즈에 의해 렌즈 오른쪽으로 거리 $f$인 축상의 점을 지나도록 꺾인다. 그림 23.87과 같다. 평행광선의 꺾임은 $y/f$(작은 각도 근사)라는 것이 핵심이다. 직각 삼각형에서 밑변은 $f$이고 탄젠트 각도(근사적으로 라디안 각도)는 $y/f$이고 꺾임각과 같다.

우리가 그렸던 두 개의 광선들은 상점에서 서로 만난다(그림 23.88). 우리는 파란색 램프에서 출발한 광선들 중에 두 개만 그렸다. 렌즈를 통과하는 모든 광선들은 얇은 렌즈의 작은 각도 근사가 적용될 때 램프의 상점을 통과하여 지나간다. 이들 근사들이 잘 적용되지 않은 상황에서는 많은 광선들이 상점 근처를 지나가기 때문에 램프의 상은 선명하지 않고 약간 퍼져 보인다.

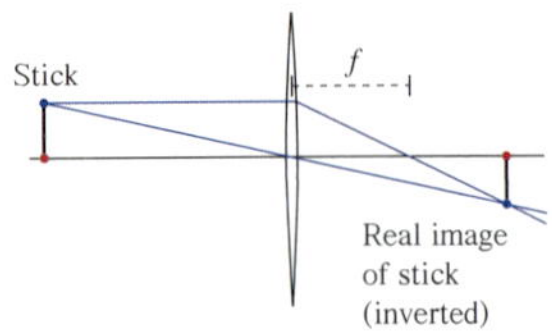


**그림 23.88** 파란색 램프에서 출발한 광선들 중에 "쉽게" 그릴 수 있는 두 개 광선들. 교차 지점이 파란색 램프의 실상의 위치이다.

## 대수적으로 상점 결정하기

어떻게 양적으로 빨강과 파랑 실상의 위치들을 계산할 수 있을까? 이들 상의 축을 따른 위치를 찾기 위하여 렌즈 공식 $1/f = 1/d_1 + 1/d_2$을 사용하여라. 렌즈 공식은 작은 각도와 얇은 렌즈 근사에 근간을 두고 있다. 여기서 모든 각도들은 1 라디안보다 작은 것으로 간주한다. 이러한 이유로 렌즈의 축 위쪽으로 파랑 램프의 높이가 렌즈 공식 사용에 영향을 주지 않는다. 우리는 간단히 축을 따른 거리 $d_1$과 $d_2$를 사용한다. 렌즈의 초점 거리 $f$와 렌즈로부터 빨강과 파랑 램프의 거리 $d_1$을 안다면, 축을 따라서 상이 얼마나 멀리 있을지를 $1/d_2 = 1/f - 1/d_1$ 식으로부터 구할 수 있다.

파랑 램프에서 나온 광선들 중에 렌즈에 입사되는 모든 광선들은 실상 점을 통과하도록 꺾이게 된다. 이들 광선들 중에 렌즈의 중심을 통과하는 광선은 꺾이지 않고 상점을 통과한다. 여러분은 또한 파랑 상의 거리는 $d_2$인 것을 알고 있다. 이것은 파랑 상의 위치를 결정하기 위한 충분한 정보이다.

**예** **상의 위치를 구하기 위하여 대수 사용하기**

수렴 렌즈가 원점 (0, 0, 0)에 놓여 있다. 초점 거리는 12 cm, $x$축을 향하여 세워져 있다. 렌즈 왼쪽 12.5 cm인 지점에 막대가 놓여 있다. 막대의 한쪽 끝에는 빨강 램프가 (−12.5, 0, 0)에 있고 다른 쪽 끝에는 파랑 램프가 빨강 램프 위쪽 1 cm 지점 (−12.5, 1, 0)에 놓여 있다(그림 23.89). 빨강과 파랑 램프의 상들의 위치를 구하여라. 막대의 상은 막대의 양쪽 끝에 있는 두 램프 상들 사이에 있을 것이다.

**해답** 상의 $x$축에 대하여, 렌즈 공식은

$$\frac{1}{12} = \frac{1}{12.5} + \frac{1}{d_2} \text{ 에서 } d_2 = 300 \text{ cm.}$$

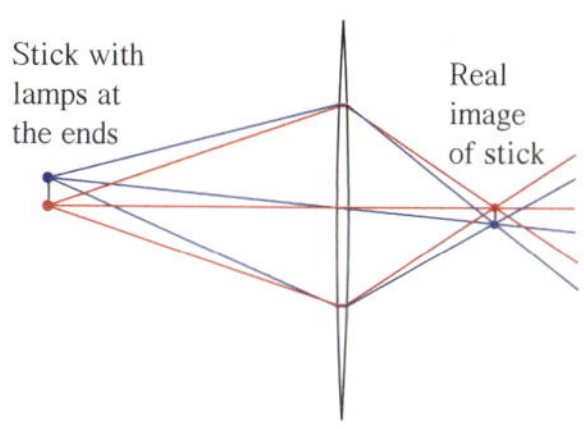


**그림 23.89** 막대의 양쪽 끝 지점들에 있는 빨강과 파랑 램프들의 상들의 위치를 계산할 것이다.

상의 $y$축에 대하여 빨강 램프의 상은 $x$축 상에 있을 것을 이미 알고 있다. 빨강 램프의 상의 위치는 (300, 0, 0) cm이다.

파랑 램프에 대하여 렌즈의 중심을 통과하는 광선은 꺾이지 않고 직진한다. 그러므로 광선의 기울기는 렌즈의 양쪽에서 같다.

$$\frac{-1}{12.5} = \frac{y_2}{300}$$
$$y_2 = -24\,\text{cm}$$

파란색 램프는 축에서 단지 1 cm 위쪽에 있었고 렌즈로부터 축을 따라 12.5 cm 만큼 떨어져 있었다. 실상은 축으로부터 24 cm 아래에 있고 렌즈로부터 300 cm 만큼 먼 곳에 있다. 벡터로 표시하여 보면 파란색 램프의 위치는 (300, −24, 0) cm이다. 막대의 전체 상은 (300, 0, 0)과 (300, −24, 0) cm 사이에 있게 된다. 상은 실제 물체보다 24배가 크다. 이 비율을 "배율"이라고 한다.

이것을 구하면서 우리는 굳이 미터로 바꿀 필요는 없다. 이유는 모든 양이 센티미터로 계산하였기 때문이다.

렌즈로부터 거리가 렌즈의 초점 거리보다 아주 조금 더 크게 되면, 즉 12.5 cm는 12 cm보다 조금 큰 것처럼, 상은 렌즈로부터 매우 멀다(이 경우에 300 cm 임). 분명히 그림 23.89는 사실과 다르게 그려져 있다.

## 컴퓨터와 영화 영사기

렌즈 근처의 원천이 렌즈로부터 먼 곳에 매우 큰 실상을 만들 수 있는 것을 보았는데, 이것이 컴퓨터와 영화 영사기의 원리이다. 작은 빛을 내거나 조명된 물체가 수렴 렌즈로부터 초점 거리 $f$보다 조금 큰 곳에 놓이면 물체의 상이 스크린에 표시되는데, 이 경우에는 렌즈로부터 300 cm인 지점이어야 한다. 스크린이 렌즈로부터 300 cm와 정확하게 일치하는 지점에 놓이지 않으면 빨강과 파랑 광선들이 스크린의 한 지점에 도달하지 못하여 빗겨서 빨강과 파랑 빛의 큰 원판들이 된다. 이것을 좀 더 실제적으로 말하면 만약에 스크린이 300 cm에 위치에 있지만 막대와 렌즈가 정확하게 12.5 cm 만큼 떨어져 있지 않으면 상은 초점이 맞지 않아 선명하지 못하게 된다. 영사기에는 스크린에 상을 선명하게 형성하도록 쉽게 조절할 수 있는 나사가 딸린 지지대에 렌즈가 부착되어 있어 나사를 돌려 렌즈의 위치를 미세하게 조정하도록 되어 있다.

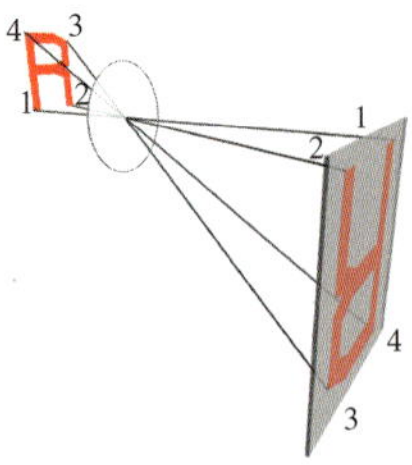


**그림 23.90** 렌즈는 간유리판에 조명된 R자의 상을 만들 것이다. 4개의 모서리에 숫자로 써있는 지점에서 나온 광선들은 렌즈의 중심을 지나는 것들이며 이들로부터 왜 상이 반전되었는지를 볼 수 있다.

물체에 빛을 받은 각각의 점은 스크린에 빛나는 점으로 표시되고 점들이 모여 물체의 형태를 만든다. 상은 뒤집혀 있으므로 물체를 위아래가 바뀌도록 설치함으로써 스크린에는 바로 선 모습이 나타난다. 그림 23.90에서 렌즈는 얇은 간유리에 만들어진 스크린에 글자 R의 모습을 실상을 형성하는 과정을 보여준다. 광선들에 번호를 부착하여 렌즈의 중심을 지나 상에 어떻게 도달하는지를 그렸다. 상이 왜 뒤집히는지를 이해하기 위하여 세심하게 그림을 살펴보아라.

> **점검 사항 11** 높이가 5 cm인 물체가 볼록 렌즈의 왼쪽에 20 cm 떨어져 위치하고 있으며 물체의 실상이 렌즈의 오른쪽으로 500 cm 떨어진 스크린에 형성된다. (a) 스크린에서 상은 얼마나 큰가? (b) 배율은 얼마인가? (c) 렌즈의 초점 거리는 얼마인가?

## 빛을 모으는 렌즈

광선을 꺾어 상을 형성하는 것에 더하여 렌즈의 주요 기능은 빛을 모으는 것이다. 그림 23.90과 같이 중앙에 바늘구멍이 뚫린 종이로 렌즈를 대체하였다고 생각해 보자.

**질문** 간유리에 쓰인 R에 대한 (반전) 상이 여전히 만들어지겠는가?

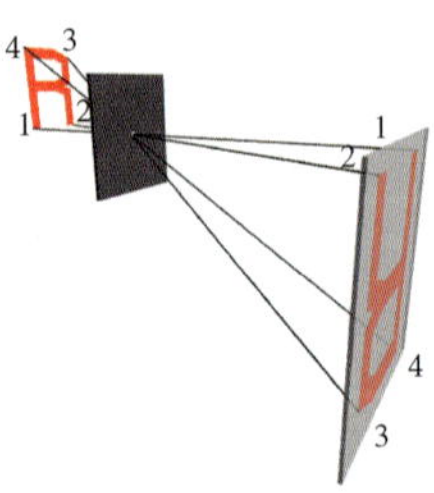


**그림 23.91** 바늘구멍은 실상을 만든다. 상은 실제로 매우 흐리다.

그렇다. 이유는 그림 23.90에서 그린 광선들을 보면 전과 같이 같은 장소에서 출발한 광선들이 바늘구멍을 통과하여 유리에 같은 곳에 도달한다. 그러나 상은 매우 약하다. 이유는 광원으로부터 출발한 빛들 중에 극히 적은 양의 빛이 바늘구멍을 통과하기 때문이다. 그림 23.91은 바늘구멍에 의해 만들어진 상을 보여준다. 실제보다 훨씬 밝게 반전된 R이 보이도록 처리하였다.

렌즈로 대체하면 광원의 한 점에서 출발한 많은 광선 다발들이 상점에 도달하여 상은 대조적으로 훨씬 밝게 된다. 그림 23.90에서 단지 4개의 광원 점들에서 렌즈의 중심을 지나는 하나의 광선만 그렸다는 것을 기억하여라. 각 물체점에서 출발한 무수히 많은 광선들이 렌즈 표면에 도달하여 지나갈 것인데 잘 보이도록 하기 위하여 이 광선들을 그림에 나타내지 않았다.

렌즈의 크기가 클수록 더 밝은 상이 형성될 것이다. 렌즈가 커질수록 더 큰 각도로 입사하는 광선들이 있게 되고 구면 수차가 상을 많이 왜곡시키는 현실적인 문제가 있다. 큰 각도로 입사하는 광선들에 대해서는 더 이상 작은 각 근사가 유효하지 않기 때문이다(더군다나 렌즈가 커질수록 만드는 데 비용이 많이 드는 문제도 있다).

바늘구멍과 렌즈의 또 다른 차이점이 있다. 바늘구멍으로부터 스크린의 위치에 무관하게 간유리(스키린) 위에 (약한) 상을 형성한다. 그러나 렌즈는 물체점에 출발한 수많은 광선들을 상점에 모으는 역할을 하기 때문에 스크린이 렌즈로부터 정확한 거리에 위치하지 않으면 선명한 상이 형성되지 않는다. 렌즈로부터 스크린까지 거리를 얇은 렌즈 공식을 사용하여 구할 수 있다.

렌즈의 집광 성질은 "$f$-수"로 나타낸다. "$f$-수"는 렌즈의 직경에 대한 초점 거리의 비, 즉 $f/D$로 정의된다. 더 큰 직경일수록 더 적은 $f$-수를 의미한다. 모여진 빛의 양은 렌즈의 면적과 직경의 제곱에 비례할 것이기 때문에 결과적으로 $f$-수의 제곱에 반비례할 것이다. $f$-수가 2.8인 경우와 4.0인 경우를 비교하여라. 2.8 $f$-수인 렌즈는 $f$-수 4.0인 렌즈에 비하여 $(4.0/2.8)^2 = 2$, 즉 2배 만큼 더 모을 것이다.

카메라 안에는 종종 크기를 바꿀 수 있는 원형 구멍 이른바 "조리개"가 설치되어 있다. 촬영하고자 하는 피사체가 너무 밝아 상의 밝기를 줄일 필요가 있을 때 조리개의 구멍의 크기를 줄여 더 적은 크기의 렌즈를 사용하는 것과 같은 효과를 얻을 수 있다. 효과적인 $f$-수를 결정하여 조리개를 설정하여 촬영한다. 조리개의 구멍을 줄여 ($f$-수의 증가) 렌즈의 실제 크기를 줄이면 상점에 도달하는 광선의 최대 각도가 적어져 수차를 줄이는 효과가 있어 상의 선명도가 향상된다.

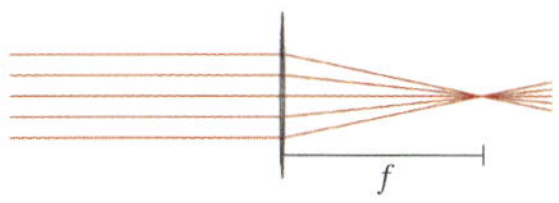


**그림 23.92** 평행 광선들은 렌즈의 오른쪽으로 거리 $f$만큼 떨어진 초점에 수렴한다.

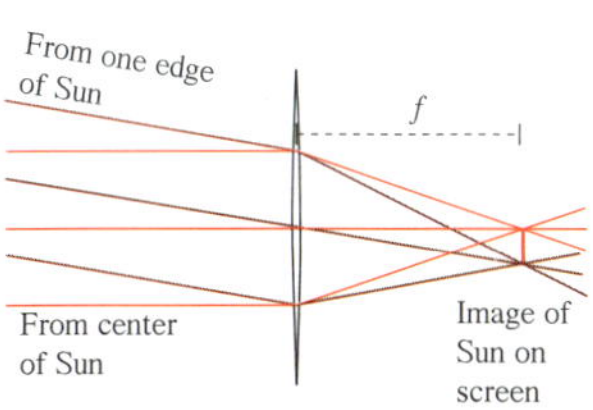


**그림 23.93** 태양의 중심으로부터 도달하는 거의 평행인 광선들과 태양의 가장자리에서 거의 평행하게 도달하는 또 다른 광선들. 태양의 실상이 스크린에 형성된다.

## 평행광 빛들

중요하며 특별한 경우가 렌즈로부터 매우 멀리 떨어져 있는 물체에 대해 만들어진 상이다. 렌즈 공식 $1/f = 1/d_1 + 1/d_2$ 에서 $d_1$이 매우 크면 $1/d_1$은 다른 항들에 비하여 매우 작다. 따라서 근사적으로 $1/f = 1/d_2$ 혹은 $d_2 = f$가 된다. 축 상의 먼 점 물체에서 온 모든 광선들은 렌즈 뒤쪽으로 $f$ 만큼 떨어진 점을 통과하게 된다. 입사되는 광선들은 거의 평행하다. 그림 23.92는 이 상황을 보여준다. 축으로부터 높이 $y$ 지점으로 렌즈에 입사된 광선은 각도 $y/f$ 만큼 꺾이게 된다. 입사되는 광선들이 축에 평행하기 때문에 모든 광선들을 렌즈로부터 $f$만큼 떨어진 축 상의 점을 통과한다. 이것의 실제적 응용은 태양광을 집속하는 경우이다. 태양은 충분히 멀리 있어서 태양의 중심점에서 출발한 광선들은 렌즈에 거의 평행하게 입사한다. 이들은 렌즈 뒤쪽으로거리 $f$만큼 떨어진 초점으로 모아진다. 태양의 가장자리 점에서 출발한 광선들 또한 거의 평행하지만 그림 23.93과 같이 아주 작은 각도로 기울어져서 들어온다. 태양의 반경은 $7 \times 10^8$ m이고 지구로부터 거리가 $1.5 \times 10^{11}$ m이기 때문에 태양의 반경에 대응하는 각도는 $7 \times 10^8/1.5$

$\times 10^{11} = 4.7 \times 10^{-3}$ 라디안(약 0.25도)이다. 렌즈의 초점 거리가 $f = 20$ cm라고 하자. 렌즈 뒤쪽 20 cm 지점에 스크린을 놓자. 들어온 광들은 스크린에 상을 형성할 것이다. 태양의 가장자리에서 렌즈의 중심을 통과하는 광선은 스크린에 도달할 때 축으로부터 $(4.7 \times 10^{-3})(20) = 9.4 \times 10^{-2}$ cm 만큼 벗어난 지점에 도달하게 된다. 다시 말하면, 태양의 실상이 스크린에 반경이 $9.4 \times 10^{-2}$ cm인 원이 만들어진다. 렌즈의 반경이 5 cm라면, 렌즈의 면적 $\pi r^2 = \pi(5)^2$ cm$^2$에 도달하는 태양 에너지를 면적이 $\pi y^2 = \pi(9.4\times 10^{-2})^2$ cm$^2$인 원안에 집속시키게 된다. 에너지 집속도는 $(5/9.4 \times 10^{-2}) \approx 3000$ 정도가 된다. 스크린 위의 상 부분은 매우 뜨겁게 된다.

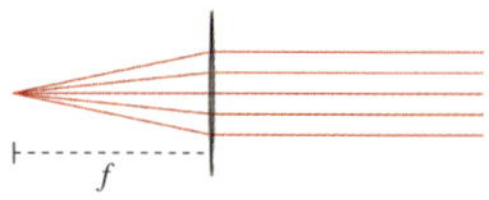


그림 23.94 수렴 렌즈의 초점으로 방출된 광선들은 평행광이 된다.

볼록 렌즈는 점광원에서 나온 빛을 평행하게 만들기 위하여 사용될 수 있다. 그림 23.94에서 만약에 점광원이 렌즈로부터 초점 거리만큼 떨어진 지점에 놓이면, 모든 광선들은 축에 나란하게 나가도록 꺾일 것이다. 그 이유는 꺾임각이 $y/f$이고 렌즈에 입사되는 광선의 각도가 또한 $y/f$이기 때문이다. 렌즈 공식이 이러한 상황을 예견하는 것을 살펴보는 것은 흥미롭다. $d_1$이 초점 거리 $f$와 같게 되면, $1/f = 1/f + 1/d_2$에서 $1/d_2$가 영이거나 근사적으로 영이 되어야 한다.

**질문** $1/d_2$가 근사적으로 영이라면 이것은 $d_2$에 대해 무엇을 의미하는가?

$1/d_2$가 매우 작기 위해서는 $d_2$가 매우 커야 한다. 만약에 우리가 렌즈로부터 초점에 가까이 물체를 가져가면, 렌즈를 통과한 후에 광선들이 매우 멀리에서 모일 것이다. 극한에서 모든 광선들은 무한대에서 만나게 될 것이다. 이 말은 모든 광선들이 평행하다는 것을 의미한다.

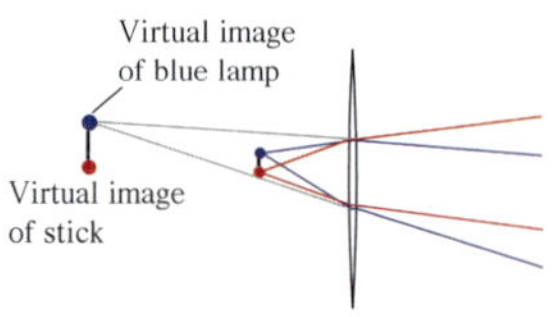


그림 23.95 실제의 막대보다 더 크고 정립인 막대의 허상

## 허상을 분석하기

우리는 지금까지 실상이 형성되는 곳을 찾는 것에 집중하여 살펴보았다. 허상의 위치를 예상하는 것은 약간은 복잡하다. 이유는 광선들이 실제로 허상이 있는 위치를 지나가지 않기 때문이다. 오히려 렌즈는 그림 23.95와 같이 광선들을 꺾어 마치 상에서 빛이 나오는 것처럼 하는 역할을 한다. 물체를 다시 짧은 막대를 생각하고 한쪽 끝에는 빨간색 램프가 다른 쪽 끝에는 파란색 램프가 부착되어 있다고하자. 막대의 허상은 실제 물체보다 크고 바로 선 모습이다.

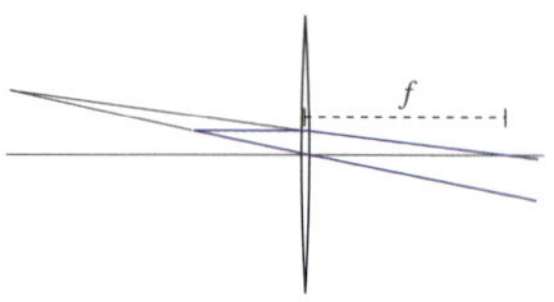


그림 23.96 파랑 램프에서 방출된 "쉬운" 광선들: 렌즈의 중심을 통과한 것은 꺾이지 않고, 축에 평행하게 가는 것은 초점을 지나가도록 꺾인다.

먼저 우리는 그림으로 이 상황을 분석할 것이다. 전에 한 것처럼 꺾임각을 쉽게 결정할 수 있는 2개의 광선들이 있다. 파란색 램프에서 렌즈의 중앙에 입사하는 광선은 꺾이는 것 없이 그대로 직진하여 갈 것이다(그림 23.96). 축에 평행하게 가도록 출발한 광선은 볼록 렌즈로부터 오른쪽으로 거리 $f$만큼 떨어진 축 위의 점을 통과하도록 꺾일 것이다. 특별히 쉬운 이들 2개의 광선들을 그려라. 첫 번째는 렌즈의 중심을 지나가는 것과 두 번째는 축에 나란하게 출발하여 렌즈의 오른쪽으로 거리 $f$만큼 떨어진 축 상의 점을 통과하는 광선이다. 이들 광선들을 뒤쪽으로 연장하여 한 점에서 만나도록 그린다. 이것이 파란색 램프의 허상 위치이다. 얇은 렌즈와 작은 각도 근사가 적용될 때 렌즈를 통과하는 모든 광선들은 상의 위치에서 오는 것처럼 될 것이다. 허상은 바로 서 있고 거꾸로 되지 않는다.

다음으로 막대에 대한 허상의 위치를 양적으로 계산하여 보자. 수렴 렌즈는 원점(0, 0, 0)에 있고 초점 거리는 12 cm라고 하자. 빨간색 램프는 $(-7, 0, 0)$ cm

위치에 있고 파란색 램프는 빨간색 램프보다 1 cm 높은 곳, 즉 (−7, 1, 0) cm 지점에 있다고 하자. 빨강과 파랑 램프들에 대한 상들의 위치를 찾아라. 막대의 상은 두 램프에 대한 상들 사이에 있을 것이다. 막대의 양쪽 끝에 램프들이 있기 때문이다.

1. 렌즈 공식 $1/12 = 1/7 + 1/d_2$ 에서 $d_2 = -16.8$ cm이다.

**질문** : 거리가 음수라는 것에 대한 물리적 의미를 생각해 볼 수 있는가?

이것은 상의 위치가 축을 따라 렌즈의 왼쪽이라는 것, 즉 물체와 같은 쪽에 있다는 것을 의미한다. 렌즈의 오른쪽으로는 광선들은 렌즈를 거치면서 마치 상점에서 퍼져 나오는 것처럼 진행한다. 빨강 램프에 대한 상의 위치는 (−16.8, 0, 0) cm이다.

2. 렌즈의 중심을 통과하는 광선 : 렌즈의 왼쪽에서 파란색 램프에서 렌즈의 중심을 향하는 광선의 기울기는 −1/7이며, 렌즈의 오른쪽에서도 같은 기울기(꺾임이 없음)이다. 이것은 허상에서 오는 것처럼 보이는 광선들 중에 하나이다. 이 광선을 뒤쪽으로 연장하여 축에서의 거리가 렌즈의 왼쪽으로 16.8 cm까지 그린다. 축으로부터 높이는 16.8에 기울기를 곱하면 (16.8)(1/7) = 2.4 cm가 된다. 파란색 램프에 대한 허상의 위치는 (−16.8, 2.4, 0) cm이다.

## 돋보기

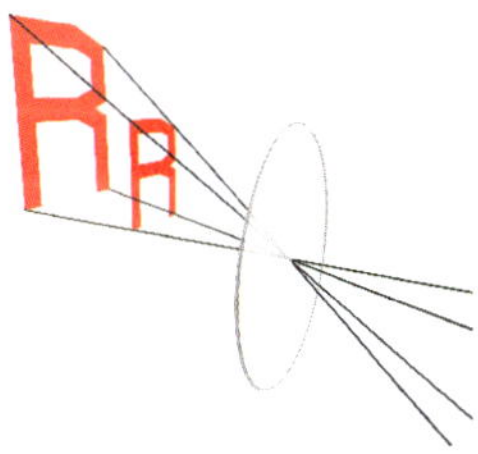

그림 23.97 수렴 렌즈는 R의 확대되고 정립인 허상을 만든다. 4개의 모서리에 숫자로 써 있는 지점에서 나온 광선들은 렌즈의 중심을 지나는 것들이며 이들로부터 왜 상이 정립되었는지를 볼 수 있다.

지금까지 살펴본 원리를 적용한 예가 돋보기이다. 여러분이 30 cm (보통 보는 거리) 떨어져서 1 cm 크기의 막대를 보면 각 크기 (막대에 의한 각)는 1/30, 즉 0.03 라디안 정도이다. 막대 앞에 7 cm 렌즈를 놓으면 각 크기는 1/7 = 0.14라디안이 된다. 렌즈 없이 막대를 0.14/0.03 = 4.3배 만큼 가까이 본 것과 같은 효과가 나타날 것이다. 그렇다고 눈을 무턱대고 막대에 가까이 가는 것은 초점을 맞출 수 없게 된다. 우리는 배율이 4.3이라고 말한다. 막대의 허상은 그만큼 커 보인다.

여러분 주위에 볼록 렌즈가 있으면 손으로 잡고 쭉 뻗어서 물체 가까이에 한 후에 살펴보아라. 렌즈로부터 물체까지의 거리가 초점 거리보다 짧은 경우에는 허상의 전형인 바로 선 허상을 볼 수 있을 것이다. 그림 23.97은 입체적으로 이 상황을 보여준다. R의 가장자리들에서 출발한 광선들이 렌즈의 중심을 지나는 것들을 그려서 볼 때 바로 선 허상의 가장자리에서 오는 광선들처럼 보인다.

## 오목 렌즈 (발산 렌즈)

허상을 만드는 또 다른 방법은 발산(오목) 렌즈를 사용하는 것이다. 사실 발산 렌즈는 광선들을 축 쪽으로 모을 수 없기 때문에 실상을 만들 수 없게 된다. 대조적으로 수렴 렌즈(볼록 렌즈)는 물체가 어느 곳에 있느냐에 따라 실상 혹은 허상을 만들 수 있음을 보아왔다. 발산 렌즈의 효과를 살펴보기 위하여 광원으로부터 출발한 2개의 광선들은 추적하여 그리기가 쉽다. 렌즈의 중심을 향하여 입사되는 광선은 그대로 지나간다. 축에 나란한 방향으로 출발한 광선은 축으로부터 높이 $y$인 곳으로 렌즈에 입사하는 경우에 축으로부터 멀어지는 방향으로 꺾이게 되는데 꺾임 각은 $y/|f|$이다. 절댓값을 나타내는 기호를 피하기 위하여 발산 렌즈는 음의 초점 거리를 가졌다고 말하는 것이 통상적인 방법이다. 즉, $f$는 음의 값이

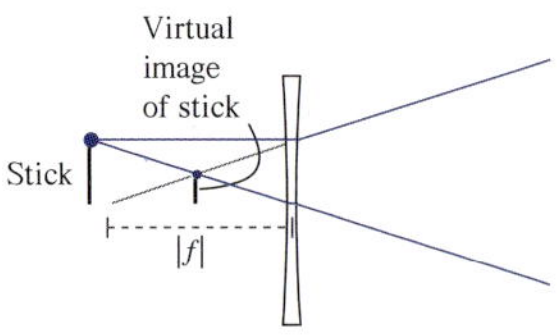


**그림 23.98** 파랑 램프에서 방출된 "쉬운" 광선들: 렌즈의 중심을 통과한 것은 꺾이지 않고, 축에 평행하게 가는 것은 왼쪽 초점으로부터 나오는 것처럼 바깥쪽으로 꺾인다.

다. 막대의 허상은 실제 막대보다 더 작으며 바로 선 모습임을 알아라. 만약에 발산 렌즈를 가지고 있다면 렌즈를 통하여 사물을 관찰하여 이 두 가지 효과를 쉽게 볼 수 있을 것이다.

그림 23.98에서 처음에 평행한 광선에 대해 초점의 위치에서 렌즈까지 와 나간 것처럼 그릴 수 있다. 수렴 렌즈의 경우에 평행한 광은 렌즈의 오른쪽으로 거리 $f$인 축을 지나가도록 그린 것과 차이가 있다. 하지만 우리는 두 종류의 렌즈에 대하여 처음에 축에 나란한 광선들은 렌즈의 오른쪽으로 $f$만큼 떨어진 축을 지나거나 발산 렌즈의 경우에는 음의 $f$값, 즉 렌즈의 왼쪽으로 같은 거리만큼 떨어진 축을 지난다고 생각하는 점에서는 동일하다.

부호 규약을 세워 동일한 렌즈 공식 $1/f = 1/d_1 + d_2$을 모든 경우에 사용할 수 있다. 발산 렌즈의 경우에 $f$는 음의 값이다. 우리는 이미 $d_1$과 $d_2$는 음이 될 수 있음을 보았다.

## 부호 규약

렌즈 공식 $1/f = 1/d_1 + d_2$에 포함된 부호 규약을 요약하여 보자.

- $f$는 수렴 렌즈에 대해 양이고 발산 렌즈에 대하여 음이다.
- $d_1$은 렌즈로부터 물체까지의 거리이고 $d_2$는 렌즈로부터 상까지 거리이다.
- 거리 $d_1$과 $d_2$는 빛이 진행하는 방향과 같은 방향일 때는 양으로 간주하고 반대일 때에는 음이다. 수렴 렌즈의 경우에 먼 거리에 있는 물체에 대하여 $d_1$과 $d_2$는 양이다.

이들 부호 규약을 가지고 얇은 렌즈 공식은 얇은 렌즈들로 이루어진 계(구면경들도 포함)와 여러 가지 물체의 조합에 적용하여 상들의 위치를 구할 수 있다. 규약의 의미는 만약에 물체가 렌즈의 왼쪽에 있고 $d_2$가 양이면, 상은 렌즈의 오른쪽에 있고 실상이며 뒤집혀 있게 되는데, 반면에 $d_2$가 음수이면 상은 렌즈의 왼쪽에 있는 것처럼 보이며 허상이고 바로 선 모양이다.

$d_1$이 음이라는 것은 무엇을 의미하는가? 렌즈 1은 렌즈 2가 없다고 가정할 때 렌즈 2의 오른쪽 20 cm 지점에 실상을 만든다고 생각해 보자. 렌즈 2의 효과는 $d_1$을 $-20$ cm로 놓음으로써 계산할 수 있다. 이 경우에 물체는 렌즈 오른쪽에 있는 렌즈 1에 의한 실상이 물체가 되는 것이다.

**예** **부호 규약 : 수렴 렌즈**

점광원이 초점 거리 $+10$ cm인 수렴 렌즈 왼쪽에 있다. (a) 광원이 렌즈 왼쪽 12 cm 지점에 있다면 상은 어디인가? (b) 실상인가 혹은 허상인가? (c) 광원이 렌즈 왼쪽 8 cm 지점까지 옮겨지면 상은 어디인가? (d) 상은 실상인가 허상인가?

**해답** (a) 얇은 렌즈 공식은 $1/10 = 1/12 + 1/d_2$이다. 여기서 단위는 cm이므로 결과도 cm이다. 식을 풀면, $d_2 = 60$ cm이다.

(b) $d_2$는 양이기 때문에 광선들은 렌즈 오른쪽으로 60 cm 되는 지점에서 모인다. 실상이 만들어진 후에 빛이 퍼져나가는 것처럼 광선들이 나갈 것이다. 만약에 스크린을 렌즈 오른쪽 60 cm 지점에 놓으면 반전된 상이 보일 것이다.

(c) $1/10 = 1/8 + 1/d_2$에서 $d_2 = -40$ cm이다. (d) $d_2$가 음이기 때문에 상은 렌즈 왼쪽에 형성되고 광선들이 상에서 나오는 것처럼 보이는 허상이다. 물론 허상이 생기는 곳에서 실제로 빛이 나오지는 않는다. 만약에 스크린을 렌즈 왼쪽 40 cm 지점에 놓으면 어떠한 상도 스크린에서 보이지 않을 것이다.

(a) 문제에서 광원이 왼쪽 초점으로부터 왼쪽(렌즈의 왼쪽으로 12 cm, 그래서 초점의 왼쪽으로 2 cm)에 있는 경우에는 실상이 형성된 것이다. (b) 문제에서는 광원이 렌즈의 왼쪽 초점으로부터 오른쪽(렌즈의 왼쪽으로 8 cm, 초점의 오른쪽으로 2 cm)에 있는 경우에는 허상이다. 이것은 얇은 렌즈 공식에서 나타나는 일반적인 결과이다. 수렴 렌즈로부터 $f$보다 멀리 떨어진 물체에 대해서는 실상이 형성되고 $f$보다 더 가까이 있는 물체는 허상을 형성한다.

---

**예** **부호 규약: 발산 렌즈**

점광원이 초점 거리가10 cm인 발산 렌즈의 왼쪽에 놓여 있다. (a) 광원이 렌즈의 왼쪽에 12 cm 지점에 있으면, 상은 어디에 있는가? (b) 상은 실상인가 허상인가? (c) 광원을 렌즈의 왼쪽 8 cm 지점으로 옮기면 상은 어디에 있게 되는가? (d) 상은 실상인가 허상인가?

**해답** (a) 렌즈 공식 $1/(-10) = 1/12 + 1/d_2$에서 $d_2 = -5.45$ cm이다.

(b) $d_2$는 음이기 때문에 상은 렌즈의 왼쪽에 있게 되고 허상이다. 허상으로부터 광선들이 나오는 것처럼 보일 것이다. 그러나 실제로 상지점에서 빛이 나오는 것은 아니다. 스크린을 렌즈의 왼쪽 지점 5.45 cm에 놓으면 어떠한 상도 보이지 않을 것이다. 렌즈의 오른쪽에서 렌즈를 통하여 보면 렌즈 뒤쪽 5.45 cm 지점에 있는 것처럼 보이는 (허)상을 볼 수 있다.

(c) $1/(-10) = 1/8 + 1/d_2$에서 $d_2 = -4.44$ cm이다.

(d) $d_2$는 음이기 때문에 렌즈의 왼쪽 지점에 허상이 생긴다. 이 지점은 (a) 문제에서 구한 점으로부터 많이 떨어져 있지 않다.

하나의 발산 렌즈는 광원이 어디에 있던지 항상 허상을 형성하고 실상을 형성하지 못한다.

---

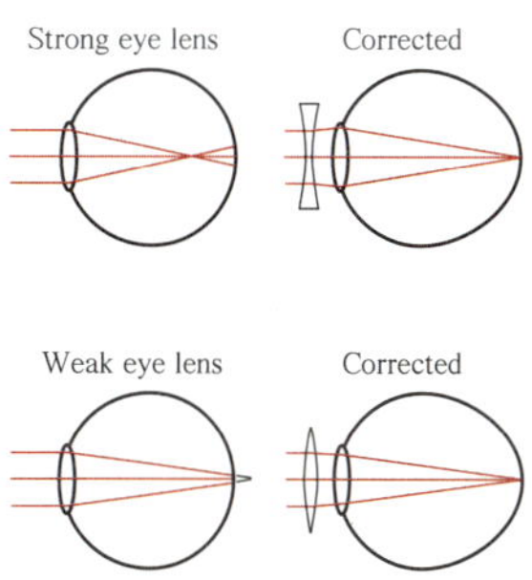


**그림 23.99** 너무 강하거나 너무 약한 눈 렌즈는 망막에 선명한 상을 형성하지 못한다. 수렴 렌즈 혹은 발산 렌즈를 사용하여 바로잡을 수 있다.

## 안경과 콘텍트 렌즈

발산 렌즈의 중요한 응용이 시력 교정이다(그림 23.99). 눈(수정체)이 너무 강하면 광선들을 너무 많이 꺾게 되어, 멀리 떨어진 점광원에서 온 광선들이 망막 앞쪽에서 (실)상을 형성하게 될 것이다. 망막에는 점보다는 큰 원형 형태의 모습이 형성된다. 발산 렌즈는 광선들을 축으로부터 멀어지게 하는 역할을 하여 수정체에 의해 너무 많이 꺾이는 것을 보상할 수 있게 된다. 이 효과는 실상의 위치가 망막 앞쪽에 있던 것을 망막에 있도록 한다.

대조적으로 눈렌즈(수정체)가 너무 약하여 광선들을 충분히 굴절시키지 못하면 점광원에서 온 광선들이 망막보다 뒤에 (실)상을 형성하게 된다. 망막에는 점이 아니라 어느 정도 크기가 있는 원판 안에 빛이 도달한다. 수렴 렌즈는 축으로 빛을 꺾어주는 역할을 하기 때문에 눈 렌즈에 의해 부족한 꺾음을 보상하여 망막 뒤쪽에 형성된 상을 망막상에 있도록 한다.

안경과 콘텍트 렌즈는 디옵터라는 값으로 특성을 나타낸다. 디옵터는 미터 단위인 초점 거리의 역수 값으로 정의된다. +2.5 디옵터 렌즈는 $f = 1/2.5 = 0.4$ m 혹은 40 cm의 초점 거리를 갖는다. −2.5 디옵터 렌즈는 40 cm의 초점 거리를 갖는 발산 렌즈이다.

## 다중 렌즈

현미경, 망원경, 그리고 쌍안경 등 많은 광학 기기들은 2개 혹은 그 이상의 렌즈들로 이루어져 있다. 망원경에서 앞쪽 렌즈는 먼 거리의 물체의 실상을 만들고 사람들은 돋보기 역할을 하는 또 다른 렌즈 (대안 렌즈)로 실상을 확대하여 본다. 앞쪽 렌즈는 사람들의 눈의 크기보다 훨씬 크게 만든다. 우리 눈이 모을 수 있는 빛보다 훨씬 많은 양의 빛이 렌즈에 들어오게 되어 눈으로 직접 보는 것보다 매우 밝은 상을 만들게 된다.

다중 렌즈로 이루어진 계의 설계와 분석은 실상이나 허상으로부터 오는 빛이 마치 실제 물체에서 오는 빛들과 동일(광선들의 각도 범위 안에 들어오는 것들만 한정함.)한 역할을 한다는 사실을 이용하고 두 번째 렌즈는 첫 번째 렌즈에 의해 만들어진 실상이나 허상의 위치에 실제 빛을 발하는 물체가 있는 것으로 보게 된다.

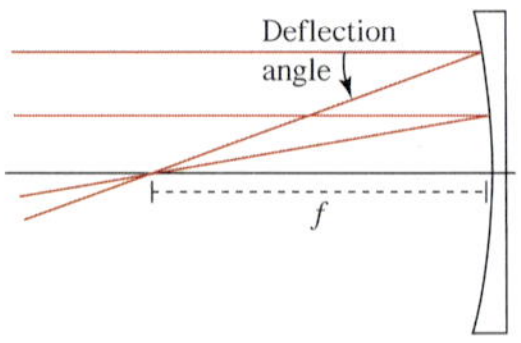


**그림 23.100** 구면경은 구면 렌즈와 유사한 방법으로 작동한다.

## 거울

구면 거울의 효과는 구면들로 이루어진 렌즈와 기본적으로 같은 효과를 나타낸다(그림 23.100). 얇은 렌즈 공식이 같은 부호 규약으로 여전히 적용된다. 예를 들어 그림 23.100과 같이 거울 왼쪽으로 먼 거리에 있는 광원에 대하여 $d_2$의 부호는 무엇인가? 우리는 렌즈 (이 경우에는 거울)로부터 상까지 거리 $d_2$를 측정한다. 이 경우에는 상이 빛이 전파하는 방향 쪽에 있기 때문에 양이다.

큰 각도로 입사하는 광선들에 대하여 구면 거울은 구면 렌즈에서와 같이 구면 수차가 있다. 그러나 거울은 매우 중요한 장점을 가지고 있다. 즉, 모든 색들이 같은 방법으로 반사된다. 따라서 거울에서는 색수차가 없다. 렌즈의 경우에는 굴절률의 변화가 색에 따라 다른 각도로 광선들이 굴절하는 원인이 된다.

실제로 천문에서 사용하는 매우 큰 망원경은 거울이 매우 얇고 무게는 같은 직경과 초점 거리를 가지는 렌즈보다 훨씬 작다. 가장 큰 망원경 렌즈의 직경이 단지 1 m인 데 반하여 거울의 경우에는 직경이 8 m이다. 더군다나 렌즈는 가장자리만을 붙들어 지지할 수 있는 데 반하여 거울은 뒷면 전체를 이용하여 지지할 수 있다.

거울을 사용한 많은 망원경이 구면보다 포물면으로 만들어진다. 그 이유는 축에 나란하게 입사하는 광선들이 광축으로부터 아무리 멀리 떨어져 입사되더라도 초점을 향하여 반사되기 때문이다. 이것은 구면 렌즈(혹은 구면 거울)의 경우에는 작은 각 근사(이 의미는 광축 근처에 있는 광선들에 국한)에서만 사실이다(역자 추가: 포물면은 구면 수차가 없다).

## 23.11 가속 운동하는 전하의 장

가속하는 전하의 전기장에 대한 식을 결정하기 위하여 가우스의 법칙을 사용할 수 있다. 단순히 가속하는 전하를 둘러싼 면이 아니라 가까이에 가우스 면을 잡을 것이다. 어떤 전하도 면속에 쌓여 있지 않기 때문에 표면에서 알짜 선속은 영이다. 표면의 왼쪽과 오른쪽에서 선속을 구해 보자. 이것으로부터 우리는 표면 양쪽에서 복사 전기장을 포함하여 장의 방향과 크기를 말할 수 있다.

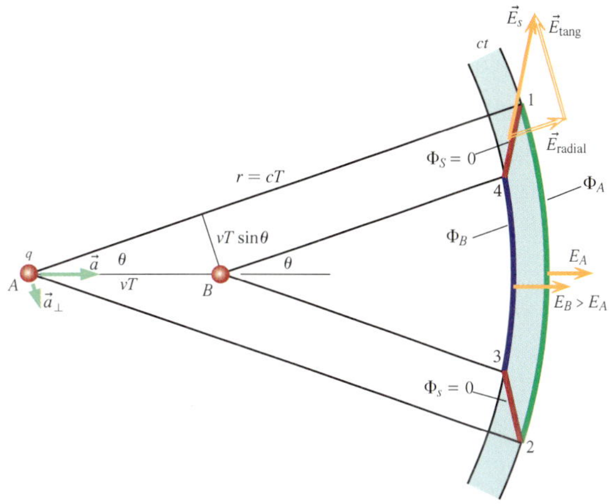


**그림 23.101** 양으로 대전된 입자가 $A$ 지점에 정지해 있었다. 오른쪽 방향으로 짧은 시간 동안 가속된 후에 일정한 속력으로 간다. 그림에서는 스케일을 정확하게 나타내지 않았다.

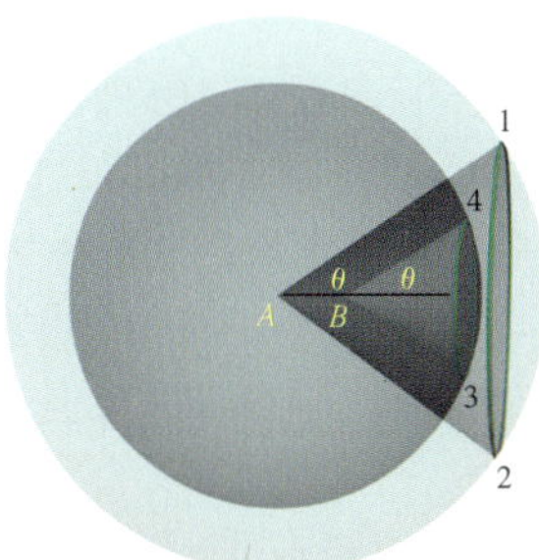


**그림 23.102** 가속된 전하에 의해 방출된 복사장을 찾기 위하여 사용한 3차원 그림

그림 23.101에 양전하가 지점 $A$에 정지해 있다. 매우 짧은 시간 $t$ 동안 오른쪽으로 가속도 $a$로 가속 운동을 하였다. 그 이후에는 일정한 속력 $v = at$로 시간 $T$에 거리 $vT$ 만큼 지나간 지점 $B$를 통과한다.

그림은 전기장의 3차원 분포를 잘라서 그린 것이다. 그림은 이해를 위하여 척도를 정확하지 않게 그렸다. 실제로 $v \ll c$이기 때문에 거리 $vT$는 거리 $cT$보다 훨씬 작다. 가속되는 시간 $t$는 $T$보다 매우 짧아 거리 $ct$는 거리 $cT$에 비하여 훨씬 짧다.

$r = cT$보다 멀리 있는 관찰자는 지점 $A$에 정지해 있는 전하가 만든 전기장을 보게 될 것이다. 그러나 시간 $T$에 $B$에 있는 관찰자는 천천히 움직이는 전하에 의한 전기장을 보게 될 것이다. 파란색 영역은 팽창하는 얇은 구각으로 두께 $ct$는 가속 시간에 대응한다.

그림 23.102는 이 상황에 대한 3차원 모습이다. 지점 $A$에서 꼭지를 둔 원뿔은 지점1과 2에서 구각의 바깥쪽 면을 자를 것이다. 1과 2지점은 그림 23.101에도 표시하였다. 지점 $B$에서 꼭지를 가진 원뿔은 구각의 안쪽 면을 자르게 된다. 3과 4지점은 그림 23.101에도 표시하였다.

그림 23.101에 빨강, 초록, 파란색 선으로 이루어진 가우스면을 선택하자(다시 한 번 말하지만, 그림은 3D 닫힌 가우스 면을 잘라서 보여주는 것이다). 이 가우스 면은 어떤 전하도 포함하고 있지 않아서 이 면을 가로지는 총 알짜 전기력선속은 영이다. 닫힌 가우스 면의 3개의 면을 그림 23.103에 보여준다. 지점들 1, 2, 3, 4들이 표시되어 있다. 또한, 결정하여야 할 선속들 $\Phi_A$, $\Phi_B$, $\Phi_S$가 각 면에 써 놓았다. 바깥 구면 위에서 전기장 $E_A$는 전하가 점 $A$에 정지해 있을 때 만들어진

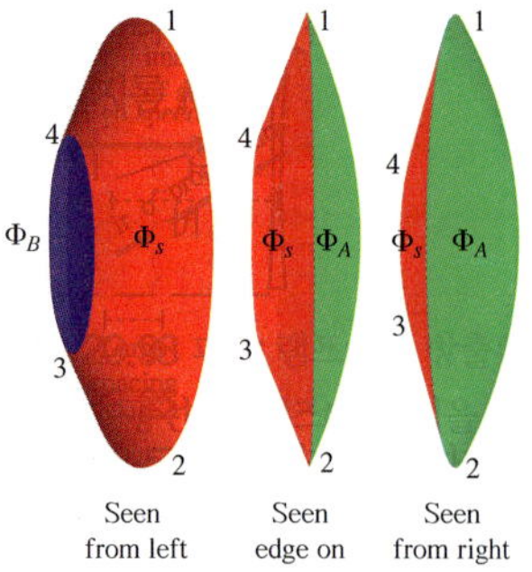


**그림 23.103** 우리가 선택한 가우시안 면의 3차원 모습. 왼쪽의 파란색 부분은 오목면이고, 오른쪽의 초록색 부분은 볼록면이고, 기울어진 옆쪽 면은 빨강이다.

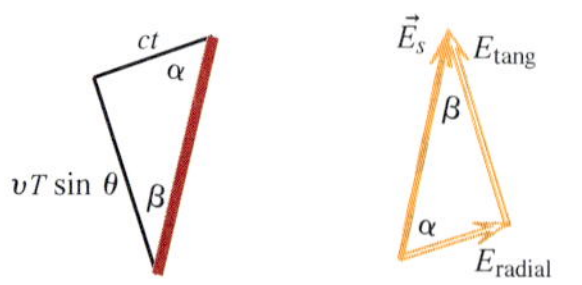


**그림 23.104** 두 개의 닮은 삼각형들. 왼쪽의 삼각형은 그림 23.101에서 위쪽 기울어진 면으로부터 확대된 것이다.

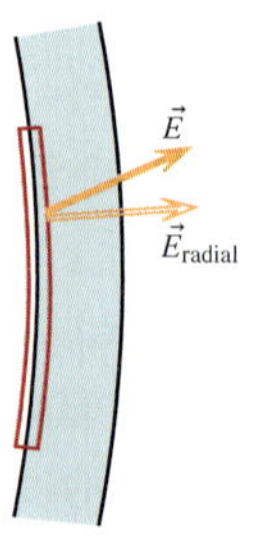


**그림 23.105** 확장하는 구각의 작은 부분에 대한 밀착 모습

장이다. 그러나 점점 확장하는 내부 구면 위의 전기장 $E_B$는 더 크다. 이유는 전기장 $E_B$는 $B$지점에 있는 전하가 만드는 장이고 지점 $A$보다는 더 가깝기 때문이다. 각도 $\theta$를 가우스 면의 오른쪽 부분(초록색)의 면적이 $A$점을 중심으로 만든 구면의 총면적의 10분의 1이 되는 각으로 생각하자. 가우스 면의 오른쪽 면 위의 선속 $\Phi_A$는 $+0.1q/\varepsilon_0$이다.

이유는 구 표면 전체에 대한 선속은 $+q/\varepsilon_0$이기 때문이다. $B$ 지점에서 같은 각 $\theta$를 잡게 되면 가우스면의 왼쪽 부분(파란색)의 면에서 선속은 $-0.1q/\varepsilon_0$이고, $|\Phi_A| = |\Phi_B|$이다. $B$는 $A$보다 가깝기 때문에 $E_B > E_A$이지만,

가우스 면에서 오른쪽 면이 왼쪽 면보다 더 넓다. 이들 두 가지 효과가 왼쪽 면에서의 선속과 오른쪽 면에서의 선속과 같도록 서로 상호보완한다. $\Phi_A + \Phi_B = 0$이기 때문에, 가우스 면의 다른 부분, 즉 링 모양(빨강) 영역의 선속 $\Phi_S$ 또한 영이 되어야 하며, 주어진 상황의 대칭성 때문에 표면 위 모든 곳에서 전기장 $\vec{E}_S$는 표면에 나란하여야 한다. 그림 23.101에 $\vec{E}_S$는 $-q\,\vec{a}_\perp$에 나란한 접선 성분 $\vec{E}_{tang}$을 가지고 있음을 확인하여라. 이 성분이 우리가 기대하는 복사 전기장이다. 그림 23.101의 위쪽에 나와 있는 빨간색 선이 빗변인 삼각형을 그림 23.104에 크게 확대하여 그려 놓았다. 이 삼각형은 $\vec{E}_S$ 와 그 성분들에 의해 만들어진 것과 유사하다. 그림 23.104에서 tan $\alpha$로부터 지름(radial)과 접선(tangential) 성분들 사이의 관계 $\vec{E}_S = \vec{E}_{tang} + \vec{E}_{radial}$ 를 구할 수 있다. 이 식들은 곧 사용될 것이다.

$$\tan\alpha = \frac{E_{tang}}{E_{radial}} = \frac{vT\sin\theta}{ct}$$

$$E_{tang} = E_{radial}\frac{vT\sin\theta}{ct}$$

다음으로 우리는 $E_{radial}$을 구하고 그로부터 $E_{tang}$을 구하자. 그림 23.105에는 확장하는 구각을 밀착해서 그린 것이다. 지금은 다른 가우스 면을 선택하자. 이번에는 구각 안쪽면의 바로 안쪽과 바로 바깥쪽에 걸쳐 있으며 매우 작은 면적을 가지고 있어 위쪽과 아래쪽을 통과하는 선속은 무시할 수 있을 만큼 작게 잡았다고 하자. 이 가우스 면 안에는 어떠한 전하가 없기 때문에 가우스 면의 왼쪽과 오른쪽 면들 위에서의 선속의 크기 $E_{radial}\,\Delta A$는 같아야 한다.

이 사실은 전기장의 지름 성분은 구각의 안쪽면의 바로 안쪽과 바로 바깥쪽에서 변하지 않아야 한다는 것을 증명하는 것이다. 특히 $\vec{E}_S$의 지름 성분은 $B$ 지점에 있는 전하에 의한 전기장과 같아야 한다(그리고 $vT \ll cT$이기 때문에 $B$점에서 구각까지의 거리는 근사적으로 $r$이라는 근사를 사용한다).

$$E_{radial} = \frac{1}{4\pi\varepsilon_0}\frac{q}{r^2}$$

이 결과를 앞서 소개된 식에 대입하고, $r = cT$ 즉 $T = r/c$ 관계식과 $v/t$는 가속도 $a$이라는 점을 이용하여 정리하면,

$$E_{tang} = \frac{1}{4\pi\varepsilon_0}\frac{q}{r^2}\frac{vT\sin\theta}{ct}$$
$$= \frac{1}{4\pi\varepsilon_0}\frac{qa\sin\theta}{c^2 r}$$

$a \sin\theta$는 가속도 벡터 $\vec{a}$의 수직한 성분임을 알아라. 분명히 $\vec{E}_{tang}$은 횡파 복사장이고 $\vec{E}_{radial}$은 보통의 쿨롱 전기장이다. 쿨롱 전기장은 $1/r^2$에 따라 줄어들기 때문에 멀리 떨어진 지점에서는 $1/r$의 복사장이 장의 크기를 결정한다. 복사 전기장은 크기가 $B = E_{rad}/c$인 자기장을 수반한다. $\vec{E}_{tang}$의 크기과 방향을 고려하면, 횡파 복사장은

$$\vec{E}_{\text{radiative}} = \frac{1}{4\pi\varepsilon_0}\frac{-q\vec{a}_\perp}{c^2 r}$$

이다. 복사장의 이 유도 과정은 Purcell저서인 *Electricityand Magnetism*(Berkeley Physics Courese vol.2, 2nd edition, 1985, McGraw-Hill) 책 부록 $B$에 나와 있는 것을 기반으로 하였다.

## 23.12 맥스웰 방정식의 미분형

맥스웰 방정식의 미분형이 아래와 같다. 여기서 $\vec{J}$는 전류 밀도로 제곱 미터당 암페어이다.

**맥스웰 방정식 – 미분형**

| | |
|---|---|
| $\text{div}(\vec{E}) = \vec{\nabla}\bullet\vec{E} = \dfrac{\rho}{\varepsilon_0}$ | Gauss 법칙 |
| $\text{div}(\vec{B}) = \vec{\nabla}\bullet\vec{B} = 0$ | 자기에 관한 Gauss 법칙 |
| $\text{curl}(\vec{E}) = \vec{\nabla}\times\vec{E} = -\dfrac{\partial\vec{B}}{\partial t}$ | Faraday 법칙 |
| $\text{curl}(\vec{B}) = \vec{\nabla}\times\vec{B} = \mu_0\left(\vec{J} + \varepsilon_0\dfrac{\partial\vec{E}}{\partial t}\right)$ | Ampere–Maxwell 법칙 |

# 요약

**맥스웰 방정식**

$$\oint \vec{E}\bullet\hat{n}dA = \frac{1}{\varepsilon_0}\sum Q_{\text{면 내부}} \quad \text{Gauss 법칙}$$

$$\oint \vec{B}\bullet\hat{n}dA = 0 \quad \text{자기에 관한 Gauss 법칙}$$

$$\oint \vec{E}\bullet d\vec{l} = -\frac{d}{dt}\int \vec{B}\bullet\hat{n}dA \quad \text{Faraday 법칙}$$

Ampere-Maxwell 법칙

$$\oint \vec{B}\bullet d\vec{l} = \mu_0\left[\sum I_{\text{inside path}} + \varepsilon_0\frac{d}{dt}\int \vec{E}\bullet\hat{n}dA\right]$$

자기와 전기 선속

$$\Phi_{\text{mag}} = \int \vec{B}\bullet\hat{n}dA \qquad \Phi_{\text{el}} = \int \vec{E}\bullet\hat{n}dA$$

전자기 상호작용에 의한 힘

$$\vec{F} = q\vec{E} + q\vec{v}\times\vec{B} \qquad (d\vec{F} = Id\vec{l}\times\vec{B} \text{ 전류에 대해})$$

복사 전기장을 생산함(그림 23.106)

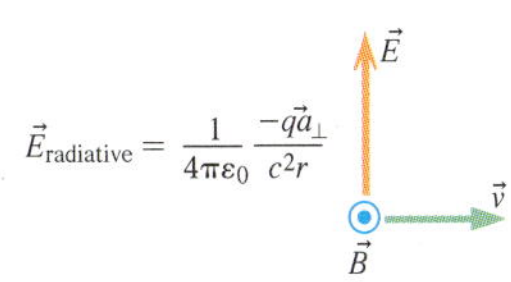


**그림 23.106**

전자기 복사에서 $\vec{v}$의 방향은 $\vec{E} \times \vec{B}$ 방향이고, $E = cB$

$$v = \frac{1}{\sqrt{\mu_0 \varepsilon_0}} = c = 3 \times 10^8 \text{ m/s}$$

### 매질에 대한 전자기파의 영향

전자기 복사의 매질에 대한 주요 영향은 $\vec{F} = q\vec{E}_{\text{복사}}$에 의한 것이고, 자기장은 복사 압력에 영향을 주지만 효과는 작다.

$\vec{E}_{\text{복사}}$가 전하를 가속시키면, 그 전하는 차례대로 복사("재복사" 혹은 "산란")를 방출한다.

매질에 따라 진동수 $f(c = f\lambda)$의 조화적 전자기 복사에 다르게 반응한다. 고유 진동수가 $f_0$인 계는 진동수가 $f_0$인 전자기 복사와 매우 강하게 상호작용한다("공명" 현상).

### 전자기 복사의 에너지 선속

$$\vec{S} = \frac{1}{\mu_0}\vec{E} \times \vec{B}, \text{ in W/m}^2 \text{ ("포인팅 벡터")}$$

### 전자기 복사의 운동량 선속

$$\frac{\vec{S}}{c} = \frac{1}{\mu_0 c}\vec{E} \times \vec{B}, \quad \text{in N/m}^2$$

하늘이 파랗고 편광되어 있는데 태양 빛이 재복사되고 빨간색보다 파란색 빛이 더 강하게 재복사되기 때문이다.

### 기하광학

Snell 법칙과 굴절률 $n = c/v$

$n_1 \sin\theta_1 = n_2 \sin\theta_2$

수렴과 발산 렌즈

얇은 렌즈 공식: $\dfrac{1}{f} = \dfrac{1}{d_1} + \dfrac{1}{d_2}$

실상과 허상

## 질문

**질문1.** 상황을 분석하는 데 유용한 맥스웰 방정식과 물리적 상황을 연결지어라.

| | |
|---|---|
| (a) Gauss 법칙 | 1. 전류가 흐르는 동축 케이블 내에서 자기장을 구하라. |
| (b) 자기 Gauss 법칙 | 2. 원형 모양으로 둘러싼 단자 사이의 교류 전압을 예상하라. |
| (c) Faraday 법칙 | 3. 상자 내부에 있는 전하의 양을 구하라. |
| (d) Ampere-Maxwell 법칙 | 4. 육면체 한쪽 면 위에서 자기 선속과 다른 쪽 면 위의 자기 선속 사이의 관계를 구하여라. |

**질문2.** 시간 $t_0$에서 그림 23.107에서 왼쪽 그림에 표시된 것 같이 전기장이 측정되었다. 다른 곳에서 전기장은 영이다. 시간 $t_1$일 때 전기장이 오른쪽 그림과 같이 측정되었다. 다른 곳에서 전기장은 영이다. 지역을 통하여 전자기파가 통과하였다고 결론 내린다.

(a) 전자기파의 전파 방향은 무엇인가?

(b) 전기장이 영이 아닌 지역에서 자기장을 측정한다면, 자기장의 방향은 무엇인가?

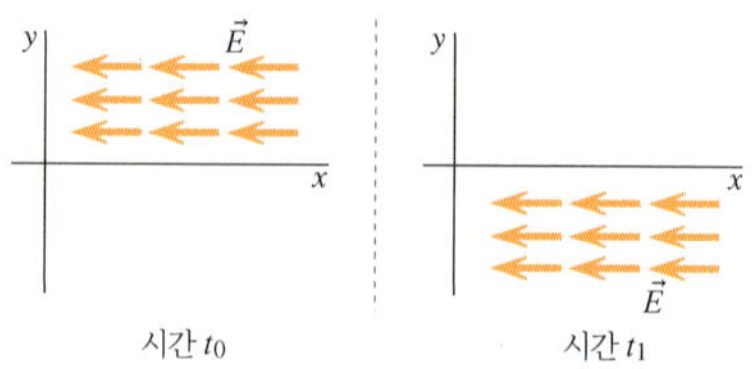


그림 23.107

**질문3.** 전자기파 펄스가 어떤 지점에서 측정되었다. 펄스 안에서 전기장의 방향은 $+y$이고 자기장은 $-z$ 방향이다. 이 펄스의 전파 방향은 무엇인가?

**질문4.** $\vec{E} = (0, E, 0)$, $\vec{B} = (0, -B, 0)$, 그리고 $\vec{v} = (-c, 0, 0)$을 만족시키며 움직이는 공간은 맥스웰 방정식을 만족시키지 못하는 것을 보여라. 따라서 이들은 진행하는 장들을 나타낼 수 없는 조합이다.

**질문5.** 양성자가 그림 23.108에 보여준 것처럼 가속 운동한다. (a) $P$지점에 있는 관찰자에게 도달하는 복사의 방향은 $(a-j)$ 화살표들 중에 어느 것인가? (b) $P$지점에서 $\vec{a}_\perp$의 방향을 표시하는 것은 $(a-j)$ 중 어느 것인가? (c) $P$지점에서 관측되는 복사 전기장의 방향을 가장 잘 나타낸 것은 $(a-j)$ 중 어느 것인가? (d) $S$지점에 있는 관찰자가 측정하는 복사 전기장의 방향을 가장 잘 나타낸 것은 $(a-j)$ 중 어느 것인가?

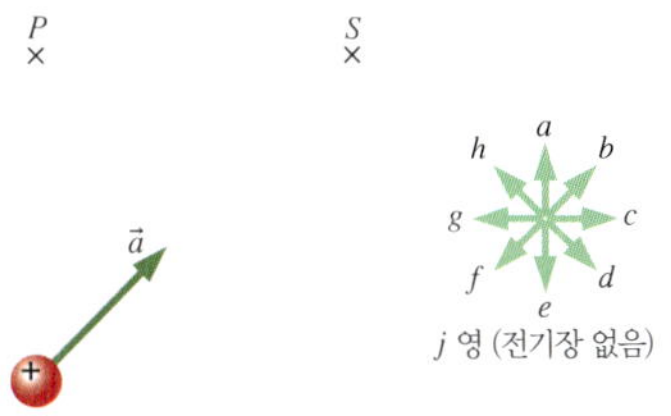


그림 23.108

**질문6.** 양성자가 그림 23.109에 보여준 것처럼 가속 운동한다. 가장 빠른 시간에 전자기 복사가 측정되는 곳은 $(A-D)$들 중에 어디인가?

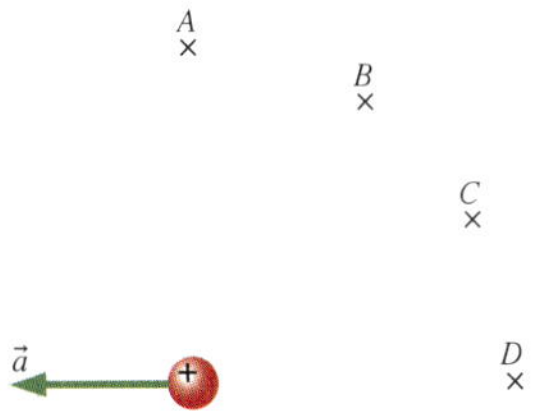


그림 23.109

**질문7.** 전자가 그림 23.110에 보여준 것처럼 가속 운동한다. 잠시 후에 $S$지점에서 관측되는 복사 전기장의 방향은 $(a-j)$중 어느 것인가?

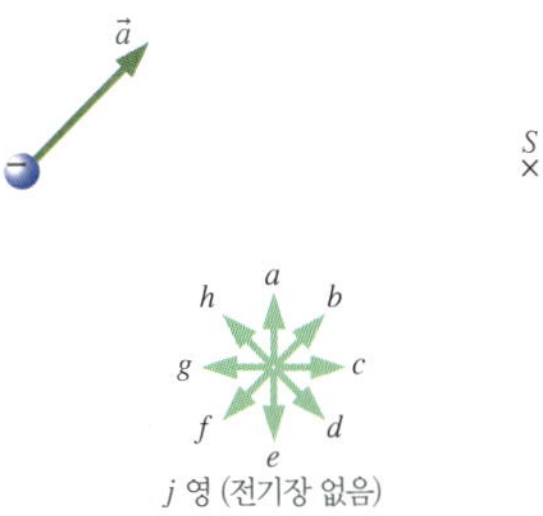


그림 23.110

**질문8.** 매질에 대한 전자기 복사의 영향에 대해 격의 없이 논의할 때, 물리학자들은 종종 전자기 복사가 매질 속의 전자들의 영향에 대해 이야기 한다. 전하를 가지고 있는 핵에 대한 영향에 대해 말하는 것을 하지 않는 이유는 무엇인가?

**질문9.** 공기 중에 있는 먼지 입자가 비록 중성일지라도 오른쪽으로 진행하는 전자기 복사는 이 입자에 복사 압력을 미치게 되는데 이유를 설명하여라.

**질문10.** 그림 23.111은 앞서 논의한 수신기 안테나의 몇 가지 다른 방향들($A$, $B$, 그리고 $C$)을 보여준다. 각 경우에 전구의 밝기를 예상하고 이유를 간단히 설명하여라.

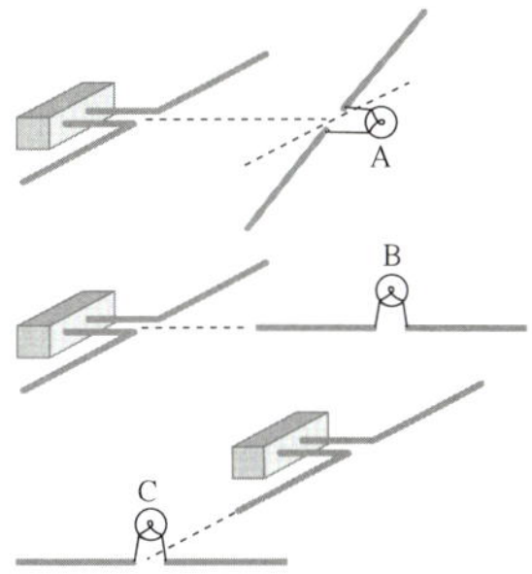


그림 23.111

**질문11.** 금속 봉들이 수평으로 된 텔레비전 안테나가 지붕에 그림 23.112와 같이 설치되어 있는 것을 본 경험이 있을 것이다(접시 모양의 위성 안테나를 말하는 것이 아니다). 텔레비전 방송국에서 내보내는 송출용 안테나의 모양에 관하여 무엇을 알 수 있는가? 이유는?

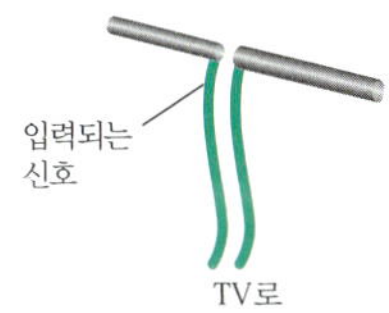


그림 23.112

**질문12.** 텔레비전 안테나는 그림 23.113과 같이 수신용 안테나 뒤에 한 개 혹은 더 많은 수의 금속 봉들이 절연체로 분리되어 설치되어 있다. 두 번째 봉을 더하는 것이 앞쪽에 있는수신용 안테나와 두 번째 봉 사이의 거리에 따라 텔레비전 신호를 더 강하게 혹은 더 약하게 하는지를 설명하여라.

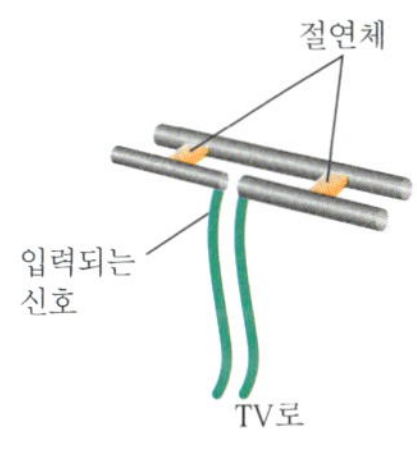


그림 23.113

**질문13.** 동쪽에서 막 떠오르는 태양을 마주보고, 머리를 뒤로 돌려 상공을 쳐다보면서 폴라로이드 필터를 사용하여 파란 하늘을 살펴보고 있다. 왜 빛이 편광되어 있는가? 동서 혹은 북동 방향의 전기장 방향은 무엇인가? 주의를 기울여 설명하여라.

**질문14.** 구름이 없는 날에 태양으로부터 멀리 떨어진 나머지 하늘을 볼 때 하늘은 밝고 별들을 볼 수 없다. 그러나 달이 떴을 때, 태양이 보일 때도 불구하고 하늘은 어둡고 별들을 볼 수 있다. 간략하게 설명하여라.

**질문15.** 큰 굴절률을 갖는 매질에서 빛이 굴절률이 작은 매질 속으로 들어간다면, 무슨 일이 일어나겠는가? (1)통과하는 빛은 법선을 향하여 꺾인다(더 작은 각도). (2)통과하는 빛은 법선으로부터 더 멀어지는 방향으로 꺾인다(더 큰 각도). (3)통과하는 빛은 전혀 꺾이지 않는다.

## 문제

### 23.1절

**문16.** 전선을 이용하여 반경이 $R$인 속이 빈 플라스틱 고리에 표시된 방향으로 $N$번 감았다(그림 23.114).

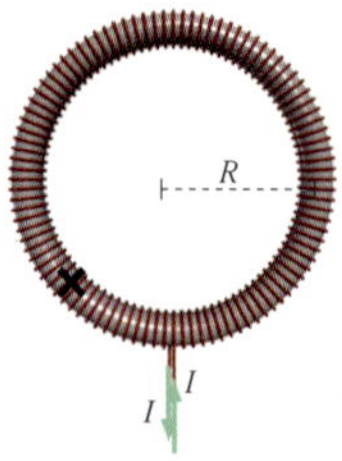


그림 23.114

(a) 그림 23.114에서 전류가 $I$라면, 고리 단면의 중심에 $x$ 표시된 지점에서 자기장 $B$값을 구하여라. 그리고 그 지점에 벡터의 방향을 화살표로 그려라. 최종 결과만이 아니라 상세한 유도 과정을 보여라. 원형 경로를 사용하여라. (b) 이 영역 전체에 걸쳐 지면 속을 향하는 균일한 전기장이 가해지고 있다. 이 전기장은 증가하기 시작하는데 증가율이 $dE/dt$이다. 전선에는 계속해서 전류 $I$가 흐르고 있다. 이때 표시된 지점에서 자기장의 크기는 무엇인가?

**문17.** 아무런 매질도 없는 각 변이 4 cm와 8 cm인 사각형을 빈 공간에 그려져 있다. 그림 23.115의 사각형을 따라 모든 지점들에서 자기장이 측정된다. 사각형에 둘러쌓인 영역에 대해 어떤 결론을 낼 수 있는가? 가능한 양적으로 설명하여라.

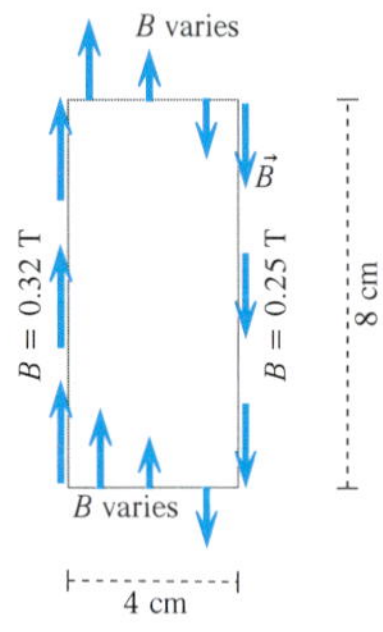


그림 23.115

### 23.2절

**문18.** $1 \times 10^{-5}$ T(지구 자기장과 비슷한)의 크기를 갖는 자기장 펄스가 있다. 관련된 전기장의 크기는 얼마인가?

**문19.** 그림 23.116에는 전자기 복사가 오른쪽으로 이동하고 있다. 이때 전기장이 종이면 밖을 향한다. 전기장의 크기는 $E = 3000$ N/C이다. 이때 자기장의 크기와 방향은 무엇인가?

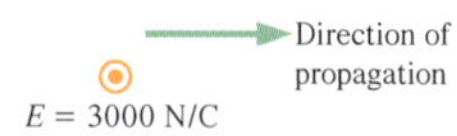


그림 23.116

**문20.** 전자기 복사 펄스가 $+y$ 방향으로 가고 있다. 전기장과 자기장을 측정할 수 있는 두 개의 측정기를 가지고 있다. (0, −3, 0) 위치에 측정기 1을 놓고, (0, 3, 0)의 위치에 측정기 2를 놓았다. (a) $t = 0$일 때 측정기 1이 $-x$ 방향의 전기장을 측정하였다. 이 시간에 측정기 1의 위치에서 자기장의 방향은 무엇인가? (b) 측정기 2가 전기장과 자기장을 측정하기 시작하는 시간은 언제인가?

**문21.** 전자기 복사 펄스가 (0, 0, $-c$)의 속도로 가고 있다. 펄스 안에서 전기장은 ($7.2 \times 10^6$, 0, 0) N/C이다. 이 펄스 안에서 자기장은 무엇인가?

### 23.3절

**문22.** $1 \times 10^6$ N/C의 전기장이 전자에 작용하여, 짧은 시간 동안 $1.8 \times 10^{17}$ m/s$^2$의 가속도를 갖게 되었다. 가속도 방향에 수직한 선을 따라 2 cm 만큼 떨어진 지점에서 측정된 복사 전기장의 크기는 얼마인가?

**문23.** 양성자가 그림 23.117에 $\vec{a}$로 표시된 화살표 방향으로 짧은 시간 동안 가속되고 있다. 벡터 $\vec{r}$은 양성자의 초기 위치로부터 관측 지점까지를 표시한다. 이 관찰 지점에서 벡터 $\vec{a}_\perp$을 그림에 나타내었다. (a) $\theta$가 40°이고 가속도의 크기가 $1.8 \times 10^{17}$ m/s$^2$라면, $\vec{a}_\perp$의 크기는 얼마인가? (b) $\vec{r}$의 크기가 0.011 m라면, 표시된 관측 지점에서 복사 전기장의 크기는 얼마인가? (c) 관측 지점에서 복사 전기장의 방향은 무엇인가? (1) $\vec{a}$의 방향과 같다, (2) $\vec{a}$의 반대 방향, (3) $\vec{a}_\perp$의 방향과 같다, (4) $\vec{a}_\perp$의 반대 방향, (5) $\vec{r}$의 방향과 동일, (6) $\vec{r}$의 반대 방향, (7) 지면 속, (8) 지면 밖. (d)관측 지점에서 양성자에 의한 쿨롱 전기장의 방향은 무엇인가? (앞 질문의 보기들 중에서 선택) (e) 관측 지점에서 복사 자기장의 방향은 무엇인가?(앞 질문의 보기들 중에서 선택)

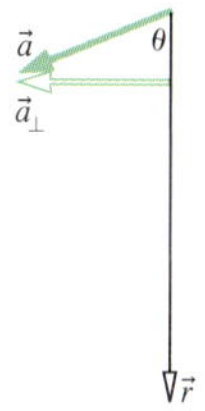

그림 23.117

**문24.** 양성자가 그림 23.118에 $\vec{a}$로 표시한 방향으로 가속하고 있다. 벡터 $\vec{r}$로 표시한 관측 지점에서 $\vec{a}_\perp$ 방향을 $A-F$ 화살표들 중에 바르게 나타낸 것은?

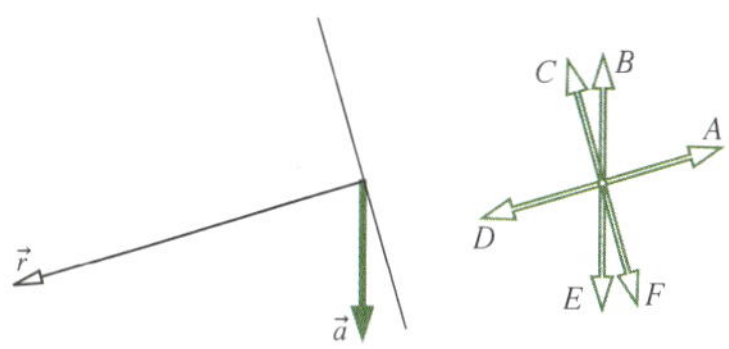

그림 23.118

**문25.** 원점에 있는 양성자가 짧은 시간 동안 $-y$ 방향으로 가속되었다. (a) (0.15, 0, 0)m 지점에 있는 측정 장치에 복사장이 도달하기 위해 필요한 시간은 얼마인가? (b) 그 지점에서 관측된 복사 전기장의 방향은 무엇인가? (c) 가속된 입자가 양성자 대신에 전자로 대체되면 이 지점에서 전기장의 방향은 어떻게 되겠는가?

**문26.** 시간 $t = 0$에 원점에 있는 전자에 $+z$ 방향으로 가속도 $8 \times 10^{17}$ m/s$^2$로 가속시키는 힘이 작용하고 있다. 다음 질문 들에 답하기 전에 분명한 그림을 그려라. 위치 $D$는 $(-26, 0, 0)$이고 위치 $H$는 (016, 0)이다. (a) $D$의 위치에 전기장이 처음으로 측정되는 시간은 언제인가? (b) $D$ 위치에서 측정된 전자기 복사의 전파 방향은 무엇인가? (c) $D$지점에서 복사 전기장의 방향은 무엇인가? (d) $D$지점에서 측정되는 전기장의 크기는 얼마인가? (e) $D$지점에서 측정되는 복사 자기장의 방향은 무엇인가? (f) $D$지점에서 측정되는 복사 자기장의 크기는 얼마인가? (g) 어느 시간에 $H$지점에서 처음으로 복사 전기장이 측정되겠는가? (h) $H$지점에서 측정되는 복사 전자기파의 전파 방향은 무엇인가? (i) $H$지점에서 측정되는 복사 전기장의 방향은 무엇인가? (j) $H$지점에서 측정되는 복사 전기장의 크기는 얼마인가? (k) $H$지점에서 복사 자기장의 방향은 무엇인가? (l) $H$지점에서 측정되는 복사 자기장의 크기는 얼마인가?

**문27.** 축전기 사이에 전기장이 약 $3 \times 10^6$ V/m를 넘으면 공기 중의 몇 개의 자유 전자가 충분히 가속되어 연쇄반응(사태)을 일으켜 스파크가 튄다. 그림 23.119에 보여주는 스파크에서, 전자들은 위쪽으로 가속되고 양이온들은 아래쪽으로 가속된다.

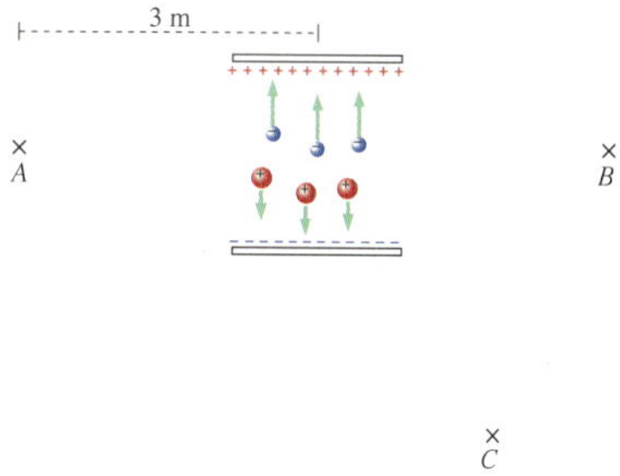


그림 23.119

(a)그림에 표시된 전자들과 이온들의 움직임에 의해 발생한 축전기의 왼쪽에 있는 $A$지점에서 복사 전기장의 상대적인 크기와 방향을 대략적으로 설명하여라(실제로는 전자들과 이온들이 공기 분자와 충돌로 인하여 반대 방향으로 가속되기도 한다). (b) $B$지점(오른쪽)과 $C$지점(오른쪽 아래)에 대해서도 같은 분석을 하여라. (c) 축전기 왼쪽으로 3 m 떨어진 지점 $A$에 있다면, 스파크가 발생한 후 얼마의 시간이 경과한 후에 자기장을 측정할 수 있겠는가? 복사 자기장의 방향은 어디인가? (스파크가 일어나기 전에 이 지역 어느 지점에서도 자기장은 없다.) (d) 전자기 복사를 발생시키는 것에 더해서 스파크 내에서 움직이는 전하들은 쿨롱의 법칙에 따라 전기장을 만들고 Biot-Savart 법칙에 의해 자기장을 만든다. 축전기로부터 멀리 떨어진 지점들에서는 이들 장들이 복사장보다 매우 작은 이유에 대하여 설명하여라.

**문28.** 양이온이 긴 시간 동안 위쪽 방향으로 일정한 속도로 움직이고 있다. $t = 0$일 때(그림 23.120), 힘이 1 ns($1 \times 10^{-9}$ s) 동안 아래쪽으로 작용하였다. 이 힘의 작용이 끝난 후에 이전하는 1 ns 동안 더 적은 속력으로 위쪽으로 이동한다. 이어서 1 ns 동안 힘이 위쪽 방향으로 작용하여 원래의 속력으로 운동한다. $t = 3$ ns에 원래의 위치에서 1 mm보다 매우 작은 거리만큼 이동하여 새로운 위치에 도달한다.

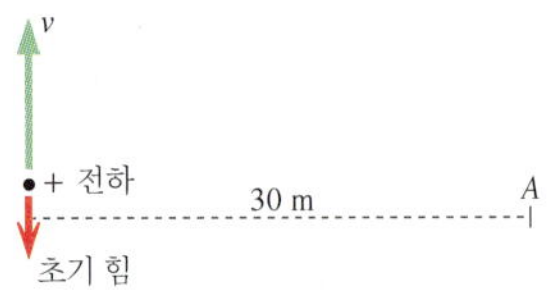


그림 23.120

전기장과 자기장을 측정하기 위하여 측정기를 가지고 여러분이 전하로부터 오른쪽으로 30 m 만큼 떨어져 있다. 여러분은 양전하의 이동에 의하여 무엇을 관측할 것인가에 대하여 시간 별로 설명하여라. 전기장과 자기장의 크기를 계산할 필요는 없지만 그들의 방향은 설명하고 이들 장들이 관측되는 시간에 대해서는 설명하여라.

**문29.** 전자가 초기에 정지해 있다. $t_1 = 0$ 시간에 매우 짧은 시간 동안 $1 \times 10^{18}$ m/s$^2$의 가속도로 위쪽 방향으로 가속되었다(전자는 매우 작은 질량을 가지고 있기 때문에 이와 s같이 큰 가속도가 가능하다). 전자로부터 15 m 떨어진 지점 $A$에서 관측을 한다(그림 23.121).

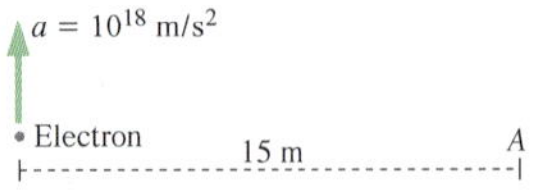


그림 23.121

(a) $t_2 = 1$ ns($1\times 10^{-9}$ s) 시간에 전자에 의한 $A$지점에서의 전기장의 크기와 방향은 무엇인가? (b) $A$지점의 전기장이 변하는 시간 $t_3$는 언제인가? (c) $t_3$ 시간에 $A$지점의 전기장의 방향은 어디인가? (d) 전기장의 크기는 얼마인가? $t_2$ 시간일 때 전기장의 크기와 비교하여 어떻게 되었는가? (e) $t_3$ 시간 바로 다음에, 초기에 $A$지점에 정지해 있던 양전하에 작용하는 자기력의 방향은 무엇인가? 그림과 함께 설명하여라.

**문30.** $t = 0$일 때 수직으로 세워 있는 구리선 내부의 전자들(그림 23.122)이 짧은 시간 $\Delta t$(그림에 보이지 않는 전원장치에 의해) 동안 아래 방향으로 가속된다. 전선으로부터 매우 멀리 $L$만큼 떨어진 지점에 양성자가 정지해 있다.

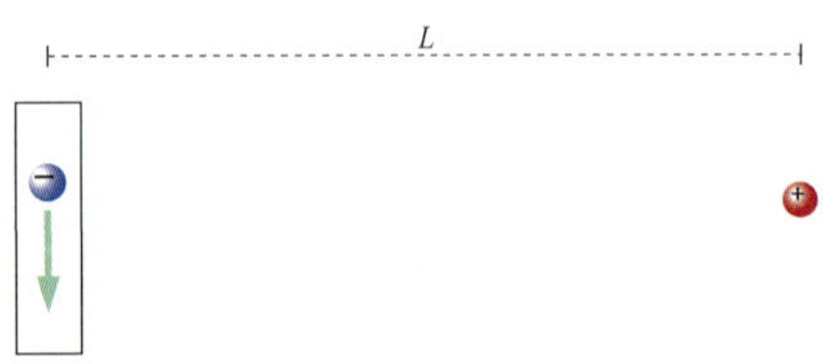


그림 23.122

양성자에 어느 시간에 어떠한 일이 일어날지 상세하게 설명하여라(중력 무시).

**문31.** 그림 23.123과 같이 두께가 15 cm인 전자기 복사 조각(펄스)이 원점에 $z$축 위에 나란하게 놓인 짧은 구리선 조각을 향하여 아래쪽($-y$ 방향)으로 내려오고 있다. (a) 펄스 내의 전기장은 종이면 바깥쪽($+z$축 방향)이다. 펄스 내에 자기장의 방향을 화살표로 그리고 명확하게 기술하여라.

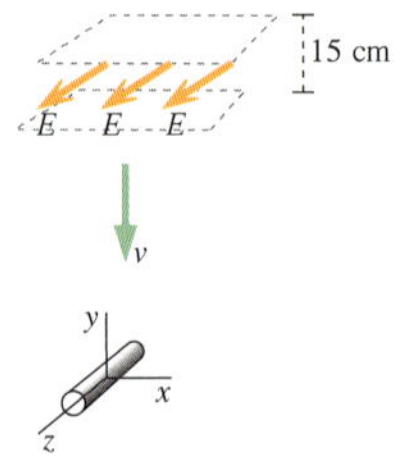


그림 23.123

(b) 여러분이 펄스의 전파 방향에 수직 방향인 (12, 0, 0) m인 지점 $x$축에 서 있다. 친구 한 명이 (0, 0, 12) m인 $z$축에 서 있다. 펄스가 $t_1 = 0$일 때 구리선을 지나간다. $t_2$ 시간에 여러분이 서 있는 위치에서 새로운 전자기장들을 관찰하게 되지만 친구는 그렇지 못한다. 설명하여라. $t_2$는 얼마인가? (수치로 답을 제시하여라.) 얼마 동안 이 새로운 장들이 지속되나? (c) 당신의 위치에서 이들 새로운 장들($\vec{E}$와 $\vec{B}$)의 방향을 그림에 화살표로 그리고 명확하게 기술하여라. 간단하지만 주의를 기울여 설명하여라.

## 23.4절

**문32.** 어느 AM 방송국에서 990 kHz 진동수로 방송을 한다. (a) 전자기 복사의 파장은 얼마인가? (b) 방송국 안테나에서 3 km 만큼 떨어진 지점에 있는 라디오에 복사가 도달하기 위해 필요한 시간은 얼마인가?

**문33.** 진동수 $5 \times 10^{15}$ Hz인 자외선 광의 파장은 얼마인가?

**문34.** 빨간색 빛의 파장은 약 695 nm이다. 진동수와 주기는 얼마인가?

**문35.** 사인 전자기 복사인 다음 예들의 파장을 계산하여라.

라디오, 1000 kHz, $\lambda = ?$

텔레비전, 100 MHz, $\lambda = ?$

빨간색 빛, $4.3 \times 1014$ Hz, $\lambda = ?$

파란색 빛, $7.5 \times 1014$ Hz, $\lambda = ?$

(비교를 위해서 원자의 지름 약 $1 \times 10^{-10}$ m)

## 23.5절

**문36.** 포인터로 사용되는 작은 레이저가 직경 5 mm이고 5 mW의 출력을 가지며 빨간색 빔을 발생하고 있다. 레이저 빔 안에 전기장의 진폭은 얼마인가?

**문37.** 100 W 전구가 반경이 20 cm의 스팟을 만들도록 하는 반사경 앞에 놓여있다. 스팟 내에서 복사 전기장의 진폭을 근사적으로 계산하여라.

## 23.6절

**문38.** 2 cm 높이를 가지고 $\pm z$ 방향의 전기장을 가진 조화적 전자기 복사 빔이 $+x$ 방향으로 전파하고 있다. 그림 23.124와 같이 $z$축을 따라 원점에 놓인 금속봉을 빔이 부딪친다. 전자기파 복사에 감도가 높은 측정기들을 위치 (0, −17, 0) m (측정기 $A$)와 위치(0, 0, 17) m (측정기 $B$)에 놓았다. 측정기들 $A$와 $B$에 대한 다음 질문 들에 답하여라. 각 측정기는 전자기 복사를 측정하겠는가?만약 그렇다면, (a) 측정된 전자기파 복사의 전파 방향은 어디인가? (b) 복사 내에 전기장의 방향은 어디인가? (c) 복사 내에 자기장의 방향은 어디인가?

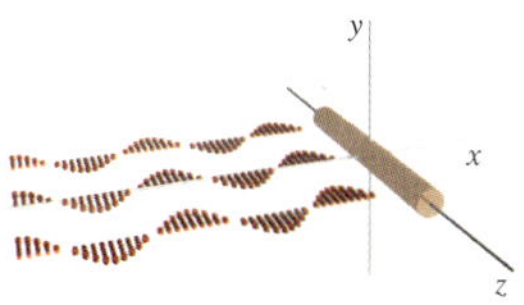


그림 23.124

## 23.8절

**문39.** 물의 굴절률은 1.33이다. 빛이 이 매질 속에서 전파하는 속력은 얼마인가?

**문40.** 물 밑에 있는 다이버가 물 표면을 향하여 법선으로부터 29°도의 각도로 손전등을 비추었다면, 빛이 물 밖으로 나오는 각도는 얼마인가? 굴절률들은 물은 1.33이고 공기는 1.00029이다.

**문41.** 물(굴절률 1.33)과 굴절률이 1.46인 플라스틱 사이에 내부 전반사가 이루어지도록 하려면, (a) 빛이 어떤 매질에서 출발해야 하나? (1) 상관없다, (2) 물, (3) 플라스틱, (b)임계각은 얼마인가?

**문42.** 어느 액체와 공기 면에서 임계각(내부 전반사를 위한)이 59.8°도이다. 공기의 굴절률은 1.00029이다. 이 액체의 굴절률은 얼마인가?

**문43.** 그림 23.125와 같이 수영장 안에 어떤 각도로 빔을 보내도록 스팟 광이 설치되어 있다.
빛이 수영장 가장자리에서 2.4 m 만큼 떨어진 곳에 도달한다. 물의 깊이가 2 m이고 빛은 1.2 m 높이에서 출발한다(그림은 스케일에 맞도록 그려진 것이 아니다). 굴절률들은 물이1.33이고 공기가 1.00029이다.

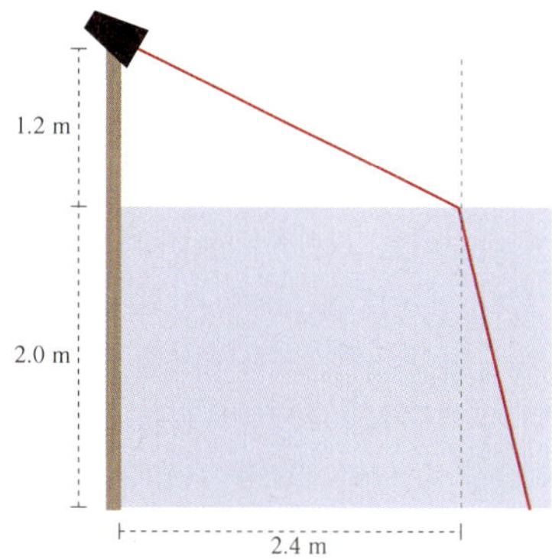


그림 23.125

(a) 공기에서 법선과 빔 사이의 각도는 얼마인가? (b) 물 속에서 법선과 빔 사이의 각도는 얼마인가? (c) 수영장 바닥에 도달한 빛은 가장자리에서 얼마나 떨어져 있나?

## 23.10절

**문44.** 초록색 점광원이 얇은 수렴 렌즈로부터 왼쪽으로 15 cm 떨어진 지점에 축 위에 있다. 렌즈의 초점 거리는 10 cm이다. 상이 만들어지는 곳은 어디인가? 상은 실상인가 허상인가? 상이 있는 곳에 종이를 세워 놓으면 종이 위에서 빛을 볼 수 있는가?

**문45.** 초록색 점광원이 얇은 수렴 렌즈로부터 왼쪽으로 7 cm 떨어진 지점에 축 위에 있다. 렌즈의 초점 거리는 10 cm이다. 상이 만들어지는 곳은 어디인가? 상은 실상인가 허상인가? 상이 있는 곳에 종이를 세워 놓으면 종이 위에서 빛을 볼 수 있는가?

**문46.** 초점 거리가 25 cm인 얇은 발산 렌즈가 렌즈의 축 상에 있는 초록색 점광원으로부터 오른쪽으로 18 cm 떨어진 지점에 놓여 있다. 상이 만들어지는 곳은 어디인가? 상은 실상인가 허상인가? 상이 있는 곳에 종이를 세워 놓으면 종이 위에서 빛을 볼 수 있는가?

**문47.** 초점 거리가 20 cm인 얇은 수렴 렌즈가 원점에 놓여 있고 렌즈 축은 $x$ 축이다. 빨간색 점광원이 (−25, 1, 0) cm 지점에 있다. 광원의 상은 어디에 있는가? 상은 실상인가 허상인가? 그림을 그리고 "쉬운" 광선들을 그려보면 도움이 될 것이다.

**문48.** 초점 거리가 20 cm인 얇은 수렴 렌즈가 원점에 놓여 있고 렌즈 축은 $x$축이다. 빨간색 점광원이 (−14, 1, 0) cm 지점에 있다. 광원의 상은 어디에 있는가? 상은 실상인가 허상인가? 그림을 그리고 "쉬운" 광선들을 그려보면 도움이 될 것이다.

**문49.** 초점 거리가 0.3 m인 얇은 수렴 렌즈, 40 m떨어진 곳에 키가 2 m인 작은 나무의 상을볼 수 있는 흰 종이를 가지고 있다. 나무의 상을 선명하게 관찰하기 위해서는 종이를 렌즈로부터 얼마만큼 멀리 떨어뜨려 놓아야 하나? 나무의 상의 크기는 얼마인가? 상은 정립(바로 선)인가 도립(거꾸로 된)인가?

**문50.** 폭이 4 cm이고 높이가 3 cm인 작은 컴퓨터 모니터를 가지고 있다. 렌즈를 이용하여 큰 스크린에 2.5 m 높이에 모니터의 상이 만들어지도록 렌즈를 모니터 근처에 놓으려고 한다. 렌즈로부터 스크린은 6 m 만큼 떨어져 있다. (a) 수렴과 발산 중 어떤 렌즈를 사용하여야 하는가? (b) 렌즈의 초점 거리가 대략적으로 얼마이어야 하는가? (c) (b)에서 계산한 초점 거리를 갖는 렌즈를 선택하였다고 가정하자. 컴퓨터 모니터로부터 렌즈까지의 거리는 정확하게 얼마로 해야 하는가? (d) 스크린에 바로 선 모습을 보여주기 위해서 컴퓨터 모니터에 나타나는 영상의 모습은 거꾸로 되어야 하는가 바로 선 모습이어야 하는가? (e) 어느 경우에 스크린을 가까이 옮길 필요가 있었는데 렌즈로부터 4 m이어야 한다. 상을 선명하게 보이게 하기 위하여 컴퓨터 모니터와 렌즈 사이의 거리를 재조정하여야 한다. 컴퓨터 모니터로부터 렌즈까지의 거리는 정확하게 얼마로 하여야 하는가? (f) 스크린이 렌즈로부터 4 m 떨어진 경우에 스크린에 만들어진 상의 높이는 얼마나 되는가?

## 컴퓨터 활용 문제

**문51.** (a) 공간에서 전파하는 조화적 전자기 파동을 보여주는 컴퓨터 프로그램을 작성하여라. 파장 600 m(AM 라디오 진동수대에 있는약 500 kHz의 진동수에 해당함)이고 전기장 진폭은 $1.0 \times 10^4$ V/m이다(이것은 50,000 W 라디오 송신기로부터 몇 미터 떨어져 측정한 근사적인 값이다. 평균적으로 태양으로부터 지구 궤도 반경에 도달하는 복사장의 진폭은 700 v/M이다). $x$축 양의 방향으로 진행하고 $y$축 방향으로 편광되도록 하여 시간의 함수로 파동의 전파 모습을 보여라. 전기장과 자기장 벡터들을 나타내어라. 그들 사이의 상대적 방향이 맞는지 확인하여라. 파동의 사인 특성을 분명히 볼 수 있도록 파장당 충분한 관찰 지점을 설치하여 최소한 3개의 파장이 보이도록 나타내어라. 스케일에 대하여 조심스럽게 생각하여라. 화살표들의 길이는 잘 결정되어야 화살표들과 파장이 잘 보일 수 있다. 그리고 부드러운 파동의 진행 모습을 보이기 위하여 시간 간격을 파동의 주기에 비하여 짧게 설정하여라. (b) (a)에 나타낸 전자기파가 있는 곳에 초기에 정지해 있는 양전자를 두어라(전자 대신에 양전자를 사용하는 것은 부호와 방향을 생각하는 데 쉽게 하기 위한 것이다). 전자기파와 양전자의 상호작용에 의한 운동을 보여주기 위하여 앞선 만든 프로그램을 수정하여라. 운동의 흔적을 남겨두어라. 입자의 순간적인 속력이 매우 크기 때문에 상대론적 상황이다. 양전자의 운동을 정확하게 보여주기 위해서는 운동량과 속도 사이에 상대론적 관계식을 사용하여야 한다.

$$\vec{p} = \frac{m\vec{v}}{\sqrt{1-(v^2/c^2)}} \text{ 이므로, } \vec{v} = \frac{\vec{p}}{m}\left(\frac{1}{\sqrt{1+(p/(mc))^2}}\right)$$

## 점검 사항의 해답

1. $\vec{B} = \langle 3.310 \times 3, 0, 0\rangle$ T
2. 왼쪽으로 가속하는 전하는 그림 23.126에 그려진 것과 같은 복사 전기장을 방출한다.

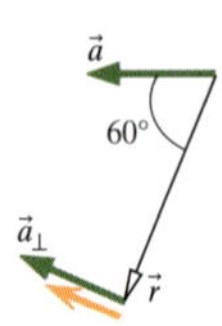


그림 23.126

3. $5.6 \times 10^{14}$ Hz
4. 726 V/m
5. $9.3 \times 10^{-6}$ N/m$^2$
6. 전기장은 매질에 의해 차단되지 않기 때문에 방출된 장들이 카드보드 반대쪽 면에 있어야 한다. 그러나 분명히 그곳에 빛이 없다. 따라서 알짜 전기장은 그곳에서 영이 되어야 한다. 어딘가에 부가적인 전자기장이 있어야 하고 복사장과 합해져 영이 되는 장을 만들어야 한다. 카드보드 내의 원자들 속의 전자들은 입사되는 복사 전기장에 의해 가속 운동하고 재복사하게 되는데 이 재복사 장은 입사되는 전기장과 같은 크기이며 반대 방향이 된다. 카드보드 반대면 위에서 알짜 전기장은 두 개의 장들이 중첩하게 되고 영이 된다.

7. 위: 수평 방향으로 편광된 복사는 전자를 수평 방향 금속 포일을 따라서 앞뒤로 전자들을 가속시킨다. 이 전자들은 많은 빛이 다른 방향으로 가는 빛을 재복사한다. 안테나에 도달하는 알짜 장은 안테나선을 따라 전자들을 가속시킨다. 그렇지만 전구가 빛을 낼 만큼 충분한 전류를 만들지는 못한다. 아래: 수평으로 편광된 빛이 포일들의 좁은 폭을 통과하면서 포일과 큰 효과를 일으키는 상호작용을 하지 않게 된다. 따라서 매우 적은 양의 재복사가 일어나고 원래 복사의 대부분은 길이 방향을 따라 설치된 수신기 내의 전자들을 가속시키게 되어 전구에 불이 켜지게 된다.

8. $n = c/v = 3.5$

9. 38.7°

10. 0.6 m

11. (a) 125 cm; (b) 25; (c) 19.23 cm

# 색인

ㅁ



ㅂ



ㅅ



ㅇ



ㅈ

ㅊ



ㅋ



ㅌ



ㅍ



ㅎ

## 역자 약력

**김중복** 한국교원대학교, 물리교육과, 교수
**강남화** 한국교원대학교, 물리교육과, 교수
**류광수** 한국교원대학교, 물리교육과, 교수
**박병윤** 충남대학교, 물리학과, 교수
**이지원** 한국교원대학교, 영재교육원, 학술연구교수
**임성민** 대구대학교, 물리교육과, 교수
**장영록** 인천대학교, 물리학과, 교수
**최호명** 경북대학교, 물리교육과, 교수

정가 35,000원

**상호작용으로 배우는 전자기학**

2017년 4월 3일 초판 인쇄
2017년 4월 12일 초판 발행
저 자: CHABAY, SHERWOOD
역 자: 김중복 · 강남화 · 류광수 · 박병윤
이지원 · 임성민 · 장영록 · 최호명
발행자: 우명찬 · 송 준
발행처: 홍릉과학출판사
주 소: 서울시 강북구 인수봉로 50길 10
01093
등 록: 1976년 10월 21일 제5-66호
전 화: (02) 999-2274~5, 903-7037
팩 스: (02) 905-6729
e-mail: hongpub@hongpub.co.kr
http://www.hongpub.co.kr
ISBN: 979-11-5600-440-0

역자와의 협의하에 인지생략